€ 1,—

Herrn

Dr. Nieß
in Würdigung
der Verdienste des
Stadtarchivs zum
Jubiläumsjahr.

Mannheim, den 9. Juli
am Ulrichstag   2007

Otto Cachenius

Otto E. Ahlhaus • Verpackung mit Kunststoffen

Otto E. Ahlhaus

Verpackung mit Kunststoffen

Unter Mitarbeit von
Gertraud Goldhan und Volker E. Sperber

Mit 284 Bildern und 91 Tabellen

Carl Hanser Verlag München Wien

Die Autoren:

Prof. em. Dr. Otto E. Ahlhaus, Lehrstuhl für Verpackung mit Kunststoffen, Rheinisch-Westfälische Technische Hochschule Aachen

Dr. Gertraud Goldhan, Abteilungsleitung Systemanalyse im Fraunhofer-Institut für Lebensmitteltechnologie und Verpackung (Fh-ILV), Freising. (Kapitel 12)

Dr. Volker E. Sperber, langjähriger Mitarbeiter der Hoechst AG, vorm. Geschäftsführer der Entwicklungsgesellschaft für die Wiederverwertung von Kunststoffen (EWvK), Wiesbaden. (Kapitel 11)

Die Wiedergabe von Gebrauchsnamen, Handelsnamen, Warenbezeichnungen usw. in diesem Buch berechtigt nicht zu der Annahme, daß solche Namen im Sinne der Warenzeichen- und Markenschutz-Gesetzgebung als frei zu betrachten wären und daher von jedermann benützt werden dürfen.

Dieses Buch wurde mit größter Sorgfalt hergestellt. Trotzdem können Autor und Verlag nicht zusichern, daß die in dem Buch gegebenen Informationen frei von Fehlern sind. Der Leser muß sich dieser Tatsache bewußt sein, wenn er die in dem Buch enthaltenen Aussagen, Daten, Formeln, Tabellen, Bilder und Arbeitshinweise verwendet.

Die Deutsche Bibliothek – CIP-Einheitsaufnahme

Ahlhaus, Otto:
Verpackung mit Kunststoffen / Otto E. Ahlhaus. –
München ; Wien : Hanser, 1997
  ISBN 3-446-17711-6

Dieses Werk ist urheberrechtlich geschützt.
Alle Rechte, auch die der Übersetzung, des Nachdrucks und der Vervielfältigung des Buches, auch von Teilen daraus, vorbehalten. Kein Teil des Werkes darf ohne schriftliche Genehmigung des Verlages in irgend-einer Form (Fotokopie, Mikrofilm oder ein anderes Verfahren), auch nicht für Zwecke der Unterrichtsgestaltung – mit Ausnahme der in den §§ 53, 54 URG ausdrücklich genannten Sonderfälle –, reproduziert oder unter Verwendung elektronischer Systeme verarbeitet, vervielfältigt oder verbreitet werden.

© 1997 Carl Hanser Verlag München Wien
Internet: http://www.hanser.de
Satz: Gerber Satz München
Druck und Bindung: Ludwig Auer, Donauwörth
Printed in Germany

Herrn Prof. Dr.-Ing. Dr.-Ing. h.c. mult. Georg Menges,
dem Initiator des Lehrstuhls für Verpackung mit Kunststoffen
der Rheinisch-Westfälischen Technischen Hochschule Aachen,
in Dankbarkeit gewidmet

Geleitwort

Im Verlauf der Diskussion um die Umweltauswirkungen von Verpackungen, die von Beginn an weite Kreise zog, setzte etwa Mitte der achtziger Jahre insbesondere in Deutschland eine heftige Kampagne gegen Verpackungen aus Kunststoffen ein. Begründet wurde sie vor allem damit, daß die Verwendung von Kunststoffen für Verpackungen eine Vergeudung nichterneuerbarer Ressourcen sei und daß die Abfälle aus Kunststoffverpackungen nicht stofflich verwertet werden könnten. Ihre thermische Verwertung wurde kategorisch abgelehnt. Und als dann im Juni 1991 von der deutschen Bundesregierung die „Verordnung über die Vermeidung von Verpackungsabfällen" (kurz: Verpackungsverordnung) erlassen wurde, in der die Beschränkung des Materialeinsatzes für Verpackungen auf das unmittelbar notwendige Maß, die Wiederbefüllbarkeit der Verpackungen und die ausschließlich stoffliche Verwertung der Verpackungsabfälle gefordert werden, gerieten die Kunststoffverpackungen in eine schwierige Lage; denn wiederbefüllbare Kunststoffverpackungen und Verfahren zur stofflichen Verwertung der Abfälle aus Kunststoffverpackungen existierten noch kaum.

Inzwischen hat sich die Situation jedoch geändert. In erstaunlich kurzer Zeit wurden Anlagen zur stofflichen Verwertung von Kunststoffabfällen entwickelt, der Materialeinsatz für Kunststoffverpackungen wurde deutlich verringert, für den Getränkebereich stehen nun auch Mehrwegverpackungen aus Kunststoffen zur Verfügung, und im Transportbereich haben sich Kunststoff-Mehrwegbehälter gut eingeführt.

Den abfallwirtschaftlichen Forderungen der Verpackungsverordnung ist somit weitgehend Genüge getan. Daß Kunststoffverpackungen auch den gesamtökologischen Vergleich mit Verpackungen aus anderen Werkstoffen nicht zu scheuen brauchen, haben Ökobilanzen gezeigt. Das geringe Gewicht der Kunststoffverpackungen trägt dazu wesentlich bei. Im übrigen weiß man inzwischen ja auch, daß eine allgemein gültige ökologische Rangordnung der Packstoffe grundsätzlich nicht aufgestellt werden kann, weil für die Beurteilung der Umweltverträglichkeit von Verpackungen nicht allein der Packstoff, aus dem sie bestehen, sondern vor allem die Bedingungen des Lebensweges, den sie jeweils durchlaufen, maßgebend sind.

Die ökologischen Bedenken gegen Kunststoffverpackungen dürften damit ausgeräumt sein, und da sich Kunststoffverpackungen seit langem für viele Verpackungszwecke sehr gut bewährt haben und wegen ihres geringen Gewichts auch dem Verbraucher „Convenience" bieten, ist ihre Akzeptanz nicht nur in den abpackenden Industrien und beim Handel, sondern auch in der Öffentlichkeit wieder im Steigen begriffen.

Das vorliegende Buch kommt daher zur rechten Zeit. Es gibt einen umfassenden, fundierten Überblick über die für Verpackungen verwendeten Kunststoffe und ihre Eigenschaften, über die Techniken zur Herstellung von Kunststoffverpackungen sowie über die Prüfung der Verpackungen und ihre vielfältigen Einsatzmöglichkeiten. Zwei weitere Kapitel befassen sich mit der Ökobilanzierung von Verpackungen und dem Recycling der Abfälle aus Kunststoffverpackungen, die auch in Zukunft ihre Bedeutung behalten werden.

Somit umfaßt das Buch einen weiten Bereich, und so wünsche ich ihm und seinem Verfasser, daß es auch eine weite Verbreitung, über die Hersteller und Nutzer von Kunststoffverpackungen hinaus, finden möge.

Gerhard Schricker

Vorwort

Quidquid agis, prudenter agas et respice finem (Gesta Romanorum)

Diese zeitlose Mahnung gewinnt immer mehr an Bedeutung für das Leben mit der modernen Technik, speziell für die Verpackung, aktuell und frei übersetzt etwa: „Was Du auch (an-)packst, pack's optimal und denk an den Abfall!" Denn die Verpackung wird ja recht schnell zum „Verpackungsabfall", für den jüngst ein großer Aufwand an Gesetzen, Vorschriften, Kosten und Restriktionen in Gang gesetzt worden ist, um dadurch die Deponien (um ganze 7 %!) zu entlasten.

Vermeiden, Vermindern, Verwerten ist das oberste Gebot, das vor allem die Herstellungs-, Verwendungs- und Rezyklierbetriebe sowie deren Ingenieure und Designer als Herausforderung an ihre Leistungsfähigkeit zielbewußt und erfolgreich angenommen haben, indem sie aus immer weniger Rohstoffen immer leichtere, bessere und leistungsfähigere Packmittel geschaffen und angewendet haben, dazu für deren Wiederverwertung hocheffiziente Recyclinganlagen.

Die Verpackung ist ein unverzichtbarer Teil eines Produkts bzw. einer Ware, die sie und vor allem die Konsumenten schützt und sie erst verkäuflich macht. Seit G. Kühnes Werk „Verpacken mit Kunststoffen" (1974) hat kein Autor mehr die Problematik und den Stand der Technik von Kunststoffverpackungen zusammengefaßt, obgleich in den vergangenen zwanzig Jahren zum Teil völlig neue Verpackungskonzepte entwickelt wurden. Offenbar erschien dies wegen der ständigen – mehr oder weniger politisch bedingten – „Paradigmenwechsel" inopportun.

Obwohl die Neuentwicklungen schneller erfolgen als ein Buch herauszubringen ist, soll dieses Vakuum jetzt endlich auszufüllen versucht werden, um so wenigstens einigermaßen den Stand der Verpackungstechnik und die sich daraus ergebenden Möglichkeiten in einem allgemeinen Überblick darzustellen, zumal – aller zwischenzeitlichen Kritik zum Trotz – Kunststoffverpackungen in weltweiter Expansion begriffen sind. Denn nur durch deren fachgerechte Anwendung kann z. B. die Ernährung der weiter wachsenden Menschheit mit erschwinglichen Kosten sichergestellt werden.

Außer durch Neuentwicklung von Kunststoff- sowie Verpackungstypen wurden in den letzten Jahren die Maschinen-, Verfahrens- und Steuerungskonzepte den ständig wachsenden Anforderungen von Handel, Logistik, Umwelt, Hygiene und Sicherheit durch entsprechende Entwicklungsschritte angeglichen. Dieses Buch will einen Überblick über den Stand der in der Praxis gebräuchlichen Verpackungen, ihrer Rohstoffe, ihrer Herstellung und der dazu benötigten Anlagen bis zum fertigen (gefüllten) Packung vermitteln. Es richtet sich damit grundsätzlich an alle, die sich über die Prinzipien und Grundlagen der Gestaltung, Herstellung und Verwendung von Kunststoffverpackungen informieren wollen.

Vor allem soll das Buch den Kunststoffverarbeitungsingenieuren, Designern und Technikern der Produktion von Kunststoffverpackungen und -verpackungsmaschinen sowie Studierenden dieser Fachrichtungen die ihnen jeweils weniger bekannten Aspekte aufzeigen. Den Herstellern, Abpackern, Kaufleuten, Managern, Logistikern und Lageristen für Handelswaren aller Art, insbesondere von Konsumwaren, Lebensmitteln, Arzneimitteln, Kosmetik-, Körperpflege und sonstigen Haushalts- und Drogeriewarenartikeln für die Selbstbedienungsdistribution soll es die ihnen evtl. fehlenden Hintergründe erschließen. Fachkräfte aus Einzelhandel, Großhandel, Disposition, Lager, Transport und Logistik erhalten in den jeweiligen Fachkapiteln und im Glossar die Grundlagen für ihre Entscheidungen und Definitionen für auch weniger bekannte Verpackungsbegriffe. Für Politiker und Umweltexperten, die sich mit Verpackungsrecycling, insbesondere DSD- bzw. Gelbe-Sack-Problemen, befassen, können die Ausführungen über Recycling und Ökobilanzen von Kunststoffverpackungen zur wichtigen Entscheidungsgrundlage werden. Nicht zuletzt sollen mündige und umweltbewußte Konsument(inn)en den Sinn und die Hintergründe ökonomisch, ökologisch und verbraucherfreundlich optimierter Packungen erkennen und sie beurteilen können, wozu auch das ausführliche Glossar und das Sachwortverzeichnis beitragen werden.

Zahlreiche Fachleute aus der Praxis haben mit Beiträgen und ihrem fachmännischen Rat an diesem Buch mitgewirkt. Dank gilt insbesondere dem früheren Geschäftsführer der Entwicklungsgesellschaft für die Wiederverwertung von Kunststoffen (EWvK), *Dr. V. Sperbe*r, für die Übernahme des Kapitels „Recycling", und Frau *Dr. G. Goldhan*, Leiterin der Abteilung Systemanalyse im Fraunhofer-Institut für Lebensmitteltechnologie und Verpackung (Fh-ILV), Freising, die das Kapitel „Ökobilanzen" verfaßt hat. Für wertvolle Ergänzungen und Hinweise danke ich den folgenden Herren aus Forschung und Industrie: *Prof. Dr. G. Menges*, IKV, Aachen (Kunststoffverarbeitung), Dipl.-Ing. *L. Auffermann*, BASF, Ludwigshafen (Folientechnologie), Dipl.-Ing. *A. Wagenknecht*, BASF, Ludwigshafen (Thermoformen), *Prof. Dr. P. Fink*, EMPA, St. Gallen (Verpakkungsprüfung), *Prof. Dr. G. Schricker*, Deutscher Verpackungsrat, Fh. ILV, München (Lebensmittelverpackung), Dipl.-Ing. *H.-O. Roppel*, Dynoplast Elbatainer (Verpackungshohlkörper), *Dr. W. Berden*, Unternehmensberatung, Düsseldorf, *Prof. Dr. N. Buchner* und *Dr. K. Domke*, Bosch, Waiblingen (Verpackungsmaschinen), *Prof. Dr. B. Gnauck* † (Kunststoffchemie) *Dr. J. Bruder*, IK Industrieverband Kunststoffverpackungen und -folien, Bad Homburg (wirtschaftliche und statistische Daten). Den in den Quellenverzeichnissen einzeln aufgeführten Forschungs- und Industrieunternehmen gilt mein Dank für Auskünfte und die Bereitstellung aktueller Zeichnungen bzw. Bilder. Ganz besonderen Dank sage ich Herrn *Dr. W. Glenz* und Frau *H. Weiß* vom Carl Hanser Verlag für deren verständnisvolle Redaktions- und Lektoratsarbeit und die Umsetzung meines Manuskriptes in die vorliegende Buchform, sowie Herrn Dipl.-Ing. *M. Lüling*, Redaktion Kunststoffe, für kritische Korrekturlesungen.

Heidelberg, im Frühjahr 1997 *Otto Ahlhaus*

Inhalt

1 Bedeutung und Grundbegriffe der Verpackung 1
    1.1   Wirtschaftliche Bedeutung der Verpackung 1
            1.1.1 Internationaler Packmittelmarkt 2
            1.1.2 Entwicklungstrends 2
    1.2   Vor- und Nachteile der Verpackung 2
            1.2.1 Schutz des Packguts zur Qualitätserhaltung 2
            1.2.2 Hygiene durch Packmittel 3
            1.2.3 Umweltproblematik 3
    1.3   Bedeutung der Kunststoffverpackung 3
    1.4   Innovationen und Substitutionen durch Kunststoffverpackungen 5
    1.5   Verpackungsbegriffe und Terminologie 8
            1.5.1 Definitionen und Begriffe des Verpackungswesens 8
            1.5.2 Einteilung der Verpackung – Systematik 8
            1.5.3 Begriffsabgrenzungen 10
    1.6   Informationen und Dokumentationen zum Verpackungswesen 11
    1.7   Allgemeine Normen des Verpackungswesens 12
    1.8   Ergänzende Literatur 12

2 Aufgaben und Anforderungen der Verpackung 14
    2.1   Aufgaben und Funktionen der Verpackung 15
    2.2   Anforderungen an die Verpackung – Qualitätssicherung 16
            2.2.1 Anforderungen der Ware bzw. des Packgutproduzenten an die Verpackung ... 16
            2.2.2 Anforderungen des Produzenten und des Verpackungsprozesses an Packmittel und Packung 17
            2.2.3 Anforderungen der Lager- und Transportprozesse an die Verpackung 17
            2.2.4 Klimabeanspruchung 20
            2.2.5 Anforderungen des Handels an die Verpackung 20
            2.2.6 Anforderungen des Verbrauchers bzw. Verwenders 21
            2.2.7 Anforderungen des Gesundheits-, Arbeits- und Gefahrenschutzes 21
            2.2.8 Anforderungen von Behörden, staatlichen Einrichungen und zwischenstaatlichen Institutionen 22
            2.2.9 Anforderungen der Warenordnungssysteme 22
    2.3   Leistungsprofil der Verpackung 22
    2.4   Optimierung der Anforderungen an die Verpackung 23
    2.5   Verpackungsentwicklung 28
            2.5.1 Computerunterstützte Verpackungsentwicklung 28
    2.6   Ergänzende Literatur 29

3 Packgut und rechtliche Aspekte der Verpackung 30
    3.1   Waren- und verpackungsrechtliche Grundbereiche 30
    3.2   Produkthaftung und Haftung für zugesicherte Eigenschaften 30
    3.3   Eichrecht 32
    3.4   Lebensmittel und Lebensmittelrecht 33
            3.4.1 Lebensmittelrechtliche Erfordernisse der Kunststoffverpackungen bezüglich Migration und Permeation 34
            3.4.2 EU-einheitliche Regelungen für Lebensmittelverpackungen 35
            3.4.3 Lebensmittel-Kennzeichnungsverordnung (LMKV) 36
    3.5   Konsumwaren als vorverpackte Handelswaren 37
            3.5.1 Gebrauchswaren 37
            3.5.2 Verbrauchswaren 37

		3.5.2.1	Lebensmittel	37
		3.5.2.2	Spezielle Verpackungssysteme und -verfahren für Lebensmittel	39
		3.5.2.3	Nahrungsmittel pflanzlicher Herkunft	44
		3.5.2.4	Nahrungsmittel tierischer Herkunft	44
	3.5.3	Genußmittel		50
	3.5.4	Getränke		51
	3.5.5	Haushaltshilfsmittel		51
3.6	Kosmetika – Kosmetikwaren			52
3.7	Pharmaka – Arzneimittel – Medizinische Verpackungen			53
3.8	Gefährliche Güter und Gefahrengutrecht			53
	3.8.1	Kennzeichnung gefährlicher Arbeitsstoffe		54
		3.8.1.1	Die Verordnung über gefährliche Arbeitsstoffe	54
	3.8.2	Kennzeichnung der Stoffe und Zubereitungen nach dem Chemikaliengesetz		54
		3.8.2.1	Verpackung der Stoffe und Zubereitungen (§ 4 Chemikaliengesetz)	54
3.9	Umweltschutzrecht			55
	3.9.1	Duales System Deutschland GmbH (DSD)		56
3.10	Ergänzende Literatur			58

4 Gestaltung und Aufbau der Verpackung – Packmittel – Packhilfsmittel 61

4.1	Formgestaltung der Packmittel		61
4.2	Systematik der Packmittel		62
4.3	Flexible, weiche, forminstabile Packmittel		66
	4.3.1	Begriffe	66
	4.3.2	Normen	68
4.4	Formstabile Packmittel		69
	4.4.1	Begriffe zu Kleinpackmitteln	69
	4.4.2	Begriffe zu Großpackmitteln (mehr als drei Liter Volumen)	70
	4.4.3	Normen	71
4.5	Packmittelteile und -elemente		72
	4.5.1	Begriffe	72
4.6	Packhilfsmittel		73
	4.6.1	Begriffe	73
	4.6.2	Normen	73
4.7	Begriffe zu Packmittel-Verarbeitungs- und -Veredelungsverfahren sowie Ausrüstungsmitteln und Verfahren		73
4.8	Ergänzende Literatur		75

5 Kunststoffe als Packstoffe 76

5.1	Grundbegriffe		76
5.2	Aufbau und Strukturen von Makromolekülen – Molekülorientierung		76
5.3	Eigenschaften von und Anforderungen an Verpackungskunststoffe ..		81
	5.3.1	Allgemeine Eigenschaften	81
	5.3.2	Anforderungen an Packstoffe aus Kunststoff	82
5.4	Kunststoffzusätze		84
	5.4.1	Zusatzstoffe oder Additive für die Verarbeitung	84
	5.4.2	Farbstoffe – Farbmittel	85
	5.4.3	Weichmacher	85
	5.4.4	Treibmittel	85
	5.4.5	Flammschutzmittel	85
	5.4.6	Antistatika	86
	5.4.7	Antibeschlagmittel	86
	5.4.8	Gleitmittel	86
	5.4.9	Stabilisatoren	86

5.5	Thermoplaste als Kunststoffpackstoffe	87
	5.5.1 Celluloseabkömmlinge	87
	5.5.2 Polyolefine	87
	5.5.2.1 Polyethylen	87
	5.5.2.2 Modifizierte Polyethylentypen	89
	5.5.2.3 Polypropylen	91
	5.5.3 Vinylpolymere PVC, PVAC, PVAL, PVDC	92
	5.5.3.1 Polyvinylchlorid PVC	92
	5.5.3.2 Polyvinylacetat PVAC	92
	5.5.3.3 Polyvinylalkohol PVAL (PVOH)	92
	5.5.3.4 Polyvinylidenchlorid PVDC	93
	5.5.4 Styrolpolymerisate – Polystyrolkunststoffe	94
	5.5.4.1 Standard-Polystyrol – Styrolhomopolymerisate	94
	5.5.4.2 Styrol/Acrylnitril – Mischpolymerisate	95
	5.5.4.3 Schlagfestes Polystyrol PS-I – Styrol-Butadien S/B	95
	5.5.4.4 Acrylnitril/Butadien/Styrol-Copolymerisate ABS	96
	5.5.4.5 Acrylpolymere	96
	5.5.5 Polyamide – PA	97
	5.5.6 Polyoxymethylen – Polyacetale – POM	97
	5.5.7 Lineare Polyester – Polyalkylenterephthalate	98
	5.5.8 Polycarbonat – PC	99
	5.5.9 Abbaubare Thermoplaste als Packstoffe	100
	5.5.10 Polyurethan – PUR	100
5.6	Elastomere als Kunststoffpackstoffe – thermoplastisch verarbeitbare Elastomere	100
5.7	Ergänzende Literatur	100

6 Verarbeitung von Kunststoffen zu Packmitteln ... 106

6.1	Kunststoff-Verpackungsfolien und deren Eigenschaften	109
	6.1.1 Herstellungsverfahren für Verpackungsfolien	110
	6.1.2 Reckverfahren	113
	6.1.3 Mehrschichtfolien – Verbundfolien	114
6.2	Flexible Kunststoff-Verpackungen	122
	6.2.1 Folieneinschläge – Folieneinwickler	122
	6.2.2. Schrumpfverpackungen	125
	6.2.3 Stretchverpackungen – Streckverpackungen	127
	6.2.4 Skinverpackungen – Hautverpackungen	129
	6.2.5 Beutel	129
	6.2.6 Tragbeutel – Tragtaschen	133
	6.2.7 Säcke – Schwergutsäcke	134
	6.2.8 Verpackungsschläuche – Kissenpackungen	136
	6.2.9 Kunststofftuben	137
	6.2.10 Verpackungsnetze	142
6.3	Halbsteife Folienverpackungen	144
	6.3.1 Thermoformen bzw. Warmformen von Folien zu Packmitteln	146
	6.3.1.1 Flache Formteile – Schalen, Deckel, Nestverpackungen, Einsätze, Bubble-, Blister-, Durchdrück- und Skinverpackungen	155
	6.3.1.2 Tiefe Formteile durch negative Streckformverfahren	160
	6.3.1.3 Sonstige warmgeformte Packmittel	163
	6.3.2 Konfektionieren von Packmitteln	164
6.4	Durch Spritzgießen hergestellte steife Packmittel	167
	6.4.1 Kunststofftypen für spritzgegossene Packmittel	168
	6.4.2 Einzelne spritzgegossene Packmittel	169
	6.4.2.1 Spritzgegossene Packmittel für Lebensmittel	169
	6.4.2.2 Spritzgegossene Packmittel für Kosmetika und Pharmazeutika	170
	6.4.2.3 Spritzgegossene Packmittel für sonstige Packgüter	170

		6.4.2.4	Vergleich zwischen Spritzgießen und Warmformen von Packmitteln 171

- 6.5 Verpackungshohlkörper – Behälter aus Kunststoff 172
  - 6.5.1 Extrusionsblasformen.. 174
  - 6.5.2 Extrusionsstreckblasformen... 178
  - 6.5.3 Kaltschlauchverfahren 179
  - 6.5.4 Spritzblasformen – Spritzstreckblasformen 179
  - 6.5.5 Tauchblasformen 182
  - 6.5.6 Rotationsformen 182
  - 6.5.7 Schleudergießen 183
  - 6.5.8 Warmformen... 183
  - 6.5.9 Verschweißen von zwei Formteilen zu einem Verpackungshohlkörper 183
  - 6.5.10 Spritzgegossene Hohlkörper... 184
  - 6.5.11 Gestaltung – Design von Verpackungshohlkörpern 184
- 6.6 Schaumstoffverpackungen 194
  - 6.6.1 Herstellungsverfahren für Schaumstoffpackmittel...................... 197
    - 6.6.1.1 Spritzgießverfahren für Schaumstoffe (Thermoplast-Schaum-Guß, TSG) 197
    - 6.6.1.2 Extrusionsverfahren für Schaumstoffe (Thermoplast-Schaum-Extrusion, TSE) 197
    - 6.6.1.3 Partikelschaumstoff-Verfahren (Styroporverfahren) 198
    - 6.6.1.4 Reaktionsspritzgießen (RIM) 198
  - 6.6.2 Spezielle Packstofftypen für Schaumkunststoffe 200
    - 6.6.2.1 Hartschaumpackstoffe und -packmittel 200
    - 6.6.2.2 PUR-Weichschaumpackstoffe und -packmittel 202
- 6.7 Ergänzende Literatur... 203

7 Verfahren und Hilfsmittel für die Oberflächenveredelung von Kunststoffverpackungen ... 207
- 7.1 Vorbereitende Oberflächenbehandlungen 207
  - 7.1.1 Antistatische Ausrüstung 207
  - 7.1.2 Beflammen 208
  - 7.1.3 Corona-Behandlung 209
  - 7.1.4 Primern – Haftvermittlerbehandlung 209
  - 7.1.5 Antibeschlagausrüstung 210
- 7.2 Dekorative oder optische Veredelungen...................................... 210
  - 7.2.1 Anfärben 210
  - 7.2.2 Lackieren 210
  - 7.2.3 Bedrucken.. 212
  - 7.2.4 Kennzeichnen – Signieren 218
  - 7.2.5 Prägen und Heißprägen 219
  - 7.2.6 Kleben – Bekleben 220
    - 7.2.6.1 Kleber – Klebstoffarten 221
    - 7.2.6.2 Etikettieren 224
  - 7.2.7 Beflocken 227
- 7.3 Funktionale Veredelungen 228
  - 7.3.1 Sulfonieren 228
  - 7.3.2 Fluorieren 228
  - 7.3.3 Plasma-Polymerisation 229
  - 7.3.4 Beschichten.. 231
  - 7.3.5 Laminieren – Kaschieren 231
  - 7.3.6 Metallisieren 232
  - 7.3.7 Transparente Barriere auf SiO_x-Basis............................... 234
  - 7.3.8 Perforieren – Ventilfunktion 235
- 7.4 Veredelungen für Verschließ-, Öffnungs-, Lager- und Transporthilfen 236
  - 7.4.1 Siegelschichten 236

	7.4.2	Antiblockausrüstung	238
	7.4.3	Antislip-Ausrüstung	239
	7.4.4	Delaminationsschichten	239
	7.4.5	Aufreißstreifen – Aufreißbändchen	239
7.5	Ergänzende Literatur		240

8 Verschlüsse – Verschließmittel – Verschließ- und Packhilfsmittel ... 243

8.1	Verschließen und Sichern der Verpackung	243
8.2	Verschlußarten	244
8.3	Mechanische Verlüsse, Verschließ- und Verschließhilfsmittel	246
	8.3.1 Lose Binde-Elemente aus Kunststoffarten	246
	8.3.2 Umreifungsbänder	247
	8.3.3 Deckel	248
	8.3.4 Stopfen und Einsteckverschlüsse	253
	8.3.5 Kappen	255
	8.3.6 Schnapp- oder Rastverschlüsse	255
	8.3.7 Druckknopfverschlüsse	256
	8.3.8 Reiß- und Gleitverschlüsse	257
	8.3.9 Aufreiß- und Eindrückverschlüsse	258
	8.3.10 Auftrags- und Dosierhilfen	260
	8.3.11 Aerosol-Ventil-Verschlüsse – Spraybehälter-Innenbeutel	263
	8.3.12 Fälschungskenntliche Verschlüsse – Sicherheitsverschlüsse	264
	8.3.13 Sonstige mechanische Verschlüsse	268
8.4	Schweißverschlüsse	270
8.5	Siegelverschlüsse	270
	8.5.1 Heißsiegel-Verschlüsse	271
	8.5.2 Kaltsiegel-Verschlüsse	273
8.6	Klebeverschlüsse	273
8.7	Schrumpf- und Streck- bzw. Stretch-Verschlüsse	274
8.8	Verschlußdichtungen	275
8.9	Sicherungs-, Öffnungs- und Wiederverschließmittel und -hilfsmittel	277
	8.9.1 Sicherungs(hilfs)mittel	277
	8.9.2 Öffnungs(hilfs)mittel	277
	8.9.3 Wiederverschließ(hilfs)mittel	278
8.10	Polstermittel und Dämmittel	280
8.11	Transporthilfsmittel	284
	8.11.1 Kunststoffpaletten	284
	8.11.2 Steigen – Boxen – Behälter	285
8.12	Ergänzende Literatur	286

9 Maschinelle Pack- und Abfüllanlagen ... 289

9.1	Bedeutung, Aufgaben und Anforderungen für maschinelle Pack- und Abfülleinrichtungen	289
	9.1.1 Allgemeine Abpack- und Füllvorgänge	290
	9.1.2 Abpacken von Stückgütern	290
	9.1.3 Abpacken flüssiger, pastöser und rieselfähiger Füllgüter	291
	9.1.4 Einteilung und Benennung der maschinellen Pack- und Abfülleinrichtungen	291
	9.1.5 Normung der maschinellen Pack- und Abfülleinrichtungen	293
9.2	Maschinen zur Herstellung von Primär- oder Verbraucherpackungen	294
	9.2.1 Maschinen zur Herstellung von Primärpackmitteln	294
	9.2.2 Maschinen zum Füllen bzw. Abpacken in Primärpackmittel	294
	9.2.2.1 Füllmaschinen	294
	9.2.2.2 Einschlagmaschinen	295
	9.2.3 Maschinen zum Verschließen von Primärpackungen	297

9.3		funktionsmaschinen – Maschinen zum Füllen und Verschließen von Primär-packungen 301	
	9.3.1	Beutelfüll- und Verschließmaschinen	302
	9.3.2	Sackfüll- und Verschließmaschinen	302
	9.3.3	Netzfüll- und Verschließmaschinen	304
	9.3.4	Becherfüll- und Verschließmaschinen	305
	9.3.5	Flaschenfüll- und Verschließmaschinen	306
	9.3.6	Tubenfüll- und Verschließmaschinen	307
9.4	Reinigungs-, Trocknungs- und Desinfektionsmaschinen		308
	9.4.1	Reinigungsmaschinen	308
	9.4.2	Trockungsmaschinen	309
	9.4.3	Desinfektionsmaschinen	309
		9.4.3.1 Möglichkeiten zur Keimabwehr	309
		9.4.3.2 Anforderungen an Verfahren und Anlagen zur Keimabwehr bei Packstoffen und Packmitteln	313
		9.4.3.3 Sterilisation aseptischer Verpackungsmaschinen...............	314
9.5	Maschinen zum Ausstatten, Kennzeichnen und Sichern von Packungen		315
9.6	Beispiele für Form-, Füll- und Verschließmaschinen		316
	9.6.1	Thermoform-, Füll- und Verschließmaschinen und -anlagen	317
	9.6.2	Hohlkörper-Blasform-, Füll- und Verschließmaschinen, Flaschenmaschinen	325
	9.6.3	Vertikale Schlauchbeutelform-, Füll- und Verschließmaschinen	329
	9.6.4	Horizontale Schlauchbeutelform-, Füll- und Verschließmaschinen	332
	9.6.5	Flachbeutel- oder Siegelrandbeutelform-, Füll- und Verschließmaschinen ...	333
9.7	Maschinen und Anlagen für aseptisches Abpacken		336
	9.7.1	Grundlagen der aseptischen Verpackung	336
	9.7.2	Aseptische Verpackungssysteme	337
	9.7.3	Aseptische Verpackungssysteme für Kartonverbundpackungen	337
		9.7.3.1 Aseptisches Verpackungssystem für Kartonverbundpackungen von der Rolle	339
		9.7.3.2 Aseptisches Verpackungssystem für Kartonverbundpackungen vom vorgefertigten Zuschnitt	341
	9.7.4	Aseptische Verpackungsysteme für Becher und schalenartige Behälter	342
		9.7.4.1 Aseptische Füll- und Verschließmaschinen für heißdampf-sterilisierte Polypropylen-Becher	343
		9.7.4.2 Aseptische Füll- und Verschließmaschinen mit Sterilisierung der Becher durch Wasserstoffperoxid (H_2O_2).....................	343
		9.7.4.3 Aseptische Thermoform-, Füll- und Verschließmaschinen mit Sterilisation der Becherfolie durch H_2O_2	345
		9.7.4.4 Aseptische Thermoform-, Füll- und Verschließmaschinen mit Sterilisation der Becherfolie durch Heißdampf	346
9.8	Sammelpackmaschinen		346
9.9	Maschinen für Lade- und Versandeinheiten		348
	9.9.1	Schrumpfverfahren und -anlagen für Ladeeinheiten	349
	9.9.2	Stretch- oder Streckpackmaschinen und -anlagen	351
9.10	Ergänzende Literatur		354

10 Verpackungsprüfung – Qualitätssicherung 357

10.1	Qualität und Qualitätssicherung	357
10.2	Konzeptionen und Grundlagen für Verpackungsprüfungen	359
10.3	Prüfaufgaben	359
10.4	Prüfverfahren und -begriffe für Packstoffe	360
	10.4.1 Identifizieren der Verpackungskunststoffe	361
	10.4.2 Allgemeine Kunststoffprüfungen	361
	10.4.3 Prüfung von Folien und Verbundfolien	361
	10.4.3.1 Prüfung auf Dicke und Dickengleichmäßigkeit (DIN 53 370)	361

    10.3.4.2 Prüfung auf Schlupf bzw. Haftreibung (DIN 53 375,
        ASTM D 1984) 363
    10.4.3.3 Prüfung der Verbundfestigkeit (DIN 53 357 bzw. ILV Merkblatt 5) 366
    10.4.3.4 Prüfung der Heißsiegelnahtfestigkeit (ILV-Merkblatt 33)........ 366
    10.4.3.5 Prüfung auf Bahnverlauf – Planlage – Rollneigung 367
    10.4.3.6 Prüfung der elektrostatischen Aufladung 367
    10.4.3.7 Prüfung auf Reißdehnung – Reißfestigkeit 368
    10.4.3.8 MAD-Test auf Multi-Axiale-Dehnung 368
    10.4.3.9 Prüfung auf Löcher in der Folienbahn 368
    10.4.3.10 Prüfung auf Stippen in Folien 368
    10.4.3.11 Prüfung der optischen Eigenschaften 369
    10.3.4.12 Prüfung auf Freilagerungsfähigkeit von Folienpackmitteln
        (Säcken) 369
   10.4.4 Durchlässigkeit (Permeabilität) von Verpackungskunststoffen 370
    10.4.4.1 Grundlagen der Permeabilität 371
    10.4.4.2 Permeationsmessungen – Meßverfahren.................... 376
 10.5 Prüfverfahren für Packmittel aus Kunststoffen 381
   10.5.1 Die Packmittelprüfung als Fertigteilprüfung 381
   10.5.2 Wichtige Prüfverfahren für Packmittel 384
 10.6 Packungsprüfung 389
   10.6.1 Leckprüfungen 389
   10.6.2 Versiegelungsprüfungen 390
   10.6.3 Erschütterungs- und Schockprüfungen 391
 10.7 Statistische Qualitätskontrolle 391
 10.8 Ergänzende Literatur 391
 10.9 Normen zur Verpackungsprüfung 394
   10.9.1 Internationale Normen 394
   10.9.2 Europäisch harmonisierte Normen und EG-Rechtsvorschriften 394
   10.9.3 International harmonisierte deutsche Normen 394
   10.9.4 Deutsche Normen 395

11 Recycling von Packstoffen, Packmitteln, Packhilfsmitteln aus Kunststoffen 397

 11.1 Bedeutung des Recycling 397
   11.1.1 Ausgangssituation für Kunststoff-Recycling aus Verpackungen 399
 11.2 Stoffkreisläufe 399
 11.3 Erfassung von Kunststoffabfällen aus Packmitteln 401
 11.4 Technik der Aufbereitung von Kunststoffabfällen 403
   11.4.1 Sortenreine Produktionsabfälle 403
   11.4.2 Sortenreine Gewerbeabfälle 403
   11.4.3 Vorsortierte sortenähnliche Altkunststoffe 403
   11.4.4 Vermischte und verschmutzte Altkunststoffe 404
 11.5 Aufarbeiten gemischter Kunststoffe 404
   11.5.1 Ausgangsmaterialien.. 404
   11.5.2 Trennungsmethoden für gemischte Verpackungsmaterialien 405
    11.5.2.1 Optische Erkennungsverfahren 405
    11.5.2.2 Kunststoffsortierung mittels spektroskopischer Methoden 406
   11.5.3 Regranulatherstellung aus gemischten Kunststoffen 408
    11.5.3.1 Vorzerkleinern und Waschen 408
   11.5.4 Auftrennung nach Dichte mittels Hydrozyklon 408
   11.5.5 Trocknen und Regranulieren 409
   11.5.6 Neue Trenntechnologien 411
    11.5.6.1 BKR-Verfahren 411
    11.5.6.2 Sortierzentrifuge 411
    11.5.6.3 Elektrostatische Trennung 413
    11.5.6.4 Thermo-selektive Trennung 413

			11.5.6.5	Mechanische Trockentrennverfahren 414

                11.5.6.5   Mechanische Trockentrennverfahren 414
                11.5.6.6   Löseverfahren 414
        11.5.7   Rezyklatprodukte 416
  11.6   Gemischtverarbeitung der Kunststoffe aus Verpackungen 416
        11.6.1   Gemischtkunststoffe als neuer Werkstoff 416
        11.6.2   Zusammensetzung von Standardmischungen 417
        11.6.3   Verarbeitungstechnologien für gemischte Kunststoffe 417
                11.6.3.1   Intrusionsverfahren 417
                11.6.3.2   Sinterpressen 418
                11.6.3.3   Spritzguß mit gemischten Kunststoffen 419
        11.6.4   Produkte aus gebrauchten Kunststoffen 419
                11.6.4.1   Mechanische Eigenschaften 422
                11.6.4.2   Ökologische Verträglichkeit 422
        11.6.5   SICOWA-Verfahren 423
  11.7   Chemisch-stoffliches Recycling durch Kunststoffkonversionen 423
        11.7.1   Pyrolyse 424
        11.7.2   Hydrierung 425
        11.7.3   Gaserzeugung aus gebrauchten Kunststoffen 425
        11.7.4   Solvolyse für Polyesterspaltung 425
  11.8   Thermische Nutzung von Verpackungsabfällen 426
        11.8.1   Mitverbrennung von Kunststoffen im kommunalen Müll 426
        11.8.2   Altkunststoffe als Reduktionsmittel in Hochöfen 427
  11.9   Ausblick 427
  11.10 Ergänzende Literatur 428

12 Ökobilanzen für Verpackungen, Prinzipien und methodisches Vorgehen 430

  12.1   Einleitung 430
  12.2   Kernbestandteile einer Ökobilanz 433
  12.3   Definition der Sachbilanz 434
  12.4   Methodische Grundprinzipien 434
        12.4.1   Trennung von Sachbilanz, Wirkbilanz und Interpretation 434
        12.4.2   Modularer Aufbau des Lebensweges 435
        12.4.3   Festlegung des Untersuchungsziels, der Bilanzgrößen und des Bilanzraums   435
        12.4.4   Spezielle Lebenswegbilanzierung 436
        12.4.5   Prinzip der nutzenbezogenen Vergleichseinheit 438
  12.5   Der Lebensweg von Verpackungen 438
  12.6   Bilanzierte Größen 440
        12.6.1   Umweltbeeinflussende Größen 441
        12.6.2   Abschneidekriterien für ausgewählte Stoffkategorien 441
  12.7   Ergebnisdarstellung 442
  12.8   Wirkungsbilanz 444
  12.9   Nutzungsmöglichkeiten 445
        12.9.1   Anwendung für Nutzer aus der Wirtschaft 446
        12.9.2   Anwendungen für Nutzer aus dem öffentlichen Bereich 447
  12.10 Anwendungsbeispiel 448
  12.11 Anwendungsgrenzen 450
  12.12 Literatur 450

Glossar 452

Sachwortverzeichnis 485

1 Bedeutung und Grundbegriffe der Verpackung

1.1 Wirtschaftliche Bedeutung der Verpackung

Wichtigste Aufgabe der Verpackung ist der Schutz des verpackten Guts, des Packguts bzw. der Ware. Da heute der Warenverkauf, nicht nur in Supermärkten, weitgehend durch *Selbstbedienung* erfolgt, insbesondere für Lebensmittel und Gegenstände des täglichen Gebrauchs, ist es unabdingbar, daß die meisten dieser Waren in verpacktem Zustand angeboten werden. Diese Waren sollen, ohne Ansprache des Verkäufers, sich selbst verkaufen. Der Käufer soll nur aufgrund des optischen Eindrucks seine Wahl treffen. Je größer aber die Auswahl der Waren ist, desto wichtiger und notwendiger ist die optische Wirkung des verpackten Guts, das häufig mit qualitativ gleichartigen und gleichwertigen Produkten in Konkurrenz angeboten wird.

Die Verpackung ist sowohl unter absatzwirtschaftlichen als auch unter technischen Gesichtspunkten zu sehen. Betriebswirtschaftliche Überlegungen fordern variierende Produktgestaltung. Hierzu gehört aber vor allem eine angemessene Verpackungsgestaltung. Somit ist die Verpackungsgestaltung für die Anbieterbetriebe ein besonders wichtiges Mittel zur Verbesserung der Marktakzeptanz. Jede Ware kann in Packmitteln aus den verschiedensten Packstoffen, in verschiedenen Ausführungsformen, Farben, Aufmachungen und Verpackungsveredelungen angeboten werden.

Tabelle 1.1 zeigt die verschiedenen Packstoffproduktionsanteile insgesamt und Tabelle 1.2 die Anteile für Lebensmittelverpackungen. Verpackungsindustrie, Füllguthersteller und Handel bemühen sich ständig, möglichst funktionsgerechte Verpackungen zu entwickeln

Tabelle 1.1 Packmittelproduktion (ohne Holz, Textilien etc.) in Deutschland (Stand 1995)

Produkt	Mengenanteil %	Wertmäßiger Anteil %
Papier, Pappe	40,1	37,6
Glas	32,3	8,5
Kunststoff	16,1	32,5
Metall	11,5	21,5

Tabelle 1.2 Anteile der Lebensmittelverpackungen und Verkaufsverpackungen am gesamten Packstoffverbrauch

Packstoff	Lebensmittelverpackungen insgesamt %	Lebensmittelverkaufsverpackungen im Einzelhandel %
Weißblech	70	65
Aluminium	90	85
Glas	93	93
Papier	35	15
Wellpappe	40	–
Faltschachtelkarton	70	65
Kunststoffe	75	65

und herzustellen sowie Überverpackungen zu vermeiden. Papier, Karton und Pappe haben mit 37,6 % den größten Anteil am Gesamtproduktionswert. Es folgen die Kunststoffverpackungen mit ca. 32,5 %, Metallverpackungen mit ca. 21,5 %, Glas mit ca. 8,5 %. Signifikante Veränderungen durch Substitutionen von Packmitteln sind in den vergangenen Jahren nicht eingetreten.

1.1.1 Internationaler Packmittelmarkt

Die lange Zeit fast ausschließliche Ausrichtung der Verpackungsindustrie auf die jeweiligen Inlandsmärkte hat nun in Folge der Liberalisierung des internationalen Warenaustauschs insbesondere der EU – aber auch zwischen dieser und den EFTA-Staaten sowie im Rahmen des GATT mit den überseeischen Ländern zu einer beträchtlichen Zunahme der Exporte und Importe geführt. Ein wichtiger Exportartikel ist z.B. der Kunststoffverschluß. Insgesamt nehmen Export und Import ständig zu.

1.1.2 Entwicklungstrends

Für den Packmittelmarkt zeichnen sich folgende Trends ab:
- Zunahme von sogenannten Kombinationsangeboten von Verpackungen und Verpackungsmaschinen als System.
- Zunahme aseptischer Verpackungssysteme.
- Verstärkter Einfluß des Handels auf Material, Art und Gestaltung der Verpackungen auf den Abpacker, den Abfüller und damit den Verpackungshersteller, letztlich beeinflußt durch Anforderungen der Logistik, Verpackungsverordnungen, den allgemeinen Trend zu Recycling und Umweltschutz sowie zum Vermeiden von Überverpackungen.
- Stärkere Gewichtung der Qualitätssicherung hinsichtlich Verderb, Beschädigung, Produkthaftung und Umweltschäden.
- Neuentwicklung von Verpackungsmaschinen, die schnell und problemlos von verschiedenen Packstoffen und Packmitteln auf jeweils andere umstellbar sind.
- Bei den Packmitteln zeichnet sich ein Trend zur Materialersparnis und zur umweltfreundlichen Entsorgung ab.

1.2 Vor- und Nachteile der Verpackung

1.2.1 Schutz des Packguts zur Qualitätserhaltung

Die Verpackung soll das Packgut schützen vor mechanischen Schäden bei Ladung und Transport, vor klimatischen Beanspruchungen, insbesondere vor Außeneinwirkungen wie vor Wasserdampf, Sauerstoff, Licht und vor dem Verlust von Aroma oder der Beeinträchtigung durch Fremdgerüche, aber auch vor der Einwirkung tierischer Schädlinge und Mikroorganismen. Vor allem bietet die Verpackung Schutz vor Verlust des Packguts, insbesondere bei flüssigen und rieselfähigen Packgütern. Hierbei spielt die Wasser- und Fett- bzw. Öldichtheit des Packmittels eine wesentliche Rolle. Um den Schutz des Packguts rationell durch die Verpackung zu gewährleisten, ist eine genaue Kenntnis der Empfindlichkeit des betreffenden Füllguts Voraussetzung. Die unversehrte Verpackung bedeutet eine Garantie gegen Verlust durch Diebstahl oder Verunreinigung. Summarisch gesagt ist die Qualitätserhaltung von Packgut und Umwelt der Hauptzweck der Verpackung.

1.2.2 Hygiene durch Packmittel

Besonders für Lebensmittel, Kosmetika, Gebrauchsgegenstände und Pharmaprodukte ist es wichtig, daß diese nicht durch Fremdkontakte beeinträchtigt bzw. infiziert werden. Andererseits schützt die Verpackung vor Berührung und Tröpfchen-Infektion. Fertiggerichte oder vorverarbeitete, z. B. gewaschene, instantisierte, konservierte Lebensmittel benötigen stets eine Verkaufsverpackung. Durch die verbesserte Haltbarkeit vieler verpackter Lebensmittel sind die Bevorratung und der Einkauf wesentlich vereinfacht. Sichtverpackungen lassen eine Vorbeurteilung ihres Inhalts zu, z. B. ob Weichfrüchte oder Brot von Schimmelpilzen befallen sind.

1.2.3 Umweltproblematik

Verstärkt und häufig zu Unrecht wird in steigendem Maße in den letzten Jahren die Verpackung für die weltweiten Müllprobleme verantwortlich gemacht, obgleich nur ca. 26% der Siedlungsabfälle Verpackungsmüll sind (siehe Kapitel 11). Dennoch ist es notwendig, daß äußerste Anstrengungen unternommen werden, um auch Verpackungen aller Art in den Recycling-Kreislauf einzubringen. Die abfallwirtschaftlichen Ziele der Verpackungsverordnung (VerpackV) sind nach ihrer Rangordnung: Vermeiden, Verringern, Verwerten. Wesentlich ist die Packmitteleinsparung bzw. Verringerung des Packmittelverbrauchs, der in den letzten Jahren durch erhebliche Verminderung der Packmittel-Wanddicken Fortschritte gemacht hat, wodurch insgesamt die Packmittelgewichte zurückgegangen sind. Auch die Wiederverwendung von Mehrweg-Packmitteln erlebt eine Renaissance.

1.3 Bedeutung der Kunststoffverpackung

Der Industriebereich Kunststoffverpackung trägt 32,5 % des wertmäßigen Umsatzes aller in der Bundesrepublik Deutschland hergestellten Packmittel (vgl. Tabelle 1.1).

In der Bundesrepublik Deutschland wurden 1995 rund 2,25 Mio. t Kunststoff zu Verpackungen verarbeitet. Damit nimmt der Verpackungssektor hinter dem Bausektor den zweiten Platz in der Rangordnung der Kunststoff-Anwendungsgebiete ein. Die wichtigsten Verwender von Kunststoff-Verpackungen sind die Nahrungs- und Genußmittelindustrie sowie die chemische Industrie. Die Anwendungsbereiche für Kunststoff-Packmittel ergaben sich 1990 mengenmäßig folgendermaßen:

Nahrungs- und Genußmittelindustrie	47,2%,
chemische Industrie	22,4%,
Elektrotechnik	4,6%,
Maschinenbau	2,8%,
Steine und Erden	2,3%,
Kunststoffwaren	2,0%,
Sonstige Gewerbe	18,7%,
Insgesamt	100,0%.

Die Anforderungen der Verpacker bzw. Abfüller und der zu verpackenden Güter (= Packgüter) haben ausschlaggebenden Einfluß auf die in der Packmittelproduktion eingesetzten Kunststoffe. Dominant sind die Polyethylene, die ca. 62 % des Materialverbrauchs ausmachen (Tabelle 1.3). Die Einsatzgebiete für Kunststoffverpackungen in Deutschland zeigt Tabelle 1.4, die Entwicklung der Kunststoffpackmittelproduktion in Deutschland Bild 1.1.

Tabelle 1.3 Einsatzgebiete der wichtigsten Kunststoffe untergliedert nach Verpackungsarten in Deutschland 1994 (Angaben in 1000 t)

Einsatzgebiet	PE-HD	PE-LD	PP	PS	PET	PVC	sonstige	insgesamt
Folien	86,0	634	161,5	91,0	39,0	59,5	49,0	1 120
Spritzgegossene Behälter	36,5	19,5	46,0	33,0			2,0	137,0
Flaschen, Kanister	120	17,0	10,0		13,5	6,5	10,5	177,5
Lager- und Transportbehälter	135	4,5	19,5	7,0				166,0
Verschlüsse	22,0	36,0	45,0	26,0			21,0	150,0
Big Bags, Netze Raschelsäcke	14,5		12,0					26,5
geschäumte Verpackungen		2,0	2,0	37,0		1,5	2,0	44,5
Fässer/Tanks	77,0						24,0	101,0
Sonstige Verpackungen	4,5	93,0	66,5		5,0	10,2	3,0	182,2
insgesamt	495,5	806	362,5	194	57,5	77,7	111,5	2 104,7
Anteile (in %)	23,6	38,3	17,2	9,2	2,7	3,7	5,3	100

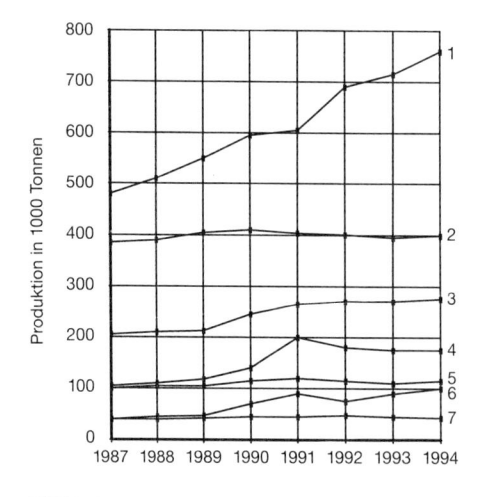

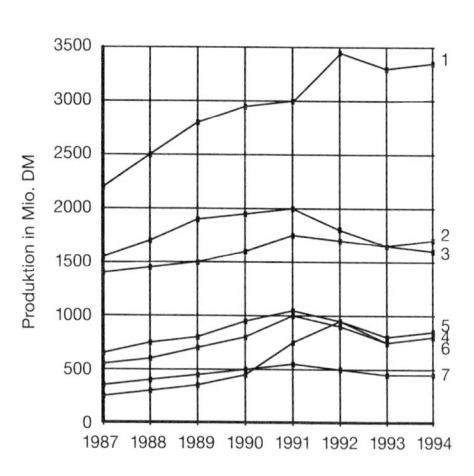

Bild 1.1 Entwicklung der Kunststoff-Packmittelproduktion in Deutschland (Quelle: IK)
1: Folien; 2: Folienprodukte (Beutel, Säcke etc.); 3. Becher, Dosen, Eimer; 4: Kästen, Paletten; 5: Flaschen; 6: Großbehälter über 300 l; 7: Schaumstoffverpackungen

Tabelle 1.4 Anwendungsgebiete für Kunststoffverpackungen in Deutschland 1989

Anwendungsgebiet	Mengenanteil %
Molkereiprodukte	6,4
Fleisch/Fisch/Feinkost	4,8
Getränke	5,5
Landwirtschaftliche Produkte	2,9
Sonstiges Food	11,3
Kosmetika + Pharma	8,7
Chemikalien	8,4
Haushalt-Chemie	5,6
Lacke und Farben	1,8
Mineralöl	1,5
Sonstiges Nonfood	19,3
Ohne Zuordnung	23,8

1.4 Innovationen und Substitutionen durch Kunststoffverpackungen

Im Bereich Becher, Dosen und Eimer hat der überall vordringliche Ressourcenschonungstrend auffallend hohe Wanddickenreduzierungen ausgelöst. Dieser Bereich bringt 13% der Gesamtpackmittelmenge, wobei mehr als die Hälfte auf Becher entfällt. Den Herstellern von Deckeln und Verschlüssen aus Kunststoff ist es gelungen, den Rohstoffaufwand mit Hilfe technischer Rationalisierung erheblich zu senken. Solche Packhilfsmittel benötigen zwar nur 6% an Material, bringen aber 9% des Umsatzes.

Weitere wesentliche Aufgaben von Verschlüssen sind die Originalitäts- und Kindersicherung. Außerdem erfordern es Umweltaspekte, dosiergenaue Entnahme und maximale Entleerung von Hohlkörpern, insbesondere von Fässern und Kanistern, durch geeignete Konstruktionen und Vorrichtungen zu ermöglichen.

Die aus Kunststoffolien hergestellten Verpackungen – wie Beutel, Tragtaschen und Säcke – sind mit über 20% Produktionsanteil der zweitgrößte Bereich des Industriezweigs Kunststoffverpackungen. Sie gehören zu den verbrauchsabhängigen Erzeugnissen, die dem Auf und Ab des Markts und den Umweltdiskussionen mehr als andere ausgesetzt sind. Eine Studie des Umweltbundesamtes (UBA) hat ergeben, daß – unter Würdigung aller Faktoren – ein Wechsel von Kunststoffbeuteln zu solchen aus Papier aus ökologischer Sicht nicht sinnvoll wäre.

Die erfolgreiche *Substitution* herkömmlicher Packstoffe durch Kunststoffe ist vor allem durch Rationalisierungsmaßnahmen und umwälzende technische Fortschritte der Kunststoffverarbeitung, die bei herkömmlichen Packstoffen nicht möglich ist, erklärbar. Obgleich Kunststoffe häufig teurer als herkömmliche Packstoffe sind, gelang es ihnen vielfach doch, aufgrund der wesentlich besseren Gebrauchseignung, herkömmliche Packmittel, z.B. aus Holz, zu verdrängen. So haben sich Flaschenkästen aus Polyethylen, die ein Vielfaches derjenigen aus Holz kosten, wegen ihrer besseren Gebrauchseignung absolut durchgesetzt und die Holzkästen substituiert. Der Trend zu Mehrwegtransportverpackungen dürfte es den verschiedenartigen Kunststoffmehrwegcontainern und -boxen ermöglichen, Einwegtransportverpackungen aus Pappe zu substituieren. Obwohl die

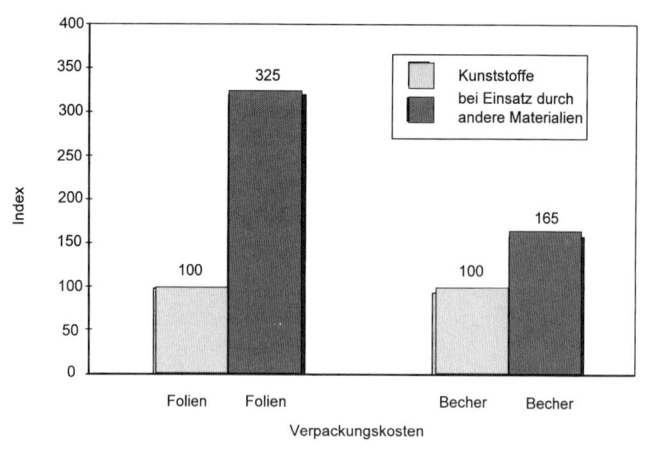

Bild 1.2 Kostenvergleich bei Substitution von Kunststoffolien und -bechern durch andere Packstoffe (Quelle: IK)

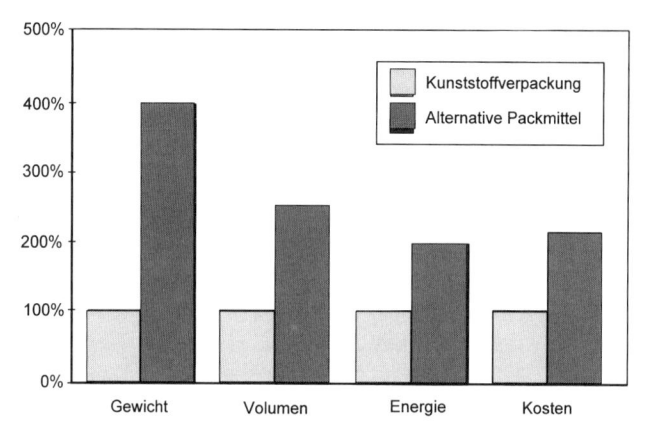

Bild 1.3 Aufwandsvergleich von Kunststoff-Packmitteln mit alternativen Packmitteln am Beispiel von Folien und Bechern (Quelle: IK)

Kunststoff-Verpackungen nur 5% des Müllaufkommens ausmachen, werden sie in letzter Zeit von allen Seiten sehr stark angegriffen und als Sündenbock für die Müllawine verantwortlich gemacht. Die GVM*-Studie „Verpacken ohne Kunststoff" zeigte, daß bei einem Simulationsversuch Verpackungsprobleme ohne Kunststoff zu lösen, die Verpackungsmenge gewichtsmäßig auf 404% des jetzigen Aufkommens ansteigen würde, das Müllvolumen auf 256%, das Müllsammelvolumen auf 213%, der Energieverbrauch auf 201% und die Gesamtkosten auf 220% (Bild 1.2 und 1.3). Nach der neuen GVM-Studie von 1992 ergeben sich folgende Auswirkungen auf den Gesamtverbrauch an Verpackungen in Deutschland: Bei einer Verdrängung von Kunststoffen durch andere Packmittel würde der für das UBA für 1991 errechnete Gesamtverbrauch an Packmitteln von 15,30 auf 19,45 Mio. t hochschnellen. Bei den durch die VerpackV (Verpackungsverordnung von 1991) quotierten Verpackungen (wie auch mit Berücksichtigung des nichtquotierten Sektors) ergäbe sich ein Zuwachs von 27 bis 28%, selbst wenn man Kunststoffe als Verpackung in den nicht zu ersetzenden Segmenten beibehält.

*GVM = Gesellschaft für Verpackungsmarktforschung, Wiesbaden

Diese Untersuchung weist also nach, daß Kunststoffe durch Verpackungsvermeidung einen unverzichtbaren Beitrag für das Gelingen des durch die VerpackV ins Leben gerufenen Gesamtsystems leisten. Durch Verdrängung der Kunststoffverpackung würden die Probleme bei der Entsorgung nur auf die Gebiete der Verbunde (Anwachsen der zu bewältigenden Menge auf das 2,2fache) und der Papier- und Pappe-Fraktion (Anwachsen auf das 1,6fache) verschoben, auf Gebiete also, an die das Recycling technisch (Verbunde) oder durch das Mengen-, Qualitäts- und Reststoff-Problem (Papier) ebenfalls nahezu unlösbare Aufgaben stellt.

Aus ökologischer Sicht ist es daher nicht vertretbar, Kunststoffe für Verpackungen durch andere Materialien zu ersetzen. In dieser Hinsicht deckt sich das Ergebnis der global angelegten GVM-Studie voll mit der vergleichenden Untersuchung des Umweltbundesamtes über den Teilbereich der Tragtaschen, sowie auch weitgehend mit der Pressemitteilung des BMU Nr. 52/93 vom 21.09.1993 zu Ökobilanzen für Getränkeverpackungen.

Neben der *Substitution* herkömmlicher Packmittel haben Kunststoff-Packmittel in großem Maße neue Anwendungsgebiete erschlossen. Schließlich spielt die *Kombination* von Kunststoffen mit konventionellen Packstoffen, z. B. in *Verbundwerkstoffen*, eine bedeutende Rolle. Genannt sei in diesem Zusammenhang das Beschichten und Kaschieren von Papier und Pappe sowie von Metallen und Metallfolien, das Beschichten und Verkleiden von Glas- und Keramikbehältern, Mischungen bzw. Blends mit Kautschuk und Gummi, andererseits auch die Verstärkung von Kunststoffen durch Glasfasern und anderes anorganisches Fasermaterial (Bild 1.4).

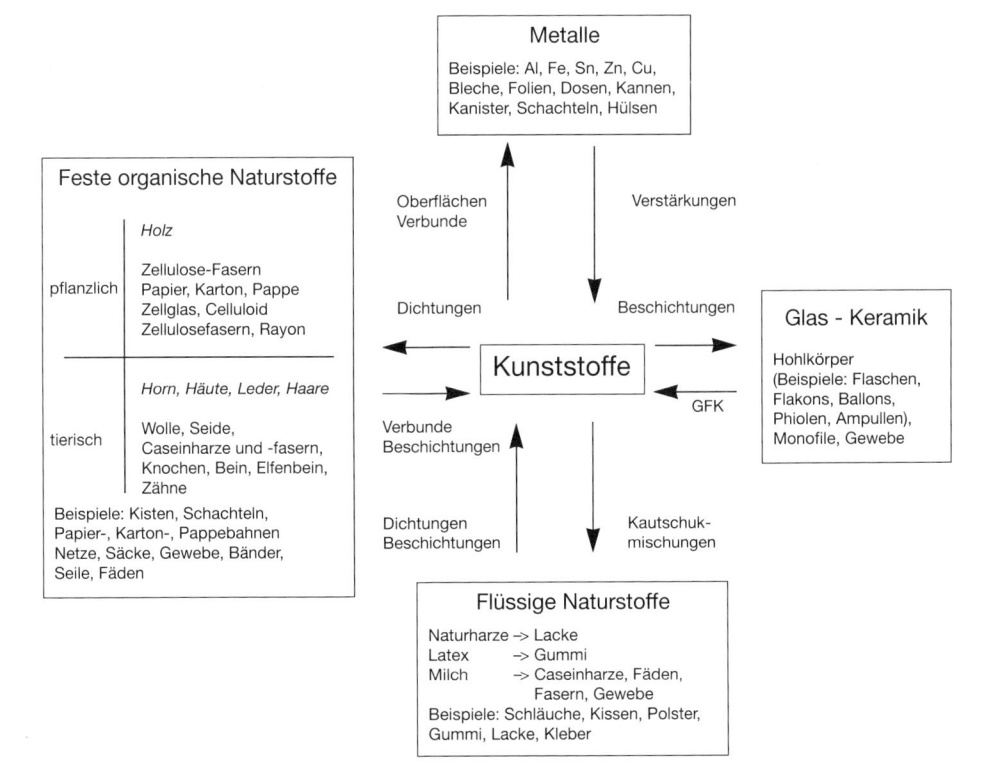

Bild 1.4 Verbund- und Substitutionsmöglichkeiten von Kunststoffen mit anderen Packstoffen (exemplarisch)

1.5 Verpackungsbegriffe und Terminologie

In der ersten Hälfte unseres Jahrhunderts wurde Verpackung im deutschen Sprachgebrauch als das zum Umhüllen eines Erzeugnisses verwendete Behältnis definiert, worin aber die wesentlichen Anforderungen und Funktionen der heutigen Verpackung nicht enthalten waren, nämlich die Ware, das Gut bzw. Packgut lager-, transport- und verkaufsfähig zu machen. Tatsächlich werden heute fast alle Handelswaren des Einzelhandels meist verpackt angeboten.

1.5.1 Definitionen und Begriffe des Verpackungswesens

Aktuell und umfassend wird definiert: Verpackung ist die geeignete Kombination von Packmitteln, Packhilfsmitteln und Verfahren, welche für die Qualitätssicherung, Logistik, Vermarktung und den Gebrauch des Packguts sowie zum Schutz der Umwelt benötigt werden.

Definitionen nach DIN 55 405 und spezielle Verpackungsbegriffe sind im Glossar enthalten. Die Begriffsbereiche des Verpackungswesens (nach DIN 55 405) zeigt Bild 1.5.

1.5.2 Einteilung der Verpackung – Systematik

Die zahlreichen unterschiedlichen Verpackungen können nach verschiedenen Gesichtspunkten unterschieden werden, nämlich nach:
- Verwendungszweck bzw. Bestimmungszweck,
- verwendeten Verpackungswerkstoffen,
- Art der Verwendung,
- speziellen Eigenschaften,
- Form, Abmessung, Konstruktion und ähnlichem.

Weitere Kriterien der Einteilung sind:
- Anzahl der Einheiten: Einzelverpackung, Sammelverpackung,
- Menge des Guts: Stückverpackung, Masseverpackung, Volumenverpackung, Kleinverbraucherverpackung, Großverbraucherverpackung,
- Anzahl der Umläufe: Einwegverpackung, Mehrwegverpackung,
- Art des Wechsels zwischen Eigentümer und Besitzer: Leihverpackung, Mietverpackung, Rückkaufverpackung,
- Eignung für den Transport: Transportverpackung, Lagerverpackung,
- Transportweg: Landwegverpackung, Luftwegverpackung, Seewegverpackung,
- Handelsgebiet: Inlandverpackung, Exportverpackung,
- Empfänger: Einzelhandelsverpackung, Großhandelsverpackung, Industrieverpackung,
- Eigenstabilität: flexible Verpackung, starre Verpackung, halbstarre Verpackung, zerbrechliche Verpackung,
- Formveränderung: formfeste Verpackung, zerlegbare Verpackung, faltbare Verpackung,
- Dichtheit: permeable (atmende) Verpackung, hermetische Verpackung,
- Art der Dichtheit: wasserdampfdichte Verpackung, sauerstoffdichte Verpackung, aromadichte Verpackung, fettdichte Verpackung, staubdichte Verpackung,
- Art der Ausstattung: Geschenkverpackung, Sichtverpackung, Trageverpackung,
- Art der Anwendung: universelle Verpackung, spezielle Verpackung,
- Art des Packguts: Lebensmittelverpackung, Pharmaverpackung, Geräteverpackung.

1.5 Verpackungsbegriffe und Terminologie

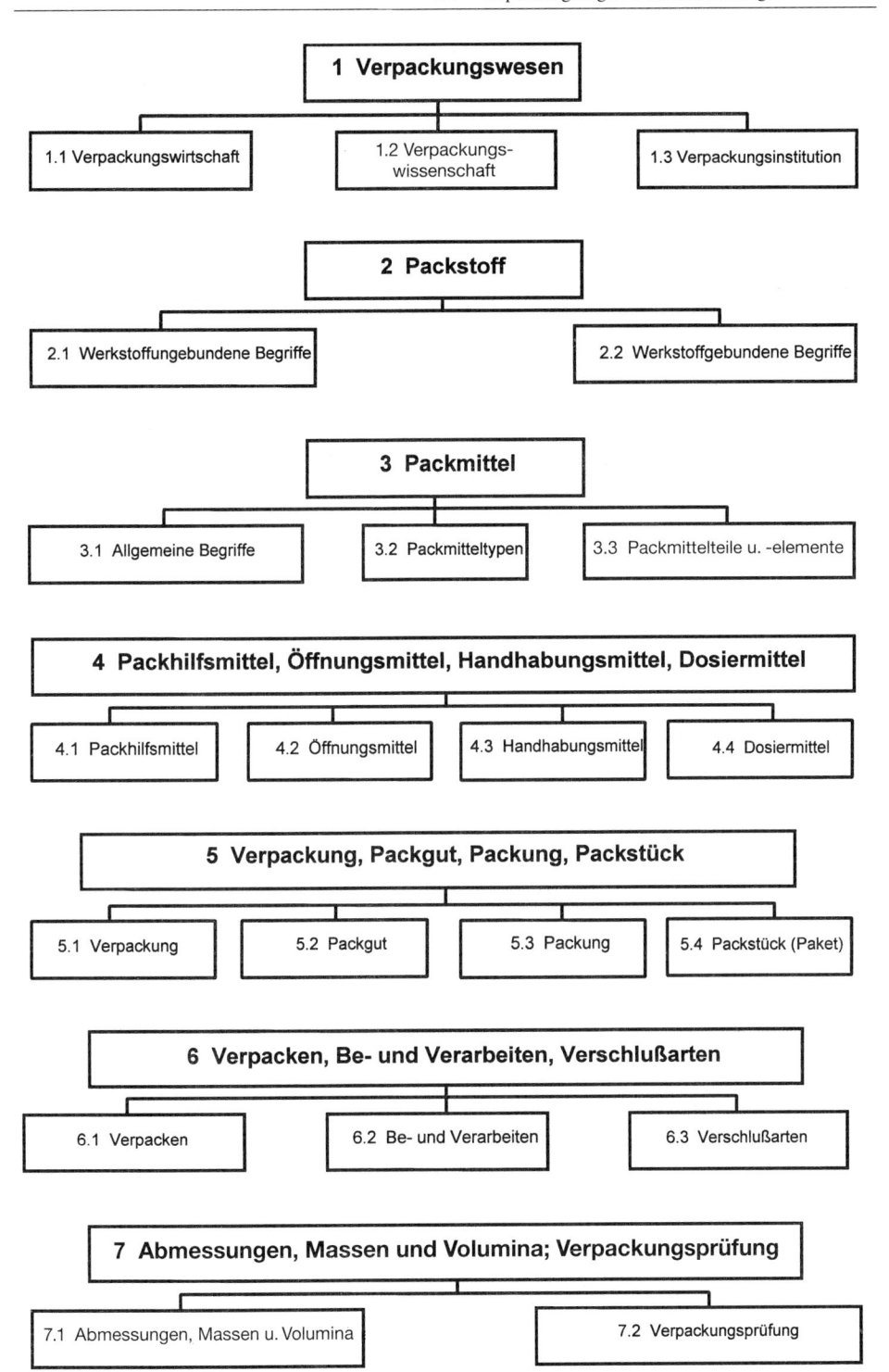

1 Verpackungswesen
- 1.1 Verpackungswirtschaft
- 1.2 Verpackungswissenschaft
- 1.3 Verpackungsinstitution

2 Packstoff
- 2.1 Werkstoffungebundene Begriffe
- 2.2 Werkstoffgebundene Begriffe

3 Packmittel
- 3.1 Allgemeine Begriffe
- 3.2 Packmitteltypen
- 3.3 Packmittelteile u. -elemente

4 Packhilfsmittel, Öffnungsmittel, Handhabungsmittel, Dosiermittel
- 4.1 Packhilfsmittel
- 4.2 Öffnungsmittel
- 4.3 Handhabungsmittel
- 4.4 Dosiermittel

5 Verpackung, Packgut, Packung, Packstück
- 5.1 Verpackung
- 5.2 Packgut
- 5.3 Packung
- 5.4 Packstück (Paket)

6 Verpacken, Be- und Verarbeiten, Verschlußarten
- 6.1 Verpacken
- 6.2 Be- und Verarbeiten
- 6.3 Verschlußarten

7 Abmessungen, Massen und Volumina; Verpackungsprüfung
- 7.1 Abmessungen, Massen u. Volumina
- 7.2 Verpackungsprüfung

Bild 1.5 Begriffsbereiche des Verpackungswesens (nach DIN 55 405)

Ins einzelne gehende Aufschlüsselung dieser letzteren Verpackungsarten kann auch nach der betreffenden Warengruppe (Untergruppe usw.) erfolgen bzw. nach den zugehörigen Warenordnungssystemen, wie BAN (Bundeseinheitliche Artikelnumerierung) oder EAN (Europäische Artikelnumerierung) (siehe Abschnitt 3.5.2.1).

1.5.3 Begriffsabgrenzungen

Packstoffe sind Werkstoffe, aus denen durch geeignete Formung Packmittel und Packhilfsmittel hergestellt werden können.

Packmittel sind durch geeignetes Formen aus Packstoffen hergestellte Hüllen, die für das Verpacken verwendet werden.

Packhilfsmittel sind durch geeignetes Formen aus Packstoffen hergestellte Teile, die Teilfunktionen für Packmittel übernehmen.

Verpackung ist der Oberbegriff für Packmittel und Packhilfsmittel. Zweck der Verpackung ist der Schutz ihres Inhalts sowie Schutz der Umwelt (Lagerungs-, Transport-, Verkaufs- und Verwendungserleichterung des Packguts).

Verkaufsverpackungen sind meist Einzelverpackungen, die das Packgut unmittelbar enthalten (Primärverpackungen), z. B. für Verbraucher.

Umverpackungen sind schützende Umhüllungen für eine oder mehrere Packungen (z. B. Faltschachtel für Tuben), um deren Lager-, Transport- oder Verkaufsfähigkeit zu sichern.

Transportverpackungen oder *Versandverpackungen* sind Sammelverpackungen für den Transport der Einzelverpackungen (z. B. Faltkisten, Mehrwegbehälter, -boxen, -container, Steigen etc. vgl. DIN 55 405, Tl 5.1.).

Packgut ist der Oberbegriff für das zu verpackende Gut.

Füllgut ist ein formlabiles oder auch kollektives Packgut, nämlich schütt-, riesel-, fließfähiges oder gasförmiges Packgut.

Packung ist das Ergebnis der Kombination von Verpackung und Packgut oder – mit anderen Worten – die gefüllte Verpackung (vgl. DIN 55 405, Teil 5.3).

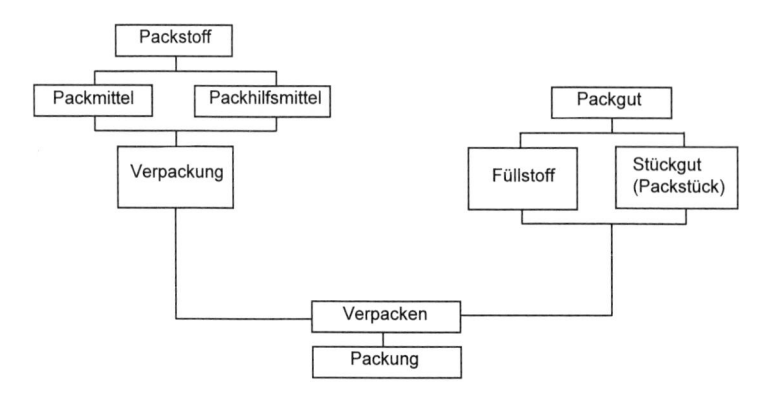

Bild 1.6 Zusammenhang der Verpackungsbegriffe

Bild 1.6 verdeutlicht die Zusammenhänge zwischen den Verpackungsbegriffen und der Verpackung. Spezielle Begriffe zu Verpackung, Packgut, Packung und Packstück siehe DIN 55 405, Teil 5 und Glossar.

1.6 Informationen und Dokumentationen zum Verpackungswesen

Zusammenfassende Referate und Informationsdienste werden sowohl in Referate-Zeitschriften als auch auf Magnetbändern gespeichert sowie als Online-Dienste angeboten. Im Verpackungsbereich wurde 1982 der international eingeführte zweisprachige Informationsdienst Packaging Science and Technology (PSTA) Referatedienst Verpackung vom Fraunhofer-Institut für Lebensmitteltechnologie und Verpackung (ILV), München, in Zusammenarbeit mit International Food Information Service (IFIS), der weltweit größten internationalen Organisation für den Informationsdienst im Bereich Lebensmittel, eingerichtet. PSTA besitzt einen deutsch/englischen Thesaurus mit ca. 1500 Begriffen (Deskriptoren und Verweisungswörter).

Die Referate sind in folgende zehn Hauptgruppen untergliedert:
- Verpackungswirtschaft, -wissenschaft, -institution,
- Packstoff,
- Verarbeitung, Herstellmaschinen,
- Packmittel,
- Packhilfsmittel,
- Packgut,
- Verpackungsmaschinen,
- Packungen,
- Verpackungsprüfung, -beanspruchungen,
- Transport und Lagerung.

Das ILV führt entsprechende Karteien bereits seit 1946 und bietet seit 1976 einen rechnergestützten gedruckten Dienst mit sechs Ausgaben pro Jahr an, nach Schlagwörtern und Registern geordnet.

Die Datenbank ist bei folgenden Hosts aufgelegt: CISTI, DIALOG, DIMDI, ESA-IRS, FIZ Technik mit ORBIT. Magnetbänder und retrospektive Recherchen werden außerdem angeboten.

Die Verpackungsdokumentation muß die sehr unterschiedlichen Informationsbedürfnisse der Packstoffe, Packmittel, Packhilfsmittel, Verpackungsmaschinen und -einrichtungen berücksichtigen, darüber hinaus noch Forschung und Entwicklung, Prüfung, Gestaltung, Ökonomie und Werbung, Recht, Normung, Umwelt-, Sicherheits- und Gesundheitsbelange sowie Distributions- und Transportprobleme. Die Informationen für den PSTA-Dienst kommen aus ca. 350 Zeitschriften, sowie aus Büchern, Firmenschriften, Tagungsschriften, Forschungsberichten, Normen, Wirtschaftsliteratur, Gesetzesvorschriften, Patenten und Hochschulschriften.

Weitere Dokumentationseinrichtungen, mit welchen das ILV zusammenarbeitet, sind:
- Verpackung im Rationalisierungskuratorium der Deutschen Wirtschaft (RKW), Eschborn,
- Österreichisches Institut für Verpackungswesen (ÖIV), an der Wirtschaftsuniversität Wien,
- Papiertechnische Stiftung (PTS), München,
- Deutsche Forschungsgesellschaft für Druck- und Reproduktionstechnik e.V. (FOGRA), München.

Wichtig ist für das Verpacken mit Kunststoffen das Referateorgan des Deutschen Kunststoffinstituts (DKI), Darmstadt. Das DKI erstellt einen Literatur-Schnelldienst Kunststoffe, Kautschuk, Fasern und verfügt über die rechnergestütze Datenbank POLYMAT für Thermoplaste, Duroplaste, Gießharze.

Das Institut für Kunststoffverarbeitung (IKV), Aachen, unterhält die Werkstoff-Datenbank CADFORM für CAD-, CAE-, CAM-Programme und Technologietransfer.

Der Qualitätsverband Kunststofferzeugnisse gibt Informationsschriften der Gütegemeinschaften über gütegesicherte Kunststofferzeugnisse und deren Anwendung heraus.

1.7 Allgemeine Normen des Verpackungswesens

Von Bedeutung sind außer DIN die Normen der ISO und die europäischen Normen, europäisch harmonisierte Normen und EU-Rechtsvorschriften. DIN-EN-Norm bedeutet europäische Norm, deren deutsche Fassung den Status einer deutschen Norm erhalten hat.

Das gesamte Verpackungswesen ist in umfangreichen Normenwerken weitgehend geregelt. Wichtige DIN-Vorschriften für die Verpackung mit Kunststoffen sind:
– DIN EN 272, 09.90 (= EN 272–1989). Verpackung; Tastbare Gefahrenhinweise; Anforderungen.
– DIN 55402, Teil 1, 04.88 (= ISO 780–1985). Markierung für den Versand von Packstücken; Bildzeichen für die Handhabungsmarkierung.
– DIN 55510, 03.82 (= ISO 3392–1984). Verpackung; Modulare Koordination im Verpackungswesen.
– DIN 6120, Teil 1 und 2, 12.90. Kennzeichnung von Packstoffen und Packmitteln zu deren Verwertung; Packstoffe und Packmittel aus Kunststoff; Bildzeichen.
– DIN 55402, Teil 2, 06.82. Markierung für den Versand von Packstücken; Richtlinie für die Exportverpackung.
– DIN 55405, Teil 1 bis 7, 02.88. Begriffe für das Verpackungswesen; systematische Übersichten; alphabetisches Gesamtverzeichnis und Begriffsbereich Verpackungswesen.
– DIN 55407, Teil 1 und 2, 08.76. Verpackungswesen; allgemeine technische Liefer- und Bezugsbedingungen (ATLB).
– DIN 55408, Teil 1, 09.78. Verpackungswesen; spezielle technische Liefer- und Bezugsbedingungen (STLB).

1.8 Ergänzende Literatur

Ahlhaus, O.: Klassifikations- und Ordnungssysteme für das Produkt-, Qualitäts- und Verpackungswesen, in: Wissensorganisation im Wandel, Studien zur Klassifikation, Bd. 18. INDEKS, Frankfurt/Main, 1988, S. 146–160.
Ahlhaus, O.: Substitution in Technik und Wirtschaft, Schriften zur wirtschaftswiss. Forschung, Bd. 71. A. Hain, Meisenheim a.G., 1974.
Bauer, U.: Verpackung, Vogel, Würzburg, 1981, S. 38.
Berndt, D.: Arbeitsmappe für den Verpackungspraktiker. Loseblattsammlung, Hüthig, Heidelberg.
Berndt, D.: Packaging, 1. Ausgabe. Vulkan, Essen, 1990.
Büschl, R.: Die Zukunft der Kunststoffverpackung. Verpackungsrundschau 46 (1995) 9, S. 16–22.
Dietz, G., Lippmann R.,: Verpackungstechnik. Hüthig, Heidelberg, 1986.

Frank, R., Wieczorek, H.: Kunststoffe im Lebensmittelverkehr, Empfehlungen des Bundesgesundheitsamts (aktuelle Lieferungen seit 1965 in Ordnern). Heymanns, Köln, Berlin, Bonn, München.
Fink, P.: Verpackung – ein wichtiges Kapitel der Warenwirtschaftslehre. Forum Ware (1988) 16, S. 65–68.
Fink, P.: Verpackung – ein Qualitätsmerkmal der Ware. Forum Ware 7 (1979), S. 99–104.
Fürst, R.: Verpackung gelobt und getadelt – unentbehrlich. Ein Jahrhundert der Verpackungsindustrie. Econ, Düsseldorf, Wien, 1973.
Gesellschaft für Verpackungsmarktforschung (GVM) im Auftrag des VKE: Verpacken ohne Kunststoff – ökologische und ökonomische Konsequenzen aus einem kunststofffreien Packmittelmarkt, Zusammenfassung der Untersuchung. GVM, Wiesbaden 1987, S. 1–29, Aktualisierung 1992.
Grünsteidl, E.: Das Verpackungswesen im Weltbild der Wirtschaft. Die Neue Verpackung (1961) 5.
Grünsteidl, E.: Verpackungsforschung – gestern, heute, morgen. Verpackungswirtschaft (1966) 1.
Koppelmann, U.: Grundlagen der Verpackungsgestaltung. Neue Wirtschaftsbriefe, Herne, Berlin, 1971.
Kühne, G.: Verpacken mit Kunststoffen. Hanser, München, 1974.
Medeyros, M., Koppelmann, U.: Handbuch der Kunststoffverpackungen. Neue Wirtschaftsbriefe, Herne, Berlin, 1971.
Rockstroh, O.: Handbuch der industriellen Verpackung. Moderne Industrie, München, 1972.
Referatedienst Verpackung – zentrale internationale Dokumentation, München, seit 1976.
Reuther, B.: Der Substitutionswettbewerb zwischen Konsum-Verpackungen aus unterschiedlichen Packstoffen. Schriftenreihe des Instituts für Technologie und Warenwirtschaftslehre der Wirtschaftsuniversität Wien, Band 1. Wien, 1977.
Rationalisierungsgem. Verpackung im RKW, Berlin (Hrsg.): RGV-Handbuch Verpackung, Grundwerk, Stand 1991, E. Schmidt. Berlin.
Thalmann, W. R.: „Öko"-Ausweis für die Verpackungspraxis. Verpackungs-Rundschau 39 (1988), S. 940–946.
VDI-Gesellschaft Kunststofftechnik (Hrsg.): Verpacken mit Kunststoff-Folien. VDI, Düsseldorf, 1982.
Verpackung im Spannungsfeld zwischen Marketing und Ökologie. Neue Verpackung 41 (1988) 12, S. 84–92.
Verpackung und Umwelt. Verpackungs-Rundschau 39 (1988), S. 1219–1224.
Verpackungs-Handbuch 1981/82. Chemische Industrie, Augsburg, 1981.

2 Aufgaben und Anforderungen der Verpackung

Die Verpackung soll mit Hilfe von Wissenschaft, Technik und Design Produkte oder Waren für den Markt verkaufsfähig machen, und deren Qualität mit minimalen Gesamtkosten bis zum Verbraucher garantieren.

DIN 55 350 definiert: „Qualität ist die Beschaffenheit einer Einheit bezüglich ihrer Eignung, festgelegte und vorausgesetzte Erfordernisse zu erfüllen".

Qualitätsgarantie für das Packgut ist die umfassendste Aufgabe der Verpackung.

Die qualitätsbestimmenden Merkmale von Lebensmitteln sind z. B. (nach A. Weber)
- Nährwert: Inhaltsstoffe wie Vitamine, essentielle Aminosäuren,
- Nährstoffgehalt,
- Genußwert: sensorisch wahrnehmbare Merkmale (Geruch, Geschmack, Farbe, Form, Aussehen, Konsistenz),
- Eignungswert: Brauchbarkeit, z. B. küchentechnische Eignung,
- hygienischer Wert: Zustand bezüglich mikrobieller und chemischer Verunreinigungen,
- psychosozialer Wert: gesellschaftlich bedingte Wertschätzung bestimmter Produkte und Merkmale.

Warenqualität ist die Eignung einer Ware und/oder deren Dienstleistung für den vorgesehenen Verwendungszweck, nämlich vorgegebene – objektive oder subjektive – Eigenschaftsforderungen zu erfüllen bzw. geforderte Leistungen anspruchsgemäß zu erbringen. Sinngemäße Qualitätsfunktionen und -anforderungen werden auch an die Verpackung gestellt. Die Abhängigkeit der Packgutqualität von der Qualität der Verpackung zeigt Bild 2.1.

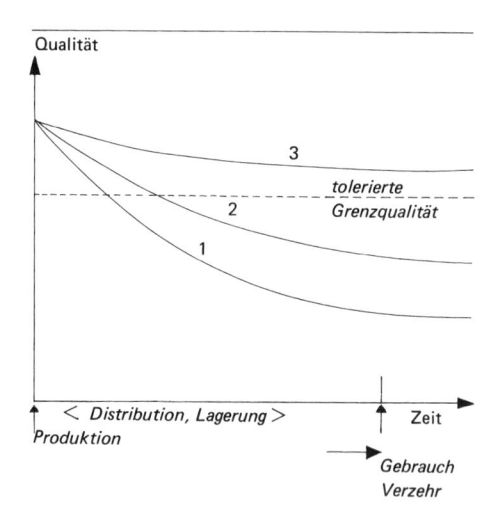

Bild 2.1 Qualität der Verpackung und Haltbarkeit des Packguts; Haltbarkeit: Zeit ab Produktion bis Erreichen der Grenzqualität (nach *Fink*)
1: unverpackt, 2: ungenügend verpackt, 3: gut verpackt

Bewußt oder unbewußt wird heute die Verpackung als gleichwertiger Bestandteil des Produkts angesehen. Beim Einsatz von Verpackungen gilt in der Regel der Grundsatz: so wenig wie möglich und nur so viel wie nötig. Daher ist der Kostenanteil der Verpackung am Gesamtprodukt relativ niedrig (Tabelle 2.1).

Tabelle 2.1 Packmittelkostenanteil verschiedener Warengruppen am Verkaufspreis

Warengruppe	Materialkosten %
Kosmetika	7,5
Nahrung, Genußmittel	6,0
Lacke, Farben	2,5
Arzneimittel	2,5
Chemie und Technik	2,0

Quelle: IK

Die Aufgaben der Verpackung ergeben sich aus den an sie gestellten *Anforderungen* und führen demgemäß zu ihren *Funktionen*.

Hauptanforderungen an die Verpackung stellen:
- das Packgut bzw. die zu verpackende Ware nach *Warengerechtheit bzw. Schutzfunktionen*,
- der Verbraucher nach *Verbrauchsgerechtheit*,
- die Fertigung bzw. die Hersteller nach *Fertigungsgerechtheit*.

2.1 Aufgaben und Funktionen der Verpackung

Aus den Anforderungen bzw. Aufgaben der Verpackung ergeben sich ihre vielfältigen Funktionen. Die wesentlichen Grundfunktionen der Verpackungen in der Praxis sind die effiziente und geordnete Warenverteilung sowie die Produkte über den Markt zum Verbraucher zu bringen.

Dafür ist *primäre Funktion* : die physische Verteilung und Qualitätssicherung des Packguts durch eine schützende Hülle für das Mikroklima und gegen mechanische Einwirkungen. Die *sekundäre Funktion* ist auf den Markt hin orientiert, sie dient der Warenidentifikation, wirbt und unterstützt den Handel. Die *tertiäre Funktion* hat soziale Dimensionen, sie verlangt Sicherheit bei Transport, Lagerung, Verkauf sowie Gebrauch, und legt einen strengen Maßstab bezüglich Umweltverträglichkeit an.

Die Grundfunktionen der Verpackung sind: die *Schutzfunktion* , die *Lagerfunktion* , die *Transportfunktion* (Distribution) und die *Werbefunktion* bzw. *Verkaufsfunktion* (Kennzeichnung).

Außerdem gibt es *Zusatzfunktionen* oder attributive Funktionen, wie die

Portionierungsfunktion, Garantiefunktion, Verbrauchs- bzw. *Gebrauchsfunktion* mit *Dienstleistungsfunktion* .

Als weitere Verpackungsfunktionen werden genannt:
- Kennzeichnung der Ware, auch sprachlich international,
- Haltbarkeitsgarantie, bzw. Mindesthaltbarkeit (MHD),
- Normung, bzw. Standardisierung,
- Typisierung,
- Möglichkeit der automatisierten Verteilung,
- Rationalisierungsmöglichkeiten auf allen Stufen,
- Hygiene,
- optische Beurteilungsfähigkeit des Packguts,
- Entsorgungsfreundlichkeit.

Die *Verkaufsfunktion* besteht vor allem darin, mittels geeigneter Kunststoffverpackungen den Verkauf zu rationalisieren und werbewirksam zu intensivieren. Durch entsprechende Gestaltung der Verpackung bezüglich Form, Farbe und Stoff läßt sich, insbesondere durch Packungsveredelung, eine wesentliche Verkaufsförderung erzielen. Auch für die *Rationalisierung* ist die Verpackung bedeutsam. Insbesondere durch die Sichtpackung bzw. Klarsichtpackung ist es möglich, dem Verkäufer und den Käufern beste Einsicht in die Waren zu gewähren, ohne die Packungen öffnen zu müssen.

Sammelpackungen bzw. Mehrstückpackungen sind wichtige Mittel der Rationalisierung.

2.2 Anforderungen an die Verpackung – Qualitätssicherung

Von allen mit der Wirtschaft und Technik der Ware in ihrem Kreislauf befaßten Interessenten und Institutionen werden Forderungen an die Verpackung gestellt, um deren *Qualität* zu sichern. Zumeist sind diese Anforderungen verschiedenartig, ja sogar konträr. Näheres zu Qualität und Qualitätssicherung siehe Abschnitt 10.1.

2.2.1 Anforderungen der Ware bzw. des Packgutproduzenten an die Verpackung

Um die Verpackung und den Verpackungsprozeß optimal zu gestalten, ist es wichtig für den Verpacker, das Packgut, d. h. die zu verpackende Ware, z. B. Lebensmittel möglichst genau zu kennen. Hierfür sind Kenntnisse im einzelnen erforderlich über:
- die Eigenschaften des Packguts und seine spezifischen Empfindlichkeiten,
- deren mögliche und zulässige Quälitätsänderungen durch entsprechende Einwirkungen auf das verpackte Gut,
- mögliche Einwirkungen des Packguts auf seine Umgebung und damit verbundene Belästigungen und Gefährdungen,
- die Wechselwirkung zwischen dem Packgut und dem Packmittel.

Qualitätsmäßig ist es wichtig, die Gesamtmenge des Packguts, die für jede einzelne Packung abzupackende Menge, die zulässigen Mengentoleranzen und die aus der Packung gleichzeitig zu entnehmenden Mengen bei der Verwendung bzw. beim Verbrauch zu kennen.

Bezüglich der Form des Packguts wie physikalische Eigenschaften wie Aggregatzustand, Dichte, mechanische Eigenschaften, makrogeometrische Form, Fließverhalten, Form des Packguts je nach Art (ob Strang, Faden oder Flachgut, blatt- oder bahnförmig, Schüttgut, Stückgut, hochviskoses pastöses Gut, niedrigviskose Flüssigkeit oder nebel- bzw. dampf- oder gasförmiges Packgut) zu berücksichtigen.

Die *Quälitätsempfindlichkeit* des Packguts ist von seinen chemischen und biologischen Eigenschaften sowie seiner Verträglichkeit mit der Verpackung abhängig. Zu unterscheiden sind: Packgüter mit zeitunabhängigen und Packgüter mit zeitabhängigen Eigenschaften, wie

Reifeprozesse, Verderbnisreaktionen etc. Die chemischen sowie biologisch-physiologischen Eigenschaften spielen hierbei eine wesentliche Rolle. Beispiele für Qualitätsminderungsfaktoren sind: Sauerstoff, Feuchte, (kritischer Wassergehalt), Licht, Temperatur, mechanische Einwirkungen, Mikroorganismen und andere, tierische Schädlinge (Enzyme), und Fremdgerüche.

Zumeist ist der daraus resultierende Qualitätsverlust zeitabhängig. Auch mechanische Einflüsse wie Druck, Stoß, Erschütterungen und Schwingungen können wesentliche Qualitätsminderungen des Packguts hervorrufen. Die Empfindlichkeit des Packguts erfordert auch eine Verträglichkeit mit der Verpackung sowie Berücksichtigung der Haltbarkeitszeit, der Transportfähigkeit und der Resistenz gegenüber Klima, Temperatur etc. Bei Lebensmitteln werden hierfür „kritische Produktkennzahlen" ermittelt, z. B. für ihren Wassergehalt, Enzymaktivität, Sauerstoff- und Lichtempfindlichkeit, ihre Viskosität, Packungsmenge, Distributionssystem, Bruchanfälligkeit, Umschlagszeit etc.

Bei den Anforderungen des Packguts an Packmittel, Packhilfsmittel, Verpackungsprozeß und dessen maschinelle Vorgänge kommt es insbesondere darauf an, *unerwünschte Veränderungen* des Packguts, wie Geruchs- und Geschmacksveränderungen bei Lebensmitteln, Übergang von toxischen Stoffen auf Lebensmittel etc. und unerwünschte Veränderungen an der Verpackung zu vermeiden. Das Packgut muß daher so beschafffen sein, daß es die Verpackung nicht unzulässig verändert. Auch können *Permeation* und *Migration* einerseits sowie Erschütterungen und Bewegungen auf den *Verpackungsmaschinen* andererseits zu unerwünschten Veränderungen des Packguts führen. Geruchs- und Geschmacksbeeinflussungen durch die eingesetzten Packmittel und Hilfsmittel (Additive) müssen unbedingt vermieden werden (siehe Abschnitt 3.4 Lebensmittel- und Bedarfsgegenständegesetz, LMBG).

2.2.2 Anforderungen des Produzenten und des Verpackungsprozesses an Packmittel und Packung

Ein rationeller *maschineller Verpackungsprozeß* verlangt angemessene Auswahl und Gestaltung der Verpackung (Tabelle 2.2). Erforderlich sind beim Zuführen der Packmittel insbesondere Maßhaltigkeit der Abmessungen, Gratfreiheit der Schnitt- und Stanzkanten, Freiheit von Einrissen an den Kanten, Einhaltung bestimmter Lagen wie der Faserrichtung zur Laufrichtung.

Beim *Füllen* der Packungen sind Maßgenauigkeit und Toleranzen zu beachten. Wesentlich sind auch der Innendruck, die Streckumformung und Warmstandfestigkeit der gefüllten Packung.

Verschließen, Veredelung und *Nachbehandlung* der Packung stellen weitere Anforderungen an den Verpackungsprozeß. Insbesondere Signieren (siehe Abschnitt 7.2), Etikettieren und Prägen sowie Kontrolloperationen müssen am Ende des Verpackungsprozesses ausgeführt werden (siehe Kapitel 10).

2.2.3 Anforderungen der Lager- und Transportprozesse an die Verpackung

Hier spielen die bereits genannten Empfindlichkeiten des Packguts und der Verpackung eine Rolle. Entsprechende Einwirkungen ergeben sich aus deren Art, wie Druck, Stoß, Temperatur, Feuchtigkeit, Dauer bzw. Anzahl (kurzzeitig oder langzeitig), Reihenfolge bzw. Gleichzeitigkeit, Intensität usw.

Die entsprechenden Anforderungen sind abhängig von Transportweg und Transportmittel, Art und Weise des Umschlags (manuell, maschinell), der Lagerung (in Lagerräumen oder

Tabelle 2.2 Anforderungen der Hersteller von Konsumgütern an die Verpackung (nach *Roppel*)

Technologische Anforderungen	Faktoren für die Produktion	Kosten	Funktion im Marketing-Mix	Ökologische Faktoren
Schutz vor Feuchtigkeit	Integrierbarkeit Interne Abläufe	Anlagenkosten	Display-Fläche	Energie-Aufwand Einzelpackung
Gasdichtheit	Endverpackung	Betriebskosten	Produkt-Image	Energie-Aufwand Sammelverpackung
Aromadichtheit	Sammelverpackung	Kosten Leergut Lagerung und Transport	Wertvorstellung	Energie-Aufwand Endverpackung
Schutz vor Fremdgerüchen	Anlagenleistung effektiv	Kosten Reparaturen und Instandhaltung	Produkt Differenzierung	Reaktivierbarer Energie-Anteil
Produktbeständigkeit	Störungsanfälligkeit	Kosten-Abfall	Akzeptanz Verbraucher	Energie Reinigung
Physiologische Unbedenklichkeit	Personaleinsatz	Kosten der Packung	Akzeptanz Handel	Energie Processing
Mikrobieller Schutz	Kontrollaufwand	Kosten Sammelverpackung	Präsentation im Regal	Energie Transport
Schutz gegen Insekten etc.	Ausschuß	Kosten Endverpackung	Handhabungseigenschaften	Energie Kühlung
Wärme- bzw. Kältebeständigkeit	Füllgenauigkeit	Personalkosten	Öffnung	Energie Entsorgung
Stoß- und Druckfestigkeit	Reparatur Instandhaltung	Kosten Lagerung Vollgut	Wiederverschluß	Luftverschmutzung
Geruchs- und Geschmacksneutralität	Haltbarkeitszeit	Kosten Distribution	Optische Größe	Wasserverschmutzung
Maschinengängigkeit	Voraussetzungen Transport Handel	Kosten im Handel	Ökologisches Image	Rohstoffabhängigkeit

Freilagerung), Beschaffenheit der Packung (Form, Abmessungen, Gewicht), Markierung der Packung (Handlingsymbole, Gefahrenssymbole).

Für die Lagerung spielt insbesondere der Stapeldruck (siehe auch Abschnitt 10.5.1 und 10.5.2) auf die einzelnen Packungen eine wichtige Rolle. Im Gegensatz zum statischen Stapeldruck werden beim Transportgeschehen verschiedene dynamische Kräfte wirksam, die die einzelnen Packungen in den betreffenden Transportketten, wie Vortransport, Zubringer-, Haupt-, Anschluß- und Verteilungstransport wesentlich beeinträchtigen können.

Bei den mechanische Beanspruchungen unterscheidet man
– den zeitlichen Wirkungsverlauf in statische und dynamische Belastungen,
– die zeitliche Wirkungsdauer in kurzzeitige und langzeitige Belastungen,
– den geometrischen Wirkungsbereich in partielle (punktförmige) und totale (flächenförmige) Belastungen,
– die geometrischen Wirkungsrichtungen in exogene und endogene Belastungen.

Solche Wirkungen treten in Kombination auf und sind entsprechend zu berücksichtigen. Praktische Fälle sind:
- *Stapeldruck* (statisch, langzeitig, total, exogen),
- *Aufprall* nach freiem Fall (dynamisch, kurzzeitig, total, endogen),
- *Druckstoß* von Wänden (dynamisch, kurzzeitig, partiell, exogen).

Alle Belastungen führen zu charakteristischen Beanspruchungen von Packgut und Verpackung, d. h. es wird die gesamte Packung entsprechend beeinträchtigt.

Durch mechanische Beanspruchung können folgende Schäden auftreten: an der Verpackung als reine Verpackungsschäden; am Packgut, an der Verpackung und dem Packgut, d. h. an der gesamten Packung, wobei der Verlust des Gutes durch den Schaden an der Verpackung hervorgerufen sein kann.

Ursachen der Schäden können sein:
- einmalige kurzzeitige Überlastungen, die zu Gewaltbrüchen führen,
- wiederholte kurzzeitige Belastungen unterhalb der Kurzzeitfestigkeit, die jedoch durch Schadensakkumulation zu Dauerbrüchen führen,
- langzeitige Belastungen unterhalb der Kurzzeitfestigkeit, die aufgrund von rheologisch bedingten Fließvorgängen nach einer bestimmten Zeit zum Versagen führen.

Schwachstellen, die Schäden verursachen, können sein:
- Stellen mit verminderter Festigkeit bei Wandungen der Verpackung,
- Fügestellen wie Klebnähte, Schweißnähte,
- Verschlüsse der verschiedensten Packungsarten.

Wesentlich für eine ökonomische Gestaltung der Verpackung ist auch die Lastverteilung innerhalb der Verpackung. Für das Lastaufnahmevermögen der Verpackung spielen die Beweglichkeit des Packguts und die Empfindlichkeit des Packguts eine entscheidende Rolle.

Stoßbeanspruchungen bei Fallvorgängen können insbesondere folgende Schäden am Packgut verursachen: Bruch spröder Teile, Verbiegen von Teilen, Abreißen oder Verrutschen massereicher Teile, Lösen aus Halterungen, Ausreißen von Niet- oder Punktschweißverbindungen, Spannungsriß bzw. Bruch, Dejustierung.

Typische Verpackungsschäden sind: Aufreißen von Einschlägen, Beuteln etc., Aufreißen von Kanten, Flächen, Verschlüssen und Fabrikkanten bzw. Verbindungskanten bei Schachteln (insbesondere bei Klammerheftung), Durchstoßen der Wände durch hervorstehende Teile des Packguts, Verlust der Stapelbarkeit durch Knicken, Falten, Knautschzonen (bei Schachteln), irreversible Verformungen von Polsterelementen (EPS, PUR-Hartschaum, Wellpappe etc.), Risse bei Verpackungen aus Kunststoffen.

Wesentliche *Schadenfaktoren* sind Masse („Gewicht"), Fallhöhe, Aufprallboden, Aufprallfläche (starr oder nachgiebig) Fallzahl. Auch Stapeldruck, Rangierstoß- und Schwingungsbeanspruchung sowie deren Dauer spielen eine wichtige Rolle beim Transport.

Weitere mechanische Beanspruchungen entstehen durch Manipulation mit Gabelstapler, Begehen, Druckbeanspruchungen, Seile, Palettengeschirr, Doppelseilschlinge, Stahlstropp, Handstropp und horizontalen Seilzug.

Für die *Ladungssicherung*, insbesondere auf Paletten, kommen hauptsächlich das Umreifen, Umschrumpfen und Umstretchen mit Kunststoff-Folien bzw. -Bändern in Betracht.

Beim Einsatz von Paletten, Behältern und Containern müssen die entsprechenden Vorschriften bzw. Normen Beachtung finden. Insbesondere die Auslastung der Paletten, Behälter und Container muß mit EDV-Methoden optimiert werden.

2.2.4 Klimabeanspruchungen

Ein Klima wird durch den mittleren Zustand und den gewöhnlichen Ablauf des Wetters in bestimmten Zeiträumen an einem bestimmten Ort gekennzeichnet. Klimaelemente sind z. B. Sonnenstrahlung, Temperatur und Luftfeuchtigkeit.

Man unterscheidet:
- *Makroklima*, das in einem mehr oder weniger großen Gebiet der Erdoberfläche besteht
- *Mikroklima* innerhalb umschlossener Räume, wie etwa Lagerhallen, Laderäume oder auch innerhalb der Verpackung.

Klimabedingte Schäden können entstehen durch Temperatur, Feuchte, Licht- und Ultraviolettstrahlung, Luftverschmutzung.

Die Bedingungen des Mikroklimas in Packungen beziehen sich vor allem auf Temperatur und Luftfeuchtigkeit, wobei die verschiedenen Aufstellungsmöglichkeiten (im Freien, unter Dach oder im Laderaum), die Ausführung (hermetisch, belüftet, gepolstert, mit Sperrschichteinlagen versehen) und evtl. die Beigabe von Trockenmitteln in die Packung wesentlich sind. Insbesondere Lebensmittel können auch unter Schutzgas (MAP = Modified Atmosphere Packaging) verpackt werden.

Ein temporärer *Korrosionsschutz* des Packguts kann durch Zugabe entsprechend geeigneter Korrosionsschutzmittel bewirkt werden (VCI). Vielfach wird ein Kunststofffilm als Korrosionsschutzhaut direkt auf das Packgut aufgesprüht, oder das Packgut wird mit enganliegender Folien verpackt (evtl. unter Schutzgas; bei Lebensmitteln auch durch Vakuumverpackung). Vielfach wirken Trockenmittel zugleich als Korrosionsschutzmittel, weil sie die Luftfeuchtigkeit entsprechend mindern und dadurch die Korrosionsanfälligkeit der Packgüter verringern. Die Verkehrsträger (Bahn, Post, Speditionen für Kraftfahrzeuge, Schiffe und Luftfracht) stellen wiederum ihre eigenen Bedingungen für die zu transportierenden Verpackungen bzw. Packungen.

2.2.5 Anforderungen des Handels an die Verpackung

Das Kernstück des Warenhandels ist der Verkauf bzw. Absatz der Waren. Dieser soll mit Hilfe der Packmittel rationalisiert und intensiviert werden.

Bei der heute überwiegenden Selbstbedienung im Einzelhandel ist die geeignete Verpackung, insbesondere Sichtverpackung mit Kunststoffen, ein wesentlicher Bestandteil der Selbstbedienungsmöglichkeiten. Außer der Vorverpackung spielt auch die geeignete Portionierung der Waren in verbrauchergerechte Portionen eine Rolle. Wesentlich sind die Kennzeichnung und die Sichtbarkeit des Inhalts einer Packung sowie deren codierte Preisauszeichnung. Sammelpackungen oder Großpackungen können den Verkauf für den Handel wesentlich rationalisieren. Um die Angebotsflächen optimal zu nutzen, müssen die Packungen den Regalgrößen bzw. Vitrinen angemessen und dort entsprechend stapelbar sein. Wirtschaftliche Wünsche der Produktdifferenzierung können oftmals im Widerspruch zu den Rationalisierungsbestrebungen des Handels stehen.

Durch farbige, bedruckte, metallisierte oder sonst auffällig gestaltete Packungsoberflächen (Veredelung) wird eine wesentliche *Verkaufsförderung* bewirkt und soll für die Verkaufspackung werben. Auch die Form, insbesondere bei Flaschen, ist ein beliebtes Differenzierungs- und Werbemittel für bestimmte Produkte. Allerdings werden zunehmend Klagen sowohl des Handels als auch des Verbrauchers wegen ungeeigneter Verpackungsformen laut. Andererseits werden auffällige Formen seitens des Marketings gewünscht, um den Verkaufserfolg zu verbessern.

2.2.6 Anforderungen des Verbrauchers bzw. Verwenders

Eine wichtige Forderung bildet die verwendungsadäquate Menge bzw. Größe der Verkaufsverpackung, die durch den Zeitraum des Bedarfs, die Verbraucherzahl, die Preislage sowie Zahlungsgewohnheiten und die Haltbarkeit der Waren bestimmt wird.

Bei einer integrierten Verpackungslinie werden auf ein und derselben Verpackungsmaschine die Packmittel im Abfüllbetrieb hergestellt, gefüllt und verschlossen (FFS = Form-, Füll-, (Ver)Schließmaschine). Zum Beispiel: Folienschläuche mit Getränken wie Milch oder Säften werden gefüllt, zu Kissen geformt und verschlossen.

Bei nicht-integrierten Verpackungslinien, d. h. der Abpacker füllt und verschließt die fertigen Packmittel, ist auf die technischen Vorgänge dieses Verpackungs- bzw. *Füll- und Verschließvorgangs* sowie die Anlieferung der leeren Packmittel Rücksicht zu nehmen, d. h. es werden von hier entsprechende Forderungen an *Versand- und Stapelbarkeit* der leeren Packmittel gestellt.

Für den Verbraucher ist das *Öffnen* und eventuelle *Wiederverschließen* einer Verkaufsverpackung von Interesse. Die *Entnahmen* durch Dosieren, Sprühen, Schütten, Streuen, Tropfen, Spritzen usw. stellen ebenfalls sehr unterschiedliche Anforderungen an die Packmittel und ihre Verschlüsse. Die Schmuckwirkung einer Dekorverpackung spielt nicht nur für Kosmetika eine entscheidende Rolle. Auch Lebensmittel, z. B. Joghurt oder Diätmargarine und ähnliches, kommen direkt in ihrer Originalverpackung, die entsprechend attraktiv gestaltet ist, auf den Tisch. Solche Verpackungen haben eine packgutabhängige Schmuckwirkung. Typische Geschenkartikel haben seit jeher die schmückende Verpackungsgestaltung. Oft dienen schöne Verpackungen, wie Schachteln oder Dosen, später zum Aufbewahren von irgendwelchen Haushaltsartikeln. Im besonderen Maße aber beschäftigt heute den Verbraucher das Beseitigen der Packmittel, speziell der Kunststoff-Packmittel (siehe auch Recycling, Kapitel 11).

2.2.7 Anforderungen des Gesundheits-, Arbeits- und Gefahrenschutzes

Wesentlich für den Gesundheitsschutz sind die einschlägigen Vorschriften der Berufsgenossenschaften sowie die Hygienevorschriften für Lebens- und Genußmittelverpackungen, für Pharmazeutika und für den Transport gefährlicher Güter. Auch die Maximalgewichte der Packungen, die durch Menschenhand bewegt werden, müssen entsprechend begrenzt sein. Scharfe und spitze Kanten an Verpackungen, die Verletzungen hervorrufen könnten, müssen vermieden werden. Unkontrollierte Entnahmen von Packungsinhalten müssen verhindert werden, insbesondere bei solchen Packgütern, die mit Gefahren für Leben und Gesundheit verbunden sind. Hier ist es wesentlich, daß sogenannte *kindergesicherte Verschlüsse* an den betreffenden Packungen vorhanden sind. *Sicherheitsverschlüsse* bzw. *Tamper-proof-Verschlüsse* oder fälschungskenntliche Verschlüsse ermöglichen ein Entnehmen oder Entleeren von Verpackungsinhalten nur durch Zerstören der Originalitätssicherung oder des gesamten Verschlusses. Kindergesicherte Verschlüsse lassen sich wieder verschließen, ohne daß das vorherige Öffnen feststellbar ist (siehe Abschnitt 8.3.12).

Für die *sicherheitstechnische Kennzeichnung* von Lebensmitteln, Pharmazeutika und gefährlichen Gütern gibt es zahlreiche Vorschriften, wonach wesentliche Kennzeichnungen auf den betreffenden Packungen mit Datum, Inhaltsangabe, Herstellung, Verbrauchsfristen, Abfüllmengen usw. anzugeben sind. Auch Gebrauchsanweisungen, um falschen Gebrauch zu verhindern, müssen aufgedruckt sichtbar sein.

2.2.8 Anforderungen von Behörden, staatlichen Einrichtungen und zwischenstaatlichen Institutionen

Außer den Gesundheits-, Arbeitsschutz- und Gefahrenschutzbestimmungen sind im Handel noch die Bestimmungen von *Zoll, Steuer, Unfallschutz* und *Versicherungen* wichtig. Export- und Importgüter unterliegen den zollrechtlichen Vorschriften; alle Waren oder Güter den Bestimmungen der Umsatzsteuer, Alkoholsteuer, Tabaksteuer usw.

Die Versicherungen für Waren auf die verschiedensten Gefahren haben ebenfalls ihre eigenen Bestimmungen, die jeweils bei der Warenverpackung beachtet werden müssen. Vor allem aber spielt das Eichrecht mit all seinen Bestimmungen eine wesentliche Rolle für die Warenverpackung und die Packungsgröße sowie deren Inhalt (siehe Abschnitt 3.3).

Die Anforderungen, die das *Lebensmittelrecht* nach dem Lebensmittel- und Bedarfsgegenständegesetz (LMBG) sowie das *Arzneimittelrecht (DAB)* stellen, werden in Abschnitt 3.4 und 3.7 gesondert behandelt.

2.2.9 Anforderungen der Warenordnungssysteme

Nach den Vorbildern der amerikanischen Universal Product Code = UPC und dem Bundes-Artikel-Nummerungs-System BAN der Bundeswehr bzw. NATO wurde das Europäische Artikelnummerungs-System EAN mit dem Strichcodesymbol eingeführt (Näheres in Abschnitt 3.5.2.1).

Die jeweils zutreffenden Codierungen (z. B. Strichcode) bzw. Produkt- oder Warenordnungssymbole und -nummern müssen so auf die Verpackungen aufgebracht sein, daß sie sichtbar und/oder maschinell mit Detektoren – auch nach längeren Lager- und Transportvorgängen – einwandfrei identifizierbar sind.

2.3 Leistungsprofil der Verpackung

Aus den genannten Funktionen und Anforderungen ergibt sich folgendes gefordertes *Leistungsprofil der Verpackung* :
- *Schutz des Packguts* vor Verderb, Bruch, Verlust und Verunreinigung, sowie *der Umgebung* vor Verunreinigung, der *Benutzer* vor Gefährdung.
- *logistische Eignung* durch transport- und lagergerechte, portionierte, ladengerechte, entsorgungsgerechte, eventuell wiederverwendbare, wiederauffüllbare, wiederverwertbare Verpackungen.
- *Information* für Verbraucher über die Ware, durch produktadäquate Gestaltung, durch markentypische Gestaltung, durch Preis- und Qualitätsangemessenheit, durch Konkurrenz-Durchsetzungsvermögen, usw.
- *Konsumentenfreundlichkeit* durch Sauberkeit und Hygiene, Handlichkeit im Transport, bei Lagerung und Gebrauch, z. B. durch leichtes Öffnen, durch Transparenz des Warenangebots, durch Rationalisieren des Einkaufs.
- *Maschinengängigkeit* für rationelles Abpacken auf vorhandenen Anlagen.

Die Verpackungsleistungen werden gefordert von Packgut, Produzent, Abpacker, Verteiler, Logistik, Verkauf, Werbung, Gesetzgeber, Öffentlichkeit, Benutzer, Verbraucher, Entsorger bzw. Umwelt.

Der *Verpackungsaufwand* umfaßt die *Gesamtkosten* für den vorgegebenen Warenumsatz. Sie verteilen sich auf Materialkosten, Betriebskosten, Investitionen, Verkaufs- und Werbekosten, Qualitätssicherungskosten sowie Entsorgungskosten. Das *Ökoprofil* erfaßt und bewertet für vorgegebene Warenverteilleistungen Materialfluß und Energiefluß gegliedert nach: Rohstoffen, Nutzstoffen, Schadstoffen/Abfall, Primärenergie, Nutzenergie, Energieverlusten/Abwärme.

2.4 Optimierung der Anforderungen an die Verpackung

Das Optimierungsproblem des Verpackers besteht darin, für sein konkretes Packgut festzustellen, mit welchem Packstoff, mit welchem Verarbeitungsverfahren (Spritzgießen, Extrudieren etc.), in welchem Sekundärverarbeitungsverfahren (Thermo- oder Blasformen, Beschichten, Kaschieren etc.), mit welchen Maschinen, mit welchen Verschlüssen und Kunststoff-Packmitteln, mit welchen Füll- und Verschließverfahren z. B. eine primäre Verpackung optimal realisiert wird. Insbesondere soll mit einem Minimum von Packstoffen optimal verpackt werden.

Spezielle Probleme ergeben sich vor allem aus den Wechselwirkungen von Packgut, z. B. Lebensmitteln, mit der Kunststoff-Verpackung (*Migration*) und der Außenatmosphäre mit dem Packgut (*Permeation*). Diese Probleme lösen geeignete Verbunde verschiedener Kunststoffe, oder auch Verbunde von Kunststoffen mit anderen Werkstoffen, sogenannte „Kunststoff-Verpackungssysteme nach Maß".

Das so erhaltene Packstück evtl. mit einer *Umverpackung* (Pappschachtel) ist die Primärpackung oder *Verkaufspackung*, die der Verbraucher beim Einzelhandel kauft. Solche Primärpackungen werden für den Versand zu größeren Gebinden, meist in Schachteln, Mehrwegbehältern und -boxen, Kisten, Steigen, etc. als *Versandpackung* verpackt. Diese wiederum werden zu größeren *Lager-, Lade- und Transporteinheiten* auf Paletten gestapelt und mit Kunststoffolien nach unterschiedlichen Verfahren (Schrumpfen, Stretchen, Banderolieren) zusammengehalten, befestigt und gegen äußere Einwirkungen, insbesondere Feuchtigkeit, geschützt. Dieses Gebinde wird z. B. als Übersee- oder Flugfracht häufig in Großcontainer z. B. aus GFK (glasfaserverstärkter Kunststoff) versendet.

Um eine optimale Verpackung zu gestalten, müssen verschiedenartige Forderungen erfüllt werden, was nur durch Kompromisse der verschiedenen Interessenten erreichbar ist (Tabelle 2.3). Um diese zu erleichtern, hat die Arbeitsgruppe „Packstoff und Maschinen" beim Fraunhofer-Institut für Lebensmitteltechnologie und Verpackung (ILV), München, die erforderlichen Merkpunkte für die drei Aufgabenbereiche „Füllguthersteller und Abpacker" (Tabelle 2.3 I), „Packmittelhersteller" (Tabelle 2.3 II) und „Maschinenhersteller" (Tabelle 2.3 III) in einer hier ergänzten Übersicht zusammengefaßt (Tabelle 2.3).

Notwendig ist heute gleichzeitiges Optimieren von mehreren Kriterien, z. B. Schutzfunktion, (Werk)Stoff- und Energieaufwand beim Herstellen sowie Abfall- und andere Umweltbelastungen.

Tabelle 2.3 I Aspekte und Merkmale für die Herstellung optimaler Packungen nach den Aufgabenbereichen der Hersteller von Packgütern und Packungen zur Qualitätssicherung des Packguts, Wirtschaftlichkeit der Packung, Design der Packung nach Anmutungs-, Gebrauchs-, Umwelt- und Entsorgungsfunktionen.

Anforderungen an die Verpackung	I. Aufgaben der Hersteller von Packgut und Packung (Packgutproduzenten und Abpacker)
Erhaltung der Qualität von Packgut und Packung	I A
Wirtschaftlichkeit der Packung	I B
Design der Packung nach Anmutungs-, Gebrauchs-, Umwelt- und Entsorgungsfunktionen	I C

I A

1. Feststellung der Grundanforderungen des Packguts nach
   – seinen Grundbedürfnissen und eventuellen Einflüssen auf seine Umgebung
   – seinen Umschlagszeiten (shelf live)
2. Ermittlung der äußeren Einflüsse auf das Packgut während der Umschlagszeit wie:
   – Lagerbedingungen,
   – Transportbeanspruchungen,
   – klimatische Einflüsse,
   – Schädlingsbefall,
   – sonstige.
3. Auswahl der geeigneten Packungsart, -form und -größe gemäß Vorschriften, Normen usw. zu Kennzeichnungen, Gewichts- und Volumenreihen und deren Genauigkeit
   – für Primär-, Sekundär- und Tertiärpackungen bzw. Verkaufs-, Portions-, Um-, Sammel-, Transport-, Regal-, Display-, Originalitäts-, kindergesicherte usw. -Packungen.
   – nach Entscheidung für Ein- oder Mehrwegpackungen und deren Ladungsträger.
4. Auswahl eines geeigneten Packstoffs nach dessen mechanischen, optischen und Durchlässigkeitseigenschaften unter Berücksichtigung ökologischer Gesichtspunkte wie Verwendung von Rezyklat, der gleichen oder geringeren Qualitätsstufe, Entsorgbarkeit.
5. Qualitätssicherung und Kontrollen durch Anwendung eines geeigneten, evtl. zertifizierten Qualitätssicherungssystems mit geeigneten Prüfverfahren wie:
   – Eingangskontrollen für Packstoff bzw. Packmittel,
   – Kontrolle des Verpackungsprozesses,
   – Prüfung der fertigen Packung,
   – Überwachung und Auswertung von Reklamationen, Kunden- und Verbraucherwünschen.

I B

1. Auswahl und Beschaffung des für das Packgut optimalen Packstoffs bzw. Packmittels
   – zum richtigen Zeitpunkt,
   – in rationeller Menge,
   – zu angemessenem Preis unter Berücksichtigung der Folgekosten wie für Entsorgung z. B. nach DSD etc.
2. Lagerung des Packstoffs bzw. Packmittels in geeigneten Räumen.
3. Festlegung der optimalen Abpackmethode und -maschine nach:
   – gewünschter Leistung,
   – rationellem Arbeitsablauf bis zum Versand gemäß Auslastung und Normung,
   – möglichst geringen Kosten.

I C

1. Anmutungs- und Werbewirksamkeitsmerkmale der Packung konzipieren nach den Gesichtspunkten:
   – Material des Packstoffs,
   – Gestaltung, Design und Aufbau der Packung
   – Druckbildgestaltung für Verbraucherinformation, Deklaration, Qualitätsangaben, Preis- und Haltbarkeitsangaben etc.
   – Etiketten- oder Direktbedruckung nach Tradition, Mode, Käufergeschmack, Logo, Farbmerkmalen, Warenzeichen usw.

2. Gebrauchsanforderungen festlegen wie:
   – Convenience bzw. Handhabkeit der Packung für Erwärmen, Kochen, Backen, Schäumen,
   – Stapelfähigkeit,
   – Öffnungsmöglichkeiten,
   – Entnahme- und Dosierfähigkeit,
   – Wiederverschließbarkeit.
3. Entsorgungskonzeptionen für die gebrauchten Verpackungen vorsehen wie durch:
   – Wiederverwendbarkeit,
   – Mehrwegsysteme,
   – Entsorgungs- und Recyclingsysteme (DSD, Grüner Punkt),
   – Weiterverwendungsmöglichkeiten,
   – Leervolumenverminderung und Sammelfähigkeit.
4. Umweltschutzmaßnahmen für Packungen mit gefährlichen oder unangenehmen geruchsintensiven Packgütern.

Tabelle 2.3 II Aspekte und Merkmale für die Herstellung optimaler Packungen nach den Aufgabenbereichen der Hersteller von Verpackungen (= Pack(hilfs)mitteln) zur Qualitätssicherung des Packguts, Wirtschaftlichkeit der Packung, Design der Packung nach Anmutungs-, Gebrauchs-, Umwelt- und Entsorgungsfunktionen.

Anforderungen an die Verpackung	II. Aufgaben der Hersteller von Verpackungen (Pack(hilfs)mittel)
Erhaltung der Qualität von Packgut und Packung	II A
Wirtschaftlichkeit der Packung	II B
Design der Packung nach Anmutungs-, Gebrauchs-, Umwelt- und Entsorgungsfunktionen	II C

II A
Bestimmung und Prüfung geeigneter Pack- und Hilfsstoffe, die nach einem geeigneten Qualitätssicherungssystem die erforderlichen Eigenschaften besitzen:
1. Physikalische und Gebrauchseigenschaften wie
   – Dicke und Flächengewicht,
   – Festigkeit gegen Zug, Druck und Unterdruck,
   – Dehnbarkeit,
   – Steifigkeit,
   – Durchlässigkeit für Wasserdampf, Gase, Riechstoffe, Flüssigkeiten, Licht, Staub usw.,
   – Temperatur- und Strahlungsbeständigkeit,
   – Klimabeständigkeit,
   – Maßhaltigkeit,
   – Verformbarkeit,
   – Verschließbarkeit z. B. durch Stecken, Kleben, Schweißen, Heißsiegeln usw.,
   – Stabilität gegen physikalische Einflüsse.
2. Chemische und physiologische Eigenschaften wie
   – Geruchs- und Geschmacksneutralität,
   – physiologische Unbedenklichkeit nach Beachtung der entsprechenden gesetzlichen (EU-)Vorschriften bzw. Empfehlungen.
   – Gehalt an löslichen Stoffen,
   – Stabilität gegen chemische Füllguteinflüsse,
   – Stabilität gegen äußere chemische Einflüsse bei Lagerung und Transport.
3. Bakteriologische Eigenschaften.

II B
1. Fertigung eines preiswürdigen, für das Packgut optimal geeigneten Packmittels in transport- und klimasicherer Verpackung für Ein- oder Mehrwegeinsatz.

2. Fertigung des Packmittels in maschinengerechter Ausführung bezüglich seiner
   – Festigkeit,
   – Steifigkeit,
   – Gleitfähigkeit,
   – Verschließbarkeit z. B. durch Schweißen, Heißsiegeln, Kleben, Stecken,
   – Wiederverschließbarkeit z. B. durch Schnapp-, Rast- oder Druckknopfverschlüsse,
   – möglichst geringen Blockneigung bzw. guten Maschinengängigkeit,
   – möglichst geringen Rollneigung,
   – sonstigen wichtigen Eigenschaften wie Rill-, Ritz-, Dreh- und Verformbarkeit.
3. Fertigung eines maßhaltigen Packmittels gemäß Liefervereinbarung.
4. Fertigung eines entsorgungs- und recyclinggerechten Packmittels bezüglich
   – Wiederverwendung,
   – Weiterverwendung,
   – Wiederverwertung,
   – DSD-Kosten etc.
5. Fertigung eines verbraucher- bzw. benutzerfreundlichen Packmittels bezüglich
   – seiner Restentleerung und Wiederverschließbarkeit,
   – Entsorgungskosten.

II C
1. Optimale Nutzung der werbefördernden Packstoffeigenschaften wie:
   – Oberflächenbeschaffenheit in Glanz, Glätte, Lackier- und Bedruckbarkeit,
   – Durchsichtigkeit oder Opakerscheinung,
   – Steifigkeit,
   – sonstiger werbefördernder Materialeigenschaften.
2. Optimale Verarbeitung des Packstoffs in:
   – Druckausführung,
   – Einhaltung der Maßtoleranzen,
   – geringe Farbtonschwankungen,
   – optimale Farbeigenschaften,
   – Schutz des Drucks vor Abrieb,
   – Vorrichtungen zur Gebrauchserleichterung wie Aufreißbänder, Perforationen, Ausstanzungen usw.
3. Gebrauchserleichterungen und Handhabbarkeitshilfen wie in den Gebrauchsanforderungen der Abfüller usw. in C I,2 festgelegt.
4. Entsorgungs- und umweltfreundliche Eigenschaften der Packungen wie vorgesehen nach C I,3 und C I,4.

Tabelle 2.3 III Aspekte und Merkmale für die Herstellung optimaler Packungen nach den Aufgabenbereichen der Hersteller von Maschinen zur Verpackung (Verpackungsmaschinen) zur Qualitätssicherung des Packguts, Wirtschaftlichkeit der Packung, Design der Packung nach Anmutungs-, Gebrauchs-, Umwelt- und Entsorgungsfunktionen.

Anforderungen an die Verpackung	III. Maschinen und Anlagen zur Verpackung (Verpackungsmaschinen und Anlagen für Verpackungen)
Erhaltung der Qualität von Packgut und Packung	III A
Wirtschaftlichkeit der Packung	III B
Design der Packung nach Anmutungs-, Gebrauchs-, Umwelt- und Entsorgungsfunktionen	III C

III A
Konzeptionen von Maschinen und Anlagen mit folgenden Merkmalen:
– Verpackungsverfahren, -maschinen, -systeme und -anlagen, welche den geeigneten Packstoff bei der Formgebung, beim Füllen und Verschließen so verarbeiten, daß eine optimale Schutzwirkung für das Packgut erreicht wird und erhalten bleibt, insbesondere durch geeignete

- Arbeitsverfahren,
- Konstruktion und Ausführung,
- Kontroll- und Regelverfahren mittels geeigneter Geräte
- materialgerechte, justierbare Aufnahmevorrichtungen für den Packstoff,
- Abzugs- und Transportwerkzeuge,
- Form-, Falt- und Schneidwerkzeuge,
- Verschlußgeräte wie Heißsiegel-, Schweiß-, Klebe- und Steckstationen,
- Meß-, Regel- und Kontrollinstrumente für die Betriebssicherheit der Maschinen bzw. Anlagen,
- Methoden und Geräte für Produktschutzsondermaßnahmen wie Evakuieren, Begasen, aseptisch Abpacken, Prüfen etc.,
- Transporteinrichtungen,
- Dosier- und Fülleinrichtungen,
- Reinigungs- und Sterilisierfähigkeit,
- mechanische, elektrische, elektronische Integrierbarkeit und Kompatibilität in vorhandene Betriebssysteme bzw. Anlagen,
- Bedienungs- und Instandhaltungsanleitung,
- Informationsanzeigen für Bediener und Management,
- Führung bei Betrieb, Störung und Instandhaltung.

III B
Fertigung von preiswürdigen betriebssicheren Maschinen, Anlagen und Systemen mit:
- der Produktion optimal angepaßter Maschinenleistung unter Berücksichtigung von Reserven und Flexibilität, durch elektronisch gesteuerte Einzelantriebstechnik,
- SPS (speicherprogrammierbarer Steuerung) mit optimaler Programmierung oder besser, wegen höherer Intelligenz:
- CNC (Computer Numeric Control) und Feldbus-Systemen (frei programmierbar),
- Flexibilität für Wechsel von Packstoffart, -dimension, -format, Füllgewicht, Füllmenge und -art, Ausstattung sowie Kennzeichnung, z. B. durch CNC-Steuerung bzw. -Regelung mit Feldbus-Systemen,
- vollautomatisch reproduzierbaren Ein- und Umstellungsmöglichkeiten mittels elektronisch gesteuerter Servomotoren,
- abrufbaren Informationsanzeigen aller Daten,
- geringstmöglichem Packstoff- und Packmittelverbrauch,
- zuverlässiger Arbeitsweise, z. B. wenig Ausschuß bzw. Überfüllung insbesondere bei Dosier- und Fülleinrichtungen,
- geringem Energiebedarf,
- geringem Platzbedarf bei optimaler Raumausnutzung, z. B. »Verpackungsinsel« im Produktionsbereich
- geringem Verschleiß und geringer Reparaturanfälligkeit,
- Kompatibilität und Synchronisierbarkeit mit vor- und/oder nachgeschalteten Einrichtungen (mechanisch und elektrisch),
- Berücksichtigung von Normung und Typisierung,
- übersichtlichem, leicht zugänglichem Aufbau,
- Vorrichtung zur Überwindung elektrostatischer Aufladung des Packstoffs,
- einfacher, sicherer Bedienung mit möglichst wenig Personal,
- guter Reinigungsmöglichkeit wie CIP, SIP (Clean bzw. Sterilize In Place),
- möglichst geringer Wartung,
- Berücksichtigung der Unfallverhütungsvorschriften.

III C
Fertigung von Maschinen und Anlagen, welche die Einhaltung der im Entwurf geforderten Packungsgestalt und -eigenschaften gewährleisten durch:
- exakt, schonend und mit engen Toleranzen arbeitende Formgebungs- und Transportwerkzeuge,
- Registrier- und Packstofftransporteinrichtungen, die Ausführungstoleranzen des Packstoffs in vernünftigen Grenzen ausgleichen,
- das Füllgut schonende Dosier- und Transporteinrichtungen,
- sauber und exakt arbeitende Schweiß-, Heißsiegel-, Falz- und Klebeeinrichtungen,
- Vorrichtungen zur Herstellung von Gebrauchserleichterungen wie Aufreißbänder, Perforationen, Ausstanzungen, Wiederverschließ- und Entsorgungsmöglichkeiten usw.,
- Vorrichtungen zur Anbringung von Kontrollzeichen,
- Einbaumöglichkeiten für Kodiersysteme,
- saubere Etikettierung und Kennzeichnung.

2.5 Verpackungsentwicklung

Infolge des gegebenen Kostendrucks muß bei Verpackungsinnovationen stets eine Optimierung angestrebt werden, wobei die Anforderungen aller Teilfaktoren, wie Packgut, Marketing, Handel, Verbraucher und Umwelt zu berücksichtigen sind (vgl. Tabelle 2.3 I bis III). Darüber hinaus müssen auch die zahlreichen Vorschriften des Gesetzgebers berücksichtigt werden, um zu einer einwandfreien und optimalen Verpackungsgestaltung zu kommen. Die Kunststoffverpackung muß demnach für den Handel, das Packgut, den Verbraucher und die Umwelt wesentliche Leistungen erbringen, wobei sich die Tendenz zeigt, daß die *Umwelt- bzw. Recycling-Leistungen* der Verpackung immer bedeutsamer werden. Derzeit zeichnet sich ab, daß gerade das Umweltverhalten entscheidend wird für die Akzeptanz und weitere Einsatzfähigkeit von Kunststoffverpackungen.

Verpackungsentwicklung bedeutet, eine Vielzahl von Anforderungen hinsichtlich Eigenschaften und Funktionen gleichzeitig zu erfüllen. Welche Auswirkungen ein einziges Verpackungsmerkmal auf die Eigenschaften des Packmittels haben kann, zeigt das Beispiel der *Packmittelform*, etwa einer Kunststoff-Flasche, wovon folgende technischen und wirtschaftlichen Parameter abhängig sind: Verhalten beim Herstellen, Art der notwendigen Werkzeugkonstruktion, Volumen, Standfähigkeit, Drängelfähigkeit, Komplettierverhalten, Dekorierbarkeit, Staubbelastbarkeit, Raumnutzungsgrad, Bruchstabilität, Unterdruckstabilität, Knautschbarkeit, Entnahmeverhalten, optischer Eindruck, Platzbeanspruchung im Regal, Kosten (siehe Abschnitt 6.5.11).

Handhabung und Zugriff zu den Packungen im Verkaufsregal sind sowohl für den Käufer als auch für die Verkaufslogistik wesentliche Gesichtspunkte, die bei der Verpackungsgestaltung berücksichtigt werden müssen. Diese ist ein Teil des Produktdesign, welches keineswegs nur Styling und Marketing sein darf. Die Verpackung muß für den Menschen und seine Bedürfnisse in jeder Hinsicht adäquat gestaltet sein.

Folgende *Vorschriften des Gesetzgebers* müssen bei der Verpackungsentwicklung beachtet werden:
– Kosmetikverordnung,
– Lebensmittel- und Bedarfsgegenständegesetz,
– Fertigpackungsverordnung,
– Richtlinie zur Gestaltung von Fertigpackungen,
– Gefahrgutverordnungen für den Transport,
– Postordnung,
– Technische Regeln Druckgase,
– Verordnung brennbare Flüssigkeiten,
– Abfallgesetze, Verpackungsverordnung,
– Bestimmungen des gewerblichen Schutzrechtes.

2.5.1 Computerunterstützte Verpackungsentwicklung

Von IBM wurde der Entwurf einer Verpackung am Bildschirm im „CADAM"-System ausgearbeitet, wobei die technischen Daten des zu verpackenden Guts in Form von Computerzeichnungen gespeichert sind, z. B. als 3D-Arbeitszeichnungen über das Aussehen des Produkts bzw. Packguts. So lassen sich Prototypen für Polster und Packmittel über Bildschirm und Roboter fertigen. Demnach soll es möglich sein, kostengünstig Schaumstoffverpackungsteile und kleine Serien herzustellen mit Hilfe eines Zeichensystems

(CADAM, CATIA, AUTOCAD), Software für PC und einfache Roboter. Insgesamt ermöglichen solche computerunterstützten Packmittel- und Packhilfsmittel folgende Entwicklungen:
- Neue Gestalt und Gestaltung von Packmitteln und Packhilfsmitteln infolge Optimierung.
- Software einerseits sowie genaue Materialkenntnisse andererseits sind notwendig, um z. B. ein komplettes Polster in 3D-Verfahren zu entwickeln.
- Eine Kopplung von Zeichensystem-Prototypfertigung mit NC-Maschinen bzw. Robotern ist realisierbar.

2.6 Ergänzende Literatur

Hartsieker, C.: Qualitätssicherung von Packmitteln. RGV-Handbuch der Verpackung Nr. 0274. E. Schmidt, Berlin, 1981.
Höfelmann, M., Rüter, M., Teichmann, W.: Verpackungsoptimierung – Verpackungsminimierung, ein Gegensatz? Verpackungsrundschau 45 (1994) 5, S. 23 (TWB).
Klöcker, I.: Produktgestaltung, Aufgabe – Kriterien – Ausführung. Springer, Berlin, Heidelberg, New York, 1981.
Koppelmann, U.: Grundlagen der Verpackungsgestaltung. Neue Wirtschaftsbriefe, Herne, Berlin, 1971.
Orlowski, S., Erdtmann, M.: Verpackungsminimierung mit mathematischen Methoden. Verpackungsrundschau 45 (1994) 9, S. 55 – 59.
Piringer, O.: Migration aus Lebensmittelverpackungen. Verpackungsrundschau 45 (1995) 9, S. 84 (TWB).
Steigerwald, F.: Verpackungsentwicklung, die Kunst des Kompromisses. Neue Verpackung (1989) 10, S. 82 – 86.
Weber, A.: Qualität – Qualitätskennzahl, DIN-Seminar: Ermittlung von Qualitätskennzahlen. Heilbronn 11/12. 10. 1988.
Ziegleder, G.: Optimierungsziel für die Verpackung der Zukunft. Verpackungsrundschau 46 (1995) 9, S. 79 (TWB).
VDI-Berichte 638: Verpackungstechnik: Entwicklungen und Erfahrungen, Tagungsbericht. VDI-Gesellschaft Materialfluß und Fördertechnik (Hrsg.). VDI-Verlag, Düsseldorf, 1987.
VDI-Berichte 743: Verpackungsplanung: Orientierung, Entwicklung, Perspektiven. VDI-Verlag, Düsseldorf, 1989.
VDI-Taschenbücher: Systematische Produktplanung – ein Mittel zur Unternehmenssicherung, Leitfaden des VDI-Gemeinschaftsausschusses Produktplanung. VDI-Gesellschaft Konstruktion und Entwicklung (Hrsg.). VDI-Verlag, Düsseldorf, 1976.
VDI-Taschenbücher: Arbeitshilfen zur systematischen Produktplanung. VDI-Ges. Konstruktion und Entwicklung (Hrsg.), 1. Aufl. VDI-Verlag, Düsseldorf, 1978.
VKE (Hrsg.): Verpacken ohne Kunststoff. Gesellschaft für Verpackungsmarktforschung, Wiesbaden, 1992.

3 Packgut und rechtliche Aspekte der Verpackung

Die rechtlichen Grundlagen der Verpackungen liegen im Handelsrecht, insbesondere im Warenrecht, da die Waren mit ihrer Verpackung eine „Schicksalsgemeinschaft" (*Grünsteidel*) bilden. Wichtig für die Verpackung sind das Eichrecht, sowie die speziellen Gesetze und Verordnungen für die wichtigsten Packgüter, insbesondere Lebensmittel- und Bedarfsgegenständerecht, Rechtsbestimmungen und Verordnungen für Kosmetika, Arzneimittel, gefährliche Güter sowie Abfall und Umweltschutz. Auch Lieferbedingungen, Post-, Eisenbahn-, Luft- und Seefrachtgüterordnungen und deren Einzelbestimmungen müssen bei der Verpackungsgestaltung Beachtung finden, desgleichen nationale und internationale Normen.

3.1 Waren- und verpackungsrechtliche Grundbereiche

Die wichtigsten waren- und verpackungsrechtlichen Grundbereiche sind:
– Allgemeine Geschäftsbedingungen (AGB),
– Handelsbräuche mit Geltung unter Kaufleuten,
– Gewerblicher Rechtsschutz und Urheberrecht,
– Schutzgesetze, -verordnungen, -vereinbarungen.

Gewerbliche Schutzrechte sind das Urheber- bzw. Erfinderrecht, nämlich Patent-, Gebrauchsmuster-, Geschmacksmuster-, Warenzeichen- und Wettbewerbsrecht, die einen fairen Leistungswettbewerb aller Beteiligten am Markt sichern (Tabelle 3.1).

3.2 Produkthaftung und Haftung für zugesicherte Eigenschaften

Grundsätzlich haftet der Hersteller eines Produkts für dessen Mängel, bzw. deren Beseitigung im Rahmen der Gewährleistung aufgrund des Kauf- oder Werkvertrags für Schäden, die auf Mängel des Produkts zurückzuführen sind. Daneben beschränkte sich früher die Haftung auf die deliktische Produkthaftung, die Mängel erfaßte, welche die Folge gesetzwidrigen Handelns waren. Durch das neue EU-konforme Recht zur Produzentenhaftung wurde zusätzlich die verschuldensunabhängige Haftung eingeführt (Bild 3.1). Danach haftet der Hersteller auch dann für Schäden, die durch den Mangel des Produkts verursacht wurden, wenn ihm kein gesetzwidriges Verhalten nachgewiesen werden kann. Praktisch wurde mit dem Produkthaftungsgesetz eine Umkehr der Beweislast eingeführt, so daß im Schadensfall der Hersteller beweisen muß, daß er vom Verdacht eines Verschuldens zu befreien ist.

In der Lebensmittelverpackung müssen z. B. der Abpackbetrieb, seine Lieferanten bis hin zu den Herstellern der Grundstoffe alle sicher sein, daß jeder der Beteiligten alle Vorschriften kennt und beachtet, welche die Verpackung des speziellen Lebensmittels betreffen. Die Erfahrungen aus bisher möglichen Wechselwirkungen zwischen Packstoff und

Tabelle 3.1 Gewerbliche Schutzrechte im Vergleich

Eigenarten	Patentschutz	Musterschutz		Markenschutz	
	Patent	Gebrauchs-muster	Geschmacks-muster	Warenzeichen	Gütezeichen
Gegenstand	Erfindung neuer Erzeugnisse und Herstellungsverfahren	neue Gestaltung, neue Anordnung an Arbeitsgeräten und Gebrauchsgegenständen	neue Muster neue Modelle	Wortzeichen Bildzeichen	Wortzeichen Bildzeichen
Voraussetzung	Neuheit mit gewerblicher Verwertungsmöglichkeit	Neuheit mit gewerblicher Verwertungsmöglichkeit	Eigentümlichkeit der Gestaltung	Unverwechselbarkeit gegenüber bereits bestehenden Warenzeichen	Nachweis festgelegter Qualitätsmerkmale
Berechtigter	Erfinder	Erfinder	Designer	Unternehmung	Wirtschaftsverband
Eintragung	Deutsches Patentamt, Europäisches Patentamt, ausländische Patentämter (Patentrolle)	Deutsches Patentamt (Gebrauchsmusterrolle)	Deutsches Patentamt (Musterregister)	Deutsches Patentamt (Zeichenrolle)	Ausschuß für Lieferbedingungen und Gütesicherung (RAL-Gütezeichenliste)
Schutzdauer	20 Jahre	3 Jahre (Verlängerung bis höchstens 10 Jahre)	5 Jahre (Verlängerung bis höchstens 20 Jahre)	10 Jahre (Verlängerung um jeweils 10 Jahre)	unbegrenzt

Füllgut müssen bekannt sein, wenn sie zu Qualitätseinbußen oder Schäden geführt haben, selbst wenn noch keine Maßnahmen der Behörden oder der Legislative ergriffen wurden.

Das *EU-Recht* zur Produkthaftung verlangt von den industriellen Erzeugern, daß sie zum Schutz der Verbraucher den Herstellungsprozeß vom Rohstoff bis zum fertigen Produkt auf solche Weise gegen jeden nach dem Stand von Wissenschaft und Technik vermeidbaren Fehler absichern, da andernfalls die Beteiligten für den Schaden aufzukommen haben. Arbeitskreise innerhalb der Deutschen Gesellschaft für Qualitätssicherung (DGQ) und am Fraunhofer-Institut für Lebensmitteltechnologie und Verpackung (ILV) unterstützen in diesem Sinn die abpackende und die Packmittel erzeugende Industrie.

Bisher interessierte an der Verpackung weitgehend ihre Schutzfunktion, nun muß aber auch noch der Schaden, der möglicherweise von ihr ausgehen kann, und die Belastung, die sie für die Umwelt darstellt, berücksichtigt werden.

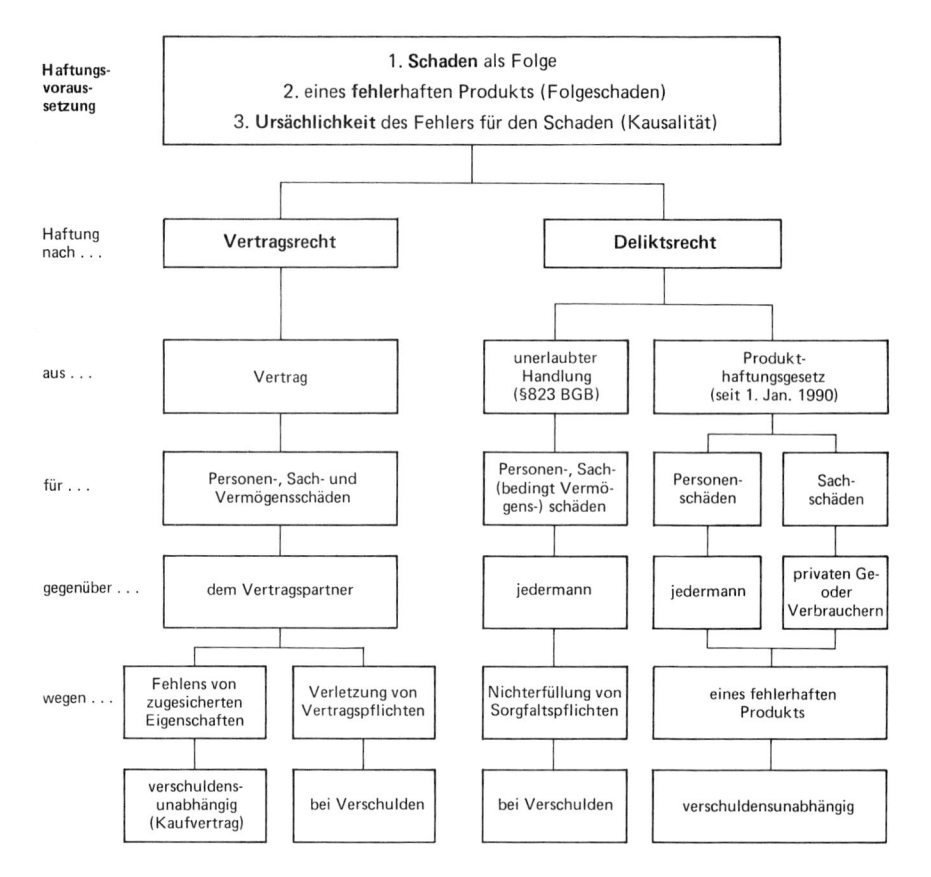

Haftungs-voraus-setzung	1. **Schaden** als Folge 2. eines **fehlerhaften** Produkts (Folgeschaden) 3. **Ursächlichkeit** des Fehlers für den Schaden (Kausalität)			
Haftung nach ...	Vertragsrecht	Deliktsrecht		
aus ...	Vertrag	unerlaubter Handlung (§823 BGB)	Produkt-haftungsgesetz (seit 1. Jan. 1990)	
für ...	Personen-, Sach- und Vermögensschäden	Personen-, Sach- (bedingt Vermö-gens-) schäden	Personen-schäden	Sach-schäden
gegenüber ...	dem Vertragspartner	jedermann	jedermann	privaten Ge- oder Verbrauchern
wegen ...	Fehlens von zugesicherten Eigenschaften / Verletzung von Vertragspflichten	Nichterfüllung von Sorgfaltspflichten	eines fehlerhaften Produkts	
	verschuldens-unabhängig (Kaufvertrag) / bei Verschulden	bei Verschulden	verschuldensunabhängig	

Bild 3.1 Haftungsgrundlagen bei den verschiedenen Formen der Produkthaftung (nach *Bauer*)

3.3 Eichrecht

Das Bundesgesetz über das *Meß- und Eichwesen* beinhaltet nicht nur die Eichpflicht für alle Meß- und Abfüllgeräte, sondern ist ein Verpackungsgesetz, denn es beschäftigt sich neben der Prüfung und der Überwachung der Meßeinrichtungen auch mit allen vorverpackten Gütern, die nach Gewicht und Volumen verkauft werden.

Die Terminologie der Maße und Gewichte gemäß den Maß- und Gewichtsdefinitionen für (Ver-)-Packungen (nach DIN 55 405) ist im Abschnitt 3.11 bzw. Glossar wiedergegeben.

Die *Verordnung über Fertigverpackungen* (FPOV Bundesgesetztblatt I, S. 2000/1971, vom 21.12.1971) legt die für Füllmengen verbindlichen Werte für bestimmte flüssige Erzeugnisse wie Essig, Öl, Milch in Litern fest. In Anlage 4 zu dieser Verordnung werden die Verfahren zur Prüfung der Füllmengen von Fertigpackungen behandelt, die aus Stichprobenentnahmen, Ermittlung der Gewichts- und Volumenwerte, Feststellung der Tara und der Festsetzung des Mittelwerts bestehen.

Die *gesetzlichen Bestimmungen*, insbesondere für Hohlkörper bzw. Flaschen im Eichgesetz (EichG) und die Fertigpackungsverordnung (FPV) fassen zusammen, was die Produktion, den Vertrieb und Handel mit allen Erzeugnissen, die vorverpackt vermarktet werden, regelt. Für die Fertigpackungen sind §§ 14–17d des Eichgesetzes von Bedeutung.

Daraus ergeben sich vier Ordnungsregeln, welche die folgenden Aufgaben haben:
- Information des Verbrauchers zu erleichtern,
- Vorschriften über die Anforderungen an die Genauigkeit von Füllmengen zu erlassen,
- Angaben von Grundpreisen pro Kilogramm oder Liter zusätzlich zum Verkaufspreis,
- Verbot von „Mogelpackungen".

3.4 Lebensmittel und Lebensmittelrecht

Da der relativ größte Teil der Kunststoffprimärpackmittel zum Verpacken von Lebensmitteln verwendet wird, spielt das Lebensmittelrecht für Kunststoffverpackungen eine außerordentlich wichtige Rolle. Die bedeutendste Rechtsquelle für Deutschland ist das Lebensmittel- und Bedarfsgegenständegesetz (LMBG) und seine Folgeverordnungen. Es bezieht sich auf Lebensmittel, Tabakerzeugnisse, sowie kosmetische Artikel und deren Kontakt mit Bedarfsgegenständen, zu denen auch die Verpackungen zählen. In den §§ 1 – 5 LMBG sind diese Produkte definiert.

Bedarfsgegenstände sind nach § 5 LMBG:

Gegenstände, die dazu bestimmt sind, bei dem Herstellen, Behandeln, Inverkehrbringen oder dem Verzehr von Lebensmitteln verwendet zu werden und dabei mit den Lebensmitteln in Berührung zu kommen oder auf diese einzuwirken.

Packungen, Behältnisse oder sonstige Umhüllungen, die dazu bestimmt sind, mit kosmetischen Mitteln oder mit Tabakerzeugnissen in Berührung zu kommen.

Außerdem werden weitere Bedarfsgegenstände zur Körperpflege, Reinigung, Bekleidung sowie Spielwaren und Scherzartikel genannt, die aber nicht unmittelbar mit der Verpackung im engeren Sinne des § 31 LMBG zu tun haben.

Lebensmittelbedarfsgegenstände im Sinne von Nr. 1 sind z. B. Bestecke zum Essen, *Verpackungen von Lebensmitteln*, Schalen von Würstchenbuden, Stiele aus Holz oder Kunststoff im Stieleis.

Gemäß § 31 LMBG ist es verboten, Bedarfsgegenstände der Nr. 1 in Verkehr zu bringen, von denen Stoffe auf die Lebensmittel oder deren Oberfläche übergehen. Toleriert werden lediglich gesundheitlich, geruchlich und geschmacklich unbedenkliche Anteile, die technisch unvermeidbar sind.

Alle angeführten Bedarfsgegenstände können Packgüter sein oder sind Verpackungen und somit für vorliegende Betrachtungen von besonderem Interesse.

Beispiele für Konsumwaren werden wegen deren herausragender Bedeutung als Massenpackgüter für Kunststoffverpackungen sowie in rechtlicher Hinsicht in Abschnitt 3.5.1 und 3.5.2 charakterisiert.

Die Empfehlungen des Bundesgesundheitsamts (BGA)

Die Kunststoff-Kommission des BGA hat die mit Lebensmitteln in Berührung kommenden Kunststoffe unter gesundheitlichen Gesichtspunkten zu überprüfen und Methoden für ihre chemische Untersuchung auszuarbeiten. Ihre Empfehlungen werden im Bundesgesundheitsblatt veröffentlicht. Diese sind keine Rechtsnormen. Doch kann man sich unter der Voraussetzung, daß die technische Gebrauchseignung im Einzelfall gegeben ist, hinsichtlich der gesundheitlichen Beurteilung auf diese Empfehlungen stützen.

Bei Packstoffen wird die Eignung für das verpackte Lebensmittel während der gesamten voraussichtlichen Umlaufzeit, unter Berücksichtigung der Beanspruchungen während des Transports und der Aufbrauchzeit des Packguts, gefordert. Die zulässige Global-Migration für Lebensmittelverpackungen ist nach den EG-Richtlinien 60 mg/kg (siehe auch Abschnitt 3.4.2).

Mit den zukünftigen Regelungen im Rahmen der Europäischen Union (EU) werden die Empfehlungen des BGA ihre rechtliche Bedeutung verlieren, auch wenn es noch für Teile ihres Anwendungsbereiches über mehrere Jahre gültige Übergangsregelungen geben wird.

3.4.1 Lebensmittelrechtliche Erfordernisse der Kunststoffverpackungen bezüglich Migration und Permeation

Stoffübergänge aus Packgut, Packstoff und Umwelt durch *Permeation* (siehe auch Abschnitt 10.4.4 und 10.5.2) und *Migration* beeinträchtigen die Qualität des Packguts durch mögliche chemische Reaktionen. Optimale Verpackung bedeutet ausreichend lange Qualitätserhaltung des verpackten Lebensmittels. Die zeitabhängige Qualität wird in entsprechenden Untersuchungen meist gemessen an der Konzentrationsveränderung bestimmter Inhaltsstoffe des Packguts.

Sauerstoff, Wasserdampf, Licht und Störgerüche können von außen in die Packung permeieren und Qualitätsveränderungen hervorrufen; Wasser, Kohlendioxid und Aromastoffe in umgekehrter Richtung mit ebenfalls schädlichen Folgen. Aus dem Kunststoffverpackungsmaterial können z. B. gelöste Monomere, Lackstoffe, Weichmacher, Hilfsmittel, Lösemittel, Gleitmittel, Antioxidantien usw. in das verpackte Lebensmittel migrieren, was zu Qualitätsminderungen führt. Auch Inhaltsstoffe verschiedener Verpackungsschichten, die miteinander und/oder in verpackte Lebensmittel migrieren, können schaden. Jeder so beteiligte Stoff kann meist in mg/kg des kontaminierten Lebensmittels gemessen werden, oder es wird die übergegangene Stoffmenge pro dm^2 Verpackungsfläche gemessen. Da für manche Lebensmittel bestimmte Übergänge, wie Sauerstoff auf Frischfleisch, erwünscht sind, andere dagegen nicht, wird für die zahlreichen Erfordernisse eine Vielfalt recht unterschiedlicher Verpackungseigenschaften und somit von Kunststoffverpackungen erforderlich.

Toxikologie und Gesetzgebung verwenden *Grenzwerte* und *Toleranzwerte*. Null-Toleranz ist durch moderne Spurenanalytik obsolet. Die Grenzwerte werden in mg/kg oder Keime/kg festgelegt. Ein Lebensmittel ist unzulässig, wenn der Grenzwert überschritten ist. Grundlagen hierfür sind toxikologische und epidemiologische Fakten. Der Sicherheitsfaktor beträgt etwa 100 bis 1000, je nach Gebrauchsgewohnheiten und Reaktion auf Gefährdung. Es gibt Positivlisten für den ADI-Wert (acceptable daily intake).

Toleranzwerte ergeben sich aus dem Prinzip der Reinhaltung des Lebensmittels; auch bei Grenzwerten von g/kg sollen so wenig wie möglich Fremdstoffe enthalten sein.

Qualitätskriterien sind: eine gute Herstellpraxis GMP (good manufacturing produce), die Notwendigkeit von Zusätzen und Umweltverträglichkeit.

Stoff-Verbote werden als präventive Schutzmaßnahme, insbesondere bei fehlender Nachweis- und Bestimmungsmethode erlassen.

Nach dem LMBG müssen für Lebensmittelverpackungen folgende drei Voraussetzungen erfüllt sein:

– *Grenzwertkonzentrationen* müssen bekannt sein und qualitätsmindernde Geruchs- und Geschmacksstoffe sensorisch, d. h. nach Geruchs- und Geschmackssinn festgestellt werden.
– Bedingungen müssen bekannt sein, bei welchen Verpackungsinhaltsstoffe in Lebensmittel übergehen können (technische Eignung).
– Definierte Prüfverfahren zum Messen der festgelegten Grenzwerte müssen verfügbar sein.

Das Bundesgesundheitsamt (BGA) veröffentlichte Listen von Kunststoffen, Hilfsstoffen und Additiven, ggf. mit *Maximalmengen* und *Migrationsrichtwerten*, die nach dem gegenwärtigen Wissensstand unbedenklich, aber mit Inkrafttreten des EU-Markts (leider) hinfällig sind.

Die Kenntnis und Beherrschung der Wechselwirkungsmöglichkeiten zwischen Packstoff und Packmittel und ihrer physikalisch-chemischen Grundlagen ist für die Hersteller und Verwender von Kunststoffverpackungen, besonders hinsichtlich der neuen EU-Richtlinie über die Haftung für mangelhafte Waren sehr wesentlich.

Im Zuge der EU-Harmonisierung werden u. a. *Positivlisten für zulässige Mengen verwendbarer Monomere und Additive* erstellt, wofür wiederum geeignete Meß- und Analyseverfahren zum Überwachen erarbeitet werden müssen.

3.4.2 EU-einheitliche Regelungen für Lebensmittelverpackungen

Bereits 1976 wurde die Harmonisierung der nationalen Regelungen EU-weit begonnen mit der sogenannten Rahmenrichtlinie, die 1989 novelliert wurde: 89/109/EWG. Danach werden für alle Bedarfsgegenstände, die für den Kontakt mit Lebensmitteln in Betracht kommen, insbesondere Packmittel, einheitliche Anforderungen festgelegt, nach denen die betreffenden Bedarfsgegenstände hergestellt und in Verkehr gebracht werden dürfen. Die hier wichtigste Richtlinie ist die Kunststoff-Richtlinie 90/128/EWG. Sie ist für alle Bedarfsgegenstände aus Kunststoff, die mit Lebensmitteln in Berührung kommen, vorgesehen, soweit diese Bedarfsgegenstände (Verpackungen) ausschließlich aus Kunststoff bestehen. Verbunde mit Zellglas, Papier, Karton, Elastomeren, Aluminium oder Metallisierung gehören nicht dazu.

Positivlisten regeln, daß in Zukunft nur noch solche Stoffe zum Herstellen von Bedarfsgegenständen aus Kunststoff für den Kontakt mit Lebensmitteln verwendet werden dürfen, welche in Positivlisten gemäß der EU-Richtlinie aufgeführt werden. Vorerst existiert nur eine Positivliste für Monomere, für Additive ist eine solche in Arbeit.

Globalmigration (GM)
Diese ist die Menge aller Bestandteile des Bedarfsgegenstands bzw. Packmittels, insbesondere Additive, welche unter bestimmten Prüfbedingungen auf die verpackten Lebensmittel übergehen. 10 mg/dm^2 Packstoff bzw. 60 mg/kg Packgut sind als Grenzwert für das Globalmigrat unter den festgelegten Prüfbedingungen zugelassen.

Spezifische Migration (SML), ihre Bestimmung und ihre Begrenzung im Bedarfsgegenstand (Qm)
Die spezifische Migration ist der Übergang eines bestimmten Stoffs aus dem Packmittel auf Lebensmittel während der Kontaktzeit, der Qm-Wert die Mengenbegrenzung für einen bestimmten Stoff, der im Bedarfsgegenstand bzw. Packmittel enthalten sein darf. Solche SML- bzw. Qm-Werte werden für bestimmte Substanzen zusätzlich zur Globalmigration

als Begrenzung in Positivlisten festgelegt. Die Prüfbedingungen sind in den Richtlinien 82/711/EWG und 85/572/EWG vorgeschrieben.

Simulanzlösemittel (SML) A – D für Prüfungen sind nach 82/711/EWG:
- Simulanzlösemittel A: destilliertes Wasser oder Wasser von gleicher Qualität,
- Simulanzlösemittel B: 3%ige Essigsäure (G/V) in wässriger Lösung,
- Simulanzlösemittel C: 15%iges Ethanol (V/V) in wässriger Lösung,
- Simulanzlösemittel D: rektifiziertes Olivenöl; gegebenenfalls eine Mischung synthetischer Triglyceride oder Sonnenblumenöl.

Die verschiedenen Analysenmethoden sollen als CEN-Norm festgelegt werden.

Unbedenklichkeitserklärungen müssen die Hersteller von Bedarfsgegenständen bzw. Kunststoffpackmitteln in Zukunft für jede Lieferung ausstellen. Bedarfsgegenstände bzw. Packmittel, die aufgrund ihrer Beschaffenheit eindeutig für die Berührung mit Lebensmitteln bestimmt sind, werden von dieser Regelung ausgenommen.

Kennzeichnung aller Bedarfsgegenstände mit dem Hinweis „Für Lebensmittel", einem ähnlichen Hinweis oder Symbol gemäß Rahmen-Richtlinie 80/590/EWG muß in allen Handelsstufen vorgenommen werden.

Diese Kunststoff-Rahmen-Richtlinie war bis zum 01. 1. 1991 von allen EG- bzw. EU-Staaten in nationales Recht zu übernehmen. Seit 01.01. 1993 müssen alle bisherigen nationalstaatlichen Regelungen innerhalb der EU durch diese EU-Richtlinie abgelöst sein. Insbesondere müssen nun die dort festgelegten Migrationswerte EU-weit eingehalten werden.

Die Positivliste für Monomere enthält in ihrem Abschnitt a) die Stoffe, die eindeutig bewertet sind, in Abschnitt b) solche, für die noch nicht genügend Informationen vorliegen. Daher sind alle Stoffe dieser Liste b) seit 01. 01. 1993 verboten, falls nicht die betreffenden Hersteller bis zu einem bestimmten Termin ihr Interesse an bestimmten Stoffen angemeldet und die fehlenden Daten nach einem bestimmten Zeitplan zugesagt haben. Die Positivliste für Monomere enthält noch nicht die Monomere oder sonstigen Ausgangsstoffe für Oberflächenbeschichtungen, wie Silikone, Epoxidharze, Kleber, Primer, Druckfarben etc. Die diesbezügliche Additivliste soll schnellstens erstellt werden gemäß dem Arbeitspapier Synoptik Document III/3141/89-En (Rev4), das laufend mit neuesten toxikologischen Bewertungen durch die EU-Toxikologengruppe ergänzt wird. Vorerst sind Additive noch nach dem jeweiligen nationalen Recht zu beurteilen.

3.4.3 Lebensmittel-Kennzeichnungsverordnung (LMKV)

Entsprechend der EG-Kennzeichnungsrichtlinie bildet diese als horizontale Regelung, die für alle Lebensmittel gilt, die Basis des Kennzeichnungsrechts für alle verpackten Waren.

Wichtigste Kennzeichnungselemente, mit denen die Lebensmittel versehen sein müssen, sind: Verkehrsbezeichnung, Verzeichnis der Zutaten und Mindesthaltbarkeitsdatum.

Der Anwendungsbereich erstreckt sich insbesondere auf Lebensmittel in Fertigpackungen (§ 1 Abs. 1 LMKV).

Verkehrsbezeichnung ist der Name des Produkts und dient der Identifizierung eines bestimmten Lebensmittels im Verkehr und seiner Abgrenzung gegenüber ähnlichen Erzeugnissen (§ 4).

Verzeichnis der Zutaten ist das Kernstück der substanzbezogenen Kennzeichnung.

Angaben zum Gebrauch des Lebensmittels für den Verbraucher und Warnhinweise sind

z. B. für Hackfleisch und tiefgefrorene Fleischerzeugnisse wichtig, z. B. „nach dem Auftauen sofort verbrauchen" oder bei gewissen Erzeugnissen „nach dem Öffnen kühl aufbewahren".

Diätetische Lebensmittel im Sinne des § 1 Diätverordnung sollen einem besonderen Ernährungszweck dienen, und sollen daher folgende Kennzeichnungen besitzen: Informationen über diätetische Besonderheiten, Nährwertangaben, sonstige Kennzeichnungsanforderungen der Diätverordnung, z. B. für Säuglings- oder Kleinkindernahrung, Diabetikernahrung etc.

Die Kennzeichnungsgebote der LMKV werden ausgefüllt und ergänzt durch spezielle Vorschriften, Leitsätze und Richtlinien gemäß der „allgemeinen Verkehrsauffassung".

3.5 Konsumwaren als vorverpackte Handelswaren

Die überwiegende Mehrzahl der Konsumwaren im Einzelhandel wird heute durch Selbstbedienung vertrieben und auch selbstbedienungsgerecht vorverpackt.

3.5.1 Gebrauchswaren

Gebrauchswaren sind u. a. Haushaltsgegenstände und -geräte, Geschirr, Werkzeuge, Elektroartikel sowie insbesondere *Bedarfsgegenstände* im Sinne des Lebensmittel- und Bedarfsgegenständegesetzes (LMBG). Hierzu gehören Körperpflegegeräte und -gegenstände, Spielwaren, Scherzartikel usw. Es handelt sich hierbei durchweg um Gegenstände, welche lange haltbar und nicht leicht verderblich oder mikrobiell angreifbar sind. Ihre Verpackungsansprüche sind daher im wesentlichen auf gute Sichtbarkeit, attraktives Aussehen (Display-Verpackung) sowie auf Schutz vor mechanischen Beschädigungen (Polsterung und Stabilität gegen Druck und Stoß) ausgerichtet. Im Gegensatz zu den Verbrauchswaren (insbesondere Lebensmittel, Kosmetika etc.), welche hohe Ansprüche an die Verpackung bezüglich Barrierewirkung wegen Verderbs stellen, spielt dieser Gesichtspunkt bei den Gebrauchswaren eine geringere Rolle.

3.5.2 Verbrauchswaren

Zu den Verbrauchswaren zählen die Lebensmittel, Haushaltshilfsmittel, wie Pflege-, Putz- und Reinigungsmittel, Kosmetikwaren und Pharmaka.

3.5.2.1 Lebensmittel

Lebensmittel ist der Oberbegriff für Nahrungsmittel, Genußmittel, Getränke, Gewürze und Würzstoffe. Sie bilden die menschliche Ernährung und sind entweder genußfertige Speisen und Getränke oder dienen zu deren Zubereitung. Ihre Einteilung bzw. Systematik ist die bundeseinheitliche Artikelnumerierung für Artikel des Lebensmittelhandels, das *ban-L*-System. Dieses verwendet achtstellige Nummern, wobei die ersten vier Stellen die Artikelgruppe festlegen, die folgenden drei Stellen eine fortlaufende Zählstelle darstellen und die letzte Stelle als Prüfziffer dient. Es wurde inzwischen zur Europäischen Artikel-Numerierung (EAN) erweitert mit 13-stelligem EAN-Strichcode (Bild 3.2), bestehend aus zwei Länderziffern, je fünf Ziffern für bundeseinheitliche Betriebsnummer und interne Artikelnummer des Herstellers, sowie einer Prüfnummer zur Kontrolle im Decoder.

Bild 3.2 EAN-Strichcode

Für die Anwendung des EAN-Code, insbesondere beim Bedrucken von Folien ist die Druckqualität entscheidend für den Erfolg des Systems. Vor allem ist ausreichender Kontrast der Striche erforderlich, was durch sehr helle Untergründe und dunkle Striche wesentlich unterstützt wird. Das Sortiment des Einzelhandels einschließlich der Non-food-Artikel ist in 20 Warenbereiche aufgeteilt, von denen 13 für Lebensmittel, vier für Non-food-Artikel und drei als Reservebereiche vorgesehen sind (Tabelle 3.2).

Tabelle 3.2 Warenordnung nach dem ban-L-System

00	Frischfleisch, Wurst, Fisch
01	Obst und Gemüse, Blumen, Brot und Backwaren
02	Molkereiprodukte, Eier, Nahrungsfette, Speiseöle, Mayonnaise, Salate
03	Tiefkühlkost und gefrorene Produkte
04	Nährmittel, Puddingpulver, Backzutaten
05	Suppen, Soßen, Brühen, Würze, Gewürze, Brotaufstrich, Zucker
06	Fleisch- und Wurst-, Voll- und Halbkonserven, Fisch-Dauerkonserven, -Präserven, Fertiggerichte
07	Obst- und Gemüsekonserven
08	Süßwaren
09	Diät, Lebensmittel einschließlich Säuglings- und Kleinkindernahrung, Tiernahrung
10	Weine und Spirituosen
11	Biere und alkoholfreie Getränke
12	Kaffee, Tee, Kakao, Tabakwaren
13 und 14	Reserve
15	Wasch-, Putz- und Reinigungsmittel
16	Hygieneartikel und Verbandstoffe, Kinderhygiene- und -pflegemittel
17 und 18	Körperpflegemittel und Kosmetik
19	Reserve

Gemäß den *Anforderungen an die Verpackung* kann man Lebensmittel einteilen in Frischwaren, Tiefkühlwaren, Dauerwaren, Konserven und Präserven.

Für Verpackungsgesichtspunkte besonders angemessen ist eine Einteilung der Lebensmittel nach ihrer Haltbarkeit. Bezüglich Qualitätsänderung während der Lagerung gibt es leicht verderbliche, begrenzt haltbare und lagerstabile Lebensmittel.

Leicht verderblich sind Milchprodukte, frische Backwaren, Frischfleisch, Geflügel, Fisch, frisches Obst und Gemüse. Ihre Haltbarkeit liegt ungefähr zwischen 2 und 30 Tagen. Alle Produkte dieser Gruppe müssen kühl (0 bis 7 °C) oder tiefgekühlt (−12 bis −20 °C) aufbewahrt und durch entsprechende Verpackung vor Wechselwirkungen mit der Umgebung geschützt werden.

Begrenzt haltbar sind Lebensmittel mit einer maximalen Lagerzeit von etwa 30 bis 90 Tagen. Deren bessere Haltbarkeit wird durch natürliche oder künstliche Stoffe, die den Verderb hemmen ermöglicht.

Lagerstabil sind Lebensmittel mit Haltbarkeiten von mindestens 90 Tagen bis zu etwa drei Jahren, die hermetisch verschlossen und dann sterilisiert, oder sterilisiert und aseptisch abgepackt oder tiefgefroren werden.

Unter Haltbarkeit (auch *Lagerzeit, shelf life*) wird die Dauer vom Zeitpunkt des Verpackens bis zum Zeitpunkt der Produktentnahme aus der Packung verstanden, während der die Lebensmittelqualität vom Verbraucher als akzeptabel empfunden wird.

Fertigpackungen, die an den Verbraucher abgegeben werden, müssen mit einem *Mindesthaltbarkeitsdatum (MHD)* gekennzeichnet sein. Ausnahmen sind z. B. frisches Obst, Gemüse, Getränke mit einem Alkoholgehalt von mindestens 10 Vol.-% sowie einige Käsesorten. Die rechtliche Grundlage des MHD ist die Lebensmittel-Kennzeichnungs-Verordnung (LMKV). Entsprechend § 7(1) LMKV ist das MHD eines Lebensmittels „das Datum, bis zu dem dieses Lebensmittel unter angemessenen Aufbewahrungsbedingungen seine spezifischen Eigenschaften behält".

Lebensmittel werden als Frischwaren, Tiefkühlwaren, Dauerwaren und Präserven in Kunststoffverpackungen angeboten. Für Konserven mit langer Haltbarkeit kommen auch Kunststoff-Verbundverpackungen in Frage. Für die Verpackung von Lebensmitteln werden häufig fünf- bis sechsschichtige Verbunde verwendet. Die Sperrschicht besteht vornehmlich aus EVOH (EVAL); zum Schutz gegen Feuchtigkeit ist sie eingebettet zwischen zwei Polyolefinschichten (PE-HD, bei Heißabfüllung des Füllguts PP). Hier werden auch Regeneratschichten eingesetzt mit bis zu 70 % Anteil prozeßbedingter Abfälle. Die coextrudierten Verpackungen stehen in hartem Wettbewerb zu Behälterglas und Weißblechdosen.

Tabelle 3.3 gibt eine Übersicht über die gängigen Packmittel eines Supermarkts mit Prozentanteilen der Packstoffe für die betreffenden Packgüter.

3.5.2.2 Spezielle Verpackungssysteme und -verfahren für Lebensmittel

Die *Vakuum-Verpackung* ist besonders geeignet zum Verpacken von Lebensmitteln. Der Ausschluß von Luftsauerstoff bewirkt eine wesentlich erhöhte Lagerbeständigkeit sauerstoffempfindlicher Waren (Noch besser geeignet ist die sog. Schutzgasverpackung). Für die Vakuumverpackung können Schalen mit Stretch- oder Schrumpffolien, Beutel- oder Muldenpackungen verwendet werden. Sperrschichtfolien sind z. B. PA/PE-Folien, Polyester/PE-Folien oder Aluminiumkunststoffverbunde. Ein häufig angewendetes Vakuumverpackungs-Verfahren ist das Kammerverfahren. Mit dem Hi-vac-Verfahren kann der Sauerstoffgehalt auf Werte unter 1 mbar gesenkt werden, was besonders z. B. für Vollmilch- und Kartoffelbreipulver, Backwaren und Kaffee wichtig ist (siehe auch Abschnitt 9.6.).

Bei der *Schutzgasverpackung* wird die enthaltene Luft durch indifferente Schutzgase in der Packung ausgetauscht. Begasen ist (nach DIN 55 405) das Versetzen des Inhalts einer Packung mit einem Schutzgas nach Evakuieren, oder das Gasspülen zum Verlängern der Haltbarkeit des Packguts. Unter Begasen versteht man auch das Behandeln von Packgut, Packstoff oder Packmittel mit geeignetem Gas gegen das Wachstum von Keimen. Schutzgase und ihre Eigenschaften zeigt Tabelle 3.4.

Durch spezifische Gasgemische können die Packgüter haltbarer als bei der einfachen Evakuierung der Packung gemacht werden. Voraussetzung für die Wirkung von Schutzgasen ist die weitgehende Entfernung der Luft, vor allem für Packgüter, die oxidationsempfindlich sind, wie Fleisch oder fetthaltige Backwaren. Bei der Schutzgasverpackung von Fleisch und Fleischwaren haben sich Gemische von Stickstoff und Kohlendioxid unter-

Tabelle 3.3 Packmittelanteile und Mindesthaltbarkeitsangaben für Lebensmittel in einem deutschen Supermarkt (nach *Teichmann*)

Produktgruppe	Produktbeispiele	Verpackungen (Anteil in %)	Lagertemperatur °C	Restlaufzeiten (Hauptanteil)
Backerzeugnisse	Semmelbrösel Apfelstrudel Strudelteig	WB 4,8 I K 33,3 I PE 4,8 Ku 23,8 I P/Al 4,8 PS-E 14,3	−20 bis RT	<0–3 J (1–2 J)
Backmischungen	Streusel-, Pizzateig	P/Ku 100	RT	6 Mon–2 J (1–2 J)
Brot	Vollkorn-, Toast-, Knäckebrot	PP 39,6 I P/Al	6°-RT	<0–2 J (0–4 Wo)
Feinbackwaren	Tortenboden, Hefezopf, Kuchen	Ku 47,8 I Ku/Al 32,6 P/Ku 2,2 I K/PP 4,3 PVC 2,2 I PP 10,9	RT	<0–6 Mon (3 Wo–2 Mon)
Fertiggerichte	Lasagne Eintöpfe, Pizza, Ravioli	PP 6,6 I WB 44,3 I Al 4,9 K 13,1 I Al-VB 1,6 I K/ PET 2,2 I PE 1,6 I G 3,8	−20° bis RT	<0–4 J (6 Mon – 4 J)
Desserts	Pudding, Sahnesoße, Eis	PS 14,5 I PP 13,7 I Ku 48,4 I PO 0,8 I K 4 G 5,6 I KB 4,8 I P-VB 6,5 Al-VB 1,6	−20° bis RT	0–2 J (6 Mon–2 J)
Fleisch	Schweinefleisch, Rindfleisch Kalbfleisch	PS-E 32,6 I Ku 21,3 I Al 25,8 I WB 11,2 I PE/PA 5,6 EVA/PA 5,6 I PET/X/EVA	−20° bis 6° 6°	<0–4 J (0–4 T)
Wurstwaren	Salami Sülz-, Leberwurst Bratwürste, Corned beef	KU I PE/PET I G I PA/EVA I PP/ EVA I EVA/Al/PET I WB PE/PA/EVA I Al/PE/PA PETmetall./PE	6° bis RT 6°	<0–4 J (1 Wo–2 Mon)
Butter	Butter, Butterschmalz	Al/P I PVC I Ku P/Ku	6°	<0–6 Mon (1–4 Wo)
Margarine	Margarine	KU I Al/P I Kb I Al/PVDC I PVC PS/PET/K	6° (2 Wo–2 Mon)	0–2 J
Speiseöle	Sonnenblumenöl Diätöl, Sojaöl	G I WBDe I AlDe I WB I Ku	RT	6 Mon–3 J (6 Mon–2 J)
gesäuerte Milcherzeugnisse	Joghurt Buttermilch	PS I PP I G I PE/Al/K/PO I P-Verb. I Al-De	6°	0–2 Mon (1–4 Wo)
Milch	Frischmilch, H-Milch, Sterilmilch	PE/Al/K/PO I PO I Ku I G WBDe I PE/K/PE I PE/K/PO	6° RT	0–2 Mon (0–7 T) (1–6 Mon)
Frischkäse	Quark, Schichtkäse, Frischkäse	PS 42,1 I Ku 15,8 I Al 5,3 PP 21,1 I P-VB 15,8	6°	0–6 Mon (1 Wo–2 Mon)
Weichkäse	Limburger Camembert Brie	Al/P 85,3 I P/PVDC/ZG 2,9 Ku 5,8 I Ku/WA/ZG/NL 2,9 PE/Ku 2,9	6°	0–9 Mon (1–3 Wo) (nur z. T. dat.)

Tabelle 3.3 (Fortsetzung)

Produktgruppe	Produktbeispiele	Verpackungen (Anteil in %)	Lagertemperatur °C	Restlaufzeiten (Hauptanteil)
Schnittkäse	Gouda Edamer, Tilsiter	PE/PA 64,3 I EVA/PA 21,4 VB 7,1 I PP/EVA 7,1		n. d.
Getreideerzeugnisse	Müsli Cornflakes Haferflocken Grieß	PP 2,9 I K 17,6 I PE/P 1,4 Al/PE 2,9 I PE 14,7 I KU 26,5 I P 7,3 I Al/P/PP 4,4 PE/X/PET 5,9 I PP/Al 5,9 PE/PET 5,9 I PP/PET 2,9 PVC 1,4	RT	3 Mon–2 J (1–2 J)
Kartoffelerzeugnisse	Püree Knödel Kartoffelpuffer Pommes frites	PE/X/PP 11,4 I KU 68,6 Al/KU 5,7 I PE 11,4 I K 2,9	–20°, 6°, RT	5 T–2 J (1–2 J)
Knödel	Speckknödel, Semmelknödel, Quarkknödel	Ku 70 I K 30	–20°, RT	<0–2 J
Suppen	Suppenwürfel, Gemüsebrühe Suppen	Al/P I Al I G I PE/Al/P I Ku K I P/K I WB I P-VB I	–20°, RT	<0–4 J (1–2 J)
Teigwaren	Eiernudeln, Vollkornnudeln, Suppeneinlage	PP I Ku I K I PE/PA	6°, RT	1–2 Wo–5 J (1–2 J)
Schokoladenerzeugnisse	Nuß-Nougat-Creme, Pralinen, Schoko-Riegel	Ku I G I PS I PP I P/Al I PE/ PP I K I P I Al I PET	RT	<0–2 J (3–6 Mon)
Fruchtgummi	Gummibären	PE/PP 58,3 I Ku 8,3 I PP 33,3		
Kartoffelsnacks	Chips, Sticks	PP I Al-VB I Ku I PP/PET	RT	<0–2 J (3–6 Mon)
Fruchtsäfte	Apfelsaft, Orangensaft	PE/Al/K/PO I G I PO	RT	6 Mon–2 J (9–12 Mon)
Gemüsesäfte		G	RT	9 Mon–2 J
Kaffee	Espresso Löslicher Kaffee, Malzkaffee, Bohnenkaffee	K 5,1 I WB 20,3 I Ku/Al/ KU 49,2 I G 20,3 I Al/P 1,7 EVA/EVA/Al/PET 1,7 P 1,7		3 Wo–3 J (1–2 J)

Abkürzungen

Al	Aluminium	Mon	Monat	PP	Polypropylen	VB	Verbund
De	Deckel	NL	Nitrolack	PS	Polystyrol	WA	Wachs
G	Glas	P	Papier	PS-E	Styropor	WB	Weißblech
J	Jahr	PA	Polyamid	PVC	Polyvinylchlorid	X	Kunststoff, metallisiert
K	Karton	PE	Polyethylen	PVDC	Polyvinylidenchlorid		
Kb	Karton beschichtet	PET	Polyester	RT	Raumtemperatur	ZG	Zellglas, beidseitig mit PVDC lackiert
Ku	Kunststoff	PO	Polyolefin	T	Tag		

schiedlicher Konzentrationsverhältnisse bewährt. Für das Verpacken von Gemüse und von Salat, sind Mischungen von je ca. 5 % Sauerstoff und Kohlendioxid bei 90 % Stickstoff besonders geeignet. Packmittel dafür sind z. B. Beutel aus Ethylen-Vinylacetat-Copolymeren (EVA).

Tabelle 3.4 Eigenschaften der Schutzgase für Lebensmittelverpackungen

Eigenschaften	N_2	CO_2	O_2
Physikalisch Dichte (kg/m^3) bei 15 °C, 1,013 mbar Löslichkeit in Wasser (g/m^3 H$_2$O) bei 15 °C, 1,013 mbar Permeationskoeffizient $\dfrac{cm^3 \times \mu m}{m^2 \times d \times bar}$ bei 23 °C, 0 % r. F. für HD-PE – für PVDC	1,170 21,0 20 000 10	1,849 1 960,0 300 000 150	1,337 48,2 75 000 30
Chemisch	völlig inert im Lebensmittelbereich	reagiert mit Wasser: $CO_2 + H_2O < H_2CO_3$, geringe pH-Absenkung auf der Oberfläche des Lebensmittels möglich	Oxidationsreaktionen gefördert, besonders bei Anwendung von Metallionen, Licht, höherer Temperatur
Biologisch Verhalten gegenüber Lebensmittelinhaltsstoffen (Vitaminen, Aromastoffen, Fetten) Mikroorganismenwachstum	völlig inert Hemmung von Aerobiern, keine Hemmung von Anaerobiern	inert (evtl. säuerlicher Geschmack wegen chemischer Eigenschaften), vereinzelt Verfärbungen Hemmung von Aerobiern und Anaerobiern, bakteriostatisch und fungistatisch bei ausreichender Feuchtigkeit	stark oxidierend Förderung von Aerobiern

Anwendungsbeispiele für Schutzgasverpackungen zeigt Tabelle 3.5.

Die Verpackungsformen und die dafür eingesetzten Verbundfolien entsprechen weitgehend den für Vakuum-Verpackung angewendeten Methoden und Packstoffen.

Mikrowellen dienen besonders zum Erwärmen von Fertiggerichten. Die hierfür bevorzugt verwendeten Polyesterverpackungen müssen nicht nur hohe Wärmebeständigkeit, sondern auch gute Kältefestigkeit haben, da sehr viele typische Mikrowellen-Gerichte über die Tiefkühlkette gehen. Die Temperaturfestigkeit von Menüschalen, die aus hochkristallinem Polyethylenterephthalat (CPET) hergestellt werden, reicht von −40° bis +240 °C. Behälter mit immer geringeren Wanddicken (bis zu 60 oder sogar 40 μm) werden verwendet. Aber auch preisgünstigere Blends aus Polyphenylenether und Polystyrol sowie mit anorganischem Material gefülltes Polypropylen sind für diesen Anwendungszweck geeignet. Wegen langer Lagerzeiten müssen Sperrschichtfolien (Verbunde aus BOPP, Polyesterfolien, Papier, Polyamid, Polycarbonat und PVDC) eingesetzt werden.

Sogenannte „Empfänger"-Schichten, Suszeptor- oder „Heizschichten" welche in die Packung integriert sind, absorbieren die Mikrowellen und wandeln sie in Wärme um. Man erreicht so örtlich eine gezielte Bräunung der Nahrungsmittel, oder man kann bestimmte Produkte wie Pizzen, Croissants oder Fischstäbchen knusprig erhalten. Die Suszeptoren bestehen meist aus sehr dünnen Polyesterfolien, die durch Metallisieren partiell leitfähig sind.

Tabelle 3.5 Beispiel für Schutzgasverpackungen von Lebensmitteln (MAP nach AGA AB)

Produkt	Gasmischung	Gasvolumen/100 g Prod. gewicht	Haltbarkeit Luft	Haltbarkeit MAP	Temperatur
Rohes Fleisch	80% O_2 + 20% CO_2	100–200 ml	2–4 T.	5–8 T.	+2 – +3 °C
Geflügel	50–80% CO_2 +20–50% N_2	100–200 ml	7 T.	16–21 T.	+2 – +3 °C
Würste	20% CO_2 + 80% N_2	50–100 ml	2–4 T.	4–5 W.	+4 – +6 °C
Gekochte Aufschnitte	20% CO_2 + 80% N_2	50–100 ml	2–4 T.	4–5 W.	+4 – +6 °C
Fetter Fisch	60–70% CO_2 +30–40% N_2	200–300 ml	3–5 T.	5–9 T.	+2 – +3 °C
Magerer Fisch	30–40% O_2 + 30–70% CO_2 0–30% N_2	200–300 ml	3–5 T.	5–9 T.	+2 – +3 °C
Bearbeitete Fischprodukte	20% CO_2 + 80% N_2	50–100 ml	2–4 T.	4–5 W.	+4 – +6 °C
Harter Käse	80–100% CO_2 + 0–20% N_2	50–100 ml	2–3 W.	4–10 W.	+4 – +6 °C
Schnittkäse	80–90% CO_2 + 10–20% N_2	50–100 ml	2–3 W.	4–10 W.	+4 – +6 °C
Weichkäse	20–40% CO_2 + 60–80% N_2	50–100 ml	4–14 T.	1–3 W.	+4 – +6 °C
Salat	3–10% CO_2 3–10% O_2 + 80–94% N_2	100–200 ml	2–5 T.	5–10 T.	+3 – +5 °C
Pilze	100% N_2	100–200 ml	2–3 T.	5–6 T.	+3 – +5 °C
Geschälte Kartoffeln	20% CO_2 + 80% N_2	100–200 ml	0,5 Std.	7–8 T.	+3 – +5 °C
Torte	50–70% CO_2 + 30–50% N_2	50–100 ml	3–5 T.	2–3 W.	+4 – +6 °C
Kuchen	20–40% CO_2 + 60–80% N_2	50–100 ml	max. einige W.	über 1 J.	+20 – +25 °C
Weißbrot	20–40% CO_2 + 60–80% N_2	50–100 ml	max. einige T.	2 W.	+20 – +25 °C
Pizza	30–60% CO_2 + 40–70% N_2	50–100 ml	1–2 W.	2–5 W.	+4 – +6 °C
Pommes frites	70–80% N_2 + 20–30% CO_2	50–100 ml	3–4 T.	1–3 W.	+4 – +6 °C
Salate mit Sauce	100% N_2	50–100 ml	1–2 W.	4–5 W.	+4 – +6 °C

Dual-ovenability ist die gleichzeitige Ofen- und Mikrowellenfestigkeit von Packmitteln bzw. Packstoffen für Lebensmittel. Im Gegensatz zu dual-ovenable Produkten sind ofenfeste (ovenable) Materialien nur für den Gas- oder Elektroherd, mikrowellenfeste (microwavable) Stoffe nur für den Mikrowellenherd geeignet.

Behälter für dual-ovenability werden aus einem Cellulose-Verbundmaterial durch Vakuum-Formkaschieren hergestellt.Dieses Verfahren ist dem sog. Skinverfahren (siehe auch Abschnitt 6.2) ähnlich. Allerdings wird beim Vakuum-Formkaschieren die Folie mit einer dünnen Schicht einer thermoplastischen Kunststofffolie verklebt.

Der *Kochbeutel*, eine *kochfeste Verpackung*, ist ein aus kochfesten Folien hergestellter Beutel, dessen Füllgut in der Packung durch Kochen tischfertig zubereitet werden kann. Kochbeständige Folien sind PE-LD und PE-LLD. Anspruchsvollere Kochbeutel-Folien sind Verbunde, wie z. B. Polyesterfolien oder Polycarbonatfolien mit Polyethylen-Siegelschichten. Auch PA/PE-Folien werden zur Herstellung von Kochbeuteln verwendet.

3.5.2.3 Nahrungsmittel pflanzlicher Herkunft

Exemplarisch in Auswahl seien die Verpackungsanforderungen der verschiedenen Typen von Backwarenverpackungen näher erläutert:

– *Weich-Backwaren*, wie Brotsorten, Kuchen und Konditorwaren, enthalten bis zu 45 % Wasser und haben sehr poröse Strukturen. Sie neigen bei Lagerung zur Wasserabgabe und damit zum Vertrocknen. Als Verpackungsfolien werden wegen ihrer geringen Wasserdampf-Durchlässigkeit Folien aus PE, BOPP, lackiertem Zellglas oder PE-beschichtetes Papier eingesetzt. Aluminium-Verbundfolien erhöhen die Lagerbeständigkeit. Verbundfolien z. B. für Baguettes zeigt Bild 3.3.
– *Hart-Backwaren*, wie Kekse oder Kräcker, haben einen niedrigen Wasser- und einen hohen Fettgehalt. Deren Verpackungsfolien sollen neben Undurchlässigkeit für Wasserdampf unempfindlich gegen Fett und ggf. Sauerstoff sein. Um Ranzigwerden der Ware zu vermeiden, werden Sperrschichtfolien oder Aluminium-Verbunde verwendet.
– *Getreideprodukte* verlieren durch Aufnahme von Wasser an Qualität. Daher sind nur Folien mit geringerer Wasserdampf-Durchlässigkeit geeignet. Auch werden Sperrschichtfolien verwendet, die geringe Aroma-Durchlässigkeit haben.

Beim Verpacken von Backwaren, vor allem von Brot, kommt die Schutzgasverpackung zum Einsatz. Eine Verpackung mit Kohlendioxid zur Verzögerung der Schimmelbildung verbessert neben der Haltbarkeit auch die geschmackliche Qualität. Dabei ist ein Mindestgehalt von 20 % CO_2 erforderlich; das Erniedrigen der Sauerstoff-Konzentration allein genügt nicht. Ethanol (Alkohol) in sehr kleinen Mengen von etwa 0,1 % begünstigt die Qualitätserhaltung. Für die Herstellung solcher flexibler Packungen wird das Kohlendioxid im Gegenstrom zugeführt. Bei anderen Verfahren wird die Packung vor dem Verschließen zunächst evakuiert und anschließend mit Kohlendioxid gefüllt, dabei kann allerdings das Aroma leiden.

Vorgebackene Waren, wie Baguettes in Spezialfolien, ermöglichen dem Verbraucher die Bereitung ofenfrischer Produkte.

3.5.2.4 Nahrungsmittel tierischer Herkunft

Diese sind besonders empfindlich und stellen daher hohe Ansprüche an die Verpackungsmaterialien und -systeme. Sie erfordern hohe Sperreigenschaften der betreffenden Packstoffe, so daß vor allem Verbundfolien mit Barrierewirkung hierfür benutzt werden. Qua-

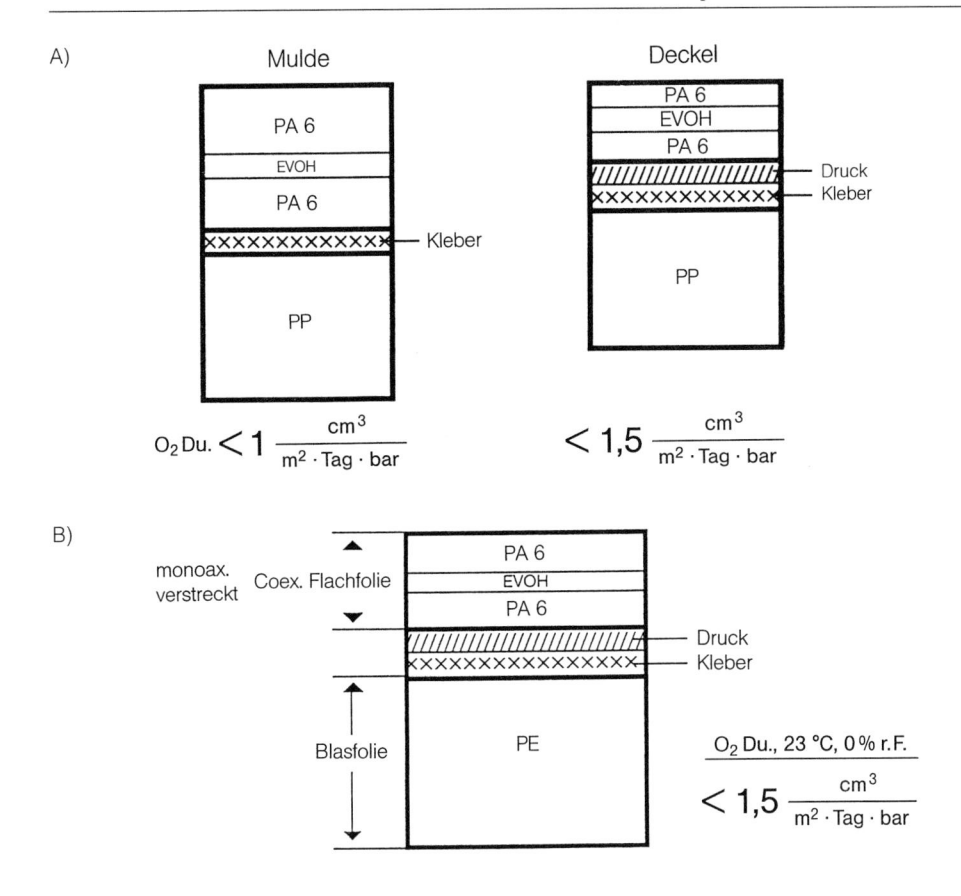

Bild 3.3 Aufbau einer Baguettes-Verpackung
A) Muldenverpackung, IR-sterilisierbar, B) Schlauchbeutelverpackung zur Schutzbegasung (nach *Delventhal*)

lität und Haltbarkeit verpackter Lebensmittel werden maßgeblich durch physikalische, mikrobiologische und biochemische Veränderungen beeinflußt. Durch *Verpacken unter Schutzgas* wird es ermöglicht, diese nachteiligen Veränderungen in verpackten Lebensmitteln zu verzögern und damit den Genußwert über längere Zeit zu sichern. Man nutzt hierfür Verfahren des Evakuierens sowie anschließender Rückbegasung mit Schutzgas auf Vakuumverpackungsmaschinen und der Sauerstoffverdrängung durch Spülung mit Schutzgas auf Schlauchbeutel-Verpackungsmaschinen.

Auch die Kontamination der Packstoffe bzw. Packmittel mit Mikroorganismen, welche über die Raumluft als Staubpartikel, über Maschinenkontakte oder durch körperliche Berührung auf die Packstoffoberflächen kommen, müssen ausgeschlossen bzw. minimiert werden, da die Oberflächenverkeimung erhebliche Auswirkung auf die Haltbarkeit von Lebensmitteln hat. Insbesondere für das aseptische Abpacken, z. B. von H-Milch, müssen die Packmittel sterilisiert werden, um mikrobiellen Produktverderb auszuschließen (siehe auch Abschnitt 9.7).

Barriereeigenschaften der Packstoffe gegenüber Wasserdampf, Gasen und Aromastoffen sind für diese Lebensmittel außerordentlich wichtig, denn sie müssen einerseits vor dem Austrocknen, andererseits gegen Sauerstoff, insbesondere bei fetthaltigen, oxidationsempfindlichen Lebensmitteln, geschützt werden. *Vakuum- und Schutzgasverpackungen* werden für viele sauerstoffempfindliche Lebensmittel angewandt (Tabelle 3.5). Die Durchlässigkeit für Wasserdampf und Sauerstoff, ist in Bild 3.4 wiedergegeben. Nähere Einzelheiten zur Sperrschichtoptimierung sind in Abschnitt 6.1.3 und 6.1.4 zu finden.

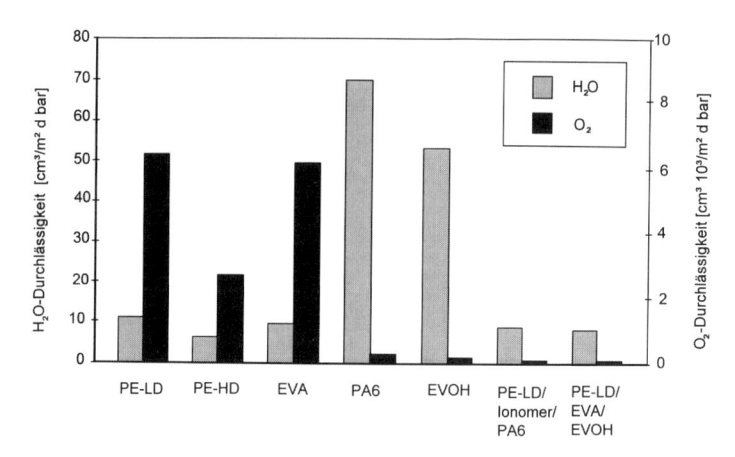

Bild 3.4 Wasserdampf- und Sauerstoffdurchlässigkeiten von Verpackungsfolien nach DIN 53 380 (23 °C, 75% rel. Feuchte, Foliendicke bei Einschichtfolien 20 µm, bei Mehrschichtfolien 70 µm)

Die *Widerstandsfähigkeit von Kunststoffpackmitteln* in mechanischer Hinsicht als Reiß- und Durchstoßfestigkeit sowie gegenüber einer Migration der Fette, die beispielsweise in Lebensmitteln wie Speck, Käse, Fleisch- und Fischwaren enthalten sind, spielt ebenfalls eine erhebliche Rolle. Auch dürfen aus den Kunststoffpackmitteln keinerlei fettlösliche Bestandteile in verpackte fetthaltige Lebensmittel migrieren. Beispielsweise PVC-U, PA und PET u. a. erfüllen diese Ansprüche.

Erhöhte Temperaturbeständigkeit der Kunststoffpackmittel ist erforderlich, wenn die verschlossene Packung gegart, z. B. für Kochschinken pasteurisiert oder sterilisiert werden muß. Bei diesen Erhitzungsvorgängen muß auch darauf geachtet werden, daß der Druckunterschied zwischen dem Inneren der Packungen und dem Autoklaven nicht die Versiegelungen öffnet, was man durch gesteuerte Gegendruckautoklaven für diese Erhitzungsvorgänge erreichen kann.

Beispiele für Nahrungsmittel tierischer Herkunft hinsichtlich ihrer Verpackungserfordernisse sind:

Frischfleisch wird durchweg mit hellroter Oberflächenfarbe angeboten. Die Farbe des Fleischs wird durch seinen Myoglobin-Gehalt bewirkt. Zur Frischfleisch-Reifung verwendet man Sperrschichtfolien für Sauerstoff im Vakuumbeutel aus PA/PE- oder PET/PE-Folien. Bei der Öffnung der Verpackung bewirkt der Sauerstoff die erwünschte Nachrötung. Zur Frischfleischverpackung für kurzfristigen Verbrauch verwendet man Folien, die für Sauerstoff durchlässig sind, um die Bildung von Oxymyoglobin zu ermöglichen. Für Hackfleisch gelten die besonderen Bestimmungen der Hackfleisch-Verordnung.

Tiefgefrorenes Fleisch in portioniertem Zustand muß gegen das Austrocknen – als Gefrierbrand bezeichnet – geschützt werden. Die angewendeten Folien müssen wasserdampfdicht und kältestabil sein.

Frischgeflügel benötigt Packstoffe mit möglichst geringer Sauerstoffdurchlässigkeit und niedriger Wasserdampfdurchlässigkeit. Hierfür benutzte Folien müssen zusätzlich dehn-

bzw. schrumpffähig sein. Wenn das Geflügel gefroren wird, muß sich die Folie eng an das Packgut anlegen, um den Gefrierbrand zu vermeiden.

Fische mit hohem Fettgehalt sind stark oxidations- und lichtempfindlich. Sie sollten daher in lichtdichten Vakuumverpackungen abgepackt werden.

Gepökelte und gesalzene Fleischwaren benötigen Folien mit sehr geringer Sauerstoffdurchlässigkeit, am besten Vakuumverpackungen. Auch hierbei sollte Lichteinwirkung ausgeschlossen werden.

Vertriebs- und Verpackungssysteme

Je nach dem Zustand der Lebensmittel als Frischwaren, Tiefkühlwaren, Dauerwaren, Konserven, Präserven ergeben sich deren Verpackungserfordernisse. Zu beachten ist, daß Packmittel wie Beutel oder Muldenverpackungen oft eine sehr viel größere Durchlässigkeit aufweisen, als die Mehrschichtfolien, woraus sie gefertigt sind infolge undichter bzw. schlecht verwahrter Siegel- oder Nahtstellen (Bild 3.5).

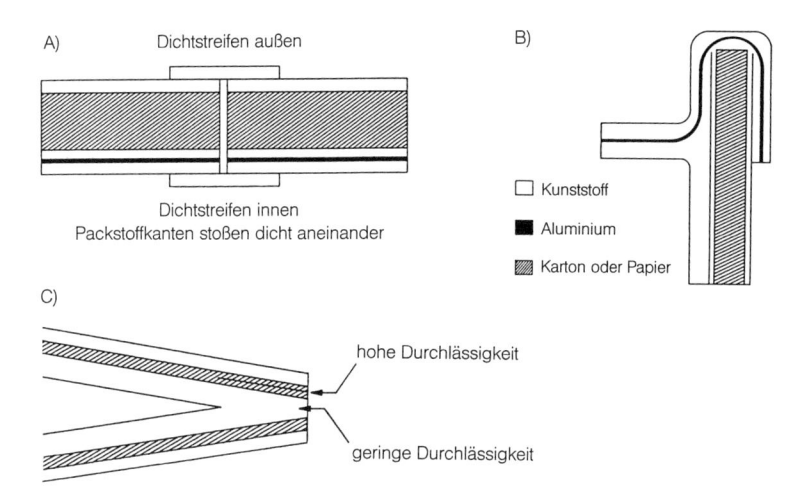

Bild 3.5 Abdichtung von Folienverbunden im Nahtstellenbereich mit korrekter (A, B) und nicht korrekter (C) Versiegelung (nach *Piringer*)

Frischfleisch wird zum Berührungsschutz portioniert vorverpackt angeboten. Meist werden hierfür formstabile Schalen bzw. Trays aus Schaumkunststoff oder aus gepreßtem Holzschliff verwendet, die sich durch hohe Gasdurchlässigkeit, gute Formbeständigkeit und hohe mechanische Belastbarkeit auszeichnen. Sie absorbieren außerdem ausgetretene Fleisch-Flüssigkeiten und erhalten damit das gute Aussehen des verpackten Fleischs. Sie werden mit Schrumpffolien, die eine Oxymyoglobinbildung zulassen, verschlossen. Dies können speziell lackierte Zellglasfolien, dünne PE-Folien oder Weich-PVC-Folien sein, auch Folien aus modifiziertem Polyethylen mit hoher Dehnfähigkeit und hoher Reißfestigkeit. Diese Frischfleischverpackungen gestatten eine Vertriebsdauer von maximal zwei bis drei Tagen. Längere Vertriebsdauer kann mittels Vakuum- oder Schutzgasverpackung erreicht werden.

Frischfleischverpackung im Vakuum benötigt extrem undurchlässige Verbundfolien. Möglich sind die Kombination: PA/PVDC/PA/PE oder PA/PVAL/PA/EVA. In solchen Vakuumverpackungen kann keimarmes Fleisch bei Lagertemperaturen von unter 2 °C (abhängig von der Fleischsorte) 5 bis 20 Tage gelagert bzw. angeboten werden. Derart vakuumverpacktes und portioniertes Rindfleisch nimmt eine dunkelrote Myoglobinfarbe an, die kurze Zeit nach Entnehmen aus der Verpackung in die hellrote Färbung zurückgeht. Für diese Vakuumverpackungen können Muldenverpackungen aus extrem dichten Verbunden eingesetzt werden, die aus dickeren Unterfolienbahnen mittels Vorstreckstempeln thermisch ausgeformt werden. Für Schinken werden auch coextrudierte Barrierefolien eingesetzt, bei denen Mulde und Deckel die gleiche Folienkonstruktion, aber unterschiedliche Dicke besitzen (Bild 3.6).

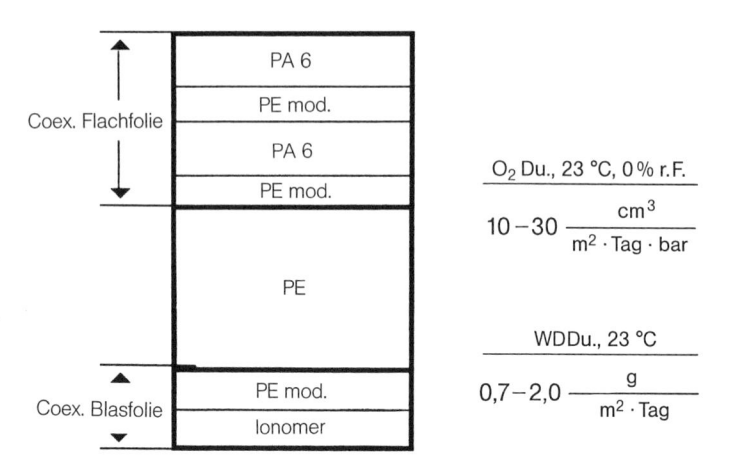

Coex. Flachfolie: PA 6 / PE mod. / PA 6 / PE mod.

PE

Coex. Blasfolie: PE mod. / Ionomer

O_2 Du., 23 °C, 0 % r.F.

$$10-30 \ \frac{cm^3}{m^2 \cdot Tag \cdot bar}$$

WDDu., 23 °C

$$0{,}7-2{,}0 \ \frac{g}{m^2 \cdot Tag}$$

Bild 3.6 Aufbau einer evakuierbaren Muldenverpackung für Schinken (nach *Delventhal*)

Fleischwaren unter Schutzgasverpackung werden in Mulden bis zu 12 cm Tiefe, aus steifen Bodenfolien (etwa 300 µm PVC/75 µm PE) oder starken PP/PA-Sperrschichtverbunden gegeben, mit einem Gasgemisch von 70 % bis 80 % Sauerstoff und 30 % bis 20 % CO_2 begast. Die Deckelfolien entsprechen in ihrem Aufbau den bei der Frischfleischreifung verwendeten. Damit das so verpackte Fleisch überall von diesem Schutzgas umspült wird, muß die Muldenverpackung Rillen aufweisen. Wegen des hohen Sauerstoffgehaltes des Schutzgases bleibt die hellrote Oxymyoglobinfarbe erhalten und der mikrobielle Verderb wird verzögert. Die Haltbarkeit des so verpackten Fleisches beträgt je nach Art und Zustand 5 bis 20 Tage.

Rohwurst, Mett- und Leberwurst etc., kann unter Schutzgas in Schlauchbeuteln abgepackt werden (Bild 3.7). Hierzu wird die Folie auf Verpackungsmaschinen mit Geschwindigkeiten von 15 m/min bei einer Gesamtdicke von 80 µm verarbeitet. Diese Folie wird hergestellt durch Extrusionskaschierung von zwei coextrudierten Vorfolien und besitzt hohe Flexibilität, Gasdichtheit und mechanische Festigkeit.

Tiefgefrierfleisch benötigt Verpackungsfolien von geringer Gas- und Wasserdampfdurchlässigkeit sowie ausreichender Kältebeständigkeit. Hierfür eignen sich folgende Verbundfolien: PA/PE, PE/PA/PE, PET/PE, PE/PA/PVA, PA/EVA, PE/PA/I, EA/I (I = Ionomer). Solche Verbundfolien können auch zu Mulden verformt und dann mit Deckelfolien verschlossen werden.

Geflügel wird als Frischgeflügel in Schrumpfbeuteln verpackt, die aus folgenden Materialkombinationen bestehen können: PVDC-PVC-Mischpolymerisat, PET, PE. Tiefgefrorenes Geflügel kann außerdem auch mit PVA/PVDC/EVA verpackt werden.

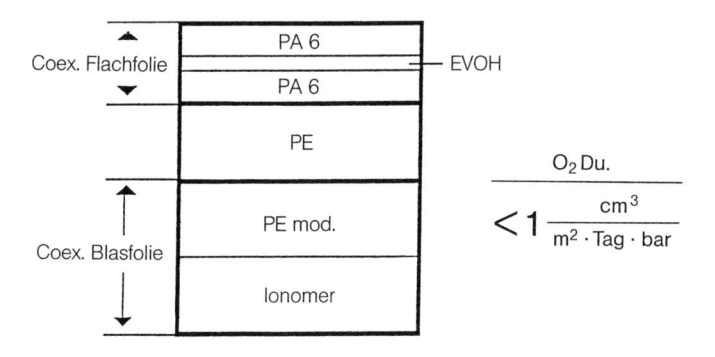

Bild 3.7 Aufbau einer Schlauchbeutelverpackung für Rohwurst mit Schutzbegasung (nach *Delventhal*)

Konserven

Fleisch- und Fischkonserven können autoklavensterilisiert werden, wozu neben Metall- und Glasverpackungen nun auch zunehmend Weichverpackungen oder halbstarre Behälter Verwendung finden. Hierfür sind wegen der besonders hohen Dichtheitsanforderungen Aluminiumverbunde notwendig.

Die *Kochschinkenherstellung* in Folienmulden bietet folgende Vorteile: Kochen ohne Gewichtsverlust, dadurch kein Aussaften und keine Geleebildung in den Randzonen der Packung, verlängerte Haltbarkeit, da die Gefahr einer Kontaminierung zwischen Herstellungsprozeß und Verpackung entfällt, Möglichkeit zum Verarbeiten auch kleinster Fleischstücke, guter Zusammenhalt der Masse, dadurch hohe Schnittfestigkeit, keine Reinigung der Kochformen, Kostenreduzierung für Packmaterial im Vergleich zur Dosenkochung.

Dafür werden zweischichtige Verbunde aus ungerecktem Polyamid und einem PE/Ionomer-Blend und Schichtdicken von 40/80, 60/120 und 70/150 verwendet.

Milchprodukte und Feinkostsalate

Joghurt, Quarkspeisen, Fleisch,- Herings- und Eisalate können in Bechern aus PS, PVC-U oder PP verpackt werden. Als Deckel werden bisher PVC-U oder lackiertes Aluminium benutzt; neuerdings versucht man, wegen der besseren Recyclingmöglichkeiten, Deckel aus dem gleichen Material wie die Becher zu verwenden. Doch ist es oft schwierig, solche Deckelfolien faltenfrei aufzusiegeln. Die genannten Zubereitungen sind bei vorschriftsmäßiger Kühlung wegen ihres niedrigen pH-Werts hygienisch unproblematisch, im Gegensatz zu ungekühlten Produkten mit neutralen pH-Werten, die dann aseptisch abgepackt werden müssen.

Präserven

Lebensmittel und Zubereitungen mit Konservierungsmittelzusätzen, die in Dosen ohne Sterilisierung verpackt werden, sind Halbkonserven oder Präserven. Insbesondere Fischprodukte werden derart verpackt.

Aseptisches Verpacken wird für mehr oder weniger flüssige Nahrungsmittel wie Milchprodukte, Suppen und Getränke angewandt (siehe Abschnitt 9.7).

Packstoffminimierung durch Mehrschicht- bzw. Multilayer-Folien ist das beste Mittel, um im Sinne der Gesetzgebung Packmittel zu sparen, wenn der Verbraucherschutz vor Lebensmittelvergiftungen etc. der wichtigste Zweck der Verpackung bleiben soll. Verbundfolien bleiben daher trotz ihrer Recyclingschwierigkeiten für die Lebensmittelverpackung, insbesondere bei empfindlichen Lebensmitteln wie Fleisch, Fisch, Milchprodukte etc. unverzichtbar.

3.5.3 Genußmittel

Zu den Genußmitteln gehören die *in flüssiger Form* vermarkteten „anregenden Getränke" Bier, Wein, Spirituosen und Liköre. Außer Konsumwein werden diese bisher nicht in Kunststoff- bzw. Kunststoffverbundverpackungen angeboten. Konsumweine können in PE-Kartonverbundpackungen oder PET-Flaschen abgefüllt werden, wenn keine lange Haltbarkeit verlangt wird. Die Mehrzahl der in Glasflaschen und Metalldosen abgepackten alkoholischen Getränke wird meist in Faltschachteln aus Wellpappe transportiert oder auf Transportpaletten mit Kunststoffolien umschrumpft bzw. umstretcht.

Die *in fester Form* vermarkteten Genußmittel Kaffee, Tee, Kakao, Schokolade, Pralinen und Tabakwaren sind aufbereitete Naturprodukte, die vor Aromaverlust, Aufnahme von Fremdgerüchen,Oxidation durch Sauerstoff (Ranzigwerden), Feuchtigkeitsaufnahme oder -verlust geschützt werden müssen. Dafür eignen sich hervorragend und materialsparend Multilayer-Folien, in welchen die jeweiligen Anforderungen des Packguts durch entsprechende Schichtdicken der jeweils geeignetsten Sperrmaterialien und deren Kombinationen optimiert werden. Beispiele hierfür werden in Abschnitt 6.1.4 Mehrschichtfolien gegeben.

Besonders empfindlich gegen Sauerstoff und Aromaverlust ist gemahlener Röstkaffee. Er wird daher im Vakuum der unter Schutzgas mit geeigneten Sperrschichtfolien aus 10 bis 20 µm Al/BOPP oder PET/Al/PE, evtl. Entgasungsventil für CO_2 oder Absorptionsmitteln verpackt. (Auch Schokolade und Pralinen können in Sonderfällen, insbesondere wenn längere Haltbarkeit gefordert wird, im Vakuum oder unter Schutzgas verpackt werden).

Bei *Tabakwaren* wie Zigaretten, Zigarren, Zigarillos etc., wird Schutz gegen Aroma- und Feuchtigkeitsverlust benötigt. Je nach der geforderten Haltbarkeit und den Klimaverhältnissen müssen daher geeignete Folienkombinationen zur Verpackung verwendet werden.

Die Verpackung von Zigarettenpäckchen stellt folgende Anforderungen: Die optischen Eigenschaften der Folie, wie Glanz und Transparenz sollen hervorragend sein, um dem Markenartikel „Zigarette" ein ansprechendes Erscheinungsbild zu geben. Die Durchlässigkeit für Wasserdampf soll bei 23 °C und 85 % rel. Luftfeuchtigkeit zwischen 1 und 2 g/m^2 liegen. Geringe Durchlässigkeit für Aromastoffe ist erforderlich und physiologische Unbedenklichkeit, gute Maschinengängigkeit der Folie und einwandfreies Heißsiegeln bei möglichst niedriger Siegeltemperatur.

Wichtigste Folie für die Zigarettenverpackung war lange Zeit Zellglas. Es wird seit dem Beginn der 80er Jahre vermehrt, auch bei der Tabakverpackung, durch BOPP substituiert. Die Dicke der meist antistatisch ausgerüsteten Folien beträgt wegen des notwendigen Schutzes vor Luftfeuchtigkeit ca. 200 µm oder mehr.

Gewürze können unter Verpackungsgesichtspunkten ähnlich wie die trockenen pulverförmigen Genußmittel Kaffee, Tee, Kakao, behandelt werden. Es sind dies meist getrocknete Pflanzenteile, die als inländische Gewürze und Küchenkräuter, wie z. B. Anis, Fenchel, Kümmel, Koriander etc, oder ausländische z. B. Vanille, Pfeffer, Gewürznelken, Zimt usw., ganz oder gemahlen vor Aromaverlust und Feuchtigkeitsaufnahme geschützt in Dosen, Beuteln oder anderen Folienhüllen verpackt angeboten werden.

3.5.4 Getränke

Hierzu gehören *Tafelwässer*, gesüßte *Erfrischungsgetränke*, meist kohlensäurehaltige Fruchtsäfte bzw. Süßmoste, *Milch* und Milchprodukte wie Joghurt. Auch Milchkonserven und sonstige flüssige Nahrungsmittelzubereitungen wie Suppen können insbesondere unter Verpackungsgesichtspunkten dieser Lebenmittelgruppe zugerechnet werden. Stille Wässer und nicht zu stark mit Kohlensäure versetzte Mineral- und Tafelwässer werden auch häufig in PVC- oder PET-Flaschen abgefüllt. Bei Letzteren kommt es insbesondere darauf an, daß keinerlei Spuren von Acetaldehyd, die beim Herstellen und Verarbeiten von PET-Packmitteln entstehen könnten, vorhanden sind (siehe Abschnitt 6.5.1 und 9.6.2). Zum Abfüllen von Frischmilch in *Mehrwegflaschen* haben sich in den USA Flaschen aus PC bestens bewährt, wie sie sich ja auch in Deutschland bereits seit Jahrzehnten als Babymilchflaschen durchgesetzt haben.

Für CO_2-*haltige* Getränke wurden *Mehrweg-Druckflaschen* aus PC/PA/PC-Verbunden entwickelt. Haftvermittler werden dabei nicht eingesetzt, da sie eine Trübung hervorrufen. Durch geeignete Temperaturführung bei der Coextrusion läßt sich aber eine ausreichende Haftung erreichen. Die PC-Schicht ist kratzfest und gut zu reinigen. Die PA-Schicht dient als CO_2-Sperre. Eine weitere Anwendung für solche Verbunde sind Mehrwegflaschen für Milch und Fruchtsäfte. Da diese Flaschen nicht unter Innendruck stehen, kann mit geringeren Schichtdicken gearbeitet werden. PET-Mehrwegflaschen für Getränke (z.B. ®Coca-Cola) haben sich – auch bezüglich Recycling – bewährt. Durch Plasmapolymerisation könnten Kunststoffgetränkeflaschen gegen Migration und Permeation wirksam geschützt werden.

Erfrischungsgetränke, Fruchtsäfte, Milch und Suppen werden weitgehend in *Karton-Folienverbundpackungen* vermarktet, dies sowohl bei Milch und anderen Getränken, die zum alsbaldigen Verbrauch bestimmt sind, wie auch bei Dauermilch (H-Milch), sterilisierten Fruchtsäften und Suppen, die durch *aseptische Verpackungsverfahren* (siehe Abschnitt 9.7) monatelang haltbar gemacht werden. Die aseptisch verpackten flüssigen Lebensmittel gewinnen immer mehr an Bedeutung.

3.5.5 Haushaltshilfsmittel

Haushaltshilfsmittel sind Pflege-, Putz-, Wasch- und Reinigungsmittel. Diese enthalten meist Lösemittel oder Chemikalien und werden in dafür geeigneten Ein- oder Mehrschichtenbehältnissen wie Flaschen, Tuben, Dosen oder Kissen- und Beutelpackungen abgepackt. Diese Warengruppe gehört im Einzelhandel zum sogenannten „Non food-Bereich". Ausführungen über die zweckmäßige Auswahl hierfür geeigneter Kunststoffkombinationen sowie die Form- oder Designgestaltung der Packungen befinden sich im Abschnitt 6.5.

Kennzeichnung auf den Packungen

Anzugeben sind gemäß § 7 Waschmittelgesetz die wichtigsten Inhaltsstoffe in allgemein verständlicher eindeutiger Bezeichnung, ferner Erzeugnisbezeichnung und Hersteller oder Vertriebsunternehmen mit Name und Ort. Bei bestimmten phosphathaltigen Wasch- und Reinigungsmitteln sind darüber hinaus Dosierungsempfehlungen auf den Verpackungen aufzudrucken. Ausgenommen von den Kennzeichnungsregelungen sind tensidhaltige kosmetische Mittel.

3.6 Kosmetika – Kosmetikwaren

Kosmetikwaren sowie die zuletzt genannten Haushaltshilfsmittel werden auch als Drogeriewaren bezeichnet, da sie insbesondere in Drogerien angeboten und verkauft werden. Die Kosmetikwaren sind Gebrauchsgegenstände im Sinne des LMBG (Lebensmittel- und Bedarfsgegenständegesetz), weil sie der Körperpflege dienen und mit dem menschlichen Körper intensiv in Berührung kommen. Es sind dies: Seifen, Badezusätze, Shampoos, Haarwässer, Gesichtswässer, Rasierwässer, Rasierschäume, Transpirations- und Intimsprays, Cremes, Salben, Sprays, Gesichtsspray, Deo-Sprays, Deo-Roller, Schminken usw. Diese Warengruppe besitzt demnach Vertreter in sämtlichen Aggregatzuständen und Zwischenzuständen, nämlich leichtfließende Flüssigkeiten bis zu zähflüssigen Gels, Ölen, festen Zubereitungen wie Seifenstücken oder Rollern, aber auch gasförmigen oder vergasten Zubereitungen (Sprays). Demgemäß vielfältig sind die Verpackungen, die von einfachen Umhüllungen, Schachteln, Dosen, Eng- und Weithalsflaschen, Tuben, Kissenpackungen bis zu Druckflaschen etc. reichen.

Flaschen zum Verpacken von Kosmetika sollen eine glänzende Oberfläche aufweisen, kratzfest, bedruckbar und oft auch riechstoffdicht sein. Hierfür kommen drei- bis vierschichtige Verbunde mit einer relativ dünnen Außenschicht aus PA und schweißbarer Innenschicht aus PE in Betracht. Bei geringeren Ansprüchen bietet sich ein Verbund aus PE-HD (innen) und PE-LD (außen) als kostengünstigere Alternative an.

Das Einarbeiten von Rezyklat ist technisch problemlos. Sein Anteil im Verbund wird durch die Viskosität des Recyclats im Verhältnis zur Viskosität der Randschichtenmaterialien und durch stark unterschiedliche Farbtöne der Schichten begrenzt.

Kosmetische Mittel sind nach § 4 LMBG alle Stoffe und Zubereitungen zur Reinigung und Pflege der Körperoberfläche und der Mundhöhle einschließlich der Zähne und des Zahnersatzes sowie alle Stoffe und Zubereitungen zur Beeinflussung des Aussehens und des Körpergeruchs.

Packungen von kosmetischen Mitteln müssen mindestens folgende Angaben enthalten: den Namen und den Sitz desjenigen, der das kosmetische Mittel unter seinem Namen in den Verkehr bringt (§ 28 LMBG), den Nenninhalt zur Zeit der Abfüllung, die Nummer oder eine Kennzeichnung des Herstellungspostens zur leichteren Identifizierung der Charge in Schadensfällen sowie Anwendungshinweise und Warnhinweise, soweit diese in Anlage 2 KosmetikV vorgeschrieben oder zum Ausschluß einer Gesundheitsgefährdung erforderlich sind. Diese Angaben müssen unverwischbar, gut leserlich und deutlich sichtbar in deutscher Sprache erscheinen (§ 4 Abs. 3 KosmetikV). Schließlich muß bei kosmetischen Mitteln mit einer Haltbarkeitsdauer von weniger als 30 Monaten das Mindesthaltbarkeitsdatum angegeben werden (§ 5 Nr. 1 KosmetikV).

Im *Kosmetikrecht* ist am 01.01.1989 das Montrealer Protokoll über Stoffe, die zu einem Abbau der Ozonschicht führen sowie eine entsprechende Verordnung der EU (VO (EWG) Nr. 3322/88 Abl.Nr. L 297 vom 31.10.1988, S. 1) in Kraft getreten. Die Unterzeichnerstaaten, zu denen alle wesentlichen Industrieländer gehören, sind dadurch verpflichtet, die Produktion von Fluorkohlenwasserstoff (FCKW) bis zum 01.07.1998 auf 50 % der Werte von 1986 zu beschränken. Die EU-Kommission ist noch um eine Verschärfung dieser Grenzen bemüht. Eine entsprechende Empfehlung hat die Kommission am 13.04.1989 (Abl. Nr. L 144/56 vom 27.05.1989) ausgesprochen.

3.7 Pharmaka – Arzneimittel – Medizinische Verpackungen

Es existiert eine umfangreiche Literatur über Pharmaverpackungen, über welche auch ständig eingehend geforscht wird. Kunststoffverpackungen spielen eine bedeutende Rolle, z. B. sind Einwegspritzen, die aus Kunststoff gefertigt werden und optimal den Sterilitätsanforderungen entsprechen, definitionsgemäß zugleich Packmittel, soweit sie die Injektionsflüssigkeit bereits (abgepackt) enthalten. Solche Einwegspritzen sind wiederum aseptisch in hierfür geeigneten Folien verpackt. Für Pharmazeutika, Drogeriewaren, Haushaltschemikalien, aber auch für viele Nahrungsmittel, sind Fälschungskenntliche Verschlüsse (Tamperproof, Originalitätsverschlüsse) sowie kindergesicherte Verschlüsse wichtig. Diese werden in Abschnitt 8.4 näher behandelt.

Medizinische Verpackungen sind die Verpackungen von Artikeln für das Gesundheitswesen, meist für Krankenhäuser oder Arztpraxen. Die verpackten Gegenstände müssen steril an den Endverbraucher geliefert werden. Man unterscheidet Verbrauchsmaterialien für einmaligen Gebrauch wie Baumwollbällchen, Spachteln, Binden- oder Einmal-Spritzen von solchen, die wiederholt verwendet werden, wie Scheren, Scalpelle, medizinische Filter oder Geräte-Kombinationen. Ihre Sterilisation – chemisch, mit Dampf oder Bestrahlung – bestimmt wesentlich die Auswahl des Packstoffs. Dieser muß schädigungsfrei sterilisierbar sein und danach eine ausreichende „biologische Barriere" gegen eine erneute Kontaminierung mit Keimen bilden. Kunststoffverbundfolien werden wegen ihrer Eignung häufig eingesetzt für Dampf-, Chemisch- und Bestrahlungssterilisation. Beispiele für solche Verbundfolien sind oPET/HV/PP für Dampfsterilisation oder oPET/HV/PE mit guten mechanischen Eigenschaften und guter Siegelfähigkeit. *Verbunde mit Aluminiumfolie* z. B. oPET/HV/Al/HV/PE bieten zusätzlich Undurchlässigkeit für Wasserdampf.

3.8 Gefährliche Güter und Gefahrengutrecht

Besondere Bestimmungen und Regelungen gelten für den Umgang und die Beförderung gefährlicher Güter. Meist sind sie mit den Bestimmungen der jeweiligen Verkehrsträger in Einklang. z. B. mit der „Eisenbahn-Verkehrsordnung" (EVO), der „Verordnung über gefährliche Seefrachtgüter" und der „Straßenverkehrsordnung". Es gibt *UN-Zulassungskennzeichnungen* für bauartgeprüfte und behördlich zugelassene Packmittel zur Beförderung gefährlicher Güter. Die wichtigsten Beförderungsvorschriften sind:
- ADR: Gefahrverordnung Straße,
- RID: Gefahrverordnung Eisenbahn,
- ICAO: Gefahrverordnung Luft,
- IMGD-Kode: Gefahrverordnung See.

Das „Handbuch der gefährlichen Güter" (*G. Hommel*, Hrsg.) bietet für die Bundesrepublik Deutschland beste Informationen. Brennbarkeit, Explosions- und Gesundheitsgefahren sind darin in einem vierklassigen System eingeordnet.

Gefährliche Güter kommen vor als Feststoffe wie Pflanzenschutzmittel, Insektizide etc., als Flüssigkeiten wie Lösemittel, Brenn- und Kraftstoffe etc. und als Gase wie Flüssiggase, Treibgase. Die Bundesanstalt für Materialforschung und -prüfung (BAM) erstellt diesbezügliche Vorschriften als „Technische Regeln für brennbare Flüssigkeiten" (TRbF), welche sich sowohl auf ortsfeste Tanks als auch auf ortsbewegliche Gefäße, Rohrleitungen und Auskleidungen aus Kunststoff beziehen.

Die Barrierewirkung der Packmittel spielt bei der Verpackung von Chemikalien eine wesentliche Rolle. Als Barrierematerialien kommen EVOH (EVAL), PA und PAN in Betracht.

Bei der Verpackung von Chemikalien bildet die Barriereschicht häufig die Innenschicht des Behälters, steht also mit dem Füllgut in direktem Kontakt. Ihre Resistenz gegen das Füllgut muß deshalb geprüft werden. Der Materialaufbau ist üblicherweise drei- oder vierschichtig, je nachdem, ob Regenerat eingearbeitet wird oder nicht. Die Regeneratschicht besteht aus einer Mischung von Neuware und prozeßbedingten Abfällen, deren Anteil in der Schicht bis zu 50% ausmachen kann. Beispiel für den Schichtaufbau (von innen nach außen): 8% Barrierematerial, 5% Haftvermittler, 72% Regenerat (z. B. PE-HD), 15% Neumaterial (bezogen auf die Gesamtdicke = 100%). Da die Innenschicht bei der Coextrusion die Schweißnaht bildet, muß ihre Dicke mindestens 0,1 mm betragen. Die Innenschicht trägt maßgeblich zur Stoßfestigkeit der Behälter bei, weshalb für Chemikalienverpackungen von mehr als einem Liter Füllvolumen nur PA als Innenschichtmaterial zum Einsatz kommt.

3.8.1 Kennzeichnung gefährlicher Arbeitsstoffe

3.8.1.1 Die Verordnung über gefährliche Arbeitsstoffe

Die Arbeitsstoffverordnung (ArbStoffV) regelt den Umgang mit gefährlichen Arbeitsstoffen einschließlich ihrer Zubereitung und der allgemeinen Vorschriften über die gesundheitliche Überwachung.

Ein *Etikett* sollte folgende Hinweise enthalten:

Gewicht (nicht vorgeschrieben); *Handelsbezeichnung*, bisher üblich (nicht vorgeschrieben); *chemische Stoffbezeichnung; Gefahrenhinweise; Name* und *Anschrift des Herstellers* ; links daneben das *Gefahrensymbol* (schwarzer Aufdruck auf orangegelbem Grund) und die *Gefahrenbezeichnung* .

Als *Gefahrensymbole und -kennzeichen für den Transport gefährlicher Güter und zur Kennzeichnung von Versandstücken* werden folgende Kennzeichen verwendet: „explosionsgefährlich", „brandgefährlich", „leicht entzündlich", „giftig", „gesundheitsschädlich", „ätzend", „reizend", „radioaktive Stoffe"

3.8.2 Kennzeichnung der Stoffe und Zubereitung nach dem Chemikaliengesetz

3.8.2.1 Verpackung der Stoffe und Zubereitungen (§ 4 Chemikaliengesetz)

Werden die in Anhang I Nr. 1.1 der Verordnung über gefährliche Arbeitsstoffe (ArbStoffV) oder in Anhang I Nr. 2.1 bis 2.4 oder in Anhang II Nr. 1.1.1 aufgeführten Stoffe oder Zubereitungen verpackt in den Verkehr gebracht, so muß die Verpackung folgenden Punkten entsprechen:

Die Verpackung muß den zu erwartenden Beanspruchungen sicher widerstehen sowie aus Werkstoffen hergestellt sein, die von den Stoffen oder von den Zubereitungen nicht angegriffen werden und keine gefährlichen Verbindungen mit ihnen eingehen, und so beschaffen sein, daß der Inhalt nicht unbeabsichtigt nach außen gelangen kann. Die Behälter mit Verschlüssen, welche nach Öffnung erneut verwendbar sind, müssen so beschaffen sein, daß die Behälter mehrfach neu so verschlossen werden können, daß vom Inhalt nichts unbeabsichtigt nach außen gelangen kann.

Die Verpackung muß so beschaffen sein, daß ihr Inhalt entweichen kann, wenn die mit einer undichten Verpackung verbundene Gefahr geringer ist, als bei einer dichten Verpackung. Bei einer solchen Verpackung müssen besondere Sicherheitsvorrichtungen angebracht sein, damit die mit der undichten Verpackung verbundenen Gefahren vermieden werden.

Flexible Schüttgutbehälter (FIBC, s. Abschnitt 6.2.7) aus beschichteten, unbeschichteten oder gummierten Geweben sind bei der rationellen Lagerung und beim rationellen Transport in Gebrauch. Beispiele für solchen Transport sind Güter wie Kalk, Granulate, Schweißpulver, Quarzmehl und Futtermittel.

Mit der Ausnahmegenehmigung Nr. 517 des Bundesministers für Verkehr dürfen mit derartigen flexiblen Schüttgutbehältern auch ganz bestimmte gefährliche Güter (Barium- und Bleiverbindungen, Natrium- und Kaliumhydroxid, ätzende Stoffe der Klasse 8) befördert werden.

Der Fassungsraum darf höchstens 1000 l betragen. Die Behälter müssen mechanischen, thermischen und chemischen Beanspruchungen standhalten und dicht sein. Beständigkeit wird gefordert gegenüber gefährlichen Stoffen, Witterung und UV-Strahlung. Die Behälter müssen so gebaut sein, daß mit Transport- und Flurförderzeugen gefahrlos gearbeitet werden kann. Auch müssen diese Behälter einer Baumusterprüfung unterzogen werden.

3.9 Umweltschutzrecht

Besonders gravierend für Kunststoffverpackungen ist das Abfallgesetz vom 27. 08. 1986. Die Verordnung über die Vermeidung von Verpackungsabfällen, kurz Verpackungsverordnung oder VerpackV genannt, wurde am 12.6.1991 erlassen. Danach müssen seit 01.12. 1991 Transportverpackungen, seit 01.04.1992 Umverpackungen und ab 01.01.1993 Verkaufsverpackungen zurückgenommen und einer stofflichen Verwertung zugeführt werden. Ursache für die strengen Bestimmungen ist das Wachstum des Hausmüllaufkommens, in welchem der Kunststoffanteil steigt, jedoch bei weitem nicht in der von der Öffentlichkeit angenommenen Stärke. Infolge des zunehmenden ökologischen Bewußtseins wird Deponierung und Verbrennung von Abfällen überall abgelehnt, so daß in dem dichtest besiedelten Industriestaat Europas Deutschland abzusehen ist, wann keine Deponie- und Verbrennungsmöglichkeiten für Müll und Industriemüll mehr zur Verfügung stehen werden. Nach dem Motto „Vermeiden – Vermindern – Verwerten" soll versucht werden, die Abfallmenge in Zukunft zu vermindern (siehe Kap. 11).

Folgende gesetzliche Maßnahmen zur Abfallbehandlung und -entsorgung sind wichtig:
– 6/1991 Verordnung über die Vermeidung von Verpackungsabfällen, Verpackungsverordnung, VerpackV,
– 11/1993 Entwurf zur Novelle der VerpackV.

Diese Verpackungsverordnung gestattet das Inverkehrbringen von Verpackungen durch Erzeuger und Vertreiber nur dann, wenn deren erneute Verwendung oder deren stoffliche Verwertung außerhalb der öffentlichen Entsorgung gesichert sind.

Außerdem ist Pfanderhebung auf Verpackungen für Getränke, Wasch- und Reinigungsmittel sowie Dispersionfarben vorgesehen.

3.9.1 Duales System Deutschland GmbH (DSD)

Der Gesetzgeber erlaubt eine Freistellung von der Rücknahmepflicht für Verkaufsverpackungen aus der Verpackungsverordnung, wenn der Handel oder beauftragte Dritte ein eigenes Rücknahme- und Verwertungssystem errichten. Hierzu wurde die „Duales System Deutschland GmbH" (DSD) gegründet.

Die quantitativen Anforderungen an die *Erfassungssysteme* laut VerpackV, Anhang II verlangen im Jahresmittel im Einzugsgebiet vom Antragsteller mindestens folgende tatsächlich erfaßten Anteile, jeweils bezogen auf das gesamte Aufkommen an Verpackungsmaterialien im Einzugsgebiet:
- ab 01.01.1993: Papier, Pappe, Karton 30%, Kunststoff 30%, Verbunde 20%,
- ab 01.01..1995: Papier, Pappe, Karton 80 %, Kunststoff 80%, Verbunde 80%.

Der Entwurf zur Novelle der VerpackV vom November 1993 gibt die neuen Verwertungsquoten gemäß Tabelle 3.6 vor. Die für die EU vorgesehenen Quoten sind bei weitem geringer.

Tabelle 3.6 Verwertungsquoten gemäß Novelle der Verpackungsverordnung von November 1993

Material	seit 1.1.93	seit 1.1.96	ab 1.1.98
Glas	40% (42%)	70%	70%
Weißblech	30% (26%)	70%	70%
Aluminium	20% (18%)	70%	70%
Pappe, Karton, Papier	20% (18%)	50%	60%
Kunststoff	10% (9%)	50%	60%
Kartonverbunde	10% (6%)	50%	69%

Umverpackungen werden ähnlich wie die Transportverpackungen behandelt, doch ist zu erwarten, daß sie (zugunsten der Verkaufsverpackungen) weniger werden.

Verkaufsverpackungen sind wegen ihrer Schutzfunktion unentbehrlich. Sie sollen zusätzlich auch noch Aufgaben übernehmen, die bisher von den Umverpackungen wahrgenommen wurden. Dies bedeutet, daß die Anforderungen an Verkaufsverpackungen steigen, so daß sie neben ihrer Schutzfunktion auch die Präsentations- und Distributionsfunktion stärker als bisher übernehmen werden. Interessanterweise entsprechen Kunststoffverpackungen diesen Anforderungsprofilen besonders gut hinsichtlich ihrer leichten Bedruckbarkeit, leichten Formbarkeit, Transparenz, Belastbarkeit, infolge ihrer Festigkeit, Dichtheit und ihres geringen Gewichts.

Der Entwurf einer *Kunststoffarten-Kennzeichnungsverordnung von Kunststoffverpackungen* wurde am 16.11.1993 vorgelegt, um stoffliche Verwertungen zu ermöglichen oder zu verbessern. Die jeweilige Kunststoffbezeichnung sollte nach DIN 7728 Teil 1 oder einer anderen entsprechenden international üblichen Kurzbezeichnung auf den Kunststoffpackmitteln angebracht werden.

Von Seiten der Kunststoffverpacker entstehen hinsichtlich der neuen Verpackungsverordnung folgende Bedenken: Die gewichtsbezogenen Recyclingquoten für verschiedene Verpackungsmaterialien benachteiligen die Verpackungen mit geringem Gewicht pro Füllgutmenge, obwohl solche leichtgewichtigen Packmittel bei einem geringen spezifischen Energieaufwand für Produktion und Transport ökologische Vorteile bieten. Wenn zum Beispiel im Verordnungs-Endzustand 80% aller Verpackungen rezykliert und 20% deponiert werden dürfen, macht dies bei Glaspackmitteln mengenmäßig eine größere Abfallmenge –

sowohl absolut als auch bezogen auf die jeweilige Packgutmenge – als die gesamten Kunststoff-Verpackungsmengen, die überhaupt ohne jegliche Recyclingmaßnahmen entstehen würden. Obwohl der Packstoffeinsatz pro Füllgut-Masseneinheit bei Kunststoff- und Kunststoffverbundverpackungen extrem minimiert ist (Joghurtgefäß z. B. 125 g bei Glas und 5 g bei Kunststoff), stellen gerade Kunststoff- und Verbundpackmittel sehr hohe energetische Anforderungen an die Erfassungs- und Sortiersysteme, so daß der Energieaufwand für sortenreines Recycling von vermischten und verschmutzten Verpackungen den dadurch erzielten Energiegewinn oft übersteigt. Auch stehen die Kosten für Primär- und Sekundärrohstoffe in keinem akzeptablen Verhältnis zueinander. Möglicherweise bewirkt die VerpackV, daß Wirtschaft und Handel lieber den Weg des geringsten Widerstands nehmen und auf die echten ökologischen Vorteile verzichten (Öko-Opportunismus), welche durch die Anwendung materialeinsatzminimierter Packmittel und deren geringen Energiebedarf bei Herstellung und Transport ermöglicht werden.

EU-Verpackungsrichtlinie
Künftig muß sich die deutsche Verpackungsverordnung an der *EU-Verpackungsrichtlinie* orientieren. Die damals zuständige EG-Kommission hat einen geänderten Vorschlag für eine Richtlinie des Rats über *Verpackungen und Verpackungsabfälle* am 09.09.1993 (93/C 285/01) vorgelegt. Dieser hat das Ziel, die Vorschriften der Mitgliederstaaten im Bereich der Verpackungs- und Verpackungsabfallwirtschaft einander anzugleichen, um die Auswirkungen dieser Abfälle auf die Umwelt zu verringern. Um dies zu erreichen, werden in der Richtlinie grundlegende Anforderungen für Verpackungen festgelegt. Weiterhin werden Maßnahmen vorgeschrieben, durch die Verpackungsabfall vermieden und die Rückgabe, Wiederverwendung und Verwertung von Verpackungen und Verpackungsabfall gefördert werden soll, um so die Volksgesundheit und den Schutz der Umwelt zu gewährleisten. Als Begründungen werden genannt:

– Die beste Art, Verpackungsabfall zu vermeiden, ist die Verringerung der Gesamtmenge an Verpackungen.
– Die Verpackungen sind jedoch von grundlegender sozialer und wirtschaftlicher Bedeutung, und die Verringerung der Menge an Verpackungen darf die *Qualität der Erzeugnisse* und die Gesundheit der Verbraucher nicht beeinträchtigen.
– *Lebenszyklusuntersuchungen* müssen so bald wie möglich abgeschlossen werden, um eine klare Reihenfolge der wiederverwendbaren, der stofflich und der anderweitig verwertbaren Verpackungen zu rechtfertigen.
– Für den EU-Binnenmarkt müssen die Vorschriften der Mitgliederstaaten harmonisiert werden durch:
  • Erlaß *harmonisierter Vorschriften*,
  • Festlegen *einheitlicher, grundlegender Anforderungen und Normen*,
  • Festlegen von *Kriterien*, denen die Vorschriften der Mitgliederstaaten entsprechen müssen.
– Gemeinschaftsweit sind einheitliche und vom Verbraucher leicht zu identifizierende *Kennzeichnungen* in geringer Anzahl notwendig, um die Wiederverwendbarkeit und/oder stoffliche Verwertbarkeit einer Verpackung anzuzeigen, und über die Art des Verpackungsmaterials Aufschluß zu geben.
– Die Nutzung von stofflich verwertetem Material in den Verpackungen darf nicht den geltenden Vorschriften über *Hygiene, Gesundheitsschutz* und *Verbrauchersicherheit* zuwiderlaufen.

Die vorgesehene *stoffliche Recyclingquote* – neben der auch vorgesehenen Verbrennung – wird auf mindestens 25 % und höchsten 45 % festgelegt, dies ist weit unter dem in Deutschland bereits erreichten Stand.

3.10 Ergänzende Literatur

Berndt, D. (Hrsg.): Arbeitsmappe für den Verpackungs-Praktiker. Eine Dokumentation der NV – (neue Verpackung). Hüthig, Heidelberg, ff.

Brück, W., Flanderka, F. (Hrsg.): Verpackungsrecht. Hüthig, Heidelberg 1995 (Ordner).

Buchner, N., Weisser, H., Vogelpohl, H., Baner, A., Piringer, O.: Foods, Food Packaging. In: Ullmann's Encyclopedia of Industrial Chemistry, 5. Aufl., Band A 11, S. 583–618. VCH, Weinheim, 1988.

Frank, R., Wieczorzek, H.: Kunststoffe im Lebensmittelverkehr, Empfehlungen des Bundesgesundheitsamtes, Textsammlung auf Grund der Bekanntmachungen des BGA. Heymanns, Köln, 1991.

Nentwig, J.: Lexikon Folientechnik. VCH, Weinheim, 1991.

Literatur zu Abschnitt 3.1

Gerstenberg, E.: Geschmacksmustergesetz, Kommentar für die Anmelde- und Prozeßpraxis, Verlagsgesellschaft Recht und Wirtschaft mbH, Heidelberg, 1984.

Heitmann, H.: Gewerblicher Rechtsschutz, 4. Auflage, Beck, München, 1981.

Gebrauchsmustergesetz in der Fassung vom 28.08.1986 (BGBL I) S. 455.

Literatur zu Abschnitt 3.2

Bauer, C. O.: Die europäische Dimension der Produkthaftung, Kunststoffe 81 (1991) 2, S. 86–89.

Hahn, P.: Produkthaftung und Qualitätssicherung. Leitfaden für die Lebensmittelwirtschaft, Behrs, Hamburg.

Sattler, E.: Produkthaftung und Risikominderung. Hanser, München 1995.

Literatur zu Abschnitt 3.3

Strecker, A. (Hrsg.), *Baumgarten:* Fertigpackungs-Recht und seine Anwendung, Kommentar zur Fertigpackungsverordnung, Behrs, Hamburg, 1984.

Literatur zu Abschnitt 3.4

Bertling, J., u. a.: Lebensmittelrechts-Handbuch. Beck, München, 1992.

Bülow, P.: Kennzeichnungsrecht und Produktwerbung für Lebensmittel, Genußmittel, Arzneimittel, Bd. 2, Lebensmittel. Heymanns, Köln, 1990.

Graf, C.: Zur Lebensmitteleinfuhr aus EG-Staaten. Schranken der Anwendung des § 3 UWG und 17 Abs. 1 LMBG. Heymanns, Köln, 1989.

Höfelmann, M.: Materialien im Kontakt mit Lebensmitteln. Neue Verpackung 50 (1993) 1, S. 36–40.

Lips, P., Marr, F.: Wegweiser durch das Lebensmittelrecht, 3. Aufl., Beck, München, 1990.

Palmen, H. J.: Was bringt die Kunstoff-Richtlinie der EG? Kunststoffe 81 (1991) 9, S. 736-737.

Schricker, G.: Kunststoffe für die Lebensmittelverpackung. BDE, 1990.

Kunststoffrichtlinie 90/128/EWG, Amtsblatt der EG Nr. L 75/19 vom 21.03.1990 (18425).

Lebensmittelrecht, in 2 Ordnern, zur Fortsetzung, Bundesgesetz u. -verordnungen sowie EWG-Recht, 13. Aufl. Beck, München, 1989.

Lebensmittelrechts-Handbuch. Zur Fortsetzung, Stand 01.01.1988. Beck, München, 1988.

Migrationsrichtlinie 82/711/EWG, Amtsblatt der EG Nr. L 297/26 vom 23.10.1982.

Rahmenrichtlinie 9/109/EWG, Amtsblatt der EG Nr. L 40/38 vom 11.02.1989.

Simulanzlösemittel 85/572/EWG, Amtsblatt der EG Nr. L 372/14 vom 31.12.1985.

Symbol 80/590/EWG, Amtsblatt der EG Nr. L 151/21 vom 19.06.1980.

Synoptic Document III/3141/89-En (Rev. 4).

Literatur zu Abschnitt 3.5

Baltes, W.: Lebensmittelchemie, 2. Aufl. (Springer-Lehrbuch). Springer, Heidelberg, 1989.
Baumgart, J.: Mikrobiologische Untersuchung von Lebensmitteln. Springer, Heidelberg, 1986.
Buchner, N.: Verhinderung eines Verlusts von Lebensmitteln infolge Insektenbefall durch Anwendung von Packungen aus Mischgasen. Verpackungs-Rundschau 44 (1993) 3, S. 17–21 (TWB).
Buchner, N.: Aseptisches Verpacken von Lebensmitteln. Verpackungs-Rundschau 32 (1981), S. 1368 ff.
Cerny, G.: Verpackung von Lebensmitteln tierischer Herkunft. Verpackungs-Rundschau (1991) 6, S. 42 ff., TWB.
Cerny G.: Die Lebensmittelverpackung aus mikrobiologischer Sicht. In: Rationalisierungs-Gemeinschaft Verpackung (Hrsg.), RGV-Handbuch Verpackung, Entwicklung – Herstellung – Anwendung – Beseitigung, Band 1 und 2. E. Schmidt, Berlin, 1988.
Cerny, G.: Anforderungen an Packstoffe aus mikrobiologischer Sicht, Techn.-wissenschaftliche - Beilage. Verpackungs-Rundschau (1988), S. 66–68.
Cerny, G.: Untersuchungen zur mikrobiologischen Stabilität biologisch abbaubarer Verpackungen. Verpackungs-Rundschau 44 (1993) 5, S. 31–36 (TWB).
Classen, Elias, Hammes: Toxikologisch-hygienische Beurteilung von Lebensmittelinhalts- und -zusatzstoffen sowie bedenklicher Verunreinigungen. Parey, Berlin, 1987.
Corinth, H. G., Rau, G.: Produktschutz durch die Anwendung von Schutzgas. Zeitschrift für Lebensmitteltechnologie und -Verfahrenstechnik 41 (1990) Nr. 10, S. 690–692, 694.
Delventhal, J.: Eigenschaften und Anwendungsbereiche coextrudierter Barrierefolien für die Verpackung. Verpackungs-Rundschau 42 (1991) Nr. 3, TWB, S. 19–23.
Ermert, W.: Verpackung von Fleisch und Fleischwaren. H. Holzmann, Bad Wörishofen, 1987.
Franz, R., Knezevic, G., Lee, K.T., Wolff, E., Piringer, O.: Messung und Bewertung der Globalmigration aus Bedarfsgegenständen in Lebensmittel, Ein Vergleich zwischen offiziellen EG-Verfahren und alternativen Methoden. ZFL 43 (1992) 5, S. 291–296.
Fuchs, M., Klug, S., Rüter, M., Wolff, E., Piringer, O.: Methode zur Bestimmung der Globalmigration und Prüfung der sensorischen Eigenschaften von Bedarfsgegenständen zur Erwärmung von Lebensmitteln im Mikrowellenofen. Teil 1, Dtsch. Lebensm.-Rundsch. (1987) 9, S. 273–276, Teil 2, Dtsch. Lebensm.-Rundsch. (1987) 10, S. 311–316.
Hauschild, G., Spingler, E. (Hrsg): Migration bei Kunststoffverpackungen. Wissenschaftliche Verlagsgesellschaft, Stuttgart, 1988.
Heiss, R.: Verpackung von Lebensmitteln. Springer, Berlin 1980.
Heiss, R.: Verpackung von Lebensmitteln, Springer, Berlin, 1980. Konserventechnisches Handbuch, 16. Aufl., Hempel, Wiesbaden, 1990.
Herrmann, K. (Hrsg.): Dr. Oetker, Lexikon Lebensmittel und Ernährung, 3. Aufl. Ceres, Bielefeld, 1989.
Holley, W.: Entwicklung von Verpackungen mit ökologisch erweitertem Anforderungsprofil. ZFL 42. Nr. 718, 1992.
Keinhorst, A., Niebergall, H.: Untersuchungen zur Vorausberechnung der Migration von Zusatzstoffen aus Kunststoffverpackungen in Lebensmittel. II. Mitteilung: Diffusionskoeffizienten von Zusatzstoffen in Kunststoffen und deren Abhängigkeit von verschiedenen Parametern. Dtsch. Lebensm.-Rundsch. 82 (1986) 10, S. 325–333.
Langowski, H.-C., Utz, H.: Dünne anorganische Schichten für Barrierepackstoffe. Zeitschrift für Lebensmittel-Technologie und Verfahrenstechnik, 43 (1992) 9, S. 520–526.
Lorenzen, O.: Mehrschichtverpackungen, Das Rezept für die Lebensmittelindustrie. Alimenta. 29 (1990), S. 57.
Neumann, R., Moinar P.: Sensorische Lebensmitteluntersuchung. Fachbuchverlag, Leipzig, 1983.
Piringer, O.G.: Verpackung für Lebensmittel. VCH, Weinheim, 1993.
Radtke-Granzer, R., Piringer, O.: Zur Problematik der Qualitätsbeurteilung von Röstkaffee durch quantitative Spurenanalyse flüchtiger Aromakomponenten. Dtsch. Lebensm.-Rundsch. 77 (1981) 6, S. 203–210.
Reuter, H. (Hrsg.): Aseptisches Verpacken von Lebensmitteln. Behrs, Hamburg, 1987.

Rüdt, U.: Lebensmittel und Bedarfsgegenstände, Warenkunde – sachgemäßer Umgang – Kontrolle. Boorberg, Stuttgart, 1978.
Rüter, M.: Einfluß von Restlösemitteln aus Verpackungen auf die sensorischen Eigenschaften von Lebensmitteln, Techn.-wissensch. Beilage. Verpackungs-Rundschau 43 (1991) 8.
Sandmeier, D., Ziegleder, G.: Beeinträchtigung der Qualität verpackter Lebensmittel durch verringerten Lichtschutz. Verpackungs-Rundschau 45 (1994) 8, S. 47–51 (TWB).
Schichtel, W.: Mit Strahlen sterilisieren. Verpackungs-Rundschau 8 (1989), S. 844 ff.
Schormüller, J. (Hrsg.): Handbuch der Lebensmittelchemie, 9 Bände. Springer, Berlin.
Schricker, G.: Kunststoffe für die Lebensmittelverpackung. BDE, 1990.
Schricker, G.: Anforderungen an Verpackungsfolien zum Schutze des Packguts, in: Verpacken mit Kunststoff-Folien. VDI, Düsseldorf, 1982.
Sedlmayr, M., Höfelmann, M.: Mindesthaltbarkeit und Qualität von Lebensmitteln in unterschiedlichen Verpackungen. Techn.-wissensch. Beilage 19–25. Verpackungs-Rundschau 40 (1989) 3.
Stehle, G.: Lebensmittel verpacken. Milchwirtschaftlicher Fachverlag Remagen-Rolandseck, 1989.
Strackenbrock, K.: Beispiele produktbezogener Optimierung von Lebensmittelpackungen. Mitt. Gebiete Lebensm. Hyg. 69 (1978), S. 42–47.
Stute, R. (Hrsg.): Lebensmittelqualität: Wissenschaft und Technik. VHC, Weinheim, 1989.
Teichmann, W., Rüter, M.: Verpackungsoptimierung als Beitrag zum Verbraucherschutz. Praxiserhebung zur Auswahl von Lebensmittelpackstoffen. BML-Projekt, 1992.
Bundesgesundheitsamt (Hrsg.): Amtliche Sammlung von Untersuchungsverfahren nach § 35 LMBG. Verfahren zur Probenahme und Untersuchung von Lebensmitteln, Tabakerzeugnissen, kosmetischen Mitteln und Bedarfsgegenständen. Band II/1, Allgemeiner Teil, Bedarfsgegenstände (B), Teil 1. Beuth, Berlin, ff.
Deutsches Lebensmittelbuch. Heymanns, Köln, 1986.
VDI (Hrsg.), VDI-Gesellschaft Kunststofftechnik: Sperrschichtbildung bei Kunststoff-Hohlkörpern. VDI, Düsseldorf, 1986.

Literatur zu Abschnitt 3.6

Ahlhaus, O.: Über die Problematik der Kosmetika. Forum Ware (1979) S. 57–64.
Neubauer, W.: Verpacken von pharmazeutischen, chemischen und kosmetischen Produkten. Verpackungs-Rundschau 8 (1987).

Literatur zu Abschnitt 3.7

Helbig, J., Spingler, E.: Kunststoffe für die pharmazeutische Verpackung. Wiss.Verl.ges. Stuttgart, 1985
Deutsches Arzneibuch (DAB8). Deutscher ApothekerV Stuttgart, 1978 ff.
Europäisches Arzneibuch. Deutscher ApothekerV, Stuttgart, 1983 ff.

Literatur zu Abschnitt 3.8

Hommel, G.: Handbuch der gefährlichen Güter. Springer, Berlin, seit 1983.

Literatur zu Abschnitt 3.9

Fink, P.; Einweg und/oder Mehrweg? Verpackungs-Rundschau 46 (1994) 10, S. 32–40.

4 Gestaltung und Aufbau der Verpackung – Packmittel – Packhilfsmittel

Die Verpackung wird aus den Packmitteln, deren Packmittelteilen wie Verschließmitteln, und den Packhilfsmitteln gebildet. Die Verpackung ist im engeren Sinne der Oberbegriff für die Gesamtheit der Packmittel und Packhilfsmittel. Das Packmittel ist Hauptbestandteil der Verpackung. Es nimmt das Packgut auf und übernimmt die wesentlichen Verpackungsfunktionen. Packhilfsmittel ist der Sammelbegriff für Hilfsmittel, die zusammen mit Packmitteln zum Verpacken einer Packung bzw. eines Packstücks dienen. Sie können ggf. auch allein, z. B. beim Bilden einer Versandeinheit, verwendet werden. Packmittelverschlüsse sind wichtige Packmittelteile, und können entweder zum einmaligen Öffnen oder zum Wiederverschließen gestaltet sein.

Ein *Packmittel* ist (nach DIN 55 405) ein Erzeugnis aus Packstoff, das dazu bestimmt ist, das Packgut zu umhüllen oder zusammenzuhalten, damit es versand-, lager- und verkaufsfähig wird.

Die traditionellen *Packstoffe* bzw. *Werkstoffe* für Packmittel waren pflanzlicher und tierischer Natur, insbesondere Holz und daraus gewonnene Faserstoffe, Papier und Pappe sowie Gummi, Guttapercha und Leder. Dazu kamen Metalle, Glas und keramisches Material. Dementsprechend vielfältig sind auch die Packmittelformen und -arten. Kunststoffe als „Werkstoffe nach Maß" umfassen in ihren Eigenschaften und Anwendungen die gesamte Palette der hier aufgezählten Packstoffe, die in ihrem Aussehen und in ihren Eigenschaften sowohl den organischen Faserstoff-Packmitteln als auch den metallischen Packmitteln oder Glas ähnlich sein können.

Die Herstellverfahren für Kunststoffpackmittel werden in Kapitel 6, Herstellverfahren für Verschlüsse, und Hilfsmittel in Kapitel 8 beschrieben. In Kapitel 9 werden Verfahren und Anlagen zum Herstellen, Füllen und Verschließen von Kunststoffpackungen behandelt.

4.1 Formgestaltung der Packmittel

Die Form der einzelnen Packmittel muß sowohl nach technischen, als auch nach wirtschaftlichen Anforderungen gestaltet werden. *Technisch* wichtige Formfunktionen sind Formfestigkeit und Steifigkeit.

Die Festigkeit und Steifigkeit eines Packmittels hängt nicht nur von dem Werkstoff, sondern auch von der gewählten Packmittelform ab. Durch geeignete Größen- und Oberflächengestaltung eines Packmittels läßt sich dessen Steifigkeit bzw. Formfestigkeit wesentlich erhöhen. Auch auf die Packmitteldichtheit hat die gewählte Form Einfluß, denn bei kleinen Packmitteln sind die Verhältnisse von Oberfläche zu Volumen ungünstig, und daher verhältnismäßig mehr Undichtheitsmöglichkeiten gegeben. Die Länge der Nahtstellen eines Packmittels beeinflußt ebenfalls seine Dichtheit. *Wirtschaftlich* relevante Folgen der Packmittelform sind z. B. das von der Packmittelform abhängige Gewicht, die Kosten für die Formgebung, die Lager-, Transport-, Verkaufs- und Verwendungseignung.

Starre Packmittel sind Packmittel, die unter Belastung bei bestimmungsgemäßem Gebrauch ihre Form und Gestalt nicht verändern, z. B. eine Glasflasche (siehe formstabile Packmittel und Behälter).

Halbstarre Packmittel verändern unter Belastung bei bestimmungsgemäßem Gebrauch ihre Form und Gestalt, z. B. Metalltuben.

Für das Marketing ist das Design wichtig. Die Optimierung der Packmittelkonstruktion und -gestaltung läßt sich mit den modernen Verfahren der Kunststoff-Verarbeitungstechnik erreichen (siehe auch Abschnitt 2.4).

4.2 Systematik der Packmittel

Packmittel können nach unterschiedlichen Gesichtspunkten eingeteilt werden (s. Tabelle 4.1). Gebräuchlich ist die Einteilung nach:
– *Verpackungswerkstoffen*,
– *Packstoffen*, z. B. aus Holz, Papier, Pappe, Kunststoffe, Metall, Glas, Keramik,
– *geometrischen Formen*, z. B. zylindrisch, quaderförmig, kugelförmig,
– *Steifigkeit*, z. B. flexibel, starr, halbstarr,
– *Festigkeit*, z. B. zerbrechlich,
– *Formveränderbarkeit*, z. B. formfest, faltbar, zerlegbar,
– *Packmittelgrundarten*, z. B. Beutel, Schachtel, Kiste, Flasche, Dose.

Letztere Einteilung nach Packmittelgrundarten bzw. nach den stoffunabhängigen Verpackungsformen ist auch für die Einteilung der Kunststoffverpackungen üblich, da Kunststoffe die Werkstoffeigenschaften von flexiblen Naturstoffen bis hin zu Glas oder Metallen haben können. Man teilt sie in formstabile, z. B. Flaschen, Becher, und forminstabile Packmittel, z. B. Weichverpackungen oder flexible Folienverpackungen ein.

Formstabile Packmittel sind Packmittel, deren Form sich bei üblicher Beanspruchung nicht oder nur unwesentlich ändert, z. B. Dosen. Sie haben im ungefüllten Leerzustand die gleiche Form wie im gefüllten Zustand.

Forminstabile oder flexible Packmittel sind Packmittel, die bereits unter geringer Belastung bei bestimmungsgemäßem Gebrauch ihre Form wesentlich verändern, z. B. Beutel. Flexible oder Weichverpackungen erhalten erst im gefüllten Zustand ihre raumfüllend kompakte Form. Sie sind also dadurch gekennzeichnet, daß sie, ob gefüllt oder leer, unterschiedliche Erscheinungsformen aufweisen.

Ein wesentliches Kriterium ist auch die Größe des Packmittels. Geht man vom Menschen als Käufer aus, der im Selbstbedienungsgeschäft die Packungen aus den Regalen greift, so sollten die dort aufgestellten Packungen kein Volumen größer als zwei Liter haben. Größere Packungen kann der Käufer kaum mit einer Hand aus dem Regal greifen. Sie müssen daher zusätzliche Handgriffe besitzen, wie Eimer oder Packungen mit Griffen oder Greiföffnungen.

Als *Kleinpackmittel* bezeichnet man solche bis zu einem Volumen von ca. zwei Litern. Der Übergang zwischen Groß- und Kleinpackmitteln bleibt fließend.

Großpackmittel ist der Oberbegriff für bestimmte Packmittel, überlicherweise mit einem Volumen von 0,25 m^3 bis 3 m^3, die für den mechanischen Umschlag vorgesehen sind (z. B. Sack, Kiste).

Tabelle 4.1 zeigt eine Systematik für Packstoffe, Packmittel und Packhilfsmittel (nach Interpack/VDMA).

Tabelle 4.1 Systematik für Packstoffe, Packmittel und Packhilfsmittel

1	**Packstoffe**	2.55	Durchdrückverpackungen
1.1	Kunststoff-Folien	2.60	Eimer
1.1.1	Monofolien	2.60.1	Papier, Karton, Vollpappe
1.1.2	Verbundfolien	2.60.2	Kunststoff
1.1.3	Andere Kunststoff-Folien	2.60.3	Metall
1.2	Metall-Packstoffe	2.65	Etuis
1.3	Papier, Karton, Pappe	2.70	Fässer(Spund- und Deckelfässer)
1.4	Textilien und Gewebe	2.70.1	Papier, Pappe
1.5	Verbundpackstoffe	2.70.2	Holz, Holzwerkstoff
1.6	Vlies-Packstoffe	2.70.3	Kunststoff
		2.70.5	Edelstahl
2	**Packmittel**	2.70.6	Stahlblech
2.1	Abreißverpackungen	2.75	Faltkisten
2.5	Sprühverpackung	2.75.1	Vollpappe
		2.75.2	Wellpappe
2.10	Ampullen	2.75.3	Holz, Holzwerkstoff
2.10.1	Kunststoff	2.75.4	Kunststoff
2.10.2	Glas	2.75.5	Metall
2.15	Aufreißverpackungen	2.80	Flakons
2.17	Bag-in-box-Verpackungen	2.80.1	Kunststoff
2.20	Ballons	2.80.2	Glas
2.20.1	Kunststoff	2.85	Flaschen
2.20.2	Glas	2.85.1	Glas
2.25	Becher	2.85.2	Keramik
2.25.1	Papier/Karton	2.85.3	Kunststoff
2.25.2	Kunststoff	2.85.4	Metall
2.25.3	Aluminium	2.100	Flaschenhülsen
2.25.4	andere Packstoffe oder Kombinationen	2.100.1	Papierstoff
		2.100.2	Kunststoff
2.30	Beutel	2.105	Flaschenkästen
2.30.1	Blockbeutel		
2.30.2	Flachbeutel	2.110	Fototaschen
2.30.3	Kreuzbodenbeutel		
2.30.4	Seitenfaltenbeutel	2.115	Gelatinekapseln
2.30.5	Siegelrandbeutel		
2.30.6	Standbeutel	2.120	Geschenkverpackungen
2.30.7	Spitztüten	2.125	Hartfolienverpackungen
2.30.8	andere Beutel	2.125.1	Aluminium
2.30.8.1	Kunststoffolie	2.125.2	Kunststoff
2.30.8.2	Papier	2.130	Hobbocks
2.30.8.3	Verbundpackstoffe		
2.30.8.4	andere Packstoffe	2.135	Hülsen
		2.135.1	Papier, Pappe
2.35	Blisterverpackungen	2.135.2	Kunststoff
2.40	Deckelbehälter	2.135.3	Metall
2.40.1	Holz-, Holzwerkstoff	2.140	Kanister
2.40.2	Kunststoff	2.140.1	Papier, Pappe
2.40.3	Metall	2.140.2	Kunststoff
2.45	Displayverpackungen	2.140.3	Metall
2.50	Dosen	2.145	Kannen
2.50.1	Papier, Karton, Vollpappe (auch Kombidosen)	2.145.1	Kunststoff
		2.145.2	Metall
2.50.2	Kunststoff	2.150	Kartonverpackungen für Flüssigkeiten
2.50.3	Metall (auch Konservendosen)		
2.50.4	andere Packstoffe	2.155	Kartuschen

Tabelle 4.1 (Fortsetzung)

2.160	Kisten		2.230	Schaumstoffverpackungen
2.160.1	Vollpappe		2.230.1	Weichschaum
2.160.2	Wellpappe		2.230.2	Hartschaum
2.160.3	Holz, Holzwerkstoffe		2.232	Schläuche
2.160.4	Metall		2.232.1	Kunststoff
2.165	Klarsichtverpackungen		2.232.2	Verbundpackstoff
2.170	Kochbeutel		2.234	Schüttgutbehälter, flexibel
2.175	Körbe		2.235	Schutzverpackungen
2.175.1	Papier, Karton, Pappe		2.235.1	Klimaverpackungen (Tropen-Schutzverpackungen)
2.175.3	Kunststoff			
2.180	Krüge		2.235.2	Maschinen-Schutzverpackungen
			2.235.3	seemäßige Verpackungen
2.190	Lager- und Transportbehälter		2.235.4	andere Schutzverpackungen
2.190.1	Vollpappe			
2.190.2	Wellpappe		2.240	Schwergutkisten
2.190.3	Holz, Holzwerkstoff		2.240.1	Holz, Holzwerkstoff
2.190.4	Kunststoff		2.240.2	Kunststoff
2.190.5	Metall		2.240.3	Metall
2.190.6	Gewebe		2.240.4	Vollpappe
			2.240.5	Wellpappe
2.195	Lippenstifthülsen			
2.200	Metallverpackungen		2.245	Skinverpackungen
2.200.1	Aluminium		2.250	Steigen
2.200.2	Feinblech		2.250.1	Vollpappe
2.200.3	Feinstblech		2.250.2	Wellpappe
2.200.4	Weißblech		2.250.4	Kunststoff
2.205	Netze		2.255	Streudosen
2.205.1	Kunststoff		2.260	Tablettenröhrchen
2.205.2	Textile Stoffe			
2.210	Packmitteleinsätze		2.265	Tiefkühlverpackungen
2.215	Säcke		2.270	Tragbeutel und Tragtaschen
2.215.1	Faltensäcke		2.270.1	Papier
2.215.2	Flachsäcke		2.270.2	Kunststoff
2.215.3	Kreuzbodensäcke		2.270.3	Verbundpackstoff
2.215.4	Ventilsäcke		2.270.4	Gewebe
2.215.5	andere Säcke		2.275	Trays
2.215.5.1	Kunststoff			
2.215.5.2	Papier		2.280	Trommeln
2.215.5.3	Gewebe		2.280.1	Papier, Pappe
2.215.5.4	andere Packstoffe		2.280.2	Holzwerkstoff
			2.280.3	Kunststoff
2.220	Schachteln (Faltschachteln, formfeste Schachteln und Schachtelzuschnitte)		2.280.4	Metall
2.220.1	Karton		2.285	Tuben
2.220.2	Vollpappe		2.285.1	Aluminium
2.220.3	Wellpappe		2.285.2	andere Metalle
2.220.4	Holz, Holzwerkstoff		2.285.3	Kunststoff
2.220.5	Kunststoff		2.285.4	Verbundpackstoff
2.220.6	Metall		2.295	Verpackungsglas (nicht: Flaschen)
2.225	Schalen und Mulden (tiefgezogene oder gepreßt)		2.295.1	Pharmazie
			2.295.2	Kosmetik
2.225.1	Kunststoffolie		2.295.3	chemisch-technische Zwecke
2.225.2	Papierfaserstoff		2.295.4	Nahrungsmittel
2.225.3	Schaumstoff		2.295.5	Sonstiges

Tabelle 4.1 (Fortsetzung)

2.300	Versandrohre		3.130.2	Dichtungsmittel
2.300.1	Aluminium		3.130.3	Heftklammern
2.300.2	Kunststoff		3.130.4	Hülsen (zum Verbinden zweier Enden)
2.300.3	Papier, Pappe		3.130.5	Klebstoff
2.305	Versandverpackungen		3.130.6	Klebebänder
2.305.1	Papier		3.130.7	Kleberollen, Klebestreifen
2.305.2	Karton		3.130.8	Nägel
2.305.3	Vollpappe		3.130.9	Siegel, Siegelklappen
2.305.4	Wellpappe		3.130.10	Verpackungsbänder
2.305.5	Holz, Holzwerkstoff		3.130.10.1	Papier
2.305.6	Kunststoff		3.130.10.2	Kunststoff
2.305.7	Metall		3.130.10.3	Textil
2.305.8	Glas		3.130.10.4	Metall
2.305.9	Gewebe		3.130.10.5	Verbundmaterial
3	**Packhilfsmittel**		3.130.11	Verpackungsdrähte
3.1	Sprühtreibmittel		3.130.12	Verpackungsfäden (Bindfäden, Schnüre, Kordel)
3.5	Treibmittelventile		3.130.12.1	Hanf
3.7	Pumpenventile		3.130.12.2	Kunststoff
			3.130.12.3	textile Stoffe
3.10	Aufsetzrahmen für Paletten			
3.15	Ausgießer für Packungen		3.135	Verschlüsse, Verschlußmittel
			3.135.1	Abreiß- oder Aufreißverschlüsse
3.20	Auskleidungen für Packmittel		3.135.2	Abziehfolien
3.35	Boxpaletten		3.135.3	Aluminiumkapseln
3.35.1	Holz, Holzwerkstoff		3.135.4.	Anrollverschlüsse
3.35.2	Metall		3.135.5	Aufreißstreifen
3.35.3	Kombinierte Werkstoffe		3.135.6	Aufsatzdeckel
3.40	Dekorationsmittel für Verpackungen		3.135.7	Ausgießverschlüsse
			3.135.8	Bajonettverschlüsse
3.45	Dosiereinsätze		3.135.9	Beutelverschlüsse
3.50	Etiketten		3.135.10	Bördelkapselverschlüsse
3.50.1	Naßklebeetiketten		3.135.11	Bügelverschlüsse
3.50.2.	Heißklebeetiketten		3.135.12	Clipverschlüsse
3.50.3	Selbstklebeetiketten		3.135.13	Dosierverschlüsse
			3.135.14	Eindrückverschlüsse
3.60	Faßzubehör		3.135.15	Falzdeckel
3.65	Folien zur Flaschenausstattung		3.135.16	Gleitverschlüsse
			3.135.17	Gummistreifenverschlüsse
3.70	Kindersichere Verschlüsse		3.135.18	Hebelverschlüsse
3.80	Kohlensäure		3.135.19	Kindersichere Verschlüsse
3.85	Kohlendioxid		3.135.20	Klebescheiben
			3.135.21	Korken
3.95	Paletten		3.135.22	Kronenkorken
3.95.1	Vollpappe		3.135.23	Plombenverschlüsse
3.95.2	Wellpappe		3.135.24	Rollenverschlüsse
3.95.3	Holz, Holzwerkstoff		3.135.25	Schnappdeckel
3.95.4	Kunststoff		3.135.26	Schraubverschlüsse
3.95.5	Metall		3.135.27	Spannverschlüsse
3.100	Paletten-Zusatzgeräte		3.135.28	Spannringverschlüsse
3.105	Polstermaterialien		3.135.29	Stopfenverschlüsse
			3.135.30	Tropfverschlüsse
3.110	Schutzgase		3.135.31	Tubenhütchen
3.115	Tragegriffe		3.135.32	Verschlußkappen
3.120	Trockenmittelbeutel		3.135.33	Verschlußkapseln
3.127	Kantenschutz		3.135.34	Pumpverschlüsse, manuell
			3.135.35	Sprühverschlüsse
3.130	Verschließhilfsmittel		3.135.36	Ventilverschlüsse

Kapitel 6 beschreibt Herstellung, Verarbeitung und Anwendung von flexiblen Folienpackmitteln, deren halbsteife, warmgeformte Verarbeitungsprodukte sowie steife, spritzgegossene und blasgeformte Packmittel. Da im Handel zwischen Klein- und Großpackmitteln unterschieden wird, werden im folgenden die formstabilen Kunststoffpackmittel ebenfalls getrennt nach Klein- und Großpackmittel aufgeführt.

Die einzelnen Beschreibungen dieser vielfältigen Packmittel sprengen den Rahmen der systematischen Ausführungen von Kapitel 4. Sie können dem Glossar oder der DIN 55 405 entnommen werden. Die wichtigsten Begriffe werden gemäß der gegebenen Systematik in den folgenden Abschnitten 4.3 bis 4.7 aufgeführt.

4.3 Flexible, weiche, forminstabile Packmittel

4.3.1 Begriffe

Folien wie Mono-, Solo-, Duplo-, Verbund-, Schlauch-, Gieß-, Reck-, Stretch-, Schrumpf-, Schaumstoff- und Blasfolien.

Folieneinschläge bzw. *-hüllen* wie Dreh-, Falt-, Quer-, Skin-, Voll-, Banderolen-, Stretch-, Schrumpfeinschlag, Einwickler (Bild 4.1).

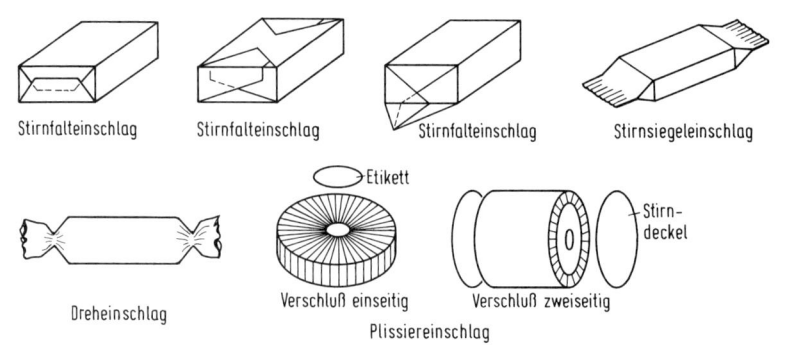

Bild 4.1 Beispiele für Folieneinschläge

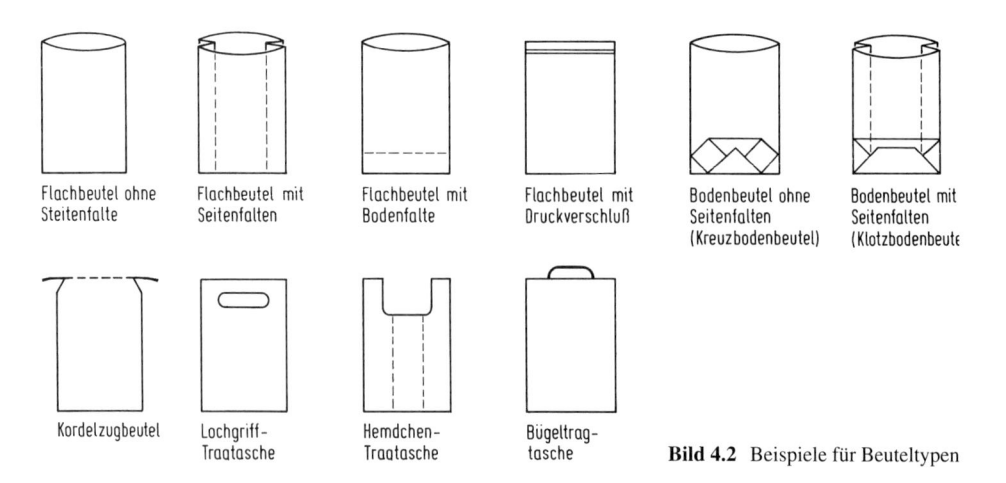

Bild 4.2 Beispiele für Beuteltypen

4.3 Flexible, weiche, forminstabile Packmittel

Beutel (Bild 4.2, Bild 4.3) wie Flach-, Boden-, Block-, Blockboden-, Bodenfalten-, Doppel-, Fenster-, Innen-, Klappen-, Klappentaschen-, Koch-, Kreuzboden-, Rundboden-, Ovalboden-, Netz-, Schlauch-, Seitenfalten-, Siegelrand-, Stand-, Stülpklappen-, Trag- (Tragetasche), Zweinahtbeutel, sowie gefütterter, konischer, kombinierter Beutel und Spitztüte.

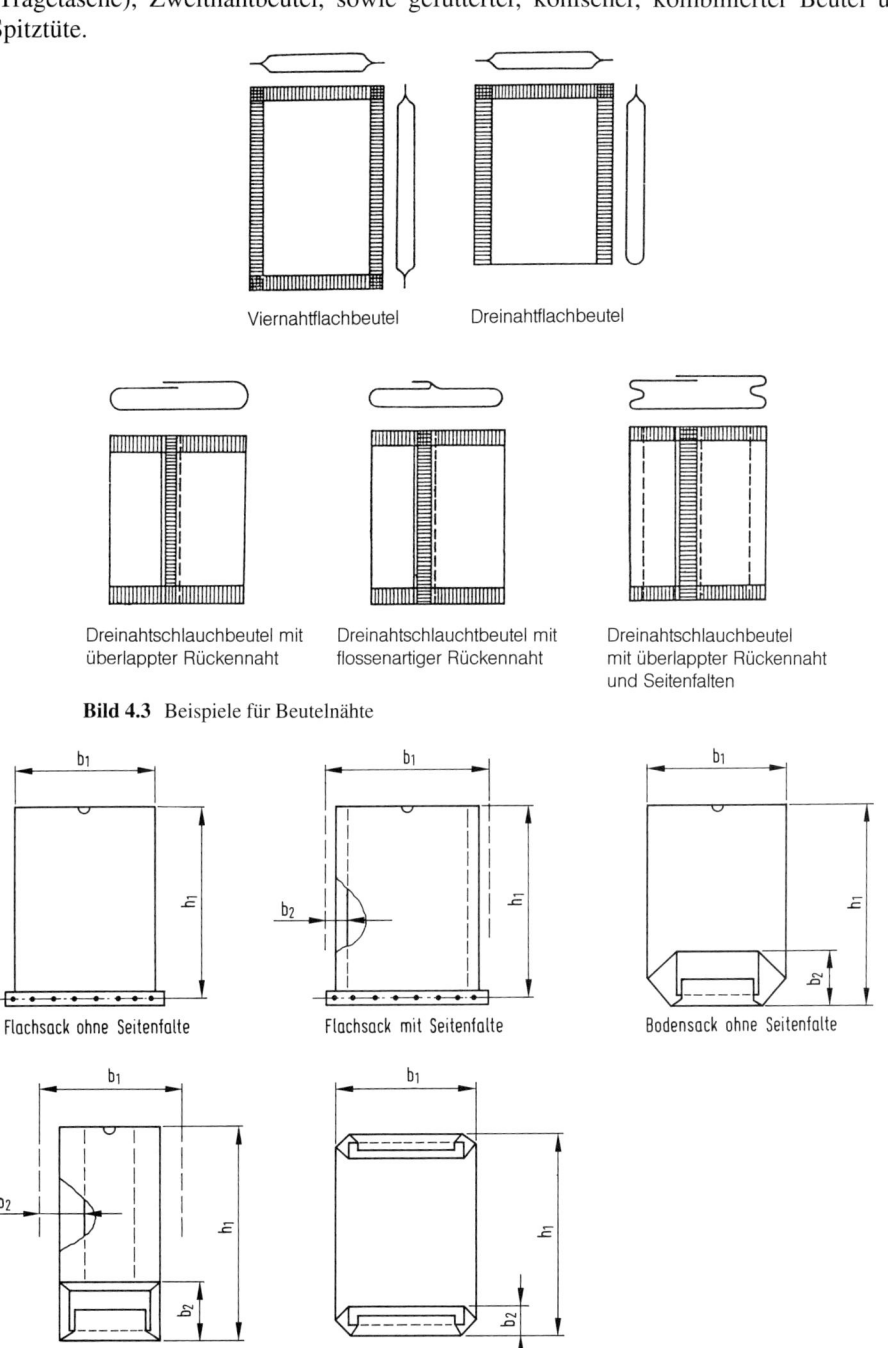

Viernahtflachbeutel   Dreinahtflachbeutel

Dreinahtschlauchbeutel mit überlappter Rückennaht

Dreinahtschlauchtbeutel mit flossenartiger Rückennaht

Dreinahtschlauchbeutel mit überlappter Rückennaht und Seitenfalten

Bild 4.3 Beispiele für Beutelnähte

Flachsack ohne Seitenfalte

Flachsack mit Seitenfalte

Bodensack ohne Seitenfalte

Bodensack mit Seitenfalte

Bodensack ohne Seitenfalte mit Ventil

Bild 4.4 Beispiele für Sacktypen

Säcke (Bild 4.4, 4.5) wie Einsteck-, Einstell-, Falten-, Flach-, Kreuzboden-(Schmalboden-), Mehrlagen-, Müll-, Netz-, Rundboden-, Um-, Ventil-, Groß-/Containersack: FIBC.
Kissenpackungen, Verpackungsschläuche, Tuben (Bild 4.6).

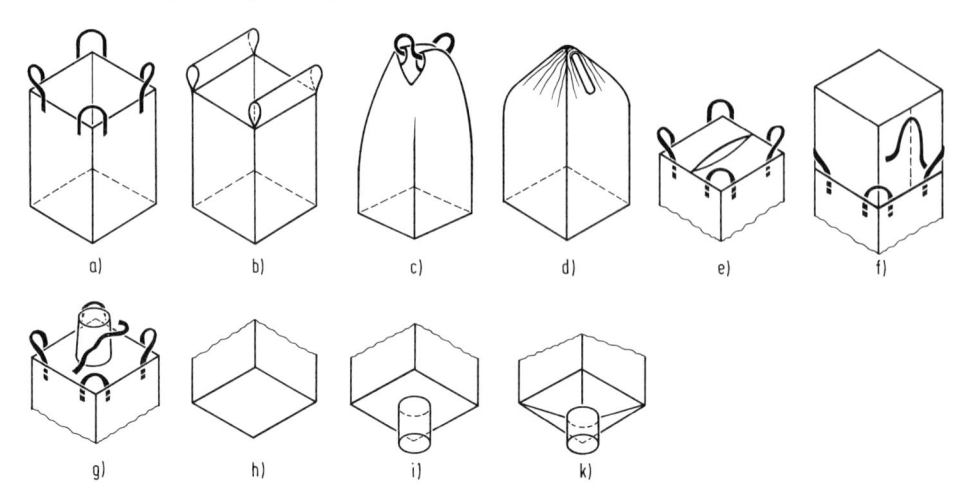

Bild 4.5 FIBC-Standards nach DIN 55 461
Aufhängung: a) Vierschlaufen-, b) Röhren-, c) Zweischlaufen-, d) Einschlaufenaufhängung
Deckel: e) mit Schlitz, f) als Schürze, g) mit Einfüllstutzen
Boden: h) flach, geschlossen, i) flach mit Auslaufstutzen, k) konisch mit Auslaufstutzen

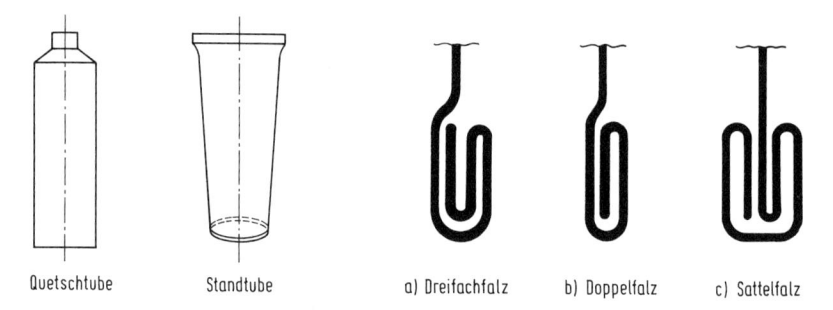

Quetschtube   Standtube   a) Dreifachfalz   b) Doppelfalz   c) Sattelfalz

Bild 4.6 Tubentypen und ihre Falzverschlüsse

4.3.2 Normen

DIN EN 227 Säcke aus PP-Geweben.
DIN ISO 6591 T2 Säcke aus Kunststoffolie.
E DIN 16995 Kunststoffolien, Eigenschaften und Prüfung.
DIN 55 465 T1 Abfallsäcke.
DIN 55 530 Sperrschichtfolien aus PE-LD.
DIN 55 531 Al-Verbundfolien.
E DIN 55 532 Schrumpffolien aus PE-LD, Eigenschaften.
DIN 5059 T1 und 2 Tubenhälse und Schultern.
DIN 5060 Tubenmantelverschlüsse.
DIN 5061 T2 zylindrische Tuben aus Kunststoff.
DIN 5065 Tubenverschlüsse aus Kunststoff.
DIN 55 435 T1 Luftdichtheitsprüfung des Verschlusses der Tubenhalsöffnung.

4.4 Formstabile Packmittel

4.4.1 Begriffe zu Kleinpackmitteln

Schalen, Schachteln (Bild 4.7) wie Falt-, Schiebe-, Klappdeckel-, Stülpdeckel-, Stülpschachteln, Etui, Futteral, Versandrohr, -hülse, -rolle.

Becher (Bild 4.8), *Dosen* wie Aerosol-, Aufreiß-, Kombi-, Konserven-, Club-, Eindrückdeckel-, Falzdeckel-, Fülloch-, Monoblock-, Pullman-, Reißband-, Spam-, Span-, Sprüh-, Stand-, Streu-, Wickel-, Vollkonserven-, Zweikomponentendose, abgesteckte, gefalzte, gezogene Dose. Glocken-, Blister- und Skinpackungen (Bild 4.9).

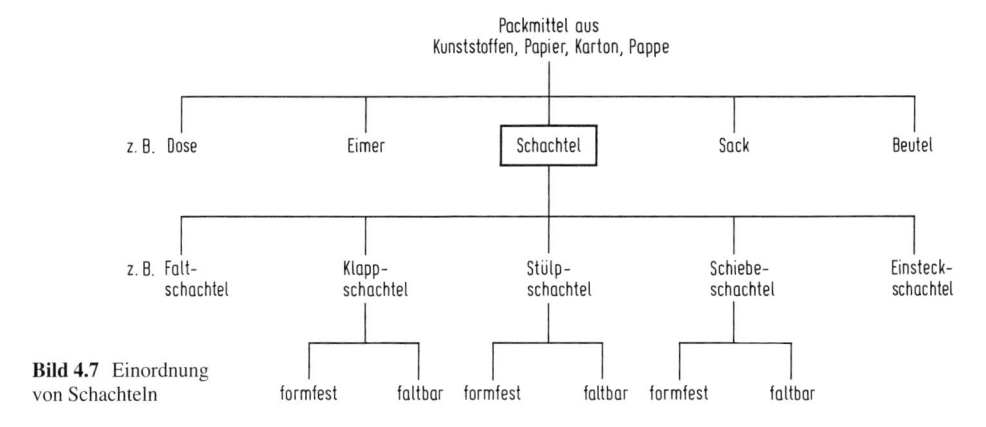

Bild 4.7 Einordnung von Schachteln

Füll-Volumen	Füllgut
bis 50 cm³	Kaffeesahne, Butter, Margarine, Marmelade, Brotaufstrich, Saucen
bis 250 cm³	Joghurt, Sahne, Desserts, Puddings, Getränke, Fruchtsäfte
bis 500 cm³	Speisequark, Schmelzkäse, Margarine, Aufstriche
bis 2000 cm³	Eiskrem, Suppen, Saucen, Feinkost

Bild 4.8a Beispiele für Bechergestaltung

Bild 4.8b Becherrandprofile

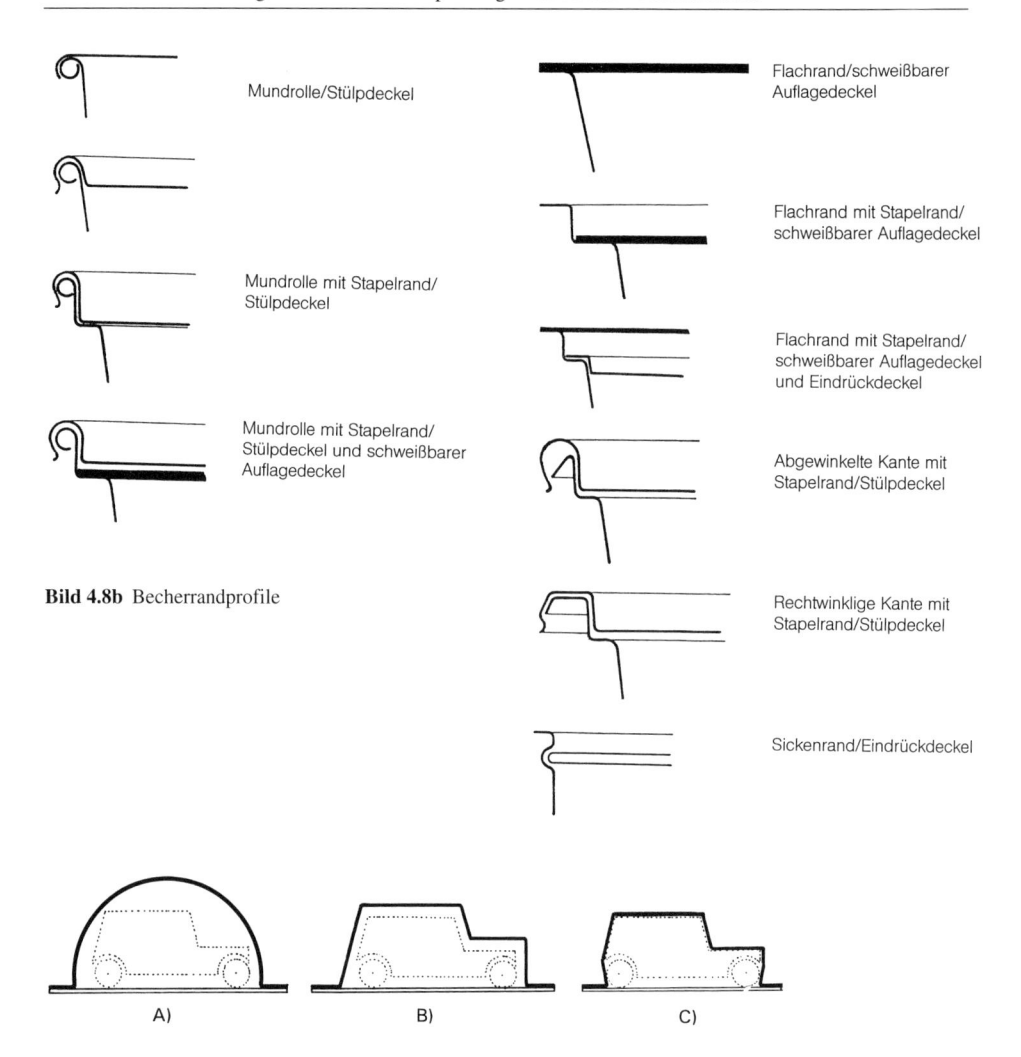

(Mundrolle/Stülpdeckel)
(Mundrolle mit Stapelrand/Stülpdeckel)
(Mundrolle mit Stapelrand/Stülpdeckel und schweißbarer Auflagedeckel)

(Flachrand/schweißbarer Auflagedeckel)
(Flachrand mit Stapelrand/schweißbarer Auflagedeckel)
(Flachrand mit Stapelrand/schweißbarer Auflagedeckel und Eindrückdeckel)
(Abgewinkelte Kante mit Stapelrand/Stülpdeckel)
(Rechtwinklige Kante mit Stapelrand/Stülpdeckel)
(Sickenrand/Eindrückdeckel)

Bild 4.9 Glockenpackung (A), Blisterpackung (B) und Skinpackung (C)

Röhrchen, Kartuschen, Kapseln, Tiegel.

Flaschen mit den Flaschenelementen: Mundstück (Mündung), Gewindemundstück, Hohlboden (Hohldeckel).

4.4.2 Begriffe zu Großpackmitteln (mehr als drei Liter Volumen)

Eimer, Trommeln (Drums), (Bild 4.10 und 4.11), *Fässer* wie Bauch-, Dauben-, Dicht-, Halbdicht-, Pack-, Roll-, Reifen-, (Roll-)Sickenfässer, *Hobbocks, Kannen* wie Trichter-, Flach-, Weithals-, Enghalskannen.

Kanister, Ballons, Bag in Box, Bag in Drum, Cubitainer, Kisten, Kästen, Steigen mit Dauer-, Falt-, Drahtbund-, Latten-, Paletten-, Rahmen-, Schwergutkisten, Flaschenkasten, Steigen, Flachsteigen, Harraß, Körbe, *Container, Behälter, FIBC* (Flexible Intermediate Bulc Container, s. Bild 4.5), *Paletten, Spulen, Kabeltrommeln, Wickelhülsen.*

Trommel mit Spannring   Trommel mit eingesetztem Hals und Stülpdeckel

Trommel mit Füllöffnung, gewellt   Trommel mit Füllöffnung, glatt   Hobbock, mit oder ohne Sicken

Bild 4.10 Trommel und Hobbock

Faß mit Rollsicken und Spund   Faß mit Rollreifen und Spund   Kunststoff-Faß mit Spundloch   Weithals-Kunststoff-Faß

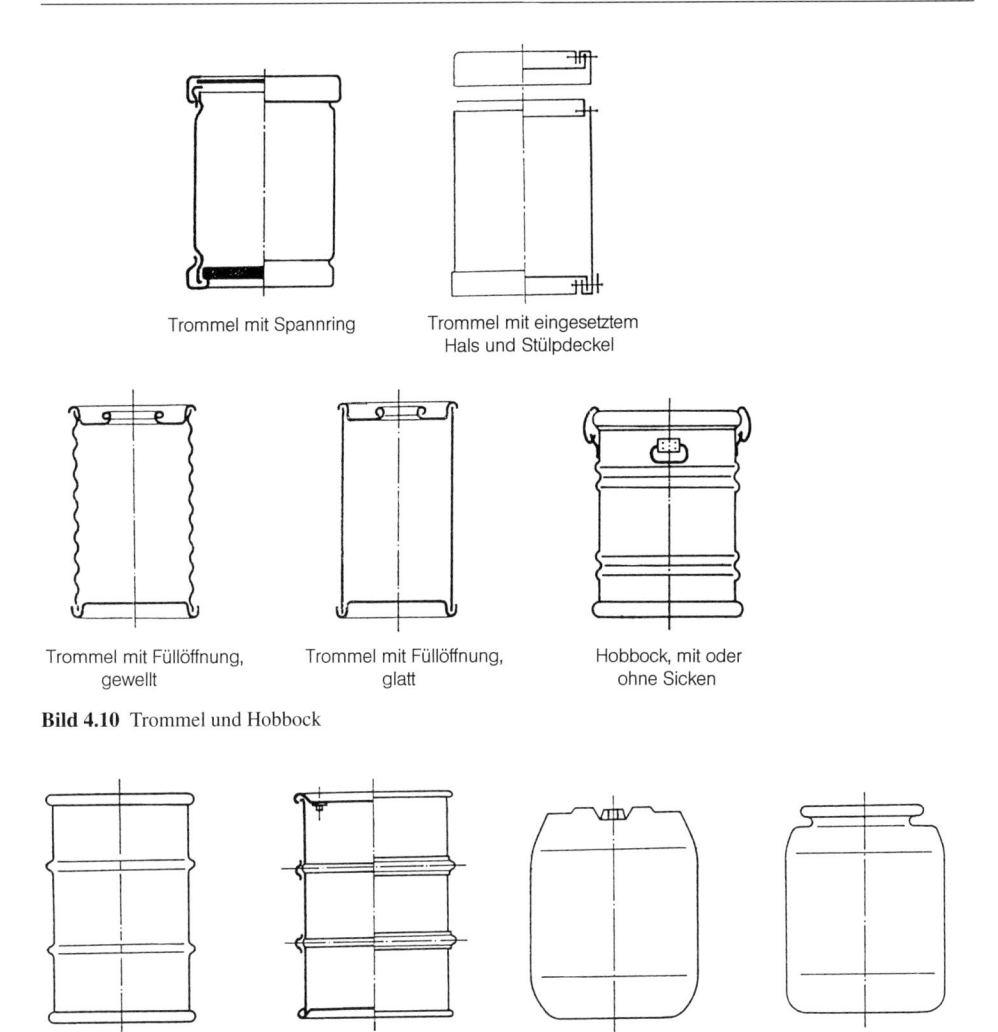

Bild 4.11 Beispiele für Faßtypen

4.4.3 Normen

DIN 32 T3 bis 5 Schachteln für Tuben.
DIN 10 033 Körbe rechteckig für Obst und Gemüse.
DIN 32 T1 Falzdeckeldosen, rund, zylindrisch, zwei- oder dreiteilig.
DIN 2021 Stülpdeckeldosen.
DIN 55431 T1 bis 5 Kombidosen, rund, zylindrich, Rumpf, gewickelt.
DIN 6094 T1,7 Flaschenmundstücke (Kronenkork- und Pilferproofmundstücke).
DIN 6064 Flaschen, Euroform 2.
DIN 6063 T1 Sägengewinde für Kunststoffbehälter.
DIN 6064 Mundstücke mit Sägengewinde und Tapezgewinde.
DIN 6130 Allgemeintoleranzen für Gewicht und Volumen von Kunststoffflaschen und -hohlkörpern.

E DIN 6191 Pfandflasche für Trinkmilch.
RAL-UZ 2 Umweltzeichenvergabe für Mehrwegflaschen.
E DIN EN 227 Reservekraftstoffkanister aus PE.
DIN 6131 T1 Kanister.
DIN 55 417, 55 418, 55 421, 55 422, 55 427 über Kisten und Flaschenkästen.
DIN 10 093, 10 094, 10 095, 55 429 über Steigen.
DIN 55 412 Euroform 2 über Bierflaschen-Stapelkästen.
DIN 55 417, 55 418, 55 419, 55 421, 55 423, 55 427 über Bierflaschen-Stapelkästen.
RAL-RG 720/1, RAL-TG 9 T Transportbehälter für Stückgut.
RAL-UZ 26 Umweltzeichen für Lebensmittel-Mehrwegsteigen.
E DIN IEC 55(CO), 334/372/373, DIN 46 383, DIN 46 385 über Spulen für Wickeldrähte.
DIN 16 905 über Wickelhülsen für Kunststoffolien.

4.5 Packmittelteile und -elemente

4.5.1 Begriffe

Wandungsteile wie (Block-)Boden, Eindrückklappe, Flach- und Faltenschlauch, Falz-, Hohl- und Kreuzboden, Hohldeckel, Klarsichtfenster, Kopfwand, Kronenkorkmundstück, Manschette, Mundstück (Mündung), Netzfenster, Oberboden, Rumpf, Schieber, Spitzmundstück, Spundloch, Unterteil, Ventilträger, Wandung, Zarge.

Verbindungs- und Verstärkungselemente wie Bodenleiste, Bördel, Deckelring, Eckenverstärkung, Einstecklasche, Fabrikkante, Falz, Fußreifen, Heftkante, Innenriegel, Klebekante, Klebelasche, Klebenaht, Längsfalz, Längsnaht, Lasche, Querklebung, Rumpfbördel, Schweißnaht, Sicken Siegelnaht, Siegelnahtprofil, *Inneneinrichtungen* wie Einlage, Fächereinsatz, Innenauskleidung, Keuzsteg, Sortiereinsatz, Steg, Steg(fächer)einsatz.

Verschließmittel wie Abreißdeckel, -kapsel, Abrolldeckel, Aerosolventil, Aufreißdeckel, Aufsatzdeckel, Außenklappe, Bajonettverschlußdeckel, Bördelkapsel, *Deckel*, Eindrück-, Eingreif-, Einschub-, Einsteckdeckel, Einstecklasche, Falzdeckel, Foliendeckel, Gewindedeckel, Griffstoppen, Hohldeckel, Innenklappen, Klappdeckel, Klappe, Klemmdeckel,

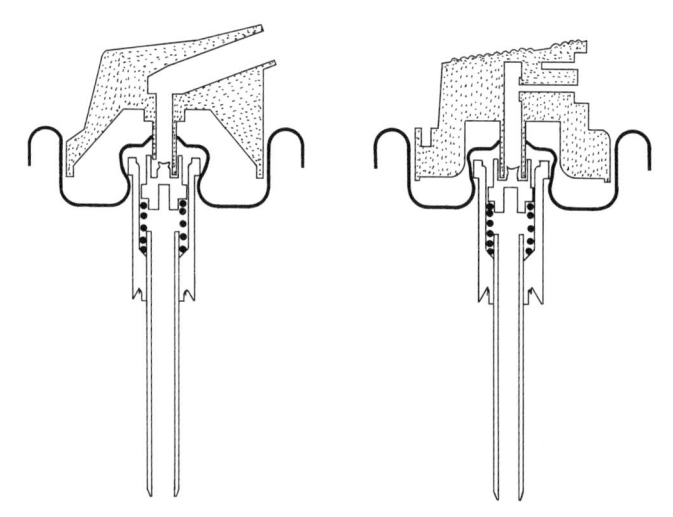

Bild 4.12 Aerosolsprühköpfe für Puder (links) und flüssige Medien (rechts)

Nocken-(Bajonettverschluß-), Rillen-, Scharnier-, Schiebe-, Schnapp-, (Klemm-), Schraub-(Gewinde)deckel, Schraubkappe, Stopfen, Stoppel, Stülpdeckel, Ventilschutz-, Verschließkappe, Verschließkapsel, Verschließklappe.

Handhabungshilfen wie Fallgriff, Traggriff, Tragbügel, Tragvorrichtung, Griffloch.

Öffnungshilfen wie Abreißlasche, Aufreißband, Aufreißklappe, -streifen, -lasche, Daumenausschnitt(-aussparung), Ritz-Aufreißlinie, Rumpf-Aufreißband.

Dosier- und Entnahmehilfen wie Ausgießer, Dosierklappe, -mundstück, -vorrichtung-(Dosierer), Sprühkappe, Sprühkopf (Bild 4.12), Tropfer, Zerstäuber.

4.6 Packhilfsmittel

4.6.1 Begriffe

Verschließhilfsmittel wie Clip, Deckscheibe, Dichtmittel, Dichtschnur, Dichtungsring, Dichtungsscheibe, Fadendichtung, Flaschenscheibe, Flüssigdichtung, Heftklammer, Klebeband, Klebescheibe, Spannring, Umreifungsband, Verschließetiketten, Verschlußhülse, Verschlußmembran.

Ausstattungs-, Kennzeichnungs- und Sicherungsmittel wie Etikettentypen, Banderole.

Polstermittel wie Ecken- und Kantenpolster, Luftkissen.

Schutzhilfen gegen Feuchtigkeit, Entflammen, Korrosion, Oxidation und biologische Schäden wie Blaugel, Feuchtigkeitsindikator, Flammschutzmittel, Schmelztauchmasse (Tauchmasse), Schutzgas, Trockenmittel, VCI(-Verfahren) (Volatile Corrosion Inhibitor), Schutzbegasung, *Öffnungsmittel*.

4.6.2 Normen

DIN 5066 Zierkapseln.
DIN 55 458 Dichtheitsprüfung von Verschlußsystemen an Kunststoffbehältern.
DIN 55 471 T1,2 EPS-Schaumstoff für Verpackungszwecke.
DIN 55 477 Klebebänder aus Kunststoff.
DIN 55 481 EPS-Schaumstoffprüfungen und Anforderungen.
DIN 55 482 T1 PU-Schaumstoff für Verpackung, Anforderungen und Prüfungen.
DIN 55 535 T1 Umreifungsbänder aus Kunststoff für die Anwendung mit Handgeräten.
DIN 55 535 T2 Umreifungsbänder aus Kunststoff für die Anwendung mit Automaten.
DIN 58 378 T6 Schraubkappen und Dichtungsscheiben für Arzneimittelbehältnisse.

4.7 Begriffe zu Packmittel-Verarbeitungs- und Veredelungsverfahren sowie Ausrüstungsmitteln und Verfahren

Dies sind Verfahren (Tabelle 4.2) wie Bedrucken, Bekleben, Bedampfen, Beflocken, Beschichten, Blocken, Druckverfahren, Haftkleben, Heißkleben, Heißsiegeln, Hotmelts, Heiß- und Kaltsiegeln, Kontaktkleben, Metallisieren, Oberflächenbehandeln, Prägen, Rändeln, Schweißen, Trenn-, und Ultraschallschweißen, Zwischenschichtdruck (Sandwichdruck), Rapportdruck, Konterdruck. (Siehe Kapitel 7.)

Tabelle 4.2 Systematik der Be- und Verarbeitungsverfahren nach DIN 55 405 T 6

Druckverfahren	Lackieren
Flexodruck	└ Innenlackieren
(Anilindruck, Gummidruck, Hochdruck)	Löten
Offsettdruck (Flachdruck)	Metallisieren
└ Trockenoffsetdruck	Paraffinieren
Siebdruck	Prägen
Tiefdruck	Rändeln
	Rillen
	Ritzen
	Schlauchziehen
Druckanordnung	Schlitzen
Frontaldruck	Schweißen
Konterdruck	├ Heizkeilverfahren
Rapportdruck	├ Hochfrequenzschweißen
└ Rapport	├ Schmelzschweißen
Streudruck (Fortlaufdruck)	├ Trennschweißen
Vollflächendruck	├ Ultraschallschweißen
Zwischenschichtendruck (Sandwichdruck)	├ Wärmeimpulsverfahren
	└ Wärmekontaktverfahren
	Streichen
Be- und Verarbeitungsvorgänge	Tiefziehen
Bedampfung (Vakuumbedampfen)	Zementieren
Beflammen	
Beflocken	
Beschichten	
├ Fassonbeschichten	
└ Tauchbeschichten	**Hilfsmittel**
Bodenlegen	Heißschmelzmasse (Hotmelt)
Falten	└ Schmelzklebstoff (Klebe-Hotmelt)
Falzen	Primer
Gummieren	Verpackungsdruckfarbe
Heißsiegeln (Siegeln)	Verzögerungsklebstoff
├ Heizkeilverfahren	
├ Wärmeimpulsverfahren	
└ Wärmekontaktverfahren	
Imprägnieren	
Kaschieren (Wachskaschieren)	
└Trockenkaschieren	**Be- und Verarbeitungsmerkmale**
Kleben	Abbindezeit
├ Haftkleben (Kaltsiegeln, Selbstkleben)	Auftragsdicke (Auftragsstärke)
├ Heißkleben	Auftragsmenge, spezifische
├ Kontaktkleben (Kaltsiegeln)	(Auftragsgewicht, spezifisches)
└ Warmkleben	Erweichungsbereich

4.8 Ergänzende Literatur

Bauer, U.: Verpackung. Vogel, Würzburg, 1981.
Berndt, D. (Hrsg.): Arbeitsmappe für den Verpackungspraktiker (Loseblattsammlung), Hüthig, Heidelberg, ff.
Berndt, D. (Hrsg.): Packaging, 1. Ausgabe. Vulkan, Essen, 1990.
Dietz, G., Lippmann, R.: Verpackungstechnik. Hüthig. Heidelberg, 1985.
Fraunhofer-Gesellschaft e.V. (Hrsg.): Verpackungstechnik. Hüthig, Heidelberg 1996 ff. (Ordner).
Koppelmann, U. u. a.: Grundlagen der Verpackungsgestaltung. Verlag Neue Wirtschaftsbriefe, Herne, Berlin, 1971.
Kühne, G.: Verpacken mit Kunststoffen. Hanser, München, 1974.
Rockstroh, O. (Hrsg.): Handbuch der industriellen Verpackung. Verlag Moderne Industrie, München, 1972.
Merkblätter und Druckschriften von RGV, RAL; ILV.
Normenwerke: DIN, E-DIN, EN, ISO, ASTM.
RGV-Handbuch Verpackung (Loseblattsammlung). Erich Schmidt, Berlin, 1991.
Technische Lieferbedinungen des BWB u. a.

5 Kunststoffe als Packstoffe

5.1 Grundbegriffe

Die wesentlichen Bestandteile der Kunststoffe sind makromolekulare (hochpolymere) organische Verbindungen meist aus Kohlenstoffketten (Bild 5.1), die synthetisch oder durch Umwandlung von Naturprodukten gewonnen werden.

Sie haben folgende gemeinsame Eigenschaften: niedrige Dichte, geringe thermische und elektrische Leitfähigkeit, Brennbarkeit und Alterung in dem Sinne, daß sich viele Gebrauchseigenschaften im Laufe der Zeit nachteilig verändern. Als makromolekulare Verbindungen besitzen sie sehr große Moleküle, die meist genetisch oder synthetisch aus niedermolekularen Stoffen hervorgegangen sind, wobei etwa 1000 bis 10 000 niedermolekulare Einheiten miteinander verbunden worden sind.

Packstoffe aus Kunststoffen sind organische Werkstoffe, die durch chemische Umwandlung aus Naturprodukten oder durch Synthese aus Primärprodukten, die man aus Kohle, Erdöl oder Erdgas gewinnt, hergestellt werden. Die formlos anfallenden festen oder flüssigen Kunststoffe werden zu Halbzeugen (z. B. Folien) oder Packmitteln verarbeitet.

5.2 Aufbau und Strukturen von Makromolekülen – Molekülorientierung

Die Beweglichkeit der Makromoleküle aus *linearen* und/oder *verzweigten Kettenmolekülen* nimmt mit steigender Temperatur zu, d. h. sie werden immer dünnflüssiger bis hin zur Zersetzung. Man nennt diese Kunststoffe Thermoplaste, weil sie in der Wärme plastische Eigenschaften annehmen.

Ein räumlich vernetzter Aufbau der Makromoleküle ergibt bei weitmaschiger Vernetzung *Thermoelaste (TPE) oder Elastomere*, wie dehnbare gummiartige Vulkanisate. Bei engmaschiger Vernetzung der Makromoleküle entstehen nicht verformbare Kunststoffe, die *Duroplaste* genannt werden (Bild 5.1).

Die Einteilung der Kunststoffe nach ihren Bildungsreaktionen zeigt Tabelle 5.1; Merkmale der Kunststoff-Bildungsreaktionen zeigt Tabelle 5.2. Eigenschaften und Kurzzeichen der wichtigsten Verpackungskunststoffe können Tabelle 5.3 entnommen werden. Die Bildungsmechanismen für Kunststoffsynthesen sind in Bild 5.2 dargestellt. Bild 5.3 zeigt sterospezifische Polymerisationsmöglichkeiten. In Bild 5.4 findet man die Ordnungsmöglichkeiten in Copolymerisaten.

Verzweigungen der Makromoleküle beeinflussen nach ihrer Länge und Art folgende wichtige Daten der Kunststoffe: Rohdichte, Kristallinität, Festigkeit, thermische Größen wie Kristallitschmelzbereich, Verarbeitungs- und Einsatzgrenztemperaturen sowie Einfriertemperaturen.

Molekülorientierung durch *Verstrecken bzw. Recken* kann wichtige Packstoffeigenschaften wesentlich verbessern. Bei Polymeren, die nicht zur Kristallisation neigen, läßt sich durch mechanische Verformung eine Teilorientierung der Molekülketten erreichen. Solches Verstrecken bewirkt Festigkeitssteigerung und Verbesserung der Barriereeigenschaften.

5.2 Aufbau und Strukturen von Makromolekülen – Molekülorientierung

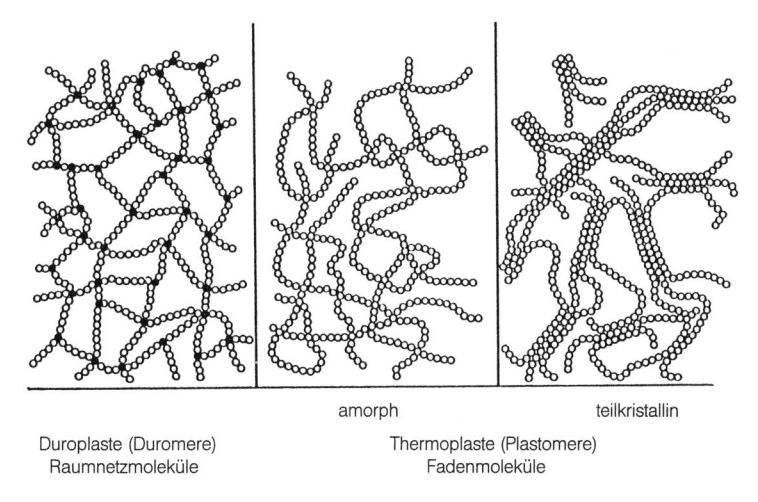

	amorph	teilkristallin
Duroplaste (Duromere)	Thermoplaste (Plastomere)	
Raumnetzmoleküle	Fadenmoleküle	

Bild 5.1 Struktur von Kunststoffen

Tabelle 5.1 Einteilung der Kunststoffe nach ihrem Bildungsreaktionen

Polymertyp	Bildungsreaktion
abgewandelte Naturstoffe	Veresterung, Verätherung, Verseifung, Vulkanisation u. a.
Polymerisate	Polymerisation zu linearen oder verzweigten Makromolekülen
Polykondensate Polykondensations-Kunststoffe	Polykondensation, vorwiegend zu vernetzten, aber auch zu linearen Makromolekülen
Polyaddukte Polyadditions-Kunststoffe	Mehrfachreaktionen, die zu linearen oder zu vernetzten Makromolekülen führen

Tabelle 5.2 Merkmale der Kunststoff-Bildungsreaktionen

Bildungsverfahren	Polymerisation	Polyaddition	Polykondensation
Merkmale der Bildungsverfahren	gleiche oder gleichartige Reaktionspartner mit reaktionsfähigen Doppelbindungen oder Ringen	gleichartige oder verschiedenartige Reaktionspartner mit reaktionsfähigen Endgruppen (bifunktionelle oder höherfunktionelle, radikalartige Grundbausteine)	
	Addition der Reaktionspartner ohne Abspaltung von Reaktionsnebenprodukten		Verknüpfung der Reaktionspartner unter Abspaltung von Reaktionsnebenprodukten
	Kettenreaktion	Stufenreaktion	
	keine chemische Gleichgewichtsreaktion		chemische Gleichgewichtsreaktion
Konstitution der Makromoleküle	Verknüpfung vorwiegend über C-C-Bindungen	Verknüpfung über C-C-Bindungen, ferner auch O-, S- und N-Atome (Brückenatome) in der Hauptkette	

Tabelle 5.3 Anwendungsdaten von Verpackungsstoffen (nach *Gnauck* und *Domininghaus*)

		Rohdichte	Glastemperatur °C	Kristallinität*	Kristallitschmelzbereich °C	Minimale Dauergebrauchstemperatur ca. °C	Maximale Dauergebrauchstemperatur ca. °C	Maximale kurzfristige Gebrauchstemperatur ca. °C	Polaritätsstufe 1<4
Polyethylen niedriger Dichte	PE-LD	0,91–0,92	<100	tk	108–115	−50	+75	+90	1
hoher Dichte	PE-HD	0,94–0,96	−40	tk	130–140	−50	+80	+120	1
linear, niedriger Dichte	PE-LLD	0,92–0,94	−40	tk	115–125	−40	+110	+120	1
Ionomer		0,94–0,96		am	amorph	−50	+100	+120	2
Polypropylen	PP	0,90–0,91	5	tk	160–165	−30	+100	+140	1
Polyisobutylen	PIB	0,91–0,93	8	am	amorph	−50	+65	+80	1–2
Polyvinylchlorid hart	PVC-U	1,38–1,40	80–100	am	amorph	−5	+80	+100	3–4
Polyvinylidenchlorid	PVDC	1,65–1,72	−18		amorph				4
Polystyrol	PS	1,04–1,10	80–100	am	amorph	−10	+65	+80	1
Schlagfestes Polystyrol	SB	1,05	95	am	amorph	−20	+70	+80	2
Acrylnitril-Butadien-Styrol	ABS	1,02–1,06	105–125	am	amorph	−40	+85	+100	3
Polyamid 6	PA 6	1,12–1,16	50–60	tk	215–225	−30	+100	+180	5
Polyamid 66	PA 66	1,13–1,14	70	tk	250–260	−30	+120	+200	5
Polyurethan (Thermoplast)	PUR	1,13–1,25	−40	am	amorph	−40	+80	+100	4
Polyethylenterephthalat	C-PET	1,37	67–81	tk	255–260	−20	+75	+90	3
A = amorph.; C = kristallin	A-PET	1,33	86	am	amorph	−60	+60	+70	3
PET-Copolymer	PETG	1,19	50–70	am	amorph	−60	+75	+85	3
Polyethylennaphthalat	PEN	1,35	113	tk	262	−60	+110	+155	3
Polycarbonat	PC	1,20–1,24	158	am	amorph	−100	+135	+160	3
Polymethylmethacrylat	PMMA	1,18–1,24	100	am	amorph	−40	+70	+90	4
Polyoxymethylen	POM	1,42–1,44	−60	tk	165–175	−60	+100	+140	3
Polybutylenterephthalat	PBT	1,30–1,50	60	tk	225	−30	+100	+165	3
Ethylen-Vinylacetat	(= E/VA)	0,92–0,95		tk	91–96	−60	+55	+65	2–3

* (tk = teilkristallin, am = amorph

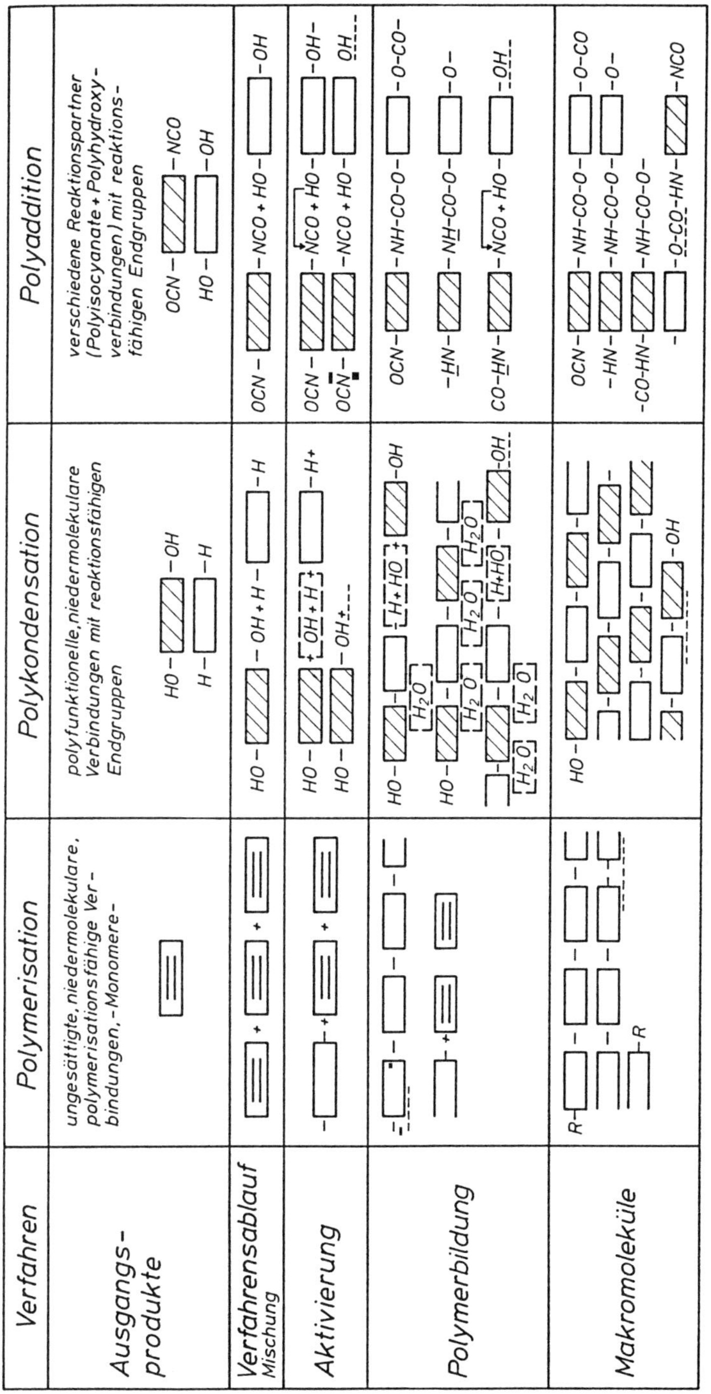

5.2 Aufbau und Strukturen von Makromolekülen – Molekülorientierung

Bild 5.2 Bildungsmechanismen für synthetische Kunststoffe

Folien und Halbzeuge werden daher häufig im kalten Zustand oder im Herstellungsprozeß beim Übergang aus dem plastischen in den harten Zustand gereckt. Die durch das Verstrecken eingetretenen Molekülorientierungen können durch Erwärmen zum Teil wieder rückgängig gemacht werden (Schrumpffolien), wenn gereckte Produkte nicht warmgelagert (getempert) wurden.

Konfiguration	Struktur der Molekülketten	Anordnung der Seitengruppen
ataktisch		regellos
isotaktisch		regelmäßig einseitig
syndiotaktisch		regelmäßig wechselseitig

Bild 5.3 Stereospezifische Polymerisationsmöglichkeiten

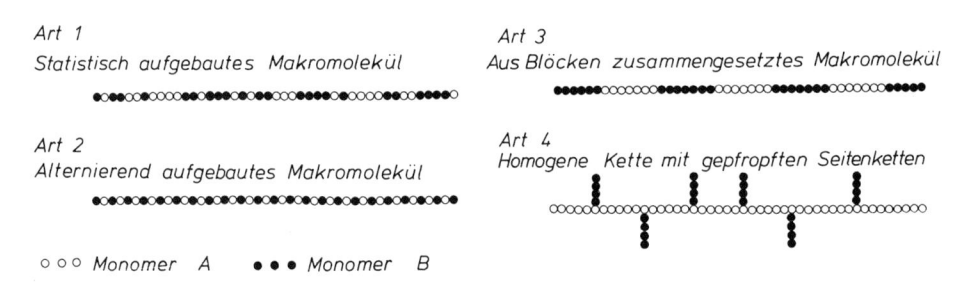

Art 1
Statistisch aufgebautes Makromolekül

Art 2
Alternierend aufgebautes Makromolekül

Art 3
Aus Blöcken zusammengesetztes Makromolekül

Art 4
Homogene Kette mit gepfropften Seitenketten

o o o Monomer A   • • • Monomer B

Bild 5.4 Anordnungsmöglichkeiten in Copolymerisaten

5.3 Eigenschaften von und Anforderungen an Verpackungskunststoffe

Durch den inneren Aufbau der Kunststoffmakromoleküle werden ihre Eigenschaften, ihr Verhalten und somit ihre Eignung als Packstoffe bedingt. Typische Beispiele für Verpackungsanwendungen zeigt Tabelle 5.4.

Tabelle 5.4 Anwendungsbeispiele wichtiger Verpackungskunststoffe

Kunststofftyp		Anwendungsbeispiele
Polyethylen	PE-LD	Folien (einschl. Schrumpf-, Stretch- und Siegelfolien), Beutel, Tragtaschen, Säcke
	PE-HD	Flaschen, Verschlüsse, Kanister, Fässer
Polypropylen	PP	Klarsichtfolien u. a. für Blumen, Textilien und Hygieneartikel, Yoghurtbecher, Siegelfolien in sterilisierfesten Verbünden, Verschlüsse
Polyvinylchlorid	PVC	Blister, Deckel, Flaschen, Schalen, Tablettendurchdrückpackungen
Polyethylenterephthalat	PET	Flaschen, Schalen, Beutel
Polystyrol	PS	Becher, Verschlüsse, Gefrierdosen, Kosmetikverpackungen
	PS-E***	Transportverpackungen für Gerätepolsterung, Thermoverpackungen

5.3.1 Allgemeine Eigenschaften

Kunststoffe sind Isolierstoffe für elektrische Energie und Dämmstoffe für Wärme, da sie keine freien Elektronen besitzen. Sie haben geringe Dichte infolge ihres relativ lockeren Aufbaus.

Ihre *thermische Beständigkeit* ist wie bei allen organischen Werkstoffen gering, so daß bei relativ niedrigen Temperaturen Erweichung bzw. Zersetzung eintritt.

Die *chemische Widerstandsfähigkeit* gegenüber vielen Reagenzien macht keinen besonderen Oberflächenschutz notwendig. Kunststoffe sind daher als Packstoffe auch für Chemieprodukte geeignet (siehe auch Tabelle 5.4).

Thermoplaste sind *amorph oder teilkristallin* und dadurch stark in ihren Eigenschaften voneinander unterschieden, wobei amorphe Thermoplaste glasklar und transparent einfärbbar sind, teilkristalline erscheinen dagegen wegen ihrer kristallinen Bereiche ohne Spezialbehandlung milchglasartig trüb bzw. opak, transluzent oder transparent und sind daher nur gedeckt einfärbbar. Durch Füll- und Verstärkungsstoffe können ihre Eigenschaften wesentlich verändert werden.

Duroplaste sind – da räumlich vernetzt – hart und spröde. Sie werden durchweg mit Füll- und Verstärkungsstoffen sowie Pigmentfarben verarbeitet. Im Verpackungssektor haben sie nur noch geringe Bedeutung.

Der Einsatz von Kunststoffen als Packmittel hat folgende Vorteile:
- leichte Formgebung bei niedrigen Temperaturen,
- auch komplizierte Formen können, durch „integrale Fertigung", wirtschaftlich in einem Arbeitsgang hergestellt werden,
- geeignet für Massenproduktion, Geräuschdämpfung, Durchfärbung und für neuartige Verbindungstechniken, z. B. Filmscharniere oder Schnappverbindungen bzw. Schnappverschlüsse,
- physiologisch-toxische Verträglichkeit gemäß BGA-Empfehlungen,
- Lebensmittelverträglichkeit gemäß EG-Richtlinien,
- Schweiß- und Heißsiegelbarkeit.

5.3.2 Anforderungen an Packstoffe aus Kunststoff

Flexible Packmittel, wie Beutel, Tuben, Hüllen, Schrumpffolien, Stretch- und Skinfolien besitzen ein völlig anderes Anforderungsprofil als die stoßfesten harten Packmittel wie Dosen, Becher, Schalen, Flaschen, Kanister, Kästen, Displays und andere Spezialverpackungen, z. B. für zerbrechliche Packgüter.

Wichtige mechanische Anforderungen sind:
- Stapel- und Druckfestigkeit insbesondere bei gefüllten Flaschen, Fässern, Kanistern, Kästen oder Paletten,
- Steifigkeit (E-Modul) u. a. für die Konstruktion ausreichender Wanddicken der Packmittel, die bei Belastungen nicht verbeult oder geknickt werden sollen,
- Stoßfestigkeit, Schlag- bzw. Kerbschlagzähigkeit auch in der Kälte können Schäden am Packgut durch Transport und Handling (Stoß, Fall, Rütteln) vermeiden.

Wichtige thermische Anforderungen sind:
- Wärmedämmverhalten, um empfindliche Güter vor Wärme- oder Kälteeinwirkung zu schützen (Frischfisch-Kisten) oder um den Transport niedrigsiedender Flüssigkeiten bzw. Flüssiggase zu ermöglichen.
- Formbeständigkeit auch in der Wärme, insbesondere für heiß abzufüllende Flüssigkeiten, z. B. in der Lebensmittelbranche, für Mikrowellenverpackungen, Bratfolie und dergleichen.

Wichtige optische Anforderungen sind:
- Transparenz bzw. Lichtdurchlässigkeit, die es dem Käufer ermöglicht, den Packungsinhalt visuell zu begutachten.
- Die Oberflächenqualität wie Glätte und Glanz sind maßgeblich für die Akzeptanz der Verpackungen (andererseits können Glanz und Glätte der Packmitteloberfläche Blend- und Rutschwirkung ungewollt bewirken).

Wichtige chemische Anforderungen sind:
- Die *Beständigkeit* gegenüber Flüssigkeiten mit verschiedenen Eigenschaften (z. B. sauer, alkalisch), Salzlösungen, organischen Flüssigkeiten, Treibstoffen, Ölen, Fetten, usw. ist je nach Kunststoffart unterschiedlich.
- Die *Permeationswerte* von Gasen, Dämpfen, Aromastoffen müssen gering sein, um beispielsweise von fetthaltigen Lebensmitteln den Sauerstoff auszusperren, der das Ranzigwerden verursachen könnte, oder um den Verlust von Feuchte (z. B. bei Brotwaren), Riechstoffen und Aromastoffen (z. B. bei Tabakwaren) zu verhindern. Besonders wichtig sind die Permeationswerte der Packstoffe für Wasserdampf und Sauerstoff in Sperrschichten (Tabelle 5.5).

5.3 Eigenschaften von und Anforderungen an Verpackungskunststoffe

Tabelle 5.5 Wasserdampf- und Sauerstoffdurchlässigkeit von Kunststoffen (bei 20 °C, bezogen auf eine Dicke von 100 µm)

Kunststoff	Durchlässigkeit	
	Wasserdampf (85 – 0% r. F.) g/m²-d	Sauerstoff (trockenes Gas) cm³/m² · d · bar
PE-LD	0,7 – 1,2	1000 – 1800
PE-HD	0,2 – 0,3	510 – 650
PP	0,2 – 0,9	500 – 650
PVC	1,5 – 3	20 – 30
PET	1,5 – 2	9 – 15
PS	10 – 13	1000 – 1300
PAG	10 – 30	6 – 18
PVDC	0,05 – 0,3	0,5 – 3
EVOH*)	–	0,03 – 0,07

*) ca. 30% Ethylen

- Verpackungstechnologische *Oberflächeneigenschaften* (siehe Kapitel 7) sind Bedruckbarkeit (insbesondere durch Tief- und Flexodruck), Verschweißbarkeit, Siegelfähigkeit, Verklebbarkeit.
- Die Beständigkeit gegen *Spannungsrißbildung* sollte auch dann gegeben sein, wenn beispielsweise ein sehr fest aufgeschraubter Flaschenverschluß Spannungen auslöst. Säuren von Zitrusfrüchten oder Waschmittellösungen können Spannungsrisse begünstigen; dies bezeichnet man als Spannungsrißbildung.

Wichtige Anforderungen an die Lebensmittelverträglichkeit sind:

- *Physiologisch-toxikologische* Eigenschaften der Packstoffe sowie Wechselwirkungen mit verpackten Lebensmitteln dürfen diese bzw. die Packstoffe durch Migration nicht beeinträchtigen.
- *Migration* ist das Auswandern bzw. „Ausbluten" von Bestandteilen, Farbmitteln, Additiven, Weichmachern usw. eines Kunststoffs. Praxis-Prüfverfahren sind für Farbmittel in DIN 53 415, für Weichmacher in DIN 53 405 und 53 407 festgelegt und für extrahierbare Bestandteile in DIN 53 738. Die EG-Richtlinien zur Globalmigration (siehe Abschnitt 3.4.2) sind besonders wichtig.
- Die Empfindlichkeit gegen natürliches oder künstliches Licht kann Nahrungsmittel, insbesondere Milch, im Geschmack und Geruch ungünstig verändern.

Weitere wichtige Anforderungen an Kunststoff-Packstoffe sind:

- Die *Abbaubarkeit* von Packstoffen wird immer häufiger gefordert, um die Deponien vermeintlich von konventionellen Packstoffen zu entlasten. Man unterscheidet: *bioabbaubare*, *photoabbaubare* und *wasserlösliche* Polymere, wobei erstere – da aus nachwachsenden Rohstoffen wie Stärke bzw. Glukose (z. B. für Biopol (PHB)) gewinnbar – derzeit erprobt werden. Die wasserlöslichen sind nicht ohne weiteres abbaubar (siehe Abschnitt 5.5.9).
- *Thermoformbarkeit* ist zum Herstellen zahlreicher Packmittel wichtig.
- *Schweißen und Heißsiegeln* erfordert zum Erzielen einwandfreier Nähte einen breiten Verarbeitungstemperaturbereich, der möglichst weit unter der Zersetzungstemperatur liegen sollte.

Durch Variation und gegebenenfalls Kombination verschiedener Packstoffe, insbesondere durch Verbunde und Optimieren der spezifischen Schichteigenschaften wird in der Verpackungstechnik ein vielfältiges Angebot von Kunststoffen benötigt. Wichtig sind dafür folgende Standardkunststoffe:

- Polyolefine (PE, PP und Copolymere),
- Polystyrole PS (PS-HI wie S/B, SAN),
- Polyvinylchlorid PVC (PVC-U, PVC-P).

Außerdem sind die folgenden technischen Kunststoffe wichtig:

- Polyester (Polyethylenterephthalat PET, PETG, Polybutylenterephthalat PBT, Polyethylennaphthalat PEN),
- Polyamide PA (PA 6, PA 66),
- Polyurethane PUR,
- Polycarbonat PC,
- Polyacetale, Polyoxymethylen (POM).

5.4 Kunststoffzusätze

Wegen ihrer Übergangsmöglichkeiten durch Migration aus den Packstoffen auf die Packgüter muß auf diese Stoffgruppen näher eingegangen werden. Es handelt sich hierbei sowohl um *Hilfsstoffe*, die für die Kunststoffsynthesen, insbesondere Polymerisationen zu Packstoffen, benötigt werden, als auch um *Zusatzstoffe* für deren Verarbeitung zu Packmitteln, wobei letztere sowohl wegen ihrer größeren Konzentration in den Packmitteln wie auch wegen ihrer geringeren Bindung in den Polymeren für die Übergänge in Packgüter, insbesondere Lebensmittel, wesentlich bedeutungsvoller sind. Die *Hilfsstoffe* sollen daher nur kurz charakterisiert werden: Für die Durchführung der Polymerisation gibt es zwei Gruppen von Hilfsstoffen: Die erste Gruppe umfaßt Substanzen, die direkt den Herstellungsprozeß beeinflussen, und solche, die als Medium für die Durchführung der Polymerisation dienen (z. B. Lösemittel, Emulgatoren). Die erste Gruppe umfaßt also die den Syntheseprozeß direkt beeinflussenden Hilfsstoffe. Sie sind die eigentlichen Reaktionsregler wie Reaktionsbeschleuniger, Vernetzer und/oder Härter, Reaktionshemmer (Inhibitoren) oder Katalysator-Desaktivatoren, Molekulargewichtsregler, Kettenspalter oder -erweiterer.

Hilfsstoffe der zweiten Gruppe sind hauptsächlich Lösemittel, Dispergiermittel, Emulgatoren, Fällmittel, Antischaum- und Entgasungsmittel, pH-Regler, Stabilisatoren, Keimbildner, Blähmittel für Schaumstoffe u. a.

Für die Polymersynthese sind von den heterogenen Katalysatorsystemen Mischoxide der Elemente Ca, Mg, Al, Si, Ti, Cr, V, und Zr von Bedeutung.

In Polymerisaten, die für die Anwendung im Lebensmittelbereich, z. B. als Packstoff, vorgesehen sind, dürfen Reste von solchen Katalysatoren als Oxide insgesamt 0,1 % nicht überschreiten.

5.4.1 Zusatzstoffe oder Additive für die Verarbeitung

Außer den obengenannten Hilfsstoffen, die bei der Synthese bzw. Herstellung der Kunststoffe zugefügt werden (z. B. Beschleuniger, Initiatoren, Vernetzer und Katalysatoren) ist es notwendig, um Kunststoffe bzw. Formmassen zu verarbeiten, Zusatzstoffe in kleinen

Mengen als Verarbeitungshilfen oder zum Variieren der Eigenschaften zuzugeben. Beispiele dafür sind: Gleitmittel als Verarbeitungshilfsmittel, Stabilisatoren gegen thermische Schädigungen bei der Verarbeitung sowie als Alterungs- und Lichtschutzmittel, Antistatika gegen ungewollte elektrische Aufladung, leitfähige Zusatzstoffe wie Ruß zur Widerstandsverringerung, Flammschutzmittel zur Verringerung der Entflammbarkeit, Farbstoffe, Weichmacher und Flexibilisatoren zur Erhöhung der Schlagzähigkeit, Füll- und Verstärkungsstoffe zum Verändern von verpackungstechnischen Eigenschaften oder Treibmittel für Schaumstoffherstellung.

5.4.2 Farbstoffe – Farbmittel

Diese können sowohl in glasklarer als auch in getrübter bzw. opaker Einstellung angewandt werden, um den Kunststoffen als Packstoffe bzw. Packmittel die gewünschten farblichen Eigenschaften zu verleihen. Man unterscheidet zwischen Farbstoffen, meist organischen Verbindungen, die sich im Kunststoff lösen, und unlöslichen Pigmenten, die aus anorganischen oder organischen Stoffen bestehen. Zum Überdecken gelblicher Verfärbungen, des sogenannten Gelbstichs, können Schönungsmittel eingesetzt werden, die optisch Farblosigkeit hervorrufen.

Gegen die Bildung von Feuchtigkeitsniederschlägen auf der Innenseite von Packmitteln werden insbesondere bei durchsichtigen glasklaren Folien Antitaumittel vorteilhaft eingesetzt. Mit Pigmentfarben werden undurchsichtige Färbungen der Kunststoffe erreicht, mit löslichen Farbstoffen bei glasklaren Kunststoffen wie PMMA, PS, PC durchsichtige Einfärbungen. Auch lichtsammelnde und fluoreszierende Farbstoffe finden Anwendung. Meist sind die Farbstoffe bereits dem verarbeitungsfähigen Granulat beigemischt, können aber auch als Pulver mit dem naturfarbenen Granulat gemischt und im Extruder gleichmäßig verteilt werden. Granulate mit hohen Farbkonzentrationen (bis zu 70 % Pigmente) werden als „Masterbatches" bezeichnet und dem ungefärbten Granulat zugemischt, wodurch das Stauben von Farbpulvern vermieden wird.

5.4.3 Weichmacher

Außer in PVC werden Weichmacher besonders in Polyvinylidenchlorid, Polyvinylbutyrat, Polyvinylacetat, Polyacrylat, Polyamid und Celluloseformmassen eingesetzt. Innere Weichmachung erfolgt durch Copolymerisation der Monomeren des weichzumachenden Kunststoffs mit Monomeren, deren Homopolymere eine wesentlich niedrigere Glastemperatur besitzen. Der Vorteil der inneren Weichmacher liegt in ihrer festen chemischen Verknüpfung mit den harten Materialbestandteilen. Der Einsatz von Weichmachern für „Bedarfsgegenstände" wie Lebensmittelverpackungen ist durch umfangreiche Empfehlungen des BGA bzw. der EU-Behörden geregelt.

5.4.4 Treibmittel

Zur Herstellung poröser Kunststoffe oder Schaumstoffe werden Treibmittel vor deren Verarbeitung zugesetzt.

5.4.5 Flammschutzmittel

Hierbei handelt es sich um Additive, welche die Brennbarkeit der betreffenden Kunststoffe und die daraus resultierenden Nebenwirkungen wie Qualmbildung oder Bildung von toxischen und aggressiven Gasen vermindern sollen.

5.4.6 Antistatika

Diese sind Zusätze zur Verhinderung elektrostatischer Aufladung der Kunststoffe. Wirkungen statischer Aufladung sind: Anziehungserscheinungen, die zu Staubanlagerungen und Verschmutzung der Oberfläche führen, sowie Funkenbildung, die in Gegenwart entflammbarer Stoffe Explosionen auslösen kann. Im Verpackungsbereich haben Antistatika daher große Bedeutung sowohl für die flexiblen Folien als auch bei den Hohlkörpern (Treibstoffkanister). Es gibt interne Antistatika und externe (äußere temporäre) Antistatika. Bei internen werden die Substanzen in den Kunststoff eingearbeitet, während bei externen nur eine Oberflächenbehandlung stattfindet. An der Oberfläche des Kunststoffs bildet sich mit Hilfe der Antistatika eine leitfähige Schicht.

Als *externe Antistatika* können sowohl grenzflächenaktive ionogene Substanzen als auch andere hygroskopische Verbindungen wie Glyzerin, Polyole oder Polyglykole verwendet werden, als *interne Antisatika* hauptsächlich nichtionogene wie Polyethylenglykolester oder -ether, Fettsäureester, Diglyceride u. a.

5.4.7 Antibeschlagmittel

Bei der Verpackung von stark wasserhaltigen Packgütern wie Gemüse, Obst, bestimmten Käsesorten oder Frischfleisch findet ein Beschlagen der Folie durch Bildung kleiner Wassertröpfchen statt, wodurch die Ware beeinträchtigt wird. Zur Erzielung eines Antibeschlag-(Antifog-)Effekts werden, wenn eine Perforation wasserdampfundurchlässiger Folien nicht erwünscht ist, grenzflächenaktive Substanzen eingesetzt. Dazu gehören beispielsweise Glycerolfettsäureester. Bei Weich-PVC-Folien für den Lebensmittelkontakt wird Polyoxyethylensorbitanmonooleat verwendet.

5.4.8 Gleitmittel

Bei allen Formen der Kunststoffverarbeitung werden Zusatzstoffe benötigt, besonders um die bei erhöhter Temperatur auftretenden rheologischen Probleme in der Kunststoffschmelze zu beherrschen. Diese Zusatzstoffe werden allgemein *Gleitmittel* genannt. (Die engere Bezeichnung als *Slipmittel* betrifft Stoffe mit einer reibungsmindernden Wirkung zwischen Folien.) Man unterscheidet sogenannte innere Gleitmittel, welche die innere und äußere Reibung der Schmelze vermindern, und äußere Gleitmittel, die als Schmiermittel den Reibungswiderstand, z. B. von Folien, reduzieren. Für Polyethylen (PE-LD) werden ausschließlich äußere Gleitmittel verwendet. Dies sind Amide der Ölsäure oder der Erucasäure, die entweder vom Hersteller bereits den Granulaten in Mengen bis zu 0,2 % (Zulassungsgrenze nach dem „Lebensmittelgesetz") zugegeben oder über Konzentrate bzw. Batche beim Extrudieren des PE-LD zugemischt werden.

Übliche *Antiblockmittel* sind Kieselsäure, Kreide und andere feinteilige Füllstoffe. Sie sollen als Zusätze ein unerwünschtes Haften von Kunststoffoberflächen, das sogenannte Blocking, insbesondere bei Folien, verhindern. Möglich sind auch Gleitmittel, die an die Kunststoffoberfläche wandern. Für PE-LD-Folien wird häufig Kieselsäure (SiO_2) verwendet (siehe auch Abschnitt 7.4.2).

5.4.9 Stabilisatoren

Stabilisatoren sollen vor den Abbau-, Alterungs- und Oxidationseinwirkungen auf die Polymere durch Wärme, Sauerstoff, Ozon, UV-Licht und Klima schützen. Man verwendet daher Wärmestabilisatoren, UV-Absorber wie Quencher (Löscher), HALS-Typen, Hydroperoxidzersetzer und Antioxidantien wie Phenole oder Amine als Radikalfänger sowie Schwefel- und Phosphorverbindugnen.

UV-Absorber sind z. B. Hydroxybenzophenone und Hydroxyphenylbenzotriazole.

Die Schutzwirkung von UV-Absorbern beruht auf ihrer Fähigkeit, UV-Licht zu absorbieren und in Wärme umzuwandeln. Sie haben einen hohen Wirkungsgrad.

Quencher sind Lichtschutzmittel, welche die bereits vom Kunststoff aufgenommene Energie wirksam übernehmen und ableiten können, um auf diese Weise Abbaureaktionen zu verhindern. Die Energieabgabe kann entweder in Form von Wärme oder als Fluoreszenzstrahlung erfolgen. Nickelorganische Verbindungen sind beispielsweise wirkungsvolle Quencher.

HALS-Stabilisatoren sind Verbindungen vom Typ der sterisch gehinderten Amine. Sie haben ebenfalls für den Lichtschutz als Radikalfänger Bedeutung erlangt. HALS steht für Hindered Amine Light Stabilizer. HALS-Stabilisatoren neutralisieren reaktive Molekülteile und sorgen auf diese Weise für einen Abbruch der Abbaureaktionen.

Nukleierungsmittel sind Zusätze, welche bei kristallisierbaren Thermoplasten die Kristallkeimbildung aus der Schmelze beschleunigen, wodurch veränderte Eigenschaften des betreffenden Kunststoffs erzielt werden können.

5.5 Thermoplaste als Kunststoffpackstoffe

5.5.1 Celluloseabkömmlinge

Hierzu gehören: Hydratcellulose (Zellgas, Vulkanfiber) sowie die Celluloseester, Celluloseacetat, -propionat und -acetobutyrat. Diese modifizierten Naturstoffe sind in den letzten Jahren für den Verpackungssektor praktisch bedeutungslos geworden.

5.5.2 Polyolefine

Polyolefine sind Polymerisate olefinischer Monomerer wie Eth(yl)en, Prop(yl)en usw., nämlich die Kunststoffe Polyethylen PE, Polypropylen PP, Polybuten-1 PB, Polyisobutylen PIB, Poly-4-methylpenten-1 PMP sowie modifizierte Copolymere. Sie sind als reine Kohlenwasserstoffe unpolar, also unempfindlich gegen Feuchtigkeit, gut wärmeverschweißbar bzw. heißsiegelbar, gut chemikalienbeständig, somit aber schlecht bedruck- und verklebbar. Die Polyolefine sind Werkstoffe für rund zwei Drittel aller Kunststoffpackmittel, da sie preisgünstig und für die meisten Verpackungszwecke geeignet sind.

5.5.2.1 Polyethylen

Normen: DIN 16776 (PE), ISO 1872, VDI/VDE 2474 (Bild 5.5).

Polyethylen niederer Dichte (PE-LD), Dichte <0,93 g/cm^3, Kristallinität: 40 bis 55% ist auch für den Verpackungsbereich wichtigster Werkstoff und als Heißsiegelschicht für Verbundverfahren unentbehrlich. PE ist milchig weiß, opak und nur bei sehr dünnen Folien glasklar. Man kann es mit allen gedeckten Farben einfärben. Es verfügt über gute Einreiß- und Weiterreißfestigkeit sowie geringe Wasserdampfdurchlässigkeit.

Seine relativ hohe Sauerstoffdurchlässigkeit ist für viele Packgüter zu hoch. Um gute Verkleb- und Bedruckbarkeit zu erreichen, wird eine unmittelbar vorhergehende Oberflächenbehandlung zur Haftungsverbesserung durch Erhöhung der Oberflächenenergie mittels Bildung polarer Molekülgruppen notwendig, wodurch jedoch die Schweißbarkeit leidet. Durch Vernetzen (PE-V), Additive und Verarbeitungsbedingungen können die Eigenschaften erheblich variiert werden. Der unterste Dichtebereich wird in der Praxis bisweilen als PE-VLD (very low density) und der Grenzbereich zu PE-HD als PE-MD (mittlere Dichte) bezeichnet.

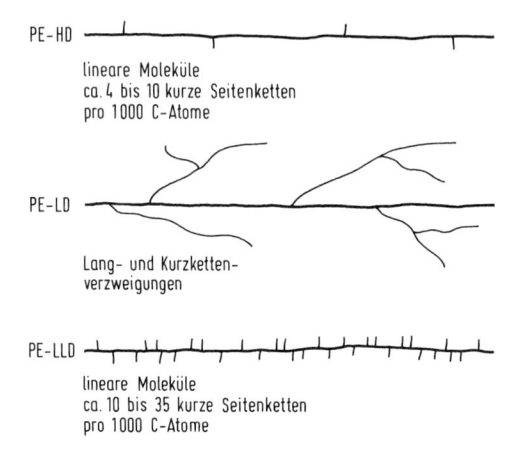

Bild 5.5 Molekülstruktur von PE-Typen

Polyethylen hoher Dichte (PE-HD), Dichte >0,93 g/cm^3, Kristallinität: 60 bis 80% und darüber, wird für starre Packmittel (Hohlkörper) verwendet.

Von der Dichte abhängige Eigenschaften: Mit steigender Dichte steigen Reißfestigkeit, Dauerbelastbarkeit und Kistallinität, werden Steifigkeit und Abriebwiderstand erhöht, nimmt die Neigung zur Spannungsrißbildung zu, nimmt die Wasserdampfdurchlässigkeit und Sauerstoffdurchlässigkeit zu, steigt die Temperaturbeständigkeit, wobei der Heißsiegelbereich zwischen 135 bis 150 °C und Gebrauchstemperaturen zwischen −50 bis +100 °C liegen.

Lineares PE-LD ist PE-LLD (LLD steht für Linear Low Densitiy), ein Copolymerisat aus Ethylen mit alpha-Olefinen wie Buten-1, Hexen-1 oder Octen-1. Es liegt bezüglich Verzweigungsgrad, Kristallisationsgrad und der davon abhängigen Eigenschaften zwischen PE-LD und PE-HD (Tabelle 5.6).

Im Vergleich zu PE-HD und PE-LD sind bei PE-LLD die besonders hohe Reiß-, Schweiß- und Durchstoßfestigkeit sowie Tieftemperaturzähigkeit bis −95 °C beachtlich. PE-LLD ermöglicht extrem dünne (rund 5 µm) Verbundfolien für Packmittel. Die nicht vernetzten PE-Typen haben relativ geringe Festigkeit, Härte und Steifigkeit, aber hohe Dehnbarkeit und Schlagzähigkeit, insbesondere auch bei tiefen Temperaturen. Kriechverformung bei Langzeitbelastung, wachsartigen Griff, große Wärmedehnung, meist milchig getrübte bzw. undurchsichtige, opake, matte Oberflächen. Sie neigen zu elektrostatischer Aufladung, sind durchlässig für unpolare Gase wie O_2, N_2 und CO_2, empfindlich gegen Spannungsrißbildung, insbesondere unter Einwirkung von Tensiden, Alkoholen, organischen Säuren, Silikonölen, etherischen Ölen und Alkalien.

Tabelle 5.6 Einfluß der Molekülstruktur auf Eigenschaften von PE-Typen (Richtwerte) (nach *Gnauck/Fründt*)

PE-Type	Verzweigungs-grad*)	Kristal-linität %	Kristallit-schmelz-bereich °C	Rohdichte g/ml	Festigkeit, Härte	Dehnung, Schlag-zähigkeit	Einsatz-grenztem-peratur °C	Einfrier-tempe-ratur °C
PE-LD	hoch, 20 bis 40 Lang- und Kurzkettenver-zweigungen	40 bis 55	105 bis 110	0,86 bis 0,92	geringer	höher	+80	−90
PE-LLD	mittel, 10 bis 35 Kurzketten-verzwei-gungen bis C_6	55 bis 65	115 bis 125	0,92 bis 0,94	mittel	mittel teilweise sehr hoch	+120	−70 bis −95
PE-HD	gering 4 bis 10 Kurzketten-verzweigungen, meist C_1	70 bis 75	125 bis 135	0,94 bis 0,965	höher	geringer	+100	−50

*) Die Zahlenangaben beziehen sich auf die Zahl der Verzweigungen pro 1000 C-Atome in der Hauptkette

PE-LD-Verpackungen werden aus Schlauch-, Flach-, Schrumpf- und Mehrschichtfolien zu Lebensmittelverpackungen, Tuben, Säcken, Tragetaschen verarbeitet. Papier, Karton oder Aluminiumfolien werden zur Herstellung von Flüssigkeitsbehältern mit Polyethylen beschichtet.

Aus hochmolekularem PE-HD-HMW und mittelmolekularem PE-HD-MMW (M = 10^5 bis 10^6) lassen sich papierähnliche Folien mit Dicken von 8 bis 10 µm herstellen, die naßfest, zäh, von hoher Weiterreiß- und Anreißfestigkeit sowie Bruchdehnung, und weiterhin schweiß- und kochbar sind. Ihre Anwendungsgebiete sind: Einwickler für feuchte Packgüter, wie Frischfische, Frischfleisch (10 µm Foliendicke bei PE-MMW), Kochbeutel, Haushaltsbeutel, Tragtaschen (wobei Foliendicken von 10 bis 20 µm statt der rund 45 µm wie bei „Hemdchenbeuteln" aus PE-LD möglich sind). Aus PE-LD-HMW (High Molecular Weight) lassen sich Folien von hoher Durchstoßfestigkeit, z. B. HT-Folie mit 25 bis 50 µm herstellen. PE-HD/UHMW (mit ultrahoher relativer Molekülmasse, 3 bis $6 \cdot 10^6$) kann zu porösen Platten gesintert werden, welche zu Blisterkartons verarbeitbar sind. Metallocen-Katalysatoren ermöglichen Copolymersynthesen für Typen von außerordentlich einheitlicher Struktur, Verzweigung, Molekulargewicht und Comonomerengehalt, woraus definierte Packstoffeigenschaften wie Reißfestigkeit, Transparenz, Dehnfähigkeit etc. für Folien und Behälter resultieren.

5.5.2.2 Modifizierte Polyethylentypen

Copolymerisate von Ethylen (Tabelle 5.7) mit Propylen, Vinylacetat, Ethylacrylat, Acrylsäure und Acrylsäuresalzen (Ionomere) sowie mit Vinylalkohol und anderen werden als Folienpackmittel und Schichtwerkstoffe angewandt. Ihre Eigenschaften wie Haftung auf Papier, Metallen, etc. und ihre gute Bedruckbarkeit, Schweiß- und Siegelbarkeit begünstigen sie für diesen Anwendungszweck.

Tabelle 5.7 Beispiel für modifizierte Ethylenpolymerisate und Polyolefin-Blends

Chemische Reaktion bzw. Modifizierung	Verwendete Monomere bzw. Polymere	Kunststoff-Kurzzeichen
Copolymerisieren	Ethylen mit Propylen	E/P
	Ethylen mit Vinylacetat	E/VA
	Ethylen mit Ethylacrylat	E/EA
	Ethylen mit Acrylsäure	E/A
	Ethylen mit Acrylsäure und Acrylsäuresalzen (Ionomere)	–
	Ethylen mit Vinylalkohol	E/VAL (EVOH*)
Chemisches Abwandeln: Vernetzen Chlorieren	Ethylen-Homo- und Copolymerisate Polyethylen	PE-V oder PE-X PE-C
Mischen (Polymerblends)	PE-LD mit PE-HD	(PE-LD + PE-HD)
	PE-LD mit PE-LLD	(PE-LD + PE-LLD)
	Polyethylen mit Polypropylen	(PE + PP)
	Polyethylen mit Polyisobutylen	(PE + PIB)
	Ethylen-Copolymerisate mit Bitumen (ECB)	–

(* nicht normgerecht)

Ionomere sind thermoplastische Ethylen/Acrylsäure-Copolymerisate, die Metallsalze der Acrylsäure enthalten, wodurch Ionenbindungen wirksam werden, die in der Wärme lösbare Vernetzungen bilden. Ionomerfolien haben sehr hohe Durchstoß- und Abriebfestigkeit, gutes Thermoformverhalten auch als Verbundfolien; ihre Fett-, Öl- und Lösemittelbeständigkeit sowie Transparenz sind sehr hoch. Hauptanwendungen sind Folien- und Behälterschichten für Lebensmittel, da reine Ionomerfolien zu teuer sind. So beschichtete Flaschen besitzen hohe Transparenz und Spannungsrißfestigkeit. Sie sind geeignet zum Befüllen mit Shampoos, Kosmetika, Pflanzenölen, flüssigen Brat- und Backfetten sowie Sirup.

Ionomere lassen sich mit geeigneten Haftvermittlern für siegelfähige und wiederverschließbare wasserdampf- und gasdichte Kunststoffverschlüsse anwenden, wobei sich die teure Ionomerschicht auch extrem dünn verarbeiten läßt. Sie können auch Haftvermittler bei Mehrschichtfolien und Blasformteilen sein, um an sich unverträgliche Thermoplaste wie PE und PA miteinander zu verbinden.

Copolymerisate von Ethylen/Vinylalkohol E/VAL (EVOH) dienen als sehr gute Sperrschichtmaterialien gegen Sauerstoff, Kohlendioxid sowie Aromastoffe in Verbunden mit PE, PP, PS, PET, und anderen Packstoffen. Mischungen verschiedener PE-Typen sowie Blends mit anderen Thermoplasten, so z. B. Polyethylen mit Polyisobutylen (PE, PIB), sind besonders beständig gegen Spannungsrißbildung und werden daher für Waschmittelflaschen verwendet.

Ethylen-Vinylacetat-Copolymere, E/VA (DIN 16778) mit bis zu 10% VA-Gehalt werden für Schrumpf- und für Stretchfolien, für elastische Beutel, Tiefkühlverpackungen und Verbundfolien eingesetzt, mit 30 bis 40% VA-Gehalt als Klebstoffe und Beschichtungen. E/VA-Kunststoffe können Weich-PVC substituieren.

Polyolefinschaumstoffe
PE- und PP-Schaumstoffe werden außer im Schaumstoffpartikelverfahren zu Verpackungsformteilen durch Extrudieren, Formpressen und Spezialverfahren zu Halbzeugen wie Folien, Platten und Blöcken verarbeitet (siehe Abschnitt 6.6).

Elastomere auf Polyolefinbasis
Durch Copolymerisation von Ethylen (E) mit Vinylacetat (VA) werden die daraus erhaltenen Formstoffe bei zunehmendem VA-Gehalt elastischer, bis hin zu ausgeprägtem gummielastischen Verhalten. E/VA-Formmassen siehe DIN 16 778.

5.5.2.3 Polypropylen

Normen: DIN 16774, ISO 1873, VDI/VDE 2474 Blatt 2.
Polypropylen PP ist ein thermoplastisches Polymerisationsprodukt des Prop(yl)ens und verarbeitbar zu Folien, Packmitteln und Beschichtungen. Isotaktisches PP entsteht durch stereospezifische Polymerisation (Bild 5.3). Es ist teilkristallin und weist im Vergleich zu PE-HD höhere Festigkeit, Schmelz- und Erweichungsbereiche auf. Die niedrigere Dichte im Vergleich zu PE-LD ergibt sich infolge der Methyl-Seitengruppen. PP ist bis zu etwa 150 °C verarbeitbar. Da es unter 0 °C versprödet, werden für Folien ab 12 µm Mischpolymerisate (PP mit Ethylen) verwendet.
Bei einer Dichte von 0,89 bis 0,915 g/cm^3 ist PP der leichteste und damit ergiebigste Massenkunststoff. Besser als bei PE sind Glanz, und Abriebfestigkeit. Die erhöhte Kristallitschmelztemperatur von 160 bis 170 °C läßt Gebrauchstemperaturen von 120 bis 150 °C und einen Schweißbereich von 160 bis 200 °C zu. Bei Copolymeren mit Ethylen liegen die Schweißtemperaturen niedriger. PP ist teilkristallin zu 60 bis 70 %, schwach transparent bis opak, orientiert (OPP), glasklar. Steifigkeit, Härte und Festigkeit sind höher, die Kerbschlagzähigkeit dagegen niedriger als bei PE. PP hat relativ geringe Neigung zur Spannungsrißbildung.
Verwendung von PP-Folien: Beutel aller Art, Dreheinwickler, Kaschiermaterial, Einschlag für Lebensmittel, die feuchtigkeitsempfindlich und für längere Lagerung vorgesehen sind. Packmittel zum Tiefgefrieren von Fleisch, Fisch, Geflügel werden aus PE/PP-Copolymerisaten hergestellt.
Verwendung von PP für Hohlkörpern und -Behälter: Spritzgegossene, warmgeformte oder geblasene Becher und Behälter, die wegen der Zähigkeit des PP bereits bei Wanddicken von 0,5 mm die zum Heißabfüllen notwendige Rückstellkraft haben.
Verwendung von PP als Packhilfsmittel: Verpackungsbänder, Bändchen, Bindfäden, Transportkästen. Filmscharniere aus PP haben durch Orientieren (Verstrecken) sehr hohe Falzfestigkeit. So können Behälter bzw. Koffer mit ihren Deckeln in einem Arbeitsgang spritzgegossen werden.
PP substituiert PVC-, PET- und PS-Verpackungen in steigendem Umfang.
Ataktisches PP ist amorph, klebrig bis weichgummiartig und wird als Bestandteil von Schmelzklebstoffen (Hotmelts) verwendet.
Orientiertes Polypropylen OPP ist monoaxial verstreckt. Die außerordentlich gute Reckbarkeit von PP-Folien verbessert deren mechanische Eigenschaften und Barriereeigenschaften erheblich, wodurch hochfeste OPP-Folien bzw. -Verpackungsbänder, Bindegarne und Webbändchen gewonnen werden. OPP-Folien werden für Süßwaren, Trockenfrüchte, Gebäck und Snacks als Packmittel verwendet. Sie dienen auch als Träger in Verbundfolien.
Biaxial orientiertes Polypropylen BOPP ist biaxial verstreckt. Es wird durch Folienverstreckung in Längs- und Querrichtung hergestellt, wobei glasklare hochfeste Verpackungsfolien bis herunter zu 10 µm entstehen. Ihre Kältebruchtemperatur wird von 0 °C auf −50 °C vermindert. Die Permeationswerte für Wasserdampf und Sauerstoff werden auf

ca. ein Viertel verhindert. Solche BOPP-Folien haben wegen dieser ausgezeichneten Packmitteleigenschaften das lackierte bzw. beschichtete Zellglas weitgehend substituiert. Allerdings ist der Schweißtemperaturbereich von unbeschichteten BOPP-Folien sehr eng. Heißsiegelfähige BOPP-Folien - beschichtet oder coextrudiert - können als Einschlagfolien und Blumenestraußfolien verwendet werden. Mit PVDC-Beschichtung oder metallisiert kann die Barrierewirkung bedeutend verbessert werden.

Propylen/Ethylen-Copolymerisate besitzen um so höhere Schlagzähigkeits- und Festigkeitseigenschaften bei tiefen Temperaturen, je höher ihr Ethylengehalt ist. Man verwendet *Randomcopolymerisate* als Schweiß- und Siegelwerkstoffe sowie Blockpolymerisate und *Randomblockcopolymerisate* wegen ihrer Transparenz, Zähigkeit und Flexibilität für Tieftemperaturverpackungen.

Eine PP-CR-Modifikation (CR bedeutet Controlled Rheology) mit kurzkettiger enger Molekülmassenverteilung eignet sich zum schnellen Spritzgießen sehr dünnwandiger Becher z. B. für Joghurt.

Polyisobutylen PIB, Polybuten PB, Polymethylpenten PMP besitzen verbesserte Wärmebeständigkeit und haben Bedeutung für Spezialanwendungen.

5.5.3 Vinylpolymere PVC, PVAC, PVAL, PVDC

Obwohl PVC für Verpackungszwecke sehr gut geeignet ist, wird es wegen seines Chlorgehalts weitgehend durch andere Kunststoffe wie biaxial orientiertes Polypropylen (BO)PP substituiert. Ebenso ergeht es anderen Vinylpolymeren, insbesondere PVDC.

5.5.3.1 Polyvinylchlorid PVC

Normen zu PVC: DIN 7746, DIN 7748 und DIN 7749.

Polyvinylchlorid PVC ist ein thermoplastisches Polymerisationsprodukt, mit Copolymeren verarbeitbar zu Folien, Packmitteln aller Art und Beschichtungen. Man verwendet weichmacherfreie Hart-PVC-Typen (PVC-U) und weichmacherhaltige Weich-PVC-Typen (PVC-P). Wichtige Anwendungen für Lebensmittelverpackungen sind in Abschnitt 3.5.2.(4) beschrieben. Tabelle 5.8 zeigt die Eigenschaften von PVC.

5.5.3.2 Polyvinylacetat PVAC

Polyvinylacetat PVAC wird in der Praxis als Copolymerisat mit PVC oder PE hergestellt. Die Monomere VAC und VC ergeben beim Copolymerisieren VAC/VC. Ethylen mit VA copolymerisiert ergibt E/VA. PVAC ist Zwischenprodukt für die Herstellung von Polyvinylalkohol PVAL (oder PVOH).

5.5.3.3 Polyvinylalkohol PVAL (PVAOH)

Polyvinylalkohol PVAL, PVOH ist ein Thermoplast, meist wasserlöslich, verarbeitbar zu Folien, Packmitteln und Beschichtungen, insbesondere als Sauerstoffbarriereschicht. Da monomerer Vinylalkohol nicht existenzfähig ist, sondern sofort zu Acetaldehyd isomerisiert, wird Polyvinylalkohol durch partielle Hydrolyse von PVAC (siehe auch Abschnitt 5.5.3.2) gewonnen. PVAL-Folien sind für Gase wie Sauerstoff, Stickstoff, Helium, Wasserstoff, Kohlendioxid nur minimal permeabel, für Wasserdampf und Wasser jedoch stark permeabel; sie sind sogar wasserlöslich, so daß sie auch als wasserlösliche Packmittel, z. B. für Reinigungsmittel und Chemikalien, Verwendung finden. Wegen ihrer extrem niedrigen

Tabelle 5.8 PVC-Typen für Packmittel

Chemische Reaktion bzw. Modifizierung	Verwendete Monomere bzw. Polymere	Kunststoff
Homopolymerisieren	Vinylchlorid	Hart-Polyvinylchlorid (PVC-U)
Copolymerisieren	Vinylchlorid mit Vinylacetat oder Maleinsäure oder Propylen oder Vinylethern oder Acrylestern	„innerlich weichgemachtes" Polyvinylchlorid
	Vinylchlorid mit N-Cyclohexylmaleinimid oder Vinylidenchlorid und/oder Acrylnitril	erhöht wärmeformbeständiges Polyvinylchlorid
Pfropfcopolymersieren	Vinylchlorid auf Acrylnitril-Butadien-Kautschuk oder Acrylester-Kautschuk oder Ethylen/Vinlaccetat-Copolymerisaten	
Mischen (Polymerblends)	Polyvinylchlorid mit chloriertem Polyethylen oder Acrylnitril/Butadien/Styrol oder Acrylester-Kautschuk	
Chlorieren	Polyvinylchlorid	chloriertes Polyvinylchlorid (PVC-C)
Mischen mit Weichmachern	Polyvinylchlorid	Weich-Polyvinylchlorid (PVC-P)

Gaspermeationswerte, inbesondere für Sauerstoff, können biaxial verstreckte PVAL-Folien als innere Schicht zwischen hoch wasserdampfdichten Schichten aus PE, PP oder PVDC eingesetzt werden. Auch Schichtkombinationen mit PA sind möglich, so z.B: PE|PVAL|PA|(PE).

5.5.3.4 Polyvinylidenchlorid PVDC

Polyvinylidenchlorid PVDC ist ein thermoplastisches Polymerisationsprodukt, das sich nur als Copolymerisat von Vinylidenchlorid VDC mit Vinylchlorid VC sowie Acrylverbindungen (diese unterbrechen den symmetrischen Aufbau der PVDC-Molekülketten) für Packstoffe eignet. Weil sich reines PVDC bereits bei 180 °C unter Braunfärbung und Chlorwasserstoffabspaltung zersetzt, während die Schmelztemperatur bei 200 °C liegt, ist seine Verarbeitung unmöglich. Angewandt werden Copolymerisate mit 15 bis 20 % Vinylchlorid (VC) oder mit 18 % VC und 2 % Acrylnitril.

VC/VDC-Copolymere (inkorrekt auch PVDC) besitzen erheblich niedrigere Permeabilitätswerte für Gase und Wasserdampf als andere Thermoplaste. Für die Lebensmittelverpackung ist bedeutsam, daß PVDC-Filme bei großer optischer Klarheit auch gegen Fette und Riechstoffe ein sehr hohes Sperrvermögen besitzen und heißsiegelfähig sind. PVDC-beschichtete OPP-Folie besitzt besonders günstige Barriereeigenschaften. PVDC- bzw.

VDC-Copolymerisate sind die einzigen Kunststoffe, die zugleich gute Wasserdampf- und Gasbarriere aufweisen. Sie werden deshalb als universelle Barriereschichten eingesetzt.

5.5.4 Styrolpolymerisate – Polystyrolkunststoffe

Normen zu Polystyrol: DIN 7741, ISO 1622/1, VDI/VDE 2471.

Styrolpolymerisate zählen zu den Standardkunststoffen. Durch die am Aufbau dieser Polymerisate beteiligten Komponenten Styrol, Butadien, Acrylnitril u. a. können sie sehr unterschiedliche Anwendungen als Packstoffe finden, besonders gilt dies für Standard-Polystyrol PS (Homopolymerisat) und Styrol/Acrylnitril SAN (Copolymerisat). Außerdem werden folgende modifizierte Copolymerisate und Polyblends eingesetzt: schlagfestes Polystyrol PS-I (Pfropfcopolymerisat), Styrol/Butadienkautschuk SB sowie Acrylnitril/Butadien/Styrol ABS (für spezielle Verwendungen als Packmittel). Tabelle 5.9 vergleicht die Eigenschaften der PS-Typen.

Tabelle 5.9 Modifizierte Styrol-Polymerisate

Chemische Reaktion bzw. Modifizierung	Verwendete Monomere bzw. Polymere	Kunststoff-Kurzzeichen
Copolymerisieren bzw. Propfcopolymerisieren	Styrol mit α-Methylstyrol	S/MS
	Styrol*) mit Acrylnitril	SAN
	Styrol*) auf Butadienkautschuk	S/B (auch PS-I)
	Styrol*) und Acrylnitril auf EPDM-Kautschuk	A/EPDM/S
	Styrol*) mit Acrylnitril auf Acrylesterkautschuk	ASA
Mischen (Polymerblends)	Styrol/Acrylnitril mit gepfropftem Polybutadien	ABS
	Styrol/Acrylnitril mit Acrylesterkautschuk	ASA
	Acrylnitril/Butadien/Styrol mit Polyvinylchlorid	(ABS + PVC)
	Acrylnitril/Butadien/Styrol mit Polymethylmethacrylat	(ABS + PMMA)
	Acrylnitril/Butadien/Styrol mit Polycarbonat	(ABS + PC)

*) Styrol kann teilweise oder völlig durch α-Methylstyrol ersetzt werden.

5.5.4.1 Standard-Polystyrol – Styrolhomopolymerisate

Polystyrol PS ist ein thermoplastisches Polymerisationsprodukt des Styrols, verarbeitbar zu Folien, Bechern, Schalen und Schaumstoffpackmitteln. Seine innere Struktur ist wie auch bei den anderen Polystyroltypen amorph (Tabelle 5.10). Es besitzt hohe Steifigkeit, mittlere Festigkeit und Härte, nur geringe Schlagzähigkeit, mittlere Wärmedehnung, eine glasklare, brillante Oberfläche und hohe Lichtdurchlässigkeit sowie gute Verarbeitbarkeit im Spritzgießverfahren und einen blechern klirrenden Klang beim Anschlagen. Möglich sind nur Dauertemperaturen von 50 bis 70 °C. Elektrostatische Aufladung führt zu Einstaubung. Auch chemisch ist PS weniger widerstandsfähig als die Polyolefine und infolge seiner Sprödheit sehr anfällig gegen Spannungsrißbildung. Die Sperrwirkung für Gase und Wasserdampf ist bei kurzen Lagerzeiten meist ausreichend. PS wird wegen seines niedrigen Preises bei guter Verarbeitbarkeit für Packmittel ohne hohe Ansprüche, z. B. für Schaugläser (Displays) und Einwegverpackungen für Lebensmittel aller Art wie Schalen, Becher, Dosen, Kästen und Flaschen verwendet. Expandierbares Polystyrol (EPS) und PS-Schaumstoffe werden in Abschnitt 6.6 behandelt.

Langowski, FhILV	5	21	
Leybold-Heräus	7	33, 48, 51–54	12–14
Merz, W., in: Extrudieren und Tiefziehen von Packmitteln. VDI-Verlag, Düsseldorf 1980	6	15	
Natec (SGS)	10	15	
Nentwig, J.: Paralexikon Folientechnik. VCH, Weinheim 1991	7	21, 22, 25	
Neue Verpackung (1991) 7	8	1	
(1992) 1	9	29	
	8	28, 29, 33	
Piepenbrock, Firmenprospekt	6	15	
Piringer, O.G.: Verpackungen für Lebensmittel. VCH, Weinheim 1993	9	13	
	3	3, 5–7	
PKL, Linnich	10	13	
	8	34	
	9	47, 51	4
Predöhl, W., in: Verpacken mit Kunststoff-Folien. VDI-Verlag, Düsseldorf 1982	6	3, 8	
RGV-Handbuch Verpackung Nr. 4912	10	1	
	8	2, 6, 9, 11, 23, 24	1
	9	26, 27, 30, 31	
Rommelag, Firmenprospekt	8	1 / 25 / 39	
	9	25	
Nr. 6001 / 4856 / 4857	9	34–38	
Ronsberg, 4P	7	23, 24	
Roppel, H.-O., Dynoplast Elbatainer	2		
Schwarzmann, P., in: Folien für thermogeformte Verpackungen. VDI-Verlag, Düsseldorf 1992	10	6	1
Solvay	6		22
Tedeplast/Tscheulin	10	29	5–8
Teichmann, FhILV/RGV	8		3
Tetrapack, Firmenprospekt	3	4, 5, 9, 11	
VDMA	10	21, 48, 49, 50	
	9		1
Verpackungs-Rundschau (1960) 6	4		1
Vogl, W., in: Sperrschichtbildung bei Kunststoff-Hohlkörpern. VDI-Verlag, Düsseldorf 1986	8	16	
Wirtz, R., in: Folien für thermogeformte Verpackungen, VDI-Verlag, Düsseldorf 1992	6		24
	6		17

Bild- und Tabellen-Nachweis zu Ahlhaus, Verpackung mit Kunststoffen, Carl Hanser Verlag, München Wien 1997
(soweit nicht direkt bei den Bildern oder Tabellen angegeben)

Quelle	Kapitel	Bilder	Tabellen
APME	6	50, 79–82	
BASF, Ludwigshafen	6	72, 74, 77	19, 20, 29
Berndt, D. (Hrsg.): Arbeitsmappe für den Verpackungspraktiker. Hüthig, Heidelberg	6	3, 4, 10, 20, 23, 24	5–7
	9	5, 8, 9, 10, 41–43	
	10	2	
Bongaerts, H.: Folien für thermogeformte Verpackungen. VDI-Verlag, Düsseldorf 1992	6	1–6, 8, 10, 11	
Dietz/Lippmann: Verpackungstechnik. Hüthig, Heidelberg 1986	4	4, 18, 37	
	8	12, 19, 44	
	9		
DIN	4		
	6	27	2
	8	32	25, 26
	10		
Doliwa, U., in: Schaumstoffe in der Verpackung. VDI-Verlag, Düsseldorf 1988	8	35, 36	
Domke, K., Fa. Bosch, Waiblingen	7	26	
Eismar, D., in: Folien für thermogeformte Verpackungen. VDI-Verlag, Düsseldorf 1992	6		16, 21–23
FhILV, Fraunhofer-Institut für Lebensmitteltechnologie und Verpackung, Freising	6		11
Franz, FhILV	10	14	
Hauschild/Spingler, Wissenschaftl. Verlagsanstalt Stuttgart	10	13	
Hensen, F.: Verpackungs-Rundschau	3	4	14, 15
IK, Industrieverband Verpackung und Folien aus Kunststoff e. V., Bad Homburg	1	1–6	2–4
IKV, Aachen	6	59	
	6	30	
Illig Maschinenbau GmbH & Co, Heilbronn	7	19, 20	
	6	24	
Intersleeve (NV)			18, 24
Junghöfer, N., in: Verpacken mit Kunststoff-Folien. VDI-Verlag, Düsseldorf 1982	9	23	1, 3, 4
Kaliwoda, K., in: Verpacken mit Kunststoff-Folien. VDI-Verlag, Düsseldorf 1982	6	6, 7, 14	
	6	58	
Krupp-Bellaform, Firmenprospekt	9	30, 31	

Tabelle 5.10 Vergleich der Eigenschaften von PS, SAN, S/B, ABS und ASA

Eigenschaft	PS	SAN	S/B	ABS	ASA
Festigkeit	+	+ +	○ –	○	–
Steifigkeit (E-Modul)	+	+ +	–	○	–
Kerbschlagzähigkeit	– –	–	+	+ +	+
Dauergebrauchstemperatur	–	+ +	–	+	+
Kältesprödigkeit	–	○	+	+ +	+ +
Wärmedehnung	+	○	+	–	–
Transparenz	+ +	+	–	– –	–
elektrische Isoliereigenschaften	+ +	○	+	–	– –
Kriechstromfestigkeit	– –	–	+	+ +	+ +
Wasser-Aufnahme	+ +	○	+	–	–
Benzin-Beständigkeit	– –	○	– –	○	○
Spannungsrißempfindlichkeit	–	+	–	+ +	+ +
Alterung im Freien	–	+	– –	–	+
Mischbarkeit mit	S/B	ABS ASA	PS	SAN ASA	SAN ABS
Preis	++	○	+	–	– –

Die Abstufung der Symbole versteht sich von „+ +" gleich sehr günstiges Verhalten bis „– –" gleich ziemlich ungünstiges Verhalten.
„+ +" bedeutet: hohe Festigkeit, Steifigkeit, Kerbschlagzähigkeit bzw. Dauergebrauchstemperatur: Kältesprödigkeit bis zu tiefen Temperaturen (ca. –40 °C), geringe Wärmedehnung, sehr gute Transparenz, elektrische Isoliereigenschaften und Kriechstromfestigkeit, geringe Wasseraufnahme bzw. Spannungsrißempfindlichkeit, gute Benzinbeständigkeit bzw. Alterungsbeständigkeit im Freien sowie geringer Preis im Vergleich zu den anderen aufgeführten Produkten.

5.5.4.2 Styrol/Acrylnitril – Mischpolymerisate

Standard-SAN-Polymerisate haben 70 bis 80 % Styrolgehalt. Copolymere mit einem hohen Gehalt an Acrylnitril (>60 %) sind Barrierekunststoffe. Mit zunehmendem Anteil von Acrylnitril nimmt die Gasdurchlässigkeit stark ab (vgl. PAN). SAN-Typen sind amorphe, transparente Polymerisate. SAN-Copolymere enthalten rund 25 bis 30 % Acrylnitril (DIN 16 775, ISO/DIS 4894/1). Gegenüber PS hat SAN erhöhte Schlagzähigkeit sowie den höchsten Elastizitätsmodul aller Styrolpolymerisate, verbesserte Kratzfestigkeit, hohe Oberflächenhärte und höhere Feuchteaufnahme. Es ist amorph, glasklar mit hohem Oberflächenglanz, in allen Farben durchsichtig und gedeckt einfärbbar. Es hat eine Dauergebrauchstemperatur von bis zu 85 °C, und ist kurzfristig bis 95 °C einsetzbar, wodurch Heißabfüllung in SAN-Gefäße möglich ist.

SAN eignet sich zur Herstellung von Packmitteln für Lebensmittel, Pharmazeutika und Kosmetika, insbesondere für Getränkeflaschen und Aerosoldosen. SAN-Folien sind wegen ihres zu geringen PAN-Anteils und wegen ihrer zu hohen Gasdurchlässigkeit (O_2) für Lebensmittelverpackungen ungeeignet.

5.5.4.3 Schlagfestes Polystyrol PS-I – Styrol-Butadien S/B

Es wird gewonnen durch Pfropf-Copolymerisation von Styrol auf Butadien-Kautschuk mit bis zu 15 % Butadiengehalt für superschlagfeste Typen (DIN 16771, ISO/DIS 2897/1).

Die Schlagzähigkeit ist weitaus höher als die des spröden PS. Einsatzfähig ist es von –40 bis 50...70 °C Dauertemperatur, kurzfristig bis 60...80 °C. Optisch ist es nicht mehr transparent, sondern nur transluzent infolge seines Gehalts an Butadienkautschuk. Kautschuklamellen von geringerer Dicke als die Wellenlänge des sichtbaren Lichts lassen jedoch einfach einfallendes Licht ungehindert durch den Werkstoff, wodurch dieser glasklar erscheint.

Flachfolien werden durch Thermoformen zu schalenförmigen Packmitteln, Bechern, Einwegverpackungen wie Tuben, Blister-, Skinpackungen sowie zu Deckel- und Schrumpffolien weiterverarbeitet. Schlagfeste Styrol-Butadien-(PS-I)-Folien werden für warmgeformte Packmittel eingesetzt, wenn das Packgut einen geringen Fettgehalt hat. Für fettige Packgüter muß wegen ihrer Oxidationsanfälligkeit ABS-Folie verwendet werden. Für Molkereiprodukte wie Joghurt und Quark werden aus PS-I Behälter hergestellt. Der transluzente Folientyp hierfür wird durch entsprechende Pigmente auch zu opaker Folie mit Lichtschutz verarbeitet. Weitere Anwendungen sind: Sortiereinsätze, Saftbecher, Portionsverpackungen, Schalen für Lebensmittel, die mit Folieneinschlag verschlossen werden. Aus PS-I-Typen werden Becher, Flaschen und Verschlüsse spritzgegossen und blasgeformt.

Styrol/Butadien/Styrol-Blockcopolymerisate SBS können durch anionische Polymerisation sowohl linear als auch in Form von mehrgliedrigen Sternen in getrennten oder „verschmierten" Blocksegmenten hergestellt werden, die zu transparenten, flexiblen Dünnfolien verarbeitbar sind.

5.4.4.4 Acrylnitril/Butadien/Styrol-Copolymerisate ABS

Normen zu ABS: DIN 16772, ISO/DIS 2580/1.

ABS-Kunststoffe sind Zweiphasensysteme (ähnlich S/B), wobei Butadien-Acrylnitril-Kautschukteilchen in das SAN-Gerüst eingelagert sind. Dies erreicht man durch Pfropf-Copolymerisation von Styrol und Acrylnitril an Polybutadienkautschuk oder Butadien/Acrylnitril-Copolymerisat. Meist enthalten ABS-Polymere 20 bis 35% Acrylnitril in der Gerüstphase. Durch Pfropfen des Kautschuks mit Methylmethacrylat und Mischen mit PMMA stellt man transparentes ABS her. ABS wird wie PS verarbeitet, ist aber auch HF-schweißbar. Der Acrylnitrilanteil verbessert die Spannungsrißbeständigkeit. Diese hochschlagfesten Polymerisate unterscheiden sich von schlagfestem PS durch bessere Chemikalien- und Alterungsbeständigkeit sowie Oberflächenglanz, Härte und mechanische Festigkeit auch bei tiefen Temperaturen, nämlich von −45 bis +85°C, zum Teil bis +100°C und bei Sondertpyen noch darüber. ABS-Flaschen sind z. B. Packmittel für Reinigungsflüssigkeiten. Wegen seiner Hochschlagfestigkeit eignet sich ABS auch zum Herstellen von Koffern.

5.5.4.5 Acrylpolymere

Normen zu Acrylpolymeren: DIN 7745, ISO/DIS 8257/1, VDI/VDE 2476.

Acrylpolymere sind Polyacrylnitril PAN und Polymethylmethacrylat PMMA. Da sich homopolymeres Polyacrylnitril oberhalb der Erweichungstemperatur (>200°C) zersetzt, kann es nicht als thermoplastische Formmasse verarbeitet werden. Copolymerisate (Pfropfpolymerisate), z. B. aus etwa 70% Acrylnitril und Methacrylat oder Styrol, zum Teil auch mit butadienhaltigen elastifizierenden Komponenten, haben extrem niedrige Gasdurchlässigkeit und sind somit Barrierekunststoffe. PAN und PMMA werden daher nur als Copolymerisate mit Styrol, Butadien und Vinylchlorid zu Packstoffen verarbeitet.

AN wird als Copolymerisat mit Acrylaten bei AN-Gehalten von 70 bis 82 % wegen der hohen Gas-, Geschmacks- und Aromadichtheit zu sog. Barriere-Kunststoffen verarbeitet. Diese glasklaren Barriere-Kunststoffe sind zwischen −10 bis 60 °C Dauergebrauchstemperatur einsetzbar. Sie dienen als Hohlkörper- und Folien-(verbund)verpackungen für Essig, Öl, Wein, Bier und kohlensäurehaltige Getränke sowie für Kosmetika, Seifen, Chemikalien.

PMMA ist klasklar.

5.5.5 Polyamide – PA

Normen zu Polyamiden: DIN 16 773, ISO/DIS 1874/1, VDI/VDE 2479.

Polyamide (PA) sind thermoplastische Polykondensations- oder Polymerisationsprodukte. Ihre Durchlässigkeit für unpolare Gase, Dämpfe, Öle, Fette und Aromastoffe ist wesentlich geringer als die von PE und PP, so daß sich ihre Sperreigenschaften in Kombinationsfolien für Packmittel gut ergänzen.

Von den ca. 20 bekannten Polyamid-Typen sind die folgenden für Packmittel bedeutsam: PA 66 aus Hexamethylendiamin und Adipinsäure, PA 610 aus Hexamethylendiamin und Sebacinsäure, PA 6 aus Caprolactam oder Aminoundecansäure, PA 11 aus Undecanlactam, PA 12 aus Laurinlactam oder Aminododecansäure. PA 11 wird aus dem nachwachsenden Naturrohstoff Rizinusöl gewonnen, so daß es als natürlicher Packstoff gelten kann.

PA-Hohlkörper werden nicht als Massenpackmittel hergestellt, da PA teuer ist. PA wird zum Herstellen von Barriereschichten und für Spezialanwendungen (PA 66 ist als Bratfolie geeignet) verwendet.

Da in Verbundfolien PE- und PA-Schichten schlecht aufeinander haften, werden Ionomere oder E/VA-Copolymere als Haftvermittler zwischen PA und PE coextrudiert.

PA/PE-Verbundfolien dienen als Lebensmittelverpackungen, insbesondere für vakuumverpackte Fleisch- und Wurstwaren (Schinken), die in der Folie „abhängen", reifen oder garen sollen, weiterhin für Tiefkühlgemüse, „boil-in-the-bag-Fertiggerichte", Säfte, öl- und fetthaltige Lebensmittel.

Bei Käseverpackung spielt die Durchlässigkeit für Kohlendioxid eine Rolle, da dieses beim Reifen gewisser Käsesorten entsteht.

Kombidosen für Autoöl (aus spiralgewickeltem Karton) werden mit PA 6-beschichtetem Papier abgedichtet. Im Verpackungsbereich ist der reine PA-Einsatz mengenmäßig gering. PA wird aber für Verbundfolien häufig verwendet.

5.5.6 Polyoxymethylen – Polyacetale – POM

Normen zu Polyoxymethylen: DIN 16 781, VDI/VDE 2477.

Polyoxymethylen POM, Polyacetale gehören zu den technischen Kunststoffen, die sich durch gute Maßhaltigkeit, hohe Härte, Steifigkeit und Festigkeit auszeichnen, so daß sie häufig metallische Werkstoffe substituieren können. Die Einsatztemperaturen von POM reichen von −40 bis 100 °C, kurzfristig sind 150 °C möglich.

Die Verwendung im Verpackungssektor beschränkt sich insbesondere auf folgende Spezialanwendungen: Schraub- und Schnappverschlüsse, Aerosoldosen und -flaschen, Gasfeuerzeugtanks, Parfümflaschen und Verschlußclips. POM hat von allen Thermoplasten die höchste Steifigkeit und Oberflächenhärte.

5.5.7 Lineare Polyester – Polyalkylenterephthalate

Normen zu PET: DIN 16779 (ISO 7792/1).

Lineare Polyester PET und PBT sind Polyalkylenterephthalate der Terephthalsäure mit Ethylenglykol bzw. Butylenglykol und dienen als Packstoffe. Solche Polyester sind hochmolekulare Veresterungsprodukte von mehrwertigen Alkoholen mit mehrbasischen Säuren.

Polyethylenterephthalat (PET) wird durch Polykondensation von Dimethylterephthalat (DMT) oder Terephthalsäure mit Ethylenglykol hergestellt. Polyethylennaphthalat (PEN) entsteht aus 2,6-Naphthalindicarbonsäure und Ethylenglykol.

Die linearen gesättigten Polyester sind harte, auch bei tiefen Temperaturen schlagzähe teilkristalline Thermoplaste mit gutem Gleit- und Abriebverhalten. Sie enthalten amorphe Anteile mit Glasübergangstemperaturen um 50 bis 70 °C (Tabelle 5.11). PET besitzt eine gute Dichtheit gegenüber Gasen, Aromen und Fett und eine etwas geringere Dichtheit gegenüber Wasserdampf. Durch die beeinflußbare Teilkristallinität besitzt PET eine hohe Festigkeit in einem weiten Temperaturbereich von −60 bis über 70 °C bei Kurzzeitbeanspruchung.

Tabelle 5.11 Vergleich der Eigenschaften von C-PET, A-PET und PBT (Temperaturangaben sind Richtwerte)

Eigenschaft	C-PET	A-PET	PBT
Festigkeit, Steifigkeit, Härte	+	−	o
Dehnung	−	+	o
Kristallitschmelztemperatur	+259 °C	(entfällt)	+225 °C
Kurzzeiteinsatz bis	+200 °C	+130 °C	+165 °C
Dauereinsatz an Luft bis	+100 °C	+60 °C	+90 °C
bei Luftausschluß	+135 °C	+100 °C	+125 °C
Einsatzgrenze in der Kälte	−20 °C	−60 °C	−40 °C
Feuchte-/Wasseraufnahme	höher	höher	geringer

Durch Recken wird die Glasklarheit und Festigkeit verbessert (OPET). Biaxial gereckte Folien aus PET mit 12 µm Dicke sind wichtige Träger in gas- und aromadichten Verbunden mit einem breiten Einsatzbereich, vor allem auch bei erhöhten Temperaturen. Einen bedeutenden Anwendungsbereich haben biaxial gereckte Flaschen, Weithalsbehälter und Dosen aus PET. Sie sind besonders geeignet für CO_2-haltige Getränke, Speiseöl und Spirituosen. Durch Coextrusion mit einer Barriereschicht, beispielsweise aus Polyamid oder durch Plasmabeschichtung, läßt sich die Gasdichtheit verbessern, wodurch die Verwendung als Mehrwegflaschen für Wein und Bier möglich werden könnte.

Wichtig für die Verarbeitung dieser Materialien ist deren vorherige intensive Trocknung auf einen Höchstfeuchtigkeitsgehalt von 0,002 %, da höhere Wassergehalte zur Hydrolyse der Esterstruktur und zur Bildung von Acetaldehyd führen (Tabelle 5.11). Für Packmittel werden sie zu Folien extrudiert oder durch Blasformen bzw. Streckblasformen zu Hohlkörpern verarbeitet, außerdem zur Extrusionsbeschichtung von Karton- und Papierpackmitteln verwendet. PET-Folien lassen sich zu Schalen für Fertiggerichte oder Backteige, die in Heißluft- oder Mikrowellenöfen fertig gegart werden, PBT-Verbunde mit PP oder PE zu sterilisierbaren Folienverpackungen für medizinische Geräte wie Einwegspritzen verarbeiten.

Modifizierungsmöglichkeiten wurden entwickelt, um entweder die Kristallisationsgeschwindigkeit von PET zu erhöhen oder amorphe, glasklare PET- und PBT-Erzeugnisse zu erhalten, was man durch ganze oder teilweise Substitution der Terephthalsäure durch andere Dicarbonsäuren wie Isophthalsäure, Naphthalindicarbonsäure oder Adipinsäure einerseits bzw. durch andere Glykole bzw. Diole erreichen kann. Ein Copolyester, bei welchem das Ethylenglykol partiell durch Cyclohexan-1,4-Dimethanol substituiert ist, wird mit dem nicht normgemäßen Kurzzeichen PETG bezeichnet.

PETG: Amorphe PETG-Typen sind schlagzäh, glasklar, gasdiffusionsdicht und werden im Blasformverfahren zu Hohlkörpern, insbesondere Flaschen, verarbeitet. Da diese gute Sperreigenschaften haben und bis zu 75 °C einsatzfähig sind, können sie als Mehrwegflaschen (bei 60 °C zu reinigen) mit mehr als 20maligem Umlauf auch für kohlensäurehaltige Säfte und Getränke bei bleibendem glasklaren Aussehen verwendet werden. Glasklare PETG-Folien können durch Thermoformen zu mikrowellenfesten Menüschalen umgeformt werden.

PBT kommt vor allem mangels Transparenz infolge seiner Kristallinität als Verpackungs-Hohlkörper nicht in Frage. In Backformen für Teigmischungen, die direkt in PBT-beschichteten Verbund-Karton-Verpackungen gebacken werden, findet es Anwendung. Hohlkörper bzw. Flaschen werden aus drei Schichten coextrusionsblasgeformt, wobei die mittlere Schicht aus recycliertem und wieder aufbereitetem PET besteht.

Polyethylennaphthalat PEN besitzt als Packstoff ideale Sperr- und Temperatureigenschaften für Getränkeflaschen. Es ist aber noch zu teuer, um im Verpackungsmarkt dafür Anwendung zu finden. *Mischpolykondensate aus PET- und PEN-Komponenten* lassen erhöhte Reinigungstemperaturen und Bierabfüllung zu.

Gereckte PET-Folien können auch als Schrumpffolien für Packmittel genutzt werden, wobei das Schrumpfen bei 92 und 100 °C nicht nur im Schrumpftunnel, sonders bereits in heißem Wasser erfolgen kann.

PET/PE-Verbunde ergänzen sich ideal in ihren Sperreigenschaften für Packmittel wie Flaschen und Standbeutel, z. B. für Fruchtsäfte und Waschmittelkonzentrate, Beutel für Lebensmittel, Kosmetika, Chemikalien, usw.

5.5.8 Polycarbonat – PC

Normen zu Polycarbonat PC: DIN 7744, ISO/DIS 7391/1, VDI/VDE 2475.
Dieser thermoplastische Polyester der Kohlensäure besitzt hohe Steifigkeit, Härte, Schlagzähigkeit, Transparenz, Dimensionsstabilität und Wärmebeständigkeit von −90 °C bis 135 °C und , jedoch relativ hohe Durchlässigkeit für Wasserdampf und Gase. Bei weitgehend amorpher, unverzweigter Struktur hat PC relativ geringe Wasseraufnahme. PC ist glasklar, in allen Farben transparent und gedeckt einfärbbar mit hohem Oberflächenglanz. PC ist formbeständig von −150 bis 130 °C, beständig gegen viele Lösemittel und verdünnte Säuren. Es läßt sich spritzgießen, extrudieren, warmformen und schweißen.

Hohlkörper aus PC, insbesondere Flaschen, sind volumstabil und sterilisierbar, physiologisch und hygienisch lebensmittelverwendungsfähig. Sie sind ideal als Mehrwegflaschen geeignet und haben hier eine wesentlich längere Lebensdauer als Glas. PC-Flaschen werden seit ca. 40 Jahren unbeanstandet als Babyflaschen eingesetzt. Dies macht deutlich, daß sie als Mehrwegflaschen, besonders für Milch etc., bei zweckgerechtem Gebrauch vorteilhaft einsatzfähig sind. Voraussetzung ist allerdings, daß Säuren, Laugen und organische Lösemittel nicht zum Reinigen benutzt werden. Weitere Füllgüter für PC-Packmittel sind: fett- und ölhaltige Lebensmittel und Kosmetika, verschiedene Chemikalien, pharmazeutische Produkte, besonders wegen der Sterilisierbarkeit. Da PC ein sehr teurer technischer Kunststoff ist, kommt er nur in Spezialfällen oder als Mehrwegflaschen zum Einsatz.

5.5.9 Abbaubare Thermoplaste als Packstoffe

Bioabbaubare Polymere können natürliche bzw. modifizierte natürliche Polymere oder synthetische Polymere wie z. B. Biopol (Polyhydroxybutyrat PHB) sein. Auch bioabbaubare Zusätze können den Zerfall von polymeren Packstoffen bewirken (Tabelle 5.12).

In *photoabbaubaren Polymeren* wird der Abbau durch photosensitive Gruppen in der Polymerkette oder durch entsprechende Additive ausgelöst (Tabelle 5.13).

Wasserlösliche Polymere lösen sich mehr oder weniger schnell in Wasser oder Wasserdampf auf, ohne sofort abgebaut zu werden (Tabelle 5.14). Erst bei längerem Aufenthalt in Wasser oder Wasserdampf erleiden sie möglicherweise hydrolytischen Abbau.

5.5.10 Polyurethan – PUR

Polyurethane (PUR) werden aus Diolen, z. B. Butandiol und Diisocyanaten, durch Polyaddition gewonnen und für Verpackungen zu thermoplastischen Verbundfolien, vor allem aber zu Schaumstoffen verarbeitet.

In Verbundfolien kann PUR zusammen mit PE und PP für Kochbeutel und mit PE-LD für Fleisch und eingefettete (metallische) Packgüter benutzt werden. Solche Folien sind thermoformbar. Herstellung, Eigenschaften und Anwendungen von Polyurethan-Schaumstoffen siehe Abschnitt 6.6.2.

5.6 Elastomere als Kunststoffpackstoffe – thermoplastisch verarbeitbare Elastomere TPE

Außer den typischen Kautschuk- und Gummiwaren, welche nicht zu den Kunststoffen gezählt werden, gibt es elastische Pack- und Packhilfsmittel aus Polyurethanen (PUR) und Polyolefin-Elastomeren wie Ethylen/Vinylacetat (E/VA), siehe dazu die Abschnitte 5.5.10 und 5.5.2. Weitere TPE-Typen sind: TPE-O, TPE-S, TPE-E, TPE-A, TPE-U.

5.7 Ergänzende Literatur

Batzer, H.: Polymere Werkstoffe, 3 Bände. Thieme, Stuttgart, 1983 bis 1985.
Becker, G.W., Braun, D.: Kunststoff-Handbuch, 2. Aufl. Band 1: Grundlagen, Band 2: Polyvinylchlorid, Band 4: Polystyrol, Band 7: Polyurethane. Hanser, München 1983–1995.
Biederbick, K. H.: Kunststoffkompendium, 2. Aufl. Vogel, Würzburg, 1988.
Braun, D.: Erkennen von Kunststoffen, 2. Aufl. Hanser, München, 1986.
Carlowitz, B.: Kunststofftabellen, 3. Aufl. Hanser, München, 1986.
Gächter, R., Müller, H.: Taschenbuch der Kunststoffadditive, 3. Ausg. Hanser, München, 1990.
Glenz, W.: Kunststoffe, ein Werkstoff macht Karriere. Hanser, München, 1985.
Domininghaus, H.: Die Kunststoffe und ihre Eigenschaften, 4. Aufl. VDI-Verlag, Düsseldorf, 1992.

Gnauck, B., Fründt, P.: Einstieg in die Kunststoffchemie, 3. Aufl. Hanser, München, 1989.
Hellerich, W., Harsch, G., Haenle, S.: Werkstoff-Führer Kunststoffe, 6. Aufl. Hanser, München, 1995.
Hettig, M.: Biologisch abbaubare Polymer-Werkstoffe am Beispiel von Biopol. Verpackungs-Rundschau 45 (1994) 3, S. 40–43.
Kircher, K.: Chemische Reaktionen bei der Kunststoffverarbeitung. Hanser, München, 1982.
Menges, G.: Werkstoffkunde der Kunststoffe, 3. Aufl. Hanser, München, 1990.
Meyer, J.-P., et al.: Polyethylenterephthalat schlagzäh modifizieren. Kunststoffe 85 (1995) 4, S. 452–546.
Nießner, N., Wagenknecht, A., et al.: SBS-Blockcopolymere. Kunststoffe 85 (1995) 1, S. 86–88.
Pantke, M.: Biologisch abbaubare Kunststoffe. Kunststoffe 84 (1994) 9, S. 1090.
Saechtling, H. J.: Kunststoff-Taschenbuch, 25. Aufl. Hanser, München, 1993.
Stoeckhert, K.: Kunststofflexikon, 8. Aufl. Hanser, München, 1992.
Der Kunststoffmarkt in Westeuropa 1992–1994 mit Produktberichten. Kunststoffe 85 (1995) 10, S. 1512–1640.
VDI-K (Hrsg.): Sperrschichtbildung bei Kunststoffen. VDI-Verlag Düsseldorf, 1986.

Tabelle 5.12 Biologisch abbaubare Polymere für Verpackungen (nach FhG- ILV: *Langowski*)

Material und Rohstoffbasis	Hersteller bzw. Forschungs- und Entwicklungseinrichtung	Einsatzfähigkeit	existierende und geplante Einsatzbereiche bzw. Entwicklungsstand	Abbau	Rohstoffkosten
Stärke in Polyethylen (PE) biologisch abbaubarer Füllstoff in nicht abbaubaren synthetischen Polymeren	St. Lawrence Starch Company Ltd. (C, CH) Archer Daniels Midland Co. (USA) (Epron Ind. Ltd./GB) Europa: Amylum (B) und zahlreiche Lizenznehmer u. a.	extrudierbar nur begrenzte Menge an Stärke möglich, sonst Verarbeitungsprobleme	Tragetaschen, Müllbeutel, Kompostsäcke usw. Einsatzmöglichkeit im Lebensmittelbereich, insbesondere für Flaschen wird geprüft	Stärke ist biol. abbaubar, Polyethylen wird chemisch und/oder durch Lichteinwirkung je nach Additivsystemen abgebaut; umstritten ist die vollständige Abbaubarkeit des PE	abhängig vom System und der Menge an Stärke ca. 10–30% des PE-Preises (6% Stärke) Angaben schwankend
„thermoplastisch verarbeitbare Stärke" (TPS) (hohe Amyloseanteile) und Mischungen mit Polyamiden	EMS Chemie/Battelle (CH, D)	noch wenig bekannt Stärke ist feuchtigkeitsempfindlich	Verpackung allgemein (z. B. Blister)	biologisch abbaubar	Prognose: 2,50–5,00 DM/kg (TPS) Mischungen ca. 10 DM/kg
TPS und Polymermischungen (Technologie)	Novon Polymers (CH) Warner Lambert (USA)	soll durch Extrusion gut verarbeitbar sein feuchtigkeitsempfindlich	Entwicklungs- und Erprobungsstadium	biologisch abbaubar	abhängig vom Produkt
bisher TPS/PE-Mischungen	Fluntera AG (CH) (Tomka/ETH Zürich)	soll durch Extrusion gut verarbeitbar sein feuchtigkeitsempfindlich	Spezialanwendungen	Stärke biologisch abbaubar	3.50 SFr/kg
Stärkemischungen (Stärke und natürliche Zusätze >60%, Rest synthetische Polymere)	Montedison/Novamont/ Fertec (I)	gut durch Extrusion verarbeitbar feuchtigkeitsempfindlich	Verpackung allgemein Entwicklungs- und Erprobungsstadium	biologisch abbaubar	derzeit ca. 8 DM/kg ca. 3,50 DM/kg
Stärkemischungen mit EAA auch Pfropfpolymerisation	USDA/Agritech (Lizenznehmer) (USA)	soll gut extrudierbar sein feuchtigkeitsempfindlich	geplant für landwirtschaftliche Einsatzwecke noch nicht im Einsatz	biologischer Abbau synthetischer Anteil chemischer Abbau	Stärke: ca. 0,75–0,95 DM/kg EAA: ca. 4 DM/kg
Stärke- und Cellulose-Pfropfcopolymerisate als Mischungsvermittler für synthetische und natürliche Polymere	Purdue University (USA) MBI (USA) und andere	wenig bekannt	Forschung und Entwicklungsstadium	biologischer Abbau synthetischer Anteil chemischer Abbau	
extrudierte Kartoffelstärke	Südstärke (D)	wasserlöslich	Ersatz für geschäumte Polystyrol-Chips (Polsterstoff/Transportschutz) wird eingesetzt	biologisch abbaubar, wasserlöslich	ca. 98 DM/m³
extrudierte Mais- bzw. Reisstärke	Storopack Hans Reichenecker GmbH & Co. (D)/ Novon Plastics (CH)				

Tabelle 5.12 Biologisch abbaubare Polymere für Verpackungen (nach FhG- ILV; *Langowski*) (Fortsetzung)

Material und Rohstoffbasis	Hersteller bzw. Forschungs- und Entwicklungseinrichtung	Einsatzfähigkeit	existierende und geplante Einsatzbereiche bzw. Entwicklungsstand	Abbau	Rohstoffkosten
extrudierte hydroxypropylierte Stärke (70% Amylose)	National Starch and Chemical Co./American Excelsior Corp. (USA)	wasserlöslich	Ersatz für geschäumte Polystyrol-Chips (Polsterstoff/Transportschutz) wird eingesetzt	biologisch abbaubar, wasserlöslich	44–62 US$/m³
Stärke, Pflanzenfasern und Zusätze (Herstellung: Waffelprinzip)	Gesellschaft für biologische Verpackung Biopac (A)	empfindlich gegen Wasser	Schalen, Becher, Tassen, Boxen, Schachteln, Eierbecher, Teller, Trays für Impfstoffampullen (Sandoz/nicht mehr im Einsatz) Einsatz und Erprobung	biologisch abbaubar, empfindlich gegen Wasser	1,50 DM/kg
Cellulosediacetat (weichmacherhaltig) modifiziertes natürliches Polymer	Tubize Plastics (Rhône-Poulenc)	extrudierbar	Verpackungsbereich allg. Celluloseprodukte werden schon lange eingesetzt (meist beschichtet)	biologisch abbaubar	in kürze <10 DM/kg
regenerierte Cellulose (Zusätze)	Wolff Walsrode (D)	wie Zellglas	Verpackungsbereich wie Zellglas	biologisch abbaubar	
Gelatine und Mischungen (Polypeptide)	Deutsche Gelatine-Fabriken Stoess AG	extrudierbar weichmacherhaltig	in Entwicklung	biologisch abbaubar	ca. 8 DM/kg
PHB/PHBV Polyhydroxybuttersäure/ Hydroxybuttersäure – Hydroxyvaleriansäure – Copolymer fermentierter Zucker	Monsanto (USA) PCD-Polymere (A) und viele Forschungsinstitute	extrudierbar Folienherstellung muß noch optimiert werden	Verpackung allgemein Biopol-Flasche wird bereits von Wella eingesetzt, bei Folien noch Entwicklungsbedarf	biologisch abbaubar	derzeit ca. 40 DM/kg Ziel: ca. 7 DM/kg
PHB-Copolymere	Tokyo Institute of Technology (J)		Forschung		
PCL Poly (ε-)caprolacton und Mischungen mit nicht synthetischen Polymeren	Union Carbide (USA) Interox (GB)	sehr gut extrudierbar niedriger Schmelzpunkt	Verpackungsbereich allg. geplant PCL wird bereits seit vielen Jahren produziert und in anderen Bereichen eingesetzt	biologisch abbaubar, bei Mischungen Zusätze für chem. Abbau	ca. 12 DM/kg
PHB/PCL-Mischungen	The Fermentation Institute (J)	extrudierbar	Verpackungsbereich allg.	biologisch abbaubar	s. o.
Polyactide und Copolymere (natürliche Edukte)	Boehringer (D) BPI (USA) Du Pont (USA) Davis & Geck (GB) Ethicon (GB)	extrudierbar wird nur im medizinischen Bereich eingesetzt	für Verpackungszwecke zu teuer (nur Medizin) Entwicklungen für Verpackungsbereiche durch ECOCHEM (Du Pont/ConAgra)	biologisch abbaubar	>1000 DM/kg kleine Prod.-Anlagen hohe Reinheit geschätzt als Massenprod. 2,5–>5 DM/kg

Tabelle 5.13 Photoabbaubare Polymere für Verpackungen (nach FhG- ILV; *Langowski*)

Material und Rohstoffbasis	Hersteller bzw. Forschungs- und Entwicklungseinrichtung	Einsatzfähigkeit	existierende und geplante Einsatzbereiche bzw. Entwicklungsstand	Abbau	Rohstoffkosten
Copolymere (E/CO Ethylen/Kohlenmonoxid synthetische Erdölprodukte	Union Carbide Corp. Dow Chemical, Du Pont Co. (USA)		Sechserpackung-Gebinde (Gebindehalter für Getränkedosen Hi-Cone®)	photoabbaubar	
Copolymere E/VK, S/VK Ethylen bzw. Styrol mit Vinylketonen	Enviromer Enterprises/ Polysar (C, CH)		Tragetaschen; geschäumte Produkte: Einsatz im fast-food-Bereich wird geprüft	photoabbaubar	ca. 5 – 10% höher als das Basispolymer (PE ca. 1,60 DM/kg)
Polyolefine mit Additiven synthetische Erdölprodukte	Ampacet (USA, B) Plastopil/Enichen (Israel, I), Sarma (I), Plastigone Technologie (USA) und andere		Tragetaschen	photoabbaubar	
		für alle gültig: wie Basismaterial vorzeitiger Abbau durch UV-Einwirkung während des Gebrauchs muß verhindert werden	Verpackungsmaterialien, die als Litter in die Umwelt gelangen können in der Landwirtschaft werden sie erfolgreich (mulch-Folien) eingesetzt	Abbau durch Umgebungseinflüsse bedingt (Sonneneinstrahlung, Temperatur, ...; falls genügend kleine Spaltprodukte entstehen, sollen diese biolog. abbaubar sein	

5 Kunststoffe als Packstoffe

Tabelle 5.14 Wasserlösliche Polymere für Verpackungen: nichtionogen und anionaktiv (nach FhG- ILV; *Langowski*)

Material und Rohstoffbasis	Hersteller bzw. Forschungs- und Entwicklungseinrichtung	Einsatzfähigkeit	existierende und geplante Einsatzbereiche bzw. Entwicklungsstand	Abbau	Rohstoffkosten
Polyvinylalkohol PVAL synthetische Erdölprodukte	Rohstoff z. B. von Hoechst AG (D); Wacker Chemie (D), Du Pont (USA) andere	Extrusion schwierig häufig teure Gießverfahren	wasserlösliche Verpackungen (z. B. Landwirtschaft, Chemie); allerdings Umverpackung nötig	in Lösung nach Adaption der Mikroorganismen biologisch abbaubar	>6 DM/kg je nach Type
synthetische Erdölprodukte	Air Products (USA)		kalt- bis heißwasserlösliche Typen (z. B. Wäschesäcke) in Japan auch wasserunlösliche Folien (z. B. Verpackung von Kleidung)		
Pullulan Fermentation (Stärke)	Hayashibara Group (J)	nicht extrudierbar teures Gießverfahren	für wasserlösliche Verpackungen allgemein in Japan für den Lebensmittelbereich zugelassen (Oxidationsschutz)	sehr gut biologisch abbaubar	ca. 40 DM/kg
Co- und Terpolymere Basis: ungesättigte Carbonsäuren synthetische Erdölprodukte	Belland (CH) (eigene Technologie)	extrudierbar Eigenschaften variabel	geplant im Verpackungsbereich allgemein Projekt zum Einsatz im fast-food-Bereich (McDonald)	alkalilöslich, kein biologischer Abbau	ca. 12 DM/kg unterschiedliche Typen

6 Verarbeitung von Kunststoffen zu Packmitteln

Die Verarbeitungsverfahren zu Kunststoff-Packmitteln sind weitgehend identisch mit den allgemein bekannten Kunststoffverarbeitungsverfahren, wie sie in der entsprechenden Literatur ausführlich beschrieben sind. Es werden daher im folgenden die allgemeinen Grundzüge der Kunststoffverarbeitung nur stichwortartig behandelt; die speziellen Verarbeitungsverfahren zu Kunststoff-Packmitteln werden in Abschnitt 6.1 bis 6.6 dargelegt. Werkstoffaspekte der Kunststoffe, die zum Herstellen von Packmitteln und -hilfsmitteln dienen, sind in Kapitel 5 beschrieben.

Die Bedeutung der wichtigsten Verarbeitungsverfahren für die Kunststoffpackmittelproduktion zeigt Tabelle 6.1; wichtige Begriffe der Kunststoffverarbeitung sind im Glossar aufgeführt.

Tabelle 6.1 Anteil der Verarbeitungsverfahren zur Kunststoff-Packmittelproduktion in Deutschland (alle Bundesländer) 1989 (nach Tonnage)

Verfahren	Mengenanteil %
Folienextrusion	46
Folienthermoformung	10
Spritzgießen	20
Extrusionsblasen	13
Schäumen	4
Sonstige	7

Wie in der allgemeinen Werkstoffkunde und Technologie unterscheidet man die Werkstoffverarbeitungsverfahren grundsätzlich in Urform- und Umformverfahren (Bild 6.1).

Urformverfahren sind:

Gießen, indem die Kunststoffe in geschmolzenem oder gelöstem Zustand bei Viskositäten unter 10^3 mPas in Formen oder auch auf plane Flächen bzw. Walzen vergossen werden.

Spritzgießen, wobei thermoplastische Kunststoffschmelzen aus einer Düse in ein kaltes Werkzeug eingespritzt werden, worin sie erstarren. Das Formteil kann nach Öffnen des Werkzeugs entnommen werden. Da allerdings Duromere in der Wärme aushärten, wird bei deren Verarbeitung durch Spritzgießen das Werkzeug beheizt.

Pressen, Spritzpressen erfolgt hauptsächlich für duroplastische Kunststoffe, daher wird die Form beheizt. Beim *Pressen* wird der kalte Werkstoff ins Formnest gefüllt und unter Druck und Wärme dort aufgeschmolzen, vernetzt und ausgehärtet; beim *Spritzpressen* wird er in einer beheizten Vorkammer aufgeschmolzen und unter Druck in die heiße Form gespritzt, in der er aushärtet.

Extrudieren wird zur Herstellung thermoplastischer Halbzeuge wie Folien, Platten, Schläuche, Rohre und Profile angewendet. Hierzu wird das Kunststoffmaterial in der Extruderschnecke plastifiziert, durchgeknetet und durch eine Düse ausgetragen. Durch anschließende Kühlung, ggf. in einem Kalibrierwerkzeug, erstarrt das so gewonnene Profil.

Durch *(Extrusions)Blasformen* können *Hohlkörper* aus Schlauch- oder Rohrabschnitten, die als Profil im Extruder gewonnen wurden, im zweiteiligen Formwerkzeug mit Luft aufgeblasen und abgekühlt werden.

Kalandrieren geschieht durch Aufgeben plastifizierter Kunststoffe in Walzenspalte, wodurch nach mehreren Walzenspaltdurchgängen Folien (oder Platten) entstehen, bzw. ausgewalzt werden.

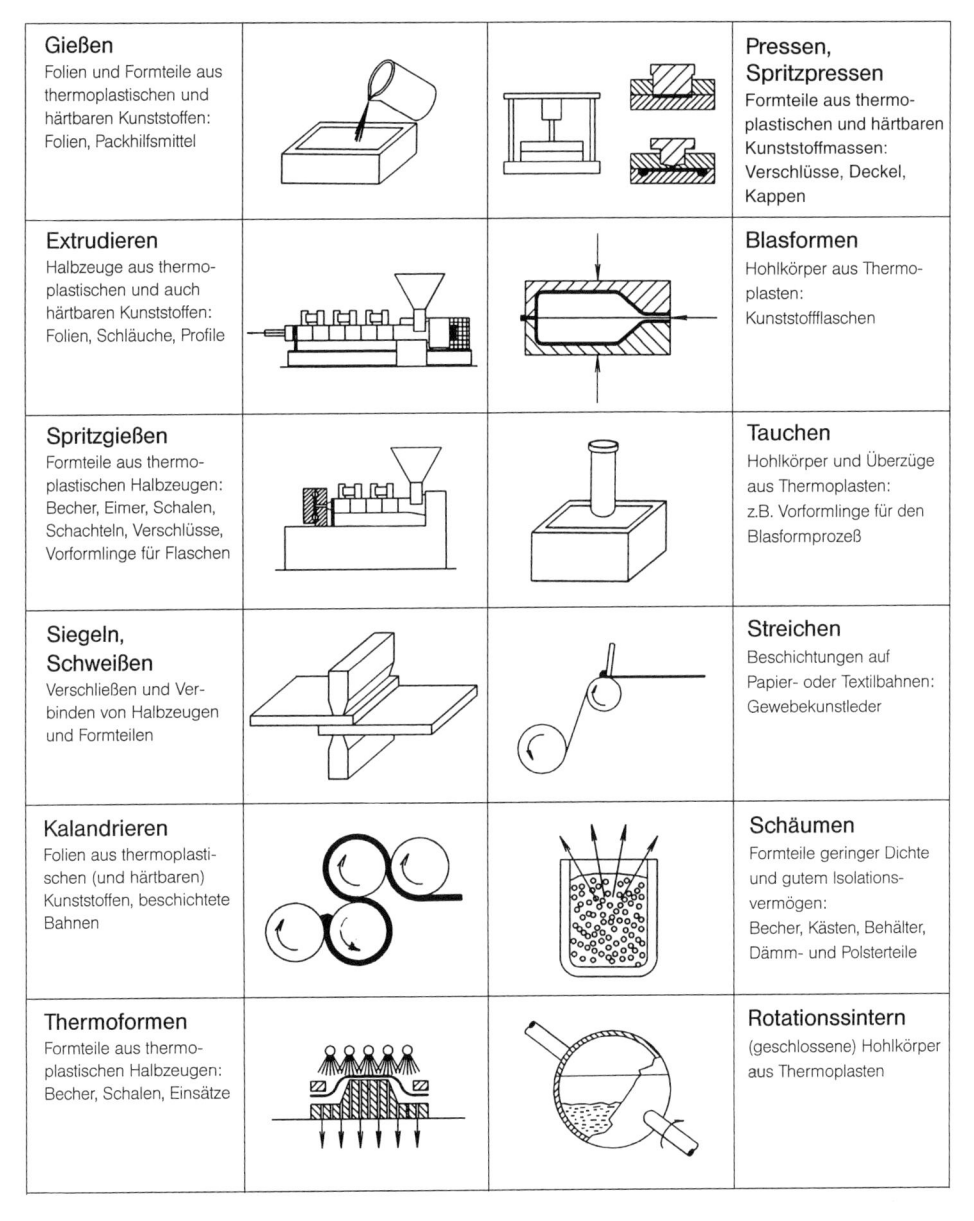

Gießen	Folien und Formteile aus thermoplastischen und härtbaren Kunststoffen: Folien, Packhilfsmittel	**Pressen, Spritzpressen**	Formteile aus thermoplastischen und härtbaren Kunststoffmassen: Verschlüsse, Deckel, Kappen
Extrudieren	Halbzeuge aus thermoplastischen und auch härtbaren Kunststoffen: Folien, Schläuche, Profile	**Blasformen**	Hohlkörper aus Thermoplasten: Kunststoffflaschen
Spritzgießen	Formteile aus thermoplastischen Halbzeugen: Becher, Eimer, Schalen, Schachteln, Verschlüsse, Vorformlinge für Flaschen	**Tauchen**	Hohlkörper und Überzüge aus Thermoplasten: z.B. Vorformlinge für den Blasformprozeß
Siegeln, Schweißen	Verschließen und Verbinden von Halbzeugen und Formteilen	**Streichen**	Beschichtungen auf Papier- oder Textilbahnen: Gewebekunstleder
Kalandrieren	Folien aus thermoplastischen (und härtbaren) Kunststoffen, beschichtete Bahnen	**Schäumen**	Formteile geringer Dichte und gutem Isolationsvermögen: Becher, Kästen, Behälter, Dämm- und Polsterteile
Thermoformen	Formteile aus thermoplastischen Halbzeugen: Becher, Schalen, Einsätze	**Rotationssintern**	(geschlossene) Hohlkörper aus Thermoplasten

Bild 6.1 Formungsverfahren für Kunststoffpackmittel

Tabelle 6.2 Herstellungsmöglichkeiten für Packmittel und Packhilfsmittel aus Polyofinen

Herstellungsverfahren	Zwischen- und Endprodukte							
Polymerisationsverfahren	Grund- oder Rohpolymerisate durch Emulsions-, Suspensions- oder Massepolymerisationsverfahren aus Hoch-, Mittel- oder Niederdruckanlagen etc.							
Misch- und Aufbereitungsverfahren	Additivzusätze für Oxidations- und Lichtschutz, Stabilisierung, Gleit- und Farbmittel etc. zur Herstellung optimal verwendungsfähiger Packstoffe in Granulat- oder Pulverform							
Halbzeugherstellungsverfahren	Schlauch- und Flachfolien, Platten				Die Pulver oder Granulatkunststoffe werden direkt zu Pack(hilfs-)mitteln verarbeitet			
Verpackungsherstellungsverfahren	Schweißen Siegeln Nähen Kleben	Schrumpfen	Stretchen	Schneiden Recken	Warmformen	Formblasen	Spritzgießen	Formsintern und Rotationsgießen	Fädenextrusion
zu Packmittel als Verarbeitungsprodukte	Einschläge Säcke Beutel Kissen Tuben	Hüllen für Einzel-, Sammel- und Skinpackung	Hüllen für Einzel-, Sammel- und Skinpackung	Netze Bänder Bändchen Schnüre	Becher Schalen	Tuben Flakons Flaschen Ballons Kannen Kanister Hobbocks Trommeln Fässer	Kästen und Flaschenkästen Steigen Eimer Verschlüsse	Ballons Kannen Trommeln Fässer poröse Skinunterlagsplatten	Netze Bindfäden

Schäumen erfolgt durch Zugabe von Treibmitteln, die Gasblasen entwickeln und den Kunststoff so aufschäumen, daß er den Hohlraum eines Werkzeugs oder eines Kalibrierwerkzeugs bei Schaumprofilen ausfüllt. Um gleichmäßige Schaumstruktur zu erhalten, muß das Aufschäumen beim Erstarrungs- bzw. Aushärtungsvorgang erfolgen.

Umformverfahren sind:

Warmumformen, kurz *Warmformen* oder *Thermoformen* genannt, erfolgt dadurch, daß eine Kunststoffolie oder -platte mittels Heißluft, Hochfrequenzheizung oder Infrarotstrahlung über die Einfrier-(Glas-) (ET) bzw. Kristallisationstemperatur (KT) erwärmt und mechanisch, mit einem Stempel oder pneumatisch durch Druckluft, im Vakuum oder durch Kombination dieser Mittel in ein Werkzeug gedrückt bzw. gesaugt wird.

Verstrecken oder auch *Recken* von Folien oder Monofilen besteht in einer Dehnung bei Recktemperatur (etwa ET bzw. unter KT) und anschließender Kühlung unter Formzwang. Hierbei orientieren sich die Makromoleküle in Dehnungsrichtung, wonach dieser Orientierungszustand durch Abkühlung „eingefroren" wird. So verstreckte oder gereckte Folien, Bänder oder Monofile erhalten auf diese Weise eine beachtliche Steigerung ihrer Festigkeit.

Weiterverarbeitungsverfahren, d. h. *Füge- und Veredelungsverfahren* für die Herstellung von Kunststoff-Packmitteln sind: *Fügen* durch Schweißen, Siegeln, Kleben, Kaschieren, Heften, Nähen; *Veredeln* durch Beschichten, Bedrucken, Beflocken, Bedampfen, Metallisieren.

Die *Herstellung von Formteilen* kann direkt durch die genannten Formverfahren oder durch Umformen erfolgen. Formteile aus Thermoplasten werden meistens durch Spritzgießen, Thermoformen, Blasformen und Schäumen hergestellt.

Thermoplast-Granulate werden in Schneckenmaschinen aufgeschmolzen bzw. plastifiziert. In diesen Maschinen werden auch die Kunststoffgranulate – Rohpolymere – mit den Zusätzen (Additiven) wie Hilfsstoffe für die Verarbeitung und gegen den Abbau durch Umwelteinflüsse vermischt.

Spezielle Verarbeitungsverfahren sind notwendig bei Kunststoff-Packmitteln wie Folien und deren Weiterverarbeitungsprodukten, Verpackungsbehältern aus Blas- und Spritzgießverfahren, Netzen, Schaumstoff-Packmitteln sowie Kombinations-Packmitteln mit anderen Werkstoffen (Tabelle 6.2).

6.1 Kunststoff-Verpackungsfolien und deren Eigenschaften

Außer bei Gieß- und Fällverfahren für einige wenige Kunststoffe, die zunächst in Lösemitteln gelöst bzw. zu fällbaren Verbindungen umgesetzt werden, müssen die in Granulat- oder Pulverform vorliegenden Kunststofftypen in der Wärme plastifiziert und danach in geeigneten Werkzeugen ausgeformt werden. Dies kann durch Kalandrieren oder Extrudieren erfolgen. Die so entstandenen Folien werden danach veredelt (gereckt, bedruckt, metallisiert etc.), geschnitten, aufgerollt und später zu Packmitteln weiterverarbeitet. Es gibt auch Anlagen, bei denen das Warmformen bzw. „Tiefziehen" der so hergestellten, meist dickeren Folien zu räumlichen Packmitteln direkt „in-line" angeschlossen ist.

Kunststoffolien sind flächige, flexible Packstoffe, die ausrollbar sind und Dicken bis zu etwa 1,5 mm besitzen. Die geringste Dicke für Verpackungsfolien beträgt ca. 10 µm, die größte Produktionsbreite bisher 12 m. Sie werden meistens in einem Arbeitsgang zu entsprechenden Nutzen geschnitten, d. h. zu Breiten, die für die Weiterverarbeitung auf den Verpackungsmaschinen verlangt werden. Etwa 75 % der in Deutschland gefertigten Folien gehen in den Verpackungssektor. Die Folien werden, um den Verpackungsanforderungen zu entsprechen, veredelt, und zwar durch Recken bzw. Verstrecken in Längs- und/oder Querrichtung, Lackieren, Kaschieren, Beschichten, Bedrucken, Metallisieren, Beflocken etc. (siehe Kapitel 7). Wichtig für den Verpackungssektor sind die Schrumpf- und Stretchfolien. Die meisten Folien werden aus Thermoplasten hergestellt, insbesondere aus Polyolefinen, Polyvinylchlorid, Polyestern u. a.

Wesentlich für die Eignung der Kunststoffolien als Packmittel sind folgende Eigenschaften: geringes Gewicht, Unempfindlichkeit gegen Wasser und Lösemittel, Verträglichkeit mit den jeweiligen Füllgütern, insbesondere Lebensmitteln, auf das Packgut abgestimmte Gasbarriereeigenschaften, mechanische und optische Eigenschaften sowie Verarbeitbarkeit auf schnellaufenden Maschinen, den Verpackungsautomaten, auf denen in sogenannten Verpackungslinien die jeweiligen Kunststoff-Verpackungen geformt, gefüllt und verschlossen werden (FFS-Anlagen siehe Abschnitt 9.6).

Weitere positive Eigenschaften der Kunststoffolien sind ihre Flexibilität, Reißfestigkeit, Heiß- und Kaltsiegelfähigkeit sowie ihre Verarbeitbarkeit „direkt von der Rolle". Besonders ihr günstiges Gewicht-Flächen-Volumen-Verhältnis ist für den Handel und den Verbraucher, insbesondere im modernen Selbstbedienungs-Einzelhandel – nicht zuletzt auch wegen der Durchsichtigkeit – unverzichtbar geworden.

Der Kunststoffverbrauch bei der Folienproduktion für Anfahren, Abrisse, Versuche, Typenwechsel, Säumen, Konfektionierung, Aussortierung beträgt durchschnittlich ca. 10 %. Dieser Produktionsabfall wird in der Regel direkt in die Produktion zurückgeführt (Produktionsrezyklat").

Neben den *Monofolien* (siehe auch Tabelle 6.12), die aus nur einer Schicht eines einheitlichen Kunststoffs bestehen, sind für Packmittel *Mehrschichtfolien*, d. h. *Verbundfolien*, wegen ihrer Barrieremöglichkeiten besonders wichtig und unentbehrlich. Da die einzelnen Standardkunststoffe als Packstoffe unterschiedliche Eigenschaften für das Migrations- und Permeationsverhalten besitzen, wird es insbesondere bei Lebensmitteln und anderen empfindlichen Pack- oder Füllgütern notwendig, Sperrschichten in diese Packmittel einzubauen bzw. die Kunststoffe in geeigneter Weise zu kombinieren, so daß ein Optimum an Sperreigenschaften gegen die jeweiligen Gase oder Dämpfe erreicht wird. Vor allem geht es hierbei um den Schutz vor Wasseraufnahme, Sauerstoffzufuhr und Aromaverlust. Schon allein durch die Kombination von PE mit PET oder PA ist es möglich, optimale Sperreigenschaften gegenüber Sauerstoff und Wasserdampf zu erreichen. Sowohl bei flexiblen als auch bei starren oder halbstarren Packmitteln und Hohlkörpern können in dieser Weise Verbundfolien angewendet werden.

6.1.1 Herstellungsverfahren für Verpackungsfolien

Die wichtigsten Herstellverfahren sind:

Schlauchfolien-Extrusion, womit der größte Teil der für Verpackungsfolien vorgesehenen Thermoplaste verarbeitet wird (Tabelle 6.3, Bild 6.2).

Flachfolien-Extrusion liefert optisch hervorragende Folien und Platten, die zum Warmformen von Packmitteln geeignet sind.

Kalandrieren für Hart-PVC-(PVC-U-)Folien, neuerdings auch PP-Folien.

Tabelle 6.3 Eigenschaften und Produktionsanforderungen von Schlauchfolientypen für Verpackungen (nach *Predöhl*)

Folientyp	Anwendungseigenschaften	Produktionsmerkmale
Schwerschrumpffolie 50–180 µm	ausgeglichene Schrumpfwerte längs und quer ca. 40%	große ABV (1:3,5 bis 4,5) niedrige Schmelzindizes
Banderolenfolie	längsorientiert großer Längsschrumpf	kleines ABV (1:1,3 bis 1,8) PE-LD-Copolymere (dehnfähiger)
Tragtaschenfolie PE-LD: 30–65 µm dick PE-LLD: geringer	ausgeglichene Festigkeiten, über 90% eingefärbt	AVB 1:2,0–2,5, Schmelzindizes zwischen 0,5 und 0,9
Feinfolien	gutes Gleitverhalten, hohe Transparenz	hohe MFI 1,4, Zusatz von Gleit- und Antiblockmitteln
Schwersackfolie 150–250 µm dick	hohe Steifigkeit, evtl. mit möglichst rauher Oberfläche, gute mechanische Festigkeit	niedrige MFI-Werte (0,1 bis 0,3), gezielte Rohstoffauswahl, ABV 1:1,2 bis 1:1,4
Mehrschichtfolien	2 bis 5 Schichten, spez. Einsatzgebiete, wie für hohe Sperreigenschaften, gute Steifigkeit und Siegeleigenschaften	gezielte Rohstoffpaarungen in Hinblick auf Verbundhaftung und Einsatzgebiet, Mehrschichtkopf, 2 bis 4 Extruder
Stretchfolie	hohe Dehnung, mehrnutzig, 400 bis 550 mm flach, 17 bis 30 µm, einseitig klebend	PE-LD Copolymere, PE-LLD normale und klebende Schicht, aufwendige Wickler, geringe Bahnspannung, geringer Andruck
HM-(Papier)-Folie PE-HD- und PE-MD-Folie	papierähnlicher Griff, gut sehr dünn ausziehfähig bei hohen Festigkeiten	große ABV (1:3,5 bis 4,5) kleine Abzugshöhen
Verpackungsbeutel PE-LD unter 10 µm dick	matt, papierartig knisternd	sehr stark verstreckt
Kaschierfolie	gute optische Eigenschaften, Transparenz, ausgezeichnete Planlage	wickeln mit geringen Spannungen

ABV = Aufblasverhältnis; MFI = Schmelzindex 190 °C / 2,16 kg

Verbundfolien müssen z. B. als Sperrschichtfolien speziellen Verpackungsaufgaben und -erfordernissen angepaßt werden. Für die Verpackung werden sie heute hauptsächlich durch *Coextrusion* hergestellt. Dies ist die gleichzeitige Extrusion mehrerer Schichten, wobei Verbundfolien entweder im Folienblasverfahren durch eine Ringdüse oder mittels Flachfolienextrusion durch Breitschlitzdüsen erzeugt werden.

Coextrudierte Mehrschicht-(Multi-Layer-)Folien werden bis zu 100 µm Dicke als Fünf- bis Siebenschichtfolien auf Blasfolien- und Flachfolienanlagen hergestellt, Mehrschichtfolien über 100 µm Dicke dagegen – insbesondere zur Herstellung formsteifer „tiefgezogener" Packmittel – auf Flachfolienanlagen.

Coextrudierte Flachfolien können durch Mehrschichtadapter als Mehrschichtbarriere-Folien hergestellt werden. Da diese Folien im Gegensatz zu den luftgekühlten Blasfolien auf einer Kühlwalze (Chillroll) bzw. im Wasserbad gekühlt und geglättet werden, lassen sich bei der Massenproduktion höhere Mengenleistungen erzielen und mittels der hochglanzpolierten Walzenoberflächen besonders glatte Folien herstellen. Die Anlagenbreiten betragen bis zu 4 m.

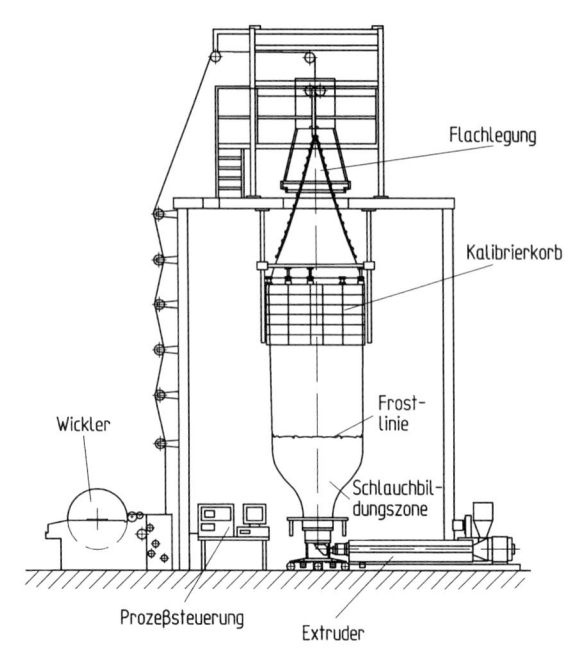

Bild 6.2 Schlauchfolienanlage

Nach dem *Flachfolien-Verfahren* werden vor allem PET- oder PP- Folien, bzw. Mehrschichtfolien bis zu 400 µm Dicke hergestellt. Es gibt heute Flachfolienanlagen, bei welchen aus fünf Extrudern bis zu sieben Schichten in einer Verbundfolie herstellbar sind.

Die *Energiekosten* zur Verarbeitung von Kunststoffgranulaten oder -pulvern zu Mehrschichtfolien oder Packmaterial betragen bis zu 65 % der Gesamtkosten eines Packmittels. Es ist daher sowohl ökonomisch als auch ökologisch sehr bedeutsam und daher sehr aufschlußreich, den Energieinhalt von Packmitteln pro Volumeneinheit festzustellen und zu vergleichen.

Neben dem Coextrusionsverfahren werden *Verbundfolien* durch folgende Verfahren hergestellt (Bild 6.3): Kleberkaschierung, Extrusionskaschierung, Extrusionsbeschichtung, Coextrusionsbeschichtung, Thermokaschierung.

Kleberkaschierung erfolgt durch vollflächige Verklebung zweier bereits in fester Form vorhandener Folienlagen.

Extrusionskaschierung durch Extrusion einer Zwischenschicht zwischen zwei fertige Folien erfolgt direkt aus einer Extruderbeschichtungsdüse im Walzenspalt zwischen zwei Trägerfolien.

Extrusionsbeschichtung ist die Beschichtung einer bereits vorhandenen Einzelfolie bzw. Bahn aus Papier, Gewebe oder Metall (Al), die als Träger fungiert, durch Auftrag einer zusätzlichen Kunststoffschicht direkt aus der Extruderbreitschlitzdüse.

Coextrusionsbeschichtung erfolgt ebenso mit Coextrudat. Dabei werden heute Bahngeschwindigkeiten von 500 bis 600 m/min erreicht (Feedblock-Coextrusion).

Thermokaschieren verbindet die Folie durch Druck und Hitze mittels Walzen und Heiztrommeln.

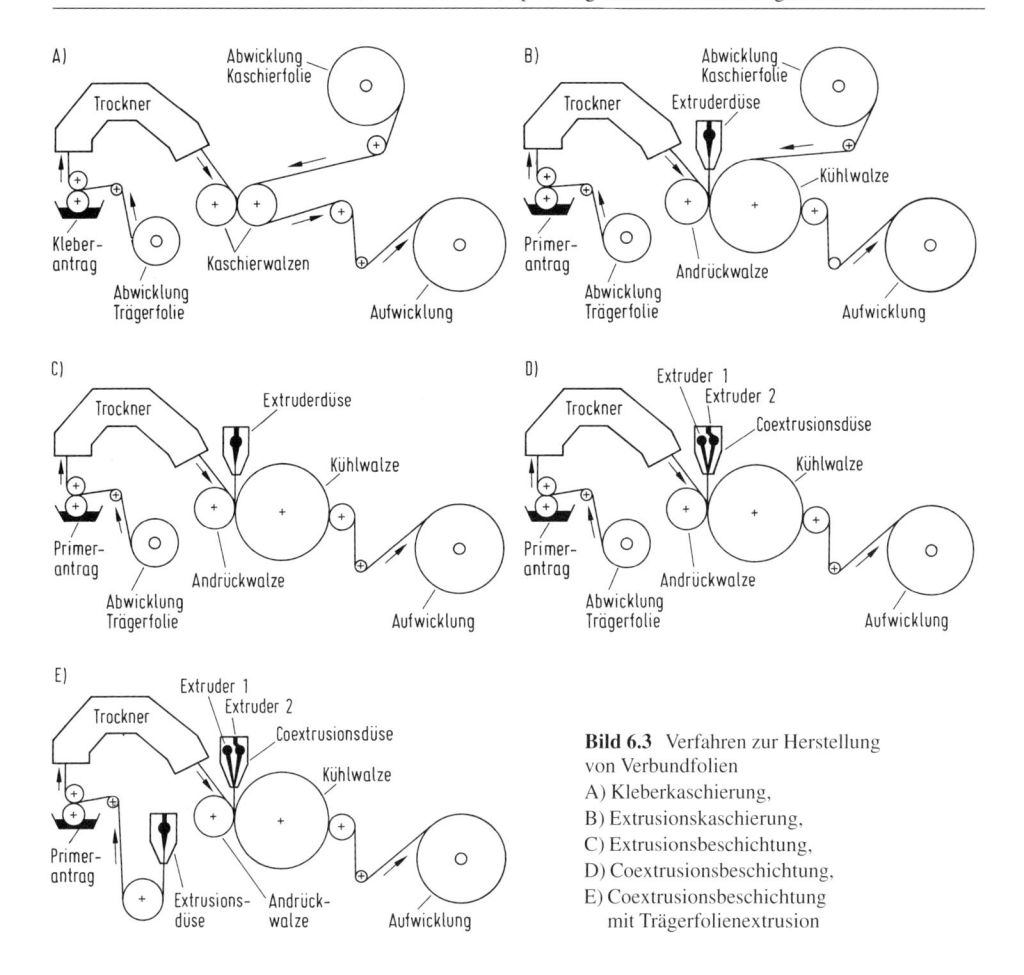

Bild 6.3 Verfahren zur Herstellung von Verbundfolien
A) Kleberkaschierung,
B) Extrusionskaschierung,
C) Extrusionsbeschichtung,
D) Coextrusionsbeschichtung,
E) Coextrusionsbeschichtung mit Trägerfolienextrusion

6.1.2 Reckverfahren

Dies sind Verfahren zur Vergütung, d. h. Verbesserung der Eigenschaften von Folien aus Thermoplasten, und zur Herstellung von Schrumpffolien.

Durch Recken oder Verstrecken erfolgt eine Molekülorientierung innerhalb der Folie durch Dehnung im thermoelastischen Zustand. Es wird daher auch als Orientieren bezeichnet und kann längs und/oder quer durchgeführt werden. Beidseitige Orientierung wird als *Biorientierung* bezeichnet. Man erhält im Biaxial-Reckverfahren nach Thermofixierung dünne Folien mit großer Festigkeit, die im Zweistufen- oder Simultanverfahren hergestellt werden können. Bei dem Schlauchblas-Verfahren erfolgt das Verstrecken simultan (längs und quer zugleich). Dabei wird jedoch nicht der gleiche Reckgrad und nicht die gleiche Festigkeit wie bei den Flachfolien-Reckanlagen erreicht.

Siegelschichten aus niedrigschmelzenden Polymeren werden durch Extrusionsbeschichtung oder Coextrusion oft bereits vor dem Verstreckungsvorgang aufgebracht.

Folienbändchen sind aus Flach- oder Blasfolien geschnittene verstreckte Folienstreifen, die in Web- oder Wirkverfahren weiterverarbeitet werden (z. B. zu Verpackungsnetzen und

-säcken). Man kann die Folien vor oder nach dem Schneiden recken. Durch Recken der Folien vor dem Schneiden erhält man Bändchen mit höherer Bruchdehnung. Das Recken der Bändchen nach dem Schneiden ergibt wegen der dadurch bedingten höheren Orientierung in Reckrichtung größere Festigkeiten.

6.1.3 Mehrschichtfolien – Verbundfolien

Da zur Zeit chlorhaltige Kunststoffe wie PVC und PVDC von Handel und Verbrauchern kaum noch akzeptiert werden, müssen deren exzellente Sperreigenschaften durch Kombinationen anderer Kunststofffolien substituiert werden. Wichtig für die Lebensmittelverpackungen etc. sind vor allem deren Sperrwirkungen gegenüber Wasserdampf, Sauerstoff und Aromastoffen.

Tabelle 6.4 Beispiele für die Schichtkomponenten von Verbundfolien

Komponente	Kunststoff / Werkstoff
Trägerfolien Trägerschichten	Polyester (PET) Polypropylen (PP), Polyvinylchlorid (PVC), Polyamid 6 (PA), Polyethylen (PE-HD) Polystyrol (PS) Ionomer, EVA Zellglas
Barriereschichten	Polyvinylidenchlorid (PVDC), Ethylenvinylalkohol (EVAL), Polyvinylalkohol (PVAL bzw. EVOH), Polyacrylnitril (PAN), Aluminium- oder SiO_x-bedampfung (Metallisierung) Aluminiumfolie
Heißsiegelschichten	Polyethylen (PE-LD, PE-MD, PE-HD, PE-LLD) Ethylen-Vinylacetat-Copolymere (EVA), Ionomere, MSA-gepfropfte Polyolefine, Polypropylen (PP)
Haftvermittlungsschichten	Kleber (Kleberkaschierung), Primer (Extrusionsbeschichtung), Ionomere, EVA, EAA, Ozon (Coextrusion)

In der Praxis unterscheidet man *artgleiche* sowie *artfremde* Kunststoffverbundfolien. Bei artfremden Mehrschichtfolien ist ein Haftvermittler zur Erzielung guter Verbundeigenschaften der einzelnen Kunststofflagen notwendig. Der prinzipielle Aufbau (von innen nach außen) von Verbundfolien für Verpackungen mit Sperreigenschaften ist beispielsweise: Heißsiegelschicht/Haftvermittler-/Barriereschicht/Haftvermittler/Trägerfolie (Trägerschicht); (siehe Tabelle 6.4). Als Träger- oder Basismaterialien werden verwendet: PE-LD, PE-MD, PE-LLD, PE-HD, PP. Als Haftvermittler dienen: Ionomer, Big EVA, EAA, MSA-gepfropftes PE-LD, -PE-LLD, -PE-HD und -PP. Als Barrierekunststoffe dienen: PA, PAN, EVOH, PVDC. Den Einfluß der Herstellverfahren auf die Eigenschaften der Verbundfolien gibt Tabelle 6.5, den der Trägerfolien gibt Tabelle 6.6 wieder.

Tabelle 6.5 Einflüsse der Herstellungsverfahren auf die Eigenschaften von Verbundfolien

Verfahren	Besonderheiten und Auswirkungen
Kleberkaschierung	– Polyolefine ab 20 µm Dicke, nötigenfalls mit Gleit- und/oder Antiblockmitteln sind als Heißsiegelschicht und für alle Trägerfolien möglich. – Dicke Kleberschicht (und meist Polyolefine höherer Dichte) ergeben höhere Steifigkeit. Kleber einfärbbar. – Transparente Verbunde sind relativ klarsichtig und homogen. – Rollneigungsarme Fertigung möglich. – geruchsneutral (frei von Restlösemitteln).
Extrusionskaschierung	– Polyolefine (wie oben) als Heißsiegelschicht möglich. – Hitzeempfindlichere Trägerfolien (OPP, PVC) sind weniger geeignet. – Die eigentliche Heißsiegelschicht kann dünn (= preiswert) sein. – Dünne Primerschicht (und PE-LD als Zwischenschicht) möglich, deshalb flexibler. – Nicht rollneigungsfrei. – Produktionsbedingter, leichter PE-Geruch
Extrusions- und Coextrusionsbeschichtung	– PE-LD und Ionomere (Dicken ab ca. 10 µm) als Heißsiegelsicht möglich. – Hitzeempfindlichere Trägerfolien (OPP, PVC) sind weniger geeignet. – wegen dünner Primerschicht sehr flexibel – Zur Schlupfverbesserung leichte Puderung oder Mattierung der PE-Oberfläche empfehlenswert. – Transparente Verbunde weniger homogen und klarsichtig. – Produktionsbedingter leichter PE-Geruch (bei Coextrusionsbeschichtung günstiger).
Coextrusion	– Flachfolien-Coextrusion wird vorwiegend für Hartfolien angewandt – Schlauchfolien-Coextrusion hauptsächlich zur Herstellung von PA/PE-Verbunden (Planlageprobleme auf Tiefziehmaschinen)

Tabelle 6.6 Trägerfolienbedingte Eigenschaften von Verbundfolien

Verbundfolie	Eigenschaften
Zellglas-Verbundfolien	Nicht witterungsbeständig, nicht kältebeständig, geringe mechanische Festigkeit, gute Barriereeigenschaften bei niedriger Luftfeuchte
Polyester (oPET)-Verbundfolien	Hohe mechanische Festigkeit, witterungsbeständig, kältebeständig, hitzebeständig, wasserunempfindlich, gute (mit zusätzlichen Barriereschichten sehr gute) Barriereeigenschaften.
Polyamid(PA)-Verbundfolien	Sehr hohe mechanische Festigkeit, witterungsbeständig, kältebeständig, hitzebeständig, wasserunempfindlich, je nach Dicke gute bis sehr gute Barriereeigenschaften, die sich bei höherer Luftfeuchte etwas verschlechtern. uPA-Verbundfolien sind dehnbar und sehr gut thermoformbar.
Polypropylen(PP)-Verbundfolien	Hohe mechanische Festigkeit (nur oPP), witterungsbeständig, kältebeständig (nur oPP), mäßig hitzebeständig, wasserunempfindlich, ausgezeichnete Wasserdampfbarriere, ohne zusätzliche Barriereschicht sehr hohe Sauerstoff- und Aromadurchlässigkeit.
Polyvinylchlorid(PVC)-Verbundfolien	PVC-Verbunde sind im Gegensatz zu vorgenannten Hartverbunde. Sehr hohe Steifigkeit, geringe Gas- und Wasserdampfdurchlässigkeit, geringe Kälte- und Hitzebeständigkeit, sehr gut thermoformbar.

Verbundfolien sind meist farblos transparent und bedruckbar. Die Dicken von Mehrschichtfolien betragen 20 µm bis 1500 µm (Platten). Ihre Temperaturbeständigkeit kann zwischen −60 °C und +135 °C liegen, so daß sich Kochfestigkeit, Pasteurisier- oder Sterilisierbarkeit erreichen lassen. Besonders Hartverbundfolien, z. B. PP/EVOH/PP, werden durch Thermoformen zu den verschiedenen starren Packmitteln (Schalen, Becher, Deckel) verarbeitet, die sehr gute Barriereeigenschaften gegenüber Gasen, Wasserdampf und Aromen besitzen. (Vgl. Tabellen 10.9 bis 10.11.)

Die Polyolefinschicht dient als *Heißsiegelschicht* mit sehr hoher Festigkeit und Dichtheit gegen Wasserdampf. Die Nahtfestigkeit solcher heißgesiegelter Verbundfolien liegt mit 20 bis 50 N pro 15 mm Nahtbreite ca. 20mal höher als bei Einschichtfolien mit dünnen Heißsiegellack-Schichten. Kunststoff-Verbundfolien können wasser-, öl-, chemikalien-, lösemittel- und vor allem lebensmittelbeständig und -verträglich hergestellt werden.

Bild 6.4 veranschaulicht die Eignung der aus den Polyolefinen PE und PP hergestellten Heißsiegelschichten wie folgt:

- PE-LD ist für Pasteurisierung bis zu 85 °C geeignet.
- PE-MD und PE-HD können als Kochbeutel und auch als Tiefgefrierpackmittel verwendet werden, was ein Wiedererwärmen in kochendem Wasser ermöglicht.
- PE-HD kann bis zu 121 °C für hitzesterilisierbare Verbundfolien eingesetzt werden.
- Standard-PP kann bis 135 °C für hitzesterilisierbare Verbundfolien verwendet werden, jedoch nicht zur Tiefgefrierkonservierung.
- Polyolefine wie EVA, Ionomere, PE-LLD, PE-VLD, EAA (Ethylen-Acrylsäure-Polymer) sind teuer, haben aber einen besonders großen Schmelzbereich und eine niedrige Siegeltemperatur, außerdem gutes Hot-Tack-Verhalten (Belastbarkeit der Siegelnaht im warmen Zustand, d. h. schnelle Siegelfestigkeit) sowie gute Siegelung auch bei verschmutzten Siegelzonen.

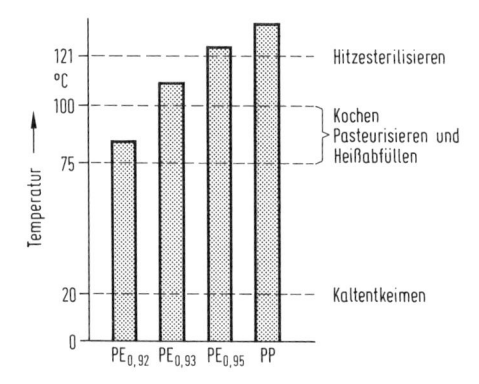

Bild 6.4 Hitzebeständigkeit von Polyolefin-Heißsiegelschichten (PE verschiedener Dichte, PP)

Einflüsse der Herstellverfahren, Trägerfolien und Heißsiegelschichten auf die Verbundfolien zeigen die Tabellen 6.5 bis 6.7.

Coextrudierte Barriereverbunde können auf Basis von PA oder PP als Trägerschichten hergestellt werden. Polyvinylalkohol (PVAL) oder sein Copolymerisat E/VAL (E/VOH) kann als ausgezeichnete Sauerstoffbarriere eingesetzt werden. Doch muß diese – da selbst wasseraufnehmende Schicht – zwischen guten Wasserdampf-Sperrschichten (Polyolefinen) eingebettet sein. Andere Verbunde können mit PVDC als Barriereschicht coextrudiert werden.

Tabelle 6.7 Einflüsse der Siegelschichten auf die Eigenschaften von Verbundfolien

Siegelschicht aus Polyolefinen	Eignung und Eigenschaften der Verbundfolien
PE-LD	– Niedrige Schmelztemperatur, – Siegeln füllgutverschmierter Siegelzonen ist problematisch, – Pasteurisieren im Wasserbad bis +85 °C möglich, – Nicht spannungsrißbeständig, – Für (Co-)Extrusionsbeschichtung und als Zwischenschicht bei Extrusionskaschierung sowie Tiefgefrieren geeignet.
PE-MD	– Vorwiegend für Kleber- und Extrusionskaschierung. – Für Kochbeutel geeignet, da bis 100 °C im Wasserbad beständig, – Spezielle Typen sind spannungsrißbeständig, – Für Tiefgefrieren geeignet.
PE-HD	– Nur für Kleber- und Extrusionskaschierung (evtl. für Coextrusion), – Hitzebeständig bis ca. 121 °C, daher Hitzesterilisieranwendung, – Für Tiefgefrieren geeignet.
PP-HD	– Nur für Kleber- und Extrusionskaschierung (evtl. für Coextrusion) geeignet, – Hitzebeständig bis ca. 135 °C, daher Hitzesterilisieranwendung, – Nicht für Tiefgefrieren geeignet.
EVA, PE-LLD, EAA, Ionomere	– Teurere Polyolefine bzw. Polyolefinabkömmlinge – Besonders gute Eigenschaften wie hohe Zähigkeit, sehr niedriger Schmelzbereich, daher niedrigere Siegeltemperatur, gutes hot-tack, – gute Siegelbarkeit unter erschwerten Bedingungen, beständig gegen Spannungsrißbildung für easy-opening Siegelung geeignet.

Halbstarre Konservenpackungen, die geeignet sind, Glas- und Blechpackmittel (Konservendosen) zu substituieren, besitzen z. B. folgenden Verbundaufbau:
– PS|HV|PVDC|HV|PS, (HV = Haftvermittler),
– PP|HV|PVDC|HV|PP,
– PS|HV|EVOH|HV|PS,
– PP|HV|EVOH|HV|PP.

Solche Verbunde werden bis zu 1,5 mm Dicke hergestellt. Die Schichtdicken der Barrierekunststoffe in diesen Verbunden sind gering, für EVOH und PVDC zwischen 20 und 40 μm. Auf diese Weise werden Sauerstoffdurchlässigkeiten unter $5 ml/m^2 \cdot d \cdot bar$ ermöglicht.

Weitere Kombinationsbeispiele für Coextrusions- Flach- und Schlauchfolien mit Eigenschaften und Einsatzmöglichkeiten als Packmittel sind in den Tabellen 6.8, 6.9 und 6.10 aufgeführt.

Sowohl aus ökonomischer als auch ökologischer Sicht können Kunststoffverbunde wegen ihres minimalen Materialeinsatzes bei maximaler Barriereleistung die Masse der Verpackung durch entsprechende Einsparungen an Rohmaterialien erheblich vermindern sowie Kosten beim Abpack-, Lager- und Transportprozeß senken. Andererseits aber ergeben sich beim Materialrecycling von Verbundwerkstoffen größere Probleme als bei einheitlichen Verpackungswerkstoffen. Jedoch sind Verbundwerkstoffe bei chemischem oder energetischem Recycling, also auch bei der Verbrennung im Müllkraftwerk, problemlos, ja sogar aufgrund der damit verbundenen Reduzierung der anfallenden Abfallmenge als positiv anzusehen.

Tabelle 6.8 Aufbau, Eigenschaften und Verpackungsanwendungen coextrudierter Flachfolien (Breitschlitzfolien)

Materialkombinationen	spezielle Verpackungseigenschaften	Anwendungen für Packgüter	Folienart*
Zweischichtfolien			
PE-LLD | E/VA (PE-LD | E/VA)	Dehnfähigkeit, Siegelfähigkeit, Haftfähigkeit	Stretchfolie, Verpackungsfolie, Kaschierfolie, Oberflächenfolie	FF (BF)
PP | E/VA	Transparenz, Steifigkeit, Siegelfähigkeit	Verpackungsfolie, Kaschierfolie	FF
S/B | PS	brillante Oberfläche, antistatische Oberfläche	Trinkbecher, Behälter für Molkereiprodukte	TF
S/B farbig | S/B weiß PP | PP-statistisches Copolymerisat	Dekorationsoberfläche gut schweißbar, gut bedruckbar	Behälter für Molkereiprodukte biaxial-gereckte Folien Verpackungsbehälter für Brot, Margarine, Marmelade, Molkereiprodukte	TF RF TF
PP | PP-geschäumt	glatte Oberfläche, gut bedruckbar, gut schweißbar	Verpackungsfolien für Gebrauchsgüter Verpackungsbecher, monoaxial-gereckte Folien	FF TF RF
PA 6 | Ionomer	gute Siegelfähigkeit	Verpackungsfolie für Fleisch Wurstwaren, Käse	FF
Zweischichtfolien mit Haftvermittler			
PA 6 | HV | PE-LD	gute Siegelfähigkeit, gute Sperreigenschaften, gute Transparenz	Verpackungsfolien für Käse, Wurst, Tiefziehverpackung	FF (BF) TF
PE | HV | S/B	gute Siegelfähigkeit, fettbeständig	Molkereiprodukte, Margarine	TF
Dreischichtfolien, symmetrischer Schichtaufbau			
PP | PP + Kreide | PP	geringer Nachschrumpf, glatte Außenschicht, gut bedruckbar, gute Tiefziehfähigkeit	Menü-Schalen, Deckel, Behälter, Verpackungsfolie	TF FF
PP-Cop. | PP + Regenerat | PP-Cop.	tieftemperaturbeständig, geringere Rohstoffkosten	Tiefkühlverpackung	TF
PA 6 | E/VAL | PA 6	Sperreigenschaft, Gasbarriere	Kaschierfolie	FF
PP-statist. Cop. | PP-Homop. | PP-statist. Cop.	Siegelfähigkeit	Spezialfolie biaxial-gereckte Folie	FF RF
PE-LD | E/VA | PE-LD PP | E/VA | PP	hohe Stoßfestigkeit, klebefreie Außenschichten, gute Transparenz	Blutverpackung, Beutelherstellung	FF (BF)
E/VA | PE-UD | PE-LD (E/VA | PE-UD | E/VA)	hohe Dehnfähigkeit, gute Haftfähigkeit	Stretchfolie für Palettenverpackung, Haftverpackungsfolie	FF
Ionomer | PA | Ionomer	gute Siegelfähigkeit, gute Transparenz, gute Tiefziehfähigkeit, reduzierte Rollneigung	Vakuumverpackung	FF (BF)
Dreischichtfolien, unsymmetrischer Schichtaufbau			
PS | S/B-farbig | S/B-weiß	brillante Oberfläche, antistatische Oberfläche, dekorative Farbschicht	Molkereiprodukte, Behälter für Lebensmittel	TF
Vierschichtfolien			
S/B-weiß | S/B-Regeneratschwarz | SB-weiß/PS	brillante Oberfläche, UV-Barriere	Molkereiprodukte	TF
PA 6 | E/VAL | HV | PE-LD	gute Sperreigenschaft, aromadicht, gute Siegelfähigkeit, gute Tiefziehfähigkeit	Vakuumverpackung	FF

* Folienarten: FF: Flachfolien, TF: Thermoformfolien, RF: Reckfolien, BF: Blasfolien

Tabelle 6.8 (Fortsetzung)

Materialkombinationen	spezielle Verpackungs-eigenschaften	Anwendungen für Packgüter	Folienart*
Fünfschichtfolien			
PP | HV | E/VAL | HV | PP	gas-, wasserdampf- und aromadicht, sterilisierbar	Fertiggerichte, Obstsäfte	FF TF
S/B | HV | E/VAL | HV | S/B	gas-, wasserdampf- und aromadicht	Milcherzeugnisse, Fleischgerichte	TF
PE-LD | HV | PA 6 | HV | PE-LD	gute Sperreigenschaften, Schutz der PA-Schicht gegen Feuchtigkeitsaufnahme, gute Siegelfähigkeit, gute Transparenz, Tiefziehfähigkeit	Vakuumverpackung, Tiefziehfolie, Verpackung von Fleisch, Wurst, Käse, Schinken	FF
S/B | HV | PE-LD | HV | S/B	Wasserdampfsperre	Margarine	TF

* Folienarten: FF: Flachfolien, TF: Thermoformfolien, RF: Reckfolien, BF: Blasfolien

Tabelle 6.9 Mehrschichtenkombinationen mit PET für Flach- und Thermoformfolien

Schichtaufbau	Typenkombinationen
A-PET-Verbunde	
A | B | A	A-PET* | A-PET** | A-PET* PETG* | A-PET** | PETG PETG* | PETG** | PETG* PC* | A-PET | PC* PC* | PETG | PC PETG* | PS-Copol | PETG*
A | HV | B	PE-LLD | HV | A-PET PE-LD | HV | A-PET PETG* | HV | PS-HI
A | HV | B | C	PE-LLD | HV | A-PET | A-PET*
A | C | B | C | A	A-PET* | A-PET** | A-PET | A-PET** | A-PET*
B | HV | D | HV | B	A-PET | HV | PA-MOD | HV | A-PET A-PE | HV | EVAL | HV | A-PET
B | HV | D | HV | A	A-PET | HV | E/VAL | HV | PE-LLD
C-PET-Verbunde	
A | B	A-PET | C-PET
A | B | C	A-PET | C-PET** | C-PET A-PET | C-PET | PC
B | HV | D | HV | B	C-PET | HV | PA-MOD | HV | C-PET

A Außenschicht; B Hauptschicht; C Deckschicht; D Barriereschicht; HV Haftvermittlerschicht
* Gleit- und Antiblockadditive; ** mit Regeneratanteil

Tabelle 6.10 Aufbau, Eigenschaften und Anwendungsbeispiele für coextrudierte Schlauchfolien (Blasfolien)

Schichtkombinationen	Besondere Eigenschaften	Anwendungsbeispiele für Packgüter
Zweischichtfolie		
PE-LD | PE-LD	mikroporendicht (mehrfarbig)	Milchfolie Tragetaschen, allgemeine Verpackung,
PE-LD | E/VA	gut schweißbar, sterilisierbar	Schwergutsäcke, Stretch-Verpackung, medizinische Artikel
PE-HD | E/VA	sterilisierbar	Blutplasma, Backwaren, Lebensmittel
PE-HD | PE-LD	gute Festigkeit	Backwaren, Lebensmittel, Tomatenkonzentrat
PE-LD | Ionomer	gut schweißbar durchstoßfest	Milchprodukte, Lebensmittel, medizinische Geräte, allgemeine Verpackung
PE-LLD | PE-LD PE-LLD | E/VA	hohe Elastizität, gute Oberflächenhaftung	Stretchfolie
Ionomer | E/VA	fettdicht	Kokosnüsse, Knabbergebäck
Ionomer | PA	gas- und aromadicht	Fleisch, Wurst, Schinken, Fisch, Lebensmittel, Käse
Zweischichtfolien mit Haftvermittler (HV)		
PE-LD | HV | PA	gas-, wasser- und aromadicht	geschäumtes PS-Granulat, Fleisch, Wurst, Käse, Schinken, Fisch, vorgefertigte Gerichte, Hopfen
E/VA | HV | PA	im Warmluftkanal flächenschweißend	
mod. E/VA | HV | PA		Vakuumverpackung für Schinken (schrumpffähig)
Dreischichtfolien, symmetrisch		
PE-LD | PE-LLD | PE-LD	stretchbar	Palettenladungssicherung
PE-LLD | PE-Scrap | PE-LLD		Lebensmittelfrischhaltung
PE-HM | PE-LLD | PE-HM	reißfest	Beutel für trockene Lebensmittel
PE-LLD | PE-HM | PE-LLD		Backwaren
PE-LD | PE-MD | PE-LD	hohe Steifigkeit	Tragtaschen
PE-LD | PE-HD | PE-LD E/VA | PP | E/VA E/VA | PE-HD | E/VA	beidseitig schweißbar, geringe Rollneigung, elastisch, sterilisierbar	
Dreischichtfolien, asymmetrisch		
PE-LLD | PE-LLD | PE-LLD + PIB | Blends |	stretchbar	Ladungssicherung
PE-LD | PE-HD | E/VA	gut schweißbar	Lebensmittelfrischhaltung
PE-LD | E/VA | PP	gute Steifigkeit, wärmebeständig	Schrumpfhauben, nicht verklebend (Antibackhauben)

Tabelle 6.10 (Fortsetzung)

Schichtkombinationen	Besondere Eigenschaften	Anwendungsbeispiele für Packgüter
Fünfschichtfolien		
PE-(L)LD | HV | PA | HV | PE-(L)LD	keine Rollneigung, verbesserte Sauerstoff- und Aromasperrwirkung, da PA bzw. E/VAL vor Feuchte schützt	Lebensmittel (wie Fleisch, Wurst, Schinken, Käse, Fisch, Fertiggerichte) mit definierter Haltbarkeit, Wein, Chemikalien, Pharma- und Hygieneprodukte
PE-LD | HV | E/VAL | HV | PE-LD		
PE-LD(HP) | EA | PA | EA | PE-LD(HP) | E/VA		
PA | Ionomer | PA | Ionomer | E/VA		
PC |		
PET |		
PA | E/VA | PA | Ionomer | E/VA | PE-LD(HP)		
E/VA | HV | E/VAL | HV | E/VA		Milchpulver
PE-LD | HV | E/VAL | HV | PE-LD		
E/VA | HV | E/VAL | HV | E/VA		

Beispiele von handelsüblichen Barriereverpackungsfolien für Lebensmittel, Kosmetika und Chemikalien zeigt Tabelle 6.11.

Tabelle 6.11 Anforderungen empfindlicher Füllgüter und hierfür geeignete Werkstoffverbunde

geeignete Verbundkombinationen	geforderte Packmitteleigenschaften	Füllgut
PE oder PP | HV | E/VAL Ionomer | PA PE oder PP | HV | E/VAL | HV | Polyolefin PC | HV | E/VAL | HV | PC PE | HV | PA | E/VAL | PA(| PET) Ionomer | PA | E/VAL | PA PE | HV | E/VAL | PVDC PE | HV | OPP | PVDC PP | Metall | PET Siegelschicht | OPP | Siegelschicht Acryl | OPP (transparent oder weiß) | PVDC Acryl | OPP | PVDC | Metall | Lack	– gute bis extrem hohe Barriere für • O_2, CO_2, N_2 • Wasser • Aroma • Licht – Wärmebelastbarkeit: Heißabfüllung, Pasteurisierung, Sterilisierung – gute bis sehr gute Siegelnahtfestigkeit	Lebensmittel: Speiseöle, Mayonnaise, Ketchup, Wurst, Schinken, Süßwaren, Snacks
PE oder PP | HV | PA PE oder PP | HV | E/VAL | HV | PE oder PP PC | PET | PC PE-Copol (Selar) | PA PET | Gummi-Membran	– Riechstoffsperre – Sauerstoffsperre – glänzende, druckfestige und kratzfeste Oberfläche – Druckbehälter für Sprays	Kosmetika: Waschlotionen, Haarpflegemittel, Hautöle
PA | HV | PE oder PP E/VAL | HV | PE oder PP-E/VAL | SBR fluoriertes PE-HD- sulfoniertes PE-HD	– Beständigkeit gegen unpolare Chemikalien und Lösemittel – Permeationssperre	Chemikalien: Pflanzenschutzmittel, Benzin, Lösemittel, Haushaltschemikalien

6.2 Flexible Kunststoff-Verpackungen

Weichpackmittel haben infolge ihrer Schmiegsamkeit eine enge Verbindung mit dem Packgut und sind somit für folgende Packvorgänge geeignet:
– Stückige Packgüter können mit Folien eingeschlagen, eingeschrumpft, skin-verpackt (siehe auch Abschnitt 4.3.4), oder mittels Dehnfolien eingestretcht werden. Außerdem werden sie auch in Beuteln und Netzen verpackt.
– Rieselfähiges und sehr kleinkörniges Packgut wird in Säcke sowie Beutel gefüllt.
– Zähflüssiges, flüssiges und pastöses Packgut wird in Kissen, flüssigkeitsdichten Beuteln, Schläuchen und Tuben verpackt.

6.2.1 Folieneinschläge – Folieneinwickler

Folieneinschlag bzw. -einwickler ist ein vorgefertigter oder von der Rolle abgelängter Zuschnitt eines Packstoffs zum manuellen oder maschinellen Umhüllen des Packgutes. Oft werden Einzelpackungen zusätzlich durch Umhüllung mit Folieneinschlag zu folgenden Zwecken versehen:
– zusätzlicher Schutz des Füllguts gegen äußere Einflüsse,
– Kontrollverbesserung und Verschlußgarantie,
– Zusammenfassung mehrerer Einzelpackungen,
– Verkaufsförderung.

Als Schutzfunktion soll ein Folieneinschlag mechanische Beschädigungen wie Verkratzen verhindern. Lebens- und Genußmittel wie Tabakwaren, Schokolade, Kosmetika werden durch Folieneinschlag vor Aromaverlust, Austrocknung und/oder Feuchtigkeitsaufnahme (Brot, Zigaretten) geschützt.

Die Verwendung klarsichtiger Einschlagfolien macht ihren Inhalt klar erkennbar und gewährleistet zugleich, daß die Packung ungeöffnet vorliegt. Der Folieneinschlag bildet somit einen Garantieverschluß, was besonders durch Aufreißstreifen demonstriert werden kann. Einschlagfolien sind meist Monofolien (Einfachfolien, Tabelle 6.12), aber auch Verbundfolien (siehe Tabelle 6.11).

Anforderungen an Einschlagfolien

Insbesondere wegen der Anwendung vollautomatischer Einschlag- und Einwickelmaschinen sollen die Folien folgende Eigenschaften besitzen:
– Ausreichende *Steifigkeit*, damit der Transport der Folienbahn sowie deren Faltung auf den Automaten gewährleistet ist.
– *Schlupf*: Die Oberfläche der Einschlagfolie muß hart genug sein, um den Reibungswiderstand zwischen der Folie und den Metallteilen der Verpackungsmaschine niedrig zu halten, so daß ungewollte Stauchungen und Plissierungen vermieden werden. Gegebenenfalls können Schlupf und damit die Maschinengängigkeit durch geeignete Hilfsmittel (Gleit- und Antiblockmittel) verbessert werden.
– Möglichst geringe *elektrostatische Aufladung*: Infolge der fertigungsbedingten Reibungsvorgänge laden sich die Folien elektrostatisch auf, wodurch sie von Metallteilen, Verarbeitungsmaschinen etc. angezogen werden. Hierdurch wird wiederum der Materialfluß auf den Verpackungslinien beeinträchtigt. Dagegen können die Folien durch geeignete Zusätze präpariert werden, wodurch allerdings andere Folieneigenschaften beeinträchtigt werden.

Tabelle 6.12 Eigenschaften und Anwendungen der wichtigsten Einstoffverpackungsfolien (Mono- oder Duplofolien aus gleichem Packstoff)

Folienwerkstoff	allgemeine Eigenschaften	Verpackungsanwendungen
Polyethylen niedriger Dichte PE-LD	transparent, hohe Wasserdampfdichtheit, kältefest bis –60°, laugen- und säureunempfindlich, mono- und biaxial gereckt als Schrumpffolie	Lebensmittelverpackungen, Milchbeutel, technische Artikel, Schrumpfverpackungen, Palettenverpackungen.
Polyethylen hoher Dichte PE-HD	mechanische Festigkeit höher als PE niedriger Dichte, Temperaturbeständigkeit gut, klar bis milchig trüb, chemikalienbeständig, Wasserdampfdichtheit gut.	Dünne Folie für Kochbeutel, Spezialverpackung für Fertiggerichte, Bänder für gewebte PE-Säcke.
Polypropylen (orientiert) PP (OPP oder BOPP)	glasklar, sehr reißfest, schrumpfbar, schweißbar, temperaturbeständig bis 140°, wasserunempfindlich.	Fäden zur Sackherstellung, Verpacken von Brot, Obst, technischen Artikeln, Büchern, Hemden, Damenstrümpfen, Bitumenverpackungen, Becher für Milchprodukte.
Polyamid PA (PA 6, PA 11, PA 12)	hohe Temperaturbeständigkeit, reiß- und abriebfest, öl- und fettdicht, Gasdichtheit sehr gut, schweißbar, klebbar, bedruckbar ohne Vorbehandlung, gut sterilisierbar.	Spezialverpackung für technische und pflanzliche Öle und Treibstoffe. PA 12 für Wurstdärme.
Polyester PET (A-PET, C-PET, PETG)	transparent, sehr reißfest, weitgehend aroma-, gas-, wasserdampfdicht, hohe Temperaturbeständigkeit, kältefest.	Vakuumpackungen. Frischfleischreife-Packungen. Garpackungen zum Braten und Dünsten in der Folie.
Polystyrol PS (PS-I, schlagfestes Polystyrol)	(biaxial gereckt) glasklar, steif opak oder gedeckt, siegelbar, bedingt aroma-, gas-, wasserdampfdicht, steif, biegsam bis leicht spröde.	Schalen und Fensterpackungen, Warmformfolie für Becher für Speisequark, Feinkost, Joghurt u. ä.
Polyvinylchlorid hart PVC-U	transparent und farbig (weiß) gedeckt, hohe mechanische Festigkeit, aroma- und gasdicht, wasserdampfdicht, schweißbar, metallisierbar, öl- und fettbeständig.	Lebensmittelverpackungen, warmgeformte Becher. Blister- und Bubblepackungen. Tiefkühlpackungen.
Polyvinylchlorid weich PVC-P	glasklar, auch farbig und gedeckt, dehnbar, klebbar, schweißbar	Kissenpackungen für flüssige und pastöse Güter, Kosmetika, Tuben für Haushaltchemikalien.
Polyvinylidenchlorid PVDC	hochtransparent, sauerstoff- und wasserundurchlässig, siegelbar, schrumpfbar, kochfest, sterilisierbar	Lebensmittelverpackungen, Brot, Fisch, Wurst, Kochbeutel, Käse, Heißsiegel- und Sperrschichten auf Papier,. Zellglas, Aluminium.
Zellglas (Cellulosehydrat, unlackiert und lackiert)	transparent, luftdicht, öl- und fettdicht, staubdicht, Wasserdampfdichtheit bedingt, Aromadichtheit ausreichend, unlackiert nicht siegelbar. Verkleben mit Spezialklebern; durch Lackierung beidseitig ist Wasserdampfdichtheit und Siegelbarkeit erreichbar.	Lebensmittelverpackungen, z. B. Brot- und Käseeinschlag, ferner alle Güter, die vor Austrocknung geschützt werden müssen, z. B. Teigwaren, Fleisch- und Wurstwaren, Süßwaren, Seifen, Zigaretten, Marzipan, Bonbons, technische Artikel, Banderolen.

- *Schweißfähigkeit, Siegelfähigkeit* und *Klebbarkeit* werden fallweise benötigt, um die Einschläge zu verschließen.
- *Drehbarkeit* wird insbesondere dann benötigt, wenn – wie bei Bonboneinwicklern – Verschweißen, Versiegeln oder Verkleben unerwünscht sind. Außer Zellglas eignen sich nur unverstreckte PP-Folien für solchen Dreheinschlag.
- *Plissierfähigkeit* wird für den Einschlag runder Packgüter wie Seifen, Badetabletten, Cremedosen, Salbentöpfe, Farbbandspulen, Klebebandrollen, Bälle und anderer runder Güter verlangt. Für den Plissiereinschlag sind spezielle Maschinenelemente in Anwendung. Dafür geeignet sind außer Zellglasfolien PE-HD-, PP-, PVC-, PA-, PVDC- sowie PET-Folien.

Die früher meist als Folieneinschlag verwendete Zellglasfolie wurde inzwischen durch BOPP-Folie substituiert. Sie benötigt eine Heißsiegelschicht, die durch Coextrusion oder Lackierung aufgebracht wird. Um unerwünschtes Schrumpfen beim Siegelvorgang zu vermeiden, wird die Folie thermofixiert. Die Siegelschichten enthalten Additive, welche gute Maschinengängigkeit gewährleisten.

Man unterscheidet Banderoleneinschlag und Volleinschlag.

Banderoleneinschlag bietet nur geringen Schutz für das Packgut, da die Seiten offen sind. Meist ist er als Schrumpf- oder Stretchbanderole ausgeführt (Bild 6.5).

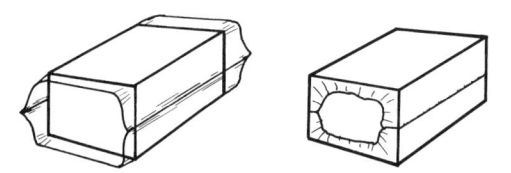

Bild 6.5 Schrumpfbanderolieren vor und nach dem Schrumpfen

Volleinschlag hat den Vorteil, daß die Packung allseitig geschlossen ist und gute Dichtheit gegen Feuchte, Staub, Mikroben etc. gewährleistet. Folienmenge und Geräteaufwand für die Seitenfaltungen sowie die Kosten für die hierzu verwendeten Packautomaten sind umfangreicher und teurer als beim Banderoleneinschlag (Bild 6.6 und 6.7). Einfachste Möglichkeit des Volleinschlags ist die *Streifenpackung*. Dies ist die Verpackung von kleinen, flachen Packgütern, die einzeln oder in geringer Anzahl zum Verbrauch gelangen und die vor allem gegen Verschmutzung oder Berührung geschützt werden sollen. Das Packgut wird dabei zwischen zwei Folienstreifen gelegt, die an ihren Rändern durch Kleben oder Heißsiegeln miteinander verbunden werden.

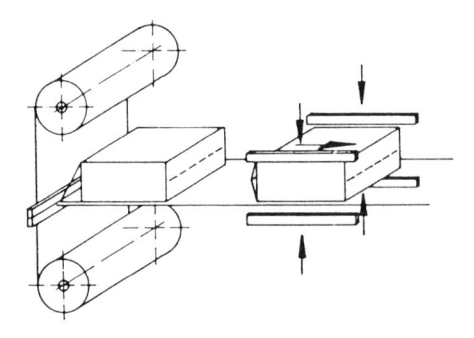

Bild 6.6 Volleinschlag mit seitlicher Schweißung für dichte Verpackungen

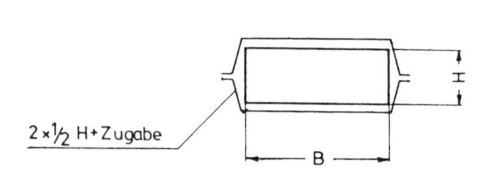

Bild 6.7 Folienbedarf für Volleinschlag mit Seitenschweißung oder -rändelung

Die für *Folieneinschläge* verwendeten Maschinen werden im Abschnitt 9.2 (Verpackungsmaschinen) behandelt.

6.2.2 Schrumpfverpackungen

Schrumpfverpackung erfolgt durch Auf- oder Anschrumpfen der Folie an das Packgut. Die hierfür benutzte Schrumpffolie ist eine durch Reckung vorbehandelte thermoplastische Folie, die durch Wärmeeinwirkung schrumpft. Es können prinzipiell alle Thermoplaste, die mono- oder biaxial reckbar und deren so erzeugte Spannungen einfrierbar sind, eingesetzt werden. In der Praxis verwendet man PE-Typen und Copolymere, PP, PET, PVC und PVDC. Die Reckung dieser Folien wird auf die jeweiligen Schrumpferfordernisse eingestellt (Tabelle 6.13).

Tabelle 6.13 Kenndaten für Schrumpffolien (Angaben in Zirkawerten)

Folien-typ	Zug-festigkeit MPa	Verstreckung %	Reiß-festigkeit MPA	maximaler Schrumpf %	Schrumpf-Spannung MPa	Schrumpf-Temperatur °C
PE-LD	60	120	30–40	80	1,7–2,8	65–120
PE-LD strahlen-vernetzt	55–90	115	20–30	80	28	75–120
PP	180	50–100	20	80	4,0	120–165
PET	200	130	40–230	55	4,8–10,3	75–150
PVC	60–100	140	sehr unterschiedlich	60	1,0–2,1	65–150

Die Rückstellkräfte der Schrumpffolien müssen beachtet werden. Nach Strahlenbehandlung kann PE-Folie bei höherer Temperatur stärker verstreckt werden, was zu besseren Schrumpfeigenschaften führt. Der Schrumpfbereich der Folien liegt meist zwischen 70 °C und 120 °C, was bedeutet, daß solche Folien bei Transport und Lagerung vor zu großer Hitze zu schützen sind. Je nach Bedarf kann der Schrumpf bei der Folienherstellung mit entsprechendem Reckgrad in jeder Richtung eingestellt werden. Die Umschrumpfung des Packguts kann als Banderol- oder als Vollschrumpfhülle ausgeführt werden. Dabei legt sich die Folie als straffe Haut eng um das Packgut. Ein evtl. zusätzlicher Kantenschutz aus Polystyrol, Pappe oder sonstigen Kunststoffen wird von der Folie fest an das Packgut gedrückt.

Der *Banderoleneinschlag* erfolgt so, daß der an beiden Seiten offene Folienschlauch ca. 2 bis 5 cm über das Packgut übersteht und sich dann beim Schrumpfprozeß im Schrumpftunnel (siehe auch Bild 6.5) fest an das Packgut schmiegt, so daß vor allem die Kanten und die seitlichen Überstände anschrumpfen. Man kann das Packgut in Schlauch- oder Halbschlauchfolien (Bild 6.8) einschieben oder zwei Folienbahnen verwenden, die entweder von zwei Rollen oder Rollen mit doppelbahniger Wicklung abgezogen werden (Bild 6.10).

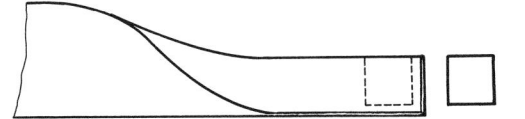

Bild 6.8 Halbschlauchbildung für Schrumpffolieneinschlag

Um während des Schrumpfvorgangs die Ausbildung von Luftpolstern zu vermeiden, können die Folien mehr oder weniger perforiert sein, weshalb solche Schrumpfpackungen keine absolute Dichtheit aufweisen.

Unregelmäßige Packgüter werden in Folie von Rollen eingeschweißt und geschrumpft. (Bild 6.9).

Vollschrumpfhüllen werden je nach den Formen des Packgutes gestaltet: Stückige Kleinteile, wie Lebensmittel und Kleinwaren können von zwei Rollen (Bild 6.10) oder in Halbschläuchen eingeschrumpft werden, wozu die betreffende Folienbahn durch eine Drei-Seiten-Trennaht verschweißt wird.

Bild 6.9 Schrumpfverpackung unregelmäßig geformter Packgüter

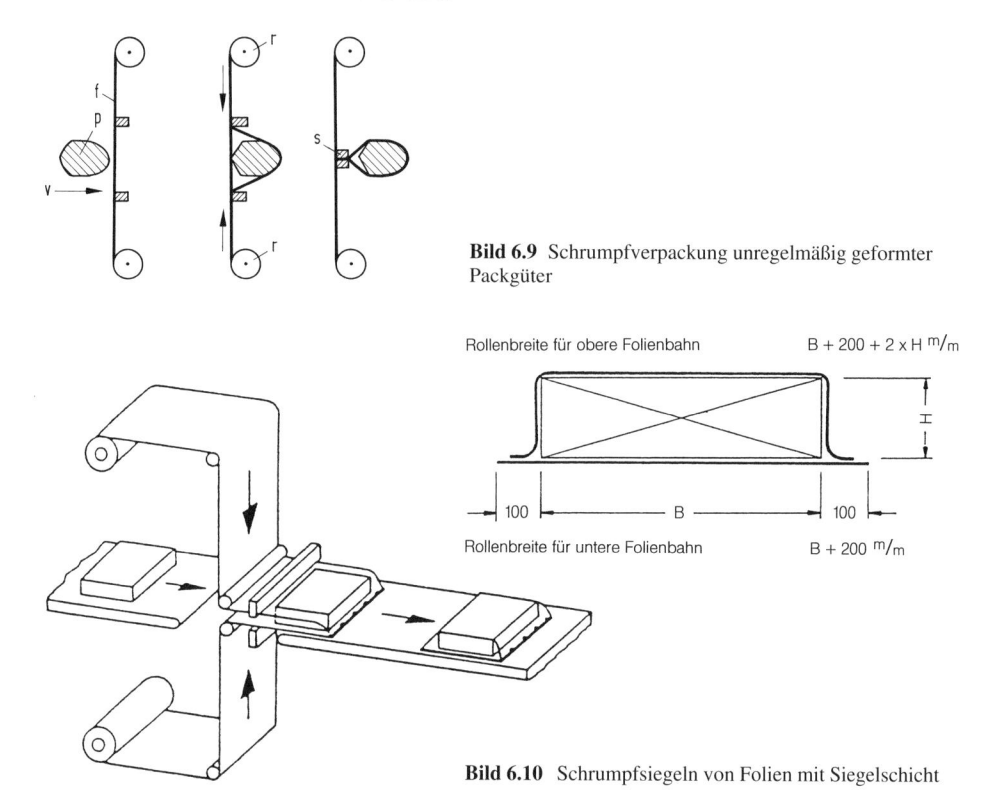

Rollenbreite für obere Folienbahn $\quad B + 200 + 2 \times H$ m/m

Rollenbreite für untere Folienbahn $\quad B + 200$ m/m

Bild 6.10 Schrumpfsiegeln von Folien mit Siegelschicht

Für Palettenverpackung finden *Schrumpfhauben* Anwendung als Ladungssicherungselemente (Bild 6.11). Schwergüter, Fässer und Säcke werden durch Schrumpfverfahren verpackt bzw. gesichert. Schrumpfhauben werden aus Seitenfaltenschläuchen gebildet, über das Palettenfüllgut gestülpt und können unter den Palettenrand schrumpfen. Im *Konterschrumpfhaubenverfahren* kann palettenlos geschrumpft werden (Bild 6.12). Den Folienbedarf von Schrumpfeinschlägen demonstriert Bild 6.13 als Berechnungsgrundlage

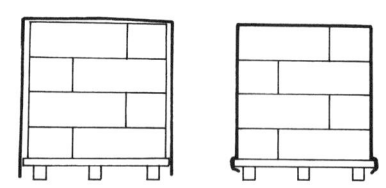

Bild 6.11 Schrumpfhaube zum Verpacken und Sichern von Palettenladungen

für Schrumpfeinschläge. Weitere Verwendungsmöglichkeiten für Schrumpffolien sind Kombinationspackungen, bei denen das Packgut – auf Schalen liegend – eingeschrumpft wird (siehe auch Tabelle 6.13).

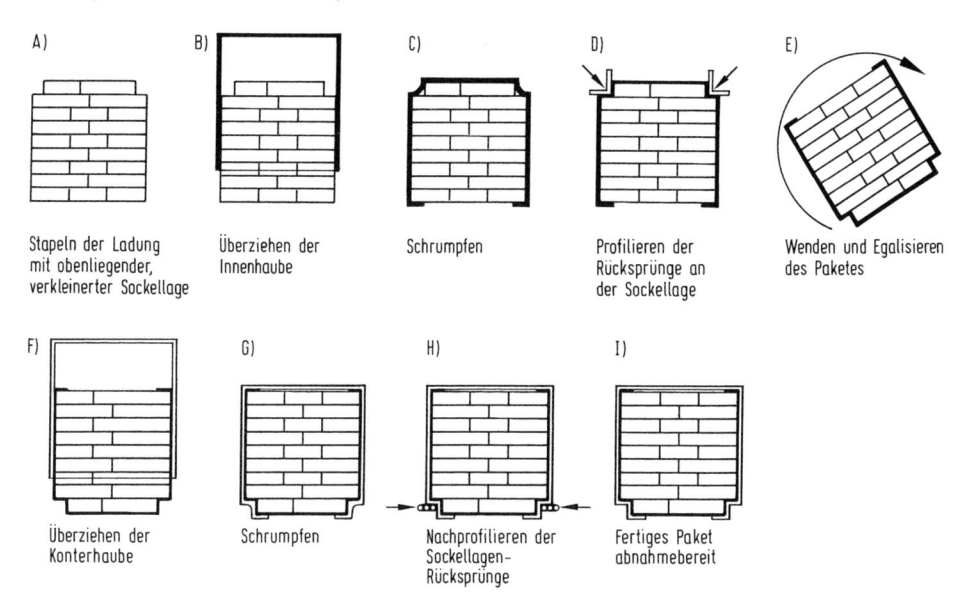

A) Stapeln der Ladung mit obenliegender, verkleinerter Sockellage
B) Überziehen der Innenhaube
C) Schrumpfen
D) Profilieren der Rücksprünge an der Sockellage
E) Wenden und Egalisieren des Paketes
F) Überziehen der Konterhaube
G) Schrumpfen
H) Nachprofilieren der Sockellagen-Rücksprünge
I) Fertiges Paket abnahmebereit

Bild 6.12 Konterhaubenschrumpfverfahren (nach *Möllers*)

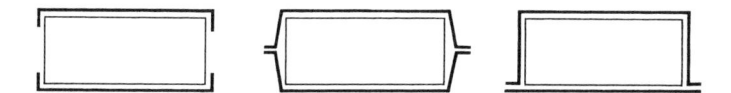

Bild 6.13 Folienbedarf unterschiedlicher Schrumpfeinschläge, schematisch

6.2.3 Stretchverpackungen – Streckverpackungen

Der Einschlag mit den Stretch-, Dehn- oder Streckfolien wird als Volleinschlag bei Raumtemperatur durchgeführt, was bei kleineren Mengen manuell durch einfaches Umspannen des Packguts, z. B. Lebensmitteln, auf einer Verkaufsschale erfolgt. Maschinell wird das Packgut durch eine Hubvorrichtung in einen rundum fest eingespannten Folienzuschnitt gedrückt, wobei sich die sich dehnende Folie um das Packgut spannt. Das Siegeln erfolgt unterhalb der Packung, wodurch der Spannungszustand fixiert wird. Die Folie kann auch zuerst durch eine Greif-Spannvorrichtung gestreckt, um die Schale herumgelegt und zu einem Folienschlauch verschweißt werden.

Warenstapel können durch vorgedehnte Folien oder Netzfolien wie folgt maschinell mit nachfolgenden Verfahren umwickelt werden (Bild 6.14):
– Vorhangstretchen mit einlagiger Folie; die Enden werden verschweißt.
– Parallelwickelstretchen mit Mehrlagenfolie übereinander in horizontaler Richtung.
– Spiralwickelstretchen, wobei mehrere Lagen schmaler Folien, von unten beginnend, schraubenförmig zur Stapeloberkante und wieder zurück bis zur Stapelbasis gewickelt werden. Die Enden werden durch Verklebung oder Versiegelung fixiert.

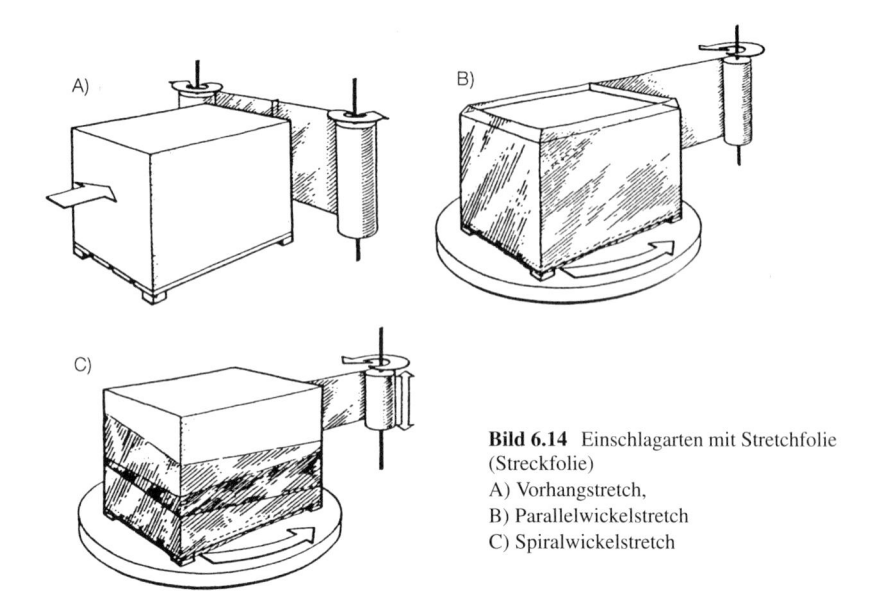

Bild 6.14 Einschlagarten mit Stretchfolie (Streckfolie)
A) Vorhangstretch,
B) Parallelwickelstretch
C) Spiralwickelstretch

Stretchfolien werden aus Ethylen-Vinylacetat-Copolymeren (EVA) mit Vinylacetat-Gehalten von etwa 3 bis 15% und PE-LLD hergestellt, seltener verwendet man PVC und PVDC. Die Folien weisen einen Haft-, Adhäsions- bzw. Clingeffekt auf, der durch Zusätze wie Polyisobutylen (PIB) oder mit Verbundfolien wie PE-LLD/EVA, PE-LLD/PE-VLD usw. erreicht wird. Dermaßen gut ausgerüstete Stretchfolien sind ohne Verlust wichtiger Eigenschaften zwischen etwa −30 °C und +40 °C einsetzbar. Hergestellt werden sowohl Schlauch- als auch Flachfolien.

Anforderungen an die Folien sind große Dehnfähigkeit bei möglichst geringer Einschnürung, gute Reißfestigkeit und Durchstoßfestigkeit, hohe Elastizität und Spannkraft, geringe Ermüdungstendenz und gute Haftung zwischen den Folienoberflächen. Außerdem Transparenz, Einfärbbarkeit, Bedruckbarkeit, Wasserdichtheit, physiologische und lebensmittelhygienische Unbedenklichkeit, Umweltfreundlichkeit, chemische Resistenz.

Vorhang-, Stretch- oder Streckverpackungen werden angewandt für Packgutstapel, die gleichbleibend hoch sind. Die Foliendicke hierfür beträgt 80 bis 120 µm.

Parallelwickel-Streckverpackungen können angwandt werden, wenn die gleichbleibend hohen Stapel geringerer Wickelzugspannung ausgesetzt werden. Als Foliendicke genügen 20 bis 40 µm.

Spiralwickel-Streckverpackungen werden bei verschieden hohen Packgutstapeln eingesetzt, Foliendicke 15 bis 50 µm, Folienbreite 300 bis 600 mm. Um kompakte Ladeeinheiten zu erhalten, müssen die Ober- und Unterkanten des Packgutstapels von der Stretchfolie voll umgriffen werden. Die verwendeten Stretchfolien müssen dehnfähig sein, gute Rückspannung besitzen, Festigkeit aufweisen gegenüber Ein- und Weiterreißen und dürfen nicht erschlaffen. Die Innenseite der Stretchfolien sollte haftfähig sein, die Außenseite glatt.

Schrumpf- und Stretchverpackungen können einander substituieren, aber auch ergänzen, wodurch Verpackungsvorgänge optimierbar sind.

6.2.4 Skinverpackungen – Hautverpackungen

Diese sind Sichtverpackungen, die aus einer mittels Hitze und Vakuum hauteng dem Packgut angepaßten Kunststoffolie und einer planen Unterlage bestehen. Hierfür werden glasklare Kunststoffolien z. B. aus PVC, aber auch PE-LD und Ionomere verwendet. Die Unterlage ist eine kleb- oder siegelstoffbeschichtete, poröse Karton- oder Kunststoffplatte. Die Foliendicke kann zwischen 30 und 150 µm betragen. Zum Warmverformen der Folie wird das Packgut quasi als Positiv-Werkzeug genutzt. Nach Erwärmen der Folie wird das Packgut auf seiner Unterlage (meist aus Pappe) durch den nach oben beweglichen Formtisch in die erhitzte Folie gedrückt und die Luft durch die Unterlage abgesaugt. Die Folie wird hautartig eng und fest gegen Packgut und Unterlage angesaugt. Durch Heißsiegeln, Kleben oder Klammern wird die Verbindung zwischen Folienrändern und Unterlage hergestellt (Bild 6.15).

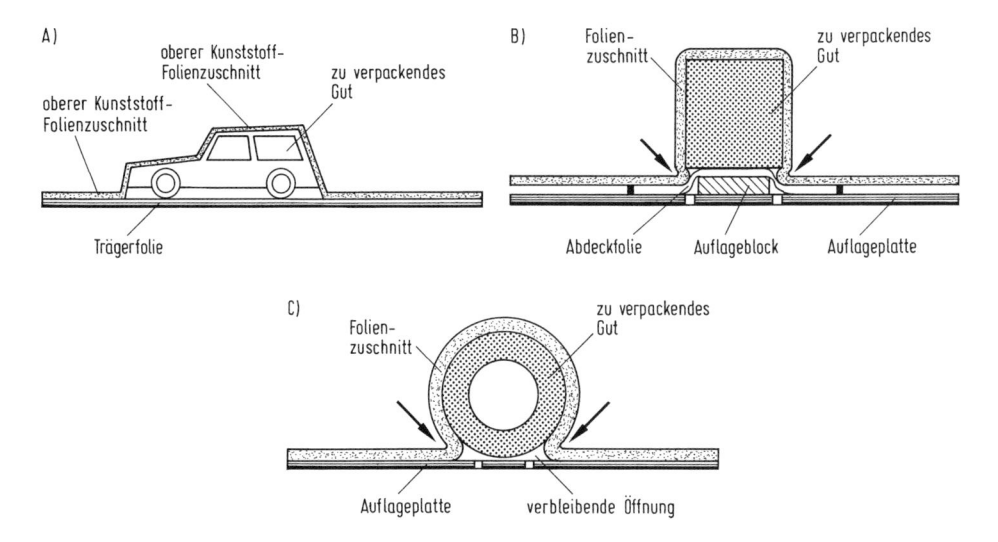

Bild 6.15 Skin-Einstoff-Packvarianten mit Trägerfolie (A), ohne Trägerfolie, aber mit Abdeckfolie (B), ohne Träger- und ohne Abdeckfolie (C)

Skinverpacken bzw. *Verskinnen* erfolgt im thermoelastischen Bereich der Folien. Als Packgüter kommen nur solche in Frage, welche bei vollflächiger Berührung mit den heißen Folien nicht beschädigt werden. Als Unterlage werden wegen der Vakuumformung Kartons oder PE-UHMW (Ultra High Molekular Weight)-Platten guter Porosität eingesetzt. Die Verwendung der Skinpackung erfolgt für Packstücke von kleiner bis mittlerer Größe für den Selbstbedienungseinzelhandel, z. B. zum Verpacken von Kleinteilen wie Metall- und Elektroartikeln, Haushaltswaren, Spielzeug etc., wobei die Unterlagen häufig mit verkaufsfördernden Farben bedruckt sind. Wenn die Skinpackungen nur als Lager- und Transportschutz eingesetzt sind, werden oft viele kleinere Einzelteile auf einem Unterteil mittels Skinfolie befestigt, verpackt und geschützt.

6.2.5 Beutel

Beutel aus Folien werden für Industrie- und Verbrauchsgüter, zur Lagerung und zum Berührungsschutz von Produkten, zum Transport von Gütern und in technisch anspruchs-

130   6 Verarbeitung von Kunststoffen zu Packmitteln

vollen Anwendungen zum sicheren Verpacken empfindlicher Waren über längere Zeiträume eingesetzt (Bild 6.16). Die Systematik bzw. Zusammenhänge der Kunststoffbeutelarten zeigt Tabelle 6.14. Allgemeine Definitionen der Beuteltypen befinden sich in Abschnitt 4.3.5. Automatische Beutelform-, Beutelfüll- und Verschließmaschinen werden in Abschnitt 9.6 behandelt.

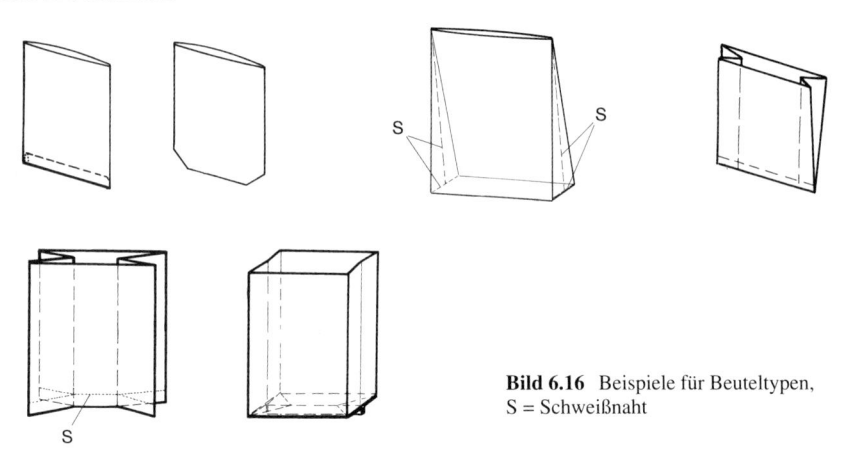

Bild 6.16 Beispiele für Beuteltypen, S = Schweißnaht

Tabelle 6.14 Systematik der Kunststoffbeuteltypen

Flachbeutel			Bodenbeutel		Tragbeutel
Schlauchbeutel	Zweinahtbeutel	Siegelrandbeutel	echte Bodenbeutel	unechte Bodenbeutel	wie Bodenbeutel oder Zweinahtbeutel mit unterschiedlicher Traggriffgestaltung:
mit oder ohne Längsnaht	mit Klappe – Klappenbeutel – Stülpklappenbeutel – Klapptaschenbeutel -		– Ovalbodenbeutel – Blockbodenbeutel – Kreuzbodenbeutel	– Seitenfaltenbeutel – Bodenfaltenbeutel	– Griffloch – Griffloch mit Verstärkung – „Hemdchenbeutel" – Bandgriffe – Massivgriffe, (spritzgegossen) – Massivgriffe mit Druckknopfverschlüssen

Flachbeutel: Solche Beutel werden aus Flach- oder Schlauchfolienbahnen hergestellt. Man unterscheidet zwischen Schlauch-, Zweinaht- und Siegelrandbeuteln (Bild 6.17).

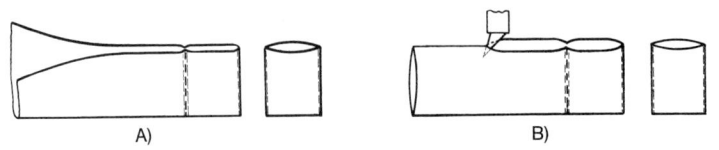

Bild 6.17 Herstellungsmöglichkeiten für Beutel. Zweinahtbeutel aus gefalteter Folienbahn (A), aus Folienschlauch (B)

Schlauchbeutel: Diese können mit und ohne Längsnaht und zwei Quernähten hergestellt werden (Bild 6.18):

- Ohne Längsnaht durch Querschweißung von Schlauchfolienbahnen und Trennen mittels Schneidmesser unterhalb der Schweißstelle, so daß ein oben offener Beutel entsteht.
- Mit Längsnaht aus einer Folienbahn, deren Ränder zusammengeschweißt werden. Quer zur Laufrichtung wird eine Bodennaht eingeschweißt. Die Trennung erfolgt wie zuvor.

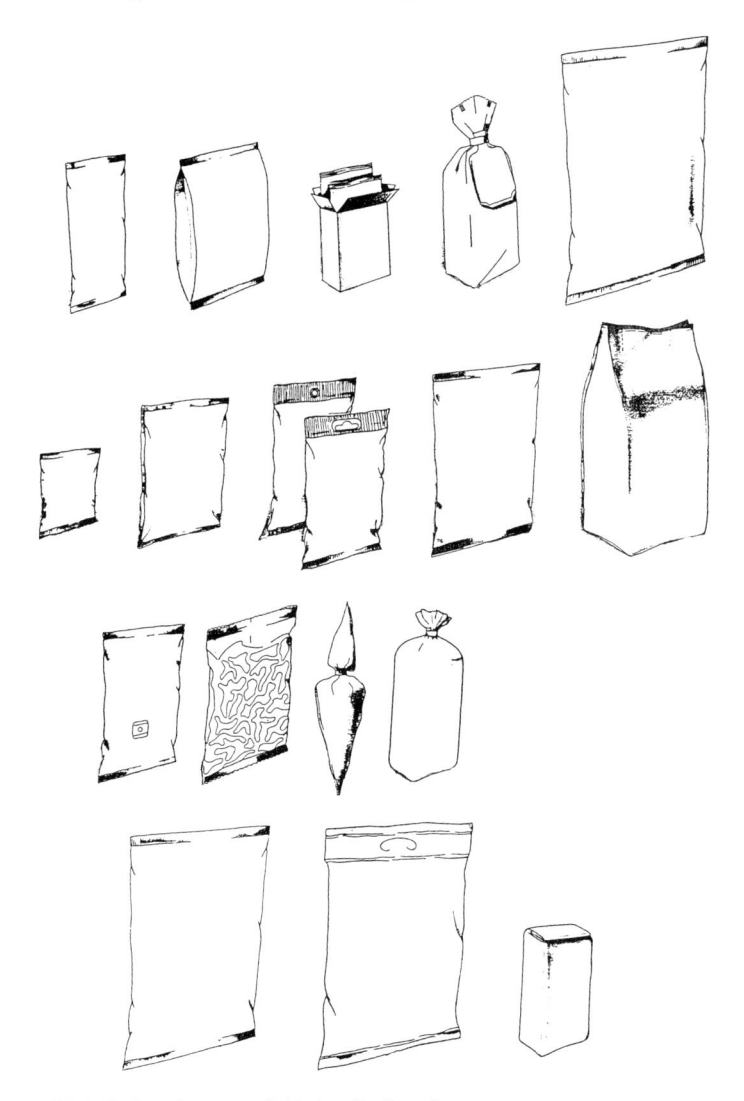

Bild 6.18 Gestaltungsmöglichkeiten für Beutel

Zweinahtbeutel sind Flachbeutel mit zwei Längsnähten, bei welchen die Unterkante durch Faltung entsteht. Mit dem Trennaht-Schweißverfahren lassen sich mehrere Beutel gleichzeitig herstellen. Bei der maschinellen Fertigung (siehe Kapitel 9) werden verschiedene Varianten angewendet wie Einlegen der Folienkante, so daß ein unvollkommener Bodenbeutel entsteht.

Weitere Varianten der Zweinahtbeutel führen zur Herstellung von Klappenbeuteln, Stülpklappenbeuteln und Klapptaschenbeuteln.

Siegelrandbeutel sind Flachbeutel mit insgesamt vier Heißsiegelnähten. Hierbei kann das Packgut, z. B. Aufschnitt, auf die untere Folie aufgelegt, eine weitere Folienbahn darüber und an vier Seiten gleichzeitig aufgesiegelt werden. Diese Vorgänge können auch in Abpackanlagen mit MAP (Modified Atmosphere Packaging), CAP (Controlled Atmosphere Packaging) oder im Vakuum vorgenommen werden. Die Bilder 6.19 und 6.20 zeigen die Herstellung vorgefertigter (ungefüllter) Siegelrandbeutel.

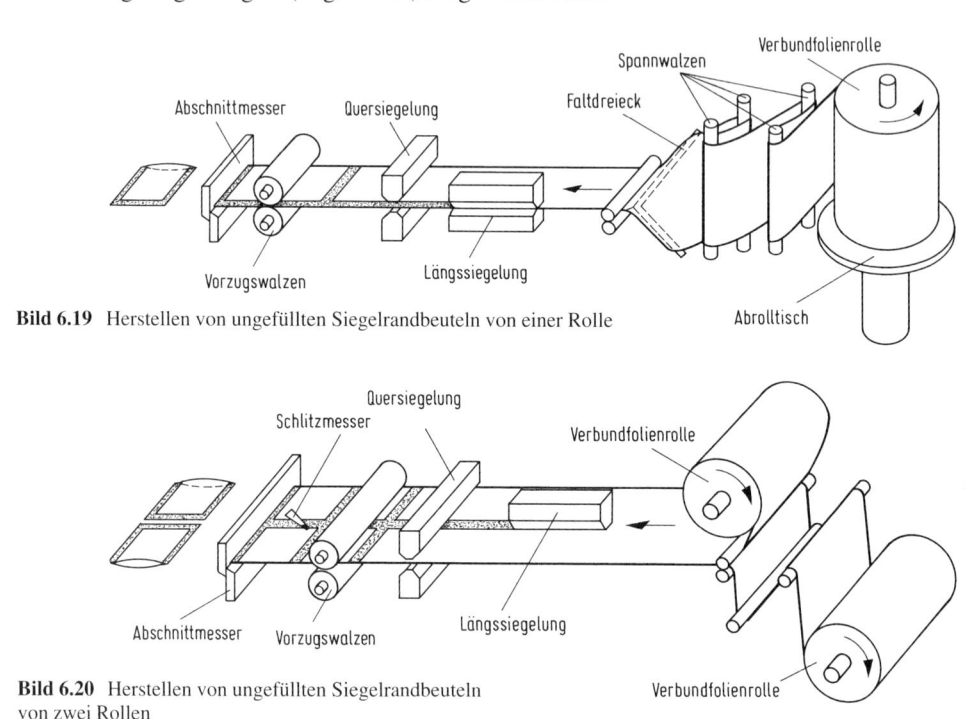

Bild 6.19 Herstellen von ungefüllten Siegelrandbeuteln von einer Rolle

Bild 6.20 Herstellen von ungefüllten Siegelrandbeuteln von zwei Rollen

Bodenbeutel sind standfähige Beutel. Die Standfähigkeit von Kunststoffbeuteln kann erreicht werden mit *Seitenfaltenbeuteln*, wozu in eine Schlauchfolienbahn maschinell Seitenfalten eingelegt werden. Wie beim einfachen Schlauchbeutel wird anschließend eine Bodennaht als Quernaht eingesetzt, wodurch sich ein einfacher Rechteckboden ausfalten läßt, so daß die Beutel in gefülltem Zustand aufrecht stehen können. Analog hierzu kann eine Bodenfalte gebildet werden (Bild 6.21). Bodenbeutel aus Kartonverbundfolien oder -bahnen werden in großem Umfang zum Abfüllen von Getränken (Milch, Säften, Wein) und Haushaltsflüssigkeiten (Nachfüllpackungen) mit oder ohne wiederverschließbare Schraub- oder Klappdeckel hergestellt (siehe Abschnitt 8.9.3 und 9.7.3)

Kreuzbodenbeutel entstehen durch kreuzweises Falten, wodurch ein rechteckiger, gut ausgebildeter Boden entsteht.

Blockbodenbeutel besitzen zwei Seitenfalten und einen gefalteten rechteckigen Boden.

Ovalbodenbeutel sind standfeste Beutel oder Standbeutel, wobei sich der ovale Boden erst nach dem Aufblasen des Beutels bildet. Solche Beutel werden meist aus Verbundfolien hergestellt, dienen der Verpackung empfindlicher Lebensmittel sowie als Nachfüllbeutel für

6.2 Flexible Kunststoff-Verpackungen 133

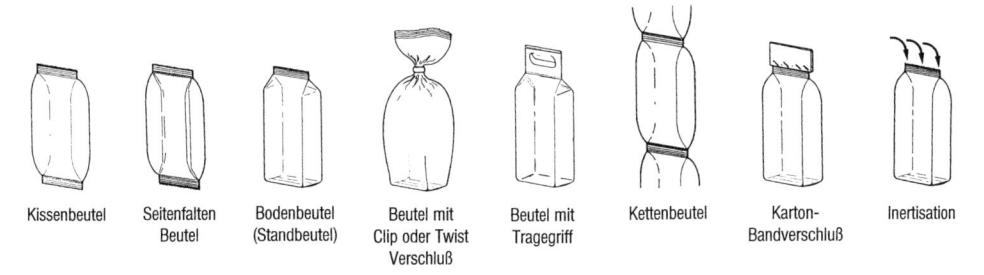

| Kissenbeutel | Seitenfalten Beutel | Bodenbeutel (Standbeutel) | Beutel mit Clip oder Twist Verschluß | Beutel mit Tragegriff | Kettenbeutel | Karton-Bandverschluß | Inertisation |

Bild 6.21 Beispiele für maschinenbedingte Folienbeutelformen

Haushaltsflüssigprodukte. Sie können auch eingeschweißte, wiederverschließbare Ausgießer und Traggriffe haben.

Ventilbeutel werden bei der Beutelherstellung oder danach mit einem Gasauslaßventil versehen, das auf die Beutelwand appliziert wird (z. B. für Röstkaffeepackungen).

6.2.6 Tragbeutel – Tragtaschen

Tragbeutel oder Tragtaschen sind Beutel mit Tragegriff. Sie sind zumeist aus PE-LD-Schlauchfolien gefertigt und als Bodenbeutel, als Zweinahtbeutel oder mit Bodenschweißnaht ausgebildet. *Thermotragbeutel* können aus PE-Schaumstoffolie mit metallisierten Deckfolien zur Wärmestrahlungsreflexion hergestellt werden. Kennzeichnender Unterschied der Tragbeutel ist deren Anordnung des Tragegriffs.

Tragbeutel werden automatisch aus PE-LD- oder PE-HD-(auch Rezyklat)-Schlauchfolien durch Heißsiegeln hergestellt. Die Tragegriffe entstehen im einfachsten Fall durch Ausstan-

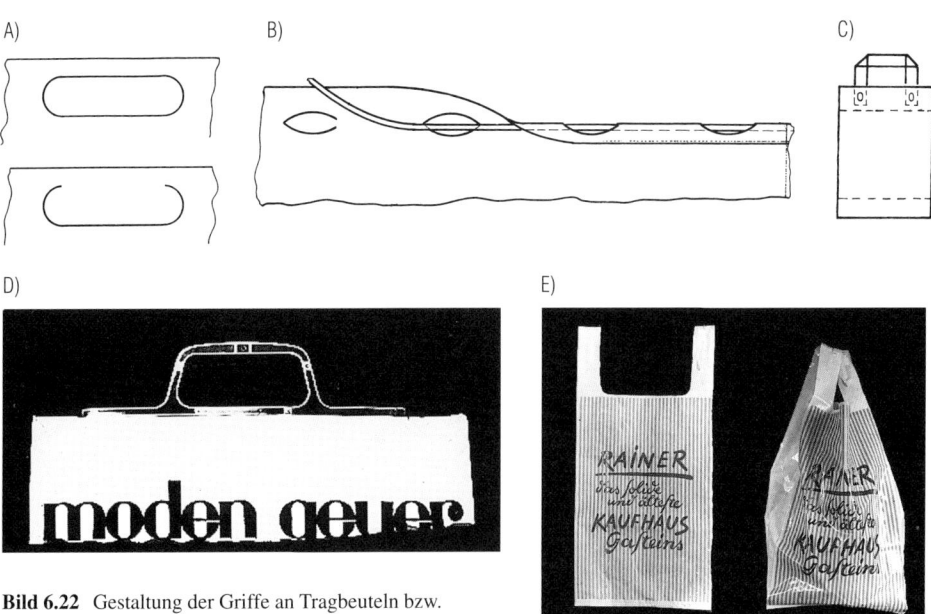

Bild 6.22 Gestaltung der Griffe an Tragbeuteln bzw. -taschen
A) Stanzen einer Grifflasche, ausgestanzter Griff (oben) bzw. zu $2/3$ ausgestanzter Griff (unten), B) Grifflochverstärkung durch zusätzlich eingelegten Folienstreifen, C) angenietetes Griffband, D) angeschweißter Griffbügel, E) Tragtasche aus einem Seitenfaltenschlauch (Hemdchenbeutel)

zen einer Grifflasche am oberen Beutelrand. Dies ist auch nachträglich noch möglich. Diese Fertigung ist nur für kleine Taschen mit leichtem Füllgut geeignet. Beutel für schwerere Packgüter erhalten eine Grifflochverstärkung, die entweder aus einem eingesiegelten Folienblatt oder aus der Verdoppelung des oberen Beutelrands hergestellt wird. Die Lochverstärkung kann auch durch besonders zugeführte Einlagen entstehen. Oft werden spezielle Griffelemente am oberen Rand eingeschweißt. Diese können auf den einander zugerichteten Innenseiten Noppen und entsprechende Aufnahmebohrungen besitzen, wodurch eine Art Druckknopfverbindung herstellbar ist, so daß ein griffiges Tragelement entsteht.

Spritzgegossene Griffe haben den Vorteil, daß sie die Form des Beutels unter der Last des Packguts mittragen, indem sie verhindern, daß sich die obere Breite des Beutels zusammenzieht. Sie werden am oberen Beutelrand angeschweißt (Bild 6.22).

6.2.7 Säcke – Schwergutsäcke

Säcke werden zumeist aus dickwandigen extrudierten PE-LD- und PE-LLD-Schlauchfolien von 80 bis 300 µm Dicke sowie auch aus coextrudierten Schlauchfolien mit Rezyklatinnenschicht hergestellt. Sie dienen Füllmengen von 25 bis zu 50 kg. Um das Rutschen gestapelter Säcke zu verhindern, muß deren Oberfläche griffig rauh gestaltet sein, z. B. durch Antisliplack, Kieselgurzusatz oder Noppenprägung. Kunststoffsäcke werden verwendet für Düngemittel, Chemikalien, Baustoffe und feuchtigkeitsempfindliche, rieselfähige Packgüter. Säcke mit Bodenfaltungen werden z. B. zur Abfüllung von Torf in Ballenform verwendet. Analog zu den Jutesäcken werden auch aus Kunststoffbändchen Säcke gewebt. Hierfür benutzt man außer Bändchen und Spleißgarnen auch Flachfäden und runde Fäden. Insbesondere eignen sich Polyolefine, nämlich PE-LD, EVA, PE-HD, PE-LLD, PP und auch PVC dafür. Die Bauarten der Säcke sind nach DIN 55460 folgendermaßen festgelegt: b_1 Sackbreite, b_2 Sackbodenbreite, b_3 Faltentiefe, b_4 Ventilbodenbreite, l_1 Sacklänge, l_2 Ventillänge, c Ventilweite. Die Foliendicke wird in mm oder µm separat angegeben. In der Praxis werden folgende offene und geschlossene Sackarten aus Kunststoff verwendet:

Offene Säcke
- Flachsack: Sack, bei dessen Herstellung der Folienschlauch an einem Ende flach geschlossen wird.
- Faltensack: Sack, bei dessen Herstellung der Folienschlauch an den Kanten nach innen eingefaltet und an einem Ende flach geschlossen wird.
- Kreuzbodensack: Sack, bei dessen Herstellung der Boden durch kreuzweises Falten eines Schlauchbodens gebildet wird (Bild 6.23).

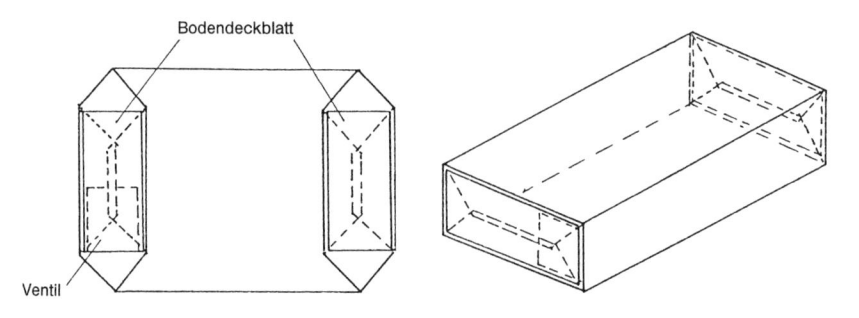

Bild 6.23 Sackbodengestaltung bei geklebten Kreuzboden-Ventilsäcken

Geschlossene Säcke

– Ventilflachsack: Sack, bei dessen Herstellung der Folienschlauch an beiden Enden flach geschlossen und bei dem an einer Verschlußseite ein Ventil eingearbeitet wird.
– Ventilfaltensack: Sack, bei dessen Herstellung der Folienschlauch an den Kanten nach innen eingefaltet und an beiden Enden flach geschlossen sowie an einer Verschlußseite ein Ventil eingearbeitet wird.
– Ventilbodensack: Sack, bei dessen Herstellung die Böden durch kreuzweises Falten der Schlauchenden gebildet werden und in einem der Böden ein Ventil eingearbeitet ist.

Schlauch- oder Flachfolien extrudiert man zu Kunststoff-Säcken. Als Vorbehandlung für die Bedruckung der Polyolefinsäcke wird die Coronasprühentladung angewendet, wozu die Folie durch einen 2 bis 5 mm breiten Elektrodenspalt geführt wird, den eine mit einem Dielektrikum überzogene Umlenkwalze (Potential 0) und eine Gegenelektrode (Potential +) bildet. Bedruckt wird nach dem Flexo- oder Rotationstiefdruckverfahren.

Rundbodensäcke, z. B. für Faßeinsätze, können aus auf Sackgröße abgelängten Schläuchen durch Einschweißen ausgestanzter Bodenzuschnitte mit speziellen Impulsschweißanlagen hergestellt werden.

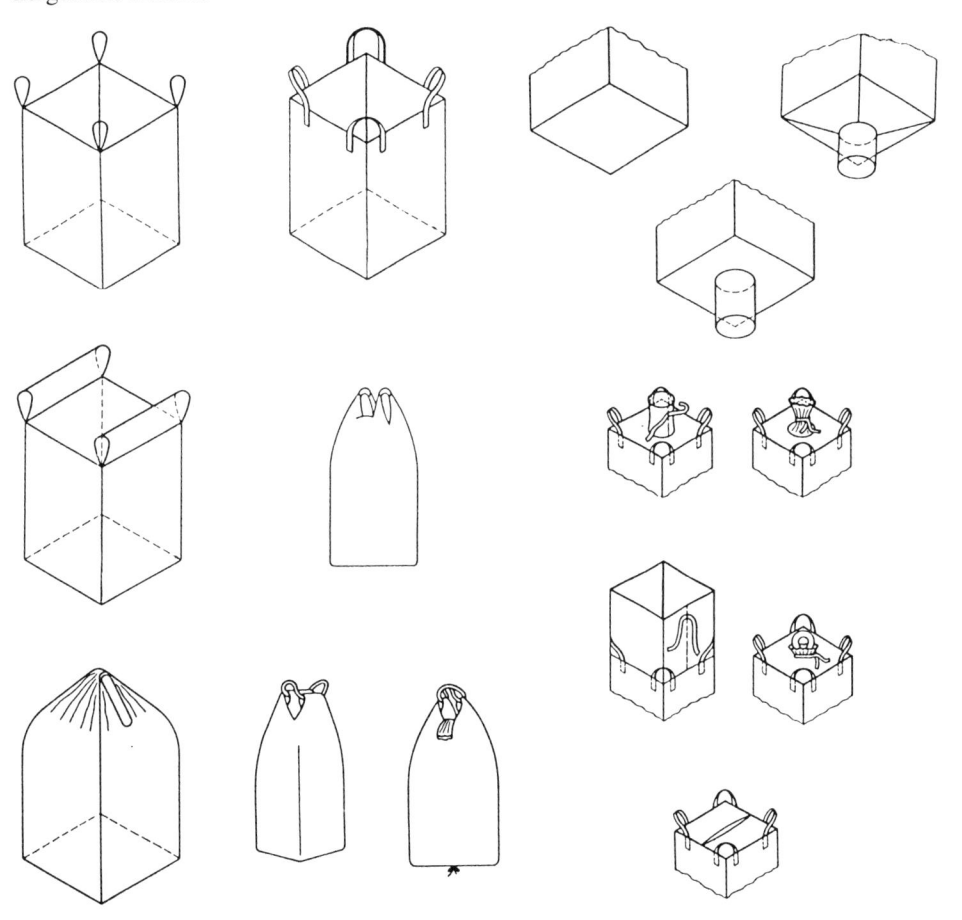

Bild 6.24 FIBC-Typen mit Vierpunkt-, Zweipunkt- und Einpunkt-Aufhängung. Rechts die Bedienungsausrüstungselemente: Bodenauslauf, Deckel mit Füllstutzen, Schürze und Füllschlitz

Gewebte Säcke aus Kunststoffwebfasern haben gegenüber den konventionellen Jutesäcken die Vorteile guter Chemikalien- und Verrottungsbeständigkeit, geringen Gewichts und hoher Reißfestigkeit. Hierfür werden *runde Fäden*, auch Monofile genannt, oder *Folienbändchen* als Webfäden verwendet.

Containersäcke, Großsäcke, Big Bags, FIBC sind quaderförmige, flexible Schüttgutbehälter aus PE-LD-, PE-LLD und PP-Bändchengewebe zum Abfüllen, Lagern und zum Transport von Schüttgütern (auch als Mehrwegbehälter) mit bis zu 2 t Füllgewicht. Der FIBC (flexible, intermediate bulk container) eignet sich auch zum Transport von Schüttgütern, die Stäube bilden und dadurch zu Staubexplosionen neigen, denn elektrostatische Aufladungen und dadurch verursachte Staubexplosionen werden bei den FIBC durch Einweben eines elektrisch leitenden Polypropylenfadens vermieden. Die elektrische Leitfähigkeit wird dabei auf einen derartigen Wert angehoben, daß eine elektrostatische Aufladung am Polypropylengewebe verhindert wird (Bild 6.24).

6.2.8 Verpackungsschläuche – Kissenpackungen

Verpackungsschläuche sind endlose nahtlose Schläuche von geringen Durchmessern zwischen ca. 10 mm und 60 mm und relativ großer Wandstärke zwischen ca. 0,2 mm und 1,5 mm. Sie dienen zur Verpackung von flüssigem oder pastösem Füllgut. Die so gefüllte Schlauchpackung wird durch das Füllgut hindurch zu Kissenpackungen abgeschweißt. Derartige Kissenpackungen sind prallgefüllte, kissenartige Portionsweichpackungen aus Mono- oder Verbundfolie.

Mit den Schlauchfolien und den daraus hergestellten flexiblen Folien-Verpackungen und Folienweich-Verpackungen gemäß Abschnitt 6.2.5, die aus Folienrollenware zu Beuteln und Kissen zusammengeschweißt werden, haben die Verpackungsschläuche und die daraus hergestellten Kissenpackungen nichts zu tun. Der wesentliche Unterschied besteht darin, daß die Folienweich-Verpackungen von Abschnitt 6.2.5 aus Flachfolien zusammengeschweißt oder gesiegelt werden und die so entstandenen Packmittel jeweils einzeln mit Füllgut gefüllt werden. Bei den Verpackungsschläuchen werden dagegen lange extrudierte Schlauchabschnitte von ca. 10 bis 30 m von der Schlauchrolle abgetrennt, über Füllstutzen gezogen und auf einer geneigten Schlauchfüllbahn blasenfrei mit flüssigem Füllgut (Milch) gefüllt. Dann werden die Enden abgeschweißt.

Der so befüllte Schlauch wird taktweise durch die Abschweißstation geführt, in der die Schweißelektrode mit hoher Kraft auf den Schlauch gedrückt wird, wobei das Füllgut soweit verdrängt wird, daß der Schlauch vollständig abgeklemmt ist und in diesem Zustand die Innenflächen des Schlauchs verschweißt werden. Die restliche Flüssigkeitshaut auf der Schlauchinnenfläche behindert den Schweißvorgang nicht.

Die Schweißnähte werden so breit gestaltet, daß sie zur Trennung der einzelnen Kissen voneinander problemlos geeignet sind. Im einfachsten Fall ist die Schweißnaht eine rechteckige Fläche, doch kann sie auch so ausgeführt werden, daß ein Entleerungsnippel zum Abschneiden, Abreißen oder Abdrehen gestaltet wird. Nach der Schweißstation werden in einer Stanzstation aus der endlosen Kette der Kissenpackungen durch Querstanzen oder bei den erwähnten Nippeln durch Konturstanzen die so entstandenen Kissen entweder ganz voneinander getrennt oder zu zusammenhängenden Kissenpackungen von 2 bis 12 Kissenpackungen aufgeteilt. Dieses Verpackungssystem wurde früher nach seinem Erfinder als „Rado-Verfahren" bezeichnet.

Hergestellt werden diese Verpackungsschläuche vorzugsweise aus PE-HD sowie Weich-PVC.

Zweckmäßigerweise wird die Bedruckung der so hergestellten Kissenpackungen im gefüllten Zustand vorgenommen, da es sehr großer Exaktheit bedarf, vorbedruckte Verpackungsschläuche genau an der richtigen Stelle hinterher im gefüllten Zustand abzuschweißen.

Anwendung der Kissenpackungen im Lebensmittel- und Nonfoodbereich ist vor allem die Herstellung von Portionsverpackungen für flüssige und pastöse Füllgüter mit Füllmengen zwischen 3 ml und 500 ml.

PE-LD sollte nicht für Verpackungsschläuche verwendet werden, welche organische Lösemittel und/oder ölhaltige Füllgüter enthalten. Bei PVC ist dies möglich, wenn geeignete Weichmacher Verwendung finden. Doch sind PVC-Verpackungsschläuche für Lebensmittel nicht geeignet, da eine Migration der Weichmacher in das Füllgut nicht auszuschließen ist. Normen siehe Abschnitt 4.3.7.

6.2.9 Kunststofftuben

Im Abschnitt 4.1.3.8 wurden die Typen und Definitionen von Tuben, Standtuben und Schlauchtuben dargelegt. Sie finden Verwendung für Kosmetika, Haushaltschemikalien, Lebensmittel, Salben etc. Die in den 50er Jahren entwickelten Kunststofftuben haben auf einigen Gebieten Metalltuben substituiert und stehen ihrerseits im Wettbewerb mit Laminattuben.

Häufigster Werkstoff ist PE-LD. PE-HD dient speziell zur Verpackung stark fetthaltiger Produkte. PP weist bessere Sperrschichteigenschaften für Riechstoffe auf. Beide Werkstoffe sind jedoch steifer als PE-LD und haben sich beim Verbraucher nicht durchgesetzt. Im Gegensatz zu Metalltuben sind die Folien der Kunststofftuben elastisch. Daher tritt kein Verbeulen auf.

Folgende grundsätzlich verschiedene Herstellungsverfahren unterscheiden die Tubentypen:
– *Schlauchtuben* entstehen durch Extrudieren eines Schlauches, Ablängen und Aufbringen des Kopfteils,
– *Laminattuben* entstehen durch Wickeln von vorgefertigten Verbundfolien zu Schläuchen (Rohren), Ablängen und Aufbringen des Kopfteils,
– *Blastuben* entstehen durch Extrusionsblasformen oder Fließpreßblasformen von Vorformlingen. Die Produktionsmenge ist niedrig.
– Bei *Spritzstrecktuben* wird der kurze Mantelteil eines Vorformlings auf die drei- bis fünffache Länge verstreckt.

Schlauchtubenherstellung

Das am weitesten verbreitete Herstellungsverfahren ist das (Co-)Extrudieren von Schlauchtuben häufig mit dem Schichtaufbau: PP|EVOH|PP. Die Dicke des Folienschlauchs liegt zwischen 350 und 450 µm. Dickengleichmäßigkeit und Durchmesserkonstanz sind gut kontrollierbar, was für die weitere Verarbeitung und für das Bedrucken wichtig ist.

Nach dem Extrudieren werden die Durchmesser der Schläuche genau kalibriert und die Schläuche über eine Abzugsvorrichtung und evtl. Bedruckstation im Trockenoffset-Verfahren der Ablängmaschine zugeführt. Die Schlauchabschnitte gelangen über eine Pufferzone in die Kopfformanlage. Hier werden die Kopfteile hergestellt und mit dem Tubenmantel beim Spritzgießen verschweißt oder angespritzt. Über einen Puffer werden die

Tuben in die Druckmaschine weitergeleitet und in der Trockenvorrichtung durch Warmluft getrocknet oder durch UV-Strahlung ausgehärtet. Vor dem Verpacken werden in einer speziellen Maschine noch die Verschlußdeckel aufgesetzt. Außer den Schraubverschlüssen eignen sich Dreh-, Kipphebel- und Klappdeckel-Verschlüsse für Tuben (Bild 6.25).

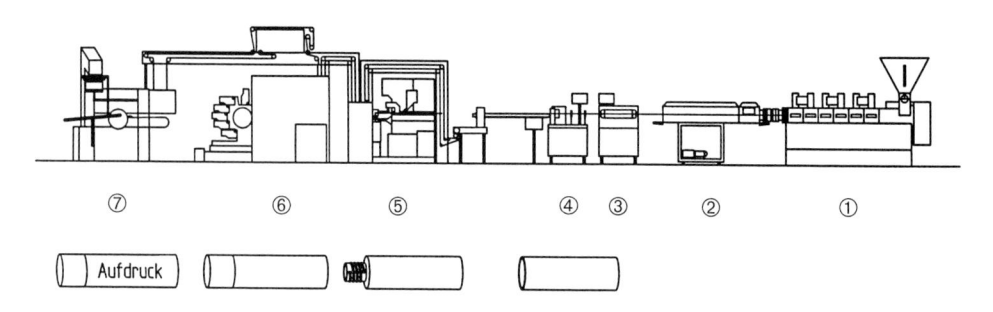

Bild 6.25 Schlauchtubenfertigung
1: Aufschmelzen und Homogenisieren im Extruder, 2: Kalibrieren, 3: Abziehen, 4: auf Länge schneiden, 5: Formen des Kopfs und Verschweißen mit dem Tubenmantel, 6: Aufschrauben der Kappen, 7: Bedrucken, lackieren, und trocknen

Bei PVC-Tuben kann das Hochfrequenz-Schweißverfahren angewandt werden. Bei Tuben aus PE ist dies jedoch nicht möglich. Hier werden vielmehr die einzelnen Schlauchabschnitte in ein Spritzgießwerkzeug eingelegt, wo Hals-, Schulter- und Gewindeteil mit dem gleichen Werkstoff angespritzt werden und bei den herrschenden Temperatur- und Druckbedingungen Rumpf und Schulter nahtlos miteinander verschmelzen. Die Füllung von Schlauchtuben kann erfolgen:
– bei aufgesetztem Verschluß durch das offene Rückende, welches danach zugeschweißt wird,
– bei zuvor verschlossenem, rückwärtigem Tubenende durch die Halsöffnung, wonach erst der Verschluß aufgesetzt wird,
– durch die aufgesetzte Schraubkappe hindurch, welche ein Ventil enthält, das nach dem Füllen eingeschlagen wird, wodurch ein luftdichter Verschluß entsteht.

Wie bei den Verpackungsschläuchen können auch Schläuche zur Herstellung und Füllung von Schlauchtuben in einem längeren Schlauchabschnitt mit Füllgut gefüllt und anschließend abgequetscht, verschweißt und getrennt werden.

Auch ist es möglich, Schlauchbänder mit vorher aufgesetzten Gewindenippeln zu Tuben zu verarbeiten, wobei diese abschnittsweise gefüllt, durch Querschweißen verschlossen und abgetrennt werden.

Laminattubenherstellung

Laminattuben sind Mehrschicht-Tuben, die aus Aluminium- oder SiO_x und Kunststoff-Kaschierungen hergestellt werden (Bild 6.26). Meist bestehen die Verbunde aus PE-LD|AL|PE-LD und oft weiteren Schichten (Tabelle 6.15). Die Schichtdicke des Aluminiums ist variabel und kann zwischen 15 und 40 µm liegen.

In Europa werden z. Zt. überwiegend Fünf-Schicht-Verbunde vom Typ PE-LD|Ionomer|Al|Ionomer|PE-LD eingesetzt, wobei Ionomer als Haftvermittler dient. Die Gesamtdicke des Laminats liegt bei 300 bis 350 µm, die Dicke der Aluminiumfolie bei ca. 30 bis 40 µm.

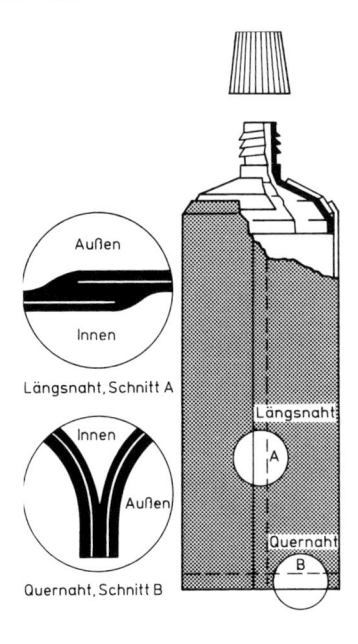

Bild 6.26 Aufbau einer Laminattube (Alusingen)

Tabelle 6.15 Beispiel für Laminattuben und deren Funktionen

PE-LD + Antistatikum	staubabweisend
PE-LD, Druckfarbe	Abdeckung der Druckfarbe
PE, weiß eingefärbt	Verstärkung der Druckfarbe
Papier	Verstärkung des Verbunds
PE-LD	Haftvermittler
E/VA (Ethylen-Vinylacetat Copolymer)	Haftvermittler
Aluminiumfolie	Sperrschicht
E/VA (Ethylen-Vinylacetat-Copolymer)	Haftvermittler
PE-LD	Siegelschicht

Für die Herstellung des Tubenkopfs wird zunächst aus einem Laminatband ein Rundkörper (Rondelle) vorgeformt und ausgestanzt. Die Rondelle wird in eine Matrize eingebracht, in welcher der Tubenkopf aus einem Polyolefin gespritzt und unmittelbar mit der Rondelle verschweißt (bzw. angespritzt) wird.

Zum Herstellen des Rumpfs geht man von einer vordekorierten Verbundfolie aus. Diese wird als Endlosband in Stationen geformt, kalibriert und in der Verschweißanlage mit Hochfrequenz überlappend längsverschweißt oder versiegelt. Nach dem Ablängen wird die Tubenschulter mit dem Hals auf den Tubenmantel geschweißt. Vor dem Verpacken erfolgt das Aufbringen der Verschlußdeckel. Ein spezielles Tubenschweißsystem für PE- und Laminattuben ermöglicht die Tuben durch ein alternierbares Schweißnahtdesign attraktiver zu gestalten. Damit können runde, eckige, gewellte und viele andere Formen gestaltet und in das Tubendesign integriert werden. Tubennormen sind in den Bild 6.27 enthalten.

Die Vorteile der Laminattube sind ihre sehr geringe Durchlässigkeit, die Einstellbarkeit der Elastizität durch Variation des Verbundaufbaus, gute Erhaltung der *Tubenoptik* bis zur vollständigen Entleerung und die Möglichkeit zur Anwendung verschiedener Bedruckungsverfahren. Die Laminattube wird zur Abfüllung von Zahncremes in größerem

Umfang verwendet. Zu einer völligen Substitution der Aluminiumtube ist es jedoch noch nicht gekommen. Da die Laminattube für Recycling ungeeignet ist, zielen neue Entwicklungen auf einen Ersatz der Aluminiumschicht durch Sperrschichtfolien. Man kommt so zu einer ausschließlich aus Thermoplasten bestehenden Verbundfolie. Entsprechende Entwicklungen wurden unter Einsatz von Barrierekunststoffen, insbesondere von E/VAL (E/VOH) und SiO_x-Schichten durchgeführt.

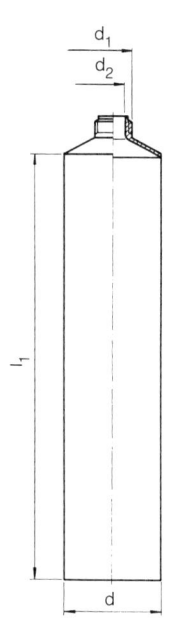

Nenn-Durchmesser	Tubenmantel-länge		Gewinde d_1					Kunststoff-gewindering			Füllmenge bei Doppel-falz in ml	
			M7	M9	M11	M15	M18					
			Tubenhalsöffnung d_2									
d	min.	max.	Ø 3,5	Ø 5.5	Ø 7	Ø 10	Ø 13	M12	M13	M15	min.	max.
Ø 13,5	52	90	x								4,5	9,5
Ø 16	65	90	x	x							9	14
Ø 19	75	125		x				x	x		14	27
Ø 22	85	145		x	x			x	x		22	42
Ø 25	90	150		x	x			x	x		30	55
Ø 27	100	170		x	x			x	x	x	39	76
Ø 28	100	170		x	x			x	x		43	86
Ø 30	120	180		x	x			x	x	x	62	100
Ø 32	130	180		x	x				x	x	78	114
Ø 35	130	190			x	x					92	145
Ø 40	150	210			x	x	x				140	210

Bild 6.27 Hauptabmessungen zylindrischer Tuben nach DIN

Tabelle 6.15 zeigt mögliche Laminattuben-Schichten und deren Funktionen: (Ein dem PE zugesetztes Antistatikum wandert an die Oberfläche und bildet quasi eine weitere Schicht.) Die äußere PE-Schicht schützt das Druckbild (Zwischenlagendruck) vor Beschädigung und macht die Längsnaht fast unsichtbar. Das Gesamtlaminat ist 330 µm dick.

Schwachstellen der Laminattube sind ihre Schnittkanten. Besonders auf der Innenseite ist blankliegendes Aluminium ein Angriffspunkt für saure oder alkalische Bestandteile des Tubeninhalts. Dies kann Ursache einer Delamination sein. Beim Verschweißen der überlappenden Längsnaht ist deshalb darauf zu achten, daß Polyethylen an die Kanten gequetscht und so das frei liegende Aluminium abgedeckt wird.

Das *Extrusionsblasformen* hat für die Tubenherstellung heute keine große Bedeutung mehr, da das Verfahren relativ langsam ist. Es wird gelegentlich für die Herstellung von coextrudierten Tuben und Formtuben, z. B. mit ovalen Querschnitten eingesetzt.

Spritzstrecktuben werden glasklar insbesondere aus PET und PP gefertigt, die sich ideal zum Verstrecken eignen, wobei die mechanischen Eigenschaften und Barriereeigenschaften des Tubenmantels infolge der molekularen Orientierung verbessert werden. Die spritzgegossenen Rohlinge mit kurzem Mantel müssen vor dem Verstrecken erhitzt werden. Tubenkopf und -hals bleiben beim Streckvorgang unverändert. Nach dem Verstrecken auf drei- bis fünffache Mantellänge werden die noch ungleichmäßigen Mantelenden auf einer Bandschneidemaschine zugeschnitten. Gleichmäßige Tubenmanteldicken bis minimal 150 µm sind möglich (Bild 6.28).

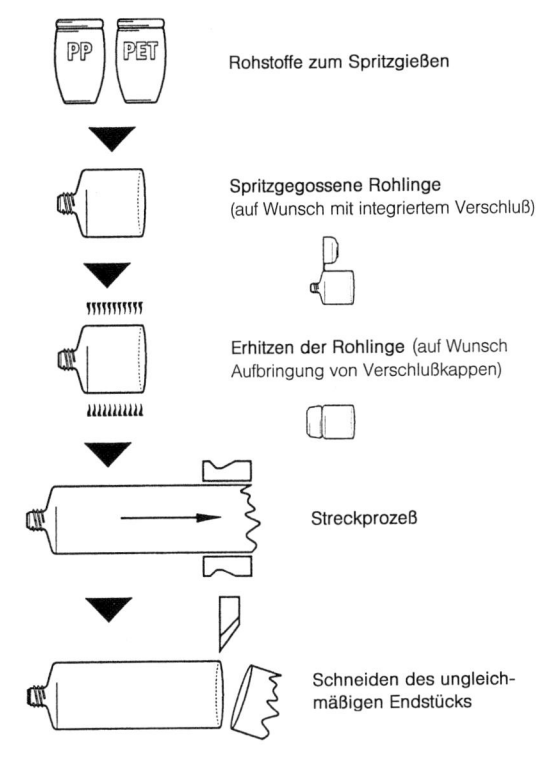

Bild 6.28 Herstellung einer Spritzstrecktube (nach Aisa)

Deutlichster Unterschied der Tuben zu Kunststoffflaschen ist die Anlieferungsform beim Abfüller. Die Tube wird verschlossen angeliefert und durch den offenen Boden gefüllt. Nach dem Füllvorgang wird die Tube im Bodenbereich verschweißt. Die Verschweißung kann über beheizte Backen, Strahlungswärme, Ultraschall oder Hochfrequenz erfolgen.

Die optischen Gestaltungsmöglichkeiten beschränken sich bei der Tube auf die Gestaltung des Verschlusses und Dekoration, da selbst ovale Querschnitte sehr selten sind. Die Dekoration kann durch Siebdruck, Trockenoffset, Heißprägung, Etikettierung und Therimage erfolgen, meist sind die Tuben lackiert.

Normen

In DIN 5061 Teil 2 (Bild 6.27) sind die Hauptabmessungen wie Durchmesser d, Tubenmantellänge l_1, Länge der Tube l_2 und die Wanddicke S_1 im zylindrischen Bereich gegeben. Die Halsausführungen sind in DIN 5059 (Bild 6.27), Volumen und Mantellänge in DIN 55 542 beschrieben. Werkstoffe sind PE-HD und PE-LD. Weitere Normen siehe Abschnitt 4.3.8.

Einsatzgebiet der Laminattube

Laminattuben haben speziell im Bereich der Zahnpasta-Verpackung Anteile gewonnen. Durch die Zugabe von Fluor in das Füllgut war der Einsatz von lackierten Aluminiumtuben problematisch. Durch die PE-Beschichtung der Laminattube wird ein sehr guter Oxidationsschutz erzielt. Das Rückstellvermögen läßt sich durch die Wahl der Aluminiumstärke beeinflussen, so daß eine angenehme Anwendung erreicht werden kann. Die Laminattuben brechen nicht und behalten über die gesamte Verbrauchszeit ein gutes, faltenloses Aussehen.

Verwendung von Kunststofftuben
- PVC-Tuben werden vor allem für chemisch-technische Füllgüter wie Wachse, Fette, Farben und Pflegemittel verwendet,
- PE-Tuben für Lebensmittel und Kosmetika, wobei durch Beschichtung oder Verbundfolien die notwendige Fett-, Öl- und Aromadichtheit erreicht wird,
- Tuben aus PP|E/VAL|PP oder PE|PA wurden speziell für Lebensmittelpackgüter entwickelt. Sie besitzen eine sehr geringe Permeation für Gase, Aromen, und sind sterilisierbar.

Obgleich Kunststofftuben manche Nachteile in der Handhabbarkeit gegenüber Metalltuben besitzen, werden sie dennoch in erheblichem Maße eingesetzt, insbesondere wegen ihrer Leichtigkeit, wodurch Einsparungen an Transportkosten möglich sind. Außerdem müssen Kunststofftuben nicht einzeln wie Metalltuben in Faltschachteln verpackt werden, um ihre Form nicht durch Eindrücke bleibend zu verändern, vielmehr können sie eng zusammengedrängt in einer großen Faltschachtel verpackt und daraus verkauft werden. Der Vorteil von Schlauchtuben gegenüber Kissenverpackungen besteht vor allem in deren Wiederverschließbarkeit und gleichmäßiger Dosierbarkeit nach Öffnen ihres Verschlusses.
Unter dem Gesichtspunkt der Verkaufspsychologie spielt Weichheit bzw. „Zartgriffigkeit" insbesondere bei Kosmetika eine gewisse Rolle.

6.2.10 Verpackungsnetze

Verpackungsnetze sind netzförmige Halbzeuge, die in Schlauchform oder als Bahn zur Herstellung von Packmitteln und Packhilfsmitteln dienen.

Netzarten
Man kann Netze aus Kunststoff-Einzelfäden, d. h. Kunststoff-Monofilen bzw. Filamenten, nach den allgemein bekannten, textiltechnischen Fertigungsverfahren wie Wirken oder Stricken fertigen, wobei es auch möglich ist, daß die Knotenpunkte nachträglich thermisch verschweißt werden, was insbesondere für Fischerei-Netze, nicht jedoch für Verpackungsnetze praktiziert wird.
Aus Kunststoffolien lassen sich Netze im *Xironet-Verfahren* durch Einstanzen paralleler oder linsenförmiger Schlitze herstellen analog der Streckmetall-Fertigungstechniken. Durch Strecken quer zur Längsachse der Schlitze entsteht dann das Netz. Aus Verbundfolien lassen sich so Netze erzeugen, die auf ihren beiden Seiten verschiedenfarbig sind, aus Stretchfolien Stretchnetze für besonders sparsame Palettenladungssicherung.
Meist jedoch werden Netzschläuche im *Polynet-Verfahren* als „knotenlose Netzschläuche" extrudiert und biaxial verstreckt, so daß sie bereits als fertiges Netz die Extruderdüse verlassen. Sie können durch Verschweißen ihrer Enden verschlossen werden. Solche Extrusionsnetze werden insbesondere in zwei Typen von Kunststoff-Netzschläuchen hergestellt (Bild 6.29 und 6.30).
Netze mit *rhombischen* bzw. *rautenarigen Maschen* entstehen dadurch, daß die längslaufenden Fäden bzw. Monofile im spitzen Winkel von schräglaufenden Fäden überschnitten werden, wobei sie an den Schnittstellen miteinander verschweißen. Solche Netze haben beachtliche Dehnbarkeit in ihrer Querrichtung. Bei Zugbeanspruchung vermindert sich naturgemäß die der Längs- in Querrichtung, da sich die Kreuzungswinkel der Längsfäden

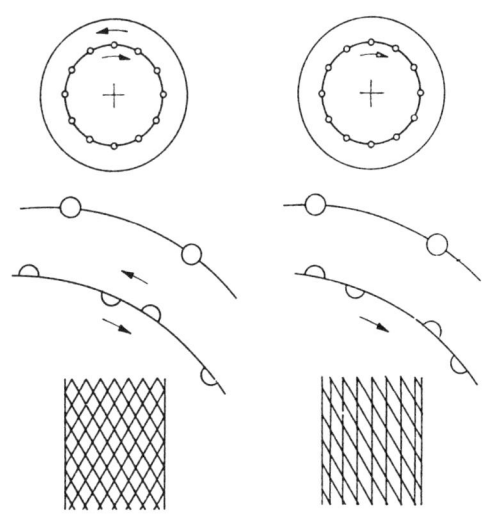

Bild 6.29 Prinzip der Netzschlauchextrusion

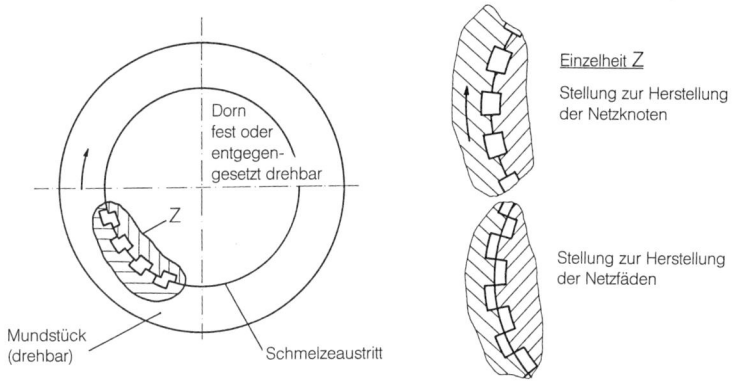

Bild 6.30 Werkzeug für die Netzschlauchextrusion

mit den Querfäden an den Knotenpunkten ändern. Hierdurch können sich diese Netze sehr gut der Gestalt, Menge und Art ihres Packguts anpassen.

Netze mit *quadratischen* oder *rechteckigen* Maschen entstehen aus längslaufenden und im rechten Winkel hierzu querlaufenden Fäden, die ebenfalls miteinander verschweißt sind. Die Netze mit rechtwinkligen Maschen haben definierte Längen-, Breiten- und Durchmesserwerte. Sie sind nur soweit streckbar, wie es Art und Modulwert der jeweiligen Kunststoffe zulassen. Zur Herstellung von Kunststoffnetzen geeignete Kunststoffe sind: PE-HD, PE-LD, PP, PVC und PA.

Durch Verwendung von Schaumkunststoffen wie Schaum-PE (EPE) oder Schaum-PS lassen sich dickere Netzfäden und dadurch engere Maschen herstellen. Auch relativ steife Kunststoffe können zu rhombischen Netzschläuchen verarbeitet werden, da sie in dieser Form durch die vielen Knotenpunkte, die wie freibewegliche Gelenke wirken, in jedem Fall ausreichend flexibel werden. Vliesstoffnetze sind ebenfalls durch Extrusion herstellbar (Tenax TPL).

Grundsätzlich kann jeder thermoplastisch extrudierbare Kunststoff zu Netzschläuchen verarbeitet werden.

Netzschlauchextrusion

Extruder mit Werkzeugen, deren mit Rillen zum Ausbilden der Netzfäden versehene Düsen gegenüber dem Mantel kontinuierlich oder periodisch wechselnd gegeneinander rotieren, erzeugen Kunststoff-Netzschläuche (Bild 6.30). Hierfür ist die Düsenkonstruktion als Mehrlochsystem kennzeichnend. Jede Düsenbohrung besteht aus zwei Halbbohrungen, die in zwei getrennten Teilen liegen, jedoch miteinander Kontakt haben. Für die Herstellung von Netzschläuchen liegen die Düsenbohrungen in kreisförmiger Anordnung. Für Flachnetze sind sie parallel angeordnet. Beide Düsenelemente mit ihrer Halbbohrung führen rotierende oder oszillierende bzw. hin- und hergehende Bewegungen gegeneinander aus. So entsteht im Netz jeweils dann ein Knotenpunkt, wenn die beiden Halbbohrungen gerade aufeinanderliegen und eine Kreisbohrung bilden. Bewegen sie sich voneinander weg, entstehen zwei Fäden mit der halben Dicke des Knotenpunkts.

Rotieren beide Düsenteile, so entstehen Netze mit symmetrisch rautenförmigen Maschen. Rotiert nur eine Hälfte bzw. oszilliert sie, entsteht ein Netz mit längs- und schräglaufenden Fadenscharen.

Durch axiale Hubbewegung ergeben sich längs- und querlaufende Fäden mit streng viereckigen Netzmaschen. Auch zwei hintereinander liegende Düsenscheiben mit einem flachen und einem Zick-Zack-Schlitz können zur Netzextrusion benutzt werden. Es ist möglich, zwischen den Netzmaschen eine sogenannte „Schwimmhaut" zu erzeugen. Durch Abziehen des so entstandenen Netzes kann auch bei teilkristallinen Thermoplasten eine Netzverstreckung erfolgen, wodurch sich die Fadendicke verringert, aber die Festigkeit erheblich verstärkt. Dabei haben alle Knotenpunkte volle Materialfestigkeit, da sie aus der Schmelze entstanden sind.

Folienbändchennetze

Aus Folienbändchen können nach konventioneller Netzknüpftechnik Verpackungsnetze hergestellt werden. Über die Herstellung der hierzu verwendeten Folienbändchen wurde in Abschnitt 6.1.2 Näheres ausgeführt. Normen siehe Abschnitt 4.3.6.

6.3 Halbsteife Folienverpackungen

Aus den zweidimensionalen Folien lassen sich dreidimensionale, mehr oder weniger steife *(halbsteife)* Packmittel herstellen durch *Thermoformen*, bzw. *Warmformen* von Folien, sowie durch Trenn- und Fügeverfahren, sogenanntes *Konfektionieren*.

Mit diesen Verfahren werden aus flexiblen Folien Packmittel hergestellt, die im Gegensatz zu Beuteln, Säcken und anderen typischen Weichverpackungen eigene Standfestigkeit und Steifigkeit durch eine geeignete Formgebung erhalten.

Folgende Kunststoffe werden hierfür bevorzugt verwendet: PS, SB, ABS, PP, PVC sowie Mehrschichtfolien, die jeweils auf die Anforderungen der betreffenden Packgüter abgestimmt sind.

Standfeste *Packmittel, die durch Weiterverarbeitung von Folien* hergestellt werden, sind: Becher, Schalen, Dosen, Schachteln, Einsätze und Einlagen.

Der überwiegende Teil der Weiterverarbeitung von Folien zu halbsteifen Folienverpackungen erfolgt durch Thermoformen bzw. Warmformen. Die *Vorteile des Thermoformens* von Kunststofffolien gegenüber dem Konfektionieren, d.h. Trennen und Fügen,

Durchfalten, Biegen, Kleben und/oder Schweißen, sind durch folgende Möglichkeiten gekennzeichnet:
– minimale Wanddicken,
– Verbessern der mechanischen Festigkeit durch Verstrecken, wodurch gleichzeitig die Permeabilität für Wasserdampf und Gase reduziert wird,
– Verwendung von Mehrfachformen mit hohen Taktzahlen, wodurch große Produktionsleistung und Wirtschaftlichkeit erzielbar ist.

Die Anforderungen des Thermoformens halbsteifer Folienverpackungen zeigt Tabelle 6.16. Die Anforderungen an geeignete Folienverbunde sind in Tabelle 6.17 enthalten.

Tabelle 6.16 Anforderungen der Thermoformverfahren an Kunststoffen, Folien und Packmittel

Anforderungen an Kunststoffe	Anforderungen an extrudierte Folie für das Thermoformen	Anforderungen an thermogeformte Packmittel für die Zweckeignung
niedriger Preis	exaktes Dicken- und Längenprofil	exakte Geometrie und Gewicht (Durchmesser, Höhe)
gute Verfügbarkeit/mehrere Hersteller	keine Inhomogenität (Risse, Löcher Einschlüsse, Stippen usw.)	hohe Kantenschärfe und Abbildungsgenauigkeit
konstante chargenunabhängige Qualität	leicht verformbar	gleichmäßige Wanddickenverteilung
gut lagerbar	leicht stanzbar	
einfache Aufbereitung	gleichmäßige Orientierung	gut stapel- und entstapelbar
ohne/mit wenig Verarbeitungshilfsmittel extrudierbar (Antiblock oder Antistatica)	geringe Eigenspannung gleichmäßiger Schrumpf in Längs- und Querrichtung	wärmestabil, bruchfest, spannungsrißbeständig insbes. im Kontakt mit Ölen und Fetten
geringe Anlagenausstattung zur Begrenzung der Investitionen	gleichmäßige Transparenz	aromadicht ausgerüstet (bis zu mind. 6 Monate)
leicht recyclierbar, direkter Wiedereinsatz bei der Folienherstellung	hoher Oberflächenglanz	leicht dekorierbar
unbedenklich im Kontakt mit Lebensmittel	hohe Oberflächengüte	leicht verschließbar
kein Eigengeruch oder -geschmack	kratzfest	
	guter Schlupf	
	wenn nötig antistatisch ausgerüstet	
	zusätzlich bei inline: gleichmäßige Temperaturverteilung	
	konstante Breite, konstante Zuführgeschwindigkeit	
	zusätzlich bei zugekauften Folien: Rücknahme von Stanzgitter, Produktionsausschuß	

Standfeste sterilisierbare Verpackungen, die von der Folienrolle durch Warmformen hergestellt werden, können in-line mit Lebensmitteln gefüllt und anschließend heiß sterilisiert werden. Die zur Herstellung dieser Packungen in den letzten Jahren neu entwickelten Verbundfolien ermöglichen den Ersatz von Glas und besonders von metallischen Werkstoffen als Packmaterialien.

Tabelle 6.17 Mehrschichtfolienverbunde zur Thermoformung

Schichtstruktur	Besondere Eigenschaften	Anwendung
PS-I | PS	Glanz, Tiefziehfähigkeit	Trink- und Joghurtbecher
PPhomo | PPcopo	Steifigkeit, Siegelfähigkeit	Joghurt- und Margarinebecher und -deckel
C-PET | A-PET	Temperaturbeständigkeit, Siegelfähigkeit	Menüschalen
PS-I | HV | PP	mittlere H_2O-Barriere	Margarinebecher
PP | PPgeschäumt | PP	Wärmeisolierung, Oberflächenglätte	Trinkbecher, Suppenschalen
A-PET | HV | PE-LD	mittlere Barriere, Transparenz, Siegelfähigkeit	Lebensmittelverpackung
A-PET | A-PET | A-PET (+ Antiblock)	Transparenz, Antiblockeffekt	Lebensmittelverpackung Blister, Faltschachtel
PS-I | SCRAP | PS-HI | PS	Scrapverarbeitung, Glanz	Trink- und Joghurtbecher
PP | HV | E/VAL | HV | PP	hohe Barrierewirkung, Sterilisierfähigkeit	Lebensmittelverpackung
PS-I | HV | E/VAL | HV | PE-LD	hohe O_2-Barriere, Siegelfähigkeit	Lebensmittelverpackung
A-PET | HV | E/VAL | HV | PE-LD	hohe O_2-Barriere, Siegelfähigkeit	Lebensmittelverpackung
PP | HV | E/VAL | HV | SCRAP | PP	hohe Barrierewirkung, Sterilisierfähigkeit, Scrapverarbeitung	Lebensmittelverpackung
PP | SCRAP | HV | E/VAL | HV | SCRAP | PP	hohe Barrierewirkung Sterilisierfähigkeit, Scrapverarbeitung	Lebensmittelverpackung
PP | HV | SCRAP | HV E/VAL | HV | SCRAP | HV | PE-LD	hohe Barrierewirkung Sterilisierfähigkeit, Scrapverarbeitung	Lebensmittelverpackung

6.3.1 Thermoformen bzw. Warmformen von Folien zu Packmitteln

Das Streckziehverfahren aus der Gruppe des Zugumformens (nach VDI-Richtlinie 2008) wird üblicherweise als *Thermoformen* und in der Praxis häufig in Analogie zur Metallverarbeitung inkorrekt als „*Tiefziehen*" bezeichnet. Dieser Umformvorgang beruht auf der Dehnbarkeit thermoplastischer Werkstoffe bzw. Folien im thermoelastischen Zustand, in welchen die zu verarbeitenden Folien durch geeignete Erwärmung mittels Kontakt- oder IR-Strahlerheizung gebracht werden.

Die Formverfahren beim Thermoformen werden grundsätzlich in *Negativformverfahren* (Bild 6.31) und *Positivformverfahren* (Bild 6.32) unterschieden. Die Entscheidung für eines der beiden Verfahren hängt hauptsächlich davon ab, welche Seite des Formteils exakt abgebildet werden soll, denn nur die Seite, die am Werkzeug anliegt, ist maßgenau. Die wichtigsten *Verfahrensstufen* des Thermoformens sind: Aufheizen, Vorstrecken, Ausformen, Kühlen und Stanzen.

6.3 Halbsteife Folienverpackungen

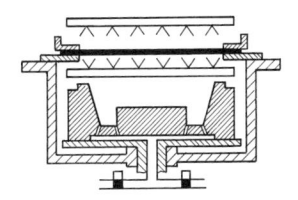

1. Heizen 2. Werkzeug anfahren 3. Mechanisches Vorstrecken

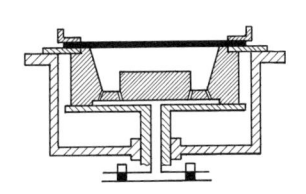

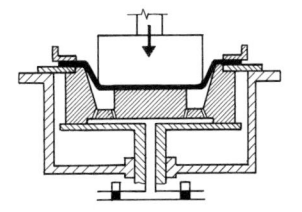

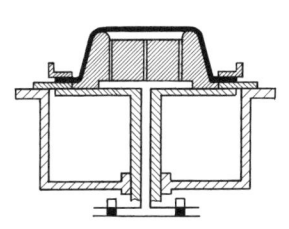

4. Pneumatisches Vorstrecken 5. Ausformen mit Vakuum 6. Ausformen mit Druckluft

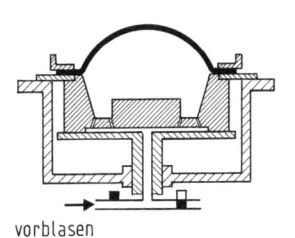

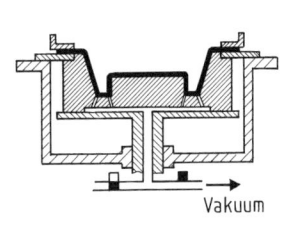

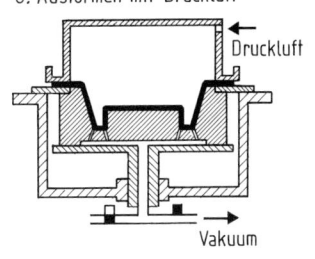

vorblasen Vakuum Vakuum

Bild 6.31 Warmformen, Negativ-Verfahren, Verfahrensschritte:
| | | |
ohne Vorstrecken   1 2   5 oder 6
mit mechanischem Vorstrecken   1 2 3   5 oder 6
mit pneumatischem Vorstrecken   1 2   4   5 oder 6
mit pneumatisch-mechanischem Vorstrecken   1 2 4 3   5 oder 6

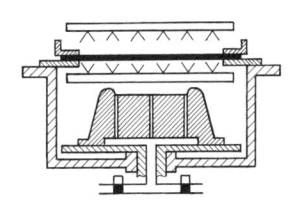

1. Heizen 2. Mechanisches Vorstrecken 3. Pneumatisches Vorstrecken

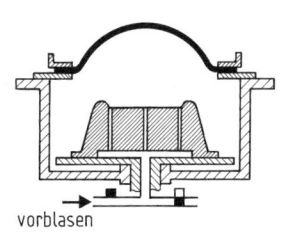

vorblasen

4. Ausformen mit Vakuum 5. Ausformen mit Druckluft

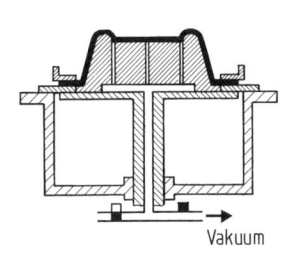

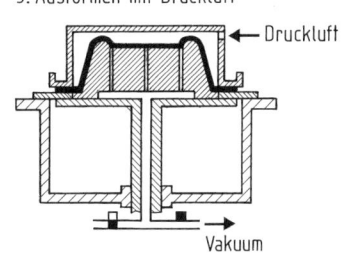

Vakuum Vakuum

Bild 6.32 Warmformen, Positiv-Verfahren, Verfahrensschritte:
mit mechanischem Vorstrecken   1 2   4 oder 5
mit pneumatisch-mechanischem Vorstrecken 1 3 2 4 oder 5

Die *Verformung* kann für Massenproduktion durch die *Formkräfte* von Vakuum, Druckluft oder mechanischen Werkzeugen erfolgen. Man unterscheidet nach Formkräften:
- Vakuumformung,
- Überdruckformung,
- Kombination von Vakuum und Überdruckform.

Für die Erzielung möglichst dünnwandiger Teile in der Massenproduktion von Packmitteln werden vor allem die Negativ-Verfahren sowohl mit als auch ohne mechanische Vorstreckung angewendet. Durch Vorstrecken wird eine bessere Wanddickenverteilung erreicht.

Vakuum- und Überdruckverfahren unterscheiden sich dadurch, daß z. B. die über das Negativwerkzeug gespannte Folie beim Vakuumverfahren in die Negativform durch Unterdruck eingesaugt, beim Überdruckverfahren durch Preßluft in die Negativform eingedrückt wird.

Beim *einfachen Negativverfahren* (ohne Vorstrecken) entsteht ein Formteil mit dünnem Boden und dünnen Ecken (Bild 6.33); beim *einfachen Positivverfahren* wird der Boden dick und der obere Randbereich dünn; die Konturen auf der Innenseite des Formlings werden scharf ausgeformt. Eine bessere Materialverteilung bringt die Variante des Streckformens, bei der die Form in die vom Spannrahmen festgehaltene Folie einfährt und diese direkt mechanisch vorstreckt. Erst dann wird angesaugt und damit endgültig ausgeformt.

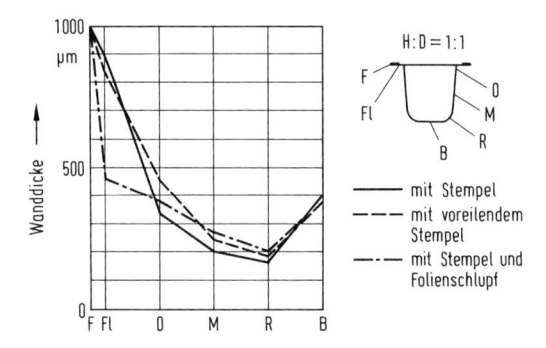

Bild 6.33 Wanddickenverteilung beim Warmformen, negativ, eines Bechers unter verschiedenen Verfahrensbedingungen (nach *Neitzert*)

Schema einer Thermoformmaschine zeigt Bild 6.34.

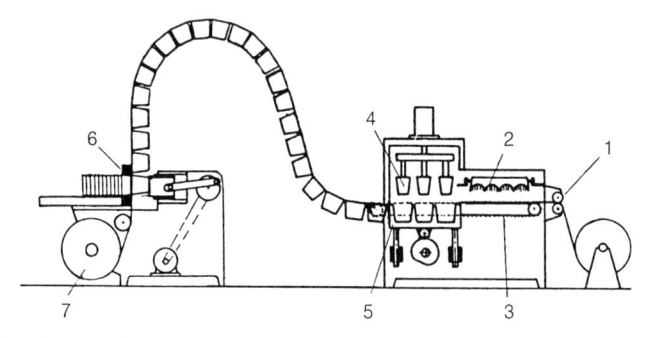

Bild 6.34 Aufbau eines Thermoformautomaten mit separater Stanzstation
1: Folieneinzug, 2: Heizung, 3: Transportkette, 4: Streckhelfer, 5: Werkzeug, 6: Stanze, 7: Aufwicklung für das Stanzgitter

6.3 Halbsteife Folienverpackungen   149

Tabelle 6.18 Richtwerte von Folien für thermogeformte Verpackungen

Thermoplast	Kurz-zeichen	Dichte g/cm³	Zugfestig-keit N/mm²	E-Modul N/mm²	optisch transparent	Sonderaus-führungen a, e, m, fl	Dauergebrauchs-temperatur min. °C	Dauergebrauchs-temperatur max. °C	Kristallit-schmelz-bereich °C	Umformtemperatur Druckluft °C	Umformtemperatur Vakuum °C	Einsatz	Maschinen-sonder-ausstattung erforderlich
Polystyrol, Standard	PS	1,05	55	3200	++	a, e, m, fl	−10	+70	−	110−150	145−170	T	−
Polystyrol, schlagfest	SB	1,05	32	2150	−	a, e, m, fl	−40	+70	−	120−160	150−180	T	−
Styrolux, K Resin	BDS/PS	1,05	32	2150	+(+)	a, m	−40	+70	−	120−160	150−180	B, T	−
orientiertes Polystyrol	OPS	1,05	57	3200	++		−60	+79	−	120−130	125−130	B, T	fallweise
PS/PE-Blend	PS/PE	≈1			−					120−160	150−180	T	−
Polyethylenterephthalat, nicht kristallisierend	PETG	1,33	29	2100			−40	+70	−	100−120	120−140	B, T	−
Polyethylenterephthalat, amorph, langsam kristallisierend	A-PET, A-PET G/A/G, A-PET Co/A/Co	1,33	35	2200	++	a, m	−40	+70	−	100−120	110−130	B, T / B, T / B, T	−
PET, kristallisierbar	C-PET	1,35	32	2400	−		−20	+220	240	135−145	−	Backofen/Mikrowelle	ja
Polypropylen, extrudiert	PP	0,91	30	1200	−(+)	a, e, m	*0 (−30)		158+10	145−165	155−175	T, Mikrowelle (B)	ja
Polypropylen, kalandriert	PP kalandr.	0,91	30	1200	−				158+10	145−165	155−175	T, Mikrowelle	ab 0,5 mm
Polypropylen, gefüllt	PP f	0,95	30	1800	−				158+10	145−165	155−175	T, Mikrowelle	ja
Polypropylen, kalandriert + gefüllt	PP f kalandr.	0,95	30	1800	−	a, e, m, fl			158+10	145−165	155−175	T, Mikrowelle	ab 0,5 mm
Polyvinylchlorid	PVC-U	1,39	58	2400	++	m			−	110−140	140−190	S, B, T	−
Acrylnitril/Methyl Acrylat/Butadien	A/MA/B (PAN)	1,15	66	3450	++				−	135−170	160−220	B, T	−
Polyethylen, Niederdruck	PE-HD	0,95	28	1000	−	antikorrosiv	−50	+80	125+15	140−170	150−180	T	−
Polyethylen, Hochdruck	PE-LD	0,93			+		−70	+65	−	−	125−140	S	−
Ionomerharz		0,93			++		−100	+65	−	−	85−120	S	−

− nicht transparent
+ transparent
++ sehr hohe Transparenz
−(+) Sondertypen fast transparent

* 0 für Homopolym., −30 für Cypolym.
a antistatisch
e elektrisch leitfähig
m metallisiert

fl beflockt
S Skin
B Blister
T Allg.

Positiv-Formung ohne Vorstrecken hat insbesondere für die Skin-Packverfahren (siehe Abschnitt 6.2.4) Bedeutung. Es werden hierfür keine Werkzeuge benutzt, vielmehr wird die Folie direkt über das Packgut gezogen und legt sich an dieses im Vakuum hauteng an. Allerdings muß es der verwendeten Folientemperatur standhalten (siehe auch Bild 6.15 und 6.40).

Bei der *Positiv-Formung mit Vorstrecken* erfolgt mechanisches Vorstrecken mit Hilfe eines Ziehgitters, wodurch die Formfläche in separate Bereiche pro Formsegment aufgeteilt wird. Sehr tiefe Formteile mit gleichmäßiger Wanddicke erhält man durch pneumatisches Vorstrecken. Die Wanddickenverteilung bei verschiedenen Formverfahren zeigt Bild 6.32.

Tabelle 6.19 Wichtige Hartfolienverbunde mit hoher O_2-Barriere (high barrier)

Verbundstruktur	Eigenschaften	Anwendungen
PP ǀ HV ǀ E/VAL ǀ HV ǀ PP	aromasperrend wasserdampfsperrend heißdampfsterilisierbar mikrowellentauglich	Fertiggerichte Gemüse Trockenlebensmittel Soßen, Suppen Hot Pot
SB ǀ HV ǀ E/VAL ǀ HV ǀ PE	aromasperrend wasserdampfsperrend leicht thermoformbar siegelbar peelbar	Marmelade Fruchtsäfte Schnittwurst Frischfleisch (Kontrollgas, CAP, MAP)
SBS ǀ HV ǀ E/VAL ǀ HV ǀ PE	transparent aromasperrend wasserdampfsperrend siegelbar peelbar	Siegeldeckel Fleischwaren Teigwaren Käse

HV: Haftvermittlerschicht; SBS: transparentes SB

Tabelle 6.20 Wichtige Hartfolienverbunde mit mittlerer O_2-Barriere (moderate barrier)

Verbundstruktur	Eigenschaften	Anwendungen
PETG ǀ HV ǀ SB ǀ HV ǀ PETG	erhöht geruchs- und geschmacksneutral verbesserte Fettbeständigkeit Oberflächenglanz	Pralinensortiereinsätze Feingebäck Lebkuchen Feinkostbecher Stülpdeckel
PETG ǀ SBS ǀ PETG	transparent erhöht geruchs- und geschmacksneutral verbesserte Fettbeständigkeit	Stülpdeckel Feinkostbecher Thekenverkauf Schokoerzeugnisse Feinbackwaren
PBT ǀ HV ǀ modifiziertes PS*	siegelbar auf Polystyrol peelbar bedruckbar thermoformbar mit SB rezyklierbar	Siegelfolie für SB-Becher Molkereiprodukte Tamper-evident-Merkmale

HV: Haftvermittlerschicht
* Styroplus (Hersteller: BASF)

Die geeigneten Kunststoffe bzw. Folien für das Thermoformen von Packmitteln zeigen die Tabellen 6.18, 6.19 und 6.20.

Mit den genannten Verfahren werden folgende Packmittel hergestellt:
- runde, quadratische oder rechteckige Becher,
- Blister-, Skin-, und Nestverpackungen,
- Einsätze,
- Durchdrückverpackungen sowie Deckel.

Transparente thermogeformte Verpackungen wurden 1990 noch zu über 90% aus PVC hergestellt. Wegen der (oft irrationalen) PVC-Substitutionsforderungen interessieren die möglichen Substituenten wie BOPS, SB/PS, PP, APET u. a. hinsichtlich ihrer Eignung. Die Tabellen 6.21, 6.22, 6.23 geben Eignungsvergleiche der Packstoffe für solche transparente Verpackungen.

Tabelle 6.21 Verarbeitungsverhalten und Anwendungsbeispiele transparenter Kunststoffe zur Substitution von

	PVC	BOPS
Aufbereitung	aufwendig, durch pulverförmige Anlieferung nachteilig für Lagerung und notwendige Mischungsvorbereitung	nicht aufwendig
Extrusion		aufwendig
Maschinentechnik	bei fast allen Anwendungen werden kalandrierte Folien verwendet; aufwendige, kostenintensive Kalandrierlinien zwingen zum Zukauf	aufwendige Anlage zur Erzielung einer gleichmäßigen Verstreckung längs und quer, nach der Verstreckung thermische Fixierung
Verfahrenstechnik	sensible Reaktion auf hohe Schmelzetemperaturen, Verweilzeiten und Scherbelastung	hohe Anforderungen an Bedienpersonal hohe Genauigkeit der Abzugs-/Verstreckungsbedingungen notwendig für eine reproduzierbare Orientierungsqualität
Thermoformen Maschinentechnik	einfache Maschinen	aufwendigerer Transport bessere Heizungssteuerung
Verfahrenstechnik	problemloses Thermoformen	sehr sensibles Thermoformen enges Verarbeitungsfenster sensible Reaktion bei Folienschwankungen bez. Dickenverteilung, Verstreckungsgrad der Folie, Temperaturverteilung ohne Helfereinsatz treten größere Dickenunterschiede auf hoher Schrumpf
Werkzeugtechnik	Normalausführung	enge Schnittoleranzen
Packmitteleignung	alle bei den Substitutionsmaterialien aufgeführten Beispiele	Eierverpackungen, Gebäckverpackungen, Frucht- und Gemüseschalen, Süßwarenverpackung

PVC-Packmitteln (nach *Eismar*)

SB/PS	PP	A-PET
nicht aufwendig	nicht aufwendig	aufwendig, kostenintensiv durch intensive Trocknung
wenig aufwendig einfache Anlagen Entgasung notwendig Mischelemente vorteilhaft Energieaufwand gering Ausstoßraten hoch, vergleichbar PS, Scherraten, Schmelzetemperaturen und Verweilzeiten müssen niedrig gehalten werden	wenig aufwendig hohe Kühlleistung des Glättwerks notwendig hohe Spaltdrücke sind für geglättete dünne Folie notwendig 20 bis 30% niedrigere Ausstoßleistung als bei PS Transparenz über Kühlbedingungen einstellbar	aufwendig spezieller Schneckenkonzepter hochdichte Schmelzefilter Schmelzepumpe für Haupt- und Coextruder spezielle Anordnung Düse/Glättwerk (vertikale Einspeisung) hohe Herstellungskosten aufwendige Bedienung durch qualifiziertes Personal wegen hohen Ein- bzw. Nachstellaufwands an Düsenlippe und Glättwerk Ausstoß 40% niedriger als bei PS
einfache Maschinen problemloses Thermoformen	aufwendige Maschinen Indramattransporter aufwendige Heizungssteuerung hydraulische Oberstempel dimensionierte Stanzeinrichtung sensibles Thermoformen enges Verarbeitungsfenster genaue Folientemperaturkontrolle notwendig (±2 K) höhere Schrumpfwerte (rd. 1,5%) verlängerte Zykluszeit (+25%)	einfache Maschinen sehr aufwendige Stanzvorrichtungen einfaches Thermoformen problematisches Stanzen engeres Verarbeitungsfenster starke Blockneigung
Normalausführung	wichtigstes Auslegungskriterium optimierte Kühlung	wichtigstes Auslegungskriterium optimaler Schnitt optimierte Entstapelung
Gemeinsamkeiten Werkzeugführung kombiert (Kugel- und Gleitführung) engeres Schnittspiel und deutlich härtere Oberfläche Kühlstromregelung (Temperaturabgleich zwischen Ober- und Unterwerkzeug) größtmögliche Kühlkanalquerschnitte Form- und Auswerfergestaltung ausgelegt auf „leichte" Entformbarkeit Formteile gegen Verschleiß (Abrieb) optimieren		
transparente Becher für Trink- und Molkereiprodukte Wiederverschlußdeckel	Behälter für Margarine, Joghurt, Dessert Gebäckverpackungen, Trinkbecher, Gemüse-/Obstverpackungen	hochtransparente und brillante Lebensmittelverpackungen für Feinkost, Gebäck-Sortiereinsätze, Obst/Gemüse, Gebäck Blister FFS-Anwendungen für Lebensmittel, medizinische Einwegartikel, da gammasterilisierbar

Tabelle 6.22 Eigenschaften von Blisterpackungen im Vergleich (nach *Schwarzman*)

	Eigenschaft	1	2	3	4	5	6	7	8	9	10	11	12	13
Schutz	vor Staub	+	o	o	o	o/+	o/+	–	+	+	o/+	o/+	+	–
	vor Feuchtigkeit	o/–	–	–	–	–	–	+	–	–	–	–	–	–
	vor Oxidation	o	–	–	–	–	–	+	+	–	–	–	–	–
Information	Sicht des Packgutes	+	+	+	+	+	++	++	++	++	++	++	++	–
	Information durch Text und Bild	+	+	+	+	+	+	–	+	+	+	+	+	+
	Prüfmöglichkeit der Ware vor Kauf	–	+	+	+	+	++	–	–	++	++	++	++	–
	Mehrwegverpackung/weitere Verwendbarkeit	–	+	+	+	–	–	+	+	–	+	+	+	–
	Volumen und Gewicht der Verpackung	o	o	o	–	–	–	o	x	+	o/–	o/–	o/–	–
Recycling	Einstoffverpackung								x	x	x	x		
	Mehrstoffverpackung	x	x	x	x	x	x	x	o					
	Recyclingfähigkeit	–	o	o	o	o	o	o	+	+	+	+	+	+
	Recyclingware für Verpackung einsetzbar	–	o	o	o	o	o	o	+	+	+	+	+	+
	Verhalten auf der Deponie	o	o	o	o/–	o/–	o/–	o	+	+	+	+	+	–
Herstellbarkeit auf Serienmaschinen	ohne Änderungen	HSA HSP	SBli	x	HSA HSP	x			FFS HSA HSP	FFS HSA HSP	RV RDKP	RV RDKP	RV RDKP	
	(geringe) Änderungen						HSA HSP	HSA HSP	HSA FFS HSP					HSA HSP
	Neubau notwendig							o						HSA HSP
Lagerung/Langzeitqualität	Dimensionsstabilität	o	o/–	–	–	o	o	–/o	+	+	+	+	–	
	UV-Stabilität	o	o	o	+	+/o	+	+	+	+	+	+	o	
	Knickempfindlichkeit	o	o	o	+	+	–	+	+	o	+	o	–	
	Transportstabilität	+	+	–	–	+	o	–	o/+	o/+	o/+	o/+	o/+	o/+
	Aufwand für die Umverpackung	o	o	–	–	o	+	–	o	o	o	o	o/–	o/–
	Konzept/Universelle Verwendbarkeit	+	o	–	–	+	+	–	+	+	o	o	o	–
	Präsentation und Kaufanreiz	+	+	+	+	+	o	+	+	+	+	+	+	–/o
	Garantiefunktion/Sicherheit	+	o	o	o	o		–	+	+	–	–	–	–

Spalten (Packungsarten):
1. Kunststoffblister, auf Karton gesiegelt (Standard)
2. Kunststoffschiebeblister mit Umbug + losem Kartondeckel
3. loses Schiebeblister in ausgestanzter Kartonführung
4. loses Schiebeblister, Karton doppelt (Rückseite geschlossen)
5. Kunststoffblister lose zwischen zwei Kartons
6. Kunststoffblister lose im Klappkarton
7. Kunststoffblister + lose Karte + Packgut vor dem Blister
8. Vollkunststoffblister, versiegelt, bedruckt
9. Vollkunststoffblister, versiegelt, mit Einlegeetikette
10. Vollkunststoffblister mit Hinterschnittverschluß, 2tlg.
11. Vollkunststoffblister mit Druckknopfverschluß, 2tlg.
12. Kunststoffklappverpackung mit Scharnier
13. Vollkartonblister, Haube auf Vorder- oder Rückseite

Abkürzungen:
- RV   Thermoformautomat mit Vakuumformung
- RDKP Thermoformautomat mit Druckluftformung
- SBli Schiebeblisterautomat
- FFS Form-Füll-Schließanlage
- HSA Heißsiegelautomat
- HSP Heißsiegelpresse

Bewertung:
- ++ sehr gut
- + gut
- o mangelhaft
- – ungenügend
- x Bestätigung als …

Tabelle 6.23 Eigenschaften unterschiedlicher Verkaufsverpackungen im Vergleich (nach (*Strauß*))

Eigenschaft / Verpackungsart	Werkstoffpaarung	Verarbeitung	Verpackungsvolumen	Auspackeigenschaft	Produktschutz	Werkstoffeinheitlichkeit bzw. Trennbarkeit
PE-Skin	PE-Träger; PE/Ionomer-Folie	Skin-Maschinen	0,9-mm-Träger 150-μm-Folie	gut peelfähig, keine Verletzungsgefahr	sehr gut	sehr gut
PET-Skin + Karton	PET-Träger und -Folie, Karton	hohe Abnutzung bei Stanzwerkzeug	doppelte Folie +0,5-mm-Karton	nur mit Hilfsmittel, scharfkantig	sehr gut	gut
Karton-Blister	Karton	Spezial-Blistermaschinen	2×0,5-mm-Karton	einfaches Aufreißen	schlecht	sehr gut
Karton + Befestigung	Karton	hoher Personalaufwand	0,5-mm-Karton	Lösen der Befestigung	schlecht	gut
herkömmliche Skinverpackung	Karton PE/Ionomer-Folie	Skin-Maschinen	0,5-mm-Karton + 150-μm-Folie	keine vollständige Trennung	gut	schlecht

6.3.1.1 Flache Formteile – Schalen, Deckel, Nestverpackungen, Einsätze, Bubble-, Blister-, Durchdrück- und Skinverpackungen

Solche flachen Formteile werden – auch aus Schaumstoff-Folien und Verbundfolien – ohne Vorstrecken (im Gegensatz zu den tiefen Formteilen) hergestellt, also mit geringerem Werkzeugaufwand. Derartige Verpackungen können heute in all ihren Teilen recyclingfähig aus einheitlichem Kunststoffmaterial gefertigt werden, insbesondere Blister-, Skin-, Deckelschalen- und -becherpackmittel.

Schalen sind formfeste Kleinpackmittel, welche zur Verpackung von festem Kleinpackgut genutzt werden. Sie können rechteckig, quadratisch, oval oder rund sein und besitzen relativ niedrige Seitenwände, welche konisch gestaltet sind, um diese Schalen stapelbar zu machen. Das Verschließen dieser Schalen geschieht meistens durch Folieneinschlag mit Randversiegelung, Unterschrumpfung oder mit Stretchfolien. Weniger häufig sind Kunststoffdeckel, welche durch Schnapp- oder Reißverschlüsse auflegbar sind. Die Herstellung solcher Schalen erfolgt meist im Negativ-Vakuum-Formverfahren. Die hierzu verwendeten Folien bestehen aus PE-HD, PS-Typen wie PS-I, PVC, PP sowie Schaumfolien aus diesen Kunststoffen, in steigendem Maß aber auch aus Kunststoffverbundfolien. Kunststoffverbundfolien werden z. B. zur Herstellung klarsichtiger Hartverpackungen aus PVC|PE mit PET|PVDC|PE-Deckel zur Verpackung von Frischfleischportionen, aber auch für Brot und Backwaren verwendet.

Kaffeesahne-Zehnfach-Portionspackungen werden z. B. aus PS-Hart-Verbund mit Barriereschicht und Deckel aus PET|Al-Verbund hergestellt. In Schalen und Bechern aus OPP|Al können Fertiggerichte verpackt und in diesen Packmitteln aufgewärmt oder gegart werden.

Menüschalen sollen komplette Mahlzeiten entweder kurzfristig, nämlich vom Ausgabeort des Menüs bis zum Verzehr, insbesondere bei Gemeinschaftsverpflegungssystemen, warmhalten oder aber im Tiefkühlverfahren eingefroren, zum schnellen Zubereiten einer Fertigmahlzeit durch Auftauen in der Mikrowelle zur Verfügung stehen. Im aseptischen Abfüllverfahren werden Fertigmenüs in Barriereschalen abgepackt, die auch ohne Kühlung haltbar bleiben (siehe Abschnitt 9.7). Solche Menüschalen sind meist zur Aufnahme der einzelnen Menübestandteile unterteilt, wodurch zugleich die Stabilität dieser Schalen wesentlich erhöht wird. Übliche Ausmaße solcher Schalen sind z. B. $250 \times 380 \times 330$ mm, wobei die Inneneinteilung bis zu vier Unterteilungen besitzt. Menüschalen, die nur kurzfristig aufbewahrt und/oder warmgehalten werden sollen, werden aus PS- oder auch PE-Schaumkunststoff-Verbundfolien hergestellt, Menüschalen für Tiefkühl-Fertiggerichte, insbesondere aus PE-HD- oder PP-Folien. Um den Inhalt solcher Tieffrost-Menüschalen beurteilen zu können, werden transparente, flexible PE-Deckelfolien aufgesiegelt oder aufgeschweißt, welche peelbar oder an Sollbruchstellen bei Bedarf aufreißbar sind. Die für die Warmformung der Schalen genutzten PE-HD- oder PP-Folien sind etwa 400 bis 600 µm dick, die Deckelfolien 80 bis 100 µm. Zur Thermoformung werden die betreffenden Folien mittels Wärmekontaktheizung erhitzt, da Wärmestrahler eine zu ungleichmäßige Erhitzung der Folien ergeben. Für Mikrowellenherde und/oder Tiefkühltruhen geeignete Menüschalen können auch im Vakuumthermoformverfahren hergestellt werden, wenn man hierfür geeignete Verbundfolien einsetzt.

Verpackungsschalen werden für leicht verderbliche Lebensmittel wie Frischfleisch, Frischfisch, Geflügel, Räucherfisch, Obst und Gemüse sowie Backwaren genutzt, wobei solche Schalen nach Einbringung des Füllguts mit durchsichtigen Stretch- oder Schrumpffolien umhüllt und verschlossen werden.

Nestverpackungen sind aus Folien durch Thermoformung hergestellte Konturenverpackungen. Meist sind sie in dieser Form nicht selbsttragend, sondern werden durch ein versteifendes Deckelteil mit entsprechenden kuppelförmigen Vertiefungen, die dem Unterteil spiegelbildlich zugeordnet sind, stabilisiert, wobei das Oberteil mittels Filmscharnier oder andere geeignete Gestaltung auf das Unterteil aufgeklappt werden kann wie zum Verpacken von Eiern oder Mohrenköpfen etc. Nestpackmittel ohne versteifendes Oberteil werden als Einlagen für Schachteln, etc. hergestellt, um einzelne Packgüter wie Früchte, Pralinen, Süßwaren, Feingebäck und dergleichen aufzunehmen. Hierfür verwendete PVC- oder PE-Folien sind meist mit Pigmenten eingefärbt oder metallisiert.

Eine andere Möglichkeit, solche warmgeformten Einzel- oder Nestpackmittel stabil zu gestalten, besteht darin, sie mit einem Karton- oder Thermoplastuntergrund zu verbinden. Auf diese Weise erhält man *Glocken- oder Bubblepackungen*. Sie werden auch *Blasenpackungen* genannt. Sie wurden ursprünglich in Form einer Blase ohne Werkzeug hergestellt, indem die Folie in einen Halterahmen gespannt wurde; im thermoplastischen Temperaturbereich wurde sie mit Druckluft zu einer oder mehreren Blasen aufgewölbt. Diese Blase hat nicht unbedingt einen Kreisquerschnitt und ist demnach nicht immer eine Halbkugel. Solch eine Bubblepackung bildet über dem Füllgut eine Glocke, die nicht der Gestalt des Füllguts entspricht, das vielmehr lose darin verpackt ist. In der industriellen Fertigung wird jedoch nicht ohne Formwerkzeug gearbeitet.

Blisterpackungen besitzen im Gegensatz hierzu grob die Konturen des Packguts, jedoch nicht so, daß alle Einzelheiten des Packguts abgebildet sind (vgl. Bild 4.9 und 6.35). Um solche typischen Blisterformen zu erhalten, müssen entsprechende Werkzeuge zur Erzielung der jeweils gewünschten Konturen für den Thermoformprozeß hergestellt werden, wobei sowohl Positiv- als auch Negativ-Formen Anwendung finden. Positiv-Werkzeuge herzustellen, ist meist billiger, da diese weitgehend dem Packgut entsprechen.

So gewonnene (Bubble- und) Blisterhauben werden mit dem sie tragenden und abdeckenden Karton oder Kunststoff-Folie durch Siegeln, Heften, Nieten oder Einstecken in Halteschlitze verbunden (Bild 6.36). Blisterhauben können auf ihrem Unterkarton bzw. -folie durch Aufschieben befestigt werden als Schiebeblister (Bild 6.36), wofür keine Siegelgeräte notwendig sind, oder durch Einlegen der Blisterhaube zwischen Faltkarton

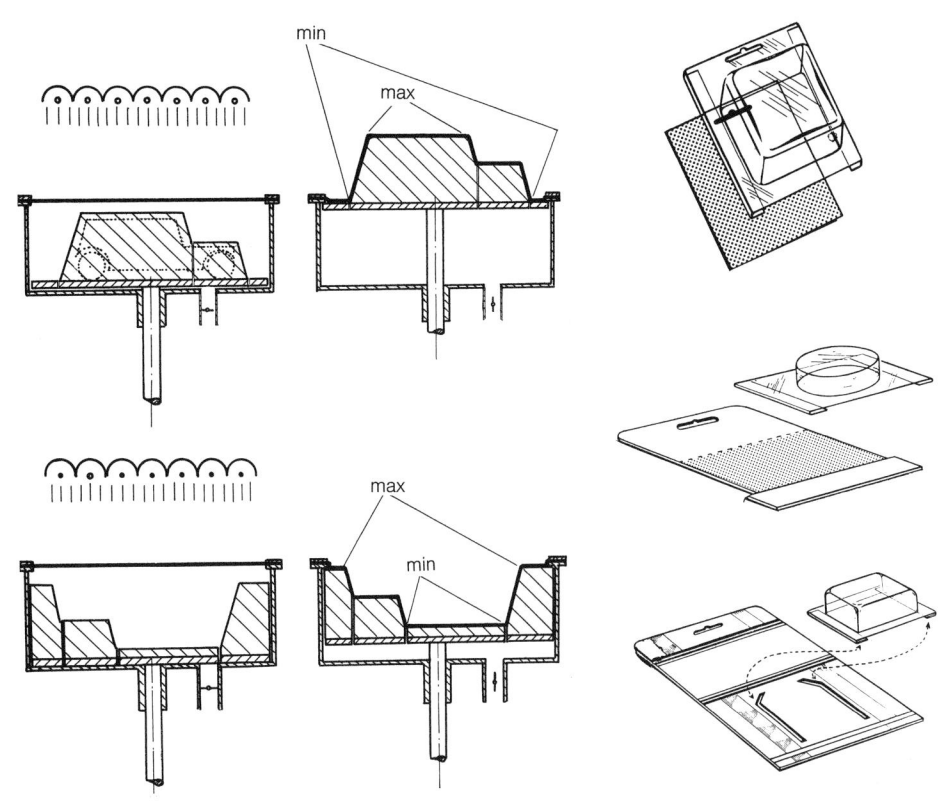

Bild 6.35 Herstellung einer Blisterhaube im Positiv- (oben) und Negativverfahren (unten)

Bild 6.36 Befestigungsmöglichkeiten von Blistern auf Unterlagen

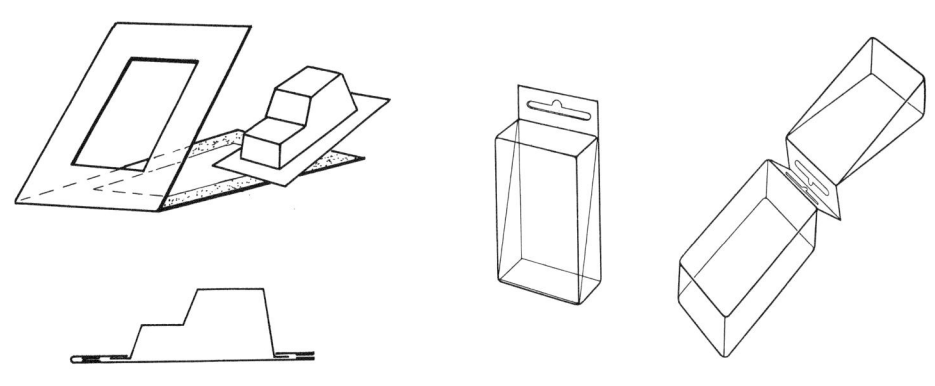

Bild 6.37
Befestigen einer Blisterhaube zwischen Faltkarton

Bild 6.38
Thermogeformtes Faltblister voll aus Kunststoff

(Bild 6.37). Möglich ist es auch, Faltblister herzustellen, welche aus einer Klarsichtfolie warmgeformt und als Unter- und Oberteil zusammengefaltet werden (Bild 6.38). Tropensichere Blisterverpackungen werden durch Aufsiegeln einer *Aluminiumverbundfolie* als „Untersiegelwanne" auf die Blisterhaube z. B. aus PET, PE, PP, PVC oder Verbunden erhalten. Tabelle 6.24 zeigt einen Eigenschaftsvergleich der Folienverbunde für Blistertpyen.

Tabelle 6.24 Anwendungen, Märkte und Eigenschaften von coextrudierten Verbundkombinationen (nach W. Vogl)

Anwendung	Markt	Eigenschaften	Schichten-Anzahl	Bevorzugte Schichtkombinationen (* = Haftvermittler, Reg. = Regenerat) Innen————Außen
Fruchtsäfte Speiseöl Mayonnaisen, Soßen Suppenkonzentrate Tee, Kaffee, Kakao Ketchup, Soja-Soßen Babynahrung	Lebensmittel	O_2-Sperre Aromaschutz Heißabfüllung Pasteurisierung	3 3 3 3 3 5 5 5 5 5 6	LDPE oder HDPE + Reg. * EVOH LDPE oder HDPE * EVOH PP * EVOH PP + Reg. * EVOH PC/PETP/PC PP * EVOH * PP PP * EVOH * PP + Reg. HDPE oder LDPE * EVOH * HDPE oder LDPE HDPE oder LDPE * EVOH * HDPE oder LDPE + Reg. PC * EVOH * PC PP * EVOH * Reg./PP
Handlotion Haarpflegemittel Zahncreme Hautöle	Kosmetik Pharmazie	brillante, druckfertige kratzfeste Oberfläche	3 3 3 5	PP, HDPE oder LDPE * PA PP, HDPE oder LDPE + Reg. * PA PC/PETP/PC PP, HDPE oder LDPE * EVOH * PP, HDPE oder LDPE + Reg.
Blutplasma bzw. Ersatzemulsion	Medizin	Sauerstoffsperre mit Wasserdampfsperre, Sterilisation	3	PP * PA
Benzin, Düngemittel Pflanzenschutzmittel	Technik	Permeationssperre	3 5	PA * HDPE, LDPE oder PP PP, HDPE oder LDPE * EVOH * PP, HDPE oder LDPE
Chemikalien, gegen die PE nicht resistent ist	Chemie	beständig gegen chem. aggressive Medien	3 3	PA oder EVOH * PP, HDPE oder LDPE PA oder EVOH* PP, HDPE oder LDPE + Reg.

Durchdrückpackungen entstehen dadurch, daß Blisternester, die zur Aufnahme von Tabletten, Suppositorien, etc. bestimmt sind, durch Aufsiegeln einer Aluminiumverbund- oder Monofolie verschlossen werden (Bild 6.39). Bei diesen ist jedes einzelne Nest separat zu öffnen, indem dessen Inhalt bei Druck auf die Blisterblase durch die Abdeckfolie hindurchgedrückt werden kann. Die Aluminiumfolie hat eine Dicke von ca. 30 bis 50 µm, die Hart-PVC-Blisterfolie von 250 bis 300 µm. Sie wird schon häufig durch PP-Folie substituiert. Um Materialeinheitlichkeit zur Recyclingverbesserung zu erreichen, ebenso auch die Al-Deckfolie durch dünne durchdrückbare PP-Folie.

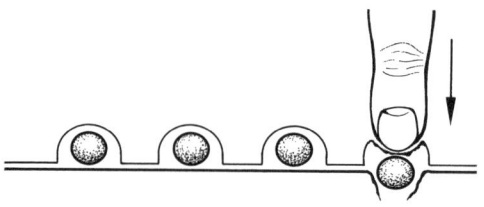

Bild 6.39 Durchdrückblister

Skinverpackungen wurden bereits unter 6.2.4 (Folienweichverpackungen) erklärt, da sich bei ihnen eine Verpackungsweichfolie in einem Unterdruckverfahren hauteng an das Packgut anlegt, welches bei diesem Herstellungsverfahren zugleich als Positiv-Formwerkzeug dient (Bild 6.40).

6.3 Halbsteife Folienverpackungen

Folien für Skinverpackungen sind:

- PE-LD-Folien ohne oder mit Haftvermittler, PE-Folie mit integriertem VCI-Korrosionsschutz;
- Ionomerfolien (z. B. ®Surlynfolie ohne oder mit Haftvermittler, ®Surlyn-NWL-Folie, (NWL bedeutet Non Wet Look);
- Hart-PVC-Folien ohne Haftvermittler;
- Polyesterfolien.

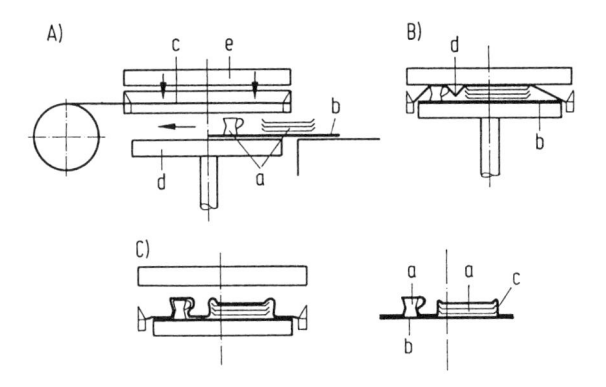

Bild 6.40 Skinpackverfahren
A) Vorwärmen der Folie, B) Hochfahren der Skinpackplatte mit dem Packgut,
C) Saugen und Kühlen
a: Packgut, b: poröse Unterlage, c: Folie, d: Skinpackplatte, e: Infrarotstrahler

Der für Skin- und Blistersysteme bisher benötigte poröse Karton kann jetzt auch zwecks materialeinheitlicher Verpackung durch einen porösen Trägerboden aus gesintertem PE-UHMW ersetzt werden.

Thermogeformte Weichverpackungen werden für das Heißabfüllen von Füllgütern, Pasteurisieren oder Hitzesterilisieren in der Verpackung gebraucht. Hierfür ist es notwendig, daß Verbundfolien verwendet werden, welche einerseits den Temperaturen von 85 °C für das Pasteurisierverfahren bzw. 121 °C oder gar 135 °C für das Hitzesterilisieren standhalten und andererseits die notwendigen Sperreigenschaften auch unter Sterilisierbedingungen behalten. Pasteurisierte Füllgüter für solche Verpackungen sind z. B. Fertiggerichte, Gurken und wärmebehandelter Camembert. Hitzesterilisierte Füllgüter für derartige warmgeformte Verbundfolien-Packmittel sind z. B. Würstchen, die in OPP|Al|OPP-Weichpackungen verpackt sind, Fertiggerichte in Hartpackungen aus PP|Al oder sterilisierte bzw. sterilisierbare Einmalspritzen in Thermoformpackungen aus PVC|PE oder PA|PE, welche durch Gassterilisieren mittels Ethylenoxid und Strahlensterilisieren durch Gamma-Strahlen sterilisiert werden.

Thermogeformte Schalenpackmittel werden auch aus extrudierter PS-Schaumstoff-Folie (EPS) hergestellt, z. B. Eierverpackungen aus extrudierter EPS-Folie, Verkaufsschalen aus EPS-Folie und Menüschalen aus Laminat-EPS|SB-Folie.

Maschinen und Anlagen zur Herstellung thermogeformter Packungen siehe Abschnitt 9.6.1.

6.3.1.2 Tiefe Formteile durch negative Streckformverfahren

Runde Becher für Getränke aus Molkereiprodukten mit Füllvolumen von 80 bis 250 cm³ werden aus PS-, PVC-, PE-, PP- sowie Verbundfolien hergestellt. Für pastöse Packgüter (Margarine) werden runde, ovale, quadratische und rechteckige Becher für Füllvolumina von 35 bis 1000 ml aus den genannten Kunststoffolien gefertigt. Wegen der größeren Tiefe dieser Packmittel muß für ihre Herstellung meist das Streckformverfahren angewendet werden. Für die Warmformung von Bechern wesentlich ist das sogenannte H:D-Verhältnis, das Verhältnis von Höhe zu Durchmesser des Bechers. Je nach H:D-Verhältnis müssen die Verarbeitungstemperaturen den angewendeten Werkstoffen angepaßt werden.

Fertigungsverfahren mit Streckhelfern

Becher und sogenannte Enghalsgefäße werden im Negativ-Thermoformverfahren mit Streckhelfern hergestellt (Bild 6.41). Die Folie wird durch Infrarotstrahlung erwärmt, über dem Becherwerkzeug eingespannt, mittels Streckhelfer vorgestreckt und durch Vakuum von innen oder durch entölte Preßluft von außen an die Wandungen des Negativwerkzeugs angelegt. Der fertige Becher wird entweder mechanisch oder mittels Luftdusche ausgestoßen. So hergestellte Becher besitzen Seitenwandneigungen von 5 bis 10° zwecks problemloser Entnahme aus dem Werkzeug, und um die fertigen Becher ineinander stapel-

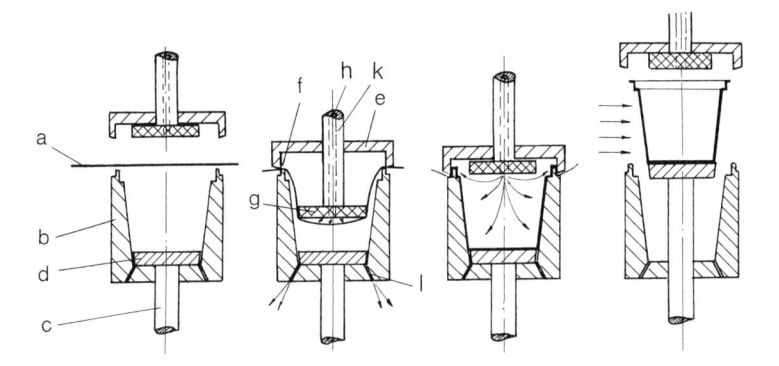

Bild 6.41 Streckformen von Bechern
a: Folie, b: Werkzeug, c: Stößel, d: Auswerferboden, e: Schnittstempel, f: Schnittkante, g: Streckhelfer, h: Luftkanal, k: Streckhelfer-Stößel, l: Entlüftungsbohrung

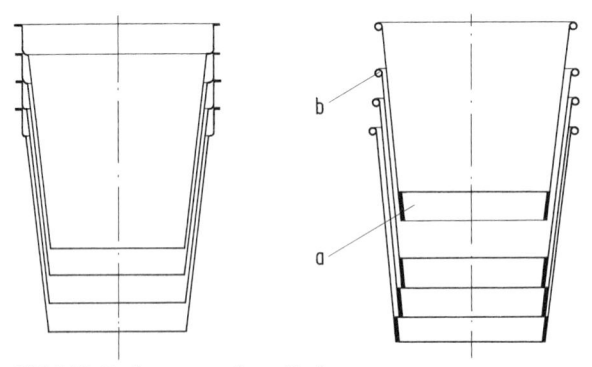

Bild 6.42 Design entstapelbarer Becher
links: Stapelwulst am oberen Rand, rechts: Stapelkanten am Becherboden
a: gegenkonische Wulstkante, b: konische Seitenwände

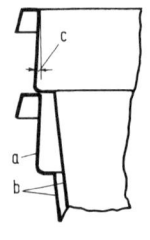

Bild 6.43 Randwulstform für stapelbare Becher
a: nach außen konischer Rand, b: konische Becherwandung, c: wirksamer Überstand

bar zu machen. Um das Entstapeln zu erleichtern, werden am oberen Becherrand oder Becherboden Stapelnasen, -ränder, -kanten oder -wülste im Warmformungsprozeß eingearbeitet (Bild 6.42 und 6.43). Der obere Becherrand muß für die vorgesehene Verschlußart geeignet gestaltet sein.

Die Gestaltung der *Hohlböden* warmgeformter Becher ist für die Stapeleignung sehr wichtig (Bild 6.44). Die Stapelfähigkeit kann auch dadurch erreicht werden, daß statt des kreisrunden Hohlbodens eine Reihe von Stegen ausgebildet wird. Wenn der Hohlboden von außen angedrückt wird, läßt sich der Becher auch in Pokalform gestalten, wofür dann allerdings geteilte Werkzeuge benutzt werden müssen.

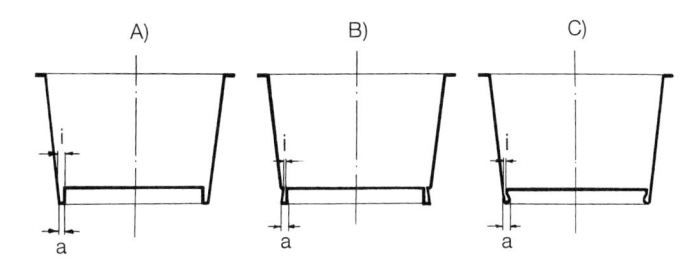

Bild 6.44 Hohlbodengestaltung thermogeformter Becher
A) mit Streckhelfer geformter Hohlboden, nicht stapelbar, B) von außen angedrücktes Profil, stapelbar, C) von innen ausgedrücktes Profil, stapelfähig wenn a größer i

Die Gestaltung der *Becherunterseite* muß auch den Anforderungen der Verpackungsmaschinen bzw. -linien entsprechen, so daß deren Reibungswiderstand gering zu halten ist, um die Maschinengängigkeit zu gewährleisten. Viele Becherabfüllungen erfordern auch eine Signierung mit Datum etc. auf deren Unterseite, wozu eine entsprechende Ausnehmung im Warmformprozeß vorzusehen ist, damit der frische Stempeleindruck beim Bechertransport nicht verwischt wird.

Die Wanddicken schwanken über den Bereich des Becherumfangs infolge des Thermoformverfahrens in Abhängigkeit von den Fließeigenschaften und dem Kunststofftyp (siehe auch Bild 6.33). Meist befindet sich die dünnste Stelle mit ca. 25 % der Folienausgangsdicke im unteren Viertel der Seitenwand sowie dem Übergang zum Becherboden, wodurch die Transportstabilität gefüllter Becher bzw. Dosen kritisch wird, wenn nichttragendes Packgut, wie etwa weiche Salate, darin abgepackt sind. Um dennoch ausreichende *Seitenwandstabilität* zu erreichen, werden gegebenenfalls senkrechte Rippen bzw. Sicken in die Seitenwände eingearbeitet, durch deren Profilbildung der notwendige Stützeffekt erreicht wird. Auch die Ausprägung eines Flechtmusters auf körbchenförmigen warmgeformten Bechern oder IML-Etikettieren bzw. -Banderolieren erhöhen deren statische Festigkeit bzw. Steifigkeit.

Weithalsgefäße und *gegenkonische Becher* können ebenfalls durch Folienthermoformung hergestellt werden, wenn die hierfür benutzen Werkzeuge zwei- oder mehrteilig ausgebildet sind, so daß das Entformen der Hinterschneidungen ermöglicht wird. Zur Herstellung solcher Packmittel müssen schlagfeste Folientypen verwendet werden (Bild 6.45).

Gegenkonische Becher können auch dadurch hergestellt werden, daß in zwei Arbeitsgängen aus einem konventionell hergestellten Becher der Boden ausgestanzt und der obere Rand mit einem neu eingesetzten und gesondert hergestellten Boden durch Rotationsschweißen eingeführt wird (Bild 6.46).

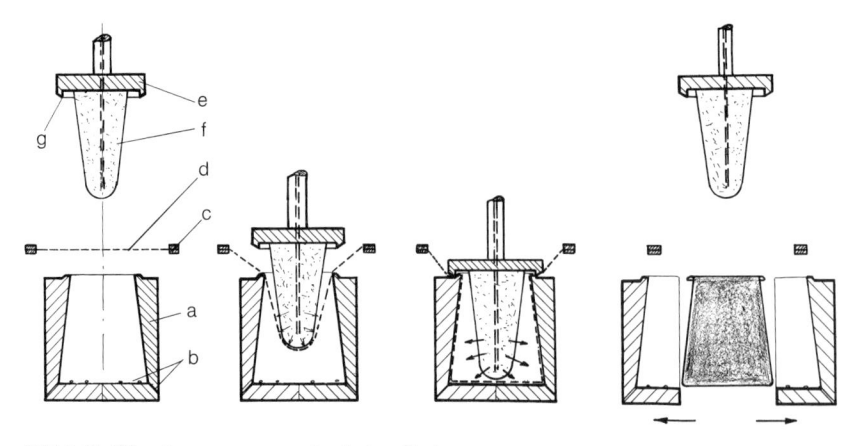

Bild 6.45 Warmformen von gegenkonischen Bechern
a: Becherform, b: Entlüftungsbohrung, c: Folienspannrahmen, d: Folie, e: Verschlußglocke, f: Streckhelfer, g: Schnittkante

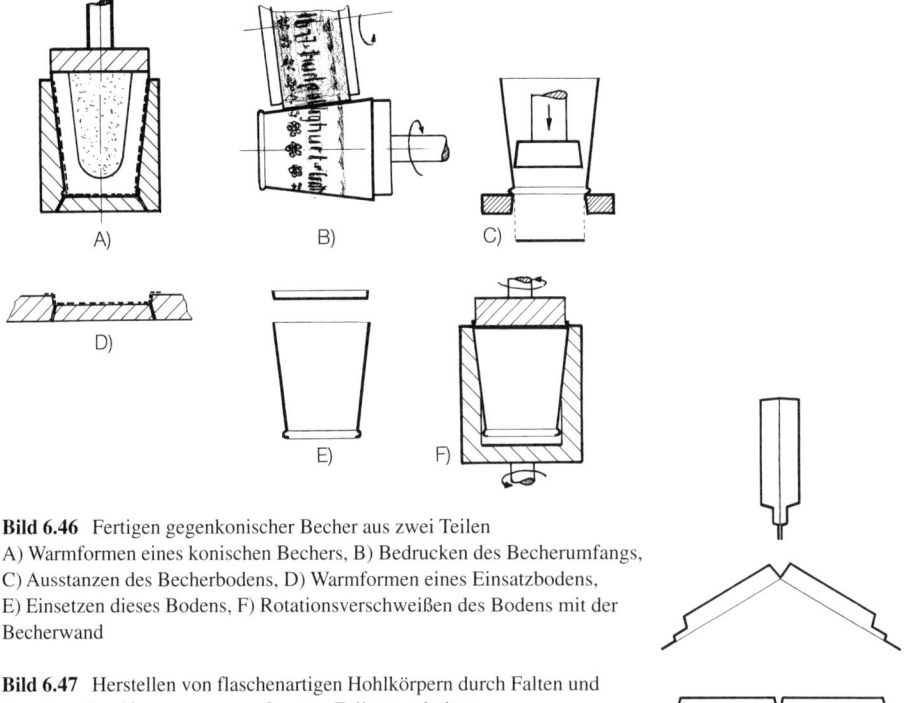

Bild 6.46 Fertigen gegenkonischer Becher aus zwei Teilen
A) Warmformen eines konischen Bechers, B) Bedrucken des Becherumfangs,
C) Ausstanzen des Becherbodens, D) Warmformen eines Einsatzbodens,
E) Einsetzen dieses Bodens, F) Rotationsverschweißen des Bodens mit der Becherwand

Bild 6.47 Herstellen von flaschenartigen Hohlkörpern durch Falten und Randverschweißen von warmgeformten Folienzuschnitten

Flaschen und enghalsige Gefäße lassen sich aus Folien im Thermoformverfahren, z. B. nach dem Reno-Packsystem herstellen, wozu zwei spiegelbildliche warmgeformte Hälften einer mittig geteilten Form hergestellt und miteinander in einer umlaufenden Naht verschweißt werden, was auch durch Zusammenklappen zweier Hälften, die in einer Form hergestellt sind, erfolgen kann, wenn deren Ränder verschweißt werden, nachdem die beiden Formhälften um die Knickstelle als Filmscharnier aneinander geklappt sind (Bild 6.47).

Zur Erhöhung des Tiefziehverhältnisses kann der „*CD-Effekt*" *(Cuspation Dilatation)* genutzt werden. Hierbei arbeitet man mit messerartigen Streckhilfen („*Hitec*" Process).

6.3.1.3 Sonstige warmgeformte Packmittel

Abfallfreies Tiefziehen – SFP (Scrapless Forming Process)-Verfahren – eine Variante der Vakuumverformung – zur Verformung von Kunststoffplatten im thermoelastischen Bereich kann u. a. zum Herstellen von Behältern und anderen Kunststoffartikeln verwendet werden. Die Teile werden aus Kunststoffplatten gefertigt, wozu Ein- und Mehrschichtplattenmaterial anwendbar ist (Bild 6.48). Infolge der Verformung im nicht-plastischen Bereich wird eine hohe Molekularorientierung durch biaxiale Verstreckung des Zuschnitts und anschließendes Streckformen erzielt, die zu verbesserten Festigkeitswerten, niedrigen Verarbeitungstemperaturen und somit hohen Arbeitsgeschwindigkeiten führt.

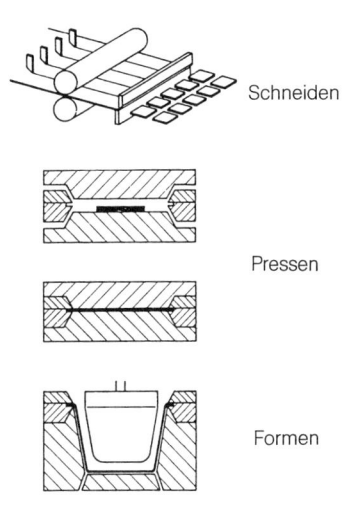

Bild 6.48 Abfallfreies Warmformen – Scrapless Forming Process (SFP-Verfahren) nach Dow Chemical

Der Vorteil des SFP-Verfahrens besteht darin, daß der beim konventionellen Warmformverfahren entstehende Randabfall von ca. 30 bis 50 % der angewendeten Folie entfällt, der kostenintensiv rezykliert werden müßte. Für die Serienfertigung hat sich das SFP-Verfahren nicht durchgesetzt.

Sehr dünne Folienbecher wurden auch mit passenden *Kartonhüllen* kombiniert, die für die notwendige Steifigkeit sorgen. Aus der Sicht der „Einstoff-Recyclingfähigkeit" ist dieses System jedoch obsolet.

Besser sind jedoch zwecks Sorteneinheitlichkeit bedruckte *Stützbanderolen* aus dem gleichen Material wie der dünnwandige Becher (statt Karton). Diese werden durch „In Mould"-Etikettierung bzw. Banderolierung (IML) auf dessen Wand gebracht und verschweißt.

Hierzu wird von einer bedruckten Rolle das Etikett oder die Banderole in der Maschine in Streifen und auf Länge geschnitten und während der Formung am Becher durch die ohnehin vorhandene Formungswärme dauerhaft fixiert. So wird bei gleichem Deckelmaterial (PS oder PP) ein 100 %ig sortenreines rezyklierfähiges Verpackungssystem erzielt (Bild 6.49).

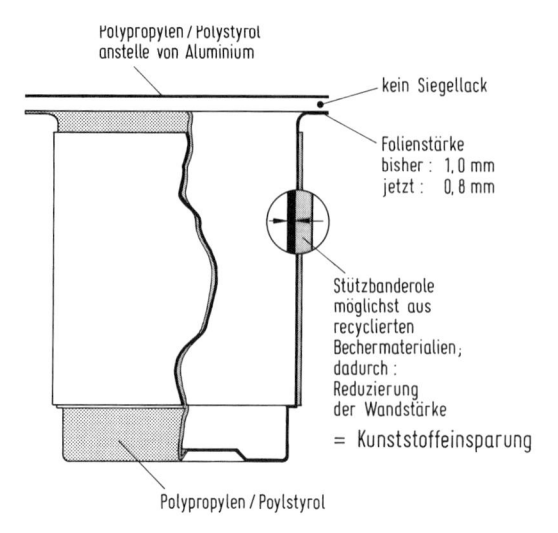

Bild 6.49 Leichtbecher mit Stützbanderole und Deckel aus dem gleichen Material (GEA-Finnah)

Im *Twin-Sheet-Warmformverfahren* können Hohlkörper, evtl. auch für Packmittel, aus zwei in definiertem Abstand übereinander positionierten Folien in einem Arbeitsgang geformt werden, indem die zwei Hälften miteinander an den Umlaufkanten zusammen gepreßt werden. Einblasen von Druckluft bildet den Hohlkörper aus (siehe auch Abschnitt 6.5.8, Bild 6.65).

Verschlußmöglichkeiten für warmgeformte Becher sind Schnappdeckel, aufgesiegelte oder aufgeschweißte Deckel, Aluminiumfoliendeckel (siehe auch Abschnitt 6.4 und 8.3 Verpackungsverschlüsse). Während in den vergangenen Jahren Rund-, Oval- und Rechteckbecher als Packmittel für Lebensmittel aus PVC gefertigt wurden, geht man mehr und mehr dazu über, PVC durch PP zu substituieren. Um es auf den gleichen Thermoformanlagen zu verarbeiten, müssen bei den automatisierten Abpackanlagen Packstofftoleranzen im Zehntelmillimeterbereich eingehalten werden. PP besitzt eine wesentlich höhere Schwindung als PVC, die außerdem stark von der jeweiligen Packmittelform abhängt. Schwierigkeiten bereitet das Herstellen rechteckiger Becher, da die geraden Längs- und Querseiten zu starken Einfallstellen neigen. Rechteckige Becher lassen sich aus 900 µm dicken PP-Folien warmformen. Internationale Empfehlungen zur Gestaltung recyclinggerechter thermogeformter Schalen und Becher gibt Bild 6.50 wieder.

6.3.2 Konfektionieren von Packmitteln

Folien können durch Roll-, Falt- oder Biegevorgänge geformt und durch Kleben, Siegeln oder Schweißen zusammengefügt bzw. „konfektioniert" werden.

Dosen aus Folien

Definitionsgemäß sind Dosen formbeständige, meist zylindrische, quaderförmige, konische oder pyramidenstumpfförmige Packmittel mit Volumen bis zu 10 l. Foliendosen sind dreiteilig und bestehen aus Rumpf, Boden und Deckel. Der zylindrische Rumpf wird an beiden offenen Enden gebördelt (Bild 6.51). Als Boden wird eine rund ausgestanzte Scheibe aus Kunststoff (oder auch Karton) eingelegt. Man kann Dosen auch an beiden En-

6.3 Halbsteife Folienverpackungen

Bild 6.50 Recyclinggerechte Schalen- und Bechergestaltung

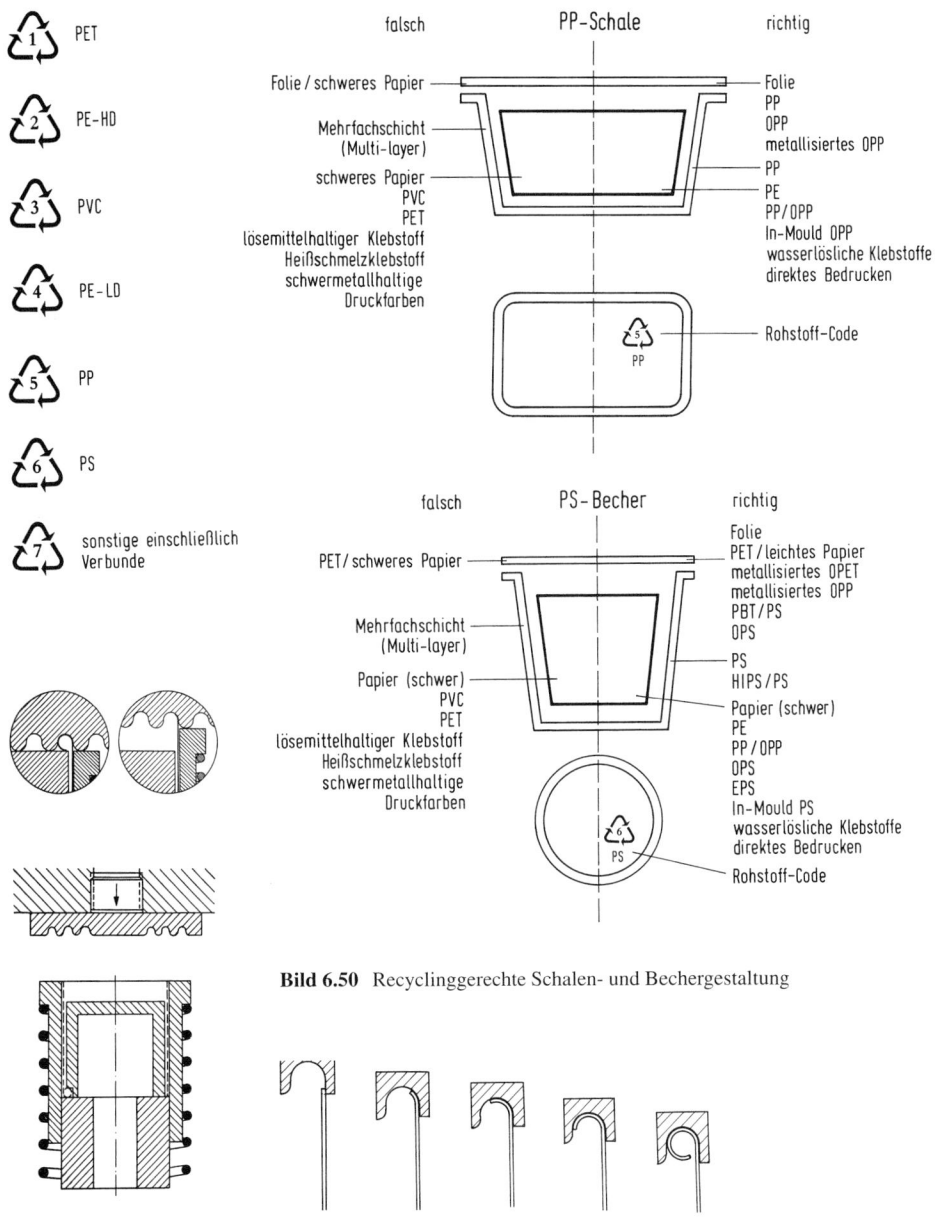

Bild 6.52 Bördelwerkzeug für verschiedene Rohrdurchmesser

Bild 6.51 Bördeln zur Dosenkonfektionierung aus Thermoplastrohren

den mit dem gleichen Verschlußteil, z. B. einem warmgeformten Stülpdeckel verschließen, wobei der Bodendeckel unlösbar mit dem Rumpf verbunden wird. Die Bördelung der Ränder erfolgt durch beheizte Bördelköpfe, deren Temperatur thermostatisch geregelt ist (Bild 6.52). In automatischen Bördelanlagen wird der Folienzylinder geformt, abgelängt, beidseitig angerollt und mit dem vorgestanzten Boden versehen.

Kunststoffgerechte Fertigung führte zur Entwicklung der sogenannten „Rundeckdose" (Bild 6.53).

Bild 6.53 Rundeckdose

Dosen aus Rohren

Sie werden durch gewünschte Ablängung extrudierter Rohrprofile, die mit Boden und Deckelteilen versehen werden, hergestellt, wobei die Verbindung der Einzelteile durch Kleben oder Rotationsschweißen erfolgt. Durch Anwendung geeigneter Deckelringe können Dosen mit großer Öffnung, Gewindemündung oder Streueinsätzen gefertigt werden. Konfektionierte, d. h. nach Fügeverfahren hergestellte Foliendosen werden insbesondere aus PVC gefertigt für Inhalte zwischen 40 und 200 ml, Durchmessern und Längen von 60 mm und mehr. Gute Transparenz (Glasklarheit) und Bedruckbarkeit sind ihre besonderen Vorzüge. Sie sind vor allem Geschenk- und Luxuspackmittel.

Schachteln aus Folien

Schachteln sind würfel- oder quaderförmige feste Packmittel mit scharfen Kanten und vollen Flächen. Für Kunststoffschachteln kommen folgende Ausführungen in Frage: Faltschachteln, Deckelschachteln, Schiebeschachteln und Schaumstoffkonturenschachteln.

Faltschachteln werden analog den Kartonfaltschachteln von Zuschnitten ausgehend hergestellt, meist aus Hart-PVC, was hierfür zweckmäßigerweise in Folienform auf ca. 50 °C erwärmt wird. Für die Prägung des Zuschnitts ist es günstig, nicht nur eine Rille in die Knickstelle, sondern dort auch einen Außenwulst vorzusehen, was durch eine entsprechende Unterlage erreicht werden kann. Bei Verwendung von Folienbiegemaschinen wird keine Rillung benötigt. Die Schachtelzuschnitte werden in gebogenem Zustand, entweder durch Kleben oder Hochfrequenzschweißen miteinander verbunden. Als PVC-Kleber können Lösemittel aus Cyklohexanon oder Methylethylketon verwendet werden. Für *Deckelschachteln* werden die entsprechenden Schachteldeckel in gleicher Weise gefertigt.

Schiebeschachteln (Streichholzschachteln, etc.) bestehen aus Becherteil und Mantelteil, welche in zwei verschiedenartigen Verfahren hergestellt werden (Bild 6.54). Der Becherteil der Schiebeschachteln kann aus einer Folienbahn im Warmform- bzw. Tiefziehverfahren hergestellt werden, der Mantelteil entweder aus Folienstreifen, die in Längsrichtung durch Profilwalzen mit Biegerillen versehen, gefaltet, überlappt und verklebt werden, oder aber direkt als Vierkant-Rohre extrudiert und in der gewünschten Länge vom so entstandenen Vierkant-Profilstrang abgetrennt werden. Nach Füllung des Schachtelunterteils und Bedruckung des Mantels wird letzterer über den Becherteil geschoben. Folienschiebeschachteln werden hergestellt in den Ausmaßen von ca. 5 × 335 × 350 mm bis etwa 20 × 350 × 318 mm. Klarsichtige Schiebeschachteln besitzen den Vorteil, daß ihr Packgut sichtbar ist und bei Verbrauchsgut wie bei Reißzwecken, Nadeln, Büroklammern, etc. den Restbestand anzeigt. Sie bieten den Vorteil des bequemen Öffnens und Wiederverschließens zur Entnahme von Büroartikeln, Kleinteilen etc.

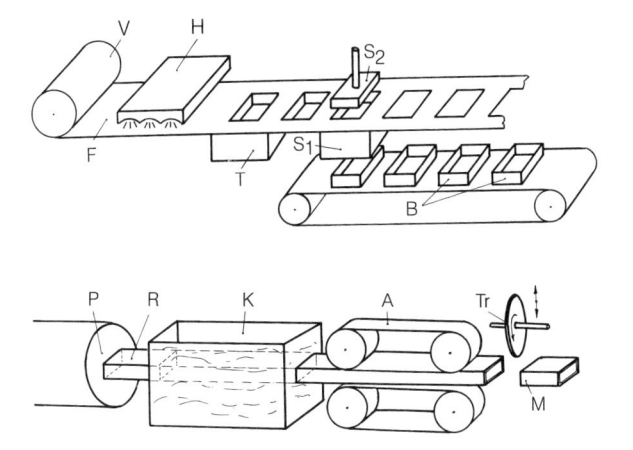

Bild 6.54 Herstellen von Schiebeschachteln
oben: Fertigen des Becherteils, V: Vorratsrolle, F: Folienbahn, H: Heizkörper,
T: Tiefzieh- Werkzeug, S_1 und S_2: Stanzwerkzeug, B: fertiger Becher
unten: Fertigen des Mantelteils, P: Profilkopf eines Extruders, K: Kühlwanne
mit Wasser, A: Abzugsvorrichtung, Tr.: Trennvorrichtung, M: fertiges Mantelteil

Schaumstoff-Folien wurden wegen ihrer geringen Steifigkeit bisher kaum zu konfektionierten Schachteln verarbeitet, sondern lediglich zur Auskleidung zwecks Polsterung.

Schaumstoffkonturenschachteln, deren Schachtelinneres der Kontur des Packgutes entsprechend gestaltet ist, können durch Formschäumen (Partikel- oder ®Styroporschäumen, siehe auch Abschnitt 6.6.1) aus EPS-Granulat sowie aus Schaumstoffplatten oder -blöcken durch Formstanzen, Formschneiden und Glühdrahtschneiden hergestellt werden. Die Schachtelober- und -unterteile liegen meist nur lose aufeinander, so daß sie zweckmäßigerweise durch Klebeband miteinander verbunden bzw. zusammengehalten werden.

Kartuschen, Versand- und Verpackungshülsen lassen sich durch Konfektionierung aus Kunststoffolien herstellen, werden aber zweckmäßigerweise heute meist durch Extrusion als Kartuschenrohre im Extrusionsverfahren hergestellt.

Flexible (Intermediate Bulk) Container, FIBC, können aus PE-HD sowie PP-Folien oder -Bändchengewebe durch Kleben oder Nähen hergestellt werden (siehe auch Abschnitt 4.4.2.9).

6.4 Durch Spritzgießen hergestellte steife Packmittel

Das Prinzip des Spritzgießens zeigt Bild 6.55. Spritzgießen eignet sich als Massenfertigungsverfahren für formhaltige bzw. steife Packmittel aller Größen, von denen hohe Maßgenauigkeit gefordert wird, da das Spritzgießen im Gegensatz zum Blasformen mit Innenkern erfolgt. Wegen der erforderlichen hohen Innendrücke sind sehr stabile Werkzeugkonstruktionen erforderlich, die nur bei hoher Stückzahlproduktion amortisiert werden. Lage und Art der Angüsse sind jeweils von den Formen und Abmessungen des herzustellenden Packmittels abhängig. Die Wanddicken der im Spritzgießverfahren hergestellten Packmittel liegen zwischen 0,5 und maximal 6 mm, da sonst die Kühlzeiten zu lang sind. Falls die so erzielte Steifigkeit eines Packmittels nicht ausreicht, werden konstruktive Stützelemente bzw. Rippen in die Packmittel eingearbeitet.

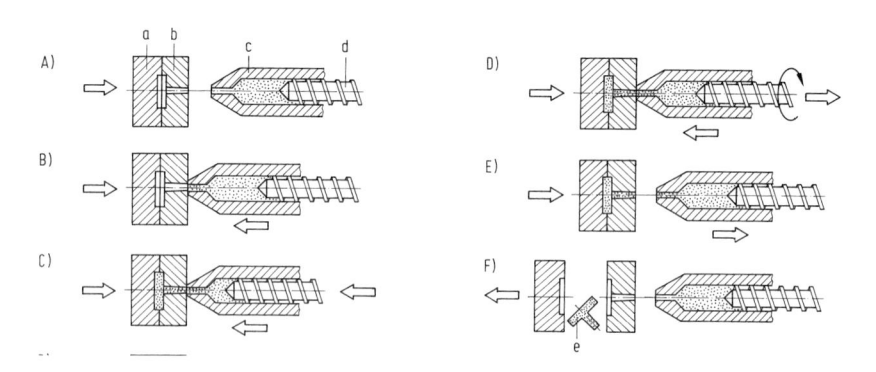

Bild 6.55 Spritzgießen, schematisch
A) Werkzeug geschlossen, Material dosiert, B) Spritzaggregat vor, C) Einspritz- und Nachdruckphase, D) Plastifizieren, E) Werkzeug öffnen und Formteil ausstoßen
a: bewegliche Werkzeughälfte, b: feste Werkzeughälfte, c: Schneckenzylinder, d: Schnecke, e: entformtes Teil
(nach H. Trepte)

Um ein leichtes Entformen der spritzgegossenen Packmittel zu ermöglichen, haben diese eine Konizität bzw. Seitenschräge von etwa 1 bis 3°. Hinterschneidungen erfordern jedoch komplizierte Schiebe- oder Abschraubwerkzeuge. Grundsätzlich werden im Spritzgießverfahren Packmittel hergestellt, welche ihren größten Querschnitt an der Öffnung besitzen, also mehr oder weniger konusartig gefertigt sind. Hohlkörper können nur hergestellt werden, indem zwei solchermaßen gefertigte Halbteile miteinander durch Verschweißung verbunden oder mit verlorenem Kern gespritzt bzw. hinterher in einem zweiten Arbeitsgang umgeformt werden z. B. durch Streckblasen (siehe Abschnitt 6.5.4). Sorgfältig gespritzte Packmittel besitzen hochglänzende Oberflächen, lediglich die Angußstellen sind eventuell noch sichtbar. Die Oberflächen solcher Packmittel können unmittelbar nach dem Herstellungsprozeß bedruckt, geprägt oder mit Farben besprizt werden. Mittels Biinjektionstechnik können die Spritzgußpackmittelelemente auch mehrfarbig gespritzt werden.

Durch „angußloses Spritzgießen" kann sowohl Material gespart, als auch jegliche Nacharbeitung vermieden werden.

Anstatt das Spritzgießteil nach dem Spritzgießvorgang zu bedrucken, kann auch das Druckbild zuvor auf eine transparente Folie aufgebracht werden, welche in das Werkzeug vor dem Schuß derart eingelegt wird, daß die Druckseite nach innen gewandt ist. Beim Einspritzen der Kunststoffschmelze nach diesem *IML-Verfahren* (siehe Abschnitt 7.2.6.2), verschweißt die Einlegefolie mit der Wand des sich bildenden Spritzgußteils, und das Druckbild ist unterhalb der Folie gegen Abrieb oder Lösemittel geschützt. Typische Packmittel, die im Spritzgießverfahren hergestellt werden, sind Becher, Dosen mit Schnappdeckel, Kästchen mit Fächereinteilung, Eimer, Flaschenkästen und andere stabile Kästen sowie Verschließmittel wie Schraubkappen, Gewindehütchen für Tuben, Stöpsel und Schnappdeckel. Für die Massenfertigung gibt es bis zu Sechsfachwerkzeuge und Sechsfach-Etagenwerkzeuge, womit über 10 000 Becher pro Stunde herstellbar sind.

6.4.1 Kunststofftypen für spritzgegossene Packmittel

Kunststofftypen für spritzgegossene Packmittel sind PS, SB, SAN, ABS, A/MMA, PE-HD, PE-LD, PP, PC, PVC, PA und CA. Ihre Eigenschaften wurden in Kapitel 5 dargestellt.

Klassischer Spritzgießwerkstoff ist schlagfestes Polystyrol und andere PS-Varianten. Polyolefine (PE-HD, PE-LD, PP), evtl. Duroplaste werden zu Packmitteln und Packhilfsmitteln bzw. Verschlüssen (Schraubkappen, Schraubdeckel) spritzgegossen.

6.4.2 Einzelne spritzgegossene Packmittel

Definitionen bzw. Beschreibungen der jeweiligen Packmittelteile und Hilfsmittel sind in Kapitel 4.4 und 4.5 gegeben. Im Spritzgießverfahren können folgende Packmittel hergestellt werden: Schalen, Schachteln, Scharnierklappdeckelschachteln, Stülpdeckel-, Schiebeschachteln, Becher, Dosen, Eimer, Kisten, Kästen, insbesondere Flaschenkästen, Steigen, Röhrchen, Kartuschen, Hülsen und Paletten außerdem viele Packmittelteile z.B. Verschlüsse und Packhilfsmittel. Die Gestaltung aller Spritzgießteile sollte so erfolgen, daß Hinterschneidungen sowie scharfe Kanten vermieden werden, um Kerbwirkung auszuschließen. Verarbeitungs- und Nachschwindung sind zu berücksichtigen, insbesondere für die Paßtoleranzen, wenn beispielsweise Deckel auf Unterteile passen oder Teile zusammenmontiert werden sollen. Diese Parameter sind jedoch nicht packmitteltypisch und daher aus der angegebenen Fachliteratur zu entnehmen. Auf einige packguttypische spritzgegossene Packmittel für Lebensmittel, Kosmetika bzw. Pharmazeutika sowie „Non-Food"-Artikel wird im folgenden noch exemplarisch eingegangen.

6.4.2.1 Spritzgegossene Packmittel für Lebensmittel

Wie bereits erwähnt, stehen spritzgegossene Packmittel heute in Konkurrenz zu solchen, die aus Folienmaterial durch Thermoformung entstanden sind. Doch wenn es auf größere Festigkeit, Wanddickenkonstanz und äußere optische Makellosigkeit ankommt, werden spritzgegossene Packmittel bevorzugt.

Portionsverpackungen für Lebensmittel sind meist Schalen aus Polystyrol mit Volumina von etwa 20 ml (Marmeladeportionen) bis zu 25 ml und darüber, wobei solche Schälchen die unterschiedlichsten Formen annehmen können.

Becher von 120 bis 250 ml für Getränke wie Fruchtsäfte und Molkereiprodukte (Joghurt und Magarine) werden aus Standard- oder schlagfestem PS sowie aus PP hergestellt. Dosen für ungemahlenen Kaffee sind aus Standard-PS, Gewürzdosen aus schlagfestem PS, Lebensmitteleimer für Mayonnaise, Ketchup etc. sowie Tiefgefrierdosen aus PE-LD spritzgegossen.

Becher mit einem wiederverschließbaren Klappdeckel, der mit einem Filmscharnier am Rand des eingezogenen Bodenteils angebracht ist, werden aus PP spritzgegossen. Das Unterteil dieses Klappdeckels hat einen scharfen Rand, der zum erstmaligen Öffnen eine als Sollbruchstelle ausgebildete Ausgießöffnung aufschneidet, und dann durch Zuklappen (Filmscharnier) einen Schnappdeckel bildet. Nach dem Befüllen dieses Bechers wird ein als Standboden ausgebildeter Deckel aufgeschweißt. Eine gestufte Gestaltung des Becherrumpfs mit Ausgießrinne ergibt insgesamt die Form eines tischfertigen (Sahne-)Kännchens mit Wiederverschließdeckel (siehe auch Abschnitt 8.9.3).

Flaschenkästen für Getränke (Bier, Milch, Limonaden, Mineralwasser) werden aus PE-HD gespritzt.

Kistentypen unterscheiden sich insbesondere nach ihren Abmessungen, Wanddicken, Angußlage, Bodenkonstruktion, Seitenwänden, Rand- und Griffgestaltung sowie Fächereinteilung, die für Flaschenkisten notwendig sind.

Zur Verstärkung der Kisten werden Bodenrippen und Bodensicken eingearbeitet. Damit diese auch die Tragfähigkeit erhöhen, müssen sie in eine den Kistenboden umschließende Standrippe einmünden. Solche umlaufenden Strandrippen sind insbesondere für das Laufen der betreffenden Kisten auf Rollenbahnen wichtig. Je nach Anforderungen werden Kisten mit geschlossenen oder durchbrochenen Böden hergestellt. Weitere wesentliche Anforderungen an die Kisten sind: Stapelbarkeit, Tragfähigkeit, Randgestaltung, Eckengestaltung, etc.

Spezialkisten und Transportkästen von geringem Gewicht können auch durch Spritzgießen von Strukturschaum nach dem TSG-Verfahren (d. h. Thermoplastischer Schaumguß) hergestellt werden. Hierbei unterscheidet sich das Kernmaterial nur in seiner Schaumstruktur bzw. Rohdichte von der Art und Farbe der Außenhaut. Bei diesen Verfahren werden den plastifizierten Formmassen Treibmittel zugesetzt, die bei den Verarbeitungstemperaturen Gase freisetzen, welche unter den Druckbedingungen innerhalb der Spritzgießmaschine in der Kunststoffschmelze gelöst sind und nach Eintritt in den Werkzeughohlraum bei Druckentlastung expandieren. So hergestellte Kisten bzw. Transportkästen haben den Vorteil geringen Gewichts.

Beim Spritz-Streck-Blasen (siehe auch Abschnitt 6.5.4) für PET-Getränkeflaschen, wird der Vorformling für die Flaschenfertigung spritzgegossen.

6.4.2.2 Spritzgegossene Packmittel für Kosmetika und Pharmazeutika

Spritzgußteile finden in diesen Bereichen wie folgt Verwendung:
- Verschließmittel, bzw. Verschlüsse aller Art, Deckel und Kappen mit Dosier- und Auftragshilfen, Stopfen, Schraubdeckel und -kappen,
- Falz- und Schulterteile aus PE oder PP für Creme- und Salbentuben,
- Cremedosen mit Schraubdeckel,
- Hülsen für Lippenstifte mit oder ohne Drehmechanismus zum Heraus- und Zurückschrauben des Stiftmaterials,
- Augenbrauen-, Deodorant-, Parfümstifte in ähnlicher Ausführung,
- Schachteln mit Stülp- oder Scharnierdeckel z. B. für unterschiedliche feste oder stückige Kosmetika, Schiebeschachteln, Dosen, Tablettenröhrchen, Verbandkästen. Kraftfahrzeugverbandkästen werden aus PE oder ABS in einem Schuß gespritzt, wobei Deckel und Unterteil durch Filmscharniere zusammenhängen. Dampfsterilisierbare, glasklare und schlagfeste Behälter können aus dem Hochleistungskunststoff Polysulfon (PSU) hergestellt werden.
- Einweg-Injektionsspritzen sind Packmittel und medizinisches Gerät zugleich. Deren transparenter Zylinder wird aus Polypropylen, der dicht abschließende Kolben aus PUR oder Silikonkautschuk gefertigt. Die Einstechnadel aus Metall muß als Einlegteil beim Spritzgießvorgang in den Kopf der Spritze eingebettet werden.

6.4.2.3 Spritzgegossene Packmittel für sonstige Packgüter

Gespritzte Packmittel werden für Büroartikel wie Klebstoffdosen, Farbbanddosen verwendet, die als runde Stülpdeckelschachteln hergestellt und mit umlaufenden Klebebandstreifen verschlossen werden. Optische, elektronische und feinmechanische Geräte sowie andere anspruchsvolle Artikel werden oft in spritzgegossenen Kästchen mit geeigneten

Kontureninneneinlagen verpackt, wobei die Inneneinlage häufig aus beflockter thermogeformter Folie oder aus Schaumkunststoffen hergestellt ist. Auch Diapositivkästen und Kästen für diverse Labor- oder optisch-feinmechanische Teile etc. werden im Spritzgießverfahren hergestellt. Stapelkästen und -behälter, Flaschenkästen und andere Transportverpackungen finden nicht nur im Lebensmittelbereich Verwendung.

6.4.2.4 Vergleich zwischen Spritzgießen und Warmformen von Packmitteln

Beim Spritzgießen erfolgt die Formgebung unmittelbar aus der Schmelze, während das Warmformen (Thermoformen oder inkorrekt Tiefziehen) zwei Verfahrensschritte, nämlich das Extrudieren bzw. Kalandrieren der Folie oder Platte und deren anschließendes Formen mittels Erhitzen und Kühlen des Werkstoffs erfordert.

Warmgeformte bzw. thermogeformte Teile besitzen den Nachteil, daß sich die Wanddicke nur bedingt verändern läßt und weitgehend durch den Verstreckvorgang bestimmt wird.

Beim Spritzgießen dagegen kann die Wanddicke in einem bestimmten Maß verändert werden, womit stark beanspruchte Packmittelteile gezielt verstärkt werden können. Die Konturenschärfe und Oberflächenbeschaffenheit ist bei spritzgegossenen Teilen wesentlich besser. Beim Spritzgießen kühlen Werkzeug und Formteile schneller. Dagegen kann bei spritzgegossenen Packmitteln deren Wanddicke aus rheologischen Gründen – abgesehen von Ausnahmen – nicht so schwach bemessen werden wie bei thermogeformten Teilen.

Formfüllung, Entformbarkeit und Schmelzeorientierung eines spritzgegossenen Packmittels erfordern für dessen Schlagzähigkeit gewisse Mindestwanddicken, so daß spritzgegossene Packmittel grundsätzlich schwerer als thermogeformte ausfallen. Andererseits gewinnen thermogeformte Packmittel an Steifigkeit und Schlagzähigkeit infolge des Reckvorgangs beim Thermoformen. Herkömmliches Thermoformen von Packmitteln produziert beachtliche, jedoch regenerierbare Abfallmengen, sowohl vom Randbeschnitt der Folienherstellung als auch beim eigentlichen Thermoformen, während ein Heißkanalwerkzeug völlig abfallfreies Spritzgießen gewährleistet.

Vor- und Nachteile von spritzgegossenen gegenüber thermogeformten Bechern können an der Herstellung von Lebensmittelbechern aus PS wie folgt erörtert werden: Spritzgegossene Becher sind formstabiler, finden daher besseren Halt in den Halterungen und Füllmaschinen und sind besser stapelbar. Jedoch sind Werkzeug- und Maschinenkosten für spritzgegossene Becher höher, wogegen der verwendete Werkstoff als Granulat bzw. Pulver preiswerter ist als Folienhalbzeuge. Spritzgegossene Becher sind allerdings wesentlich materialintensiver, da sie höhere Wandstärken als Becher aus Folien bei etwa gleichem Volumen besitzen. Für Mehrschichtgefäße ist fast ausschließlich Thermoformen im Einsatz, da das Mehrschichtspritzgießen – insbesondere bei Mehrfachwerkzeugen – betreffend der Werkzeug- und Anlagenkosten zu teuer wird.

Für den Vergleich alternativ hergestellter Packmittel sind folgende *Werkstoffeigenschaften* maßgeblich: „Ziehfähigkeit", Wärmeformbeständigkeit, antistatisches Verhalten, Glanz, Transparenz, Bedruckbarkeit, Fettbeständigkeit, Permeation und Schlagzähigkeit.

Für die *Auslegung* der einzelnen Packmittel und deren *wirtschaftliche Herstellung* sind folgende Werkstoffparameter bedeutsam: E-Modul, Dichte, Kühlverhalten, rheologisches Verhalten und Preis.

Thermoformanlagen können mit automatischen FFS-, d.h. Form-Füll- und Verschließanlagen (auch mit aseptischer Abfüllung) in Linie ausgelegt werden, was beim Spritzgießverfahren (Takt) nicht möglich ist.

Dies bedeutet, daß beim Herstellen großer Stückzahlen thermogeformte Packmittel aus PS und PP am billigsten sind. PVC war bei thermogeformten Verpackungen, an die hohe Anforderungen hinsichtlich Optik, Antistatik, Fettbeständigkeit und Sperrwirkung gegen Gase gestellt werden, trotz relativ hoher Kosten ideal und kann nur durch Verbunde substituiert werden. Das erst in jüngerer Zeit aufgrund von Preisverschiebungen und technischen Entwicklungen verstärkt für Packmittel verwendete PP wird PS im Bereich des Thermoformens beim größeren Teil der Anwendungsgebiete nicht ganz verdrängen. Dagegen sind im Spritzgießsektor zunehmend Substitutionen durch PP aufgrund entsprechender Kunststoff- und Werkzeugentwicklungen zu erwarten.

Spritzgießen von Packmitteln ist grundsätzlich da vorteilhaft, wo (auch relativ kleine Stückzahlen) individuell geformte Teile verlangt werden. Es wird außerdem durch den Trend zu anspruchsvolleren Verpackungen begünstigt.

Spritzgießen ist zwar das wichtigste Verarbeitungsverfahren für Kunststoffe, doch spielt es speziell für die Herstellung von Massen-Packmitteln – die zu ca. 90 % aus den Standardkunststoffen PE, PP, PS und PS-I gefertigt werden, während ca. 10 % der Packmittel aus den technischen Thermoplasten ABS, PET, PA, PMMA, PC und POM für besonders anspruchsvolle Packmittel Anwendung finden – mengenmäßig eine untergeordnete Rolle. Durch Spritzgießen können Packmittel mit Volumina von ca. 1 ml bis 500 l hergestellt werden. Für die bei Packmitteln übliche Massenfertigung ist besonders bedeutsam, daß die Kühlzeit des Formteils meist mehr als $2/3$ der Gesamtzykluszeit beträgt.

6.5 Verpackungshohlkörper – Behälter aus Kunststoff

Als Behälter werden auch quaderförmige Kisten oder Boxen bezeichnet, die definitionsgemäß keine Hohlkörper sind. Solche Behälter, Kisten oder Boxen werden nicht nur aus spritzgegossenen und geschäumten, sondern auch aus blasgeformten Bauelementen aus PE-HD oder PP hergestellt wie waschfähige (zusammenklappbare) Mehrwegkühlboxen (siehe auch Abschnitt 4.4.2.9, 6.5.6, 8.11.2).

Unter Verpackungshohlkörpern versteht man formhaltige (steife) Behälter mit Füllgutvolumen zwischen ca. 1 ml bis zu 1000 l. Auch gegenkonische oder umgekehrt-konische Becher gehören definitionsgemäß hierzu, da deren Öffnungsradius kleiner ist als ihr Innenradius.

Im Gebrauch der Statistik liegt in Deutschland die obere Volumengrenze für Flaschen bei 2 l Inhalt; in den U.S.A. bei einer Gallone (3,784 l). Unter dem Begriff Kunststoffbehälter werden auch Schachteln, Dosen, Hülsen, Ampullen, „Tiefziehpackungen", Tiegel, Flaschen, Tuben, Fässer und Kanister verstanden.

Kriterien für die Auswahl der Behälterwerkstoffe
Je nach Anforderung an den Kunststoffhohlkörper bzw. -behälter müssen der geeignete Werkstoff und die Gestaltung des Packmittels gefunden werden.

Kriterien für die Handhabung des Hohlkörpers bzw. -behälters bei der Abfüllung sind: Formstabilität, Fallfestigkeit, Stauchdruckfestigkeit, Temperaturbeständigkeit, Standfestigkeit und Maschinengängigkeit.

Als *Gebrauchseigenschaften* werden gewünscht: Funktionalität, Quetschbarkeit und Verschlußdichte.

Optische Anforderungen können sein: glasklar, transparent, gedeckt bzw. opak eingefärbt.

Lichtschutzanforderungen sind: UV-Durchlässigkeit, UV-Beständigkeit.

Die *Lebensdauer* des Packmittels bzw. Behälters sowie des darin abgefüllten Packguts unter gegebenen klimatischen Bedingungen ist zu beachten.

Anforderungen des Füllguts betreffen die chemische Beständigkeit, Aromadichtheit, Gasdichtheit für Wasserdampf, Sauerstoff, Kohlendioxid, Permeations- und Migrationsmöglichkeiten von Füllgutbestandteilen.

Reaktionsmöglichkeiten zwischen Behälter und Füllgut bewirken (wie bei jedem Kunststoffpackmittel) evtl. Quellung des Packstoffs, Migration von Füllgut in Packstoff und umgekehrt, Spannungsrißbildung. Auch mindern sie die Füllgutbeständigkeit und Qualitätserhaltung.

Ökologische und Umweltanforderungen sind Entsorgung der Behälter, Deponietauglichkeit, Kompostfähigkeit, schadstofffreie Verbrennung, chemische Recyclingfähigkeit.

Werkstoffe für Kunststoffhohlkörper

Für das Blasformen von Kunststoffhohlkörpern eignen sich insbesondere folgende Thermoplaste: PE-LD, PE-HD, PP, PVC, PET, PS, PC, PA, EVOH (EVAL). Letztere drei sind teuer und werden daher hauptsächlich für Spezialanwendungen eingesetzt, nämlich PA und EVOH (EVAL) wegen ihrer guten Diffusionssperrwirkung als Barrierematerial im Coextrusionsblasverfahren, PC wegen seiner hohen Wärmestabilität für Mehrwegflaschen. Glasklare PP- und PET-Flaschen sind wegen ihrer relativ guten Dampfbarriere und Wärmestandfestigkeit für Getränke und Kosmetikflüssigkeiten geeignet.

Verpackungs-Hohlkörpertypen

Nach den bekannten Herstellungsverfahren können Hohlkörper von minimalem bis zu mehreren Kubikmetern Inhalt hergestellt werden, z. B. *Ampullen, Flaschen, Handgriff-Flaschen, Großflaschen, Kanister, Fässer, Faßeinsätze, Tuben, gegenkonische Becher, Dosen sowie Sonderverpackungen.*

Herstellungsverfahren

Die technisch und wirtschaftlich bedeutendsten Verfahren zur Herstellung von Verpackungshohlkörpern sind die *Blasformverfahren*, von welchen das Extrusionsblasformen mit einem Anteil von mehr als 90 % das wichtigste ist.

Entwicklungsschritte bei den Herstellungsverfahren für Verpackungshohlkörper, die heute von größter Bedeutung sind, waren:

- Wanddickensteuerung zur Herstellung von Hohlkörpern mit optimal auf den Anwendungsfall abgestimmter Wanddickenverteilung,
- Spezielle Kalibrierverfahren zum Anformen präziser Behältermündungen,
- Mechanisierung und Automation des Verfahrensablaufs und der Abfallentfernung,
- Mehrfach-Extrusions-Werkzeuge zur Steigerung der Ausstoßleistung,
- Maschinenkonzepte für die Herstellung von Fässern und Tanks (Großhohlkörper),
- Coextrusion von Schlauchabschnitten zur Herstellung mehrschichtiger Hohlkörper mit Barriereschichten,
- automatische Steuerung und Regelung der Extrusionsblasanlagen, die zur vollständig geregelten und sich selbst überwachenden Extrusionsblasanlage führt,
- Etikettieren in der Blasform „In-Mould-Labeling" (IML),
- Einführung der Extrusions- bzw. Spritzstreckblastechnologien.

6.5.1 Extrusionsblasformen

Wegen seiner Anpassungsfähigkeit ist es möglich, im Extrusionsblasverfahren Kunststoffflaschen aller Größen, Kanister, Fässer, Hobbocks, IBC sowie Lager- und Transporttanks von mehreren tausend Litern Inhalt herzustellen. Den grundsätzlichen Verfahrensablauf verdeutlicht Bild 6.56, einen wanddickenprofilierten Vorformling Bild 6.57. Von allen Blasverfahren hat das Extrusionsblasverfahren die geringsten Werkzeugkosten. Es erfüllt die Hygieneanforderungen für sterile und partikelarme Verpackungen. Mehrweg-Getränkeflaschen aus PET und PC werden u. a. so hergestellt.

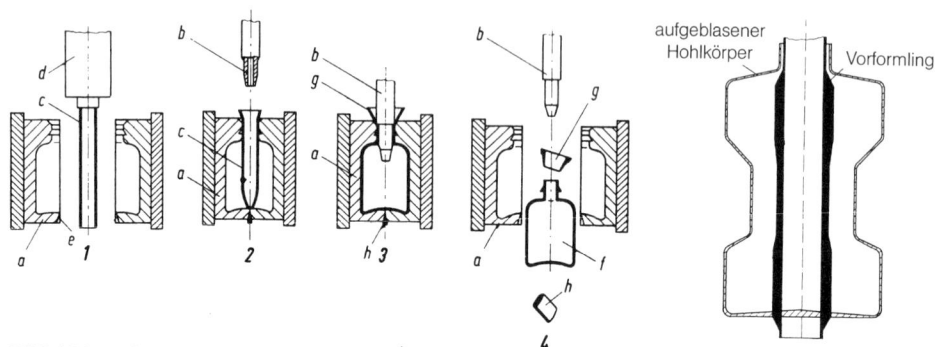

Bild 6.56 Verfahrensschritte beim Extrusionsblasformen (mit Dornhubkalibrierung)
a: Blasformwerkzeug, b: Kalibrierdorn, c: Schlauch, d: Schlauchkopf, e: Quetschkante, f: Blasteil, g: Halsbutzen, h: Bodenbutzen
1: Extrudieren des Schlauchs; 2: Schließen des Blaswerkzeugs; das untere Schlauchende wird durch die Quetschkanten des Werkzeugs verschweißt; 3: Einpressen des Kalibrierdorns; kalibrieren der Flaschenmündung und aufblasen; kühlen; 4: Entformen, abtrennen von Hals- und Bodenbutzen

Bild 6.57 Wanddickenprofilierter Vorformling (nach BASF)

Coextrusion von Hohlkörpern

Bei vielen Packmitteln für Lebensmittel, Pharmaka sowie Chemikalien wird Glas, PVC und Metall durch coextrudierte Kunststoffe substituiert.

In *Coextrusionsanlagen* müssen Werkstoffe mit verschiedenen Verarbeitungstemperaturen und mit unterschiedlichem rheologischen Verhalten kombiniert werden. Außerdem sind meist Haftvermittler erforderlich. Diese bestehen vorwiegend aus einem der Werkstoffe, die kombiniert werden sollen und sind modifiziert, um ein gutes Haften der verschiedenen Schichten zu erreichen. Die minimalen Schichtdicken von Barriere- und Haftschichten betragen unter 20 µm. Um coextrudierte Hohlkörper zu produzieren, werden hauptsächlich PE-LD, PE-HD und PP als Träger sowie PS, PAN, PET, EVAL (EVOH) sowie PA und POM als Barrierematerialien verwendet.

Coextrusion ermöglicht es, den Aufbau einer Flasche auf ihren Inhalt abzustimmen. Vor allem die Kombination der Schichten und deren Wanddicken können unabhängig voneinander festgelegt werden.

Eine heute besonders häufig verwendetete Kombination des Verbundaufbaus zeigt von außen nach innen folgende Schichten auf: PP oder PE-HD | Regenerat | HV | EVAL | HV | PP oder PE-HD.

Darin sind Haftvermittler (HV) und Barrierematerial zu jeweils 3 bis 8 % enthalten. Die genauen Werte sind von der gesamten Wandstärke der Flasche und den erforderlichen

Barriereeigenschaften abhängig, sowie von dem eingesetzten Verfahren und (Schlauch-) Kopfsystem.

Zum Heißabfüllen ist PP als Trägerschicht erforderlich. Sonst wird in der Regel PE-HD verwendet.

Andere Materialkombinationen bestehen aus fünf Schichten, bei denen das Regenerat in die innere oder äußere Schicht gemischt wird. Weitere Beispiele mit Anwendungen gibt Tabelle 6.24.

Die *Eurobottle*, eine nachfüllbare Flasche für CO_2-haltige Getränke mit 1,5 l Inhalt, ist dreischichtig aufgebaut; Außen- und Innenschicht bestehen aus PC, die Mittelschicht aus amorphem PA. Bei coextrusionsgeblasenen Druckflaschen dieser Art ist auch ein fünfschichtiger Aufbau möglich. Dabei werden zwei zusätzliche Regeneratschichten aus dem Quetschabfall symmetrisch zur PA-Sperrschicht eingearbeitet. Haftvermittler sind bei geeigneter Temperaturführung nicht notwendig. Die Schwindungswerte beider Materialien sind ähnlich, und die Verpackung ist so steif, daß eine Delamination nicht zu befürchten ist.

Abfallverwertung durch Coextrusionstechnik

Bis zu 80 % Rezyklat bzw. Material aus aufbereiteten PE-HD-Behältern können als Behältermittelschicht eingesetzt werden. Beispiele sind Griffbehälter (1,5 l Inhalt), Gießkannen (5 l), Behälter (60 l) und Fässer (120 l). Das Regenerat aus bereits benutzten Kunststoffartikeln (Postconsumer Scrap) wird beidseitig mit dünnen Deckschichten aus Neuware abgedeckt, die äußere Schicht aus optischen Gründen meist mit Masterbatch (Farbkonzentrat) eingefärbt. Durch die innere Schicht kann die erforderliche Beständigkeit gegen Füllgüter erreicht werden. Die Deckschichten tragen außerdem zur Festigkeit der Hohlkörper und zur guten Verschweißbarkeit bei.

Behälter mit dreischichtigem Wandaufbau sind im Volumenbereich zwischen 0,5 und etwa 6000 l möglich. Der Schichtanteil des Recyclingmaterials liegt im allgemeinen zwischen 50 und 80 % und wird unter anderem begrenzt durch das Verhältnis von dessen Viskosität zu jener der Randschichten. Die Herstellbedingungen müssen Instabilitäten der Grenzschichten vermeiden. Bei Wanddicken unter einem Millimeter dürfte die Grenze des wirtschaftlichen Einsatzes von Regenerat erreicht sein, weil meist der Masterbatchanteil für die äußere Schicht zu hoch wird, um den Farbkontrast zur Mittelschicht auszugleichen. Vermutlich werden sich insbesondere großvolumige Produkte wie Kanister und Fässer für den Einsatz von Postconsumer Scrap durchsetzen. Für Gefahrgut- und Lebensmittelbehälter fehlen jedoch, selbst wenn die Prüfbedingungen erfüllt werden, vorerst noch die Zulassungen.

Geblasene Mehrschichtprodukte sollten möglichst auch eine Schicht erhalten, in die der produktionsbedingte Quetschabfall eingearbeitet ist. Daraus ergeben sich Drei- oder Vier-Schichtverbunde, die sich aus der Sperrschicht, der Regeneratschicht und einer oder zwei Deckschichten zusammensetzen. Ist der Einsatz von Haftvermittlern (HV) zwischen Träger- und Sperrschichtmaterialien notwendig, so kommen zwei weitere Schichten dazu. Durch die anlagen- und verfahrenstechnischen Entwicklungen lassen sich heute Hohlkörper aus sieben Schichten herstellen, die etwa folgenden Wandaufbau haben:

– äußere Deckschicht für die Optik (glatte, glänzende, farbige Oberfläche), Bedruckbarkeit und Kratzfestigkeit,
– Regeneratschicht,
– Haftvermittler (HV),
– Sperrschicht zum Beispiel aus PA, EVOH, (EVAL), PAN,

- Haftvermittler (HV),
- Regeneratschicht (Scrap),
- innere Deckschicht, die mit dem *Füllgut* verträglich ist und eine gute Verschweißung der Quetschnähte ermöglicht.

Weitere Mehrschichtkombinationen für Verpackungsbehälter, die in den Bereichen Chemie, Lebensmittel und Kosmetik eingesetzt werden können, sind in Bild 6.58 wiedergegeben.

Rezyklateinsatz und Materialabbau

Grundsätzlich bedingt schon die Verarbeitung jedes Kunststoffs stets einen geringen Materialabbau. Doch liegen die wichtigsten Daten wie Steifigkeit, Festigkeit und Schlagzähigkeit weitgehend noch im typenspezifischen Bereich, wenn der Verschmutzungsgrad und die Art der Schmutzanteile minimiert werden.

Die Verarbeitung selbst sortenreiner Kunststoffabfälle aus Gebrauchs- und Verpackungsgütern kann erschwert werden durch

- Alterung und gebrauchsbedingte Abbauerscheinungen, welche die Qualität des Polymeren beeinflussen,
- Verunreinigung infolge der Migration von Kontakt- und Füllstoffen.

Wenn eine Beeinträchtigung der physikalischen Eigenschaften des Polymeren infolge von Verschmutzungen und der Nutzung des Erstprodukts nicht auszuschließen ist, bietet sich die Verarbeitung durch Mehrschichtblasformen im *Dreischicht-Verbund* an. Der Schichtaufbau besteht aus:

- einer Außenschicht aus eingefärbtem Material bei in der Regel 10 bis 25 % Anteil an der Gesamtschichtdicke,
- einer Mittelschicht aus Recycling-Material mit bis zu 80 % Anteil an der Gesamtwanddicke,
- einer Innenschicht aus meist uneingefärbter Neuware mit in der Regel 10 bis 25 % der Behälterwanddicke.

Die Deckschicht bestimmt das äußere Erscheinungsbild des Hohlkörpers, während die Innenschicht die mechanischen Qualitäten, vor allem im Bereich der Schweißnaht, beeinflußt. Außerdem verhindert die Innenschicht einen direkten Kontakt des Füllgutes mit dem Recyclingmaterial. Ein weiterer Vorteil des Dreischicht-Verbunds ist, daß nur ein geringer Teil des eingesetzten Materials eingefärbt wird, wodurch sich eine Kostenersparnis durch den verringerten Einsatz von Masterbatch ergibt.

Der überwiegende Teil der Recycling-Anwendungen liegt im Verpackungsbereich bei Behältern bis zu 2 Litern. Meist wird aus wirtschaftlichen Gründen auf Maschinen mit mehreren Formnestern produziert (weshalb hier kleine Coextrusionsköpfe mit bis zu vier Strängen und einem minimalen Mittenabstand von 10 mm verwendet werden).

In manchen Fällen, insbesondere bei „Nonfood"-Verpackungen kann auf die Bildung der Neuware-Innenschicht verzichtet werden. Dann wird ein Zwei-Schicht-Verbund aus einer äußeren eingefärbten Neuwareschicht zur Dekoration und einer Regeneratschicht gebildet.

Mehrschichtige Hohlkörper mit Recyclingmaterial können folgenden Schichtaufbau haben:

- *Deckschichten*, wobei die äußere Deckschicht das qualitative Erscheinungsbild des Artikels und die Farbgebung bestimmt. Deren Schichtdicke ist abhängig von der zu kaschierenden Farbe des Rezyklats, der Konzentration des Masterbatches in der Außenschicht. Diese äußere Deckschicht sollte mindestens 0,2 bis 0,3 mm betragen.

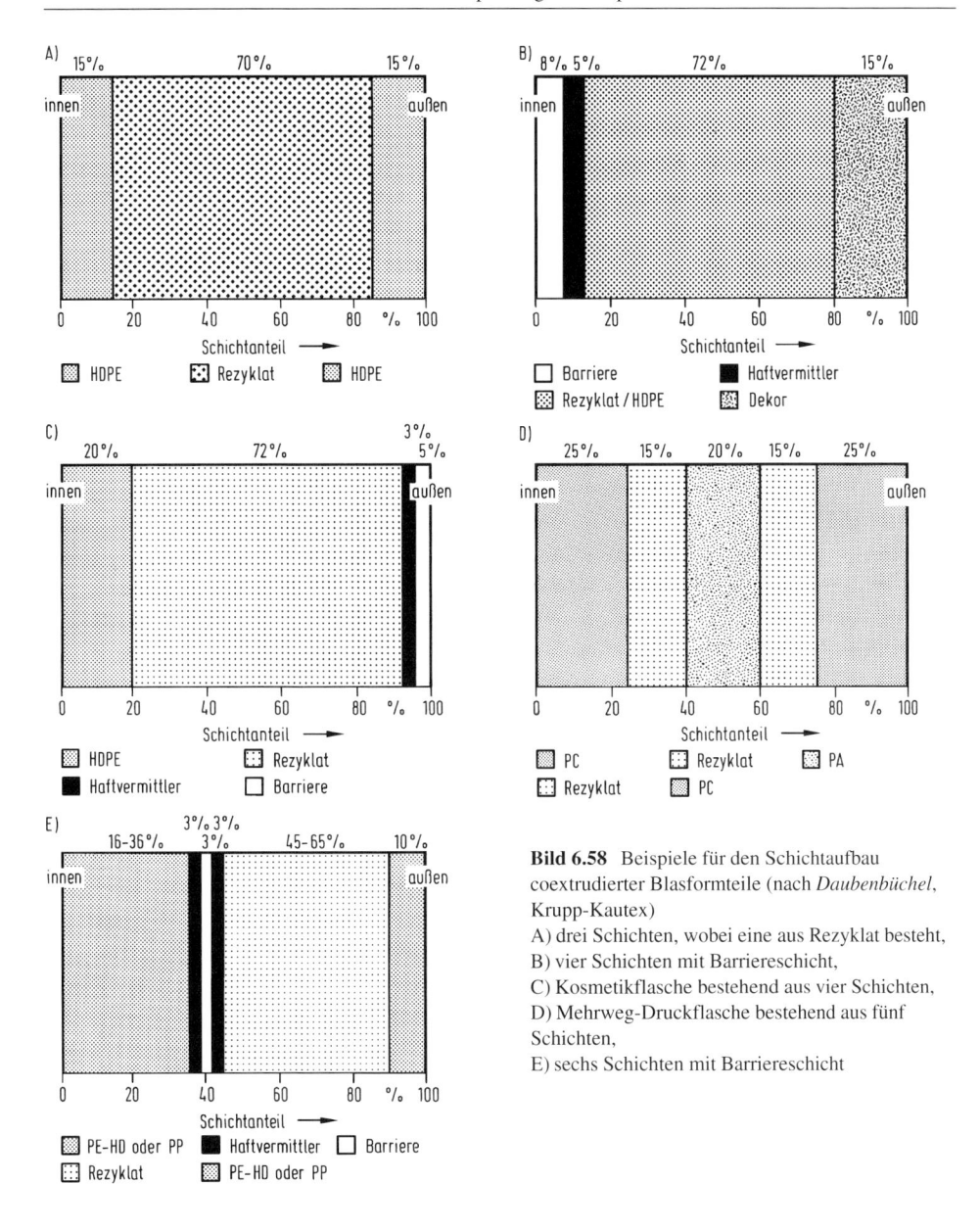

Bild 6.58 Beispiele für den Schichtaufbau coextrudierter Blasformteile (nach *Daubenbüchel*, Krupp-Kautex)
A) drei Schichten, wobei eine aus Rezyklat besteht,
B) vier Schichten mit Barriereschicht,
C) Kosmetikflasche bestehend aus vier Schichten,
D) Mehrweg-Druckflasche bestehend aus fünf Schichten,
E) sechs Schichten mit Barriereschicht

- *Innenschichten* verhindern den Kontakt des Füllguts mit dem regenerierten Material, sind jedoch, wenn es sich um ein Polyolefin handelt, nur bedingt als Diffusionssperre anzusehen. Eine Verbesserung der Permeationswerte kann durch die Einarbeitung eines auf Polyamid oder EVOH (EVAL) basierenden Blends erreicht werden. Die Dicke der Innenschicht beträgt 0,1 mm bei Flaschen und bis zu 0,3 mm bei größeren Behältern.
- In den *Mittelschichten* wird neben dem Rezyklat (Post-Consumer-Recycle: PCR) auch das Prozeßregenerat verarbeitet. Dadurch reduziert sich der mögliche Anteil von PCR im Formteil (Bild 6.59).

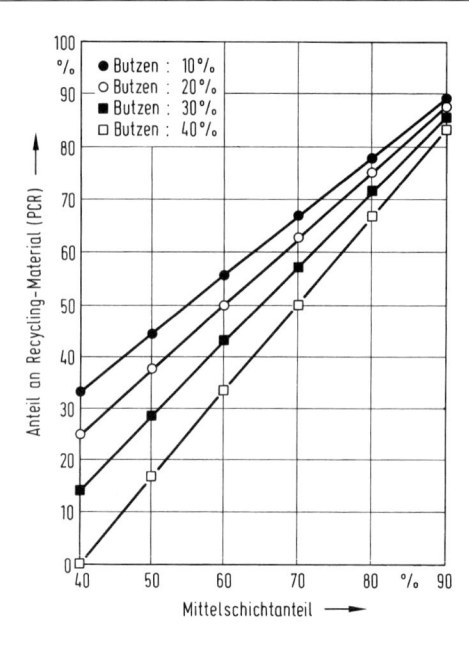

Bild 6.59 PCR-Anteil eines Behälters als Funktion von Butzenanteil und relativer Rezyklatschichtdicke

Demnach sollte ein „recyclingfreundlicher" Hohlkörper möglichst wenig Butzenanteil aufweisen, was beim Design, beispielsweise bei der Ausführung von Griffen, berücksichtigt werden kann.

6.5.2 Extrusionsstreckblasformen

Das beim Streckblasformen angewandte Verfahren der biaxialen Werkstofforientierung ist bei der Herstellung von Kunststoffolien seit langem bekannt, fand aber erst Ende der sechziger Jahre Eingang in die Blasformtechnik.

Das Streckblasformen ist dadurch gekennzeichnet, daß Vorformlinge bei optimaler Recktemperatur mechanisch (durch einen Streckdorn innen oder eine Streckzange außen) in Längsrichtung, gleichzeitig oder anschließend durch Blasen in Umfangsrichtung um das Fünf bis über Zehnfache gestreckt werden (Bild 6.60).

Auf diesem *Streckblasformen* oder *Streckblasen* genannten Weg entstehen biaxial orientierte Formteile. Blasformmaschinen mit Zusatzeinrichtungen oder Spritzgießmaschinen formen zunächst in einem ersten Werkzeug einen Vorformling. Mit der Temperatur im thermoelastischen Bereich und noch am Blasdorn hängend, wird er nach dem Abtrennen der Butzen in ein zweites Werkzeug überführt.

Durch Strecken und Aufblasen entsteht das Blasteil. Das Verfahren ist hauptsächlich für PVC-Flaschen in Gebrauch, deren Schockzähigkeit infolge biaxialer Orientierung beachtenswert zunimmt.

Biaxiales Strecken verbessert die Eigenschaften der Thermoplaste zu höherer Stauchfestigkeit, erhöhter Schlagzähigkeit, erhöhter Steifigkeit, verbesserter Transparenz, erhöhtem Oberflächenglanz und höherem Permeationswiderstand für Gase und Dämpfe.

Amorphe Polymere zeigen kleinere Auswirkungen der Verstreckung auf die Eigenschaften als teilkristalline; denn im letzteren Fall sind die Kristallite schon verstreckt, die Ketten bereits parallelisiert.

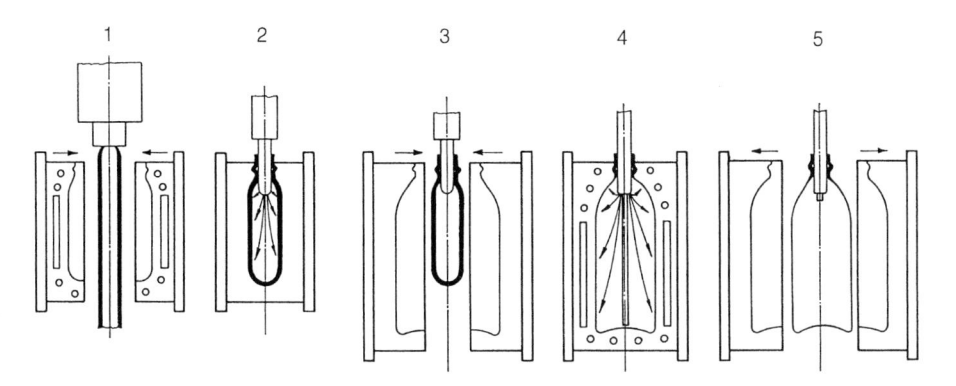

Bild 6.60 Extrusionsstreckblasen, schematisch (nach *Daubenbüchel*, Krupp-Kautex)
1: Extrudieren eines Schmelzeschlauchs, 2: Abquetschen und verschweißen des Bodens, kalibrieren und blasformen des Vorformlings, 3: Übernehmen des entbutzten Vorformlings in das zweite Blasformwerkzeug, 4: Strecken und blasformen des Vorformlings zum fertigen Hohlkörper, 5: Entformen des Hohlkörpers, Übergabe an die Entnahmemaske

Durch rasche Abkühlung werden die Orientierungen im Endprodukt eingefroren und so eine Reihe von Eigenschaften des betreffenden Kunststoffs deutlich verbessert.

6.5.3 Kaltschlauchverfahren

Bei diesem Verfahren kann die Extrusion des Rohres räumlich und zeitlich von der Blasformung getrennt werden, wodurch hohe Stückzahlen erreichbar sind. Das extrudierte Rohr wird hier nach dem Kalibrieren und Verlassen des Kühlbades automatisch auf die zur Flaschenherstellung notwendige Länge zugeschnitten. Vor der späteren Weiterverarbeitung muß jeder Schlauchabschnitt in einer Art Tunnelofen erneut aufgewärmt werden, damit er sich im Werkzeug aufblasen läßt. (Orbet-Verfahren für PP, Corpoplast-Verfahren für PET)

Wegen der exakt kalibrierten Rohrabschnitte ist es mit diesem Verfahren möglich, runde Blasflaschen von besonders gleichmäßiger Wandstärke herzustellen. Um die durch Verstreckung mögliche Qualitätsverbesserung auszunutzen, werden beim „Corpoplast-Verfahren" in einer zweiten Stufe die auf genaue Länge geschnittenen Rohre erwärmt und zu einem Vorformling mit fertiger Mündungsausbildung sowie geschlossenem Boden geformt. Anschließend wird dieser Vorformling, mit Ausnahme der Mündungspartie, bis in den elastischen Verformungsbereich erwärmt und in eine Blasform transportiert, in der durch Preßluft die Fertigformung des Hohlkörpers erfolgt.

6.5.4 Spritzblasformen – Spritzstreckblasformen

Relativ dünnflüssige Werkstoffe wie z. B. PET sind für das Extrusionsblasformen wenig geeignet, da der hängende Schlauch fließt. Das Spritzblas- und Spritzstreckblasverfahren (Bild 6.61 und 6.62) sind wegen ihrer hohen Werkzeugkosten nur für größere Serien rentabel, denn für eine wirtschaftliche Produktion sind Mehrfachwerkzeuge notwendig. Doch können technische Gegebenheiten das Spritzstreckblasverfahren erforderlich machen. Durch den Streckvorgang werden z. B. Fallfestigkeits- und Diffusionssperreigenschaften von PET deutlich verbessert.

Bild 6.61
Spritz-Streckblasformen, schematisch

Bild 6.62 Streckblasformen heißabfüllbarer oder pasteurisierbarer PET-Flaschen, Corpotherm-Verfahren, schematisch

Spritzblasformen

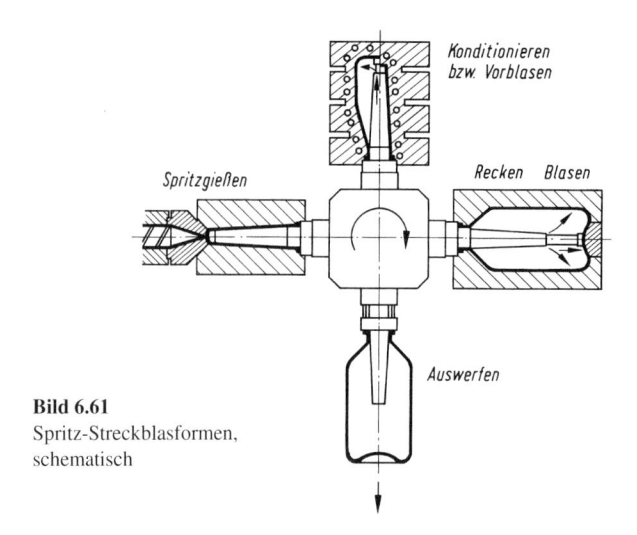

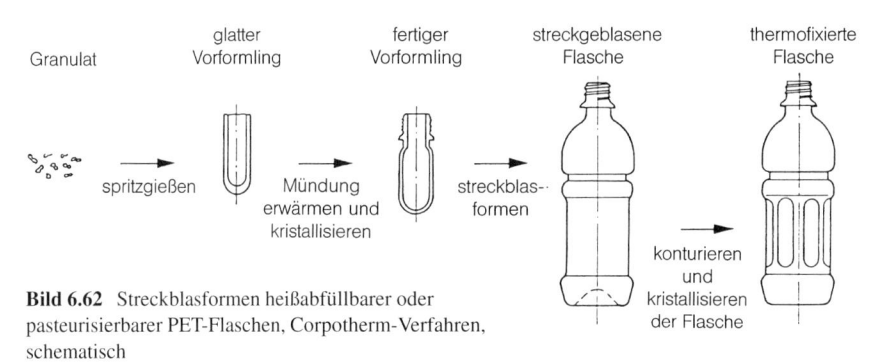

Das Spritzblasformen führt zu besserer Maßhaltigkeit der Mündung und Gewichtskonstanz. Es verbindet Vorteile des Spritzgießens mit solchen des Extrusionsblasformens: Das Füllen eines von festen Wänden begrenzten, definierten Raums erzielt die enge Gewichtstoleranz, das (Aus-)Formen durch Spritzen von Partien, die danach keine weitere Formänderung erfahren, die Maßgenauigkeit und der hohe Einspritzdruck bessere Oberfläche. Das Verfahren arbeitet abfallfrei, die Blasteile haben keine Quetschnähte, sondern präzise ausgeformte Öffnungen und Gewindegänge, wogegen die Wanddickenverteilungen des aufgeblasenen Behälterteils gegenüber dem wanddickenprofiliert extrusionsgeblasenen nicht besser ausfallen.

Obwohl die Massenproduktion durch Extrusionsblasformen erfolgt, konnte sich das Spritzblasformen dort behaupten bzw. sogar das Extrusionsblasformen verdrängen, wo es um hohe Ansprüche an die Verpackung geht (in der Getränke-, Kosmetik- und Pharmabranche).

Die Länge solcher Hohlkörper muß in einem bestimmten Verhältnis zum Halsdurchmesser stehen. Auch große Unterschiede in den Seitenlängen bei Flaschen von rechtkantigem oder elliptischem Querschnitt schmälern die Möglichkeiten der Anwendung. Handgriff-Flaschen können nicht gefertigt werden.

Spritzstreckblasformen

In diesem Verfahren werden die ungeordneten Molekülketten durch biaxiales Verstrecken in einem bestimmten Temperaturbereich (von +/– 20 °C bei PET, aber nur +/–2 °C bei PP) orientiert. Durch Abkühlung werden die Orientierungen im Endprodukt „eingefroren" und dadurch Reißfestigkeit und Barriere-Eigenschaften wesentlich verbessert.

Das Verfahren ermöglicht Gewichtsgleichmäßigkeit, gratfreie, sorgfältig ausgeformte Mündungen und Festigkeitssteigerung infolge biaxialer Orientierung. Es arbeitet mit Vorformlingen, die meist nicht notwendigerweise spritzgegossen sein müssen und oft auch nicht in „einer Wärme" verarbeitet werden. Beispielsweise entstehen bei dem Krupp-Corpoplast-Verfahren die Spritzlinge oft räumlich weit entfernt vom Platz der Endverarbeitung (Bild 6.62). Das Coinjektionsverfahren für die Mehrschicht PET-Flaschenherstellung zeigt Bild 6.63.

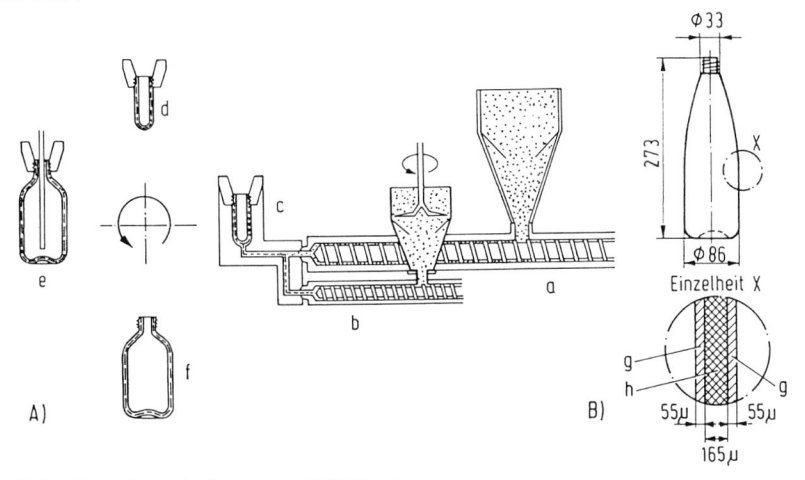

Bild 6.63 Mehrschicht-Spritzblasformen von PET-Flaschen
A) Verwerten von rückgewonnenem PET in PET-Behältern durch Zweikomponentenspritzblasformen (Coinjektionstechnik), B) Wandaufbau einer so hergestellten Flasche
a: Hauptspritzgießeinheit mit Neumaterial, b: zweite Einheit mit Recyclingmaterial, c: Werkzeug, d: Konditionieren des Vorformlings, e: Streckblasen der Flasche, f: Auswerfen, g: Neumaterial-Außenschicht, h: Innenschicht aus wiederaufbereitetem PET (Werkbild: Nissei ASB, Nagano, Japan)

Beim Blasen von Druckflaschen kommt der Ausbildung des Bodens besondere Bedeutung zu. Eine vorteilhafte Lösung war hier der sphärische, von Druckbehältern bekannte, Boden, der einen Standring oder Standbecher erfordert. Dieser kann so geformt werden, daß er der Flasche optimale Standsicherheit verleiht. In einer Aufsetzmaschine lassen sich die vorgefertigten Flaschen mit den Standbechern verkleben oder verschweißen. Druckfeste Flaschen können jedoch auch selbststehend z. B. auf Nockenböden ausgeführt werden und ersparen so den Standbecher.

Die Vorteile des Spritzstreckblas(form)verfahrens sind:

– Optimale Ausnutzung des Materials und abfallfreie Verarbeitung,
– Materialeinsparung je nach Flaschenform 10 bis 15 % und keine unsymmetrische Materialanhäufung im Boden der Flaschen,
– der Beanspruchung exakt angepaßte Materialverteilung,
– automatische Temperaturregelung,
– technisch unkomplizierter, sicherer Blasvorgang und optimale Produktionskonstanz,
– kurze Einstell- und Anfahrzeiten der Maschinen für hohen Ausstoß,

– variable Aufteilung des Fertigungsprozesses durch die Möglichkeit, Vorformlinge zentral zu fertigen, wodurch sich Transportersparnisse erzielen lassen.

6.5.5 Tauchblasformen

Bei diesem Verfahren wird plastifiziertes thermoplastisches Material vom Extruder kontinuierlich in eine Tauchkammer mit Tauchkolben gefördert. Während der Füllung wird der Tauchkolben zurückgezogen und der Tauchdorn bis zum Anschlag eingeführt. Durch Tauchkolbendruck entsteht der Hohlkörperhals. Tauchdorn und Tauchkolben bewegen sich nach oben, so daß der Vorformling entsteht. Die Wanddicke des Hohlkörpers kann vorgewählt werden.

„Tauchblasen" ist besonders für runde, schlanke, im Verhältnis zur Länge durchmessergeringe Formteile bei gleichmäßiger Wanddicke geeignet. Tauchblaskörper lassen sich wirtschaftlich von ca. 0,7 bis 4 l Volumen herstellen. Anguß- und Abquetschbutzen entstehen nicht (Bild 6.64).

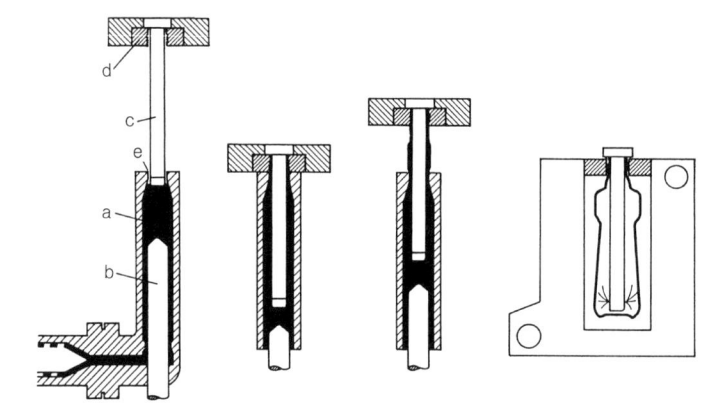

Bild 6.64 Tauchblasverfahren, schematisch (nach Siemag)
a: Tauchkammer, b: Tauchkammerkolben, c: Tauchdorn, d: Halsbackenwerkzeug, e: auswechselbare Düse

Dem Tauchblasverfahren ist gemeinsam mit dem Spritz- und Spritzstreckverfahren, daß der Flaschenhals gespritzt und damit sehr maßgenau ist. Die gestalterischen Möglichkeiten sind allerdings sehr eingeschränkt. Griff-Flaschen können nicht hergestellt werden. Mengenmäßig hat dieses Verfahren für die Packmittelproduktion kaum Bedeutung.

6.5.6 Rotationsformen

Große Behälter wie Container (IBC siehe auch Abschnitt 4.4.2.9) oder Hohlkörper werden im Schalenguß so gefertigt, daß offene Hohlformen mit Paste bzw. Pulver gefüllt und nach Angelieren bzw. Anschmelzen einer hinreichenden Materialschicht an die erhitzte Formwandung der Rest ausgeschüttet wird. In Rotationsmaschinen werden abgemessene Thermoplastmengen an die Innenwandung in zwei Richtungen rotierender, außen durch Heißluft, Salzschmelzen oder heißes Öl beheizter Hohlformen in gleichmäßiger Schichtdicke angeliert, angeschmolzen oder anpolymerisiert. Die Rotationsgeschwindigkeiten sind niedrig, so daß keine störenden Zentrifugalkräfte auftreten (10 bis 40 U/min). Dieses Verfahren ist nur für beschränkte Stückzahlen in Klein- und Mittelserien geeignet.

6.5.7 Schleudergießen

Beim Schleudergießen treten im Gegensatz zum Rotationsformen erhebliche Zentrifugalkräfte auf. Mit den rasch rotierenden Werkzeugen werden dickwandige, lunkerfreie und spannungsarme Rotationskörper ebenfalls nur in kleinen Stückzahlen hergestellt, die insbesondere für größere Hohlkörper wie Transport- und Lagerbehälter, weniger für Massenpackmittel, Verwendung finden.

6.5.8 Warmformen

Thermoformen eines zweidimensionalen Halbzeugs (Folie, Platte) zu einem sogenannten gegenkonischen Becher ist möglich, jedoch nur mit zweiteiligen Werkzeugen.

Ein abweichendes Thermoformverfahren beruht darauf, daß man zunächst einen normalkonischen Becher erzeugt, den Boden abtrennt und dann in die größere Öffnung einen getrennt hergestellten Boden einschweißt oder einklebt.

Flaschen und sonstige Hohlkörper können auch durch Verschweißen ihrer (symmetrischen), durch Thermoformen gewonnenen Längshälften hergestellt werden (siehe auch Bild 6.47).

Im „Twin-Sheet-Verfahren" erfolgt dies bereits in der Thermoformmaschine aus zwei übereinander positionierten Folien bzw. Platten und Kavitäten (siehe Abschnitt 6.3.1.4, Bild 6.65).

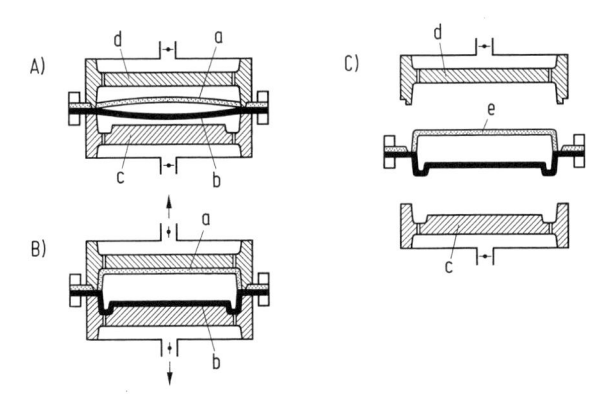

Bild 6.65 Twinsheet-Verfahren – Hohlkörperfertigung aus zwei Platten oder Folien durch Blasformen oder Vakuumverformen
A) Einlegen der Folienzuschnitte, B) Umfomen durch Vakuum, C) Entformen
a, b: Folien verschiedenen Farbe und Dicke, c, d: Werkzeughälften, e: entformter Hohlkörper

6.5.9 Verschweißen von zwei Formteilen zu einem Verpackungshohlkörper

Schweißen bietet die Möglichkeit, zwei oder mehrere, durch Thermoformen oder Spritzgießen hergestellte Formteile zu einem Hohlkörper stoffschlüssig zu verbinden. Das *Rigello-Verfahren* ist ein historisches Beispiel. Dieses Verfahren erzeugte Flaschen z. B. für kohlensäurehaltige Getränke, wobei der Behälter aus drei Teilen zusammengefügt wird: die Schulter ist kegelförmig warmgeformt, der Rumpf im gleichen Verfahren als ein Zylinder mit halbkugelförmigem Boden erzeugt. Diese beiden Teile werden durch Schweißen miteinander verbunden. Der Rumpf wird dann mit einem aus mehreren Papierschichten gewickelten Zylinder umgeben, der nicht nur Träger des Etiketts ist, sondern auch das ganze Gebilde standfähig macht und vor allem den zylindrischen Rumpf vom Innendruck weitgehend entlastet (Bild 6.66). Der halbkugelförmige Boden des Rumpfes hat eine geringere Wanddicke als die zylindrische Wand und wirkt somit bei Druckschwankungen als druckausgleichende Membran.

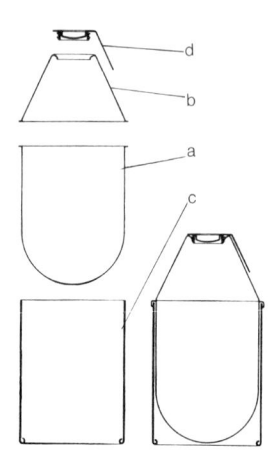

Bild 6.66 „Rigello"-Flasche
a: Unterteil, b: Schulterhals,
c: Pappezylinder, d: Verschluß

Aus *spritzgegossenen Bechern mit Stufenrumpf* und Klappscharnierdeckel im Becherboden werden durch Aufschweißen eines Standbodens (nach der Befüllung) auf die Becheröffnung tischfertige (nach Umdrehen) Sahnekännchen hergestellt (siehe auch Abschnitt 6.4.2.1)

6.5.10 Spritzgegossene Hohlkörper

Das Spritzgießen der *Vorformlinge* ist ein wichtiger Produktionsschritt beim Herstellen spritzblasgeformter Hohlkörper (siehe auch Abschnitt 6.5.4).

Die Spritzgießmaschine, zum Produzieren von *Spritzgußteilen mit Lösekerntechnik*, stellt eine Besonderheit dar. Es werden aus wasserlöslichen thermoplastischen Kunststoffen Kerne spritzgegossen und mit einem Standardkunststoff „ummantelt". Die Kerne werden anschließend in einem Wasserbad in ca. 10 min(!) aufgelöst. Damit ist es möglich, Hohlkörper im Spritzgießverfahren herzustellen. Zwei seitlich verschiebbare Spritzaggregate lassen einen schnellen Materialwechsel zu. Für Massenpackmittel ist das Verfahren ungeeignet.

6.5.11 Gestaltung – Design von Verpackungshohlkörpern

Die Gestaltung von Verpackungshohlkörpern soll exemplarisch am Verpackungshohlkörpertyp Kunststoffflasche aufgezeigt werden, zumal Flaschen mengenmäßig, technisch und wirtschaftlich die bedeutendste Gruppe der Verpackungshohlkörper sind.

Kunststoffflaschen können üblicherweise im Extrusionsblas-, Spritzblas-, Spritzstreckblas- und Tauchblasformverfahren hergestellt werden. Alle Blasformverfahren haben gemeinsam, daß sich die Wanddicke nicht formgebunden ergibt, sondern durch das Aufblasen eines Vorformlings frei gebildet wird. Sie ist darum nie genau definiert.

Gestaltungsanforderungen an Kunststoffflaschen

Vor der Gestaltung müssen die an die Flasche gestellten Anforderungen festgelegt werden. Maßgebend ist die *Verwendereignung*. Jede Flasche soll ein gutes *Handling* ermöglichen; sie soll *griffsympathisch*, das Verschlußsystem *anwenderfreundlich* sein, und sie muß *ansprechend* aussehen.

Technisch wird die Gestaltung durch folgende Umfeldgegebenheiten beeinflußt:
– Abfüllbedingungen (mechanische Beanspruchung, Heißabfüllung),
– Transportart (Flaschenquerschnitt, Höhe, palettengerechte Form),
– Lagerung (besonders Dichtheitsprobleme),
– Verkaufssystem (Regalplätze),
– Normen und Vorschriften, die zu beachten sind.

Gestaltung von Kunststoffflaschen für Extrusionsblasverfahren

Eine Kunststoffflasche kann in drei Segmente aufgeteilt werden, die jeweils besondere Gestaltungsmerkmale zeigen (Bild 6.67), nämlich *Flaschenboden, Flaschenkörper, Flaschenhals* und *-schulter*.

Allgemeiner Gestaltungsgrundsatz ist, daß keine Hinterschneidungen auftreten. Die Entformung der Flasche soll möglichst ohne Behinderung erfolgen, was sich jedoch nicht immer erreichen läßt. Bei Kunststoffen, die eine ausreichende Schwindung haben und nicht spröde sind (z. B. PE), gibt es hierbei keine Probleme.

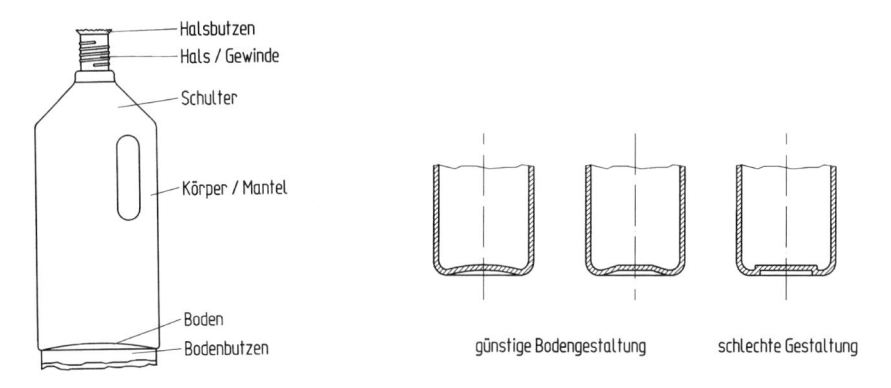

Bild 6.67 Designschwerpunkte bei Kunststoffflaschen

Bild 6.68 Bodengestaltung von Kunststoffflaschen

Gestaltung des Flaschenbodens

Der Flaschenboden ist eine kritische Zone, die immer gewisse Hinterschneidungen zeigt (Bild 6.68). Im äußerem Bereich befindet sich die Standfläche, die möglichst plan sein soll, um Standfestigkeit zu erreichen. Die quer über den Boden laufende Schweißnaht enthält eine Materialanhäufung, die oft zu Verzug führt und einen schlechten Stand hervorruft. Zur Verbesserung des Flaschenstands bei runden Flaschen können kalottenförmige „Standpunkte" angebracht werden.

Um die Entformung zu erleichtern, muß die Flasche nach oben ausweichen können, was durch eine konische Gestaltung der Schulter erreicht werden kann (siehe Bild 6.76). Der Übergang vom inneren Flaschenboden zur Standfläche bzw. zur Standlinie darf nicht abrupt erfolgen (Bild 6.69).

186   6 Verarbeitung von Kunststoffen zu Packmitteln

Wegen der Schweißnaht ist es nicht möglich, einen völlig planen Boden herzustellen (Bild 6.67, 6.68, 6.69). Die *Übergangsradien* von der Standfläche zur Mantellinie dürfen nicht beliebig klein sein, sondern müssen in einem bestimmten Verhältnis zum Schlauchdurchmesser und zum Flaschendurchmesser stehen (Bild 6.70). Beim Aufblasen legt sich der Schlauch kontinuierlich an die Werkzeugoberfläche, wodurch die axiale und radiale Dehnung dieses Schlauchbereiches behindert wird. Nur der kontaktlose Bereich wird danach noch gedehnt, so daß bei extrem kleinen Radien die Wandstärke hauchdünn werden kann.

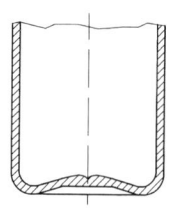

Bild 6.69 Schnitt durch eine Kunststoffflasche, senkrecht zur Werkzeug-Trennebene

Bild 6.70 Wanddickenverteilung beim Blasformen aufgrund von Recken

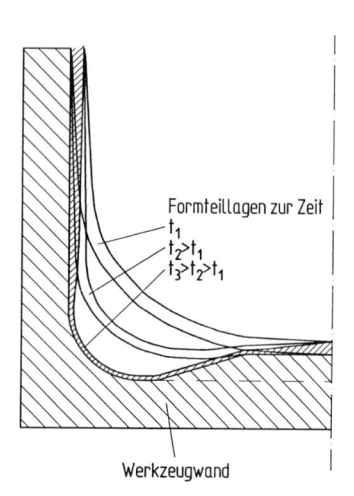

Für runde Flaschen sollte der Eckenradius größer als $1/10$ des Flaschendurchmessers sein. Ebenso bei ovalen Flaschen, wobei immer der seitliche Radius (Durchmesser) zur Berechnung herangezogen wird.

Für Flaschen mit rechteckigem Querschnitt ergibt sich näherungsweise ein Eckenradius von der halben Formnesttiefe. Oft ist es günstiger, anstatt des Radius Fasen an den Übergängen vorzusehen.

Bereits bei der Gestaltung des Bodenbereichs muß die Weiterverarbeitung der Flasche berücksichtigt werden. Zum Beispiel sind für die Dekoration meist Bodennocken oder Vertiefungen, die sog. *Passersucher*, notwendig (Bild 6.71). Hierfür gibt es verschiedene Ausführungsformen, welche alle die Aufgabe haben, bei nacheinander folgenden Dekorationen eine genaue Positionierung zu erreichen.

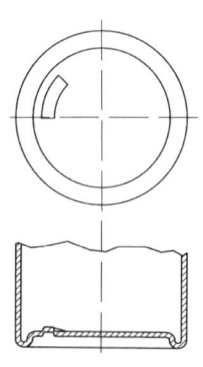

Bild 6.71 Bodenpassersucher

Falls es notwendig ist, starke *Hinterschneidungen* vorzusehen, z. B. für Getränkeflaschen, die einem Innendruck standhalten müssen, oder bei Stapelkanistern, muß dies bei der Werkzeugkonstruktion berücksichtigt werden. Der Werkzeugboden muß in axialer Richtung beweglich sein. Bei einer Flasche für Infusionslösungen wird z. B. die Aufhängeschlaufe beim Blasvorgang aus dem Bodenbutzen ausgestanzt.

Flaschenkörper

Der Flaschenkörper läßt größte gestalterische Möglichkeiten zu, nämlich: rund, oval, rechteckig, konisch, zylindrisch, quader-, pyramiden- und kugelförmig, wobei der Phantasie kaum Grenzen gesetzt sind. Die Wanddickenverteilung hängt u. a. von den Werkzeugtrennflächen ab (Bild 6.72).

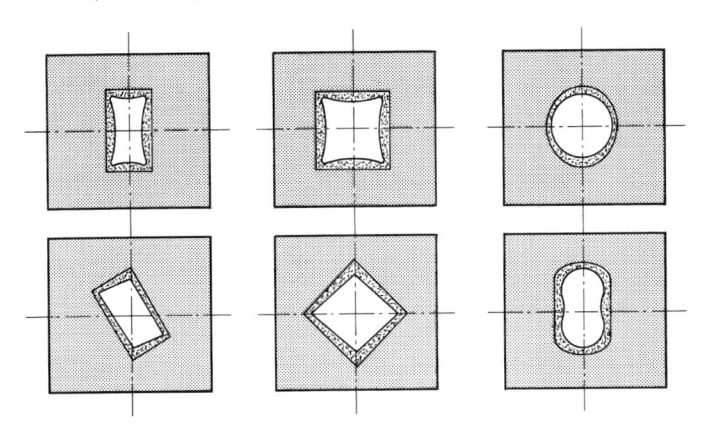

Bild 6.72 Wanddickenverteilung beim Extrusionsblasformen in Abhängigkeit von der Anordnung der Werkzeug-Trennfläche (BASF)

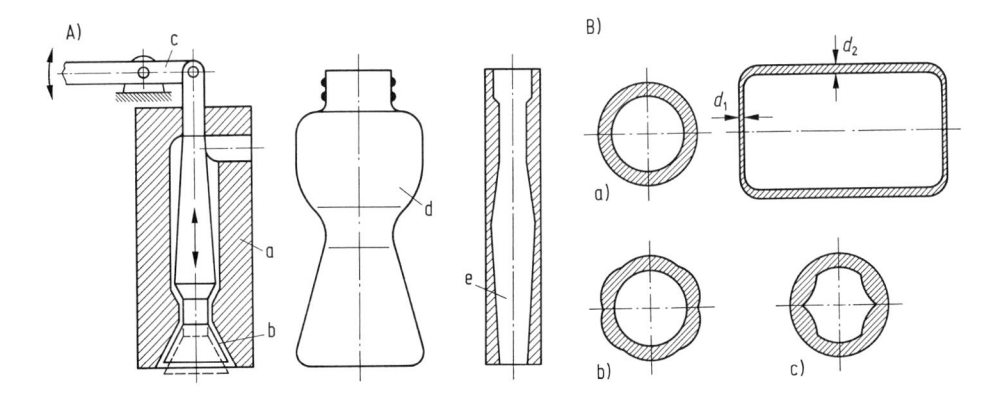

Bild 6.73 Verfahren zur besseren Wanddickenverteilung beim Extrusionsblasformen
A) Wanddickensteuerung in axialer Richtung
a: Spritzkopf, schematisch, b: axial verschiebbarer Dorn, c: Gestänge der Steuerung, d: Blasteil, e: dazugehöriger Vorformling mit gesteuerter Wanddicke
B) Änderung der azimutalen Wanddickenverteilung beim Vorformling
a: Vorformling mit Kreisquerschnitt und dazugehörige Wanddickenverteilung im Blasformteil, Mittellinie entspricht der Teilungsebene im Werkzeug, b und c: Querschnittsformen des Vorformlings für eine gleichmäßige Wanddicke im Blasformteil durch Verändern des Düsenmunds (b) und durch Ändern des Dorns(c)

Das Extrusionsblasverfahren erlaubt, die *Wanddickenverteilung* der geometrischen Gestalt entsprechend anzupassen (Bild 6.73, 6.74). Die Anpassung der Querschnittsverteilung in radialer Richtung erfolgt durch geometrische Formgebung von Kern und Düse im Extrusionskopf, wobei durch programmierte dynamische Veränderung der Spaltweite die Wandstärke in axialer Richtung verändert wird.

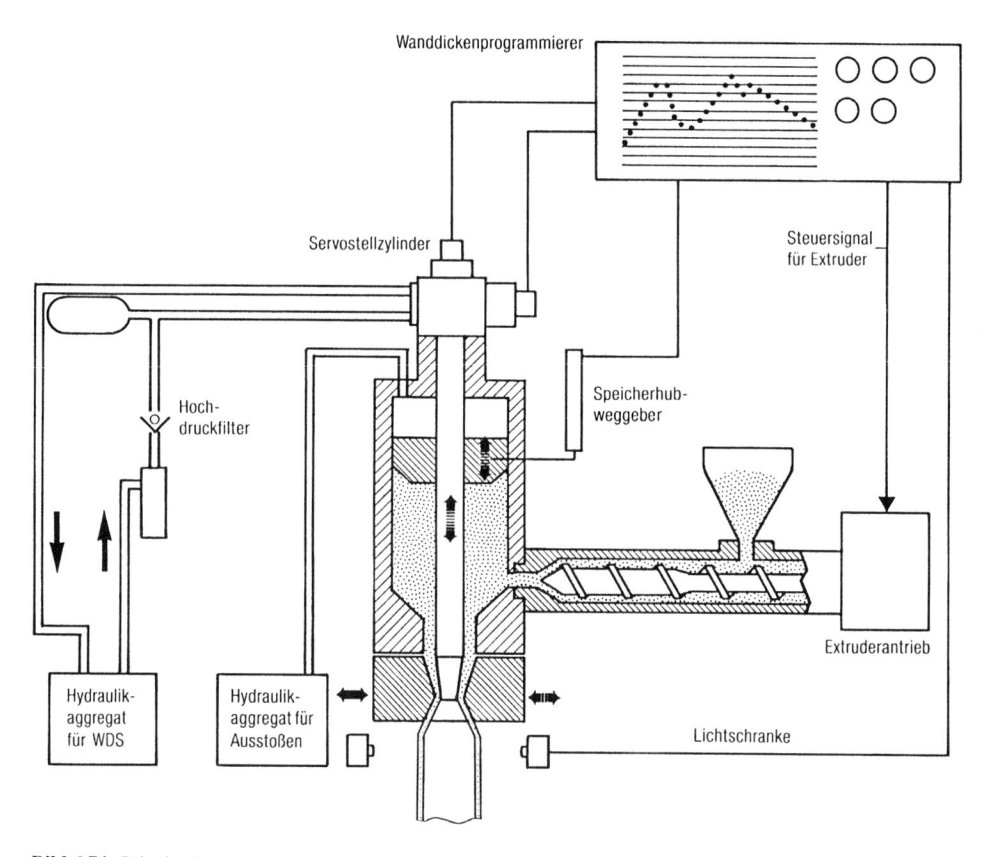

Bild 6.74 Prinzip der axialen Wanddickensteuerung (BASF)

Sichtbare Gestaltungselemente sind:
- *Griff oder Griffmulde*, welche das Einfüllen oder Tragen erleichtert (Weichspülerflaschen, Benzinkanister, Gießkanne).
- *Rillen und Sicken* können angebracht werden, wenn eine Flasche aus Kosten- und Gewichtsgründen sehr leicht sein muß, und das Handling (Abfüllung, Anwendung) nicht flexibel zu sein braucht.
- Die *Mantelfläche* kann *in Form eines Faltenbalgs* hergestellt werden, um eine Flasche besonders quetschbar zu gestalten.
- *Vertiefungen und Erhebungen* sind oft nicht technisch bedingt, sondern dienen der optischen Gestaltung oder der Kennzeichnung, wenn es sich um Schriftzeichen oder bildliche Darstellung handelt.
- *Ösen* im Flaschenkörper können zum Anbringen von Aufhängebändern angebracht werden.
- Durch *Falten* wird die Flexibilität erhöht.

Bei der Gestaltung des Flaschenkörpers sollten folgende Grundsätze berücksichtigt werden:
- Der *Schwerpunkt* der gefüllten Flasche sollte möglichst tief liegen.
- Konkave und sphärisch-konvexe *Wölbungen* lassen sich sehr schlecht etikettieren.
- Die *Oberfläche* sollte leicht *zylindrisch* vorgespannt sein, denn ganz plane Oberflächen neigen zum Einfallen der Flächen. Oft fällt die Flaschenoberfläche auch ein, wenn die Flasche vor der Bedruckung zu stark beflammt wurde oder die Wärmeeinwirkung bei der Trocknung zu hoch war.

Sehr *flache und breite Querschnitte* (Bild 6.75) ergeben bei der optimalen Materialverteilung Probleme, weshalb mit starken Wandstärkenunterschieden gerechnet werden muß. Materialanhäufungen im Mittelbereich werden auch als *„Fischrücken"* bezeichnet und ergeben bei allen Dekorationsverfahren Probleme. Zur Vermeidung von dünnen Ecken wird die Flasche aus einem sehr breiten Schlauch geblasen, der nicht sehr stark gereckt wird. Infolgedessen kann jedoch der Oberflächenglanz nicht optimal sein.

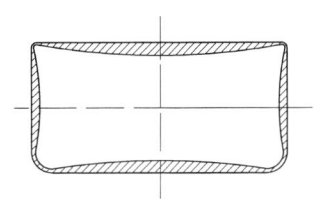

Bild 6.75 Wanddickenverteilung bei rechteckigem Querschnitt

Scharfe Ecken bringen nicht nur Festigkeitsprobleme, sondern lassen auch aufgrund der dünnen Wandstärke das Füllgut durchscheinen.

Mehrkammerflaschen ermöglichen die Abpackung mehrerer Komponenten in einer Einheit. Die Flaschenkammern sind hierbei durch Schweißnähte voneinander getrennt. Die Öffnungen können mit einem gemeinsamen oder einem getrennten Verschluß versehen sein.

Farbgebung

Farbe und *Oberflächenglanz* sind sehr wichtige gestalterische Mittel. Die Einfärbung der Massenkunststoffe ist heute unbegrenzt möglich, von transluzenten Pastell- bis zu hochdeckenden Perlmutt-Einfärbungen.

Für die Stärke der Einfärbung, d. h. deren Deckkraft, ist nicht die visuelle Erscheinung der leeren Flasche, sondern die der gefüllten wichtig. Die Eigenfarbe des Füllgutes beeinflußt die Erscheinung der Verpackung, z. B. scheint das Füllgut durch, so daß der Füllspiegel gesehen wird.

Bei vorgegebenem Farbton kann die Deckkraft nicht beliebig erhöht werden, sondern es muß eventuell durch Erhöhung der Wandstärke das Durchscheinen des Füllspiegels verhindert werden.

Wenn der Füllspiegel bei einer deckend eingefärbten Flasche gesehen werden soll, kann man einen Schlauch mit einem ungefärbten Streifen extrudieren. Dies ergibt an der Flasche einen deutlich sichtbaren *Pegelsichtstreifen*.

Die *Dekorationsmöglichkeiten* von extrusionsgeblasenen Flaschen sind: Lackierung, Trockenoffset, Siebdruck (einfarbig, mehrfarbig), Tampoprint, Etikettierung (Papier, Kunststoff), Inmould labeling, Folienheißprägung, Heißtransfer (Therimage).

Permeationsprobleme

Viele Füllgüter diffundieren durch den Kunststoff oder reagieren mit dem Sauerstoff der Luft im Kopfraum. Dadurch kann sich in der Flasche ein Vakuum bilden, das die Oberfläche einfallen läßt. Dies ist bei runden Flaschen deutlicher zu sehen als bei ovalen oder flachen Flaschen. Bei relativ dicken Wandstärken im Verhältnis zur Flaschenoberfläche tritt dieser Effekt nicht auf, denn dann ist die Flasche so stabil, daß sie der Vakuumbelastung standhält.

Die Diffusion läßt sich durch Wahl des Kunststoffs oder Kunststoffverbunds aus Coextrusion beeinflussen. Reaktionen mit dem Restsauerstoff der Luft können durch Begasung des Füllgutes mit Stickstoff verhindert werden.

Mittels Coextrusion können nicht nur die chemischen Eigenschaften, sondern sehr oft auch die Optik durch Glanzbeschichtung und Streifenbildung beeinflußt werden.

Flaschenschulter und -hals

Der Übergangsbereich vom Flaschenkörper zum Flaschenhals, nämlich die Flaschenschulter, ist von großer Bedeutung. Oft wird dies aus optischen Gründen vernachlässigt und ergibt daher beim Aufbringen des Verschlusses Probleme (Bild 6.76). Wenn die Schulter zu flach ausgelegt ist, werden die Kräfte beim Aufprellen des Verschlusses nicht mehr aufgefangen.

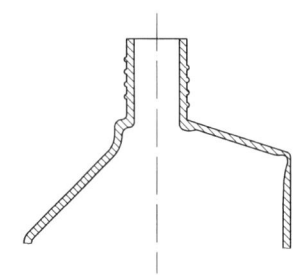

Bild 6.76 Günstig und ungünstig gestaltete Flaschenschulter

Die Übergänge dürfen, wie auch im Bodenbereich, nicht zu scharfkantig sein. Besonders der Übergang von der Schulter zum Flaschenhals sollte abgerundet werden, da dieser Bereich möglicherweise durch Materialanhäufungen und Spannungen, die durch den Verschluß eingebracht werden, sehr spannungsrißanfällig ist.

Die Schulter ist, um eine bessere und kratzfreie Oberfläche zu gewährleisten, in beiden Richtungen leicht schräg zu gestalten. Vollständige Entleerbarkeit der Flasche ist ein wichtiger Gestaltungsgesichtspunkt für den Bereich Schulter/Flaschenhals. Besonders für gefährliche Füllgüter (z. B. Pflanzenschutzmittel) besteht hier ein großer Vorteil der Kunststoffflaschen gegenüber den Blechverpackungen. Die Übergänge können nämlich fließend gehalten werden.

Gestaltung des Flaschenhalses

Das Aufblasverhältnis A ist das Verhältnis des Formdurchmessers d_F zum Schlauchdurchmesser d_S bzw. zur maximalen Formbreite.

$$A = \frac{d_F}{d_S}.$$

Für eine „nahtlose" Fertigung der Flaschenschulter bei Innenschlauchverfahren soll A bei drei bis vier liegen. In Sonderfällen können bei günstigen geometrischen Bedingungen auch Extremwerte von sieben erreicht werden.

Gewinde und Halsausfüllung

Je nach Füllgut ist ein Enghals- oder Weithalsbehälter notwendig. Weithalsdosen werden für Getränkepulver, Badesalz, Pasten, Motorenöl und Chemikalien verwendet. Für eine Weithalsdose kann evtl. auch eine spritzgegossene Dose als Alternative in Betracht kommen.

Weithalsflaschen oder Dosen werden oft mit „verlorenem Kopf" hergestellt (Bild 6.77). Diese Flaschen werden dann mit einem dünnen Dorn oder einer Nadel aufgeblasen. Der auf der Mündung entstandene Kopf wird nach dem Blasvorgang im Werkzeug oder danach extern abgeschnitten bzw. abgesprengt. Dabei wird unter hohem Innendruck der Halsbacken angehoben und der Kopf abgerissen.

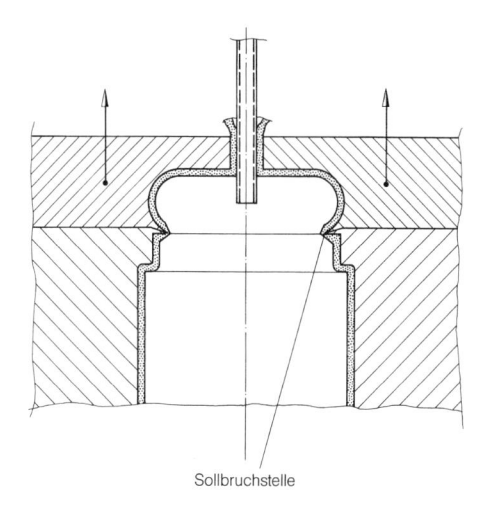

Bild 6.77 Weithalsgefäße mit verlorenem Kopf (BASF)

Für die Gestaltung von Gewinden an Kunststoffflaschen sind Sägegewinde nach DIN 6063, Rundgewinde nach DIN 168 und Euro-Trapezgewinde BD 69011 hauptsächlich in Gebrauch, daneben aber auch alle möglichen sonstigen Gewinde- und Halsausführungen. Für die Gewindegestaltung ist zu beachten:
– Gewindeanfang und -ende sollten außerhalb der Trennebene liegen.
– Der Gewindeanfang sollte einige Millimeter unterhalb der Mündungskante liegen.
– Bei „nicht nahtlos" gefahrenem Hals kann es sinnvoll sein, die Gewinde zu unterbrechen.

Zum schnellen Verschließen und Öffnen werden Gewinde mit großen Steigungen (6 mm anstelle von 3 mm) verwendet. Für eingängige Gewinde mit großer Steigung sind Arretierringe notwendig, die Selbstlösen verhindern.

Bei sehr langen Hälsen mit kurzen Gewinden ist es zweckmäßig, *Zentrierringe* vorzusehen, welche verhindern, daß sich der Verschluß schiefziehen kann. *Kragenausführungen* sind allerdings blastechnisch günstiger.

Wenn Flaschenkörper und Verschluß den gleichen Außendurchmesser haben, sollte die Flasche einige Zehntel Millimeter größer als der Verschluß sein. Sonst könnte, wegen der größeren Toleranzen der Flasche, der Verschluß größer als der Flaschendurchmesser werden, was optisch sehr unschön wirkt. Zwischen Flaschenschulter und Verschluß muß stets ein geringer Spalt sein, damit die verschlossene Flasche nicht unter Zugspannungen steht.

Tropfeinsätze, Abdichtung

Für eine füllgutgerechte Anwendung der Flasche werden oft Tropf- bzw. Spritzeinsätze notwendig (siehe Abschnitt 8.3.10). Diese Einsätze können verschiedene Bohrungen besitzen.

Für gute Dichtheit zwischen Tropfeinsatz und Flasche ist eine optimale Kalibrierung des Flaschenhalses ohne Längsriefen erforderlich. Beim Einschießen des Blasdornes werden aber oft Längsriefen erzeugt. Die Vorspannung zwischen Flaschenhals und Tropfeinsatz sollte daher nicht zu groß sein; 2 % Dehnung sind ausreichend. Bei höheren Werten besteht Gefahr der Spannungsrißbildung.

Um die Dehnung und damit auch die Spannung gering zu halten, sind bei spannungsrißauslösenden Füllgütern Lamellentropfer empfehlenswert.

Wenn ohne Tropfeinsatz gearbeitet wird, kann die Abdichtung durch *Konus-, Schaft-, Tonnen-* oder *Flachdichtung* mit Einlage erfolgen (siehe Abschnitt 8.8). Grundsätzlich ist die Flachdichtung mit dem Füllgut angepaßter Einlage die sicherste Dichtungsart. Eine plane und glatte Mündungsoberfläche ist einfacher herzustellen als eine exakt kalibrierte, riefenfreie innere Mündung.

Die Flachdichtung hat zusätzlich noch den Effekt, daß sie durch ihre Elastizität den Spannungsabbau durch Kaltfluß zwischen Flasche und Verschluß ausgleichen kann.

Kunststoffflaschen können auch verschweißt werden durch Heiß- und Hochfrequenz-Verfahren, unter günstigen Umständen auch durch Ultraschall. Durch Verschweißen der Flaschenhälse direkt nach dem Blasvorgang in der Blasformmaschine können sterile, „partikelarme" Flaschen hergestellt werden. Die Flaschen können aber auch direkt abgefüllt und verschweißt werden (FFS) (siehe Abschnitt 9.4).

Volumen und Gewicht

Das Flaschenvolumen, das auch *Überlauf- oder Randvollvolumen* genannt wird, ist durch das *Füll- oder Nennvolumen* und den Luftraum über dem Füllspiegel bis zur Mündungsoberkante gegeben.

Das *Luftvolumen* ist von den Abfüllbedingungen abhängig. Stark schäumende Füllgüter benötigen einen größeren Luftraum als leichtfließende Füllgüter.

Das Gewicht wird durch das spezifische Gewicht des gewählten Kunststofftyps, die Wandstärke und das Überlaufvolumen bestimmt, beispielsweise: Eine ovale Flasche für die kosmetische Industrie mit einem Füllvolumen von 200 ml hat ein Gewicht von ca. 25 g und ein Überlaufvolumen von 230 ml.

Die einzuhaltenden Volumen- und Gewichtstoleranzen für Kunststoffflaschen sind in der DIN 6130 festgelegt (Tabellen 6.25, 6.26).

Beispiele für günstige und ungünstige Formgestaltung von Kunststoffflaschen verdeutlicht Bild 6.78, recyclinggerechte Flaschengestaltung die Bilder 6.79, 6.80, 6.81, 6.82.

Tabelle 6.25 Allgemeintoleranzen für Flaschenvolumen nach DIN 6130

Volumen (V) ml	Allgemeintoleranzen %	ml
10 bis 15		±1
über 15 bis 70	± 7	
über 70 bis 150		± 5
über 150 bis 450	± 3,33	
über 450 bis 600		± 15
über 600 bis 1 000	± 2,5	
über 1 000 bis 1 250		± 25
über 1 250 bis 10 000	± 2	

Tabelle 6.26 Allgemeintoleranzen für Flaschengewichte nach DIN 6130

Gewicht (G) g	Allgemeintoleranzen %	g
1 bis 5		± 0,68
über 5 bis 10	± 13,6	
über 10 bis 20		± 1,36
über 20 bis 50	± 6,8	
über 50 bis 100		± 3,4
über 100 bis 150	± 3,4	
über 150 bis 250		± 5,1
über 200 bis 250	± 2,5	
über 250 bis 300		± 6,25

Leichte Faltflasche (für Reinigungsmittel)

Eine extrem leichte Kunststoff-Faltflasche aus PE-HD, 50% leichter als herkömmliche Kunststoffflaschen, z.B. für Reinigungsmittel, wird auf Blasformautomaten gefertigt. Diese Alternative zu Folienbeutel-Nachfüllpacks wiegt zwischen 20 g und 23 g, fühlt sich bei Wandstärken zwischen 0,4 mm (Schraubverschluß/Boden) und 0,2 mm (Korpus) elastisch an und ist dennoch fest genug, um einer Stauchkraft von ca. 100 N zu widerstehen. Ein PE-HD-Etikett soll das Recycling erleichtern. Nach Gebrauch kann die Flasche auf rund 20 % des ursprünglichen Volumens zusammengefaltet werden. Möglich ist die Herstellung von solchen leichten Faltflaschen auf Blasformanlagen mit 2400 Flaschen/h einschließlich Abfüllung, Verschließen und Dekoration.

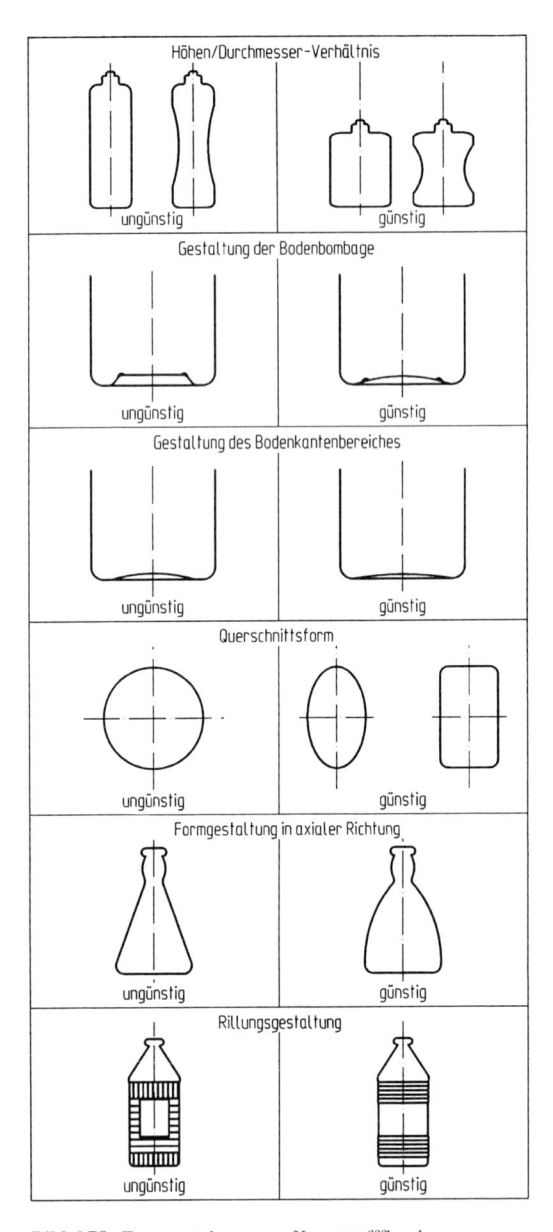

Bild 6.78 Formgestaltung von Kunststoffflaschen

6.6 Schaumstoffverpackungen

Die wesentlichen Vorteile von Schaumstoff-Packmitteln sind ihr geringes Gewicht, da in den Zellen bis zu 98,5 Vol-% Luft eingeschlossen sein kann, sowie ihr gutes Stoßdämpfungs- und Wärmedämmungsvermögen. Kunststoff-Schaumstoffe können gemäß DIN 7726 hart bis weich elastisch hergestellt werden.

6.6 Schaumstoffverpackungen

PET-Flasche

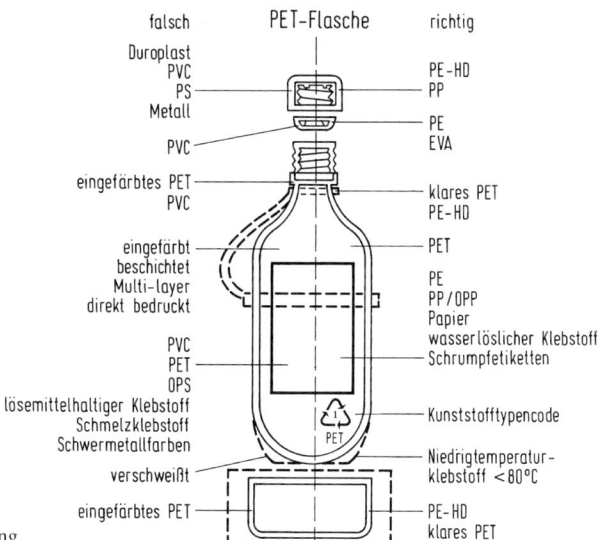

falsch:
- Duroplast, PVC, PS, Metall
- PVC
- eingefärbtes PET, PVC
- eingefärbt, beschichtet, Multi-layer, direkt bedruckt
- PVC, PET, OPS
- lösemittelhaltiger Klebstoff, Schmelzklebstoff, Schwermetallfarben
- verschweißt
- eingefärbtes PET

richtig:
- PE-HD, PP
- PE, EVA
- klares PET, PE-HD
- PET
- PE, PP/OPP, Papier, wasserlöslicher Klebstoff, Schrumpfetiketten
- Kunststofftypencode
- Niedrigtemperaturklebstoff <80°C
- PE-HD, klares PET

Bild 6.79 Recyclinggerechte Gestaltung von PET-Flaschen (APME)

PVC-Flasche

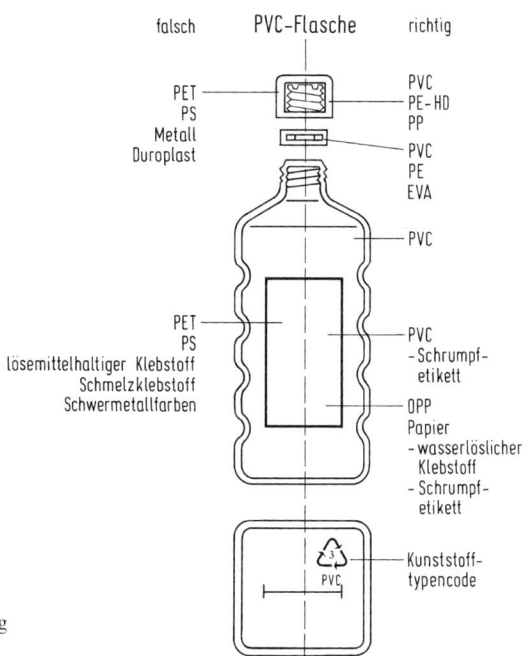

falsch:
- PET, PS, Metall, Duroplast
- PET, PS, lösemittelhaltiger Klebstoff, Schmelzklebstoff, Schwermetallfarben

richtig:
- PVC, PE-HD, PP
- PVC, PE, EVA
- PVC
- PVC -Schrumpfetikett
- OPP, Papier -wasserlöslicher Klebstoff -Schrumpfetikett
- Kunststofftypencode

Bild 6.80 Recyclinggerechte Gestaltung von PVC-Flaschen (AMPE)

Ihre Steifigkeit bzw. die Elastizität der Gerüstsubstanz sind für Packmittel wichtig. Ihre Druckfestigkeit entsprechend DIN 53421 ist abhängig von der Zell- bzw. Porenstruktur und -dichte.

Kunststoff-Schaumstoffe werden zu folgenden Packmitteln verarbeitet: leichte und/oder wärmedämmende Kisten und Kästen, Steigen, Paletten, Schachteln, Dosen, Becher, Schalen, Einsätze, insbesondere solche, die den Konturen des Packguts genau entsprechen, um stoßsichere Verpackung zu gewährleisten. Zu Packhilfsmitteln werden Kunststoff-Schaumstoffe, sowohl Hartschaumstoffe als auch Weichschaumstoffe verarbeitet, vor allem zu Polstermitteln, die das Packgut vor Stößen schützen.

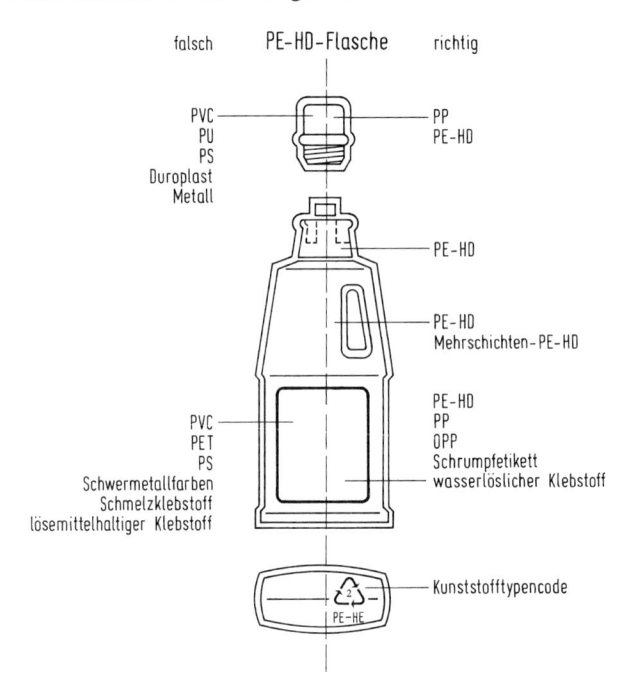

Bild 6.81 Recyclinggerechte Gestaltung von Flaschen aus PE-HD

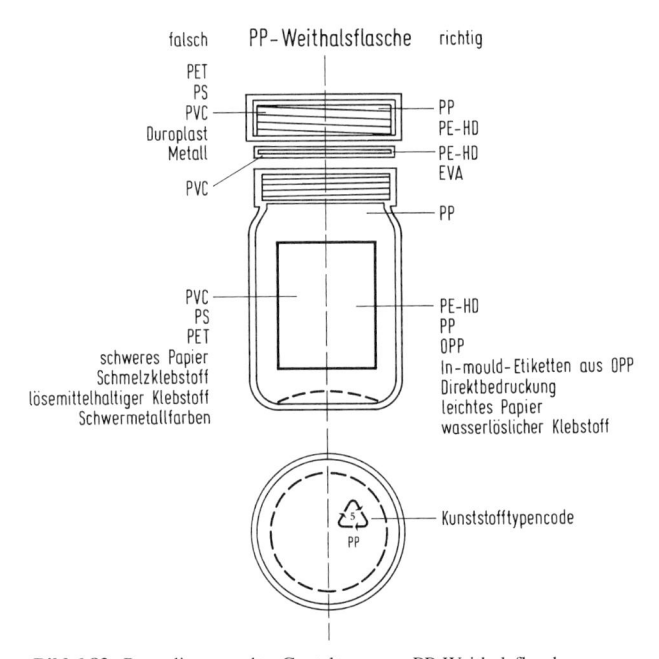

Bild 6.82 Recyclinggerechte Gestaltung von PP-Weithalsflaschen

6.6.1 Herstellungsverfahren für Schaumstoffpackmittel

Kunststoff-Schaumstoffe können prinzipiell aus jedem Kunststoff hergestellt werden, wobei im fließfähigen Kunststoffmaterial durch Treibverfahren Gasblasen gebildet werden. Der so gewonnene Schaumzustand wird durch Abkühlung und eventuell zusätzliche Vernetzung verfestigt.

Solche Gasblasen werden durch Treibmittel aus chemischen Reaktionen oder Verdampfung nidrigsiedender Flüssigkeiten wie Pentan (FCKW) oder durch Dispersion bzw. Hochdruckinjektion (Frothing-Verfahren) von Gasen bzw. Luft erzeugt.

Eigenschaften

Die Dichte von Schaumstoffen wird meist als Raumgewicht (RG) bezeichnet. Dieses liegt zwischen 100 kg/m³, bei den schweren Integralschaumstoffen liegt es dagegen zwischen 100 und 1000 kg/m³. Alle wesentlichen physikalisch-technischen Eigenschaften wie Festigkeit, Dämpf- und Dämmvermögen sind vom RG abhängig.

Die Struktur und Größe der Zellen bzw. Poren kann unterschiedlich sein:
- *offenzellig*: Die Zellen stehen untereinander in Verbindung.
- *geschlossenzellig*: Die Zellen haben keinerlei Verbindung.
- *gemischtzellig*: Es gibt Zellen mit und ohne Verbindung.
- *mikrozellig*: Der Zellendurchmesser beträgt unter 0,5 mm.
- *feinzellig*: Der Zellendurchmesser beträgt ca. 1 mm.
- *grobzellig*: Der Zellendurchmesser beträgt über 2 mm.

Für die Druckbelastung solcher Packstoffe unterscheidet man in *hart-* und *weich-elastische Schaumstoffe*. Harte Kunststoff-Schaumstoffe können *zähhart* oder *sprödhart* sein.

Übersicht über Herstellungs- und Verarbeitungsverfahren gibt die Tabelle 6.27. Um teilkristalline Kunststoffe wie PE, PP und deren Copolymere zu schäumen, müssen diese entweder sehr hochmolekular oder teilvernetzt sein. Derart vernetzte PE- und PP-Partikel, die auch wie EPS zu Partikelschaum verarbeitbar sind, werden von den Kunststofferzeugern angeboten.

6.6.1.1 Spritzgießverfahren für Schaumstoffe (Thermoplast-Schaum-Guß, TSG)

Im TSG-Verfahren lassen sich dickwandige Formteile aus treibmittelhaltigen, thermoplastischen Formmassen herstellen. Durch den Spritzdruck entsteht an den formgebenden Werkzeugwänden eine kompakte Oberflächenschicht. Die heißen Innenschichten werden mit chemischen Treibmitteln geschäumt, und erhalten so eine Zellstruktur. So wird beispielsweise PS-Strukturschaumstoff erzeugt. Er findet Anwendung für Transportpaletten und Kisten.

6.6.1.2 Extrusionsverfahren für Schaumstoffe (Thermoplast-Schaum-Extrusion, TSE)

Zum Herstellen und Verarbeiten wird dem Polymer entweder Treibmittel zugesetzt und anschließend extrudiert, oder das Treibmittel (z. B. Pentan) wird in der Plastifizierzone des Extruders mit Überdruck zugegeben. Aufgrund der Druckentlastung nach Verlassen des Extrusionwerkzeuges schäumt die Schmelze auf. Man kann so Schaumstoffplatten, -blöcke, -folien und -profile herstellen.

Aus Profilschläuchen lassen sich in Blasformanlagen Hohlkörper formen. Schaumstoff-folien werden durch Warmformen weiterverarbeitet. Das so gewonnene Schaummaterial

Tabelle 6.27 Herstellungsverfahren für Schaumstoffpackmittel

Verfahren	Material-vorgang	Treibart	Zellenform	Stoff-beispiele	Packmittel und Packhilfsmittel (Beispiele)
1. Spritzguß (TSG-Verfahren)	Erweichen/ Abkühlen	chemisch	geschlossen	PE, PP S/B ABS	Becher, Kästen, Paletten
2. Extrusion (TSE-Verfahren)	Erweichen/ Abkühlen	chemisch	geschlossen und offen	PE, PP (PS)	Halbzeuge: Profile, Platten, Rohre, Schläuche, Folien, Weiterverarbeitung zu Schalen, Tabletts, Trays
3. Partikel-schaum-verfahren	Kugel-sintern	thermo-dynamisch physikalisch	geschlossen	EPS, EPE EPP	Blöcke, (Konturen-)Kästen, Behälter, Trays, Paletten, Einsätze, Chips
4. Konfektio-nieren	Trennen/ Fügen	physikalisch	geschlossen	EPS	Folien, Platten, Profile, Einsätze
5. Reaktions-schaum-verfahren (RIM) (Frothing-verfahren)	Poly-addition	chemisch	geschlossen und offen	PUR	Polsterbehälter, Integral-schaumbehältnisse, Koffer, Einschäum-polster (Frothingverfahren) Tentakelschaum

besitzt im Gegensatz zum Partikelschaum eine weitgehend porenfreie, sogenannte Schäumhaut.

6.6.1.3 Partikelschaumstoff-Verfahren (®Styroporverfahren)

Dieses Stufen-Sinter-Verfahren wurde zunächst zum Gewinnen von EPS entwickelt. Es eignet sich aber auch bei Verfahrensanpassung zum Verarbeiten von PE, PP und ihren Co-polymeren (Tabelle 6.28).

Das Verfahren gliedert sich in drei Stufen:
- Vorschäumen des griesartigen Granulats bei rund 100 °C mit Wasserdampf. So werden die Pentan enthaltenden, kleinen Polymerperlchen bzw. Granulate durch das Ausdehnen des Pentans in mehrere Millimeter dicke, kugelige Schaumpartikel (Ballons) aufgebläht.
- Durch Zwischenlagern an der Luft dringt diese in die Partikel ein, während das Pentan kondensiert.
- Das Ausschäumen erfolgt in formgebenden Werkzeugen bei 115 bis 120 °C durch Was-serdampfeinwirkung. Durch die Expansion von Luft und Pentan sintern die einzelnen Ballon-Partikel zu Blöcken zusammen. Mit Heißdrahtgeräten oder Messern werden diese zu Platten oder Blöcken weiterverarbeitet.

6.6.1.4 Reaktionsspritzgießen (RIM) – Mehrkomponentenverschäumen mit PUR

Reaktionsspritzgießen (RSG) wird international als *RIM (Reaction Injection Molding)* bezeichnet. Es wird besonders zum Herstellen von Schaumstoffen aus PUR angewandt, wobei die Schaumprodukte stufenlos von elastisch-weich bis spröd-hart einstellbar sind.

Im *Niederdruck-Verfahren* werden die Komponenten in Rührwerken vermischt. So können große Mengen Ausgangsstoffe kontinuierlich über längere Zeit verarbeitet werden. Das

Tabelle 6.28 Handelsübliche thermoplastische Partikelschaumstoffe. (Die Angaben sind global den Broschüren der Hersteller entnommen und erstrecken sich jeweils über mehrere Sortimente.)

Formmasse	Handelsname	Hersteller	Schüttdichte g/dm³	Formteildichte g/dm³	Gebrauchstemperatur °C	hauptsächliche Verwendung	Dampfdruck u. Temperatur zum Ausschäumen p, bar (ü) / °C
EPS expandierbares Polystyrol	Styropor, Vestypor, Styrocell, Extir, Rigipor, Dylite, Gedexcel, Neste Polystyrol, Sunpor	BASF (D), Hüls (D), Shell (NL), Montepolimeri (I), BP Chemicals (GB), Arco (USA), Ato-Chem (F), Neste (SF), Sunpor-Kunststoff	15–30 üblich bis 100 möglich	15–30 üblich bis 100 möglich	70–80	Formteile für Verpackungen (hauptsächlich Einwegverpackungen), Isolier- und Deckensichtplatten, Lebensmittelverpackung, Trinkbecher	0,8–1,2 / 117–123
expandierbare Polystyrolcopolymerisate	Dythem	Arco (USA)	20–100 üblich bis 560 möglich	20–100 üblich bis 560 möglich	100–120	energieabsorbierende, langzeittemperaturbeständige Formteile, Isolationsteile für technische Geräte und Lebensmittelbehälter (mikrowellenfest), Transportpaletten	1,5–3,0 / 128–143
	Styrotherm	BASF (D)	15–120	15–120	bis 150		
	Caril	Shell (NL)	18–120	30–120	98–118		
expandierbares Polyethylencopolymerisate	Arcel	Arco (USA)	24–40	25–50	80	energieabsorbierende Formteile, mehrfachverwendbare Transportpaletten, maritime Artikel	1,5–1,8 / 128–131
expandierbares PMMA-E Polymethylenmethacrylat	PMMA-E	Dow (USA)	20–25	19–24	70–80	Formteile, vergasbare Modelle	1–2 / 120–133
EPE vorexpandiertes Polyethylen	Arpak, Eperan	Arco (USA), Kaneka Belgium (B)	32, 24–40	35, 30–50	80	Verpackungen für hochwertige stoßempfindliche Geräte, Isolierverpackungen, Polsterteile im Fahrzeugbau	1–1,5 / 120–128
EPP vorexpandiertes Polypropylen	Neopolen P, Apro, Eperan PP	BASF (D), Arco (USA), Kaneka Belgium (B)	11–28, 19–80, 18–50	16–75, 20–80, 20–60	bis 110, 90–100, bis 110	energieabsorbierende Formteile, Schalen für mehrfach verwendbare Transportverpackungen, wärmebeständige Verpackungen	2–4 / 133–151

mit Treibmittel — ohne Treibmittel

Verfahren der „Gegenstrom-Injektionsvermischung" bringt die Reaktionskomponenten auf Arbeitsdrücke von 100 bis 300 bar. Deshalb wird die Anlage auch als Hochdruckmaschine bezeichnet. Dieses Verfahren ist für sehr hohe Austragsleistungen geeignet. Je nach Anforderungen wird das Formteil in offenen oder geschlossenen Werkzeugen geschäumt. Außer Integralschaumstoffteilchen mit glatter Außenhaut werden kontinuierlich homogene Polsterblöcke und Sandwich-Profile hergestellt, wobei keine aufwendige Kalibrierung notwendig ist.

6.6.2 Spezielle Packstofftypen für Schaumkunststoffe

Die für Verpackungen wichtigen Schaumkunststoffe (E bedeutet: Expandiertes) sind: EPS, EPE, EPP, deren Kombinationen und Copolymere, weiterhin PUR mit seinen variabeln Polster- und Dämmeigenschaften.

Harte Schaumstoffe (DIN 7726) können aus den genannten, sowie aus PVC und Duroplasten hergestellt werden. Sie werden nach den in Abschnitt 6.6.1 genannten Verfahren verarbeitet.

6.6.2.1 Hartschaumpackstoffe und -packmittel

EPS besitzt aufgrund der luftgefüllten, dünnwandigen Zellen sehr gutes Stoß- und Dämmvermögen. Auch wiederholtes Stoßen oder Fallen zerstört diese Struktur nicht. Oberhalb 85 bis 90 °C erweicht PS, so daß die Zellwände einfallen, und die Schaumstoffstruktur durch Schrumpfen zerstört wird. Im Gegensatz zu PE-Schaumsstoffen können PS-Schaumstoffe nicht vernetzt werden, so daß deren geringe Wärmebeständigkeit ihr größter Nachteil ist. Inzwischen gibt es jedoch PS/PPE-Blends mit erhöhter Wärmeformbeständigkeit. EPS-Schäumverfahren für Verpackungen siehe Tabelle 6.29.

EPS-Partikelschaumstoff besitzt geschlossene Zellen, ist zähfest, und hat ein Raumgewicht von 10 bis 35 kg/m^3. Folien oder verdichtete Materialein können bis zu 80 kg/m^3 erreichen. Die Dauergebrauchstemperatur liegt bei 75 °C. Dieser weiße Schaumstoff hat den größten Marktanteil an Verpackungsschaumstoffen. Typisch ist sein Druckdeformationsverhalten, da er sich bei geringer Druckbelastung hart und wenig nachgebend verhält. Bei stärkeren Belastungen erfährt er unverhältnismäßig große Verformungen. Daraus ergeben sich folgende Anwendungsgebiete:

– Für statisch beanspruchte Packmittel wird seine Tragfähigkeit genutzt, beispielsweise für stapelbare Kisten und Schwergutverpackungen.
– Zum Verpacken stoßempfindlicher Gegenstände wie Glas, Porzellan und empfindliche Geräte oder Bauteile in stoßfesten Leichtverpackungen wird seine größere Nachgiebigkeit bei höheren Belastungen genutzt.

Typische Packmittel aus PS-Schaum sind: Sortiments-, Sammel-, Kombinations- und Displayverpackungen, Paletten, Obst-, Gemüse- und Fischkisten, Einlagen- und Raumteiler für (Papp-)Kisten.

Dünnwandige Packmittel aus Partikel-EPS dienen zur Wärme- und/oder Stoßdämmung kleiner Packgüter (Getränke, Fertiggerichte, Eier). Die Dünnwandschäumtechnik für EPS-Formteile (Becher) unterscheidet sich von der für Standard-EPS-teilen sowohl im Vorschäumen, als auch in der Kontrolle und Stapelung solcher Massenprodukte. Das Vorschäumen muß auf relativ hohe Dichten zwischen 50 bis 100 kg/m^3 erfolgen. Anwendungen für Polster und Dämmittel siehe Abschnitt 8.10.

Tabelle 6.29 EPS-Schäumverfahren und Einsatzgebiete für Verpackungen

	Partikelschäumverfahren	Extrusions-Thermoform-Schäumverfahren	Schüttpackschäumverfahren

Verfahrensvorteile (A)	– rationelle Formteilfertigung
	  ○ Wanddicken beliebig
	  ○ Aussparungen ohne Materialverlust
	  ○ großer Rohdichtebereich
	  ○ automatische Fertigung
	– Formteile auch aus Schaumstoffblöcken und -platten durch mechanische und thermische Schneidverfahren herstellbar
		– kostengünstige Ausgangsstoffe
		– besonders wirtschaftliches Formteilfertigungsverfahren für die Massenproduktion
		– Schaumstoffe mit glatter geschlossener Oberfläche
		– einfache Folienkaschierverfahren anwendbar
			– keine Werkzeuge erforderlich
			– universell einsetzbar
			– besonders kleine Dichten
			– ohne besondere Aufarbeitung wiederverwendbar
			– rationeller innerbetrieblicher Transport in den Packbetrieben

Pack(hilfs)mittel (B)	– speziell den Packgütern angepaßte Verpackungen und Standardverpackungen
	  ○ stoßdämpfende Verpackungen
	  ○ druckbelastbare Verpackungen
	  ○ thermisch isolierende Verpackungen
	  ○ Einlagen als Packgutarretierung
	  ○ Kisten und Steigen
		– Massenverpackungen, z.B.
		  ○ Schalen für Nahrungsmittel
		  ○ Eierverpackungen
		  ○ Flüssigkeitsverpackungen
		  ○ Schutzhüllen für Flaschen
		  ○ Zwischenlagen für unterschiedliche Packgüter
			– Polsterschichten für alle Packgutarten
			– Füllmaterial zur Packgutarretierung
			– besonders geeignet für
			  ○ Kleinserien und
			  ○ Sammelverpackungen

Polystyrol-Struktur-Schaumstoff wird auf Spritzgießmaschinen im TSG-Verfahren aus S/B- oder ABS-Formmassen und mit chemischen Treibmitteln zu Profilen, Tafeln oder Formteilen verarbeitet. Solche Struktur-Schaumstoffe haben dichte, porenfreie Oberflächen, die holzartig aussehen. Im Innern weisen sie geschlossene Zellen auf. Die Raumgewichte betragen zwischen 400 und 900 kg/m³. Die Dauergebrauchstemperatur liegt bei 80 °C, kurzzeitig sogar bis 100 °C. Da dieses spröde, weiße Material holzartig anmutet, wird es häufig hölzern eingefärbt, und für dickwandige Teile wie Transportpaletten verwendet.

Polyethylen-Schaumstoffe unterscheiden sich wesentlich von EPS- und PUR-Schaumstoffen. Sie besitzen ein hartes, geschlossenes Zellgerüst, das bei Stoßbeanspruchungen geknickt wird. EPS- und PUR-Schaumstoffe haben offene, elastische Zellen mit geringer Energieabsorptionsmöglichkeit. PE-Schaumstoffe besitzen die geschlossenen Zellen von EPS sowie die Elastizität von PUR, und sind somit ideale Verpackungsstoffe. Halbzeuge wie Platten, Bahnenware und Folien werden hauptsächlich zu Packhilfsmitteln und Polstereinlagen für anspruchsvolle Packgüter verarbeitet.

Geschäumte Formteile aus PE für Packmittel- und Packhilfsmittel-Spezialitäten mit Raumgewichten zwischen 30 bis 100 kg/m³ lassen sich im ®Styroporverfahren herstellen.

EPP-Packstoffe und Packmittel aus Polypropylen-Schaumstoffen
Schaumstoffe aus PP besitzen im Vergleich zu PE bessere Temperaturbeständigkeit, Druckfestigkeit, Zeitstandfähigkeit und besseres Polster- und Dämmverhalten. Pack- und Packhilfsmittel werden nach den gleichen Verfahren wie für PE gefertigt. Die Dampf-

drücke jedoch liegen zwischen 3 und 4 bar, somit also doppelt so hoch wie bei der PE-Schaumstoff-Herstellung.

Blends von expandiertem Polyethylenschaum (PE-E) mit modifiziertem Polypropylen (PPE bzw. PPO) erreichen Wärmebeständigkeiten von bis zu 125 °C, woraus es wiederverwendbare Schaumstoff-Packmittel gibt, da sie mit Dampfstrahl gereinigt werden können. Auch mikrowellenbeständige Trinkgefäße sind eine mögliche Anwendung.

Kombinationsschaumstoff-Packstoffe

Aus dem Basis-Copolymer PE/PS lassen sich halbharte Partikelschaumstoffe herstellen, die das unproblematische Verarbeiten von EPS mit den guten Verbrauchseigenschaften von PE-Schaumstoffen verbinden. Die ungeschäumten, mit Treibmittel imprägnierten Copolymerperlen (Beads) besitzen wegen des hohen PE-Anteils auch eine höhere Diffusionsgeschwindigkeit des Treibmittels. Diese Beads sollten deswegen bei Temperaturen von −2 °C und tiefer gelagert werden. Der daraus hergestellte PE/PS-Copolymer-Partikelschaumstoff verfügt über optimale Packstoffeigenschaften.

PUR-Packstoffe

Die *thermoplastischen Polyurethane (TPU)* sind wie kaum ein anderes thermoplastisches Material durch ihren besondern makromolekkularen Aufbau ohne Verwendung von Additiven im gesamten Bereich zwischen Elastomeren und thermoplastische Werkstoffen variierbar.

PUR-Schaumstoff ist in sämtlichen Härtegraden zwischen weichelastisch und hart einstellbar, so daß er eine ideale Ergänzung zu anderen Kunststoff-Schaumstoffen bietet. Als Polstermaterial kann er optimal dem gewünschten Verpackungszweck angepaßt werden. Entsprechende Variationen können über Komponentenänderung mit unterschiedlicher Vernetzungsfähigkeit oder durch produktionstechnische Maßnahmen während des Schäumvorgangs zur Veränderung des Raumgewichts und damit zur Veränderung des Härtegrads genutzt werden.

Die Festigkeit von PUR-Schaumstoffen ist abhängig vom Vernetzungsgrad und Porengehalt. Ihre Eigenfarbe ist schwach gelb bis braun. Eingefärbte Materialien dunkeln meistens im Sonnenlicht nach. Beständig sind sie gegenüber Wasser, Waschmittellösungen, verdünnten Säuren und Laugen, Benzin und Mineralöl. Von konzentrierten Säuren, Laugen und organischen Lösungsmitteln werden PUR-Schaumstoffe angegriffen.

PUR-Hart-Schaumstoffe haben Raumgewichte von 10 bis 200 kg/m³, und sind meist geschlossen-zellig. Sie besitzen spröd- bis zähharte Konsistenz und können von −200 bis +80 °C, kurzfristig bis 160 °C eingesetzt werden.

6.6.2.2 PUR-Weichschaumpackstoffe und -packmittel

Das Raumgewicht von *PUR-Weich-Schaumstoffen* liegt zwischen 20 und 60 kg/m³, bei den halbharten Typen zwischen 40 und 150 kg/m³. Sie sind offen, feinzellig und weich, schaumgummiähnlich bis zähelastisch. Sie können zwischen −35 bis +95 °C eingesetzt werden.

Aus Weich-PUR-Schaumstoffen werden folgende Pack- und Packhilfsmittel hergestellt:
– Halbzeuge wie Block- oder Bandmaterial. Sie werden kontinuierlich produziert.
– Formteile, die auf automatischen Formschäumanlagen taktweise entstehen.
– Ausschäumungen von Hohlräumen zwischen Packgut und Außenverpackung mit sogenannten Schußanlagen oder Schäumpistolen (siehe auch Abschnitt 8.10).

Tentakel-Schaum entsteht durch Einschneiden von thermoplastischen Schaumstoffplatten oder Blöcken, so daß tentakelartige Stäbchen entstehen, die an einer Grundschicht hängen. Damit lassen sich, ohne Verwendung von Mischköpfen, Schäumpistolen und flüssigen Rohprodukten, Packgüter beliebiger Formen stoßsicher einbetten, ohne daß zuvor eine bestimmte Innenkontur hergestellt werden muß.

Formteile aus PUR-Weichschaum werden zum Verpacken besonders empfindlicher Packgüter mit Hinterschneidungen verwendet. Solche Formteile lassen sich in einfachen Kastenformen aus Holz oder Gießharz schäumen. Zweckmäßigerweise wird der Schaum in einen PE-Folien-Beutel gegeben.

Integralschaum-Formteile aus PUR mit dichter Oberflächenhaut und innerer Zellstuktur werden als Dauer- oder Mehrweg- Polsterverpackungen z. B. für Koffer, Geräte und hochwertige Packgüter angewendet. Sie können gegebenfalls komplexe Formen haben.

Schaumstoff-Konturenschachteln sind in ihrem Inneren als Negativform zum Packgut gestaltet.

Frothing-Verfahren oder Vorschäummethode wird das Verfahren genannt, bei dem PUR-Schaumstoffe mit 30 bis 60 kg/m^3 zum partiellen Ausschäumen von Hohlräumen zwischen Packmittel und in Folien verpacktem Packgut benutzt wird. Man injiziert hierzu vorverdichtete Gase, so daß die Komponenten der zu verschäumenden Mischung unter Druck stehen. So bleibt das Treibmittel flüssig, bis es sich beim Verlassen des Mischkopfs auf Normaldruck entspannt und schlagartig verdampft, wodurch eine Vorexpansion des schaumfähigen Gemisches stattfindet. Infoldedessen tritt aus dem Mischkopf der Verschäumungsanlage schlagsahneartiger Vorschaum aus, der bereits 70 % des entgültigen Schaumstoffvolumens besitzt und innerhalb von ca. 15 s unter weiterer Ausdehnung zu fertigem Schaumstoff reagiert.

Vollschäumung wird zwischen der Außenverpackung und dem Packgut bei mindestens 30 bis 50 mm Spielraum für die Schaumstoffschicht ausgeführt.

6.7 Ergänzende Literatur

Berndt, D. (Hrsg.): Arbeitsmappe für den Verpackungspraktiker, Beilage zu Neue Verpackung. Hüthig, Heidelberg, ff.
Carlowitz, B.: Kunststofftabellen, 4. Aufl. Hanser, München, 1995.
Helbig, J., Spingler ,E. (Hrsg.): Kunststoffe für die pharmazeutische Verpackung. Wissenschaftliche Verlagsgesellschaft, Stuttgart, 1985.
Hensen, F., Knappe, W., Potente, H.: Handbuch der Kunststoff-Extrusionstechnik, Band 1: Grundlagen; Band 2: Extrusionsanlagen. Hanser, München, 1989/1986.
Hensen, F., Knappe, W., Potente, H.: Kunststoffextrusionstechnik I (Grundlagen). Hanser, München, 1989.
Jäger, J.: Die Kunststoffverarbeitung in den 90er Jahren. Hanser, München, 1989.
Johannaber, F., Stoeckhert, K.: Kunststoff-Maschinenführer, 3. Ausg. Hanser, München, 1992.
Kircher, K.: Chemische Reaktionen bei der Kunststoffverarbeitung. Hanser, München, 1982.
Kühne, G.: Verpacken mit Kunststoffen. Hanser, München, 1974.
Menges, G.: Lernprogramm Spritzgießen. Hanser, München, 1980.
Menges, G., Michaeli, W.: Einführung in die Kunststoffverarbeitung, 3. Aufl. Hanser, München, 1992.
Menges, G., Recker, H.: Automatisierung in der Kunststoffverarbeitung. Hanser, München, 1986.
Michaeli, W.: Extrusionswerkzeuge für Kunststoffe und Kautschuk, 2. Aufl. Hanser, München, 1991.

Nentwig, J.: parat-Lexikon Folientechnik, VCH, Weinheim, 1991.
Niederhöfer, K. H.: Konstruieren mit Kunststoffen. Verlag TÜV Rheinland. Köln, 1989.
Saechtling, H.: Kunststoff-Taschenbuch, 26. Aufl. Hanser, München, 1995.
Schwarz, O., Ebeling, F., Lüpke, G.: Kunststoff-Verarbeitung, 6. Aufl. Vogel, Würzburg, 1991.
Stoeckhert, K.: Mold-Making Handbook. Hanser, München, 1983.
Kunststoffe, Jahrgänge (1980–1995).
Neue Verpackung, Jahrgänge (1980–1995).
Plastverarbeiter, Jahrgänge (1980–1995).
Verpackungs-Rundschau, Jahrgänge (1980–1995).

Literatur zu Abschnitt 6.1

Feistkorn, W.: Herstellung von Barrierefolien: Schlauch- oder Gießfolie. Neue Verpackung 47 (1994), 5, S. 16–22.
Feistkorn, W., Herschbach, Ch.: Folienextrusion: Stand der Technik. Kunststoffe 85 (1995) 10, S. 1707–1716.
Heidenreich, K.: Neue Polycarbonat-Typen für die Coextrusion von Folien. Kunststoffe 78 (1988) 5.
Hensen, F.: Coextrusion von Blasfolien und Flachfolien für Verpackungszwecke. Verpackungs-Rundschau 7 (1991), Techn.-wiss. Beilage (TWB), S. 47-54.
Hensen, F., Hessenbruch, R., Bongaerts, H.: Entwicklungsstand bei der Coextrusion von Mehrschichtblasfolien und Mehrschichtbreitschlitzfolien. Firmenschrift Barmag, Remscheid.
Hessenbruch, R.: Extrusionsanlagen für mehrschichtige Schlauchfolien. Kunststoffe 77 (1987) 5, S. 475 ff.
Hinsken, H.: Kunststoffverbundfolien in der Verpackung. Kunststoffe 77 (1987) 5, S. 461–471.
IK-Industrieverband Verpackung und Folien aus Kunststoffe e.V. (Hrsg.): Fortschritte bei der Folienproduktion und -verarbeitung. IK-Fachtagung, Darmstadt, 21/22. 02. 1991.
Limper, A., Statz, W.: Blasfolienanlagen für die Verpackungsindustrie. Verpackungs-Rundschau 6 (1988).
Nentwig, J.: Folienherstellung. Neue Verpackung 47 (1994) 5, S. 28–37.
Nentwig, J.: Kunststoff-Folien. Hanser, München, 1994.
N. N.: Peelbare Deckelfolie. Kunststoffe 84 (1994) 7, S. 881.
Reitemeyer, P.: Coextrusionswerkzeuge zum Herstellen von Flachfolien für den Verpackungsbereich. Kunststoffe 78 (1988) 5, S. 395–397.
Predöhl, W.: Technologie extrudierter Kunststoffolien. VDI, Düsseldorf, 1979.
Stöver, C.: Maschinentechnische Entwicklungen beim Warmformen. Kunststoffe 84 (1994) 10, S. 1426–1431.
Voß, K.-P.: Schlauchblasenrecken. Kunststoffe 85 (1995) 9, S. 1309–1311.
Wagner, I.: Linearmotoren statt Mechanik – simultane Flachfolienreckanlagen. Kunststoffe 85 (1995) 9, S. 1314.
VDI-K (Hrsg.): Extrudieren von Schlauchfolien. VDI-Verlag, Düsseldorf, 1985.

Literatur zu Abschnitt 6.2

Bader, H., u. a.: Flexible Packstoffe aus nachwachsenden Rohstoffen. Verpackungs-Rundschau 12 (1994), TWB, S. 77–82.
Ernst, U.: Peelnahtsysteme und deren Herstellung. Verpackungs-Rundschau 11 (1994), TWB, S. 69–76.
Jäger, W.: Schrumpf- und Stretchsysteme für die Sicherung von Versandeinheiten, RGV-Handbuch Verpackung Nr. 4932. E. Schmidt, Berlin, 1984.
Kappelhoff, H.: Das Packmittel Kunststoff-Säcke, RGV-Handbuch Verpackungen Nr. 4911. E. Schmidt, Berlin, 1983.
Michaeli, W.: Extrusionswerkzeuge für Kunststoffe, 2. Aufl. Hanser, München, 1991.
VDI-K (Hrsg.): Verpacken mit Kunststoffolien. VDI, Düsseldorf, 1982.

Literatur zu Abschnitt 6.3

Hartmann, K.-H.: Wirtschaftliches Fertigen von warmgeformten Verpackungen. Kunststoffe 78 (1988) 5, S. 398–401.
Heil, M.: Warmformen. Kunststoffe 82 (1992) 12, S. 1248–1251.
Heil, M.: Thermoformen. Kunststoffe 85 (1995) 12, S. 2127–2129.
Menges, G., Mohren, P.: Anleitung für den Bau von Spritzgießwerkzeugen, 3. Aufl. Hanser, München, 1991.
Neitzert, W. A.: Vakuumformung von thermoplastischen Kunststoffolien. Zechner, Speyer, 1968.
Neitzert, W. A.: Die Thermoformung von Kunststoffverpackungen. RGV-Handbuch Verpackung Nr. 4856, S. 124. E. Schmidt, Berlin, 1986.
N. N.: Skin- und Blisterverpackungen. Verpackungs-Rundschau (1989) 3, S. 200–213, und (1989) 10, S. 1098–1101.
Neubauer, W.: Coextrusion – Verpacken von pharmazeutischen, chemischen und kosmetischen Produkten. Verpackungsrundschau 38 (1987) 8.
N. N.: Blisterpack. Neue Verpackung (1989) 7, S. 60–69.
Stöver, C.: Maschinentechnische Entwicklungen beim Warmformen. Kunststoffe 84 (1994) 10, S. 1426–1431.
Strauß, S.: Skinverpackung nur aus Polyolefinen. Kunststoffe 83 (1993) 4, S. 394–398.
VDI-K (Hrsg.): Extrudieren und Tiefziehen von Packmitteln. VDI, Düsseldorf, 1980.
VDI-K (Hrsg.): Folien für thermogeformte Verpackungen: Rohstoffe, Extrusion, Thermoformen, Recycling. VDI-Verlag, Düsseldorf, 1992.

Literatur zu Abschnitt 6.4

Jäger, J.: Die Kunststoffverarbeitung in den 90er Jahren. Hanser, München, 1989.
Menges, G., Mohren, P.: Anleitung für den Bau von Spritzgießwerkzeugen, 3. Aufl. Hanser, München, 1991.
Warnecke, H.-J., Volkholtz, V.: Moderne Spritzgießfertigung. Hanser, München, 1990.
VDI-K (Hrsg.): Spritzgießtechnik. VDI-Verlag, Düsseldorf, 1980.

Literatur zu Abschnitt 6.5

Ast, W.: Blasformen, Kunststoffe 80 (1990) 3, S. 361–366, und 12, S. 1229–1235..
Ast, W.: Die Fertigungslinie beim Blasformen. Kunststoffe 81 (1991) 10, S. 886–893.
Eiselen, O.: Konzepte für Coextrusions-Blasformanlagen, Kunststoffe 78 (1988) 4, S. 385–389.
Eiselen, O.: Konzepte für Coextrusions-Blasformanlagen. Kunststoffe 78 (1988) 5, S. 589–591.
Kulik, M.: Im Blasverfahren hergestellt: Thermobox für Fischversand. Plastverarbeiter 41 (1990) 11, S. 78.
Krämer, H.: Coextrusionsblasformen – Standortbestimmung bei Werkstoffen, Verfahren und Anwendungen. Plastverarbeiter 39 (1988) 10, S. 46–56.
Lorenzen, O.: Mehrschichtverpackungen – Das Rezept für die Lebenmittelindustrie. Alimenta 29 (1990) S. 57.
Renfordt-Sasse, E.: Blasformen mit Recyclingmaterial. In: Fortschritte beim Extrusions- und Coextrusionsblasformen. IK-Fachtagungsband, Darmstadt, 26./27. 3. 1992.
Roppel, H. O.: Barrierematerialien für blasgeformte Hohlkörper. Kunststoffe 77 (1987) 12, S. 1262.
van Damme, P.: Die Mehrwegflasche aus Polycarbonat. Kunststoffe 80 (1990) 10, S. 915–917.
Firmenschrift Blasformen, BASF, Ludwigshafen.
VDI-K (Hrsg.): Blasformen im Wandel. VDI-Verlag, Düsseldorf, 1991.
VDI-K (Hrsg.): Sperrschichtbildung bei Kunststoffhohlkörpern. VDI-Verlag, Düsseldorf, 1986.

Literatur zu Abschnitt 6.6

Ahlhaus, O.: Thermoplastische Partikelschaumstoffe. Verpackungs-Rundschau 10 (1993) TWB, S. 71–72.

Ahlhaus, O.: Blasgeformte Packmittel. Neue Verpackung 47 (1994) 11, S. 96–100.

Ahlhaus, O.: Getränke- und Lebensmittelverpackungen. Verpackungs-Rundschau 1 (1994) TWB, S. 1–5.

Ahlhaus, O.: Herstellung extrusionsgeblasener Mehrschichtbehälter. Verpackungs-Rundschau 46 (1995) 4, S. 24–27.

Ahlhaus, O.: Blasformtechnik. Neue Verpackung 48 (1995) 8, S. 84–87.

Ast, W.: Blasformen. Kunststoffe 85 (1995) 12, S. 2122–2125.

Heyn, H.: Zwei-Stufen-Spritz-Streckblasverfahren. Kunststoffe 84 (1994) 10, S. 1415–1418.

Klepek, O.: Konstruieren mit PUR-Integral-Hartschaumstoff. Hanser, München, 1980.

Koch, M., Jaksztat, W. R.: Heißabfüllbare PET-Flaschen. Kunststoffe 85 (1995) 9, S. 1323–1330.

Lüling, M.: Blasformen und Thermoformen. Kunststoffe 85 (1995) 9, S. 1410–1414.

Neumann, E. H.: Spritz-Streckblasformen von PP-Flaschen. Kunststoffe 84 (1994) 5, S. 553–557.

Steckner, C.: Packungsdesign durch marketingorientierte Formung. Verpackungs-Rundschau 6 (1993), S. 20–22.

Wachholder, M.: Transparente PP-Hohlkörper. Kunststoffe 84 (1994) 7, S. 904.

Walker, R.: Klarmodifiziertes Polypropylen. Kunststoffe 84 (1994) 5, S. 612–614.

VDI-K (Hrsg.): Thermoplastische Partikelschaumstoffe. VDI-Verlag, Düsseldorf, 1993.

VDI-K. (Hrsg.): PUR-Technik – heute und morgen, Verfahren und Anwendungen. VDI-Verlag, Düsseldorf, 1991.

VDI-K (Hrsg.): PUR-Technik – heute und morgen, Grundlagen und Anwendungen. VDI-Verlag Düsseldorf, 1993.

VDI-K. (Hrsg.): Extrusionsblasformen. VDI-Verlag, Düsseldorf, 1979.

VDI-K. (Hrsg.): Expandierbares Polystyrol EPS. VDI-Verlag, Düsseldorf, 1979.

VDI-K (Hrsg.): Thermoplastische Partikelschaumstoffe. VDI-Verlag, Düsseldorf, 1993.

VDI-K (Hrsg.): Schaumstoffe in der Verpackung. VDI-Verlag, Düsseldorf, 1988.

7 Verfahren und Hilfsmittel für die Oberflächenveredelung von Kunststoffverpackungen

Da sich im heutigen Selbstbedienungssystem die Waren aller Art optimal selbst verkaufen sollen, ist es notwendig, daß sie eine ansprechend zum Kauf einladend gestaltete äußere Oberfläche besitzen. Diese muß *dekorativ*, d. h. *optisch veredelt* sein. Außerdem benötigen die meisten Waren, vor allem Lebensmittel, Kosmetika und Pharmaka, geeignete Sperrschichten in ihrer Verpackungshülle, um Qualität und Haltbarkeit zu gewährleisten. Hierzu dient eine *funktionale Veredelung*, welche die benötigten Sperrschichten (Barrieren) schafft. Der Umgang mit den Packungen, insbesondere Verschließen, Öffnen, Lagern und Transportieren, benötigt wiederum dafür geeignete Veredelungen. In vielen Fällen können die Veredelungsverfahren nicht direkt auf die unbehandelte Verpackungsoberfläche aufgebracht werden, sondern bedürfen einer *Oberflächenvorbehandlung*, Veredelungsvorbereitung oder eines sogenannten Primers, was das Aufbringen einer Grundierschicht bedeutet.

Die Veredelungsverfahren können an Folien-, Halbsteif- und Steifverpackungen wie Bechern und Hohlkörpern vorgenommen werden. Die Einteilung nach vorbereitender, dekorativer, funktionaler Veredelung sowie Verschließ- und Logistikhilfen kann keine hundertprozentige Abgrenzung darstellen, da sich die einzelnen Gebiete mit ihren Ansprüchen häufig überschneiden, indem z. B. eine optisch wirksame Lackierung und Metallisierung auch sperrschichtverbessernd sein kann. Eine Beschichtung oder Laminierung kann sowohl optische als auch funktionale Gründe haben.

Zur Integration in die Produktion sind Veredelungsverfahren von Folien auf bzw. „von der Rolle", oder direkt vom Extruder (Coextrusion) optimal. Es müssen aber auch fertige Packmittel wie Becher und Hohlkörper und sogar abgefüllte Packungen veredelt werden.

7.1 Vorbereitende Oberflächenbehandlungen

Eine vorbereitende Oberflächenbehandlung wird vor allem bei unpolaren Kunststoffen wie PE, PP, aber auch PET durchgeführt. Ziel ist die Polaritätserhöhung der Oberfläche, wodurch Benetzbarkeit, Adhäsion und chemische Affinität erheblich verbessert werden. Denn dies ist Voraussetzung für einen optimalen Verlauf vieler Veredelungsprozesse wie Beschichten, Kaschieren oder Bedrucken.

Die wichtigsten Verfahren zur vorbereitenden Oberflächenbehandlung von Folien sind: *Antistatische Ausrüstung, Coronabehandlung und Flammbehandlung. Plasmabehandlung* ist im Versuchsstadium. (Prüfen, bzw. Kontrollieren, ob die Kunststoffoberfläche geeignet ist, z. B. Druckfarben oder Klebstoffe haftend anzunehmen, kann man in einfacher Weise durch Bestimmung der Grenzflächenspannung, beispielsweise durch Benetzungsversuche mit Flüssigkeiten von unterschiedlicher Oberflächenspannung.)

7.1.1 Antistatische Ausrüstung

Antistatische Ausrüstung ist wegen der geringen elektrischen Leitfähigkeit der Kunststoffe, insbesondere der Polyolefine erforderlich, da elektrostatische Aufladungen sowohl fest-

haftende Verstaubungen als auch elektrische Schläge mit nachfolgender Zündung von Gasgemischen verursachen können. Die antistatischen Maßnahmen bestehen in:
- Lackieren mit Antistatika,
- Behandlung mit hygroskopischen Flüssigkeiten wie Seifenlösungen höherer Konzentrationen,
- Anbringen polarer Gruppen durch ionisierende Behandlung, wodurch Feuchtigkeitsbindung erfolgt,
- Verwendung antistatischer, hygroskopischer Additive, die an der Kunststoffoberfläche ausschwitzen.

In den genannten Fällen wird der antistatische Effekt durch einen Wasserfilm gebildet, welcher elektrostatische Ladungen ableiten kann.

Antistatische Behandlung kann auch durch Ausrüstung mit Ruß oder einem Additiv erfolgen, das dem Kunststoff bereits vor seiner Verarbeitung zugesetzt wird und durch Migration an die Oberfläche wirkt (vergleiche Abschnitt 5.4.6).

Lackaufdruck hat die Vorteile: keine Füllgutberührung, keine Beeinträchtigung der Verkleb- und Verschweißbarkeit, visuelle Kontrolle ist möglich.

Die Nachteile sind: möglicher Abrieb bei Sacktransport auf Bändern oder Rutschen, weiterhin kann der Lack durch Wasser erweicht werden.

Antistatika haben die Vorteile: Wirkungen erfolgen innen und außen, sowie an der gesamten Oberfläche mit Nachmigration der Wirksubstanz nach deren Abrieb.

Die Nachteile sind: Kontakt der Wirksubstanz mit dem Füllgut, mögliche Aufnahme der Wirksubstanz durch das Füllgut, wodurch deren Wirksamkeit verlorengehen kann, Erweichung oder Ablösung nach kurzzeitiger Wassereinwirkung, negative Einflüsse auf nachfolgende Vorbehandlungen, Bedrucken, Schweißen und Haftung.

Das *Ausrüsten mit Ruß* (mind. 7,5 Vol.-%) hat die Vorteile: die Wirkung ist unabhängig von Luftfeuchtigkeit und Temperaturen zwischen $-30°$ und $+60°C$, kein mechanischer Abrieb und keine Wechselwirkung mit Füllgut. Die Nachteile sind: keine Transparenz wegen Schwarzeinfärbung einer Folienaußenschicht, das Ändern von Folienformat und/oder Foliendicke erfordert Rezepturänderung.

Die *hydrophoben* und *hydrophilen* Anteile der Antistatika migrieren nach entgegengesetzten Seiten aus der Folie bzw. dem Packmittel. Sie müssen daher so eingesetzt werden, daß die hydrophilen Anteile nach außen gerichtet sind, die hydrophoben nach innen. Für spezielle Verpackungen wurden elektrisch leitfähige Kunststoffolien entwickelt. Die Migrationsrichtung kann durch einseitige kurzzeitige thermische Behandlung beeinflußt werden.

7.1.2 Beflammen

Beflammen ist eine oxidative Oberflächenbehandlung mittels einer Gasflamme zur Verbesserung der Haftung von z.B. Druckfarben und Etiketten durch oxidative Herstellung polarer Gruppen.

Die chemisch inerten und unpolaren Oberflächen mancher thermoplastischer Kunststoffe mit niedriger Oberflächenspannung ergeben eine schlechte Haftung von Druckfarben, Lacken und Klebstoffen. Polyethylen (PE) und Polypropylen (PP) benötigen daher am häufigsten eine Oberflächenbehandlung. Vorteile der Flammbehandlung sind Flexibilität und der niedrige Preis.

7.1.3 Corona-Behandlung

Bei der Corona-Behandlung wird die Kunststoffoberfläche in Luft einer Hochfrequenzentladung unter Atmosphärendruck ausgesetzt, wobei durch Oxidation polare Gruppen gebildet werden.

Unter dem Einfluß der Potentialdifferenz zweier Elektroden wird die Luft im Zwischenraum ionisiert. In diesem „Kalten Plasma" wirken Elektronen und Ionen zusammen mit der UV-Strahlung auf die Kunststoffoberfläche. Von den im Plasmastrom vorkommenden Teilchen erreichen die Elektronen die größte kinetische Energie, wodurch sie dann Wasserstoff und evtl. Substituenten abspalten.

Die hierbei durch Radikale und oxidativen Abbau entstehenden polaren Gruppen erhöhen die Oberflächenenergie. Der im Corona-Entladungsraum entstehende atomare Sauerstoff und das Ozon sind an der Bildung der polaren Gruppen und an den Polymerabbauprozessen beteiligt. Die Coronabehandlung wird daher bisweilen inkorrekt auch als Ozonbehandlung bezeichnet.

Eine Corona-Anlage besteht aus einem Hochfrequenzgenerator und einem Elektrodensystem. Der Generator erzeugt eine hochfrequente Wechselspannung, die über das Elektrodensystem entladen wird. Typische Spannungen liegen im Bereich von 12 bis 20 kV bei einer Frequenz von 20 kHz.

In Kombination mit der Corona-Behandlung kann zur gleichzeitigen Ausrüstung beider Seiten einer Folienbahn Gasflammbehandlung angewandt werden (Bild 7.1). Um die Qualität einer Corona-Behandlung zu testen, werden z. B. aufgebrachte Klebeverbindungen geprüft.

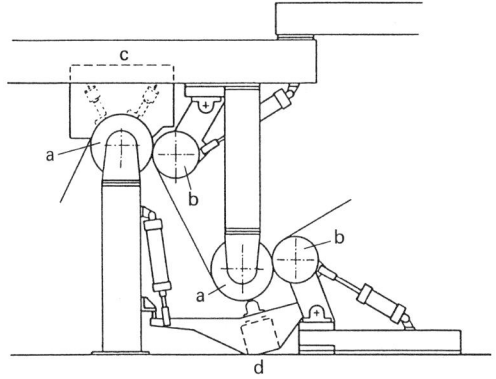

Bild 7.1 Kombinierte Corona- und Gasflammbehandlung für beide Seiten einer Folienbahn, schematisch
a: Gegenwalze, b: Anpreßwalze, c: Coronabehandlung, d: pneumatisch bewegter Gasbrenner
(Werkbild: Sherman Treaters, Thame, Großbritanien)

7.1.4 Primern – Haftvermittlerbehandlung

Ein *Primer* ist ein Grundierungsmittel, das zur Verbesserung der Haftung vor dem Beschichten, Bedrucken usw. (z. B. auf Folien oder Feinblechen) aufgetragen wird.

Wenn die chemische Zusammensetzung der Packmittel- bzw. Kunststoffolien mit der aufzubringenden Schicht unverträglich ist, werden *Haftvermittler* erforderlich. Diese können chemisch den Klebstoffen ähnlich sein. Meist sind es Harze oder hochpolymere Stoffe mit polaren Gruppen in ihren Molekülketten, z. B. Ethylen-Acrylsäure- oder Ethylen-Vinylacetat-Copolymere, Ionomere, Styrol-Butadien-Blockcopolymere sowie Melaminderivate. Solche Oberflächenvorbehandlung ist außer für die Haftverbesserung weiterer aufzubringender Schichten, vor allem für das Bedrucken wichtig.

Streichen ist das Auftragen einer streichbaren Masse auf einen Trägerstoff, um besondere Eigenschaften zu erzielen, z. B. Bedruckbarkeit, Dichtheit, Siegelbarkeit, Oberflächenschutz.

7.1.5 Antibeschlagausrüstung

Antibeschlagmittel oder *Antifog-Mittel* (Antifogging agents) sind Substanzen, die das Beschlagen der Innenfläche von Packungen mit Wassertröpfchen, welche sich als Kondensat aus dem Packgut gebildet haben, verhindern. Meist werden nichtionische, grenzflächenaktive Substanzen angewandt wie Abkömmlinge höherer Alkohole mit Ethylenoxid oder Glyzerin-Fettsäureester.

7.2 Dekorative oder optische Veredelungen

Das *Dekorieren* von Folien durch Behandlung ihrer Oberfläche im direkten Bedrucken oder durch Aufbringen von Druckbildern mit Hilfe von Prägefolien, Anfärben, Lackieren, Signieren, Bekleben, Prägen und Beflocken bezeichnet man als optisches Veredeln. Charakteristische optische Eigenschaften sind Glanz, Transparenz und Trübung sowie der Brechungsindex, diese sind besonders beim Einsatz von transparenten Verpackungsfolien wichtig.

7.2.1 Anfärben

Anfärben wird insbesondere für Strukturschaumteile und glasfaserverstärkte Kunststoffe (GFK) angewendet. Wesentlich dabei ist, daß das Farblösemittel kunststoffverträglich ist, um Anlösung oder Spannungsrißbildung zu vermeiden.

Färbemittel oder Farbmittel (colorants) sind Substanzen zur Einfärbung von Kunststoffen, wobei man zwischen Farbstoffen von meist organischer Natur, die sich in den Kunststoffen auflösen, und unlöslichen Pigmenten unterscheidet. Im allgemeinen sind die Kunststoffe bereits vor ihrer Verarbeitung eingefärbt. Wichtig ist die Lichtbeständigkeit der verwendeten Farb- bzw. Färbemittel (siehe Abschnitt 5.4.2).

7.2.2 Lackieren

Lackieren ist das Auftragen einer sehr dünnen, filmbildenden Kunststoffschicht auf die Oberfläche. Lackierungen von Kunststoffteilen können sowohl funktional als auch dekorativ sein. In der Verpackungstechnik spielen folgende Gesichtspunkte eine bedeutende Rolle:

Das *funktionale Lackieren* dient der Verbesserung der Chemikalienbeständigkeit, der Reduzierung der Gasdurchlässigkeit und dem UV-Schutz.

Das *dekorative Lackieren* bedeutet eine optische Verbesserung der Oberfläche oder ist eine Effektlackierung.

Die Lackierung von Kunststoffen erfordert einen deutlich höheren Aufwand als etwa bei Metallen. Kunststoffe sind schlechte Leiter, die sich elektrostatisch aufladen und Staub anziehen.

Geeignete *Lacksysteme* lassen sich an ihrer Härtungs- bzw. Trocknungsreaktion in drei Gruppen einteilen: physikalisch trocknend, chemisch trocknend, physikalisch-chemisch trocknend.

Physikalisch trocknende Systeme enthalten Lösemittel, die nach dem Auftragen der Lackschicht verdunsten. Da diese Trocknungsart stets reversibel bleibt, können die Lackschichten im gleichen Lösemittel auch wieder abgetragen werden. Anstatt Lösemittelfarben und -lacke werden immer mehr Dispersionen verwendet.

Chemisch trocknende Systeme basieren auf dem Aushärten des Lackfilms infolge einer chemischen Reaktion der Lackkomponenten (Polykondensation, Polyaddition, Polymerisation), die z. B. mittels Fotoinitiatoren und *UV-Licht* ausgelöst werden kann, was etwa bei Druckfarben für eine schnelle Trocknung sorgt.

Die *physikalisch-chemisch* trocknenden Lacke enthalten Harze, die zwar auch als rein physikalisch trocknende Lackbindemittel in Frage kommen, hier jedoch mit chemisch härtenden Bindemittelsystemen kombiniert werden. Das Antrocknen erfolgt durch Verdunsten des Lösemittels, das Aushärten durch Vernetzen des chemisch trocknenden Bindemittels.

Lackierfähige Kunststoffe

Wichtig ist die Temperaturempfindlichkeit insbesondere der Thermoplaste. Die zwangsweise niedrige Trocknungstemperatur verhindert z. B. den Einsatz von Pulverlacken. Für Einbrenntemperaturen von mindestens 130 °C, in der Regel sogar 180 bis 220 °C, sind diese Werkstoffe nicht geeignet.

Für die Gewährleistung von Lackhaftung, Lackverlauf und äußerer Erscheinung ist eine Vorbehandlung erforderlich, um Fett, Schmutz, Staub und elektrostatische Aufladungen zu entfernen. Zum *Entfetten* wird anstatt der bisherigen Verfahren mit Lösemitteln und/oder alkalischen Reagentien UV-Licht sowie Ozonbehandlung, neuerdings auch ein Plasma-Reinigungsverfahren vorgeschlagen.

Eine geeignete Maßnahme zur *Entladung der Oberfläche* bildet das Anblasen mit ionisierter Luft unter hohem Druck.

Lackspritzen

Spritzen ist die Standardmethode der Lackierverfahren. Es läßt sich sehr rationell einsetzen und mit Hilfe von Robotern für die Großserienfertigung automatisieren. Dabei wird der Lack durch Luft zerstäubt. Mit Düsenwechsel lassen sich verschiedene Strahlformen erreichen.

Sonderverfahren

Bei *Zwei-Komponenten-Spritzanlagen* erfolgt die Vermischung der beiden Lackkomponenten erst in der Pistole, so daß Lacke mit einer sehr kurzen Reaktions- (Härtungs-)Zeit verwendet werden können.

Beim *elektrostatischen Spritzlackieren* folgen die aufgeladenen Lackpartikel den Feldlinien eines elektrischen Felds. Da Kunststoffe in der Regel elektrisch nichtleitend sind, müssen sie vor dem Lackieren mit einem Leitlack versehen werden.

Beim *Airless-Spritzen* wird bei Drücken von 100 bis 200 bar durch eine Düse mit feinsten Bohrungen gesprüht. Durch das starke Druckgefälle am Düsenaustritt wird der Lack feinst zerstäubt. Vorteile dieses Verfahrens sind: hohe Lackierleistung, geringe Streuverluste, Verarbeitung auch hochviskoser Lacke.

Weitere Lackierverfahren wie Anstreichen, Streichlackieren, Walzenauftrag, Tauchen und Gießlackieren spielen in der Verpackungs-Hohlkörperveredelung keine bzw. eine untergeordnete Rolle.

7.2.3 Bedrucken

Folienveredelung durch Druckverfahren

Außer durch Laminierung bzw. Herstellung von Verbundfolien werden Folien insbesondere durch Bedrucken und Lackieren sowie Beschichten mit Klebern, Emulsionen, Dispersionen oder Hotmelts auf Druckmaschinen veredelt.

Druckfarben enthalten Pigmente und Farbstoffe, Bindemittel und bisher meist Lösemittel. Ihre Trocknung, bzw. Aushärtung erfolgt wie bei den Lacksystemen (siehe Abschnitt 7.2.2) physikalisch und/oder chemisch. „Lösemittelfrei" bedeutet, daß Wasser als Dispersionsmittel fungiert oder flüssige Komponenten durch chemische Reaktionen trocknen, bzw. aushärten (DIN 16524).

Verpackungsdruckfarbe ist eine gut trocknende, auf den jeweiligen Druckträger abgestimmte Spezialdruckfarbe, die bestimmte Beständigkeits- und Echtheitseigenschaften sowie Geruchsfreiheit besitzen muß.

Die grundsätzlichen *Druckverfahren* zeigt Bild 7.2. Wichtige Verfahren für die Kunststoffbedruckung sind: *Flexodruck* (Anilindruck), *Hochdruck* bzw. *Buchdruck, Trockenoffsetdruck* (indirekter Buchdruck), *Tiefdruck, Siebdruck* bzw. *Durchdruck, Tampondruck, Farbstrahldruck* (Farbspritzen), *Übertragungsdruck*.

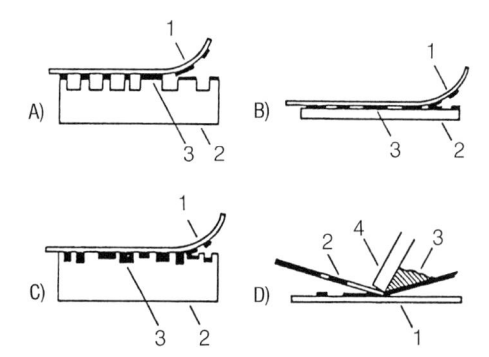

Bild 7.2 Druckgrundverfahren, schematisch (Werkbild: IKV, Aachen)
A) Hochdruck, die druckenden Stellen der Druckform liegen höher als die nichtdruckenden Stellen; B) Flachdruck, die druckenden und die nichtdruckenden Stellen liegen in der Druckform in einer Ebene; C) Tiefdruck, die druckenden Stellen der Druckform liegen tiefer als die nichtdruckenden Stellen; D) Durchdruck, die druckenden Stellen der Druckform sind druckfarbendurchlässig
1: Bedrucksubstrat, 2: Druckform, 3: Druckfarbe, 4: Rakel

Tabelle 7.1 verdeutlicht die technischen und qualitativen Möglichkeiten sowie Eigenarten dieser Druckverfahren. Bild 7.3 zeigt eine Möglichkeit des Rotationsdrucks.

Flexodruck ist ein Hochdruckverfahren, bei dem die druckenden Stellen der in gewissem Grad zusammendrückbaren Druckform (Gummi-, Kunststoffklischee) höher liegen als die nichtdruckenden Stellen (Hochdruck). Es wird mit einer verhältnismäßig dünnen, lösemittelhaltigen Farbe gedruckt, die durch Verdunsten des Lösemittels trocknet (siehe auch DIN 16514).

7.2 Dekorative oder optische Veredelungen

Tabelle 7.1 Möglichkeiten und Eigenarten der Druckverfahren

	Hoch- bzw. Buchdruck	Anilin- und Flexodruck	Ind. Buchdruck -Offsetdruck	Tiefdruck	Heißübertragdruck	Siebdruck	Prägedruck	Farbspritzen
Flächendruck einfarbig	+	+	+	+	+	+	+	+
Flächendruck mit ausgesparten Einzelheiten	+	+	+	+	+	+	(+)	+
Darstellung feiner Einzelheiten	(+)	(+)	+	+	+	(+)	(+)	–
Rasterdruck	+	–	–	+	+	(+)	–	–
Halbtonwiedergabe	–	–	–	+	+	–	–	–
Naß-in-Naß-Druck	–	–	(+)	+	–	–	–	–
Metalleffekte	–	–	(+)	+	+	+	+	+
Leitfähige Drucke	–	–	–	–	–	+	–	–
Konterdruck	+	+	(+)	+	–	+	(+)	–
Dicke des Farbauftrags	mittel	dünn	dünn	dünn	dünn	dick	versch.	versch.
Glanz des Druckbildes	+	+	(+)	+	+	(+)	+	(+)
Deckkraft der Farben	+	(+)	(+)	(+)	(+)	+	+	+
Höchste übliche Farbenzahl	4	6	4	6	4	3	2	3
Trockenzeit der Farben langsam	+						+	+
mittel			+			+		
schnell		+		+	+			
Kleinstmögliche Schriftgröße in Punkten		3	3	2	2	5	8	12

Quelle: IKV, Aachen

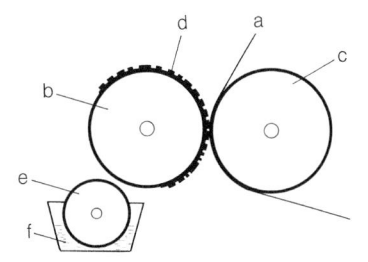

Bild 7.3 Rotationshochdruck
a: Folienbahn, b: Druckzylinder, c: Gegendruckzylinder, d: Gummiklischee, e: Farbwalze, f: Farbwanne

Technischer Flexodruck ist ein *Rotationshochdruck* (Bild 7.3) und erfolgt mit elastischer Druckform (z. B. aus PA) auf einem Formatzylinder, gerasterter Farbübertragungswalze und einer Gummitauchwalze. Diese Mehrzylinder-Flexodruckmaschinen besitzen vier bis sechs Farbwerke, so daß auf die Folienbahn bis zu sechs Farben aufgetragen werden können, was ein- oder zweiseitig (Unter- und/oder Oberseite der Folie) bei Arbeitsbreiten bis zu 2 m mit Geschwindigkeiten bis zum 400 m/min erfolgen kann.

Acht-Farben-Zentralzylinder-Flexodruckmaschinen besitzen acht Farbwerke, die um einen großen Zylinder angeordnet sind, über den die zu bedruckende Folie läuft. Solche Einzylindermaschinen sind Rotationsdruckmaschinen mit höchster Registergenauigkeit, weshalb sie immer mehr Verwendung finden.

Einsatzgebiete für den Flexodruck auf Kunststoffolien für die Verpackung sind:
– Beutel, Tragtaschen, Säcke, Einschlagverpackungen aus Mehrschichtfolien und Folienverbunden, die von außen in der Zwischenlage bedruckt werden,
– Lebensmittelverpackungen, sogenannte Automatenfolien für Form, Füll- und Verschließmaschinen,
– Einzel- und Sammelverpackungen, Schrumpfhauben und andere Schrumpfpackmittel.

Tiefdruck ist ein Druckverfahren, bei dem die druckenden Stellen der meist zylindrischen Druckform durch Ätzung oder Gravur gebildete Vertiefungen (Näpfchen) sind. Nach dem Einfärben wird die Druckfarbe von den nichtdruckenden Stellen durch eine Rakel (Rakeltiefdruck) oder eine Wischvorrichtung entfernt (siehe DIN 16515 Teil 1). Der Tiefdruck kann die Feinheiten der Druckvorlage wie Halbtöne u. a. durch entsprechende Aufrasterung des Druckbilds und variable Tiefen in der Druckform genauer als bei den anderen Druckverfahren wiedergeben.

Tiefdruck (Bild 7.4) wird zum Bedrucken von Folien angewandt. Tiefdruckmaschinen besitzen sechs bis acht Druckwerke und sind elektronisch geregelt. Tiefdruck ist für die Wiedergabe fotografischer Bilder geeignet. Sein Nachteil ist, daß der Formzylinder, d. h. die Druckform teuer ist. Der Tiefdruck konkurriert mit dem Flexodruck, ist diesem in der Erzeugung von Halbtönen überlegen. Tabelle 7.2 gibt einen technologischen Vergleich.

Tabelle 7.2 Tief- und Flexodruck im Vergleich (nach *Schütze*)

Flexodruck	Tiefdruck
– geringe Klischeekosten	– hohe Formzylinderkosten
– niedrigere Investitionskosten	– höhere Investitionskosten
– relativ kleiner Platz- und Energiebedarf	– großer Platz- und Energiebedarf
– 1 bis 2 Bedienungspersonen	– 2 bis 3 Bedienungspersonen
– kurze Umstellzeiten bei Maschinen mit motorbetriebener (und computergestützter) Farbwerksschnell-Verstellung und Vorregistereinstellung	– kurze Umstellzeiten bei Versionen mit Farbwerkseinschüben
– geringe Ausschußquoten (ca. 2%)	– etwas höhere Ausschußquote (ca. 3%)
– eigene Klischeeherstellung bei relativ geringem Investitionsaufwand möglich	– eigene Formzylinderherstellung nur bei großen Investitionen und mehreren Tiefdruckmaschinen wirtschaftlich
– Druckergebnis vom Aufkleben der Klischees und vom Drucker abhängig	– Druckergebnis vom Drucker nahezu unbeeinflußbar
– begrenzte Standzeit der Klischees	– hohe Standzeiten der Formzylinder für Großauflagen

Offsetdruck ist ein für Folienbahnen geeignetes, indirektes Flachdruckverfahren, bei dem die druckenden Stellen der Druckform höher liegen als die nichtdruckenden Stellen. Das Druckbild wird mit einem elastischen Gummituch auf den Druckträger aufgetragen (Bild 7.5). Der *Trockenoffsetdruck* ist auch für Hohlkörper geeignet und hat vor allem für das Bedrucken von Behältern mit rundem Querschnitt Bedeutung (Bild 7.6).

7.2 Dekorative oder optische Veredelungen

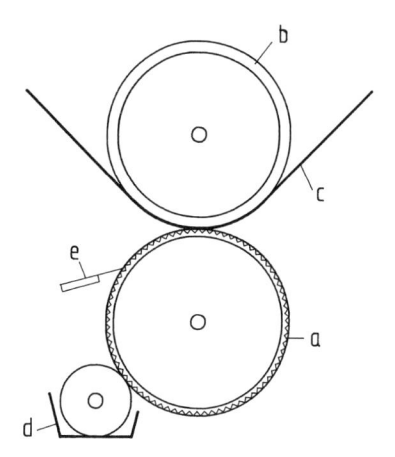

Bild 7.4 Rakeltiefdruck
a: geätzter Zylinder, b: Gegenzylinder mit Gummibeschichtung, c: Druckträger, d: Farbwerk, e: Rakel

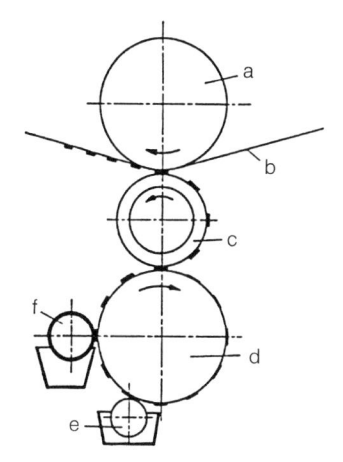

Bild 7.5 Indirekter Flach- oder Offsetdruck,
a: Druckzylinder, b: Bedrucksubstrat, c: Übertragzylinder (Gummituchzylinder), d: Druckformzylinder (Plattenzylinder, Formatzylinder), e: Feuchtwerk, f: Farbwerk

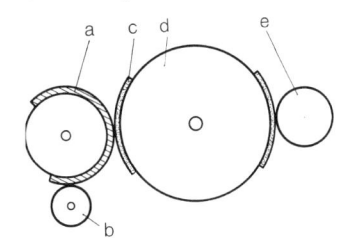

Bild 7.6 Trockenoffsetverfahren für Hohlkörper, schematisch
a: Klischee, b: Farbwalze, c: Umdruck-Gummituch, d: Umdruckzylinder, e: Hohlkörper

Siebdruck ist ein *Durchdruckverfahren*, bei dem die druckenden Stellen der Druckform (Siebschablone) durchlässig und die nichtdruckenden Stellen undurchlässig sind. Es wird mit einer verhältnismäßig dicken Druckfarbe gedruckt, die mit Hilfe einer Rakel durch die Schablone (Siebmaschen) auf den Druckträger aufgebracht wird (Bild 7.7). Das Druckmuster wird durch Ausdehnung, Anordnung und Größe der Poren des Siebdruckwerkzeugs bestimmt. Dosen, Tuben, Flaschen, Deckel und Hohlkörper aller Art können so sehr gut dekoriert werden. Der Rotationssiebdruck (Bild 7.8) wird für verzerrungsfreien Präzisionsdruck eingesetzt.

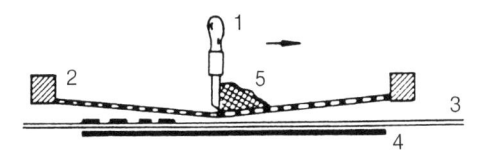

Bild 7.7 Flachbett-Siebdruck für Folien
1: Rakel, 2: Druckrahmen mit Schablone, 3: Bedrucksubstrat, 4: Druckzylinder, 5: Druckfarbe

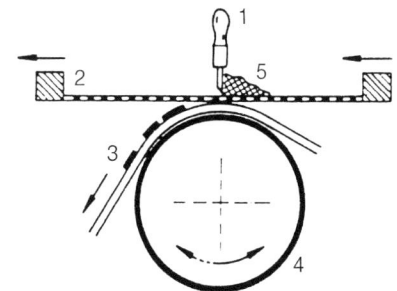

Bild 7.8 Zylinder-Siebdruck für runde Druckträger (Hohlkörper)
1: Rakel, 2: Druckrahmen mit Schablone, 3: Bedrucksubstrat, 4: Druckzylinder, 5: Druckfarbe

Tampondruck ist ein Stempeldruckverfahren (indirektes Tiefdruckverfahren), wobei die Druckfarben mit einem elastischen Stempel aus Silikonkautschuk, dem Tampon, von einer tiefgeätzten und eingefärbten Platte abgenommen und auf das zu dekorierende Packmittel übertragen werden. Es ist zur Bedruckung komplizierter oder sehr kleiner Verpackungsteile wie Kosmetikhülsen und -flaschen, Flacons, Verschlüsse etc., und auch für Rasterdrucke geeignet (Bild 7.9).

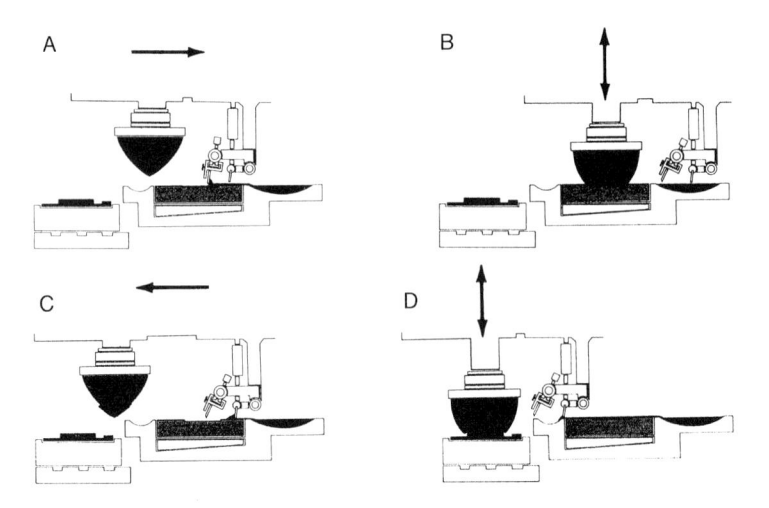

Bild 7.9 Tampondruck – Hubverfahren
A) der Druckfarbüberschuß wird vom Rakel abgestreift, der Tampon bewegt sich zur Druckform (Klischee), B) der Tampon nimmt die Druckfarbe aus den Vertiefungen der Druckform, C) während der farbbehaftete Tampon sich zum Werkstück bewegt, wird die Druckform mit der Farbspachtel neu eingefärbt, D) der Tampon bedruckt das Teil

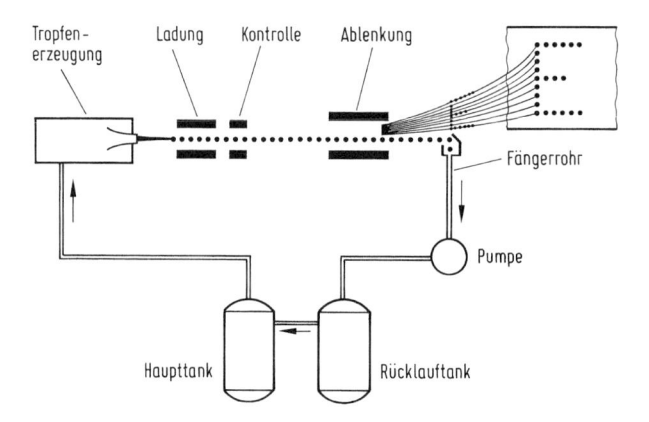

Bild 7.10 Prinzip des Farbstrahldruckens (nach *Kühne*)

Farbspritz- bzw. -strahldruck oder *Tintenstrahldruck* (Bild 7.10), oft mit *jet inking* bezeichnet, sind berührungslose Druck- und Dekorationsverfahren, die keine Vorlage benötigen. Dabei werden feinste Druckfarbentröpfchen, die elektrostatisch aufgeladen sind, durch ein elektrisches Feld in gezielter Weise auf die zu bedruckenden Fläche gelenkt. Das Druckbild wird durch elektronische Impulse gesteuert, die von einem vorprogrammierten Datenträger eingegeben werden. Das Druckbild ist wenig witterungsbeständig.

Übertragungsdruck ist ein indirektes Druckverfahren und erfolgt mittels Trägerfolie, von welcher die Übertragungsbilder wie Abziehbilder auf den zu bedruckenden Hohlkörper durch einfachen Oberflächenkontakt (*Therimage-* bzw. *Sepocal-Deco-print-Verfahren*) oder per Heißprägepressen übertragen werden (Bild 7.11). Er wird daher auch als *Heißübertragungs-* oder *Thermodruck* bezeichnet. Eine Weiterentwicklung des Therimageverfahrens ist der *Thermodiffusionsdruck*. Hierbei wird das vorgedruckte Dekor durch thermische Behandlung vom Bildträger (Papier) direkt auf die Kunststoffoberfläche oder auf eine dünne Lackierschicht übertragen. Die Dekore sind besonders abriebfest, da sie in die Kunststoff- oder Lackschicht eindiffundieren.

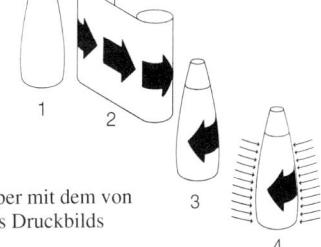

Bild 7.11 Übertragungsdruck
1: Hohlkörper, 2: Trägerfolie mit Übertragungsdruckbildern, 3: Hohlkörper mit dem von der Trägerfolie übernommenen Druckbild, 4: Wärmenachbehandlung des Druckbilds (Werkzeichnung: Akerlund & Rausing)

Arten der Druckaufbringung auf Kunststoffflächen sind:
Frontaldruck ist ein Druck auf der Vorderseite eines transparenten Druckträgers, *Vollflächendruck* ist vollflächiges, einseitiges Bedrucken einer Packstoffbahn, meist im Flexodruckverfahren, *Konterdruck* ist der Druck auf der Rückseite eines transparenten Druckträgers, seitenrichtig von der Vorderseite zu sehen, *Zwischenschichtendruck* ein Druck, bei dem sich das Druckbild zwischen den Schichten eines Verbundpackstoffs befindet, *Rapportdruck* ist ein Druck, bei dem die Rapportlänge der Größe der Verpackung entspricht, so daß das Druckbild auf jeder Verpackung an gleicher Stelle erscheint.

Streudruck oder Fortlaufdruck ist ein Druck, bei dem die Rapportlänge nicht mit der Größe der Verpackung übereinstimmt, der Abstand der Vielfachdruckbilder auf dem Druckträger aber so gewählt ist, daß auf jeder Verpackung mindestens ein vollständiges Bild erscheint.

Zerrdruck (distortion printing) ist ein Verfahren, um Abbildungen auf Hohlkörper zu übertragen, deren Flächen in verschiedenen Ebenen und unter verschiedenen Winkeln zueinander liegen. Beim Umformen von Folien und Platten ist es wünschenswert, wenn das Halbzeug bereits vorher so bedruckt wird, daß durch die Verzerrung beim Umformvorgang der gewünschte Druck auf den umgeformten Teilen zustande kommt. Der verzerrte Aufdruck läßt sich dadurch ermitteln, daß man auf den Formling zunächst das gewünschte Bild aufbringt. Beim nachfolgenden Erwärmen geht der Formling wieder in die ebene Gestalt des Folien- oder Plattenzuschnitts zurück (memory effect), wobei das Bild in der für den Druck geeigneten, verzerrten Gestalt erscheint. Man kann auch das Zerrbild aus der Verzerrung ermitteln, die ein vorher aufgedrucktes Raster bei der Umformung erfährt.

Beim *Ornaminverfahren* werden bedruckte Farbträger, Dekor- oder Ornaminfolien im Formprozeß (z. B. Spritzgießen) in die Oberfläche des Formteils eingebettet; beim *Formprintverfahren* verwendet man vorbedruckte Einlegefolien.

Laserdruck ist ebenfalls ein berührungsloses Druckverfahren mit elektronisch-magnetisch-optischem System, das evtl. auch für die Bedruckung von Kunststoffverpackungen wegen seiner hohen Druckgeschwindigkeit Bedeutung gewinnt.

Laser-Beschriftung eignet sich für alle Kunststofftypen (z. B. zur Datum- und Losgrößenkennzeichnung). Die hauptsächlichen Anwendungsbereiche liegen in der Getränke- und

Lebensmittelindustrie sowie im kosmetischen und pharmazeutischen Bereich. CO_2-Laser beschriften Kunststoffpackungen mit Verfallsdatum, Los- und Seriennummern.

In-Line Bedrucken und Veredeln ist die maschinelle Kombination der Folienbedruckung mit ihrer Lackierung, Beschichtung oder Kaschierung. Vollflächenauftrag von Lacken, Dispersionen, Emulsionen oder Hotmelts kann in-line auf einer Flexo- oder Tiefdruckmaschine mit einem speziellen Beschichtungswerk erfolgen.

Trocken- und LF-Kaschierung (Lösemittelfrei) wird insbesondere für Lebensmittelfolien durchgeführt, was auch in-line geschehen kann. Die Vorteile solcher in-line-Mehrzweckmaschinen sind:
– Einsparung eines zweiten Arbeitsgangs,
– geringer Materialrollentransport,
– weniger Bedienungspersonal, Platzersparnis,
– niedrigere Investitionskosten,
– geringere Ausschußquoten,
– technologische hohe Genauigkeit (z. B. Register-Druck-Auftrag),
– kostengünstigere Herstellung.

Solche Folienveredelungen mit Druckverfahren sollen auch die Wasserdampf-, Aroma- und Gasdurchlässigkeit, Lichtschutz, hohe Reiß- und Durchstoßfestigkeit, Kältebeständigkeit, Heißsiegelbarkeit, Maschinengängigkeit und das Aussehen der Packmittel verbessern.

Die Folieneigenschaften können durch *Auftragen von Lacken, Emulsionen, Dispersionen und Hotmelts* (siehe auch Abschnitt 7.3.4) verändert werden, was heute ebenfalls in-line geschehen kann. Hierfür sind z. B. die folgenden Auftragsverfahren gebräuchlich: *Vollflächenlackierung und Primerauftrag* können in einem Rasterwalzenauftragswerk (Tiefdruck) erfolgen. Für dickere Lackschichten wird ein Glattwalzenauftragswerk verwendet.

Solch ein *Schichtauftrag* kann auf modifizierten Tiefdruckwerken im Reverse-Gravur- oder Akku-Gravur-Verfahren erfolgen. Eine Beschichtung wird nicht nur direkt bei der Folienherstellung, sondern auch nach der Bedruckung durchgeführt, um das Druckbild gegen Abrieb zu schützen.

7.2.4 Kennzeichnungen – Signierungen

Erst durch Kennzeichnung bzw. Signierung wird eine Packung verkaufsfähig. Die Abpacker von Lebensmitteln sind gesetzlich verpflichtet, begrenzt haltbare Lebensmittel mit dem Herstell-, Abfüll- oder auch Mindesthaltbarkeitsdatum zu versehen. Solche Kennzeichnungen sollten nicht durch Etiketten erfolgen, da diese sich ablösen oder ausgewechselt werden könnten, wodurch Fälschungen ermöglicht würden. Auch sollten die Packungen nicht vor dem Füllvorgang signiert werden, da es keine Garantie gibt, daß die vorsignierten Packungen auch am Tag der Signierung abgefüllt werden. Die Signierung der Packung muß daher während des Abpackvorgangs oder unmittelbar danach erfolgen, was durch die entsprechenden maschinellen Einrichtungen (siehe Kapitel 9) ermöglicht wird.

Flachpackungen wie Beutel und Säcke, sowie harte Behälter können durch *Blindprägen, Drucken, Stempeln oder Tintendruck* signiert werden. Auf Form- und Füllmaschinen geblasene Flaschen für Milch, Säfte etc., die jeweils nur in der zur Abfüllung benötigten Menge hergestellt werden, kann das Datums- oder Kennzeichnungs-Werkzeug gleich in die Blasform eingepaßt werden, wodurch eine unveränderliche Signierung bereits im Blasvorgang erfolgt. Bei warmgeformten oder gespritzten Bechern, z. B. für Margarine,

Speisequark oder Joghurt etc. erfolgt die Signierung meist auf der Unterseite des Bodens, wozu dieser bei seiner Fertigung einen kleinen, nach innen gerichteten Einzug erhält, in welchen beim Füllvorgang oder unmittelbar danach die Stempelung angebracht wird, damit der frische Stempeldruck nicht beim Weitertransport auf den maschinellen Einrichtungen verwischt oder ganz abgerieben wird.

7.2.5 Prägen und Heißprägen

Prägen ist ein reliefartiges Ausbilden der Oberfläche von Packstoffen und/oder Packmittelteilen mittels Formwerkzeugen (Walze oder Stempel) unter Druck. In der Praxis versteht man unter Prägung eine versenkte oder erhabene, reliefartige Beschriftung und dergleichen durch einen Prägestempel (Bild 7.12) oder bei Folien von der Rolle Prägung im Abrollprägeverfahren mittels Walzenpaaren, welche eine negative Figur der Prägung auf der Metallwalze enthalten, während mit einer meist elastischen Gegenwalze aus Gummi die zu prägenden Folien auf die Walze eingedrückt werden. Außer Schrift und Zeichnungen werden neutrale Musterungen wie Leinen, Ledernarbung, Hammerschlag oder Damast eingeprägt. Texte werden häufig auf Damastgrund geprägt. Sie erscheinen dann als glatte Oberfläche. Prägen erfolgt bei der Umformtemperatur des betreffenden Kunststoffes, wobei die Profilierung durch Abkühlung eingefroren wird. Anstatt des Kunststoffes kann auch der Prägestempel oder die Prägewalze auf die erforderliche Temperatur aufgeheizt werden.

Auch sonstige Signierungen, die auf den Sichtseiten unerwünscht sind, wie Kunststofftyp, Hersteller des Materials oder des Packmittels etc., werden durch „tiefgezogene" oder geprägte Symbole oder Schriften auf der Unterseite angebracht. Hier setzt sich neuerdings die Lasercodierung immer mehr durch.

Signierungen mit nur innerbetrieblicher Bedeutung, die nicht gesetzlich vorgeschrieben sind, wie Charge, Maschinen-Nummer, Kennziffern des Bedienungspersonals etc., werden oft durch schwach erwärmte Stempel von der Packmaschine im Boden blind eingeprägt, so daß sie nur unter besonderem Lichteinfall lesbar sind.

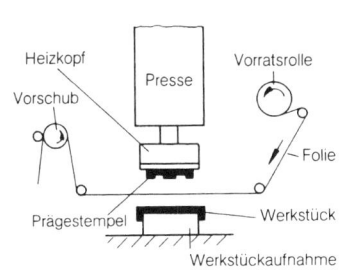

Bild 7.12 Hubprägeverfahren, schematisch (Werkbild: Kurz, Fürth)

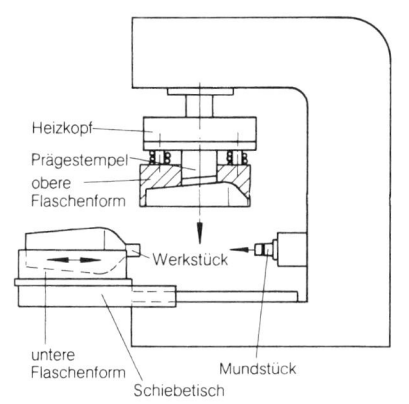

Bild 7.13 Flaschenprägevorrichtung, schematisch (Werkbild: Kurz, Fürth)

Andererseits versteht man unter *Heiß-Prägen* („hotstamping") das *Aufbringen einer Prägefolie*, die auch als *Dekorfolie* bezeichnet wird *(Prägefoliendruck)*. Im *Hub-* (Bild 7.13) oder *Abrollprägeverfahren* (Bild 7.14) wird hierbei eine Verbundfolie durch Druck- und Hitzeeinwirkung auf eine Verpackung als Dekoration aufgebracht. Die dafür verwendeten Prägefolien bestehen aus den Schichten gemäß Bild 7.15.

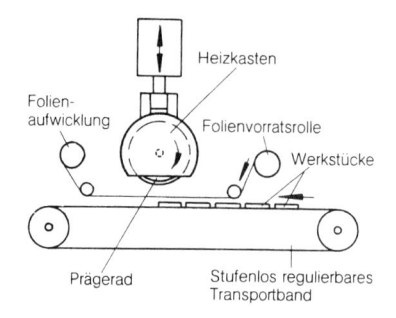

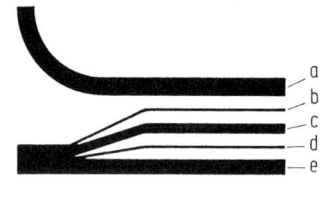

Bild 7.14 Abroll-Prägeverfahren, schematisch (Werkbild: Kurz, Fürth)

Bild 7.15 Aufbau einer Prägefolie
a: Trägerfolie, b: Trennschicht, c: Schutzlack, d: Metallisierung, e: Klebeschicht.
Die Schichten b bis e bilden die Prägung

Zum Dekorieren durch Heißprägen wird die Prägefolie von einer Vorratsrolle durch das Prägewerkzeug geführt, wobei der Prägestempel die Folien in der Hitze auf die Verpackungen preßt und das Dekor ausstanzt. Durch die Wärme des Stempels löst sich die Prägeschicht der Folie vom Trägerband und bleibt auf der geprägten Oberfläche haften, während die verbrauchte Restfolie aufgewickelt wird. Die so erhaltenen Prägungen werden auch als *Farbprägungen* bezeichnet. Für das Prägen unebener Flächen (Flaschen) muß der Prägestempel der Kontur des zu prägenden Packmittels angepaßt werden. Großflächige Teile können kontinuierlich mit Prägewalzen dekoriert werden. (*Abrollprägen*, Bild 7.14). Umgekehrt ist es möglich, runde Teile unter einem planen Prägewerkzeug abzuwälzen (*Rundumprägen*). Durch Füllen mit Druckluft erreicht man, daß Hohlkörper für das Prägen genügend steif werden (*Aufblasprägen*, Bild 7.13).

Beim *chemischen Prägen* verwendet man Druckfarben, die Inhibitoren oder Beschleuniger für die Zersetzung eines Treibmittels in der bedruckten Schicht enthalten. Durch nachfolgende Erwärmung der bedruckten Bahn schäumt die Beschichtung an den unbedruckten oder bedruckten Stellen auf.

Blindprägung erhält man, wenn der beheizte Stempel in die Oberfläche des Packmittels ohne Verwendung von Prägefolien eingedrückt wird, was eine tiefer als die Packmittel-Oberfläche liegende Wiedergabe der Stempelgravur bewirkt.

Der Prägevorgang kann entweder nur mit Kontaktwärme oder/und mit Hochfrequenz-Erwärmung erfolgen. Die einfachere *Wärmekontakt-Prägung* wird auch als „Hitzeschock"-Prägung bezeichnet und erfolgt im allgemeinen zwischen 90 °C und 160 °C.

Mehrfarben-Heißprägedekore werden als passerhaltige Dekorationen in einem Arbeitsgang im Heißprägeverfahren aufgebracht. Diese können mit bis zu maximal neun Farben, kombiniert mit partiellen Metallisierungen, passerhaltig hergestellt werden.

Prägehologramme werden auch für Originalitätsverschlußsicherungen genutzt.

7.2.6 Kleben – Bekleben

Kleben spielt für die Herstellung, Veredelung, insbesondere Etikettierung, aber auch für das Verschließen von Packmitteln eine wichtige Rolle (Tabellen 7.3 bis 7.5). Grundsätzlich gilt, daß die Klebflächen trocken, staub- und fettfrei sein sollen.

Tabelle 7.3 Klebrelevante Eigenschaften wichtiger Verpackungskunststoffe

Kunststofftyp	Benetzbarkeit	Polarität	Löslichkeit	Klebbarkeit
Hart-PVC PVC-U	gut	polar	löslich	gut
Polyolefine PE, PP	schlecht	unpolar	löslich	schlecht
Polystyrol PS	schlecht	unpolar	löslich	gut
Polyamid PA 66	gut	polar	schwer löslich	mäßig
Polyester PET	mäßig	polar	schwer löslich	mäßig
Polymethylmethacrylat PMMA	gut	polar	löslich	gut

7.2.6.1 Kleber – Klebstoffarten

Das Abbinden der Klebstoffe kann physikalisch oder chemisch erfolgen. Man verwendet meist Haftkleber, Adhäsionskleber und Diffusions- oder Lösungskleber (Tabelle 7.5).

Haftkleben (Selbstkleben) ist ein Klebe-Verfahren, bei dem ein mit einer dauernd klebeaktiven Klebstoffschicht versehener Trägerstoff wie Klebeband, Haftklebeetikett durch Andrücken auf den unterschiedlichsten Werkstoffen haftet. Je nach Art der Stoffe ist die Verbindung lösbar oder unlösbar.

Haftkleber sind Kontaktklebstoffe ohne Lösemittel und dadurch gekennzeichnet, daß ihr Viskositätsgrad nach dem Fügen in einem bestimmten Maß erhalten bleibt, denn sie binden nur physikalisch und nicht chemisch ab. Solche Verbindungen sind meist mechanisch leicht lösbar. Die erzielbaren Festigkeiten sind von der Art des Klebers, des Klebstoffträgers sowie dem verbundenen Material abhängig und können bei Packstoffen mit flächiger Klebung die Substratfestigkeit übersteigen. Die Haftkleber bestehen aus Elastomeren wie Kautschuk-Abbauprodukten mit Zusätzen weicher, harzartiger Stoffe oder aus synthetischen Polymeren wie Polyvinylether und Polyacrylsäureester. Sie werden für Klebefolien, Haftetiketten und Klebebänder genutzt, wobei Kleber auf der Basis von Kautschuk, Polyisobutylen (PIB) und Polyvinylether angewendet werden.

Haft- oder Kaltklebebeschichtung wird verwendet für Streifenverpackungen, z. B. kaltklebebeschichtete Riegelverpackungen mit besonderen Eigenschaften. Die Verankerung des Kaltklebers ist auch auf nicht lackierten Filmen hoch. Ausfaserungen beim Öffnen werden erheblich reduziert. Der Kaltkleber ist *tamper-evident*, das heißt, es ist unmöglich, mit ihm nach dem Öffnen wieder zu schließen. Er kann also einen *Originalitätsverschluß* bilden.

Kontaktkleben ist das Verbinden von Trägerstoffen, deren zu verbindende Flächen mit einem Klebstoff beschichtet worden sind und die nach Antrocknen des Klebstoffs unter Einwirkung von Druck Schicht auf Schicht haften. *Kontaktkleber* mit Lösemitteln benötigen vor dem Fügen eine „offene Zeit", um das Lösemittel zu verdunsten.

Adhäsionskleber sind die am häufigsten eingesetzten Klebstoffe. Sie härten durch Wärmeentzug *(Heißkleber, Schmelzkleber, Hotmelt)*, durch Verdunstung und Diffusion

(Dispersions- und Lösungsklebstoffe) oder durch eine chemische Reaktion *(Reaktionsklebstoffe*, z. B. auf Acrylat-, Epoxidharz-, Polyester-, Pheno- oder Aminoplastbasis) ganz oder teilweise aus. Die Grenzfläche zwischen Klebfilm und Substrat bleibt hierbei erhalten. Adhäsionskleber bilden oft außerordentlich feste Verbindungen.

Tabelle 7.4 Klebstoffübersicht nach Wirkprinzipen

Klebstofftyp	Wirkstoffbeispiele	Reaktionsbedingungen Temperatur	Komponenten	notwendige Auftragschichten	Löse-/Dispersionsmittel	Anwendungsbeispiele
Physikalisch abbindende Klebstoffe						
Lösemittel-/Diffusionsklebstoffe						
– Kontaktklebstoffe	PUR, SB, Polychloropren	kalt	1	2	Verdunsten vor Kleben	Kunstoff, Gummi, Holz, Metall
– Haftklebstoffe	Kautschuke, Polyacrylate	kalt	1	1	Verdunsten vor Kleben	Folien, Bänder, Etiketten
Lösemittel-/Dispersionsklebstoffe	Kautschuk: NR, PVAC; EVA, Polyacrylate	kalt	1	1 od. 2	Verdunsten beim Kleben	Kunstoff, Papier, Holz, Keramik
	PUR, VA/VC/VDC-Copolymere	warm	1	1 od. 2	Verdunsten vor Kleben	Kunstoffe, Papier, Metalle
Schmelzklebstoffe, Hotmelts	SB, PA, EVA, Polyester	warm	1	1	ohne	Kunstoffe, Papier, Textilien, Leder
Chemisch abbindende Klebstoffe						
	Epoxidharze + Säureanhydride	warm	2		Reaktionsprodukte bleiben in der Klebschicht	Kunststoffe, Metalle, Keramik
	Epoxidharze + Polyamine	kalt	2			
	Polyisocyanate + Polyole	kalt	2			
	Cyanacrylate	kalt	1			Kunststoffe, Metalle, Keramik Gummi
	UP-Harze (+ Styrol) oder Methacrylate	kalt	2			Kunststoffe, Metalle, Keramik Gummi Holz
	UF-, MF-, PF-, RF-Harze	kalt/warm	2		Reaktionsprodukte verdunsten beim Kleben	

Tabelle 7.5 Klebstofftypen für die Verpackungspraxis

Art des Klebstoffs	Chemische Basis	Kennzeichnung der Klebung
Haftkleber	Konzentrierte Kautschukabbauprodukte oder niedere Polymeren aus Vinyläthern oder Isobutylen	Momentane Verklebung meist ohne Zerstörung des Substrats. Lösen durch langsames Abziehen; kaum spezifische Einflüsse der chemischen Natur von Klebstoff und geklebtem Werkstoff.
Kontaktkleber	Beide Seiten der zu verklebenden Stoffe werden mit Klebstoff bestrichen. Herbeiführung der Klebung durch kurzen starken Druck nach Abdampfen des Lösungsmittels, wenig spezifisch.	Lösungen kautschukelastischer Stoffe unter Zusatz von Harzen.
Schmelzkleber – Hotmelts	Polymerharze mit Anteilen von Polyvinylacetat, Copolymeren von Vinylacetat, Äthylen und Polyamiden.	Abbinden durch Erstarren der heißen Schmelze. Kein Flüssigkeitsanteil, daher extrem kurzes Abbinden möglich.
Reaktionskleber – Klebstofflösung mit Vernetzung	Abbinden durch chemische (Vernetzungs-)Reaktionen. Anwendung mit oder ohne Lösungsmittel, das während der Vernetzungsreaktion verdampft. Spezifisch. Oft längere Abbindungszeit notwendig.	Harnstoff-, Phenol-, Melaminharze, Polyester, Polyisocyanate, Epoxydharze, Holzverleimung, Metallklebung
Klebstofflösung ohne Vernetzung	Auftragen als Lösung in Wasser oder organischen Lösungsmitteln oder als Dispersion. Abbinden durch Verdampfen des Lösungsmittels oder des Dispersionsmittels. Spezifisch. Abbindung erfordert eine gewisse Zeit.	Weit verbreitete Kleber wie Stärke, Dextrin, Leim, Zelluloseäther, Polyvinylacetatdispersionen für Papier, Holz und ähnliches. Dextrinkleber nur für poröse, Dispersionskleber auch für glatte, nicht für lackierte Oberflächen.

Besonders wichtig sind für den Verpackungssektor die *Schmelzklebstoffe oder Hotmelts*. Es sind physikalisch abbindende, löse- und dispersionsmittelfreie Massen, die für die Verarbeitung durch vorübergehende Anwendung höherer Temperaturen in den flüssigen Zustand versetzt werden. Sie bestehen aus hydrophoben Mehrstoffsystemen von amorphen, kristallinen und makromolekularen Bestandteilen, sind bei Umgebungstemperatur zähplastisch bis flexibelhart und gehen oberhalb 40 °C in eine Schmelze über. Der sogenannte *Tack-Bereich*, der nach oben durch die Fließtemperatur und nach unten durch die Erstarrungstemperatur begrenzt wird, zeigt viskoelastisches Verhalten.

Solche *Heiß- oder Schmelzkleber* müssen im schmelzflüssigen Zustand aufgetragen werden und binden durch Abkühlung ab (Bild 7.16). Da eine Abkühlung aus dem thermoplastischen Zustand wesentlich schneller erfolgt als die Verdunstung eines Lösemittels, wird insbesondere bei der maschinellen Verpackung gerne mit derartigen Klebern gearbeitet.

Als Schmelzklebstoffe werden Gemische aus Wachs, Paraffin und Copolymeren von PE/VA oder EVA verwendet. Ihre Vorteile sind Geruchlosigkeit, Verklebbarkeit mit unpolaren Schichten, sie benötigen keinen Trocknungskanal und sind durch entsprechende

Rezepturen den jeweiligen Anforderungen anpaßbar. Ihre Anwendung erfolgt auch zur Oberflächenbeschichtung wie Versiegeln und Kaschieren, zur Herstellung von Mehrschichtenfolien (siehe Abschnitt 7.3.9). Wichtig ist bei Verklebungen stets die Verarbeitungszeit, die als *Topfzeit* bezeichnet wird, da diese Kleber danach unbrauchbar sind. Andererseits bedarf es genügender *Fixierzeit* zum Abbinden des Klebers.

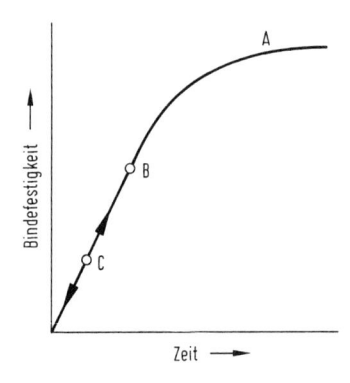

Bild 7.16 Bindefestigkeit von Heißklebern (Hotmelts) nach *Heiß*
A) Abbindezeit, bis maximale Nahtfestigkeit erzielt ist,
B) offene Zeit ist die mögliche Zeitspanne, die zwischen Auftrag und Pressung der Klebestelle liegen darf, in der eine ausreichende Verklebung zustande kommt,
C) Hot-Tack-Kraft, mit welcher eine Heißklebenaht nach einer bestimmten Zeit belastet werden kann

Diffusionskleber sind Lösemittelkleber. Sie haben in der Verpackungsindustrie lediglich eine untergeordnete Rolle und eignen sich ausschließlich für Thermoplaste, die sich bei Raumtemperatur durch Lösemittel leicht anlösen lassen.

Reaktionskleber werden u. a. angewendet, wenn Lösemittel vermieden werden sollen. Sie bestehen aus zwei Komponenten und binden chemisch ab, indem die Makromoleküle erst in der Klebfuge entstehen. Doch reagieren nur diese beiden Komponenten miteinander, so daß die Verbindung zum Klebling auch hier wie bei den Thermoplastklebern nur physikalisch durch Adhäsionskräfte erfolgt. Vorbehandlung der Klebstellen ist häufig notwendig (siehe Abschnitt 7.1).

Der *Klebstoffauftrag* kann erfolgen durch: Bürstenauftrag, Walzenauftrag, Tauchen oder Spritzen bzw. Sprühen. Wesentlich für das Haften von Klebeverbindungen ist der Anpreßdruck.

Das *Andrücken* des Klebungs an das Substrat erfordert Druck für eine bestimmte Zeit, die von Viskosität, Abbindezeit und Auftragsdicke des Klebstoffs sowie von der Beschaffenheit des Packstoffs abhängig ist.

Abbindezeit ist die Zeitspanne, die ein Klebstoff vom Augenblick des Zusammenfügens der Klebeflächen benötigt, um eine feste Verbindung zu schaffen, die (unter Einwirkung mechanischer Kräfte) nicht mehr ohne Beschädigung der verklebten Packstoffe gelöst werden kann.

Verzögerungsklebstoff ist ein als Beschichtung aufgebrachter Klebstoff, der durch Wärmeeinwirkung klebaktiv wird, für einige Zeit die Eigenschaften eines Haftklebstoffes annimmt und dann abbindet.

7.2.6.2 Etikettieren

Die Etikettierung und ihre saubere, ansprechende Ausführung dienen über die Kennzeichnung hinaus auch wesentlich der Sicherung und Verkaufsförderung. Sie ist ein wichtiges Veredelungs- oder Dekorierverfahren. Man versteht darunter das Anbringen vorgefertigter Bilder, Symbole und Beschriftungen durch Aufkleben. Für Kunststoffhohlkörper- und -folienpackungen ist die Etikettierung in den letzten Jahren erheblich verbessert worden.

Zwecks Wiederverwertung und Recycling sollte die Etikettierung aus dem gleichen Material wie das Packmittel bestehen. Solche stoffgleichen Etiketten können ohne Klebstoff durch „In Mould Labeling" (IML) schon im Formgebungsprozeß des Packmittels aufgebracht werden (siehe Abschnitte 6.4, 9.5, 9.6.2).

Mit dem *In-Mould-Verfahren* (IMD = In Mould Decoration) kann eine simultane Dekoration im Spritzgieß-, Warmform- oder Blasformwerkzeug hergestellt werden (Bild 7.17). Hierbei werden die zu spritzenden Teile (Flaschen, Kanister, Becher, Eimer) direkt, d. h. innerhalb des Werkzeugs dekoriert, was mit bis zu neun Farben und partieller Metallisierung möglich ist, wodurch auch Formteile aus 100 % Regranulat dekoriert werden können. Dieses Verfahren ist ein Mittel, um die bei Verwendung von Rezyklaten oft auftretenden Beeinträchtigungen der Oberflächengüte zu überdecken. Bei *In Mould Labeling* (IML) fügen sich die Etiketten „randkantenlos" in die Dekorfläche und versteifen z. B. die Hohlkörperwandung. Absetzen von Schmutz an den Kanten wird verhindert.

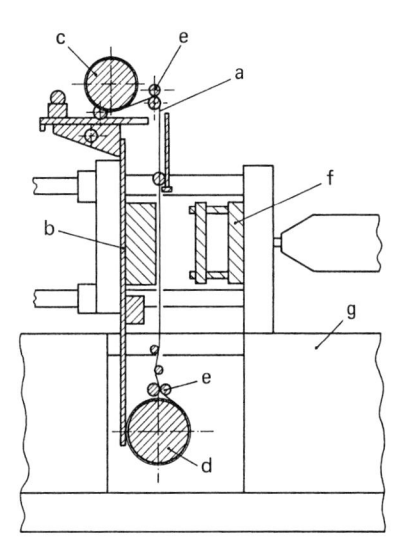

Bild 7.17 In Mould Dekorieren (IMD), schematisch
a: IMD-Folie, b: Folienvorschubgerät, c: Folienabwicklung, d: Folienaufwicklung, e: Transportwalzen, f: Spritzgießwerkzeug, g: Spritzgießmaschine (Werkbild: Kurz, Fürth)

Rundum-, Manschetten- oder *Überziehetiketten*, bzw. *Sleeves* aus sortengleichen Kunststoffen können auf Flaschen und Dosen als „Schrumpf- oder Stretchsleeves" angebracht werden und bilden zusätzlichen Schutz, insbesondere für Glasflaschen. Als Schrumpfetiketten für zylindrische Behälter werden sie aus Schrumpfbändern bzw. Schrumpfschläuchen hergestellt. Das Etikettieren mit Überzieh- bzw. Schlauchetiketten oder Sleeves wird auch als „sleeven" bezeichnet.

Das Überziehetikett bzw. Schrumpfetikett wird in Schlauchform über den Rumpf des Packmittels (z. B. Flasche) gezogen. Besteht es aus Schrumpffolie, wird es anschließend unter Wärmeeinwirkung geschrumpft.

Schrumpfetiketten zur Kennzeichnung und Originalitätssicherung, früher aus PVC, werden immer mehr durch „Sleeves" aus OPP und PET substituiert. Schrumpfetiketten eignen sich besonders für zylindrische und unregelmäßig geformte Packungen. Die hierfür entwickelten Spezialfolien werden während der Herstellung verstreckt und erreichen dadurch einen Schrumpf von etwa 50 %. Zuvor wird die Etikettenfolie im Flexo- oder Kupfertiefdruck bedruckt und zu einem Schlauch geklebt oder verschweißt. Durch den kontrollierten Querschrumpf legt sich das Etikett im Schrumpfaggregat fest und faltenfrei auf die zu etikettierende Packung bzw. Flasche.

Haftetikettieren

Bei allen Packmitteln wird gern mit *selbstklebenden Haftetiketten* gearbeitet, welche lösbar oder nicht lösbar sind. Die ablösbaren Etiketten lassen sich meist rückstandslos entfernen. Die nicht lösbaren sind mit Klebern aufgetragen, die auch bei Verwendung der Packung unter Praxisbedingungen standhalten. Selbstklebende Etiketten, Etikettenbänder, Isolier- bzw. Dämpfungsmanschetten werden auch aus *Schaumkunststoffolien* hergestellt und verwendet.

Die Etiketten sind nach den bekannten Verfahren bedruckt. Das Etikettenmaterial muß dem späteren Verwendungsbereich angepaßt sein. Als Träger wird silikonisiertes Abdeckpapier, auf dem die Einzeletiketten haften, verwendet. Die Einzeletiketten können aus PE-, PP-, PVC-, PS- oder PET-Folie (Hochglanzpapier) hergestellt sein.

Auf der Druckseite wird das Etikett mit einer Lackschicht versehen, um den Druck vor Beschädigung zu schützen und den erwünschten Glanzeffekt herzustellen. Die selbstklebende Gummierung auf der Rückseite muß mit dem Packstoff und dem späteren Verwendungszweck verträglich sein. Das Etikettieren wird mittels Etikettierautomaten vorgenommen, welche auf unterschiedlich gestaltete Packungen und Etiketten einstellbar sind. Für moderne Haftetikettierautomaten wird das Etikett erst unmittelbar vor der Übergabe auf die Etikettiervorrichtung mit einem Rotations-Stanzzylinder aus dem Band herausgestanzt, vom Vakuumzylinder aufgenommen und auf die Packung in genau positionierter Lage übertragen. Solche Vorrichtungen sind in die modernen Füll- und Verschließmaschinen bzw. Verpackungslinien integriert (siehe Abschnitt 9.5).

Für derartige Etikettierung verwendet man je nach Bedarf: Folien aus PS für die Lebensmittelindustrie (Softdrinks); Folien aus PET mit niedrigem Aufweichpunkt für Kunststoffbehälter aus OPP und PE-HD, die vor dem Füllen gesleevt werden; Folien aus PET mit einem Schrumpfvermögen von mehr als 60%, auch weiß eingefärbte.

Flüssigetikettieren oder „Naßetikettieren"

Bei diesem Verfahren wird der Kleber, meist Hotmelt (siehe auch Abschnitt 7.2.6.1) in flüssiger Form auf die zu verklebenden Etiketten aufgebracht. Die Flüssig-, bzw. „Naßetikettier"-Verfahren unterscheiden sich nach Art der Beheizung, Entnahme der Etiketten aus dem Magazin oder deren Anbringung auf die Packung. Die Festigung des Etikettensitzes auf der Packung wird meist mittels Bürsten- oder Schwammrollen und ggf. auch noch mit Nachroll- oder Anpreßvorrichtungen vorgenommen.

Für dauerhafte Etikettierung von Kunststoffpackungen, insbesondere Hohlkörpern, Flaschen und Dosen aus Kunststoffen, wird zweckmäßigerweise Heißklebe-Etikettierung oder Hotmelt-Etikettierung angewandt. Diese hat den Vorteil, daß sie hundertprozentig aus Festsubstanz besteht, also lösemittelfrei ist. Ihre Verarbeitung erfolgt bei ca. 120 bis 180 °C, das Abbinden durch Erstarren bei Abkühlung. Die Etiketten können aus Kunststoffen, Aluminiumfolien, Papier und aus mit Aluminiumfolien kaschiertem Papier bestehen. Transparente Folien ermöglichen es auch, den Flascheninhalt in die Gestaltung des Etiketts einzubeziehen.

Wärmeaktivierbare Etiketten

Der Heißschmelzkleber, bzw. das Hotmelt kann auch zuvor auf die Etikettenrückseite aufgetragen werden, so daß diese nach Erhitzung auf die notwendigen Temperaturen zu Heißhaftklebeetiketten werden, welche man für automatische Etikettierung verwendet. Solche Etiketten müssen vor ihrer Auftragung auf die notwendige Temperatur erhitzt werden, z. B. durch Kontakterhitzung, wobei die Oberseite bzw. Druckseite des Etiketts mit einer heißen Platte oder Rolle erhitzt wird, bis der Kleber durch das Etikett hindurch aufgeschmolzen, d. h. aktiviert und somit klebfähig ist. Je nach Zusammensetzung der Schmelzklebermischung kann die Dauer der Klebfähigkeit so aktivierter Etiketten bis zu einigen Stunden betragen, nämlich bis die Rekristallisation der Schmelzkleberbestandteile wieder eingetreten ist. Auf Polystyrol- und Weich-PVC-Packungen ist die Haftung solcher wärmeaktivierbarer Etiketten problemlos, auf Polyester- und Hart-PVC-Packungen weniger gut, am schlechtesten auf Polyolefinen, die wie zum Bedrucken, Bekleben etc. eine Oberflächenbehandlung benötigen.

Wesentlich für die Haftung ist wie bei allen Verklebungen die Oberflächenglätte der Packmittel. Auf hochglänzenden Oberflächen ist sie schlechter als auf feinporig rauhen Oberflächen. Durch zu große Rauheit wird allerdings wieder die flächige Verklebung durch herausragende Oberflächenerhebungen verhindert. Da die wärmeaktivierbaren Etiketten ohne zwischenliegende Antiadhäsivschicht aufeinanderliegen, bzw. in Rollen geliefert werden, sind sie empfindlich gegen Druck- und Temperaturerhöhungen, wodurch das sogenannte Blocken eintritt, d. h. sie verkleben bereits ungewollt miteinander. Sie müssen daher peinlich vor Temperatur- und Druckerhöhungen geschützt werden (siehe Abschnitt 7.4.2).

7.2.7 Beflocken

Beflocken ist das Auftragen von zerkleinerten Fasern auf die klebrige Schicht eines Trägerstoffs, womit stoff- oder plüschartige Ausstattungseffekte erzielt werden. Es soll eine Kunststoffoberfläche dadurch samtartig gestalten, daß kurzgeschnittene Fasern senkrechtstehend auf dieser Oberfläche verankert werden. Bild 7.18 zeigt eine elektrostatische Beflockungsanlage im Schema. Demgemäß wird zuerst ein leitfähiger Kleber auf die Kunststoffoberfläche aufgetragen, danach werden die Kurzfasern (Flock) in elektrischen Feldern senkrecht aufgeflockt. Diese Fasern müssen elektrisch aufladbar und genügend lang sein, um zur senkrechten Verankerung in dem Kleber veranlaßt zu werden. Hierzu eignen sich insbesondere PA-Flocken bzw. -Fasern. Diese werden in einem elektrostatischen Feld bei etwa 100 kV Gleichspannung aufgesprüht, wobei sie sich als einzelne

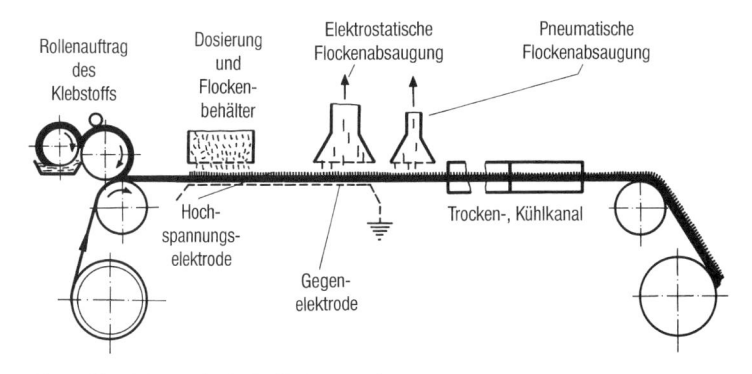

Bild 7.18 Elektrostatische Beflockungsanlage

Fasern parallel richten und so in der noch weichen Kleberschicht senkrecht auf die Oberfläche auftreffen und senkrecht stehen bleiben.

Zum anschließenden Trocknen und Härten des Klebers wird das beflockte Material in Kontaktgeräten oder durch Heißluft erwärmt und evtl. nachgebürstet. Die aufgeflockten Faserteilchen können 0,5 bis 10 mm lang sein. Kleber sind meist Polymerdispersionen und -lösungen, Polyurethane sowie Plastisole. Anstelle von textilem Flock lassen sich auch glitzernde Kunststoffplättchen aufbringen.

7.3 Funktionale Veredelungen

Zur Verbesserung der Barrierewirkung und zum Schutz des Füllguts werden Packstoffe durch Bildung einer zusätzlichen Sperrschicht funktional veredelt, wofür sich zahlreiche Verfahren eignen.

7.3.1 Sulfonieren

Sulfonieren von PE-Hohlkörpern erfolgt durch Behandlung der Flächen mit trockenem Schwefeltrioxid-(SO_3)-Dampf, wobei das Polyethylen partiell in eine Sulfonsäure umgewandelt wird. Durch nachfolgendes Neutralisieren (z. B. mit Ammoniak) kommt es zur Bildung eines salzartigen Polymers (Ionomer). Diese chemischen Reaktionen führen zu einer effektiven Sperrschicht, wobei z. B. die Durchlässigkeit für Benzin auf % des ursprünglichen Wertes zurückgeht. Für Lebensmittel und Pharmazeutika sind sulfonierte Behälter bisher nicht zugelassen.

Die Oberflächensperrschichtausbildung durch Sulfonieren ist heute weitgehend durch das Fluorierverfahren abgelöst worden.

7.3.2 Fluorieren

Eine Fluorbehandlung verändert ausschließlich die Polymermoleküle der Oberfläche. Da die chemisch umgewandelte Schicht ($< =1\mu m$) nur einen winzigen Anteil des gesamten Wandquerschnitts darstellt, unterliegt der Behälter keinen meßbaren Änderungen bezüglich seiner mechanischen, physikalischen und chemischen Eigenschaften und läßt ein problemloses Recycling zu. Die chemische Umwandlung der Kunststoffoberfläche durch elementares Fluor ist eine der Methoden zur Verhinderung der Permeation von Lösemitteln aller Art.

Die optimale Anwendung dieses Verfahrens erfolgt mit verdünntem Fluor im Blasmedium des Blasformprozesses. Vorteile dieses In-line-Verfahrens sind: Die Zykluszeiten des Blasverfahrens und der automatische Ablauf bleiben unbeeinflußt. Die Blasformmaschinen können mit geringfügigen Modifikationen dem Verfahren angepaßt werden, so daß die chemische Umsetzung während der Formgebung des Behältnisses stattfindet.

Eine Fluorbehandlung zur Erhöhung der Sperreigenschaften von PE-HD gegenüber Kohlenwasserstoffen geschieht an den inneren freiliegenden Oberflächen. Die Grundreaktion ist eine Substitution der Wasserstoffatome durch Fluoratome in den Kohlenstoffketten der Polyethylen-Makromoleküle. Eine Verfahrensvariante ist die Oxofluorierung. Hier werden geringe Prozentsätze von Sauerstoff dem Prozeßgas zugesetzt. Dadurch werden für unpolare Lösemittel höhere Barrieren als mit reinem Fluor aufgebaut.

Das *Off-Line Verfahren* zur Oberflächenveredelung von Kunststofftanks durch *Fluor SMP (Surface Modified Plastics)* ist ein Autoklaven-Oberflächenveredelungsverfahren zur Erzeugung einer beidseitigen Permeationssperrschicht für Kunststoffbehälter. Die doppelseitige Fluorbeschichtung reduziert die Permeation des Füllgutes auf ein Minimum, erhöht die chemische Beständigkeit gegenüber leicht entzündbaren, giftigen oder ätzenden Stoffen und ist zugleich eine Geruchssperre für Benzine, Dieselkraftstoffe und Heizöl. Als Anwendungsbeispiel kommt bei Industrieverpackungen insbesondere die Fluorierung der inneren Oberfläche von Hohlkörpern und Inlinern in Betracht. Zum Beispiel für Weithalsfässer werden die im „Tiefziehverfahren" hergestellten Inliner fluoriert angeboten. Durch die Fluorierung ergeben sich folgende anwenderorientierte Vorteile:
– drastische Reduzierung der Permeation und damit Geruchsverminderung;
– erhöhte Chemikalienbeständigkeit;
– sortenreines Recycling aufgrund geringster Kontaminierung des Werkstoffes durch die Füllgüter.

Verwendung von koextrudierten Folien ist daher nicht nötig, die Vielfalt eingesetzter Materialien somit reduziert. Der Aufbau des Off-Line-Verfahrens ähnelt dem einer Sulfonieranlage.

7.3.3 Plasma-Polymerisation

Mit Hilfe dieses Beschichtungsverfahrens können Teile aus den unterschiedlichsten Werkstoffen mit dünnen organischen Schichten überzogen werden.

Das Plasma ist ein Gas, welches durch äußere Anregung von Monomeren freie Elektronen, Ionen und Neutralteilchen enthält. Steht es unter verringertem Druck, können nur Elektronen Energie aufnehmen.

Kennzeichnend für das verwendete Niederdruckplasma ist, daß darin Reaktionen in einem Temperaturbereich von etwa 60 bis 100 °C ablaufen, die bei Atmosphärendruck erst bei mehreren hundert °C möglich sind. Weil trotz niedriger Gastemperatur durch die vergrößerte freie Weglänge der Teilchen eine hohe Elektronentemperatur (etwa 20 000 bis 50 000 K) vorliegt. Dadurch wird die Behandlung von Kunststoffen, die keiner hohen thermischen Belastung ausgesetzt werden dürfen, möglich.

Plasmapolymerisierte Schichten zeichnen sich im wesentlichen durch folgende Merkmale aus:
– hoher Vernetzungsgrad, weshalb sie chemisch, thermisch und mechanisch belastbar sind,
– hohe Dichte,
– Mikroporenfreiheit, daher gute Diffusionsbarriere auch bei dünnen Schichten,
– amorphe Schichtstruktur,
– glatte Schichtoberfläche,
– sehr gute Schichtenhaftung, wodurch eine Beschichtung auch unpolarer Flächen möglich ist.

Polymerisationsfähige Monomere erhalten in einem Niederdruckplasma Energie durch den Stoß mit den Elektronen. Bild 7.19 verdeutlicht den Beschichtungsprozeß. Die Monomere kommen durch die Einlaßdüse in den Plasmareaktionsraum. Hier wird durch Mikrowellenenergie ein Plasma angeregt und einzelne Atome oder Atomgruppen abgespalten. Es entstehen Monomerradikale. Aus den entstandenen Molekülradikalen bilden sich – teilweise schon im Plasma – Oligomere. Diese kondensieren auf den zu beschichtenden Oberflächen. Durch weitere Energiezufuhr aus dem Plasma in Form hochenergetischer Teilchen oder UV-Strahlung kommt es zu einer Polymerisation und Vernetzung der Oligomeren untereinander und auch mit den Molekülen des zu beschichtenden Substrats, bzw. Kunststoffmaterials.

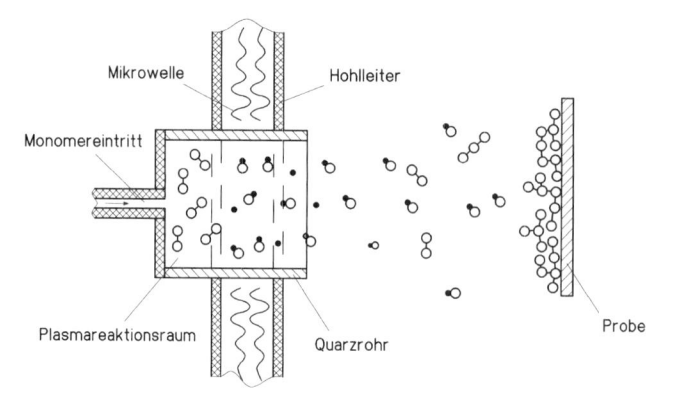

Bild 7.19 Prozeßverlauf der Plasmapolymerisation (Werkbild: IKV, Aachen)

Anlage zur Innenbeschichtung von Hohlkörpern

Bild 7.20 zeigt eine Plasmapolymerisationslaboranlage zur Innenbeschichtung. Die plasmapolymerisierten Schichten unterscheiden sich in ihrer Schichtstruktur grundlegend von den konventionellen Polymeren. Sie sind u. a. dreidimensional vernetzt und weisen gegenüber dem Grundpolymer eine stark erhöhte Dichte auf, bei Polyethylen bis 1,3 g/cm^3.

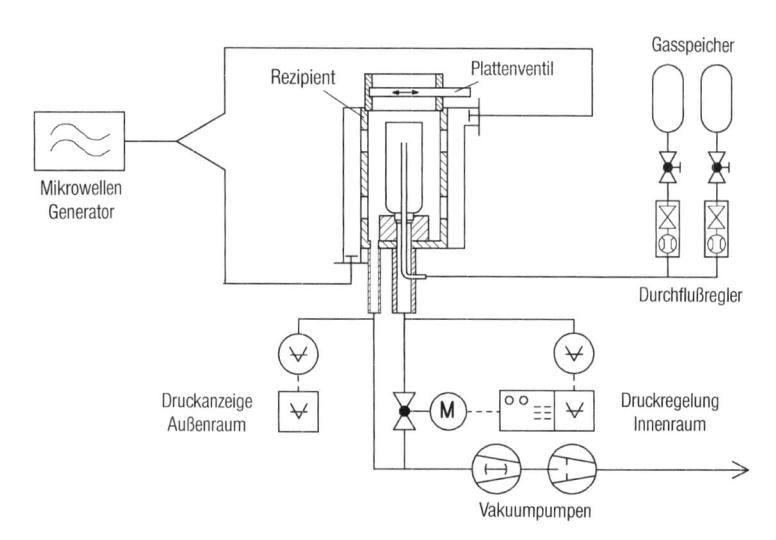

Bild 7.20 Hohlkörper-Innenbeschichtung durch Plasmapolymerisation (Werkbild: IKV, Aachen)

Plasmapolymerisierte Sperrschichten als Lösung von Diffusionsproblemen sollen insbesondere bei Behältern für Benzin und andere Kohlenwasserstoffe (Treibstofftanks) Anwendungen finden. Wirtschaftliche Anwendungen stehen hier und im Bereich von Konsumverpackungen bislang noch aus, da es noch keine großtechnisch einsetzbaren Anlagen für Hohlkörper gibt. Laborversuche mit Getränkeflaschen verlaufen erfolgversprechend.

7.3.4 Beschichten

Beschichten ist das Auftragen einer Thermoplastschicht, die i. a. dicker als eine durch Lackieren erhaltene ist. Eine klare Abgrenzung beider Begriffe fehlt.

Tauchbeschichten erfolgt durch Eintauchen von Packstoffen, Packmitteln, Packungen oder Packgütern in eine Schmelze, eine Dispersion o. ä. zur Erzielung eines Schutzfilms.

Aus Umweltschutzgründen geht man vom Lösemittelbeschichten zu *Hotmelt-Beschichtungsverfahren* mit Heißschmelzmassen (siehe Abschnitt 7.2.6.1) oder wäßrigen Latexdispersionen über. PVDC-Beschichtung dient zum Barriereaufbau oder zur Siegelungserleichterung.

Auftragswalzen können Hotmelts mit Viskositäten bis 50 000 mPas aufbringen. Moderne *Extruderanlagen* verarbeiten Massen mit Viskositäten bis 200 000 mPas. Der Hotmelt-Auftrag wird sofort über Kühlwalzen geführt und auf Raumtemperatur gekühlt, um ein Verkleben beim Aufrollen des Materials zu vermeiden. Durch intensive Kühlung erreicht man gleichzeitig einen gewissen Glanz der Beschichtung.

Vollflächiger Auftrag mit *Siegelfähigkeit* innen/innen und innen/außen ist die wohl wichtigste Anwendung für Hotmelts. Einwickler für Süßwaren, Gebäck und Seife, auch In-Mould-Etiketten für Yoghurtbecher, Barriere-Verbunde für Verschlußeinlagen sowie Oberbahnmaterial für bedruckte Abdeckungen von „Tiefziehpackungen" sind die bekanntesten Einsatzgebiete.

7.3.5 Laminieren – Kaschieren

Laminieren oder Kaschieren ist das feste, vollflächige Zusammenfügen von mindestens zwei flächigen Werkstoffbahnen, die meist von der Rolle verarbeitet werden. Man erhält auf diese Weise Verbundwerkstoffe, Verbundfolien und Doppelfolien, welche aus mindestens zwei Einzelschichten bestehen. Verbundfolien werden heute zunehmend durch Coextrusionsverfahren hergestellt (siehe Abschnitte 6.1.3 und 6.1.4).

Werden die Bahnen unmittelbar nach dem Auftragen von Klebstoff bzw. Haftvermittler zusammengefügt, handelt es sich um *Naßkaschieren*, wenn zuvor getrocknet wird, um *Trockenkaschieren*. Trockenkaschieren ist das Verbinden zweier flächiger Packstoffe durch wasser- oder lösemittelfreie Klebstoffe, z. B. Hotmelts unter Druck mit oder ohne Wärmeeinwirkung.

Durch *Heißkaschieren oder Thermokaschieren* werden zwei Bahnen ohne Kleber unter Druck und Hitze miteinander verbunden, wofür sie eine geeignete Ausrüstung besitzen müssen. Derart ausgerüstete Folienbahnen werden als *Kaschierfolien* bezeichnet. Sie können auch zur Hochglanzkaschierung von Packstoffen aus Papier oder Pappe verwendet werden.

Flammkaschieren verbindet zwei Werkstoffe durch Beflammen oder auch Infrarotbeheizung der Oberflächen, die dadurch angeschmolzen werden. Bei diesem Verfahren können Kunststoffolien miteinander oder mit Papier und Pappe, Schaumstoffen oder Textilien verbunden werden. Dem Kaschieren ähnliche Verbindungsverfahren für Folien sind Kleben, Vakuum-Formkaschieren, Extrusionskaschieren (siehe Abschnitte 6.1.3 und 6.1.4).

Maschinell wird bei diesen Verfahren mit Kaschierwalzen, Kaschiertrommeln oder Kaschierpressen, meist bei erhöhten Temperaturen und Drücken gearbeitet. Die heute verwendeten automatischen Spezialmaschinen sind häufig in Fertigungslinien integriert. Oft ist vor dem Kaschieren eine Oberflächenbehandlung (siehe Abschnitt 7.1) notwendig.

7.3.6 Metallisieren

Metallisieren ist die Oberflächenbehandlung eines Trägerstoffes zur Erzielung einer metallischen Wirkung, *Bedampfen* das im Hochvakuum vorgenommene Auftragen einer dünnen metallischen Schicht über die Gasphase auf den Trägerstoff.

Metallisieren erfolgt meist, indem der mit Klebstoff versehene Kunststoff in ein Hochvakuum eingebracht wird. Das Belagmetall wird durch Erhitzung verdampft und schlägt sich auf der Kunststoffoberfläche nieder (Bild 7.21).

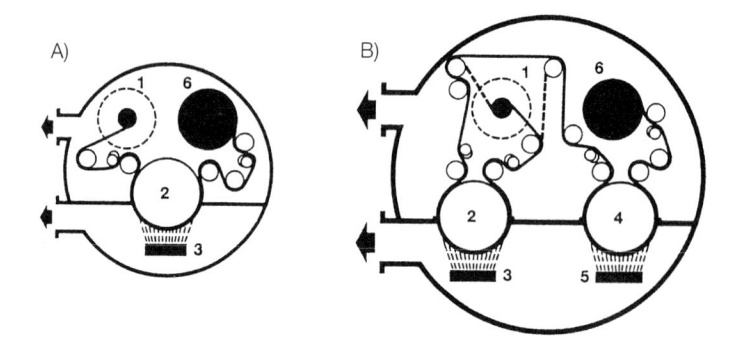

Bild 7.21 Vakuumbandmetallisieren, einseitig (A) und zweiseitig (B), nach Leybold-Heräus
1: Folienabwicklung, 2 und 4: Bedampfungswalzen, 3 und 5: Bedampfungsquellen, 6: Aufwicklung

ABS- oder PP-Copolymerisate können *galvanisch metallisiert* werden. Sie werden angeätzt, dann wird eine sehr dünne leitfähige Metallschicht auf dieser Ätzfläche niedergeschlagen und anschließend galvanisiert man konventionell. Die Haftung bzw. Verankerung der Metallschicht beruht auf den beim Ätzen erzeugten Poren, die z. B. bei ABS durch das Wegätzen von Butadienpartikeln entstehen. Als Mittelschicht wird meistens Kupfer, als Deckschicht Nickel oder Chrom verwendet. Durch galvanisches Metallisieren werden größere Schichtdicken und bessere Haftung als beim Bedampfungen erzielt.

Das mit Abstand bedeutendste Belagmetall ist Aluminium. Metallisieren durch *Aluminiumbedampfen* wird für PP-, PA-, PE- und Polyesterfolien angewandt. Bei Verbundfolien liegt die Metallisierung in der Innenschicht. Möglich ist die Vollflächen- oder Streifenmetallisierung. Reinstalumimium (Al 99,98 R) wird bei ca. 1700 °C im Hochvakuum verdampft. Die Metalatome schlagen sich an der Folienoberfläche nieder, wo sie sich festsetzen (Bild 7.21). Für die Verpackung, insbesonders für Lebensmittel, gewinnen metallisierte Folien auch wegen ihrer hervorragenden Sperrschichteigenschaften immer mehr an Bedeutung. Die Bedampfungsschichtdicke liegt zwischen 0,03 und 0,04 µm (300 bis 400 Å).

Vakuumbandmetallisierung zur Herstellung von Barriereschichten ist ein Beschichtungsverfahren zur Oberflächenveredelung. Vakuumbandbeschichtungsanlagen arbeiten mit ebenso hohen Geschwindigkeiten wie die Druckmaschinen und sind weitgehend automatisiert. Durch Niederschlagen dampfförmiger Metalle lassen sich extrem dünne Schichten auf Folien herstellen, die dann in reinster Form vorliegen. Die Beschichtungsqualität steigt mit fallendem Druck.

Bei der thermischen Verdampfung von Aluminium wird optimal unter $5 \cdot 10^{-7}$ bar gearbeitet. Da PET-Folien die glattesten Oberflächen besitzen, lassen sich auf diesen die besten

Aluminiumbeschichtungen mit den höchsten Sauerstoffbarrieren aufbringen. Besonders interessant werden Aluminiumschichten bei den Mikrowellenverpackungen als sogenannte *Susceptor-Schichten*, da diese die Mikrowellenstrahlung in eine Infrarot-Strahlung umwandeln, wodurch auch die Oberfläche des verpackten Lebensmittels erwärmt und gebräunt wird. Um diesen *Susceptor-Effekt* mit der endogenen Mikrowellenerwärmung eines Lebensmittels zu kombinieren, werden auf den betreffenden Folien Streifen von Susceptor-Schichten im Wechsel mit unbeschichteten Streifen aufgebracht, weshalb ein Teil der Mikrowellenstrahlung in das Lebensmittel eindringt, der andere Teil umgewandelt an der Oberfläche absorbiert wird und dort z. B. ein Backwerk knusprig und braun macht. Durch die streifenförmigen Susceptor-Schichten erhält auch das Lebensmittel entsprechende Bräunungsstreifen, die den sogenannten „Grilleffekt" ausmachen. Solche Susceptor-Schichten sind sehr dünne Metallschichten, die mit sehr hoher Genauigkeit eine ganz bestimmte Schichtdicke haben müssen, damit die Umwandlung in der gewünschten Art stattfindet.

Solche Metallschichten sind wegen ihrer extrem geringen Dicke sehr empfindlich gegen mechanischen Abrieb, aber auch bereits in der Aufbringungstechnologie kann es z. B. infolge kleinster Staubpartikelchen o. ä. zu sogenannten „*pin-holes*" kommen. Da bedampfte Al-Schichten gerade die Dicke eines Aluminium-Kristalls besitzen, besteht die Aluminium-Schicht aus quasi pflastersteinartig aneinandergereihten Alumimium-Kristallen. Durch die genannten Einwirkungen kann es vorkommen, daß ein oder mehrere solcher „Pflastersteine" von der Schichtebene, welche nur 0,1 bis 1,0 µm beträgt, ausbrechen. So können Löcher in der Al-Schicht mit Durchmessern von ca. 10 bis 50 µm entstehen, welche als „*pin-holes*", dagegen Löcher in der Kunststoffolie als „*pin-windows*" bezeichnet werden.

Transfer- oder Übertragungsmetallisierung wird zur Erzielung besonders hoher Reflexion und Flexibilität angewandt. Bild 7.22 zeigt schematisch das Aufbringen.

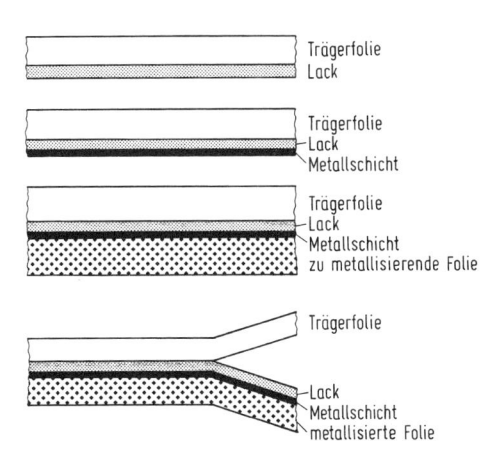

Bild 7.22
Prinzip der Transfer-Metallisierung

Die Umweltverträglichkeit der Al-metallisierten Folien ist im Vergleich zum Aluminium-Folien-Laminat und anderen Barriereschichten außerordentlich günstig. Beispielsweise enthält eine aluminiummetallisierte 12 µm-PET-Folie mit 30 bis 50 nm (10^{-9} m) so wenig Aluminium, daß ihre Rezyklierbarkeit – mit geringen Einschränkungen im Hinblick auf die Optik – nur von den eingesetzten Kunststoffen abhängig ist. Der Aluminiumgehalt stört also nicht, was bei laminierten Aluminiumfolien keineswegs der Fall wäre.

Einsatzgebiete für metallisierte Verpackungsfolien sind:
- Barriereverpackungen für geringe Gasdurchlässigkeit, Licht- und UV-Schutz insbesondere für Lebensmittel,
- funktionale Verpackungen zur Strahlungsdämmung von Tiefkühlverpackungen oder als Susceptor-Folie zum Bräunen von Mikrowellengerichten,
- Dekorationseffekte für Verpackungsfolien etc., die auch durch gezielte partielle Entmetallisierung mit Natronlange an unlackierten Stellen variabel werden.

Durch Oxidation der kondensierten Metalldämpfe können Metalloxidschichten aufgebracht werden.

7.3.7 Transparente Barriere auf SiO$_x$-Basis

Transparente Barrieren auf SiO$_x$-Basis sind eine Entwicklung der Hochvakuum-Bandbeschichtung. Diese Folie wird vereinfacht als „Glasfolie" bezeichnet. Verlangt werden Schichten, die transparent für Mikrowellen und sichtbares Licht sind, gute Wasserdampfbarriere besitzen, aber kein Metall enthalten. Vorteil solcher Schichten ist, daß im Gegensatz zur Aluminiumbarriere das Packgut sichtbar bleibt und in der Verpackung im Mikrowellenherd erwärmbar ist, was in Metallfolien nicht erfolgen kann. Entzieht man dem SiO$_2$ Sauerstoff, so daß ein SiO$_x$ entsteht, in welchem das x kleiner als 2 und größer als 1 ist, erhält man mit abnehmendem x eine zunehmende Sauerstoffbarriere und zunehmende Gelbfärbung. Letztere würde in der Mikrowellenverpackung nicht stören, da die Barriereschicht innerhalb der umhüllenden Pappschachtel liegt. Weil für die Lebensmittelverpackung die *transparente, mikrowellenfeste Barriere* verlangt wird, sind entsprechende Verbunde entwickelt worden (Bild 7.23). SiO wird im Bandbeschichtungsverfahren (Bild 7.24) in einer Hochvakuumkammer bei 1400° und 10^{-4} bar oder durch Elektronenstrahlen verdampft und die Folienbahn an einer Kühlwalze mit SiO$_x$ belegt. Die Barriereeigenschaften sind stark abhängig von der Struktur des SiO$_x$. Die besten Werte wurden erzielt, wenn x = 1,4 bis 1,8 beträgt. Aus der *Plasmaphase* kann auch SiO$_2$ als Sperrschicht aufgebracht werden.

Es wird auch daran experimentiert, Metalloxide (Aluminiumoxid) als transparente Sperrschichten auf Kunststoffolien aufzubringen.

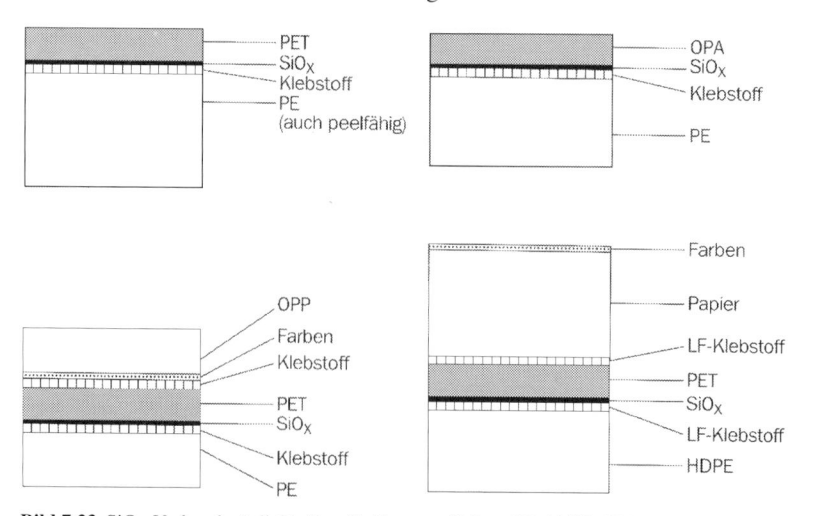

Bild 7.23 SiO$_x$-Verbundmöglichkeiten für Kunststoffolien (Werkbild: 4P-Verpackungen, Ronsberg)

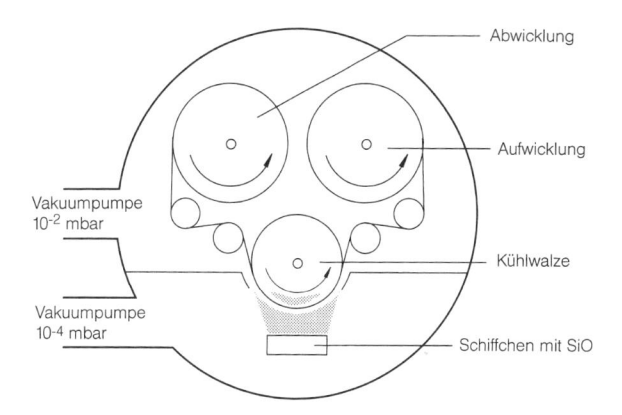

Bild 7.24 SiO_x-Beschichtungsverfahren (Werkbild: 4P-Verpackungen, Ronsberg)

7.3.8 Perforieren – Ventilfunktion

Aus Wasserdampf abgebenden Packgütern wie Obst, Gemüsen, Salaten, Frischbackwaren etc. kondensieren auf der Innenseite der Packung (insbesonders bei PE- und BOPP-Folien) Wassertröpfchen und beeinträchtigen dadurch das Aussehen der Ware. Durch Perforation der Folie wird dies verhindert, die mechanischen Eigenschaften der Folien jedoch verschlechtert. Bei gewissen Anwendungen wird eine Undurchlässigkeit der Folien für Wasser bei gleichzeitiger Durchlässigkeit für Wasserdampf gefordert. Polyurethanfolien und Polyether/Ester-Elastomere besitzen diese Eigenschaften ohne Perforation. Folienbahnen lassen sich im „Hot-neddels-Verfahren", durch Flüssigkeits- oder Gasstrahlen, Ultraschall- oder Hochfrequenzverfahren, Laserstrahlen oder elektrostatisch mikroperforieren. Es gibt eine Perforationstechnik, mit der eine trichterförmige, *ventilähnliche* Lochstruktur erzielt werden kann. Bild 7.25 zeigt die Oberfläche derartiger Folien und die Wirkungsweise der Perforation. Die Folien eignen sich zur Herstellung von Kochbeuteln, Filtern und Ventilsäcken.

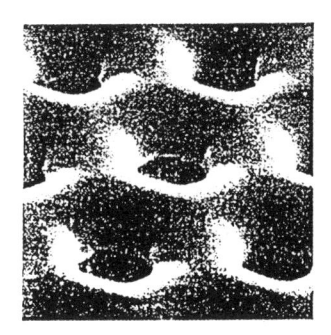

Bild 7.25 Oberflächenstruktur einer perforierten Kunststoffolie, 80fach vergrößert
links: glatte Seite, rechts: rauhe Seite

Mikroperforation von Folien kann auch mit Hilfe von Laserstrahlen durchgeführt werden. Diese Poren haben Durchmesser von weniger als 2 µm und sind mit bloßem Auge kaum sichtbar. Auf einen mm^2 kommen im Durchschnitt 5 Mikroporen, durch welche die mechanische Festigkeit der Folie nicht beeinträchtigt wird. Solche Folien mit Mikroporen ermöglichen z. B. das Räuchern von Fleischwaren im verpackten Zustand. Diese können dann direkt oder mit einer zusätzlichen Verpackung in den Handel gebracht werden.

Entgasungsventile mit einem Durchmesser von 20 mm und einer Dicke von 0,5 mm, die mit Siliconöl als Dichtungsflüssigkeit gefüllt sind, können auf fertige Beutelpackungen z. B. für nachgasende Packgüter (Röstkaffee) wie Etiketten aufgebracht werden (Bild 7.26).

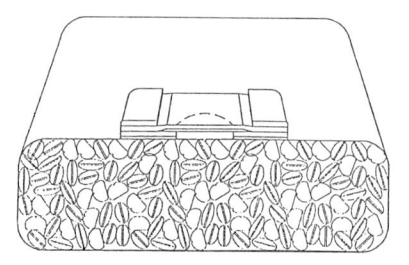

Bild 7.26 Entgasungsventil für Beutelverpackungen für Röstkaffee

7.4 Veredelungen für Verschließ-, Öffnungs-, Lager- und Transporthilfen

Zu Verschließ- und Öffnungshilfen können Oberflächenveredelungen, insbesondere für Folien, als Heißsiegelschichten, Delaminierschichten oder Aufreißbänder gestaltet werden. Für die Lager- und Transportfähigkeit sowie Maschinengängigkeit werden bisweilen Antislip- und Antiblockausrüstungen notwendig. Die Herstellung von Schrumpf- und Stretchfolien wurde in Abschnitt 6.2.2.3 behandelt.

7.4.1 Siegelschichten

Um die Oberflächen von Folien zum Verschließen dauerhaft miteinander verbinden zu können, werden dann, wenn direktes Verschweißen nicht möglich oder erwünscht ist, durch Wärme verbindbare Siegelschichten auf die betreffenden Packstoffe bzw. Folien aufgebracht. Siegelbeschichtungen können ein- oder zweiseitig auf dem Packstoff bzw. der Packfolie erfolgen. Sie bestehen aus einem Thermoplast, das sich unter Wärme und Druck (thermoplastisch) verbinden läßt, ohne daß auch das Trägermaterial den plastischen Zustand erreicht. Solche Siegelschichten können durch Lackieren (siehe Abschnitt 7.2.2), Beschichten (siehe Abschnitt 7.3.4), Laminieren (siehe Abschnitt 7.3.5) oder Coextrudieren (siehe Abschnitt 6.1.3 und 6.1.4) aufgebracht werden.

Werkstoffe für Siegelschichten sind hauptsächlich PE-LD und EVA-Copolymere. Mit der Dichte des PE steigt auch die Siegeltemperatur.

Eine enge Molekülmassenverteilung bewirkt auch einen engen Siegeltemperaturbereich. Um möglichst niedrige Siegeltemperaturen zu erreichen, werden Copolymere von PE mit höheren Olefinen (POP Polyolefinplastomere, POE Polyolefinelastomere), Vinylacetat oder Methylmethacrylat, verwendet. Die Siegelnahtfestigkeit hängt von der Zusammensetzung und Stärke der Siegelschicht ab. Wichtige Anwendung sind Peelsysteme für Abziehfolienverschlüsse gemäß Bild 7.27.

gegen Solofolien aus:
- Polyvinylchlorid (PVC)
- Polystyrol (PS)
- Polypropylen (PP)

gegen Verbundmaterialien mit:
- Siegelschicht aus Polyethylen (PE)

Peel-System

Peel-System

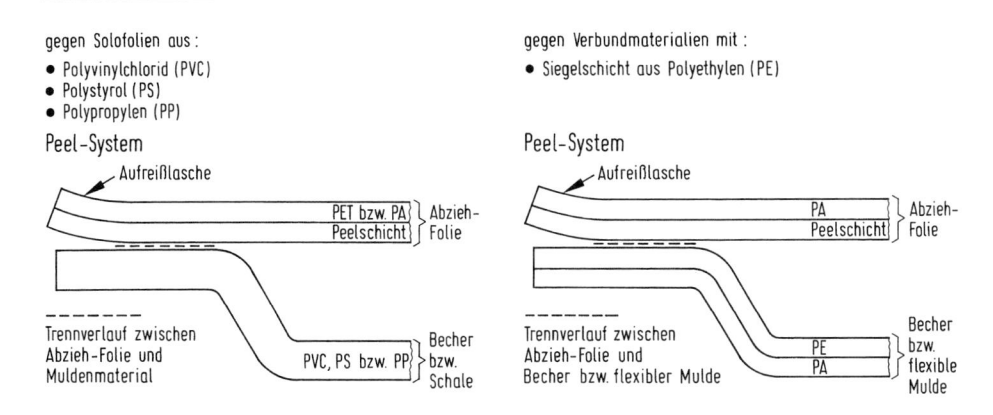

Bild 7.27 Beispiele für Peelschicht-Versiegelungen. Der Peeleffekt wird durch Siegeln von Abziehfolien auf Mono- (links) oder Verbundfolien (rechts) erzielt (Werkbild: Wolff, Walsrode)

Heißsiegeln und Schweißen

Heißsiegeln ist das Verbinden der thermoplastischen Beschichtung von Trägerstoffen unter Einwirkung von Wärme und Druck, wobei die Trägerstoffe selbst nicht plastisch werden. Für die Verpackung wichtige Heißsiegelverfahren sind (siehe Abschnitt 8.5.1): *Kontaktsiegeln, Impulssiegeln, Heißbandsiegeln-* und *Hochfrequenzsiegeln.*

Die beim *Heißsiegeln* angewendete Temperatur ist für die Siegelfestigkeit wichtig, da zu hohe oder zu niedrige Temperaturen zu erheblichen Qualitätseinbußen führen können. Die Siegeltemperatur wird in einem weiten Bereich angegeben, z. B. für BOPP zwischen 120 °C und 140 °C, und ist von der Geschwindigkeit und Taktzahl der Verpackungsmaschine abhängig. Die Siegelanspringtemperatur ist die niedrigste Temperatur des Siegelbereichs. Sein oberer Wert gibt die Temperatur an, bei der noch keine Schädigung der Siegelnaht durch Zersetzung oder Schmelzen des Folienmaterials erfolgt.

Schweißen ist dagegen nach DIN 1910 „das Vereinigen von thermoplastischen Kunststoffen unter Anwendung von Wärme und Druck". Bei Kunststoffverbundpackstoffen läßt sich somit das Heißsiegeln und Schweißen nicht mehr voneinander abgrenzen. Demgemäß wird „Heat-Sealing" als gemeinsamer Sammelbegriff gebraucht.

Von den Parametern Temperatur, Druck und Zeitdauer der Wärme- und Druckausübung ist bei der maschinellen Verarbeitung meist nur die Temperatur regelbar. Die Spaltfestigkeit hängt nicht nur von der Temperatur, sondern auch vom Anpreßdruck ab. Für die Versiegelung von Verpackungen für Flüssigkeiten müssen deren Heißsiegelschichten dick genug sein, um genügend hohe mechanische Festigkeit zu gewährleisten. Hierbei muß bei Verwendung von Aluminium-Verbundfolien (Papier|Al|PE-LD) berücksichtigt werden, daß die Aluminiumfolien einen erheblichen Teil der zugeführten Wärmemenge ableiten und dadurch andere Schichten aufheizen. Bild 7.28 zeigt die Zusammenhänge von Zeit und Temperatur. Hitzebeständigkeiten von Siegelnähten (siehe auch Bild 6.4 in Abschnitt 6.1.3).

Hot-Tack ist die erreichbare Trennfestigkeit der Heißsiegelnaht in einer definierten Abkühlzeit. Dieser Hot-Tack wird nach oben durch die Fließtemperatur, nach unten durch den Erstarrungspunkt eingegrenzt. Die Hot-Tack-Zeit wird durch die Abkühlgeschwindigkeit und das Viskositätsverhalten der Schmelze bestimmt. Diese sind wiederum abhängig von Heißsiegeltemperatur, Schichtdicken, Nahtbreiten und deren Wärmeleitung. In etwa gilt,

daß die für die Nahtbelastbarkeit erforderliche Abkühlzeit dreimal so lang wie die Aufheizzeit ist. Der Anpreßdruck muß mit der Höhe der Schmelzeviskosität steigen. In der Verpackungstechnik sind folgende Siegel- und Schweißverfahren gebräuchlich:
- Wärmekontaktsiegelung,
- Wärmeimpulsverfahren,
- Trennaht-Schweißverfahren,
- Hochfrequenzschweißung,
- Heizkeile mit dahinter angeordneten Druckrollen,
- Heißluft (bei Kopfverschlüssen von PE-Säcken),
- Heißgase,
- Wärmestrahlung,
- Flammschweißung mit Verpressung durch gekühlte Walze (siehe auch Abschnitt 8.5.1).

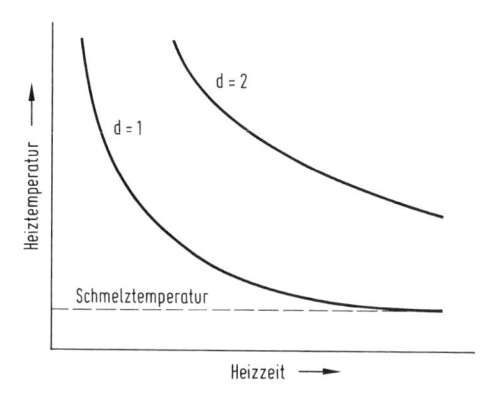

Bild 7.28 Heißsiegeltemperatur in Abhängigkeit von der Heißsiegelzeit.
Zusammenhang zwischen der Oberflächentemperatur des Heizwerkzeuges und der notwendigen Heizzeit zur Erzielung der gleichen Temperatur in der Siegelfläche (nach *Buchner*).
d = 2 gilt für doppelte Packstoffdicke gegenüber d = 1

Blocken nennt man ungewollte Schweiß-, bzw. Siegelverbindungen von Kunststoff-Verpackungen miteinander, die unter Umständen schon bei Raumtemperatur erfolgen können, wenn hoher Anpreßdruck und lange Anpreßzeit vorliegen.

7.4.2 Antiblockausrüstung

Antiblockmittel, Slipmittel, Trennmittel sowie Abstandshalter (Anti-Blocking-Agent, Slip-Agents) sind meist Additive, welche bei Folien, die infolge von Blockneigung zusammenkleben bzw. zusammenbacken, angewendet werden. Als Verarbeitungs- und Ausrüstungshilfen werden Gleitmittel angewandt (vergleiche Abschnitt 5.4.8). Auch durch Pudern der Oberflächen mit Kieselsäuren oder Stärkepulver kann Blocken verhindert werden. Kreide, Siliziumoxide und Fettsäureamide werden in Mengen von 0,05 bis 0,1 % als Additive bereits vor der Verarbeitung zugesetzt. Diese wandern an die Folienoberfläche und wirken als Abstandshalter. Für PE-LD ist Ölsäureamid und für PP Erucasäureamid vorteilhaft. Auch ist es möglich, kleinere Mengen eines Polymers zuzugeben, das mit dem Hauptbestandteil des betreffenden Packstoffs unverträglich ist. Zum Beispiel wandert ein Polyamid aus einer Polypropylenfolie aus und bildet an deren Oberfläche winzige Partikel, welche als Abstandshalter wirken.

Grundsätzlich verhindern Antiblockmittel nicht nur das Zusammenbacken von Folien in Rollen oder Stapeln, vielmehr verbessern sie auch bei der Verarbeitung und Anwendung deren Maschinengängigkeit. Auch Trennfolien können als Zwischenlagen für andere, in Form von Bahnen vorliegende Packmittel dienen und das Blocken dieser Materialien verhindern.

7.4.3 Antislip-Ausrüstung

Beim Transport von Kunststoff-Packungen, insbesondere Folienweichverpackungen wie Säcken, Beuteln u. dgl. auf Paletten und bei deren Lagerung ist es notwendig zu verhindern, daß diese ungewollt aufeinandergleiten. Sie werden daher entweder bereits bei der Herstellung mit einer äußerlich rauhen Oberfläche versehen oder bei der Konfektionierung bzw. Stapelung mit lösbaren Haftverbesserungsmitteln behandelt.

Durch Coextrusion können PE-Sackfolien mit einer dünnen Schicht aus PE-Schaumstoff überzogen werden. Beim anschließenden Aufblasen des coextrudierten Folienschlauchs reißt diese Schicht, und bildet ein unregelmäßiges Netzwerk auf der Folienoberfläche. So wird das gegenseitige Verrutschen der so hergestellten Säcke und deren Abgleiten von hohen Stapeln verhindert.

7.4.4 Delaminationsschichten

Delaminationsschichten haben den Zweck, das Öffnen versiegelter Kunststoff-Packungen ohne Werkzeug zu gewährleisten (siehe auch Abschnitt 8.9.2). Dies können Siegelschichten sein, welche einen so geringen Zusammenhalt aufweisen, daß sie von Hand peelbar, also abziehbar, sind. Auch können durch partielle Perforierung bzw. Ritzung entsprechende Sollbruchstellen vorgegeben werden. Hierbei muß die Siegelfestigkeit selbst im Gegendruckautoklaven Hitzesterilisierung standhalten.

7.4.5 Aufreißstreifen – Aufreißbändchen

Aufreißstreifen oder Aufreißbändchen sind Öffnungshilfen (siehe auch Abschnitt 4.5.6). Sie sollen das Öffnen von Folienpackungen erleichtern. Es sind schmale Folienstreifen, welche in oder auf die Verpackungsfolie der Packung gesiegelt bzw. geklebt werden. Aufreißstreifen umfassen den gesamten Packungsumfang und besitzen ein überstehendes freies Ende. Die Verbindung von Folie mit Aufreißstreifen geschieht durch Anquellen von Lackschichten, Heißsiegeln oder Kleben mit Wachs bzw. Hotmelt. Der Verbund des Aufreißstreifens mit der Folie muß stärker sein als die Reißfestigkeit der Folie, so daß durch Ziehen am freien Ende des Aufreißstreifens die Verpackungsfolie aufgerissen wird. Aufreißstreifen sind etwa 30 bis 80 μm dick und 2 bis 10 mm breit.

Selbstklebende Aufreißstreifen vermeiden Kräuselung der Packung im Streifenbereich. Werkstoff für Aufreißstreifen ist heute vor allem biorientiertes PP (BOPP). Aufreißstreifen werden – auch mit fortlaufendem Text bedruckt – auf Rollen oder Spulen bis zu 8000 m Lauflänge geliefert (siehe auch Abschnitt 8.9.2). Bild 7.29 zeigt prinzipielle Anwendungsmöglichkeiten: von der Folienrolle in Streifenbreite geschnitten oder von der Spule in Anwendungsbreite sowie die Aufbringung im Heißsiegelverfahren.

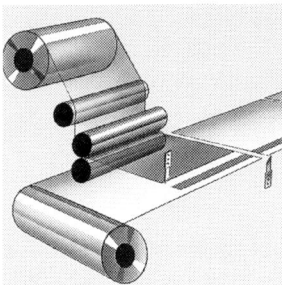

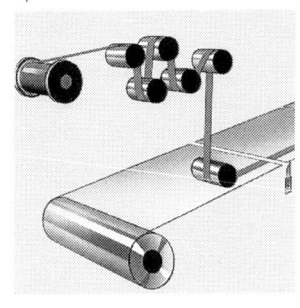

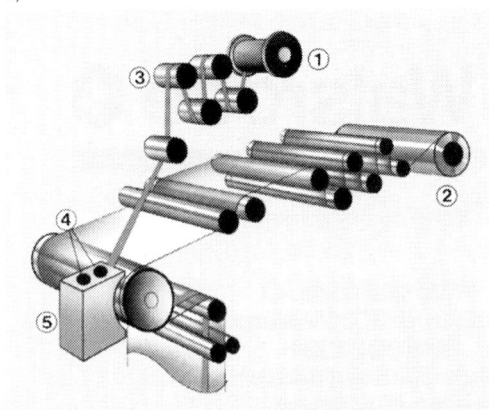

Bild 7.29 Applikationsmöglichkeiten für Aufreißstreifen
A) von der Rolle, B) von der Spule, C) Heißsiegeln von heißsiegelbaren oder hotmeltbeschichteten Aufreißstreifen (1) und (3) auf Einschlagfolie (2) mit temperaturgeregeltem (4) Heizschuh (5)
(Werkbild: Wolff, Walsrode)

7.5 Ergänzende Literatur

Domininghaus, H.: Dekorieren von Kunststoff-Formteilen. VDI-Verlag, Düsseldorf, 1971.
Gächter, R., Müller, H.: Taschenbuch der Kunststoff-Additive, 3. Ausg. Hanser, München, 1990.
Heiß, R.: Verpackung von Lebensmitteln. Springer, Berlin, 1980.
Nentwig, G.: Paratlexikon Folientechnik. VCH, Weinheim, 1991.
Saechtling, H. J.: Kunststoff-Taschenbuch, 24. Ausg. Hanser, München, 1989.
Stoeckhert, K. (Hrsg.): Veredeln von Kunststoff-Oberflächen. Hanser, München, Wien, 1975.
Zoril, U., Schütze E.-C.: Kunststoffe in der Oberflächentechnik. Kohlhammer, Stuttgart, 1986.
VDI-K (Hrsg.): Verpacken mit Kunststoffolien, VDI-Verlag, Düsseldorf, 1982.

Literatur zu Abschnitt 7.1

Connell, L. D.: Beflammen als Oberflächenbehandlung bei thermoplastischen Kunststoffen. Kunststoffe 76 (1986) 8, S. 671-674.
Liebel, G., Bischoff, R.: Vorbehandlung von Kunststoffoberflächen. Kunststoffe 77 (1987) 4.
N. N.: Coronaanlage zum Behandeln von Blasfolien. Kunststoffe 80 (1990) 6, S. 672.
Pochner, K.: Plasmabehandlung: Funkenregen reinigt Folienoberflächen. Neue Verpackung 46 (1993) 12, S. 14–18.
Sherman, Ph.: Corona- und Flammexperten. Papier- und Kunststoffverarbeiter 6 (1990), S. 42 ff.
Zenkiewiez, M.: Analyse ausgewählter Effekte der Coronaentladungen in Zusatzwerkstoffe enthaltenden PE-Folien. Plaste und Kautschuk 35 (1988) 11.

Literatur zu Abschnitt 7.2

Biegel, H.: Elastische Kunststoffe lackieren. Industrie-Anzeiger 89 (1990), S. 28 ff.
Böcklein, M., Eckhardt, H.: Dekorieren von Spritzgußteilen im Werkzeug. Kunststoffe 76 (1986) 9, S. 1028.

Bohr, K.W.: Bedrucken von Kunststoffen im Offsetverfahren. Kunststoffe 77 (1987) 5, S. 494–496.
Dominik, M.: Oberflächentechnik: Bedrucken. Kunststoffe 85 (1995) 12, S. 2154–2158.
Domininghaus, H.: Dekorieren von Kunststoff-Formteilen. VDI-Verlag, Düsseldorf, 1971.
Habenicht, G.: Kleben: Grundlagen, Technologie, Anwendungen. Springer, Berlin 1986.
Kühne, G.: Bedrucken von Kunststoffen. Hüthig, Heidelberg, 1990.
Manz, B.: In-Mould-Dekorieren. Kunststoffe 85 (1995) 9, S. 1346–1350.
Milker, R.: Oberflächenvorbehandlung von Polymeren mittels Fluor. Coating 18 (1985), S. 294.
Schultze, D.: Klebefolien aus thermoplastischen Schmelzklebstoffen. Kunststoffe 85 (1995) 12, S. 2050–2055.
Schütt, H.K.: Der Thermo-Transferdruck zum Bedrucken von Tastaturen. Kunststoffe 76 (1986) 2, S. 213.
Schütze, E.-C.: Bedrucken von Kunststoffen. Kunststoffe 79 (1989) 6, S. 661.
Serafin, G.: Heißprägedekore – die mehrfarbige Lösung. Kunststoffe 80 (1990) 1, S. 34–36.
Teichmann, H.-J.: Frequenzmodulierter Bildaufbau im Verpackungsdruck. Neue Verpackung, 48 (1995) 4, S. 18–26.
Zepf, H.-P.: Abriebfest bedruckte gewölbte Kunststoffoberflächen. Kunststoffe 85 (1995) 7, S. 906–909.
Zoril, U., Schütze, E.-C. (Hrsg.): Kunststoffe in der Oberflächentechnik. Kohlhammer, Stuttgart, 1986.

Literatur zu Abschnitt 7.3

Bader, H., u. a.: Flexible Packstoffe aus nachwachsenden Rohstoffen. Verpackungs-Rundschau 12 (1994), S. 77–82.
Benz, G.: Schutzschichten durch Plasmapolymerisation. Bosch, Techn. Berichte 8 (1986/87) 5, S. 219–226.
Broomfield, A. A.: Metallisierte Packstoffe. Verpackungs-Rundschau 34 (1983) 3, TWB S. 15–20.
Christoph, et. al.: Kunststoff Galvanisierung. Lenze, Saulgau, 1973.
Ebneth, H., et al.: Metallisieren von Kunststoffen. Expert, Renningen, 1995.
Finson, E., Felts, J.: Transparent SiO_2 Barrier Coatings: Conversion and Production Status. Tappi Journal 78 (1995) 1, S. 161–165.
Gerstenberg, K. W., Schön, D.: Beschichten durch Plasmapolymerisation. In: *Spur/Stöpferle* (Hrsg.): Handbuch der Fertigungstechnik, Bd. 4. Hanser, München, 1987.
Große, W.: Mikroperforation reguliert Gasaustausch. Kunststoffe 84 (1994) 5, S. 559–563.
Hartmann, R.: Plasmamodifizierung von Kunststoffoberflächen. Kunststoffberater 10 (1987), S. 31 ff.
Hartwig, E.: Die Hochvakuum-Bandbeschichtung, Tagungsbericht. Verpackungs-rundschau (1991), S. 40–47.
Langowski, H.-C., Utz, H.: SiO_x-Barriereverfahren, Z.f.L. 43 (1992), S. 520–526.
Leybold: Metallisieranlage. Firmenschrift Leybold, Frankfurt, 1995.
Menges, G., Plein, P.: Plasmapolymerisation – maßgeschneiderte Beschichtungen für Kunststoffteile. Kunststoffe 78 (1988) 10, S. 1015–1018.
Nentwig, G.: Sperrschicht-Folien durch Metall- und SiO_x-Bedampfung. Neue Verpackung 44 (1991) 8, S. 36–41.
Nentwig, G.: SiO_x-Barriere-Folien. Neue Verpackung 46 (1993), S. 45-59 und (1993) 6, S. 62–63.
N. N.: Verpackungsfolie mit hohen Barriereeigenschaften (PET). Verpackungs-Rundschau 11 (1994), S. 28–29.
N. N.: Lösungsmittelfluorierung von Kunststoffoberflächen. Kunststoffe 76 (1986) 3, S. 235–240.
N. N.: Gasende Füllgüter (Ventile). Neue Verpackung 46 (1993) 2, S. 26–27.
Roppel, H.-O.: Verbesserung der Barriereeigenschaften beim Blasformen. Kunststoffe 77 (1987) 5, S. 485–492.
Roppel, H.-O.: Barrierematerialien für blasgeformte Hohlkörper. Kunststoffe 77 (1987) 12, S. 1259–1263.
Schricker, G. et al.: Zum Einfluß mechanischer Belastungen auf die Dichtigkeit von metallisierten

Kunststoffolien und Aluminiumverbunden mit Kunststoffen. Verpackungsrundschau 41 (1990) 7, TWB, S. 45–48.

Utz, H.: Barriereeigenschaften von aluminiumbedampften Kunststoffen. Verpackungs-Rundschau 43 (1992 3, S. 17–24 (TBW) und 44 (1994) 8, S. 51–58 (TBW).

Weiss, J.: Einflußfaktoren auf die Barriereeigenschaften metallisierter Folien. Verpackungs-Rundschau 44 (1993) 4, S. 23–28.

VDI-K (Hrsg.): Sperrschichtbildung bei Kunststoffhohlkörpern. Literaturdokumentation, VDI, Düsseldorf 1986.

Literatur zu Abschnitt 7.4

Buchner, N.: Der Schweißvorgang beim Wärmeimpuls- und Wärmekontakt-Schweißverfahren in der Verpackungsmaschine. Verpackungs-Rundschau 18 (1967), TWB, S. 57–64.

Domke, K.: Die Güte von Schweißnähten an Verpackungsfolien. Verpackungs-Rundschau 12 (1971), S. 1160–1178 und 23 (1972), S. 1070–1075.

Firmenschriften Wolff Walsrode AG und Hoechst AG, Kalle.

Heiß, R.: Verpackung von Lebensmitteln. Springer, Heidelberg, 1980.

GE Silicones: Antiblockmittel für dünne Folien. Plastverarbeiter 46 (1995) 7, S. 50.

Schreiber, D.: Heißsiegelverfahren für Kunststoff- und Glasbehälter. Neue Verpackung 48 (1996), H. 6, S. 54–59; H. 7, S. 48–53; H. 8, S. 76–82.

8 Verschlüsse – Verschließmittel – Verschließ- und Packhilfsmittel

Ein *Verschluß* ist das Ergebnis des Verschließens unter Anwendung bestimmter Verfahren (DIN 55 405). In der Praxis wird der Begriff „Verschluß" häufig synonym für Verschließmittel verwendet.

Ein *Verschließmittel* ist Teil eines Packmittels, das allein oder in Verbindung mit einem Verschließhilfsmittel zum Verschließen einer Packung dient.

Verschließhilfsmittel ist ein *Packhilfsmittel*, das vorwiegend in Verbindung mit einem Verschließmittel zum Verschließen einer Packung dient, z. B. Dichtmittel, Klebeband, Stahlband. Verschließhilfsmittel gehören zu den Packhilfsmitteln. Da diese jedoch oftmals auch Verpackungsverschlüsse bilden, werden sie zusammen mit diesen behandelt. Außerdem gehören zu den Packhilfsmitteln die Sicherungs- und Kennzeichnungsmittel, Polstermittel sowie Transporthilfsmittel.

8.1 Verschließen und Sichern der Verpackung

Bedeutung und Aufgaben der Verschlüsse und Sicherungen

Verschließen ist das Bilden des Verschlusses einer Packung aus unterschiedlichen Packmitteln (Tabelle 8.2):
– ohne Verwendung eines Verschließmittels oder Verschließhilfsmittels (z. B. durch Einstecken, Falten, Schweißen),
– unter Verwendung eines Verschließmittels (z. B. Deckel, Schraubkappe) und/oder Verschließhilfsmittels (z. B. Heftklammern, Klebestreifen), (DIN 55 405).

Der Verschluß jeder Verpackung ist einer ihrer wichtigsten Bestandteile. Er hat die Aufgaben:
– das Füllgut am unkontrollierten Austritt aus der Verpackung zu hindern,
– Schutz gegen Transporteinflüsse zu gewährleisten und
– die Öffnungs- und häufig auch die Wiederverschließfunktion zu übernehmen.

Außerdem soll ein Verschluß dem Konsumenten die Füllgutentnahme erleichtern (Convenience) sowie *werbewirksam* sein.

Ein Kunststoffbehältnis kann die Dichtheitsanforderungen nicht besser erfüllen als sein Verschluß es zuläßt. Daher muß die Auswahl eines Verschlusses für die jeweilige Anwendung sehr sorgfältig geschehen.

Folgende *Einflußfaktoren* erhöhen die *Anforderungen* an die Dichtheit des Verschlusses:
– mechanische Beanspruchungen wie Abfüllen und Verschließen, Entnahme und Wiederverschließen, Transportieren, Stoß, Aufprall, Ein-, Aus- und Umlagerung,
– Druck (Über- oder Unterdruck) in der Packung,
– Temperatur (Heißabfüllung, Sterilisation, Lagerung bei tiefen Temperaturen, Temperaturwechsel),
– Physikalische und chemische Beanspruchung durch das Füllgut sowie Umwelteinflüsse aus der Atmosphäre oder Strahlung.

8.2 Verschlußarten

Ihre Systematik nach DIN 55 405 T. 6.3 zeigt Tabelle 8.1. Die Verschlüsse aus und mit Kunststoffen sowie für Kunststoffbehältnisse lassen sich für die praktische Anwendung in *mechanische Verschlüsse, stoffschlüssige wie Siegelverschlüsse, Schweißverschlüsse und Klebverschlüsse* einteilen.

Tabelle 8.1 Einteilung der Verschlußarten nach DIN 55405

Verschlußarten				
nach der Anordnung am Packmittel	ohne Verwendung von Verschließmitteln	unter Verwendung von Verschließmitteln	unter Verwendung von Verschließhilfsmitteln	nach zusätzlichen Anforderungen
Bodenverschluß Kopfverschluß Seitenverschluß Stirnverschluß	Einsteckverschluß (Steckverschluß) – Ohrenverschluß – Zungenverschluß Faltverschluß (Einrollverschluß) Gleitverschluß Lötverschluß Prägeverschluß Rändelverschluß Schmelzverschluß Schweißverschluß Siegelverschluß Ventilverschluß	Abreißverschluß Anpreßverschluß Anrollverschluß (Rollerverschluß) Aufreißverschluß Bördelverschluß Drückverschluß – Aufdrückverschluß – Eindrückverschluß Falzverschluß Hebelverschluß – Bügelverschluß – Spannverschluß Nockenverschluß (Bajonettverschluß) Schnappverschluß Schraubverschluß Spannringverschluß	Bindeverschluß Clipverschluß Drillverschluß Heftverschluß Klebebandverschluß Klebestreifenverschluß – Doppel-L-Verschluß – Doppel-T-Verschluß – Schlitzverschluß Klebeverschluß, – Haftklebeverschluß (Selbstklebeverschluß) Nähverschluß	fälschungskenntlicher Verschluß (diebstahlsicherer Verschluß) entnahmesicherer Verschluß fälschungssicherer Verschluß Garantieverschluß (Originalitätsverschluß) kindergesicherter Verschluß Trageverschluß Vakuumverschluß (Dampfvakuumverschluß) wiederverschließbarer Verschluß

Bei den *mechanischen* Verschlußarten erfolgt das Verschließen der Verpackung *form-* und/oder *kraftschlüssig* mit Hilfe besonderer Verschlußelemente, den Verschließ- oder Verschließhilfsmitteln, die lose oder auch fest mit dem Packmittel verbunden sein können.

Schweißen, Heißsiegeln, Kaltsiegeln und *Kleben* sind *stoffschlüssige* Fügeverfahren für Packmittelverschlüsse.

Die *Auswahl* der jeweils einzusetzenden Verschlußart wird von folgenden Kriterien bestimmt:

– Eigenart des Packguts und Packmittels,
– erforderliche Dichtung,
– maschinentechnische Forderungen von Form-, Füll- und Verschließ-Maschinen,
– Verbrauchergewohnheiten bzw. -forderungen.

Je nach Lage des Verschlusses unterscheidet man *Boden-, Seiten-, Kopf-, Stirn-* und *Deckelverschluß*.

Die für Verpackungen mit Kunststoffen wichtigen *Verschlußarten* sind (nach DIN 55 405, T. 6.3) im Glossar definiert.

Normverschlüsse können durch Verschließmittel beliebig oft geöffnet und wieder verschlossen werden. Zu diesen Verschlußarten gehören Druck-, Zieh- und Schiebeverschlüsse sowie Deckel, Stopfen und Schraubverschlüsse.

Garantieverschlüsse oder *Tamper-Proof-Verschlüsse* sind fälschungskenntliche Verschlüsse und können (siehe Abschnitt 8.3.12) nach erstmaligem Öffnen nicht wieder derart verschlossen werden, daß das erste Öffnen nicht zu erkennen ist. Häufig sind sie auch nicht wieder vollwertig verschließbar. Hierzu zählen alle Kleb-, Siegel- und Schweißverschlüsse sowie Kronenkorken, Anrolldeckel und sogenannte Pilferproof-Verschlüsse etc. Kunststoff- und Kunststoff-Metall-Verbundfolien werden durch nicht peelbares Aufkleben, Aufsiegeln oder Aufschweißen auf Mündungen von Flaschen oder Weithalsbehältern verschiedener Werkstoffe zum Garantieverschluß. Derart verschlossene Gefäße können nur durch die Zerstörung des Deckplättchens geöffnet werden. Die Auswahl der Verschlußart ist vom eingesetzten Werkstoff, aber auch vom Füllgut abhängig.

Tabelle 8.2 Zuordnung von Verschlußarten zu Packmitteltypen (nach *Hörlezeder*)

Verschlußart \ Packmitteltyp	Ampulle	Becher	Beutel	Dose	Eimer	Faß	Flasche	Kanister	Kanne	Sack	Schachtel	Tiegel	Trommel	Tube	Weithalsglas
Verschließen ohne Verschließmittel															
Einsteckverschluß											×				
Faltverschluß			×											×	
Lötverschluß				×											
Prägverschluß				×											
Schmelzverschluß	×														
Schweißverschluß				×					×					×	
Siegelverschluß		×	×												
Verschließen mit Verschließmittel															
Anpreßverschluß				×	×										×
Anrollverschluß							×	×							×
Bördelverschluß		×	×				×								×
Druckverschluß		×	×	×			×					×			×
Falzverschluß				×											
Hebelverschluß							×								
Schraubverschluß				×			×	×	×			×		×	×
Verschließen mit Verschließhilfsmitteln															
Clipverschluß			×							×					
Heftverschluß													×		
Klebebandverschluß			×	×	×					×	×				
Klebestreifenverschluß													×		
Klebeverschluß				×						×	×				
Nähverschluß										×					
Umreifung, Umschnürung											×				

8.3 Mechanische Verschlüsse, Verschließ- und Verschließhilfsmittel

Mechanische Verschlüsse werden meist durch Verschließmittel und/oder Verschließhilfsmittel hergestellt, welche – außer den Band- und Folienelementen – fast durchweg im Spritzgießverfahren gefertigt werden. Sie sind oft auch kombiniert mit Dosier-, Auftrags- und Spendehilfen etc.

8.3.1 Lose Binde-Elemente aus Kunststoffen

Diese gehören zu den Verschließhilfsmitteln. Sie werden aus extrudierten Halbzeugen wie Folien, Bändern, Drähten etc. hergestellt.

Umschnüren ist das Bilden eines Verschlusses oder einer Sicherung von Packstücken, gegebenenfalls auch Bilden von Bündeln durch Verwendung von z. B. Bindfaden oder Draht (DIN 55 405). Hierfür verwendet man immer häufiger hochreißfeste Kunststoffprodukte in Rund- oder Flachform.

Gereckte Folienbändchen aus eingefärbtem Polypropylen (PP) kommen wegen ihrer hohen Reißfestigkeit und ihrer guten optischen Wirkung in großem Umfang als Verpackungsbänder, insbesondere für Geschenkverpackungen zum Einsatz. Fibrillierte Bändchen und Spleißfasern werden für widerstandsfähige Paketschnüre verwendet.

Kunststoffschnüre lassen sich maschinell am besten verarbeiten. Der Schnuranfang wird dabei von einem Greifer erfaßt und auf einer Kreisbahn so um das Gut bzw. die Verpackung herumgeführt, daß die Schnur sofort straff anliegt. Dann werden die beiden Schnurenden durch Verschweißen, Knoten oder Umklammern mit Hilfsmitteln wie Blechstreifen oder Plomben miteinander verbunden (siehe Abschnitt 8.3.2).

Beispiele für wiederverwendbare lose Beutel- und Sackverschlüsse sind:

Der *Clip* ist ein meist streifenförmiges Verschließhilfsmittel, das durch Zusammenbiegen seiner Enden so geformt wird, daß damit Packmittel z. B. Beutel verschlossen werden können. Man kann den Clip auch als Drahtband (Flachband) bezeichnen, das seine Festigkeit und Formhaltigkeit durch Drahteinlagen in Längsrichtung erhält. Solche *Drahtbandclips* werden z. B. zum Verschließen von Backwarenbeuteln eingesetzt.

Folienbeutel-Schlitz-Clips werden aus etwa 1 mm dicken Folien gestanzt, die sowohl Elastizität als auch gutes Rückstellvermögen haben müssen. Formen derartiger Clips zeigt Bild 8.1A. Der Kunststoffbeutel wird im oberen Teil zusammengerafft und durch den Schlitz des Clips geschoben.

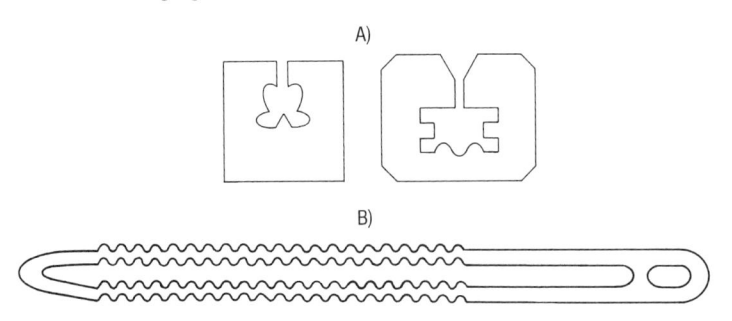

Bild 8.1 Beutel-Schlitz-Clip oder Flachverschlußclip (A) und Flachverschlußlasche (B)

Verschlußlaschen werden aus etwa 1 mm dicken, nicht zu steifen Folien aus Polyethylen oder Polyvinylchlorid durch Ausstanzen hergestellt. Die Form einer Verschlußlasche zeigt Bild 8.1B. Der zackenförmige Rand sichert einen festen Sitz, wenn nach dem Durchstecken der Spitze durch die Öffnung rechts die Lasche belastet wird. Sie verhindert so die Öffnung des Beutels.

Rundprofilbindelaschen sind aus Polyethylen hergestellte Spritzgußteile, die Rundprofile mit kalottenförmigen Knötchen aufweisen. Diese Knötchen werden in einen Schlitz der Lasche gesteckt und dort eingerastet. Dann wird das freie Ende des Binders zur Bildung einer Aufhängeschlaufe in das äußere Loch geschoben, wo es in einem weiteren Schlitz einrasten kann. Solche Verschlüsse führen mit steigender Belastung zu einer festeren Verbindung (Bild 8.2A). Die Rundprofile in Verbindung mit den Schlitzen garantieren hohe Festigkeiten und Verschlußsicherheiten. Eine *Druckknopfbindelasche* zeigt Bild 8.2 B.

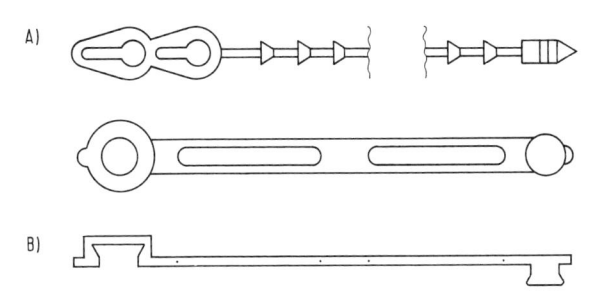

Bild 8.2 Bindeelemente spritzgegossen, Rundprofil- (A) und Druckknopfbindelasche (B)

8.3.2 Umreifungsbänder

Umreifen ist das Bilden eines Verschlusses, einer Verstärkung oder Sicherung von Packstücken oder das Bilden von Bündeln, bei dem vorwiegend bandförmige Verschließhilfsmittel verwendet werden.

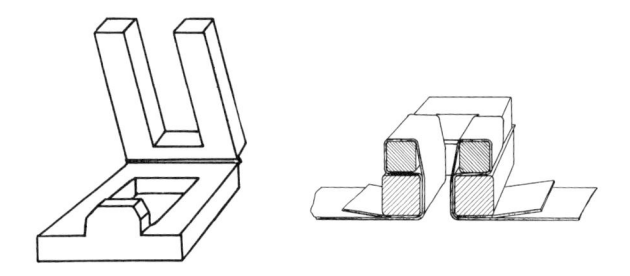

Bild 8.3 Gespritzte Verschlußspange aus PP für Umreifungsbänder aus PA

Umreifungsbänder werden zum Verschließen von Transportverpackungen, Bündeln, zum Zusammenfassen und Sichern von Ladeeinheiten wie Umreifen von Palettenladungen verwendet. Die beiden Bandenden werden entweder mit Metallklammern, PP-Spangen (Bild 8.3) oder durch Verschweißen, bei kleinen Packstücken auch durch Binden zusammengefügt. Das Verschweißen von Kunststoffbändern kann durch direktes Erhitzen, Reibung (Vibration) oder Ultraschall erfolgen. Nicht jede Umreifung aus Kunststoff eignet sich zum direkten Verschweißen. Zum Beispiel können Polyesterbänder und hochhaltig glasfaserverstärkte Bänder nicht verschweißt werden. Sie lassen sich jedoch durch Verpressen mit zusätzlichen Metallklammern verbinden.

Kunststoffbänder aus PP, PET und PA sind in der Lage, sich im elastischen Bereich zu dehnen, wenn Zugkräfte auf sie einwirken, und sich nach Belastungsende wieder zurückzuverformen. PA dehnt sich dabei am stärksten, Polyester am geringsten. Kunststoffbänder sind vor allem schneller und unproblematischer zu verarbeiten als Stahlbänder und weisen beim Anlegen mit entsprechender Vorspannkraft eine größere Dehnung auf, ohne ihre Rückstellkraft zu verlieren. Daraus ergibt sich gegenüber den Stahlbändern auch bei sich setzender Palettenladung eine noch ausreichende Spannkraft, um die Sicherung des Gutes zu gewährleisten. Besonders für den Versand in die Tropen bieten die Kunststoffbänder Vorteile, da sie weder korrodieren noch verrotten.

Die Werkstoffe PP, PET oder PA für Umreifungen werden heute so verarbeitet, daß sie einerseits hohen mechanischen Belastungen und andererseits auch Wärmebeanspruchungen ohne Qualitätseinbußen widerstehen. Sie können getempert werden, um spätere Wärmedehnungen zu verhindern und mit Verstärkungseinlagen wie Glasfasern versehen werden, um wesentlich höheren mechanischen Belastungen standzuhalten. Einfache Umreifungsbänder aus gerecktem Polypropylen verlieren unter Belastung oft von ihrer ursprünglichen Spannung. Dagegen können Bänder aus Polyester ihre Anfangsspannung auch bei hohen Belastungen und unter tropischen Temperaturen aufrechterhalten. Im gemäßigten Klima halten sie die Spannung über Monate oder gar Jahre. Sie sind z. B. für den Zusammenhalt von Flachpaletten mit Wellpappenumverpackung das derzeit geeignetste Verschlußmittel, weil sie leicht und elastisch, nicht scharfkantig, sondern schmiegsam und glatt sind, nicht rosten, eine hohe Schockreserve besitzen und die Packstückkanten weniger belasten.

Die Breiten dieser Bänder liegen bei 10 bis 30 mm, ihre Dicke bei ca. 0,5 mm. Bänder aus verstrecktem Polypropylen (OPP) sind besonders günstig.

In speziellen Anwendungen sind zusätzliche Kantenschutzelemente erforderlich. In einfachen Fällen kann Klebeband statt Umreifungsband verwendet werden.

8.3.3 Deckel

Deckel sind die wichtigsten Verschließmittel aus Kunststoffen und dienen zum Verschließen eines starren Packmittels auf dem gesamten Umfang oder seiner Füllöffnung. Ihre Definitionen sind in Abschnitt 4.1.5 gegeben. Wichtige Deckel-Grundtypen zeigt Bild 8.4. Man unterscheidet hauptsächlich *Schraubdeckel, Nockendeckel* (Deckel mit Bajonettverschluß), *Stülpdeckel* (Aufschubdeckel), *Schiebedeckel* (Einschubdeckel), *Falzdeckel, Eindrückdeckel* (Eingreifdeckel), *Aufsatzdeckel* (Auflagedeckel), *angeformte Deckel, Bügel-* und *Hebelverschlußdeckel, Abreiß-* und *Aufreißdeckel, Schnappdeckel* (Klemmdeckel), *Foliendeckel, Klappdeckel* sowie *Scharnierdeckel*.

Schraubdeckel

Schraubdeckel werden auf ein am jeweiligen Behältnis angebrachtes Außengewinde aufgeschraubt und dichten es auf dem Rand ab, über Konen bzw. Dichtlippen auch von innen. Diese Deckel werden hauptsächlich durch die Axialkräfte fixiert, welche über die Gewinde aufgebracht werden. Hierdurch wird die Dichtwirkung am Rand der Gefäße erzeugt und ein selbständiges Zurückdrehen durch den entstehenden Reibschluß verhindert.

Die „*Schraubverschlüsse*" bzw. „*-verschließelemente*" unterscheiden sich in Gewindeform, Gewindedurchmesser, Art der Dichtung und Außenform. Die gebräuchlichen Gewindeformen sind das *Rundgewinde* (Bild 8.5a) und das *Sägegewinde* (Bild 8.5b). Für den

Bild 8.4 Deckel-Grundtypen

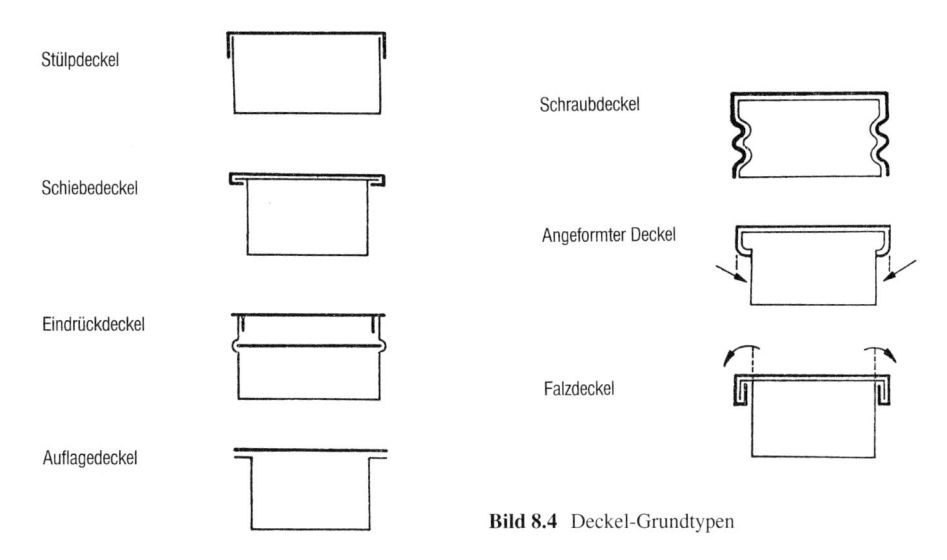

Grad der Dichtheit ist die Anzahl der Gewindegänge nicht entscheidend, jedoch sollten bei Kunststoffteilen die Kurzgewinde nicht kürzer als ein voller Gang samt einem gewissen Überlauf (Ü) sein (Bild 8.5c). Gewindegänge von geblasenen Hohlkörpern können im Bereich der Trennfuge des Werkzeugs unsauber ausfallen und zu Problemen beim Aufschrauben des Deckels führen. Deshalb wird das Gewinde oft in halbe Gänge bis wenige Millimeter vor der Trennfuge geteilt. Es werden dann mindestens zwei, meist drei Gänge erforderlich.

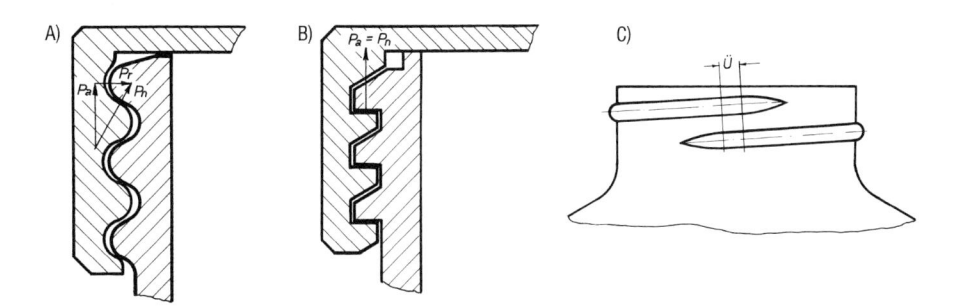

Bild 8.5 Rund- (A), Säge- (B) und Kurzgewindeform (C) von Schraubverschlüssen
P_a: axial wirkende Kraft, P_r: radial wirkende Kraft, P_n: resultierende Kraft, Ü: erforderlicher Überlauf

Für die „*Schraubverschlüsse*" ist die optimale Werkstoffpaarung von Verschluß und Behälter entscheidend. Oft finden weiche und harte Thermoplaste Anwendung. Ein harter Verschluß benötigt meist eine weiche, flexible Dichteinlage. Bei weichen, entsprechend geformten Flaschenhälsen (z. B. aus PE-LD) kann auf das zusätzliche Dichtelement verzichtet werden. Für höchste Ansprüche, z. B. Kosmetika, werden Ionomer-Verschlüsse verwendet. Um zu hohen Innendruck zu vermeiden, wurden ein- und zweiteilige *Sicherheitsschraubdeckel* mit Ventil („Safety Cap") entwickelt.

Die Konstruktion von Packmittel und Verschluß entscheidet über die Leistungsfähigkeit der Verpackung, die immer wesentlich vom Packstoff beeinflußt wird. Der Aggregatzustand des Füllguts bestimmt zwar primär den Dichtheitsgrad, es können aber auch äußere

Bedingungen von Bedeutung sein. So erfordert evtl. ein körniges Füllgut nur einen bedingten Dichtheitsgrad. Ist es jedoch hygroskopisch, so muß es gegen eindringende Luftfeuchtigkeit durch geeignete Dichtelemente geschützt werden. Hierbei sind Abhängigkeitsfaktoren wie Diffusionsweg, Gleichgewichtsfeuchte über dem Füllgut, Außenfeuchte und Lagerdauer zu berücksichtigen.

Beim Entwurf des Verschlusses muß u. a. berücksichtigt werden, daß dessen Befestigen bis hin zum Abdichten frei erfolgt. So darf z. B. ein *Schraubdeckel* nicht mit seinem unteren Rand auf die Flaschenschulter oder den Halsrand drücken, weil dadurch die Halspartie unter zusätzliche Axialspannung gesetzt würde. Auch müssen Schwindung und Nachschwindung von Hals und Verschluß mit in die Berechnung einbezogen werden, denn die Innendichtelemente könnten evtl. infolge Schrumpfung des Verschlusses unwirksam werden, wodurch erhöhte Aufschraubkraft benötigt wird. Dies könnte zunächst zur irrtümlichen Annahme der Dichtheit führen, aber in Wirklichkeit Undichtheit und Spannungsrisse hervorrufen.

Die *Quellmöglichkeit* des Dichtelements durch das Füllgut kann ebenfalls zu einer erhöhten Spannung und Rißbildung führen. Außer vom Werkstoff wird das Quellvolumen begrenzt, wenn die Dichtelemente so dünn wie möglich gehalten werden. Entstehende Spannungen lassen sich zum Teil durch konstruktive und werkstoffbedingte Elastizität auffangen.

Der Massenanteil des Verschlusses am Gesamtpackmittel wird von der Art und der Größe des Hohlkörpers bestimmt (Bild 8.6).

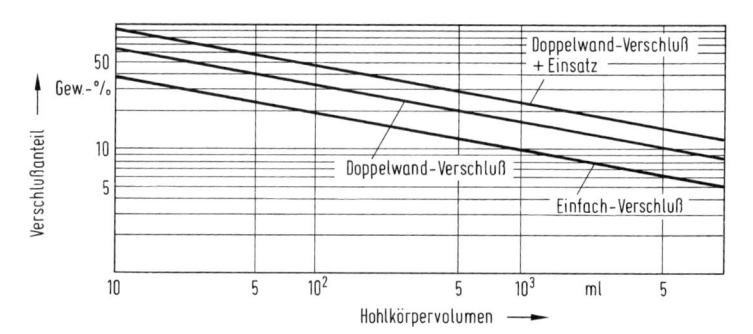

Bild 8.6 Massenverhältnis von Hohlkörper zu Verschluß

Verschlüsse aus sprödhartem Polystyrol sind am kostengünstigsten, dann folgen die aus zähelastischen Polyolefinen (PE, PP). Verschlußelemente aus Polypropylen (PP) weisen die höchste Spannungsrißbeständigkeit auf. Innerhalb der einzelnen Werkstoffe besteht sehr große Typenvielfalt und damit ein breites Eigenschaftsspektrum.

Die Gestaltung der Außenform wird durch die speziellen Anforderungen bestimmt, die an den Verschluß neben seiner eigentlichen Verschließaufgabe gestellt werden. Sehr einfache Schraubverschlüsse sind einwandige Kunststoffdeckel mit Flächen- oder Lippendichtung. Durch Einlegen weiterer Dichtringe bzw. -scheiben kann die Dichtwirkung erhöht werden. Solche Deckel werden von Tubenverschlußgröße (Gewinde M5) bis zu Kanisterverschlußgröße von 160 mm Durchmesser geliefert.

Eine aufwendigere Konstruktion bildet der *Doppelwandverschluß*, der aus verkaufs- und werbetechnischen Gründen insbesondere für Kosmetikartikel verwendet wird. Für einen guten optischen Gesamteindruck von Verschluß und Behältnis sind mannigfaltige Formen und (mehrteilige) Abwandlungen entwickelt worden (Bild 8.7). Sie sind oft so gestaltet, daß die Kontur des Behälters in die des Verschlusses übergeht. Bei entsprechender Ausführung kann der offene Hohlraum solcher Verschlüsse als Meßbecher dienen.

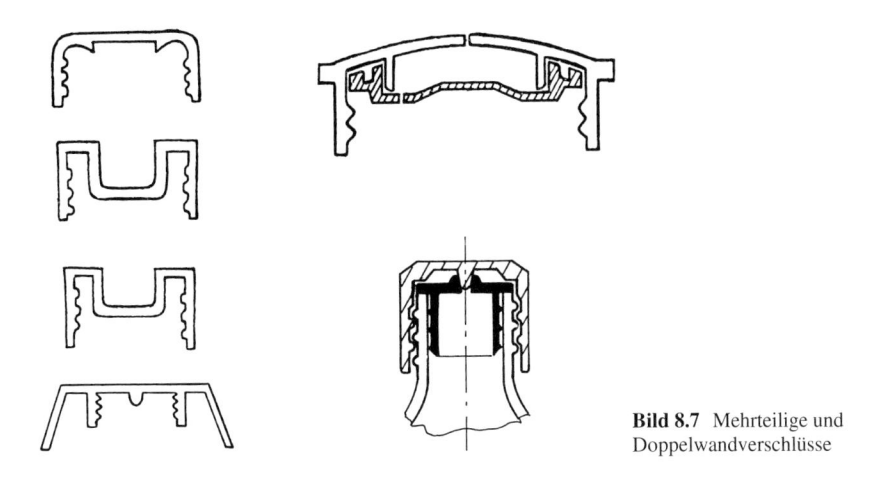

Bild 8.7 Mehrteilige und Doppelwandverschlüsse

Kompliziertere Formen und Profile von Schraubdeckeln, die auch Auftrags- oder Dosierhilfen sein können, sind in Abschnitt 8.3.10 beschrieben.

Nockendeckel (Deckel mit Bajonettverschlüssen)

Die Gewindemündung am Hohlkörper und die entsprechenden Nocken im Verschlußinnenteil – je nach Durchmesser und Konstruktion aus drei bis acht Nocken, die aus dem seitlichen Verschlußrand nach innen ausgearbeitet sind – werden bei diesem Deckeltyp so aufeinander abgestimmt, daß meist bereits eine Vierteldrehung genügt, um den Verschluß zu öffnen und wieder schnell und luftdicht zu verschließen. Infolge der Steigung der relativ kurzen Gewindeteile (gleiche Anzahl wie Nocken) ergibt sich nach dem Aufbringen des Deckels eine gewisse Federspannung der Verschlußnocken und damit eine feste mechanische Verriegelung zwischen Hohlkörper und Deckel. Vakuum trägt zusätzlich zum sicheren Sitz des Verschlusses bei und macht ihn zum Originalitätsverschluß, denn beim Öffnen des Verschlusses ist durch das Aufheben des Vakuums ein hörbares Knacken zu vernehmen. Auch bei einer Abfüllung ohne Vakuum kann ein solcher Deckel mit besonders flachen Nocken eingesetzt werden.

Die Deckel mit Nocken- bzw. Bajonettverschluß werden in fast allen Bereichen der Nahrungs- und Genußmittelindustrie verwendet. Für die Verpackungen von Babynahrung kommt häufig ein spezieller Verschluß dieses Typs, der sogenannte „PT"-Verschluß, zum Einsatz. Er besitzt keine Nocken, sondern schließt dadurch dicht ab, daß die Gewindegänge der Gefäßmündung beim Verschließen in die innen im Verschluß liegende Dichtungsmasse eingedrückt werden. *Aufsteck-Abdrehdeckel* oder *-kappen* schnappen ein und lassen sich durch leichtes Drehen ausrasten. Ihre Spenderöffnungen z. B. für Körperpflegemittel werden meist mit Klappscharnierdeckelverschlüssen ausgestattet.

Stülpdeckel (Aufschubdeckel) haben Ränder, welche die Gefäße von außen im Verschlußbereich überdecken (Bild 8.8). Sie werden durch Reibschluß fixiert, teilweise auch durch Formschluß mittels überschnappender Verschlußelemente des Deckels (siehe auch Abschnitt 8.3.6). Solche Deckel bestehen aus Thermoplasten wie PE, PP oder PS und werden für Becher, Dosen und meist als Trinkgläser geformte Glasbehältnisse für Feinkostartikel wie Senf etc. verwendet.

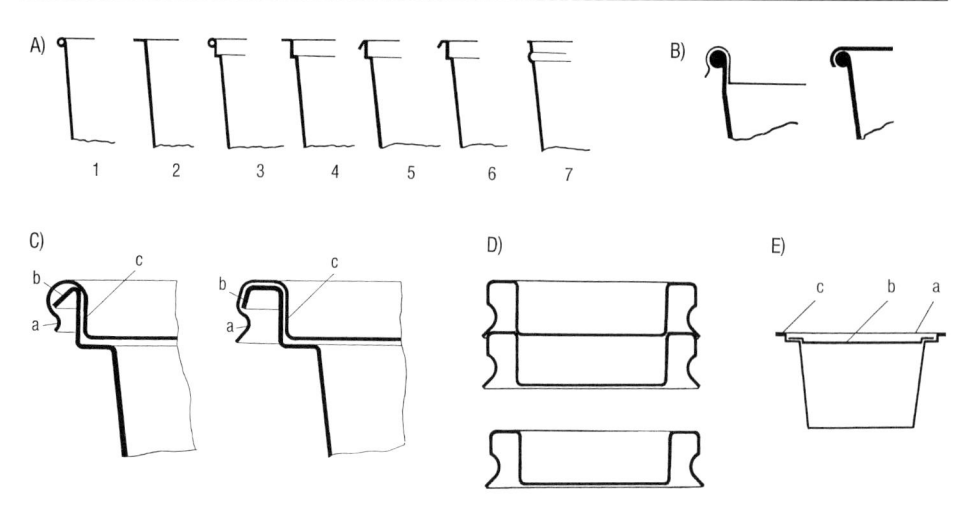

Bild 8.8 Becherrand- und Deckelprofile
A) Becherrandprofile,
1: Mundrolle, 2: Flachrand, 3: Stapelrand mit Mundrolle, 4: Stapelrand mit Flachprofil, 5: Stapelrand mit abgewinkelter Kante, 6: Stapelrand mit rechtwinkliger Kante, 7: Sickenrand
B) Deckelprofile für Becher mit Mundrollenausführung,
C) Deckelprofile für Becher mit Stapelrand, a: Deckellippe, b: Becherrand, c: eingezogener Boden,
D) stapelbares und standfestes Deckelprofil,
E) Doppelverschluß durch Stülp- und Siegeldeckel
a: Folie, b: Stülpdeckel, c: Siegelung der Folie

Schiebedeckel verschließen durch seitliches Aufschieben meist Schachteln des gleichen Werkstoffs (Bild 8.4). Ihre Fixierung erfolgt durch Reibschluß. Die einfachste Art ist die Kombination mit ineinander verschiebbaren, viereckigen oder runden Hülsen zu sog. Schiebeschachteln, die sowohl in gepreßter als auch in gespritzter Form aus Thermoplasten wie PVC, PP, PE oder PS üblich sind.

Eindrückdeckel werden durch Reibschluß und/oder Schnapprand (Bild 8.8) fixiert, *Deckelscheiben* auch durch Formschluß (siehe auch Abschnitt 8.3.9).

Auflagedeckel oder Aufsatzdeckel verschließen durch einfaches Aufliegen auf dem Rand. Hierbei kann das Fixieren der Deckel durch Formschluß, Reibschluß oder Stoffschluß erreicht werden:

– bei *Formschluß* durch zusätzlich den Deckel übergreifende Klemmelemente wie *Bügel* oder *Spannringe*,
– bei *Reibschluß* z. B. durch Heften oder Unterdruck,
– bei *Stoffschluß* durch Schweißen, Siegeln oder Kleben, was besonders für Becherpackungen mit Deckelfolien wichtig ist.

Neben der Profilbildung zwischen einer Bechermündung und der Deckelform (Bild 8.8) ist auch die Querschnittsform des Bechers für den Deckelsitz wichtig. Zum Beispiel erhalten runde Becher nach Aufsetzen der Deckel am ganzen Umfang eine gleichmäßige Ringspannung. Bei rechteckigen Bechern spannen lediglich die vier Ecken. Daher wählt man einen Rechteck-Querschnitt mit bombierten Seitenkanten, um sowohl die bessere Raumausnutzung zu berücksichtigen, als auch die Vorteile einer Ringspannung auszuschöpfen, denn die gegenüberliegenden Seiten des gewählten Querschnitts verhalten sich hier wie die Teile eines Kreises.

Angeformte *Deckel* sind z. B. Kronenkorken oder sogenannte „*Pilfer-proof-Verschlüsse*" (siehe Abschnitt 8.3.12). Sie werden nach dem Füllvorgang auf das Gefäß gesetzt und von außen durch Verformung dem Mundstück angepaßt, ohne daß das Packmittel seine Geometrie verändert. Diese Verschlußausführungen werden bei solchen Behältnissen eingesetzt, die zumindest im Verschlußbereich höhere Drucksteifigkeit aufweisen, wie bei Flaschen und Weithalsgefäßen aus Glas, aber auch bei Kunststoffbehältern, die im Mündungsbereich mit Stützelementen verstärkt sind.

Bügel- und Hebelverschlüsse

Im Massengetränkebereich war bis vor wenigen Jahren der *Bügelverschluß* weit verbreitet, vor allem bei Bierflaschen. Eine nützliche Abwandlung ist der *Hebelverschlußdeckel*. Er ist meist eine aus Polyethylen gespritzte, flache Scheibe, die in der Mitte der unteren Seite mit einem Noppen versehen ist, über den eine Gummidichtung gestülpt wird. Mittels einer durchgehenden kleinen Bohrung am seitlichen Rand der Scheibe kann ein Metallbügel in das Spritzteil eingesteckt werden. Solche Verschlüsse werden vornehmlich für Glasflaschen verwendet, deren Originalverschlüsse wie die Kronenkorken beim ersten Öffnen verformt bzw. zerstört werden, so daß zum Wiederverschließen des Gefäßes meist ein solcher zusätzlicher Verschluß erforderlich ist.

8.3.4 Stopfen und Einsteckverschlüsse

Stopfen und Einsteckverschlüsse verwenden als Dichtelemente die kalibrierte Innenseite der Behältermündung. Sie sind zylindrische, kegelige oder olivenförmige Packhilfsmittel zum Verschließen eines Gefäßes mit Mündung oder mit einer Füllöffnung geringeren Durchmessers, in die sie eingedrückt oder eingeschraubt werden. Überstehende Kopfteile sind nicht zwingend erforderlich, können aber zur leichteren Handhabung und im Zusammenwirken mit dem oberen Rand der Mündung zur besseren Dichtwirkung angebracht werden. Die wichtigsten Grundkonstruktionen von Kunststoff-Stopfen sind in Bild 8.9 dargestellt.

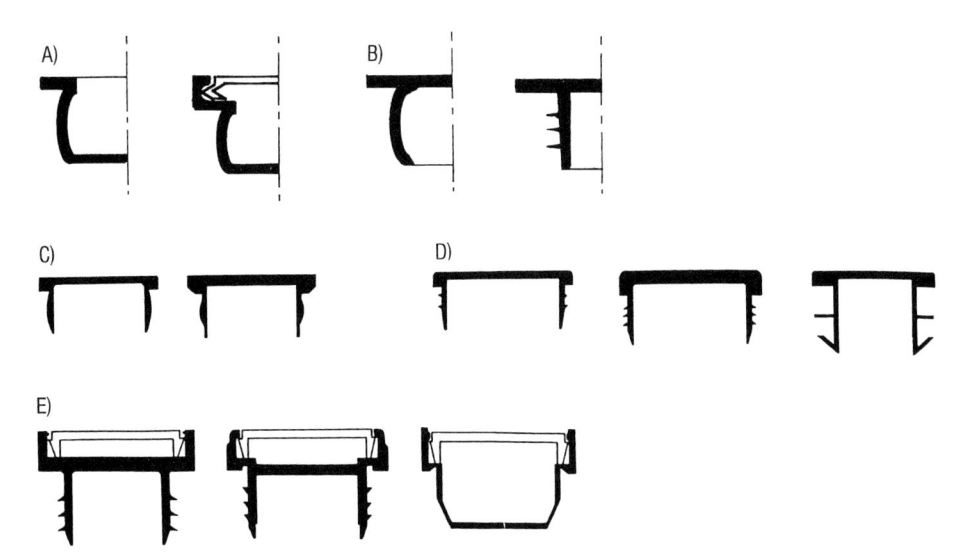

Bild 8.9 Beispiele für Hohlstopfen mit Außennapf (A), Innennapf (B), mit olivenförmigen Zapfen (C), mit Dichtlamellen (D) und mehrteilige Stopfen (E)

Der Festsitz des Verschlusses ergibt sich aus dem Anpreßdruck, mit dem der Dichtwulst an die Innenseite der Mündung gepreßt wird. Dabei ist der Anpreßdruck von der Rückstellkraft des im engeren Halsquerschnitt deformierten Materials abhängig. Die Länge der Dichtfläche ist entscheidend für die Dichtwirkung und die Sitzgüte des Verschlusses. Obwohl das Fixieren und Dichten über das elastische Verhalten des Stopfens weitestgehend durch Reibschluß erfolgt, ist bei einer entsprechenden Gestaltung der Mündung das Fixieren auch durch Formschluß möglich, wobei dann der Stopfen mit Rastelementen versehen wird, die in die Hinterschnitte auf der Innenseite der Mündung einrasten. Einfache olivenförmige Stopfen neigen beim Verschließen dazu, nicht zentrisch, sondern an der Kante aufzusetzen. Dies kann durch einen zusätzlichen Zentrierrand vermieden werden. Wenn man den Dichtungswulst durch einzelne kleine Lamellen ersetzt, entstehen leicht federnde Hafteelemente, die gute Dichtverhältnisse ergeben. Die Größe, Stellung und Anzahl dieser Lamellen bestimmen sowohl die Dichtheit als auch die Höhe der aufzubringenden Verschließ- und Öffnungskräfte.

Vollstopfen werden aus Elastomeren, Gummi, Kork, Celluloseprodukten oder auch aus Weich-Thermoplasten wie PVC/P oder Elasten hergestellt. Die *Hohlstopfen* bestehen vorwiegend aus Thermoplasten (z. B. PE), teilweise auch aus Elastomeren. In speziellen Anwendungen, z. B. als Faßverschlußschraube, werden auch Schraubstopfen aus Metall angewendet. Die ständige Belastung beschränkt die Werkstoffauswahl auf spannungsrißbeständige Typen. Hohlstopfen können auch mit Dosierklappen versehen und in einem Deckel integriert werden, der mit Rast- bzw. Schnappverbindungen zur Flaschenschulter den Stopfen auf die Flaschenmündung preßt. *Zwischenschaltstopfen* werden quasi als Dichtung zusätzlich zu Schraubdeckeln, von denen sie in oder auf die Flaschenmündung gepreßt werden, eingesetzt. Ihre Dichtfunktion erfolgt sowohl mit ihrer horizontalen Fläche, als auch mit einem Zapfen, der in den Mündungshals greift. Für Spritzlochquerschnitte kann der Zapfen als Warze oder als Stopfen mit Seitenwanddichtung ausgebildet werden. Für Weithalsgefäße können Zwischenschaltstopfen zu *Spanndeckeln* entwickelt sein, deren Mitteldorn durch Aufschrauben des Schraubdeckels den Zapfen durch Deformation fest an die Innenwand der Mündung preßt, wodurch auch bei großen Mündungsweiten einwandfrei abgedichtet wird.

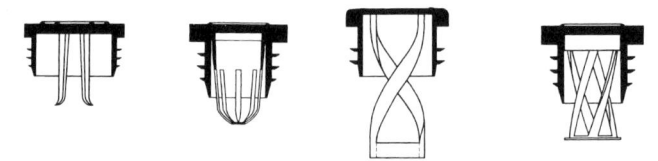

Bild 8.10 Verschlußstopfen mit Abstandhaltern

Der *Griffkorken* ist eine Kombination aus Korkstopfen und Kunststoff-Griffteil, der vor allem im Spirituosenbereich zum Einsatz kommt. Bei dem Sektstopfen aus Polyethylen verstärkt die im Stopfeninnern eingeschlossene Luft die Vorspannung des Zapfens und sorgt für den erforderlichen Anpreßdruck. Ausführungen von gespritzten PE-Hohlstopfen mit einem Einlegeteil aus Kork sind ebenfalls gebräuchlich. Auch Vollstopfen aus einem Hartschaum aus PE-LD/EVA wurden als „künstlicher Kork" entwickelt.

Trockenmittelhalterungs-Stopfen sind Verschlüsse, die in ihrem Hohlzapfen ein Trockenmittel (Kieselgel, Blaugel oder Molekularsiebe) enthalten. Am unteren Ende ist der Hohlzapfen mit einer feuchtigkeitsdurchlässigen Scheibe verschlossen, um ein mögliches Klumpen, Zerbröckeln oder Zerfließen des Trockenmittels in das Füllgut zu verhindern.

Auch Sauerstoff absorbierende Hilfsstoffe (Oxygen Scavanger) können hier Verwendung finden.

Einsteckverschlüsse können auch die Bewegung des Füllgutes begrenzen, indem sie mit Abstandhaltern versehen werden. Diese *Abstandhalter* sind in folgenden Ausführungen gebräuchlich: als *Füßchen* in starrer Form, als *Körbchen* in halbstarrer Form und als *Spiralfeder* in elastischer Form (Bild 8.10).

Sie können fest mit dem Stopfen verbunden sein oder als loses Element zusätzlich eingebracht werden. Eine weitere Sonderausführung des Abstandhalters ist der Faltenbalg, der insbesondere bei solchen Gefäßen eingesetzt wird, deren Mündungsdurchmesser nicht kleiner ist als der des Gefäßkörpers.

Ihre Anwendung finden die Stopfen hauptsächlich für Flaschen, Kapseln, Röhrchen, aber auch für Ballons, Kannen, Kanister und Fässer.

8.3.5 Kappen

Eine Verschließkappe ist ein Verschließmittel, das die Außenseite einer Packmittelöffnung umgreift. Meist werden die Begriffe „Deckel" und „Kappen" synonym verwendet. Hier sollen als Kappen lediglich solche Verschließmittel bezeichnet werden, die den eigentlichen Packmittelverschluß optisch verdecken und mit denen das ästhetische Aussehen der Verpackung verbessert wird. In den häufigsten Anwendungsfällen werden diese Kappen aus PP oder PS hergestellt. *Mehrfachkappen* dienen zum gemeinsamen Zusammenhalt von zwei oder mehr Flaschen mit komplementären Füllgütern, insbesondere Kosmetika, zu einer optischen Einheit. Hierzu wird diese Mehrfachkappe mit integrierten Stülpdeckeln zugleich auf die Schraubdeckel der bausteinartigen Kombinationsflaschen gestülpt und durch Reibschluß fixiert.

Kappen können auch das Sichern des Verschlusses übernehmen. So sind *Schrumpfkappen*, auch *Schrumpfkapseln* genannt, sichere Garantieverschlüsse (s. Abschnitt 8.9.1). Sie bestehen z. B. aus Polyethylen oder Gelatine und werden vor der Anwendung durch Warmluft oder im Wasserbad erhitzt, um über den zu sichernden Verschluß gestülpt werden zu können, wo sie dann bei der Abkühlung auf Raumtemperatur wieder schrumpfen und eine feste Verbindung bilden. Anstatt vorgefertigte Schrumpfkappen aufzusetzen, kann der Verschluß samt Behälteröffnung in Kunstharzschmelzen oder Lacke eingetaucht werden, wodurch Überzüge entstehen, die sich beim Trocknen bzw. Abkühlen fest um beide Teile legen.

8.3.6 Schnapp- oder Rastverschlüsse

Bei diesen Verschlußformen bzw. Verschließmitteln wird die im allgemeinen als Nachteil empfundene geringe Steifigkeit der Kunststoffe vorteilhaft ausgenutzt (Bild 8.11).

Schnapp- und Kipphebelverschlüsse finden z. B. bei Flaschen für Spülmittel, Shampoo, Flüssigbohnerwachs und Reinigungsmittel Anwendung. In diesen Verschlüssen ist oft eine Schwachstelle eingearbeitet, die das leichte Anbringen einer Entleerungsöffnung erlaubt. Der *Wiederverschließ-Deckel* aus Polyethylen für Getränkeflaschen ist zur Verlustsicherung häufig mit einer Schlaufe, die auf den Flaschenhals gestülpt ist, versehen. Solche Deckel dichten hauptsächlich an der Seitenfläche und am Wulst des Behälters ab.

Schalen, Becher und Hohlkörper mit großen Öffnungsdurchmessern sowie solche, deren Wanddicke im Mündungsbereich geringer ist als die von Flaschen, werden häufig mit Rast-

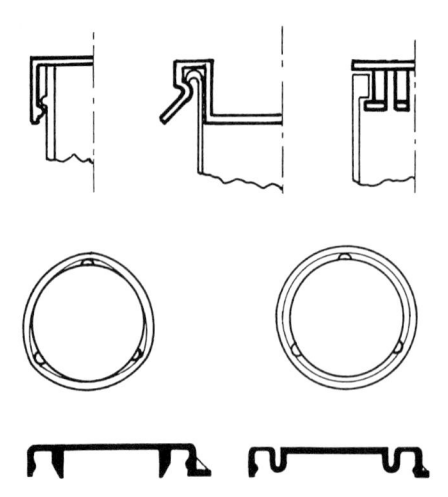

Bild 8.11 Beispiele für Rast- und Schnappdeckelverschlüsse

bzw. Schnappverschlüssen versehen, die zusätzlich im Inneren der Behältermündung abdichten. Hierbei treten auch Spannfunktionen zwischen Verschlußprofil und Behälterwandung auf. Solche gering elastomeren Schnappdeckel können durch kurzes Eindrücken bei gleichzeitigem Entlüften Unterdruck im verschlossenen Gefäß erzeugen (z. B. ®Tupperware).

Um Kunststoffbehälter übereinander stapeln zu können, werden die Behälterböden mit einem Stapelrand versehen, der auch eine Art von Schnapp- oder Rastfunktion sein kann. Technische Behälter werden oft mit integrierten Rastverschlußlaschen an Filmscharnieren blasgeformt oder spritzgegossen.

8.3.7 Druckknopfverschlüsse

Rastverschlüsse mit *Kunststoff-Druckknöpfen* ergeben gute, fest einrastende Verbindungen. Die Druckknöpfe werden im Spritzgießverfahren produziert. Werkstoff ist z. B. hochkristallines Polyacetal-Homopolymerisat (POM), das die Anforderungen an Druckknöpfe zufriedenstellend erfüllt (Bild 8.12). Im Verpackungsbereich werden sie zum Verschließen von Beuteln oder Taschen etc. verwendet.

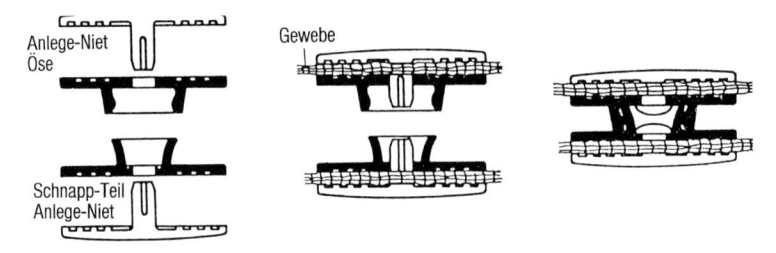

Bild 8.12 Druckknopfverschlüsse, als Ösen ausgebildete Druckknopfhälften mit zugehörigem Niet
links: vierteiliger Verschluß, Mitte: nach dem Ansetzen in ein Gewebe, rechts: nach dem Anstauchen der Nietstifte und dem Ineinanderdrücken

Um Beutel oder Tragtaschen aus Kunststoff ohne Formänderungen verschließen zu können, werden diese auch mit speziellen Griffbügeln versehen, so daß die Beutel glatt bleiben. Diese *Griffbügel*, die aus Polyethylen gespritzt und an die Taschen angeschweißt werden, bestehen aus zwei Teilen, die mittels Druckknöpfen, d. h. Noppen und entsprechender Bohrungen, verschlossen werden.

Der wiederverschließbare *Noppen- oder Druckverschluß* für Folienmuldenpackungen mit Noppenverformung im Siegelbereich der Unter- und Oberfolie verschließt wie eine enge Druckknopfreihe auf dem Siegelrand (siehe Abschnitt 8.9.3).

8.3.8 Reiß- und Gleitverschlüsse

Reißverschlüsse werden u. a. auch für Tragbeutel angewendet. Zwei Schließketten aus Kunststoffzähnen, die in der Höhe etwas gegeneinander versetzt sind, werden so aufeinander zugeführt, daß die gegenüber- bzw. übereinanderliegenden Zähne ineinandergreifen und sich verhaken können (Zahnverschluß, Bild 8.13).

Bei *Spiralverschlüssen* besteht die Schließkette aus Metall- oder Kunststoffschlaufen (z. B. aus PA 66), die sich durch eine spiralige Wicklung ergeben, bei *Rillen- oder Gleitverschlüssen* aus langen, schienenartigen Kunststoffbändern, deren Rillen ineinandergedrückt werden, und zwar bei einfachen Rillenverschlüssen wie *Druckleistenverschluß* von Hand, bei *Gleitverschlüssen* mittels eines Gleiters, der die Rillen ineinander preßt. Beutel mit diesem Verschluß sind auch mit hohem Druck belastbar, dabei von außen leicht zu öffnen.

Druckleistenverschlüsse nach dem Druckprinzip mit Nut und Feder (bei sogenannten *Zipper- oder Grip-Verschlüssen*) haben sich für wiederverschließbare Beutel in der Praxis bewährt. Bisher mußten die entsprechenden Profile direkt auf den Packstoff extrudiert werden. Neuerdings beginnt sich mehr und mehr die Technik durchzusetzen, die Profile vorzufertigen und inline auf Beutelform-, -füll- und -verschließmaschinen aufzusiegeln.

Bild 8.13 Profil eines Kunststoff-Reißverschlusses

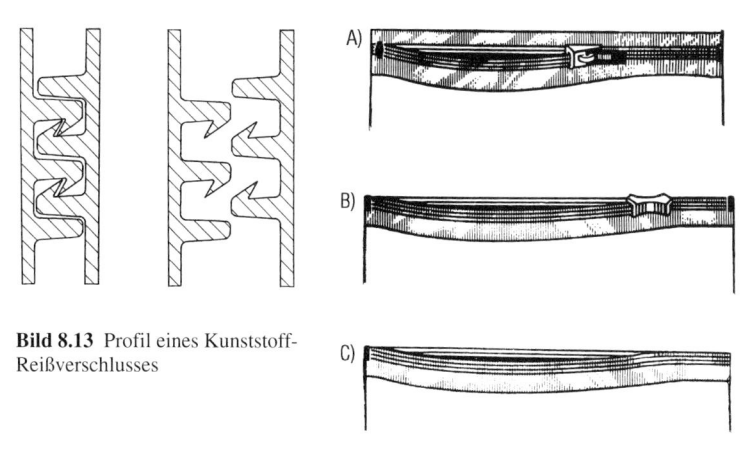

Bild 8.14 Folienbeutelverschlüsse
A) Gleitverschluß, B) Schiebeverschluß. C) Druckverschluß

Tragebeutelverschlüsse sind Klemmsysteme aus jeweils zwei gleichen, profiliert extrudierten Polyethylen-Bändern, die mit drei parallel verlaufenden Rippen versehen sind, von denen zwei ein dünnes, nach innen gerichtetes, widerhakenförmiges Profil aufweisen. Diese Widerhaken können beim Zusammendrücken zweier versetzter Bänder aneinander vorbeigleiten und sich gegenseitig verhaken. Solche Beutel können von Hand mittels Druck, durch Schieber oder durch das Einfädeln anhand eines Gleiters verschlossen werden (Bild 8.14).

8.3.9 Aufreiß- und Eindrückverschlüsse

Aufreißstreifen dienen z. B. als Öffnungshilfen für Packungen in Volleinschlägen (Zigaretten-, Pralinenpackungen etc.). Im allgemeinen besteht das *Aufreißband* aus gerecktem PP, PA 6 oder PE, das eine höhere Festigkeit als das Trägermaterial besitzt. Das Anbringen der Aufreißstreifen erfolgt auf Zellglas, Aluminium- und deren Verbundfolien durch Kleben, auf Kunststoff-(Verbund-)Folien, durch Schweißen, Heißsiegeln oder Anquellen. Ein bis zwei Zentimeter lange Einschnitte im Einschlag beiderseitig vom Griffende des Streifens erleichtern das Aufreißen durch Kerbwirkung (siehe auch Abschnitt 7.4.5).

Holografische Aufreißstreifen können Markenpodukte gegen Fälschungen schützen, indem sie durch Farb- oder Zeichenwechsel die Bandbeschädigung deutlich machen.

Massive Aufreißverschlüsse haben die Aufreißlinie formtechnisch als Schwachstelle gestaltet, z. B. als ein Aufreißband, das in den meisten Anwendungen farbig markiert ist.

Aufreiß- oder Abreißverschlüsse dienen auch als *Garantieverschlüsse*. So lassen sich z. B. die aus Polyethylen gespritzten Weinflaschen-Verschlußkappen an den durch Stegperforation vorgesehenen Stellen durch Aufreißen des Mittelstreifens in drei Teile zerlegen. Durch viele kleine Stege am inneren Kappenumfang wird ein gewaltsames Abziehen der Kappen von der Flasche verhindert. Einen abziehbaren Adhäsionsverschluß zeigt Bild 8.15.

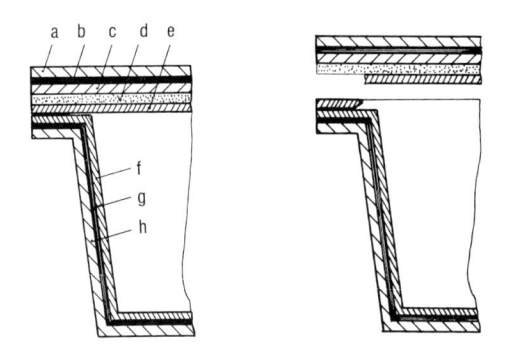

Bild 8.15 Abziehbarer Adhäsionsverschluß
a: Trägerfolie, b: Bindekomponente, c: PE-Film, d: Haftschicht, e: Abdeckfolie aus PE-Film, f: PE-Folie, g: Bindeschicht, h: Trägerfolie

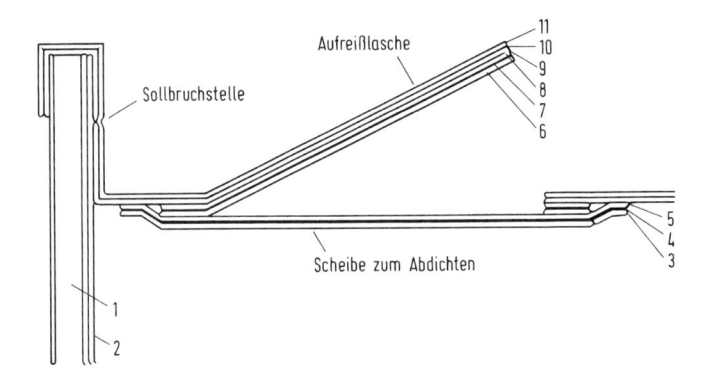

Bild 8.16 Dosen-Aufreißverschluß, schematisch
1: Karton- oder Kunststoffverpackung, 2: siegelbare Schicht, 3 bis 5: beschichtete Aluminiumfolie, 6 bis 8: Laschenverstärkung, 9 bis 11: Deckelmembrane, beschichtete Aluminiumfolie

Ein *Systemaufreißverschluß*, der für runde oder nicht-runde *Kombidosen* verwendet wird, ist in Bild 8.16 dargestellt. Er besteht aus einem tiefgezogenen Aluminiumverbunddünnband, das in einem Stärkenbereich von 0,05 bis 0,15 mm liegen kann, und einer Aufreißlasche. Per Sollbruchstelle wird das Aluminium an der Stelle geschwächt, an welcher der Deckel ausbrechen soll. Da beim erstmaligen Öffnen die zerbrochene und deformierte Aluminiummembran sichtbar bleibt, gibt dieses Verschlußsystem eine „integrierte" Originalitätsgarantie für das Füllgut, wobei man die Dose mit einem zusätzlichen Deckel stets wiederverschließen kann.

Andere *Aufreißhilfen*, z. B. für Kaffeevakuumverpackungen, erlauben nach dem erstmaligen Öffnen ein erneutes Verschließen der Folie, indem diese in die ursprüngliche Form zurückfaltbar ist.

Kunststoffverschlüsse für Blechemballagen wie Kannen, Kanister und Fässer sind in der Regel zweiteilig, wobei das fest mit dem Behältnis verbundene Unterteil meist aus PE hergestellt und das eigentliche Verschlußelement, das als Schraub- oder Stülpdeckel ausgeführt sein kann, auch aus Preßmassen gefertigt wird. Das Unterteil eines solchen Verschlusses ist ein rohrförmiger Körper mit konisch geformtem Fuß, der als Rastwulst dient und von Hand aufgesetzt sowie anschließend mechanisch oder pneumatisch mit einer Stempelvorrichtung in das jeweilige Blechbehältnisloch eingedrückt wird, so daß Einsetzteil und Behälter fest und unlösbar miteinander verbunden sind. Häufig sind die Unterteile durch ein aufgesiegeltes Plättchen dicht plombiert. Damit ist die Versiegelung ein Originalitätsverschluß, der aufgerissen werden kann und durch eine meist andersfarbige Kappe wiederverschlossen wird. Solange diese Emballagen noch sehr voll sind, ist das Ausgießen schwierig. Daher verwendet man insbesondere für größere Emballagen *Ausgießverschlüsse* mit einem *Eindrückverschluß* und *Ausgießerrohr*. Das Unterteil solcher Eindrückverschlüsse kann entweder als faltbarer Balg oder als Stutzen ausgebildet sein, der nach dem Aufreißen der Plombierung hochgezogen wird bis er einrastet. Durch den Einsatz eines zweiten Luftrohres kann das Ausgießen erheblich verbessert werden. Das Ausgußrohr wird nach Gebrauch wieder in das Unterteil zurückgedrückt und ein Schraubdeckel aufgesetzt. Vorteil des *Faltbalgs* ist die weit vorstehende Gießtülle. Hierbei ist der Schraubdeckel mit einem Griffbügel versehen, um den Verschluß herauszuziehen und in Ausgießstellung bringen zu können.

Zapfhähne mit einstülpbarem Balg gibt es z. B. für Garagenfässer. Zum erstmaligen Öffnen wird eine Plombierkappe aufgerissen, so daß der Hahn an einem versenkbaren Metallbügel mit dem Faltbalg hochgezogen werden kann. Bei derartigen Zapfverschlüssen hat der Metallbügel die Funktion eines Drehgriffes zur Verstellung des innenliegenden Hahnkükens.

In Bild 8.17 sind einige Verschlüsse für Blechemballagen und Kunststoffkanister wiedergegeben. Zum Verschließen von *Hobbocks* und *Eimern* können einfache Eindrückdeckel verwendet werden, die lediglich zum einmaligen Verschließen dienen und nicht wieder abnehmbar sind. Ein abnehmbarer oder beweglich mit dem Mantel verbundener Deckel ersetzt den Oberboden. PE-Deckel haben sich bewährt. Das Verschließen der großen Öffnung, die dicht und gegen mechanische Beanspruchungen stabil sein muß, bereitet oft Schwierigkeiten. Um daher das Abnehmen des Spannrings und des Deckels zu vermeiden, kann man den Deckel mit einer Einfüllöffnung versehen, durch die das Füllgut eingebracht wird. Solche Öffnungen werden anschließend mit Eindrückdeckeln verschlossen.

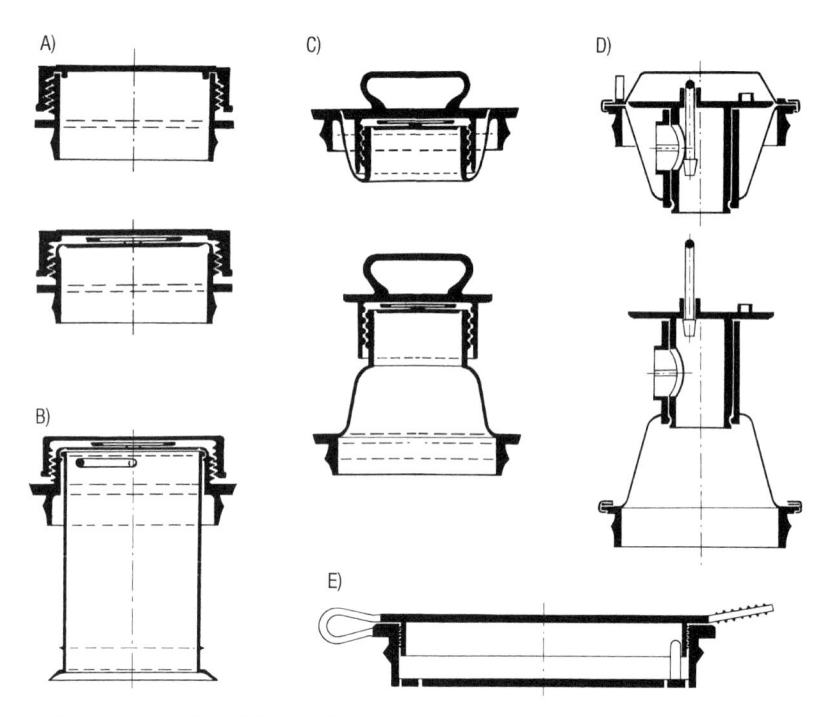

Bild 8.17 Kunststoffverschlüsse für Blechemballagen
A) Schnitt durch einen Eindrück-Schraubverschluß für Blechemballagen, oben: ohne Siegelplättchen, unten: mit Siegelplättchen,
B) Eindrückverschluß mit Ausgießerrohr und Schraubkappe,
C) ausstülpbarer Eindrückverschluß mit aufreißbarem Garantiedeckel,
D) Schnitt durch einen als Faßauslauf ausgebildeten Eindrückverschluß,
E) Eindrückverschluß mit unverlierbarer Wieder-Verschließkappe und austrennbarem Garantie-Verschlußboden

8.3.10 Auftrags- und Dosierhilfen

Auftrags- und Dosierhilfen sind Packmittelteile, die dazu dienen, das Füllgut dosiert zu entnehmen und unter Verwendung der Verpackung bzw. eines ihrer Elemente – z. B. auf eine Oberfläche – aufzutragen. Sie sind meist in den Verschluß integriert und dienen z. B. zum Verstreichen, Verstreuen oder Zerstäuben des Gutes (Bild 8.18).

Ein einfacher *Schwamm-Aufträger* besteht z. B. aus dem in einen korbähnlichen PE-Einsatz geklemmten Schwammaufsatz. Bei dieser Konstruktion wird der Schwamm sowohl innen als auch außen befeuchtet und dadurch beim Eintrocknen der Flüssigkeit, z. B. eines Klebstoffs, leicht verhärtet. Auch kann die aufzutragende Flüssigkeit im Schwamm gefiltert werden. Wegen dieser Nachteile wurde ein Ventilaufträger entwickelt, dessen Schwamm in der Mitte ein Loch aufweist, in das ein Flatter-Ventil eingesetzt wird, welches eine wesentlich genauere Dosierung ermöglicht.

Bürstenaufträger können in einem Schuß spritzgegossen werden.

Pinselaufträger, z. B. für Nagel- oder Korrekturlack sind durch ihren Stiel, der in das Füllgut eintaucht, mit dem Schraubdeckel verbunden.

Streueinsätze für Gewürze, Puder etc. bestehen meistens aus zwei Teilen, nämlich aus dem Siebkörper, der als Einsatz oder als Klemmdeckel ausgeführt ist, und aus dem Verschlußdeckel, der als Gewinde- oder Schnappverschlußdeckel gestaltet sein kann.

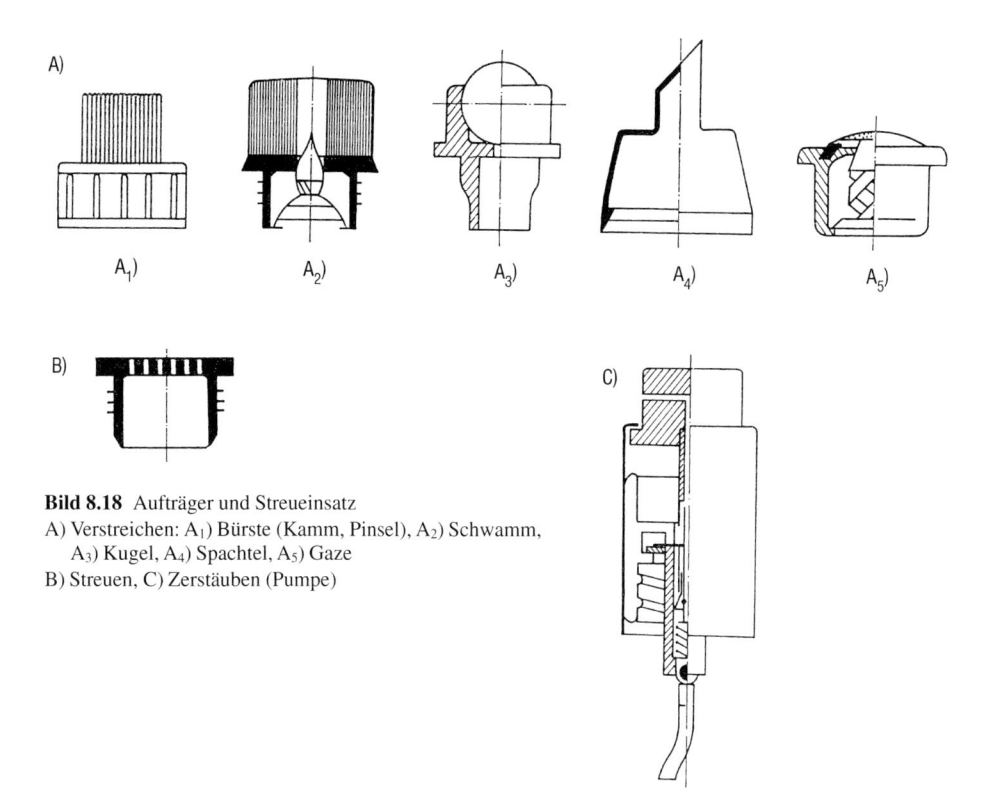

Bild 8.18 Aufträger und Streueinsatz
A) Verstreichen: A_1) Bürste (Kamm, Pinsel), A_2) Schwamm, A_3) Kugel, A_4) Spachtel, A_5) Gaze
B) Streuen, C) Zerstäuben (Pumpe)

Der *Klappspachtel* als Verschlußelement ermöglicht das problemlose Auftragen und Verteilen des viskosen Packungsinhalts z. B. für Kleberauftrag. Dieser Verschluß ist einteilig und mit einem Aufhängehaken versehen.

Ventildichtsysteme für *Ventil-Flüssigkeitsspender* ermöglichen Kontaminationsfreiheit des Füllguts (Creme, Duschgel, Flüssigseife, Soßen usw.). Dies wird über ein Ventilsystem, das sich unmittelbar nach der Betätigung öffnet und bei der Entlastung wieder schließt, erreicht, da während des Spendevorgangs ein Eindringen von Keimen in das System durch die ausgebrachte Crèmeportion verhindert wird. Eine Aufsteckabdrehkappe schützt das Ventilsystem. Das Ventil des Spenders verschließt den Behälter dicht und sicher in allen Lagen. Bei einfachem Druck auf die Behälterwand öffnet es und gibt das Produkt frei. Beenden des Drucks führt zu schlagartigem Schließen. Beispielsweise öffnet bei einem Spendesystem (Zelvalve) eine flexible Membran aus Silikonkautschuk erst bei einem bestimmten Innendruck, der ihre Gestalt verändert (Kreuzschlitz).

Mit *Dosierhilfen* kann das Füllgut einer Packung in der vom Verbraucher festgelegten oder einer vorgegebenen Menge dosiert entnommen werden, z. B. durch Gießen, Spritzen, Tropfen oder Zuteilen (Meßkannen) (Bild 8.19).

Ausgießmanschetten, die das Abtropfen zähflüssiger Füllgüter wie Honig, Sirup etc. verhindern sollen, können einteilige Einsatzringe sein, deren Innenprofil einen Viertelkreisbogen bildet, wodurch bei der scharfkantig ausgebildeten Mündung der Ausflußstrahl axial weitergelenkt wird, bevor er nach unten schwenkt. – Für die Entnahme niedrigviskoser Flüssigkeiten in kleinen Mengen, wie Spirituosen, Öl, Essig etc., verwendet man *Gießeinsätze* aus PE, welche mit Gießröhrchen und Belüftungsöffnungen, evtl. auch mit Ventil, ausgebildet sind und durch Rillen im Glasflaschenhals fest mit diesem verbunden sind, so daß der Schraubdeckel samt darin eingesetzter Dichtkappe problemlos auf diese Ausgußmanschette geschraubt werden kann und einen einwandfreien Verschluß bildet.

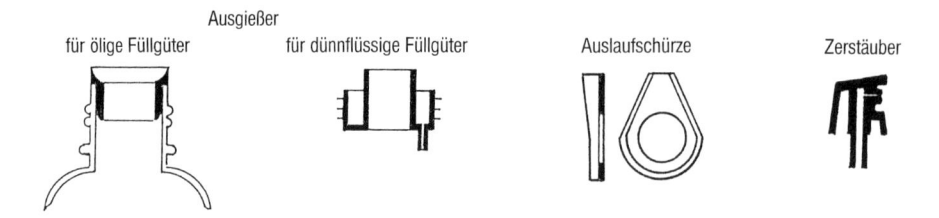

Bild 8.19 Ausgießmanschetten und -einsätze für zähe und dünnflüssige Füllgüter

Als Dosierhilfe anzusehen ist auch ein einteiliges *Kipphebel-Verschlußsystem* mit und ohne Tülle. Derartige Verschlüsse lassen sich als Einhandverschlüsse leicht mit dem Daumen aufkippen und ebenso leicht wieder verschließen, bleiben auch während der Benutzung fest mit dem Unterteil verbunden. Die Tülle ermöglicht ein sauberes Dosieren und eine anwendungsgerechte Entleerung. Wegen der konstruktionsbedingten Einteiligkeit gibt es keine Ritzen oder Fugen im Verschluß, durch die das abgefüllte Erzeugnis aus der Verpackung austreten kann. Damit wird auch das unerwünschte Schmieren im Verschlußbereich vermieden.

Feuchttuchspenderverschlüsse für Dosen können als Scharnierrastverschluß oder mit Öffnungsverdrehung gestaltet sein.

Einfache *Dosierverschlüsse* besitzen im Schraubdeckel ein Innendosierrohr bzw. -becher, evtl. mit hochgezogenem Boden zur besseren Sicht beim Abmessen. Das Dosierrohr wird als Meßbecher genutzt, z. B. zum Abmessen von Blumendüngerkonzentrat etc.

Dosiersysteme mit Steigrohr vom Flaschenboden zum aufgesteckten Meßbecher mit Überlauf lassen bei Druck auf den Flaschenrumpf stets gleiche Mengen dosieren, z. B. Dentalspülmittel oder Pflanzenschutzmittel.

Taillendosierer dosieren mittels taillenförmig abgegrenztem Kopfraum der Flasche und dahin führendem Steigrohr, das den Kopfraum als Maßeinheit zu füllen erlaubt.

Kleinstmengendosierer (z. B. für Pflanzenschutzkonzentrate) in einer Kammer des Schraubdeckels bis zum Gebrauch haben eine Kammer im Schraubdeckel dicht eingeclipt oder mit Linksgewinde verschraubt. Zum Gebrauch wird dieser Schraubdeckel mit gefüllter Kammer z. B. auf den zweiten Hals einer Pumpsprühflasche mit Verdünnungswasser aufgeschraubt, wobei die Dosierung entweder durch Aufbrechen des Innenteilbodens beim Aufschrauben erfolgt, oder das Kammerinnenteil mit Linksgewinde entschraubt sich beim Aufdrehen des Verschlusses (mit Rechtsgewinde) auf die Flasche, wodurch jeweils das Wirkstoffkonzentrat in das Verdünnungswasser der Sprühflasche ausläuft.

Tubentüllen dienen zum genauen Verarbeiten von leim- oder pastenartigen Stoffen. Allen Ausführungen ist gemeinsam, daß sie die Austrittsöffnung der Tube je nach Anwendung auf ein Mindestmaß reduzieren und damit eine saubere Handhabung gewährleisten. Sie können aus nur einem Spritzgußteil bestehen oder auch zwei- bzw. dreiteilig sein (Bild 8.20).

Spender bzw. *Dispenser* mit Druckbedienung ermöglichen die Dosierung von Flüssigkeiten wie Shampoo, Flüssigseife, Desinfektionsmittel, Senf, Mayonnaise etc. im Einhandbetrieb. *Pumpenspender* für druckfeste Flaschen werden zweiteilig aus PP-Fassung mit Feder- und Ventilteil aus Nitrilkautschuk (NBR) gefertigt, Bild 8.21. *Kugeldosierer* (Roll-on) finden bei Kosmetikpräparaten, z. B. Deo-Rollern, Verwendung.

Bild 8.20 Tubentüllen

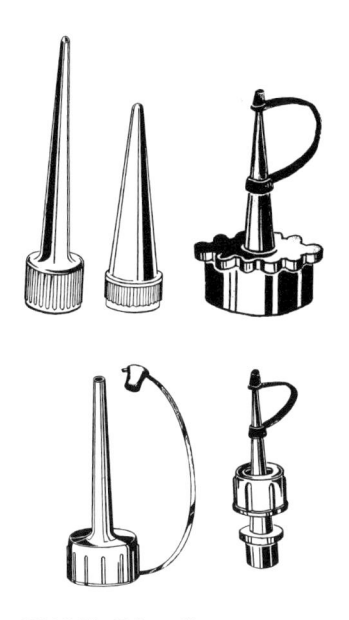

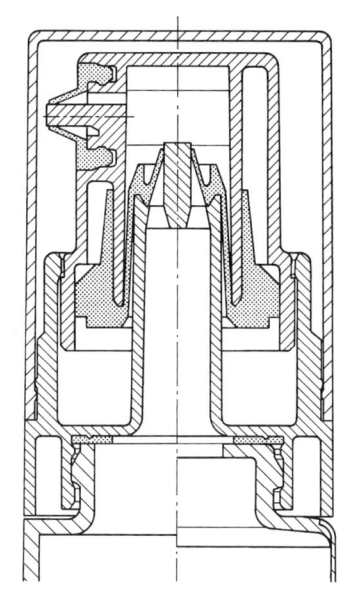

Bild 8.21 Dreiteiliges Spender- und Dosiersystem mit einem luftdichten Pumpendosierer aus PP mit einem Feder- und Ventilteil aus NBR (Werkbild: WIKO)

Tablettenspender für Tabletten mit bis zu 9 mm Durchmesser ermöglichen die Einzelentnahme durch ein Spendersystem.

8.3.11 Aerosol-Ventil-Verschlüsse – Spraybehälter-Innenbeutel

Als *Ventile* für alle technischen und kosmetischen Füllgüter, die keinen zu hohen Anteil an Methylenchlorid aufweisen, sind Kunststoffventile aus Polyacetal (POM) geeignet. Bei größeren Anteilen an Methylenchlorid kann man Ventilkegel aus Polyamid (PA) einsetzen (Bild 8.22).

Um unabsichtliches Niederdrücken des Sprühkopfs zu vermeiden und dessen relativ schwachen Hals gegen Abbrechen zu schützen, werden Schutzkappen (Steckkappen) aufgesteckt. Bei Aerosolbehältern, die gefährliche oder schadenträchtige Füllstoffe wie z. B. Rostlöser enthalten, sind weitere Schutzkappen aus Kunststoff in die Ventilträger derart eingepaßt, daß sie das System stabilisieren und absolute Dichtheit bieten. Vor dem Erstgebrauch werden solche Schutzkappen abgebrochen. Treibgasfreie *Pumpenspraybehälter* werden aus Polyethylen (PE) blasgeformt, mit Kolben- oder Drehpumpensystem ausgestattet und mit einem Schaum-, Sprüh- oder Feinaerosolventil versehen.

Spraybehälter-Innenbeutel aus Kunststoffolien werden in steigendem Maße für Pumpenspraybehälter von Zweikammer-Druckverpackungen verwendet. Dieser Beutel ist der Innenform der Dose angepaßt und mit diesem stand- und druckfesten Metallbehälter sowie dem Pumpzerstäuber oder Dispenser zu einem System verbunden, wobei der Folienbeutel

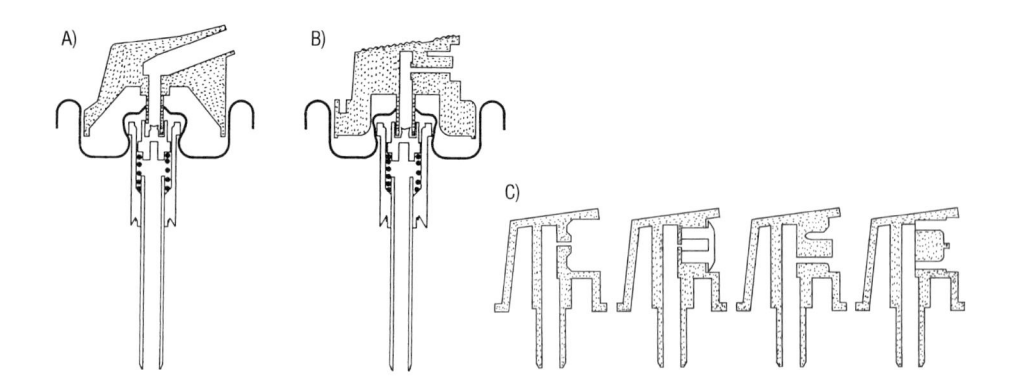

Bild 8.22 Aerosol-Ventilverschlußsystem für Puder (A), Flüssigkeiten (B) und verschiedene Sprühkopf-Ausführungen (C)

das Füllgut aufnimmt, das dann durch einen zwischen Doseninnenwand und Beutel erzeugten Druck ausgestoßen wird. Wenn sich das Füllgut direkt in der Dose befindet, wird der hier zunächst leere Innenbeutel als flexibler Druckbehälter genutzt, welcher nach Entleerung der Dose, gefüllt mit dem eingesetzten Treibgas, eng an der Wand des Behälters anliegt. Die verwendeten Folien bestehen meist aus Mehrschicht-Verbunden.

Ein *Doppelbeutel-System* hat z. B. einen Innenbeutel aus Polyesterfolie, der im ungefüllten Zustand eng von einem zweiten Beutel aus einer hochelastischen Folie aus Elastomer, z. B. Synthesekautschuk, umschlossen ist. Das Füllgut wird unter Druck in den Innenbeutel gepreßt, der dabei den Außenbeutel aufweitet. Die elastische Kraft des Außenbeutels preßt das Füllgut aus dem Innenbeutel, der eine Sperrfunktion hat und den Elastomerbeutel vor der Einwirkung des Füllgutes schützt. Das System kommt ohne Treibgas aus.

Es gibt dafür ein Herstellungsverfahren der abgewandelten Coextrusion. Man arbeitet dabei ohne Haftvermittler, wodurch bei geschickter Wahl der Einzelschichtdicken ein doppelwandiger Hohlkörper mit einem flexiblen Innenbeutel entsteht. Dieser wird unter Druck befüllt. Beim Gebrauch wirkt durch eine Öffnung im Außenbehälter der atmosphärische Druck auf den Innenbeutel, bis dieser vollständig entleert ist.

8.3.12 Fälschungskenntliche Verschlüsse – Sicherheitsverschlüsse

Das Sichern von Packungen erfolgt durch Verwendung von Verschließ- und Sicherungsmitteln in solcher Verbindung, daß das Entnehmen oder Entleeren des Inhalts einer Packung nur unter Zerstörung der Sicherung möglich ist und so der Lieferant dem Empfänger die Unverfälschtheit des Packguts garantieren kann. Solche Packungen werden auch als „tamper proof" oder „tamper evident" bezeichnet.

Kindergesicherte Verschlüsse

Nach den EU-Richtlinien müssen alle Behältnisse für Zubereitungen, die als sehr giftig oder ätzend gekennzeichnet sind, mit kindergesicherten Verschlüssen ausgerüstet werden und ein deutliches Warnzeichen tragen. Gültige europäische Norm ist EN 28 317.

Kindergesicherte Verschlüsse sind nicht „tamper proof" und werden insbesondere dann verwendet, wenn der Genuß des Gutes zu gesundheitlichen Schäden bzw. zum Tode führen würde (z. B. bei Haushaltschemikalien oder Pharmazeutika). Sie sollen eine unkontrollierte Entnahme des Inhalts aus den Packungen durch Kleinkinder vermeiden. Dabei darf

die Gestaltung der Verpackung keine Assoziationen zu Spielzeug, Nahrungs- und Genußmitteln u.ä. erwecken. Verpackung und Verschluß haben die Anforderung zu erfüllen, daß
mindestens 85 % der Kinder unter 5 Jahren nicht in der Lage sein dürfen, den Verschluß innerhalb von 5 Minuten zu öffnen. In Deutschland wurden sieben Typen dieser Verschlußart
getestet. Hierbei erzielte das schlechteste Versuchsergebnis noch einen Sicherheitsgrad
von 93,5 %. Durch einen sogenannten „Kindergarten-Test" können solche Packungen geprüft werden. Verschlußbeispiele hierfür sind (Bild 8.23) zweiteilige Schraubdeckel aus
PE-HD oder PP für Kunststoff- und Glasflaschen. Diese können nur bei gleichzeitigem
Andrücken und Drehen geöffnet werden, wobei evtl. eine Art Ratsche zusätzlich akustische Warnsignale von sich gibt. Das Unterteil, ein Schraubdeckel, wird von einem Oberteil verdeckt, welches sich in Abschraubrichtung frei auf dem Unterteil dreht, das Unterteil
aber in Drehrichtung mitbefördert, wenn ein z. B. axialer Druck auf das Oberteil ausgeübt
wird. Die Öffnungsmechanismen werden als „squeeze and turn" bzw. als „push and turn"
bezeichnet.

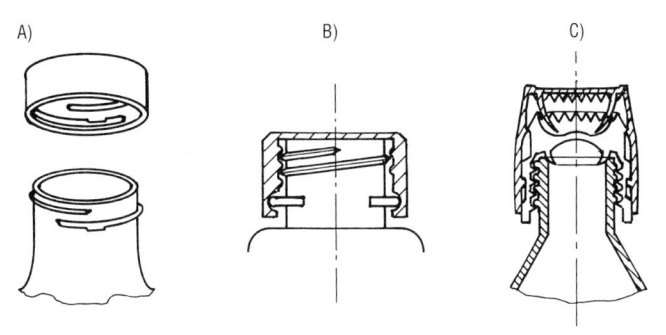

Bild 8.23 Kindergesicherte Verschlüsse
A) Drücken und Drehen, B) Quetschen und Drehen, C) Schloßsystem

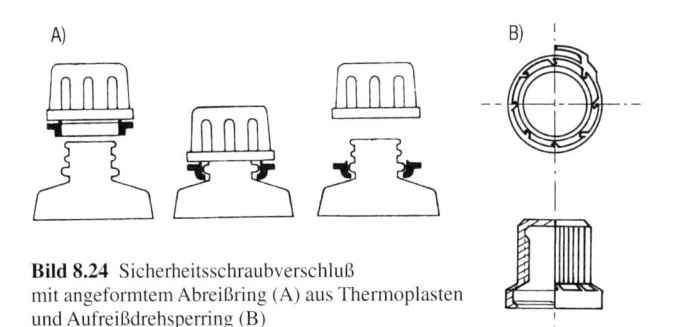

Bild 8.24 Sicherheitsschraubverschluß
mit angeformtem Abreißring (A) aus Thermoplasten
und Aufreißdrehsperring (B)

Es sind auch einteilige Varianten dieser Verschlußart auf dem Markt, die ein spezielles
Halsgewinde erfordern, und solche, die drehbar auf die Flaschenmündungen aufgeprellt
werden, von denen ein Nockendeckel abgeschraubt werden kann, wenn der Aufsatz festgehalten wird. In Bild 8.24 sind wichtige Funktionstypen derartiger Kindersicherungen
dargestellt. Das Schloßsystem benötigt entweder ein Öffnungshilfsmittel wie einen
Schraubendreher bzw. eine Münze oder es besitzt einen separaten, speziellen Öffnerdeckel
(dreiteiliger Verschluß).

Originalitäts-Verschlüsse sind Systeme, die eine unautorisierte Manipulation sofort
optisch anzeigen („tamper evident" oder „tamper proof"). Sie sind wichtig für verfäl-

schungssichere bzw. -kenntliche Packungen. Diese besitzen eine Sperre, welche zerstört oder entfernt werden muß, bevor die Packung geöffnet werden kann. Die Sperre muß so gestaltet sein, daß der Verbraucher ihre Verletzung leicht erkennen kann.

Normverschlüsse lassen sich dagegen ohne optisch sichtbare Veränderung öffnen und wieder verschließen, so daß eine mögliche Entnahme oder Veränderung des Inhalts nicht ohne weiteres nachweisbar ist, d. h. die Originalität des Inhalts ist hier nicht gewährleistet.

Für Nahrungsmittelprodukte stehen z. B. folgende Verschluß-Alternativen zur Auswahl: In den Verschluß eingebaute, eingriffsichere Vorrichtungen wie diebstahlsichere *Aluminiumaufrollkappen, Kunststoffbänder, aufgeschrumpfte Kunststoffhülsen, -etiketten* oder *-kappen, Selbstklebeetiketten* oder seitlich angebrachte *Streifen, Preß- und Drehverschlüsse* mit hörbarer Klickvorrichtung, wobei innerhalb des Behälters ein Vakuum erforderlich ist und Kombinationen aus obigen Systemen.

Angeformte Kunststoffverschlüsse

Diese können an blasgeformten Kunststoffhohlkörpern bzw. -flaschen als Abdrehknebel oder Blindkappe ausgebildet sein. *Abdrehknebel* werden häufig, z. B. bei aggressiven Füllgütern, mit einer Sicherheitskappe kombiniert (Bild 8.25 A bis C). *Schraubdeckel* können mit Zahnkranz als Rückdrehsperre verbunden sein. Bei diesen wird durch Eindrehen des Deckels die Sollbruchstelle über dem Gewinde aufgebrochen. Bei Blindkappen wird deren Spitze zur Öffnung abgeschnitten, um das Füllgut (Geschirrspülmittel) spritzerweise zu entnehmen. Auch spritzgegossene Tuben(köpfe) können mit einem abdrehbaren Kopfteil verschlossen werden, das zum leichteren Entfernen oft als Vielkant ausgebildet ist.

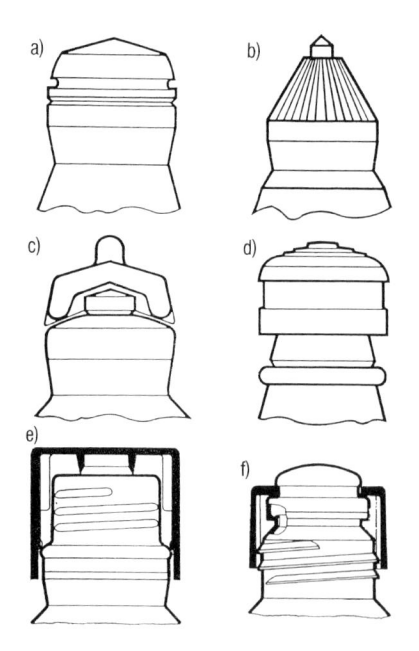

Bild 8.25 A Angeformte, hermetische Verschlüsse, sogenannte Garantieverschlüsse
a) Abschneid- und Wieder-Eindrückverschluß,
b) Abschneid- und Wieder-Eindrückverschluß, herstellbar mit variablen Lochdurchmessern,
c) Drehknebelverschluß mit Sollbruchstelle und Wieder-Verschließpint,
d) Aufbrechverschluß mit Wiederverschließ-Schnappdeckel,
e) Schneidringverschluß mit Wiederverschließ-Schraubdeckel,
f) Tresorverschluß mit Sollbruchstelle am äußeren Kopfkranz und Wiederverschließ-Schraubdeckel

Eine *Kombination* von Aluminium-Schraubverschluß und eingelegtem Kunststoff-Sicherungsring signalisiert im Originalzustand, daß die Glasflasche noch nicht geöffnet ist, bricht beim ersten Öffnen auf und kann bei entsprechender Konstruktion des Gesamtverschlusses auch mühelos entfernt werden, so daß zum Wiederverschließen der Glasflaschen ein praktischer Schraubverschluß zur Verfügung steht.

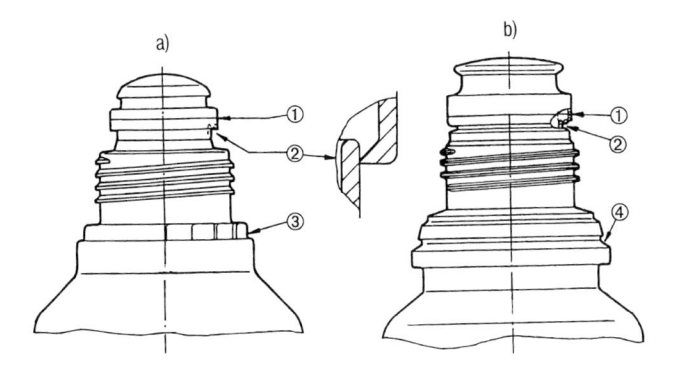

Bild 8.25 B Sollbruchmechanismus für Schraubdeckel
a) Deckelverriegelung mit Zahnkranz, b) friktionsverschweißter Deckelrand
1: Trennung der Kopfbacke vom Formkörper, 2: Sollbruchstelle, 3: Zahnkranz zur Deckelarretierung,
4: Deckelrandanschlag zum Friktionsschweißen

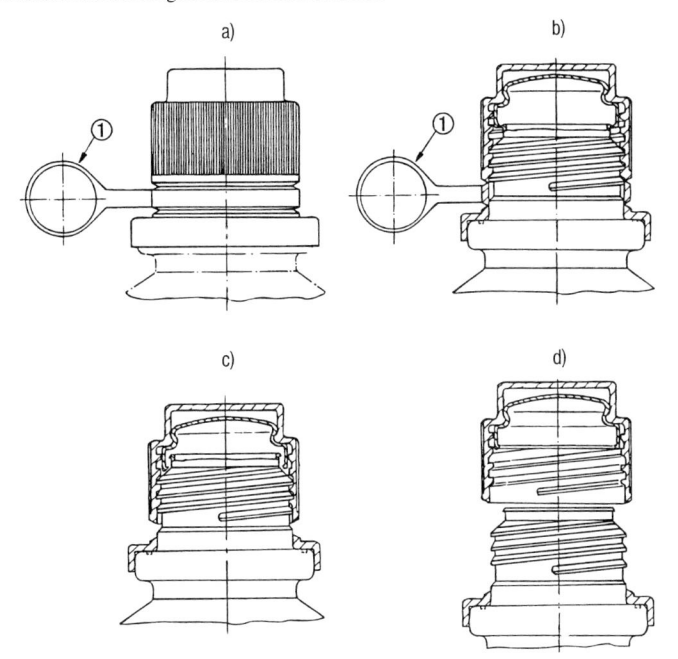

Bild 8.25 C Sichern und Öffnen von hermetischen Deckelverschlüssen
a) Trennstreifen mit Pullring, b) friktionsverschweißte Schutzkappen, c) nach dem Entfernen des Trennstreifens bleibt ein zugeschraubter Deckel mit darin eingerasteter Sollbruch-Verschlußmembran, d) Berührungs- und kontaminationsfreies Öffnen von Sterilverpackungen

Schnapp- oder Rastverschluß-Konstruktionen können auch Garantieaufgaben erfüllen. So werden Stülpkappen dieser Art beim Öffnen durch die Anordnung von Sollbruchstellen in zwei ringförmige Teile zerlegt. Hierbei verbleibt ein Sicherungsring am Flaschenhals, und die abnehmbare Kappe dient als Wiederverschließelement.

Ein Schraub-Verschluß mit *Sicherheitsclip* für Fruchtsaftflaschen ist eine Originalitäts-Verschlußkonstruktion, welche die Unversehrtheit der Packung beim Öffnen durch ein akustisches Signal anzeigt.

Holographiebilder können die Originalitätsverschlüsse revolutionieren, wenn sie effektiv herstellbar werden. So wäre z. B. ein *Hologramm-Farbanzeigesystem* am Deckel, das von grün auf rot wechselt und die Worte „sicher" und „unsicher" enthält, eine Möglichkeit. Kurz vor der Markteinführung stehen *Kunststoffverbundfolien,* die mittels eines chemischen Prozesses ihre *Farbe ändern,* wenn sie beschädigt werden bzw. das daraus gefertigte Verschlußelement geöffnet wird. Ein rein physikalisch – optisches Verfahren für Aluminium-Polyester-Verbunde ist bereits marktreif.

Schutzverschlüsse für pharmazeutische Produkte

Ein Verschluß aus sehr zähem PP kann z. B. im Gegensatz zu den bislang gebräuchlichen Aluminium- bzw. Gummiverschlüssen mit einer Nadel *nicht durchstochen* werden, ohne daß danach die Einstichstelle sichtbar ist. Solche PP-Verschlüsse können mit Gas, Dampf oder durch Bestrahlung mit Gamma-Strahlen sterilisiert werden.

Ein *kronenförmiger Sicherungskäfig* aus PE kann auf alle mit Schraubdeckeln versehenen Primärpackmittel aufgestülpt werden, wodurch deren Schraubdeckel nicht ohne vorherigen Bruch der rundum angeordneten Krallen abschraubbar ist. Beipackzettel können darin vor dem Aufstülpen eingelegt werden, so daß die damit versehene Flasche, Tube, Dose etc. ohne zusätzliche Umverpackung (Faltschachtel) applizierbar ist, womit Produktinformation und -sicherung gekoppelt sind. Dieses System kann in konventionelle Abfüll- und Verschlußsysteme integriert werden

8.3.13 Sonstige mechanische Verschlüsse

Eine angeformte *Lasche* ist z. B. für das Verschließen von Zeitschriftentaschen, Säcken u. ä. geeignet. Sie wird durch eine Seitenverlängerung ausgebildet, wobei eine aufgebrachte Haftkleberschicht ein ungewolltes Öffnen der eingesteckten Lasche verhindern kann.

Bind- und Nähfäden (Schnüre) werden hauptsächlich zum Verschnüren von Schachteln, Beuteln, Säcken, Kisten und Einschlägen und zum Zunähen z. B. von Säcken und Beuteln aus Kunststoff-Folie verwendet. Hierfür kommen hochverstreckte Polyester-, PA- oder PP-Fasern als Fäden zum Einsatz. Die meist geringe Dichtheit von *Nähverschlüssen* läßt sich durch verschiedene Methoden verbessern. Zunehmende Dichtheit z. B. eines Sacks erreicht man durch Umfalten des oberen Deckrands, Auffalten und Vernähen eines Kreppreiterbands und durch Kleben bzw. Siegeln eines beschichteten *Reiterbands* über die Nähnaht. Einen aroma- oder feuchtigkeitsdichten Sackverschluß erreicht man bei thermoplastischen Kunststoffsäcken durch Schweißen. Papiersäcke mit Kunststoff-Innensack oder beschichteter Innenlage werden zusätzlich über der Schweißnaht vernäht. Diese Nähnaht hat die Aufgabe, die mechanischen Kräfte aufzunehmen und somit die Schweißnaht zu entlasten.

Die in Beutelränder eingearbeiteten *Zug-Trage-Bänder* aus Kunststoffen können auch als Verschlußelemente dienen. Sie sind aber undicht, da die Verschlüsse lediglich durch das Zusammenziehen der Bänder entstehen. Derartige Formänderungen sind jedoch in vielen Anwendungsbereichen unerwünscht.

Spannstopfen z. B. für Thermoskannen sind eine Kombination von Stopfen und Schraubverschluß (Bild 8.26). Mit diesem Verschluß ist es möglich, eine glatte Öffnung dicht zu verschließen, indem der Stopfen durch das Schrauben axial zusammengedrückt und dadurch radial gedehnt wird. Die Flaschen mit glatter Mündung erhalten einen Einsatz, der entweder als Stopfen hält oder auf einen Wulst geprellt ist. Er kann mit Innen- oder Außengewinde ausgestattet sein und mit einem entsprechenden Schraubverschluß verschlossen werden.

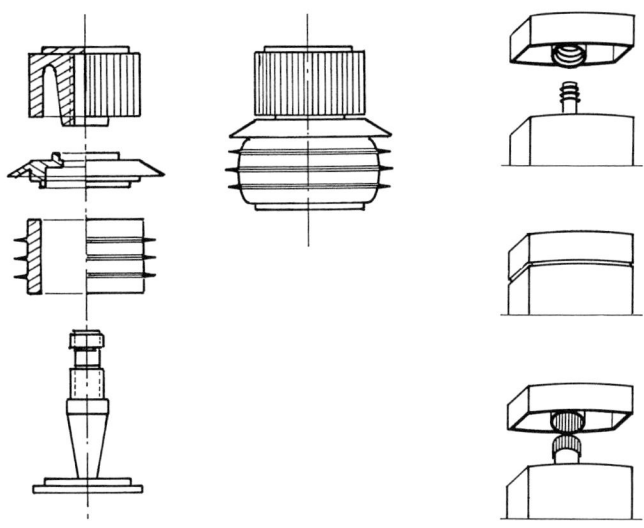

Bild 8.26 Spannstopfen-Ausführungen als Kombination von Stopfen- und Schraubverschluß

Bild 8.27 Baukastenverschluß als Schraubdeckel mit dem Behälter angepaßten Aufsteckteil

Bei dem *Baukastenverschluß*, einer besonderen Kappenform (siehe Abschnitt 8.3.5), wird der eigentliche Grundverschluß mit einem Aufsteckteil versehen, das nach Form und Größe dem meist eckigen Behälter angepaßt ist (Bild 8.27) und in seiner Schließposition durch Schnappverbindung fixiert wird.

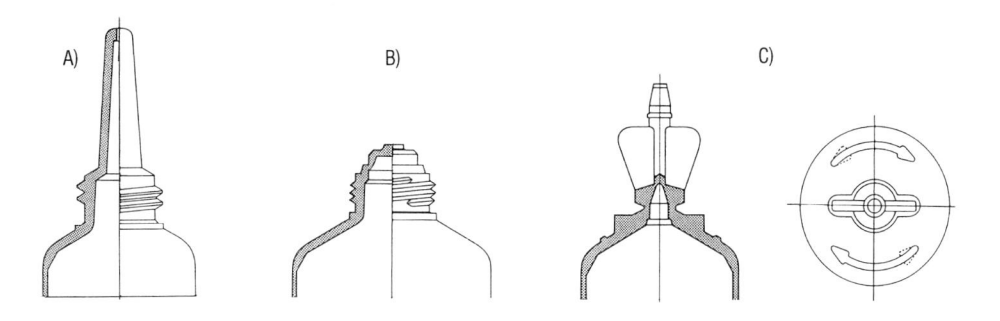

Bild 8.28 Verschlußmöglichkeiten von Tuben
A) Kanülen-Tube, B) Membran-Tube, C) Abdreh-Kopf

Tubenverschlüsse können – meist als Schraubdeckel – recht unterschiedlich gestaltet sein, insbesondere als Standdeckel für Schlauchtuben, damit diese – auf dem Verschluß stehend – ihr Füllgut stets luftfrei abgeben können. Tuben mit angeformten Abdrehkopf- oder Membranverschlüssen können z. B. durch Tubenhütchen wieder verschlossen werden (Bild 8.28).

8.4 Schweißverschlüsse

Schweißverschlüsse sind stoffschlüssige Verbindungen gleichartiger Verpackungswerkstoffe mit gleichem Schmelzbereich, die unter Einwirkung von Wärme und Druck ohne artfremde Werkstoffe verschweißen (siehe auch Abschnitt 7.4.1).

Schweißverschlüsse ohne Fremdverschlußteil entstehen durch direktes Zusammenschweißen eines Flaschenhalses in der Extrusionswärme oder Zweitwärme wie bei Milch- und Infusionsflaschen sowie in der einfachsten Form beim Portionsschweißen gefüllter Schläuche zu Kissen- oder Sackpackungen. Die Vorteile derartiger Verschlüsse sind u. a. niedriger Preis, garantierte Originalität und hohe Verschlußfestigkeit bei maximaler Dichtheit.

Bestimmte Verpackungen benötigen oft einen sehr kleinen Entleerungsquerschnitt. Dazu werden besondere Mündungen z. B. nach dem Füllvorgang auf Spritzflaschen aufgeschweißt. Zum erstmaligen Gebrauch werden die Spitzen solcher Spritzaufsätze abgeschnitten. Die Flaschen werden dann mit einem über den größeren Halsteil ragenden Deckel wieder verschlossen.

Wenn Füllen und Verschließen nicht in den Herstellvorgang der Flaschen integriert sind, muß auf der Verpackungsmaschine zwischen der Füll- und der Schweißstation ein erneutes Erwärmen des zum Verschluß vorgesehenen Halsteiles erfolgen.

Durch Profilierung der Mündungs- und Schweißstelle können Funktionshilfen eingebaut werden, so daß z. B. mit einer Sollbruchstelle ein hilfsmittelfreies Öffnen oder durch eine entsprechende Formgebung des Resthalses und des abgebrochenen Verschlußteils ein provisorisches Verschließen durch Klemmen ermöglicht wird.

8.5 Siegelverschlüsse

In der Praxis versteht man unter Siegeln nicht nur das Verbinden von lackierten Kunststoffolien, sondern auch das von Verbundwerkstoffen wie kunststoffbeschichteten Papieren oder kunststoffbeschichteten Aluminiumfolien. Grundlagen der Siegelschichten siehe Abschnitt 7.4.1. Allgemeine Anwendungsbeispiele sind:

Kunststoffschalen lassen sich problemlos mit Deckelfolien verschweißen. Solche Packungen können allerdings oft nur mit einem Werkzeug, z. B. einer Schere, geöffnet werden.

Menüschalen müssen jedoch verbraucherfreundlich gestaltet werden, d. h. bei guter Dichtheit der geschlossenen Schale leicht zu öffnen sein. Daher finden hier *peelbare Siegelungen* Anwendung. Diese sollen einerseits die bei der Erwärmung durch Ausdehnung auftretenden Innendrücke aushalten, andererseits aber dem gewünschten Aufreißen nachgeben, wobei die hierfür erforderliche Kraft nicht sehr groß sein darf, da die Packung durch die Wiedererwärmung evtl. weich und labil geworden ist.

Ein spezieller *Aufreißverschluß* ermöglicht bei Suppenschalen, welche in der Mikrowelle oder im Wasserbad erwärmt werden, die speziellen Deckelfolien trotz hoher Dichtheit leicht zu entfernen. Die Schale ist warmgeformt aus einer coextrudierten Polypropylen-Mehrschichtfolie mit integrierter Barriere, wobei als obere Lage eine Delaminationsschicht aufgebracht ist. Diese Schicht enthält im Randbereich zwei parallel verlaufende Ritzlinien, die als Sollbruchstelle fungieren, so daß beim Öffnen des Behältnisses innerhalb des geritzten Randes mittels der festhaftenden Deckelfolie die oberste Schicht der coextrudierten Folie herausgerissen werden kann (Bild 8.29).

8.5 Siegelverschlüsse

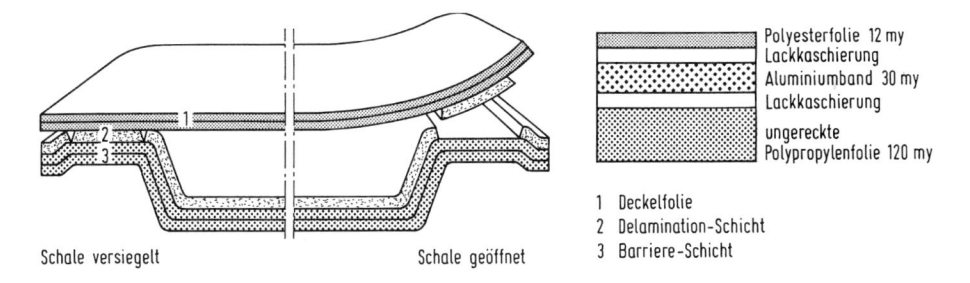

Bild 8.29 Deckelöffnungssystem durch Delaminieren (nach Tedeplast)
Die Delaminationsschicht hat im Randbereich zwei parallel verlaufende Ritzlinien, die eine Sollbruchstelle darstellen. Beim Öffnen des Behälters wird innerhalb des geritzten Rands mittels der Deckelfolie die oberste Schicht der coextrudierten Folie herausgerissen

Ein *Kohäsionsbruch-Verschlußsystem* läßt das Deckelmaterial im warmen und kalten Zustand leicht vom Behälter abziehen. Es ist sterilisationsbeständig abdichtend, weil hier mit einer Festsiegelung gearbeitet werden kann, da beim Abstreifen des Deckels ein Kohäsionsbruch in der Siegelnaht entsteht.

Ein System mit *siegelbarem Innenklemmdeckel* ermöglicht *Heißsiegelfähigkeit* der Innenschicht gegen das Polypropylen-Bechermaterial. Dieser Verschluß läßt sich derart öffnen, daß der Deckel sich nicht verformt und wiederverwendet werden kann, so daß ein einfaches, erneutes Verschließen des Bechers möglich ist. Das Versiegeln erfolgt im Abpackprozeß mittels Kontaktwärme über entsprechende Siegelköpfe. Der Materialkern des Deckels besteht aus Polyester (PET) und ist weiß eingefärbt, damit ausreichender Lichtschutz besteht. Hauptanwendungsgebiete sind Molkereiprodukte, wie z. B. Großportionen Quark und Joghurt.

Einstoffpackungen mit sortengleichem Deckelmaterial aus Polyesterfolie ohne Aluminiumschicht sind auch geeignet zum peelbaren und dennoch vakuumdichten Versiegeln von thermogeformten Bechern aus Polyesterfolie.

8.5.1 Heißsiegel-Verschlüsse

Die Verschlüsse entstehen mittels wärmeaktivierbarer Haftmassen, auch Siegellacke genannt, die je nach Anwendung verschieden zusammengestellt werden (siehe Abschnitt 7.4.1). Eine Siegelung zwischen PVC und Aluminium erfordert einen anderen Siegellack als z. B. die von Polystyrol mit Aluminiumfolie. Die Heißsiegellacke sollen oft nicht nur die Verbindung zwischen unterschiedlichen Werkstoffen ermöglichen, sondern auch das Siegeln bei relativ niedrigen Temperaturen (z. B. 90 °C) erlauben. Die Schnittstellen von Mehrschichtfolien dürfen nicht offen liegen (siehe auch Bild 3.5). Oft müssen aufgesiegelte Folien auch wieder abziehbar bzw. „peelbar" und dennoch dicht und fest sein.

Wie die Schweißverfahren unterscheiden sich die Heißsiegelverfahren durch die Art der Energiezuführung. So kann die zwischen den beiden zu verbindenden Teilen befindliche Lackschicht durch das Aufpressen eines beheizten Werkzeugs geschmolzen werden.

Heißsiegel-Verschließvarianten sind:
- *Kontaktsiegeln*, nämlich Siegeln mit Heizstab oder Heizlineal zwischen Siegelbacken,
- *Impulssiegeln*, wobei die Temperatur der Siegelbacken nur für einen kurzen Moment und nicht über den gesamten Siegelzyklus aufrechterhalten und die nötige Energie dabei durch zwei kleine Widerstandselemente auf beiden Siegelbacken erzeugt wird,

– *Heißbandsiegeln und -schweißen*, welches vor allem zum Verschließen von gefüllten Folienbeuteln dient, und wobei zwei sich bewegende endlose Bänder durch geheizte Siegelbalken zusammengepreßt werden.

Auch die *Hochfrequenz-Versiegelung* von Laminaten ist ein einfaches und zuverlässiges Verfahren zum sicheren und hermetischen Verschließen von gefüllten Gefäßen. Dieses Verfahren eignet sich besonders gut für Behälter mit Schraubverschluß, da eine dünne, beschichtete Aluminiumfolie bereits in die Schraubkappe eingelegt bzw. der Deckel vom Hersteller mit eingelegter Folie geliefert werden kann. Durch den Schraubdeckel wird der zum Versiegeln notwendige Anpreßdruck auf den Flaschenhals bzw. den Behältereinfüllstutzen aufgebracht. Die Siegelfolie wird induktiv über die Aluminium-Metallschicht erwärmt, wodurch eine direkte Berührung des Laminats zum Wärmeübergang entfallen kann.

Portionspackungen für Getränkepulver, Instantkaffee, Pharmapulver oder Granulate erfordern wasserdampf- und sauerstoffdichte Verpackungen. Hierzu ist eine zwischen Papier und PE-Siegelschicht eingelegte Aluminiumfolie sehr gut geeignet. Dieser Verbund bedingt allerdings aufgrund der großen Wärmeaufnahme, der schlechten Wärmeübertragung des Papiers und der Wärmeableitung des Aluminiums relativ lange Siegelzeiten. So blieb bisher bei leistungsfähigen, nach dem Rotationsprinzip arbeitenden Verpackungsmaschinen nur der Ausweg, die Siegelwerkzeug-Temperaturen zu erhöhen, oft weit über den Schmelzpunkt der Siegelschicht hinaus, wodurch die Außenschicht des Packstoffs entsprechend stark beansprucht wurde. Eine Verbesserung wird durch die Trennung von Längs- und Quersiegelung erreicht, wobei für das separate Heißsiegeln der Quernähte die Heizbacken über die halbe Beutellänge mit dem Packstoff synchron mitlaufen (oszillieren).

Glocken- bzw. Bubble- und Blisterhauben als Verschlüsse müssen mit einer tragenden Unterlage verbunden werden. Dies geschieht außer mittels Heften, Nieten oder Einstecken in Halteschlitze auch häufig durch Heißsiegeln.

Skinverpackungen bzw. *-verschlüsse* entstehen durch hautenges Überziehen eines Packstücks mit dünner, klarsichtiger Folie, die an ihren Rändern im „Ziehprozeß" gleichzeitig mit der Unterlage versiegelt wird (siehe Abschnitt 6.2.4).

Einschlagverpackungen aus Kunststoff-Folien erhalten häufig heißgesiegelte Verschlüsse. Solche Einschlagpackungen sind meist quaderförmige Packungsgebilde, die von Folienzuschnitten in einer bestimmten Reihenfolge umwickelt werden (siehe Abschnitt 6.2.1).

Schutzgasverpackung wird in zunehmendem Maße bei allen hermetisch verschlossenen Lebensmittelverpackungen, insbesondere den heißversiegelten folgendermaßen angewandt: *Gasverpacken*, *MAP* (Modified Atmosphere Packaging) ist Verpacken in schützender Atmosphäre. Beim *Verpacken* in *kontrollierter Atmosphäre*, *CAP* (Controlled Atmosphere Packaging) wird die Zusammensetzung des schützenden Gases während der gesamten Lagerungszeit konstant gehalten.

Entgasungsventile mit Flüssigkeitsdichtung können auf Beutelpackungen für Gase entwickelnde Packgüter wie gemahlenen Röstkaffee beim Verpackungsvorgang z. B. mit Schlauchbeutelmaschinen sicher aufgesiegelt werden (z. B. das „®Aromafin-Ventil" von Bosch).

8.5.2 Kaltsiegel-Verschlüsse

Beim Kaltsiegeln, das dem Haft- und Kontaktkleben entspricht, werden die beschichteten Flächen lediglich mit kurzem Druck gegeneinander gepreßt. Die Klebeeigenschaften werden z. B. mit Latex-Mischungen hergestellt. Daher sind kaltgesiegelte Verschlüsse und Nähte elastisch, kälte- und wärmebeständig. Trägermaterialien für die Kaltkleber-Beschichtung sind außer Papier und Aluminium beschichtetes und unbeschichtetes orientiertes Polypropylen (OPP), Polyethylen (PE) und verschiedene Kombinationen dieser Werkstoffe.

Die Siegelmasse kann partiell oder vollflächig aufgetragen werden. In der Regel reicht eine partielle Beschichtung aus, die den Kontakt des Füllgutes mit der Siegelmasse vermeidet. Sie wird bereits im Bedruckprozeß aufgebracht und läßt sich für einen weißen Untergrund mit geringer Zugabe von lebensmittelrechtlich zugelassenen Farbstoffen sichtbar machen.

Die Vorteile gegenüber dem Heißsiegeln sind:
– Energieeinsparung durch Wegfall der Siegelbackenheizung,
– Schonung wärmeempfindlicher Füllgüter,
– höhere Abpackleistung, da das Siegeln durch zeitunabhängigen Anpreßdruck erfolgt,
– wirtschaftliches Abpacken durch weniger Reinigungsarbeiten und leichtes Öffnen der Siegelnaht,
– auf Wunsch auch Wiederverschließbarkeit.

Die Dichtheit der kaltsiegelbaren, beschichteten Packstoffe erreicht je nach Siegelmaterial nahezu die Werte der heißgesiegelten Verpackungen.

Die Kaltsiegelung ist insbesondere als Verschluß für Streifenpackungen Siegelrand-Flachbeutel oder Schlauchbeutel, bei denen die Längs- und Quernähte mit Innen- gegen Innenseiten gesiegelt werden, geeignet und wird z. B. bei Verpackungen für Schokoriegel, Kleineisenprodukte, Dauerbackwaren, Bratenfett und Snacks für die Mikrowelle eingesetzt.

8.6 Klebeverschlüsse

Klebeverschlüsse haben vor allem für Packmittel wie Wellpappe, Mehrschicht- oder Verbundpappe Bedeutung. Das Kleben von Kunststoffen bietet gegenüber dem Schweißen folgende Vorteile: Es können nicht nur Thermoplaste, sondern auch Elastomere und Duroplaste sowie deren Kombinationen miteinander verbunden werden. Doch erreichen Klebenähte in der Regel nicht die Festigkeit von Schweiß- und Siegelnähten, und die Wartezeit bis zur Belastbarkeit einer Klebenaht ist erheblich länger als die einer Schweißnaht. Beim Kleben entstehen meist höhere Kosten als beim Schweißen bzw. Siegeln (siehe Abschnitt 7.4.1, Klebstoffarten siehe Abschnitt 7.2.6.1).

Klebeverschlüsse mit indirektem Klebstoffauftrag erfolgen mittels Etiketten, Streifen, Bändern, Zuschnitten o. ä., die mit einem Klebstoff beschichtet sind.

Klebebänder sind Kunststoff-, Papier- oder Textilbänder mit oder ohne Verstärkung, die meist einseitig mit einer Haftklebstoffschicht versehen sind. Trägermaterialien sind zum Beispiel PVC-Folien für Temperaturbeständigkeit bis 65 °C, PP-Folien bis 110 °C und Polyester-Folien bis 160 °C.

Ein besonders festes Verschlußklebeband besteht aus einer Polypropylenschicht, in die *Glasfasern eingebettet* sind. Durch die sehr gute Reißfestigkeit dieses Bandes führen eventuell auftretende Beschädigungen am Rand nicht zum Abreißen.

Elastisch verformbare Klebebänder haben als Träger flexible geschäumte Materialien aus Kautschuk, PUR, PE oder PP. Sie dienen vor allem als Dichtungsbänder zur Dämmung gegen Kälte, Wärme, Feuchtigkeit und Luft.

Die gleichmäßig beschichteten Bänder ergeben nach Andruck feste und dauerhafte Klebungen auf sauberen, nicht klebstoffabweisenden Packstoffoberflächen. Klebebänder lassen sich wie die gummierten Klebestreifen mit den handelsüblichen Abrollgeräten bzw. Maschinen verarbeiten. *Klebebänder mit Aufreißstreifen oder Abziehschicht* können als fälschungssichere Verschlüsse genutzt werden.

Mit *Verschluß-Klebestreifen* und *-bändern* werden z. B. Faltschachteln, Halbschalenpackungen, Kisten, Beutel, Säcke, Dosen, Einschläge u.ä. verschlossen und Palettenladungen gesichert. Sie können auch zur Herstellung von Eckenverbindungen z. B. bei Schachteln oder als Scharnierstreifen dienen. Bei Faltschachtel-Verschlüssen erfolgt die Beanspruchung der Bänder bzw. Streifen vor allem am Übergang vom Boden bzw. Deckel zur Stirnseite der Schachtel an der Stirnkante. Daher werden die Verstärkungseinlagen so angeordnet, daß die Mehrzahl der Filamentgarne in Streifenlaufrichtung liegen. Querverstärkte Klebestreifen hingegen werden zum Verbinden von Schachtelwänden verwendet. Anwendungen von Klebestreifen für *Schachtelverschlüsse* zeigt Bild 8.30.

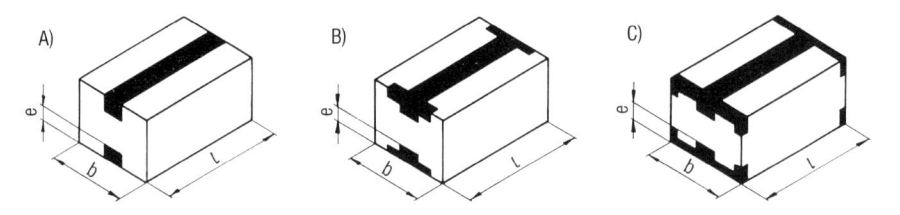

Bild 8.30 Klebestreifen für Schachtelverschlüsse
A) Schlitzverschluß, B) Doppel-L-Verschluß, C) Doppel-T-Verschluß

Verschlußetiketten aus (Kleb- oder Siegel-) Folien (-verbunden) dienen der Sicherung des Packguts und erhöhen den Ausstattungsgrad der Verpackung. Sie verschließen entweder direkt die Verpackung oder übernehmen als sogenannte Siegelmarken die Funktion der Verschlußsicherung. Sie können auch als Diebstahl-Sicherungselemente für Radiofrequenz-, elektro- oder akustomagnetische Systeme genutzt werden (siehe Abschnitt 8.9.1). Einzelheiten zu Etiketten wurden in Abschnitt 7.2.6.2 angeführt.

8.7 Schrumpf- und Streck- bzw. Stretch-Verschlüsse

Schrumpf- und Streck- bzw. Stretch-Folien bzw. Verpackungen dienen zum Umhüllen und Verschließen gegenständlicher Güter, als Einzel- oder Sammelverpackung oder auch als Transportsicherung (siehe auch Abschnitt 6.2.3). Bei Schrumpfverpackungen wird die aufgebrachte Folienhülle durch Erwärmen geschrumpft und gestrafft, bei Streck- oder Stretchverpackungen wird mit vorgedehnter Folie hauteng ummantelt und jeweils verschlossen. Näheres siehe Abschnitte 6.2.2 bis 6.2.4, 9.2.3, 9.8 und 9.9.

8.8 Verschlußdichtungen

Je nach Anforderung kommen folgende Dichteinlagen zum Einsatz:
- Zwischenschaltstopfen (Federscheiben nach dem Tellerfeder-Prinzip, s. Abschnitt 8.3.4, Bild 8.10) oder
- Einlagen auf der Basis von PVC-, PVDC-, PET-, Wachs-, Aluminiumfolien, kaschierter Pappe-, Preß- oder Naturkork, PE und Schaum-PE.

Die Dichtmittel können geformt, z. B. (flachliegend) gestanzt, als Masse, z. B. gespritzt, oder als Schnur eingesetzt werden. Die Dichtung einer Flasche kann an verschiedenen Stellen der Halsmündung erfolgen, nämlich an der Oberkante oder an den Halsinnenwänden. Man unterscheidet hier zwischen *Stirnflächendichtung, Dichtkonus* und *Halsinnendichtung* (auf der kalibrierten Innenseite des Halses (Bild 8.31). Weitere Abdichtungs- und Verschlußarten für Tuben nach DIN 5065 zeigt Bild 8.32.

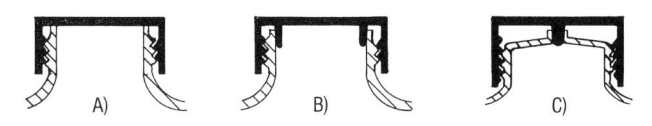

Bild 8.31 Dichtelemente von Schraubdeckeln
A) Stirnflächen-Dichtung, B) Dichtlippe, C) Dichtkonus

Bei *Stirnflächendichtungen* ist die Auswahl der Verschlüsse keinen Einschränkungen unterworfen, da insbesondere bei Dichtscheiben der Verschluß nicht mit dem Füllgut in Berührung kommt; lediglich die Füllgut-Verträglichkeit des eingesetzten Dichtelements ist zu berücksichtigen.

Ein *Dichtkonus* wirkt auf den inneren Rand des Flaschenhalses, wobei die Flächenpressung durch Vorspannung des Verschlusses erreicht wird. Bei solchen Dichtungen kann kein separates Einsatzteil wie beispielsweise Tropfer oder Zerstäuber eingesetzt werden. Konusdichtungen werden u. a. für Kunststoff-Schraubdeckel verwendet.

Bei einer *Dichtung auf der kalibrierten Halsinnenseite* wird im Gegensatz zur Stirnflächendichtung die erforderliche Flächenpressung nicht vom Verschluß, sondern durch den Toleranzunterschied zwischen den Dichtelementen und dem Flaschenhals erzeugt. Hierbei können *Dichtlamellen, -lippen, -wülste* oder *-näpfe* als Dichtelemente dienen.

Die *Flachdichtungen* sind die einfachsten Dichtungsformen. Ihre Wirkungsweise beruht auf dem beim Zusammenpressen senkrecht zur Dichtungsebene entstehenden Anpreßdruck, wobei der Dichtungsspalt verschwinden muß. Hierbei gleicht die Form der Dichtung auch Unebenheiten in den Dichtflächen aus. So erfordern große Unebenheiten einen relativ großen Verformungsweg der Dichtung. Hier müssen aber dem Ausweichen oder Wegfließen des Gummis bzw. Elastomers Grenzen gesetzt werden, wozu Gummi- bzw. Elastomerplatten für Flachdichtungen oft mit Gewebeeinlagen versehen werden.

Die Herstellung von *Ringdichtungen* (ohne Gewebeeinlage) kann durch Schneiden vom Schlauch oder Ausstanzen aus Plattenmaterial erfolgen.

Profildichtungen werden aus extrudierten Profilsträngen hergestellt. Ihre Wirkungsweise beruht auf der Querschnittsverformung beim Einbau, wobei das elastische Rückfederungsvermögen die Dichtung gegen die Dichtfläche preßt.

Die Art der einzusetzenden Dichtungen ist von der Form der Behälter und vom Füllgut abhängig. Meist reicht für trockene Massen eine einfache Flächendichtung aus, während bei

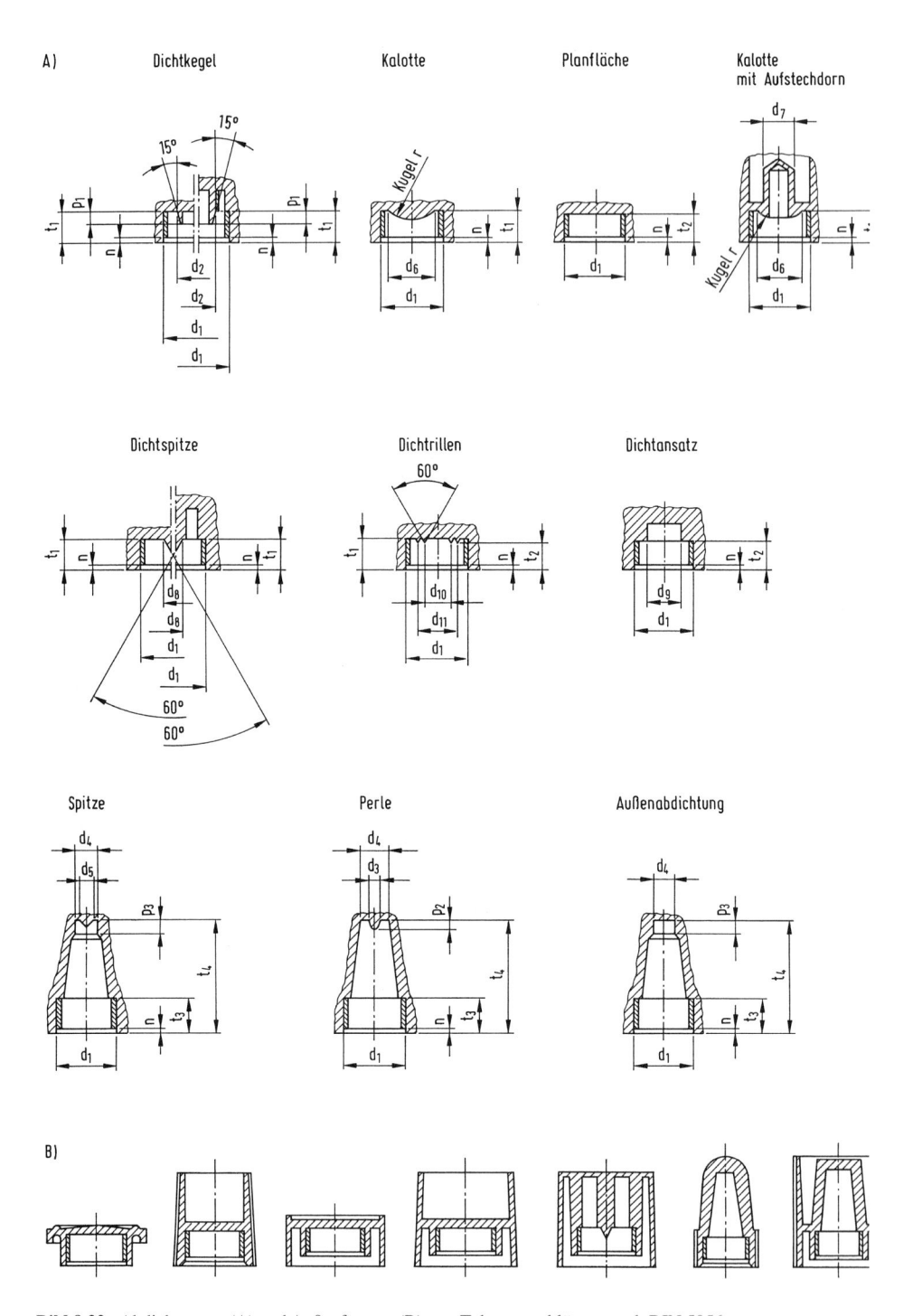

Bild 8.32 Abdichtungen (A) und Außenformen (B) von Tubenverschlüssen nach DIN 5056

flüssigen Gütern zusätzliche Wulstelemente oder besondere Dichteinlagen notwendig werden. Allgemein sinken mit steigender Dichtelementdicke deren Verformungsgrenzwerte und/oder Härte. Die Dichtelementdicke sollte mit steigendem Druck reduziert werden.

Ein Aluminiumverschluß mit einer Dichtungseinlage auf PVDC-Basis eignet sich auch für die Nachsterilisation im Rotationsautoklaven.

Schaumstoffdichtungen u. a. aus PU können vollautomatisch in Deckel z. B. für Fässer eingeschäumt werden. Dadurch ist eine hundertprozentige Anformung der Dichtung an die Deckelkontur ohne Klebestelle gewährleistet. Im Vergleich zur konventionellen Moosgummi-Dichtung liegt die Elastizität der PU-Dichtung um 20 % höher, was auch eine größere Fallsicherheit bedeutet.

8.9 Sicherungs-, Öffnungs- und Wiederverschließmittel und -hilfsmittel

Kennzeichnungsmittel wurden als Signierung in Abschnitt 7.2.4, Etikettierung in Abschnitt 7.2.6.2 behandelt.

8.9.1 Sicherungs(hilfs)mittel

Diese sollen die Packmittel vor ungewollter Entnahme und Entleerung schützen und/oder Garantieaufgaben übernehmen.

Die *Schrumpfkapsel* ist ein Überzug aus schrumpfbarem Werkstoff, der zur Sicherung meist über Flaschenverschlüssen angebracht wird und sich eng an den Flaschenhals anlegt.

Eine aus PE im Spritzgießverfahren hergestellte Flaschenkapsel kann mittels Sollbruchstellen, welche durch Stegperforationen vorgebildet sind, vor unbefugtem Öffnen geschützt werden, da sich die ungeöffnete Kapsel nicht von der Lasche abziehen läßt, was durch kleine Stege im inneren Kapselumfang verhindert wird. Durch Aufreißen des Mittelstreifens wird der Deckel entfernt und gibt den darunterliegenden Stopfen frei.

Sicherungsetiketten sogenannter Quellensicherungssysteme gegen Diebstahl durch Radiofrequenz, Elektro- und Akustomagnetik können bereits in die Abpackvorgänge integriert werden.

Aerosolsprühdosen werden vor ungewollter Betätigung ihres Sprühventils dadurch geschützt, daß ein als Manschette um den Flaschenhals gelegter *Abstandsring* die Druckkappe vor ungewollter Betätigung schützt. Das Ventil kann aber auch im Kappendesign integriert sein.

Klammern aus Polystyrol können zusammengefaltete Textilien glasklar zusammenhalten und so vor dem Auseinanderfallen sichern.

Diese wenigen Beispiele stehen für eine große Anzahl kleinteiliger Sicherungsmittel aus Kunststoffen.

8.9.2 Öffnungs(hilfs)mittel

Öffnungshilfen sind in Packungen eingebaute Sollbruchstellen wie *Aufreißstreifen* oder *Aufreißbändchen*. Näheres siehe Abschnitte 4.5.6 und 7.4.5. *Abziehfolien* oder *Easy-peel-Folien* sind Deckelfolien, die sich relativ einfach abziehen lassen. Ihre Siegelschichten werden auf eine mittlere, definierte Nahtfestigkeit eingestellt. Die Nähte sind zwar nicht sehr fest, aber absolut dicht. Beim Abziehen einer solchen *Heißsiegel-Deckelfolie* sollten möglichst nur geringe Reste der Siegelschicht auf dem Behälterrand verbleiben, und die Deckelfolie sollte nicht einreißen, sondern sich in einem Stück abziehen lassen. Überstehende Deckelfolie als Lasche ermöglicht das Abziehen. Ausgesparte Teile der Siegelfläche geben Ansätze, um die Deckelfolie abzuziehen. *Zackenschnitt* oder *Aufreißkerben* werden bei Folienbeutel- oder -muldenpackungen am versiegelten Rand angebracht, da der Weiterreißwiderstand an den Einkerbungen geringer als der Einreißwiderstand am glatten Rand ist. Eine *Laserspur* kann durch einen Laserstrahl, dessen Form, Tiefe und Breite beliebig einstellbar ist, als Sollbruchstelle gestaltet werden, da hierdurch die Folie der Packung partiell geschädigt wird.

8.9.3 Wiederverschließ(hilfs)mittel

Eine *Aufreiß- und Wiederverschließ-Becherverpackung* als Einstoffverpackung kann z. B. aus Polypropylen hergestellt werden. Durch eine spezielle, bereits beim Spritzen vorgegebene Form erhält der Becher eine Schwachstelle im Rand, an der er beim Öffnen bricht. Der Becher hat einen inneren und einen äußeren Rand. Beide sind durch eine brechfähige, dünne Stelle miteinander verbunden. Nach dem Befüllen wird der Becher mit einer nicht peelfähigen 200 µm dicken Polypropylen-Folie auf dem äußeren Rand im Heißsiegelverfahren verschlossen. Zum Öffnen wird die angespritzte Grifflasche nach oben gebogen, so daß der äußere Rand an der vorgekerbten Stelle anreißt. Danach kann der äußere Rand mit aufgesiegelter Polypropylen-Folie vollständig abgerissen werden. Er bildet zusammen mit der Folie den Wiederverschlußdeckel. Zum Wiederverschließen schnappt er über den am Becher verbliebenen inneren Rand.

Die Verpackung ist dicht und läßt sich trotzdem leicht aufreißen. Sie kann dort eingesetzt werden, wo herkömmliche Becher z. B. mit einer Aluminiumplatine versiegelt werden müssen und ein zusätzlicher Wiederverschlußdeckel notwendig ist.

Öffnungshilfen im weiteren Sinne bilden die *Durchdrückblisterpackungen*, deren Durchdrückfolie bisher meist aus Aluminium war. Packstoffsortenreduzierung einer Packung verwirklicht die *Einstoff-Blisterdurchdrückpackung* aus Polypropylen. Es handelt sich hier um ein sortenreines Kunststoffblister, bestehend aus PP-„Tiefziehfolie" und einer ebenfalls aus PP gefertigten durchdrückbaren Abdeckfolie, womit durch PP ein guter, in der Regel ausreichender Schutz für die verpackten Produkte gegen Wasserdampfaufnahme gegeben ist. Dieses Blister ist sortenrein und damit für Recycling geeignet. Das Durchdrücken der Tabletten etc. durch die PP-Folie ist gut möglich. Die Siegelung kann bei niedrigerer Siegeltemperatur als bei Aluminiumabdeckfolie erfolgen. Diese Durchdrückfolie läßt sich auch gut bedrucken.

Ein *Beutel-Wiederverschließsystem* wird produktionstechnisch möglich durch ein endlos hergestelltes *Profilverschlußband*, das mit einem doppelseitigen Klebeband verbunden, in die gewünschte Länge geschnitten und auf die Packung gesiegelt wird. Beutel, Tüten und Säcke mit diesen Verschlüssen lassen sich nach erstmaligem Öffnen wieder verschließen. Die Funktionsweise ist: Der Profilverschluß und das doppelseitige Klebeband werden endlos über verschiedene Umlenkrollen zusammengeführt und gepreßt. Unmittelbar vor der Applikation auf ein Gebinde wird der Profilverschluß mit einem Ultraschall-Schweißkopf auf die gewünschte Länge zugeschnitten und nach genauer Positionierung der Gebinde auf dem Förderband verschweißt. Bild 8.33 zeigt das Öffnen und Wiederverschließen der Packung.

1. Beutel mit Verschluss 2. Öffnen des Verschlusses 3. Durchschneiden des Verschlusses in die Verpackung

4. Produkt entnehmen 5. Beutel wieder verschliessen

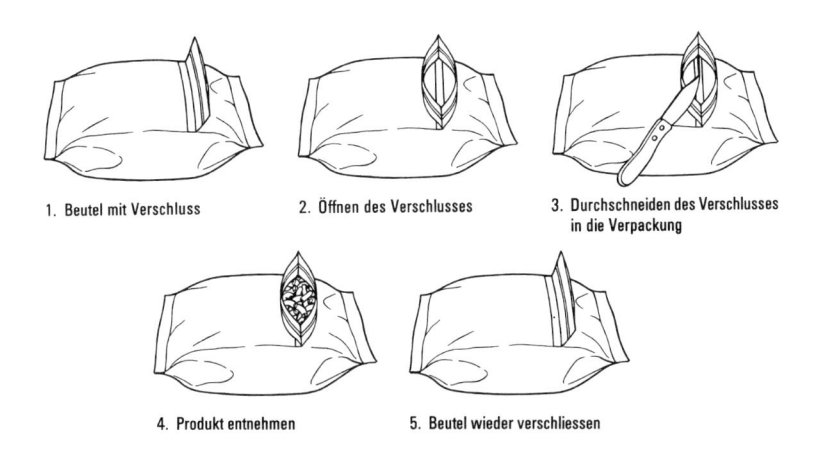

Bild 8.33 Applizierbares Beutel-Wiederverschließsystem (Quelle: Neue Verpackung 4 (1993), S. 138)

Eine *wiederverschließbare Folienmuldenverpackung* ist die *Noppenverpackung* mit *Noppen- oder Druckverschluß*. Der Noppen- oder Druckverschluß besteht aus einer Noppenverformung im Siegelbereich der Unter- und Oberfolie und einer Versiegelung. Die Unterfolie kann aus PET, PAN-Copolymerem oder PA/Ionomer bestehen. Diese wird mit der Oberfolie aus modifiziertem PA/Ionomer versiegelt. Die Versiegelung ist fett- und wasserdicht sowie bei relativ niedrigen Temperaturen zuverlässig durchführbar. Anschließend wird die Packung in einer Vernoppungsstation, mit der gängige Warmformmaschinen nachgerüstet werden können, vernoppt. Die integrale Fertigung dieser leicht zu öffnenden Verpackung verursacht keine zusätzlichen Fertigungskosten. Beim Recycling ist keine Sortentrennung erforderlich, da die Vernoppung als rein mechanischer Prozeß unter Wärme und Druck erfolgt. Sie ist kostengünstig und nach Aufbruch der Versiegelung mehrmals zu öffnen und wieder zu verschließen. Die Vernoppung garantiert zwar keine Verlängerung der Lagerfähigkeit, jedoch bleibt der Packungsinhalt nach Anbruch der Packung so dicht verschlossen, daß eine Austrocknung oder Befall mit Pilzen oder Bakterien verzögert wird.

Die bisherigen wiederverschließbaren Folienverpackungen haben den Nachteil, daß sie relativ dicke Verpackungsfolien benötigen und die Herstellung zum Teil recht aufwendig ist. Dies trifft insbesondere auf die vor allem in den USA verbreiteten Zipperverschlüsse aus Kunststoff („Zipper") zu, die einen erheblichen maschinellen und manuellen Fertigungsaufwand erfordern. Dieses Konzept ist außerdem anfällig für Sicherheitsmängel, wie Luftzieher.

Wiederverschließbare Klebeverschlüsse eignen sich für die Verpackung von Lebensmitteln nicht. Hinzu kommt, daß bei den meisten dieser Verpackungslösungen der Zugriff zum Inhalt und seine teilweise Entnahme durch eine relativ kleine Öffnung oft nur beschränkt möglich ist. Weiter sind diese Verschlußkonzepte oft an eine bestimmte Formgebung gebunden.

Wiederverschließbare Ausgießer aus PE für flexible Behälter („Beutel") aus PE (Standbodenbeutel) und Kartonverbund können diesen Packmitteln auf- oder eingeschweißt werden. Dadurch ist Sorteneinheitlichkeit für Recycling gegeben. Ein am Schraubverschluß des Ausgießers angebrachter Sicherungsring macht intakte ungeöffnete Packungen von geöffneten unterscheidbar.

Ein *wiederverschließbarer Scharnierdeckelschnappverschluß* (z. B. der combiTop-Fitment-Clipverschluß) kann auf der Kopfseite von Kartongetränkeverpackungen nach ihrer

erfolgt im horizontalen Blasverfahren. Nach Flachlegung und Aufschneiden wird beidseitig laminiert und konfektioniert.

PP-Hohlkammerplatten aus extrudiertem PP haben folgende Eigenschaften:
- geringes spezifisches Gewicht,
- extrem oft faltbar,
- extrem reiß-, stoß-, bruch- und druckfest,
- gute Längsstarrheit,
- säure-, öl- und alkoholresistent,
- sterilisierbar mit Dampf,
- auch leitfähig ausrüstbar,
- nicht schleifend.

Spinnvliese aus PE, PP, PET oder PA werden als Endlosfasern direkt nach dem Spinnprozeß aus der Schmelze zu einem flächigen Gebilde von ungeordneten Schlingen geformt. Dieses wird dann durch Verschweißen oder Verkleben verfestigt. Spinnvliese besitzen hohe Festigkeit und Zähigkeit sowie gute Reiß- und Stoßfestigkeit. Ihre Weichheit und Anpassungsfähigkeit an unregelmäßige Oberflächen macht sie geeignet für die Verpackung empfindlicher technischer Artikel oder zerbrechlicher Gegenstände etc. Die im *Schmelzblasverfahren* gewonnenen Vliese besitzen jedoch nur geringe Festigkeit. Durch Kombination einer Spinnvliesanlage mit dem Schmelzblas-Prozeß können interessante Polstermittel gewonnen werden. Auch die Verbindung von ein oder zwei Vlies-Schichten mit Folien ergibt vielseitig verwendbare Pack-, Polster- und Dämmittel.

Luftkissenpolster unterschiedlicher Formen können anstatt aus PVC-weich auch aus PA-(Verbund)folie hergestellt werden. Weniger robust, dafür jedoch preisgünstiger sind PE-Folienkissen aus mehreren Lagen, welche vor ihrer Verwendung als Verkeilungen aufzublasen sind.

Staupolster zur Ladungssicherung als Luftpolster können aus verschiedenen elastischen (Kraftpapier-) Außenlagen und einer Polyethylen-Innenlage bestehen. Durch den Einsatz eines speziellen Ventiladapters können die Staupolster auch für mehrfachen Gebrauch genutzt werden. Die Zusammensetzung des Staupolsters verhindert Druckverlust und Leckage während längerer Transporte. Mit Hilfe einer speziellen Fast-Fill-Füllpistole erreicht das Staupolster innerhalb weniger Sekunden die maximale Staukraft, so daß eine Ladung optimal gesichert werden kann.

8.11 Transporthilfsmittel

Diese lassen sich z. B. bei Kästen, Behältern etc. nicht immer eindeutig von Packmitteln abgrenzen.

8.11.1 Kunststoffpaletten

Paletten sind tragfähige Plattformen, auf welchen mehrere gleiche oder ungleiche Packungen oder Packstücke zu einer Lade-, Transport- und Lagereinheit zusammengefaßt werden können, wodurch Transport und Verladung mittels Gabelstapler ermöglicht wird. Da Kunststoffpaletten wesentlich teurer sind als die konventionellen Holzpaletten, die in Europa als Pool-Flachpaletten in den Abmessungen von 800×1200 mm nach DIN 15 146 T 2 und ISO 3394 hergestellt werden, finden Kunststoffpaletten besonders als Sonder-, Klein-

oder Traypaletten Verwendung. Ihre Vorteile gegenüber den konventionellen Holzpaletten sind:
- keine Gewichtsveränderung, da wasserfest,
- kein Faulen und Verrotten,
- Formtreue,
- Beständigkeit gegen Säuren und Laugen, so daß sie in Naßbetrieben verwendbar sind.

Werkstoff für Kunststoffpaletten ist PE-HD und Gemischrezyklat. Ihre Herstellung kann durch Spritzgießen, Rotationsformen, Blasverfahren, Sintern und Warmformen erfolgen. Auch aus Schaumkunststoffen können Paletten gefertigt werden, welche den Vorteil besonders geringen Gewichtes besitzen. Mittels Kleinpaletten oder Trays können Einzelpackungen, z. B. Becher-Packungen für Molkereiprodukte (Joghurt) stapelfähig gemacht werden, um sie zu transportgünstigen Ladeeinheiten zusammenzufassen. Kleinpaletten werden in solchen Abmessungen hergestellt, daß jeweils sechs nebeneinander auf einer Euro-Palette (Pool-Palette) gestapelt werden können. Sie können aus Hart-PVC, PE oder PP warmgeformt oder geschäumt (insbesondere aus PS) werden. Wegen ihrer Feuchtigkeits- und Kälteunempfindlichkeit können sie sowohl in feuchten Bebrütungskammern für Joghurt als auch in Kühlhäusern verwendet werden. Die Gewichtseinsparung der Polymer-Paletten beträgt 30 bis 50% gegenüber Holzpaletten. Sie erfüllen ISO 8611 für Kantenstapelbarkeit, können außengelagert werden und sind sterilisierbar, was wichtig für die Lebensmittelindustrie ist.

Slip-Sheets bestehen aus nur wenige Millimeter starken, ebenen Trägerplatten. Diese können evtl. die konventionellen Paletten ersetzen, da sie gegenüber diesen Transport- und Lagerraum in Höhe der Palettenstärke von ca. 10 bis 20 cm einsparen. Slip-Sheets können Euro-Paletten substituieren und werden daher in den Maßen der Euro-Paletten hergestellt. Ihre Dicke beträgt 0,5 bis 5 mm. Slip-Sheets aus Kunststoffen sind wasser-, wetter- und temperaturbeständig sowie mehrfach wiederverwendbar, was insbesondere durch ihren raumsparenden Rücktransport bzw. Austausch möglich ist. Meist werden sie aus PE hergestellt, und wenn sie nach mehrmaligem Gebrauch beschädigt sind, können sie problemlos rezykliert werden.

Die Packgutstapel auf den Slip-Sheets werden wie bei den Paletten durch Umschrumpfung oder Umstretchung zusammengehalten. Sie lassen sich mittels Gabelstaplern problemlos beladen, entladen und stapeln. Es ist damit zu rechnen, daß das Slip-Sheet-System mit dem Palettensystem konkurrieren wird.

8.11.2 Steigen – Boxen – Behälter

Falls die auf Paletten aufgebrachten Einzelpackungen nicht stapelfähig sind, werden feste Seitenaufbauten benötigt, um Stapelfähigkeit zu gewährleisten, wodurch ein offener Behälter entsteht. Die Abmessungen solcher Behälter werden nach den jeweiligen Formen und Ausführungen der Einzelpackungen gestaltet.

Sie können als Boxen, Kisten, Stapelkästen oder Steigen ausgeführt sein. Diese wurden bereits unter den spritzgegossenen Packmitteln (siehe Abschnitt 6.4.2.4) beschrieben, da sie nicht nur als Packhilfsmittel, sondern auch als Mehrwegpackmittel gelten können, z. B. in der Lebensmittel-, Pharma- und Automobilindustrie. IBC siehe Abschnitte 6.3.2, 6.5.6 und 4.4.2.9.

Klappboxen oder *Klappkisten* sind Behälter, die sowohl stapelbar als auch zusammenlegbar sind. Sie können in Form zusammenklappbarer Boxen aus spritzgegossenen oder blasgeformten Elementen hergestellt werden und sowohl offen aufgerichtet, als auch zusammengeklappt verwendet und gestapelt werden, da deren Bodenfläche von 400×600 mm sowohl im aufgerichteten, als auch im zusammengeklappten Zustand die gleiche ist (Bild 8.38). Die Einzelelemente können auch aus ABS-Strukturschaum mit einem Raumgewicht von 0,55 bis 0,85 kg/m^3 hergestellt werden, wobei das Leergewicht einer solchen Klappbox mit durchbrochenen Seitenwänden 2,8 kg und bei geschlossenen Wänden 3 kg beträgt. Aus blasgeformten, hohlen Einzelelementen lassen sich ebenfalls leichte und hygienischen Anforderungen entsprechende, wärmedämmende Klappboxen herstellen.

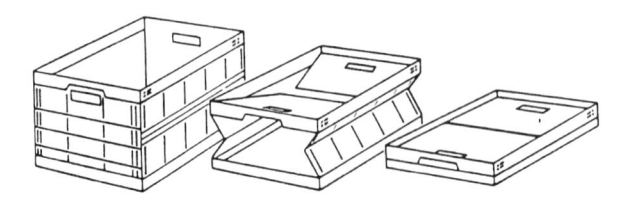

Bild 8.38 Klapp-Kiste – Klappbox (nach Snap-Box)

8.12 Ergänzende Literatur

Bauer, U.: Verpackung. Vogel, Würzburg, 1981.
Berndt, D. (Hrsg.)*:* Arbeitsmappe für den Verpackungspraktiker. Hüthig, Heidelberg, ff.
Dietz, G., Lippmann, R.: Verpackungstechnik. Hüthig, Heidelberg, 1986.
Kühne, G: Verpacken mit Kunststoffen. Hanser, München, 1974.
Lenz, P.: Verschlüsse aus und mit Kunststoffen sowie für Kunststoffbehältnisse. Studienarbeit, RWTH Aachen, 1990.
Nentwig, J.: Parat Lexikon Folientechnik. VCH, Weinheim, 1991.
Pack Report und Zeitschrift für Lebensmittelwirtschaft (ZfL), Jahrgänge 1985 – 1995.
VDI-K (Hrsg.): Verpacken mit Kunststoffolien. VDI-Verlag, Düsseldorf, 1982.

Literatur zu Abschnitt 8.3

Goria, F.: Entwicklung und Herstellung von Twist-off-Verschlüssen aus Kunststoff. Kunststoffe 79 (1989) 11, ZM, S. 177 – 178
Hansmann, H.: Verschlüsse aus Kunststoff. In: RGV-Handbuch Verpackung Nr. 4912. E. Schmidt, Berlin, 1979.
Lüling, M.: Abblasen erhöht die Sicherheit. Zeitschrift für Lebensmittelwirtschaft 44 (1993) 12, S. 742 – 744.
N. N.: Mündungen und Verschlüsse. Verpackungs-Rundschau 7 (1989).
N.N.: Schraubverschluß mit Sicherheitsventil. Neue Verpackung 46 (1993) 11, S. 72 – 75.
N. N.: Flaschenverschluß für Gefriertrocknung. Verpackungs-Rundschau 9 (1990).
N. N.: Nutzen einer integralen Verpackungsentwicklung am Beispiel eines Systemaufreißverschlusses. Verpackungs-Rundschau 8 (1988).
N. N.: Aufreißhilfe für Kaffeeverpackungen. Verpackungs-Rundschau 7 (1989).
N. N.: Für naturbelassene Kosmetika. Verpackungs-Rundschau, Sonderausgabe zur Interpack 1990, S. 71.
N. N.: Snap Cap – ein Kunststoffverschluß erobert den Markt. Verpackungs-Rundschau 3 (1990), S. 239.
N. N.: Kunststoffverschlüsse aller Art. Verpackungs-Rundschau 3 (1990), S. 218 ff.
N. N.: Für die Kennzeichnung von Behältern. Verpackungs-Rundschau 3 (1990), S. 234.
N. N.: Neuer kindergesicherter Verschluß für Kartonverpackungen. Verpackungs-Rundschau 9 (1990), S. 1165.

N. N.: Originalitätsverschluß – ein Muß? Verpackungs-Rundschau 3 (1990), S. 238 ff.
N. N.: Poly-Vent-Verschlüsse. Verpackungs-Rundschau 9 (1990), S. 1162.
N. N.: Originalitätsverschluß für Glas- und Kunststoffbehältnisse. Verpackungs-Rundschau 9 (1990), S. 1162.
N. N.: Verschlüsse und Verschließmaschinen. Verpackungs-Rundschau 6 (1990), S. 803 ff.
N. N.: Schutzverschlüsse für pharmazeutische Injektionslösungen. Verpackungs-Rundschau 8 (1988), S. 888.
N. N.: Wie eine zweite Haut, Schrumpfetiketten als Originalitätssicherung. Pack Report 23 (1990), S. 28–31.

Literatur zu Abschnitt 8.5

Dierking, E.: Einschlagverpackungen. In: Verpacken mit Kunststoff-Folien, VDI-Verlag, Düsseldorf, 1982, S. 95 ff.
Ernst, U.: Peelnahtsysteme und deren Herstellung. Verpackungs-Rundschau 45 (1994) 11, TWB, S. 69–76.
N. N.: Deckelmaterial mit leichter Öffnungsmöglichkeit. Verpackungs-Rundschau 6 (1990), S. 825.
N. N.: Bericht von der 12. Interpack, Große Nachfrage nach Verpackungslösungen. Plastverarbeiter 41 (1990) 7, S. 34 ff.
N. N.: Kunststoffwiederschlußdeckel für PP-Gebinde. Verpackungs-Rundschau 6 (1990), S. 842 f.
N. N.: Qualitätsverschlüsse in der Verpackungsindustrie durch Versiegeln mit Hochfrequenzgeneratoren. Verpackungs-Rundschau (1990) 5, S. 614 ff.
N. N.: Für Skin ist wieder alles drin. Neue Verpackung 45 (1992) 1, S. 26–27.
N. N.: Kaltsiegelung – ein Thema mit vielen Variationen. Neue Verpackung 5 (1990), S. 399.

Literatur zu Abschnitt 8.6

N. N.: Neuheit auf dem Klebebandsektor. Verpackungs-Rundschau 8 (1988), S. 906.
Schneider, L.: Der Klebestreifen als Packhilfsmittel für den Verschluß von Packstücken. in: RGV-Handbuch Verpackung Nr. 5732.

Literatur zu Abschnitt 8.7

Kaliwoda, K.: Schrumpf- und Streckverpackungen. In: Verpacken mit Kunststoff-Folien. VDI-Verlag, Düsseldorf, 1982, S. 151 ff.

Literatur zu Abschnitt 8.8

Lüling, M.: Kartonverpackungen, Dauerbrenner auf Expansionskurs (Öffnungshilfen, Wiederverschlüsse). Neue Verpackung, 46 (1993) 3, S. 80–83.
N. N.: Flaschenverschlüsse mit PVC-freien Dichtungsmassen. Verpackungs-Rundschau 9 (1990), S. 1163 ff.
N. N.: Neue Dichtungsmassen für Flaschen- und Gläserverschlüsse. Verpackungs-Rundschau 9 (1990), S. 1162 ff.

Literatur zu Abschnitt 8.9

Brehm, W.: Verschlußsache. In: Verpackungs-Rundschau 4 (1989), S. 362 ff.
Couwvenhoven, E.: Öffnungshilfen durch Laserspur. Verpakkings Management 3, 1990, Niederlande, LPF Verpakkingen B.V. 8913 HR Leeuwarden.
Ernst, M.: Originalitätsverschluß von Glasbehältern durch Induktionsversiegelung. Verpackungs-Rundschau 44 (1993) 9, S. 30–32.
Külpmann, P.: Quellensicherung, Integration von Warensicherungssystemen in Produktverpackungen. Pack Report 5 (1994), S. 65–69.
N. N.: Neues „Easy-opening" für Kunststoffschalen. Neue Verpackung 3 (1990), S. 72 ff.
N.N.: Wiederverschließbare Kartonverpackung. Neue Verpackung 46 (1993) 9, S. 16–19.

Literatur zu Abschnitt 8.10

Doliwa, U.: PUR-Foam-in-Place. In: VDI-K, Schaumstoffe in der Verpackung. VDI-Verlag, Düsseldorf, 1988, S. 63–76.

Haardt, U.: Polyolefinschaumstoffe. In: VDI-K, Schaumstoffe in der Verpackung. VDI-Verlag, Düsseldorf, 1988, S. 29–34.

Prankel, W.: Wärmedämmende Verpackung aus Polystyrol-Schaumstoff. RGV-Handbuch Verpackung, Nr. 4934 (IX/84). E. Schmidt, Berlin, 1984.

Literatur zu Abschnitt 8.11

Inka: Stapelfähige Kunststoff-Display-Palette. Neue Verpackung 6 (1990).
Koetzing, P., u. a.: EPS/PPE-Partikelschaum. Kunststoffe 85 (1995) 12, S. 2046–2048.
Kulik, K., Schalm, K.: Mehrwegfaltbox für Lachs. Neue Verpackung 46 (1993) 5, S. 155–160.
Schultze, D.: Foam-in-Place-Technologie. Kunststoffe 85 (1995) 11, S. 1938–1940.
Wagner, R.: Interesse des Handels an Kunststoff-Display-Paletten. In: Verpackungstechnik '88 S. 255. Schriftenreihe Transport- und Verpackungslogistik. Veröffentlichungen des Lehrstuhls für Logistik der Universität Dortmund. Jansen, Dortmund, 1988, S. 255.

9 Maschinelle Pack- und Abfüllanlagen

Wichtigste Aufgabe aller Abpackvorgänge ist ein optimaler Packgut- bzw. Produktschutz. Bei verderblichen Packgütern wie Lebensmitteln etc. werden daher Aseptikverfahren (für flüssige Packgüter) sowie Schutzgas- und/oder Vakuumverfahren (für feste Packgüter) in die Abpackmaschinen integriert.

9.1 Bedeutung, Aufgaben und Anforderungen für maschinelle Pack- und Abfülleinrichtungen

Die Versorgung von Handel und Verbrauchern mit Massenprodukten aller Art, die so frisch wie möglich sein sollten, erfolgt zunehmend im „Just-in-Time-System". Dies stellt die Aufgabe, daß schnellstmöglich in optimaler Weise diese Verbrauchsgüter hergestellt, abgefüllt, abgepackt und versandt werden müssen. Maschinelles Abpacken bedeutet somit einen wesentlichen Teil der Fertigung, da sich viele Produkte, z. B. flüssige, pastöse oder rieselfähige Produkte, nur in ihrer Packung schnell identifizieren und voneinander unterscheiden lassen.

Allgemeine Anforderungen an Verpackungssysteme bzw. -anlagen oder -maschinen

Verpackungsmaschinen haben dienende Funktion. Sie erbringen Dienstleistungen, die in das Gesamtproduktionssystem und -logistiksystem integriert sind, das höchste Produktivität haben soll. Gesättigte Märkte erfordern Innovationen in der Verpackung. Das bedeutet:
- zunehmende Variantenvielfalt,
- abnehmende Losgrößen,
- „Just-in-Time-Systeme" für Produktion, Verpackung und Logistik,
- häufige Umstellung der Produkte und Formate; dies erfordert kurze Umstellungszeiten durch Servoautomaten,
- Zuverlässigkeit der Anlagen und schonender Umgang mit dem Packgut, das unversehrt bleiben soll.

Daraus ergeben sich folgende Anforderungen:
- Die Verpackungsanlage muß in den Produktionsprozeß *integrationsfähig*, d. h. „*gesamtlinienfähig*" sein. Man spricht von „Inselhaftigkeit" der Verpackungsvorgänge (z. B. die Aseptikverpackung im UHT-Prozeß (Milch) oder die Tablettenpresse im Blistersystem).
- Die *Zuverlässigkeit* der Anlagen verlangt exakte konstruktive Lösungen unter Einbeziehen von Praxiserfahrungen, der Unempfindlichkeit gegen Packmitteltoleranzen, dem schonendem Umgang mit den Packgütern, der sicheren zwangsweisen Packgut- und Packmittelführung in der Maschine, dem modularen Maschinenaufbau aus Standardelementen geeigneter Qualität, qualitätsgerechtem Fertigen und Montieren, BDE-Systemen (Betriebsdatenerfassung) und Steuerungen über Ferndiagnosesysteme (Modem) sowie Meß-Steuer-Regel-Systemen (MSR), z. B. CIP (Clean in Place) im Packgutbereich. Aseptikanlagen erfordern ständige Überwachung und Steuerung (beispielsweise Überdruck im Aseptikraum durch intelligente Steuerung der Grundlinien).
- Der *Automatisierungsgrad* muß dem jeweiligen technischen Niveau der Märkte, des Bedienungspersonals und des Services beim Kundendienst angepaßt sein. Automatische Umstellung wegen kleinerer Losgrößen und mehr Varianten erfordern Verkürzung der

- Neben- und Rüstzeiten, um die verlangte Gesamtproduktivität zugewährleisten (Formatvielfalt).
- *Hygienische* Aspekte erfordern evtl. die Trennung der Antriebe und Steuerungen vom Packgutbereich, das Erfüllen von Hygienevoraussetzungen, die ständige Kontrolle aller Materialien und Hilfsmittel, z. B. über BDE.
- Die *Flexibilität* der Anlagen wegen Produkt- und Formatvielfalt benötigt einen großen Formatbereich, Variation der Packschemata und den Einsatz der unterschiedlichsten Packstoffe.
- Der *Formatwechsel* muß einfach, schnell und über SPS (speicherprogrammierbare Steuerung) oder noch besser über CNC- (computer numeric control) -Steuer- und Regelungen erfolgen. Auswechselsätze für kritische Stellen müssen verfügbar, Einstellungen reproduzierbar und die Umstellbereiche durch Alternativlösungen minimierbar sein.
- Die *Benutzerfreundlichkeit* der Anlagen zeigt sich durch ihre ergonomische Gestaltung bis ins Detail, z. B. bei der Bedienerführung durch intelligente Steuerung mit Menütechnik zur sicheren und einfachen Maschinenbedienung zwecks Personalverringerung und Mehrmaschinenbedienung, durch leichte Austauschbarkeit von Format- und Verschleißteilen (Modulen), geräuscharme Maschinenausführung, gute Zugänglichkeit bei Störungsbeseitigungen, Verwenden von Standardelementen, Steuerungen durch Mehrmaschinenbedienung mit Eliminierung von Fehleingaben und Betriebsdatenerfassung mit Schnittstelle zum Leitrechner für die Regelung.
- Klar und übersichtlich gestaltete *Betriebsanleitungen* sowie vollständige *Dokumentationen* der Maschinen (z. B. fürs Ersatzteillager) sind außerordentlich wichtig und werden durch Grund- und Fortbildungsschulungen für das Bedienungs- und Servicepersonal ergänzt.

Ein modularer Aufbau der Verpackungsmaschinen aus standardisierten Baugruppen kann erheblich zur Rationalisierung des Verpackungs-Maschinenbaus beitragen. Es werden aber auch weiterhin die klassischen Standardeinzelmaschinen (z. B. Batterieeinwickelrundläufer) verwendet.

9.1.1 Allgemeine Abpack- und Füllvorgänge

Wesentlich für die Methode des Abpackens bzw. Füllens und Dosierens der Packgüter in die Packmittel ist die jeweilige Zustandsform, wonach man in Stückgüter, Schüttgüter, pastöse, flüssige, gasförmige und gemischte Güter einteilt. Die damit hergestellte Erstpackung in ihrer Primärverpackung wird nach dem Füllen und Schließen in jedem Fall zu einem Stückgut, das als solches in Umverpackungen oder Sekundärverpackungen (Schachteln, Kisten, Kästen) oder anderen Sammelverpackungen verpackt wird. Stück- und Schüttgüter, pastöse, schwer- und leichtfließende flüssige Güter lassen sich nicht immer exakt voneinander abgrenzen. Ihr Fließverhalten ist jedoch für den Abpackvorgang, insbesondere für den maschinellen, wichtig.

9.1.2 Abpacken von Stückgütern

Das Abpacken von Stückgütern erfolgt durch Folieneinschläge, Folieneinwickler, Schrumpfverpackungen, Stretch- und Skinverpackungen, wie sie in Abschnitt 6.2.1 bis 6.2.4 beschrieben wurden, aber auch in halbsteife Folienverpackungen wie thermogeformte Schalen, Nestverpackungen, Glocken- bzw. Bubble-, Blister- und Skinverpackungen gemäß Abschnitt 6.3.1, konfektionierte Packmittel (Dosen, Schachteln) gemäß Abschnitt 6.3.2 oder spritzgegossene Kisten, Kästen, Dosen, Kartuschen etc. gemäß Abschnitt

6.4.2. Auch in Schaumstoffverpackungen werden stückige Packgüter von Hand oder maschinell eingelegt oder eingefüllt und mit dem zugehörigen Verschließmittel verschlossen.

9.1.3 Abpacken flüssiger, pastöser und rieselfähiger Füllgüter

Mittels einer geeigneten Dosiertechnik (siehe Abschnitt 9.2.2.1) werden immer mehr flüssige und pastöse Füllgüter maschinell in Verpackungshohlkörper und -schläuche, Kissenpackungen, Tuben und Beutelpackungen (Nachfüllbeutelpackungen) aus Kunststoffen abgepackt, die dann hohen Dauerbelastungen bis zu mehreren kN standhalten müssen, was durch geeignete Gestaltung der verwendeten Folienbeutel erfolgt. Dementsprechend müssen auch Siegelnähte großen Kräften standhalten und eine Sperrwirkung gegen Sauerstoff, Wasserdampf und Aromen besitzen.

9.1.4 Einteilung und Benennung der maschinellen Pack- und Abfülleinrichtungen

Maschinelle Verpackungsvorgänge kann man in Basis- und Hilfsoperationen einteilen.

Basisoperationen sind Formen, Füllen und Verschließen des Packmittels. *Formen* (in Verpackungsmaschinen) ist das Herstellen einer füllfertigen Verpackung durch raumbildendes (Um-)Formen (z. B. Thermoformen, Tiefziehen, Falten) eines Packstoffs, oft unter Anwendung zusätzlicher Hilfsmittel (z. B. Klebstoff). *Füllen* ist im allgemeinen eine Sammelbenennung für das Einbringen von Packgut in Packmittel *Verschließen* siehe Kapitel 8).

Hilfsoperationen sind Vorbereitung und Zuführung des Packmittels sowie Zuführung und Dosierung des Packguts, Nachbehandlung und Abführung der fertigen Packung sowie die zugehörigen Kontrollen.

Eine *Verpackungsmaschine* ist eine Maschine, die alle oder einzelne zum Verpacken gehörende Vorgänge ausführt wie: Formen, Aufrichten, Füllen, Verschließen und Einschlagen sowie vor- und nachgeschaltete Vorgänge, die dazu dienen, versand-, lager- und/oder verkaufsfähige Packungen herzustellen. *Formmaschinen,* die nur Packmittel oder Packhilfsmittel herstellen und die nicht in Verbindung mit dem Verpackungsvorgang stehen, zählen nicht zu den Verpackungsmaschinen (siehe DIN 8740).

Pack(hilfs)mittel-Herstellmaschine ist der Oberbegriff für Maschinen, die Packmittel bzw. -hilfsmittel beliebiger Art herstellen, jedoch keine zum Verpacken gehörenden Vorgänge ausführen.

Verpackungsgerät ist der Oberbegriff für Geräte, die das Verpacken von Hand erleichtern.

Die Einteilung der Verpackungsmaschinen nach der Interpack- und VDMA-Systematik zeigt Tabelle 9.1.

Die *Form der Bahn*, auf der das Packmittel die Maschinen durchläuft, wird insbesondere dann zur Kennzeichnung der Arbeitsweise der Verpackungsmaschine herangezogen, wenn sie eindeutig einer *Geraden (Längsläufer)* oder einem *Kreis (Rundläufer)* entspricht, d. h., wenn das Packmittel linear oder zirkular die Maschine durchläuft. Die *Richtung* der Bahn dient als Unterscheidungsmerkmal, wenn sie eindeutig *vertikal* oder *horizontal* verläuft.

Außerdem wird auch die Zahl der Packmittel, welche die Maschine parallel zueinander und gleichzeitig durchlaufen, zur Kennzeichnung herangezogen. So spricht man von einer *einbahnigen* Arbeitsweise, wenn nur ein Packmittel bzw. nur eine Packmittelbahn die Maschine durchläuft. Bei Durchlauf von mehreren Packmitteln wird die Arbeitsweise entsprechend als zwei- oder *mehrbahnig* bezeichnet.

Die höchste Produktivität wird im allgemeinen auf Verpackungsmaschinen mit *kontinuierlicher* Arbeitsweise, d. h. mit kontinuierlichem Packmitteldurchlauf erreicht.

Tabelle 9.1 Einteilung der Verpackungsmaschinen

Füllmaschinen	... für stückige Produkte
	... für pulvrige und körnige Produkte
	... für pastöse Produkte
	... für Flüssigkeiten
Verschließmaschinen	
Füll- und Verschließmaschinen	... für flexible Packmittel (Beutel, Säcke etc.)
	... für Kartons (Kartonierer)
	... für Ampullen, Kapseln etc.
	... für Tuben
	... für Flaschen, Dosen, Becher etc.
	... für Eimer, Fässer, Hobbocks etc.
Form-, Füll- und Verschließmaschinen	... für Schlauchbeutel
	... für Siegelrandbeutel
	... für sonstige flexible Packmittel (auch Paketiermaschinen)
	... für Blisterverpackungen
	... für andere Tiefziehverpackungen
Maschinen mit Produktschutzeinrichtungen	... für Vakuum-Verpackungen
	... für Schutzgas-Verpackungen (MAP)
-	... für aseptische Verpackungen
	... für Arzneimittelverpackungen gemäß GMP
Einschlagmaschinen für Einzelpackungen	– Teil- und Volleinschlagmaschinen
	– Einwickelmaschinen
	– Schrumpf- und Stretchfolienmaschinen
Sammelpackmaschinen	– Faltschachtel-/Tray- aufrichte-, -füll- und -verschließmaschinen
	– Wrap-Around-Maschinen
	– Folieneinschlagmaschinen (auch Schrumpffolienmaschinen)
	– Palettier-/Entpalettieranlagen
	– Umreifungs- und Umschnürungsmaschinen
Sonstige Verpackungsmaschinen	– Etikettier- und Ausstattungsmaschinen
	– Reinigungs- und Trocknungsmaschinen
	– Prüf- und Trocknungsmaschinen
	– Metalldosen- und -tubenherstellungsmaschinen
	– Sackaufschneide- und -entleerungsmaschinen
Roboter	
Verpackungslinien	

9.1.5 Normung der maschinellen Pack- und Abfülleinrichtungen

Verpackungsmaschinen sind nach DIN 8740 Teil 1 bis 9 Maschinen, die zum Verpacken gehörende Vorgänge ausführen. Hierzu zählen Hauptvorgänge, wie Füllen, Verschließen und Einschlagen sowie vor- und/oder nachgeschaltete Vorgänge.

Formmaschinen, Aufrichtmaschinen und Maschinen für vor- und/oder nachgeschaltete Vorgänge, die mit dem Verpackungsvorgang in Verbindung stehen, zählen ebenso zu den Verpackungsmaschinen; nicht zu dieser Gruppe gehören dagegen Maschinen, die nur Packmittel oder Packhilfsmittel herstellen z. B. reine Packmittelherstell-, bzw. -formmaschinen.

Mehrfunktions-Verpackungsmaschinen sind Verpackungsmaschinen, die zwei oder mehr Verpackungsfunktionen in einer Maschineneinheit ausführen.

Als *Verpackungslinien* bezeichnet man Verkettungen von Verpackungsmaschinen mit automatischem Arbeitsablauf. Verpackungsmaschinen werden demnach funktionsbezogen eingeteilt in:
- *Füllmaschinen,*
- *Verschließmaschinen,*
- *Einschlagmaschinen,*
- *Mehrfunktions-Verpackungsmaschinen,* wie Füll- und Verschließmaschinen; Form-, Füll- und Verschließmaschinen (FFS); Aufricht-, Füll- und Verschließmaschinen,
- Verpackungsmaschinen in *sonstigen Kombinationen,*
- Maschinen zum *Reinigen,* zum *Trocknen* sowie zum *Abwehren von Mikroorganismen* (für keimarme, keimfreie Abfüllung in aseptischen Maschinen),
- Maschinen zum *Ausstatten,* zum *Kennzeichnen* und *Sichern* von Packungen und Packstücken,
- Maschinen zum *Herstellen* und *Auflösen* von *Sammelpackungen* und *Ladeeinheiten* (Bild 9.1).

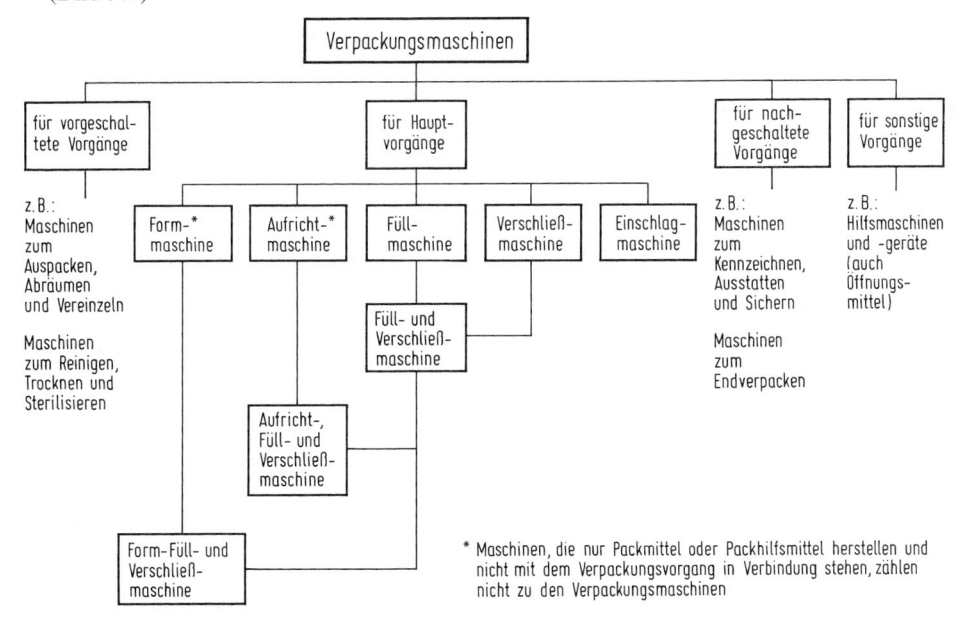

Bild 9.1 Gliederung der Verpackungsmaschinen nach den Verpackungsvorgängen (nach DIN 8740)

Hierin nicht genannte, *sonstige Maschinen* zur Ausführung von *Spezialoperationen* sind z. B.: Packmittelbearbeitungsmaschinen, Maschinen zur Atmosphärenveränderung, zum Fördern, Ordnen, Lesen, Prüfen und Kontrollieren, Öffnen von Packmitteln, -hilfsmitteln, Packungen etc.

Die Teile 2 bis 8 der DIN 8740 definieren und beschreiben die oben genannten Verpackungsmaschinentypen; die Richtlinie VDI 2674 beinhaltet Begriffe und Kenngrößen der Verpackungsmaschinen und -linien.

9.2 Maschinen zur Herstellung von Primär- oder Verbraucherpackungen

Hierzu gehören Maschinen zum Füllen und Verschließen von Packmitteln sowie zu deren Herstellung, wenn dies in der selben Anlage erfolgt.

9.2.1 Maschinen zur Herstellung von Primärpackmitteln

Die Verarbeitungsverfahren für Kunststoffe zu Packmitteln wurden in Kapitel 6 behandelt, die jeweils zugehörigen Maschinen angegeben. Die dort beschriebenen Anlagen sind identisch mit den Maschinen zur Herstellung von Primär-Packmitteln und zählen nach DIN 8740 Teil 1 nicht zu den Verpackungsmaschinen. Es wird daher auf die genannten Abschnitte verwiesen.

9.2.2 Maschinen zum Füllen bzw. Abpacken in Primärpackmittel

Für Kunststoffverpackungen sind dies hauptsächlich Füll- und Einschlagmaschinen.

9.2.2.1 Füllmaschinen

Füllmaschinen sind Verpackungsmaschinen, die Füllgüter in genau bestimmbaren Mengen in das Packmittel einbringen (DIN 8740 Teil 2). Die Unterscheidung der Füll-Maschinen erfolgt gemäß ihren Arbeitsprinzipien für die Mengenzuteilung auf die einzelnen Packmittel nach Volumen, Gewicht oder Stückzahl. Die auf den Füll-Maschinen verarbeiteten Füllgüter können folgende Zustände haben: *fest* (stückig, körnig, pulvrig), *flüssig* bis pastös, *gasförmig*.

Bei der nachfolgenden Einteilung wird bewußt keine füllgutabhängige Festlegung getroffen. Theoretisch ist jedes Füllprinzip für jeden Füllgutzustand denkbar, was allerdings praktisch in vielen Fällen wenig sinnvoll wäre. Die Einteilung der Füll-Maschinen zeigt Bild 9.2.

Die wichtigsten Füll-Maschinen sind wie folgt definiert:
- *Volumen-Füll-Maschinen* sind Füll-Maschinen, die nach dem volumetrischen Prinzip arbeiten,
- *Dosier-Füll-Maschinen* sind Volumen-Füll-Maschinen, die eine bestimmte Füllmenge vor dem Einbringen in die Packmittel abteilen (dosieren),
- *Höhen-Füll-Maschinen* sind Volumen-Füll-Maschinen, bei denen eine bestimmte Füllmenge durch die Packmittel und ggf. vorher eingebrachtes Füllgut festgelegt wird,

- *Zeit-Füll-Maschinen* sind Volumen-Füll-Maschinen, die Füllgut durch eine Zeitintervallsteuerung eines Füllgutstroms abmessen und in Packmittel einbringen. Dabei muß der Füllgutstrom möglichst konstant gehalten werden,
- *Wäge-Füll-Maschinen* arbeiten nach dem gravimetrischen Prinzip,
- *Netto-Wäge-Füll-Maschinen* wiegen eine bestimmte Füllmenge vor Einbringen des Füllguts in die Packmittel ab,
- *Brutto-Wäge-Füll-Maschinen* wiegen eine bestimmte Füllmenge zusammen mit dem Packmittel während des Einfüllvorgangs – mit oder ohne Taraausgleich – ab,
- *Mehrkopfwägemaschinen* für Hochgeschwindigkeitsverpackungen, in denen Teilmengen des Packguts zu einer vorgegebenen Endmenge präzise zugeführt werden (gemäß Gaußscher Verteilung); solches Präzisionsfüllen spart Füllgut, genaues Wägen mit nur einem Wägekopf wäre zu langsam, d. h. produktionshemmend,
- *Zähl-Füll-Maschinen* arbeiten nach dem Zählprinzip, bei *Zähl-Füll-Maschinen mit Einzelstückerfassung* werden die Elemente des Füllguts durch z. B. mechanisches, optisches, induktives oder kapazitives Abtasten oder durch dem Füllgut angepaßte Hilfsmittel gezählt und in die Packmittel eingebracht,
- *Zähl-Füll-Maschinen mit Mehrstückerfassung* bestimmen die Stückzahl, die durch Vergleich mit einer Hilfsgröße bestimmt und in die Packmittel eingebracht wird.

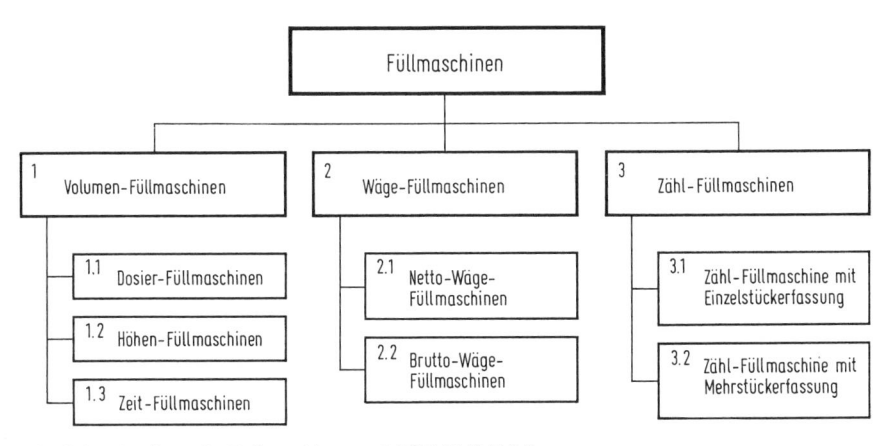

Bild 9.2 Einteilung der Füllmaschinen nach DIN 8740 Teil 2

Beispiele für praktische Füllvorgänge wurden bereits in Abschnitt 6.2 gegeben. Es geht bei diesen Füllvorgängen insbesondere um das Abfüllen von flüssigen, pastösen oder rieselfähigen Fließgütern, die in Hohlkörper wie Flaschen, Kanister, Becher oder Beutel abgefüllt werden. Da solche Maschinen aber heute durchweg mit Verschließvorrichtungen versehen sind, werden sie in Abschnitt 9.3 als Maschinen zum Füllen und Verschließen von Primärpackungen beschrieben. Das Abfüllen bzw. Abpacken von Stückgütern, die bei höheren Temperaturen auch Fließgüter sein können wie Butter, Fette, Süßwaren usw., zählt im weiteren Sinne ebenfalls zum Füllen bzw. Abpacken in Primär-Packmitteln, und daher gehören auch diese Abpackmaschinen, z. B. Einschlag- oder Einwickelmaschinen, zu diesem Bereich (siehe Abschnitt 9.2.2.2).

9.2.2.2 Einschlagmaschinen

Einschlagmaschinen (siehe auch Abschnitt 6.2.1) sind Verpackungsmaschinen, die Packgüter oder Packungen ganz oder teilweise mit flächigem Packstoff umhüllen. Sie sind für die Packgüter und Packungen mit festgelegten Formen – als Einzelstücke oder zu Gruppen zusammengestellt – verwendbar (Einschlagmaschinen für Sammelpackungen und Ladeeinheiten siehe Abschnitt 9.8 und 9.9).

Die Einschlagmaschinen sind teilweise von den Mehrfunktions-Verpackungsmaschinen sowie den Maschinen zum Herstellen von Sammelpackungen und Ladeeinheiten nicht eindeutig abgrenzbar. Darüber hinaus können Einschlagmaschinen in Verbindung mit Schrumpfmaschinen zum Herstellen von *Schrumpfpackungen* eingesetzt werden.

Die Einteilung der Einschlag-Maschinen zeigt Bild 9.3.

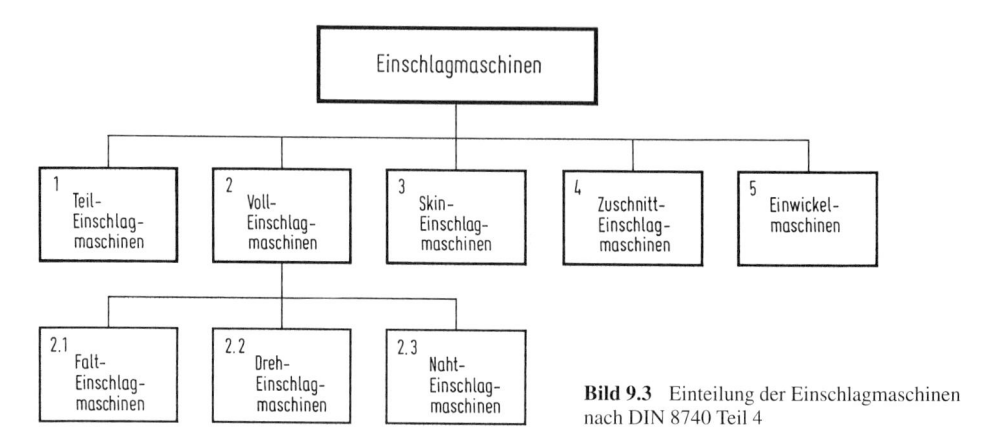

Bild 9.3 Einteilung der Einschlagmaschinen nach DIN 8740 Teil 4

Die Definitionen der wichtigsten Einschlag-Maschinen lauten:

- *Teil-Einschlagmaschinen (Banderoliermaschinen)* sind Einschlagmaschinen, die flächigen Packstoff um das Packgut legen, ohne die Seitenflächen zu verschließen. Bei besonderen Packstoffen z. B. Streckfolien, Schrumpffolien, können die Seitenflächen teilweise überdeckt werden.
- *Voll-Einschlag-Maschinen* sind Einschlagmaschinen, die flächigen Packstoff allseitig um das Packgut legen. Sie sind meist auch als Teil-Einschlag-Maschine verwendbar.
- *Falt-Einschlagmaschinen* sind Voll-Einschlagmaschinen, die die überstehenden Enden des Packstoffzuschnitts durch Falten verschließen und den Verschluß ggf. sichern.
- *Dreh-Einschlagmaschinen* sind Voll-Einschlagmaschinen, die ein oder beide Enden des Packstoffzuschnitts durch Drehen verschließen.
- *Naht-Einschlagmaschinen* sind Voll-Einschlagmaschinen, welche die überstehenden Enden des Packstoffzuschnitts durch Bilden einer Naht, z. B. mittels Schweißen oder Kleben, verschließen.
- *Skin-Einschlagmaschinen* sind Einschlagmaschinen, die das Packgut mit einer durch Wärme plastifizierten Kunststoff-Folie unter Vakuum hauteng verschließen und mit einer Unterlage verbinden.
- *Zuschnitt-Einschlag-Maschinen* (Wrap-around-machine) sind Einschlagmaschinen, die einen Packmittelzuschnitt, z. B. aus Voll- oder Wellpappe, um das Packgut legen und verschließen.
- *Einwickelmaschinen* sind Einschlag-Maschinen, die eine Packstoffbahn in mehrfachen Windungen um das Packgut wickeln.

Zur Vereinfachung der Bedienung und für komplexere Anforderungen werden Maschinen mit SPS (speicherprogrammierbare Steuerung) oder CNC-Steuerung programmierbar ausgestattet.

Die Funktionen der Dreh- und Wickel-(Wrap)-Vorgänge wurden in Abschnitt 6.2.1, die der Schrumpf-Vorgänge in Abschnitt 6.2.2, die der Stretch-Vorgänge in Abschnitt 6.2.3 und die der Skinpackungen (Hautpackungen) in Abschnitt 6.2.4 erläutert.

9.2.3 Maschinen zum Verschließen von Primärpackungen

Verschließ-Maschinen sind Verpackungsmaschinen, die nach dem Füllvorgang Packmittel verschließen und ggf. den Verschluß sichern. (Verschließmaschinen, die bei Sammelpackungen und Ladeeinheiten eingesetzt werden, sind in Abschnitt 9.9 aufgeführt.)

Die Verschließmaschinen werden nach den möglichen Arbeitsprinzipien des Verschließens unterschieden (Bild 9.4), wobei dem eigentlichen Verschließvorgang ein Zusammenführen von Teilen des Packmittels – ggf. unter Verwendung von Hilfsmitteln – vorausgehen kann.

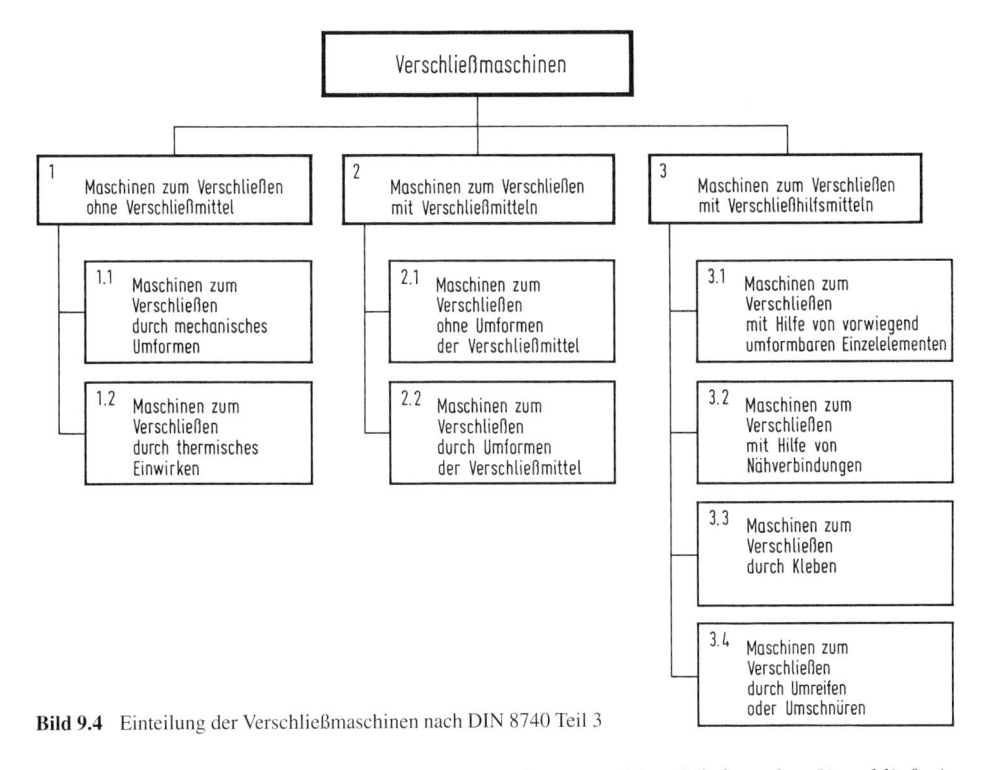

Bild 9.4 Einteilung der Verschließmaschinen nach DIN 8740 Teil 3

Wichtige Verschließmaschinentypen sind Maschinen zum Verschließen *ohne Verschließmittel* (durch Falten, Siegeln, Schweißen), Verschließen mit *Verschließmitteln* (z. B. Schraubdeckel und -kappen), Verschließen mit *Verschließhilfsmitteln* (z. B. Nähfäden, Klebstoff), wobei die Verschließmöglichkeit erst durch die Verschließhilfsmittel gegeben ist.

Kunststoff-Verschließverfahren – Schweiß- und Siegelverschlüsse

Schweiß- und Siegelverfahren sind die für die Kunststoffe typischen Verschließverfahren (siehe auch Kapitel 7 und 8). Man unterscheidet Maschinen und Vorrichtungen für:

– Wärmekontaktschweißen und -siegeln,
– Wärmeimpulsschweißen und -siegeln,
– Strahlungsschweißen,
– Hochfrequenzschweißen,
– Ultraschallschweißen.

Wärmekontaktschweißen und -siegeln wird mit konstant beheizten Schweißelementen ausgeführt, wobei die Erwärmung von außen auf die zu verschweißenden Folien an der Nahtstelle aufgebracht wird. Automatisierung kann mittels Schweiß- und Vorschubtrommel (Bild 9.5) erzielt werden.

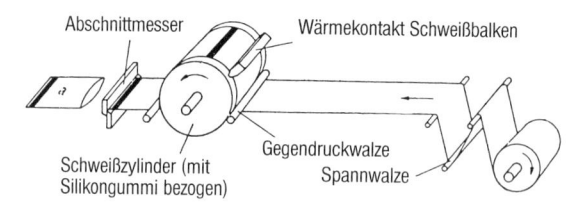

Bild 9.5 Wärmekontaktschweißen mit Schweiß- und Vorschubtrommel

Spezialverfahren sind *Trennahtschweißverfahren*, wobei ein Schweißmesser, Glühband oder Glühdraht in der Schweißnaht schweißt und trennt, so daß zugleich zwei Nähte entstehen. Wärmekontaktschweißung und -siegelung durch beidseitig beheizte Schweißbacken ist für das Schweißgut schonender, weil durch beidseitige Beheizung bei niedrigerer Temperatur gearbeitet werden kann.

Anwendungen für Wärmekontaktschweißen und -siegeln sind z. B:
– *Beutelherstellung durch Siegelung* (Bild 9.6),
– *Schlauchbeutelform-, Füll- und Verschließverfahren* (vertikal, Bild 9.7),
– *Horizontal-Form-, Füll- und Verschließverfahren* (Bild 9.8),
– *Siegelsystem für Streifenpackungen* (Bild 9.9),
– *Wärmekontakt-Schweißverfahren für Flachnähte* durch umlaufende Schweißbänder mit Abkühlung unter Druck (Bild 9.10).

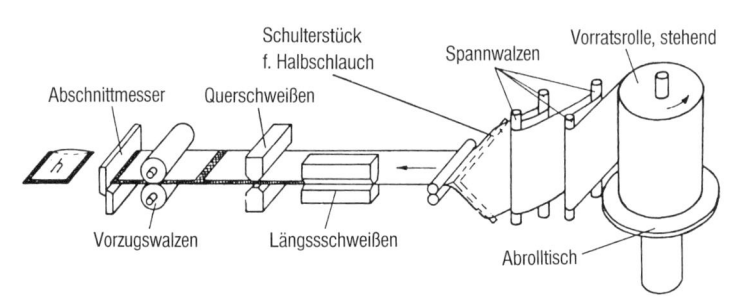

Bild 9.6 Siegelsystem zur Beutelherstellung aus Verbund- oder Heißsiegelfolie, horizontal
Werkbild: Kalle, Wiesbaden

Wärmeimpuls-Schweißen und -Siegeln beaufschlagt die benötigte Schweißwärme von außen auf die homogenen Folien an der Nahtstelle. Die mittels Stromimpuls erzeugte Wärme fließt durch die Folien (bis 250 µm Dicke), welche in sehr kurzer Zeit thermisch hoch belastet werden.

Strahlungsschweißen erfolgt berührungslos. Dieses Verfahren ist für Schrumpffolien anwendbar.

Hochfrequenz-Schweißverfahren bilden das Temperaturmaximum zwischen den zu verschweißenden Folien. Das HF-Schweißverfahren ist nur für polare Kunststoffe wie PVC, CA, PA, PUR etc. verwendbar, da der Absorptionsfaktor dieser Kunststofftypen genügend

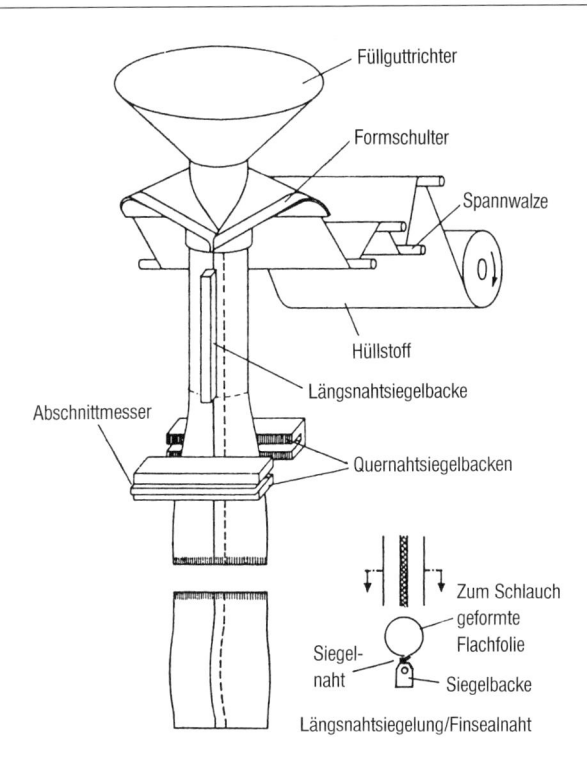

Bild 9.7 Schlauchbeutelsiegelung auf Form-, Füll- und Verschließmaschinen, vertikal

groß ist, während sich unpolare Kunststoffe wie PE, PP, PS etc. so nicht schweißen lassen. Hart-PVC-Dosen (z. B. für Fischkonserven) sowie Weich-PVC-Schläuche für Shampoo, Bohnerwachs etc. lassen sich durch HF-Schweißen verschließen.

Ultraschall-Schweißen erfolgt mittels einer Ultraschall-Schweißpresse, in der ein Hochfrequenzgenerator die zugeführte Niederfrequenzenergie in Hochfrequenzenergie umwandelt. Diese Frequenzen liegen bei 20 000 Hz. So erzeugte Wärme bewirkt die Verschweißung. Dabei werden piezoelektrische und magnetostriktive Ultraschallgeber eingesetzt. Das Ultraschall-Schweißverfahren eignet sich zum Verschließen von Schläuchen, Tuben und Flaschen, die mit Flüssigkeiten, Pasten oder Pulvern bereits gefüllt sind. Da sich das Füllgut zwischen der Schweißnaht nicht störend auswirkt, ist es möglich, durch das Füllgut „hindurchzuschweißen". Sehr gut eignen sich für dieses Verfahren die Kunststoffe PS, SB, ABS, SAN. (Bei PVC, PET, PP und PE ist dieses Verfahren weniger vorteilhaft.) Die hiermit erzielbaren Nahtfestigkeiten und Hot-Tack sind ausgezeichnet, so daß sie den Belastungen des unmittelbar nach der Siegelung auffallenden Füllguts standhalten.

Heißluft-Verschweißung hat sich für Längsnähte dicker PE-Folien für große Säcke und Beutel bewährt.

Heißsiegeln wird speziell für Verbundpackstoffe mit siegelfähiger Außenschicht eingesetzt.

Dauerbeheizte Schweißung findet wie die Wärmeimpulsschweißung Anwendung.

Reibungsschweißen läßt sich maschinell bislang nur mit runden Teilen durchführen. Für Lebensmittelverschlüsse ist es ungeeignet, da die dabei entstehenden pulverförmigen Kunststoffteilchen eine zusätzliche Reinigung der Schweißstelle erforderlich machen.

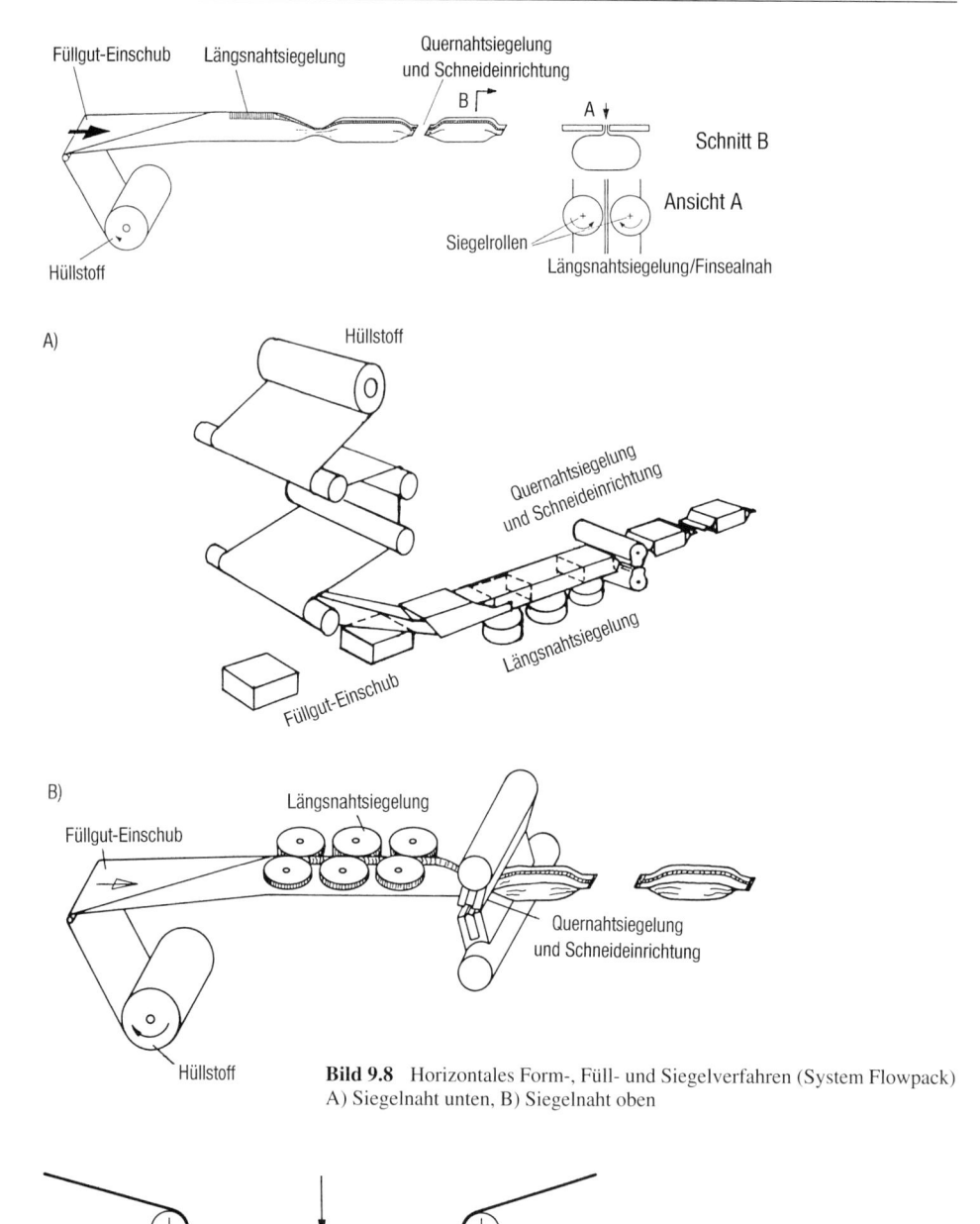

Bild 9.8 Horizontales Form-, Füll- und Siegelverfahren (System Flowpack)
A) Siegelnaht unten, B) Siegelnaht oben

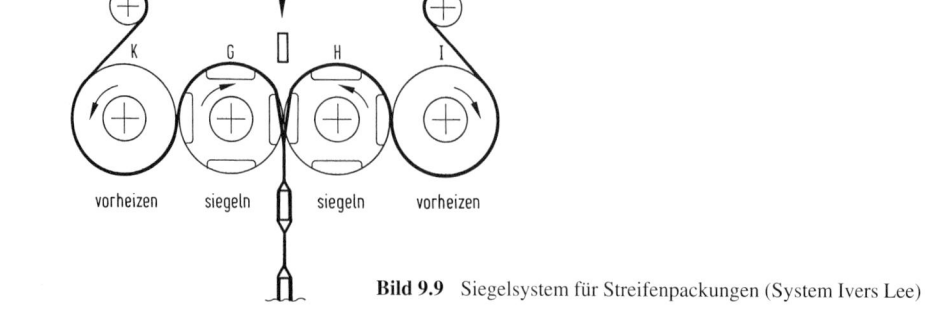

Bild 9.9 Siegelsystem für Streifenpackungen (System Ivers Lee)

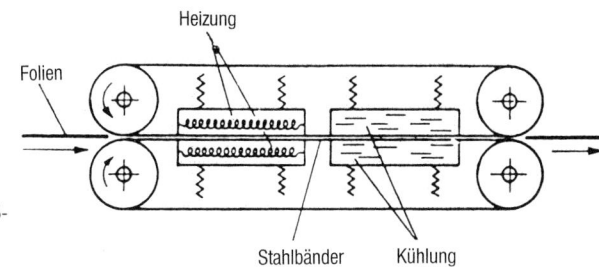

Bild 9.10
Wärmekontakt-Schweißverfahren für
Flachnähte durch umlaufende Schweiß-
bänder mit Abkühlung unter Druck
Werkbild: Doboy, Schenefeld

9.3 Mehrfunktionsmaschinen – Maschinen zum Füllen und Verschließen von Primärpackungen

Füll- und Verschließmaschinen sind Mehrfunktions-Verpackungsmaschinen, welche zwei oder mehr Verpackungsfunktionen in einer Maschineneinheit ausführen. In ihrer Benennung ist eine Aussage über die Kombination der Funktionen enthalten, wobei die vorherrschende Funktion entsprechend hervorgehoben ist. Die Einteilung der Mehrfunktions-Verpackungsmaschinen erfolgt gemäß Bild 9.11.

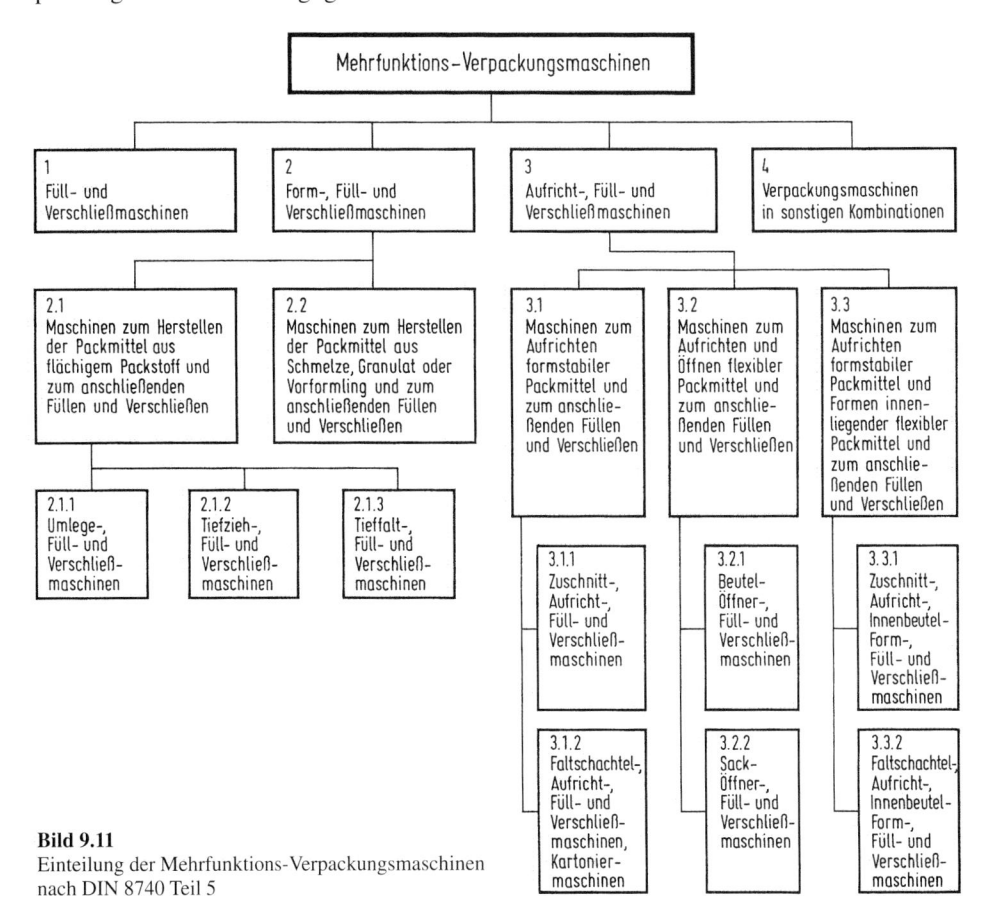

Bild 9.11
Einteilung der Mehrfunktions-Verpackungsmaschinen nach DIN 8740 Teil 5

Füll- und Verschließmaschinen sind Mehrfunktions-Verpackungsmaschinen, die Packmittel füllen und verschließen sowie ggf. den Verschluß sichern. Sie verarbeiten ausschließlich Packmittel, die einen hohen Vorfertigungsgrad aufweisen. Die Benennung der einzelnen Füll- und Verschließmaschinen ist üblicherweise packmittelbezogen, z. B. Tubenfüll- und Verschließmaschinen, Beutelfüll- und Verschließmaschinen. Sie werden hauptsächlich zum Abpacken von flüssigen Gütern in Flaschen eingesetzt. Für die Verarbeitung von Beuteln und Schachteln besitzen sie besondere Einrichtungen, die diese Packmittel füllfertig vorbereiten.

Aufricht-, Füll- und Verschließmaschinen sind Mehrfunktions-Verpackungsmaschinen, die flachliegende Packmittel hohlraumbildend aufrichten und ggf. öffnen oder aufblasen, dann füllen und verschließen sowie ggf. den Verschluß sichern. Für Kunststoffpackmittel ist das Aufrichten und Öffnen flexibler Packmittel wie z. B. von Beuteln und Säcken von Bedeutung.

9.3.1 Beutelfüll- und Verschließmaschinen

Beutelfüll- und Verschließmaschinen für Bodenbeutel mit Seitenfalten, die zum Verpacken von Schüttgütern dienen, arbeiten mit flachliegend gestapelten Beuteln, welche im Beutelanleger (Bild 9.12) füllfertig aufgerichtet werden. Die Füllgutzuführung erfolgt über Vibrationsförderrinnen und Dosierwaagen usw. bis zur Abgabe der fertigen Packung auf das Abgabeband. Weitere Einzelheiten bei den FFS-Maschinen siehe Abschnitt 9.6.

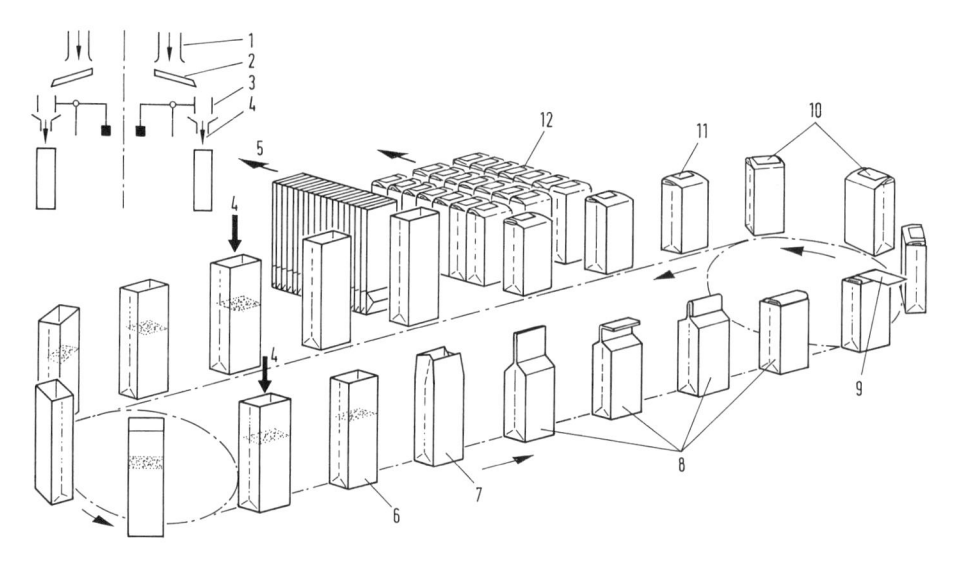

Bild 9.12 Beutelfüll- und Verschließmaschine
1: Gutzuführung, 2: Schwingförderrinne, 3,4: Dosierwaage, 5: Beutelanleger, 6: Rüttelstrecke, 7: Seitenfalten einknicken, 8: Falten und Umlegen des Rollverschlusses, 9: Auf- und Umlegen des Klebestreifens, 10: Andrückstrecke, 11: Packungsauslauf, 12: Abgabeband

9.3.2 Sackfüll- und Verschließmaschinen

In Säcke werden vor allem körnige bis staubfeine Fließgüter abgefüllt. Wichtig ist die Entfernung der unvermeidbaren Luftanteile aus dem gefüllten Sack vor dessen Verschluß.

9.3 Mehrfunktionsmaschinen – Maschinen zum Füllen und Verschließen von Primärpackungen

Wiege- und Dosiereinrichtungen sind in heutigen Maschinen meist integriert, ein Palettierungssystem ist häufig angeschlossen (Bild 9.13).

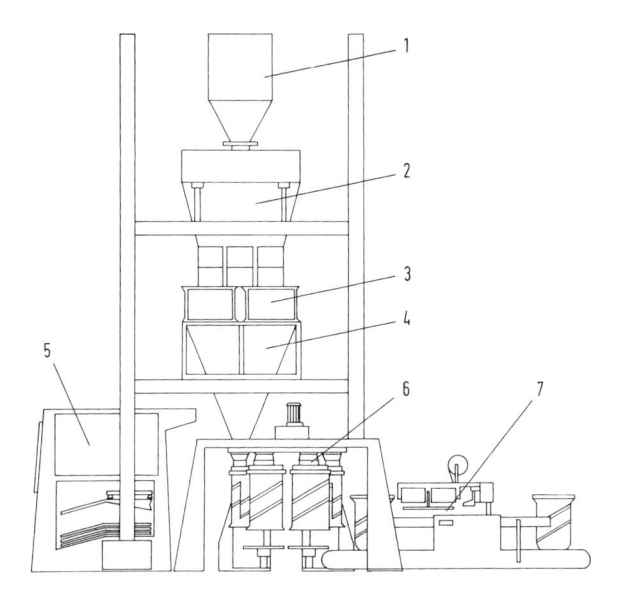

Bild 9.13 Sackfüll- und Verschließmaschine mit Füllkarussell (System Piepenbrock)
1: Gutzufuhr, 2: Gutverteilung, 3: Doppel-Nettowaage, 4: Gutübernahme, 5: Sack-Aufsteckstation, 6: Füllkarussell, 7: Sackspreiz- und Verschließstation

Für kleine Säcke ist das Füllkarussell die rationellste Absackmethode. Der Füllvorgang wird in einzelne Arbeitstakte zerlegt. Mit vier oder sechs Füllstutzen werden Leistungen von 400 bis 700 bzw. 900 bis 1000 Füllungen/h erzielt.

Für fluidisierende Produkte mit hohem Luftanteil kann eine Entlüftungsstation vorgeschaltet werden. Die Luftabsaugung geschieht während des Auswiegens der nächsten Charge, d. h. ohne Zeitverlust. Zur Verdichtung der Sackinhalte während des Füllvorgangs gibt es produktspezifische Rüttelsysteme.

Verschließen von Säcken erfolgt durch Nähen, Kleben oder Schweißen bzw. Siegeln.

Große offene Säcke werden auf kompakten Fallrohranlagen abgefüllt. Hierzu werden die Säcke nach ihrer Herstellung schuppenförmig auf eine Rolle gewickelt und von zwei Kunststoffbändern gehalten. Derartige Sackrollen haben einen Sackvorrat, der für etwa zwei Stunden Füllarbeit ausreicht. Die Säcke werden intermittierend von der Rolle abgezogen, abgetrennt und einer Öffnerstation mit Saugleitung zugeführt, wo Greifarme den geöffneten Sack an den Füllstutzen legen und den Fülltakt auslösen. Nach der Füllung wird der Sackrand gespreizt, und die über dem Füllgut befindliche Luft herausgedrückt. In der folgenden Verschließstation werden die Kunststoffsäcke durch Verschweißung bzw. Siegelung geschlossen. Auch Abnähen mit oder ohne Krepp-Papierstreifen wird bei staubigen Packgütern angewandt, weil die entsprechende Reinigung der Folieninnenseiten zu aufwendig wäre.

Die für die „Sackrolle" verwendeten Kunststoffbänder werden auf Spulen gewickelt und zur Wiederverwendung an den Sackhersteller zurückgegeben.

Geschlossene Säcke – Ventilsäcke sind nach der Befüllung dank des eingebauten Ventils ohne eigenen Verschließvorgang versandbereit und wegen ihrer Kastenform gut palettierbar.

Allerdings besitzen sie eine relativ kleine Einfüllöffnung, und es sind spezielle Abfüllsysteme dafür erforderlich. Diese unterscheidet man nach ihrer Konstruktion in:

- *Fallrohr-Füllsysteme*, bei denen das abgewogene Füllgut durch ein sich verjüngendes Rohr von oben in den Ventilsack fällt. Hierfür eignen sich freifließende fein- und grobkörnige Schüttgüter. Die Abfülleistungen liegen – je nach Rieselfähigkeit der Füllgüter – zwischen 250 bis 300 Sack/h/Füllstutzen und 700 bis 800 Sack/h/Füllstutzen.
- *Schleuderrad-Füllsysteme* arbeiten zur Steigerung der Abfülleistung mit einem Schleuderrad, welches das Füllgut auf hohe Geschwindigkeit beschleunigt und durch den verhältnismäßig kleinen Einfüllquerschnitt des Ventils in den Sack fördert. Da hierbei Schlag- und Reibungsarbeit auf das Füllgut einwirken, sind nur Füllgüter dafür geeignet, die nicht mehr verkleinert werden können bzw. keine Schädigung hierdurch erleiden. Typische Füllgüter sind Zement, Kalk oder Gips. Die Abfüll-Leistung beträgt 150 bis 350 Sack/h/Füllstutzen.
- *Schleuderband-Füllsysteme* nutzen die Zentrifugalkraft zur Beschleunigung des Füllgutes, um dadurch die Sackfüllung ohne den oben beschriebenen „Zerkleinerungseffekt" zu erreichen. Kleinstückige oder grießartige Füllgüter können mit 150 bis 350 Sack/h/Füllstutzen abgefüllt werden.
- *Schnecken-Füllsysteme* werden bei mehligen bis grießigen Produkten mit Schneckenmaschinen bzw. Schneckenpackern angewendet. Leistung: 100 bis 180 Sack/h/Füllstutzen.
- *Fluidisier-Füllsysteme* sind in der Lage, besonders schwerfließende Füllgüter aufzulockern und fließfähig zu machen. Dies geschieht dadurch, daß diese Füllgüter mit Luft – durch eine poröse Platte eingeblasen – aufgelockert und fließfähig gemacht werden. Dann wird das Füllgut mittels Druckluft in den Ventilsack geblasen. Die Leistung beträgt 200 bis 300 Sack/h/Füllstutzen. Dieses Verfahren eignet sich allerdings nur für Sackkonstruktionen, die die Fluidisierungsluft entweichen lassen, was bei einfachen Kunststoffsäcken problematisch ist. Die Säcke müssen entlüftbar sein.
- *Schnecken-Fluidisier-Füllsysteme* kombinieren die beiden vorgenannten Füllsysteme, indem zur Füllgutförderung anstatt der Druckluft mit einer Druckschnecke gearbeitet wird, wobei die Abfülleistung etwa die gleiche bleibt.

9.3.3 Netzfüll- und Verschließmaschinen

In Netze werden Schüttgüter wie Kartoffeln, Zwiebeln, Früchte und Gemüse abgefüllt. Auch Konservendosen und Spielzeug können so als Schüttgüter abgefüllt werden. Netzpackungen sind gut griffig und rutschsicher stapelbar. Bei Netzfüllmaschinen oder -geräten ist eine geeignete Längeneinheit des gestrickten, gewirkten oder extrudierten Netzschlauches (siehe auch Abschnitt 6.2.10) eng auf dem rohrförmigen Auslauf des Füllguttrichters zusammengeschoben, durch welchen das Füllgut diskontinuierlich in das Netz eindosiert wird. Nach der durch Zählen oder Wiegen eingestellten Füllgutmenge wird der Netzschlauch verschlossen, der Bodenverschluß des nächsten Netzabschnittes abgebunden (Clip) und die noch zusammenhängenden Netze voneinander getrennt. Durch automatische Sortier-, Zähl- oder Verwiegeeinheiten kann automatisiert werden. Gegebenenfalls werden die Füllgüter in Siebvorrichtungen vorsortiert, die einzelnen Siebpartien voneinander getrennt und separat verschiedenen Aufgabetrichtern zugeführt. Die Dosierung in das Netz wird über Stückzähler oder Waagen vollzogen, wobei diese Meßgeräte auch die Verschlußapparaturen für Abbindung und Abtrennung der gefüllten Netze vom Strang steuern. Diesem Netzfüll- und Verschließvorgang kann auch eine Preisauszeichnungs- und Etikettierstation angeschlossen sein.

9.3.4 Becherfüll- und Verschließmaschinen

Kunststoffbecher können auf Becherfüll- und Verschließ-Maschinen mit körnigen, pastösen oder flüssigen Produkten befüllt werden. Bei Warm- oder Heißabfüllung von pastösen Packgütern wie Marmeladen, Margarine, Joghurt etc. ändert sich die Viskosität dieser Füllgüter, die flüssig eingefüllt werden und sich nach dem Abkühlen oder einer gewissen Standzeit verfestigen.

Eine einfache Rundtischfüll- und Verschließanlage zeigt Bild 9.14.

Mehrbahnig arbeitende Becherfüll- und Verschließmaschinen werden ab vier nebeneinander liegenden Füllstraßen eingesetzt, wobei auch mehrere Füllgutkomponenten nacheinander in die Becher dosiert werden können, wie Milchspeisen, ggf. mit Früchten etc. Bei Maschinen mit kontinuierlichem Bechertransport oszillieren die mitlaufenden Füller und Siegelstationen. Bei feststehenden Füllern wird auf Taktstraßen diskontinuierlich gearbeitet. Einigen Aufwand erfordern Becherformatumstellung, Füllgutwechsel und keimarmes oder aseptisches Füllen. Abdeckplättchen können vor dem Verschließen der Becher auf das Füllgut aufgebracht werden. Auch die Signierung für Abpack- oder Verfallsdatum etc. ist auf entsprechenden Stationen dieser Maschinen vorgesehen. Die Füllmengen lassen sich z. B. zwischen 120 und 1000 ml stufenlos genau einstellen.

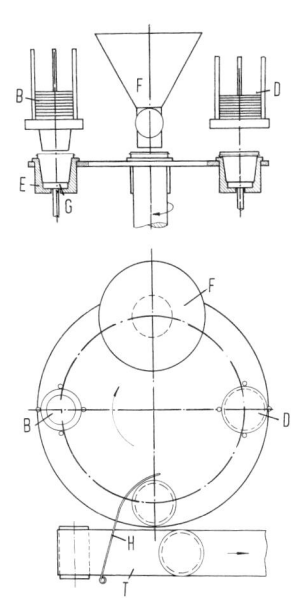

Bild 9.14 System einer Rundtisch-Füll und Verschließanlage
B: Becherstapel, D: Deckelstapel, E: Aufnahmezelle für die Becher, F: Füller, G: Auswerferboden, H: Abstreifer, T: Transportband

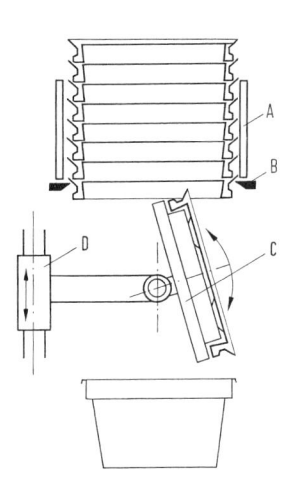

Bild 9.15 Entstapeln von Deckeln durch einen Wende-Deckelsetzer
A: Deckelstapelung, B: Haltenasen, C: Wende-Deckelsetzer, D: Schlitten

Das Entstapeln und Aufsetzen der thermogeformten Schnapp- oder Stülpdeckel auf die Becher kann durch einen Wende- (Bild 9.15) oder einen Schiebedeckelsetzer (hin- und hergehender Deckelsetzer, Bild 9.16) erfolgen. Häufig werden Flachdeckel aufgesetzt. Bei Verwendung von Deckeln mit kurzer Randlippe und besonders tiefliegendem Boden (Bild 9.17) können diese nicht mehr abgeschoben werden, sondern ihre Vereinzelung aus dem Deckelstapel erfolgt durch Abspindeln mittels mehrerer um den Deckelumfang verteilter, rotierender, mit schraubenförmigen Rillen versehenen Zylinder. Durch die Drehbewegung der schraubenförmigen Rillen, welche in die Deckellippen eingreifen, werden die Deckel unter den Deckelstapel befördert und mittels Schieber zum Deckelsetzer gebracht, Bild 9.18.

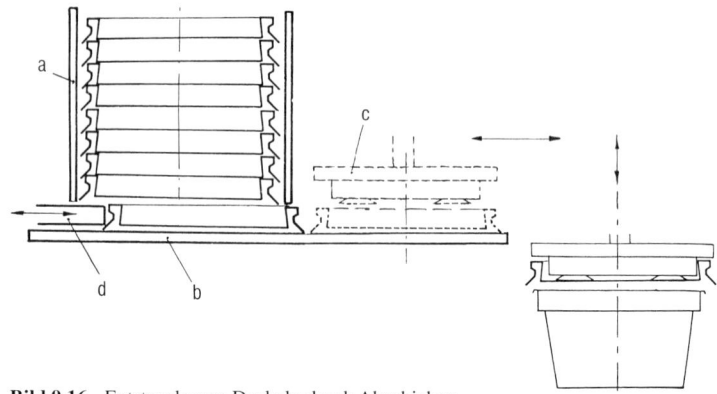

Bild 9.16 Entstapeln von Deckeln durch Abschieben
a: Deckelstapelung, b: Auflagetisch, c: beweglicher Wende-Deckelsetzer, d: Schieber

Bild 9.17 Deckelform mit kurzer Randlippe und besonders tiefliegendem Boden

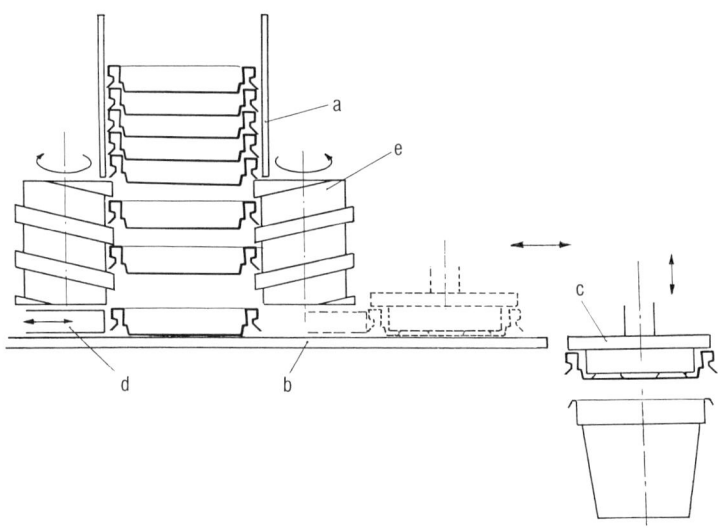

Bild 9.18 Entstapeln von Deckeln durch Abspindeln mit Förderspiralen
a: Deckelstapelung, b: Auflagetisch, c: Deckelsetzer, d: Schieber, e: Förderspirale

9.3.5 Flaschenfüll- und Verschließmaschinen

Füllen und Verschließen von Kunststoff-Flaschen wird oft auch zusammen mit deren Herstellung im Blasverfahren auf Flaschenblas-, Füll- und Verschließmaschinen durchgeführt (siehe Abschnitt 9.6.2). Maschinen, welche nur füllen und verschließen, werden in großem Umfang, insbesondere für Flaschen aller Art verwendet, worauf hier nicht weiter eingegangen werden kann. Bei der (häufigen) Verwendung von Kunststoff-Schraubdeckeln nimmt der Verschließkopf mit einem speziell ausgebildeten Aufnahmekonus den Deckel auf, setzt ihn auf die Flasche und bringt dann das erforderliche Verschließmoment auf. Während dieses Verschließvorgangs wird die Flasche gegen ein Verdrehen gesichert. Kunststoff-Flaschen benötigen oft einen *Kragenring*, der auf einem Träger der Maschine während des Verschließvorgangs aufliegt, um den dabei entstehenden Druck auf die Kunststoff-Flasche abzufangen.

9.3.6 Tubenfüll- und Verschließmaschinen

Füll- und Verschließmaschinen für Tuben zum Verpacken von pastösen Gütern arbeiten folgendermaßen:

Die leeren Tuben werden über eine Zuführeinrichtung von der Deckel-Aufschraubmaschine zu einer Übergabestation geleitet, wo sie in einem periodisch intermittierend geschalteten Transportteller senkrecht gestellt, zentriert und per Fotozelle und Tubendrehvorrichtung nach einer auf der Tube aufgedruckten Marke in die für das Füllen und Verschließen richtige Lage gebracht werden. In einer anschließenden Dosierstation wird die Fülldüse unterhalb der Dosierpumpe vor dem Füllbeginn bis kurz über den Tubenkopf in die Tube eingefahren und beim Dosieren entsprechend dem jeweiligen Füllstand angehoben, um die Tuben möglichst luftfrei zu füllen. Bei einer ortsfesten Fülldüse hingegen können die Tuben gehoben und gesenkt werden. Danach werden sie mit Falzklappe und Falzstempel in weiteren Stationen verschlossen. Durch eine Übergabeeinrichtung werden die Tuben aus dem Transportteller gehoben und schließlich auf ein Transportband abgegeben, das sie einem Sammelbehälter zuführt oder einer angeschlossenen Weiterverpackstation übergibt (Bild 9.19).

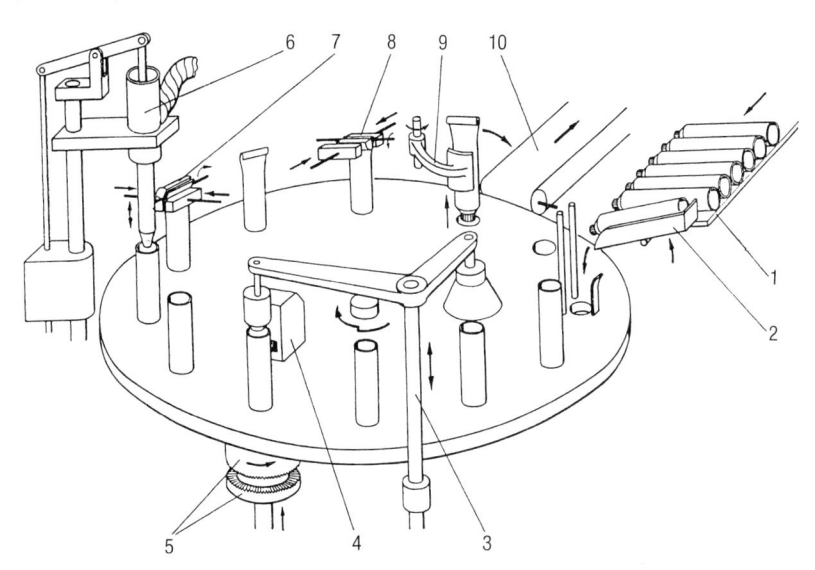

Bild 9.19 Tubenfüll- und -Verschließmaschine für pastöse Füllgüter
1: Tubenzuführung mit vorgeschalteter Kappen-Aufschraubvorrichtung, 2: Tubenübergabe, 3: Tubenzentrierung, 4, 5: Ausrichten des Druckbilds, 6: Dosierpumpe, 7, 8: Falzen des Bodenverschlusses, 9: Tubenübergabe, 10: Abgabeband

9.4 Reinigungs-, Trocknungs- und Desinfektionsmaschinen

Maschinen zum Reinigen, zum Trocknen sowie zum Abwehren von Mikroorganismen von Verpackungen und Packungen zählen ebenfalls zu den Verpackungsmaschinen. Ihre Funktionen sind meist den Hauptvorgängen vorgeschaltet (DIN 8740 Teil 6). Die Einteilung dieser Maschinen ist Bild 9.20 zu entnehmen. Einrichtungen für den Produktschutz mit Vakuum und Schutzbegasung werden in Abschnitt 9.6.3 beschrieben. Das zu wählende Reinigungs-, Trocknungs- oder Desinfektionsverfahren richtet sich nach der Art und Menge der zu entfernenden Fremdstoffe, nach dem jeweils geforderten Reinheitsgrad sowie nach Art, Form, Masse und Oberfläche der zu reinigenden Verpackung oder Packung.

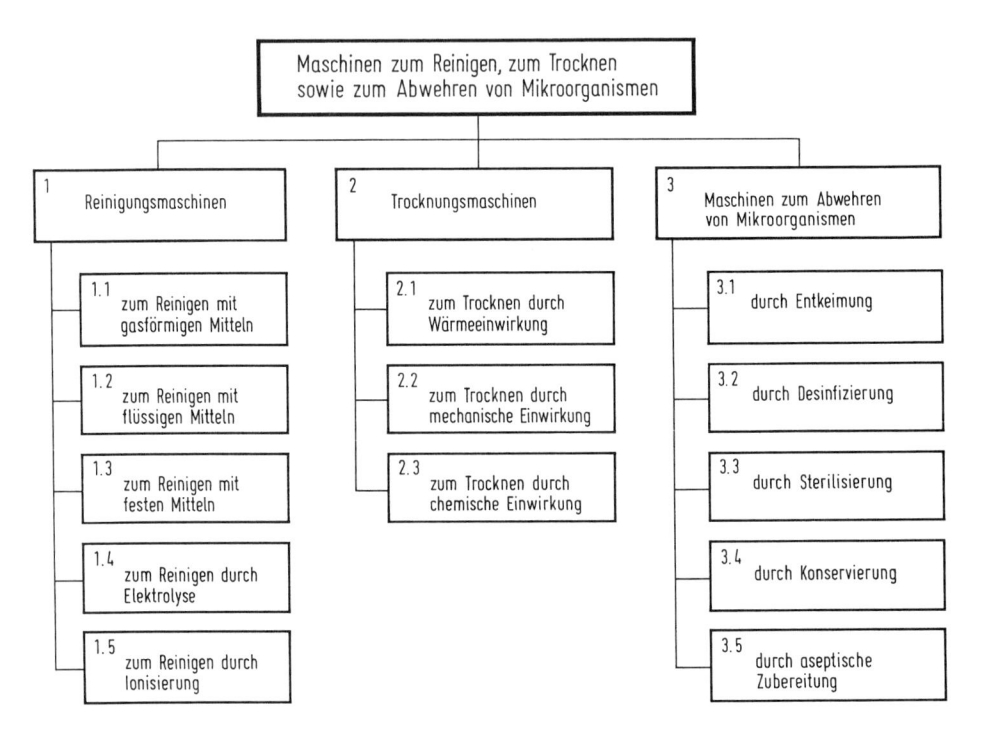

Bild 9.20 Einteilung der Reinigungs-, Trocknungs- und Desinfektionsmaschinen nach DIN 8740 Teil 6

9.4.1 Reinigungsmaschinen

Reinigungsmaschinen sind Maschinen oder Einrichtungen, die unerwünschte Stoffe aus und von den Packstoffen, Packmitteln, Packhilfsmitteln sowie Packungen nach verschiedenen Reinigungsverfahren mit Hilfe von Reinigungsmitteln bis zum jeweils erforderlichen Reinheitsgrad entfernen.

Reinigungsmittel sind gasförmige (z. B. Luft, Gase), flüssige (z. B. Wasser, Säuren, Laugen) oder feste (z. B. körnige, pulverförmige) Stoffe sowie auch Werkzeuge, die unter Einsatz verschiedener Energieformen wie mechanischer (z. B. Ultraschall), chemischer (z. B. chemisches Lösen) und elektrischer Energie (z. B. Ionisierung, Elektrolyse) zur Anwendung kommen. Ihre Wirkung wird durch Zeitdauer, Temperatur, Konzentration und Druck entscheidend bestimmt.

Mögliche Arbeitsprinzipien sind:
- statische, z. B. beim Weichen, Tauchen, Abtropfen,
- mechanische, z. B. beim Bürsten, Abblasen, Abstrahlen mit Flüssigkeiten,
- kinetische, z. B. beim Spritzen, Zentrifugieren, Dampfstrahlen,
- mechanisch oszillierende, z. B. bei Ultraschallanwendung,
- elektrolytische, z. B. beim elektrolytischen Lösen,
- elektrostatische, z. B. beim Ionisieren.

9.4.2 Trocknungsmaschinen

Trocknungsmaschinen sind Maschinen oder Einrichtungen, die Feuchtigkeit aus oder von Packstoffen, Packmitteln, Packhilfsmitteln sowie Packungen nach verschiedenen Trocknungsverfahren bis zum jeweils erforderlichen Trocknungsgrad entfernen. Das Entwässern bzw. Trocknen erfolgt nach verschiedenen Arbeitsprinzipien, vornehmlich durch Wärmezufuhr, Wärmeentzug, Luftaustausch oder Luftentzug, die einzeln oder miteinander kombiniert angewendet werden können. Außerdem kann Trocknung durch Schleudern oder auf dem Weg der chemischen Feuchtigkeitssorption erzielt werden. Zeitdauer, Druck und Strömungsgeschwindigkeit bestimmen entscheidend die Wirkung.

9.4.3 Desinfektionsmaschinen

Diese sind zur Verpackung von Lebensmitteln und Pharmaka, insbesondere für aseptisches Abpacken unentbehrlich und deshalb häufig in Verpackungsmaschinen integriert.

Desinfektionsmaschinen oder Einrichtungen zum Abwehren von Mikroorganismen sind Maschinen, die Packstoffe, Packmittel, Packhilfsmittel, Packungen sowie Packgüter bis zu einer jeweils geforderten zulässigen Anzahl von Mikroorganismen *(Keimzahl)* befreien und die erreichte niedrige Keimzahl erhalten.

Unter *Keimreduktion* versteht man das Verhältnis von Anfangsverkeimung zur Keimbelastung nach Anwendung des Entkeimungsverfahrens. Die Angabe in Zehnerpotenzen ist üblich. Ausgehend von einer normalen Verkeimung des Packstoffs gilt eine Reduktion um etwa fünf Zehnerpotenzen i. a. als ausreichend, um von aseptischem Verpacken sprechen zu können.

9.4.3.1 Möglichkeiten zur Keimabwehr

Das Reduzieren und/oder Abtöten der Mikroorganismen erfolgt nach verschiedenen Arbeitsprinzipien, vornehmlich durch:
- *Entkeimen*, d. h. Abtrennen aller Mikroorganismen, auch der toten Formen,
- *Desinfizieren*, d. h. Abtöten, bei Viren irreversibles Inaktivieren der Erreger übertragbarer Krankheiten (DIN 58 949),
- *Sterilisieren*, d. h. Abtöten oder irreversibles Inaktivieren aller vermehrungsfähigen Mikroorganismen (DIN 58 946 Teil 1); diese unschädlich gemachten Mikroorganismen müssen nicht abgetrennt werden,
- *Konservieren*, d. h. Unterdrücken der Entwicklung vorhandener Keime von Konservierungsstoffen derart, daß der Qualitätszustand des Packguts über einen bestimmten Zeitraum erhalten bleibt; Konservierungsverfahren werden häufig in Zusammenhang mit Verschließvorgängen (DIN 8740 Teil 3 u. Teil 5) angewendet,
- *aseptisches Zubereiten*, d. h. Verhüten einer mikrobiellen Kontamination,

aspetisches Verpacken siehe Abschnitt 9.7.

Das Abwehren von Mikroorganismen kann durch chemische und/oder physikalische Verfahren erreicht werden, wobei das zu wählende Arbeitsverfahren sich im wesentlichen nach der Art und der jeweils geforderten zulässigen Anzahl von Mikroorganismen, nach ihrer eventuellen Abtrennung sowie nach dem Packgut richtet. Die aufgewendeten Zeiten und Temperaturen bestimmen entscheidend die Wirkung der Verfahren. Tabelle 9.2 gibt einen Überblick über die für Kunststoffpackmittel geeigneten Verfahren.

Tabelle 9.2 Entkeimungsverfahren für Kunststoff-Packmittel

Verfahren	Arbeitsweise	Vorteile	Nachteile	Anwendungen
Mechanische Verfahren	• Abblasen mit Sterilluft • Abbürsten • Ultraschall • Reinigung mit scharfen Flüssigkeitsstrahlen	• apparativ wenig aufwendig	• können meist nur zur Unterstützung chemischer oder thermischer Verfahren eingesetzt werden	• Flaschen • Großgebinde • Becherfolien • Beutelfolien
Thermische Entkeimungsverfahren	Erhitzen durch • Sattdampf • heiße Luft • Mischungen von Dampf und Heiß- • Extrusionswärme	• keine Rückstände von Chemikalien auf dem Packstoff • toxikologisch unbedenklich für das Bedienungsersonal	• für weniger wärmeformbeständige Kunststoffe einsetzbar	• Dampf/Luft; Becher aus PP, Bag-in-Box-Füllventile, Flaschen • Extrusionswärme: Flaschen
Chemische Entkeimungsverfahren (Wasserstoffperoxid)	Behandeln mit Wasserstoffperoxid • Tauch- oder Spülbad • Sprühverfahren	• weniger wärmeformbeständige Kunststoff-Packmittel können sterilisiert werden	• eventuelles Verbleiben von Rückständen auf dem Packstoff	• Flaschen • Becher (-folien) PE/PS • Beutelfolien • Karton-Kunststoffverbundverpackungen
Bestrahlungsverfahren	Bestrahlen mit • Infrarot (IR). • UV-C- • ionisierenden (β- und γ-)Strahlen	• wirtschaftlich einsetzbar	• können nur in Kombination mit chemischen Verfahren eine hinreichende Keimreduzierung bewirken • viele negative Parameter	• γ-Bestrahlung: Bag-in-Box-Beutel, Verpackungsmaterial für medizinische Zwecke • UV-Bestrahlung: Becher, Karton-Kunststoffverbundverpackungen
Kombinierte Verfahren	• Ultraschallbad/ UV-Strahlen • Wasserstoffperoxid/ UV-Strahlen	• besonders sichere Entkeimung		• Becherfolie • Kartonverpackungen

Bei den *chemischen Verfahren* hat die Sterilisierung mit *Wasserstoffperoxid-Lösungen* (H_2O_2, 30%ig bei 80 bis 90 °C im Tauchbad- oder Sprühverfahren) größte Bedeutung erlangt. Sie werden entweder flüssig, als Aerosol oder als Dampf angewendet. Die Forderung nach hoher Sicherheit der Sterilität und weitgehender Peroxidfreiheit von Füllgut und Arbeitsatmosphäre lassen sich mit modernen Anlagen erfüllen. Wenn die Füllgüter einen pH-Wert unter 4,5 aufweisen und damit durch sporenbildende Bakterien nicht gefährdet sind, können mildere Verfahren angewendet werden.

Die *physikalischen Verfahren* werden in mechanische, thermische und Bestrahlungsverfahren unterteilt.

Mechanische Verfahren zur Vorreinigung sind Abblasen mit Sterilluft, Abbürsten, Abstrahlen mit Flüssigkeiten, Ultraschall-Badreinigung.

Thermische Verfahren sind Erhitzen mit Sattdampf von 135 bis 165 °C und 3,6 bar (z. B. in Autoklaven, d. h. Druckbehältern), mit überhitztem Dampf (ist wegen zu hoher Temperatur für Kunststoffe ungeeignet), mit heißer Luft, mit Mischungen aus heißer Luft und Wasserdampf, durch Extrusionswärme und Blasformen mit Sterilluft.

Bestrahlungsverfahren erfolgen durch Bestrahlen mit Mikrowellen, mit Infrarotstrahlen (IR), das thermisch wirkt und aus diesem Grund für Aluminium-Deckel geeignet ist, mit UV-Strahlen im UV-C-Bereich bei 250 bis 280 nm Wellenlänge sowie mit ionisierenden Strahlen (Gamma-Strahlen aus Kobalt-60-Strahlern).

Von den physikalischen Verfahren führt die Bestrahlung mit UV-Licht zu einer starken Keimzahlreduktion, aber wegen Schattenprojektion nicht zu einer hundertprozentigen Keimabtötung, sofern sie nicht mit anderen Verfahren kombiniert wird. Die Bestrahlung von Lebensmitteln zur Konservierung ist in Deutschland nicht gestattet. Deshalb findet die Bestrahlung von Packungen und Packstoffen mit ionisierender Strahlung nur außerhalb von Verpackungsmaschinen Anwendung.

Die Strahlensterilisation hat folgende Vorteile:
– Die Packung ist vor der Sterilisation komplett versiegelt und dicht, was eine Verunreinigung vor dem Öffnen ausschließt (in Deutschland ist dieses Verfahren verboten).
– Die Strahlen erreichen auch unzugängliche Bereiche der Packung.
– Der Prozeß ist sehr sicher, einfach und schnell. Mit Ausnahme der Messung der Strahlungsdosis sind kaum Kontrollen der Sterilisationsbedingungen erforderlich.
– Wärmeanwendung (wie bei der Dampfsterilisation) ist nicht nötig.
– Die Temperatur steigt bei der Bestrahlung nur wenig an, insbesondere, wenn Kunststoffe als Packmaterial verwendet werden. Bei der Auswahl von Kunststoffen bzw. Folien für die Verpackung entfallen die Anforderungen, die bei der Dampfsterilisation an die Eigenschaften des Produkts zu stellen wären. Man muß beachten, daß Kunststoff-Folien durch Strahlung geschädigt werden können.

Von einer Anwendung der Bestrahlungssterilisation auch zur keimfreien Verpackung von Lebensmitteln erwartet man neue Entwicklungen in der Lebensmittel- und Verpackungstechnologie. Die Weltgesundheitsorganisation hat Bestrahlung zur Sterilisation und Haltbarmachung bis zu einer Dosis von 10 kGy für toxikologisch unbedenklich erklärt.

Kombinierte Verfahren

Mechanische Verfahren eignen sich nur zur groben Vorreinigung, allein reichen sie aber zur Sterilisierung nicht aus. Sie werden im wesentlichen zur Unterstützung der physikalischen oder chemischen Verfahren eingesetzt und können deren Wirksamkeit deutlich erhöhen. Die thermischen Verfahren haben gegenüber den chemischen den Vorteil, daß keine gesundheitlich bedenklichen Rückstände auf Packstoffen haften, lediglich bei der Behandlung mit Sattdampf können geringe Mengen Kondensat auf der Oberfläche zurückbleiben. Thermische Verfahren arbeiten „umweltfreundlich", sind für das Bedienungspersonal toxikologisch unbedenklich und durch den fehlenden Chemikalienverbrauch ebenso wirtschaftlich wie die chemischen Verfahren. Letztere besitzen jedoch den Vorteil, daß auch weniger wärmeformbeständige Kunststoffbehälter steril gemacht werden können, als dies durch eine rein thermische Behandlung möglich ist.

312   9 Maschinelle Pack- und Abfüllanlagen

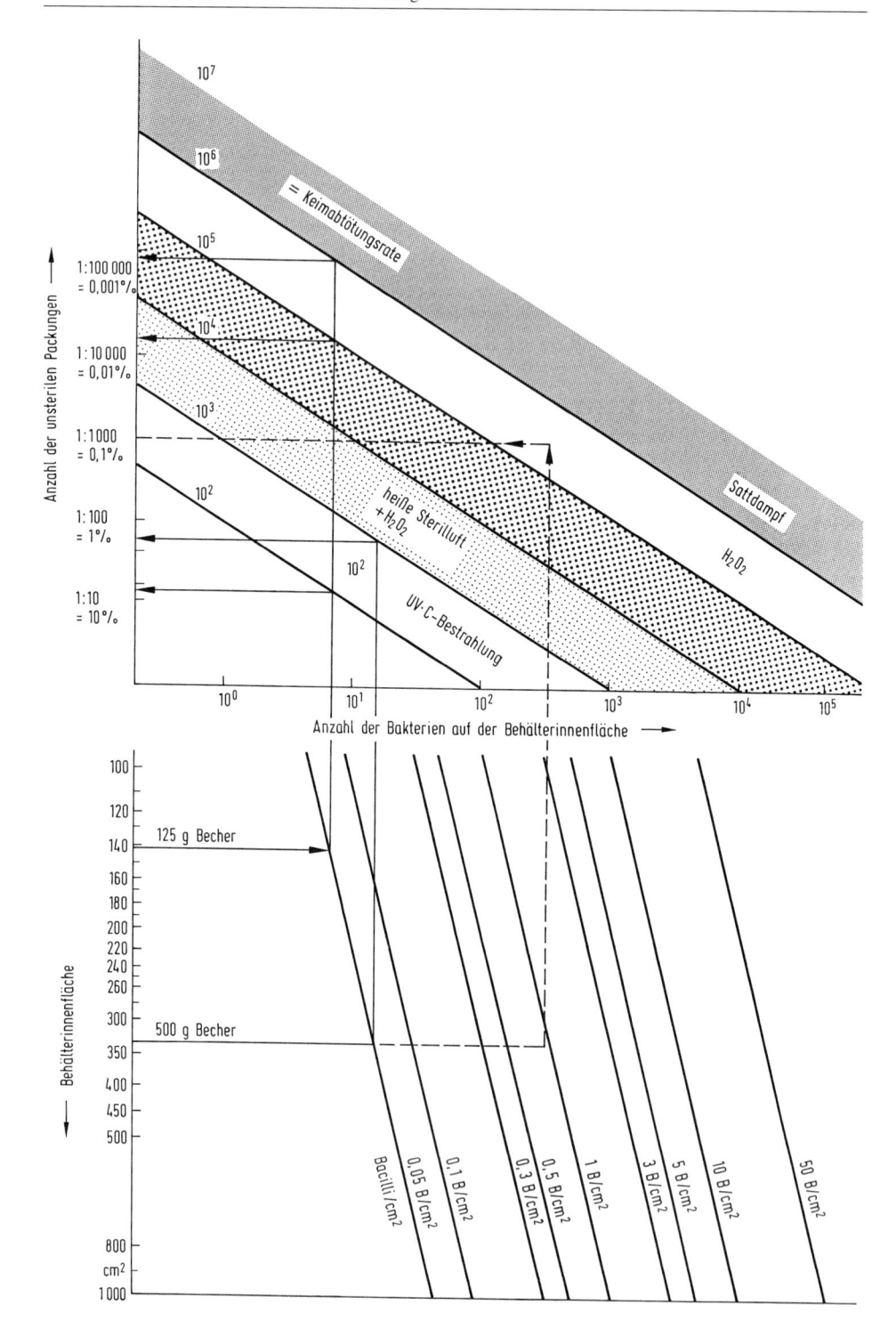

Bild 9.21 Wirksamkeiten von Sterilisierverfahren

Trockene Hitze, die eine nur mäßige Sterilisierwirkung aufweist, bringt nur eine verläßliche Entkeimung bei Kombination hoher Temperaturen und langer Zeiten; sie ist damit nicht für Kunststoffe geeignet.

Auch die *Arbeitstemperaturen beim Extrusionsblasformen* von Kunststoff-Flaschen führen bei geeigneter Anwendung (sterile Blasluft) zu einer brauchbaren Sterilität der Behälter. Bei der direkten Herstellung der betreffenden Packmittel kann daher in solchen Form-, Füll-, Verschließ- und Verpackungslinien auf gesonderte Reinigungsstufen verzichtet werden.

Sattdampf hat eine sehr gute Sterilisationswirkung, aber nachteilig wirkt sich aus, daß seine Anwendung unter Überdruck erfolgen muß. Der Einsatz erfolgt vereinzelt bei thermisch beständigen Behältern, wie bei Bechern aus Polypropylen. Atmosphärische Mischungen aus Heißluft und Wasserdampf reichen für die Sterilisierung von Kombidosen zur Abfüllung von Fruchtsäften aus.

Eine Zusammenfassung der Wirksamkeit einzelner Entkeimungsverfahren gegen verschiedene Mikroorganismen ist Tabelle 9.3 zu entnehmen. Bild 9.21 zeigt die Wirksamkeit wichtiger Sterilisierverfahren.

Tabelle 9.3 Sterilisationsverfahren und ihre Wirksamkeit

Mikro-Organismen	Notwendigkeit der Abtötung für		H_2O_2-Bad kalt	H_2O_2-Bad warm	H_2O_2-Dampf-Gemisch	H_2O_2-Heiß-luft-Gemisch	Heißluft[1]	Strömender Dampf	Überhitzter[1] Dampf	Dampf-Luft-Gemisch	Dampf im Überdruck	Heißwasser
Schimmelpilze	Saure Lebensmittel	Nicht saure Lebensmittel	+	++	++	++	+	++	++	++	++	++
Hefen			+	++	++	++	+	++	++	++	++	++
Veg. Bakterien			+	++	++	++	+	++	++	++	++	++
Sporenbildende Bakterien			+	++	++	++	(+)	–	+	–	++	–

++ gute Sterilisierwirkung   – keine Abtötung
+ Abtötung nach längerer Zeit   1) gute Sterilisiereinwirkung bei sehr hohen Temperaten

9.4.3.2 Anforderungen an Verfahren und Anlagen zur Keimabwehr bei Packstoffen und Packmitteln

Packstoffoberflächen sind mit den verschiedensten Formen von Mikroorganismen verunreinigt. An ein Verfahren zur Entkeimung des Packstoffs einer (aseptischen) Verpackungsanlage werden folgende Anforderungen gestellt:

– Eine gute *sporizide* (= sporenabtötende) Wirkung innerhalb der zur Verfügung stehenden Zeit ist erforderlich.
– Die Ausbringung moderner Verpackungsmaschinen und damit die *kurzen Zeiten* für eine kontinuierliche Sterilisation der Packoberfläche verlangen die Entkeimung im Bereich unter einer Sekunde.
– Das *Entkeimungsmittel* muß mit dem Packstoff verträglich, von der Packstoffoberfläche leicht zu entfernen und für den Verbraucher sowie das Bedienungspersonal gesundheitlich unbedenklich sein. Die Produktqualität darf durch unvermeidbare Rückstände nicht beeinflußt werden. Das Entkeimungsverfahren darf gebräuchliche Werkstoffe nicht korrosiv angreifen und muß umweltverträglich, wirtschaftlich und betriebssicher sein.

9.4.3.3 Sterilisation aseptischer Verpackungsmaschinen

Folgende Grundforderungen werden an aseptisch arbeitende Verpackungsmaschinen gestellt:

– *Produktzuführung unter sterilen Bedingungen* (steriler Ventilknoten).
– Ablauf aller Verpackungsfunktionen bis zum Verschluß der Behälter *im geschlossenen Raum* der im *Clean-In-Place-Verfahren (CIP)* reinigbar bzw. im *Sterilize-in-Place-Verfahren (SIP)* sterilisierbar ist (In-Place, d. h. ohne jede Zerlegung von Maschinenkomponenten).
– *Doseur im CIP-Verfahren reinigbar* und mit Dampf von 140 °C sterilisierbar, keine Reinfektion während der Produktion.
– Sicherstellung, daß die behördlich festgelegten Emissionswerte für die Dämpfe des Sterilisationsmittels *eingehalten* bzw. *unterschritten* werden.
– Erfüllung der Forderung nach möglichst *rückstandsfreier Sterilisation* der Packmittel.
– *Automatische Überwachung* aller Parameter für die Aufrechterhaltung der Sterilität der Maschine, der Produktqualität und der Einhaltung der garantierten Sterilitätsrate.

Die aseptische Sicherheit ist umso höher, je sorgfältiger der Aufwand im Bereich der konstruktiven Gestaltung und der Überwachung betrieben wird. Die in der Praxis verwendeten Maschinen weisen einen unterschiedlichen technischen Standard auf, z. B. Unsterilitätsraten zwischen 1:1 000 bis 1:100 000.

Beim NAS (Neutral Aseptic System) (Bild 9.22) werden Boden- und Siegelfolie, die aus Mehrschichtverbunden bestehen, während ihrer Produktion durch Coextrusion zusammengefügt und aufgrund der dafür benötigten hohen Temperaturen einwandfrei vorsterilisiert. Nach dem Einzug der Boden- und Siegelfolie in die Maschine wird die obere Schutzschicht vor der Formung bzw. Siegelung abgezogen und damit eine sterile Oberfläche freigelegt. In Verbindung mit sauerstoff- und feuchtigkeitsundurchlässigen Packstoffen bleiben die sensorischen bzw. geschmacklichen Eigenschaften der Produkte mehrere Monate erhalten. Deshalb wird diese Technologie vorwiegend für mikrobiologisch empfindliche Produkte wie Fruchtsäfte und -kompotte, Desserts, Suppen, Saucen sowie Babynahrung angewandt.

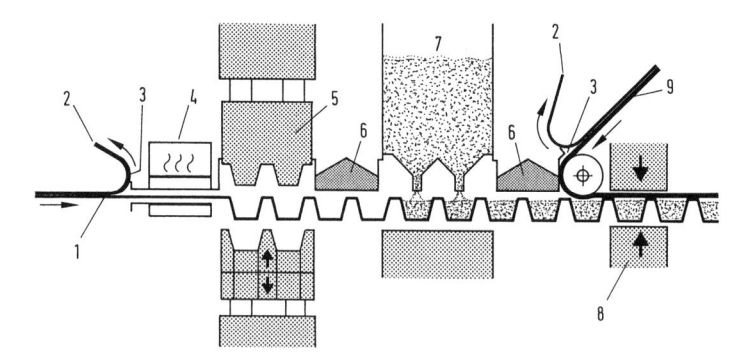

Bild 9.22 NAS-System – Neutrales aseptisches Sterilisiersystem (Erca)
1: Bodenfolie, 2: abziehbare Schicht, 3: aseptische Oberfläche, 4: Heizstrecke, 5: Thermoformwerkzeug, 6: Steriltunnel, 7: Aseptik-Doseur, 8: Siegelwerkzeug. 9: Siegelfolie

9.5 Maschinen zum Ausstatten, Kennzeichnen und Sichern von Packungen

Auch Maschinen zum Ausstatten, Kennzeichnen sowie zum Sichern von Packungen und Packstücken sind Verpackungsmaschinen. Ihre Funktionen sind überwiegend den Hauptvorgängen nachgeschaltet (DIN 8740 Teil 7).

Die Einteilung der Maschinen zum Ausstatten, Kennzeichnen sowie Sichern von Packungen und Packstücken ist Bild 9.23 zu entnehmen.

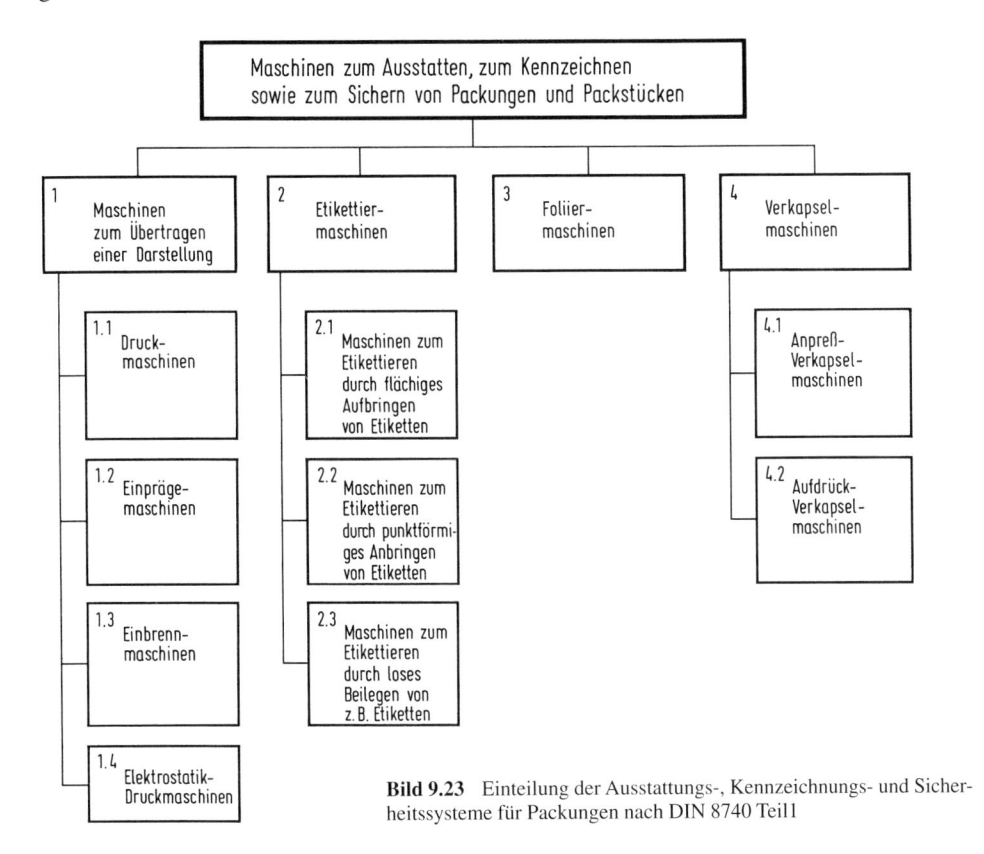

Bild 9.23 Einteilung der Ausstattungs-, Kennzeichnungs- und Sicherheitssysteme für Packungen nach DIN 8740 Teil 1

Übertragungsmaschinen sind Maschinen oder Einrichtungen zum Übertragen textlicher oder bildlicher Darstellungen in beliebiger Anzahl auf Packstoffe, Packmittel, Packhilfsmittel, Packungen oder Packstücke.

Etikettiermaschinen sind Maschinen oder Einrichtungen zum Aufbringen, Anbringen oder Beilegen von Etiketten (Labels) oder Anhängern (siehe auch Abschnitt 7.2.6.2). *Stoffgleiche Etiketten* können durch „In-mould-Labeling" (IML) bereits im Thermoform-, Spritzgieß- und Blasformverfahren ohne Kleber aufgebracht werden (siehe auch Abschnitt 7.2.6.2). Zur Aufbringung werden sehr unterschiedliche Etiketteinleger verwendet: Die Entnahme aus Magazinen und die Zuführung der Etiketten bzw. Label erfolgt über Führungsschienen, mechanische Zwangssteuerung oder über elektrische, pneumatische oder hydraulische Linear- bzw. Schwenktriebe.

Das *Rundum-Etikettieren* erfolgt nachträglich („Out-mould-Labeling") per Walze mit Hilfe einer Folienrolle. Der Hohlkörper wird an dieser abgerollt, indem er die Walze in einer Drehbewegung passiert. Die Etiketten werden hierbei entweder einzeln von einer Folienbahn abgenommen oder als selbsttragendes Folienband auf die benötigte Länge geschnitten (Bild 9.24).

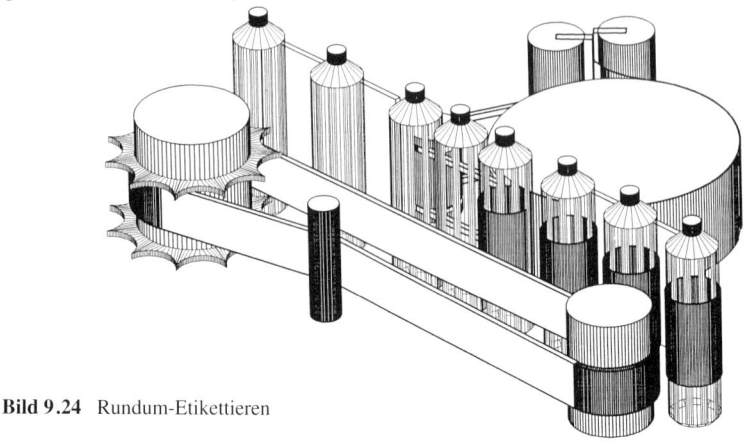

Bild 9.24 Rundum-Etikettieren

Foliiermaschinen sind Maschinen zum Foliieren von Flaschen. Als Foliieren bezeichnet man nicht faltenfreies Ummanteln des Flaschenhalses.

Verkapselmaschinen sind Maschinen zum Aufsetzen und Befestigen von Ausstattungskapseln, z. B. Zierkapseln oder Schrumpfkapseln.

Die Ausstattungsvorgänge wie Bedrucken, Etikettieren, Sleeven, Signieren, Heißprägen, Codieren und Dekorieren wurden bereits in Abschnitt 7.2 beschrieben.

9.6   Beispiele für Form-, Füll- und Verschließmaschinen

Diese Maschinen gehören nach DIN 8740 Teil 5 zu den Mehrfunktions-Verpackungsmaschinen, für welche die grundsätzliche Gliederung in Abschnitt 9.3 wiedergegeben wurde. Meist aber werden heute Verpackungsmaschinen der genannten Funktionen mit automatischem Arbeitsablauf untereinander verkettet. Sie werden dann als Verpackungslinien bezeichnet. FFS-Maschinen (Form-, Füll- und (Ver-)Schließmaschine bzw. Form, Fill, Seal) besitzen die derzeit höchste Entwicklungsstufe von Einzelmaschinen zur Herstellung von Verbraucherpackungen.

Form-, Füll- und Verschließmaschinen sind Mehrfunktions-Verpackungsmaschinen, die Packmittel herstellen, füllen und verschließen sowie ggf. den Verschluß sichern. Je nach Art der Packmittel wird unterschieden:

– Herstellen aus flächigem Packstoff durch Umlegen, Thermoformen (Tiefziehen) oder Tieffalten,
– Herstellen aus Schmelze, Granulat oder Vorformling.

Die anschließenden Füll- und Verschließvorgänge werden wie die unter Füllen und Verschließen aufgeführten unterschieden. Falls eine Unterscheidung nach dem Arbeitsprinzip des Füllens und/oder Verschließens erforderlich ist, soll die Benennung nach DIN 8740 in folgender Weise gebildet werden:

… Form- …(a)… -Füll- und … (b) … -Verschließ-Maschine.

Hierbei werden die Benennungen für (a) von den Füll-Maschinen und für (b) von den Verschließmaschinen genommen, z. B. „Schlauchbeutel-Form-, Zähl-Füll- und Clip-Verschließmaschine.

9.6.1 Thermoform-, Füll- und Verschließmaschinen und -anlagen

Thermoform-, Füll- und (Ver-)Schließanlagen (FFS) werden für die Herstellung verkaufsfertiger Packungen ausgelegt. Die Verpackung besteht aus einer thermogeformten Unterfolie, die nach dem Befüllen mit einer Deckelfolie verschlossen wird. Beide Folien werden von der Rolle verarbeitet. Die Deckelfolie kann aus siegelfähigem Papier, Aluminium oder Kunststoff sein. Abfallfreie Arbeitsweise ist möglich. Durch verschiedene Stanzverfahren und entsprechende, auf das Produkt und die Formatauslegung abgestimmte Fülleinrichtungen kann man sowohl Einzelportionsverpackungen als auch Mehrfachtrays in den verschiedensten Packungsvarianten herstellen.

FFS-Maschinen sind mit Heizung, einer Formstation mit Negativ-Druckluftformung oder Positiv-Vakuumformung, einer Füllstrecke, einer Siegelstation, einer Stanzstation sowie Aushebeeinrichtungen ausgerüstet. Die Maschinen können zusätzlich mit einer Kartonauflegeeinrichtung zum Einlegen von Etiketten oder sonstigem Informationsmaterial ausgestattet werden. Rundumetikettierungen oder keimfreies Verpacken sind möglich. Modulare Bauweise bringt Flexibilität, durch die sich die Anlage mittels Integration von Modulen, Aggregaten und Bauteilen, je nach Bedarf den verschiedensten aktuellen Anforderungen anpassen kann. Solche FFS-Anlagen werden überwiegend im Lebensmittelbereich eingesetzt. Zu den Thermoformmaschinen für Fertigpackungen gehören: Skinmaschinen, Blisterautomaten sowie Form-, Füll- und Verschließanlagen.

Funktionen von FFS-Anlagen

Auf Thermoform-, Füll- und Verschließmaschinen wird die Folie, von einer Rolle kommend, der Heiz- und Thermoformstation zugeführt, welche das Packmittel, wie Becher, herstellt (Bild 9.25). Diese werden anschließend gefüllt und verschlossen, etwa mit Siegelfolien und/oder Kunststoff-Schnappdeckeln, die in gleicher Weise wie die Becher hergestellt werden (Bild 9.25 oben).

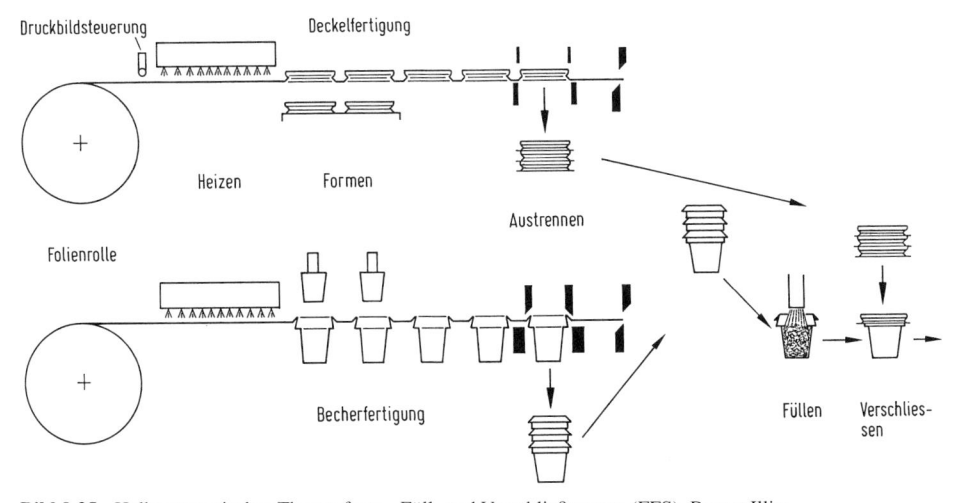

Bild 9.25 Halbautomatisches Thermoform-, Füll- und Verschließsystem (FFS), Bauart Illig

Die Verpackungsbestandteile wie Becher, Dosen, Deckel und ggf. Einsätze werden separat hergestellt und möglicherweise „In-Mould" etikettiert, dann in einem Füll- und Verschließautomaten zur (gefüllten) Packung fertiggestellt. In einer solchen Anlage können die einzelnen Aggregate unabhängig voneinander arbeiten, da für jedes Teil eine Pufferzone mit ausreichendem Zwischenvorrat besteht, so daß auch bei kurzen Ausfällen einzelner Teile der Gesamtablauf nicht gestört wird. Wichtig ist für den Füll- und Verschließautomaten, daß sich die verwendeten Becher, Dosen, Deckel etc. problemlos entstapeln lassen. Zwecks Reduzierung von Stillstandszeiten, z. B. beim Rollenwechsel, werden Großrollenabwicklung oder Tänzerrollen eingesetzt. Der Folienabzug kann auch mit einer stufenlosen Regelung versehen werden, wodurch bei Becher-FFS-Maschinen die Gefahr des Überschwappens beim Anfahren und Abbremsen erheblich reduziert und somit ein reibungsloser Betrieb der Anlage ermöglicht wird.

Den ersten Teilen einer automatischen Anlage, wo gemäß den Grundprinzipien von Abschnitt 6.3.1 das Thermoformen erfolgt, schließt sich die Füll- bzw. Beladestation an. Um dort einen einwandfreien Ablauf zu gewährleisten, werden z. B. schwere Packgüter im Einlegebereich unterstützt oder Mulden aus Weichfolien gestrafft. In die Füll- oder Beladestation kann wahlweise eine Rüttelstation integriert sein, in der zur Vermeidung von Schüttkegeln rieselfähige Packgüter unterhalb der Einfüllstelle vibrieren oder oszillieren.

Danach wird die Deckelfolie auf die gefüllten Mulden gebracht. Ist die Oberfolie rapportbedruckt, wird die Ablauflänge über eine Fotozelle gesteuert, um ein ganzes Druckbild deckungsgleich auf die Mulde zu bringen. Zum Bedrucken (siehe Abschnitt 7.2.3) der Oberfolie sind bei Kunststoffen und Aluminium-Folie folgende Verfahren möglich: Heißprägedruck, Siebdruck, Flexodruck, Tampoflexdruck, Ink-Jet-Systemdruck. Bei Papier: Flexodruck, Nadeldruck, Laserdruck, Tintenstrahldruck, Thermotransferdruck.

Es folgt das Verschließen in der Siegelstation. Die Verschlußfolien werden hierbei aufgesiegelt, nämlich Kunststoff- oder Aluminium-Folien, die eine Heißsiegelschicht besitzen. Möglich ist es auch, auf der gleichen Maschine Schnappdeckel zu formen, auszutrennen und aufzusetzen. Um einen hermetischen Originalitätsverschluß zu erhalten und zusätzliche Wiederverschließbarkeit nach Gebrauch zu gewährleisten, kann man die Packung mit Foliendeckeln versiegeln und zusätzlich einen Schnappdeckel aufsetzen. Auch partielles Öffnen der Siegelfolie durch vorgegebene Trennlinien ist möglich. Im Bereich der Lebensmittelverpackung kann zwecks Haltbarkeitsverlängerung die Siegelstation auch mit einer Evakuierungseinrichtung ausgestattet sein. Man unterscheidet hier standardmäßiges Evakuieren, bei dem direkt seitlich aus der Packung die Luft gesaugt wird, vom Evakuieren im Verbund mit der Zuführung von Schutzgas (MAP, Modified Air Packaging). Es folgen noch das Trennen in einzelne Packungen, Etikettieren und Anbringen von Aufhäng- und Öffnungshilfen, was erheblich die Optik bzw. Anmutungsqualität und somit den Verkaufserfolg des Produktes beeinflußt.

Trennung in Querrichtung und *Abrundung der Ecken* erfolgt durch Querstanzen, Querstreifenschneider oder Querschneider im Guillotine-Prinzip. *Konturen* werden durch Längsschneideeinrichtungen, Kreisschneider, Konturenschneider oder Komplettstanzen geschnitten. Durch die Schnittwerkzeuge (Patrize und Matrize/Scherenschnitt) können je nach Größe der Stanze bis zu ca. 96 Becher in einem Arbeitsgang ausgestanzt werden. Das Austrennen mit Bandstahl oder Rollenstanze ergibt geringeren Folienabfall.

Solche Maschinen bzw. Verpackungslinien mit sehr hoher Fertigungsleistung werden insbesondere für kleine Portionspackungen (z. B. Kaffeesahne) verwendet, die bei vollautomatischem Betrieb bis zu 130 000 Packungen/h fertigen können. Diese Anlagen benötigen jedoch besonders leistungsfähiges Folienmaterial, um Störungen im Arbeitsablauf zu vermeiden. „Rotationstiefziehsysteme" mit Formtrommel genügen heutigen Ansprüchen nicht mehr.

Automatische Verpackungslinien gewährleisten universellen Einsatz solcher Anlagen. Es werden Formwerkzeuge mit variabler Unterteilung eingesetzt, wobei die Packguthöhen durch eine stufenlos einstellbare Hubhöhe angepaßt werden können. So kann auf individuelle Anforderungen in kürzester Zeit reagiert werden. Eine speicherprogrammierbare Steuerung (SPS) steuert alle Maschinenfunktionen und ist mit der Abfüllerhardware voll kompatibel. Alle Produktionsdaten können aus einem Betriebsdatenerfassungssystem (BDE) am Display geprüft und ausgedruckt werden. Die Schnittstellen zu den vor- und nachgeschalteten Anlagen, z. B. Prozeß- und Reinigungsanlagen oder zur Endverpackung, lassen sich für die Steuerung verknüpfen.

Bei *Blisterpackautomaten* wird die Blisterfolie beheizt, zu Blistern geformt, in die Mehrfachnutzen geschnitten und in Form vereinzelter Blister reihenweise einem Palettenförderer zugeführt (Bild 9.26). Das Packgut wird von Hand oder automatisch in die Blister gelegt. Nach Passieren der Füllgutkontrolle kann die Rückseite der Packung in Form von Karton- oder Folienzuschnitten aufgelegt und anschließend aufgesiegelt werden.

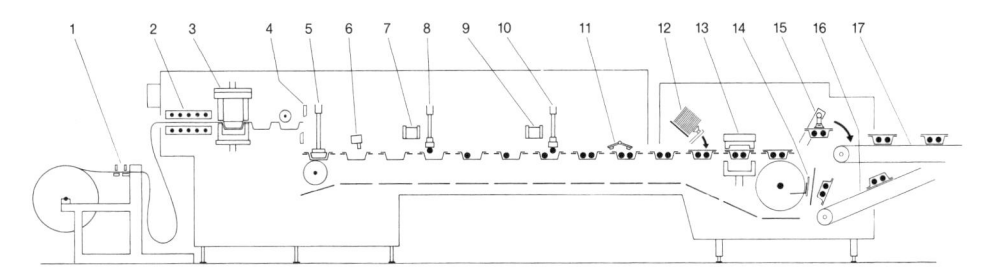

Bild 9.26 Schema eines Blisterpackautomaten mit verlängerter Füllstrecke, Bauart Illig
1: Folienabschneide- und Anklebevorrichtung, 2: Kontaktheizung, 3: Blisterformstation, 4: Längs- und Querschneider, 5: Blisterübergabe, 6: Blisterkontrolle, 7: Packgutzuführung 1, 8: Packgutübergabe 1, 9: Packgutzuführung 2, 10: Packgutübergabe 2, 11: Füllgutkontrolle, 12: Kartenaufleger, 13: Siegelstation, 14: Packungsausstoßer, 15: Packungsausheber, 16: Austransportband, 17: Transportband

Etikettieren im Werkzeug IML (In-Mould-Labeling)

Stoffgleiches Etikettieren oder Banderolieren im Thermoformwerkzeug ermöglicht die Verwendung sehr dünner Folien bzw. geringer Wanddicken und erspart die Etikettierstation (Bild 9.27). Eine vorbedruckte, gekennzeichnete Dekorrolle wird dazu in Längsbahnen geschnitten und über ein Führungssystem in das Formwerkzeug eingeführt. In der letzten Phase des Thermoformprozesses wird die Banderole durch eine dünne Heißklebeschicht sicher und ganzflächig auf die Becheraußenwand aufgeklebt bzw. stoffgleich verschweißt.

Anlagen für Durchdrückpackungen stellen Blisterpackungen mit durchdrückbarer Abdeckfolie her, meist aus Aluminiumfolie mit Siegelschicht. Neuere Entwicklungen gehen auch hier dazu über, Blister und Folie aus dem gleichen Material (z. B. PP) zu fertigen. Durchdrückpackungen eignen sich für Tabletten, Kapseln und Dragees und bieten den Vorteil, daß die Packgüter einzeln sauber entnommen werden können, bei Arzneimitteln die regelmäßige Einnahme besser kontrolliert werden kann und kein Wirkstoff als Abrieb zu Pulver verloren geht. Das rationelle Verpackungsverfahren gestattet das Abpacken von mehreren tausend Dragees pro Minute in PVC- oder PP-Blistern, wobei die Dragees auf der Maschine in die Blistermulden eingerakelt werden (Bild 9.28).

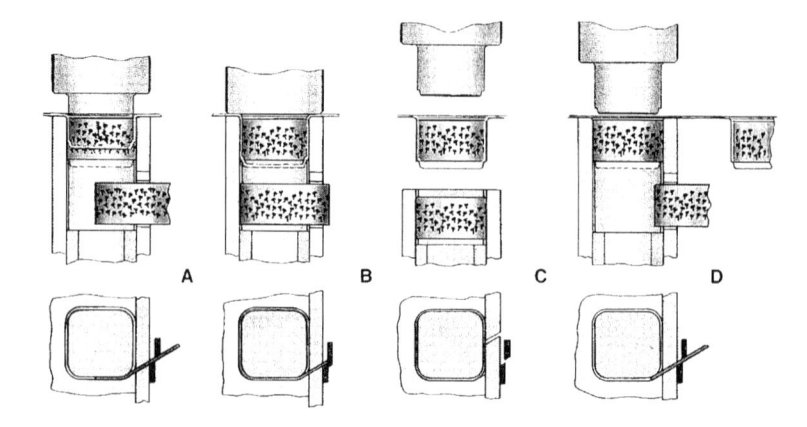

Bild 9.27 Banderolieren im Thermoformwerkzeug (Erca)
A: Die Banderole ist im Formnest exakt positioniert; der Formstempel beginnt einen neuen Becher zu formen; im unteren Teil des Werkzeugs wird eine neue Banderole zugeführt
B: Der Becher ist vollständig ausgeformt; die Banderole umschließt die Becherwand, während die neue Banderole auf Format geschnitten wird
C: Der Formstempel gibt den fertig banderolierten Becher zum Weitertransport frei; die nächste Banderole wird auf Format vorbereitet
D: Der fertig banderolierte Becher wird zur Füllstation transportiert; der Formstempel senkt sich; eine neue Banderole wird zugeführt

Skin-Packmaschinen sind den Blister-Packmaschinen ähnlich. Bild 9.29 zeigt schematisch den Unterschied. Daher können sie auch für beide Verpackungsarten eingesetzt bzw. relativ leicht von dem einen auf das andere Verfahren umgerüstet werden.

Skin-Packmaschinen werden oft zur Verpackung größerer und sperriger Teile – manuell oder halbautomatisch betrieben. Die als Bodenteil dienende poröse Pappe oder Folie wird dazu abschnittsweise der Maschine zugeführt, das Packgut auf dieser Unterlage positioniert und auf eine Heizplatte in einem Vakuumsystem gebracht. Ein Folienabschnitt von der Rolle wird in einem über dem Bodenteil angeordneten Rahmen erwärmt und im weichen, thermoformbaren Zustand wird mittels Vakuum die Folie eng an das Füllgut angelegt sowie zugleich am Rand mit der Unterlage verschweißt.

Für die Verpackung größerer Füllgüter werden PE-Folien von 150 bis 400 µm Dicke verwendet. Automatische Skin-Packmaschinen werden für kleinere Packgüter eingesetzt (siehe auch Abschnitt 6.3.1.1).

Moderne Skinmaschinen speichern alle nötigen Einstellwerte. Konstruktionen im Baukastensystem können an die Bedürfnisse des jeweiligen Packguts angepaßt werden.

Inline-Thermoform-Anlagen besitzen einen oder mehrere Extruder, welche das Kunststoffgranulat zur Verpackungsfolie verarbeiten. Die so hergestellte frische Folie wird bis in den oberen thermoplastischen Temperaturbereich gekühlt, so daß die dort enthaltene Extrusionswärme die anschließende Thermoformung ermöglicht (z. B. bei PS). Für Folienmaterial mit höheren Verarbeitungstemperaturen, wie PP, ist vor der Thermoformung noch zusätzliche Folienheizung oder Temperierung erforderlich. Bei solchen Inline-Anlagen wird mit automatischer Granulatversorgung, Breitschlitzdüse, Spezialabzugs- und Temperierwalze gearbeitet. Der Abfall beim Ausstanzen nach der Thermoformung, der sogenannte Stanzabfall, wird in Form zerkleinerter Folienschnitzel wieder dem Frischgranulat zugeführt (Inline-Recycling). Solche Inline-Anlagen eignen sich zur Verarbeitung von Polyolefinen, Polystyrol und anderen Thermoplasten sowie auch Schaumfolien. Wie bei

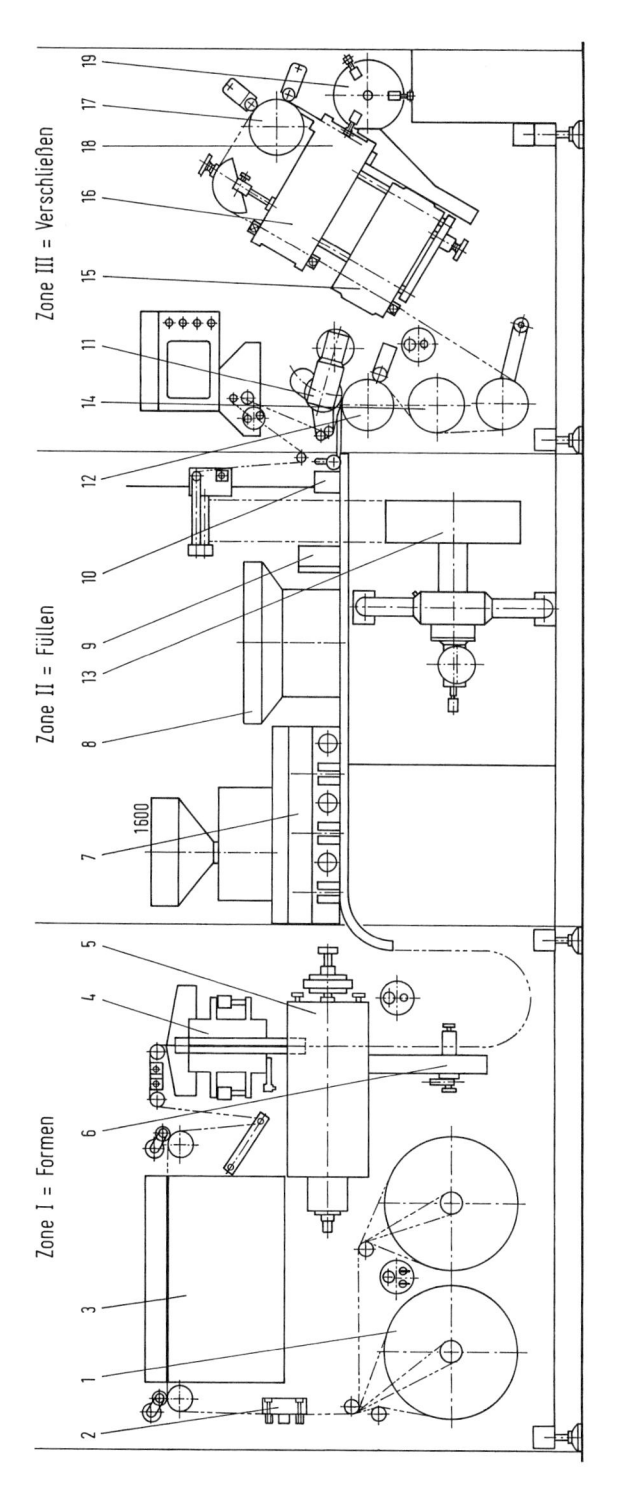

9.6 Beispiele für Form-, Füll- und Verschließmaschinen 321

Bild 9.28 Durchdrückblister-FFS-Maschine, Bauart Klöckner-Hensel
1: Bodenfolie, 2: Schneid- und Klebetisch, 3: Folienspeicher, 4: Vorheizen, 5: Warmformen, 6: Abzug, 7: Bürstenkastendosierung, 8: Wendelförderer, 9: Abstreifbürste, 10: Füllgutkontrolle, 11: Siegelwalze, 12: Gegenwalze, 13: Deckelfolie, 14: Kühlwalze, 15: Signierstation, 16: Perforierstation, 17: Abzugswalze, 18: Stanzstation, 19: Saugerübergabe

322   9 Maschinelle Pack- und Abfüllanlagen

allen Verarbeitungsverfahren müssen auch hier, insbesondere bei der Polypropylenverarbeitung (PP), dessen Verarbeitungsbedingungen (gute Dicken- und Temperaturgleichmäßigkeit) ermöglicht werden.

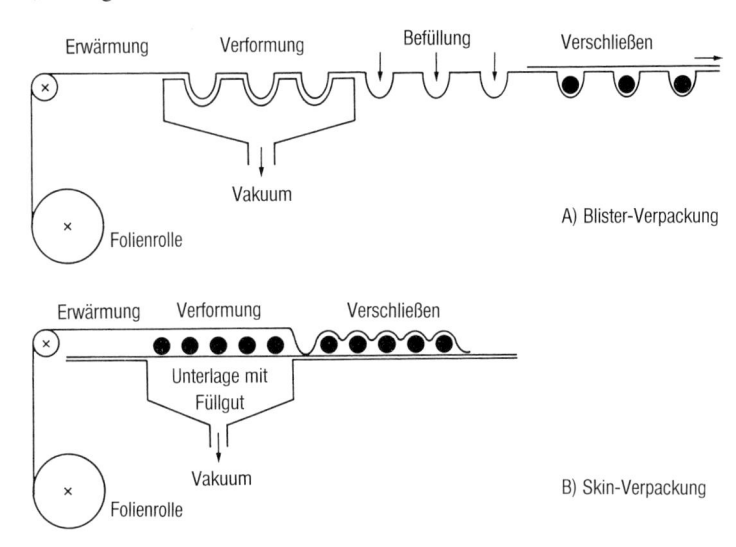

Bild 9.29 Blister- und Skinverpackungsverfahren im Vergleich

Aufbau und Möglichkeiten von Inline-Anlagen

Bild 9.30 zeigt den Aufbau und die Möglichkeiten von In-Line-Anlagen am Beispiel einer Produktionsanlage für eine Sechs-Schichtfolie, die auf PP- und EVOH-Verarbeitung mit Thermoformanlage, Stanze und Produkthandling der produzierten Container ausgelegt ist.

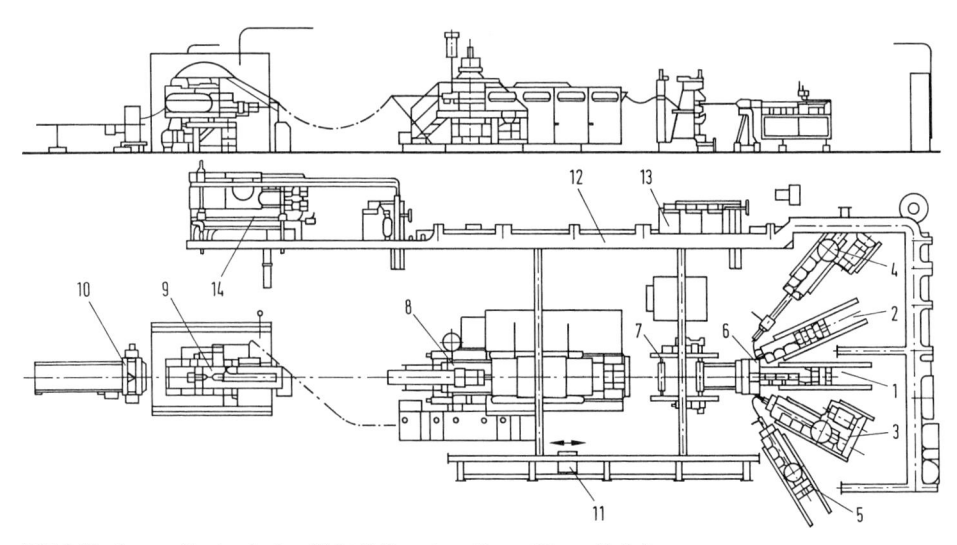

Bild 9.30 Layout für eine Sechsschicht-Folienanlage, Bauart Krupp-Bellaform
1: Extruder für EVOH-Schicht, 2: Extruder für Haftvermittlerschicht, 3: Extruder für Mahlgutschicht, 4: Extruder für äußere PP-Schicht, 5: Extruder für innere PP-Schicht, 6: Coextrusionseinheit und Flex-Lip-Düse, 7: Glättwerk mit Abzug, 8: Formmaschine, 9: Stanzpresse, 10: Stapeleinheit, 11: SPS-Bildschirm, 12: Schaltschrank, 13: Heiz- und Kühlgeräte für die Glättabzugswalzen, 14: Kaltwassersatz

Im In-Line-Verfahren können verschiedene Kunststoffe als *Barriereschichten* zum Einsatz kommen wie PVDC, EVOH, PAN, PA. Einige dieser Typen haben sehr gute Sauerstoff-Abschirmeigenschaften (PVDC, EVOH), jedoch ist das Recycling bei PVDC und PAN sehr schwierig. Wegen der guten Wiederverarbeitbarkeit ist EVOH am besten für das In-Line-Coextrusions-Thermoformverfahren geeignet.

Im In-Line-Coextrusions-Thermoformverfahren erfolgt die direkte Wiederverarbeitung des anlageninternen Produktionsabfalls. Dieser wird entweder in eine der Trägerschichten eingearbeitet oder als separate Schicht extrudiert. Da eine getrennte Rezyklat- bzw. Regrind-Schicht zu einem hohen Prozentsatz aus Trägermaterial besteht, läßt sich die Verbindung zur Trägerschicht ohne Haftvermittler herstellen.

Bild 9.31 zeigt eine Mehrschichtfolienstruktur, die man auf Thermo-FFS-Maschinen im In-Line-Verfahren durch unterschiedliche Auslegung der Coextrusionseinheit erzeugen kann. In der Praxis werden hauptsächlich 2- und 4-Schichtverbunde aus Polystyrol sowie 5- und 7-Schichtverbunde aus PP | HV | EVOH in-line-thermogeformt. Die Foliendicke ist insgesamt variabel nach den Produkteigenschaften ausgelegt und läßt sich in engen Grenzen über die Extruderschneckendrehzahl regulieren.

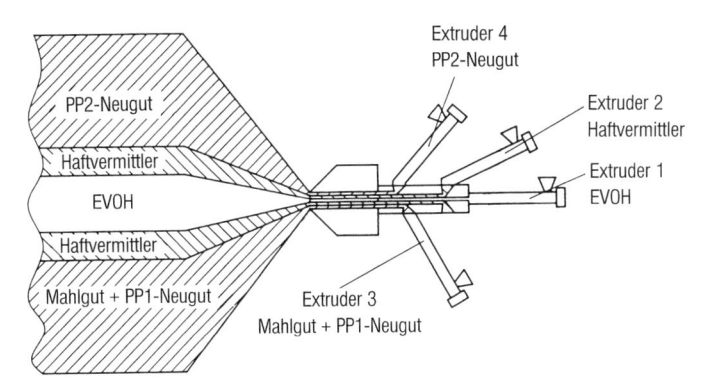

Bild 9.31 Mehrschichtfolienstruktur mit fünf Schichten aus vier Extrudern

Solche In-Line-Form-, Füll- und Verschließanlagen können auch als aseptische Anlagen gestaltet werden, um das Füllgut (Lebensmittel etc.) durch weitgehende Keimfreiheit vor Verderb zu schützen.

Eine *aseptisch betriebene Thermoform-, Füll- und Verschließmaschine* (siehe Abschnitt 9.7.4) arbeitet wie folgt (Bild 9.32): Die Packstoffbahnen für Packungen und Deckel werden von Rollen abgezogen und laufen durch Sterilisiermittelbäder oder Sprühstationen (meist mit H_2O_2), deren Deckel, als Syphonverschluß ausgebildet, einen sterilen Überdrucktunnel begrenzen, in dem Formung, Füllung und Vorsiegelung erfolgen. Der gefüllte Packungsstrang wird seitlich mit einfachen Siegelwerkzeugen vor dem Verlassen des Tunnels so abgesiegelt, daß er gegen die Außenatmosphäre dicht ist und ohne Reinfektionsgefahr durch die Formschleuse aus dem Tunnel geführt werden kann. Der sterile Tunnel, der nur so lang ist wie unbedingt, d. h. für die äußere Seitenversiegelung, nötig, stellt also eine Vollkapselung dar. Die individuelle Einzelpackungssiegelung und -stanzung, ggf. Perforation und Kerbung, liegen außerhalb.

Solche (aseptischen) Thermoform-. Füll- und Verschließmaschinen werden für unterschiedliche Packungsformen (Becher- und Schalendurchmesser und -tiefen) ausgelegt. Je nach Format können bis zu 96 Füllungen gleichzeitig erfolgen. Nach dem Aufsiegeln der Deckelfolie auf die einzelnen Becherränder wird nach entsprechender Kühlung eine fotozellengesteuerte Bedruckung vorgenommen. Bei intermittierendem Folientransport erfolgt sinusförmiger Geschwindigkeitsverlauf, wodurch ein sanftes An- und Auslaufen des Vorschubs gewährleistet wird, so daß das Füllgut selbst bei kleinstem Kopfraum nicht überschwappt. Dadurch werden die Siegelränder für sicheres Versiegeln saubergehalten. Andere Maschinensysteme ohne Thermoformaggregat arbeiten *bei kontinuierlichem Bechertransport mit oszillierenden Füllern.* Automatische Stationssteuerung gewährleistet exakte Arbeitsweise und optimale Packstoffausnutzung ohne Toleranzzuschläge für den Stanzabfall. Das Reinigungsprogramm der Abfülleinrichtung wird elektronisch gesteuert und ggf. mit einer CIP-Anlage abgestimmt und betrieben. Die Dosiereinrichtung ist auch während der Produktion komplett zentral verstellbar, z. B. für die Veränderung des spezifischen Volumens des Produkts. Um ein Verkleben zu vermeiden, werden bei längerem Maschinenstillstand die Füllnadeln in die Spülplatte eingefahren. Bei Produktwechsel erfolgt keine Unterbrechung der Maschinensterilität.

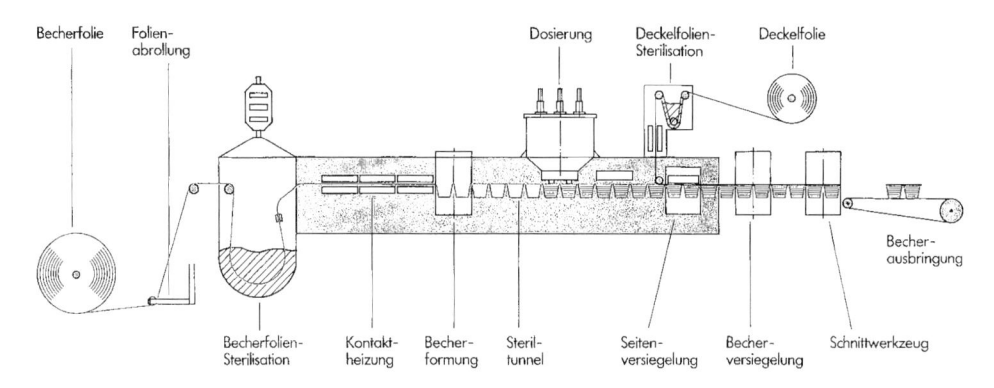

Bild 9.32 Prinzip einer aseptischen Thermoform-, Füll- und Verschließmaschine (Gea-Finnah)

Füllgüter sind: Kondensmilch, Käse, Sahne, Milchspeisen, Feinkostsalate, Kompotte, Gewürzsoßen, Fertiggerichte, Fleischwaren, Wurstwaren oder Tiernahrung. Andere Möglichkeiten für den Packgut- bzw. Produktschutz von Lebensmitten sind (kombinierte) Schutzgas- und/oder Vakuumverpackung.

Form-, Füll- und Verschließmaschinen mit Schutzgasbegasung: Schutzgasverpackung (CAP = Controlled Atmosphere Packaging) kann in Verschließmaschinen bzw. Siegelstationen mit Spezialwerkzeugen gemäß Bild 9.33 erfolgen. Nach dem Einströmen des Schutzgases wird versiegelt. Die Luft wird zuvor über eine Düsenleiste gleichmäßig aus den Packungen gesaugt und anschließend Schutzgas eingeleitet, z. B. über Nadeldüsen. Je nach Produkt, Folie oder Haltbarkeitsanforderungen wird die Menge und die Zusammensetzung des Gases bestimmt.

Vakuumverpackung, z. B. für Wurst, Schinken etc., kann in gleicher Weise erfolgen, wenn die genannte Schutzbegasung wegfällt und im Vakuum verschlossen wird. Durch Dampfbeaufschlagung des Siegelwerkzeugs kann die Folie faltenfrei auf das Packgut geschrumpft werden.

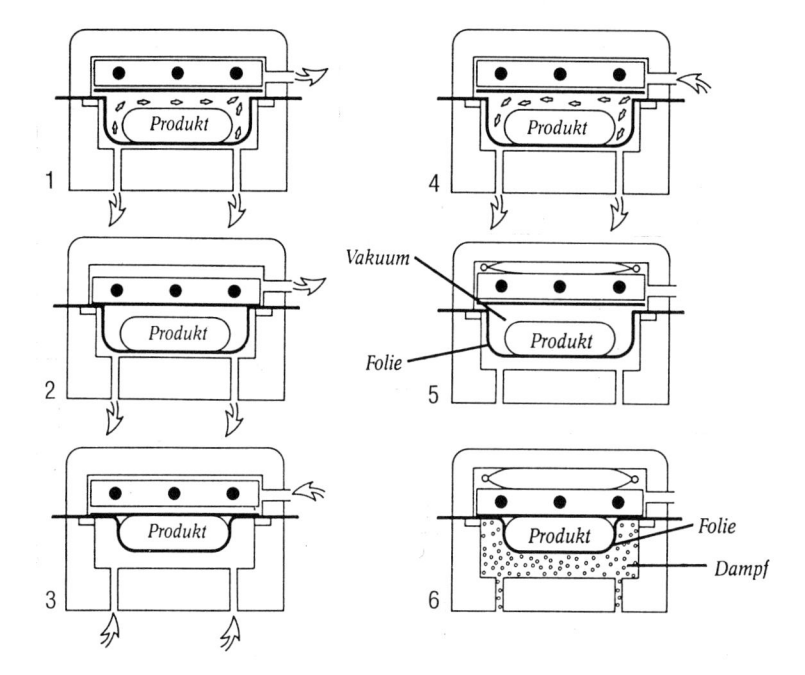

Bild 9.33 Schutzgas- und Vakuumversiegelung von Folienpackungen mit Dampfschrumpfmöglichkeit, schematisch (Multivac)
1: die Luft um das Produkt und in der Werkzeugkammer ist evakuiert, 2: eine heiße Siegelplatte versiegelt Unter- und Oberfolie hermetisch, 3: das Siegelwerkzeug wird belüftet, in der Packung ist Vakuum, der atmosphärische Luftdruck bewirkt, daß sich die Folie an das Produkt legt, 4: nach dem Evakuieren und vor dem Versiegeln kann die Packung mit einer modifizierten Atmosphäre rückbegast werden, 5, 6: Schnitt durch ein Siegelwerkzeug mit Dampfschrumpfeinrichtung

9.6.2 Hohlkörper-Blasform-, Füll- und Verschließmaschinen, Flaschenmaschinen

Solche Anlagen arbeiten zumeist im Extrusionsblasverfahren. Sie sind in der Lage, flüssige und pastöse Füllgüter wie Getränke, insbesondere Pharmazeutika, Kosmetika und chemisch-technische Produkte abzupacken, und zwar in Gebindevolumen von 0,1 bis 10 000 ml, je nach Gebindegröße in Einfach- bis Zwölffach-Formnestern.

Eine Blasform-, Füll- und Verschließmaschine, mit der Flaschen und Kanister sowie ähnliche Behälter nach dem Extrusionsblasformverfahren (siehe auch Abschnitt 6.2.5) hergestellt und noch im Blaswerkzeug gefüllt und verschlossen werden, zeigt Bild 9.34. Die Vorformlinge werden durch (Mehrfach-)Schlauchköpfe extrudiert und in der horizontal verfahrbaren Schließeinheit so zu Flaschen aufgeblasen, daß der Flaschenhals geöffnet und heiß bleibt. Das einfließende Füllgut kühlt die Behälterwand. Aseptisches Abfüllen ist möglich. Nach dem Füllen wird der noch heiße Flaschenhals durch das Oberteil des Blaswerkzeugs zugequetscht und verschweißt. Wie bei anderen Extrusionsblasverfahren entstehen Butzen.

Als Packstoffe werden PE, PP, PVC, PMMA, PC sowie entsprechende Copolymerisate verarbeitet. Der prinzipielle Aufbau und die Arbeitsweise solcher Maschinen ist in den Bildern 9.35 a bis e dargestellt. Der Blasdorn zum Aufblasen des extrudierten Folienschlauches ist zugleich Fülldorn, durch welchen das Füllgut in den frisch geblasenen Hohl-

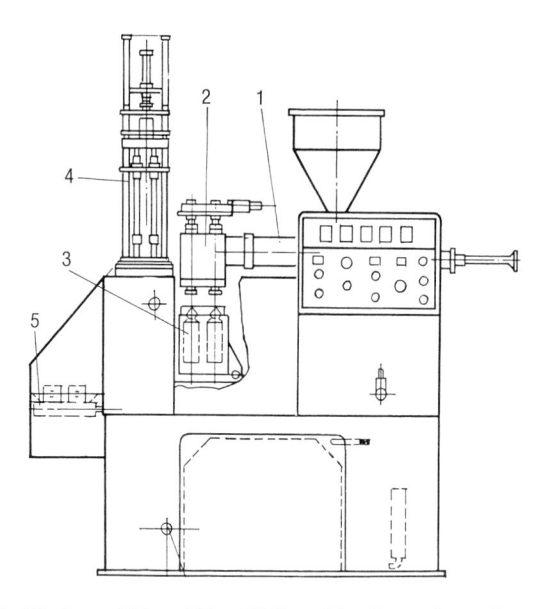

Bild 9.34 Blasform-, Füll- und Verschließmaschine, Bauart Rommelag
1: Extruder, 2: Zweifach-Schlauchkopf, 3: Schließeinheit mit Zweifach-Blasformwerkzeug, 4: Blasform- und Füllstation, 5: Transportband für gefüllte Flaschen

körper (Flasche) eindosiert und hierbei zugleich eine Innenkühlung des Hohlkörpers bewirkt wird. Die vier Arbeitsschritte sind:
– Herstellung des Schlauches oder Vorformlings (Bild 9.35 a und b)
– Der Spezialdorn wird auf den Formenhals gesetzt und bläst mit Druckluft den Formkörper auf (c), wonach durch diesen Dorn auch die abgemessene Füllgutmenge in den so ausgeformten Hohlkörper eindosiert wird (d).
– Nach Abheben des Spezialdorns wird der oberste Schlauchabschnitt durch Kopfbacken verschweißt und ein hermetischer Garantieverschluß geformt (e).
– Die fertiggestellte, d. h. geblasene, gefüllte und verschlossene Packung wird entformt.

Vorteil dieses Verfahrens ist, daß die danach hergestellten Hohlkörper infolge der Extrusionstemperatur keimfrei sind, wenn auch sterile Druckluft im Blasvorgang angewendet wird. Es kann daher auf zusätzliche Konservierungsmittel für das Füllgut verzichtet werden. Für geschmacksempfindliche Füllgüter wie Milch, müssen besonders geruchsarme, geschmacksneutrale Materialien und Verfahren angewendet werden. Die dabei angeformten Verschlüsse werden häufig als Abdrehknebel gestaltet. Weitere Einzelheiten über mögliche Verschlußgestaltungen siehe Abschnitt 8.1.3. Etikettieren durch IML ist ebenfalls möglich.

Große Steigerungen der Abfülleistung können durch gleichzeitige Extrusion mehrerer Einzelschläuche aus einem *Mehrfach-Schlauchkopf* erzielt werden (Bild 9.36). Dabei sind Einzelschlauchextrusionen mit bis zu sechs Einzelschläuchen technisch beherrschbar. Auch die *Zentralschlauchextrusion* führt zur Leistungsmultiplikation (Bild 9.37). Dazu wird ein über mehrere Formnester reichender breiter Zentralschlauch extrudiert, ovalisiert und dort aufgeblasen. So lassen sich bis zu 24 Behälter aus einem Schlauchabschnitt simultan formen, füllen und verschließen. Nach der Entformung können diese Packungen entweder als Multiblock zusammenhängend ausgegeben oder durch ein Cutter-Werkzeug vereinzelt werden. Als Multiblock werden aus einem zusammenhängenden Zentral-

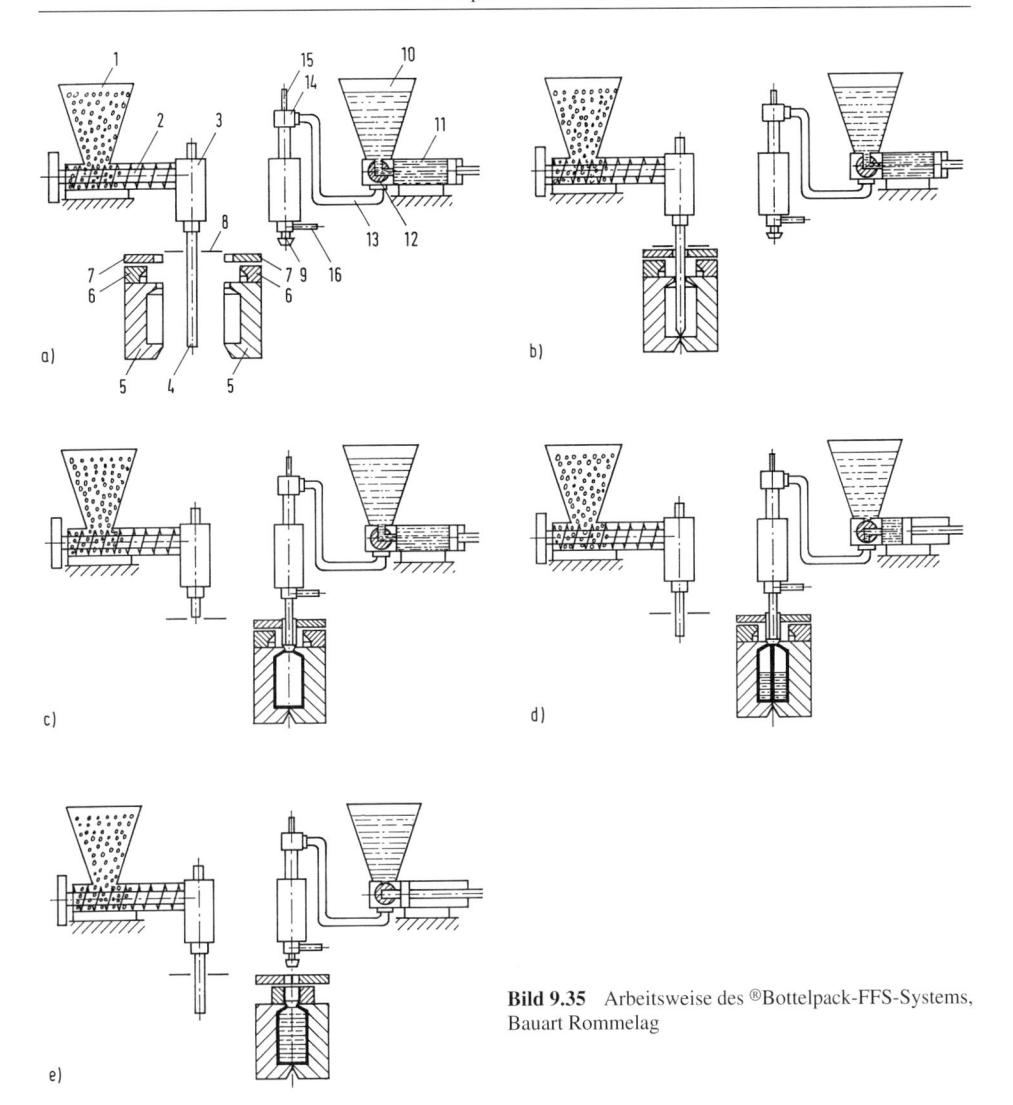

Bild 9.35 Arbeitsweise des ®Bottelpack-FFS-Systems, Bauart Rommelag

a) Extrudieren des Schlauchs, b) Plastifizieren des Granulats, c) Blasformen und Vorkühlen, d) Füllen und Auskühlen, e) Verschließen und Freigaben der fertigen (FFS-)Packung
1: Vorratstrichter für Kunststoffgranulat oder -pulver, 2: Extruder, 3: Schlauchkopf, 4: thermoplastischer Kunststoffschlauch, 5: vertikal geteiltes Blasformwerkzeug mit Vakuum- und Kühlwasserkammern, 6: vertikal geteilte Kopfwerkzeuge mit Vakuum- und Kühlwasserkammern, 7: Vakuumhaltebacke, 8: Schlauchtrennvorrichtung, 9: konzentrisch kombinierter Blas/Fülldorn, 10: Füllguttrichter, 11: Kolbendosiermaschine, 12: Dosier-Umsteuerventile, 13: flexible Füllgutleitung, 14: vertikal absenkbare Blas/Füllgarnitur, 15: ventilgesteuerter Blasluftkanal, 16: Abluftkana

schlauch mehrere Hohlkörper produziert. Diese Blocks werden entweder von der Anlage oder vom Anwender beim Gebrauch vereinzelt. Werden mehrere Einheiten in einer Sammelpackung verkauft, erleichtert der Multiblock das Etikettieren, Einschachteln, Blistern oder Umverpacken auch bei ausgefallenen und schwer zu handhabenden Formen erheblich, denn der Gesamtblock stellt eine leicht positionierbare Grundform dar. Durch Zentralschlauchextrusion aus Mehrfachschlauchköpfen läßt sich die Ausstoßleistung weiter vervielfachen.

328 9 Maschinelle Pack- und Abfüllanlagen

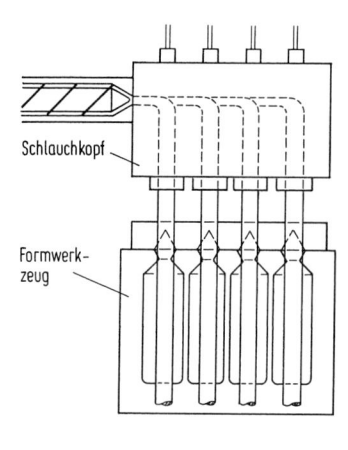

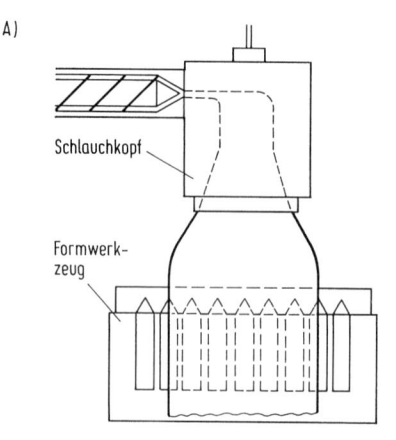

Bild 9.36 Einzelschlauchextrusion

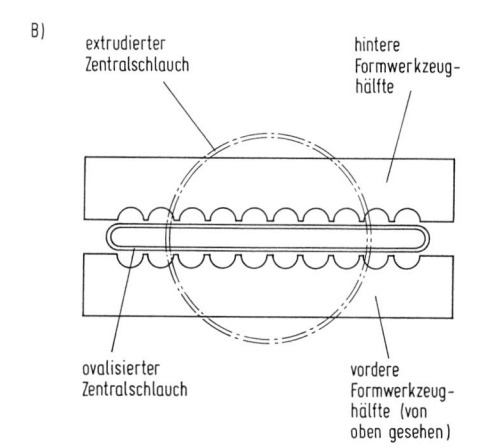

Bild 9.37 Multiblock-Zentralschlauchextrusion, A) Seitenansicht, B) Draufsicht

Kontinuierliche Verfahren mit Einzelschlauchextrusion vermeiden Leerzeiten durch kontinuierlich umlaufende, halbschalig geteilte Formenketten gemäß Bild 9.38. Das Verfahren hat als Umformstation ein Raupenkettensystem mit einer Vielzahl von Blaswerkzeugen. Diese erfassen den von oben extrudierten Schlauch und formen kontinuierlich einen zusammenhängenden Strang von Flaschen. Das Füllgut wird durch die Schlauchköpfe und durch den Schlauch zugeführt und bleibt dadurch vor der Umgebung geschützt. Auch bei diesen kontinuierlichen Verfahren ist die Zentralschlauchextrusion anwendbar. So können z. B. Kleinpackungen wie Ampullen, Phiolen und Eindosispackungen in Höchstleistungen von mehr als 25 000 Stück/h hergestellt werden. Der Verfahrensablauf ist wie folgend beschrieben (Bild 9.38):

Vom Granulattrichter (1) über den Extruder (2) werden im Schlauchkopf (3) kontinuierlich endlose Kunststoffschläuche (6) gefertigt. Durch den Schlauchkopf (3) führt innerhalb des Kunststoffschlauchs (6) die konzentrische Blas-/Füllgarnitur (5). Die Geschwindigkeit des kontinuierlichen Formendurchlaufs ist mit der Extrusionsgeschwindigkeit synchronisiert. Gleiches trifft für die vertikal in den Kunststoffschlauch eintauchende Blas-/Füllgarnitur (5) zu, die um eine Formenlänge vertikal mitgeführt wird. Beim Einlauf der Formen (10) wird zunächst der Boden verschweißt. Nach Aufsetzen der Blas-/Füllgarnitur (5) wird über den Kanal (4) der Behälterrumpf aufgeblasen. Über den Füllgutbehälter (7) mit der Dosiereinrichtung (8) wird durch die flexible Schlauchleitung (13) das Füllgut durch das Tauchfüllrohr (14) eindosiert. Gleichzeitig findet die Entlüftung über Kanal (9) statt. Nach diesem Prozeß hebt die Blas-/Füllgarnitur (5) vertikal nach oben ab und senkt sich zur Wiederholung des Hohlkörperherstell- und Füllvorgangs im nachfolgend einlaufenden Formenpaar (10) erneut ab. Die unteren Positionen beim kontinuierlichen Formendurchlauf dienen der Kopfverschweißung durch Formenschluß der Kopfwerkzeuge (11), wobei die Ausformung unter Vakuum erfolgt. Bei der weiteren Abwärtsbewegung findet die Behälterkühlung sowie die Entformung statt. Auf einer Abtransporteinrichtung (12) verlassen die gefüllten und verschlossenen Hohlkörper die Anlage in der gewünschten Richtung.

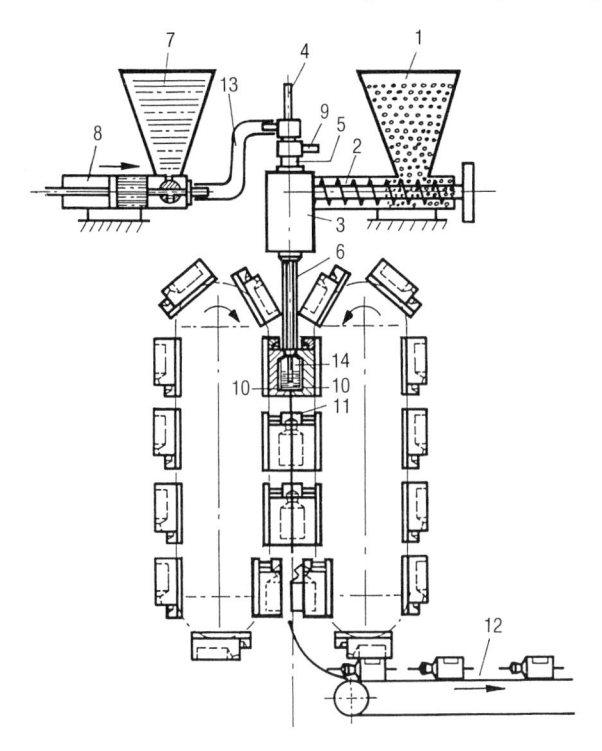

Bild 9.38 Kontinuierliches FFS-Verfahren mit Einzelschlauchextrusion im Raupenketten-Blasformsystem, Erläuterungen s. Text (Bauart Rommelag)

Coextrusionsblasform-, Füll- und Verschließmaschinen zur Herstellung von geblasenen Hohlkörpern werden dann angewendet, wenn an die Packmittel besondere Ansprüche bezüglich ihrer Sperrschichten gegen Permeationsvorgänge gestellt oder Rezyklatschichten (Scrap) eingearbeitet werden. Genügende Haftfähigkeit der Laminatränder miteinander ist mit der heutigen Maschinentechnik bei kleinen Hohlkörpern von 1 bis 5 vgl problemlos erreichbar. Über Mehrschichtenverbunde und Barrieren siehe auch Abschnitt 6.1.3.

Streckblasgeformte PET-Getränkeflaschen können prinzipiell im FFS-Verfahren aus spritzgegossenen Vorformlingen geblasen, gefüllt und verschlossen werden.

9.6.3 Vertikale Schlauchbeutelform-, Füll- und Verschließmaschinen

Mit solchen Maschinen werden flüssige, rieselnde, pulverförmige sowie stückige Packgüter abgepackt. Sie verpacken rationell, kostengünstig und arbeiten mit Folien „von der Rolle", welche ein- oder zweiseitig heißsiegelbare Folienschichten besitzen. Arbeitsweise und Konstruktionsmerkmale dieser Maschinen lassen sich folgendermaßen beschreiben: Über eine Formschulter oder ein dementsprechendes Formteil und ein Formrohr, das zugleich als Füllrohr dient, wird die von der Rolle kommende Flachfolie zu einem Schlauchbeutel geformt, gefüllt und verschlossen (vgl. Bild 9.7).

Die vertikale Schlauchbeutelmaschine läßt sich nach der Füllgutdosierungsstation in die fünf funktionellen Gruppen Hüllstoffträger, Formschulter, Hüllstofftransport, Verschließeinrichtung mit Beuteltrennung und Steuerung unterteilen. Diese bestimmen die Verpackungsform, die Art des Hüllstoffs sowie des Füllguts. Angestrebt wird eine möglichst hohe Universalität, durch die vielseitige Packungsformen mit hoher Qualität verwirklicht werden können; auch aseptische Arbeitsweise ist möglich (siehe Abschnitt 9.7.2).

– *Der Hüllstoffträger* hat die Folienrolle zu tragen und ihre einwandfreie Zufuhr zur Maschine zu gewährleisten. Man unterscheidet:
– *Hüllstoffträger ohne Trägerwelle*, die kostengünstig, aber bei konischen Folienrollen verlaufgefährdet sind, was einen Versatz der Siegel- bzw. Schweißnaht zur Folge haben kann. Ferner neigen Folienrollen bei abnehmendem Durchmesser und hoher Abzugsgeschwindigkeit zum Oszillieren. Dies verursacht wiederum durch Verlauf der Folie Ausschußproduktion.
– *Hüllstoffträger mit Trägerwelle*, durch diese Lagerung bietet die Welle Rückhalt und kann somit Verlauf und Oszillieren verhindern.

Durch die *Formschulter* wird die Folie zu einem Schlauch geformt, wozu sie über die Formschulter laufend einen guten Schlupf besitzen muß. Hierbei ist für die Maschinengängigkeit die Oberflächenbeschaffenheit (u. a. Bedruckung) der verwendeten Folie von großer Bedeutung. Die Kenngrößen einer Formschulter sind Kragenform, Einlaufwinkel, Oberflächenbeschaffenheit und Kantenradien der Umformlinie.

Der Hüllstofftransport erfolgt durch Bänder- oder Riemenabzugssysteme. Deren Vorteil ist, daß die Schlauchpackungen vollständig befüllbar sind, weil kein Zug wie beim Zangenabzug auf sie aufgeübt wird. Der Abzug geschieht durch:

– *Reibung (Friktion)*, wobei angetriebene, umlaufende, paarig angeordnete Gummiriemen den Abzug bewirken. Die Reibung der Folie am Formatrohr muß kleiner sein als die am Riemen.
– *Vakuumunterstützung;* wenn die Reibung zwischen Folie und Formatrohr zu groß ist, wird mittels vakuumunterstütztem Riemenabzug vom Rohr abgehoben.:

Verschließeinrichtung und Beuteltrennung. Die Längsnaht des Beutels kann gesiegelt oder geschweißt werden, wozu die Schweißbacke gegen das Form- und Füllrohr gepreßt wird. Für zweiseitig heißsiegelbare, schweißbare oder mit Schmelzkleber (Hotmelt) beschichtete Folien kann die meist willkommenere Überlappungsnaht hergestellt werden (Bild 9.39 oben). Wenn die Folie nur einseitig siegelbar ist, muß eine Umlege-, Fineseal- oder Flossennaht gebildet werden (Bild 9.39 unten). Die Quernähte bilden die Kopfnaht für den gefüllten und die Bodennaht für den folgenden Beutel. Eventuell kann ein Entgasungsventil auf der Packung angebracht werden (wie für gemahlenen Kaffee, der Kohlendioxid abgibt).

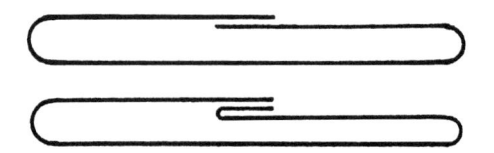

Bild 9.39 Längsnaht bei vertikalen Beutel-FFS-Maschinen als Überlappungsnaht (oben) bzw. als Umlegenaht, Fineseal- oder Flossennaht (unten)

9.6 Beispiele für Form-, Füll- und Verschließmaschinen

Heißsiegel- und Schweißverfahren der vertikalen Schlauchbeutelform-, Füll- und Verschließ-Maschinen sind abhängig von Packstoff, Aufbau und Art der Maschine. Temperatur, Anpreßdruck und -zeit werden den Anforderungen entsprechend variiert. Gegenüber dem Schweißen wird das Heißsiegeln wegen seiner Robustheit bevorzugt. Die Beuteltrennung kann vor oder nach der Schweißung bzw. Siegelung erfolgen. Wird zwecks Verschließen geschweißt, muß vorher getrennt werden, denn sonst kann es zur Schrumpfung der Nähte kommen. Wird jedoch versiegelt, so kann sich die Trennung an das Siegeln anschließen.

Die *Steuerung* erfolgt mittels Sensoren oder mit Hilfe einer elektrischen Welle. Die Steuerungsabläufe werden von Mikroprozessoren koordiniert.

Spezialausführungen von Vertikalschlauchbeutelform-, Füll- und Verschließmaschinen

Maschinen mit zwei Folienrollen gemäß Bild 9.40 können Vierkantschläuche bilden, wobei es auch möglich ist, eine opake und eine transparente Seite des Schlauches herzustellen.

Kontinuierlich arbeitende Vertikalschlauchbeutelform-, Füll- und Verschließmaschinen werden wegen ihres aufwendigen Aufbaus relativ wenig eingesetzt.

Tetraederpackungen (®Tetrapack) werden von Maschinen hergestellt, bei denen die Kopf- und Bodennaht nicht parallel, sondern im rechten Winkel zueinander angeordnet sind.

Spitztüten werden mit Maschinen hergestellt, welche schwenkbare Quersiegelbacken mit einer einstellbaren Neigung von 20 bis 65° besitzen (Bild 9.41). Deren Verschluß erfolgt durch Abbinden in der Weise, daß der von der nachfolgenden Spitztüte abgetrennte Teil als Rüsche für die mittels Clip abgebundene Spitztüte dient. Dies ist jedoch nur ein optischer Trick, da mittels Clip nur der gefüllte vom ungefüllten Beutelteil getrennt ist.

Die Füllung der Beutel erfolgt durch das Füll- und Formrohr. Für empfindliche Füllgüter, wie Chips, gibt es Maschinen, bei denen dieses Formrohr schräg gestellt werden kann, so

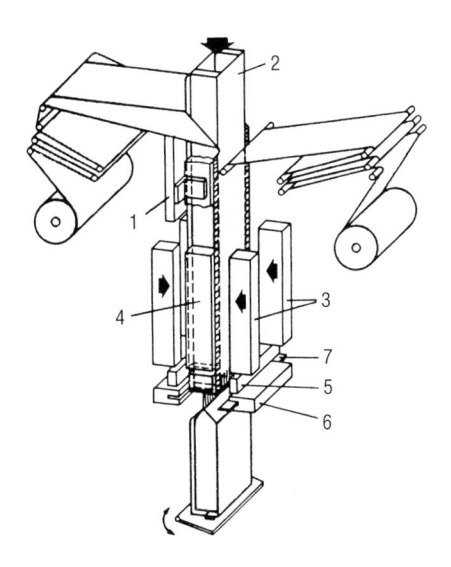

Bild 9.40 Vierkantbeutelfertigung von zwei Folienrollen (Hesser PBS/Duomat)
1: Formschulter, 2: Falt- und Fülldorn, 3: Längssiegelbacken, 4: Siegelschiene, 5: Abzugbacken, 6: Quersiegelbacken, 7: Trennmesser

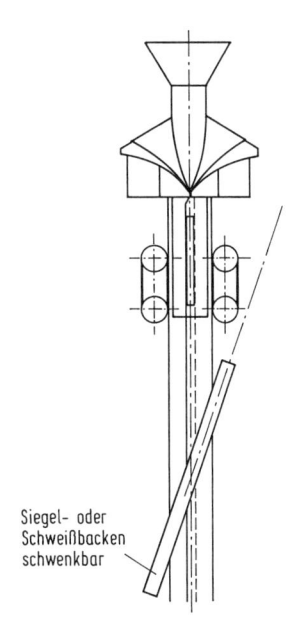

Bild 9.41 Prinzip einer FFS-Maschine mit schwenkbarer Quersiegelbacke für Spitztütenfertigung

daß das Füllgut nicht senkrecht (im freien Fall) in den Beutel fällt, wodurch eine Beschädigung erfolgen könnte. Für den Produktschutz durch Vakuumverpackung können Vertikalschlauchbeutelform-, Füll- und Verschließmaschinen auch mit einem *Vakuumteil* versehen werden. Vakuumverpackte Mehrschichtfolienbeutel mit z. B. Mahlkaffee sind hart und runzelig. Beim Öffnen wird das Füllgut schlagartig mit Luftsauerstoff vermischt; dies erfordert den raschen Verbrauch. Deshalb ist Vor- oder Nachbegasen mit Schutzgas notwendig oder es wird ein Entgasungsventil auf der Packung angebracht. So werden die Packungen nicht mehr hart, sondern elastisch, wodurch sie weniger empfindlich gegen mechanische Verletzungen und dünnwandig herstellbar sind.

Schutzbegasung durch Gasspülen mit Mischgas (MAP) kann den Restsauerstoffgehalt der Packungen auf weniger als 1% bringen, kombiniert mit Evakuierung auf 0,1%, was für trockene, rieselfähige Lebensmittel wie Mahlkaffee wichtig ist. Durch ein Entgasungsventil (siehe Abschnitt 7.3.8) an solchen Packungen spülen die langsam desorbierten Röstgase noch mehr vom Restsauerstoff allmählich aus der Packung. Kombinationsverfahren von Evakuierung mit Vor- und Nachbegasung sowie Schutzgasspülstrecken bzw. Laminar Flow sind gebräuchlich.

Eine *Aufmachungskartonage* kann mit entsprechend gestalteten Maschinenelementen auf Seitenfaltenschlauchpackungen aufgebracht werden.

„*Bag-in-Box-Maschinen*" sind Schlauchbeutel-im-Karton-Maschinen. Hierbei wird häufig die vertikale Schlauchbeutelform-, Füll- und Verschließmaschine mit einer Kartonieranlage gekoppelt, auch für aseptische Packungen.

Standfeste Packungen können durch entsprechende Ausbildung der Bodennaht hergestellt werden oder durch Einlegen von Kartonzuschnitten vor und nach dem Füllvorgang.

Kaffeeverpackung in Schlauchbeuteln mit geeigneten Sperrschichtfolien kann unmittelbar nach dem Rösten in kombinierten Röst-, Mahl- und Schlauchbeutelverpack-Anlagen mit Schutzgasausrüstung erfolgen, welche einerseits die Röstgase nach außen durchlassen, andererseits unmeßbar kleine Sauerstoffdurchlässigkeit besitzen. Hierfür wurde ein Spezialventil entwickelt.

Die *Absack-FFS-Systeme* zum rationellen Absacken fließfähiger Schüttgüter bis 50 kg haben eine Leistung von bis zu 1350 Sack/h. Sie bestehen aus drei Aufbaustufen: dem Sackherstellteil, der Produktzuführung sowie dem Abfüll- und Verschließteil. In einem Arbeitsgang wird aus einem endlosen PE-Seitenfaltenschlauch durch Abschneiden der Folienbahn und Schweißen der Bodennaht der Sack gefertigt, befüllt und verschlossen. Dieses System ist mit einer Eckenabschweißung ausgerüstet, was zu einer Erhöhung der Sackfestigkeit, einer Verbesserung der Stapeleigenschaften und einer optimalen Restentleerung der gefüllten Säcke beiträgt. Ein elektronisch geregeltes Impulsschweißsystem mit konstanter Wärmezufuhr und Temperaturmeßsystem garantiert hochbelastbare Schweißnähte.

9.6.4 Horizontale Schlauchbeutelform-, Füll- und Verschließmaschinen

Mit solchen Maschinen werden flächige, stückige, regel- oder unregelmäßig geformte Packgüter, insbesondere stangen- und riegelförmige Süßwaren, in Schlauchbeutel verpackt (vgl. Bild 9.8). Dieses Abpackverfahren ist sehr rationell und kostengünstig. Ursprünglich gestaltete man den Außeneinschlag mit Stirn- oder Kuvert-Faltung, doch ist man aus Kostengründen immer mehr zur Flossenpackung (Streifenpackung mit einseitiger

Versiegelungsschicht) übergegangen. Auch hier wird aus einer Flachfolie ein Schlauchbeutel geformt, gefüllt und verschlossen. Das Packgut wird in den bereits durch die Quernaht zum Beutel ausgebildeten Schlauch gegeben. Bei kontinuierlich arbeitenden Maschinen wird das Packgut bereits bei der Schlauchformung, also während der Längsnahtbildung und vor der Quernahtsiegelung, eingegeben. Die Formung des Schlauches wird über einem Formteil, dem sogenannten Formkasten oder Formschuh bewirkt. Man unterscheidet *kontinuierlich arbeitende* und *intermittierend arbeitende Maschinen*. Der Packstofftransport wird von der axial gelagerten Packstoffrolle mittels Rollenpaaren oder Bänderabzug getätigt. Elektronisch geregelte Synchronbänder positionieren die stückigen Packgüter wie Tafeln, Riegel etc. entsprechend dem Druckbild des Hüllstoffs.

Siegelung und Trennung der Packungen kann durch rotierende Siegel- und Trennwerkzeuge erfolgen, auch durch mitlaufende oder schwingende und abziehende Quersiegel- bzw. Schweißbacken. Leistungen bis zu 1200 Packungen/min – je nach Packgutgröße – werden erreicht.

Spezialausführungen von Horizontal-Schlauchbeutelform-, Füll- und Verschließmaschinen wurden für einzelne spezielle Füllgüter entwickelt, wie für Makkaroni, Bonbons, Schokoriegel, Lakritz- und Zuckerstangen etc.

Integrierte und/oder kombinierte Spezialaggregate von Horizontal-Schlauchbeutelform-, Füll- und Verschließmaschinen sind: *Begasungseinrichtungen* und *Evakuiereinrichtungen*, die nach den gleichen Prinzipien wie bei den vertikalen Maschinen arbeiten.

Maschinen mit Schrumpftunnel sind ausschließlich zur Verarbeitung thermoplastischer Schrumpffolien geeignet und müssen wegen deren geringem Schlupf- und elastischem Verhalten entsprechend anders konstruiert sein. Die Packgüter hierfür sollten möglichst planparallel gestaltet sein, wie Zeitschriften, Bücher, Schachteln etc.

Maschinen zur Verpackung von Frischfleisch besitzen ein Vakuum- und evtl. ein Begasungsteil im Bereich der Quersiegelstation, damit durch Absaugung der in der Packung enthaltenden Luft sich die überstehende Folie so fest auf das Fleischstück anlegt, daß kein Fleischsaft mehr austreten kann. Dieser Zustand wird durch einen Schrumpfprozeß fixiert (z. B. Loc-flow-System).

Druckmaschinen werden in vielen Fällen noch zusätzlich an die Horizontalschlauchbeutelform-, Füll- und Verschließmaschinen angeschlossen bzw. darin integriert.

Eindruckapparate für Heißprägefolien können zur Signierung verwendet werden, sind jedoch relativ teuer.

Skin-Packungen können von Packgütern auf Schalen im Lebensmittel- und Nicht-Lebensmittelbereich hergestellt werden, wobei sich die Folien mittels Vakuum wie eine zweite Haut auf die Packgüter legen (siehe auch Abschnitt 6.2.4).

9.6.5 Flachbeutel- oder Siegelrandbeutelform-, Füll- und Verschließmaschinen

Die Packungen können als *Drei- oder Vier-Seiten-Siegelrandbeutel* (Bild 9.42) ausgebildet sein. Es handelt sich stets um flache Beutel, für die sich auch Verbundpackstoffe eignen. Streifenpackungen (Bild 9.43) werden je nach Arbeitsweise der Maschinen von Einzel-, Doppel- oder Mehrfachbeuteln in Laufrichtung, in Reihe oder nebeneinander in Linie hergestellt. Zwecks Trennmöglichkeit kann eine Zwischenperforation in die Siegelnähte eingearbeitet werden. Siegelrandbeutelmaschinen können von zwei Packstoffrollen (Bild

9.44) oder einer (Bild 9.45) Halbschläuche und Beutel herstellen. Diese Beutel können bereits beim Herstellungsvorgang z. B. in einem Rundgang (Bild 9.46) gefüllt werden, wobei horizontal abziehende Maschinen Seiten- und Bodennähte herstellen. Bei Verwendung von zwei Packstoffrollen können die beiden Beutelseiten verschieden, z. B. transparent und opak, bedruckt und unbedruckt oder transparent und verformbar gestaltet werden.

Bild 9.42 Dreiseiten- und Vierseiten-Siegelrandbeutel

Bild 9.43 Streifenpackung

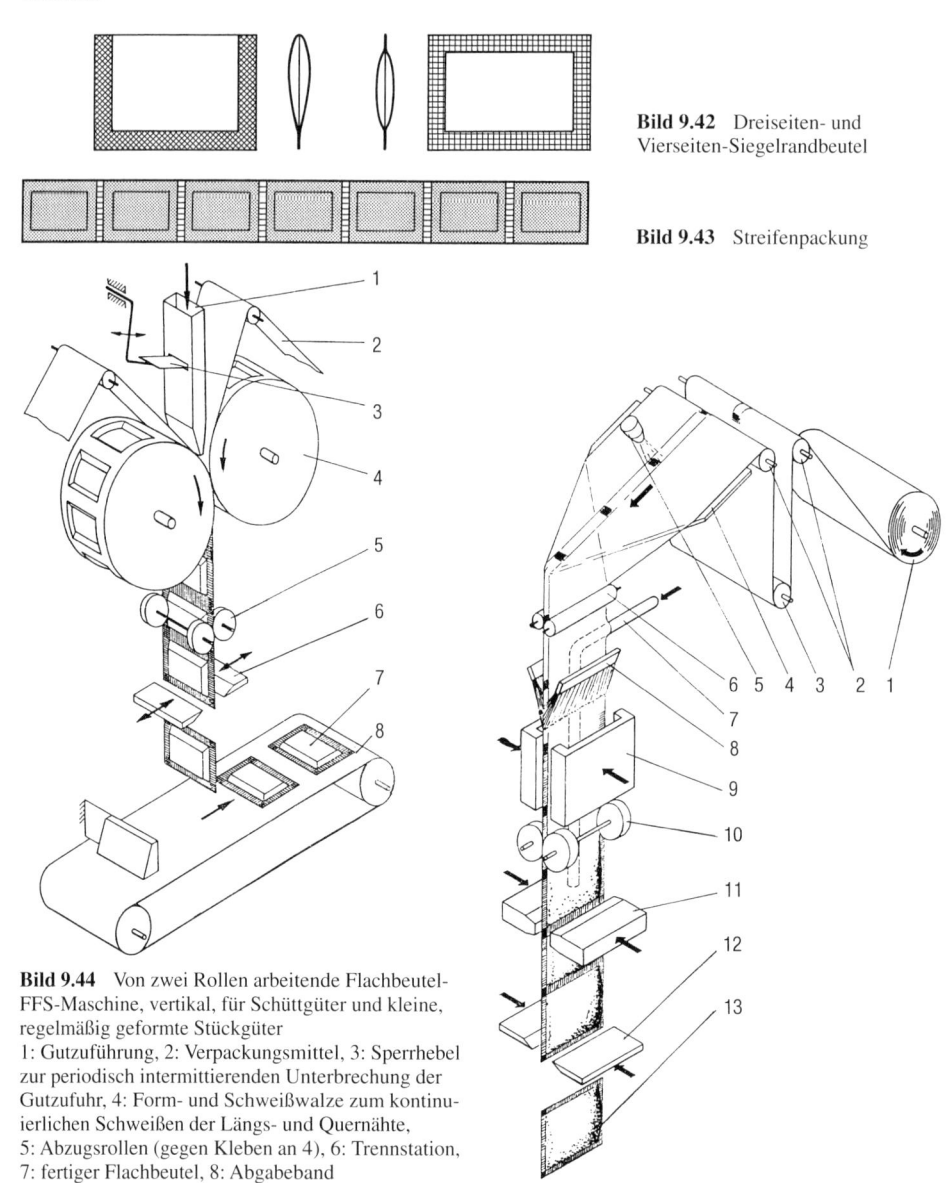

Bild 9.44 Von zwei Rollen arbeitende Flachbeutel-FFS-Maschine, vertikal, für Schüttgüter und kleine, regelmäßig geformte Stückgüter
1: Gutzuführung, 2: Verpackungsmittel, 3: Sperrhebel zur periodisch intermittierenden Unterbrechung der Gutzufuhr, 4: Form- und Schweißwalze zum kontinuierlichen Schweißen der Längs- und Quernähte, 5: Abzugsrollen (gegen Kleben an 4), 6: Trennstation, 7: fertiger Flachbeutel, 8: Abgabeband

Bild 9.45 Von einer Rolle arbeitende Flachbeutel-FFS-Maschine, vertikal, für pastöse und flüssige Packgüter (Hassia)
1: Verpackungsmittel von der Rolle, 2: Umlenkwalzen, 3: Vorabzugswalze, 4: Formdreieck, 5: Ausrichten des Druckbilds mit Fotozelle, 6: Falzwalzen, 7: Füllrohr, 8: Andrückbürsten, 9: Längsnaht-Schweißstempel, 10: Abzugsrollen, 11: Quernaht-Schweißstempel, 12: Trennstation, 13: fertiger Flachbeutel

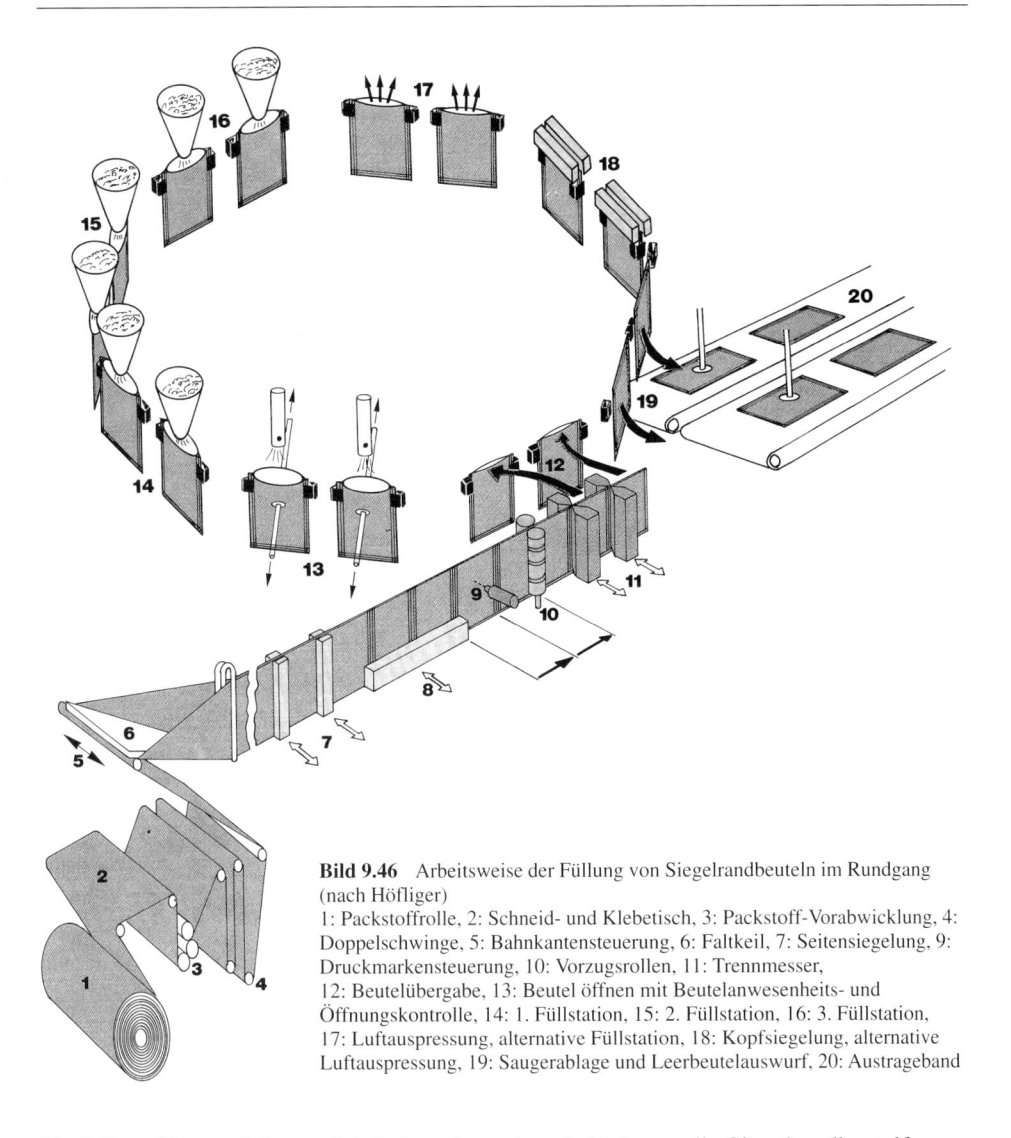

9.6 Beispiele für Form-, Füll- und Verschließmaschinen   335

Bild 9.46 Arbeitsweise der Füllung von Siegelrandbeuteln im Rundgang (nach Höfliger)
1: Packstoffrolle, 2: Schneid- und Klebetisch, 3: Packstoff-Vorabwicklung, 4: Doppelschwinge, 5: Bahnkantensteuerung, 6: Faltkeil, 7: Seitensiegelung, 9: Druckmarkensteuerung, 10: Vorzugsrollen, 11: Trennmesser, 12: Beutelübergabe, 13: Beutel öffnen mit Beutelanwesenheits- und Öffnungskontrolle, 14: 1. Füllstation, 15: 2. Füllstation, 16: 3. Füllstation, 17: Luftauspressung, alternative Füllstation, 18: Kopfsiegelung, alternative Luftauspressung, 19: Saugerablage und Leerbeutelauswurf, 20: Austrageband

Nach ihrer Konstruktion und Arbeitsweise unterscheidet man die Siegelrandbeutelform-, Füll- und Verschließmaschinen in solche mit *Siegelwalzen* (Bild 9.44), mit *Siegelrollen* und *Quersiegelbacken* bzw. mit *Siegelbacken* (Bild 9.45).

Bei *zusätzlichen Ausstattungen* für Siegelrandbeutelform-, Füll- und Verschließ-Maschinen ist zu beachten:

- *Begasungs- und/oder Evakuieraggregate* können bei Siegelwalzenmaschinen nicht eingesetzt werden.
- *Absaugeinrichtungen* sollen ggf. Staub, der sich auf Siegelnahtzonen absetzt, fernhalten.
- *Zuführ- und Dosiereinrichtungen* sollten in die Maschine integriert sein.
- *Abtransporteinrichtungen* können insbesondere Kartoniermaschinen sein, da die Siegelrandbeutel günstige geometrische Formen besitzen.
- *Fotosensoren* und andere Steuerungsaggregate ermöglichen die automatische Gestaltung des Abpackvorgangs.

- *Eindruckmaschinen* für zusätzlichen Eindruck können wie bei den Horizontal-Schlauchbeutelform-, Füll- und Verschließmaschinen angewendet werden.
- *Codier- und Prägegeräte* sind den Maschinen angeschlossen.
- *Schnitt- und Stanzwerkzeuge* stanzen Öffnungshilfen in Form von Dreiecken oder Kerben in die Siegelnaht. Auch ein Einschnitt mittels Stanzmesser, der weniger aufwendig, aber auch weniger schön ist, kann diesen Zweck erfüllen.
- *Lochungen* im Siegelnahtbereich sollen dazu dienen, die Siegelrandbeutel an Verkaufsständen aufzuhängen.

9.7 Maschinen und Anlagen für aseptisches Abpacken

An Maschinen und Anlagen für aseptisches Abpacken werden maschinentechnisch die höchsten Ansprüche gestellt.

9.7.1 Grundlagen der aseptischen Verpackung

Aseptisches Verpacken ist ein Verpackungsvorgang, bei dem im Rahmen der Anforderungen Keimfreiheit des Packguts, des Packmittels und des Packhilfsmittels sichergestellt ist und das Füllen und Verschließen in keimfreier Umgebung stattfindet. Es erfolgt durch Abfüllen vorsterilisierter Produkte in eine steril gemachte Verpackung unter sterilen Bedingungen. Sterilisieren bedeutet Abtöten oder irreversibles Inaktivieren aller vermehrungsfähigen Mikroorganismen; die unschädlich gemachten Mikroorganismen müssen nicht abgetrennt werden.

Beim aseptischen Abfüllen wird ein Produkt nicht in der Verpackung erhitzt, wie die Konservendosen im Autoklaven, sondern außerhalb der Verpackung in kontinuierlich arbeitenden Wärmetauschern in kurzer Zeit bei hohen Temperaturen (UHT-Technik) haltbar gemacht. Die Aseptik verlangt eine rekontaminationsfreie Abfüllung des haltbar gemachten Produkts in die Verpackung, welche selbst zuvor in einem separaten Prozeß sterilisiert wird (Bild 9.47).

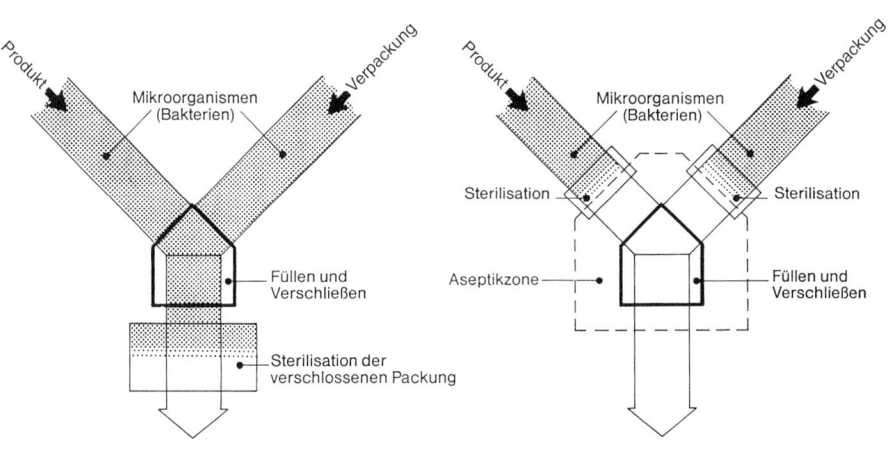

Bild 9.47 Verfahrensvergleich für Abpacken mit konventioneller Sterilisation der Packung und aseptischem Abpacken

Bei den heute aseptisch abgefüllten Produkten handelt es sich im wesentlichen um flüssige und niedrigviskose Lebensmittel. Fast 90 % der in Deutschland aseptisch abgefüllten Produkte sind Milchprodukte und Fruchtsäfte. In geringem, aber stark zunehmendem Maße kommen Produkte mit stückigen Anteilen (Suppen, Soßen) hinzu.

Bei der aseptischen Verpackung werden also *Füllgut und Packmittel bzw. Packstoff getrennt voneinander sterilisier*t. Ziel des Verfahrens ist meist das Erreichen einer kommerziellen Sterilität, wie sie bei klassischen Sterilkonserven üblich ist. Hierzu müssen Packstoffe bzw. Packmittel und Verschlüsse, Füllgut sowie die in den Sterilbereich der Maschine eingebrachten Gase und Hilfsmedien getrennt entkeimt werden, desgleichen die Anlagen für die Vorsterilisierung des Füllguts (UHT-Anlage, UHT = Ultra Hoch-Temperaturerhitzung), Füller, Leitungen für Füllgut, Gase und Hilfsmedien sowie der Arbeitsraum in der Maschine.

Da getrennt sterilisiert wird, sind im Gegensatz zur Nachsterilisation im Autoklaven auch weniger wärme- und druckbeständige Packmittel verwendbar, d. h. die Packungen können preiswerter, leichter und praktischer sein. Die aseptische Abpackung ist als automatisierter Fließprozeß auch energetisch günstiger und ökonomischer als die konventionellen Verfahren. Die Aseptik bietet eine optimale Produktqualität durch geringere Belastung der Lebensmittel (Vitamine).

9.7.2 Aseptische Verpackungssysteme

Systeme für die aseptische Abfüllung (Tabelle 9.4) gibt es vom Volumenbereich unter 10 ml (Kaffeesahnebecher) bis hin zu Beuteln in Kisten und Fässern bzw. Bag-in-Box-Systemen mit 1000 l Inhalt und stationären oder mobilen Lagertanks. Die Höchstausbringung leistet gegenwärtig eine Thermoform-, Füll- und Schließmaschine für Sahneportionsbecher mit einem Ausstoß von 130 000 Packungen/h.

Es gibt Systeme, bei denen jede Einflußgröße automatisch kontrolliert und die wichtigsten Prozeßdaten mit speicherprogrammierbaren Steuerungen (SPS) registriert werden können, die den Reinigungsvorgang der Füllorgane (CIP = Clean In Place), die Vorsterilisierung und die Produktion überwachen. Darüber hinaus gibt es auch Verfahren, welche die Qualität der aseptisch gefüllten Packungen, vor allem ihre Dichtheit, automatisch kontrollieren können.

Von den aseptisch arbeitenden Verpackungssystemen, gemäß Tabelle 9.4 sind die für Kartonverbundpackungen und Becherpackungen mengenmäßig und ökonomisch-ökologisch sowie technisch am bedeutendsten. Sie sollen daher exemplarisch in den folgenden Abschnitten 9.7.3 und 9.7.4 kurz beschrieben werden.

9.7.3 Aseptische Verpackungssysteme für Kartonverbundpackungen

Besondere Vorteile der *Kartonverbundpackung* gegenüber den anderen Packungsarten sind deren niedrigere Systemkosten vom Hersteller bis ins Verkaufsregal durch geringere Kosten für Energie, Transport, Lager, Herstellung und Packmittel, Distributionsvorteile für den Handel, insbesondere wegen Transport und Lagerung bei Umgebungstemperatur, während andere „Frische"-Produkte (Tief-)Kühlketten erfordern. Vorteilhaft sind außerdem die Convenience-Eigenschaften der Packung für den Verbraucher (gebrauchsfreundlich).

Verbundbeutelverpackungen aus Karton, Polyethylen und evtl. Aluminiumfolie werden nach ihrem Hauptbestandteil häufig Kartonpackung oder Kartonverbundpackung genannt.

Tabelle 9.4 Aseptisch arbeitende Verpackungssysteme (nach *Lüling*)

Packmittel	Verfahren	Entkeimungsverfahren	Abfüllprodukte
Beutel	FFS FS	H_2O_2-Tauchbad	Portionspackungen: Pharmazeutika, Kosmetika Großpackungen: Pulpen, Marmeladengrundstoffe
Bag-in-Box Bag-in-Drum	FFS FS	Beutel: γ-Bestrahlung Füllventil: Dampf, H_2O_2-Sprühverfahren	Milch, -mischgetränke Fruchtpulpen Marmeladengrundstoffe Säfte
Kartonverbundverpackungen	von der Rolle	H_2O_2-Tauchverfahren	Milch, -mischgetränke Säfte
		H_2O_2-Sprühverfahren	Saucen
	vom Zuschnitt	H_2O_2-Sprühverfahren/ UV-Bestrahlung	Suppen, Gemüsepüree (nur „vom Zuschnitt")
Becher	FFS	Ultraschallbad + UV-Bestrahlung	Milch, -mischgetränke Kaffeesahne Joghurt, Pudding, Desserts
	FS	H_2O_2-Sprühverfahren Dampf-Sterilisation	Suppen, Fertigmenüs (nur FS)
Flaschen	FFS	Extrusionswärme	Pharmazeutika (nur FFS) Ketchups, Saucen (FS u. FFS) Säfte (FS u. FFS)
	FS	H_2O_2-Spülverfahren Dampfsterilisation	Milch, -mischgetränke (nur FS) Trinkjoghurt (nur FS)
Eimer, Großgebinde	FS	H_2O_2-Spülverfahren H_2O_2-Sprühverfahren Dampfsterilisation	Fruchtpulpen Marmeladengrundstoffe

Aluminium ist für Gase, Dämpfe und Aromen undurchlässig, weshalb es auch in aseptischen Kartonpackungen als Barriereschicht Verwendung findet. Der Karton verleiht dem Verbund die mechanische Festigkeit, das PE schützt den Karton vor Erweichung, das Aluminium vor Oxidation durch Füllgüter- und fungiert zwischen Karton und Aluminium als Kleber (Bild 9.48). Zwecks Verbesserung der Müllverbrennung bzw. zur Verbund-Trennung ist die Aluminiumfolie auch schon durch eine Mehrschicht-Barrierefolie aus Kunststoff ersetzt worden. Dieser Dreischicht-Verbund (PE/Karton/Mehrschichtfolie) läßt mit einem halben Jahr nur eine halb so lange Mindesthaltbarkeit für Säfte zu, wie die aluminiumhaltige Kartonpackung, was jedoch meist ausreicht. Bisher wurden vor allem UHT-Milch, Milchprodukte, Säfte, Suppen und Soßen in Kartonpackungen aseptisch abgefüllt. Auch Weichfutter für Hunde wurde schon in aseptischen Kartonverbundpackungen angeboten.

Am Markt konkurrieren zwei verschiedene Grundverfahren zur Herstellung von Kartonverbundpackungen, nämlich das Verfahren „*von der Rolle*" mit dem „*vom vorgefertigten Zuschnitt*".

Beide Verfahren haben Vor- und Nachteile, die für den jeweiligen Einsatz gegeneinander abgewogen werden müssen. Beim System „vom Zuschnitt" erfolgt die Vorformung von der Kartonrolle zum einzelnen Packmittel in einem frühen Stadium, was für den Abfüller

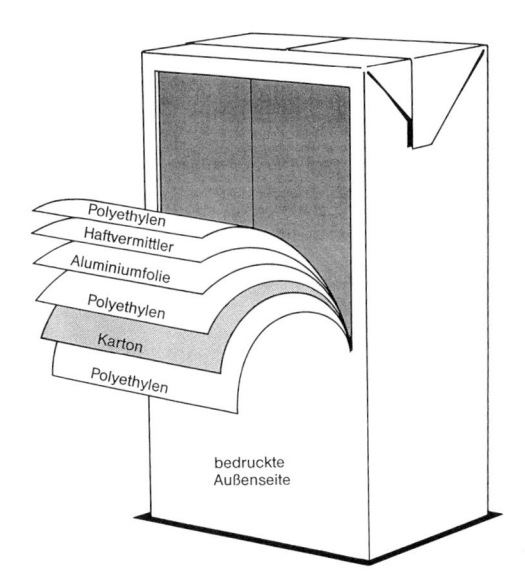

Bild 9.48 Verbundaufbau für Kartonverbundverpackungen (®Tetrapack)

Schichten: Polyethylen, Haftvermittler, Aluminiumfolie, Polyethylen, Karton, Polyethylen, bedruckte Außenseite

den Vorteil hat, daß der schwierige Verarbeitungsschritt des Umlegens, des Verbunds und die Siegelung der Längsnaht beim Systemlieferanten erfolgt. Die Packungen „vom Zuschnitt" sind besser geformt, weil der Faserverlauf im Karton frei gewählt werden kann und so exakte Längskanten entstehen. Auch steifere Kartonsorten können nach Vorbrechen der Kanten durch schwerere Rotationsmaschinen als auf Füllmaschinen verarbeitet werden. Da beim Verfahren „von der Rolle" die Quernaht durch das Füllgut hindurch gesiegelt wird, können hier völlig luftfreie Packungen hergestellt, aber nur bestimmte Flüssiggüter mit durchsiegelbaren stückigen Anteilen bis 10 mm Durchmesser abgefüllt werden. Im Verfahren, das vom vorgefertigten Zuschnitt ausgeht, können höherviskose Flüssigkeiten mit stückigen Anteilen bis zu 25 mm Größe abgefüllt werden. In der Packung „vom Zuschnitt" verbleibt immer etwas „Kopfraum" mit eingeschlossener Luft oder Begasung. Der Kopfraum ist einstellbar und bei Packungen mit Produkten, die vor Gebrauch aufgeschüttelt werden müssen, wie z. B. fruchtfaserhaltigen Getränken, evtl. erforderlich. Das Verfahren „von der Rolle" hat einen (bei der 1-Liter-Packung um 50%) höheren zeitlichen Ausstoß. Die „vom Zuschnitt" gefertigte Packung bietet höhere Standsicherheit.

9.7.3.1 Aseptisches Verpackungssystem für Kartonverbundpackungen von der Rolle

Die *Sterilisierung der Maschine* erfolgt in den produktführenden Maschinenteilen entweder durch 360 °C heiße Luft oder Besprühen mit 30- bis 40%iger H_2O_2-Lösung und anschließendes Abtrocknen mit keimfreier Heißluft. Die Funktion einer solchen Maschine zeigt Bild 9.49.

Die *Sterilisierung der Packmittelbahnen* erfolgt entweder im Auftragsverfahren durch 15- bis 30%ige H_2O_2-Lösung und anschließendes Abtrocknen mit heißer Steriluft oder im Tauchbadverfahren, wobei die Packmittelbahn ein auf 70 °C erwärmtes Bad mit 30- bis 40%iger H_2O_2-Lösung durchläuft und anschließend mit steriler Heißluft abgetrocknet wird. Dadurch werden selbst resistente Bakteriensporen im Sekundenbereich um fünf bis sechs Größenordnungen abgetötet, so daß das abgefüllte Produkt vom Packstoff nicht mehr kontaminiert werden kann.

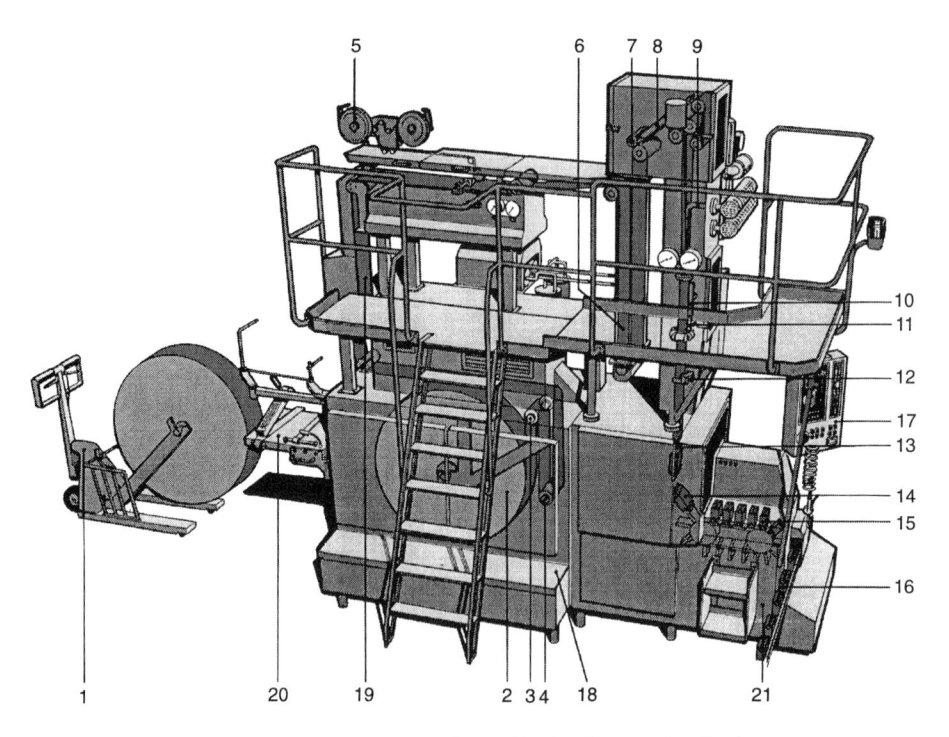

Bild 9.49 Funktion einer aseptisch arbeitenden FFS-Maschine für Kartonverbundpackungen
1: Wagen mit hydraulischer Hebevorrichtung zum Transport des Verpackungsmaterials, 2: Verpackungsmaterial, 3: motorbetriebene Rolle für gleichmäßigen Vorschub des Verpackungsmaterials, 4: Umlenkrolle, die durch ihre Bewegung die motorbetriebene Rolle startet und stoppt, 5: Streifenaufleger, der eine Kante des Verpackungsmaterials mit einem Kunststoffstreifen versieht. Dieser Streifen wird später bei der Längsnahtversiegelung mit der anderen Kante verschweißt und ergibt so eine dichte und feste Versiegelung, 6: Bad mit erhitztem Wasserstoffperoxid, 7: Abquetschrollen zum Entfernen des Wasserstoffperoxids vom Verpackungsmaterial, 8: Düse für heiße Sterilluft zum Trocknen des Verpackungsmaterials, 9: Produktfüllrohr, 10: Längsnaht-Versiegelung, 11: Element, das nach einem kurzen Produktionsstopp beim erneuten Starten der Maschine die Längsnahtversiegelung beendet, 12: Fotozellen, die das Dekor-Positioniersystem steuern, 13: Quernahtversiegeln durch zwei kontinuierlich arbeitende Versiegelungsbacken, 14: abgeschnittene Packungen fallen in den Schlußversiegler, 15: obere und untere Enden der Verpackung werden eingeklappt und versiegelt, 16: Ausgabe der fertigen Packung, 17: drehbare Kontrolltafel, 18: leicht zugänglicher Bereich der Anlage zum zentralen Schmier- und Hydrauliksystem sowie zur automatischen Waschanlage (Einfüllen von Waschmittel), 19: Datumsstempelanlage, 20: Vorrichtung zum Zusammenfügen der Rollen, 21: Bad, das bei einer Außenreinigung der Maschine automatisch mit Wasser oder Reinigungsmittel gefüllt wird

Formen, Füllen und Verschließen (Bild 9.50)

Die flächige Packstoffbahn wird (wegen der hohen Materialfestigkeit ohne Formschulter) über Formbügel und durch Formringe kontinuierlich zu einem Schlauch geformt, die Kanten der Bahn mit steriler Heißluft aufgeheizt und in einem Formring zusammengepreßt. Durch die stoffschlüssige Verbindung der Kanten entsteht ein abgeschlossener Schlauch. Mittels Fotozellen wird die Maßhaltigkeit des Dekors überwacht.

Über ein zentral angeordnetes Füllrohr, das tief in den Tubus hineinreicht, wird das Füllgut auf einem konstanten Pegel gehalten. Die Querversiegelung der Verpackungen erfolgt unterhalb des Flüssigkeitsspiegels durch Induktionswärme, die von einem Backenpaar zugeführt wird, das außerdem die Packungen formt und vom Schlauch abschneidet. Dadurch erhält man Packungen ohne eingeschlossene Luft. Soll die fertige Packung doch einen

Kopfraum aufweisen, so siegelt man entweder an einer höheren Stelle durch den Produktstrom oder injiziert steriles Gas in den Flüssigkeitsstrom.

Die Packungen fallen in den Endfaltabschnitt der Maschine, wo die Oberteil- und Bodenlaschen der Verpackung eingefaltet und nach Erwärmen mit Heißluft gegen die Verpackung gesiegelt werden.

Zusatzeinrichtungen lassen z. B. die Fertigung verschiedener Öffnungshilfen für solche Kartonverbundpackungen zu. Neben Schnitt- und Aufreißöffnungen werden Aufreißstreifen (Pull-Tab) angebracht, welche auf der Kartonoberseite eine Öffnung freigeben, die bei voller mechanischer Festigkeit des Quaders ein problemloses Ausgießen ermöglicht.

Die System-Vorteile aseptischer Kartonverbundverpackungssysteme „von der Rolle" sind geringer Platzbedarf für das Verpackungsmaterial, bei „Jumbo-Rollen" geringes Handling zur Packstoffversorgung, hoher Ausstoß. System-Nachteile: Qualitätskontrolle für Längsnahtsiegelung, Ein-Format-Maschine, höherer Ausschuß beim Anfahren und Produktwechsel, keine Abfüllung von Produkten mit Stücken auf Standardfüllern möglich.

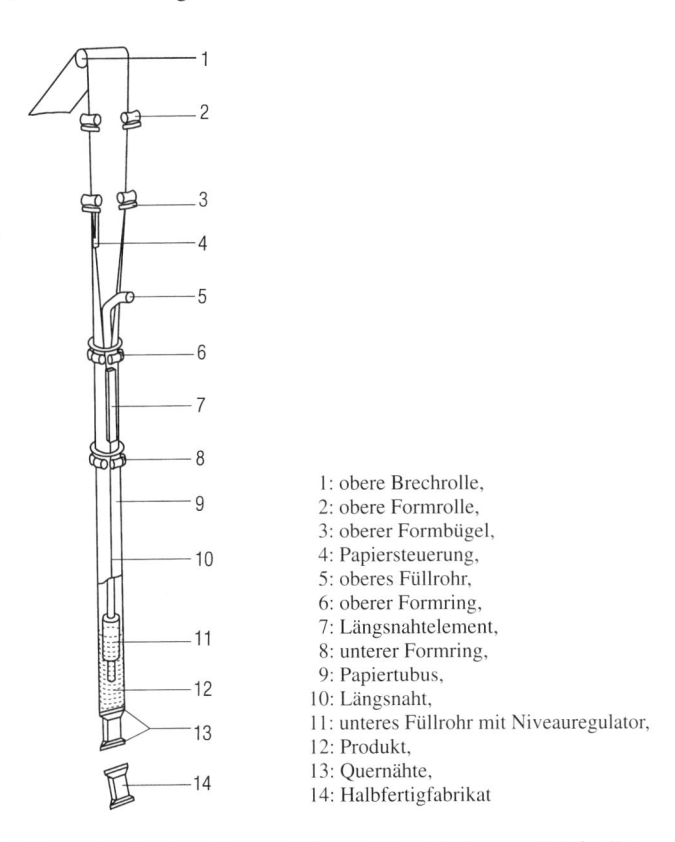

1: obere Brechrolle,
2: obere Formrolle,
3: oberer Formbügel,
4: Papiersteuerung,
5: oberes Füllrohr,
6: oberer Formring,
7: Längsnahtelement,
8: unterer Formring,
9: Papiertubus,
10: Längsnaht,
11: unteres Füllrohr mit Niveauregulator,
12: Produkt,
13: Quernähte,
14: Halbfertigfabrikat

Bild 9.50 Schema der Vorgänge: Formen, Füllen und Verschließen zum Halbfabrikat

9.7.3.2 Aseptisches Verpackungssystem für Kartonverbundpackungen vom vorgefertigten Zuschnitt

In diesem Fertigungssystem ist die Packmittelherstellung vom Füll- und Verschließvorgang getrennt (Bild 9.51). *Die Sterilisierung von Maschine und Packmittel* geschieht durch

H_2O_2-Nebel und -Dampf, der an den kühlen Packmittelinnenseiten kondensiert. Mittels Einleiten von Heißluft erfolgt durch die Zersetzung des H_2O_2 die eigentliche Sterilisation der Packung. Ein bis auf 0,1 ppm H_2O_2 rückstandsfreies Austrocknen der Packung ist durch die Meß-, Steuer- und Regeleinheiten gewährleistet.

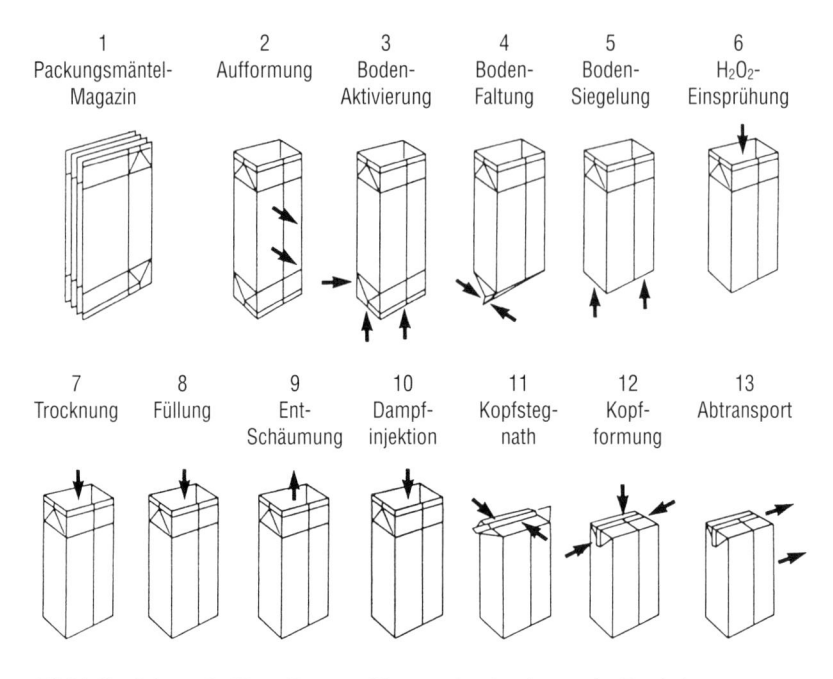

1	2	3	4	5	6
Packungsmäntel-Magazin	Aufformung	Boden-Aktivierung	Boden-Faltung	Boden-Siegelung	H_2O_2-Einsprühung

7	8	9	10	11	12	13
Trocknung	Füllung	Ent-Schäumung	Dampf-injektion	Kopfsteg-naht	Kopf-formung	Abtransport

Bild 9.51 Schema der Herstellung von Kartonverbundpackungen im Zuschnittsystem

Füllen und Entschäumen erfolgt in einer der Viskosität und Stückigkeit des Produkts angepaßten Weise.

Zur *Versiegelung des Giebels und dessen Codierung* ist es bei empfindlichen Füllgütern erforderlich, den Kopfraum mit Dampf oder einem inerten Schutzgas (Stickstoff, Kohlendioxid) zu füllen, was unmittelbar vor der Giebelversiegelung als letzter Arbeitsschritt innerhalb der Aseptikzone geschieht. Hierzu wird der Giebel zwischen Ultraschallsonotrode und Amboß versiegelt. Die Sonotrode schwingt mit 20 000 Hz und erwärmt nur den Nahtbereich so stark, daß die Polyethylenschicht plastisch wird und innerhalb einer Zehntelsekunde verschweißt.

Kleine Informationen wie das Mindesthaltbarkeitsdatum werden in die Kopfstegnaht wischfest eingebrannt, aufgedruckt oder im Ink-Jet-Verfahren aufgebracht. Auch Lasercodierung ist möglich. Für kleinere Abfüller ist dieses FS-System mit Zuschnitten einfacher beherrschbar.

9.7.4 Aseptische Verpackungssysteme für Becher und schalenartige Behälter

Diese werden vorgefertigt eingesetzt oder auf der Abpackmaschine in Linie warmgeformt, gefüllt und verschlossen. Kunststoffbecher haben den größten Anteil an der Verpackung pastöser Füllgüter wie Joghurt, Sahne, Fertigdesserts und ähnlicher Produkte. Solche kurz-

bis mittelfristig haltbaren Milchprodukte werden überwiegend in Bechern aus Polypropylen (PP) und Polystyrol (PS) abgepackt.

Coextrudierte Packstoffe mit günstiger Barrierewirkung gegen Aromastoffe, Gase, Dämpfe und Lichteinwirkung sind für zweckmäßige Anwendung aseptischer Abfüllverfahren der Füllgüter mit längerer Haltbarkeit, die auch in Becher aus Mehrschichtfolien abfüllbar sind, erforderlich. Solche Verbundfolien bestehen aus PS und/oder PE niedriger Dichte (PE-LD) sowie Polyvinylidenchlorid (PVDC) oder Polyvinylalkohol (PVAL bzw. PVOH) als Sperrschicht gegen Sauerstoff. Die Kunststoffschichten werden durch Haftvermittler verbunden.

Es werden auch Becher mit sehr gleichmäßigen Wanddicken bis in die Ecken aus mehreren PE-Schichten hergestellt, um UHT-Milch in solche 1-Liter-Becher abzufüllen. Pudding, Fruchtzubereitung, Sahne u.a. können in Vor-, Haupt- und Nachfüllstationen als mehrschichtige Desserts in die Becher abgefüllt werden.

Im Vergleich mit FS-(Füll-Schließ)-Konzepten zeigt sich, daß durch die hohe Temperatur beim FFS-Thermoformen eine zusätzliche keimabtötende Wirkung erzielt wird und dadurch bei gleichem chemischen oder thermischen Entkeimungsverfahren eine höhere Keimreduktion gewährleistet ist.

9.7.4.1 Aseptische Füll- und Verschließmaschinen für heißdampfsterilisierte Polypropylen-Becher

Das Sterilisieren der Becher erfolgt hierbei mit einem Dampf-Luft-Gemisch. Danach werden die Becher im zweiten Teil des Bechersterilisators durch zwei oder drei Düsenreihen mit trockener, steriler Heißluft ausgeblasen. Bei 3,5 bar Druck und einer Haltezeit von 4 s lassen sich Keimreduktionen von sieben Zehnerpotenzen erzielen. Der Wirkungsgrad ist damit höher als der von H_2O_2-Entkeimungssystemen.

Die Sterilisation des Deckels erfolgt mit einem Infrarot-(IR)-Dunkelstrahler. Die Aluminiumplatinen werden mit Vakuumsaugern entstapelt, am IR-Dunkelstrahler vorbeigeführt und bis an den Schmelzbereich der Siegellacke über 150 °C aufgeheizt. Je nach Maschinengeschwindigkeit beträgt die Bestrahlungszeit bis zu 3 s. Diese Zeit ist zur Entkeimung ausreichend, weil die Aluminiumfolie bis hinter der Siegelstation auf hoher Temperatur gehalten wird.

Nach der Heiß-Siegelstation werden die gefüllten und versiegelten Becher aus dem Steriltunnel ausgehoben und Transportbändern übergeben.

9.7.4.2 Aseptische Füll- und Verschließmaschinen mit Sterilisierung der Becher durch Wasserstoffperoxid (H_2O_2)

Diese Maschinen arbeiten in traditioneller Form, wobei H_2O_2 als feines Kondensat aufgesprüht und anschließend getrocknet wird (Bild 9.52). Die Sterilisierung von Bechern mit einer H_2O_2-Lösung erlaubt im Vergleich zur Heißdampfsterilisierung auch den Einsatz der weniger wärmeformbeständigen Kunststoffe PE und PS.

In die Becher wird ein H_2O_2-Heißluft-Gemisch gesprüht bzw. geblasen, das auf der Packstoffoberfläche kleinste Tröpfchen bildet, anschließend wird mit Heißluft abgetrocknet. Dieses Verfahren ermöglicht eine gleichmäßigere Packstoffbeaufschlagung als es über Sprühdüsen möglich ist. Besonders wirksame feinste H_2O_2-Nebel können durch Ultraschall-Sprudelzerstäubung erzeugt und anodisch aufgebracht werden.

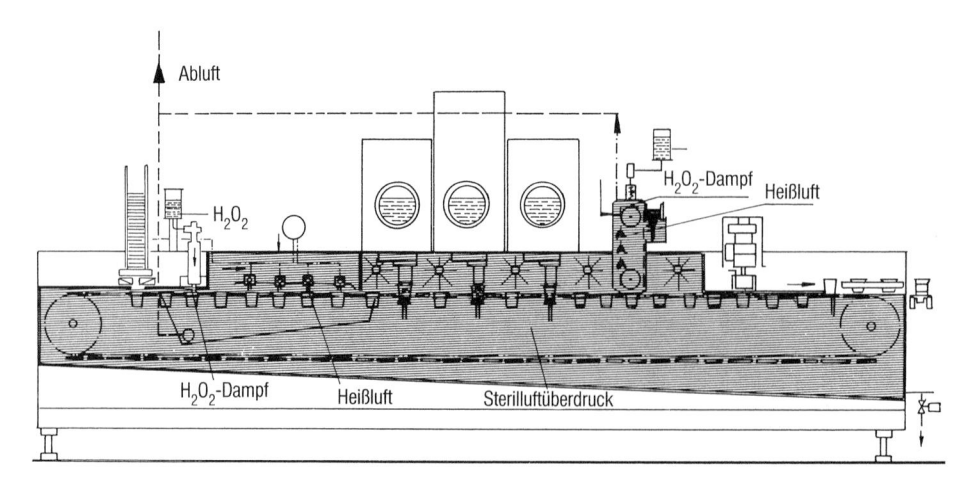

Bild 9.52 Konstruktionsprinzip einer aseptisch arbeitenden Becher-FFS-Maschine mit H_2O_2-Sterilisierung (Bauart Gasti)

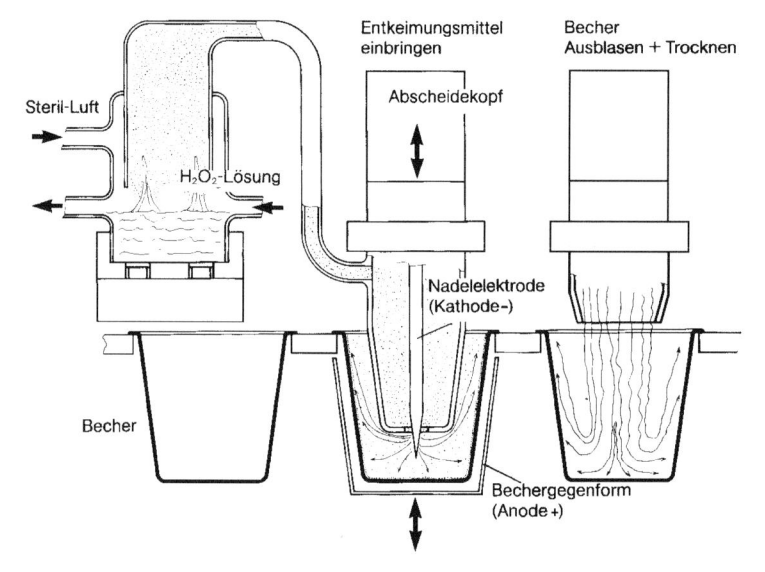

Bild 9.53 Ultraschallsprudel-Zerstäubung des Entkeimungsmittels (Leifeld & Lemke)

Arbeitsweise des Ultraschall-Sprudelzerstäubungsverfahrens (Bild 9.53): In einem Behälter, in dem Entkeimungsmittel (H_2O_2-Lösung) enthalten ist, wird durch Ultraschall-Sprudelzerstäubung ein Feinstnebel erzeugt. Die Schwingfrequenz ist dabei so groß, daß eine mittlere Tröpfchengröße von ca. 3 µm erreicht wird. Durch Rohre wird der Feinstnebel in einen in den Becher taktweise eintauchenden Abscheidekopf geleitet. In dem Abscheidekopf ist zentral eine Nadelelektrode angeordnet. Zwischen dieser Elektrode (Kathode) und der Bechergegenform (Anode) wird eine elektrische Spannung angelegt, welche die Geschwindigkeit und Richtung der Entladung bestimmt. Die zwischen der Kathode und der Anode befindlichen Nebeltröpfchen werden dabei durch die Elektronen negativ aufgeladen, in Richtung der Anode beschleunigt und damit gezielt auf die Becherwand geschleudert, die dadurch gleichmäßig und dünnschichtig mit Entkeimungsmittel belegt wird. Im Becher vorhandene Mikroben kommen auf diese Weise mit Sicherheit mit dem Entkeimungsmittel in Berührung; in einer nachfolgenden Station wird der Becher mit warmer Sterilluft ausgeblasen und getrocknet. Die Deckel können durch Infrarot-Bestrahlung oder durch das ultraschallfeinstvernebelte und aufgeladene Entkeimungsmittel sterilisiert werden. Untersuchungen und Praxiserfahrungen bestätigen diesem Verfahren eine hochgradige Wirksamkeit bei sehr geringem Verbrauch an Entkeimungsmittel und Energie.

9.7.4.3 Aseptische Thermoform-, Füll- und Verschließmaschinen mit Sterilisation der Becherfolie durch H_2O_2

Hier wird die Folie von der Rolle abgezogen und in einem Wasserstoffperoxidbad sterilisiert, das den Syphonverschluß für den anschließenden Sterilraum darstellt, der die Funktionen Erwärmen der Becherfolie, Thermoformen und Füllen der Becher, Auflegen der ebenso sterilisierten Deckelfolie und Vorversiegeln der Ränder umfaßt. Die so infektionsgeschützten Becher mit Deckelfolie können über Schleusen aus dem unter Überdruck stehenden Sterilraum gezogen und dort fertiggesiegelt und gestanzt werden (Bild 9.54).

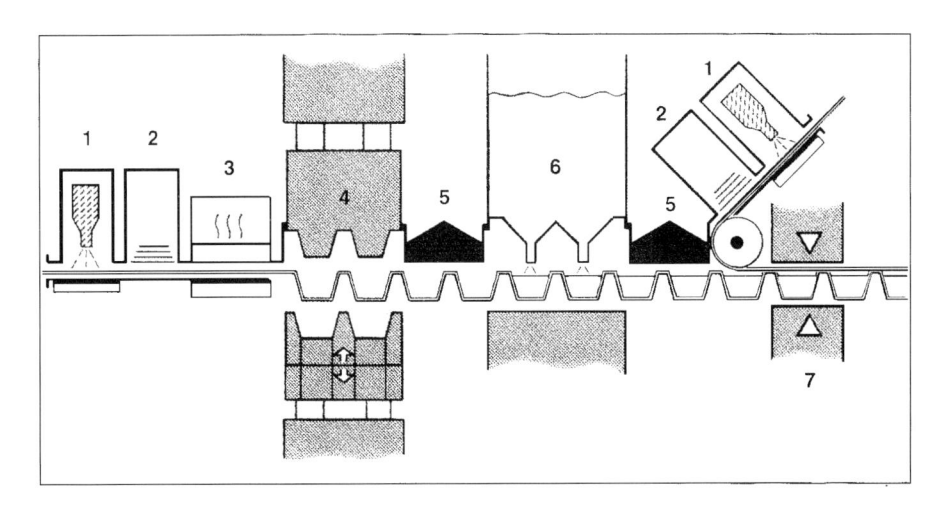

Bild 9.54 Aseptisches Thermo-FFS-H_2O_2-System für Kunststoff-Becherpackungen (Erca)
1: H_2O_2-Einsprühung, 2: Trockenstrecke, 3: Heizstrecke, 4: Werkzeug, 5: Steriltunnel, 6: Aseptik-Doseur, 7: Siegelwerkzeug

Zusätzliche Möglichkeiten solcher FFS-Maschinen sind:
- Verstellbarkeit der Fülldüsen für Ein- und Mehrfach-Becher auf ein und derselben Maschine.
- Füllsysteme, in CIP- und SIP-Ausführung, Volumen per Bahn einzeln regulierbar und in Kombination mit Gewichtskontrolle (Check Weigher) möglich, Füllmaschine programmierbar, Siegeldeckel vorgefertigt von der Rolle, wodurch sämtliche Deckelmaterialien verarbeitbar sind. Siegelstation, einstellbar in Zeit, Temperatur und Druck.
- Flüssig-N_2-Begasung zur Erreichung eines Restsauerstoffwerts von 1% im Kopfraum ohne jeglichen Leistungsverlust, wodurch sich verlängerte Haltbarkeit der Qualität ergibt.
- Wiederverschließdeckelstation für stapelbare Deckel mit automatischem Magazinbeschicker, alternativ für nicht stapelbare Deckel, ausrüstbar mit Spinner.

9.7.4.4 Aseptische Thermoform-, Füll- und Verschließmaschinen mit Sterilisation der Becherfolie durch Heißdampf

In diesem Verfahren werden Becher aus Mehrschichtfolie (PS|PVDC|PS oder PS|PVAL|PS) „tiefgezogen" und mit Sattdampf sterilisiert. Die Dampftemperatur beträgt zwischen 135 und 165 °C. Der Druck variiert zwischen 3 und 6 bar. Die Einwirkzeit zur Entkeimung beträgt 1,4 bis 1,8 s. Bakteriologische Untersuchungen (im ILV) haben für diese Verfahren eine Keimreduktion um sechs Zehnerpotenzen nachgewiesen.

Zum Entkeimen des Bodenmaterials setzt man unterschiedliche Dampfentkeimungssysteme ein, die den Anforderungen an Packstoff, Produkt und Ausbringung angepaßt sind. Der Becherstrang durchläuft anschließend einen Steriltunnel mit einer transparenten Abdeckung. In diesem sterilen Raum wird mit einem SIP-gerechten (Steril-in-Place) Füller das Produkt in alle Becher gleichzeitig dosiert und mit der ebenfalls dampfentkeimten Deckelfolie dicht versiegelt. Nach Verlassen des Steriltunnels werden die Becher aus dem Strang gestanzt und der Endverpackung zugeführt. Alle übrigen Schritte sind denen der mit H_2O_2 sterilisierenden FFS-Maschinen ähnlich.

Das Sonderverfahren „Neutral Aseptic System" wurde im Abschnitt 9.4.3.3 (Bild 9.22) beschrieben.

9.8 Sammelpackmaschinen

Maschinen zum Herstellen und Auflösen von Sammelpackungen und Ladeeinheiten gehören ebenfalls zu den Verpackungsmaschinen, welche Kunststoffe verarbeiten. Die Arbeitsprinzipien dieser Maschinen entsprechen vielfach denen der bereits beschriebenen. Im folgenden werden daher nur diejenigen Anlagen erwähnt, die darüber hinaus für das Herstellen (und/oder Auflösen) von Sammelpackungen und Ladeeinheiten gebräuchlich sind (Bild 9.55).

Maschinen zum Herstellen von Ladeeinheiten sind Verpackungsmaschinen, die Packgüter, Packungen oder Packstücke zu einer Ladeeinheit zusammenfassen.

Sammelpackmaschinen sollen mehrere Stückgüter zu einer Packungseinheit zusammenfassen, wie einzelne Zigarettenpackungen zu sogenannten „Stangen" oder Einzelpackungen für Zellstoff-Taschentücher zu 10er Packungen usw. Solche Sammelpackungen werden mit Folien hergestellt, insbesondere aus PE und PP, welche in Form von Flach- oder Halbschlauchfolien verwendet werden. Geeignete Maschinentypen für die Herstellung von Sammelpackungen sind *Winkelschweißgeräte, Banderoliermaschinen* und *Schlauchbeutelmaschinen*.

Winkelschweißgeräte arbeiten grundsätzlich mit Halbschlauchfolien, wodurch eine kompakte Bauweise der betreffenden Verpackungsmaschinen möglich ist, da bei Verwendung von Halbschlauchfolien die Folienbreite auf der Maschine halbiert ist. Für die Verwendung der Winkelschweißgeräte wird der Halbschlauch gespreizt, das Packgut eingeschoben und die Schweißung durch einen Schweißwinkel ausgeführt, wobei zwei Seiten gleichzeitig geschweißt werden, was eine Volleinschlagverpackung ergibt. Die Ausführung solcher Maschinen reicht von Handapparaten bis zu Vollautomaten. Der entstehende Randstreifen wird bei den automatischen Maschinen aufgerollt oder abgesaugt. Solche Maschinen sind leicht auf verschiedene Packgutgrößen umzustellen. Nach der Verschweißung werden die Folien im Schrumpftunnel auf das Packgut aufgeschrumpft. An eine hierfür geeignete *Allzweck-PE-Folie* werden folgende Anforderungen gestellt: hohe Transparenz, biaxiales

Schrumpfvermögen (40 bis 50%), gute Schweißbarkeit, sofortige hohe Festigkeit, angemessene Gleitfähigkeit, wozu der Reibwertfaktor etwa = 0,3 betragen sollte, um genügende Gleitfähigkeit in der Maschine, andererseits ausreichende Rutschfestigkeit im Packgutstapel zu gewährleisten.

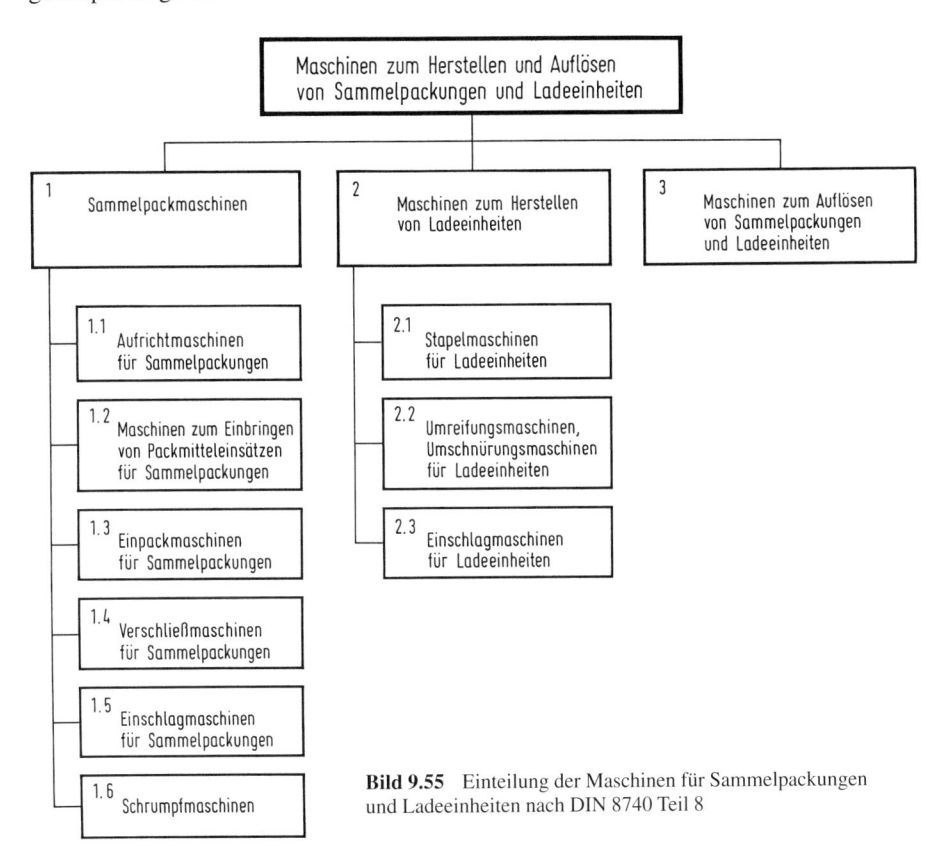

Bild 9.55 Einteilung der Maschinen für Sammelpackungen und Ladeeinheiten nach DIN 8740 Teil 8

Banderoliermaschinen arbeiten mit Flachfolien, wovon eine Rolle unterhalb und oberhalb des Packguts positioniert ist. Die Folienenden werden mit Schweißbalken verschweißt, wodurch ein Folienvorhang entsteht, gegen den das Packgut eingeschoben wird. Hinter dem Packgut werden die darübergezogenen Folien wieder abgeschweißt, so daß ein neuer Folienvorhang für das nächste Packstück entstanden ist, während das Packgut selbst von einer Banderole umreift ist, welche an beiden Seiten übersteht. Im Schrumpftunnel werden die Überstände über die Stirnseiten geschrumpft, wodurch dort jeweils ein rundes oder ovales Loch entsteht.

Schlauchbeutelmaschinen als Sammelpackmaschinen sind nach ihrem Bauprinzip vertikale Form-, Füll- und Verschließmaschinen, wie sie in Abschnitt 9.6.3 beschrieben sind, die grundsätzlich mit Formschulter sowie geeigneten Zufuhrelementen zur Dosierung, Zusammenfassung und Positionierung der Einzelpackungen zur Sammelverpackung ausgerüstet sind. Der hierzu verwendete Folienschlauch ist an seiner Unterseite überlappt. Damit während des Schrumpfvorgangs ein Auseinanderziehen dieser Überlappung verhindert wird, kann diese zwecks elektrostatischer Vorverklebung etwa 25 000 V Gleichspannung ausgesetzt werden. Solche horizontalen Sammelpackschlauchbeutel-Maschinen werden als *Einschubmaschinen* (Bild 9.56), *Einlaufmaschinen mit intermittierendem* Packgutdurchlauf (Bild 9.57) oder *Einlaufmaschinen mit kontinuierlichem* Packgutdurchlauf ausgeführt. Letztere unterscheiden sich von den Maschinen mit intermittierendem Packgutdurchlauf dadurch, daß der Transport des Packguts ohne Stop durchläuft, was durch ein mitlaufendes Querschweißaggregat erfolgt.

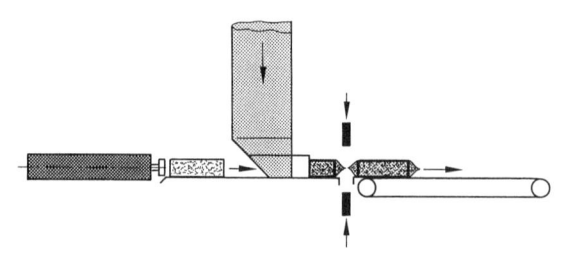

Bild 9.56 Einschubprinzip für Sammelpack-Schlauchbeutelmaschinen

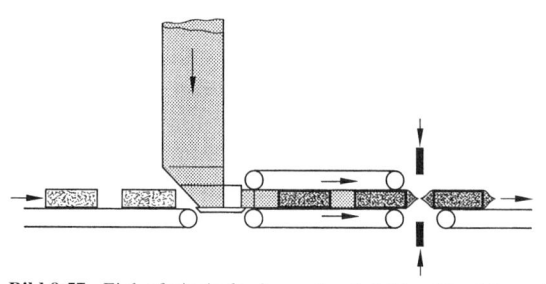

Bild 9.57 Einlaufprinzip für Sammelpack-Schlauchbeutelmaschinen

Die Bildung der Packgutreihe kann erfolgen durch:
- *In-line-Fotozellensteuerung* von einem Zulauf auf das Einlaufband der Maschine,
- *versetzte In-line-Zuführung*, wobei von einem parallel zum Einlaufband liegenden Zulaufband die Teile durch einen Schieber quer übergeschoben werden,
- *Magazinbeschickung*,
- Zulauf mittels *Fingerkette*.

Die Verpackungsgeschwindigkeiten solcher Schlauchbeutelmaschinen sind bei Einschubmaschinen: 15 bis 30 Packungen/min (je nach Packungsgröße), bei Einlaufmaschinen intermittierend: bis zu 50 Packungen/min, bei Einlaufmaschinen kontinuierlich: bis zu 70 Packungen/min.

Die Gruppier- und Sammelvorrichtungen zur Gestaltung der Sammelpackungen können sehr unterschiedlich sein. Für Spezialpackungen werden jeweils individuell konstruierte Maschinen angefertigt, die wesentlich höhere als die genannten Ausbringungsgeschwindigkeiten aufweisen.

9.9 Maschinen für Lade- und Versandeinheiten

Einzelne Packstücke oder Packgüter werden zur Verladung meist auf Paletten zu Ladeeinheiten so zusammengefaßt, daß sie unter den Lager- und Transportbedingungen zusammengehalten, gelagert, transportiert und nicht beschädigt werden können. Diese Versandeinheiten sollen

– Produktschutz gegen Verrutschen bei Distribution und Transport,
– Zusammenfassung von Einzelgebinden und Gütern,
– Schutz gegenüber Klima und Umwelteinflüssen,
– Schutz vor Diebstahl sowie
– Kennzeichnungs- und Werbungsfunktionen (Reklame)

gewährleisten.

Die wichtigsten *Verfahren der Ladungssicherung* von solchen Einheiten sind das *Umreifen*, *Umschrumpfen* und *Umstretchen* sowie die Verwendung von Antislip-Dispersionen. Ziel der Schrumpfverfahren ist gemäß VDI-Blatt 3588: Sichern von Ladeeinheiten gegen Verschieben beim Transport, Zusammenfassung von Einzelgebinden und Teilen beliebiger Form und Abmessungen zu Ladeeinheiten, Schutz gegen Umwelteinflüsse. Diese Ziele und Zwecke gelten auch für das Stretch- oder Streckverfahren.

9.9.1 Schrumpfverfahren und -anlagen für Ladeeinheiten

Schrumpfgeräte ermöglichen das gezielte Erhitzen der Folienoberfläche. Hierzu wird z. B. ein Heißluftstrom erzeugt, der durch eine Düse austritt und in einem schmalen Bereich über die gesamte Höhe der Palette senkrecht auf die Oberfläche der Schrumpffolien auftrifft. Die einfachste Form von Schrumpfgeräten sind Handgeräte, mit denen Packungen manuell geschrumpft werden.

Schrumpföfen sind von den einfachsten Kammeröfen über Durchlauf-Takt-Öfen mit Plattenbandförderern bis zu automatisch arbeitenden Schrumpfverpackungsstraßen entwickelt worden.

Weitere Schrumpfanlagen für die Herstellung großvolumiger Ladeeinheiten sind:

Kammerschrumpftunnel, die im geschlossenen System auch bei wechselnden Stapelhöhen den Schrumpfprozeß ausführen. Ihre Leistung liegt je nach Ausführung zwischen 10 und 100 Schrumpfungen/h.

Eine *Schrumpfglocke* ist im Prinzip ein Kammerschrumpftunnel, der von oben über die Ladeeinheit abgesenkt wird. Alternativ wird die Ladeeinheit von unten in den glockenförmigen Tunnel gehoben.

Ein *Durchlaufschrumpftunnel* ist ein langgestreckter Kammerschrumpftunnel, in welchem die Ladeeinheit beim kontinuierlichen Durchlauf geschrumpft wird. Je nach Auslegung können darin über 120 Schrumpfungen/h kontinuierlich durchgeführt werden.

Schrumpfrahmen schrumpfen mit Warmluft und/oder Wärmestrahlung, wobei mit Strom oder Gas beheizt wird.

Feststehende oder stationäre Schrumpfsäulen schrumpfen kreisende Paletteneinheiten mittels Warmluft, die aus übereinanderliegenden Düsen auf das Schrumpfgut geblasen wird. Möglich sind ca. 20 Schrumpfungen/h, Beheizung durch Gas. Die Ladeeinheit rotiert auf einem Drehteller an der Warmluftquelle vorbei.

Bewegliche Schrumpfsäulen (Bild 9.58) führen die Heizzone um die Palette herum, so daß diese vollständig eingeschrumpft wird. An die Stelle der Heißluft tritt oft die direkte Heizung durch entsprechend angeordnete Gasflammen. Um eine Gefährdung der Sicherheit durch offene Gasflammen zu vermeiden, wurden auch Schrumpfgeräte mit elektrischer Beheizung konstruiert. Die von mehreren, über dem Rahmenumfang angebrachten Heizregistern erzeugten Temperaturen können in einem weiten Bereich geregelt werden.

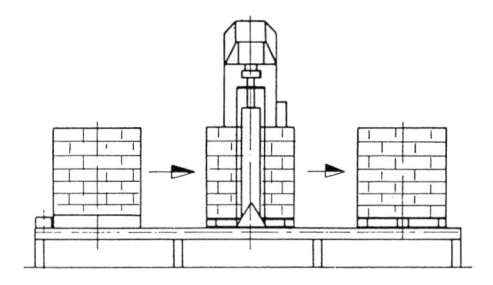

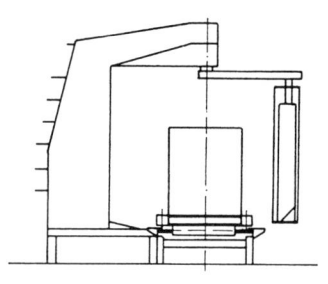

Bild 9.58 Rotierende Schrumpfsäule bei feststehender Ladeeinheit

Rechteckige Schrumpfrahmen mit Heißluftzuführung, die größer als die Grundfläche der Palette sind, werden an Halterungen von oben nach unten geführt. Die Hitze trifft in diesem Falle tangential auf die Schrumpffolie auf.

Doppelschrumpfleisten bestehen aus zwei gegenüberliegenden Schrumpfsäulen, welche jeweils nur um 180° die folienummantelte stehende Ladeeinheit umfahren. Konturlaufende Doppelschrumpfsäulen werden für langgestreckte Ladeeinheiten verwendet. Die gasbetriebenen Schrumpfsäulen schrumpfen ca. 60 Ladeeinheiten/h.

Eine *Schrumpfhaube* wird wie ein Karton mit scharfkantigen Ecken geöffnet. Durch vollflächiges Ansaugen der Längsseiten erzielt man berührungsloses Überziehen. Neben Folienersparnis (Umfangverkleinerung) ist dies eine Problemlösung insbesondere für labiles scharfkantiges Packgut.

Automatische Verpackungslinien mit Haubenüberziehmaschine und Schrumpfofen arbeiten gemäß Bild 9.59.

Die Prinzipien der Folienschrumpfverpackungen wurden bereits in Abschnitt 6.2.2 erläutert.

Die Funktionen einer *Verpackungslinie* für palettenlose *Ladeeinheiten* sind aus Bild 6.12 ersichtlich.

Diese Variante ist das Konterhaubenschrumpfverfahren. Mit diesem Verfahren (Bild 6.12) lassen sich palettenlose transportgesicherte Ladeeinheiten bis zu 2200 kg herstellen; Leistung: 50 bis 60 Konterschrumpfpackungen pro Stunde.

Sammelpackungen, die in solchen Verfahren geschrumpft werden, müssen in ihren Einzelgebinden dicht und bündig aneinanderliegen, damit die Sammelpackung nicht unter den Transportbedingungen ihr Gesamtvolumen vergrößert, wodurch die ursprünglich straff gespannte Schrumpffolie wegen Ermüdung nur noch schlaffen Sitz haben würde.

Anti-Slip-Ausrüstung der Versandeinheiten, z. B. durch Auftragen einer Anti-Slip-Dispersion auf die Versandschachteln soll deren Verrutschen beim Transport verhindern. Weiterentwickelte Anti-Slip-Dispersionen lassen sich auf Versandschachteln aufsprühen. So verbunden brauchen diese nicht weiter gesichert zu werden, lassen sich andererseits mit geringem Kaftaufwand wieder trennen. Sind die zu umschrumpfenden Einzelgebinde auf der Palette bereits in Schrumpffolien verpackt, müssen *Trennschicht-Schrumpfhauben* verwendet werden, um das Zusammenschweißen der äußeren und inneren Verpackungsfolien zu vermeiden. Solche Trennschichtfolien sind mehrschichtig, wobei die innere Folienlage während des Schrumpfprozesses nicht mit der PE-Folie der Einzelgebinde verschweißt oder versiegelt wird, so daß beim Abnehmen der Trennschichthaube die darunterliegenden Einzelgebinde und deren Schrumpffolien unverletzt bleiben.

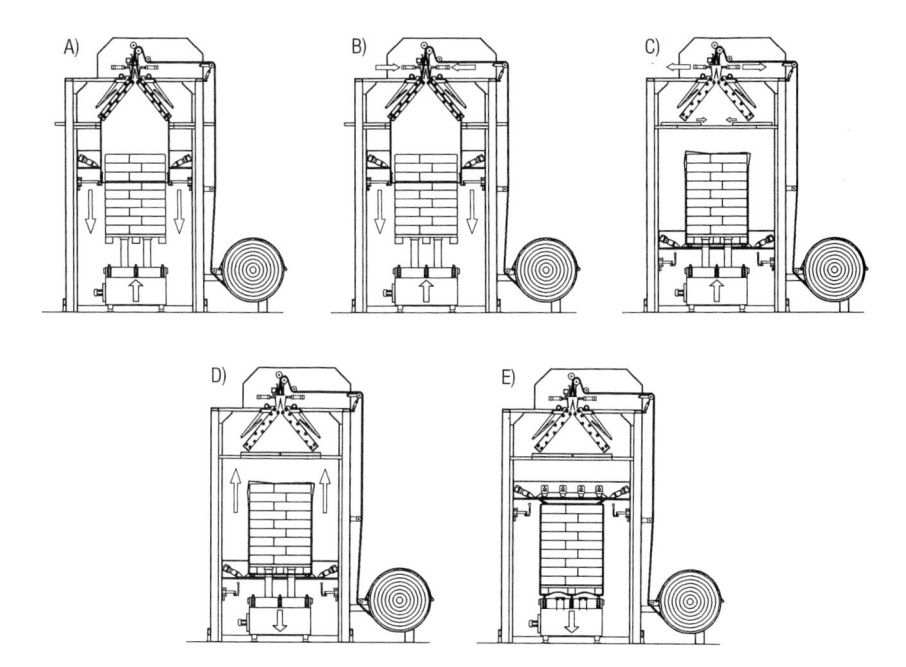

Bild 9.59 Arbeitsweise einer automatischen Schrumpfhaubenüberziehmaschine (Möllers)
A: Folienschlauch wird übergezogen; Palette ist angehoben, B: Schlauch wird zur Haube verschweißt und von der Schauchbahn abgetrennt, C: Wärmeschutzschild schließt, Schrumpfbeginn, D: Unterschrumpf und Auswärtsgang, E: Schrumpfen der Ladungsoberseite

Stoßmindernde Schrumpfverpackungen können durch Verwendung von geschäumter Polyethylenfolie als Schrumpffolie oder durch Verwendung einer Luftpolsterfolie hergestellt werden.

9.9.2 Stretch- oder Streckpackmaschinen und -anlagen

Die Verfahrensprinzipien wurden in Abschnitt 6.2.3 erläutert. *Maschinen für die Stretchfolien-Verpackung* arbeiten nach zwei Prinzipien:

– Direktverfahren,
– Verfahren mit Vorstreckung.

Im direkten Verfahren wird die Verstreckungskraft durch das Packgut erzeugt, welches auf einem Drehteller rotiert. Die Folienrolle wird beim Abwickeln gebremst, so daß sich eine Zugspannung zwischen Packgut und Folienrolle aufbaut. Die Verstreckung der Folie erfolgt zwischen der Rolle und dem Packgut. Die Größe der Zugspannung ist bei dieser Methode dadurch begrenzt, daß das Packgut durch die einwirkenden Kräfte nicht verschoben werden darf.

Das *Verfahren mit Vorstreckung* trennt den Streckvorgang von der Belastung des Packguts. Die von der Rolle abgewickelte Folie passiert ein angetriebenes Walzenpaar, wobei die Eingangsrolle langsamer rotiert als die Ausgangsrolle, so daß die Folie in Längsrichtung verstreckt wird. Das Maß der Verstreckung ist einstellbar und bleibt während des Verpackungsvorgangs konstant. Die Folie kann auf etwa 250 % gedehnt werden, wodurch gegenüber dem konventionellen Verfahren 20 bis 30 % Materialkosten eingespart werden. Das Verfahren ist auch leichter kontrollierbar, und die Verpackung wird gleichmäßiger als im direkten Verfahren. Verwendet werden vorzugsweise Polyolefin-Folien aus EVA, PE-LD, PE-LLD und PP. Diese werden bei Stretchverfahren um 100 bis 300 % gedehnt und im gedehnten Zustand um die Packeinheit bzw. die Palettensammelpackung gewickelt. Folienanfang und -ende werden fixiert.

Stretchsicherung palettierter Ladeeinheiten wird mit folgenden Stretchverfahren erreicht (s. auch Bild 6.15, Abschnitt 6.2.3):

– *Vorhangstretch* mittels einlagiger waagerechter Banderole,
– *Parallelwickelstretch* durch mehrere sich deckende, dünne, waagerechte Banderolenlagen,
– *Spiralwickelstretch* durch schraubenlinienförmig teilüberlappende dünne Banderolenlagen.

Stretchmaschineneignung und -anwendung

Vorhangstretchmaschinen eignen sich für hohe Durchsatzleistungen bei annähernd gleichen Stapelhöhen. Der Stapel auf der Palette wird während des Stretchvorgangs durch eine von oben aufgepreßte Platte stabilisiert. Die Leistung einer Vorhangstretchmaschine beträgt ca. 100 Ladeeinheiten/h.

Parallelwickelstretchanlagen eignen sich ebenfalls für ähnlich hohe Stapel. Die Anzahl der Stretchwickellagen richtet sich nach der Masse, bzw. dem Gewicht der zu sichernden Ladung. Meist werden drei bis fünf Folienlagen übereinander gestretcht mit Foliendicken von 25 bis 40 μm. Die Folienbreite sollte ca. 15 % mehr als die Stapelhöhe betragen, damit die Kanten ebenfalls umstretcht werden. Je nach Anzahl der Folienlagen werden bis zu 40 Stretchpackungen/h erreicht.

Spiralwickelstretchanlagen können für Stapel von mäßig verschiedenen Höhen, Längen und Breiten verwendet werden. Je nach Masse und Gestaltung der Stapel werden zwei bis drei Wickellagen übereinander gestretcht bei Foliendicken von 15 bis 40 μm und Breiten zwischen 30 und 60 cm. Die Stapel werden während des Umstretchvorgangs durch Druck auf die Stapeloberseite stabilisiert. Je nach Anzahl der Folienlagen und Stapelhöhen können bis zu 40 Ladeeinheiten pro Stunde umstretcht werden.

Bei *gegenläufig rotierenden Stretchsystemen* kommen zwei bewährte Stretchmethoden gleichzeitig zum Einsatz, der Palettendrehteller bewegt sich nämlich entgegengesetzt zum rotierenden Stretcharm. Die Geschwindigkeiten können stufenlos auf die Gegebenheiten des Packguts eingestellt werden.

Im *Haubenstretchverfahren* bildet die Stretchhaube eine an allen fünf Ladungsseiten lückenlos geschlossene, glattflächige Packguthülle, die durch biaxiale Reckung hohe Haltekraft ausübt, zuverlässig wasserdicht ist und zusätzlich als Werbeträger dienen kann. Ein *Folienhauben-Stretchautomat* zum Transportsichern von Palettenladungen ist auf das sogenannte *Konturstretchen* eingerichtet und kann dazu während des Überziehvorganges automatisch die Haubenreckweite vergrößern, um sie dem nach unten wachsenden Ladungsumfang – z. B. bei Kommissionspaletten – anzupassen. Dadurch werden Überdehnungen der Folie vermieden, und die Transportfestigkeit der Palettenladungen wird erhöht. Solch ein Automat kann darüber hinaus abwechselnd sowohl Stretchfolienhauben als auch die für höhere Transportbeanspruchungen oft bevorzugten Schrumpffolienhauben überziehen. Durch Verstellbarkeit der Reckeinrichtung läßt sich solch eine Maschine außerdem auf unterschiedliche Palettenformate umschalten.

Stretchen soll möglichst bündig erfolgen. Spiralwickelstretch sollte, an der Ladungsunterkante beginnend, ein- bis zweimal parallel gewickelt und dann spiralförmig zur Oberkante, die zweimal zu umwickeln ist, geführt werden. Danach folgt die spiralförmige Abwärtswicklung. Es ist darauf zu achten, daß die Stapelober- und -unterseiten jeweils umgriffen werden. Die Rückspannung der Stretchfolien darf nicht erschlaffen. Ihre Einreiß- und Weiterreißfestigkeit muß hoch sein, ihre Innenseite gut haftbar, ihre Außenseite glatt. In der Praxis können sich Schrumpf- und Stretchverpackungen gegenseitig ergänzen.

Automatische Kreis- und Stretchfoliensysteme sind relativ wenig aufwendig und haben niedrige Energieverbrauchswerte, aber keine glatte, displayklare Folienoberfläche. Sie basieren auf einem nach dem Satellitenprinzip um die ruhende Palette kreisenden Stretchaggregat, das die Folie in gedehntem Zustand um den Warenstapel legt. Ein biaxialer Spezialexpander erzeugt durch lineare Vorreckung der Folie eine höhere vertikale Spannkraft als bei herkömmlichen monoaxialen Systemen, was Folienmaterial spart, die Ladestabilität erhöht und selbst den Einsatz von dünnsten Folien bis 17 µm gewährleistet.

SPS (Speicher-Programmierte Steuerung) macht die Wahl der Stretchverfahren flexibel: Sie steuert unterschiedlichste Wickelprogramme wie Kopf- oder Fußwicklung oder Banderole und Kreuzbanderole mit variabler Wendelsteigung wahlweise von unten oder von oben. Solche Systeme besitzen einen automatischen Deckblattaufleger mit mechanischer Schneidevorrichtung, dessen Vorratsrolle sowohl ebenerdig, als auch von oben über den Trägerwagen gefahren werden kann.

Das *Spannhaubensystem* (Bild 9.60) eignet sich für höchste Sicherheitsanforderungen wie hohe Ladestabilität und Witterungsbeständigkeit. Hier gilt der Grundsatz: Je höher die an den Ladungsträger angebrachte Vertikalspannung, desto höher ist auch die Transportsicherheit. Das sensorgesteuerte Spannhaubensystem zieht einen um ca. 30 % dehnbaren PE-Seitenfaltenschlauch von der Folienwalze und konfektioniert eine der Höhe des Palettenguts exakt angepaßte Haube. Diese wird von pneumatisch gesteuerten Foliengreifern an einen Spannrahmen aufgetragen. Vier auf den Rahmenecken montierte Laufwerke drehen die Haube um 180°, raffen sie auf wie einen Strumpf und ziehen sie behutsam, aber kraftvoll über die Ladung. Dieses Verfahren erzeugt eine sehr hohe Spannkraft am gesamten Umfang des Folienschlauchs. Die Kraft wird gleichmäßig in vertikaler Richtung über die Folie übertragen, wodurch die Ladestabilität verbessert wird. Gleichzeitig bringt dieses Verfahren höhere Durchsätze, da das Konfektionieren und das Verschweißen der Haube im vorhinein und nicht erst beim Spannvorgang selbst stattfindet.

Damit die Ladung fest mit der Palette verbunden ist, wurde ein Kaschierverfahren entwickelt, das die Folie an den Palettenecken mehrmals umfaltet und direkt am Ladungsträger befestigt.

Schrumpfen, Stretchen oder Spannen

Jedes dieser Systeme hat seine Vor- und Nachteile, und die endgültige Entscheidung wird immer vom jeweiligen Einzelfall abhängen. Schrumpfsysteme haben viele Vorzüge, können aber aus Sicherheitsgründen nicht immer eingesetzt werden. Andere Möglichkeiten, die hohen Sicherheitsanforderungen Rechnung tragen und Innovationen aufweisen, sind die genannten, wenig aufwendigen *Wickel-Stretchfoliensysteme* und die *Spannhaubensysteme*.

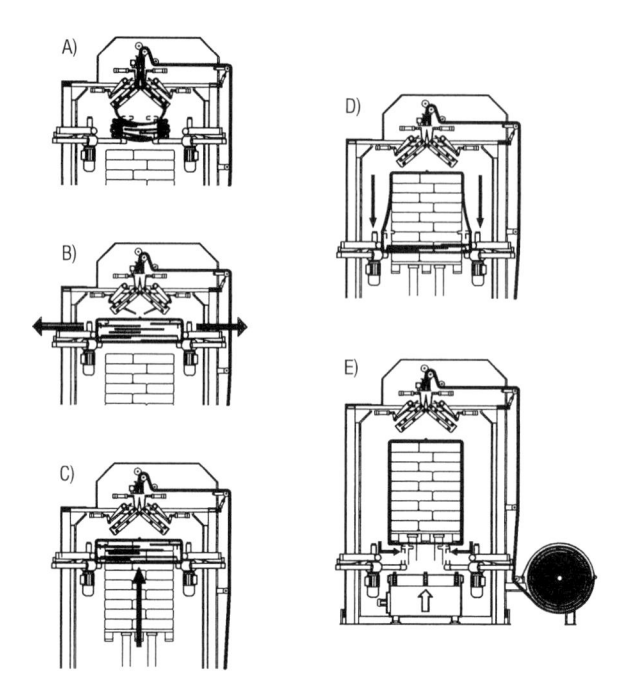

Bild 9.60 Haubenstretchanlage (Möllers)
A: Öffnen und Entfalten des Folienschlauchs durch die Spreizbänder und Folienführung zu den Reckbögen des Haubenüberziehschlittens, Reffen der Folie auf die Reckbögen, Schweißen der Haubenquernaht und Abtrennen der Haube von der Schlauchbahn, Haube fertig reffen, B: Recken der Haube auf das Überziehmaß, Einbringen der Radialspannung in die Folie, C: Abheben der Palette von der Palettenbahn, Vorbereitung zum Unterstretchen, D: Überziehen der Haube über die Ladung, Überlagern der Folien-Radialspannung mit der Folien-Längsspannung, E: Reduzieren der Reckspannung, Unterstretchen der Palette, Herausziehen der Reckbögen aus der Haube

Im allgemeinen ist bei geringeren Gewichten und Transportbeanspruchungen Stretchen bzw. Haubenspannen, insbesondere mit Netzfolien, das günstigere Verfahren, bei höheren Transportbeanspruchungen und größeren Gewichten, insbesondere für Exportverpackungen, das Schrumpfen.

9.10 Ergänzende Literatur

Berndt, D. (Hrsg.): Packaging. Vulkan, Essen, 1991.
Buchner, N.: Trends im maschinellen Verpacken. Neue Verpackung 46 (1993) 10, S. 68–74, und 11, S. 69–70.
Dietz, G., Lippmann, R.: Verpackungstechnik. Hüthig. Heidelberg, 1986.
Ehrhart, K. J.: Konstruktion, Gestaltung und Fertigung von Verpackungen mit Hilfe der EDV. In: VDI-Berichte 638, S. 123–135. VDI-Verlag, Düsseldorf, 1987.
Johannaber, F.: Kunststoff-Maschinenführer, 3. Ausg. Hanser, München, 1992.
Menges, G., Recker, H.: Automatisierung in der Kunststoffverarbeitung. Hanser, München, 1986.
Nentwig, J.: Paratlexikon Folientechnik. VCH, Weinheim, 1991.
RGV-Handbuch Verpackung, Nr. 4932, 13. Lfg. I. E. Schmidt, Berlin, 1984.
VDI-Gesellschaft Materialfluß und Logistik (Hrsg.): VDI Berichte Bd. 743, Verpackungen. VDI-Verlag, Düsseldorf, 1989.

Literatur zu Abschnitt 9.1

Berndt, D.: Grundlagen des maschinellen Verpackens. In: RGV-Handbuch Verpackung, Nr. 6001, 10. Lfg. VI. 82. E. Schmidt, Berlin, 1982.

Buchner, N.: Trends im maschinellen Verpacken. Neue Verpackung 46 (1993) 10, S. 68–74, und 11, S. 64–70.

Feldmann, A.: Nachrüstsysteme zur Abpackoptimierung. Verpackungs-Rundschau 44 (1993) 11, S. 50–51.

Hennig, J.: Betriebsverhalten von Verpackungsmaschinen, Verpackungs-Rundschau 45 (1994) 2, TWB, S. 7–9.

Hennig, J., Weiß, M., Iltzsche, L.: Simulation von Verpackungsanlagen. Neue Verpackung 47 (1994), 3, S. 84–90.

Hennig, J., Weiß, M.: Produktivitätsanalyse von Verpackungsmaschinen. Verpackungs-Rundschau 11 (1995), S. 40–43.

Rambock, H.: Sicherheitsnormung für Verpackungsmaschinen. Neue Verpackung 46 (1993) 4, S. 38–54.

Starczewski, Th.: Stiefkind Maschinendesign. Neue Verpackung 46 (1993) 8, S. 26–31.

Literatur zu Abschnitt 9.2

Neitzert, W. A.: Die Herstellung von Verpackungen aus Kunststoffen, aus Kunststoffolien, das maschinelle Verpacken und Verschließen durch Schweißen, Heißsiegeln/Kaltsiegeln. In: RGV-Handbuch Verpackung, Nr. 4857. E. Schmidt, Berlin, 1989.

Stöver, C.: Maschinentechnische Entwicklungen beim Warmformen. Kunststoffe 84 (1994) 10, S. 1427–1431.

Throne, I. L.: Thermoforming. Hanser, München, 1981.

VDI-K (Hrsg.): Folien für thermogeformte Verpackungen. VDI-Verlag, Düsseldorf, 1992.

VDI-K (Hrsg.): Extrudieren von Schlauchfolien. VDI-Verlag, Düsseldorf, 1985.

Literatur zu Abschnitt 9.3

Bauhans, G.: Flexible Großbehälter FIBC rationell befüllen und entleeren. Verpackungs-Rundschau 43 (1992) 6, S. 24–30.

Bouvier, J. E. A.: Erfahrungen mit integrierten Multifunktionsverpackungsanlagen. In: VDI-Berichte 638. VDI-Verlag, Düsseldorf, 1987, S. 157–171.

Firmenschriften der Firmen: Haver & Boecke, Rovema, Windmöller & Hölscher, Piepenbrock, Gasti, Aisa, Hassia, PKL, Tetrapak, Rommelag, Serac, Bosch-Verpackungstechnik, Gea-Finnah.

Literatur zu Abschnitt 9.4

Buchner, N.: Reinraumtechnik in Maschinen für die Sterilabpackung von Lebensmitteln und Getränken. ZFL 4 (1992), S. 158–163.

Wunderlich, J., u. a.: Entkeimen von Packstoffen durch UV-C-Bestrahlung mittels eines Hochdruckstrahlers. Verpackungs-Rundschau (VR/TWB) 45 (1994) 6, TWB, S. 31–35.

Literatur zu Abschnitt 9.6

Firmenschrift Servac 78 AS – GEA-FINNAH, Robert Bosch, Waiblingen 1993.

Ast, W.: Die Fertigungslinie bei Blasformen. Kunststoffe 81 (1991) 10, S. 886–893.

Domke, K.: Schüttgüter sicher verpacken. Neue Verpackung 1 (1994), S. 50–54.

Jäger, W.: Palettensicherung. Neue Verpackung 46 (1993) 11, S. 46–48.

Johansen, R.: Verpacken unter modifizierter Atmosphäre. Neue Verpackung 47 (1994) 3, S. 24–35.

N.N.: Vertikale Schlauchbeutel-Form-, Füll- und Verschließmaschine mit CIM-Komponenten. Verpackungs-Rundschau 6 (1990), S. 792 ff.

VDI-K (Hrsg.); Die Blasformtechnik. VDI-Verlag, Düsseldorf, 1995.

Literatur zu Abschnitt 9.7

Lüling, M.: Aseptisches Abpacken in Behälter aus Thermoplasten und Verbundmaterial, Studienarbeit, RWTH Aachen 1992.
Reuter, H.: Aseptisches Verpacken von Lebensmitteln. Behr's, Hamburg, 1987.
Wehrstedt, O., Wilke, B.: Aseptisches Verpacken von stückigen Produkten. Verpackungs-Rundschau 10 (1995), S. 22–25; 12 (1995), S. 34.

Literatur zu Abschnitt 9.8

Kaliwoda, K.: Schrumpf- und Streckverpackungen. In: Verpacken mit Kunststoff-Folien, VDI-Verlag, Düsseldorf, 1982, S. 151–175.
Wehinger, R.: Verpackungen technischer Produkte in Kunststoff-Folien. In: DIF 21/18/11 (1990).

Literatur zu Abschnitt 9.9

Diedenhoven, H.: Haubenstretchen oder Wickelstretchen – Eine vergleichende Nutzen-Analyse. Neue Verpackung 11 (1991), S. 105–111.
Jäger, W.: Palettensicherung, strammer Wickel schützt Ladeeinheit. Neue Verpackung 46 (1993), S. 46–48.
Jäger, W.: Schrumpf- und Stretchsysteme für die Sicherung von Versandeinheiten. RGV-Handbuch Verpackung 4932. E. Schmidt, Berlin, 1984.
Lange, V., u. a.: Mehrweg-Transport-Verpackungen mit System, Verpackungs-Rundschau (VR/TWB) 44 (1993) 7, TWB S. 43–49.
Schmitz, D.: Neue Entwicklung beim Stretchen. VDI-Bericht 638, a.a.O.
Schüßler, W. H., Winkler, G.: Sichern von Ladeeinheiten – eine Übersicht. Neue Verpackung 47 (1994) 9, S. 26–28.
N. N.: Schrumpfen, Stretchen oder Spannen. Verpackungs-Rundschau 5 (1991), S. 589.
Paletten und Verpackungssicherung mit…Stretch-Klebeband. Verpackungs-Rundschau 4 (1995), S. 28.

10 Verpackungsprüfung – Qualitätssicherung

Verpackungsprüfung ist die Prüfung von Packstoffen, Packmitteln, Packhilfsmitteln, Packstücken und Packungen, z. B. mit physikalischen, chemischen, sensorischen und psychologischen Methoden.

Produktspezifikationen waren früher vor allem Funktionstüchtigkeit, insbesondere zum Zeitpunkt des Kaufs bzw. der Abnahme, und niedriger Anschaffungspreis.

Heute verlangt man Funktionstüchtigkeit während vorgegebener Zeit und Bedingungen, minimale Kosten über den ganzen Lebenszyklus sowie keine unerwünschten Auswirkungen auf Gesundheit und Umwelt. Daher ist Qualitätssicherung unabdingbar und wichtigster Zweck von Verpackungs- bzw. Packungs- und Produktprüfungen.

10.1 Qualität und Qualitätsicherung

Die Verpackung der Waren und Produkte genügt nicht eo ipso zur Gütesicherung des Packguts, sondern ihre Qualitätssicherung- und -kontrolle muß in allen Phasen der Produktion und Transposition gewährleistet sein.

Qualität der Produkte wird realisiert durch:
- Einhaltung der Herstellungs- und Gesetzesvorschriften,
- Präsentation der Ware mittels Verpackung und Produktinformation,
- Differenzierung von Konkurrenzprodukten mittels Werbung, Weckung und Befriedigung von Bedürfnissen, Verkaufsberatung, Eingehen auf (potentielle) Käufer,
- Kulanz bei Reklamationen und Reparaturen, Umweltverträglichkeit.

Qualität der Produktion basiert auf:
- Einhaltung von Plänen, Zeichnungen, Normen, Rezepturen etc.,
- Auswahl von Rohstoffen, Produktionsverfahren und deren Überwachung,
- Vermeidung von Material- und Energievergeudung infolge Ausschuß, Nach- und Umarbeitung,
- promptem, zeitlich genügendem Service und Ersatzteildienst.

Qualitätsware und Qualitätsverpackung muß nicht nur erzeugt werden, sondern auch in voller Qualitätserhaltung den Konsumenten erreichen, damit er sie vollständig nutzen kann. Besonders in Lager, Transport und Versand muß die Qualitätssicherung voll funktionieren.

Wichtige Qualitätsdefinitionen von allgemeiner praktischer Bedeutung sind:
- *Eignung für vorgesehene Verwendung* – Fit for use – Gebrauchstüchtigkeit in der Konzeptionsphase,
- *Übereinstimmung mit gegebenen Anforderungen* – Conformance to specifications – in der Fertigungsphase,
- *Grad der Übereinstimmung* der effektiven Produktbeschaffenheit mit den vorgegebenen Anforderungen wie Zuverlässigkeit, Unterhaltung, Sicherheit etc.

Durch ISO 9000 bis 9004, bzw. EN 29 000 bis 29 004 ist das Qualitätswesen umfassend geregelt.

Die Deutsche Gesellschaft für Qualität definiert:

Qualität eines Erzeugnisses ist der Grad seiner Eignung, dem Verwendungszweck zu genügen.

Diese Definition hat volle Gültigkeit, wenn der Verwendungszweck klar ist. Die Produktqualität ist also abhängig vom Verwendungszweck des Produkts. Verwendungszwecke aber ergeben sich oft aus individuell unterschiedlichen Bedürfnissen, was das Problem aufwirft, inwieweit sich aus Bedürfnissen entsprechende Verwendungszwecke, insbesondere zur Nachprüfung, konkretisieren lassen.

Qualität von Konsumgütern wird (nach P. Fink) definiert als *Erfüllungsgrad von Benutzer- bzw. Konsumentenerwartungen durch:*

- den Produktnutzen, bzw. die Bedürfnisbefriedigung infolge der Beschaffenheit oder Leistungsfähigkeit des Produkts,
- Aussehen, Gestaltung und funktionelle Eigenschaften des Produkts (auch über die Gebrauchsdauer als Zuverlässigkeit),
- die Lieferform, insbesondere die Verpackung,
- die Entsorgung nach der Nutzung und schließlich
- den Preis als Gegenwert für die erhaltene Qualität.

Es gibt zwei Typen von *Qualitätsmerkmalen*, nämlich:

- meßbare, d. h. technische oder *objektive* und
- bewertbare oder subjektive bzw. *emotionelle*.

Qualitätssicherung (QS) ist die Gesamtheit aller organisatorischen und technischen Aktivitäten zur Erzielung der geforderten Qualität unter Berücksichtigung der Wirtschaftlichkeit.

Die Aufgaben der Qualitätssicherung (QS) sind:

- *Definition des Qualitätsniveaus* durch Planung, Marktanalyse etc.,
- *Erreichung und Einhaltung* des Qualitätsniveaus durch die Produktion, Zuliefererkontrollen usw.,
- *Überprüfung und Garantie* des Qualitätsniveaus durch Kontrollorgane, Verkauf und Service.

Qualitätsprüfungen von Verpackungen können gemäß den Leistungsprofilen der Verpackungen (siehe Abschnitt 2.2.12) konzipiert und ausgeführt werden.

Auch die Forderung nach umweltfreundlicher, ressourcenschonender und entsorgungsgünstiger Verpackung trägt dazu bei, daß immer eingehendere Prüfverfahren durch den Verpackungshersteller notwendig werden, die immer spezifischer ausfallen, anspruchsvoller und aufwendiger sind. Um die Qualitäts-Sicherungskosten nicht ausufern zu lassen, müssen moderne Hilfsmittel zum Einsatz kommen. Die „fit-for-use-just-in-time-Lieferungen" erfordern Qualitäts-Sicherungssysteme, die mit Rechnerunterstützung eine permanente Datenerfassung, Sicherung und Auswertung erlauben (CAQ). Nur so ist eine direkte Weitergabe der Produkte an den Kunden mit Lieferzertifikat und gleichzeitig eine direkte Rückkopplung für Fertigung zwecks Prozeßparameter-Überwachung möglich. Qualitäts-Sicherungsvereinbarungen mit den Kunden oder offizielle Vorschriften in Verpackungszulassungen erfordern entsprechende Qualitätsdokumentationen (siehe ISO 9000 ff., RAL, Gütegemeinschaften, Gefahrgutverpackung, etc.). Die Gesetze zur Produkt- bzw. Produzentenhaftung verschärfen die Qualitätssicherung noch wesentlich. Zur weiteren Effizienzverbesserung der Qualitätssicherung ist ein starker Trend zu Inline-Kontrollsystemen festzustellen, die gleichzeitig eine hundertprozentige Kontrolle und eine direkte

Rückkopplung zum Produktionsprozeß ermöglichen. Unter diesen Rahmenbedingungen wurden entsprechend geeignete Qualitätsprüfverfahren aufgestellt.

10.2 Konzeptionen und Grundlagen für Verpackungsprüfungen

Prüfen soll Bewerten und Entscheiden helfen, ob die Produkteigenschaften dem Anforderungskatalog bzw. Qualitätsprofil entsprechen.

Beobachtungen sollen hierfür das *Materialverhalten* bezüglich spezieller Merkmale oder global in vorgegebenen Situationen, d. h. unter den Prüfbedingungen, bewerten sowie das *Produkt* im gesamten System, insbesondere die Beziehungen zwischen Benutzer (Konsumenten) und Produkt, überwachen, z. B. mittels Eignungstests und Simulation.

Verpackungsprüfungen können vorgenommen werden im Rahmen von Forschung wie Erforschung und Aufklärung von Qualitätsveränderungen und Schäden an Gütern und Verpackungen sowie deren Ursachen, Produktentwicklung und -auswahl bezüglich deren optimaler Verpackung, Qualitätskontrolle wie Überprüfung der Einhaltung von Qualitätsforderungen sowie Untersuchung aufgetretener Qualitätsveränderungen, ihrer Ursachen und des Grads der Schädigung.

Prüfgrundlagen und Auswahlkriterien für die Prüfverfahren sind Kenntnisse über:
– mögliche *Qualitätsveränderungen, Qualitätsmängel und Schäden an Verpackungen und Packgütern* sowie deren Ursachen und Prozesse,
– potentielle Beanspruchungen und ihre Auswirkungen auf die Qualifikation von Packgütern und Verpackungen,
– zur Verfügung stehende *Prüfeinrichtungen* und *-verfahren*

Kriterien für die Vorbereitung, Durchführung und Auswertung der Prüfungen ergeben sich aus Übersichten und Vergleichen über Qualitätsveränderungen, Qualitätsmängel, Schäden und ihre Kriterien für das jeweilige Prüfgut, Prüfverfahren etc.

Schlußfolgerungen aus der Rückkopplung der Prüfergebnisse geben Hinweise für die Gültigkeit der Aussagen sowie für die Abstellung von Mängeln und zur Behandlung der Güter beim Transport, bei der Lagerung und beim Güterumschlag.

10.3 Prüfaufgaben

Die Verpackungsprüfung gliedert sich nach ihren Prüfaufgaben in die *Packstoffprüfung, Packmittelprüfung und Packungsprüfung*.

Packstoffprüfung ist die Prüfung von Packstoffen, möglichst nach genormten Methoden zum Ermitteln von spezifischen Merkmalswerten. Die Packstoffprüfung entspricht weitgehend der üblichen Werkstoff- bzw. Materialprüfung (Tabelle 10.1), insbesondere die Prüfungen der mechanischen, thermischen Eigenschaften und Sperreigenschaften, welche für die Verarbeitung zu Packmitteln und deren Funktionen wichtig sind.

Packmittelprüfung ist die Prüfung von Packmitteln möglichst nach genormten Methoden zur Ermittlung von spezifischen Merkmalswerten, nämlich ob die Packmittel die geforderten Eigenschaften aufweisen.

Packungsprüfung bzw. Packstückprüfung ist nach DIN 55 405 die laboratoriumsmäßige Prüfung von „Packstücken", möglichst nach genormten Prüfmethoden zur Ermittlung von

Tabelle 10.1 Aufgaben der Materialprüfung (nach *Fink*/EMPA)

	Fertigungsüberwachung	Warenkennzeichnung	Eignungsprüfung
Bezugspunkt	Produktion	Produkt	Anwendung
Fragestellung	Richtwerte Toleranzen	Zusammensetzung	– Verhalten bei Verarbeitung – Nutzung
Prüfmethoden	einfach	Eigenschaften Analyse	– Vernichtung – Simulation von Situationen
	rasch	Normmethoden	– Modell und Kennwerte
Genauigkeit	Toleranzen angepaßt	oft sehr hoch	Risiko angepaßt
Probenahme	häufig umfangreich	einmal repräsentativ	einmal
	↓	↓	↓
Zweck	Steuerung der Fertigung	– Käuferinformation – Vergleichsmöglichkeiten	Prognose über Nutzen und Lebensdauer

spezifischen Merkmalswerten, ggf. auch durch zusätzliche Transportversuche. Die Packmittel- und Packungsprüfungen arbeiten nach gleichen Methoden und mit gleichen Verfahren, jedoch ergeben sich aus den unterschiedlichen Zielsetzungen Differenzierungen in den Einzelheiten. Insbesondere geht es bei der Packungsprüfung um die Unversehrtheit des Packguts.

10.4 Prüfverfahren und -begriffe für Packstoffe

Daten und Vorschriften für Eigenschaften und Prüfungen der Verpackungskunststoffe sind den Kunststofftabellenwerken und der einschlägigen Spezialliteratur zu entnehmen. Insbesondere die Richtlinien und Merkblätter etc. der Kunststoffproduzenten bzw. deren an-

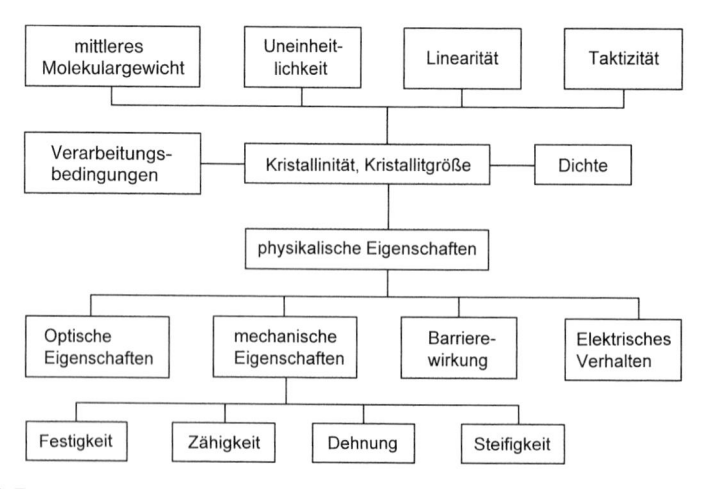

Bild 10.1 Zusammenhang zwischen verpackungsrelevanten Eigenschaften und Strukturparametern, Kristallinität von Polyolefinen, schematisch

wendungstechnische Abteilungen veröffentlichen jeweils den neuesten Stand der einsatzfähigen Materialien, ihrer Kennwerte, Eigenschaften und Anwendungen. Bild 10.1 zeigt den Zusammenhang von Verpackungseigenschaften und Struktur bei Polyolefinen.

10.4.1 Identifizieren der Verpackungskunststoffe

Exakte Bestimmungen werden spektroskopisch durchgeführt. Schnelle und einfache Bestimmungen qualitativer Art erfolgen konventionell, u. a. durch Erhitzen oder Anzünden und dem daraus resultierenden Verhalten des betreffenden Kunststoffs gemäß Tabellen und Kunststoff-Bestimmungstafeln. Wichtig ist auch die Bestimmung der Rohdichte und der Wasseraufnahme.

10.4.2 Allgemeine Kunststoffprüfungen

Diese sind für Verpackungen von unterschiedlicher, oft geringer Wichtigkeit. Die chemische Beständigkeit von Kunststoffen spielt für Kunststoffpackstoffe eine wichtige Rolle. Es gilt besonders auf die Beständigkeit gegenüber Alkoholen, Aromaten, Benzin, Treibstoffen, Fetten und Ölen, Säuren, Laugen, ätherischen Ölen und Gasen und Aromastoffen zu achten. Wasseraufnahme, Permeation, Migration, Aromadichtheit, Geruchs- und Geschmacksneutralität, Heißsiegel- und Schweißbarkeit, Gas- und Wasserdampfdichtheit, Transparenz und Lichtdichtheit von Folien sind für Kunststoffpackmittel besonders bedeutsam.

10.4.3 Prüfung von Folien und Verbundfolien

Da bei den Kunststoffverpackungen die Folien und Verbundfolien größte Bedeutung haben, werden im Folgenden deren für Verpackungen wichtigste Prüfungen erläutert, nämlich die Prüfungen auf: Dicke und Dickengleichmäßigkeit, Schlupf bzw. Haftung, Verbundfestigkeit und Heißsiegelnahtfestigkeit, Rollneigung, Elektrostatische Aufladung, Reißdehnung bzw. Reißfestigkeit, Multi-Axiale Dehnung (MAD), Löcher und Stippen in der Folienbahn, optische Eigenschaften und Freilagerungsfähigkeit. Außer den DIN-Vorschriften (Tabelle 10.2) sind die CEN- und ASTM-Normen maßgeblich. Tabelle 10.3 gibt einen Eigenschaftsvergleich ausgewählter, flexibler und transparenter Packstoffe, Tabelle 10.4 einen Überblick über wichtige zu prüfende Eigenschaften typischer Verpackungsfolien.

10.4.3.1 Prüfung auf Dicke und Dickengleichmäßigkeit (DIN 53 370)

Dickengleichmäßigkeit ist eine möglichst konstante Dicke einer Folie über die Breite der Folienbahn. Ungleichmäßigkeiten sind bei keinem Prozeß zur Folienherstellung oder Folienverarbeitung gänzlich vermeidbar, daher sind Abweichungen innerhalb gegebener Grenzen tolerierbar, z. B. wenn die Folien unmittelbar nach ihrer Herstellung zu Fertigprodukten wie Beuteln, Säcken oder Tragetaschen verarbeitet werden. Jedoch müssen fast immer die Folien vor einer Weiterverarbeitung zu Folienrollen aufgewickelt werden. Hierbei addieren sich kleinste Unregelmäßigkeiten der Dicke zu Fehlern der Folienrolle, wie wulstartige Erhebungen, Einbrüche oder Waschbrett-Strukturen. Ständige Kontrolle der Foliendicke ist daher bei allen Fertigungsverfahren notwendig.

Zur Prüfung wird eine genügende Anzahl Meßpunkte einer zu prüfenden Folie abgetastet und in einem Diagramm aufgezeichnet (Bild 10.2). Der Mittelwert der Foliendicke über

Tabelle 10.2 DIN-Vorschriften zur Folienprüfung

DIN	Beschreibung
DIN 53122	Prüfung der Wasserdampfdurchlässigkeit von Kunststoffolien, Elastomeren, Papier und Pappe und anderen Flächengebilden; Teil 1: gravimetrische Bestimmung; Teil 2: Elektrolyseverfahren
DIN 53362	Prüfung von Kunststoffolien und mit Deckschicht aus Kunststoff versehenen Geweben, Bestimmung der Biegesteifigkeit
DIN 53370	Bestimmung der Dicke durch mechanische Abtastung
DIN 53372	Bestimmung der Kältebruchtemperatur von Folien aus PVC-weich
DIN 53373	Prüfung von Kunststoffolien, Durchstoßversuch mit elektronischer Meßwerterfassung
DIN 53375	Bestimmung des Reibungsverhaltens
DIN 53377	Bestimmung der Maßänderung (Schrumpf)
DIN 53380	Bestimmung der Gasdurchlässigkeit
DIN 53391	Bestimmung der bleibenden Eigenschaftsänderungen nach Warmbehandlung
DIN 53455/5	Zugversuch Reißfestigkeit, Reißdehnung
DIN 53490	Prüfen von Kunststoffen; Bestimmung der Trübung von durchsichtigen Kunststoffschichten
DIN 53598	Statistische Auswertung
DIN 16995	Kunststoffolien für Verpackungszwecke, Eigenschaften, Prüfverfahren

die gesamte Breite der Folie in µm und der sogenannte 4s-Bereich (± 2s, s = Standardabweichung), in welchem 95 % aller Meßpunkte liegen, werden ermittelt. Die Abweichung des Mittelwerts von der Solldicke wird in Prozent berechnet. Je weniger der Mittelwert von der Solldicke abweicht und je kleiner der 4s-Bereich ist, desto besser ist die Folie hinsichtlich ihrer Dickengleichmäßigkeit.

Tabelle 10.4 Schlauchfolienarten und ihre verpackungsstechnisch (wichtigen) zu prüfenden Eigenschaften (nach *Predöhl*)

Eigenschaften: Folienarten:	Abmessung	Reißfestigkeit uund Reißdehnung	Maßänderung (Schrumpf)	Lichtdurchlässigkeit	Planlage Säbelförmigkeit
Breitfolie	×	×			
Sackfolie	×	×			×
Schrumpffolie	×	×	×		
Feinschrumpffolie	×			×	×
Beutelfolie	×	×		×	×
Automatenfolie	×			×	×
Kaschierfolie	×				×
Dehnfolie	×	×			

Tabelle 10.3 Wichtige Anwendungseigenschaften flexibler transparenter Packstoffe im Vergleich

	Weiterreißfestigkeit	Reißfestigkeit	Reißdehnung	Steifigkeit	tiefe Anwendungstemperaturen	hohe Anwendungstemperaturen	Wasserdampfdichtheit	Sauerstoffdichtheit	Kohlendioxiddichtheit	Aromadichtheit	Fett- und Öldichtheit	Glanz	optische Klarheit	Elektrostatische Unaufladbarkeit	Bedruck- und Beklebbarkeit	Heißsiegel- und Schweißbarkeit	Thermische Verformbarkeit
PE-LD	+	+	+	○	++	○	++	○	○	○	○	+	+	○	○	++	++
PE-LLD	+	+	++	○	++	○	++	○	○	○	○	+	+	○	○	++	++
PE-HD	+	+	○	+	++	+	++	○	○	○	○	○	○	○	○	+	++
PP	+	+	+	+	○	++	+	○	○	○	○	++	+	○	○	+	+
OPP	○	++	○	++	+	++	++	○	○	+	+	++	++	○	○	+	+
OPP mit PVDC beschichtet	+	++	○	++	+	+	++	++	++	++	++	+	+	○	+	++	+
OPS	○	+	○	+	+	+	○	○	○	+	+	++	++	○	+	+	++
PVC-U	○	+	○	+	○	+	+	+	+	++	++	+	+	○	+	+	++
PVC-P	++	+	+	○	○	○	+	○*)	○	+	+	+	+	○	+	+	++
PVDC	+	+	+	○	+	○	++	++	++	++	++	○	○	+	+	++	++
PAN	○	++	○	+	+	○	+	++	++	++	++	+	+	+	+	+	+
PVAL trocken	+	+	+	○	○	+	○	++	++	++	++	++	++	+	+	+	+
PA 6	+	++	+	+	+	++	○	++	+	++	++	++	○	+	+	+	++
PET	+	+	+	++	+	++	+	+	+	+	+	+	+	+	+	+	+
PC	+	+	+	+	++	++	○	○	○	+	+	++	++	+	+	+	+

++ = sehr gut, + = gut, ○ gering   *) für die Frischfleischverpackung erwünscht

Die durchschnittliche Dicke einer Folie kann auch durch Wiegen und Umrechnen über das spezifische Gewicht der Folie als flächenbezogene Masse (Flächengewicht, DIN 53 352 und DIN 53 365) bestimmt werden.

10.4.3.2 Prüfung auf Schlupf bzw. Haftreibung (DIN 53 375, ASTM D 1984)

Meist wird bei Folien die Haftreibung der Seite, die der stärksten Reibung ausgesetzt ist, wie an der Formschulter von Schlauchbeutelmaschinen, bestimmt, da diese den Maschi-

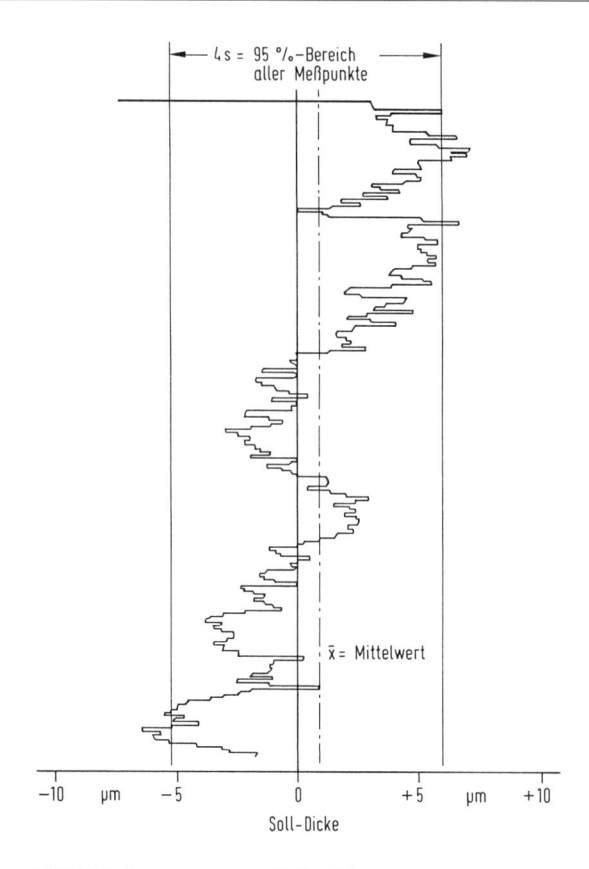

Bild 10.2 Auswertung einer Foliendickenmessung

nenlauf am meisten beeinflußt. Maßeinheit ist der Reibungskoeffizient. Man unterscheidet die Reibung von Folie gegen Folie und Folie gegen Metall, bzw. den Werkstoff der maßgeblichen Maschinenelemente.

Die *Prüfung Folie gegen Folie* wird an zwei Streifen, bei Verbundfolien mit den gleichen z. B. PE-Seiten gegeneinander durchgeführt. Für Vergleichswerte zu Verpackungsmaschinen muß man die Reibung gegen das Material der Maschine messen, über das die betreffende Folienseite läuft.

Die Messung Folie gegen Folie (Bild 10.3) erfolgt mit einem Wagen, auf dem das Folienmuster mit der Prüfseite nach oben eingespannt wird. Eine zweite Probe der gleichen Folie mit der Prüfseite nach unten wird auf die erste Probe aufgelegt, mit einem Gewicht (P_2) beschwert und mit dem Meßinstrument verbunden. Bestimmt wird die Kraft (P_1), die zur Bewegung des Wagens in der angegebenen Richtung erforderlich ist.

Der Quotient aus der Reibungskraft (P_1) und der Anpreßkraft (P_2) ergibt den Reibungskoeffizienten. Das Anzeigeinstrument kann so geeicht werden, daß man direkt den Reibungskoeffizienten ablesen kann.

Zur Reibungsprüfung gegenüber Maschinenteilen wird ein Klotz aus dem gleichen Werkstoff wie die betreffenden Verpackungsmaschinenelemente über die zu prüfende Folie gezogen (Bild 10.4).

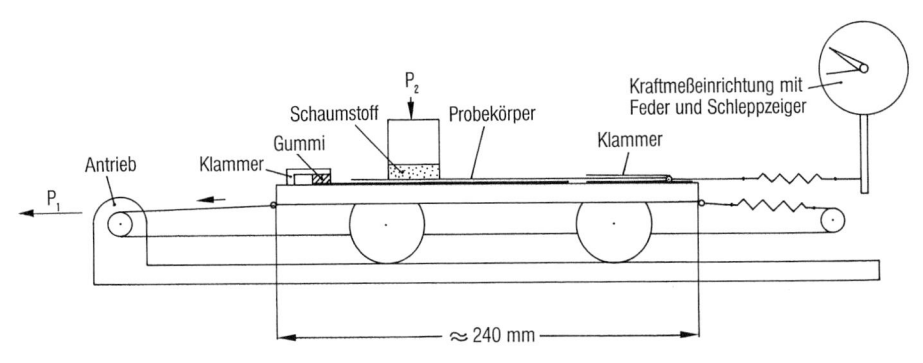

Bild 10.3 Prüfgerät zum Bestimmen des Reibverhaltens von Folie gegen Folie, schematisch

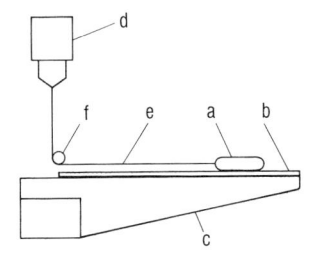

Bild 10.4 Schema einer Reibungsprüfapparatur, geeignet zum Anbau an eine Zugprüfmaschine (RfV 0281)
a: Reibklotz (Schlitten), b: Auflagetisch, c: Unterbau, d: Kraftmeßvorrichtung, e: Seil, f: Seilrolle mit geringer Reibung

DIN 53 375 unterscheidet zwischen der *Haftreibung, die bei Beginn des Gleitvorgangs zu überwinden ist, um eine Gleitbewegung hervorzurufen, und der* Gleitreibung, *die nach Überwinden der Haftreibung während der Gleitbewegung wirksam bleibt.*

In beiden Fällen ist der Kennwert das Verhältnis von Reibungskraft zur Normalkraft bzw. Belastung, nämlich die Haft- bzw. Gleitreibungszahl $\mu = P_1/P_2$ (dimensionslos).

Die *Reibungszahl* (Reibungskoeffizient, Reibungsindex, Reibungswert), das Verhältnis der Reibungskraft zur Belastung, ist eine Größe, mit der die Gleitfähigkeit beschrieben wird. Diese ist nach ISO die Leichtigkeit, mit der zwei in Kontakt befindliche Oberflächen gegeneinander gleiten.

Man unterscheidet die Reibungszahl Folie gegen Folie und Folie gegen Metall. Bei unsymmetrisch aufgebauten Folien haben die beiden verschiedenen Seiten meist auch unterschiedliche Reibungszahlen. Es werden dann zwei Werte, nämlich Reibungszahl Folie gegen Folie A/A und A/B und Folie gegen Metall A und B angegeben.

Das Reibungsverhalten hat sehr große Bedeutung für die Handhabung von Folien. Es trägt zur sogenannten Maschinengängigkeit, d. h. dem Verhalten der Folien bei der maschinellen Verarbeitung, die bei schnell laufenden Verpackungsmaschinen ein entscheidendes Qualitätsmerkmal ist, bei.

Oberflächenbehandlung der Folie oder Zusatz von Gleitmitteln kann die Reibungszahl verkleinern, von Blockmitteln erhöhen. Optimale Einstellung von Reibung und Gleitfähigkeit ist ein Kompromiß zwischen unterschiedlichen Anforderungen an die Folien, besonders für technisch anspruchsvolle Verpackungssysteme. Auch beim Wickeln und Schneiden ist das Reibungsverhalten oft entscheidend.

Blocken bzw. Blockneigung ist die unerwünschte, zu starke Adhäsion zwischen Folien untereinander oder zwischen Folie und anderen Materialien. Prüfnorm ist ASTM D 1893. Eine zu starke Haftung von Folien untereinander kann zu erheblichen Störungen bei der Verarbeitung führen. Folienrollen können unbrauchbar, und die Maschinengängigkeit beeinträchtigt werden. Zur Abhilfe können Antiblockmittel eingesetzt werden.

10.4.3.3 Prüfung der Verbundfestigkeit (DIN 53 357 bzw. ILV Merkblatt 5)

Die Qualität von Verbundfolien hängt sehr von deren Verbundhaftung ab. Zur Prüfung wird an einem 15 mm breiten Probestreifen der Verbund etwas getrennt und dann auf einer Zugprüfmaschine mit einer Abzugsgeschwindigkeit von meist 100 mm/min auseinandergezogen (Bild 10.5). Die erforderliche Kraft wird als Verbundfestigkeit gemessen und in N/15 mm Streifenbreite angegeben. Das abstehende Folienende muß während der Prüfung unter einem Winkel von 90° gehalten werden.

10.4.3.4 Prüfung der Heißsiegelnahtfestigkeit (ILV-Merkblatt 33)

Die Siegelfestigkeit, das Maß für die Stabilität einer Siegelnaht, wird u. a. vom Siegeldruck, der Siegelzeit, der Werkzeuglänge und besonders von der Siegeltemperatur beeinflußt. Angegeben wird die Siegelfestigkeit durch die Krafteinwirkung auf die Siegelnaht in N/cm oder N/15 mm Streifenbreite. Wie die Siegeltemperatur wird auch die Siegelfestigkeit häufig nach Werknormen bestimmt.

Die zu prüfende Verbundfolie wird mit Siegelschicht gegen Siegelschicht unter definierten Bedingungen bezüglich Temperatur (oft ca. 130 °C), Druck und Zeit gesiegelt und abgekühlt. Danach wird quer zur Siegelnaht ein 15 mm breiter Probestreifen herausgeschnitten, an den Folienenden in eine Zugprüfmaschine gespannt und mit einer Abzugsgeschwindigkeit von üblicherweise 100 mm/min die Siegelnaht aufgezogen. Die hierzu erforderliche Kraft wird gemessen (Bild 10.5). Auch hier muß der Trennwinkel 90° eingehalten werden. Die Siegelfestigkeit wird in N/15 mm Nahtbreite angegeben.

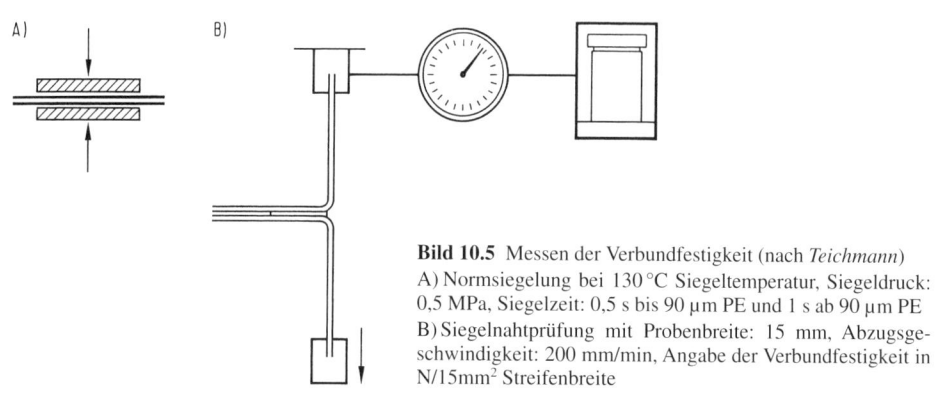

Bild 10.5 Messen der Verbundfestigkeit (nach *Teichmann*)
A) Normsiegelung bei 130 °C Siegeltemperatur, Siegeldruck: 0,5 MPa, Siegelzeit: 0,5 s bis 90 µm PE und 1 s ab 90 µm PE
B) Siegelnahtprüfung mit Probenbreite: 15 mm, Abzugsgeschwindigkeit: 200 mm/min, Angabe der Verbundfestigkeit in N/15mm^2 Streifenbreite

Weitere Güteaussagen ergeben sich aus der Art des Aufgehens der Naht während der Messung, nämlich nach dem:
– Abriß der Verbundfolie an der Naht,
– Aufgehen der Naht unter Verbundtrennung,
– Aufgehen der Naht zwischen den Heißsiegelschichten.

In den USA sind Probenvorbereitung und Prüfapparaturen unter ASTM F88-68 genormt.

10.4.3.5 Prüfung auf Bahnverlauf – Planlage – Rollneigung

Planlage ist die wichtige Eigenschaft von Folienbahnen. Gute Planlage ergibt gleichmäßig aufgewickelte Folienrollen, die problemlos zu verarbeiten sind. Im Bahnverlauf sollten die beiden parallelen Kanten einer Folienbahn völlig geradlinig verlaufen.

Die Prüfung bzw. Beurteilung des Bahnverlaufs erfolgt durch Auslegen von mindestens 10 m einer Folienbahn, visuelle Beurteilung und Vermessung. Eine Abweichung von etwa 100 mm auf 10 m Folienbahn ist für manche Verarbeitungsverfahren schon nicht mehr tolerierbar. Nicht geradliniger Bahnverlauf wird durch Fehler in der Fertigungsanlage verursacht, z. B. durch unregelmäßige Bahnspannung, ungleichmäßige Abkühlung, Erwärmung der Folienbahn oder schlechte Verteilung der Polymerschmelze im Düsenspalt.

Die Rollneigung eines Packstoffs, d. h. Krümmung einer Folienbahn in Querrichtung, kann den Maschinenlauf empfindlich stören. Sie kann verschiedene Ursachen haben, z. B. ungenügende Dickengleichmäßigkeit oder eingefrorene Spannungen der Makromoleküle, die zum Memory-Effekt führen und wird auch dadurch verursacht, daß für Verbunde, Coextrudate oder beschichtete Packstoffe meist Werkstoffe unterschiedlicher Wärmeausdehnung oder Quellung bei Feuchteinwirkung kombiniert werden, so daß nur in einem eingeschränkten Temperatur- und Feuchtigkeitsbereich mit einer genügenden Planlage des Packstoffs gerechnet werden kann. Bei veränderten Klimabedingungen kommt es zu Spannungsunterschieden und damit zum Rollen des Packstoffs. Die Rollneigung kann durch symmetrischen Aufbau der Mehrschichtfolie vermieden werden. Weitere Ursachen für Rollneigung können schlechte Schichtdickenverteilung, unterschiedliche Schmelzviskositäten, z. B. bei PA|PE-Folien oder falsche Einstellung der Spannung einer Folienbahn sein.

Bei der Prüfung – nach ILV-Merkblatt 22 – wird der Grad des Rollens mit Hilfe von Normradien beurteilt. So lassen sich Packstoffe hinsichtlich ihrer Rollneigung gut miteinander vergleichen. Durch die Prüfung ist es möglich, bei verschiedenen Klimaten die für die Lagerung und Verarbeitung der Packstoffe günstigsten Bedingungen zu ermitteln.

10.4.3.6 Prüfung der elektrostatischen Aufladung

Auch elektrostatische Aufladungen sind wie das Rollen ein unangenehmer Störfaktor beim maschinellen Verarbeiten von Packstoffen. Sie entstehen, wenn unterschiedliche Materialien voneinander getrennt werden, z. B. wenn Packstoffe über Umlenkrollen laufen, und können zu ungleichmäßiger Laufgeschwindigkeit, bis hin zum Maschinenstillstand, zum Haften von Zuschnitten an Maschinenteilen und auch zu schadhaften Packungen führen, wenn z. B. infolge der Aufladung Füllgutbestandteile in die Verschließzone des Packmittels gelangen.

Prüftechnisch interessiert die Frage, wie hoch elektrostatische Aufladungen an bestimmten Stellen einer Maschine in Abhängigkeit von den in Frage kommenden Einflußfaktoren sind. Solche Messungen werden mit Feldstärkemeßgeräten durchgeführt. Zur Klärung, ob und wie sich Packstoffe in ihrer Aufladbarkeit unterscheiden, bestimmt man in der Regel den Oberflächenwiderstand.

Nach DIN 53 482 wird der Widerstand zwischen zwei auf eine Packstoffprobe in definierter Weise aufgebrachten, federnden Elektroden ermittelt. Da der Oberflächenwiderstand von Umgebungseinflüssen wie Luftfeuchtigkeit und Staub abhängt, gibt es selbst bei sorgfältigster Durchführung der Prüfung bisweilen Meßwertschwankungen von 100 %. Für die Klassifizierung von Packstoffen hinsichtlich ihrer Neigung zur elektrostatischen Aufladung bedeutet dies, daß sich nur sehr anfällige von weniger anfälligen Packstoffen unterscheiden lassen.

10.4.3.7 Prüfung auf Reißdehnung – Reißfestigkeit

Die *Reiß- oder Bruchdehnung* ε_R ist die prozentuale Längenänderung beim Abriß bzw. Bruch der Folie ab Beginn des Zugversuchs, wobei das Ergebnis des Dehnungsversuchs von der Prüfgeschwindigkeit abhängt. Die Reißdehnung kann bei Folien in Längs- oder Querrichtung der Folienbahnen verschieden sein. Ihre Maßeinheit ist %.

ε_R in Prozent wird bestimmt aus der Längenänderung ΔL_R in mm bei der Reißkraft, wie sie beim Zugversuch auftritt, und der ursprünglichen Meßlänge der Probe in mm.

$$\varepsilon_R \frac{\Delta L_R}{L_o} \cdot 100 \text{ (in \%)}$$

Reißfestigkeit ist die Zugspannung im Zeitpunkt des Reißens. Einheit: N/mm^2. Prüfnormen sind DIN 53 455, DIN 53 504.

10.4.3.8 MAD-Test auf Multi-Axiale-Dehnung

Der MAD-Test ist ein auf multi-axialer Dehnung beruhender Qualitäts-Test für Aluminium-Kunststoff-Verbunde.

Ein MAD-Prüfgerät simuliert die bei der Aluminiumformverpackung übliche Stempelverformung einer Verbundfolie und zeichnet dabei Kraft-Tiefungs-Kurven auf. Die erhaltenen Werte sind stark von den Reibungsverhältnissen zwischen Stempel und Aluminiumverbund abhängig, die ihrerseits von der Verformungs-Geschwindigkeit beeinflußt werden. Moderne Prüfgeräte ermöglichen die Durchführung des MAD-Tests bei einer Standardgeschwindigkeit von 75 mm/min. und bei den in der Praxis auftretenden Geschwindigkeiten von 500 bis 2000 mm/min.

10.4.3.9 Prüfung auf Löcher in der Folienbahn

Löcher sind ein schwerwiegender Qualitätsmangel, wenn es sich nicht um gewollte Perforation handelt. Lochsuchgeräte dienen zur Erkennung von Löchern bereits während der Folienherstellung.

Ein elektronisch-optisches Prüfgerät arbeitet mittels eines Sende- und Empfangsteils, das oberhalb der Folienbahn angebracht ist. Hierbei wird ein gebündelter Lichtstrahl in Querrichtung über die Bahn geführt. Beim Auftreten von Löchern tritt dieser durch die Folie und wird von einem unterhalb der Bahn befindlichen Reflektor zum Sende- und Empfangsgerät zurückgeworfen. Ein Rechner wandelt die Lichtimpulse in elektrische Signale um, die aufgezeichnet werden. Eine Markierung der Fehlstellen sowie direkte optische und akustische Information kann damit erfolgen.

Solche Geräte bieten außer der Qualitätskontrolle die Möglichkeit zur Optimierung des Fertigungsverfahrens. Allerdings werden Löcher mit Durchmesser <1 µm nicht erkannt. Zur Lecksuche bei den Packungen siehe Abschnitt 10.6.1.

10.4.3.10 Prüfung auf Stippen in Folien

Stippen oder Gelteilchen, auch Fischaugen genannt, sind isolierte Teilchen in einer Folienbahn, welche die Folieneigenschaften, insbesondere die optischen, sehr stark negativ beeinflussen. Durch Stippen wird auch die Gefahr von Abrissen der Folienbahn wesentlich erhöht.

Die einzelnen Polymere haben unterschiedliche Neigung zur Stippenbildung. Thermisch empfindliche Produkte sind besonders anfällig. PE-LLD ist als Verpackungsfolie u. a. deswegen beliebt, weil es eine geringere Neigung zu Stippenbildung hat. Stippenprüfungen erfolgen optisch (siehe Abschnitt 10.4.3.9).

10.4.3.11 Prüfung der optischen Eigenschaften

Unter *Transparenz* werden Lichtdurchlässigkeit, Trübung und Durchsichtigkeit bzw. Klarheit verstanden. Außerdem ist der Glanz für Verpackungen wichtig.

Die *Lichtdurchlässigkeit* (Transmission) von Kunststoffen ist für die Verpackung von großer Bedeutung. Sie kann durch Messung der Strahlungsintensität von Lichtquellen verschiedener Wellenlängenbereiche mit und ohne Zwischenschaltung einer Kunststoffolie festgestellt werden. Der Meßwert wird als Prozentsatz ausgedrückt. Folien mit ca. 90 % Transparenz erscheinen dem Auge bereits glasklar.

Transparenzwerte allein sind für den Gebrauchswert noch nicht genügend aussagefähig. Eine Folie kann z. B. für die Verpackung eng anliegender Güter durch Kontakttransparenz geeignet sein, während sie bei von der Folie entferntem, z. B. stückigem Packgut unannehmbar ist. Eine praxisnähere Methode beobachtet deshalb den Grad der Verzerrung eines Objekts durch eine Folie, wobei das Aussehen eines Netzgitters durch die Testfolie mit einer Reihe von acht Abbildungen verglichen wird, bei denen die Beeinträchtigung des Bilds durch verschiedene transparente Folien standardisiert wurde. Die Testfolie erhält die Nummer des Standardbildes, dem ihre Transparenz am nächsten kommt. Prüfnormen sind ASTM D 1003 und DIN 53 490.

Trübung (Haze), bedingt durch die Großwinkelstreuung, ist ein Maß für das wolkige oder milchige Aussehen transparenter Folien. Man unterscheidet *innere Trübung* oder Volumentrübung durch Inhomogenitäten in der Folie von *Oberflächentrübung* durch Fehler in der Oberfläche. Einheit ist Prozent. Prüfnormen sind ASTM-D 1003-61, DIN 5036 und DIN 53 490. Gemessen wird in Prozent der Teil des durchgelassenen Lichts, der von der Richtung des einfallenden Lichtstrahls infolge von Vorwärtsstreuung abweicht. Je geringer die Trübung, um so höher sind Transparenz und Glanz.

Die Bildschärfe (Clarity) wird durch die Kleinwinkelstreuung bestimmt. Zur Erzielung bestimmter optischer Eigenschaften werden Folien mit Färbemitteln versetzt. Hiermit werden je nach Bedarf durchscheinende (transluzente) oder opake Produkte erhalten, z. B. opake BOPP-Folien.

Glanz bzw. Hochglanz ist die Eigenschaft einer Oberfläche, einfallendes Licht zu reflektieren. Hoher Glanz ist bei der Verpackung wichtig. Der Glanzgrad wird durch Messung der Reflexion des in einem bestimmten Winkel einfallenden Lichts gemessen. Dieser Winkel sollte bei hochglänzenden Oberflächen bzw. Folien 20° betragen. Hohe Werte bedeuten stark glänzende Oberflächen. Maßeinheit ist Prozent. Prüfnormen sind DIN 67 530, ASTM-D 2457, ASTM-D 523. Hoher Glanz bedeutet bei Folien geringe Trübung. Beide Werte hängen u. a. von der Temperatur bei der Fertigung auf der Kühlwalze ab.

10.4.3.12 Prüfung auf Freilagerungsfähigkeit von Folienpackmitteln (Säcken)

Die Beurteilung der Haltbarkeit von Foliensäcken für die Freilagerung erfolgt entweder durch zeitaufwendige Außenbewitterungsversuche oder durch zeitraffende Bestrahlung mit Xenonlampen im Laboratorium. Hierfür haben im wesentlichen DIN 53 384 bis DIN 53 389 Bedeutung.

Die Alterung der Folien wird dabei in Zeitabständen durch Messung der Reißdehnung im Zugversuch beurteilt. Ein Sack gilt dann als geschädigt, wenn die Reißdehnung des Sackmaterials auf unter 50 % des Ausgangswertes abgefallen ist.

Es können im Labor jedoch nicht die tatsächlichen Lagerbedingungen vor Ort nachgestellt werden, da zusätzliche Einflüsse von Umwelt, Füllgütern und Umgebung in die Laborprüfung nicht eingehen. Zum UV-Schutz von Säcken werden heute Einfärbungen, Absorber, Quencher und HALS-Stabilisatoren eingesetzt (siehe Abschnitt 5.3).

10.4.4 Durchlässigkeit (Permeabilität) von Verpackungskunststoffen

Folien bzw. Wände von Kunststoffpackmitteln sind für Gase, Dämpfe oder Flüssigkeiten mehr oder weniger durchlässig. Hochwertige Packgüter müssen vor Einwirkungen aus der Umgebung geschützt und der Austritt von wichtigen Inhaltsstoffen verhindert werden. Für Verpackungen wichtig sind die Wasserdampfdurchlässigkeit, die Gasdurchlässigkeit sowie die Durchlässigkeit für Dämpfe, Aromastoffe und Flüssigkeiten.

Hohe oder niedrige Durchlässigkeiten für bestimmte Stoffe können je nach dem Packgut erwünscht oder unerwünscht sein. Für sauerstoffempfindliche Packgüter wird eine niedrige Durchlässigkeit für Sauerstoff gefordert, um einen Verderb der Ware durch Oxidation zu verhindern. Für das Verpacken von Frischfleisch sollen unter bestimmten Umständen die verwendeten Folien eine höhere Sauerstoffdurchlässigkeit aufweisen, damit die hellrote Färbung des Fleisches erhalten bleibt (siehe Abschnitt 3.5.2.4). Die Durchlässigkeit für Wasserdampf ist relativ häufig unerwünscht.

innen	Wand	außen	Lösungs-diffusionsschritt	Einflußfaktoren
			Adsorption	Oberflächengröße Oberflächenstruktur Oberflächenspannung (Benetzbarkeit, Polarität) Morphologie des Kunststoffs Konzentration, Partialdruck und Polarität des Permeanten
			Sorption	Löslichkeit des Permeans im Werkstoff, Konzentration oder Partialdruck des Permeans Morphologie des Werkstoffs (Dichte, Kristallinität, Orientierung, Vernetzung, Füllstoffgehalt)
			Diffusion	Kohäsionsenergiedichteunterschied von Permeant und Werkstoff Konzentrations- bzw. Partialdruckgefälle des Permeanten Morphologie und Molekülaufbau des Werkstoffs Größe und Struktur des Permeantenmoleküls
			Desorption	Oberflächenstruktur Dampfdruck und Siedepunkt des Permeanten Konzentrationsgefälle zwischen äußerer Oberfläche und Umgebung Oberflächenspannung von Werkstoff und Permeant Konvektion

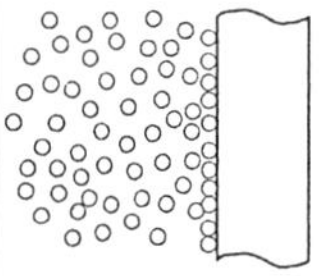

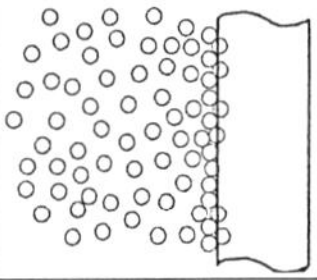

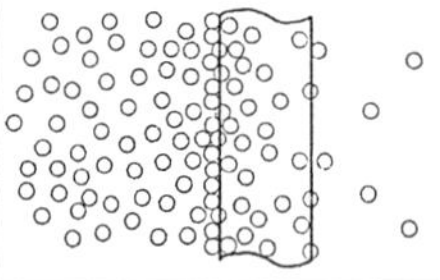

Bild 10.6 Stufen der Permeation

10.4 Prüfverfahren und -begriffe für Packstoffe

Mikroporen, Haarrisse, Beschädigungen durch Falt- oder Knickvorgänge, undichte Verschlüsse und ähnliche Fehlstellen in einer Verpackung führen zu einer Durchlässigkeit, die auf *Strömung oder Diffusion* beruht. Bei Kunststoffen tritt jedoch auch ohne das Vorhandensein von Poren eine *Gasdurchlässigkeit (Permeation)* im engeren Sinn auf.

10.4.4.1 Grundlagen der Permeabilität

Unter *Permeation* versteht man den Durchgang von Gasen, Dämpfen und Flüssigkeiten durch Folien oder Wände von Hohlkörpern, wenn zwischen den beiden Seiten ein Partialdruckunterschied des permeierenden Stoffs besteht. Sie vollzieht sich in den Schritten (Bild 10.6):
– Adsorption des Gases an die Gefäßwand,
– Absorption durch Lösen des Gases im Kunststoff von der Seite höheren Partialdrucks,
– Diffusion des gelösten Gases durch die Kunststoffschicht (Lösungsdiffusion),
– Desorption durch Austreten des gelösten Gases bzw. Dampfs aus der anderen Wandseite.

Die kennzeichnende stoff- und temperaturabhängige Kenngröße (Tabellen 10.5 bis 10.8) für diesen Vorgang ist der Permeationskoeffizient P. Er gibt an, welche Gas- bzw. Dampfmenge durch eine Kunststoffschicht (Folie) bekannter Fläche und Dicke in einer bestimm-

Tabelle 10.5 Beispiel für den Einfluß des Wassergehalts im Polymer auf den Permeationskoeffizienten

Wasseraufnahme	Polymer	O_2-Permeationskoeffizient $\dfrac{cm^3 \cdot \mu m}{dm^2 \cdot d \cdot bar}$
keine	Polyamid 6	4
gesättigt	Polyamid 6	19

Tabelle 10.6 Beispiel für den Einfluß der Polarität auf das Permeationsverhalten

Polarität	Polymer	polare Seitengruppe im Molekül	O_2-Permeationskoeffizient $\dfrac{cm^3 \cdot \mu m}{dm^2 \cdot d \cdot bar}$
fallend	Polyvinylalkohol (PVAL)	-OH	0,04
	Polyacrylnitril (PAN)	-CN	0,2
	Polyvinylchlorid (PVC)	-CT	30
	Polyvinylfluorid (PVF)	-F	65
	Polypropylen (PP)	-CH_3	600
	Polystyrol (PS)	-Phenyl	1.600
	Polyethylen niedriger Dichte (PE-LD)	-H	1.900

Tabelle 10.7 Beispiel für den Einfluß der Molekülsymmetrie auf das Permeationsverhalten

Symmetrie	Polymer	O_2-Permeationskoeffizient $\dfrac{cm^3 \cdot \mu m}{dm^2 \cdot d \cdot bar}$
zunehmend	PVC, ataktisch	39
	PVC, isotaktisch	19
	PVDC	1,9

Tabelle 10.8 Beispiel für den Einfluß der Kristallinität auf das Permeationsverhalten

Kristallinität %	Polymer	O_2-Permeationskoeffizient $\dfrac{cm^3 \cdot \mu m}{dm^2 \cdot d \cdot bar}$
0	Naturkautschuk-Elastomer	17 500
50	Polyethylen niedriger Dichte	1 870
80	Polyethylen hoher Dichte	430

ten Zeit hindurchtritt, wenn zwischen den beiden Seiten der Schicht eine Partialdruckdifferenz besteht, wodurch ein ständiger Gasaustausch zwischen innen und außen, insbesondere bei Schutzgas- und Vakuumverpackungen erfolgt.

Die Gasmenge Q, die im stationären Zustand während der Zeit t bei einer Partialdruckdifferenz Δp durch eine gegebene Packungsoberfläche F mit einer Materialdicke D hindurchwandert, ergibt sich aus:

$$Q = P \cdot \frac{F \cdot t \cdot \Delta p}{D}$$

P ist die Permeationskonstante, die angibt, wieviel cm^3 eines Gases bzw. g Wasserdampf bei einem Partialdruckgefälle von 1 bar von Seite zu Seite einer Fläche von 1 m^2 mit einer Dicke von 1 μm in 1 Tag (bei 23 °C und 85 % rel. Luftfeuchte für Wasserdampf) durchtreten.

$$P = \left[\frac{cm^3 \cdot 100\,\mu m}{m^2 \cdot d \cdot bar} \right]$$

F = zu prüfende Fläche [m^2]   Δp = Partialdruckdifferenz der Folienoberflächen [bar]
t = Einwirkungsdauer [Tage]   D = Foliendicke [μm] (D ~ P/Q)

Die Menge des durch eine Folie durchtretenden Gases ist danach proportional der Fläche, der Einwirkungszeit und der Partialdruckdifferenz und umgekehrt der Foliendicke.

Die Permeationskonstante ist eine stoffspezifische Kenngröße, die jeweils nur für ein bestimmtes Gas und einen bestimmten Kunststoff gilt. Sie ergibt sich aus dem Produkt der Löslichkeitskonstanten und der Diffusionskonstanten des gegebenen Gases in dem vorliegenden Kunststoff.

Für Verbundfolien aus verschiedenen Kunststoffschichten ergibt sich die Gasdurchlässigkeit Q_{ges} aus den Gasdurchlässigkeiten der Einzelschicht Q_n nach:

$$\frac{1}{Q_{ges}} = \frac{1}{Q_1} + \frac{1}{Q_2} + \cdots \frac{1}{Q_n}$$

Bei bestimmten Kunststofftypen steigt die Permeabilität mit abnehmender Kristallinität und Packungsdichte. Deshalb sind meist vorwiegend amorphe Kunststoffe für Gase und Dämpfe durchlässiger als vorwiegend kristalline Kunststoffe. Die Packungsdichte bestimmt die durch Platzwechselvorgänge stattfindende Diffusion, daneben aber auch die Löslichkeit des wandernden Stoffs im Kunststoff (Tabellen 10.5 bis 10.8).

Demnach ist die Permeabilität vom Typ des Kunststoffs, seiner Polarität und den entsprechenden Wechselwirkungen mit dem Gas abhängig. Weichmacher, Füllstoffe und Pigmente erhöhen in den meisten Fällen die Permeabilität, vor allem wenn eine schlechte

Koppelung der Füllstoffe oder Pigmente in der Kunststoffmatrix vorliegt. Langwierige Quellvorgänge des Füllguts im Kunststoff können erhebliche Abweichungen – meist Erhöhungen – der Permeationsmengen vom „idealen" Permeationsverhalten verursachen. Bild 10.7 zeigt Barrierewerte wichtiger Verpackungsfolien.

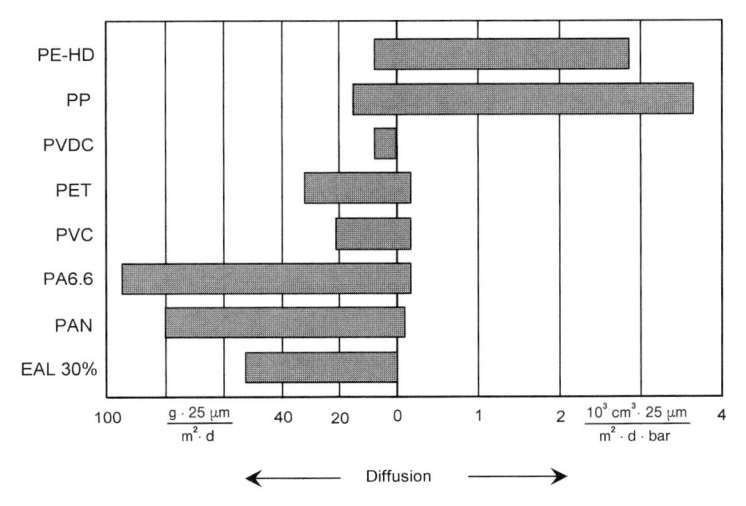

Bild 10.7 Barrierewerte von Verpackungsfolien aus Kunststoff (25 µm) für Sauerstoff und Wasserdampf bei 23 °C und 70 % relativer Luftfeuchte

Wichtigste Permeanten

Die Tabellen 10.9 bis 10.11 geben Beispiele für die Bedeutung von Permeationsbarrieren. Die permeierten Wasserdampfmengen werden in g/m^{2}d angegeben; Gasmengen dagegen in cm^3/m$^2 \cdot$ d $\cdot$ bar bzw. in ml/m$^2 \cdot$ d $\cdot$ bar.

Wasserdampf: Im Fall einer Permeation von innen nach außen können durch Verdampfung Gewichtsverluste und Veränderungen von Wirkstoffkonzentrationen des Füllguts auftreten. In umgekehrter Richtung führt die Wasseraufnahme bei trockenen, hygroskopischen Produkten zum Verklumpen bei amorphen Substanzen zum Kristallisieren, bei anderen zu Mikrobenaktivitäten, enzymatischen oder chemischen Reaktionen. Zerstörung von Emulsionen (Fett-Wasser) führen zu „Fetträndern", Wasserverlust bei Fleisch zum „Trockenbrand".

Tabelle 10.9 Geforderte Barrierewerte für exemplarische Lebensmittel bei einem Jahr MHD (bei 25 °C)

Lebensmittel	Max. tolerierbare Zunahme am Sauerstoff ppm	Max. tolerierbare Änderung des Wassergehalts %	Ölbeständigkeit gefordert	Barriere gegen flüchtige organische Wirkstoffe notwendig
Dosenverpackungen für				
Milch	1 bis 5	–3%	•	–
Fleisch, Fisch, Geflügel	1 bis 5	–3%	•	•
Babynahrung	1 bis 5	+2%	•	•
Instantkaffee	5 bis 15	+5%	•	–
Nüsse, Knabbereien	10 bis 40	–4%	–	•
Fruchtsäfte	50 bis 200	+10%	•	–
Öle, Salatsoßen	50 bis 200	+10%	•	•

Tabelle 10.10 Schädliche Auswirkung auf Lebensmittel bei fehlender Sperrwirkung

Ursache	Wirkung
Eindringen von Sauerstoff	Oxidation von Fetten („ranziger" Geschmack) Abbau von Wirkstoffen (Vitaminen) durch Oxidation Denaturierung von Proteinen Verderb in Folge von pH-Wert-Verschiebung Vermehrtes Wachstum von Fäulnisorganismen (Schlimmelpilzbefall, Bakterienbildung) Aromazerstörung (organoleptische Veränderungen) Zerstörung von Emulsionen
Eindringen von Feuchtigkeit	Wachstum von Mikroorganismen wie Bakterien. Schimmel und Hefe Verlust von Produkteigenschaften wie Knusprigkeit Verklumpung des Füllguts (Trockennahrung) Zestörung des Produkts (Tabletten)
Verlust von Feuchtigkeit	Austrocknen Gewichtsverlust Konsistenzänderung (Ausfallen von löslichen Produkten)

Tabelle 10.11 Wasserdampf- und Sauerstoffdurchlässigkeit von Kunststoffen bei 100 µm Dicke

Kunststoff	Durchlässigkeit	
	Wasserdampf (85 – 0% r. F) g/(m^{2}d)	Sauerstoff (trockenes Gas) cm^3/(m^{2}d bar)
PE-LD	0,7 bis 1,2	1 000 bis 1800
PE-HD	0,2 bis 0,3	510 bis 650
PP	0,2 bis 0,9	500 bis 650
PVC	1,5 bis 3	20 bis 30
PET	1,5 bis 2	9 bis 15
PS	10 bis 13	1 000 bis 1300
PVDC	0,05 bis 0,3	0,5 bis 3
E/VAL	–	0,03 bis 0,07

Sauerstoff: Eindringender Sauerstoff kann bei Fetten, fetthaltigen Produkten, Ölen, Getränken und Konzentraten die Zersetzung oxidierbarer Bestandteile verursachen, was zu Vitaminabbau, Farbveränderungen (u. a. Oxymyoglobinreaktion bei Frischfleisch) oder Geschmacks- und Geruchsbeeinflussung führen kann.

Kohlendioxid: Der Anfangsgehalt von Kohlensäure in Getränken, z. B. in Bier, muß trotz hoher Innendrücke über die vom Abfüller geforderte Lagerzeit gehalten werden (vgl. auch MAP- und CAP-Verpackungen).

Schwefeldioxid: Bei Weinen führt der Verlust von Schwefeldioxid oft zum Verderb, vor allem bei säurearmen Weinen.

Stickstoff: Oft werden Güter unter Stickstoffatmosphäre verpackt, um durch Wegspülung des Sauerstoffs Keime im Wachstum zu hindern. Der Stickstoffdruck in der Verpackung liegt dabei meist über dem Partialdruck des Luftstickstoffs auf der Außenseite der Verpackung, so daß eine Permeation stattfindet.

Aroma- und Duftstoffe: Sowohl Aromaverlust des Füllguts aus der Verpackung, als auch Aroma- und Geruchsaufnahme von außerhalb der Verpackung befindlichen Fremdgeruchsstoffen, wie Toluol in Schokolade oder Seifengeruch in Tee, können die Qualität eines Füllgutes wesentlich beeinträchtigen und zur Unverkäuflichkeit des Produkts führen.

Öle und Fette: Diffundierende Öle und Fette verursachen schmierige Filme auf der Außenseite von Packmitteln und Flecken im Verbund durch Migration.

Einflußfaktoren: Die Permeation wird von der Art des permeierenden Moleküls, vom verwendeten Kunststoff sowie von den klimatischen Umgebungsverhältnissen bestimmt.

Art des permeierenden Moleküls

Für die Permeation ist sowohl die Löslichkeit (Henry'sches Gesetz) als auch die Diffusion (Fick'sches Gesetz) der Gasmoleküle im Kunststoff verantwortlich. Aus dem Produkt von Löslichkeit und Diffusion ergibt sich die Permeation P der Kunststoffe, wobei z. B. $P_{CO_2} > P_{O_2} > P_{N_2}$ spezifisch nach Art und Beschaffenheit des verwendeten Kunststoffes sind. Art und Beschaffenheit des (verwendeten) Kunststoffs wirken sich auf die Permeation aus. Beispiele zeigen die Tabellen 10.5 bis 10.8.

Klimatische Umgebungsverhältnisse

Die Beurteilung der Sperreigenschaften ohne Beachtung der klimatischen Bedingungen würde zu falschen Schlußfolgerungen verleiten. Mit zunehmender Temperatur, bei einigen Kunststoffen auch mit zunehmender Luftfeuchtigkeit, steigt die Permeation überproportional an (Bild 10.8). Außerdem ist zu beachten, daß in der Praxis das Partialdruckgefälle oft von dem bei der Prüfung eingestellten Wert abweicht. Maßgeblich für die Temperaturabhängigkeit ist die Arrhenius-Gleichung:

$$Q = Q_\infty \cdot e^{-E/RT}$$
$$\ln Q = \ln Q_\infty - E/RT$$

mit T = Temperatur in Kelvin, Q = Durchlässigkeit bei der Temperatur T, Q_∞ = Durchlässigkeit bei der Temperatur T = ∞, E = Aktivierungsenergie und R = absolute Gaskonstante.

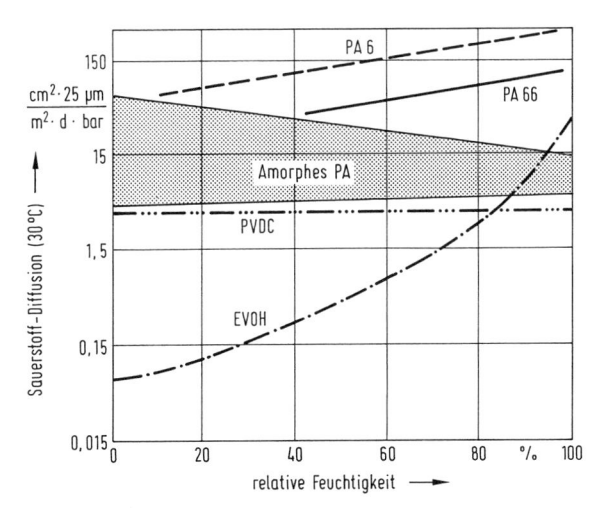

Bild 10.8 Einfluß der Feuchtigkeit auf die Sperrwirkung gegen Sauerstoff bei 30 °C für Hoch- und Mittelbarrierekunststoffe (nach *Rellmann*)

Bild 10.8 zeigt die Abhängigkeit der Sauerstoffdurchlässigkeit verschiedener Kunststofffolien von der relativen Luftfeuchtigkeit; Bild 10.9 zeigt die Abhängigkeit der Sauerstoffdurchlässigkeit von der Temperatur.

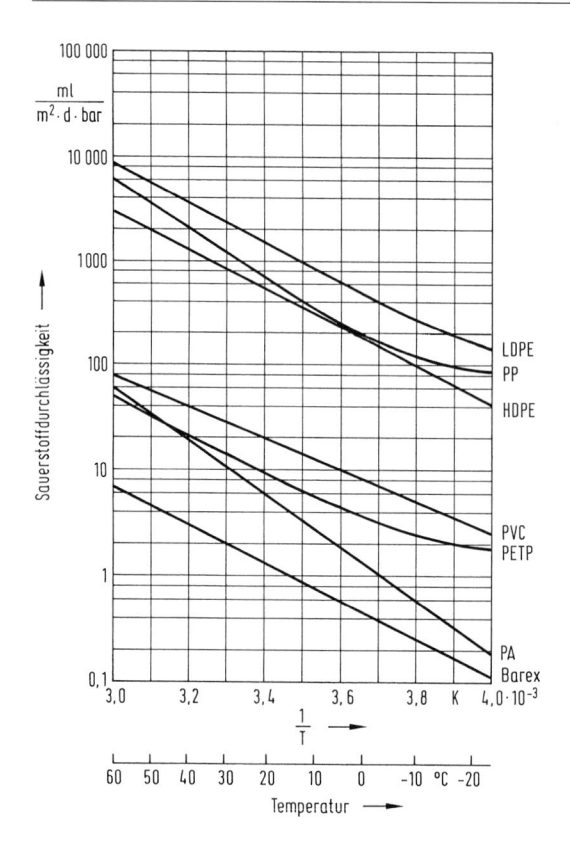

Bild 10.9 Temperaturabhängigkeit der Sauerstoffdurchlässigkeit verschiedener Kunststoffolien (nach *Teichmann*)

10.4.4.2 Permeationsmessungen – Meßverfahren

Solche Messungen können vorgenommen werden, indem die in das Meßgerät eingespannten Folien der zu prüfenden Packstoffe einseitig mit strömendem Gas oder Wasserdampf unter bestimmtem Partialdruck beaufschlagt werden. Die in vorgegebener Zeit permeierte (diffundierte) Gasmenge wird durch ein Meßkapillarsystem volumetrisch oder manometrisch gemessen. Die Wasserdampfpermeation kann auch gravimetrisch durch die Gewichtszunahme eines vorgelegten Absorptionsmittels wie $CaCl_2$ oder Silicagel bestimmt werden.

Die *Gasdurchlässigkeit* ist nach DIN 53 380 als das in 24 Stunden unter bestimmten Bedingungen permeierte Gasvolumen definiert, die *Wasserdampfdurchlässigkeit* als Gewichtsmenge nach DIN 53 122. Die Prüfnormen finden sich in DIN 16 995.

Wasserdampfdurchlässigkeit – Gravimetrisches Verfahren

Dieses gravimetrische Verfahren für die Bestimmung der Wasserdampfdurchlässigkeit nach DIN 53 122, Teil 1, wird als Schalenmethode bezeichnet. Zur Prüfung wird die mit einem Absorptionsmittel (z. B. Kieselgel oder $CaCl_2$) gefüllte Schale mit der Probe abgedeckt, wobei der Schalenrand mit Wachs abgedichtet ist. Sie wird in einem bestimmten Prüfklima gelagert und ihre Gewichtszunahme wird in Abhängigkeit von der Zeit gemessen (Bild 10.10). Wenn die Gewichtsänderung linear mit der Zeit verläuft, wird aus der ermittelten Gewichtsänderung und der freien Probenfläche die Wasserdampfdurchlässigkeit berechnet. Die Einheit ist g/m²·d (ISO R 1195, DIN 53 122, BS 3177 und BS 2782 Teil 5). Das Verfahren kann für einen Bereich der Wasserdampfdurchlässigkeit von ca. 1 bis 250 g/m²d angewandt werden.

Tabelle 10.12 Gas- und Wasserdampfdurchlässigkeit von Verbundfolien (nach *Hinsken*)

Verbundaufbau	Dicke (Beispiel) µm	Durchlässigkeit			
		O_2*) $\frac{ml}{m^2 \cdot d \cdot bar}$	CO_2*) $\frac{ml}{m^2 \cdot d \cdot bar}$	N_2*) $\frac{ml}{m^2 \cdot d \cdot bar}$	WD**) $\frac{ml}{m^2 \cdot d \cdot bar}$
NC / Zellglas / NC / PE	3/23/3/50	125 (75% rel. F.)	750 (75% rel. F.)	40 (75% rel. F.)	2,5
PVDC / Zellglas / PVDC / PE	3/23/3/50	10 (75% rel. F.)	40 (75% rel. F.)	3 (75% rel. F.)	1
PET / PE	12/75	100	450	1	1,2
PET / PVDC / PE	12/3/75	10	55	1	0,7
PET / Metallis. / PE	12/75	< 1	2	< 1	0,2
PE / Alu / PE	12/9/75	< 0,1	nicht meßbar	nicht meßbar	< 0,1
uPA / PE	25/65	35 (75% rel. F.)	105 (75% rel. F.)	8 (75% rel. F.)	1,8
uPA / PE	100/200	8 (75% rel. F.)	25 (75% rel. F.)	2 (75% rel. F.)	0,8
oPA / PE	15/75	35 (75% rel. F.)	200 (75% rel. F.)	8 (75% rel. F.)	2
oPA / Metallis. / PE	15/75	3 (75% rel. F.)			0,7
uPP / PE	20/40	1 800			1,3
oPP / PE	20/40	1 200	3 500	250	0,8
oPP / Metallis. / PE	20/40	40			0,3
oPP / Alu / PE	20/9/75	< 0,1	nicht meßbar	nicht meßbar	< 0,1
PVC / PE	200/75	30	65	7	0,7
PVC / PE	500/75	12	27	3	0,4

*) Gasdurchlässigkeit gemessen nach DIN 53 380 bei 23 °C, 0% rel. F. (Ausnahmen bei 75% rel. F. wegen Feuchteaufnahmevermögen der entsprechenden Trägerschicht)
**) Wasserdampfdurchlässigkeit gemessen nach DIN 53 122 bei 23 °C, 85% Feuchtedifferenz

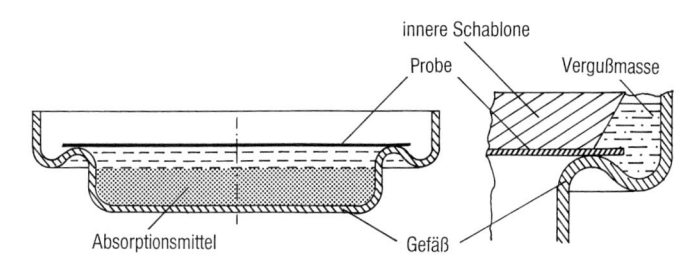

Bild 10.10 Absorptionsraum zur gravimetrischen Bestimmung der Wasserdampfdurchlässigkeit und Vorrichtung zum Vergießen (rechts)

Elektrolyseverfahren

Ein wesentlich empfindlicheres und schnelleres Meßverfahren ist das sogenannte Elektrolyseverfahren (DIN 53 122, Teil 2, Bild 10.11). Es arbeitet mit einer Trägergasmethode (N_2), wobei der durch die Probe diffundierte Wasserdampf in einer Elektrolysezelle zersetzt wird. Der Zersetzungsstrom ist das Maß für die Wasserdampfdurchlässigkeit der Probe. Das Verfahren ist geeignet für die Messung von Wasserdampfdurchlässigkeiten von 0,01 bis etwa 10 $g/m^2 \cdot d$. Mit einer temperierbaren Permeationszelle können Messungen bei Temperaturen von $-20\,°C$ bis $+50\,°C$ durchgeführt werden.

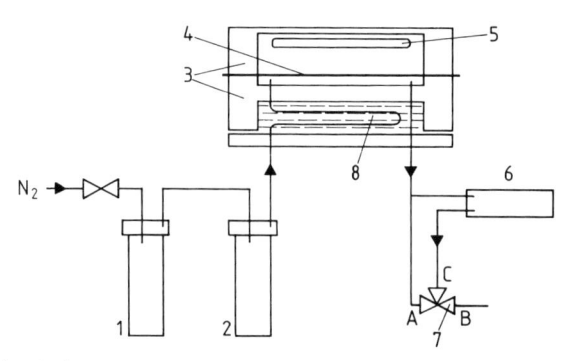

Bild 10.11 Prinzipskizze des Elektrolyseverfahrens zum Messen der Wasserdampfdurchlässigkeit (nach DIN 53 122 Teil 2)
1, 2: Trockner mit Molekularsieb, 3: zweiteilige Permeationszelle, 4: Probe, 5: Glassinterfritte (zum Einstellen einer konstanten rel. Feuchte mit Schwefelsäure getränkt), 6: Elektrolysezelle nach *Kreidel*, 7: Umschaltventil, 8: Kapillare für die Trägergasleitung

Gasdurchlässigkeit

Für die Messung der Gasdurchlässigkeit werden in ISO 2556, ASTM D1434 und DIN 53 380 ein volumetrisches und ein manometrisch/volumetrisches Verfahren beschrieben. Außerdem gibt es das Verdunstungs-Verfahren nach Lyssy und das Oxtran-Verfahren, die sich im Meßprinzip von den DIN-Verfahren unterscheiden und deren Geräte teurer sind. Moderner und eleganter sind die *Trägergas-Methoden* zu handhaben.

Manometrische Meßmethoden der Gasdurchlässigkeit

Diese alten Verfahren sind die Grundlage der Normen ISO 2556, DIN 53 380, BS 2782 Teil 8, 821 A und ASTM D 1434. Anhand von Druck- und Volumenänderungsmessungen wird diejenige Gasmenge, die in einer bestimmten Zeit durch eine Probe permeiert, bestimmt. Die Prüfanordnungen zeigt Bild 10.12.

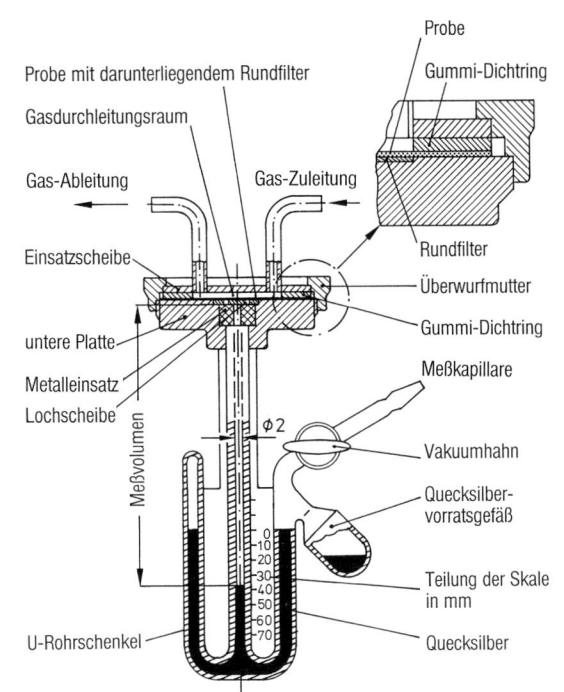

Bild 10.12 Prüfanordnung zum Messen der Gasdurchlässigkeit (nach DIN 53 380 Teil 1, mit meßbarem veränderlichem Druck; es kann auch mit konstantem Druck und veränderlichem Volumen gearbeitet werden.)

Gasphasenmethode

Eine moderne Meßanordnung, die auf der Permeation des untersuchten Stoffes aus einer Gasphase durch eine Folie in eine zweite Gasphase beruht, zeigt Bild 10.13 (nach *Franz* 1992).

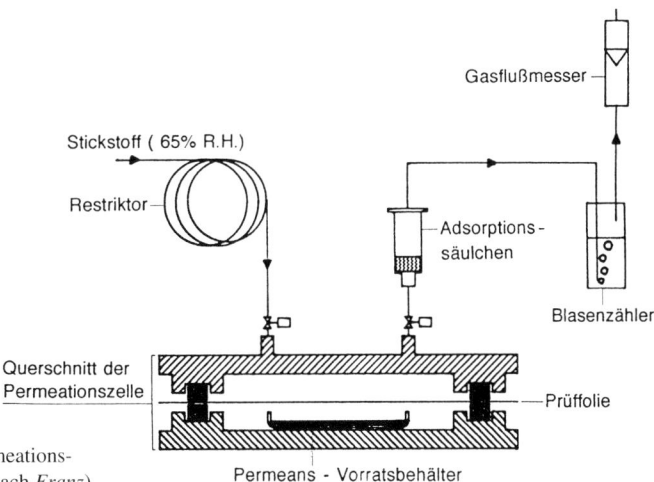

Bild 10.13 Anordnung zur Permeationsmessung organischer Dämpfe (nach *Franz*)

Hierbei wird das Permeans, um dessen Konzentration in Polymeren beliebig klein zu halten und dadurch Quellungen zu vermeiden, in einem sehr schwer flüchtigen flüssigen Medium, z. B. Polyethylenglykol, gelöst. Die permeierte Stoffmenge wird von einem Gasstrom in ein Sorptionsröhrchen transportiert. Nach bestimmten Zeitintervallen wird die sorbierte Menge extrahiert und gaschromatographisch bestimmt.

Trägergas-Methoden zur Gaspermeationsmessung

Bei diesen modernen Methoden wird die Probe auf beiden Seiten unter gleichem Druck von Gas umströmt. Die Probe trennt in der Prüfzelle die beiden Kammern. Das Prüfgas strömt mit konstanter Geschwindigkeit durch die eine Kammer, und ein Trägergas, ebenfalls mit konstanter Geschwindigkeit durch die andere Kammer. Der permeierende Prüfgasanteil wird durch das Trägergas einem Detektor zugeführt, der entweder nach dem Absorptions- oder dem Wärmeleitfähigkeitsprinzip arbeitet. Vorteil dieses Meßverfahrens ist das Fehlen mechanischer Abdichtvorrichtungen für die Probe, da beide Gase gleichen Druck haben, meist 1 bar.

Bei möglichen kleinen Partialdruckdifferenzen über der Probe und einem hydrostatischen Druck von 1 bar können Praxisbedingungen für Verpackungsfolien im Laboratorium simuliert werden. Diese kleinen Partialdruckdifferenzen realisiert man dadurch, daß man das Trägergas durch beide Kammern strömen läßt und einen Gasstrom durch das Permeans „verunreinigt". So können durch Permeationen Folien bei Partialdruckdifferenzen von weniger als 100 Pa mit einem UV-Detektor nachgewiesen werden. Durch den Einbau einer Gaschromatographiesäule zwischen Meßzelle und Detektor ist es möglich, Gasmischungen als Permeans zu verwenden und ihre individuellen Permeationsbeiträge zu messen.

Sonstige Permeations-Prüfmethoden

Eine weitere Methode verwendet als Detektor ein *Massenspektrometer*. Bei einer kalorimetrischen *Methode* wird die Permeation von Sauerstoff mittels hierdurch katalysierter Bildung von *Kupferammonium-Ionen* in einer Ammoniak-Lösung bestimmt. Zwei andere Verfahren arbeiten mit der *Sorption* des Permeans durch das Probenmaterial, d. h. mit nichtstationären Methoden, wobei mittels einer hochempfindlichen Torsionswaage die Gewichtsänderung der Probe während des Gasabsorptionsvorgangs bestimmt wird. Die vom Sauerstoffgehalt abhängige *Thermolumineszenz* von Polymeren kann ebenfalls als Meßgrundlage dienen. Auch Verfahren mit radioaktiven *Isotopen* sind möglich.

Aroma- und Riechstoffdurchlässigkeit

Sowohl der Verlust von Aroma- und Riechstoffen aus dem Packgut, als auch der Zutritt unerwünschter Riechstoffe aus der Umgebung müssen geprüft werden.

Für die quantitative Erfassung der Riechstoffdurchlässigkeit von Packstoffen gibt es Meßmethoden, die einen gewissen Aufwand erfordern, da sie instrumentelle Analytik benötigen. In der Praxis werden deshalb vorwiegend sensorische Verfahren angewandt, die es gestatten, Packstoffe hinsichtlich ihrer Aroma- bzw. Riechstoffdurchlässigkeit zu differenzieren und im Falle der Prüfung mit Originalfüllgut die generelle Eignung eines Packstoffs zu beurteilen. Will man das Permeationsverhalten von Gemischen selektiv ermitteln, werden Gaschromatographen zur Analyse des Permeantenstroms eingesetzt.

Bei der *ILV-Methode* (Merkblatt 16 des ILV) wird die Probe zwischen die beiden Hälften eines zweiteiligen Prüfgefäßes aus Glas eingespannt (Bild 10.14). Im unteren Teil des Gefäßes befindet sich der Riechstoff oder Riechstoffträger (Packgut), der obere Teil, der sogenannte Abriechraum, wird nach einer bestimmten Lagerdauer abgerochen. Je nach Aufstellung der Gefäße während der Lagerung ist es möglich, zwischen der Prüfung mit und ohne Füllgutkontakt des Packstoffes zu unterscheiden, was dem Aromaverlust des Packguts bzw. Riechstoffzutritt von außen entspricht.

Bei Zigarettenverpackungen hat man versucht, die Messung der Aroma-Durchlässigkeit wie folgt zu objektivieren: In einem *Zweikammerbehälter* werden die beiden Kammern durch eine Folie getrennt. Eine Kammer wird mit einem *Stickstoff-Menthol-Gemisch*, die andere mit reinem Stickstoff befüllt. In einem Langzeitversuch über mehrere Wochen wird der Anstieg des Menthol-Gehalts in der Kammer mit reinem Stickstoff gemessen. Diese Methode erlaubt Rückschlüsse auf die relative Aromadurchlässigkeit verschiedener Folientypen.

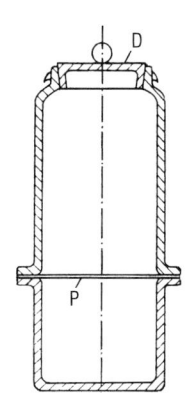

Bild 10.14 Prüfgefäß zum Ermitteln der Riechstoffdurchlässigkeit (nach ILV)
D: Schliffdeckel, P: eingespannte Probe

Die *Durchlässigkeitswerte* sind abhängig vom Polymertyp, dessen Molekülaufbau, Polarität, Kristallinität, Symmetrie, Füllstoff- und Weichmacherart und -menge, Reckverhältnis, Temperatur, Feuchtigkeit, Druckunterschiede u. a. (Tabelle 10.5 bis 10.8).

Auswahl geeigneter Kunststoffe für Sperrschichtbildung

Die *Polyolefine* PE-HD, PE-LD und PP bilden für sehr viele Zwecke geeignete Wasserdampfsperren. Die Gasdurchlässigkeit für permanente Gase ist dagegen relativ hoch.
Polyvinylidenchlorid (PVDC) bewirkt sehr gute universelle Sperrschichten sowohl gegen Wasserdampf, als auch gegen permanente Gase, Aromen, Öle und Fette.
Ethylenvinylalkohol-Copolymerisat EVOH (EVAL) übertrifft das PVDC noch hinsichtlich seiner Sperrwirkung gegen trockene Gase und Aromen. Mit einem 20%igen Ethylenanteil ist es 3- bis 20mal besser als Beschichtungen mit PVDC-Dispersionen und 10- bis 60mal besser als mit PVDC-Extrusionsharzen. Unter Wasserdampfeinfluß läßt die Sperrwirkung nach. Auch ist die Wasserdampfdurchlässigkeit extrem hoch.
Polyvinylidenfluorid PVDF ist unter den chemisch resistenten Fluorkunststoffen relativ wenig durchlässig für kleine Gasmoleküle. Es hat hervorragende Barriereeigenschaften gegenüber großen Molekülen, wie Aromastoffen oder ätherischen Ölen. Bisher wird es wegen seines hohen Preises kaum für Verpackungen eingesetzt.

10.5 Prüfverfahren für Packmittel aus Kunststoffen

Die Hersteller von Packmitteln aus Kunststoffen sind immer mehr gezwungen, ihre Qualitätsprüfungen selbst durchzuführen.

10.5.1 Die Packmittelprüfung als Fertigteilprüfung

Diese soll kurz exemplarisch an blasgeformten Hohlkörpern im Überblick aufgezeigt werden (Tabelle 10.13). Die *Prüfverfahren* sind gegliedert in:

Sichtprüfungen, Dimensionsprüfungen, Festigkeitsprüfungen, Migrationsprüfungen, Permeationsmessungen, Chemikalienbeständigkeitsprüfungen, Spannungsrißprüfung, elektrostatische Prüfung, optische Prüfung, thermische Prüfung sowie *Spezialprüfungen auf Dichtheit, Sperrschichten, Druckfarbenhaftung, Etikettierflächenkontrollen, Verschließ-Öffnungskraftmessungen, Standfestigkeitsprüfungen.*

Tabelle 10.13 Prüfnormen für blasgeformte Kunststoff-Fertigteile nach DIN

Statistische Auswertung von Meßergebnissen	53 598
Prüfung von Kunststoff-Fertigteilen	53 760
Allgemeine technische Lieferbedingungen	55 407
Toleranzen für Flaschen und Hohlkörper aus Kunststoff	6 130
Toleranzen für Kunststoff-Formteile	16 901
Reservekraftstoff-Kanister aus PE	16 904
Stoßprüfungen K-Flaschen	55 441
Stoßprüfung von Kunststoffen	53 443
Kurzzeit-Stapeldruck	55 440
Zeitstand-Stapeldruck	53 757
Kurzzeit-Innendruck	53 758
Zeitstand-Innendruck	53 759
Bestimmungen der Gasdurchlässigkeit	53 380
Bestimmung der Wasserdampfdurchlässigkeit	53 112 (insbes. T2)
Organoleptisch-sensorische Prüfung	10 955
Chemikalienbeständigkeit	53 428
Beständigkeit des Verhaltens gegen Flüssigkeiten	53 476
Bewitterungstest	53 384, 53 387
Prüfklimate	50 008, 50 012, 50 014
Plax-Spannungskorrosionstest	55 457
Beständigkeit der elektrischen Widerstandwerte	53 482
Beurteilung der elektrostatischen Eigenschaften	53 486
Warmlagerung an Formteilen ohne Belastung	53 497
Warmlagerung an Formteilen mit Belastung	53 755
Gitterschnittprüfung von Anstrichen	53 151
Prüfung von Kunststoffolien ..., Wasserdampfdurchlässigkeit	53 122
Prüfung von Kunststoffolien ..., Gasdurchlässigkeit	53 380

Das wesentliche Eigenschaftsbild eines Packmittels bzw. einer Packung wird durch dessen Gestaltung und seine Verarbeitung geprägt. Spezielle Anforderungen an Packung bzw. Packmittel werden in *Artikelspezifikationen und annehmbarer Qualitätsgrenzlage (AQL) = Acceptable Quality Level* gestellt, welche eine funktionsgerechte Prüfung des entsprechenden Packmittels bzw. Packstücks erfordern. Für die Festlegung eines AQL-Werts ist es notwendig, daß die durch den Verwendungszweck bedingten Forderungen an das Prüfmerkmal quantitativ festliegen. Wegen der Rückweisquoten muß die durchschnittliche Qualitätslage einer Fertigung besser liegen als der festgelegte AQL-Wert.

Oft weichen in entsprechenden Prüfungen die Eigenschaften von denen der Muster bzw. der Probekörper ab, weil eingefrorene Orientierungs- und Spannungszustände oder Verformungsbehinderungen bei der Massenfertigung nicht denen der Muster bzw. Prüfstücke entsprechen, so daß bei mechanischen Belastungen anderes Verhalten auftritt.

Einzelne wichtige Prüfungen für Kunststoffverpackungen

Die *Sichtprüfung* zeigt *Verarbeitungsfehler* wie Oberflächendefekte in Glanz, Verschmutzung, Fremdeinwirkung, Farbe, Einfärbungsintensität, Düsenmarkierungen, Narbigkeit, Schmelzbruch. Außerdem *Formteildefekte* wie Beschädigungen, Einfallstellen, Verzug,

Gratbildung, Blasfehler, Formenversatz, Deformation, Standfestigkeit, Löcher, Fehlen von Zubehörteilen, Bearbeitungsfehler, Wandstärkenabweichungen, Nahtfehler. Weiterhin *Dekorierungsdefekte* bezüglich Vollständigkeit, Farbe, Positionierung, Haftung.

Diese Sichtkontrollen werden mit Hilfe von Grenzmustern, Farbkarten Artikelzeichnungen und Lehren ausgeführt. Die Automatisierung der Sichtkontrollen ist möglich, z. B. mit On-line-Bild-Erkennungsverfahren.

Dimensionsprüfungen umfassen auch die Gewichts- und Volumenprüfungen. Bei den Abmessungen sind die Standardtoleranzen für Kunststoff-Formteile nach DIN 16901 zuständig. Mittels Meßschieber, Mikrometer, Innentaster, Meßdornen, Meßlupen, Tiefenmesser, Meßlehren oder Meßmaschinen müssen die wichtigen Höhen-, Breiten-, Tiefen-, Innenmaße sowie Abgratreste der Hohlkörper und ihre Mündungen überwacht werden. Besonders wichtig hierbei sind die Messungen der Formentrennebene und die um 90° hierzu. Planität der Dichtfläche und Vertikalität des Hohlkörpers sind zu überprüfen. Weitere Prüfbereiche sind: Breite der *Bodenquetschnaht, Bodeneinzugstiefe,* was durch On-line-Messungen überprüft werden kann.

Die *Wanddickenkontrolle* wird in zwei Schnittebenen, parallel und senkrecht zur Längsachse, vorgenommen. Das Gewicht eines Packmittels gibt nur erste Hinweise auf die Formteilfestigkeit. Die *Wanddickenverteilung* ist, außer für die Durchlässigkeit, maßgeblich für die Stauch-, Stapel-, Stoßfestigkeit sowie das Verhalten des Packmittels auf den Abfüll- und Packanlagen. Auch die Belastungsanforderungen für die Gebrauchstüchtigkeit sind von der Wanddickenverteilung abhängig. Besonders für die Herstellung von Packmitteln für gefährliche Güter, wofür absolute Sicherheit garantiert werden muß, wird ein in den Blasprozeß integriertes „In-Mould-Measuring" (IMM) eingesetzt, das für die On-line-Wanddickenüberwachung verwendet werden kann.

Festigkeitsprüfungen

Auf *Stoßfestigkeit* wird bei Kunststoffpackmittel-Hohlkörpern durch den Falltest nach DIN 16904 und 55441 geprüft, da hierbei mehrachsige, praxisnahe Belastung simuliert wird. Für diesen Falltest werden die Prüfmuster mit den abzupackenden Füllgütern oder solchen entsprechender Konsistenz und Dichte sowie entsprechendem Kopfraum-Leervolumen befüllt und temperiert, wobei die eingeschlossenen Luft- oder Gasräume wegen ihrer Kompressibilität als Puffer wirken können.

Die *Kurzzeit-Stapeldruckprüfung* wird gemäß DIN 55440 bzw. 53757E mit einer Stauchpresse ausgeführt. Bei dem Stauchversuch wird ein Kraft/Verformungs-Diagramm aufgezeichnet.

Im *Zeitstand-Stapelversuch* nach DIN 53757 wird die Standzeit bis zum Bruch bzw. Undichtwerden des Packmittels oder bis zu einer bestimmten Deformation gemessen.

Der *Kurzzeit-Innendruckversuch* wird nach DIN 53758 ausgeführt und gemessen.

Der *Zeitstand-Innendruckversuch* erfolgt nach DIN 53759 und ermöglicht Aussagen über das Verformungs- und Bruchverhalten der Verpackungshohlkörper bei langzeiteinwirkender Innendruckbeanspruchung.

Die *Rüttelprüfung* dient der Überprüfung des Transportverhaltens von Verpackungen mit praxisnahen Testparametern. Sie erfolgt meist auf elektrohydraulischen Rütteltischen in Bereichen von 7 bis 100 Hz, 300 bis 1500 kg Belastbarkeit und 1 bis 7,9 g Beschleunigung.

Richtlinien üfür die Durchführung der Bauartprüfung und Zulassung von Verpackungen für die Beförderung gefährlicher Güter – R 002 (TRV 002) – werden vom Bundesminister für Verkehr im „Verkehrsblatt" (VkBl – Amtlicher Teil) herausgegeben.

Prüfvorschriften für Kunststoffgefäße – Laborverfahren – sind im „Verkehrsblatt", Amtlicher Teil, Heft 16, 1989 veröffentlicht. Wichtige Prüfungen sind: Fallprüfung, Echtheitsprüfung, Innendruckprüfung, Stapeldruckprüfung, Beständigkeitsprüfung gegenüber Chemikalien. Die Kunststoffproduzenten führen Beständigkeitslisten ihrer Kunststoffe, die als Werkstoffe für die Herstellung von Verpackungen für gefährliche Güter geeignet sind. Die grobe Klassifizierung lautet: „Beständig – bedingt beständig – unbeständig". Meist gelten die Tabellen für Temperaturen bis zu max. 60 °C, wobei oftmals ein gleitender Übergang temperaturabhängig von beständig zu unbeständig möglich ist. Da beim Transport erhebliche Temperaturunterschiede auftreten können, ist es wichtig, daß die Verwender der Packmittel über deren Temperaturbeständigkeit genauestens informiert sind. Für die Herstellung von Kunststoff-Gefäßen zur Aufnahme von gefährlichen Gütern ist es außerordentlich wichtig, daß einwandfreie Neuware verwendet wird. Die Verwendung von Regeneraten aus Recycling-Material ist ausdrücklich unzulässig.

10.5.2 Wichtige Prüfverfahren für Packmittel

Zulässige Höchstwerte für Migration und Permeation sind vorgeschrieben von: BGA, FDA, DAB, BAM (R001), TÜV, DCE und anderen Überwachungsbehörden. Aus lebensmittelhygienischer und -rechtlicher Sicht ist der Übergang von Inhaltsstoffen aus Packmitteln in die darin verpackten Lebensmittel das wichtigste Problem der Qualitätssicherung von Kunststoffverpackungen.

Migrationsmessungen werden entweder mit dem Originalfüllgut oder mit Simulantien ausgeführt. Hierbei wird die *Globalmigration*, d. h. das Gesamtmigrat oder die *spezifische Migration* bestimmter Substanzen gemessen.

Für die *Globalmigration* und für die Lebensmittelsimulantien gelten die Festlegungen der EU (Grenze bei 10 mg/d·m^2). Die für die Migration wichtigen Begriffe und ihre Prüfanforderungen wie *Globalmigration, spezifische Migration* sind in Abschnitt 3.5.6 erläutert.

Um Angaben über das Migrationsverhalten von Packmitteln bewerten zu können, müssen sie auf ihre Fläche bezogen werden. Außerdem soll die Ausgangskonzentration der untersuchten Stoffe im Packstoff angegeben werden.

Migration

Der Temperatureinfluß auf die Migration ist sehr groß. Bei Temperaturen zwischen 50 und 60 °C steigt die Menge des Migrats stark an.

Migrationsprüfung von Packmittelinhaltsstoffen mit festgelegten Prüflebensmitteln

Hierfür werden Migrationszellen verwendet, welche die Herstellung eines einseitigen Kontakts zwischen den Folien und Prüfmedien ermöglichen (Bild 10.15). Diese Zellen bestehen meist aus zwei metallischen Außenringen und einem Zwischenring. Die kreisrunden Prüflinge mit einem Durchmesser von etwa 70 mm werden auf beide Seiten des Zwischenringes aufgelegt und die Teile der Zelle miteinander verschraubt.

Das *Gesamtmigrat* umfaßt sämtliche Bestandteile, die unter den Versuchsbedingungen von einer Folie in das Füllgut einwandern. Gesamtmigrate bestehen stets aus mehreren Stoffen, z. B. aus Restmonomeren, Oligomeren oder Additiven. Gesamtmigrate haben für die toxikologische Bewertung von Packstoffen für Lebensmittel nur begrenzte Aussagekraft. Wenn jedoch der Wert für das Gesamtmigrat unter den Grenz- bzw. Richtwerten für die vorhandenen Packmittelinhaltsstoffe liegt, ist die Gesamtmigratbestimmung eine wesentlich einfachere Methode als die Bestimmung von spezifischen Migraten. Eine Packstoff-

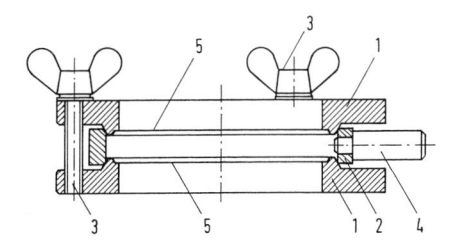

Bild 10.15 Ringmigrationszelle für einseitigen Kontakt von Folien mit Flüssigkeiten (NATEC)
1: Außenringe, 2: Zwischenring, 3: Spannschrauben, 4: Teflonstopfen, 5: zu prüfende Folien

probe mit bekanntem Gewicht und bekannter Oberfläche wird unter festgelegten Versuchsbedingungen im Prüflebensmittel bzw. Prüffett gelagert, anschließend von äußerlich anhaftendem Fett befreit und erneut gewogen. Danach wird die in der Packstoffprobe verbliebene Fettmenge bestimmt. Das Gesamtmigrat GM ergibt sich nach:

GM = Gewicht $_{vor}$ − (Gewicht $_{nach}$ − Gewicht $_{Fett}$).

Eine sichere Methode ist die Verwendung von radioaktiv markiertem Prüffett. Die Bestimmung der in der Folie verbliebenen Prüfmittelmenge erfolgt danach radiometrisch.

Spezifische Migrate

Die Prüfung von einzelnen, meist chemisch definierten Folieninhaltsstoffen setzt spezifisch angepaßte analytische Methoden voraus. Brauchbar ist die radioaktive Markierung der zu prüfenden Substanz.

Tabelle 10.14 gibt eine Übersicht über die vom Bundesgesundheitsamt vorgegebene Migrationsprüfung. Tabelle 10.15 zeigt die Bedingungen der Migrationsprüfung nach der Gesetzgebung in der EU.

Permeationsmessungen werden für Gase und Dämpfe wie Sauerstoff, Wasserdampf, Kohlendioxid, Schwefeldioxid und evtl. andere ausgeführt in Anlehnung an DIN 53 380 und 53 122. Wichtig sind auch Permeationsmessungen für Aromastoffe, Duftstoffe und Lösemittel (DIN 16 904), siehe auch Abschnitt 10.4.4.2.

Der *Lagertest* dient zur Prüfung der Packung unter konstanten Prüf- und Klimaverhältnissen wie Temperaturen von 20 °C, 40 °C, 60 °C, Feuchtigkeit von 0 % r.F. bis 100 % r.F., Gaspartialdruck von 0 mbar bis 100 mbar. Nach solcher Lagerung wird die Stoffzu- oder -abnahme gravimetrisch bestimmt. Sensorische Untersuchungen werden nach DIN 10955 ausgeführt.

Tabelle 10.14 Prüfbedingungen für Migrationsprüfungen nach BGA (nach *Hauschild-Spingler*)

Verwendungsbedingungen	Prüftemperatur	Prüfdauer
Kontakt bei Raumtemperatur bis zu mehreren Monaten einschließlich einer (vorausgegangenen) Heißabfüllung	40 °C	10 Tage (10 × 24 h)
Kurzzeitiger Kontakt bei Temperaturen bis zu 70 °C	70 °C	2 h
Kurzzeitiger Kontakt bei Temperaturen zwischen 70 °C und 100 °C	100 °C	1 h
Kontakt bei 121 °C (Sterilisation) und anschließende Lagerung bei Raumtemperatur	121 °C	30 min
Kontakt bei Kühlbedingungen bis zu mehreren Monaten	10 °C	10 Tage (10 × 24 h)

Tabelle 10.15 Prüfbedingungen für Migrationsprüfungen nach EG

Verwendungsbedingungen	Prüfbedingungen
1. Kontaktzeit: t > 24 h	
1.1 T ≤ 5 °C	10 d bei 5 °C
1.2 5 °C < T ≤ 40 °C*)	10 d bei 40 °C
2. Kontaktzeit: 2 h ≤ t ≤ 24 h	
2.1 T ≤ 5 °C	24 h bei 5 °C
2.2 5 °C < T ≤ 40 °C	24 h bei 40 °C
2.3 T > 40 °C	entsprechend der nationalen Regelung
3. Kontaktzeit: < 2 h	
3.1 T ≤ 5 °C	2 h bei 5 °C
3.2 5 °C < T ≤ 40 °C	2 h bei 40 °C
3.3 40 °C < T ≤ 70 °C	2 h bei 70 °C
3.4 70 °C < T ≤ 100 °C	1 h bei 100 °C
3.5 100 °C < T ≤ 121 °C	30 min bei 40 °C
3.6 T > 121 °C	entsprechend der Nationalen Regelung

*) Zur Prüfung polymerer Packstoffe, die mit solchen Lebensmitteln in Kontakt stehen, die laut Beschriftung auf der Verpackung bzw. durch gesetzliche Auflagen ausschließlich bei Temperaturen unter 20 °C gelagert werden dürfen, sind auch die Bedingungen „10 d bei 20 °C" gestattet

Die *Lagerdauer* von Packungen ist abhängig von der vorgesehenen Umschlagzeit (= Shelf-Life) und den zulässigen Veränderungen des Füllguts. Um Permeationstests zu beschleunigen, werden höhere Lagertemperaturen zur Zeitraffung angewandt, deren Ergebnisse dann auf Normalbedingungen für die Shelf-Life-Zeit extrapoliert werden, was allerdings auch zu verfälschten Aussagen führen kann. Deshalb ist genau zu prüfen, in welchen Fällen eine Zeitraffung durch höhere Prüftemperaturen vorgenommen werden darf.

Chemikalienbeständigkeit

Diese wird nach DIN 53 428 und 53 476 an Probehohlkörpern ermittelt und ist weitgehend eine Werkstoffprüfung, deren Kennwerte jedoch nicht ohne weiteres auf Verpackungshohlkörper anwendbar sind, da deren konstruktive Gestaltung und Verarbeitung gewisse Eigenspannungen, Orientierungen und Gefügezustände besitzen, welche normale Probekörper nicht haben. Die Messung an Hohlkörpern wird nach DIN 53 756 ausgeführt, wonach vor und nach definierten Lagerbedingungen Gewicht, Maße und Aussehen ermittelt werden, wobei Gewichtszunahme eine Quellung des Hohlkörpers anzeigt. In den technischen Schriften der Kunststoffhersteller werden meist Probeklassifizierungen der Chemikalienbeständigkeit mit Plus-Zeichen, Minus-Zeichen oder Null angegeben.

Bewitterungstests werden nach DIN 53 384 und 53 387 ausgeführt. Solche Prüfungen erfolgen in Klimakammern mit programmierbaren Klimazyklen nach DIN 50 005 und 53 387. Gebräuchlich sind auch Xenon- und Suntest.

Spannungsrißprüfungen sind für Verpackungshohlkörper eine spezielle Anwendung der Chemikalienbeständigkeit, weil gewisse Stoffe zusammen mit äußeren oder inneren Spannungen zu diesen Schädigungen führen. Spannungsrißbildung ist an für sich ein rein physikalischer Vorgang, da die betreffenden Polymerketten selbst unverändert bleiben und nur die zwischenmolekularen Kräfte eine Rolle spielen. Jedoch sind bei der Chemikalienbeständigkeit auch chemische Prozesse, wie oxidativer Abbau, ursächlich beteiligt. Die einzelnen Kunststoffe sind unterschiedlich *spannungsrißgefährdet,* nämlich:

- PE: durch halogenierte und aromatische Kohlenwasserstoffe, Netzmittel, polare Substanzen,
- PS: durch aliphatische Kohlenwasserstoffe, Netzmittel, Alkohole,
- PMMA: durch esterartige Lösemittel, Alkohole, Flugbenzin,
- PA: durch verdünnte Säuren, Wasser, organische Lösemittel.

Unter den vielen gebräuchlichen Testverfahren hat sich für standardisierte Verpackungshohlkörper oder Originalpackmittel ein modifizierter Plax-Test nach DIN 55 457-T1/T2 bewährt.

Elektrische Prüfungen für Kunststoffpackmittel sind insbesondere für Untersuchungen ihres elektrostatischen Verhaltens relevant. Hierfür gibt es Richtwerte des Oberflächenwiderstands nach DIN 53 452. Für die einzelnen Packstoffe ist deren Dielektrizitätskonstante DK maßgebend. Die einschlägigen Messungen beziehen sich auf Oberflächenwiderstand, Auflagung bzw. Entladung und deren Halbwertzeit nach VDE 0303, Teil 3 bis 14 oder nach DIN 53 482.

Simulationen von Praxisbedingungen für Prüfungen antistatischer Ausrüstungen sind der *Zigarettenaschentest*, bei dem der Prüfkörper nach Reiben mit einem Tuch oder Papier einem kleinen Häufchen von Zigarettenasche genähert wird. Der Abstand, von dem aus die Asche angezogen wird, und deren Menge sind ein qualitatives Maß für die statische Aufladung.

Der *Rußkammertest* erfolgt in einer Kammer mit einem Luftstrom von geringer Feuchtigkeit. Durch Verbrennung von Toluol wird Ruß erzeugt, welcher sich auf den Hohlkörpern niederschlägt. Aus deren Verschmutzungsgrad wird mittels einer Vergleichstabelle eine Abschätzung der elektrostatischen Auflagung oder der Wirksamkeit verwendeter Antistatika vorgenommen.

Optische Prüfung

Um Farbvergleiche, Einfärbedichten und Oberflächenglanz zu beurteilen, werden entsprechende optische Geräte verwendet, zumindest aber eine Lichtkammer, welche bei standardisierter diffuser Beleuchtung einen Vergleich von Farbmustern und Farbdichten und deren Glanz ermöglicht.

Thermische Prüfverfahren

Diese werden bei den vorkommenden Gebrauchstemperaturen von $-20\,°C$ bis $+130\,°C$ für die Gebrauchstauglichkeit der Packmittel bzw. Packungen durchgeführt, wobei die Temperaturbereiche von $50\,°C$ bis $130\,°C$ für heiß abzufüllende und sterilisierbare Behälter und der Temperaturbereich unter $0\,°C$ für Tiefkühlpackmittel zuständig sind.

Die *Wärmestandfestigkeit* wird gemäß den Verfahren nach DIN 53 497 geprüft.

Die *Kältefestigkeit* bzw. Kältebeständigkeit von Hohlkörpern wird praxisnah im Falltest geprüft. Kunststoffe neigen bei tiefen Temperaturen zur Versprödung. Kältefestigkeit, Kältebruchtemperaturen und Kältesprödigkeit werden nach den Prüfnormen DIN 53 372, ISO/R 974, ASTM D 746 und D 1790 bestimmt.

Die Kältebeständigkeit liegt für Polyethylen-Folien, Hart-PVC-Folien, Weich-PVC-Folien, BOPP- und Polystyrol-Folien zwischen $-30\,°C$ und $-50\,°C$. Zellglas und Celluloseacetat sind nur bis etwa $-15\,°C$ beständig. Extrem gute Kältefestigkeit haben mit etwa $-200\,°C$ Polyesterfolien, Polycarbonatfolien und Polytetrafluorethylen-Folien. Beim Einsatz von Verbundfolien mit PVDC-Sperrschichten ist zu beachten, daß diese nur bis etwa

0 °C kältefest sind. Ausreichende Kältebeständigkeit ist vor allem für den Einsatz von Folien als Trägerschicht beim Verpacken von Tiefkühlkost und Gefrierprodukten nötig.

Temperaturwechsel-Beanspruchungsprüfungen werden insbesondere zur Prüfung von Verschlußdichtheiten in Prüfkammern mit Temperaturwechselprogrammen durchgeführt.

Sonderprüfungen für Verpackungshohlkörper – Funktionsprüfungen

Dichtheitsprüfungen können durch Druckabfallmessungen erfolgen, denn die Druckabfälle werden durch Leckage in der Verpackung verursacht. Zur Messung werden hauptsächlich elektronische Druckabfallmeßsysteme mit Helium als Testgas angewandt (Heliumverfahren).

Schichtdickenprüfung coextrudierter Folien

Da heute immer mehr Barriere-Dichtpackmittel durch Coextrusion hergestellt werden, muß die Dicke dieser einzelnen Sperrschichten gemessen werden. Quantitative Prüfung erfolgt durch eine Meßoptik der Dünnschnittmikroskopie, wozu allerdings die Probe geschnitten werden muß. Es handelt sich demnach hierbei um eine zerstörende Prüfung, die mit polarisiertem Licht hohe Meßgenauigkeit ergibt.

Druckfarbenhaftung – Etikettenhaftung

Geprüft wird hierzu der Oberflächenzustand des Packmittels nach der entsprechenden Vorbehandlung im Flamm- oder Coronaverfahren. Zur Prüfung der Vorbehandlung und/oder Druckfarbenhaftung haben sich folgende Verfahren bewährt: Tesa-Test, der am Dekor selbst oder an Testfarben wie Green-ink oder Fuchsin vorgenommen wird, Wassertest, Fuchsin-Waschtest, Oberflächenspannungsmessungen, die mittels eingestellter Testflüssigkeiten und/oder Benetzungswinkelmessungen durchführbar sind, Teststift.

Etikettierflächenüberwachung

Um die Etikettierung schnell und ohne Komplikationen maschinell durchzuführen, dürfen die Etikettierflächen der Packmittelhohlkörper nach deren Füllung weder übermäßige Konvexität noch Konkavität wie Wellen oder Blasen aufweisen.

Verschließ-Öffnungskraft-Messungen – Easy Capping

Hierbei wird das Schließ-Öffnungs-Drehmoment gemessen, und zwar nach einer bestimmten Relaxationszeit oder nach einem Rütteltest, z. B. mittels Torque-Tester.

Easy-opening ist besonders für flexible Verpackung wichtig.

Standfestigkeitsprüfung

Diese ist für die Abfüll-Linie sowie den Gebrauch von Bedeutung. Einfluß auf die Standfestigkeit haben Design, Vertikalität und Standflächenausbildung (rocker-bottom). Man mißt hierfür den Neigungswinkel, bei welchem der Becher umkippt.

Stapelversuch nach DIN 53 757 (siehe Abschnitt 10.5.1). Der Stapelversuch wird durchgeführt mit Behältern, Flaschenkästen, Steigen und Fässern, um die Tragfähigkeit zeitabhängig zu untersuchen. Es wird festgestellt, ob die Behälter der vorgegebenen Beanspruchung genügen, oder es kann eine Schadenslinie Standzeit/Prüfkraft/Temperatur bestimmt werden.

Kindergesicherte Verschlüsse wurden in Abschnitt 8.3.12 behandelt. Sie sind auf ihre Funktionstüchtigkeit zu prüfen, z. B. durch den sogenannten Kindergartentest (siehe Abschnitt 8.3.12).

10.6 Packungsprüfung

Wie in Abschnitt 10.3 ausgeführt wurde, unterscheiden sich nicht die Prüfmethoden und Prüfgeräte für Packungs- bzw. Packstückprüfungen von denen für Packmittelprüfungen, sondern lediglich die Zielsetzung der Prüfungen und der dadurch bedingten Gewichtung. So ist z. B. der Stapelversuch (Abschnitt 10.5.2) auch für gefüllte Behälter und Packungen wichtig, besonders deren Prüfung auf Dichtheit bzw. auf Leckagen sowie Versiegelung.

Außerdem spielen die Einflüsse der Packmittel auf das Packgut eine Rolle, so daß letzteres darauf zu prüfen wäre (siehe Migration in Abschnitt 10.5.2).

Eine Prüfmethode, die wegen der engen Verbindung zwischen Packmittel und Packgut durch Migration und Permeation sowie der dadurch bedingten Beeinträchtigungen verpackter Lebensmittel häufig benötigt wird, ist die *Sensorik* als Packungsprüfung für Lebensmittel.

Auch *Warentests* können – insbesondere bei Lebensmitteln und Verbrauchsgütern – als Packungsprüfungen konzipiert werden.

Begriffe der werbepsychologischen Verpackungsprüfung werden in DIN 55405, Teil 7 aufgeführt.

10.6.1 Leckprüfungen

Die Dichtheit einer Folienpackung wird durch die Durchlässigkeit des Materials infolge der Herstellungsbedingungen wie Löcher in der Folienbahn, Perforation etc. und die Sorgfalt bei der Produktion der Packungen, z. B. fehlerfreie oder fehlerhafte Siegelnähte bestimmt. Zur Kontrolle dient die Lecksuche bei Packungen.

Bei vielen Packgütern, insbesondere Lebensmitteln, Getränken und Pharmazeutika hängt die Lagerfähigkeit wesentlich vom Gasdurchtritt durch die Verpackung ab. Meist verlangt eine lange Haltbarkeitsdauer niedrige Transmissionsraten, also dichte Verpackungen. Doch treten bei den im Verpackungssektor eingesetzten Packmitteln und Verpackungen außer der materialabhängigen Permeation bisweilen Leckstellen auf. Ursachen dafür können sein:

- *Undichter Verschluß* infolge fehlerhafter Konstruktion, Fabrikationsmängeln, Beschädigungen, mangelhaften Schließens usw.,
- *Schlechte Siegelnähte:* Besonders kritisch sind Sprünge in der Anzahl der Lagen, zum Beispiel bei zweifach-/vierfach-Übergängen (Umlegenaht, Seitenfalzbeutel usw.),
- *Beschädigungen der Packmittelfläche* infolge *Durchstoßens*, Knitterns, Aufdruckens oder Prägens von Codierungen usw.

Zum Feststellen und Lokalisieren solcher Leckstellen sowie zum Messen der durchtretenden Menge bei fertigen Packungen sind folgende Prüfmethoden möglich:

- Der *Blasentest* erfolgt durch Lufteinpressen in die Testpackung, wodurch in dieser Überdruck (mit der Gefahr von Beschädigungen) entsteht. Nach Eintauchen der Packung in ein Wasserbad zeigen Luftblasen die Leckstellen an.
- *Blasentest im Unterdruckverfahren*, wobei durch Druckabsenken außerhalb der Pakkung in einer mit wassergefülltne Vakuumkammer ebenfalls aus der Packung austretende Gasblasen angezeigt werden. Empfindlichkeit der Blasentests: 10^{-3} bis 10^{-5} mbar l/s,
- *Durchtritt von Flüssigkeit* („Kriechflüssigkeitstest") nach Füllung der Packung mit gefärbter Flüssigkeit und Beobachtung des Durchtretens bzw. „-kriechens". Empfindlichkeit: bis 10^{-4} mbar l/s,

- Die *hochempfindliche Dichtheitsprüfung* erfolgt, indem Detektoren Spuren des Indikatorgases anzeigen. Kohlenmonoxid, Xenon und Fluorkohlenwasserstoffe sind als Indikatorgase geeignet.
- *Durchtritt definierter Gase* und Messung der in der Zeiteinheit durchtretenden Gasmenge. Empfindlichkeit: bis 10^{-8} mbar l/s,
- mit *Heliumdetektor* und Messung des durchtretenden Heliums mit Massenspektrometer. Empfindlichkeit: bis 10^{-11} mbar l/s.

Das an der EMPA/St.Gallen *(U. Ernst)* entwickelte Heliumverfahren ist das weitaus empfindlichste. In diesem Verfahren wird als Instrument zum Aufspüren von Lecks ein Helium-Lecksuchgerät verwendet. Dabei wird eine mit Helium gefüllte Packung (der Inhalt braucht in den meisten Fällen nicht entfernt zu werden) mit einer Sonde auf austretendes Helium abgetastet.

Das Prinzip der Methode ist in Bild 10.16 gegeben. Ihre Anwendbarkeit ist z.B. bei folgenden Verpackungsarten möglich: Vakuumkaffeepackungen, Kartonverbunddosen (Börderlrand), Beutel, Fässer, Kanister, Eimer, Flüssigkeitspackungen aus Kartonverbunden, Schlauchbeutel, Standbeutel.

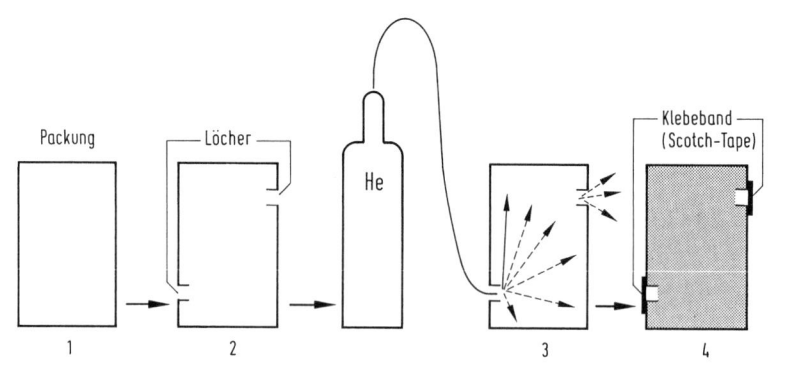

Bild 10.16 EMPA-Methode für die Lecksuche an Verpackungen (nach *Ernst*)
1: Packung, 2: Stechen von zwei Löchern in die Packung, 3: Spülen der Packung mit Helium, 4: Verschließen der Löcher mit Klebeband; Packung ist meßbereit

Die Methode mittels Helium-Lecksuchgerät ist geeignet zur stichprobenweisen Kontrolle von Packungen aller Art auf Dichtheit, zur Optimierung von Maschinenparametern bei der Herstellung oder zum Feststellen von Schwachstellen an Fertigpackungen. Die Messung ist einfach und an den meisten Verpackungstypen, die in der Praxis gebraucht werden, durchführbar. Auch das Überprüfen größerer Stückzahlen ist gut möglich. Im Gegensatz zu den bislang häufig angewendeten „Blasen"- und „Kriechflüssigkeits"-Tests ermöglicht die Helium-Lecksuchmethode das Feststellen selbst kleinster Poren und Fehlstellen mit einem Gasdurchfluß von ähnlicher oder sogar noch geringerer Größe, bezogen auf die Permeation durch die gesamte Verpackung.

10.6.2 Versiegelungsprüfung

Siegelfestigkeit

Die Siegelfestigkeit von Folienpackungen wird nach der in Abschnitt 10.4.3.4 beschriebenen Methode geprüft. Dichtheitsprüfungen von Siegelnähten erfolgen wie bei Leckprüfungen (siehe Abschnitt 10.6.1).

10.6.3 Erschütterungs- und Schockprüfungen

Diese sollen die realen Schwingungen und Stöße bzw. Schocks, die beim Transport auf Verpackungen bzw. verpackte Güter einwirken, erfassen. Es können Beschleunigungen bis zu 5 g (Erdbeschleunigung) und 500 Hz auftreten.

Es gibt Schockmeßinstrumente, die für Container-, Bahn- oder LKW-Transporte geeignet sind und optisch anzeigen, ob und in welcher Höhe transportierte Packungen bzw. deren Packgüter Kräften ausgesetzt waren, die festgelegte Grenzwerte überschritten haben. Solche Schockmeßinstrumente ermöglichen eine permanente Überwachung der Stoßstärke in allen drei Raumachsen. Außer der Uhrzeit des Schocks werden auch Temperatur und Feuchtigkeit (während des ganzen Transports) gemessen und die Werte gegebenenfalls im Computer abrufbar gespeichert.

10.7 Statistische Qualitätskontrolle (SQC)

Gemäß Bezugs- und Lieferbedingungen von Packstoffen und Packmitteln muß sichergestellt sein, daß die Lieferungen diesen Gütevorstellungen entsprechen. Gemäß dem Ausschuß Statistische Qualitätskontrolle (ASQ) werden die notwendigen Stichproben mit mathematisch errechneter Sicherheit dem Ergebnis einer 100%- Stück-für-Stück-Kontrolle angenähert. Die Statistische Prozeßkontrolle (SPC) hat im Rahmen von Qualitätssicherungs- (QS)-Systemen sehr große Bedeutung erlangt.

10.8 Ergänzende Literatur

Literatur zu Abschnitt 10.1

Deutsche Gesellschaft für Qualität : Begriffe und Formelzeichen im Bereich der Qualitätssicherung. Beuth, Berlin, 1979.
Masing, W.: Handbuch der Qualitätssicherung. 3. Aufl. Hanser, München, 1994.
Müller, K.: Branchenübergreifendes Qualitätssicherungssystem Lebensmittelverpackung. Verpackungs-Rundschau 44 (1993) 11, TWB, S. 73–78.

Literatur zu Abschnitt 10.2

Fink, P.: Grundlagen der Verpackungsprüfung. RGV-Handbuch Verpackung, E. Schmidt, Berlin.
Höfelmann, M., Piringer, O.: Auswirkungen des EG-Lebensmittelrechts auf Prüfungen von Lebensmittelverpackungen. Verpackungs-Rundschau 44 (1993) 9, TWB, S. 59–66.

Literatur zu Abschnitt 10.3

Nentwig, J.: Lexikon Folientechnik. VCH, Weinheim, 1991.
Rockstroh, O.: Handbuch der industriellen Verpackung. Verlag Moderne Industrie, München, 1972.

Literatur zu Abschnitt 10.4

Arbeitsgruppen des Instituts für Lebensmitteltechnologie und Verpackung, Merkpunkte für die Behandlung elektrostatischer Probleme in der Verpackungstechnik, Verpackungs-Rundschau 25 (1974) 4, Techn.-wiss. Beilage, S. 25–30.
Becker, K.: Methode zur automatischen Bestimmung der Gasdurchlässigkeit von Kunststoff-Folien und beschichteten Papieren. Verpackungs-Rundschau 33 (1982) 4, Techn.-wiss. Beilage, S. 21–25.
Becker, K., Koszinowski, J., Piringer, O.: Permeation von Riech- und Aromastoffen durch Polyolefine. Deutsche Lebensmittel-Rundschau 79 (1983) 8, S. 257–266.

Dolezel, B.: Die Beständigkeit von Kunststoffen und Gummi. Hanser, München, 1978.
Ersü, E.: Optische Oberflächenprüfung bahnförmiger Kunststoffmaterialien. Kunststoffe 84 (1994) 5, S. 606 – 607.
Hölz, R.: Reibungsmessung an Folien. Materialprüfung 12 (1970) 4, S. 109 – 117.
Hohmann, H. J.: Bestimmen der elektrostatischen Empfindlichkeit von Packstoffen. Verpackungs-Rundschau 31 (1980) 3, Techn.-wiss. Beilage, S. 13 – 19.
Hohmann, H. J., Münderlein, W.: Einfluß der Gestaltung der Siegelbackenoberfläche auf die Festigkeit und Dichtigkeit von Heißsiegelnähten. Verpackungs-Rundschau 36 (1985) 12, Techn.-wiss. Beilage, S. 81 – 90.
Hummel, O., Scholl, F.: Atlas der Polymer- und Kunststoffanalyse, 2. Aufl. 3 Bände. Hanser, München/VCH, Weinheim, 1979 – 1988.
ILV-Merkblatt: Bestimmung der Festigkeit von Heißsiegelnähten – Quasistatische Methode. Verpackungs-Rundschau 29 (1978) 9, Techn.-wiss. Beilage.
ILV-Merkblatt 5: Prüfung wachskaschierter Verbundpackstoffe aus Papieren und/oder Folien – Messung der Spaltfestigkeit. Verpackungs-Rundschau 21 (1970) 3, S. 26.
Linowitzki, V.: Methoden der Permeationsmessung an Kunststoff-Folien. Verpackungs-Rundschau 29 (1978) 9, Techn.-wiss. Beilage, S. 65 – 71.
Saechtling, H.-J.: Kunststoff-Bestimmungstafel, 8. Aufl. Hanser, München, 1979.
Stach, W., Fensterseifer, F.: Klare Durchsicht bei Verpackungsfolien – objektiv gemessen. Verpackungs-Rundschau 4 (1995), S. 16 – 18.
Teichmann, W.: Prüfung der Packstoffe Papier, Karton, Voll- und Wellpappe sowie Folien auf mechanische und physikalische Eigenschaften. In: RGV-Handbuch Verpackung 0281. Erich Schmidt, Berlin, 1989.
Troitzsch, J.: Brandverhalten von Kunststoffen, Grundlagen – Vorschriften – Prüfverfahren. Hanser, München, 1982.
VDI-K (Hrsg.): Verpacken mit Kunststoffen. VDI-Verlag, Düsseldorf, 1982.
Weiß, J.: Einflußfaktoren auf die Barriereeigenschaften metallisierter Folien. Verpackungs-Rundschau 44 (1993) 4, TWB, S. 23 – 28.

Literatur zu Abschnitt 10.4.4.2

Gots, A.: Packaging for Flavor-contained Products. Packaging Japan 9 (1988) 25.

Literatur zu Abschnitt 10.4.3

Braun, D.: Erkennen von Kunststoffen, 2. Aufl. Hanser, München, 1986.
Brown, P. (Hrsg.): Taschenbuch der Kunststoff-Prüftechnik. Hanser, München, 1984.
Carlowitz, B.: Übersicht über die Prüfung von Kunststoffen. Kunststoff-Verlag, Frankfurt/Main, 1981.
Comyn, J.: Polymerpermeabilität. Elsevier, London, New York, 1986.
Hohl, G.: Folienqualität und Siegelnahtgüte bei orientierten Polypropylenfolien. Verpackungs-Rundschau (1989) 9, S. 951 – 955.
Kämpf, G.: Charakterisierung von Kunststoffen mit physikalischen Methoden. Hanser, München, 1982.
Krause, A., Lange, A.: Kunststoff-Bestimmungsmöglichkeiten, 3. Aufl. Hanser, München, 1979.
Schmiedel, H. (Hrsg.): Handbuch der Kunststoff-Prüfung. Hanser, München, Wien, 1991.

Literatur zu Abschnitt 10.5

Ahlers, R.J.: Qualitätsprüfung mit Hilfe bildverarbeitender Sensorsysteme. In: Qualitätssichern im Blasformbetrieb. VDI-Verlag, Düsseldorf, 1988.
Berghammer, A., u.a.: Schnellextraktionsverfahren zur Bestimmung der potentiell migrierfähigen Substanzen aus flexiblen Verpackungen und beschichteten Metallen. Verpackungs-Rundschau 45 (1994) 7, TWB, S.41 – 45.

Bieber, W.-D.: Beeinflussung der Migration bei Kunststoffverpackungen. Lebensmitteltechnik 22 (1990) 3, S. 106 – 110.
Esser, K.: Dichtheitsprüfung geblasener Hohlkörper. In: Qualitätssicherung im Blasformbetrieb. VDI-Verlag, Düsseldorf, 1988.
Franz, R., Piringer, O., u. a.: Messung und Bewertung der Globalmigration aus Bedarfsgegenständen in Lebensmitteln. Zeitschrift für Lebensmitteltechnologie und Verfahrenstechnik 43 (1992) 5, S. 191 – 296.
Höfelmann, M., Piringer, O.: Auswirkungen des EG-Lebensmittelrechts auf Prüfungen von Lebensmittelverpackungen. Verpackungs-Rundschau 44 (1993) TWB S. 59 – 66.
Kallus, N.: Prüfen von Kunststoffhohlkörpern. Verpackungs-Rundschau 12 (1975).
Leibl, S., Ewender, J., Piringer, O.: Methode zur zerstörungsfreien Messung der Gasdurchlässigkeit von Verpackungen. Verpackungs-Rundschau 41 (1990) 1, TWB, S. 1 – 3.
Löschau, G.: Grundzüge und Erfahrungen aus dem Gebiet der Verpackungsprüfung. VDI-Berichte 638, VDI-Verlag, Düsseldorf, 1987, S. 137 – 144.
Nentwig, J.: Parat-Lexikon-Folientechnik. VCH, Weinheim, 1991.
N. N.: Dichtheitsprüfung an Verpackungen. Neue Verpackung 41 (1988) 12, S. 94.
Oberbach, K., Müller, W.: Prüfung von Kunststoff-Formteilen. Hanser, München, Wien, 1986.
Penzkofer, J.: Untersuchungen zum Stoßverhalten von Kunststoffsäcken und Kunststoff-Folien. Kunststoffe 58 (1968) 3, S. 233 – 241.
Roppel, H. O.: Automatische Wanddickenkontrolle an Kunststoffhohlkörpern in der Blasform. In: Qualitätssichern im Blasformbetrieb. VDI-Verlag, Düsseldorf, 1988.
Roppel, H.O.: Permeationsminderung – eine Herausforderung an die Blasformtechnik. Tagungsband, VDI-K Tagung 14./15. 1993.
Schricker, G.: Zusammenhang zwischen der Bruchfallzahl heißgesiegelter Flachbeutel und der Spaltfestigkeit ihrer Nähte. Verpackungs-Rundschau 24 (1973) 9, Techn.-wiss. Beilage, S. 67 – 73.

Literatur zu Abschnitt 10.6

Fliedner, I., Wilhelm, F.: Grundlagen und Prüfverfahren der Lebensmittelsensorik, Behr's, Hamburg, 1989.
Hartmann, K., Weller, U.: Sensorische Qualitätssicherung. Kunststoffe 85 (1995) 11, S. 1916 – 1918.
Hauschild G., Spingler, E.: Migration bei Kunststoffverpackungen. Wissenschaftliche Verlagsgesellschaft, Stuttgart, 1988.
ILV-Merkblatt 52: Zeitraffende Prüfung der Riechstoffdurchlässigkeit von Kunststoffhohlkörpern. Verpackungs-Rundschau 37 (1986) 7, Techn.-wiss. Beilage.
ILV-Merkblatt 16: Sensorische Methode für die Prüfung der Riechstoffdurchlässigkeit von Packstoffen. Verpackungs-Rundschau 24 (1973) 4, S. 32 und 33.
Piringer, O.: Ethanol und Ethanol/Wasser-Gemische als Prüflebensmittel für die Migration aus Kunststoffen. Deutsche Lebensmittel Rundschau 86 (1990) 2, S. 35 – 39.

Literatur zu Abschnitt 10.6.1

Ernst, U.: Lecksuche bei Packungen, 6. IAPRI-Konferenz, Hamburg, 1991, Handbuch, S. 651 – 660.

Literatur zu 10.6.2

N. N.: Prüfen und Siegeln. Kunststoffe 82 (1992) 9, S. 812.

Literatur zu Abschnitt 10.7

DIN-Taschenbuch Bd. 223 u. 224: Qualitätssicherung und angewandte Statistik. Beuth, Berlin, 1989.
Haasis, S.: CIM Einführung in die rechnerintegrierte Produktion. Hanser, München, 1993.

Krämer, E.: Qualitätssicherung für Packmittel – Null-Fehler möglich? In: VDI-Berichte 743, VDI-Verlag, Düsseldorf, 1989, S. 27–43.
Lisson, A. (Hrsg.)*:* Qualität – die Herausforderung, Erfahrungen – Perspektiven. Springer, Berlin/TÜV Rheinland, Köln, 1987.
Masing, W. H.: Handbuch der Qualitätssicherung, 3. Aufl. Hanser, München, 1994.

10.9 Normen zur Verpackungsprüfung

10.9.1 Internationale Normen

ISO R 1195: Plastics – Determination of the Water Vapour Transmission Rate of Plastics Films and Thin Sheets – Dish Method.
BS 3177: Method for Determining the Permeability to Water Vapour of Flexible Sheet Materials used for Packaging.
BS 2782 Teil 5 Methode 513 A.B.C und D: Methods of Testing Plastics – Permeability to Water Vapour.
ASTM E 96–66: Standard Test Methods for Water Vapour Transmission of Materials in Sheet Form.
ASTM C 355–64: Standard Test Methods for Water Vapour Transmission of Thick Materials.
ASTM F 372–73: Standard Test Method for Water Vapour Transmission Rate of Flexible Barrier Materials using an Infra-red Detection Technique.
ISO 2556: Plastics – Determination of the Gas Transmission Rate of Films and Thin Sheets under Atmospheric Pressure – Manometric Method.
BS 2782 Teil 8 Methode 821 A: Determination of the Gas Transmission Rate of Films and Thin Sheets under Atmospheric Pressure (Manometrie Method).
ASTM D 1434: Standard Test Methods for Gas Transmission Rate of Plastic Film and Sheeting.

10.9.2 Europäisch harmonisierte Normen und EG-Rechtsvorschriften

EWGRL 339/85, 27.06.85. Richtlinie des Rates vom 27. Juni 1985 über Verpackung für flüssige Lebensmittel.

10.9.3 International harmonisierte deutsche Normen

DIN 55559, 10.80 (= ISO 8317–1989). Verpackung; Kindergesicherte Packungen, Anforderungen, Prüfung.
DIN ISO 2206, 08.88 (= ISO 2206–1987). Verpackung; Versandfertige Packstücke; Bezeichnung von Flächen, Kanten und Ecken für die Prüfung; Identisch mit ISO 226; 1987.
DIN ISO 2233, 05.89 (= ISO 2233–1968). Verpackung; Versandfertige Packstücke; Klimatische Vorbehandlung für die Prüfung; Identisch mit ISO 2233; 1986.
DIN ISO 2234, 08.88 (= ISO 2234–1985). Verpackung; Versandfertige Packstücke; Stapelprüfung unter statischer Last; Identisch mit ISO 2234; 1985.
DIN ISO 2244, 06.88 (= ISO 2244–1985). Verpackung; Versandfertige Packstücke; Horizontale Stoßprüfung (waagerechte oder schiefe Ebene; Pendel); Identisch mit ISO 224; 1985.
DIN ISO 2247, 05.89 (= ISO 2247–1985). Verpackung; Versandfertige Packstücke; Schwingprüfung mit niedriger Festfrequenz; Identisch mit ISO 2247; 1985.
DIN ISO 2248, 06.88 (= ISO 2248–1985). Verpackung; Versandfertige Packstücke; Vertikale Stoßprüfung (freier Fall); Identisch mit ISO 2248, 1985.
DIN ISO 2872, 08.88 (= ISO 2872–1985). Verpackung; Versandfertige Packstücke; Stauchprüfung; Identisch mit ISO 2872–1985.
DIN ISO 2873, 02.90 (= ISO 2873–1985). Verpackung; Versandfertige Packstücke; Unterdruckprüfung; Identisch mit ISO 2873; 1985.
DIN ISO 2874, 08.88 (= ISO 2874–1985). Verpackung; Versandfertige Packstücke; Stapelprüfung mit Druckprüfmaschine; Identisch mit ISO 2874; 1985.

DIN ISO 2875, 02.90 (= ISO 2875 – 1985). Verpackung; Versandfertige Packstücke; Sprühwasserprüfung; Identisch mit ISO 2875; 1985.
DIN ISO 2875, 06.88 (= ISO 2876 – 1985). Verpackung, Versandfertige Packstücke; Umkipp-Prüfung (sequentiell); Identisch mit ISO 2876; 1985.
DIN ISO 8318, 04.89 (= ISO 8318 – 1986). Verpackung; Versandfertige Packstücke; Schwingprüfung mit variabler sinusförmiger Frequenz; Identisch mit ISO 8318, 1986.
DIN ISO 8768, 05.90 (= ISO 8768 – 1986). Verpackung; Versandfertige Packstücke; Umstürzprüfung; Identisch mit ISO 8768; 1986.

10.9.4 Deutsche Normen

DIN 10050 Teil 4 bis 9, 04.72. Prüfung von Buttereinwickelern.
DIN 10955, 04.83. Sensorische Prüfungen; Prüfung von Packstoffen und Packmitteln für Lebensmittel.
DIN 16995, 02.76. Packstoff; Kunststoff-Folien; Haupteigenschaften, Sondereigenschaften, Prüfverfahren.
DIN 40080, Verfahren und Tabellen für Stichprobenprüfung anhand qualitativer Merkmale (Attributprüfung).
DIN 50008, Teil 1, Klimate und ihre technische Anwendung; Konstantklimate über wäßrigen Lösungen, Gesättigte Salzlösungen, Glycerinlösungen.
DIN 50012, Klimate und ihre technische Anwendung; Beschaffenheit des Normalklimaraums; Messen der relativen Luftfeuchte.
DIN 50014, Klimate und ihre technische Anwendung; Normalklimate.
DIN 53122, Prüfung von Kunststoff-Folien, Elastomerfolien, Papier, Pappe und anderen Flächengebilden; Bestimmung der Wasserdampfdurchlässigkeit, Teil 1: Gravimetriesches Verfahren, Teil 2: Elektrolyse-Verfahren.
DIN 53357, Prüfung von Kunststoffbahnen und -folien; Trennversuch der Schichten.
DIN 53365, Prüfung von Kunststoff-Folien-Verbunden und -Beschichtungen; Bestimmung der flächenbezogenen Masse (Flächengewicht) der Einzellagen.
Prüfungen von Kunststoff-Folien
DIN 53370, Bestimmung der Dicke durch mechanische Abtastung.
DIN 53373, Durchstoßversuch mit elektronischer Meßwerterfassung.
DIN 53375, Bestimmung des Reibungsverhaltens.
DIN 53380, Bestimmung der Gasdurchlässigkeit.
DIN 53455, Zugversuch.
DIN 53757 Stapelversuch.
DIN 53804, Statistische Auswirkungen an Stichproben.
DIN 55350 Begriffe der Qualitätssicherung und Statistik.
DIN 55435 Teil 1, 08.83. Verpackungsprüfung; Aluminium- und Kunststofftuben; Luftdichte des Verschlusses der Tubenhalsöffnung.
DIN 55436 Teil 1 bis 6, 08.83 ff. Verpackungsprüfung; Aluminiumtuben; Bestimmung der Materialdicke des Tubenmantels.
DIN 55439 Teil 1 bis 2, 07.81. Verpackungsprüfung; Prüfprogramme für Packstücke; Grundsätze.
DIN 55441 Teil 2, 07.77. Verpackungsprüfung; Stoßprüfung; Freier Fall von Kunststoff-Flaschen.
DIN 55445 Teil 1 bis 3, 04.85. Verpackungsprüfung; Prüfung von Nähten an Säcken; Bestimmung der Bruchstandzeit von Nähten an Papiersäcken.
E DIN 55446, 12.89. Verpackung; Packmittel, Packungen und versandfertige Packstücke; Probennahme für die Prüfung.
DIN 55446 Teil 1, 12.73. Verpackungsprüfung; Probennahme, Stichprobenprüfung.
DIN 55457 Teil 1 bis 2, 08.85. Verpackungsprüfung; Behältnisse aus Polyolefinen; Beständigkeit gegenüber Spannungsrißbildung; Temperaturverfahren.
DIN 55515 Teil 1, 05.89. Versandverpackungen für medizinisches und biologisches Untersuchungsgut; Begriffe, Anforderungen, Prüfung.
E DIN 55526 Teil 1, 05.90. Verpackungsprüfung; Stauchprüfung; Dynamische Prüfung für Kunststoffgebinde mit einem Nennvolumen bis 10 l.

DIN 55 540 Teil 1 und Beibl. 1 bis 4, 05.78. Packungsprüfung; Bestimmung des Füllungsgrads von Fertigpackungen, volumenstabile Packmittel, nach Gewicht gekennzeichnete Füllmenge.
DIN 55 542 Teil 1, 2, 4, 06.80. Verpackungsprüfung; Bestimmung des Volumens für Packmittel, starre Packmittel.
DIN 55 543 Teil 1 bis 4, 02.86. Verpackungsprüfung; Prüfverfahren für Kunststoffsäcke; Bestimmung der Foliendicke.
DIN 55 560 Teil 1, 07.88. Wiederverschließbare, kindergesicherte Packungen; Schraubverschlüsse aus Kunststoff mit Druck-Drehsystem (axiale Druckkrafteinwirkung); Mechanische Tricksystemprüfung.
ILV-Merkblätter und Empfehlungen
ILV Luftkeimgehalt 1972. Bestimmung des Luftkeimgehaltes; Membranfiltermethode, in: Techn.-wiss. Beilage der Verpackungs-Rundschau, 192, Nr. 12, S. 96–99.
ILV-Merkblätter für die Prüfung von Packmitteln Nr. 6, 12–27, 29, 32, 33, 37, 38, 40–48, 50–57.
IK-Merkblätter zur Prüfung und Beschreibung von Kunststoffsäcken

11 Recycling von Packstoffen, Packmitteln, Packhilfsmitteln aus Kunststoffen*

Das Wachstum der Weltbevölkerung, die Verknappung von Ressourcen und die Umweltproblematik führen zwangsläufig zu der Forderung, möglichst viele materielle Lebensgüter im Kreislauf zu nutzen. Vorbild dieses Denkmodells sind bekannte Abläufe in der Natur, in der sich ständig Kreisläufe der Materie in mehr oder weniger großen Zeiträumen abspielen. Diese demonstrieren jedoch Vorgänge, bei denen überwiegend eine Zerlegung in kleinere Moleküle und Neu-Synthese stattfindet.

Insbesondere die wachsenden Abfall- und Müllmassen der Zivilisation, fehlende Deponieräume und mangelnde Bereitschaft, thermische Entsorgungsverfahren zu akzeptieren, verleihen der Forderung nach Recyclingaktivitäten Nachdruck.

11.1 Bedeutung des Recycling

In Deutschland fielen 1993 etwa 3 Millionen Tonnen Kunststoffabfälle an. Mit ca. 1,4 Millionen Tonnen bilden die Kunststoffverpackungen den größten Anteil. Kunststoffverpackungen besitzen auch nach ihrem Einsatz noch den gesamten Energieinhalt, denn Kunststoffe sind Werkstoff und Energiereserve zugleich, deshalb bietet sich eine Wiederverwertung an.

Recycling hat überall dort seine Bedeutung, wo es möglich ist, gebrauchte Materialien, die einen wirtschaftlichen Wert darstellen, sinnvoll, d. h. ökonomisch und ökologisch ausgewogen in den Stoffkreislauf zurückzuführen. Hierbei spielt der Wert des Materials im Vergleich zu Neuware eine zentrale Rolle, aber auch die Betrachtung der Kosten alternativer Entsorgungsmöglichkeiten, z. B. Deponie, Verbrennung etc. (Bild 11.1).

Kunststoffrecycling wurde seit Jahren betrieben, wo es sich wirtschaftlich lohnte, d. h. im industriellen Sektor, wo nach Angaben des Verbandes Kunststofferzeugender Industrie e.V. (VKE) ca. 650 000 jato in Deutschland wiederverarbeitet werden. Bei Verpackungsabfällen des Endverbrauchers sind Recyclingaktivitäten in Deutschland erst im Entstehen, deshalb wurden 1994 noch erhebliche Mengen der vom Dualen System Deutschland GmbH (DSD) gesammelten Kunststoffe exportiert.

Für das Aufarbeiten gebrauchter Kunststoffe spielen die Sammlung, der Verschmutzungsgrad, die Sortierung, der realisierbare Mengenstrom, eine wichtige Rolle. Mit 8 % Gewichtsanteil sind Kunststoffe im kommunalen Müll gegenüber anderen Packstoffen wie Papier/Pappe (22 %) und Glas (12 %) als untergeordnet anzusehen.

Nicht nur Umweltschützer sehen in der Aufarbeitung von Kunststoffabfällen ein wichtige Aufgabe, oftmals wird jedoch übersehen, daß Kunststoffe im Gesamtrahmen der Abfälle auf allen Ebenen einer Lebenszyklusanalyse von der Produktion bis zum Recycling von Kunststoffverpackungen im Vergleich zu anderen Materialien hervorragend abschneiden. Nicht nur das, sie tragen wesentlich zur Abfallreduzierung bei, da sie die idealen Verpackungsmaterialien sind. Bei niedrigem Eigengewicht und geringer Wandstärke ermög-

*Autor: Dr. Volker E. Sperber

lichen Kunststoffe, daß die zum Schutz einer Ware notwendige Verpackungsmenge möglichst klein gehalten wird. Ohne Kunststoffe wären die Abfalltonnagen wesentlich größer.

Tabelle 11.1 Verbrauch von Verpackungen im Vergleich (Angaben in 1000 t), alte Bundesrepublik 1991

	Verpackungen für schadsthalt.	Mehrwegverpackung	Umverpackung	Transportverpackung	Verkaufsverpackung	Verbrauch insgesamt
Glas	5	819	–	–	3813	40637
Weißblech	77	–	–	2	714	793
Aluminium	1	–	–	–	123	124
Kunststoff	60	172	10	314	1050	1606
Papier/Kart.	19	–	47	2867	2264	5207
Verbunde	3	–	–	1	407	411
Feinblech	100	187	–	10	9	306
Holz	–	1188	1	1031	30	2250
Sonstige	–	–	–	–	14	14
Insgesamt	285	2376	58	4225	8424	5348

Quelle: Bundesminister für Umwelt, Naturschutz und Reaktorsicherheit

1991 wurden laut Angaben des Umweltbundesamtes bundesweit nahezu 15,4 Mio t Verpackungsmaterialien verbraucht. Nicht alle Verpackungen sind abfallrelevant, da ein Teil als Mehrwegsysteme im Umlauf ist (ca. 2,4 Mio t) oder stofflich verwertet wird. Der Mehrweganteil an Getränkeverpackungen hat sich in den alten Bundesländern auf ca. 75 % eingependelt.

Umweltbelastungen können durch feste Abfälle, Abwässer und Luftemission erfolgen. Sie entstehen bei der Produktion von Gütern und durch den Energieverbrauch. Der Gesetzgeber schreibt die Höchstmengen an Schadstoffen vor, die bei Energieerzeugung und Produktionsprozessen abgegeben werden darf. Neben Wärme und Kohlendioxid, kann es zur Abgabe von Schwefeldioxid, Stickoxiden (NOx) und vielen anderen vom Gesetz erfaßten Stoffen kommen, deren Grenzkonzentrationen für Emissionen festgelegt sind. Recyclingprozesse sollen dazu beitragen, solche Belastungen für die Umwelt zu reduzieren. Weiterhin kann Kunststoffrecycling einen Beitrag zur Ressourcenschonung leisten. Eine nicht zu unterschätzende Bedeutung kommt der Wiederverwertung dort zu, wo sich durch professionelle und gezielte Produktherstellung der Ersatz von anderen Materialien wie Holz, Beton und Metallen realisieren läßt, denn auch der wiederverwertete Kunststoff hat noch ein sehr gutes Eigenschaftsprofil und ist durchaus wettbewerbsfähig [1]. Es wäre jedoch falsch zu fordern, daß einmal gebrauchte Kunststoffe in einer zweiten und dritten Anwendung exakt die gleichen Funktionen wie bei der Erstanwendung erfüllen sollten. Dies ist aus vielerlei Gründen nicht möglich, im Falle der Lebensmittelverpackung schon durch das Gesetz ausgeschlossen. Es darf nicht übersehen werden, daß ca. 85 % des in Deutschland verbrauchten Erdöls einer rein energetischen Nutzung zugeführt wird. Da nur maximal 6 % für die Erzeugung von Kunststoffen eingesetzt wird, von denen wiederum 21 % für Verpackungszwecke verwendet werden, kann man ermessen, welchen geringen Anteil Kunststoff-Verpackungs-Recycling für eine Ressourcenschonung beitragen kann. Das tatsächlich größere Problem, das zum Kunststoffrecycling zwingt, ist die öffentliche Meinung und das Gefühl großer Teile der Bevölkerung, in farbigen, häufig großvolumigen Behältern, einen Schuldigen für das mit dem Wohlstand einhergehende Müllproblem ermittelt zu haben. Bei einem Zahlenvergleich ist festzustellen, daß bei 250 Mio. Tonnen Abfall im Jahre 1989 lediglich 2,5 Mio. Tonnen Kunststoffe anfielen. Das ist nur 1 %.

Trotz dieser Relationen besteht Einigkeit, daß gebrauchte Kunststoffe zum Wegwerfen zu wertvoll sind und sinnvolle Wege der Wiederverarbeitung gegangen werden müssen.

11.1.1 Ausgangssituation für Kunststoff-Recycling aus Verpackungen

In West-Deutschland fielen vor der Wiedervereinigung pro Jahr ca. 250 Mio. t Abfall an. An dieser Menge war der sogenannte Siedlungsabfall mit ca. 32 Mio. Tonnen beteiligt, die privaten Haushalte mit 14 Mio. t. Kunststoffe sind im Hausmüll (2,2 Mio. t) mit maximal 7% des Gewichtes vergleichsweise gering vertreten, können aber bis zu 20–25 % des Volumens in einem Sammelbehälter einnehmen. Nach vorliegenden Schätzungen lag der Anteil an Verpackungsabfällen, der zur Entsorgung anstand, bei 1,1 Mio. t. Angesichts dieser Situation, die mit den bisherigen Methoden von den Verantwortlichen offensichtlich nicht mehr zu bewältigen war, wurde die Verordnung über Vermeidung von Verpackungsabfällen erlassen. In deren § 3 erfolgt die Begriffsbestimmung und die für die Ausführung wichtige Einteilung in:

- Transportverpackungen haben die Aufgabe, Waren auf dem Weg vom Hersteller zum Vertreiber zu schützen und vor Schäden zu bewahren.
- Verkaufsverpackungen dienen dem Schutz von Erzeugnissen auf dem Weg vom Laden zum Endverbraucher.
- Umverpackungen haben u. a. die Aufgabe, den Diebstahl von Produkten zu erschweren. Sie können andererseits auch die Werbewirksamkeit erhöhen und haben funktionale Bedeutung, indem sie mehrere einzelne Produkteinheiten zu Packungsgebinden zusammenfassen.

Gefordert werden:
- Vermeidung überflüssiger Verpackungen,
- Verminderung durch volumen- und massenmäßige Verringerung,
- Wiederverwendung durch Mehrwegpackmittel.

Die Verpackungsverordnung schließt in ihrer ursprünglichen Fassung eine Nutzung des Energieinhaltes von Kunststoffverpackungen auf direktem Wege aus. In der Zwischenzeit ist es jedoch in diesem Punkt zu einem Umdenken gekommen. Es wäre fatal, Kunststoffe aus dem Hausmüll soweit zu entfernen, daß bei bestehenden Müllverbrennungsanlagen die notwendige Energie dann durch Öl oder Gasverbrennung erzeugt werden müßte. Man rechnet heute mit einer Menge von ca. 700 000 t Kunststoffabfällen, die bei der Hausmüllverbrennung einbezogen sind und deren Energieinhalt zur Verbrennung beiträgt, also diese Menge an Erdöl einspart.

11.2 Stoffkreisläufe

Kreislaufdenken mit makromolekularen Stoffen kann unter unterschiedlichen Aspekten erfolgen (Bild 11.1).

Am Anfang steht das Öl oder das Erdgas, beide Energieträger, die zum Verbrennen viel zu schade sind und in der Kunststoffindustrie zu wertvollen Werkstoffen verarbeitet werden. Unabhängig von wirtschaftlichen Überlegungen bietet es sich an, gebrauchte Kunststoffe wieder in die Ausgangssubstanzen zurückzuführen und die Synthese von neuem zu beginnen.

Es existieren konkrete Kreisläufe für Kunststoffe bzw. Kunststoffpackmittel. Dabei wird zwischen rohstofflichem und werkstofflichem Recycling unterschieden:

Rohstoffliches Recycling

Wenn ausgediente Kunststoffprodukte und Packmittel mit Methoden der Großchemie in

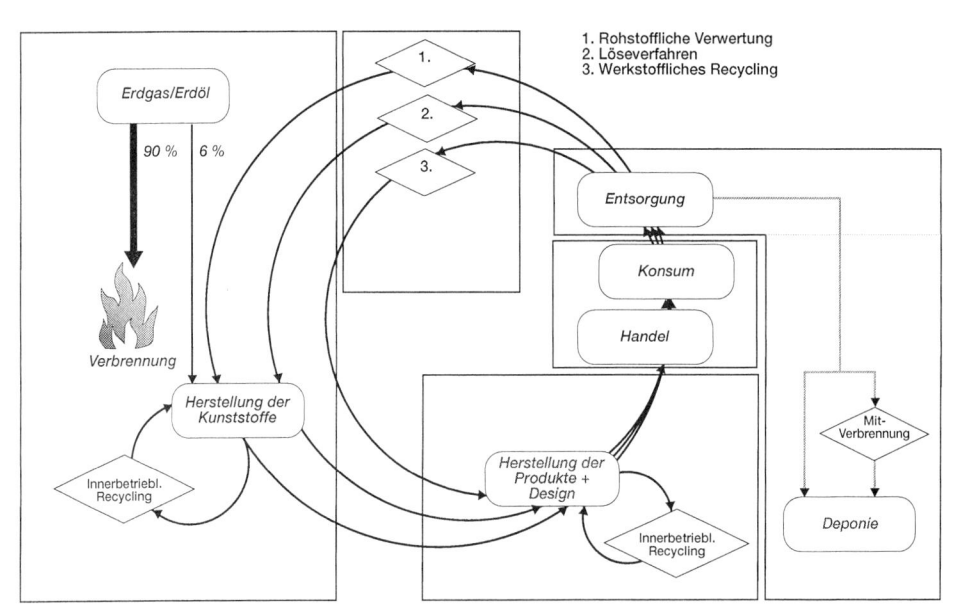

Bild 11.1 Kunststoffkreisläufe und Recyclingmöglichkeiten (Quelle EWvK)

entsprechenden Anlagen in Ausgangsbausteine oder in Öle, Wachse und Gase, z. B. Synthesegas umgewandelt werden, spricht man von rohstofflichem Recycling.

Die Kunststoffindustrie erwartet, daß die Bedeutung des rohstofflichen Recycling in den nächsten Jahren stark wachsen wird, während das werkstoffliche Recycling mehr oder weniger stagnieren wird (Bild 11.2).

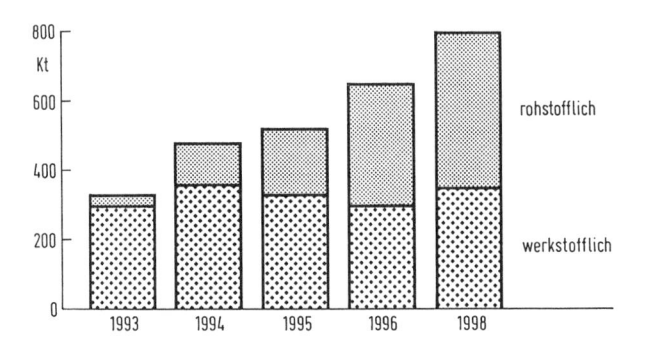

Bild 11.2 Mengenszenario Kunststoffverwertung in Deutschland (Quelle DKR, 1994)

Werkstoffliches Recycling

Werden Kunststoffe ohne Rückführung in die Ausgangssubstanzen, also ohne Zerlegung der Makromoleküle wiederverwendet, spricht man von werkstofflichem Recycling. Werkstoffliches Recycling beinhaltet Arbeitsschritte wie Erkennen, Sortieren, Trennen, Umschmelzen, Granulieren.

Die Produkte können sortenreine, sortenähnliche oder gemischte Kunststoffe sein. Ihr weiterer Einsatz hängt von Märkten, Produkten und Preisen ab.

Ziel der Kreislaufwirtschaft im Bereich der kommunalen Abfälle ist die Entlastung der Kommunen. Ein Zusammenführen der Versorgungs- mit der Entsorgungsverantwortlichkeit der Industrie wird angestrebt.

11.3 Erfassung von Kunststoffabfällen aus Packmitteln

Der Erfassung geht eine Analyse der Stoffströme voran. Hierbei sind relativ einfach die Produktionsebenen zu bewerten:
– Kunststoffherstellung,
– Kunststoffverarbeitung,
– gewerblicher Einsatz von Kunststoffen zu Verpackungszwecken,
– Entsorgung von Kunststoffen, die der Endverbraucher von Waren als Abfall behandelt.

In den aufgeführten Produktionsstufen fallen die Abfälle im wesentlichen sortenrein an und können somit relativ einfach in die Wiederverwertung geführt werden. In Deutschland wurden bisher jährlich ca. 650 000 t auf diese Weise verwertet, ohne daß die Öffentlichkeit davon Notiz nahm.

Um einen übersichtlichen Markt für Kunststoffabfälle und Zwischenprodukte zu schaffen, wurden Abfallbörsen eingerichtet, an denen Informationen über Angebote und Nachfrage weitergegeben werden. Außer Materialien, die regranuliert und rezykliert werden können, werden auch noch gebrauchsfähige Kunststoffpackmittel, wie Leeremballagen oder Spezialfolien vermittelt.

Wesentlich schwieriger ist eine Erfassung der Mengen an Verpackungsmaterial, die der Endverbraucher abgibt, welche bisher im gemischten Hausmüll enthalten waren. Hier ist es nicht eine übersichtliche Zahl von Betrieben, sondern es sind Millionen Haushalte, die in einem Erfassungssystem wirksam einbezogen werden müssen.

11.3.1 Sammlung zur Aufbereitung von Kunststoffabfällen aus Packmitteln

Wenn der Endverbraucher gebrauchte Verpackungen sammeln und zurückgeben soll, muß ihm ein System vorgegeben werden, das ihm sinnvoll erscheint und geeignet ist, ihn zur Mitarbeit zu animieren und das angenommen wird. Sammelsysteme können als Holsystem oder Bringsystem eingerichtet werden. Für Glas, Metalle, teilweise Papier wurden Werkstoff(mono)container eingerichtet, die bei der Bevölkerung eine gute Akzeptanz fanden. Daneben wurden vorwiegend im süddeutschen Raum Wertstoffhöfe eingerichtet, zu denen die Bevölkerung die nach Materialgruppen sortierten (und bei Kunststoffhohlkörpern gespülten) Verpackungsabfälle bringen kann (u. U. muß). Da hier eine Annahmekontrolle stattfindet, sind der Sortierungsgrad und die Sauberkeit hoch, das Material für Recyclingzwecke geeignet.

Parallel zum Wertstoffhof entstand 1990 die Duales System GmbH (DSD), ein Holsystem mit derzeit 600 Gesellschaftern aus den Bereichen Handel, Konsumgüter- und Verpackungsindustrie. Diese Gesellschaft vergibt den „Grünen Punkt" auf Antrag. Verpackungen, die mit diesem Zeichen ausgestattet sind, gelten als recyclingfähig. Die Kennzeichnung darf nur gegen eine Nutzungsgebühr auf Verpackungen verwendet werden. Seit Oktober 1994 gelten die folgenden Gebühren: Für Kunststoffverpackungen ist ein Kilopreis von DM 2,95 (!) zu zahlen, während Glas lediglich mit 16 Pfennig/kg belastet wird.

Für Naturmaterialien sind 20 Pfennig/kg, für Papier, Pappe 33 Pfennig/kg und für Weißblech 56 Pfennig/kg zu entrichten. Nach Aussage der DSD sollen diese differenzierten Preise die unterschiedlichen Kosten für die Sammlung, Sortierung und im Falle von Kunststoff auch noch die Aufbereitungs- sowie Verwertungskosten widerspiegeln.

Die Mengenbilanz der DSD-Sammlungen hinsichtlich des Recyclings von Kunststoffen ergab für das Jahr 1993 eine Gesamtmenge aufbereiteter Kunststoffe von ca. 280 000 t. Davon wurden im Inland 104 000 t werkstofflich und 10 000 t rohstofflich verarbeitet. Tabelle 11.2 gibt einen Überblick über Sortierspezifikationen und Mengen.

Tabelle 11.2 Mengenbilanz von DSD-Sammlungen 1993

Sortierspezifikation	Aufbereitete Menge t	Kunststoffmenge Anteil %
Folien	100 952	35,6
Flaschen	34 281	12,2
Becher	16 249	5,8
EPS	3 513	1,2
Mischkunststoffe	126 759	45,0
Summe	281 759	100,0

Quelle: TPB Statistik zum Kunststoffrecycling 1993

Die Kapazität für rohstoffliches Recycling ist 1994 in Bottrop (sog. Kohle-Öl-Anlage) auf 40 000 t erhöht worden. Darüber hinaus wurde mit RWE ein Vertrag abgeschlossen, nach dem in Raten von 40 000 t eine rohstoffliche Verwertungskapazität von 170 000 t bis 1995 aufgebaut werden sollte. Über die Logistik („Mülltourismus") und deren Kosten gibt es bisher keine verbindlichen Aussagen.

Eine von der BASF geplante Anlage zur rohstofflichen Verwertung mit angekündigter Kapazität von mindestens 160 000 jato nach Fertigstellung wird nicht realisiert.

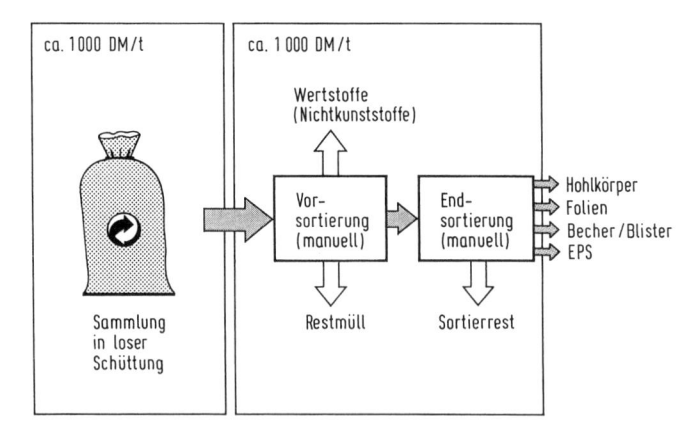

Bild 11.3 Kosten der Wiederverwertung (DM/kg) (Quelle EWvK)

Da es der Kunststoffindustrie nicht gelungen ist, ein eigenes Sammelsystem für Verpackungsabfälle zu etablieren, wie es die Glas- oder Weißblechindustrie frühzeitig demonstriert haben, kann das jetzige flächendeckende System der DSD im Wettbewerb nur Nachteile bringen, denn im gelben Sack bzw. der sog. Wertstofftonne werden Kunststoffe gemeinsam mit anderen Verpackungsmaterialien, der sog. Leichtstofffraktion, gesammelt und erfordern einen zusätzlichen Sortieraufwand der sehr kostspielig ist und letztendlich Kunststoffrecyclingprodukte belastet: Gebrauchter Kunststoff als Ausgangsmaterial für Recyclingprodukte wird auf diesem Wege unverhältnismäßig teuer (Bild 11.3).

11.4 Technik der Aufbereitung von Kunststoffabfällen

Unter dem Begriff Aufbereitung werden die verfahrenstechnischen Schritte verstanden, die notwendig sind, um aus Kunststoffabfällen neue Produkte, bzw. deren Vorstufen wie einsatzfähige Regranulate, bzw. Rezyklate herzustellen. Nach der Erfassung folgen die Arbeitsschritte Sortieren, stoffliche Aufarbeitung und Wiedereinsatz (Produktion neuer Artikel).

Die Verfahren der Aufbereitung richten sich nach der Herkunft, dem Zustand und den Eigenschaften der Ausgangsmaterialien, nach ihrer chemischen Natur und Zusammensetzung, nach dem Verschmutzungsgrad, aber auch nach geplanten Verkaufsprodukten und Absatzmärkten und einer zulässigen Preisbildung. Recycling muß den Ausgangszustand des eingesetzten Materials berücksichtigen, d. h.. Prägungen und Veränderungen durch den ersten Produktzyklus. Aus der Kenntnis dieser Materialeigenschaften leiten sich die Arbeitsschritte und Maßnahmen ab, mit denen Rezyklate hergestellt werden und wofür sie verwendet werden können.

11.4.1 Sortenreine Produktionsabfälle

Sortenreine Produktionsabfälle werden wieder in den Produktionskreislauf gegeben. Ist dort aus Verfahrens- oder Qualitätsgründen keine Einsatzmöglichkeit, werden solche Materialen an spezialisierte Händler oder Weiterverarbeiter abgegeben. In diese Kategorie fallen auch Fehlchargen, beispielsweise solche, die in einem physikalischen Parameter oder nur bei der Farbe von der vorgegeben Produktionstoleranz abweichen. Solche Materialien sind ein ideales Ausgangsmaterial für Recycling. Sie können zerkleinert und direkt verarbeitet werden, ebenso ist es möglich, sie über eine Schmelze mittels Extrusion zu verarbeiten. Die Marktakzeptanz bereitet für solche Regenerate keine Schwierigkeiten.

11.4.2 Sortenreine Gewerbeabfälle

In diese Gruppe von Materialien fallen Großbehälter, Mehrwegflaschen, Flaschenverschlüsse, Styroporteile bei der Verpackung, Paletten (Landwirtschafts- und Baufolien, Autoteile als Beispiel für andere Branchen). Diese Materialien werden durch gewerbliche Sammelsysteme abgeschöpft, bevor eine Vermischung mit anderen Abfällen stattfindet. Bei dieser Kategorie können bereits Reinigungsschritte erforderlich werden.

11.4.3 Vorsortierte sortenähnliche Altkunststoffe

Vorsortierte sortenähnliche Altkunststoffe werden aus Siedlungsabfällen abgetrennt. Beispielsweise Kanister, Flaschen, Becher, Folien. Die Abtrennung erfolgt in Deutschland weitgehend an Laufbändern durch sog. „händische" Trennung. Der Verschmutzungsgrad ist erheblich und kann nicht unberücksichtigt bleiben.

11.4.4 Vermischte und verschmutzte Altkunststoffe

Vermischte und verschmutzte Kunststoffabfälle werden bei Sack- und Containersammlungen erhalten. Hierbei können sehr unterschiedliche Verschmutzungsgrade durch Beimischung von Fremdstoffen auftreten. So konnte Scheffold in einer Studie nachweisen, daß bei kontrollierten Sacksammlungen lediglich 5 % Unratanteile vorlagen, während die im Container gesammelten Kunststoffe bis 45 % Unrat enthielten. Die Sammlungen der DSD zeigten folgendes Bild:

Verpackungskunststoffe werden im Rahmen der sog. Leichtfraktion gesammelt. Die mittlere Zusammensetzung des Sammelgutes in einem frühen Stadium nach Einführung des DSD (Quelle Trienekens) enthält 13 % Folien, 10 % Becher/Blister, 8 % Verbunde, 7 % Hohlkörper, 2 % Styropor, 25 % Dosen, 3 % Aluminium, 18 % Sonstige (mit hohem Papieranteil), 14 % Unrat. Mit durchschnittlich einem Drittel stellen die Kunststoffe den größten Anteil am Sammelgut dar.

11.5 Aufarbeiten gemischter Kunststoffe

Für den Wiedereinsatz von gemischten Kunststoffen aus den oben beschriebenen kommunalen Sammlungen sind je nach Einsatz folgende Arbeitsschritte üblich:

Wäsche,   Vorsortierung,
Kunststofftrennung, Vorzerkleinerung,
Trocknung,   Metall- und Schwergutabscheidung,
Extrusion und Granulierung, Nachzerkleinerung.

11.5.1 Ausgangsmaterialien

Wenn man Verpackungsabfälle als Basis für geplante Produktherstellung wählt, ist die Kenntnis der Zusammensetzung der Mischung erforderlich. Dabei ist zu berücksichtigen, daß Materialien aus den kommunalen Sammlungen saisonal und regional schwanken. In Deutschland wurden 1992 die in Bild 11.4 gezeigten Durchschnittswerte ermittelt, wobei der PVC Anteil in den folgenden Jahren kontinuierlich sank.

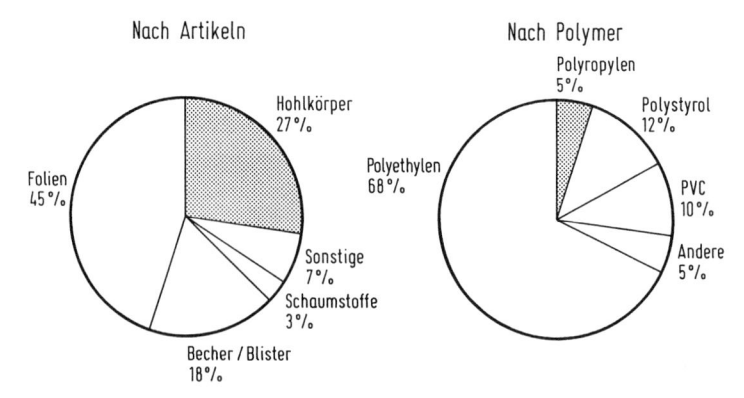

Bild 11.4 Kunststoffabfälle aus Haushalten – Zusammensetzung in Prozent (Quelle Otto Kunststoffrecycling)

Nach Artikeln:
Hohlkörper 27 %
Folien 45 %
Sonstige 7 %
Schaumstoffe 3 %
Becher / Blister 18 %

Nach Polymer:
Polyropylen 5 %
Polystyrol 12 %
Polyethylen 68 %
PVC 10 %
Andere 5 %

Für die Herstellung von Regranulaten wird zweckmäßig in eine Folien- und Hohlkörperfraktion sortiert, wobei im wesentlichen folgende Produkte wieder auftauchen:
Spülmittelflaschen, Lebensmittelflaschen, Behälter, Dosen, Kanister, Tragtaschen, Folienverpackungen, Säcke, daneben auch Kunststoffmaterial, das nicht aus dem Verpackungsbereich stammt, vom Recycler aber akzeptiert werden kann.

11.5.2 Trennungsmethoden für gemischte Verpackungsmaterialien

Die Aufbereitung gemischter Materialien beginnt mit der Sortierung. Je besser Kunststoffe von anderen Materialien bzw. untereinander nach Sorten getrennt sind, um so höher ist ihre Qualität, ihr Wert und damit Preis und Möglichkeit des Wiedereinsatzes. Man unterscheidet zwischen der Makrotrennung, der unzerkleinerten Sortierung von Mischungen und der Mikro-Trennung, bei welcher Auftrennung in verschiedene Kunststoffsorten eine Zerkleinerung vorangeht (Bild 11.5). Makrotrennung bedeutet das frühzeitige Heraustrennen von einzelnen Kunststoffen aus Mischungen, ehe homogenisiert wird. Dies setzt Erkennung voraus. Kunststoffdetektierung kann nach unterschiedlichsten Verfahren erfolgen, die von der Handsortierung, Bilderkennung, Strich-Code-Lesen bis zu spektroskopischen Verfahren reichen.

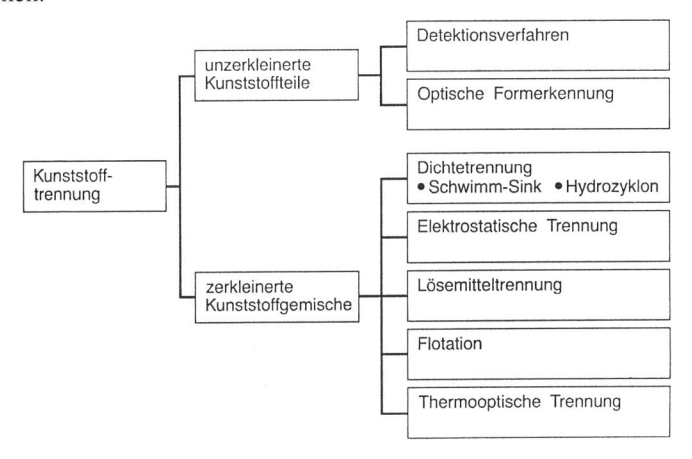

Bild 11.5 Erkennungs- und Trennmöglichkeiten für Kunststoffe (Quelle EWvK)

11.5.2.1 Optische Erkennungsverfahren

Das einfachste optische Verfahren „Auge/Hand" wird noch immer in Sortierungsstrecken angewandt. Hier steht das Bedienungspersonal an Fließbändern, um die Behälter nach Farbe, Form und/oder Aufdruck zu identifizieren und auszusortieren. Ebenso arbeitet die Methode der Bilderkennung, bei der optische Sensoren die geometrischen Formen und/oder Farben, Strich-Codes, Aufdrucke u.ä. lesen können und über ein vom Computer gesteuertes System die ingenieuertechnisch konstruierte Mechanik einer Anlage auslösen, also Sortierung einleiten. In der industriellen Fertigung haben optische Erkennungsmethoden bereits einen hohen Entwicklungsstand erreicht, insbesondere als Kontrollinstrument und zur Qualitätsüberprüfung. Der Einsatz bei der Abfallsortierung ist neu, wird jedoch in den USA bereits in Anlagen verwendet.

In Deutschland hat die Firma RWE Entsorgung AG eine erste Anlage eines form-optischen Sortierverfahrens in Erprobung. Die angelieferten Säcke werden automatisch geöffnet, ihr

Inhalt muß entzerrt bzw. vereinzelt werden. Nach der Erkennung erfolgt die Abtrennung großer Gebinde. Die Klassierung erfolgt in drei Fraktionen: Unterkorn < 50 mm, < 300 mm und Überkorn > 300 mm. Geht man davon aus, daß ein bestimmter Flaschentyp für ein Markenprodukt vom Hersteller immer aus dem gleichen Kunststoffmaterial gefertigt wird, ist eine optische Sortierung wirkungsvoll und führt zu sortenreinen Materialien.

11.5.2.2 Kunststoffsortierung mittels spektroskopischer Methoden

Was im Labor schon lange Routine ist, nämlich Kunststoffe mit spektroskopischen Methoden zu erkennen, wurde in den USA bereits in die Sortierpraxis für Hohlkörper umgesetzt. Dabei wird einmal Infrarotspektroskopie (bevorzugt NIR nahes IR im Wellenlängenbereich von 700 nm – 2500 nm) eingesetzt, zum anderen eignet sich die Röntgenspektroskopie (sowohl Röntgenfluoreszenz als auch Röntgenabsorption) zur Erkennung von PVC.

Die Firma Bühler AG, Uzwil/Schweiz, hat mit dem NIRVIS-System eine Infrarot-Schnellerkennung auf den Markt gebracht, wobei 0,2 Sekunden pro Entscheidung im bewegten Zustand zur Erkennung ausreichen.

Eine andere Kunststoffsortentrennanlage wurde von der deutschen Firma Laser Labor Adlershof entwickelt, die mit einem NIR Meßkopf (nahes Infrarot) arbeitet.

Das Poly-Sortsystem

Die Firma AIC (Automation Industrial Control in Baltimore, Maryland) hat ein automatisch arbeitendes Sortiersystem auf den Markt gebracht, bei dem die in Ballen verpreßt anfallenden Flaschen zunächst beim Durchlauf eines Vibrationsförderbandes vereinzelt werden. Danach folgen die Detektierungsstufen: zuerst ein Farbdetektor, danach die NIR-Detektierung, bei der pro Sekunde 50 (!) Messungen der chemischen Zusammensetzung erfolgen, die über ein Rechner gestütztes System ausgewertet werden. Weiterhin ist neben der Erkennung des Kunststofftyps die Position der Flasche festzuhalten, damit die richtige

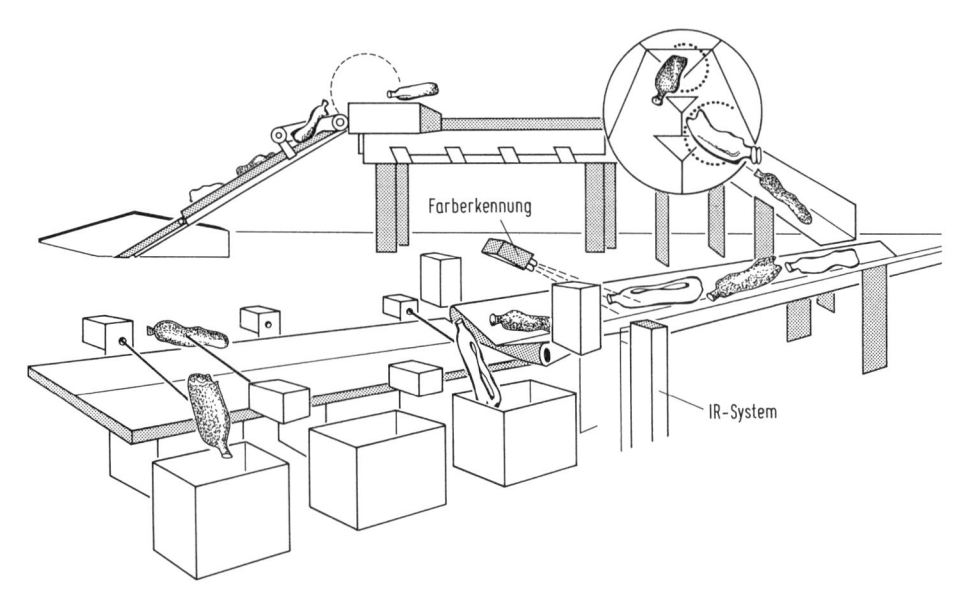

Bild 11.6 Ablaufschema einer Kunststoffflaschensortierungsanlage der Firma AIC (Quelle AIC)

Einordnung erfolgen kann. Die erste Anlage dieser Art wird in Fort Edwards betrieben und hat eine Sortierleistung von ca. 600 kg/Stunde (Bild 11.6).

Das MSS System

Die amerikanische Firma Magnetic Separation Systems, Inc. in Nashville hat ein automatisches Sortiersystem entwickelt, das von Ballenware ausgeht. Die Anlagen sind modular aufgebaut und können an die jeweiligen Anforderungen angepaßt werden. Flaschen werden mit einer Sensorkaskade identifiziert und anschließend sortiert, wobei die Position der Flasche auf dem Laufband registriert werden muß und im Computer verarbeitet wird. Nach der Erkennung erfolgt der Auswurf in die jeweiligen Sortierbehälter. Das Schema der Detektierung ist aus Bild 11.7 erkennbar:

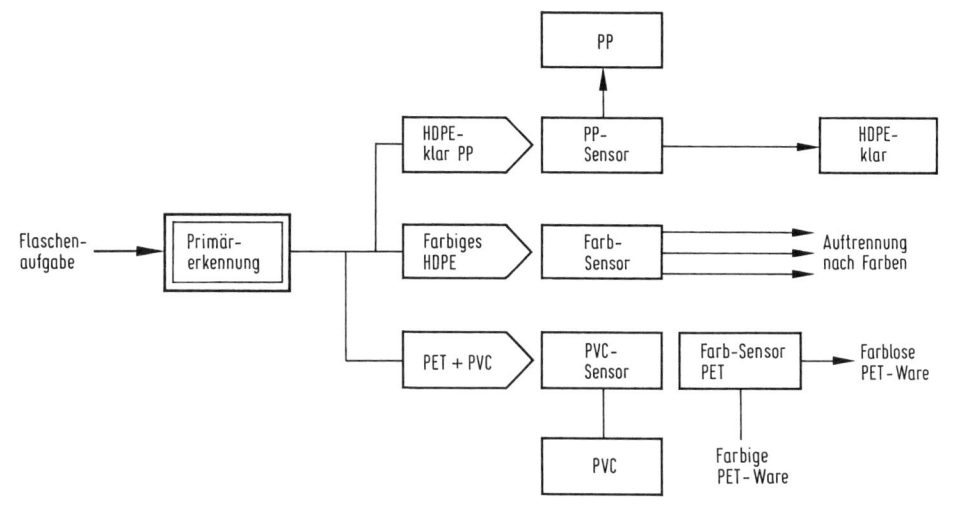

Bild 11.7 Kunststoffdetektierung und Sortentrennung (Quelle EWvK)

Der Primärsensor (Multi-beam Infrarot-Strahlung) teilt in drei Gruppen ein, PET und PVC (1), PE-HD und PP (2) und gemischtfarbene PE-HD Flaschen ein. Die Erkennung PVC/PET erfolgt mit Röntgenabsorption, Farben werden von Farbsensoren erkannt. Das System hat eine Kapazität von 2 200 kg/h. Bereits Anfang 1992 wurde dieser Anlagentyp bei Eaglebrook Companies, Chicago, installiert.

ASOMA

ASOMA Instruments, Inc. of Austin, Texas, hat bereits 1989 eine Anlage auf den Markt gebracht, die es ermöglicht, mit Röntgenspektroskopie PVC Verpackungen zu erkennen und zu sortieren. Das Modell VS-2 kann beispielsweise PVC Flaschen bei einer Förderbandgeschwindigkeit von 1 m/sec von anderen Materialien sortieren. Die Genauigkeit ist so gut, daß auf 100 000 Flaschen nur eine Fehldetektion kommt.

NRT National Recovery Systems

National Recovery Technologies Inc. (NRT), ebenfalls eine amerikanische Firma aus Nashville, Tenn., bietet das sog. VinylCycle System, das ähnlich wie das ASOMA System arbeitet, also auch mit Röntgenabsorptionsanalyse, an. Diese Anlagen können sowohl Flaschenware, als auch Shreddermaterial sortieren. Mit einer Reinheit von 99 % können Stoffströme in einen PVC freien Anteil und eine PVC Fraktion aufgetrennt werden. Je nach Auslegung der Anlagen können 1 000 kg/h oder 5 000 kg/h sortiert werden.

11.5.3 Regranulatherstellung aus gemischten Kunststoffen

Eine Reihe von Firmen hat Technologien zum Einsatz gebracht mit dem Ziel Kunststoffmischungen aufzuarbeiten und als Endprodukt ein Regranulat zu erhalten. Die grundsätzlichen Arbeitsschritte Zerkleinern, Waschen, Trennen und Granulieren werden dabei von allen Verfahren genutzt, aber es gibt zahlreiche Varianten und Unterschiede im Detail, deren Beschreibung den Rahmen dieser Ausführungen überschreiten würde. Deshalb wird beispielhaft das Verfahren der Firma Refakt, Meckenheim, zur Demonstration der grundsätzlichen Aufarbeitungstechnik gewählt. Für weiterführende Informationen über andere Verfahren wird auf die „Technologiestudie Stoffliches Kunststoffrecycling" der EWvK [1].

11.5.3.1 Vorzerkleinern und Waschen

Je nach Beschaffenheit der Ausgangsmaterialien ist die Auswahl der Mühlen und Schneidwerke zu treffen.

Als unerwünschte Verschmutzungen gelten Holz, Gummi, Textilgewebe, Stroh und andere leichte Materialien, die die Qualität der Polyolefin- oder Leichtfraktion mindern.

Vor dem Eintrag des Materials in Naßmühlen wird ein Schneidwalzenzerkleinerer (Shredder) vorgeschaltet. Diese Vorzerkleinerer bestehen aus Schneidwalzen mit getrenntem Antrieb, womit unterschiedliche Geschwindigkeiten der Walzen ermöglicht werden. Shredder erlauben den Einzug von Folienballen oder Farbeimern und Mülltonnen. Feste Verunreinigungen wie Metallbügel, Steine, Farbreste usw. können beim Vorzerkleinern anwesend sein. Die auf ca. 10x10 cm zerkleinerten Teile laufen über eine sog. Schwergutrinne, in der Metalle, Steine u.ä. absinken und dadurch vom Kunststoff getrennt sind, während die Kunststoffteile weiterbefördert werden.

Danach wird der von Metallen und Sand befreite Kunststoff in einer Naßmühle weiterbehandelt und auf eine Teilchengröße von ca. 15 mm reduziert. Durch Wasserzugabe werden Friktionen und thermische Schädigung der Kunststoffe vermieden sowie der erneute Waschvorgang intensiviert.

Über eine Schnecke, die bei Refakt als Friktionswäscher ausgebildet ist, wird das Schneidgut ausgetragen. Hierbei wird im Wassergegenstrom nochmals gewaschen. Das Material wird in Naßsilos aufgenommen. Von hier wird es chargenweise über Förderschnecken in Waschbehälter mit Turbowäscher geleitet, um letzte Fremdmaterialien abzutrennen.

11.5.4 Auftrennung nach Dichte mittels Hydrozyklon

Gewaschenes Schreddergut wird als Suspension aus dem Turbowäscher in einen Hydrozyklon (Bild 11.8) eingebracht.

Bei tangentialem Einlauf entsteht eine zentrifugale Strömung in der sich die schweren Teile zur Apparatewand bewegen. Die leichteren Teile orientieren sich zur Mitte der Strömung. Am unteren Ende des Hydrozyklons treten die spezifisch schwereren Anteile aus, während die Wassermenge zur Umkehr nach oben gezwungen ist und in gegenläufiger Strömung die leichteren Teile (Polyolefine) nach oben trägt sowie im Überlauf an einen Friktionsscheider abgibt. Hier wird das Wasser über eine Siebanlage in den Kreislauf zurückgebracht, Papierreste werden ausgeschleust und die Leichtfraktion erneut in den Einrührbehälter zurückgeführt. Nach einigen Umläufen wird die Leichtfraktion mit einer vom Gerätehersteller angegeben Reinheit von 99,9 % Polyolefin-Gehalt an ein Zwischensilo abgegeben.

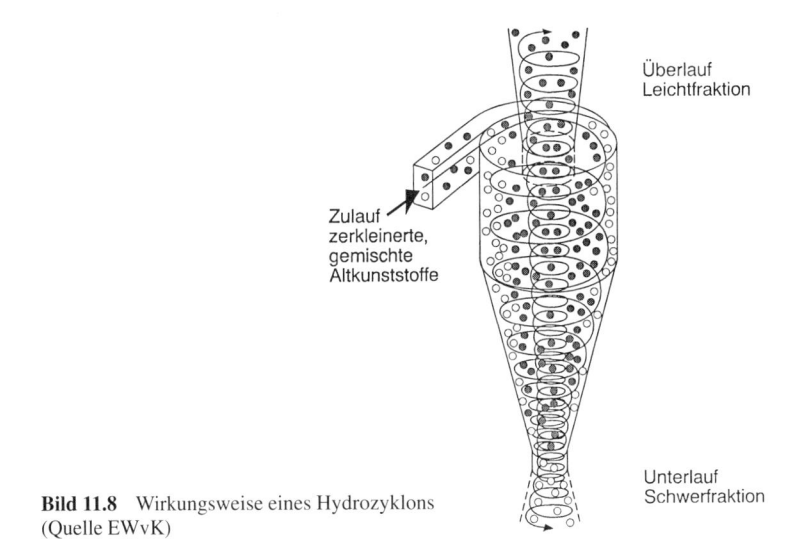

Bild 11.8 Wirkungsweise eines Hydrozyklons
(Quelle EWvK)

11.5.5 Trocknen und Regranulieren

Vor der Weiterverarbeitung in einem Extruder muß die Polyolefinfraktion getrocknet werden. Aus dem Naßsilo wird mittels einer Schnecke in mechanische Trockner gefördert, in denen das Gut bis auf eine Restfeuchte von ca. 5 Gew.-% Wasser gebracht wird. In einer Nachtrocknungsstrecke verringert sich der Feuchtigkeitsgehalt auf 1 Gew.-%.

Aus einer Zwischenlagerung, z. B. dem Folienschnitzel-Silo (bei Folienware) oder Granulat-Silo (bei Hohlkörperware) kann dann die Extrusionslinie über Austragsschnecken beschickt werden. Hierbei läuft das Material zunächst über einen Agglomerator, in dem Folienschnitzel bzw. Granulate vorplastifiziert werden (Temperatur: 90 °C), Folienschnitzel werden hier auf eine höhere Schüttdichte gebracht.

Nach Übernahme des Materials durch die Extruderschnecke erfolgt Entgasung, Homogenisierung und Plastifizierung. Der Austritt erfolgt schließlich aus der Granulierlochplatte. Die auf die gewünschte Granulatlänge im Heißabschlag geschnittenen Granulate werden gekühlt und ausgetragen. Anhaftendes Wasser wird in einer Vibrationsrinne abgetrennt, eine nachgeschaltete Zentrifuge übernimmt die Resttrocknung. Das Granulat wird in Vorratssilos gefördert, bzw. zur Absackung gebracht. Danach können die gebrauchten Kunststoffe wieder in den Markt und den Materialkreislauf einfließen.

Es ist jedoch zu beachten, daß aus einer Mischung ursprünglich sehr spezieller (maßgeschneiderter) Verpackungskunststoffe eine homogene Mischung entstanden ist, die nicht mehr für die ursprünglichen Einsatzgebiete verwendet werden kann. Die Mischung ist farblich verändert, die physikalischen Eigenschaften sind neu zu bestimmen und damit neue Anwendungsgebiete zu finden. Der beschriebene Aufwand läßt erkennen, daß diese Regranulate nicht billig sein können, ihr Preis muß sich jedoch am Marktpreis für Neuware orientieren, sonst haben sie keine Chancen. Weiterhin ist für einen Markteintritt erforderlich, daß diese Produkte streng innerhalb einer Spezifikation erzeugt werden. Der Weiterverarbeiter benötigt diese Sicherheit, um ohne Komplikationen und eigene Ausbeuteverluste produzieren zu können.

Die Firma Refakt Anlagenbau hat Referenzanlagen in vielen europäischen Ländern und in Übersee geliefert. Ende 1993 wurde in Kiuschu, Japan, eine Anlage mit einer Kapazität von 8 000 jato gebaut. Das Granulat wird von einem Kunststoffverarbeiter abgenommen und im Folienblasverfahren zu Müllsäcken weiterverarbeitet.

Weitere Systembeispiele:

Thyssen-Henschel

Eine vollautomatische Sortieranlage für Materialien aus dem Dualen System (gelber Sack) mit der Möglichkeit, Abfälle in fünf verschiedenen Fraktionen zu trennen, wurde von Thyssen Henschel, Kassel, entwickelt. Die Anlage ist mit einer Sortierleistung von 1 000 kg/h konzipiert und ersetzt manuelle Tätigkeit. Über ein Förderband gelangen die Materialien in eine Trommel zur Vorsortierung, wo die Folien ab einer Größe DIN A4 abgesondert werden. Die Abscheidung erfolgt in einer nachgeschalteten Magnetseparierung. Die nächste Stufe trennt außer Aluminium/Papier/Kunststoffverbunden auch die Aluminiumdosen ab. Es folgt eine Hohlkörper und Becherfraktion und schließlich verbleibt die Blister- und Kleinteilefraktion. Die Aufbereitung und Trennung von vermischten und verschmutzten Kunststoffen erfolgt zweistufig. Die Kunststoffe werden erst im Regenerierer auf Handtellergröße zerkleinert und in einer Schneidmühle unter Wasserzugabe ca. pfenniggroß geschnitten. Der anschließende Waschprozeß erfolgt in einem Trommelsieb. Danach folgt der erste Trennschritt nach dem Schwimm-Sink-Verfahren, wobei die Polyolefine von der Schwerfraktion (PVC, PS) getrennt werden. Die Leichtfraktion hat bereits einen Polyolefingehalt von ca. 95 %, ehe sie im Hydrozyklon auf 98 % angereichert wird. In einer Schweretrübe (Dichte 1,1 g/cm^3) können Polystyrol und PVC ebenfalls aufgetrennt werden (Bild 11.9).

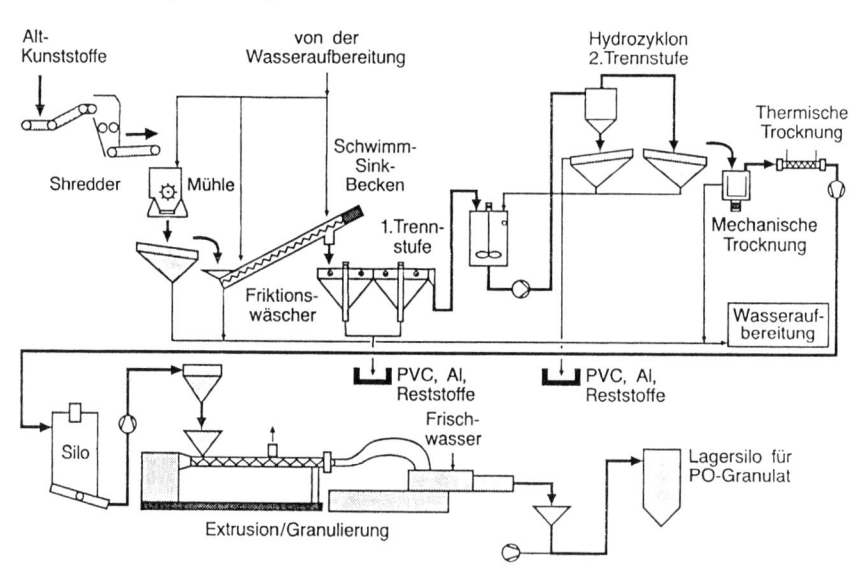

Bild 11.9 Anlagenvorschlag zur Trennung und Regranulierung von gemischten Kunststoffen (Thyssen-Henschel)

AKW-Verfahren

Die Firma AKW (Amberger Kaolinwerke AG) hat ein Anlagenkonzept entwickelt, das mit dem Zweckverband für Abfallbeseitigung Coburg in Blumenrod ausgeführt und demonstriert wurde. Die hier gewonnenen Erfahrungen dienten der Installation weiterer Trennanlagen. Das Konzept war so gestaltet, daß in einer Einstrang-Kombinationsanlage Folien und Hartkunststoffe verarbeitet werden können. Ein dreistufiges Hydrozyklonverfahren dient der Abtrennung von Fremdstoffen. Es wird einerseits die Leichtfraktion (PE) zu einem verkaufsfähigen Granulat aufbereitet, andererseits wird eine Schwerfraktion gewonnen.

Eine Weiterentwicklung des AKW-Systems wurde im Dezember 1993 in Karup, Dänemark, bei der Firma Danrec installiert.

SOREMA-Verfahren

Die Firma SOREMA empfiehlt getrennte Anlagen für Folien und Flaschen, wobei für beide Anlagentypen speziell angepaßte Extruder vorgesehen sind. Ein In-Line Sortierverfahren zur Trennung nach Farbe und Material kann wahlweise eingesetzt werden. Außerdem bietet SOREMA ein Verfahren zum Heißwaschen von Folien oder PET Flaschen unter Zugabe von Chemikalien und Vorbehandlungsanlagen.

11.5.6 Neue Trenntechnologien

11.5.6.1 BKR-Verfahren

Das Verfahren der Frankfurter Betreibergesellschaft Kunststoffrecycling (BKR) eignet sich für alle Arten von Kunststoffabfällen aus dem häuslichen, gewerblichen und industriellen Bereich. Es arbeitet nach den „Strömungsdifferenzverfahren" in einem geschlossenen Kreislauf. Als Trennmedium wird Wasser oder eine umweltneutrale organische Flüssigkeit benutzt. Das dem Verfahren zugrunde liegende Patent (Offenlegung DE 42 05 767 A1) beschreibt, daß das Trennmedium eine Dichte zwischen den jeweils zu trennenden Fraktionen habe. Somit handelt es sich um ein modifiziertes Dichtetrennverfahren. Die geometrische Gestaltung einer Trennkammer sowie die Gewährleistung einer laminaren Strömung kennzeichnet das Verfahren. Die Anlage arbeitet in drei Trennstufen:

1. mit Wasser,
2. mit organischen Trennmittel,
3. mit Alkohol.

Es wurden Trennungen von Polypropylen und Polyethylen-Mischungen mit einer Reinheit von 99,99 % an PE nachgewiesen.

11.5.6.2 Sortierzentrifuge

Gemeinsam mit der EWvK wurde bei KHD Humboldt Wedag AG in Köln eine Sortier- und Waschzentrifuge („CENSOR") entwickelt, mit der Kunststoffmischungen mit hoher Trennschärfe sortiert werden können.

CENSOR (Bild 11.10) ist eine horizontal gelagerte Doppelkonus-Vollmantel-Zentrifuge, die sich mit einer einstellbaren Differenzdrehzahl relativ zum Zentrifugenmantel dreht. Auf der Schneckenwelle sind je eine Wendel mit Links- bzw. Rechtsgewinde angebracht, die durch eine Stauscheibe getrennt sind.

Als Trennmittel kann vorzugsweise Wasser, aber je nach Aufgabe eine geeignete andere Flüssigkeit eingesetzt werden. Beim Betreiben bildet sich ein mit dem Zentrifugenmantel mitrotierender Flüssigkeitsring.

Die vermischten Kunststoffe werden als Suspension axial in die Zentrifuge aufgegeben und treffen auf die Oberfläche des mit hoher Drehzahl umlaufenden Flüssigkeitsrings. Hier findet eine starke Verwirbelung statt, wobei anhaftender Schmutz von den Kunststoffteilchen entfernt, zum anderen eine Vereinzelung bewirkt wird. Bei einer Beschleunigung bis 2000 g sinken Teilchen, deren Dichte größer als die der Trennflüssigkeit ist, schnell zum Zentrifugenmantel ab, während die leichteren Teilchen aufschwimmen. Dadurch ergibt sich eine hohe Selektivität. Durch die Schneckenwendeln mit gegensinniger Steigung erfolgt eine Auslenkung zu den Enden der Zentrifuge. Das Trenngut wird auf einen Feuchtigkeitsgehalt von nur noch 2 bis 5 % entwässert.

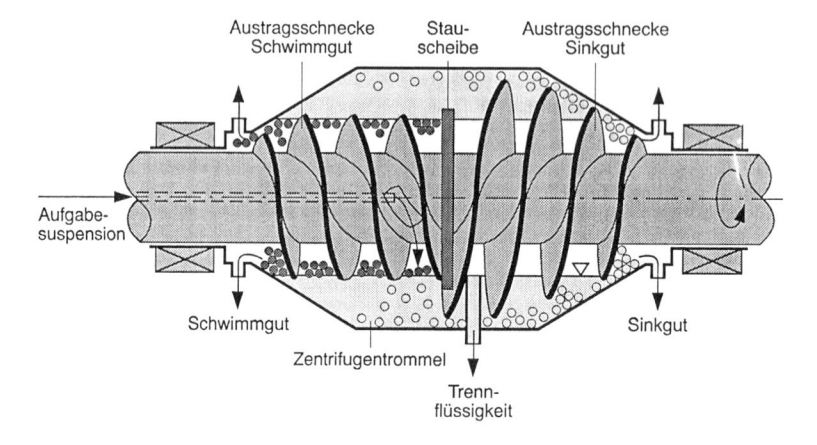

Bild 11.10 Sortierzentrifuge CENSOR, der Firma KHD (Quelle KHD, Köln)

Das mit dem Kunststoff eingebrachte Trennmittel fließt durch die Überläufe in die Anmaischstation zurück. Dadurch ist der Frischwasserverbrauch wesentlich geringer als bei herkömmlichen Dichtetrennverfahren. In der Tabelle 11.3 wird eine Zusammenstellung der Beschleunigung, Absetzgeschwindigkeit und Verweilzeit von Kunststoffteilchen bei unterschiedlichen Dichtetrennverfahren wiedergegeben. Die Absetzgeschwindigkeiten sind bei der Zentrifuge etwa dreimal so hoch wie beim Hydrozyklon, die Absetzzeiten entsprechend niedriger.

Tabelle 11.3 Vergleich verschiedener Dichtetrennverfahren (Wirkungsweise der KHD-Zentrifuge CENSOR)

	Dimension	CENSOR			Hydrozklon Anlagen			Sink-Schwimm		
Beschleunigung z als Funktion des Abstandes r vom Rotationszentrum	9,81 m/s	$z = \text{const.} \cdot r$			$z = \text{const.} \; r^{-3}$ **)			$z = \text{const.}$		
Mittlere Beschleunigung	9,81 m/s	1 100			<100			1		
Verweilzeits	25				1			400		
Teilchengröße*)	mm	0,5	2	10	0,5	2	10	0,5	2	10
mittlere Absetzgeschwindigkeit	mm/s	860	1 550	4 000	140	500	1 200	6	30	120
Absetzzeit	s	0,11	0,006	0,025	0,6	0,18	0,07	300	67	15
„Sicherheitsfaktor" = Verweilzeit/Absetzzeit		227	416	1 000	1,7	5,6	14	1,3	6	27

*) kugelförmig angenommen. Bei Folien z. B. fällt die Absatzgeschwindigkeit erheblich kleiner aus.
**) idealer, reibungsfreier Fall angenommen.
Quelle KHD

11.5.6.3 Elektrostatische Trennung

Im Gegensatz zu den zuvor beschriebenen Verfahren, sind elektrostatische Verfahren trockene Trennverfahren.

Mit einem von der Firma Kali & Salz AG entwickelten Verfahren (ESTA), bei dem einschlägige Erfahrungen der Mineraltrennung eingeflossen sind, können Kunststoffmischungen aufgetrennt werden. Da nicht die Dichte, sondern unterschiedliche elektrische Aufladung der Stoffe als Trenn-Parameter eingesetzt werden, können auch Kunststoffe gleicher Dichte unterschieden werden. Nach einer prozessrelevanten Vorbehandlung (Konditionierung) der Gemische werden die Partikel durch Reibung aufgeladen. Die erzeugte Ladung ist stoffspezifisch und folgt dem Gesetz der triboelektrischen Aufladungsreihe [4], Bild 11.11). Beim Durchlaufen eines Hochspannungsfeldes werden die Kunststoffteilchen je nach Ladung zu den Elektroden hin abgelenkt. Am einfachsten ist die Auftrennung von Zweikomponentengemischen. Vorteile der elektrostatischen Trennung sind geringer Energiebedarf, hoher Durchsatz und Unabhängigkeit von der Dichte.

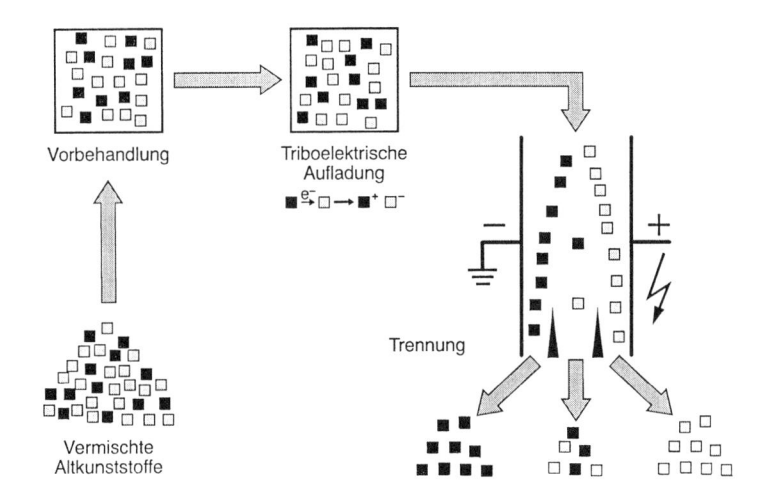

Bild 11.11 Schema einer elektostatischen Kunststofftrennung (Quelle Kali und Salz)

11.5.6.4 Thermo-selektive Trennung

Verstreckte Thermoplaste können bei einer typgemäßen, charakteristischen Temperatur entspannt (relaxiert) werden und den ursprünglichen spannungsfreien Zustand einnehmen. Dieses Verhalten wird z. B. bei der Schrumpffolie genutzt, kann aber ebenfalls für Trennverfahren angewendet werden. Die Firma Ökutec in Siegen hat die technische Umsetzung zur Trennung von EPS (Styropor) mit dem patentierten Styrelaxverfahren [5] realisiert. Die gesammelten und faustgroß gebrochenen Verpackungsmaterialien durchlaufen eine an Styropor angepaßten Wärmezone, in der die Brocken auf 1/30 ihres Volumens zusammenfallen und ausgesiebt werden können. Diese Trennung ist günstig, weil sowohl die Klebebänder und Etiketten als auch andere geschäumte Materialien, z. B. Polyethylenschaum, Stärke usw. ihr Volumen nicht verringern und aussortiert werden . Das ausgesiebte Polystyrol kann durch Spritzgießen direkt oder gemischt (abgeblendet) weiterverarbeitet werden. Es läßt sich aber auch wieder geschäumtes Polystyrol herstellen und damit den Kreislauf des Produktes schließen.

Aufgrund gleicher oder ähnlicher Prinzipien lassen sich beispielsweise auch Joghurtbecher aus tiefgezogenem Polystyrol leicht von Bechern aus Polypropylen abtrennen.

11.5.6.5 Mechanische Trockentrennverfahren

Als Alternative zu den herkömmlichen Trennverfahren wurde von der japanischen Firma EIN Engineering Co.,Ltd. ein Trennverfahren entwickelt, das auf der Basis einer Stiftmühle arbeitet. Die zerkleinerten Kunststoff-Verbundteile (z. B. Milch oder Fruchsaftkarton) werden in einer Stiftmühle mechanischer Belastung bei einer hohen Drehzahl unterworfen, wobei die Verbunde aufbrechen und durch eingebaute Siebanlagen getrennt werden. Das Verfahren eignet sich auch hervorragend zur Reinigung von zerkleinertem PE-Flaschenmaterial auf trockenem Wege sowie zur Entfernung von Druckfarben, Etiketten und ähnlichen beim Wiederverwerten störenden Anteilen. Auch bedruckte und verschmutzte Folien lassen sich mit diesem Verfahren aufarbeiten.

11.5.6.6 Löseverfahren

In Löseverfahren werden physikalische Prinzipien angewendet, um Kunststoffmischungen oder Komponenten von Verbundmaterial zu trennen. Auch Zusatzstoffe wie Additive, Füll- und Farbstoffe sowie Druckfarben (Deinking) und Abbauprodukte können nach diesen Prinzipien abgetrennt werden.

Selektive Lösung

Bereits vor 25 Jahren wurden Löseverfahren zur Auftrennung von Mehrschichtverbundfolien vorgeschlagen, aber erst ab 1989 wurden durch Arbeiten von *E. B. Naumann* und *J. C. Lunch* am Howard Isermann Institute der Rensselaer University in Troy, N. Y., Wege zur Aufarbeitung von gebrauchten Verpackungskunststoffen aufgezeigt. Diese Arbeitsgruppe hatte das Ziel, eine großtechnische Anlage zur Trennung von Haushaltsmischungen zu realisieren. In einer Pilotanlage können maximal 1000 kg Altkunststoffe pro Tag aufgearbeitet werden. Für den Aufbau einer Produktionsanlage werden die erforderlichen Investitionen auf ca. DM 55 Mio. geschätzt.

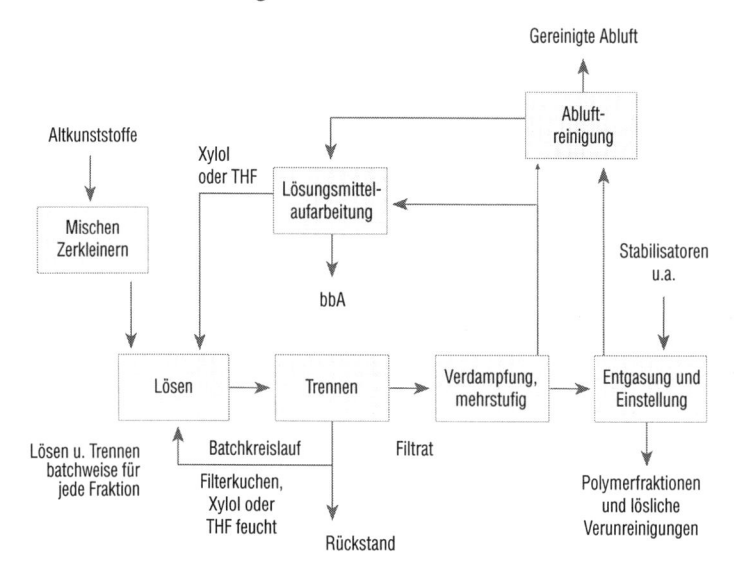

Bild 11.12 Anlagenschema eines selektiven Löseverfahrens nach *Nauman* (Quelle EWvK)

Das Verfahren arbeitet mit Xylol als Lösemittel, das für die meisten Komponenten geeignet ist und die Temperaturabhängigkeit der Löslichkeit von Kunststoffen nutzt. So kann Polystyrol bereits bei Raumtemperatur abgetrennt werden, während Polypropylen sich bei 120 °C löst. Die Rückgewinnung der Kunststoffe aus den Lösungen erfolgt durch Flashverdampfung, d. h.. die Lösung wird unter Druck über den Siedepunkt erhitzt und über Entspannungsdüsen in ein Vakuum oder in einen heißen Gasstrom gesprüht, wobei das Lösemittel verdampft und die Kunststoffe ausfallen. Das Schema einer Anlage ist in Bild 11.12 wiedergegeben.

In Versuchen der EWvK konnte gezeigt werden, daß Material aus dem Dualen System Deutschland in die Fraktionen PVC, PE-LD, PE-HD, PP, PS getrennt werden kann.

Geruchsfreiheit durch Extraktion mit Lösemitteln

Gebrauchte Folien, Flaschen und Becher können nach einem Verfahren der Firma Krupp Maschinentechnik, Geschäftsbereich Extraktionstechnik, durch Behandeln mit Lösemitteln zu hochwertigen Rezyklaten aufbereitet werden (Bild 11.13). Überzeugend gelingt die Wiedergewinnung von Kunststoffen aus bedruckten Folien oder Ölflaschen. Dabei werden die zerkleinerten Ausgangsmaterialien in einer kontinuierlichen Wäsche von Druckfarben, Fetten und Ölen sowie mineralischen Verschmutzungen befreit. In einem nächsten Schritt werden die aus dem Füllgut in den Kunststoff migrierten Substanzen herausgelöst, besonders wichtig für die weitere Wiederverwertung ist, daß dabei auch die Geruchsstoffe und Abbauprodukte entfernt werden. Das Lösemittel, z. B. Ethylacetat wird mit geringen Verlusten von 0,4 % pro Stunde im Kreislauf gefahren. Die Qualität des erhaltenen Regranulates ist so gut, daß es nach Farbstoffzugabe und Stabilisierung wieder zu Ölflaschen bzw. Folien, je nach Ausgangsmaterial, verarbeitet werden kann.

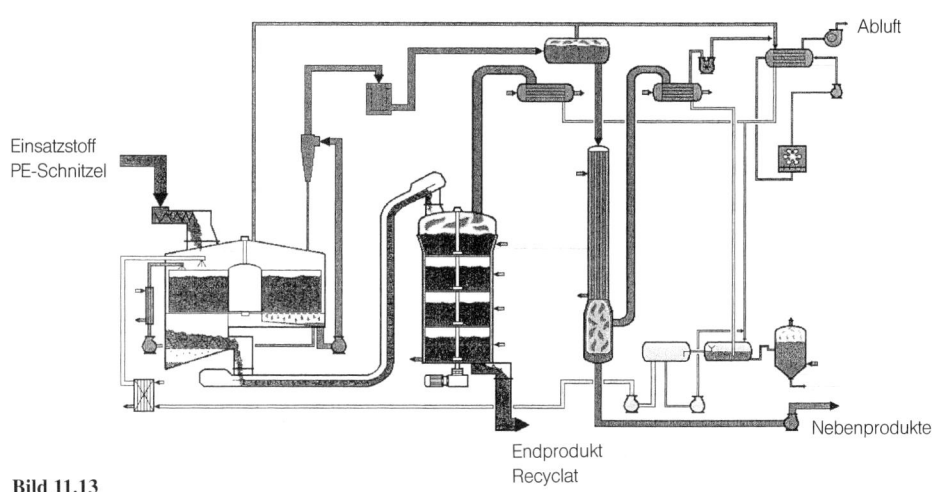

Bild 11.13
Kontinuierliche Wiederaufarbeitung von Verpackungsmaterialien nach Krupp (Quelle Krupp, Hamburg)

Auftrennung von Verbundverpackungen

In einer Pilotanlage der RWE in Wesseling werden seit 1993 Getränkekartons durch ein neuentwickeltes Verfahren zur Trennung von Polyethylen/Aluminium/Papier aufgearbeitet.

Die Verbundverpackungen werden nach Abtrennung der Faserstoffe in einem kombinierten Prozeß zerkleinert, gewaschen und mit organischen Lösemitteln bei 140 °C behandelt.

Dabei geht das Polyethylen in Lösung und Aluminium kann abfiltriert werden. Das Polyethylen wird als Granulat wieder an die Kunststoffverarbeiter abgegeben. Die Lösemittel werden im Kreislauf geführt, ohne Kontakt zur Umwelt zu haben.

11.5.7 Rezyklatprodukte

Die beschriebenen Trennverfahren führen zu Regranulaten, die sehr unterschiedliche Eigenschaften aufweisen können. Eine Produktion, die sich am Markt behaupten will, muß innerhalb einer Produkttoleranz erfolgen und dem Abnehmer mit einer Garantie dieser Toleranz geliefert werden. Auf dieser Basis ist es möglich, in bestehende Märkte einzudringen. Bei Kenntnis und sorgfältiger Auswahl der angelieferten Altkunststoffe kann eine Eigenschaftssteuerung erfolgen. Schwer ist es jedoch, neben den Werkstoffeigenschaften auch die optischen Eigenschaften, vor allem die Farbe zu steuern.

Das als Regranulat anfallende Material kann direkt oder als Abmischung mit Primärware weiterverarbeitet werden. Je nach Vorgeschichte und Anwendungen kann eine Nachstabilisierung erfolgen. Zur Eigenschaftsverbesserung ist auch der Zusatz von Verträglichkeitsvermittlern angebracht.

Die Akzeptanz für Kunststoffrezyklatprodukte ist beim Verbraucher noch nicht sehr ausgeprägt und erfordert noch Aufklärung. Der Markt bietet bereits heute viele vom Qualitätsstandpunkt völlig einwandfreie Produkte an, wobei keineswegs eine Beschränkung auf erneuten Einsatz in der Verpackungsindustrie besteht. Wiederverwendung als Verpackungsmaterial finden Folien und Flaschen oder Kanister. Solche Verpackungshohlkörper können entweder mit Mittelschicht aus Rezyklat co-extrudiert oder z. B.. als Mineralölflaschen aus Rezyklaten wieder in den Kreislauf einfließen. In den USA wird auf dem Wege des chemischen Recyclings PET aus Getränkeflaschen wieder für Flaschenmaterial verarbeitet.

Produktbeispiele aus Rezyklatmaterial
– Tragtaschen aus Polyethylen und Müllsäcke aus PE
– Flaschen, Kanister, Innenlagen aus Rezyklat bei Flaschen und Bechern,
– Paletten aus Polyethylen oder Polypropylen sowie Kisten und Klappboxen,
– Rohre aus Flaschenmaterial (PE),
– Holzähnliche Produkte aus Mischungen von Abfallholz und Kunststoffabfällen
– Regale aus Polystyrol, Möbel aus Mischkunststoffen und Kunststoffverbundbeuteln,
– Büroartikel aus Polystyrol,
– Textilfasern/Kleidung aus PVC oder PET, Flaschen Vliese, Polster, Packmittel.

11.6 Gemischtverarbeitung der Kunststoffe aus Verpackungen

Gemischtverarbeitung bedeutet, daß Materialien, beispielsweise aus den gelben Säcken oder anderen Sammelsystemen vor der Weiterverarbeitung nicht nach Kunststofftypen aufgetrennt und zum Teil auch nicht gewaschen werden.

11.6.1 Gemischtkunststoffe als neuer Werkstoff

Was in der Kunststoffbranche bisher als unmöglich erschien, konnte in den letzten Jahren durch Arbeiten der EWvK, des PWMI und verschiedener Hochschulen nachgewiesen werden. Man kann nämlich eine zusammengeschmolzene Mischung aus Kunststoffen mit der Grundzusammensetzung unserer Haushaltsabfälle als neuen „Werkstoff" betrachten und kunststofftechnisch untersuchen, beurteilen und verwenden. Dieses Material erweist sich zwar nicht vergleichbar zu den maßgeschneiderten und differenzierten Ausgangsmaterialien in der Verpackung, hat aber dennoch seine Berechtigung, weil es verglichen zu anderen Werkstoffen wie Holz oder Beton verbesserte Einsatzmöglichkeiten zeigt.

11.6.2 Zusammensetzung von Standardmischungen

Die durchschnittliche Zusammensetzung ist festzustellen und einzuhalten, weil sonst die Materialkennwerte der Produkte verändert werden. Bei der Betrachtung der Kunststoffmischungen aus dem „gelben Sack" ist es wichtig, zu unterscheiden zwischen der gesammelten und der beraubten Fraktion, aus der die Flaschen und größeren Folien ausgelesen wurden, um sie einer besonderen Behandlung zukommen zu lassen.

Die durchschnittliche „deutsche" Mischung hat heute folgende Zusammensetzung:

  60 bis 70 % Polyethylen
   5 bis 10 % Polypropylen
  10 bis 15 % Polystyrol
   5 bis 10 % andere Kunststoffe

PVC hat heute bereits Anteile unter 5 % mit fallender Tendenz. In Frankreich ist der PVC-Anteil wesentlich höher.

11.6.3 Verarbeitungstechnologien für gemischte Kunststoffe

Es werden folgende prinzipielle Technologien für die Verarbeitung von Kunststoffmischungen angewandt:

  Intrusion, Extrusion, Sinterpressen, Spritzguß

11.6.3.1 Intrusionsverfahren

WKR-System

Das Wormser Kunststoff-Recyclingunternehmen (WKR) produziert Formteile aus gemischten Kunststoffen nach einem relativ einfachen Verfahren, mit dem Walzenextruder. Kernstück ist eine rotierende Glattwalze, die an der Innenwand mehrere sichelförmige Hohlräume bildet. Die Kunststoffe kommen auf der heißen Walze zum Schmelzen und werden in die Werkzeuge gepreßt. Die Formteile verbleiben bis zum Erreichen der Entformungstemperatur im Werkzeug. Die Kapazität der WKR-Anlage wird mit 300 kg/h für eine Extruderlinie angegeben.

Die zerkleinerten Fraktionen (weich/hart) werden in getrennten Silos gelagert. Das Folienmaterial wird zur Erhöhung der Schüttdichte in einem Agglomerator behandelt.

Als Produkte werden Bakenfüße, Parkbänke, Platten und Bohlen hergestellt.

A.R.T.-System (Bild 11.14)

Typgerechtes Eingabegut für A.R.T.- bzw. REAL-Anlagen aus dem Hausmüll kann ungereinigt eingesetzt werden, bei starker Verschmutzung muß eine Reinigungsstufe vorgeschaltet werden. Es erfolgt eine Trennung in Folienware und Hartkunststoffe, die in getrennten Silos bereitgestellt werden. Im Einschneckenextruder werden die Mischungen

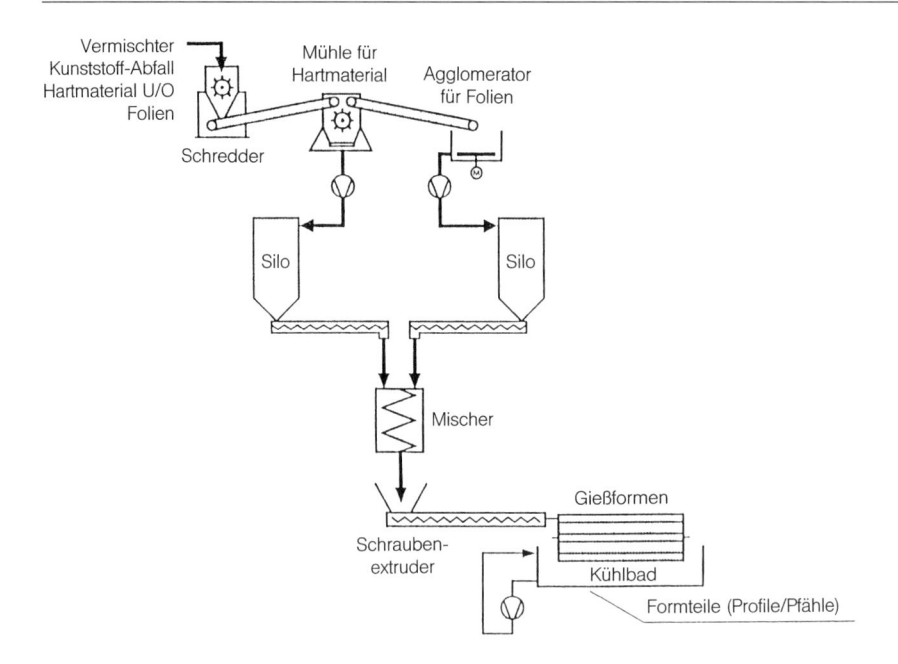

Bild 11.14 Schema der Kunststoffverarbeitung nach dem Intrusionsverfahren (Quelle ART)

bei ca. 200 °C plastifiziert und in die Formen intrudiert. Die Formen sind revolverartig am Umfang einer sich um die horizontale Achse drehenden Vorrichtung angebracht, deren unterer Teil in einem Wasserbad liegt. Nach Befüllung der Werkzeuge dreht sich die Vorrichtung und kühlt die gefüllten Werkzeuge in diesem Wasserbad ab. Anschließend entformt und abgelegt. Das Revolversystem ermöglicht kurze Zykluszeiten. Der Durchsatz pro Anlage liegt bei 1000 kg/h. Das Verfahren ermöglicht eine kontrollierbare Temperaturführung, wodurch Schädigungen der Kunststoffe vermieden werden.

11.6.3.2 Sinterpressen

Das Sinterpreßverfahren (Bild 11.15) wurde vom Institut für Materialforschung und Anwendungstechnik (IMA) in Dresden entwickelt. Es eignet sich zur Herstellung flächiger Produkte aus Verpackungskunststoffen oder gewerblichen Abfällen. Als Eingabegut in kassettenförmige Formen werden gemischte (auch verunreinigte) Kunststoffabfälle in Form von Shreddergut, Mahlgut, Agglomerat oder Granulat eingerieselt. Nach Verschluß der Form durchläuft diese in einem Schachtofen eine Vorwärmzone, eine Heizzone (160–190 °C) und eine Kühlzone. Das Verfahren ermöglicht ein Aufschmelzen des Kunststoffes, Füllen der Formnester und verzugsfreies Abkühlen bei geringem Energieaufwand. Durch niedrige und kontrollierte Temperaturen ist ein Zersetzen von Polymeren ausgeschlossen. Eine kostenintensive Luftreinigung entfällt. Da die Verunreinigungen keinen Kontakt zu bewegten Maschinenteilen haben, erfolgt kein abrasiver Verschleiß. Die Anlage arbeitet kostengünstig und umweltfreundlich. In der ehemaligen DDR wurden mit dieser Technologie u. a. Filterplatten für ein Kaolinwerk hergestellt. Es können ebenso Möbelplatten, Gitterroste, Paletten produziert werden. Im Sommer 1994 wurde eine von der Firma Rapido, Dresden, konzipierte Neuanlage in Crimmitzschau errichtet.

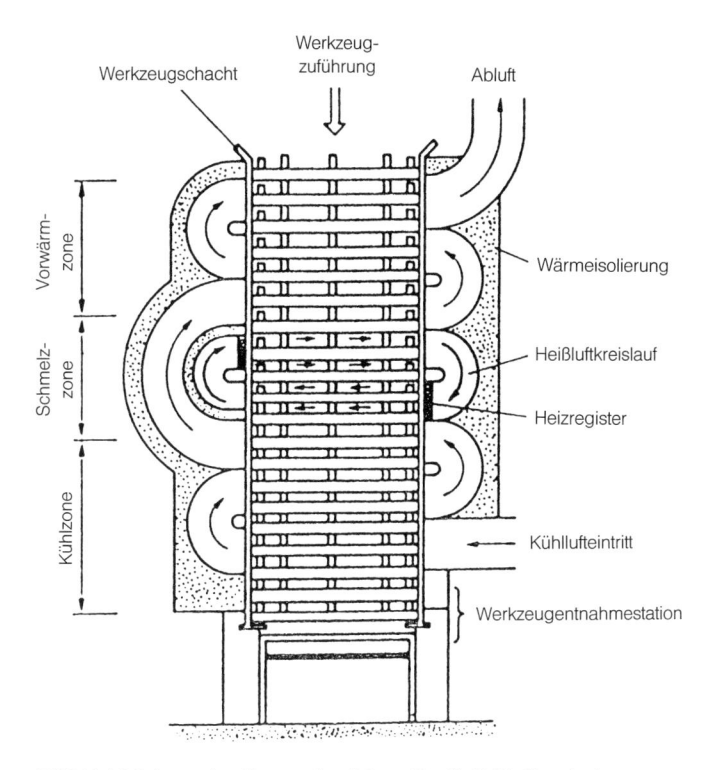

Bild 11.15 Schema des Sinterpreßverfahren (Quelle IMA, Dresden)

11.6.3.3 Spritzguß mit gemischten Kunststoffen

Die Firma Ettlinger in Königsbrunn bietet eine effektive Spritzgußtechnologie für gemischte Kunststoffe an. Auch aus kommunalen und gewerblichen Sammlungen stammende gemischte Kunststoffe können mit allen ihren Verunreinigungen (Holz, Papier, Metalle, Gummi, Textilien etc.) verarbeitet werden, wenn das Shreddergut genügend klein ist und vom Einzug der Maschine erfaßt wird. Bei Mischungen von Thermoplasten werden Metalle bis zu 6 %, Papier bis zu 20 % akzeptiert. Als besondere Komponente der Maschinen gilt der Speicherkolben, der – anders als bei herkömmlichen Spritzgießmaschinen – die plastifizierte Materialmischung in das Werkzeug spritzt. Eine ausgewogene Steuerung sorgt dafür, daß die Ettlingermaschinen mit geringen Schließkräften arbeiten können. Die Produktpalette ist äußerst breit und attraktiv und reicht von Pflanzschalen, Lagersichtboxen, Eimern, Bodenplatten, Rädern, Begrenzungspfählen, Palettenklötzen bis zu Bausteinen, die 7,5 kg schwer sind (Multi-BRICK), für den Landschaftsbau.

11.6.4 Produkte aus gebrauchten Kunststoffen

Es muß nicht immer nur die bekannte Parkbank sein, ein Produkt der ersten Stunde der Gemischtverarbeitung, die als Musterbeispiel überstrapaziert wurde und damit dem Image der Gemischtkunststoffe mehr geschadet als genutzt hat. Frühzeitig wurden auch Elemente für den Landschafts- und Tiefbau entwickelt, z. B.. die von Firma Lüft vertriebene Lärmschutzwand, Verkehrsinseln, Straßenbegrenzungen und die bereits erwähnten Bakenfüße.

Selbst dort, wo diese Produkte ihren Dienst taten, ja besser geeignet waren als herkömmliche Materialien wie Holz oder Beton, war ihre Funktion besser als ihre Ruf. Der Grund ist nicht zuletzt in der Betrachtungsweise der Kunststofferzeuger, Verarbeiter, Anwender zu suchen. Die Mischung wurde nicht als neuer Werkstoff betrachtet, sondern immer nur kunststofftechnisch mit den Ausgangsstoffen, sei es Folie, Flaschenmaterial, Behälter oder Palette, verglichen. Abfällig wurde vom Down-recycling gesprochen. Der Versuch die Mischung als neuen Werkstoff zu qualifizieren, zu verbessern, typgemäß einzusetzen, erfolgte erst relativ spät. Dann aber stellte sich heraus, daß der gebrauchte – und dies gilt ganz besonders für das Verpackungsmaterial – Kunststoff eben doch noch beachtliche Materialeigenschaften aufweist. Um die Akzeptanz für das „neue" Material zu gewährleisten, mußten neben den Materialeigenschaften auch die ökologische Verträglichkeit und Unbedenklichkeit ermittelt werden.

Mit dieser Qualifikation war ein Markteintritt möglich, aber noch lange nicht garantiert. Märkte müssen aufgebaut werden, und in der Regel stößt man hierbei auf erhebliche Widerstände, besonders wenn mit neuen Werkstoffen bestehende Märkte eingeführter Materialien berührt werden. Das heißt aber auch, daß mit viel technischer Expertise gearbeitet werden muß und, sofern diese nicht vorhanden ist, Partner in den angestrebten Märkten gefunden oder neue Erfahrungen aufgebaut werden müssen. Es genügt also nicht, Kunststoffrecycling technisch zu beherrschen, neue Produkte herzustellen, sondern es müssen Märkte für diese – und damit für Sekundärkunststoffe – erschlossen werden. Erst mit dieser Erkenntnis können große Mengen an gebrauchten Kunststoffen ein zweites Mal in den Wirtschaftskreislauf fließen.

Marktpotentiale

Ein großes Potential bietet der Palettenmarkt, der heute im wesentlichen vom Holz beherrscht wird.

Versuche, Kunststoffpaletten herzustellen, sind nicht neu. Dabei waren gebrauchte Kunststoffe zunächst im Bereich nicht genormter Anwendungen erfolgreich. So gibt es eine Anzahl von Ziegelpaletten oder Produktpaletten (hergestellt nach dem A.R.T.-Verfahren), die innerhalb großer Unternehmen, z. B.. der Automobilindustrie eingesetzt werden.

Die EWvK und CHEP Deutschland GmbH haben eine von der Firma GIWA hergestellte 1/4-Palette aus mindestens 50 % PP Rezyklat (aus Joghurtbechern) auf den Markt gebracht. Diese Palette ist millionenfach als Mehrwegpalette im Umlauf und wird auch als Displaypalette eingesetzt (Bild 11.16).

Die Firma Remaplan fertigt in mehrern Werken eine Großpalette in den Maßen 1000 × 1200 mm aus Recyclatkunststoff.

Der Palettenklotz (Abstandhalter), ein anderes Projekt der EWvK, eröffnet ein Marktpotential von 100 000 jato allein in der deutschen chemischen Industrie. Das Projekt führte bereits 1992 zum Aufbau einer Pilotanlage bei der Firma Werra-Plastic in Philippsthal, wo im Extrusionsverfahren aus Folienabfällen und/oder aus DSD Material Palettenklötze hergestellt werden. Die Chemiefirmen BASF, Bayer und Hoechst AG benötigen für ihre jährlich eingesetzten 5 Millionen Chemiepaletten eine Menge von 33 000 jato an Palettenklötzen. Eine neue Produktionsstätte für Palettenklötze war für 1995 im Gelände des Eilenburger Chemiewerkes in der Nähe von Leipzig geplant, konnte jedoch bis heute nicht realisiert werden.

Dachziegel unter den Markennamen Cyclo-Biber werden aus gebrauchten Verpackungskunststoffen im Spritzgußverfahren (Ettlinger-Technologie) bei der Firma Multiport

GmbH in Bernburg, Sachen-Anhalt, produziert. Die bei der Herstellung angewandte Rezeptur garantiert den vom Gesetztgeber geforderten Brandschutz.

Die Firma Eco-Block stellt seit Herbst 1993 einen Pflasterstein aus Altkunststoffen her, der ähnlich wie ein Verbundpflasterstein eingesetzt werden kann.

Recan-Abwasserrinnen der Firma Weller & Herden, werden ebenfalls mit Ettlinger-Technik aus gebrauchten gemischten Verpackungskunststoffen hergestellt und z. B. im Stadionbau zur Entwässerung oder als Kabelschächte von Eisenbahnlinien eingesetzt. Da sie leicht, frostfest und leicht verlegbar sind, erweist sich der Einsatz von Rezyklatprodukten als signifikanter Wettbewerbsvorteil.

Multi-BRICK, ein zick-zackförmiger Vielzweck-Baustein für den Landschaftsbau kann für Uferbefestigungen, Lärmschutzwände, Parkplätze oder Abgrenzungen eingesetzt werden. Er wird im Spritzguß aus Kunststoffmischungen aus dem Dualen System hergestellt. Bild 11.17 zeigt eine Lärmschutzwand aus Multi-Bricksteinen in Hockenheim.

Bild 11.16 ¼ Palette der Firma CHEP Deutschland (Quelle EWvK)

Bild 11.17 Bau einer Lärmschutzwand aus Recyclatbausteinen – Typ „Multi-BRICK" (Quelle EWvK)

11.6.4.1 Mechanische Eigenschaften

Systematische Messungen an Probekörpern aus gemischten Kunststoffen, im Vergleich zu Nachstellungen aus Granulaten von Neukunststoffen beweisen, daß Anwendungen im Filigranbereich mit hohen mechanischen Belastungen ausgeschlossen werden müssen. Für einen Einsatz als Holz- oder Betonersatz können Mischkunststoffe eingesetzt werden [1]. Es wird deutlich, daß die Zusammensetzung der Kunststoffgemische wesentlich für das Eigenschaftsprofil ist. Dadurch ist auch eine Beeinflussung der Kennwerte für jeweils gewünschte Anwendungen durch Variation der Ausgangsmischungen möglich. So führt ein höherer PVC-Anteil wie er in der französischen Mischung vorliegt zu steifen, schlagempfindlichen Materialien, während eine Erhöhung des Polyolefinanteils zu ähnlich steifem aber deutlich zäherem und flexiblerem Material führt.

Weitere Eigenschaftsbeeinflussungen werden mit dem Einsatz von Verträglichkeitsmachern, Stabilisatoren oder durch Füllstoffzugabe erreicht.

Die unter Ausnutzung dieser Möglichkeiten hergestellten Produkte sollten und müssen nun aber im Vergleich zu ihren Anwendungen und den dort geforderten Bedingungen getestet werden. Das heißt Bauteile für einen Bootssteg aus Rezyklatkunststoff sollten mit bisher verwendetem Holz verglichen werden. Es sind hierzu Biege-, Zug-, und Druckfestigkeiten, Wasseraufnahme, Frost/Tauverhalten und das Bewitterungsverhalten zu vergleichen.

11.6.4.2 Ökologische Verträglichkeit

Die Sammlung, Lagerung, Aufbereitung von gemischten Verpackungsmaterialien ist wenig appetitlich. Es bestand deshalb berechtigte Sorge, ob die auf dieser Basis hergestellten Produkte hygienisch einwandfrei seien. Schließlich sind sie in direktem Kontakt zu ihrem Einsatzumfeld wie Böden, Gewässern, Mensch und Tier.

Spielzeugverordnung

Repräsentativ ausgewählte Recyclingkunststoffe von verschiedenen Herstellern und nach verschiedenen Fertigungsverfahren wurden beim TÜV Südwest, Filderstadt nach der Spielzeugrichtlinie DIN EN 71, Teil 3, Bestimmung der Migration von metallischen Elementen geprüft.

Die Ergebnisse lagen bei allen Messungen deutlich unterhalb der Anforderung der DIN-Vorschrift. Die Formteile und Produkte aus gemischten Kunststoffen können ohne Bedenken hinsichtlich einer Migration giftiger Metalle auf Kinderspielplätzen eingesetzt werden.

Tabelle 11.4 Gehalt von migrierten Elementen in Mischkunststoff

Element	Migration mg/kg	Grenzwert mg/kg
Antimon	<25,0	60
Arsen	<0,05	25
Barium	<25,0	250
Cadmium	0,318	50
Chrom	0,115	25
Blei	3,668	90
Quecksilber	<0,025	25
Selen	<50,0	500

Quelle: TÜV Südwest

Eluatuntersuchungen

Eine von der Entwicklungsgesellschaft für die Wiederverwertung von Kunststoffen (EWvK) beim TÜV Südwest, Filderstadt, in Auftrag gegebene Studie hat gezeigt, daß beim Einsatz von Gemischtkunststoffen aus Hausmüllsammlungen keine ökologischen Beeinträchtigungen zu befürchten sind. Dagegen erfüllte das mitgeprüfte Holz keine der KTW Empfehlungen.

Es wurden Eluatmessungen gemäß der KTW-Empfehlung (Kunststoff-Trinkwasser-Empfehlung), bei der Probekörper bidestilliertem Wasser sowie nach ASTM D 1141 Meerwasser jeweils drei, sechs und neun Tage ausgesetzt werden, durchgeführt. Folgende Kriterien wurden überprüft: Abgabe organischer Verbindungen berechnet als Gesamtkohlenstoff (TOC), Chlorzehrung, Bleigehalt, Phenol- und Formaldehydgehalt. Diese guten Ergebnisse wurden durch Untersuchungen am Material anderer Auftraggeber bestätigt.

11.6.5 SICOWA-Verfahren

Auf der Basis eines gemeinsamen Projektes mit der Wiesbadener Entwicklungsgesellschaft für die Wiederverwertung von Kunststoffen (EWvK) hat die Aachener Firma SICOWA ein Verfahren zur Aufbereitung von gemischten Verpackungskunststoffen entwickelt, das deren Nutzung als Zuschlagstoffe für die Bauindustrie ermöglicht. Durch diese Zuschläge zu Baustoffprodukten mit Bindemitteln mineralischer Herkunft kommt es zu einer gezielten Verbesserung und Veredelung des Eigenschaftsprofils von Leichtbaumörtel, Estrich, Unterputz, Tiefbohrzement, Leichtbeton oder Trockenschüttungen.

Im ersten Verfahrensschritt wird in der üblichen Weise zerkleinert, von Fremdstoffen abgetrennt und gereinigt. Die aufgearbeiteten Kunststoffschnitzel werden zu Kompaktaten verpreßt und unterliegen einer thermischen Behandlung im Autoklaven (SICOWA-Autoklavierverfahren). Das entstandene Kunststoffhalbzeug wird mehrstufig gemahlen. Bei Grobvermahlung entsteht eine Körngröße zwischen 4 und 8 mm, die Feinvermahlung erzeugt eine Körnung zwischen 1 und 3 mm. Die Korngrößenverteilung ist ein entscheidender Parameter beim späteren Einsatz.

Die Verwendung der auf diese Weise entstandenen Kunststoff-Körnungen in Baustoffen ist in mehrerer Hinsicht vorteilhaft: Verringerung der Wärmeleitfähigkeit, Gewichtsreduzierung, Verschleißreduzierung von Fördergeräten, Reduzierung des E-Moduls, Stützkorneigenschaften etc.

Bis 1995 soll eine Pilotanlage für dieses Verfahren mit einer Kapazität von 25 000 jato entstehen. Das geschätzte Marktpotential für gekörnte Kunststoffe wird auf 450 000 jato geschätzt [2].

11.7 Chemisch-stoffliches Recycling durch Kunststoffkonversionen

Die in Deutschland vom Gesetzgeber vorgegeben Mengen an Verpackungskunststoffen, die einer Wiederverwertung unterliegen, können nicht allein mit werkstofflichen Verfahren bewältigt werden. Zum einen fehlen die notwendigen Verwerterbetriebe, zum anderen können nicht innerhalb kürzester Zeit riesige Mengen an Produkten im Markt untergebracht werden. Deshalb ist die rohstoffliche (Feedstock) Wiederverwertung zu einem wichtigen Ziel der Industrie geworden.

Dieses lautet gleichzeitig Rückführung von gebrauchten Kunststoffen in einen Kreislauf zu Ausgangsstoffen der chemischen Industrie. Diese reinste Form des Kreislaufdenkens ist reizvoll und ihre Realisierung wurde durch die Auswirkungen der Verpackungsverordnung in Deutschland beschleunigt. Auch diese Entwicklung muß unter ökologisch und ökonomisch sinnvollen Bedingungen erfolgen.

Ein wichtiger Beitrag zur Realisierung muß in der Aufbereitung des Sammelgutes geleistet werden. Einerseits werden die physikalischen Arbeitschritte, Zerkleinern, Waschen, Auftrennen oder Vorbehandeln entwickelt, zum anderen die chemischen Vorstufen, Umwandlung in wachsartige Substanzen oder Öle, die pumpbar und in petrochemische Prozesse einschleusbar sind.

Unverzichtbare Voraussetzung für das Betreiben rohstofflicher Recyclinganlagen von 50000 bis 300000 jato ist die gesicherte und gleichbleibende Versorgung mit Altkunststoffen. Nach Planungen der chemischen Industrie könnten bis Ende 1998 allein durch das Rohstoffrecycling eine Kapazität von 700000 jato in Deutschland aufgebaut werden.

11.7.1 Pyrolyse

Wenn hochpolymere Produkte unter Luftausschluß oder Sauerstoffunterschuß thermisch gespalten werden, spricht man von Pyrolyse.

Bei Großanlagen dominieren in Deutschland Drehrohrtrommelverfahren, während Japan z. B. die Wirbelschichtpyrolyse bevorzugt. Das Konzept einer Anlage wird einerseits von der Zusammensetzung der Einsatzstoffe geprägt, andererseits von der geplanten Weiterverarbeitung der Pyrolyseprodukte. So können die Pyrolysedämpfe kondensiert, gereinigt und als Rohstoff in der Erdöl- oder chemischen Industrie eingesetzt oder einer Hydrierung zugeführt werden. Bei Anwesenheit von PVC wird eine Dehydrochlorierung vorgeschaltet, bei der Salzsäure als verkaufsfähiges Produkt gewonnen werden kann. (Bild 11.18, Konzept einer Kunststoffpyrolyse nach Wenning).

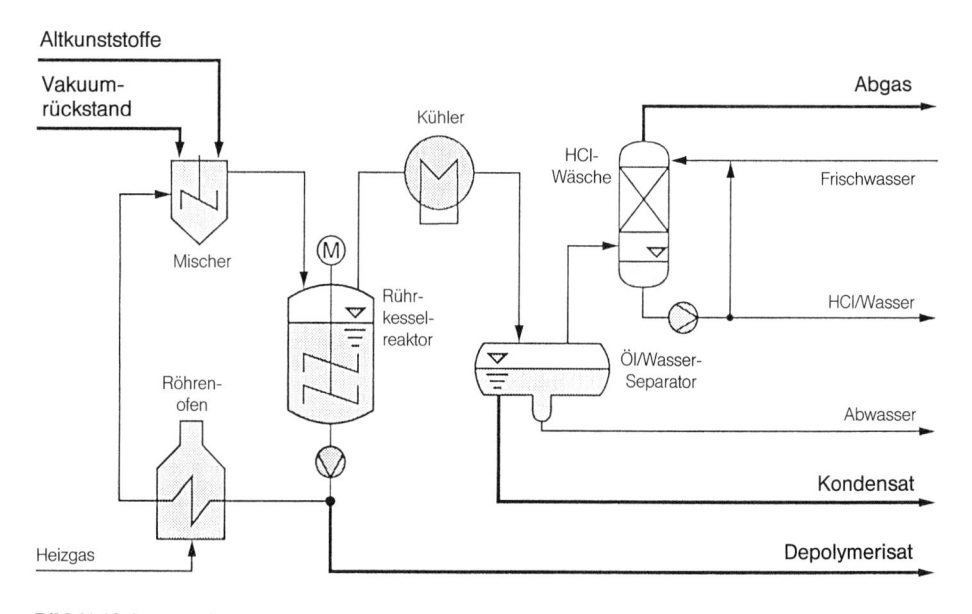

Bild 11.18 Schema einer Degradation im Rührkessel

Neben Großanlagen, die einen höheren Transportaufwand für die Zuführung der Kunststoffabfälle erfordern, kann Pyrolyse auch in dezentralen Kleinanlagen realisiert werden. Besonders in Japan werden diese als Möglichkeit des Kunststoffkonversion weiterentwickelt. Toshiba gab 1992 bekannt, daß es gelungen ist, ein umweltfreundliches Pyrolyseverfahren zu entwickeln, bei dem auch Chlor enthaltende Mischungen ohne problematische Nebenprodukte zu Benzin und Kerosin verarbeitet werden können.

- Ein von Kurata/Nippo (Nagoya/Japan) entwickeltes Verfahren erlaubt es ebenfalls, Kunststoffgemische, die PVC (bis 20 %) enthalten, zu Ölen zu verarbeiten. Der angegebene Durchsatz liegt bei 5 Tonnen Kunststoffe/Tag.
- Das Fuji-Verfahren trennt PVC noch vor der Pyrolse ab, das Verfahren arbeitet bei 400 °C und setzte einen Zeolithkatalysator ein. Auch hier entstehen farblose Öle mit einem Benzinanteil von 50 bis 60 % und 20 bis 30 % Kerosin.

11.7.2 Hydrierung

Ein weiteres Verfahren, Kunststoffe in ihre Grundstoffe zu verarbeiten, ist die Hydrierung. Hierbei handelt es sich um eine thermische Kettenspaltung, wobei die entstehenden Bruchstücke mit Wasserstoff abgesättigt werden. Gleichzeitig bilden die Heteroatome (Chlor, Schwefel, Stickstoff, Sauerstoff) Wasserstoffverbindungen und können als solche abgetrennt werden. Die bei der Hydrierung entstehenden niedermolekularen Kohlenwasserstoffe sind als Ölsubstitut in der Petrochemie einsetzbar. Das Verfahren ist großtechnisch erprobt. In der Kohle-Öl-Anlage in Bottrop wurden 1992 bereits 60 Tonnen Kunststoffe, die aus dem Dualen System stammten, umgesetzt. Der Einsatz von Kunststoffen wurde 1993 auf 24 000 Tonnen gesteigert. Es liegt auf der Hand, daß der Anteil von nicht hydrierbaren Ballaststoffen (Kalk, Kaolin, Glasfaser, Ruß, Farbpigmente, Titandioxid und Eisenoxid) möglichst klein sein soll, weil sie die Ausbeute an brauchbaren Öl vermindern. Als besondere Probleme treten auf: Ablagerungen von Ammoniumchlorid und Korrosion durch Säuren. Sie werden wird durch eine spezielle Technik zur Viskositätserniedrigung, das schonende Krackverfahren „Visbreaking" (bei 400 °C bis 500 °C) gelöst, das dem Prozeß der Hydrierung vorgeschaltet wird.

Rohstoffliche Wiederverwertung von Kunststoffen hat nur dann eine Chance, wenn geeignete Kunststofffraktionen langfristig und vertraglich abgesichert verfügbar sind. Den Hydrieranlagen sollte eine Raffinerie angegliedert sein.

11.7.3 Gaserzeugung aus gebrauchten Kunststoffen

Die Gaserzeugung aus gebrauchten Kunststoffen eröffnet ebenfalls eine Wiederverwertung auf der Basis einfachster Moleküle. Die Verfahren der Wassergas- oder Synthesegasherstellung (CO/H_2) beruhen auf einer partiellen Oxidation unter Druck mit Luft oder Sauerstoff mit Wasserdampf.

Je nach Prozeßführung kann Schwachgas und Wassergas, Synthesegas und Reduktionsgas, Stadtgas oder synthetisches Erdgas erzeugt werden. Für Neusynthesen ist das Synthesegas als Rohstoff für Aufbaureaktionen geeignet.

11.7.4 Solvolyse für Polyesterspaltung

Polyesterkunststoffe wie PET oder PEN können grundsätzlich durch Solvolyseverfahren wie Hydrolyse-, Methanolyse- oder Glykolyseprozesse in ihre Ausgangsmonomere gespalten werden, welche nach Reinigung, z. B. durch Destillation wieder zu neuwertigen Polyestern verarbeitbar sind.

So läßt sich PET-Mahlgut aus Getränkeflaschen nach entsprechenden Reinigungsschritten durch Methanolyse in seine Ausgangsstoffe Dimethylterephthalat (DMT) und Monoethylenglykol (MEG) spalten, aus denen wieder PET-Neuware hergestellt werden kann.

Es werden beispielsweise bereits seit 1991 bei Hoechst Celanese, Wilmington, USA, 70 000 Tonnen pro Jahr an PET-Rezyklat nach dem Methanolyseverfahren wiederverwertet. In Deutschland hat die Firma Hoechst AG ebenfallls eine Anlage nach dem Methanolyseverfahren erstellt, die zunächst im Pilotbetrieb arbeitet und auch periphere Probleme wie Vorbehandlungsaufwand und Restverunreinigungen untersucht.

Sammelsysteme und Aufarbeitungsverfahren, z. B. bei PET-Flaschenmehrweg, spielen hierbei eine bedeutende Rolle für die Wirtschaftlichkeit. Eine wichtige Voraussetzung für wirtschaftliches PET-Recycling ist auch die recyclinggerechte Gestaltung der Verpackung. Verschlüsse sollten unbedingt aus PE-HD oder PP, nicht aber aus PS, PVC oder Metall hergestellt sein. Weiterhin sollen Tragegriffe von Hohlkörpern unbedingt aus ungefärbten PET Material bestehen. Bei Etiketten ist darauf zu achten, daß sie aus Papier mit wasserlöslichem Leim oder als Schrumpfetiketten aus PP oder PE aufgebracht werden.

Wenn die beschriebenenen Voraussetzungen eingehalten werden können, wird nach Beispiel PET oder anderer Polyesterverpackungen durch Solvolyse ein unbegrenzter Kunststoffkreislauf realisiert.

11.8 Thermische Nutzung von Verpackungsabfällen

Die zur Verfügung stehenden Verfahren einer thermischen Nutzung von gebrauchten Kunststoffen sind in Deutschland nur gegen den Widerstand der öffentlichen Meinung durchsetzbar.

Trotzdem sollte bei allen positiven Aussichten für das werkstoffliche und rohstoffliche Recycling auch die thermische Verwertung als ein universell anwendbares Verwertungsverfahren für gebrauchte Kunststoffe nicht unterbewertet werden.

Das Verbrennen von Rohöl ist in der Politik und öffentlichen Meinung völlig unumstritten. Wenn jedoch das gleiche Erdöl in einer Produktschleife zunächst zu „festem" Kunststoff verarbeitet wird, darf man die thermische Verwertung unter Energiegewinnung nicht mehr anwenden, nachdem dieser Kunststoff seinen Dienst in einer „Nicht-Öl-Funktion" getan hat. Dabei handelt es sich bei Verpackungskunststoffen insgesamt um höchstens 1 % (!) der gesamten Menge des genutzten Erdöls (Bild 11.1).

11.8.1 Mitverbrennung von Kunststoffen im kommunalen Müll

Obwohl die Mitverbrennung von gebrauchten Verpackungskunststoffen in vielen Industriestaaten zum Stand der Technik gehört, besteht in Deutschland eine breitgefächerte Ablehnung gegen Kunststoffmitverbrennung. Um den Einfluß von Kunststoffabfällen bei der Mitverbrennung mit kommunalen Restmüll zu Untersuchen, hat der europäische Verband der Kunststofferzeuger (APME) ein Programm entwickelt, das die Rolle der Kunststoffe bei der Abfallverbrennung aufklären soll.

Voruntersuchungen wurden an der TAMARA-Anlage im Kernforschungszentrum in Karlsruhe durchgeführt. Für einen Großversuch wurde das Müllheizkraftwerk (MHKW) der Stadtwerke Würzburg ausgewählt. Die Versuche wurden unter Zusatz von mittleren und hohen Mengen an nicht verwertbaren gemischten Kunststoffabfällen zu typischem kommunalem Restabfall gefahren.

Höhere Kunststoffgehalte und speziell ein größerer Anteil an PVC in der Verbrennung führten nicht zu einer Zunahme von polychlorierten Dioxinen oder Furanen. Die Anforderungen der 17. BImSchV an die Emissionen können im vollen Umfang eingehalten werden. Es ergaben sich Hinweise, daß der Ausbrand durch den Kunststoffzusatz sogar verbessert wurde, sowohl in der Gasphase als auch beim festen Rückstand.

Die Würzburger Anlage hat zwei identische Verarbeitungslinien. Alle Versuche wurden auf der gleichen Linie durchgeführt, die dabei wie sonst auch unter Vollast betrieben wurde. Dabei wurden pro Stunde 30 t Dampf von 43 bar und 400 °C erzeugt.

11.8.2 Altkunststoffe als Reduktionsmittel in Hochöfen

Die Stahlwerke Bremen GmbH haben einen Großversuch zum Einsatz von Kunststoffen aus DSD Sammlungen durchgeführt (Bild 11.19). Ziel ist es, Schweröle zu ersetzen, die neben Koks eingesetzt werden. Öl hat die Aufgabe neben der Wärmeerzeugung als Reduktionsmittel zu agieren. Dies kann unter bestimmten Bedingungen auch mit Kunststoffen erfolgen, geeignete Aufarbeitung vorausgesetzt. Da Emissionsmessungen sehr niedrige Dioxin- und Furanwerte ergaben, wurde das Verfahren für weitere Versuche zugelassen.

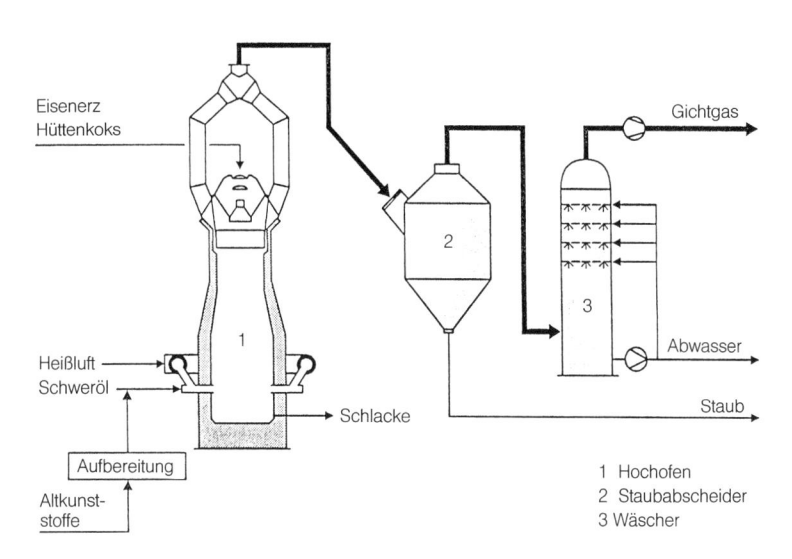

Bild 11.19 Einsatz von gebrauchten Kunststoffen im Hochofenprozeß

11.9 Ausblick

Seit der Wirksamkeit der Verpackungsverordnung in Deutschland sind viele neue Aktivitäten entstanden, um die viel beschworenen Abfallberge zu reduzieren.

Die Sammeldisziplin der Bevölkerung führte nach Annahme der von DSD eingeführten „gelben Säcke" zu unerwartet großen Mengen, für die im Inland nicht genügend Verarbeitungskapazitäten vorhanden waren. Kleine und mittlere Unternehmen sehen Chancen für eine neue Recycling-Wirtschaft. Durch unerwartet hohe Exportquoten wurde jedoch der im Inland verarbeitbare Kunststoffabfall rasch verknappt und auf Grund von Vergabe-Mechanismen der für Kunststoffe zuständigen Gesellschaften, kam es sogar zu Engpässen bei eingeführten Recyclingunternehmen. Das hat manche Initiativen unterdrückt. Trotzdem oder gerade deshalb werden Unternehmen mit marktgerechten Produkten und modernen Technologien sich am Markt für Sekundärprodukte behaupten. Die zunehmend von Unternehmen mit rohstofflichen Recyclingaktivitäten aufgenommenen Kapazitäten tragen ebenfalls zu einer Verknappung der Abfallkunststoffe bei. Da noch immer als allgemein gültig anerkannte Ökobilanzierungen ausstehen, ist die Frage nach der Priorität werkstofflichen oder rohstofflichen Recyclings noch unentschieden und kann auf Grund der Vielfalt von Prozessen auch nur an Einzelbeispielen überzeugend gerechnet werden. Die Rückführung von Verpackungsrezyklaten erneut in den Verpackungsbereich erfolgt für die Herstellung von:

- (Müll-)Säcken und Tragtaschen, Paletten, Kisten, (Flaschen-)Kästen, (Klapp-)Boxen, Körben,
- Innenschichten von Bechern, Schalen, Behältern, Flaschen, Kanistern in Mehrschichtenspritzgieß- und Blasverfahren,
- Mittelschichten von Mehrweggetränkeflaschen nach ihren Umläufen,
- Schaumstoffen, Textilfasern, Bändchen, Vliese, Gewebe, Gewirke für Packhilfsmittel (Polster- und Dämmstoffe sowie Binde-, Hüll- und Netzmaterial).

Es ist jedoch nach wie vor zu erkennen, daß nur ein Teil des gesamten zum Recycling vorliegenden Altkunststoff-Materials werkstofflich verarbeitet in den Markt fließen kann. Die entsprechenden Produkte werden von der Bevölkerung gefordert, aber noch nicht genügend akzeptiert. Die rohstofflichen Verfahren – von Großfirmen vorangetrieben – werden den ihnen zugedachten Anteil in einigen Jahren rezyklieren. Es wäre fatal, wenn durch kartellartige Verbindungen Wettbewerbsverzerrungen auf Kosten der Verbraucher zustande kämen.

Wachsame Verbraucherverbände werden diese Situation kritisch im Auge behalten, denn jede Fehlentwicklung würde letztendlich vom Verbraucher bezahlt werden müssen. Trotzdem ist aus der rasanten Entwicklung abzulesen, daß Kunststoff als Verpackungsmaterial in Zukunft noch stärker eingesetzt werden wird. Recycling hilft auch der Neuware, neue Plätze am Markt zu erringen.

11.10 Ergänzende Literatur

Brandrup, J., Bittner, M., Menges, G., Michaeli, W.: Recycling von Kunststoffen. Hanser, München, 1992.
Recyclingpraxis Kunststoffe. Serie: „Der Abfallberater für Industrie, Handel und Kommunen". TÜV Rheinland, 1993.
Ehrig, R. J.: Plastics Recycling. Hanser, München, 1992.
Starke: Verwerten von Plastabfällen. VEB Deutscher Verlag für Grundstoffindustrie, Leipzig, 1984.
Fortschrittsberichte der EWvK. Kunststoffinformation, Bad Homburg 1992/1994.
Gebauer, M.: Rohstoffliches Rezyklieren. Kunststoffe 85 (1995) 2, S. 202–205.
Lüling, M.: Lösung:Lösemittel – Extraktion von Kunststoffabfällen. Kunststoffe 84 (1994) 2, S. 230ff.
Ahlhaus, M.: Die Pyrolyse als Vorstufe der energetischen Nutzung ... und Abfallstoffe. Diss. TU Berlin 1995

Menges, G. , Brandrup, J.: Entwicklungen beim chemischen Recycling. Kunststoffe 84 (1994) 2, S. 114 ff.
Berghaus, U., Rettberg, M.: Stoffliches Rezyklieren. Kunststoffe 85 (1995) 2, S. 202 – 205.
Gebauer, M.: Rohstoffliches Recycling von Altkunststoffen. Kunststoffe 85 (1995) 2, S. 214 – 223.
N.N.: Recycling von gefärbten Kunststoffen. Kunststoffe 85 (1995) 2, S. 224.
Lüling, M.: Lösung: Lösemittel – Extraktion von … Kunststoffabfällen. Kunststoffe 85 (1995) 2, S. 230.
Wanjek, H., Stabel, U.: Rohstoffrecycling. Kunststoffe 84 (1994) 2, S. 109 ff.
Schalles, H.: Kunststoff-Recycling im Hochofen. Kunststoffe 86 (1996) 2, S. 144.
VDI-Gesellschaft Energietechnik: Verwertung von Kunststoffabfällen. VDI-Berichte 1288. VDI-Verlag, Düsseldorf 1996.

Literaturverzeichnis

[1] *Thomas, G.:* Studie zur Wiederverwertung von Altkunststoffen aus Hausmüllsammlungen. EWvK Fortschrittsbericht. ki Verlag, 1993.
[2] *Brück, W.:* Die Welt, 16.7. 1992.
[3] *Kleine-Kleffmann, U., Hollstein, A.; Stahl, I.:* Dry Separation Method for Mixed Plastics. Tagungshandbuch Recycle ′92, Davos, 1992.
[4] *Nauman, E.B., Lynch, J.C.:* Rensselaers´s Selective Dissolution Process for Plastics Recycling, A Review and Update. Rensselaer Polytechnic Institute, Troy, New York, März/April 1992.
[5] *Stricker, U.:* Firmenschrift Ökutec, Siegen, 1994.

12 Ökobilanzen für Verpackungen Prinzipien und methodisches Vorgehen*

12.1 Einleitung

Die intensive und ständig wachsende Nutzung von Rohstoffen, in den heutigen Industriegesellschaften sind das vor allem nicht-erneuerbare Ressourcen, ist zunehmend mit ernsten Risiken für Mensch und Umwelt verbunden.

Der Brundtland-Report [1] hat den Begriff „Sustainable Development" geprägt und fordert damit Chancengleichheit für künftige Generationen durch eine „dauerhafte Entwicklung, die den Bedürfnissen der heutigen Generation entspricht, ohne die Möglichkeiten künftiger Generationen zu gefährden".

Im Bericht der Enquete-Kommission „Schutz des Menschen und der Umwelt" des Deutschen Bundestages [2] werden die Funktionen der Ressourcenbereitstellung und der Aufnahme von Rückständen als nicht ersetzbare Leistungen der Natur angesehen, womit die Forderung nach Erhalt des natürlichen Kapitalstocks verbunden wird. Dabei hat die Enquete-Kommission vier Management-Regeln im Umgang mit Stoffen formuliert:

- *„Die Abbaurate erneuerbarer Ressourcen soll deren Regenerationsraten nicht überschreiten.*
- *Nicht-erneuerbare Ressourcen sollen nur in dem Umfang genutzt werden, indem ... gleichwertiger Einsatz in Form erneuerbarer Ressourcen geschaffen wird.*
- *Stoffeinträge in die Umwelt sollen sich an der Belastbarkeit der Umweltmedien orientieren.*
- *Das Zeitmaß anthropogener Einträge ... in die Umwelt muß im ausgewogenen Verhältnis zum Zeitmaß der für das Reaktionsvermögen der Umwelt relevanten natürlichen Prozessen stehen".*

Die wirtschaftlichen Akteure und die politischen Entscheidungsträger haben im Sinne eines „umweltverträglichen Wirtschaftens" entscheidende Verantwortung zu tragen und diese in konkrete Entscheidungen umzusetzen. Zur Beantwortung der Frage, ob wirtschaftliche Aktivitäten und Strategien tatsächlich zum Gesamtziel der Minimierung von Umweltlasten beitragen und in welchem Kompartiment und Umfang sie dies tun, sind umweltrelevante Informationen erforderlich.

Ökobilanzen sind ein solches analytisches Instrument zur Ermittlung umweltrelevanter Tatbestände.

Das Umweltbundesamt hat im Sachstandsbericht „Ökobilanzen für Produkte" [3] sein Interesse darin formuliert:

„... geeignete Methoden der Ökobilanzierung für die Vorbereitung und Begründung von Maßnahmen im Bereich des produktbezogenen Umweltschutzes, der Abfallwirtschaft und anderer Aufgabenbereiche zu nutzen. Ebenso hat das Umweltbundesamt ein Interesse daran, daß ein akzeptierter Rahmen für die Aufstellung und Fortentwicklung von Ökobilanzen geschaffen wird."

---

* Autorin: Dr. Gertraud Goldhan

Mit dem Inkrafttreten der deutschen Verpackungsverordnung 1991 ist dem Verpackungsbereich im Zusammenhang mit der Prüfung und Bewertung der Umweltverträglichkeit von Produkten eine Vorreiterrolle zugewiesen worden.

Bereits 1990 hatte das Umweltbundesamt das Fraunhofer-Institut für Lebensmitteltechnologie und Verpackung, München, die Gesellschaft für Verpackungsmarktforschung, Wiesbaden, und das Institut für Energie- und Umweltforschung Heidelberg GmbH (im folgenden Projektgemeinschaft genannt), mit einem gemeinsamen Projekt beauftragt, das die Ökobilanzierung von Verpackungen zum Inhalt hat. Die Ökobilanzierung hat dadurch in der Umweltpolitik Deutschlands, soweit sie den Verpackungsbereich betrifft, einen hohen Stellenwert erlangt, was sich wohl auch auf andere Produktbereiche auswirken wird.

Die Ökobilanzierung von Produkten ist jedoch nicht neu. Es gibt zahlreiche Ansätze und Einzelstudien, die sich mit dem Bilanzieren von durch Produkte verursachten Umweltbeeinflussungen befassen. In einer Studie des Instituts für ökologische Wirtschaftsforschung, Heidelberg, zur Ökobilanzierung von Produkten [4] wurden 280 Literaturquellen bis zum Jahr 1991 ausgewertet. Davon behandeln 60 % der Quellen methodische Fragen. Die verbleibenden 112 Quellen sind als Ökobilanzen anzusehen und verteilen sich auf folgende Produkte:

    42,9 %   Verpackungen,
    10,7 %   Chemikalien,
      8,9 %   Baustoffe,
      7,1 %   Windeln,
      5,4 %   Geschirr,
    25,0 %   sonstige Produkte.

Methodische Fragestellungen und Ökobilanzen für Verpackungen standen also bisher deutlich im Vordergrund des Interesses.

Bereits in den 70er Jahren hatte das Midwest Research Institute, Kansas City, im Auftrag der Society of Plastics Industry, New York, Ökobilanzen für Kunststoffe und konkurierende Materialien veröffentlicht [5]. In die Bilanzen einbezogen wurden die Prozesse von der Rohstoffgewinnung bis zur Entsorgung, jedoch ohne Abfüllen und Distribution. Die Datenerhebung erstreckt sich auf Daten aus der Literatur, wenn möglich wurden nationale Durchschnittsdaten herangezogen. Als Ergebnis ist für jedes Packmittel eine Vergleichskennzahl ermittelt worden.

Die im deutschsprachigen Raum wohl bekannteste Ökobilanz wurde im Auftrag des eidgenössischen Bundesamtes für Umweltschutz in Bern (BUS, 1984) [6] erarbeitet. Sie beruht auf Untersuchungen, die von 1977 bis 1983 von der eidgenössischen Materialprüfungs- und Versuchsanstalt für Industrie, Bauwesen und Gewerbe (EMPA) durchgeführt wurden. Es wurden Basisdaten ermittelt, die über die Produktion und Entsorgung von 1 kg Packstoff Auskunft geben.

In der Untersuchung des US-amerikanischen Tellus-Institutes (Tellus 1990) [7] wird ähnlich vorgegangen wie in der BUS-Studie [6]. Die Daten beziehen sich auf 1 Tonne Packstoff, Transporte werden nicht berücksichtigt.

Im Jahre 1991 wurden vom inzwischen in Bundesamt für Umwelt, Wald und Landschaft (BUWAL) umbenannten schweizerischen Bundesamt die aktualisierte und ergänzte Neuauflage dieser Arbeit veröffentlicht [8]. Ergebnis der Bilanzierung ist die Bildung eines „Ökoindexes", d. h. eine gewichtete Zusammenfassung aller Daten zu einer Zahl.

Eine weitere sehr umfangreiche Arbeit wurde 1989 in Großbritannien von *Boustead* [9] vorgelegt. Die Studie wurde von der britischen Regierung in Auftrag gegeben, um im Rahmen der Umsetzung der Richtlinie des Rates der Europäischen Gemeinschaft über Verpackungen für flüssige Lebensmittel festzustellen, welche Umweltbeeinflussungen durch Getränkeverpackungen in Großbritannien hervorgerufen werden. Diese Studie gibt für 310 Getränkeverpackungen den Stand von 1986 wieder.

Alle weiteren in der Tabelle 12.1 angeführten Untersuchungen wie *Franke* [10] und UBA [11] beschäftigen sich mit begrenzten Anwendungsfällen, stellen also Fallstudien dar.

Tabelle 12.1 Bilanzierte Lebenswegabschnitte von Ökobilanzen

Autoren LWA[1]	MRI 1974 [5]	BUS 1989 [6]	FRANKE 1989 [10]	UBA 1988 [11]	Boustead 1989 [9]	Tellus 1990 [7]	BUWAL 1991 [8]
Rohstoffgewinnung	ja	ja	ja	nein	ja	ja	ja
Packstoffherstellung	ja	ja	ja	ja	ja	ja	ja
Packmittelherstellung	ja	nein	ja	ja	ja	nein	nein
Abfüllen	nein	nein	ja	nein	ja	nein	nein
Distribution	nein	nein	nein	nein	ja	nein	nein
Entsorgung	ja	teilweise	ja	verbal	ja	nein	teilweise
Energieerzeugung	*	ja	nein	ja	ja	teilweise	ja
Transporte	*	nein	ja	ja	ja	nein	nein

[1] LWA-Lebenswegabschnitt   * nicht nachvollziehbar

Der Umfang der behandelten Lebenswegabschnitte ist in Tabelle 12.1 dargestellt. *Franke* (1989) [10] listet 32 Schadstoffparameter auf und unternimmt den Versuch der vergleichenden Darstellung. UBA (1988) [11] behandelt die Gebrauchs- und Entsorgungsphase nicht.

Das Institut für ökologische Wirtschaftsführung (IÖW) hat im Zusammenhang mit dem Vorhaben „Entwicklung und Umsetzung zur vergleichenden Dokumentation der Ergebnisse produktbezogener Ökobilanzen" [12] weitere 34 Ökobilanzen mit Erstellungsdatum 1990–1993 ausgewertet und die Ergebnisse in einem Standardberichtsbogen dargestellt.

Vergleicht man nun die Ergebnisse der bisher bekannt gewordenen Ökobilanzen von Packstoffen, Verpackungen oder anderen Produkten, so unterscheiden sich diese zum Teil beträchtlich. Die Ursachen dafür liegen vorallem in Unterschieden der Begrenzung des Lebensweges und der erfaßten Kenngrößen, aber auch in der Verwendung von Daten unterschiedlichen Alters. Wie bei der Erstellung der Bilanz verfahren wurde, ist nicht immer deutlich erkennbar, so daß die hauptsächlichen Ursachen im Bereich der Methodik im Fehlen einer allgemeingültigen Methode liegen.

Die folgenden Ausführungen beschreiben die Grundzüge der von der Projektgemeinschaft im Auftrag des Umweltbundesamtes erarbeiteten „Methode für Lebenswegbilanzen von Verpackungssystemen" [13].

12.2 Kernbestandteile einer Ökobilanz

Für die Ökobilanzierung von Produkten (Life Cycle Assessment), im vorliegenden Fall für Verpackungen, formuliert das Umweltbundesamt in einem Positionspapier [14] vier Kernbestandteile:

– die Betrachtung des gesamten Lebensweges der Produkte,
– die medienübergreifende Betrachtung der mit dem Lebensweg verbundenen Umweltbelastungen (auch Umweltbeeinflussungen oder Umwelteinwirkungen genannt),
– die Beschreibung der Umweltbelastungen hinsichtlich ihrer möglichen Umweltauswirkungen,
– die Bewertung der Umweltbelastungen und Umweltauswirkungen mit dem Ziel, Schwachstellen und Entwicklungspotentiale im Hinblick auf ökologische Optimierungsmöglichkeiten zu identifizieren und umweltorientierte Entscheidungen zu treffen.

Neben den Arbeiten der „Society for Environmental Toxicology and Chemistry" (SETAC) haben der Verbund nationaler und internationaler Normungsorganisationen seit 1993 Initiativen zur Erarbeitung eines allgemein akzeptierten technischen Standards für Produkt-Ökobilanzen aufgenommen. Zuständig ist die ISO (Internationale Organisation für Normung), das Technische Committee (TC) 207 mit seinem Subcommittee 5 „Life Cycle Assessment".

Bilanzierungsziel	Sachbilanz	Wirkungsabschätzung	Interpretation
- Formulierung des Untersuchungszieles - Festlegung der Systemgrenzen	Bilanzgrenze: Rohstoffgewinnung → Rohmaterialherstellung → Produktherstellung → Gebrauch → Entsorgung; Transporte, Energiebereitstellung; Ressourcenentnahme, Emissionen und Abfälle; Energie- und Stoffflußanalyse des gesamten Lebensweges	- Zuordnung der Sachbilanzparameter zu Umweltwirkungen (Klassifizierung) - Gewichtung der Umweltwirkungen der einzelnen Stoffe innerhalb der jeweiligen Umweltkategorie (Charakterisierung) - Skalierung durch Bezug auf Umweltstandards, soweit diese vorliegen	- Identifizieren der Hauptumweltlasten - Auswertung der Sensitivitätsanalysen - Prüfung der Durchführung auf Übereinstimmung mit der Zielstellung - Schlußfolgerungen und Handlungsanleitungen für den Umgang mit den Ergebnissen

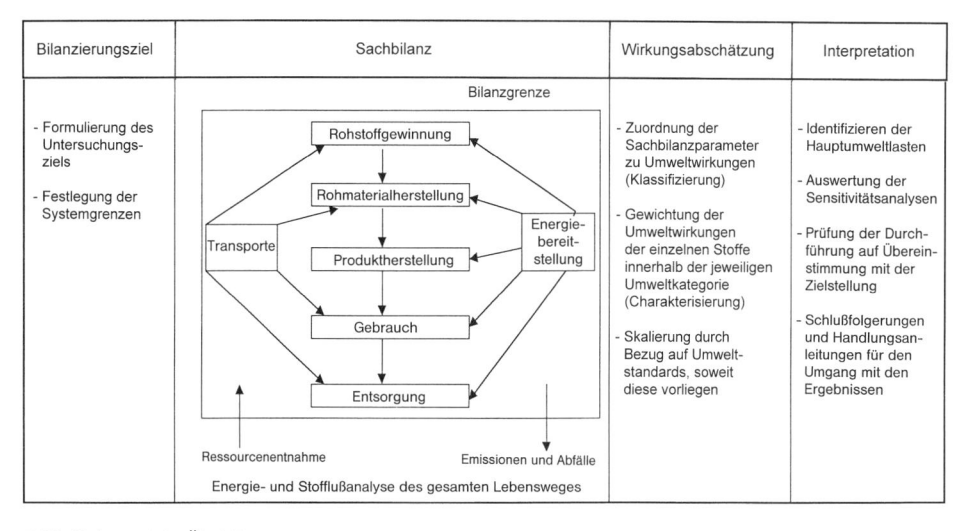

Bild 12.1 Produkt-Ökobilanz

Nach dem nunmehr vorliegenden Grundsatzpapier der ISO „General principles and practices" [15] gliedern sich Produkt-Ökobilanzen in 4 Bestandteile (Bild 12.1).

A. Bilanzierungsziel (engl.: Goal Definition)
   Formulierung des Zweckes, Festlegung der Systemgrenzen.

B. Sachbilanz (engl.: Life Cycle Inventory)
   Matrix der quantifizierbaren Umweltbelastungen in Mengenangaben sowie ergänzend eine systematisierte Übersicht über die lediglich qualitativ zu beschreibenden Umweltbelastungen als Ergebnis der Betrachtung des Lebensweges und der mit ihm verbundenen Umweltbelastungen (Lebenswegsanalyse – Life Cycle Inventory Analysis). Die Sachbilanz für Produkte wird deshalb auch als Lebenswegbilanz bezeichnet.

C. Wirkungsbilanz (engl.: Impact Assessment)
Beurteilung der in der Sachbilanz erfaßten Umweltbelastungen hinsichtlich ihrer möglichen Auswirkungen auf die Umwelt, wie z. B. Klimaveränderungen, Abbau der Ozonschicht, Eutrophierung, Ressourcenbeanspruchung.

D. Ergebnis-Interpretation (engl.: Interpretation)
Ableitung von Schlußfolgerungen und Entscheidungshilfen.

Die Ökobilanz besteht also aus vier Teilen, wobei die Formulierung der Fragestellung bzw. des Bilanzierungszieles sowie die Durchführung der Sachbilanz die Voraussetzungen bilden für die sich daran anschließende Wirkungsbilanz und Interpretation.

Die folgenden Ausführungen beziehen sich auf die Teilschritte A und B des zuvor beschriebenen Aufbaus.

12.3 Definition der Sachbilanz

Eine Sachbilanz ist der Oberbegriff für Bilanzen der stofflichen und energetischen Einflüsse eines Untersuchungsgegenstandes (Verfahren, Produkt, Herstellungsprozeß etc.) auf die Umwelt.

Das Ergebnis einer Sachbilanz ist die Liste der umweltbeeinflussenden und nicht umweltbeeinflussenden Größen, die an den Grenzen des Bilanzraumes auftreten. Diese Größen werden entweder als Daten ausgewiesen oder qualitativ beschrieben. Die Daten werden getrennt nach Größen für den gesamten Bilanzraum aufsummiert.

Als Ergebnis der Sachbilanz wird also eine Liste von Größen aufgestellt und soweit das physikalisch sinnvoll ist, über den Lebensweg aufsummiert. Es entsteht eine nach Größen getrennte aufsummierte Liste von Daten.

Die Lebenswegbilanz wird definiert als die spezielle Sachbilanz eines bestimmten Produktes. Im folgenden werden die Grundprinzipien der von der Projektgemeinschaft erarbeiteten Methode beschrieben.

12.4 Methodische Grundprinzipien

12.4.1 Trennung von Sachbilanz, Wirkbilanz und Interpretation

Zwischen der Sachbilanz und den folgenden Schritten ist bei der Erstellung von Ökobilanzen klar zu trennen. Gegen die Einbeziehung von Wirkbilanz-, Bewertungs- und Interpretationselementen in die Sachbilanz spricht ein gewichtiges Argument. Die Sachbilanz weist belegbare Zahlen auf naturwissenschaftlich-technischer Basis für quantifizierbare Umweltbeeinflussungen aus. Für die nichtquantifizierbaren Umweltbeeinflussungen werden die Belastungen und ihre Ursachen verbal beschrieben.

Die Bewertung und Interpretation dagegen hängen davon ab, welche Umweltaspekte (Energieverbrauch, Abfallaufkommen, Emission von Schadstoffen in die Luft usw.) für den Bewertenden im Vordergrund stehen. Die Bewertenden orientieren sich meist an bestimmte Zielsetzungen, z. B. gesetzliche Bestimmungen oder an gesellschaftspolitischen Zielsetzungen, die oft länderspezifisch verschieden sind. Die Bewertung einer Sachbilanz kann daher sehr unterschiedlich ausfallen, je nach Voraussetzungen und Zielsetzungen, unter denen sie durchgeführt wird.

Dieses separate gegliederte Vorgehen hat sich für ein differenziertes Verständnis der Ökobilanz-Ergebnisse als sehr hilfreich erwiesen. Die Gliederung in die vier Bestandteile legt offen, welche Ergebnisse wissenschaftlich ableitbar und welche durch subjektive Beurteilung zustande kommen.

Eine Vermischung von Sachbilanzierung und den weiteren Schritten sollte daher strikt vermieden werden.

Das zweite Bilanzierungsprinzip betrifft die Konstruktion des Lebensweges.

12.4.2 Modularer Aufbau des Lebensweges

Der Lebensweg des zu bilanzierenden Produktes wird in kleinste Einheiten, die mit Input- und Outputdaten beschrieben werden können, den sogenannten Modulen zerlegt. Im allgemeinen repräsentiert ein Modul

- eine oder mehrere Anlagen eines Produktionsprozesses,
- einen Energieumwandlungsprozeß,
- einen Dienstleistungsprozeß, wie LKW-Transporte,
- einen Entsorgungsprozeß

u. a. ...

Der Umfang eines Moduls hängt häufig von der Datenlage ab, wird aber in der Modulbeschreibung ausgewiesen, so daß der Lebensweg rekonstruierbar ist.

Der modulare Aufbau des Lebensweges bietet für das Arbeiten mit Sachbilanzen drei wesentliche Vorteile:

- Die Konstruktion aller Lebenswegstrukturen, wie Hintereinanderschaltung, Quervernetzungen sowie Rückführungen, ist möglich.
- Die Sachbilanz wird transparent. Sie wird nachvollziehbar und läßt erkennen, von welchen Modulen die mengenmäßig größten Umweltbeeinflussungen ausgehen.
- Bei Änderungen im Lebensweg, z. B. durch den Ersatz anderer Produktions- oder Distributionsverfahren, lassen sich die betreffenden Module austauschen, wodurch sich die Sachbilanzen relativ einfach auf neue Bedingungen umrechnen lassen.

An jedem Modul muß für die stofflichen Input- und Outputströme die Massenbilanz erfüllt sein.

Die Möglichkeit des methodischen Handlings ist besonders wichtig, wenn nachträglicher Modifikationsbedarf vorhanden ist. Der modulare Aufbau gestattet also, den Lebensweg nachvollziehbar und transparent zu gestalten, zwischen technisch alternativen Modulen wählen zu können bzw. Module nachrüsten zu können.

Das dritte Prinzip beinhaltet Festlegungen zum Untersuchungsziel und -rahmen..

12.4.3 Festlegung des Untersuchungsziels, der Bilanzgrößen und des Bilanzraumes

Als erster Schritt, vor Beginn der Sachbilanzdurchführung ist die mit der Untersuchung zu beantwortende Fragestellung zu definieren. Die Wahl des Bilanzobjektes bzw. -systems und die Systembestandteile ergeben sich aus der Fragestellung. Im Falle einer Produktbilanz kann dies ein einzelnes Produkt, häufiger jedoch eine Kombination von Produkten (Technisches System) sein. Wesentlich für die Festlegung der Zusammensetzung des Bilanzobjektes ist der zu erfüllende Gebrauchs-Nutzen, der aus der Fragestellung an die Ökobilanz abgeleitet werden muß.

Beispiel: Nicht „1 kg Verpackungskunststoff" wird ökobilanziert, sondern die Verpackungs- und Distributionsleistung für Frischmilch zum Verbraucher.

Der Bilanzraum ist der Lebensweg des Bilanzobjektes von der Rohstoffgewinnung bis zur Abfallentsorgung. Alle in diesen Bilanzraum ein- und austretenden Stoff- und Energieströme werden erfaßt.

Ausschlüsse von Lebenswegphasen oder Stoff- und Energieströmen müssen begründet werden, dürfen nicht im Widerspruch zur Fragestellung stehen und sind insbesondere bei Produktvergleichen als Konvention aufzufassen, um Einheitlichkeit bei den Bilanzgrenzen und den zu erfassenden Bilanzgrößen sicherzustellen.

Als Bilanzparameter spielen in der Regel Stoff- und Energieströme sowie Raum- und Flächeninanspruchnahmen derzeit eine Rolle. Energieströme werden, soweit möglich, auf Stoffströme (Primärenergieträger) zurückgeführt. Die wichtigsten Ausnahmen sind Wasserkraft und Kernkraft (Ressource Uranerz).

12.4.4 Spezielle Lebenswegbilanzierung

Leitgedanke der hier vorgestellten Methode zur Erstellung von Sachbilanzen, ist die möglichst realitätsnahe Erfassung der Umweltbeeinflussungen, die ein Bilanzobjekt verursacht. Im Zentrum der Betrachtung stehen die speziellen Lebenswege, z. B. der Bestandteile eines Verpackungssystems, d. h., daß einem Verpackungssystem die Module zugeordnet werden, die es von der Rohstoffgewinnung bis zur Entsorgung tatsächlich benötigt.

Auf der Ebene der Module ist es für alle Anwendungen im allgemeinen nicht sinnvoll, mit ausschließlich verallgemeinerten, also mit gemittelten Daten zu rechnen. Die Ergebnisse der Sachbilanz können dadurch in nicht abschätzbarer Weise verfälscht werden.

Außerdem sind verallgemeinerte Daten für spezielle Fragestellungen, wie z. B.:

– Wie wirkt sich eine Mehrwegquotierung auf die Transportnachfrage aus?
– Welche Umweltbeeinflussungen verursachen technisch alternative Verpackungssysteme?
– Wie wirkt sich eine Recyclingmaßnahme auf den Primärenergieverbrauch aus?

nicht generell repräsentativ. Auch szenarische Aussagen lassen sich mit verallgemeinerten Daten nicht treffen. Das führt zu der Schlußfolgerung, daß auf der Ebene der Module spezielle Daten verwendet werden sollen. Demzufolge muß dem Nutzer der vorgestellten Methode nahegelegt werden, sich möglichst vollständige Lebensweginformationen über das ihn interessierende Verpackungssystem zu beschaffen.

Bei der Beschreibung des gesamten Lebensweges mit Daten stößt der Nutzer jedoch an Grenzen. Die vier, sicherlich wichtigsten Gründe, warum für den Nutzer bei der Modulbeschreibung Probleme auftreten können, sind:

– Datenschutzbedürfnisse bei den Prozeßbetreibern,
– Informationsdefizite beim Nutzer der Methode,
– Lücken im Wissensstand, nicht alles ist bisher gemessen oder erforscht,
– prinzipiell nicht erhebbare spezielle Daten.

Im vierten Anstrich sind die Fälle gemeint, wo eine Zuordnung spezieller Daten nicht möglich ist. Zum Beispiel sind beim Bezug eines Rohölmixes aus Rotterdam Angaben zum Ort der Rohölförderung nicht möglich. In den Fällen, wo Probleme bei der Datenbeschaffung auftreten, muß ein Kompromiß gefunden werden, zwischen dem wissenschaftlichen Exaktheitsanspruch und der Handhabbarkeit des Instruments Sachbilanz.

Dieser Kompromiß besteht im wesentlichen in zwei Festlegungen:

1. An bestimmten Stellen im Lebensweg *muß* der Nutzer spezielle Daten verwenden. An diesen Stellen darf nicht mit verallgemeinerten Daten gerechnet werden.
2. An anderen Stellen im Lebensweg besteht die Möglichkeit, verallgemeinerte Daten zu verwenden. Es wird aber nicht zwingend gefordert, nur wenn keine speziellen Daten vorliegen, kann auf verallgemeinerte Prozeßdaten zurückgegriffen werden. Diese verallgemeinerten Daten werden in einer EDV-Datenbank vorgehalten und stammen aus aktuellen Datenerhebungen.

Modulbeschreibungen mit verallgemeinerten Daten (auch Standardmodule genannt) werden also überall dort in der Datenbank angeboten, wo verallgemeinerte Daten ohne grobe Verletzung des speziellen Bilanzierungsprinzips eingesetzt werden können. Das Gesamtprinzip wird methodisch dadurch nicht in Frage gestellt.

Zu den speziellen Angaben, die der Nutzer obligatorisch eingeben muß, gehören:

1. Angaben zum Abpackmodul und zur Verkaufseinheit beim Handel:
   - Beschreibung des Verpackungssystems in seinen Bestandteilen (ist identisch mit der Versandeinheit vom Abpacker zum Handel) bzw. Auswahl von in der Datenbank vorhandenen abgespeicherten Systembestandteilen,
   - Festlegung der Bezugsmenge des zu verpackenden Gutes,
   - Eingabe spezifischer Daten für das Abpackmodul, ggf. Auswahl von Dienstleistungsmodulen,
   - Beschreibung der Verkaufseinheit.
2. Angaben zu Mehrwegsystemen (bezogen auf die Anzahl der Verpackungen im Verpackungssystem):
   - Einsatzmenge neuer Packmittel,
   - Einsatzmenge gebrauchter Packmittel,
   - Bruch- und Aussortieranteil beim Abpacker,
   - eingeschwungenes bzw. nicht eingeschwungenes System
3. Auswahl und Parametrisierung von standardisierten Dienstleistungsmodulen beim Handel und Verbraucher.
4. Bei Verwendung verallgemeinerter Prozeßdaten muß über den Lebenswegverlauf entschieden werden an Stellen, an denen alternative Standardmodule in der Datenbank bereitgehalten werden.
   - Dazu gehören insbesondere:
   - Region des Energiebezugs,
   - Art des Brennstoffes bei betrieblicher Energieerzeugung,
   - Art der Entsorgung.
5. Parametrisierung des Dienstleistungsmoduls „Transport" mindestens für den Transport
   - des leeren Packmittels zum Abpacker,
   - der gefüllten Verpackung zum Handel,
   - der Abfälle zur Verwertung bzw. zur Entsorgung.

   Zur Parametrisierung des Transportmoduls sind einzugeben beim Transport des leeren Packmittels bzw. von Abfällen bzw. Rückständen:
   - transportiertes Packmittel,
   - transportierter Abfall bzw. Reststoff,

- Art des Transportmittels,
- zulässiges Gesamtgewicht,
- max. zulässige Nutzlast,
- effektive Nutzlast.

Darüber hinaus für Transporte von gefüllten Verpackungen:
- max. zulässiges Ladevolumen,
- effektive Nutzlast Packgut.

6. Auswahl und Parametrisierung von standardisierten Modulen zur Verwertung/Entsorgung.

Interesse an der Bilanzierung von speziellen Lebenswegen haben z. B. Wirtschaftsunternehmen, die ein Erkenntnisinteresse für ein spezielles Produkt haben, welches sie herstellen oder nutzen.

12.4.5 Prinzip der nutzenbezogenen Vergleichseinheit

Bei vergleichenden Bilanzierungen reicht es nicht aus, etwa nur die Produktion, Nutzung und Entsorgung gleicher Packstoffmengen zu betrachten, weil mit einer definierten Menge unterschiedlicher Packstoffe unterschiedliche Mengen an Packgut abgefüllt, distribuiert und dem Verbrauch zugeführt werden können. Aus gleichen Packstoffmengen werden mit unterschiedlichem Aufwand unterschiedlich leistungsfähige Verpackungen hergestellt.

Auch reicht die Betrachtung der Packmittelherstellung nicht aus, wenn nicht auch die im Distributionsbereich zusätzlich erforderlichen Transportverpackungen und Transportaufwendungen mitbilanziert werden.

Die vorgestellte Methode fordert deshalb die Bilanzierung des Verpackungssystems (Primär- und Sekundärpackmittel), das zur Distribution und Lagerung eines Packgutes notwendig ist und den Bezug aller Ergebnisparameter auf eine funktionelle Einheit des Gebrauchsnutzen. Zum Beispiel werden alle Positionen der Sachbilanz auf eine Volumen- bzw. Masseneinheit verpackten Gutes bezogen, z. B. 50 mg NO_x pro 1000 l Frischmilch.

Damit ist die funktionelle Äquivalenz bei einem ökologischen Vergleich alternativer Systeme sichergestellt. Häufig haben die betrachteten Systeme mehr als nur eine Funktion oder Nutzen. Ausgangspunkt der Betrachtung ist die Angabe des primären Nutzens, weitere Funktionen kommen jedoch hinzu, wie z. B. Nutzenergieanfall, Abgabe von Sekundärrohstoffen, Kuppelprodukten usw. In einer korrekten Ökobilanzierung sind alle weiteren „Neben"-Nutzenfunktionen zu erfassen. Im Ergebnis der Bilanz werden also Stoff- und Energieströme bilanziert, die einen oder mehrere Nutzenfunktionen erbringen. Das Bilanzobjekt erscheint in der Ergebnis-Parameterliste einer vollständigen Bilanz nicht.

12.5 Der Lebensweg von Verpackungen

Der Lebensweg von Verpackungen beginnt mit der Gewinnung der Rohstoffe und endet mit der Entsorgung der Verpackungsrückstände. Die schematische Darstellung zeigt Bild 12.2. Die darin eingezeichneten Lebenswegabschnitte sind zum Teil sehr weit gefaßt und werden deshalb in Module unterteilt.

So bietet es sich beispielsweise für die Erstellung von Sachbilanzen für Aluminiumcoils an, den Lebenswegabschnitt Packstoffherstellung in die Module Elektrolyse, Gießerei, Sägen und Fräsen, Warmwalzen, Kaltwalzen zu unterteilen.

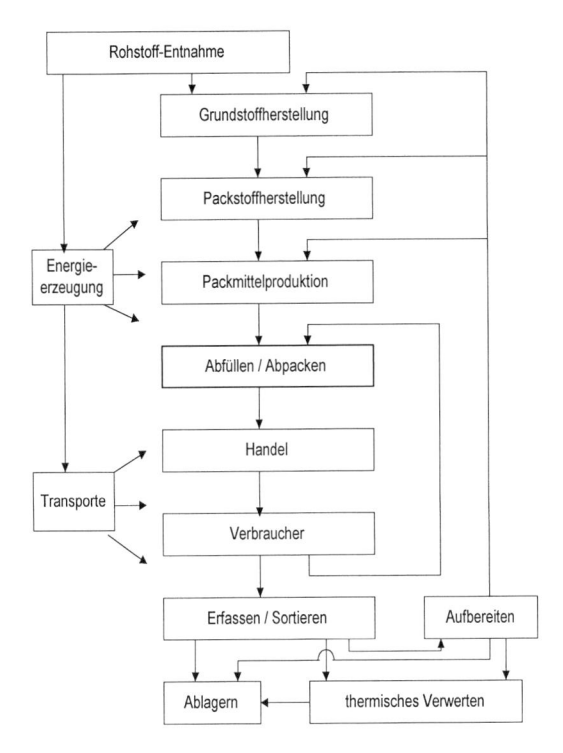

Bild 12.2 Verpackungslebensweg

Für jedes Modul werden die ein- und austretenden Größen nach ihrer Menge bestimmt. Die Größen werden nach ihrer Herkunft bzw. nach ihrem Verbleib in Input- und Outputstoffe unterteilt. Die nach dieser Methode bilanzierten Verpackungssysteme haben einheitliche Bilanzgrenzen, die auf der Ebene der Module definiert sind (Bild 12.3). Als Bilanzgrenze gilt die Übergabe von Stoffen und Energien an die Umwelt oder die Entnahme aus der Umwelt. Die Verknüpfung der Module zum Produktlebensweg wird jeweils über eine gemeinsame Größe vorgenommen, welche in einem Prozeß erzeugt und im folgenden eingesetzt wird. Der Input kann aus der Umwelt oder aus einem vorgeschalteten Modul kommen, der Output in die Umwelt oder in ein nachgeschaltetes Modul erfolgen.

In die Bilanz einbezogen werden:
– die Prozesse zur Produktion, Nutzung, Verwertung und Entsorgung des Verpackungssystems,
– die Energiebereitstellungsprozesse,
– die Transporte.

Umweltbeeinflussungen, die mit der Herstellung, Anlieferung und Entsorgung der Produktionsanlagen verbunden sind, werden nicht in die Bilanz einbezogen. Da die Ergebnisse aus Sachbilanzen die Grundlage für die Wirkbilanz und Interpretation bilden, werden in ihnen auch die nicht-quantifizierbaren Umweltbeeinflussungen ausgewiesen. Der Nutzer hat die Möglichkeit bei der Modulbeschreibung auch qualitative Angaben zu machen, wie z. B.:
– Veränderungen der Landschaft durch die Entstehung von Abraumhalden,
– potentielle Gefährdung durch Stauwerke,
– Lärmentwicklung oder Geruchsbelästigungen.

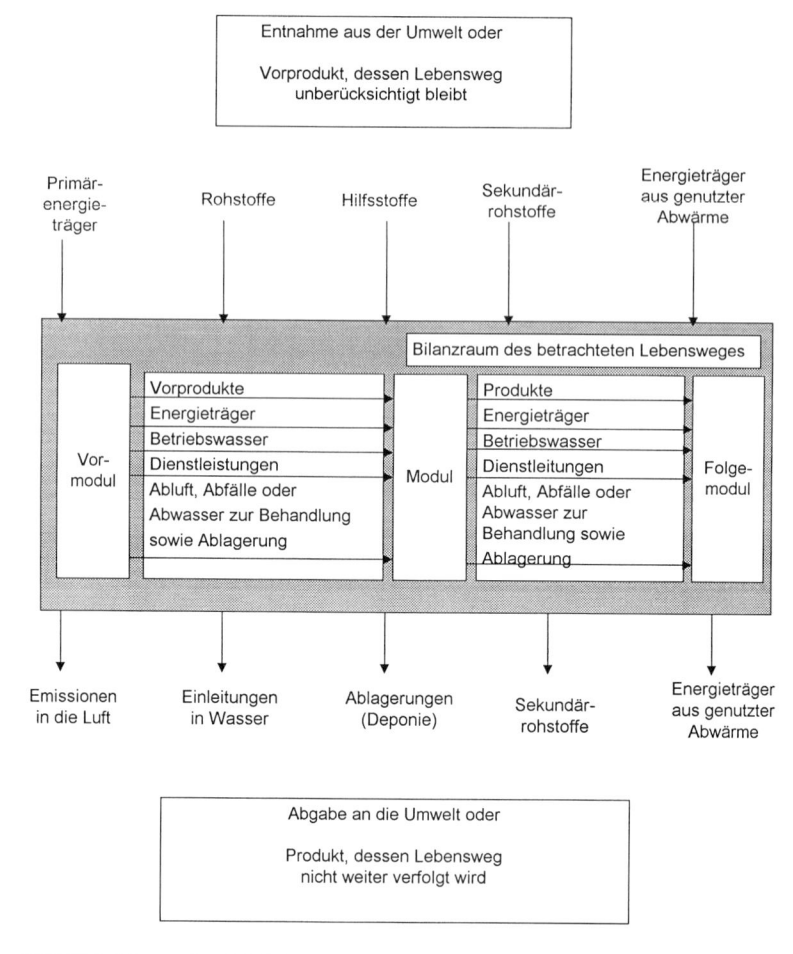

Bild 12.3 Schema eines Moduls mit Input- oder Outputgrößen

12.6 Bilanzierte Größen

In Sachbilanzen nach der vorgestellten Methode werden folgende Umweltkategorien einbezogen:

Input:
- Rohstoffe zur energetischen Nutzung (Primärenergieträger),
- der Einsatz nicht energetisch genutzter Rohstoffe,
- der Wassereinsatz,

Output:
- Emissionen von Stoffen in die Luft,
- Einleitungen von Stoffen in das Wasser,
- Deponieraumbelegung, d. h. der Raum, der durch die abzulagernden Materialien eingenommen wird.

Jeder Stoffstrom kann auf viele verschiedene Weisen konkretisiert werden. So sind heute beispielsweise größenordnungsmäßig 100 000 umweltrelevante Luft- oder Wasserinhaltsstoffe bekannt. Aus rein praktischen Erwägungen können nicht alle einzelnen Stoffe einbezogen werden, auch wenn dies theoretisch wünschenswert wäre. Die Forderung nach Erfassung aller umweltbeeinflussenden Größen ist beim Erstellen von Sachbilanzen nicht einzuhalten. Es ist also zu klären, welche Größen innerhalb der Umweltkategorien bestimmt werden sollen.

Die bisher verwendeten Kataloge von umweltbeeinflussenden Größen weichen voneinander ab. Beim Festlegen von Katalogen existiert folgendes Problem:
– Werden geschlossene Kataloge vorgegeben, bedeutet dies das Weglassen der Größen, die nicht enthalten sind.
– Wird hingegen nach offenen Listen vorgegangen, so werden in der Sachbilanz die meisten Umweltbeeinflussungen bei derjenigen Verpackung angegeben, für die am meisten Daten verfügbar sind; die Ergebnisse sind dann nicht für alle ausgewiesenen Umweltbeeinflussungen vergleichbar.

12.6.1 Umweltbeeinflussende Größen

Die vorliegende Methode greift auf *umweltbeeinflussende Größen* zurück, die in Regelwerken, insbesondere Gesetzen oder Verordnungen, festgelegt sind. Zur Kategorie *Emissionen in die Luft* werden als umweltbeeinflussende Größen Stoffe oder Stoffklassen der Technischen Anleitung Luft verwendet, ergänzt um CO_2, Methan und polychlorierte Dibenzodioxine und -furane.

Es gibt mehrere Kataloge umweltbeeinflussender Größen für *Einleitungen* in das Wasser. Sehr weitgehend ist die Liste, die die Abwassertechnische Vereinigung in ihrem Arbeitsblatt 115 veröffentlicht hat. Sie wurde primär mit Blick auf den reibungslosen Betrieb einer Kläranlage zusammengestellt. Die dort genannten Stoffe und Parameter werden als geeignet angesehen, die Umweltbeeinflussungen in das Medium Wasser zufriedenstellend zu erfassen. Enthalten sind allgemeine Parameter, organische Stoffe (gelöst und ungelöst) und anorganische Stoffe.

Abfälle zur Entsorgung werden als Inputgröße in das Modul Deponie erfaßt. Umweltbeeinflussende Größe ist dabei die *Raumbelegung* in verschiedenen Deponietypen, d. h. Hausmülldeponie, Sonderabfalldeponie oder Untertagedeponie. Die Erfassung des endgültigen Raumbedarfs setzt voraus, daß die abzulagernden Abfälle inertisiert sind. Es werden daher alle Inertisierungsprozesse (incl. den Vorgängen auf einer Deponie) berücksichtigt.

Primärenergieträger, auch die stofflich genutzten, werden getrennt erhoben und im einzelnen ausgewiesen. Ebenso wird mit den *Rohstoffen*, die nicht als Energieträger dienen, verfahren. Beim Erfassen des Wassereinsatzes wird nach Grund-, Quell- und Oberflächenwasser sowie Uferfiltrat unterschieden, um eine unterschiedliche Bewertung dieser Entnahmen offenzuhalten.

12.6.2 Abschneidekriterien für ausgewählte Stoffkategorien

Wie bereits im Abschnitt 12.4.3 dargelegt, ist die Festlegung der Bilanzgrenzen eine zentrale und nicht immer leicht durchzuführende Aufgabe. Sie verfolgt das Ziel den Lebensweg des untersuchten Systems möglichst vollständig zu beschreiben. Aus Gründen der praktischen Durchführbarkeit und wegen der komplexen Vernetzungen der Produkt-Lebenswegstrukturen ist eine Eingrenzung des Bilanzraumes erforderlich. Dafür sind in jedem Fall begründbare und nachvollziehbare Entscheidungskriterien (Abschneidekriterien) zu entwickeln. Abschneidekriterien legen also methodisch fest, an welchen Stellen und für welche Operationen der Lebensweg nicht weiterverfolgt wird.

Auf der Input-Seite sind dies üblicherweise folgende Größen:
– Hilfsstoffe,
– Sekundärrohstoffe,
– Energieträger aus genutzter Abwärme;
auf der Output-Seite
– Energieträger aus genutzter Abwärme,
– Sekundärrohstoffe

Detaillierte Darstellungen der Entscheidungskriterien und Regeln sind in [16] enthalten.

12.7 Ergebnisdarstellung

Das Ergebnis einer Sachökobilanz besteht aus zwei großen Blöcken (Bild 12.4):

Auf der einen Seite wird bilanziert, was der Umwelt an Ressourcen entnommen wird, auf der anderen Seite, was in die Umwelt an Emissionen und Abfall abgegeben wird. Dabei handelt es sich um mehr als 200 Einzelparameter. Nach dem Grundsatzpapier der ISO zu Produkt-Ökobilanzen [15] sollen in der Ergebnisdarstellung der Sachbilanz die Ergebnisse, Annahmen, Abschneidungen und Methoden in ausreichender Detaillierung beschrieben werden, damit der Leser der Studie verstehen, interpretieren und die Ergebnisse in einer Weise nutzen kann, die mit den Zielen der Studie in Einklang stehen.

Die Projektgemeinschaft Lebenswegbilanzen [13] hat dafür in der Sachbilanzmethode für Verpackungen ein Ergebnis-Ausgabeprotokoll entwickelt.

Um erkennen zu können, in welchem Bereich des Lebensweges der Verpackungen besonders hohe/niedrige Umweltbeeinflussungen auftreten und um ableiten zu können, welche Möglichkeiten der einzelne Betreiber hat auf die dargestellte Situation Einfluß zu nehmen, werden die Ergebnisse der Sachbilanz in drei getrennten Teilbilanzen ausgewiesen:
– für die verfahrensspezifischen Prozesse zur Produktion, Nutzung, Abfallentsorgung und Sekundärrohstofferfassung (Verfahrensbilanz),
– für die Energieerzeugungsprozesse (Energiebilanz),
– für die Transportprozesse (Transportbilanz).

Am Beispiel der Kunststoffherstellung ist diese Aufteilung in Bild 12.5 dargestellt. Die Summe der drei Teilbilanzen ergibt dann die Gesamtbilanz (Sachbilanz).

Das Ausgabeprotokoll beinhaltet sechs Teile:

A: Beschreibung des Verpackungssystems,
B: Liste der bilanzierten Größen der Verfahrensbilanz (ohne Umweltbeeinflussungen aus den Energieerzeugung und Transporten),
C: Liste der bilanzierten Größen der Energiebilanz (Umweltbeeinflussungen aus den Energieerzeugungsprozessen),
D: Liste der bilanzierten Größen der Transportbilanz (Umweltbeeinflussungen aus den Transportprozessen),
E: Liste der bilanzierten Größen der Gesamtbilanz,
F: die tabellarische Auflistung der Daten, die als spezielle Daten vom Nutzer eingegeben wurden.

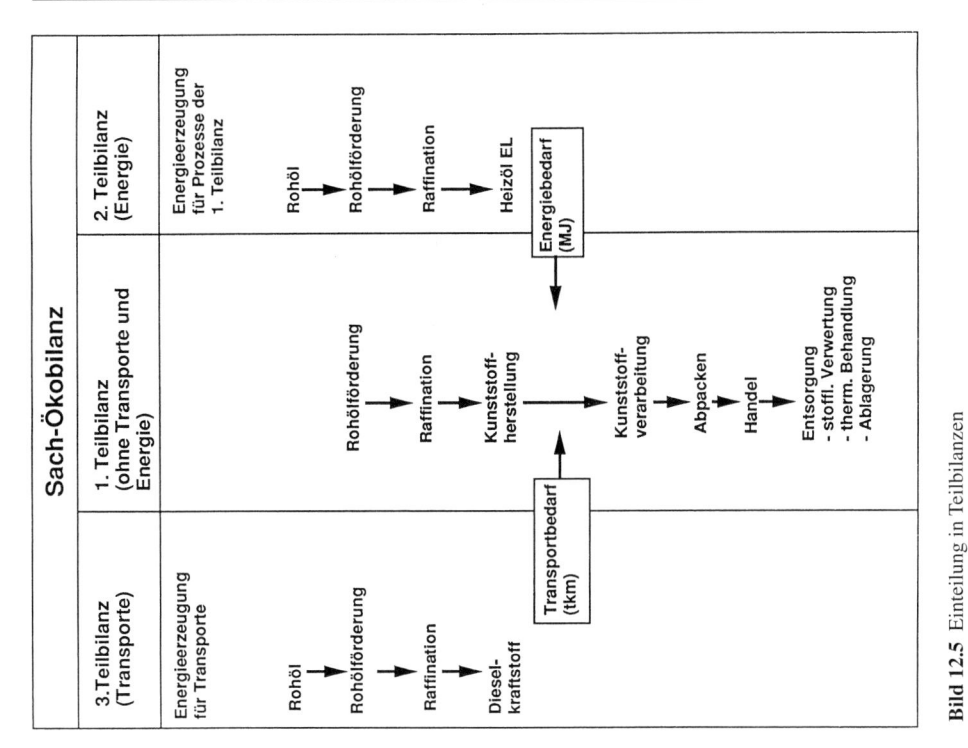

Bild 12.5 Einteilung in Teilbilanzen

Sach-Ökobilanz		
3. Teilbilanz (Transporte)	1. Teilbilanz (ohne Transporte und Energie)	2. Teilbilanz (Energie)
Energieerzeugung für Transporte		Energieerzeugung für Prozesse der 1. Teilbilanz
Rohöl → Rohölförderung → Raffination → Dieselkraftstoff	Rohölförderung → Raffination → Kunststoffherstellung → Kunststoffverarbeitung → Abpacken → Handel → Entsorgung - stoffl. Verwertung - therm. Behandlung - Ablagerung	Rohöl → Rohölförderung → Raffination → Heizöl EL
	Transportbedarf (tkm)	Energiebedarf (MJ)

Bild 12.4 Ökobilanzen für Produkte: Sach-Ökobilanz in Form eines Input-Output-Tableaus [18]

Ressourcen (Inputfaktoren)		Emissionen (Outputfaktoren)

* Kohle
* Rohöl
* Erdgas
• • • •
* Mineralien
• • • •
* Wasserkraft
* Holz
• • • •
* Wasserentnahme
* Luftentnahme
* Sekundärrohstoffe
  Inanspruchnahme (+)
  Abgabe (−)
* Sekundäre Energien
  Inanspruchnahme (+)
  Abgabe (−)
		* feste Abfälle
		• • • •
		* luftgetragene Emissionen
		• • • •
		* wassergetragene Emissionen
		• • • •
		* Wasserrückgabe
		* Luftrückgabe

Ressourcenmassen	=	emittierte Massen

Der Teil A des Ergebnisprotokolls – die Beschreibung des Verpackungssystems – gewährleistet die Zuordnung der bilanzierten Größen zu den vom Nutzer gewählten Verpackungsbestandteilen. Die Teile B bis E beinhalten sowohl die quantitativ darstellbaren Größen als auch prozeßbezogen die vom Nutzer eingegebenen, qualitativen Angaben. Zusätzlich wird im Ausgabeteil B eine Liste der Energiebedarfswerte der Prozesse der Verfahrensbilanz ausgedruckt.

Der letzte Abschnitt des Ausgabeprotokolls enthält eine Liste der speziellen Daten, die bei der Konstruktion des Lebensweges eines definierten Verpackungssystems eingegeben werden. Im einzelnen handelt es sich dabei um
– die obligatorischen Eingabedaten und
– um die Darstellung spezieller Module mit den dazugehörigen INPUT – und OUTPUT-Faktoren.

Wegen der Vielzahl der Einzelparameter die im Ergebnis einer Sachbilanz ermittelt werden, können aus ihnen i. a. und insbesondere bei Produktvergleichen und Optimierungsentscheidungen keine unmittelbaren Schlußfolgerungen zu ökologischen Prioritäten gezogen werden.

Notwendig ist hier eine wirkungsorientierte Aggregation (Verdichtung der Detailinformationen) der Sachökobilanzpositionen (Bild 12.6).

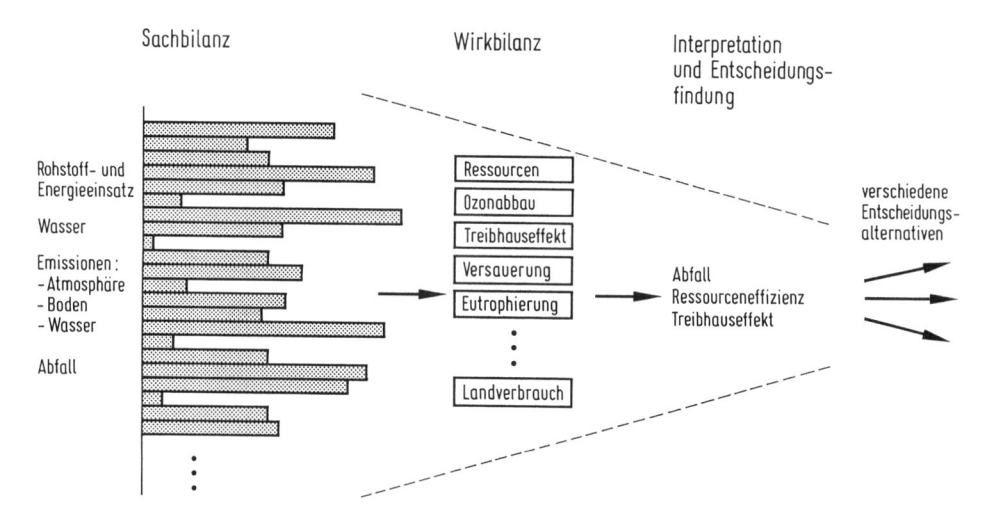

Bild 12.6 Wirkungsorientierter Entscheidungsfindungsprozess

12.8 Wirkungsbilanz

Der Münchner Kreis, eine interdisziplinär zusammengesetzte Wissenschaftlergruppe der Fraunhofer-Gesellschaft und des GSF-Forschungszentrums für Umwelt und Gesundheit GmbH hat in Zusammenarbeit mit dem Deutschen Verpackungsrat eine Methode zur wirkungsorientierten Aggregation von Sachökobilanzen und zur Interpretation von Ökobilanzen erarbeitet [17].

Es wird vorgeschlagen, die Sachbilanzergebnisse in elf Kenngrößen zusammenzufassen, die jeweils einzeln globale Umweltlasten beschreiben, nämlich:

– vier Kenngrößen zur Beschreibung der Ressourceninanspruchnahme des ökobilanzierten Systems
  – Energiewert nicht erneuerbarer Ressourcen
  – Energiewert erneuerbarer Ressourcen
  – Gesamtmasse mineralischer Ressourcen
  – Wasserinanspruchnahme
– drei Kenngrößen für die Inanspruchnahme von Deponiekapazitäten
  – Masse Deponiegut vom Typ „Siedlungsabfall"
  – Masse Deponiegut vom Typ „Sonderabfall"
  – Volumen radioaktiver Abfälle
– vier Kenngrößen für emissionsbezogene Wirkpotentiale
  – Eutrophierungspotential
  – Versauerungspotential
  – Beitrag zum Treibhauseffekt
  – Beitrag zum stratosphärischen Ozonabbau.

Festlegungen zur Prioritäten-Minimierung dieser einzelnen Umweltlasten werden aus wissenschaftlicher Sicht bewußt dem Entscheidungsträger überlassen.

Es wird jedoch darauf hingewiesen, daß die Ressourceninanspruchnahme, namentlich die energetisch bewertbare Ressourceninanspruchnahme großen Einfluß auf eine ganze Reihe der übrigen Kenngrößen hat und deshalb die Funktion einer Leitkenngröße besitzt.

Leitgrößenfunktion bedeutet, daß wenn sachbilanzierte Verpackungssysteme sich signifikant in der Position Gesamtenergiewert (Summe der energetisch bewertbaren Ressourceninanspruchnahme) unterscheiden, dann weisen alle anderen Wirkungspositionen nahezu die gleiche Reihung bezogen auf die untersuchten Systeme aus, wie das bereits durch das Energieverhältnis angezeigt worden ist.

Eine ausführliche Beschreibung der Methode einschließlich der Abbildungsvorschriften ist in [18] publiziert.

12.9 Nutzungsmöglichkeiten

Die Umweltpolitik in der Bundesrepublik Deutschland verfolgt im Bereich der Verpackung zwei Ziele: die Vermeidung von Verpackungsabfällen und die Beurteilung der Umweltverträglichkeit der eingesetzten Verpackungen [19]. Beim zweiten der genannten Ziele steht die ökologische Produktbewertung von Verpackungen im Vordergrund. Wie können nun Produkt-Ökobilanzen für die Beurteilung der Umweltverträglichkeit von Verpackungen genutzt werden?

Produkt-Ökobilanzen nach der vorgestellten Methode:
– stellen eine bedeutsame methodische Fortentwicklung der Produktbewertung von Verpackungen dar,
– ermitteln primär die Ressourceneffizienz des bilanzierten Produktes, um einen neuen definierten Nutzen zu erzeugen,
– sind realen Problemstellungen angepaßt,
– fordern vom Nutzer eine sorgfältige und differenzierte Anwendungsweise,
– liefern für gleiche Verpackungen bei unterschiedlichen Randbedingungen (z. B. Transportentfernungen) in der Regel unterschiedliche Bilanzergebnisse,

- ermöglichen eine gezieltere Minimierung von Umweltbeeinflussungen gegenüber Ergebnissen allgemeiner Produkt-Ökobilanzen, indem spezielle Lebenswege untersucht werden,
- gestatten über die Schwachstellen- und Sensitivitätsanalyse das Identifizieren des Prozesses mit hohen Umweltbeeinflussungen und großem Änderungspotential.

In diesem Zusammenhang haben sich Hauptanwendungsbereiche herauskristallisiert:
- der wirtschaftliche Bereich (Nutzer aus Industrie, Handel etc.),
- der öffentliche Bereich (Nutzer aus Politik, Umwelt- und Verbraucherverbände, Wissenschaft und Forschung etc.).

Mögliche Anwendungen für diese beiden Nutzerkreise werden im folgenden Abschnitt beschrieben.

12.9.1 Anwendung für Nutzer aus der Wirtschaft

Aufgrund der *firmenspezifischen Optimierungsziele* besteht hier ein Interesse an speziellen Produkt-Ökobilanzen für Firmenprodukte auf der Basis spezieller Daten.
Mögliche Anwendungsgebiete sind:

1. Vergleich alternativer Verpackungssysteme (Entwicklung und Optimierung).
   Für Verpackungssysteme, die dem gleichen Zweck dienen und die den gleichen technischen Nutzen haben, werden die Umweltbeeinflussungen bilanziert und einander gegenübergestellt. Für jede dieser Lösungen kann ein Ökobilanz erstellt werden. Zeigt sich, daß die Ergebnisse aus mehreren Ökobilanzen nach erfolgreicher Bewertung keine für den Nutzer zufriedenstellende Variante aufzeigen, so kann dieser Ablauf mit einem modifizierten technischen Anforderungsprofil wiederholt werden.
2. Schwachstellen- und Sensitivitätsanalyse
   Im Rahmen einer umweltorientierten Unternehmensführung ist es möglich, mit Hilfe von Ökobilanzen festzustellen, welche Prozesse die größten Umweltbeeinflussungen hervorrufen und mit welchem Gewicht technische oder organisatorische Veränderungen im Lebensweg des Produktes in die Gesamtbilanz eingehen.
   Durch diese Analysen werden Umweltlasten-Minimierungen durch gezielte technische und organisatorische Maßnahmen möglich.
3. Bilanzierung und Vergleich im Zuge von Verpackungsneuentwicklungen
   Im Bereich der Neuentwicklung von Packstoffen, Packmitteln, Packhilfsmitteln oder ganzer Verpackungssysteme haben heute für unternehmerische Entscheidungen die umweltbezogenen, u. a. auch die sekundärrohstoff- und abfallwirtschaftlichen Auswirkungen der Neuentwicklungen einen wesentlichen Stellenwert. Meist muß vorab die Frage beantwortet werden, ob das Entwicklungsergebnis hinsichtlich der Umweltbeeinflussungen günstiger einzustufen ist als die bestehende Verpackungsalternative, die substituiert werden soll. Auch zur Beantwortung dieser Frage sollten nur vollständige und spezielle Lebenswege untersucht werden.
   Allerdings fehlt für noch nicht großtechnisch verwirklichte Technologien oder auch für neue Materialien häufig zumindest ein Teil der benötigten Daten, vornehmlich aus dem Produktionsbereich. In diesem Fall muß deshalb von technisch realistischen *Szenarien* ausgegangen werden. Die Produkt-Ökobilanz bekommt dadurch den Charakter eines „Planspiels", ein Instrument, das auch in anderen Bereichen der strategischen Unternehmensplanung angewendet wird.

Alle drei Anwendungen untersuchen vom Konzept her spezielle Lebenswege. Nur so können die spezifischen Gegebenheiten des untersuchten Falles realitätsnah beschrieben werden und mit Hilfe der Bilanzergebnisse strategische Unternehmensentscheidungen vorbereitet und gestützt werden.

12.9.2 Anwendungen für Nutzer aus dem öffentlichen Bereich

Nutzer aus dem öffentlichen Bereich möchten aus Produkt-Ökobilanzen ebenfalls Entscheidungshilfen ableiten.

Im Rahmen der *staatlichen Umweltpolitik* können Produkt-Ökobilanzen dazu beitragen, Entscheidungsgrundlagen für die Gestaltung umweltpolitischer Maßnahmen im Herstellungs-, Nutzungs- und Entsorgungsbereich sowie im Energie- und Verkehrsdienstleistungsbereich zu schaffen [3].

Beispiele:
– Entscheidungsgrundlagen für Entsorgungs- und Verwertungskonzepte,
– Entscheidungsgrundlagen für die begründete Festlegung von Abgaben oder Steuern innerhalb der produktbezogenen Umweltpolitik,
– Begründung von Maßnahmen für Verwendungsbeschränkungen bei einzelnen Stoffen.

Bereits getroffene politische Entscheidungen können durch Produkt-Ökobilanzen überprüft und ggf. korrigiert werden [3].

Für die Anwendungsbereiche in der staatlichen Umweltpolitik und in der Information und Beratung ist es bei summarischen Betrachtungen jedoch kaum zumutbar oder sinnvoll, für alle in Frage kommenden modifizierten Einzelfälle einzelne Lebenswege zu bilanzieren.

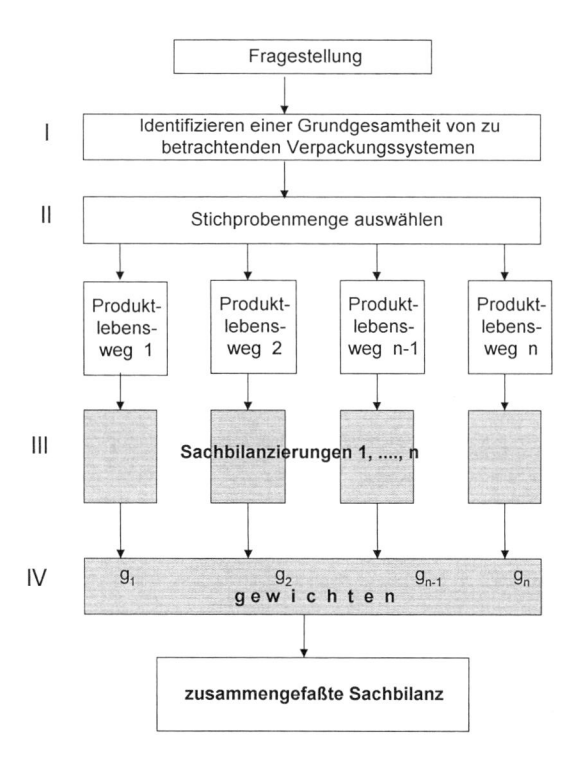

Bild 12.7
Zusammenfassen von Einzel-Sachbilanzen

Für diese Anwendungsfälle sind, ausgehend von der zu beantwortenden Fragestellung für den betreffenden Produktbereich und für den Bereich der Einsatz- und Randbedingung nach den Regeln der Statistik Segmente oder Einzellebenswege zu bilanzieren, die die Grundgesamtheit mit der gewünschten Signifikanz abbilden. Das weitere Vorgehen bei der Bilanzierung erfolgt dann wie in Bild 12.7 beschrieben. Der Weg von der speziellen Ökobilanz zu einer summarischen Bilanz besteht im „richtigen" Auswählen spezieller Lebenswege und im Zusammenfassen der zugehörigen speziellen Einzelbilanzen.

12.10 Anwendungsbeispiel

Für einen Pilotbereich, nämlich für ausgewählte Verpackungssysteme für Frischmilch und Bier hat die Projektgemeinschaft „Lebenswegbilanzen" im Auftrag des Umweltbundesamtes, Berlin, Sach-Ökobilanzen durchgeführt.

Diese Sachbilanzen wurden im September 1993 dem Umweltbundesamt und dem Bundesministerium für Umwelt, Naturschutz und Reaktorsicherheit übergeben.

Im Auftrag des Deutschen Verpackungsrates hat das Fraunhofer-Institut, München (Fh-ILV), 1994 die Ergebnisse dieser Pilot-Sachbilanzen nach der Methode des Münchner Kreises [18] auf global relevante Umweltlastenpotentiale aggregiert.

Die im Rahmen dieses Vorhabens bilanzierten Frischmilchverpackungen (1 l) waren vom Typ
– Mehrwegglasflasche,
– Getränkekartonverpackungen („Block" und „Giebel"),
– Polyethylen-Schlauchbeutel.

Methodengemäß wurden dabei nicht nur die Primärverpackungen sondern auch die zum Verpackungssystem gehörenden Transport- und Sammelverpackungen für die Distribution und Lagerung untersucht (Tabelle 12.2). Nutzeneinheit (funktionelle Einheit) für die Verpackungsalternativen sind 1000 l Frischmilch.

Für jedes Verpackungssystem wurde ein Spektrum von Szenarien untersucht, welches in seiner Gesamtheit in etwa die in der Praxis anzutreffenden (haupts. logistischen und ab-

Tabelle 12.2 Ausgewählte Verpackungssysteme für Frischmilch

Verpackungs-systeme	Mehrweg-glasflasche	Verbundkarton Blockpackung	Verbundkarton Giebelpackung	Schlauchbeutel
Bestandteile	Glasflasche, 1 Liter, 1 Liter, Weißglas	Verbundkarton, 1 Liter, LDPE-Kartonverbund	Verbundkarton, 1 Liter, LDPE-Kartonverbund	Schlauchbeutel-Folienzuschnitte, LDPE-Verbund
	Deckel, TO 48, ECCS Etiketten (Bauch und Rücken) Kunststoff-Kasten HDPE Palette, Holz	Schrumpffolie, LDPE Zwischenlagen, Wellpappe Palette, Holz	Schrumpffolie, LDPE Zwischenlagen, Wellpappe Palette, Holz	Kunststoffkasten HDPE Palette, Holz
	Palettensicherung: PP-Umreifungsband	Palettensicherung: Stretchfolie, LDPE	Palettensicherung: Stretchfolie, LDPE	Palettensicherung: PP-Umreifungsband

fallwirtschaftlichen) Bedingungen widerspiegelt, unter denen die untersuchten Verpackungen zum Einsatz kommen.

Die Ergebnisse der durchgeführten Aggregationen sind in [20] veröffentlicht. Beispielhaft sollen an dieser Stelle die Ergebnisse für den Parameter „Verbrauch von energetisch bewertbaren Ressourcen" (Bild 12.8) dargestellt werden. Insgesamt wurden 11 umweltrelevante Kenngrößen abgebildet und ausgewertet, z. B. Deponieabfallmenge, Eutrophierungspotential und Beiträge zum anthropogenen Treibhauseffekt.

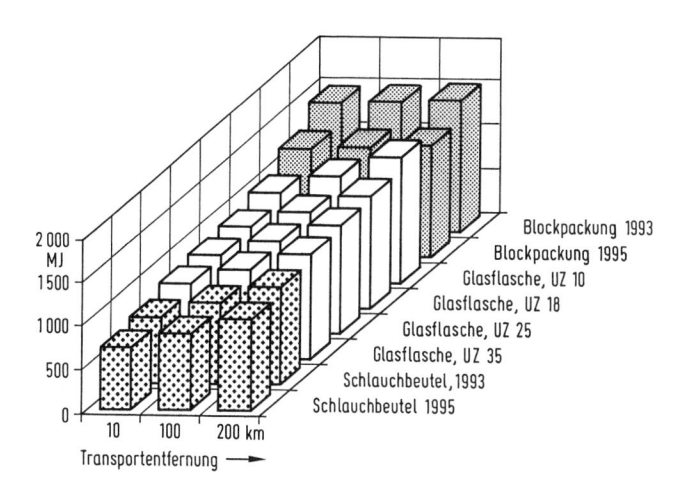

Bild 12.8 Gesamtenergiewert für Frischmilch-Einweg- und Mehrwegsysteme in Abhängigkeit vom Entsorgungsszenario 1993 und 1995 (für die Einweg-Varianten) sowie von der Transportentfernung und der Mehrweg-Umlaufzahl UZ

Ergebnisse:
Bei Frischmilch weist der Einweg-Schlauchbeutel die geringste Inanspruchnahme von energetisch bewertbaren Ressourcen aus. Die Mehrweg-Glasflasche zeigt für kleine Distributionsentfernungen (< 100 km) und große Umlaufzahlen (> 18) günstigere Werte im Gesamtenergiewert als die Einweg-Karton-Blockverpackung. Der Schnittpunkt zwischen dieser Mehrweg- und dieser Einwegverpackung wird bei Umlaufzahlen von 18 bis 25 und Transportentfernungen von 100 und 200 km erreicht. Diese Bedingungen sind für beide Systeme durchaus praxisrelevant. Es findet also in der Praxis ein fließender Übergang von der Vorteilhaftigkeit des Mehrwegsystems hin zum Einwegsystem statt.

Die Ergebnisse zu den Pilot-Bilanzen und weitere zwischenzeitlich vom Fraunhofer-Institut durchgeführten Bilanzen in anderen Füllgüterbereichen zeigen, daß die Frage Einweg oder Mehrweg unter ökologischen Aspekten nicht allgemeingültig entschieden werden kann.

Die ökologische Vorteilhaftigkeit hängt wesentlich vom Material, den Transportentfernungen, von der Verwertungsstruktur und bei Mehrwegsystemen von der Umlaufhäufigkeit ab. Wo dieser „ökologische Schnittpunkt" zwischen beiden Distributionsformen für funktional konkurrierende Systeme liegt und ob diese Grenzfallbedingungen praxisrelevant sind, ist in jedem Fall systemspezifisch. Die pauschale ökologische Beurteilung von Verpackungen, ohne Beachtung der Gestaltungsvielfalt, der funktionalen Anforderungen und der praktisch relevanten Einsatzbedingungen, wird vielfach zu ökologischen Fehlbeurteilungen führen.

12.11 Anwendungsgrenzen

Produkt-Ökobilanzen stellen eine sinnvolle Entscheidungshilfe dar, müssen aber immer im Rahmen eines gesamten Entscheidungskonzeptes gesehen werden. Die Anforderungen, die z. B. an Verpackungen gestellt werden, nämlich eine wirksame Barriere gegenüber verschiedenen äußeren Einwirkungen zu bilden, aber auch die Umgebung vor den Einflüssen eines Packgutes zu schützen, können mit einer Ökobilanz nicht beurteilt werden. Ökologische Vorteile, die eine Verpackung im Vergleich zu einer anderen eventuell auszeichnet, können bei einer ganzheitlichen Betrachtung in Nachteile umschlagen, wenn Anforderungen an z. B. den Schutz des Packgutes, nicht erfüllt werden. Deshalb ist bei Produktvergleichen die Einhaltung der funktionalen Äquivalenz alternativer Systeme erforderlich.

In einer Produkt-Ökobilanz nach der vorgestellten Methode wird nur der Normalbetrieb eines bestimmten Prozesses betrachtet. Störfälle oder Risiken bei den verschiedenen Prozessen sind nur schwierig objektiv zu beschreiben. Außerdem hängt die Wahrscheinlichkeit des Eintretens eines Störfalles von einer Vielzahl von Faktoren ab, die von Ort zu Ort verschieden sind. Quantitativ können solche Fragen nur mittels Szenarien behandelt werden. Darüber hinaus besteht die Möglichkeit, derartige Gefahrenpotentiale als qualitative Angaben in die Prozeßbeschreibung einzubeziehen, um bei einer späteren Bewertung auch auf diese Aspekte hinweisen zu können.

Produkt-Ökobilanzen stellen nur eine Momentaufnahme dar, die über das Optimierungspotential der Systeme noch nichts aussagt. Entscheidungen für oder gegen eine bestimmte Systemalternative nur auf der Basis der augenblicklichen Situation sind abzulehnen. Ziel sollte es sein, über die Schwachstellenanalyse Systeme nebeneinander zu optimieren.

12.12 Literatur

[1] Brundtland-Bericht: World Commission on Environment and Development; Abschlußbericht; „Unsere gemeinsame Zukunft"; Hrg. Hauff, V.; Greven; 1987.
[2] Enquete-Kommission „Schutz des Menschen und der Umwelt" des Deutschen Bundestages: Die Industriegesellschaft gestalten; Economica Verlag; Bonn; 1994.
[3] Ökobilanzen für Produkte. Umweltbundesamt, Reihe Texte 38/92, Berlin, Juli 1992.
[4] *Rubik, F.; Baumgartner, T.* (IÖW Heidelberg): ECO-Balances, August 1991, Report to the Institute for Environmental Policy, Bonn, im Auftrage der EG.
[5] Midwest Research Institute: Ressource and environmental profile analyses of plastics and competitive materials, MRI Project Nr. 3714-4, Kansas-City 1974.
[6] Bundesamt für Umweltschutz: Ökobilanzen von Packstoffen, Schriftenreihe Umweltschutz Nr. 24, Bern 1984.
[7] Tellus-Institute: Environmental impacts of packaging production, Draft report, Boston MA, 1990.
[8] *Habersatter, K.:* Ökobilanz von Packstoffen, Stand 1990. Hrsg. Bundesamt für Umwelt, Wald und Landwirtschaft (BUWAL), Schriftenreihe Umwelt 133, Bern 1991.
[9] *Boustead, I.; Hancock, G. F.:* The environmental impact of liquid food containers in the UK, Report for INCPEN (industrial council for packaging and the environment), The open university, East Grinstead, UK, October 1989.
[10] *Thomé-Kozmiensky; Franke:* Umweltauswirkungen von Verpackungen aus Kunststoff und Glas, E. F. Verlag für Energie- und Umwelttechnik, Berlin 1989.
[11] Vergleich der Umweltauswirkungen von Polyethylen- und Papiertragetaschen. Umweltbundesamt, Reihe Texte 5/88, Berlin 1988.

[12] Standardberichtsbogen für produktbezogene Ökobilanzen. Umweltbundesamt, Reihe Texte 24/95, Berlin, 1995
[13] Projektgemeinschaft „Lebenswegbilanzen": Fraunhofer-Institut für Lebensmitteltechnologie und Verpackung München, Gesellschaft für Verpackungsmarktforschung Wiesbaden, Institut für Energie- und Umweltforschung Heidelberg: Methode für Lebenswegbilanzen von Verpackungssystemen. Verpackungs-Rundschau 43 (1992) Nr. 12.
[14] Ökobilanzen für Produkte.Umweltbundesamt, Kurzfassung des Positionspapiers „Texte 38/92", Spezial Re Nr. 18 vom 15. 8. 92.
[15] ISO/DIS „Life Cycle Assessment": „Environmental Management – Life Cycle Assessment – Principles and Framework"; DIN EN ISO 14040; August 1996.
[16] Fh-ILV, Arbeitsgruppe Systemanalyse I: Anleitung zur Erstellung von Produkt-Sachbilanzen-Theoretischer Teil (Auszug aus dem Nutzerhandbuch des Ökobilanz-Software-Programms HERAKLIT des Fh-ILV); München, 1994.
[17] Zur Interpretation von Sach-Ökobilanzen von Verpackungen. Deutscher Verpackungsrat, Bonn; April 1994.
[18] *Günther, A.; Holley, W.:* Aggregierte Sach-Ökobilanzen für Frischmilch- und Bierverpackungen: Methodenbericht. Verpackungs-Rundschau 46 (1995), Nr. 5, Technisch-wissenschaftliche Beilage.
[19] Beschluß zur Verordnung über die Vermeidung von Verpackungsabfällen (Verpackungsverordnung-VerpackVO). Bundesrat, Drucksache 236/91, 19. 4. 91.
[20] *Günther, A., Holley, W.:* Aggregierte Sachökobilanz-Ergebnisse für Frischmilch und Bierverpackungen. Verpackungs-Rundschau 46 (1995), Nr. 3, Technisch-wissenschaftliche Beilage.

Glossar

Abbindezeit: Zeitspanne, die ein Klebstoff vom Augenblick des Zusammenfügens von Klebeflächen benötigt, um eine feste Verbindung zu schaffen, die (unter Einwirkung mechanischer Kräfte) nicht mehr ohne Beschädigung der verklebten Packstoffe gelöst werden kann.
Abgestreckte Dosen: Zweiteilige Dosen aus Metall, die durch einen oder mehrere Ziehvorgänge und anschließendes Abstrecken hergestellt sind. Durch den Abstreckvorgang wird die Rumpfwandung dünner als der Boden. Die Höhe der Dose ist in der Regel größer als der Durchmesser.
Abreißdeckel: Deckel mit Abreißlasche.
Abreißkapsel: Verschließkapsel mit Abreißlasche, die nach dem Entfernen von der Packmittelöffnung nicht mehr zum Wiederverschließen verwendet werden kann.
Abreißlasche: Lasche, die an einem Verschluß oder einer Verpackung so angearbeitet ist, daß mit ihrer Hilfe der Verschluß abgerissen bzw. die Packung geöffnet werden kann.
Abreißpackung: Packung, die aus zusammenhängenden Einzelpackungen besteht, die entlang von Trennlinien abgerissen werden.
Abreißverschluß: Verschlußart, bei der das Verschließmittel mit Abreißlasche versehen ist. Es kann nach dem Entfernen von der Packmittelöffnung nicht mehr zum Wiederverschließen verwendet werden.
Abriebwiderstand: Widerstandsfähigkeit der Oberfläche eines Packstoffs oder Packmittels geben Abrieb, der z. B. bei der Verarbeitung oder beim Versand durch Scheuern verursacht wird.
Abrolldeckel: Aufgelöster Deckel, der mit einem Öffnungsmittel (Schlüssel) abgerollt werden kann.
Abschneider: Dient zum Ablängen des jeweils erforderlichen Vorformlings. Nach der Art des Trennvorgangs unterscheidet man Scherenabschneider, Messerabschneider, Zangenabschneider, Schmelzeabschneider mit Glühband oder Glühdraht.
Absorptionsmittel: Mittel, das besonders geeignet ist, aus Packungen ausgetretene flüssige Packgüter innerhalb der Versandverpackung aufzusaugen und festzuhalten.
Abzugsvorrichtung: Vorrichtung zum Abziehen von Extrudaten wie Band-, Ketten-, Raupen-, Rollen-, Walzenabzug.
Acrylnitril-Butadien-Styrol-Copolymere (ABS): Modifizierte, schlagfeste Polystyrole zur Extrusion von Folien, Tafeln und Platten, auch spritzgießbar.
Aerosol-Ventilvolumen: Rauminhalt, der von dem auf die Öffnung des Packmittels befestigten Aerosol-Ventil einschließlich Ventilträger und Steigrohr verdrängt wird.
Aerosoldose: Druckfeste Dose als Aerosolverpackung.
Aerosolflasche: Druckfeste Flasche aus Glas oder Kunststoff als Aerosolverpackung.
Aerosolpackung: Druckgaspackung, bei der ein durch ein Treibmittel unter Druck stehender Wirkstoff (Füllgut) bei Betätigen eines Aerosol-Ventils als Sprühnebel, Schaum, Puder, Paste oder Flüssigkeit dosierbar oder nicht dosierbar entnommen werden kann.
Aerosolventil: Verschließmittel, bestehend aus einem in einem Ventilträger eingebauten Ventilkörper, der durch Drücken des auf dem Ventilkörper sitzenden Sprühkopfs oder der Sprühkappe die Öffnung für den Austritt des Füllguts freigibt, und der diese nach dem Loslassen des Sprühkopfs selbsttätig wiederverschließt.
Alterung, künstliche: Absichtliche Verstärkung von Umgebungseinflüssen auf Packstoffe (z. B. Temperatur, Druck, Feuchtigkeit, Vibration, fotochemische und chemische Einwirkung, energiereiche Strahlung) zur zeitlichen Abkürzung des natürlichen Alterungsvorgangs. Je nach den Versuchsbedingungen spricht man von Wärmealterung, Sauerstoffalterung usw. (siehe auch DIN 50035 Teil 1 und Teil 2).
Alterung, natürliche: Veränderung physikalischer und/oder chemischer Eigenschaften eines Packstoffs unter den normalen Umgebungsbedingungen im Laufe der Zeit.
Anerkannte Verpackung: Von den Eisenbahn- und Postverwaltungen verwendete Benennung für Versandverpackungen, die nach einer Prüfung als ausreichend für den Versand eines bestimmten Packgutes anerkannt worden sind. Die Anerkennung umfaßt das Packstück und regelt die Haftung im Schadensfall.

Anguß: Teil des Spritzlings, der nicht zu dem Formteil bzw. den Formteilen gehört.
  Anmerkung: Die z. B. in einem Heißkanal befindliche Formmasse gilt nicht als Anguß. Die z. B. aus der Düse mit entformte Formmasse (Stangenanguß) gehört dagegen zum Anguß.
Anhängeetikett: Meist steifes Etikett mit Anhängeband oder ähnlichem. Als Ausstattungsmittel vielfach mit Gold oder Silberdruck auch in Siegelform.
Anilindruck: frühere Benennung für Flexodruck.
Anrollverschluß (Rollierverschluß): Verschlußart, bei der als Verschließmittel eine Kappe oder Kapsel durch Druckrollen an den Rand einer starren Packmittelöffnung angepreßt wird.
Anstaltspackung: Großverbraucherpackung mit medizinischen Bedarfsgütern.
Aromadurchlässigkeit: Durchlässigkeit eines Packstoffs oder Packmittels für Geruchsstoffe. Eine geringe Aromadurchlässigkeit schützt das Packgut einerseits vor Aromaverlust und andererseits vor Beeinflussung durch fremde Gerüche von außen.
Aufblasverhältnis: Umfang des Vorformlings im Verhältnis zum Umfang des Blasteils.
Aufklebeetikett: Etikett, das mit durch Wasser aktivierbarer Gummierung Haftklebung oder durch Aufbringen eines geeigneten Klebstoffes mit der Packung oder dem Packstück verbunden wird.
Aufprallwinkel: Winkel, den die untere Packstückfläche oder -kante beim Fallversuch beim Aufprall mit der Platte bildet.
Aufreißband (-draht, -faden): siehe Aufreißstreifen.
Aufreißdeckel: Deckel, bei dem die Öffnung durch Herausreißen eines Teiles des Deckels entlang einer Sollbruchlinie entsteht.
Aufreißklappe: Teil eines Packmittels, das durch Aufreißen und Aufklappen eine Entnahmeöffnung bildet.
Aufreißlasche: Lasche, die an einem Verschluß so angebracht ist, daß mit ihrer Hilfe der Verschluß ohne Zerstörung des Verschließmittels aufgerissen werden kann.
Aufreißstreifen: Im Packmittel eingearbeiteter Streifen zum Öffnen des Packmittels, meist unter Durchtrennung der Packmittelwandung an vorgesehener Stelle.
Aufreißverschluß: Verschlußart, bei der das Verschließmittel mit Aufreißstreifen oder Aufreißlasche versehen ist. Es kann nach Entfernen von der Packmittelöffnung wieder verwendet werden.
Aufsatzdeckel: Deckel, der über einen in das Unterteil eines Packmittels eingepaßten Rumpf gestülpt wird und mit seinen unteren Kanten auf dem Unterteil aufsitzt.
Auftragsdicke (Auftragsstärke): Schichtdicke eines aufgetragenen Stoffs.
Auftragsgewicht, spezifisches: siehe Auftragsmenge, spezifische.
Auftragsmenge, spezifische: Menge eines aufgetragenen Stoffes, mit dem ein Trägerstoff je Flächeneinheit versehen ist (ausgedrückt in g/m^2).
Ausgießer: Mit dem Packmittel verbundene Entnahmehilfe zum verschüttungsfreien Entleeren einer Packung.
Auslängung.: Längenzunahme des Vorformlings durch Einwirken des Eigengewichtes.
  Anmerkung: Das Auslängen ist abhängig von der Zeit und den Temperaturverhältnissen.
Außenklappen: Die beiden gegenüberliegenden äußeren zusammenstoßenden oder einander überlappenden Verschlußklappen von rechteckigen Schachteln.
Außenverpackung: Äußere Verpackung für ein Packgut bzw. ein Behältnis oder mehrere Packungen. Im letzteren Fall ist die Außenverpackung das Packmittel für eine zusammengesetzte Packung oder Sammelpackung. Nach Bedarf kann die Umverpackung Stoffe mit aufsaugenden und/oder polsternden Eigenschaften sowie andere Packhilfsmittel enthalten.
Ausstattungsmittel: Oberbegriff für Packhilfsmittel, die neben ihrer Grundfunktion (z. B. Kennzeichnung durch Etiketten, Sicherung durch Plomben u. a.) vornehmlich der Aufmachung dienen (Zierband, Zierkapsel, Zierplombe u.ä.).
Auswerfer: Vorrichtung zum Ablösen des Formteils von der Werkzeugwand und ggf. zum Auswerfen des Formteils aus dem geöffneten Werkzeug.
Axialdruckprüfung: Prüfverfahren zur Ermittlung der axialen Kraftaufnahme von Packmitteln.
Bajonettverschlußdeckel: siehe Nockendeckel.
Bakterizider Packstoff: Packstoff, der durch keimtötende Zusätze die daraus hergestellte Verpackung und/oder das darin verpackte Packgut vor Schäden durch Bakterien bewahren soll.
Ballen: Packstück mit gepreßtem Packgut.

Bändchengewebe: Gewebe aus gestreckten Bändchen, die aus Kunststoffolien geschnitten oder gespleißt werden.

Banderole: Band oder Streifen zum Kennzeichnen und Ausstatten; wird auch als Versteuerungszeichen und zum Zusammenhalten von Verkaufseinheiten verwendet

Bauchfaß:
1. Rollbares Daubenfaß, dessen Bretter an den Enden schmaler sind als in der Mitte (Dauben), wodurch die gekrümmte oder bauchige Form beim Auftreiben von Faßreifen entsteht.
2. Rollbares Metallfaß in bauchiger Form mit Längs- und Querrillen zur Versteifung.

Becher: Packmittel mit nach unten abnehmendem Querschnitt beliebiger Form der Grundfläche mit einem Volumen bis 1000 cm^3. In leerem Zustand meist ineinander zu stapeln (Glasbecher auch zylindrisch). Kunststoffbecher siehe DIN 2039 ÖNORM A 5220.

Bedampfen: Im Hochvakuum vorgenommenes Auftragen einer dünnen metallischen Schicht über die Gasphase auf einen Trägerstoff.

Beflammen: Oxidative Oberflächenbehandlung, insbesondere von Polyolefinflächen, mittels einer Gasflamme zur besseren Haftung von z. B. Druckfarben, Klebern und Etiketten.

Beflocken: Auftragen von zerkleinerten Fasern auf die klebrige Schicht eines Trägerstoffs, womit stoff- oder plüschartige Ausstattungseffekte erzielt werden.

Behältnis: Formhaltige Packmittel für ganz zu umschließende Füllgüter. Behältnisse sind insbesondere Flaschen, Dosen, Konservengläser, Kanister, Fässer, Schachteln und Kisten. Ersatz für den Begriff „Behälter", soweit damit Packmittel gemeint sind.

Behältnisvolumen: Innenraum eines verschlossenen Packmittels.

Benetzbarkeit: Eigenschaft der Oberfläche eines in der Regel festen Stoffs, die das Verhalten der Oberfläche bei der Berührung mit Flüssigkeiten charakterisiert.

Berstdruck: Innendruck in einem Packmittel, der vor dem Bersten erreicht wird. Bei flächigen Packstoffen siehe Berstwiderstand.

Berstfestigkeit: Kraft, die eine Packstoffprobe bei Druck dem Bersten entgegensetzt.

Beschichten: Aufbringen von Dispersionen, wäßrigen Lösungen, Lackierungen, Schmelzen oder Sintermassen auf Packstoffe zur Erzeugung festhaftender Schichten größerer Dicke (siehe auch Bedampfen, Galvanisieren, Lackieren).

Beständigkeit gegen Mikroorganismen: Eigenschaft von Packstoffen, die durch fungizide oder bakterizide Zusatzstoffe erreicht wird.

Beutel: flexibles, vollflächiges, raumbildendes Packmittel, meist unter 2700 cm^2 Fläche (Breite × Länge plus ggf. Faltenbreite).

Biegeprüfung: Prüfung, bei der eine Probe durch ein Biegemoment auf Biegung beansprucht wird.

Biegesteifigkeit: Verhältnis des Biegemoments zu der durch Biegen verursachten Krümmung (reziproker Wert des Krümmungsradius).

Bindenaht: Zusammenfließstelle von Teilströmen der Werkstoffschmelze.

Bindeverschluß: Verschlußart, bei der band- oder fadenförmige Packhilfsmittel verknüpft werden.

Blasdorn: siehe DIN 24 450.

Blasdruck: Druck des Blasmediums, der im Inneren des aufgeblasenen Hohlkörpers bei geschlossenem Werkzeug herrscht.

Blasenpackung: siehe Blisterpackung.

Blasformen: siehe DIN 24 450.

Blasformmaschine: Maschine, die aus vorzugsweise makromolekularen Formmassen diskontinuierlich Formteile herstellt. Sie besteht aus der Plastifiziereinheit, dem Kopf zum Herstellen des Vorformlings und der Schließeinheit zum Blasformen.

Blasnadel: siehe DIN 24 450.

Blasteil: Das fertig geformte Teil mit Butzen. Das Teil ohne Butzen nennt man Formteil.

Blaszeit: Beginnt mit dem Kommando: Ausströmen der Blasluft aus dem Blasdorn. Endet, sobald im geschlossenen Werkzeug der gewünschte Druck aufgebaut ist.

Blaugel: Mit Kobaltsalz als Feuchtigkeitsanzeiger blaugefärbtes Kieselgel; wird durch Wasseraufnahme rosa.

Blisterpackung: Sichtpackung, bestehend aus tiefgezogener Kunststoff-Folie und planer Unterlage.

Blockbeutel: Beutel mit scharf gefalzter eingelegter Falte mit rechteckigen Boden, wird gelegentlich als Klotzbeutel bezeichnet, da er ursprünglich mit Hilfe eines Klotzes hergestellt wurde (siehe auch DIN 55 454).
Blockboden: Rechteckiger Boden, der an einem Faltenschlauch durch Formen und Kleben gebildet ist.
Blockbodenbeutel (Stehbodenbeutel): Bodenbeutel mit zwei Seitenfalten und mit gefaltetem, rechteckigem Boden, meist zusätzlich mit Bodenblatt versehen, wird gelegentlich noch Klotzbodenbeutel genannt.
Blocken: Unerwünschtes Aneinanderhaften von Packstoffoberflächen unter oder nach Druckeinwirkung, aber auch unter Einwirkung von elektrostatischen Kräften und klimatischen Einflüssen.
Bobine: siehe Rollen.
Boden: Im allgemeinen Standfläche von Packmitteln und Packstücken.
Bodenfaltenbeutel: Zweinahtbeutel mit eingelegter Bodenfalte.
Bodenlegen: Formen und Kleben von Block- und Kreuzböden bei Beuteln und Säcken.
Bodenleiste: Leiste zum Verstärken des Bodens oder Verbinden der Bodenteile eines Packmittels, bei Holzböden quer zur Brettlänge.
Bodenverschluß: Verschlußart, bei der die Packung an der Bodenfläche verschlossen wird.
Bogen: Abschnitt bestimmten Formats einer Packstoffbahn.
Bombage: Aufwölben von gasdichten Packungen durch unbeabsichtigten Innendruckanstieg, verursacht durch biologische, chemische und/oder physikalische Vorgänge.
Bördel: Rand eines Packmittels oder Packmittelteils, der in die ungefähr senkrecht zum bereits vorhandenen Teil stehende Ebene zurückgezogen oder auch eingerollt ist.
Bördelkapsel: Verschließkapsel, die durch Bördeln an einem starren Packmittelmundstück befestigt wird.
Bördelverschluß: Verschlußart, bei der das Verschließmittel durch Bördeln mit der Packmittelöffnung verbunden wird (Bördeln siehe DIN 8593).
Bruchdehnung: Bei der Zugprüfung an Papier und Pappe: Verhältnis aus der Längenänderung beim Bruch der Probe und der Meßlänge (freie Einspannlänge). Für Kunststoffe siehe Reißdehnung.
Bruchfallzahl: siehe Fallzahl bei Bruch.
Bruchkraft (Bruchlast): Kraft, die zum Bruch einer Probe bestimmter Breite bei der Zugprüfung erforderlich ist.
Bruchlast: siehe Bruchkraft.
Brustetikett: siehe Schulteretikett.
Büchse: Veraltete Benennung für Dose.
Bügelverschluß: Verschlußart für Flaschen mit Lochmundstück, bei der der Verschlußknopf durch einen Bügel mittels Hebelwirkung an das Mundstück gepreßt und festgehalten wird. Als Dichtmittel befindet sich auf dem Verschlußknopf eine Flaschenscheibe.
Bund: siehe Bündel.
Bündel: Packstück mit durch Verschließhilfsmittel, z. B. Umreifungsband, zusammengehaltenem Packgut.
Butzen: Bezeichnet den durch das Werkzeug vom Blasteil abgequetschten überstehenden Rest des Vorformlings.
Celluloseacetat (CA): Essigsäure-Ester der Cellulose, verarbeitbar zu Folien und Packmitteln.
Clinchdurchmesser: Durchmesser des auf einem Aerosolbehältnis (siehe DIN 55 500) montierten Ventilträgers (siehe DIN 55 501). Als Durchmesser gilt der Mittelwert des zwischen den Scheitelpunkten der Clinchzangen-Segment-Abdrücke paarweise gemessenen Maximaldurchmessers.
Clinchhöhe: Mittelwert der Abstände zwischen der Scheitelebene des Randes eines auf ein Aerosolbehältnis montierten Ventilträgers (siehe DIN 55 501) und der (gedachten), durch die Scheitelpunkte der Clinchzangen-Segment-Abdrücke verlaufenden Ebene.
Clip: Meist streifenförmiges Verschließmittel, das durch Zusammenbiegen oder Durchziehen eines Endes durch eine Öffnung am anderen Ende so geformt wird, daß damit Packmittel, z. B. Beutel, verschlossen werden können.
Clipverschluß: Verschlußart, bei der die Öffnung(en) eines flexiblen Packmittels nach z. B. Fälteln, Raffen mit einem Clip verschlossen wird (werden).

Clubdose: Frühere Benennung für eine vierkantige gezogene Fischkonservendose (Sardinendose).
Coextrudierte Folie: Folie, hergestellt durch gemeinsame Extrusion zweier oder mehrerer Kunststoffe, wobei die Verbindung der Schichten in der Düse erfolgt.
Dachreiteretikett: Einfach gefaltetes Etikett, das über der Verschlußnaht, dem Einschlag oder den Rändern der Öffnung von Beuteln angebracht wird.
Daube: Fertig bearbeitetes Faßbrett aus Holz; mehrere Dauben aneinandergefügt bilden den Faßmantel.
Daubenfaß: Faß, dessen Mantel aus Dauben hergestellt ist.
Daueretikett: Mit Emailfarben in ein Glas-, Porzellan- oder Steingutbehältnis dauerhaft eingebranntes Etikett.
Dauerkiste: Mehrmals verwendbare Kiste vorwiegend aus Holz. Der Deckel wird mit den Seiten bzw. Kopfteilen nicht fest, sondern z. T. durch Bänder (Scharniere) beweglich verbunden und mit einfachem, dauerhaftem und plombierbarem Verschluß versehen.
Dauerverpackung: Verpackung, die dem Packgut auch bei längerwährender Lagerung ausreichenden Schutz bietet und den Gebrauchswert des Packgutes erhält.
Daumenausschnitt (Daumenaussparung): Flächenausschnitt oder -stanzung am Öffnungsrand eines Packmittels (z. B. Beutel, bei Säcken Daumenaussparung genannt); er (sie) dient zum leichteren Öffnen des leeren Packmittels bzw. bei Ventilsäcken der Außenmanschette.
Deckel: Zum Verschließen dienender Teil eines Packmittels, der entweder mit dem Rumpf fest, aber beweglich, verbunden ist oder auf die Packmittelöffnung, teilweise unter Verwendung eines Verschließhilfsmittels, aufgebracht und befestigt wird.
Deckelring: Auf dem Dosenrumpf aufgefalzter Ring, der vorzugsweise einen Kragen hat und zur Aufnahme des dazugehörigen Eindrückdeckels bestimmt ist (siehe auch DIN 2027).
Deckfolie: siehe Decklage.
Decklage:
– äußere Lage bei Verbundpackstoffen,
– äußere vorderseitige und/oder rückseitige Lage einer mehrlagigen Faserstoffbahn.
Deckleiste: Leiste, die an Kisten und Verschlägen quer zum Kopfteil außen bündig auf den Seiten- oder Innenleisten angebracht ist.
Deckscheibe: Verschließhilfsmittel aus verschiedenartigem Werkstoff, das zwischen Füllgut und Verschließmittel liegt und als zusätzlicher Schutz und/oder als Originalitätsnachweis dient.
Deckschicht: Äußere Schicht eines Packstoffs, die dessen Innenlage(n) abdecken soll.
Dehnfolie (Streckfolie, Stretchfolie): Dünne Folie mit Haftneigung /Clingeffekt), die, von Hand oder maschinell gedehnt, sich eng um Packgut/Packung/Packstück legen läßt.
Dehnung: Die auf die ursprüngliche Meßlänge einer Materialprobe bezogene Längenänderung bei Einwirken einer Kraft. Unterschieden wird zwischen elastischer Dehnung, bleibender (plastischer) Dehnung und Gesamtdehnung. Siehe auch Bruchdehnung und Reißdehnung.
Delaminieren: Unerwünschtes Ablösen zweier oder mehrerer Schichten eines Packstoffes oder Packmittels voneinander.
Diagonalleiste: Leiste zum Verstärken und Verstreben von Boden, Deckel, Kopf- und Seitenteilen von Kisten und Verschlägen, in Diagonalrichtung angebracht.
Dichtfaß: Flüssigkeitsdichtes Leichtfaß.
Dichtheitsprüfung mit Luft: Prüfverfahren zur Feststellung der Dichtheit von Packmitteln.
Dichtmittel: Packhilfsmittel zum Abdichten von Verschlüssen und Verbindungsstellen an Packmitteln (siehe Fadendichtung, Dichtschnur, Dichtring).
Dichtschnur: Dichtmittel, das zwischen Deckel und Öffnungsrand von Packmitteln eingelegt wird.
Dichtungsring: Ringförmiges Dichtmittel zum Abdichten von Verschlüssen.
Dichtungsscheibe: Scheibenförmiges Packhilfsmittel, vor allem zum Abdichten von Verschlüssen (Abreißverschluß, Schraubverschluß u. a.).
Dicke: Maß zwischen zwei einander gegenüberliegenden begrenzenden Oberflächen.
Displayverpackung: Verpackung, die neben der Transportfunktion eine verkaufsfördernde Warendarbietung ermöglicht.
Doppel-L-Verschluß: Verschlußart für Versandfaltschachteln, bei der Klebebänder oder Klebestreifen längs über die Stoßfuge der zusammenstoßenden Kanten der äußeren Verschlußklappen

mit Übergreifen auf die beiden Stirnwände und längs über die offenen (Boden- und Deckel-) Kanten ohne Übergreifen auf die Seitenkanten aufgeklebt werden.

Doppel-T-Verschluß: Verschlußart für Versandfaltschachteln, bei der Klebebänder oder Klebestreifen längs über die Stoßfuge der zusammenstoßenden Kanten der äußeren Verschlußklappen mit Übergreifen auf die beiden Stirnwände und längs über die offenen (Boden- und Deckel-) Kanten mit Übergreifen auf die Seitenkanten aufgeklebt werden.

Doppelbeutel: Beutel, der aus zwei Lagen gleicher oder unterschiedlicher Packstoffe besteht, wobei Längsnaht und Boden jeder Lage getrennt hergestellt sind, so daß sich zwei ineinandergesteckte Beutel ergeben, die an einzelnen Seiten miteinander verbunden sein können.

Doppelfalz: siehe Falz, Def. 1.

Dorn: Teil der Extrusionsdüse, der bei einem Hohlprofil die innere Umrißlinie formt.

Dose: Formbeständiges, meist zylindrisches, prismatisches, kugelstumpf- oder pyramidenstumpfförmiges Packmittel mit einem Volumen bis etwa 10 Liter. z. B. dreiteilige Dose, bestehend aus Rumpf, Boden und Deckel oder zweiteilige Dose, bestehend aus Unterteil und Deckel oder einteilige Dose, mit eingezogenem Hals.

Dosierkappe: Verschließkappe, die als Meßbehältnis eine dosierte Entnahme des Füllguts ermöglicht.

Dosiermundstück: Mundstück, dessen Ausführung die tropfenweise Entnahme des Füllguts ermöglicht.

Dosiervorrichtung (Dosierer): Packmittelteil zur dosierten Entnahme des Füllguts, z. B. Dosierkappe, Dosiermundstück.

Drahtbundkiste: Zusammenlegbare, im allgemeinen zur einmaligen Verwendung bestimmte Kiste, deren Einzelteile durch weichgeglühte Drähte miteinander verbunden und verstärkt sind; die Kistenteile werden flach geliefert, das Verschließen geschieht durch Verdrillen der Drahtenden oder durch Verbinden der vorgefertigten Schlaufen.

Dreheinschlag: Einschlagart, bei der das vollständige Umhüllen des Packguts durch Verdrehen der überstehenden Enden des Packstoffzuschnitts erzielt wird.

Drehtischmaschine: Spritzgießmaschine, bei der mehrere Schließeinheiten bzw. Werkzeugträger um eine vertikale Achse angeordnet sind. Die Richtung der Schließbewegung, senkrecht zur Aufspannfläche, ist radial, tangential oder achsparallel. Im Reversierbetrieb mit nur einer Schließstation und zwei Unterwerkzeugen auch als Rundtischmaschine bezeichnet.

Drei-Weg-Ecke: Eckenverbindung von drei gegeneinander versetzten Leisten einer Holzrahmenkonstruktion. Jede der drei Leisten wird durch Nägel oder Schrauben in zwei Richtungen gehalten.

Dreikantleiste: siehe Inneneckleiste.

Drillverschluß: Verschlußart, bei der die Enden von Bändern oder Drähten zusammengedreht werden.

Druckfestigkeit bei Packstoffen und Packmitteln: Festigkeit von Packstoffen, Packmitteln und Verpackungen bei statischer Druckbeanspruchung.

Druckgaspackung: Packung, bei der das unter Druck stehende Füllgut durch die Wirkung eines Gases über ein Ventil entnommen werden kann.

Düse: Austrittseitiges Ende eines Extrudierwerkzeuges, z. B. zum Herstellen von Rohren, Schläuchen oder Tafeln.

Duplofolie: Verbundfolie aus zwei gleichartigen Folien.

Durchdrückpackung: Blisterartige Packung mit mehreren Zellen und mit zur Entnahme durchdrückbarer Deckfolie.

Durchschlagen:
1. Sichtbarwerden von Bestandteilen einer Unterschicht an der Oberfläche des Packstoffs,
2. sichtbares Durchwandern von Stoffen durch den Packstoff hindurch.

Durchstichflasche: Flasche (z. B. für sterile Medikamente, Blutkonserven) mit Gummistopfen und Aluminiumbördelkappe verschlossen. Das Füllgut wird nach Durchstechen des Gummistopfens mittels einer Hohlnadel entnommen.

Durchstoßarbeit: Arbeit, die aufgewendet werden muß, damit ein Durchstoßkörper von bestimmter Form und bestimmten Abmessungen eine Probe vollständig durchstößt. Die Durchstoßarbeit wird verbraucht zum Einstechen, Weiterreißen und Aufbiegen der Probe.

Durchstoßprüfung: Die Prüfung dient zur Bestimmung des Widerstands, den eine eingespannte Probe dem Durchdringen eines Durchstoßkörpers bestimmter Form und Abmessungen entgegensetzt.

Duroplast: Kunststoff, der durch Aushärtung in einen vernetzten unlöslichen Zustand übergegangen ist und im Gegensatz zu Thermoplasten nicht mehr umgeformt werden kann.

Eckenpolster: Formstück, das jeweils eine Ecke des Packguts schützt und dessen Fixierung im Packmittel ermöglicht.

Eckenverstärkung: Verstärkung der Ecken von Packmitteln/Packstücken durch zusätzliche Elemente, die eine Erhöhung der Stoßfestigkeit und Stapelfähigkeit bewirken.

Eckleiste: Leiste zum Verstärken und oder Verbinden der Rumpfkanten im Innern eines Packmittels.

EG-Fertigpackung: Mit dem Zeichen „e" gekennzeichnete Fertigpackung, die für den freien Warenverkehr im Bereich der Europäischen Gemeinschaft zugelassen ist.

Eindrückdeckel (Eingreifdeckel): Deckel, der in die Öffnung des Packmittels eingedrückt wird und durch entsprechende Ausbildung der Öffnung einen dichten Verschluß gewährleistet (siehe DIN 2027, ÖNORM A 5031, A 5032).

Eindrückdeckeldose: Dose beliebiger Form.
1. mit aufgefalztem Deckelring, dessen innere Öffnung einen Kragen hat, der in die Dose hineinragt und an dem der Deckel anliegt (siehe DIN 2028 Teil 1),
2. mit aufgefalztem gelochtem Oberboden - mit nach außen oder nach innen gezogenem Kragen - und Eindrückdeckel,
3. mit glattem Rand, Außen- oder Innenrolle und Eindrückdeckel.

Eindrückklappe: Gekennzeichneter Teil einer Packmittelwandung, der durch Eindrücken zur Klappe wird und z. B. eine Entnahmeöffnung oder ein Griffloch freigibt; das Eindrücken kann durch Perforieren, Kerben u. a. erleichtert werden.

Eingebranntes Etikett: siehe Daueretikett.

Eingezogene Dose: Dose, bei der das eine oder beide Rumpfenden verkleinerte Querschnitte aufweisen, so daß Deckel mit kleinerem Querschnitt verwendet werden können.

Eingreifdeckel: frühere Benennung für Eindrückdeckel.

Einheitsverpackung: Versandverpackung, deren Beschaffenheit den Vorschriften des Deutschen Eisenbahn-Verkehrsverbandes genügen muß.

Einlage (Zwischenlage): Packstoffzuschnitt, der innerhalb einer Packung unter, zwischen, um oder auf das Packgut gelegt wird.

Einreißwiderstand: Widerstand gegen das Einreißen an einer unverletzten Kante eines Packstoffs.

Einrollverschluß: siehe Faltverschluß.

Einschubdeckel: frühere Benennung für Schiebedeckel.

Einspritzdruck: Druck, der beim Spritzgießen während der Einspritzzeit vom Spritz- bzw. Schneckenkolben auf die Formmasse ausgeübt wird.

Einspritzzeit: Zeit, die benötigt wird, um beim Spritzgießen den Angießkanal und die Werkzeughöhlung vollständig mit plastifizierter Formmasse zu füllen.
Anmerkung: Beginn und besonders das Ende der Einspritzzeit sind an Spritzgießmaschinen des derzeitigen technischen Standes nicht exakt erkennbar. Aus diesem Grunde wird zur Messung der Einspritzzeit folgende Näherungsrichtlinie gegeben:
Die Einspritzzeit beginnt mit dem Kommando, das den Einspritzvorgang auslöst. Das Ende der Einspritzzeit liegt bei einer sichtbaren Verzögerung der Kolbenvorlaufbewegung, sofern diese mit der vollständigen Füllung der Werkzeughöhlung durch plastifizierte Formmasse zusammenhängt.
Bei Maschinen mit wegabhängiger Nachdrucksteuerung kann praktisch das Schaltkommando als Ende der Einspritzzeit angesehen werden, sofern es mit der vollständigen Füllung der Werkzeughöhlung durch plastifizierte Formmasse zusammenhängt.
Der Begriff Spritzzeit wird als irreführend beurteilt (Verwechslung sowohl mit Zykluszeit als auch Einspritzzeit) und sollte in der Fachsprache des Spritzgießers nicht verwendet werden.
Die Definition gilt auch für Heißkanalwerkzeuge.

Einsteckdeckel:
1. bei Dosen: frühere Benennung für Eindrückdeckel.
2. bei Schachteln: Klappdeckel mit Einstecklasche.

Einstecklasche: Lasche, die durch Stecken in einen Schlitz oder Spalt der Formfixierung oder dem Verschließen von Packmitteln dient.
Einstecksack: Sack mit Sperrschichtfunktion zum Einstecken in nicht starre Packmittel oder solche starren Packmittel, die ein Einstellen nicht zulassen (siehe Einstellsack).
Einsteckverschluß (Steckverschluß): Verschlußart, bei der durch Einstecken einer Verschlußklappe oder -lasche in das Packmittel der Verschluß gebildet wird.
Einstellsack: Sack mit Sperrschichtfunktion zum Einstellen in starre Packmittel.
Einwegverpackung: Verpackung, die für den einmaligen Gebrauch bestimmt ist.
Einwickeln: Ganzes oder teilweises Umhüllen von Packgütern oder Packungen vorgegebener Form mit flächigem Packstoff in mehrfachen Windungen.
Einwickler: Vorgefertigter oder von der Rolle abgelängter Zuschnitt eines Packstoffs zum manuellen oder maschinellen Einschlagen des Packguts.
Einzelhandelspackung: Handelspackung, welche die übliche Bezugseinheit des Einzelhändlers darstellt und meist mehrere Verbraucherpackungen enthält.
Einzelpackung: Verbraucherpackung, welche die Verkaufseinheit einer Ware an den Endverbraucher darstellt.
Einzelsteg: siehe Steg.
Entgasungsöffnung: Öffnung im Zylinder zum Entfernen flüchtiger Bestandteile aus der Formmasse.
Erweichungsbereich: Temperaturbereich, in dem thermoplastische Packstoffe in weichen, formbaren, d. h. plastischen Zustand übergehen.
Etikett: Packhilfsmittel zur Kennzeichnung von Packungen oder zur Information über Menge, Sorte, Preis usw. einer Ware in Form eines Zuschnitts aus verschiedenen Werkstoffen. Etiketten werden auch für Werbungszwecke, Markenkennzeichnung und als Verschließetikett benutzt. (Schweizer Sprachgebrauch: die Etikette, Mehrzahl Etiketten).
Etui (Futteral): Schachtelfunktionsähnliches kleines Packmittel, bei dem die Oberfläche durch Überziehen, Bedrucken, Prägen oder andere Verfahren im Aussehen verbessert und meistens auch mit einer dem Packgut angepaßten Innenausstattung versehen ist.
Evakuieren: Weitgehende Luftverminderung in Packungen oder in Packgütern zum Zwecke der Verlängerung der Haltbarkeit und/oder zur Fixierung des Packguts, meistens durch mechanisches Abpumpen.
Exportverpackung: Verpackung, die sowohl in ihrer Aufmachung und Beschriftung als auch in Gestaltung, Festigkeit und Markierung den besonderen Transportbedingungen des Versand- sowie Empfangslandes und eventueller Durchgangsländer angepaßt ist.
Extrudat: Die beim Extrudieren das Werkzeug verlassende Formmasse. (Ist kein Werkzeug vorhanden, dann ist Extrudat die den Extruder verlassende Formmasse.)
Extruder: Maschine, die feste bis flüssige Formmasse aufnimmt und aus einer Öffnung vorwiegend kontinuierlich preßt. Dabei kann die Formmasse verdichtet, gemischt, plastifiziert, homogenisiert, chemisch umgewandelt, entgast oder begast werden.
Anmerkung: Die wichtigste Bauart ist der Schneckenextruder, andere Bauarten sind z. B. Kolben- und Drehscheibenextruder.
Extrudierwerkzeug: Werkzeug zum Formen von Extrudaten. Man unterscheidet u. a.: Rohr-, Profil-, Schlauchfolien-, Ummantelungswerkzeug.
Extrusionsblasformen: Der Vorformling wird durch Extrudieren hergestellt (siehe Blasformen).
Extrusionsfolie: Nach dem Extrusionsverfahren aus Thermoplasten hergestellte Folie. Man unterscheidet Extrusions-Flachfolie (aus Breitschlitzdüse) und Extrusions-Blas- oder Schlauchfolie (aus Ringdüse).
Fabrikkante: Verbindung des Faltschachtelrumpfs bei der Herstellung durch z. B. Kleben, Verkleben oder Heften.
Fächereinsatz: siehe Stegeinsatz.
Faconbeschichtung: Partielle, formgebundene Beschichtung des Packstoffs, z. B. mit heißsiegelfähigem Kunststoff.
Fadendichtung: Fadenförmiges, elastisches Dichtmittel, meist in Ringform, das auf Falzdeckel und -boden aufgebracht wird und nach dem Auffalzen des Deckels bzw. Bodens die Falze hermetisch

dichtet.
Fallfolge: Reihenfolge der Einzelversuche bei gleicher oder verschiedener Fallhöhe, Aufprallfläche, Aufprallkante oder Aufprallecke.
Fallgriff: Beweglicher Traggriff, der im Ruhezustand am Rumpf oder auf dem Oberboden des Packmittels anliegt.
Fallhöhe: Höhendifferenz, die beim Fall von der zuerst auftreffenden Stelle des Packstücks zurückgelegt wird.
Fallprüfung: Feststellung der Widerstandsfähigkeit von Packungen/Packstücken gegenüber Stoßbeanspruchungen beim Auftreffen nach freiem Fall.
Fallzahl beim Bruch: Anzahl der Fallversuche, bei der das vereinbarte zulässige Maß der Beschädigung der Verpackung und/oder des Packguts (Füllguts) überschritten wird.
Falteinschlag: Einschlagart, bei der das vollständige Umhüllen des Packguts durch Falten der überstehenden Enden des Packstoffzuschnitts erzielt wird.
Falten: Biegen von Packstoffen und Packmitteln durch einfaches Umlegen längs einer Kante.
Faltensack: Sack, bei dessen Herstellung der Packstoffschlauch an den Kanten nach innen eingefaltet und an einem Ende flach geschlossen wird.
Faltenschlauch: Packstoffschlauch, flachliegend, mit in beiden Längskanten eingelegter Seitenfalte.
Faltkiste: Zusammenlegbare Kiste, deren Wände untereinander oder mit dem Boden beweglich verbunden sind.
Faltschachteln: Faltbare Schachtel, die aus einem Faltschachtelrumpf (Zarge) mit seitlicher, parallel zur Höhe verlaufender (Fabrikkanten-) Verbindung und anhängenden Boden- und Deckelklappen bzw. anhängendem Einsteckboden und -deckel entsteht.
Faltverschluß (Einrollverschluß): Verschlußart, bei der die Packmittelöffnung von flexiblen Packmitteln, meist Beuteln, durch mehrmaliges Falten (bzw. Einrollen) des Öffnungsrands verschlossen und durch Verschließhilfsmittel (z. B. Klebeband) gesichert wird.
Falz: zu unterscheiden sind
1. Verbindung von Packstoffen oder Packmittelteilen durch Ineinanderfügen entsprechend ausgebildeter Kanten.
2. Durch Falten um 180° entstehende Kante an flächigen Packstoffen.
Falzboden: Boden bei flexiblen Packmitteln aus mehrlagigen Packstoffen, der aus einem überstehenden Wandungsteil durch einfaches Umlegen und Verbinden gebildet wird.
Falzdeckel-Füllochdose: Falzdeckeldose, deren Deckel in der Mitte ein Fülloch hat, das nach dem Füllen vorzugsweise mit einem Tropfen Lötzinn verschlossen wird (Kondensmilchdose).
Falzdeckel: Deckel, der durch Falzen mit dem Rumpf des Packmittels verbunden wird und je nach dem Verwendungszweck mit Profil (Terrassenprofil, Sickenprofil) versehen sein kann (siehe auch DIN 2033, ÖNORM A 5041).
Falzdeckeldose: Dose, deren Öffnung mit einem nach außen gelegten Rumpfbördel versehen ist und mit einem Falzdeckel verschlossen wird.
Falzen: Verbinden von Packstoffen und/oder Packmittelteilen durch Zusammenfügen entsprechend ausgebildeter Kanten.
– bei Papier, Karton und Pappe: siehe Falten.
Falznaht: siehe Falz, Def. 1.
Falzzahl: Kennwert der Falzbeständigkeits- oder Dauerbiegeprüfung. Angabe meist als Doppelfalzzahl.
Farbechtheit: Beständigkeit von Einfärbungen und Drucken gegen verschiedenartige genormte Einwirkungen physikalischer und/oder chemischer Art.
Faßgarnitur: Die zum Herstellen eines Fasses erforderlichen Dauben sowie Deckel, Boden und Faßreifen.
Faßhaken (Faßkrampen): Befestigungsmittel für Faßreifen (siehe auch DIN 1158).
Fassonbeschichten: Partielles, formgebundenes Beschichten des Packstoffs, z. B. mit heißsiegelfähigem Kunststoff.
Faßreifen: Reifen aus verschiedenen Werkstoffen, unterschiedlich geformt, zum Zusammenhalten und Verstärken von Fässern aller Art sowie zum Erleichtern des Rollens.

Fehler: Unzulässige Abweichungen vom Sollwert, wobei Fehlerklasse und Fehlergewicht zu unterscheiden sind.

Fensterbeutel: Beutel, der mit einem Fenster aus durchsichtigem, geschmeidigem Packstoff oder einem Netz versehen ist, wodurch das Packgut teilweise sichtbar ist.

Fertigpackung: Verbraucherpackung, die in Abwesenheit des Endverbrauchers abgefüllt und verschlossen wird. Die Menge des darin enthaltenen Erzeugnisses kann ohne Öffnen oder merkliche Änderung der Verpackung nicht verändert werden.

Fettdurchlässigkeit: Durchlässigkeit eines Packstoffs oder eines Packmittels für Fette und Öle.

Feuchtigkeitsindikator: Packhilfsmittel, das durch Farbänderung den Feuchtigkeitsgehalt in Packungen anzeigt, z. B. Feuchtigkeitsanzeigekarten, Feuchtigkeitsanzeiger in Stopfenform.

Flachdruck: siehe Offsetdruck (siehe auch DIN 16 529).

Flächenbezogene Masse: Masse eines Packstoffs bezogen auf die Flächeneinheit, ausgedrückt in g/m². Flächenbezogene Masse einer Beschichtung siehe Auftragsmenge.

Flächengewicht: siehe flächenbezogene Masse.

Flachfolie: Folie, durch Extrudieren (Breitschlitzdüse), Gießen oder Kalandrieren hergestellt bzw. auch durch Aufschneiden von Schlauchfolie in Längsrichtung erhältlich.

Flachkanne: Kanne aus Blech mit flachem Oberboden.

Flachsack: Sack, bei dessen Herstellung der Packstoffschlauch an einem Ende flach geschlossen wird.

Flachschlauch: Packstoffschlauch, flachliegend, ohne Seitenfalten.

Flachstauchwiderstand: Maximaler Widerstand, den eine Probe aus einer einwelligen Wellpappe definierter Größe einer senkrecht auf die Fläche wirkenden Kraft bis zum Zusammenbruch der Wellen entgegensetzt.

Flakon/Flacon: Verpackungsflasche besonderer Form, meist für kosmetische Erzeugnisse.

Flammschutzmittel: Sammelbezeichnung für anorganische oder organische Stoffe, die Packstoffe flammhemmend ausrüsten; sie sollen die Entflammung verhindern, die Entzündung behindern und die Verbrennung erschweren.

Flasche: Packmittel vorwiegend mit engem Hals, das aus verschiedenen Werkstoffen, wie Glas, Metall, Kunststoff bestehen kann und das auf verschiedene Weise verschlossen wird (Korken, Kronenkork, Schraubverschluß usw.):

Flaschenhülse: Elastische gegen Transportbeanspruchungen schützende Hülse, die sich der Flaschenform anpaßt.

Flaschenkapsel: siehe Verschließkapsel.

Flaschenscheibe: Dichtmittel für Bügel- und Hebelverschlüsse.

Flexodruck: Druckverfahren, bei dem die druckenden Stellen der in gewissem Umfange zusammendrückbaren Druckform (Gummi-, Kunststoffklischee) höher liegen als die nichtdruckenden Stellen. Es wird mit einer verhältnismäßig dünnen, lösemittelhaltigen Farbe gedruckt, die durch Verdunsten des Lösemittels trocknet (siehe auch DIN 16 514).

Flüssigdichtung: Flüssiges Dichtmittel, das auf Falzdeckel und -böden oder Rumpfkanten von Blechverpackungen aufgetragen, anschließend getrocknet wird und nach Herstellung der Falze diese abdichtet.

Folie: Flächiger, flexibler Packstoff aus Metall oder Kunststoff; Mindest- und Höchstdicke vom Werkstoff abhängig.

Foliendeckel: Deckel, hergestellt aus Mono- oder Verbundfolie zum Verschließen von Behältnissen. Je nach Ausführungsart unterscheidet man z. B. Heißsiegeldeckel, Schnappdeckel.

Folienschlauch:
1. in Schlauchform extrudierte Folie (siehe auch Schlauchfolie),
2. zu einem Schlauch verarbeitete Folienbahn eines flächigen Packstoffs, der nach Überlappung der Längsseite durch Schweißen, Siegeln oder Kleben entstanden ist.

Folienzuschnitt: siehe Packstoffzuschnitt.

Formmassen: Flüssige, pastöse oder feste Stoffe in verarbeitungsfertigem Zustand, die spanlos zu Halbzeugen oder Formteilen geformt werden können. (DIN 7708 Teil 1, Ausgabe Dezember 1980)

Formnest: Hohlraum im Werkzeug, durch den ein Formteil geformt wird.

Formstabile Packmittel: Packmittel, deren Form sich bei üblicher Beanspruchung nicht oder nur unwesentlich ändert, z. B. Faltschachteln.
Formteil: Durch diskontinuierliches Formen erzeugtes Fertigteil.
Fortlaufdruck: siehe Streudruck.
Freiraum: Der freie Raum eines verschlossenen Packmittels oberhalb des Füll- oder Packguts.
Frischhaltepackung: Packung, bei der durch die Eigenschaft des Packmittels unter vorgeschriebenen Lagerbedingungen die Frischhaltung verderblicher, nicht konservierter Füllgüter für einen bestimmten Zeitraum sichergestellt ist.
Frontaldruck: Druck auf der Vorderseite eines transparenten Druckträgers.
Füllgewicht: Füllmenge nach Gewicht.
Füllgut: Schütt-, riesel-, fließfähiges oder gasförmiges Packgut.
Füllhöhe: Höhe des Füllgutspiegels im Packmittel; als Bezugsebene dient der Boden oder das Mundstück des Packmittels.
Füllinhalt: siehe Füllmenge, siehe Inhalt.
Füllmenge (Füllinhalt): Menge des in einer Packung tatsächlich enthaltenen Füllguts nach Masse oder Volumen, bei stückigen Gütern auch nach Stückzahl.
Füllochdose: siehe Falzdeckel-Füllochdose; siehe Lotdeckel-Füllochdose.
Füllstand: siehe Füllhöhe.
Füllungsgrad: Volumen des Füllguts in Prozent des Behältnisvolumens eines Packmittels.
Füllvolumen: Füllmenge nach Volumen.
Fungizider Packstoff: Packstoff, der durch pilztötende Zusätze die daraus hergestellte Verpackung und/oder das darin verpackte Packgut vor Schäden durch Pilzbefall bewahren soll.
Fußreifen: Verstärkungsreifen zum Schutz der Rumpf-Boden-Verbindung und/oder zur Erzielung der Stapelbarkeit von Packmitteln.
Gasdurchlässigkeit:
1. Eigenschaft eines Packstoffs, Gase durchtreten zu lassen; sie beruht auf seiner Porosität und/oder auf der Löslichkeit der Gase im Packstoff.
2. Maß für den Durchtritt eines Gases durch den Packstoff unter festgelegten Bedingungen (z. B. Partialdruckdifferenz des Gases). Das durchgetretene Gasvolumen (oder -menge) je Flächen- und Zeiteinheit dient zur Beurteilung.

Gaspackung: siehe Schutzgaspackung.
Gasraum (Aerosolverpackung): Der Teil des Behältnisvolumens, der von dem gasförmigen Füllgut ausgefüllt wird.
Gebinde: Sammelbegriff für bestimmte Packmittel, z. B. Fässer, Trommeln, Kannen.
Gefahrgutverpackung: Versandverpackung, die den verkehrsrechtlichen Vorschriften für die Beförderung gefährlicher Güter entspricht.
Gefalzte Dose: Dose mit gefalzter Rumpflängsnaht.
Gefütterter Beutel: Flach- oder Bodenbeutel, der aus mehreren Lagen gleicher oder unterschiedlicher Packstoffe besteht, die nicht flächig miteinander verbunden sind.
Gereckte Folie: Kunststoffolie, die in Längs- und und Querrichtung bei der Herstellung gestreckt wurde. Die Streckung ist erst bei höherer Temperatureinwirkung rückgängig zu machen.
Geschenkpackung: Verbraucherpackung mit dekorativer Aufmachung und Ausstattung.
Geschobtes Faß (zerlegtes Faß): Faßgarnitur, deren Dauben für den späteren leichteren Zusammenbau numeriert sind.
Gestreckte Folie (orientierte Folie): Kunststoffolie, die in Längsrichtung (monoaxial) oder in Längs- und Querrichtung (biaxial) bei der Herstellung verstreckt wurde. Die Streckung ist erst bei Erwärmung in den thermoplastischen Bereich vollständig rückgängig zu machen.
Getränkeflasche: Flasche, die nach ihrer Form und Ausführung üblicherweise zur gewerblichen Abfüllung von Getränken dient.
Gewichtspackung: Fertigpackung, deren Inhalt nach Gewicht gehandelt und gekennzeichnet wird.
Gewindedeckel: siehe Schraubdeckel.
Gewindemundstück: Mundstück für Schraubverschluß.
Gezogene Dose: Dose, deren Unterteil aus einem Stück gezogen ist (s. a. DIN 2043, DIN 2044).

Gießfolie: Folie, die durch Gießen einer Lösung auf eine Unterlage entsteht.
Glättwerk: Aus mehreren Walzen bestehende Vorrichtung zum Glätten flächiger Extrudate.
Glasfaserverstärkter Kunststoff: Kunststoff, bei dem u. a. Festigkeit und Steifigkeit durch Einlagern von Glasfasern wesentlich erhöht werden. Zur näheren Kennzeichnung wird zweckmäßigerweise die Kunststoffart hinzugefügt.
Gleitverschluß: Verschlußart, bei der ein gleitender Schieber Kunststoffprofile zusammenführt, um das Packmittel zu verschließen und durch eine rückläufige Bewegung wieder zu öffnen.
Griffstopfen: Stopfen, dessen Oberteil zur Erhöhung der Griffigkeit besonders gestaltet ist.
Großhandelspackung: Handelspackung, welche die übliche Bezugseinheit des Großhändlers darstellt und meist mehrere Einzelhandelspackungen enthält.
Großverbraucherpackung: Packung, die zur Abgabe an Großverbraucher, z. B. Beherbergungsbetriebe, Großküchen, bestimmt ist.
Grundpackung: Kleinste Packung (Packungseinheit), in der gleiche oder gemeinsam auszugebende verschiedene Packgüter in jeweils festgelegter Anzahl und Menge verpackt sind.
Gummi-Faserpolster: Polsterstoff aus Fasern pflanzlicher oder synthetischer Herkunft, die mittels Latex oder ähnlichen Bindemitteln verbunden sind.
Gummi-Haarpolster: Polsterstoff aus Haaren, die mittels Latex oder ähnlichen Bindemitteln verbunden sind.
Gummiaufreiß-Dose: Dose, die durch Herausziehen eines im Deckelbördel liegenden Gummirings mit Lasche zu öffnen ist.
Gummidruck: frühere Benennung für Flexodruck.
Gummieren:
1. Auftragen einer durch Wasser reaktivierbaren Klebstoffschicht auf einen Trägerstoff.
2. Auftragen einer Kautschukmasse als Dichtung auf einen Trägerstoff.
3. Aufvulkanisieren einer Kautschukmasse auf einen Trägerstoff.
Haftetikett: Etikett mit Haftklebstoff-Beschichtung auf einer Seite.
Haftfestigkeit: Widerstand, den eine Verbindung von zwei haftend verbundenen Stoffen einer physikalischen und/oder chemischen Trennung entgegensetzt.
Haftkleben: Verfahren, bei dem ein mit einer dauernd klebeaktiven Klebstoffschicht versehener Trägerstoff durch Andrücken auf den unterschiedlichsten Werkstoffen haftet, z. B. Klebeband, Haftklebeetikett. Je nach Art der Stoffe ist die Verbindung lösbar oder unlösbar.
Haftklebeverschluß (Selbstklebeverschluß): Klebeverschluß durch Anwendung von dauernd klebeaktivem Klebstoff, wobei nur eine Schließfläche mit Haftklebstoff versehen sein muß.
Hakenverbindung (von Schachteln): Steckverbindung für Schachtelwandungen.
Halbdichtfaß: siehe Leichtfaß.
Halsringetikett: Etikett um den zylindrischen oder kegelförmigen Flaschenhals. Unterhalb des Mundstücks beginnend.
Haltbarkeit: Begriff bei verderblichen Gütern, der, nach verschiedenen Gesichtspunkten gestuft (z. B. Verkäuflichkeit, Genießbarkeit, Verdorbenheit), Hinweise auf das Lagerverhalten gibt.
Handelspackung: Packung, die nach der Menge des Inhalts, nach Art und Qualität der Verpackung sowie nach äußerer Gestaltung auf die Anforderungen der jeweiligen Handelsstufe abgestellt ist, entweder Großhandelspackung oder Einzelhandelspackung.
Handelsübliche Verpackung: Verpackung, die sich nach allgemeiner Auffassung im Handelsverkehr bewährt hat und wirtschaftlichen und technischen Praktiken entspricht.
Händlerpackung: siehe Handelspackung.
Haraß (Harras): Ein Packmittel aus Holz, bestehend aus Boden, zwei Seiten und zwei Kopfteilen (Köpfen), deren in Abständen angeordnete Bretter, Leisten oder Latten durch Kopf- oder Eckleisten miteinander verbunden sind" (nach DIN 55 405 Teil 3.2.25).
Hebelverschluß:
– Allgemeine Bezeichnung für eine Verschlußart, bei der das Verschließmittel durch Hebelwirkung an die Packmittelöffnung angepreßt und festgehalten wird (z. B. Bügelverschluß, Spannverschluß).
– Spezielle Bezeichnung für eine Verschlußart für Flaschen mit Ringmundstück, bei dem der mit Flaschenscheibe versehene Verschlußknopf auf der einen Seite durch ein Stahldrahtgelenk schar-

nierartig festgehalten und auf der gegenüberliegenden Seite durch einen Spannhebel an das Mundstück gepreßt wird (siehe auch DIN 5098).

Heftdraht: Packhilfsmittel zum direkten Verbinden von Packmittelteilen oder Packmitteln und/oder zum Herstellen von Heftklammern.

Heftkante: Verbindung des Rumpfs bei der Herstellung durch Heften (siehe auch Fabrikkante).

Heftklammer: Packhilfsmittel zum Verbinden von Packmittelteilen und/oder zum Verschließen von Packmitteln.

Heftlasche: Teil eines Packmittels zum Herstellen einer überlappenden Verbindung mittels Heftklammern.

Heftverschluß: Verschlußart, bei der gefüllte Packmittel mittels Heftklammern verschlossen werden.

Heißkleben: Verbinden mittels heißer Schmelzklebestoffe (Klebe-Hotmelts).

Heißschmelzmasse: Physikalisch abbindendes lösemittel- und dispersionsmittelfreies Gemisch aus thermoplastischen Polymeren; Harzen und/oder Paraffinen bzw. Wachsen. Es wird durch vorübergehende Anwendung höherer Temperatur in den flüssigen Zustand versetzt und dient zum Beschichten, Kaschieren und Kleben.

Heißsiegeletikett: Etikett mit heißsiegelbarer Beschichtung auf einer Seite.

Heißsiegeln: Verbinden der thermoplastischen Beschichtung von Trägerstoffen unter Einwirkung von Wärme und Druck, wobei die Trägerstoffe selbst nicht plastisch werden.

Heizkeilverfahren: Verfahren zum Heißsiegeln und Schweißen dicker Packstoffe. Die zu verbindenden Flächen der Packstoffe werden an einem permanent beheizten Keil entlanggeführt und unmittelbar hinter ihm durch Druck vereinigt.

Hitzebeständigkeit: siehe Temperaturbeständigkeit.

Hobbock: Zylindrisches oder konisches, nicht rollbares Packmittel mit oder ohne Fußreifen, mit einem Volumen bis etwa 60 Liter. Der abnehmbare Deckel oder Scharnierdeckel ersetzt den Oberboden; zwei seitliche Fallgriffe oben am Rumpf oder ein Deckelgriff (siehe auch DIN 6644 Teil 1).

Hochdruck: siehe Buchdruck, Flexodruck, Trockenoffsetdruck.

Hochfrequenzschweißen: Verfahren zum Schweißen von Packstoffen. Es eignet sich nur für Thermoplaste mit hohen dielektrischen Verlusten. Der Kunststoff wird durch die Wirkung eines hochfrequenten Wechselfelds erwärmt und unter Druck geschweißt (siehe DIN 1910 Teil 1 bis Teil 5, Teil 10 bis Teil 12).

Hohlboden: Boden mit hochstehendem Rand, der in den Rumpf eines Packmittels hineinragt, so daß die Kante des Randes mit der des Rumpfes abschließt.

Hohldeckel: Deckel mit hochstehendem Rand, der in den Rumpf eines Packmittels hineinragt, so daß die Kante des Rands mit der des Rumpfs abschließt.

Holzwolle: Packhilfsmittel, aus langen auf Holzwollemaschinen gefertigten Fichten-, Kiefern- oder Buchenholzspänen bestehend (siehe auch DIN 4077).

Holzwolleseil: Gesponnenes und gedrehtes Seil aus Holzwolle, möglichst gleichmäßiger Dicke und Festigkeit (siehe auch DIN 4057).

Hotmelts: Gemische aus thermoplastischen Polymeren, Harzen und/oder Paraffinen bzw. Wachsen. Sie dienen zum Beschichten, Kaschieren und Kleben (siehe auch Schmelzklebstoffe).

Imprägnieren: Tränken eines saugfähigen Packstoffs mit einem Imprägniermittel.

Individualpackung: Packung, deren Inhalt nach Menge und Größe jeweils ungleich ist. Sie ist entsprechend den geltenden Regeln mit Mengen- und Preisangaben gekennzeichnet.

Industriepackung: Packung, die nur für industrielle Abnehmer bestimmt ist.

Inhalt:
1. Qualitativ: Füll- oder Packgutbezeichnung zur Qualitäts-, Art- oder anderweitigen Begriffsbestimmung.
2. Quantitativ: siehe Füllmenge.

Inhibitor: Zusatzstoff, der den Ablauf einer unerwünschten chemischen Reaktion zu hemmen vermag (z. B. Korrosions-Inhibitoren).

Innenauskleiden: Abdecken der Innenflächen eines Packmittels mit Werkstoffen zum Schutz gegen innere und äußere Einflüsse bzw. für dekorative Zwecke.

Innenauskleidung: Abdeckung der Innenflächen eines Packmittels mit Werkstoffen zum Schutz gegen innere und äußere Einflüsse bzw. für dekorative Zwecke, z. B. Kisteneinsatz.

Innenbeutel: Beutel, der bei der Herstellung auf einer Verpackungsmaschine von einer Außenschachtel eng umschlossen und dann gefüllt wird. Innenbeutel und Außenschachtel werden getrennt verschlossen.

Innendruck: Druckeinwirkung auf die Innenwand der Packung (siehe auch Berstdruck).

Innendruckprüfung (hydraulisch): Prüfverfahren zur Feststellung der Innendruckfestigkeit von Packmitteln (siehe auch Abdrückprüfung).

Inneneckleiste: Kopfleiste bei Obst- und Gemüsesteigen mit dreieckigem oder viereckigem Querschnitt, über die obere Kante der Wandung hinausragend.

Inneneinwickler: Das Packgut unmittelbar umhüllender Einwickler bei Packungen mit zwei oder mehreren Einschlägen.

Innenklappen: Die beiden einander gegenüberliegenden inneren Verschlußklappen an rechteckigen Schachteln, die zusammen mit den Außenklappen ein Verschließen ermöglichen.

Innenlackieren: Auftragen von Lack auf die Innenfläche von Metallverpackungen zum Schutz vor Wechselwirkungen zwischen Füllgut und Packmitteln.

Innenriegel: Zuschnitt aus Papier oder anderem Packstoff, der zur Abdichtung in Block- und Kreuzböden von Beuteln und Säcken eingeklebt oder -geschweißt ist.

Insektizider Packstoff: Packstoff, der durch insektentötende Zusätze die daraus hergestellte Verpackung und/oder das darin verpackte Packgut vor Schäden durch Insekten bewahren soll.

Ionomere: Thermoplastische Polymerisationsprodukte mit Metallionen, die in der Wärme lösbare Vernetzungen bewirken; Verwendung für Folien und Beschichtungen.

Isolierverpackung: Verpackung mit hohem Wärmedämmvermögen.

Istfüllmenge: Gemessene Füllmenge.

Kalanderfolie: Im Walzverfahren auf Kalandern (beheizbare Walzenaggregate) hergestellte Folie.

Kältebeständigkeit: siehe Temperaturbeständigkeit.

Kälteschlagfestigkeit: Maximale Arbeit, die eine Probe bei niedriger Temperatur, welche eine Versprödung des Werkstoffs bewirkt, ohne Zerstörung beim Schlagversuch aufnehmen kann.

Kaltsiegeln: siehe Haftkleben, siehe Kontaktkleben.

Kammerprofilplatte (Stegplatte): Kunststoffplatte mit Hohlprofil, die aufgrund ihrer Steifigkeit zur Herstellung von Packmitteln, z. B. Schachteln, verwendet wird.

Kanister: Formbeständiges Packmittel für Flüssigkeiten mit rechteckigem, gelegentlich auch quadratischem Querschnitt, mit einem Volumen bis etwa 60 Liter; mit ausgießöffnung auf dem Oberboden oder an einer Seite des Rumpfes; eine Tragevorrichtung ist üblich (siehe auch DIN 2003).

Kanne: Packmittel bis etw 60 Liter Fassungsvermögen mit vorwiegend rundem Querschnitt, Rumpf glatt oder gesickt, mit Ausguß- und gegebenenfalls Entlüftungsöffnung sowie Tragevorrichtung (siehe auch DIN 6643).

Kantenpolster: Geformtes Polstermittel, das jeweils eine Kante des Packguts schützt und dessen Fixierung im Packmittel ermöglicht.

Kantenschutz: Packhilfsmittel zum Schutz der Kanten von Packmitteln oder Packstücken gegenüber einschnürenden Verschließhilfsmitteln.

Kantenstauchwiderstand: Widerstand, den ein rechteckig aufgestelltes Prüfmuster aus Pappe (vorwiegend bei Wellpappe) definierter Größe einer Kraft bis zum Zusammenbruch entgegensetzt.

Kapsel: Packmittel für Arzneimittel, vorwiegend aus Gelatine.

Kartusche: Starres, rohrförmiges Packmittel, das an einem Ende ein kanülenartiges Mundstück besitzt und dessen anderes Ende durch einen Kolben verschlossen wird; dieser dient zum Ausdrücken des meist hochviskosen Füllguts.

Kaschieren: Verbinden zweier oder mehrerer, meist verschiedenartiger Packstoffe durch Kaschierklebstoff.

Kaschierfestigkeit: siehe Verbundhaftung.

Kieselgel (Silicagel): Getrocknetes Gel einer polymeren Kieselsäure von körniger, poröser Beschaffenheit, das in Packstücken als Trockenmittel verwendet wird.

Kindergesicherte Packung: Packung, die durch ihre besondere Ausführung erschweren soll, daß Füllgüter (z. B. mit giftigen, gesundheitsschädlichen Eigenschaften) entgegen der Gebrauchsabsicht Kindern besonders gefährdeter Altersgruppen zugänglich werden.

Kindergesicherter Verschluß: Verschlußart, bei der Verschließmittel und/oder Verschließhilfsmittel erschweren sollen, daß gefährliche Füllgüter (z. B. mit giftigen, gesundheitsschädlichen Eigenschaften) entgegen der Gebrauchsabsicht Kindern besonders gefährdeter Altergruppen zugänglich werden können.

Kippen: siehe Umstürzen.

Kissenpackung: Prallgefüllte, kissenartige Packung.

Kistengarnitur: Sämtliche fertig bearbeiteten Kistenteile, die zum Herstellen einer Kiste dienen.

Kistenschoner: Kleine Scheibe aus Pappe, Gummi oder dgl., die auf den Kistennagel vor dem Einschlagen gesteckt wird.

Kistenteile: Die einzelnen Wandungen - Seitenteile und Kopfteile, Boden und Deckel - die zu einer Kiste zusammengefügt werden.

Kistenzuschnitt: Nach den Abmessungen der Kiste zugeschnittene Bretter, Latten, Leisten oder dergleichen.

Klappdeckel: Deckel, der mit dem Unterteil des Packmittels an einer Kante schwenkbar verbunden ist; Ausführung: Auflagedeckel, übergreifender Deckel, Einsteckdeckel.

Klappdeckelschachteln: sind einteilige Schachteln mit angelenktem Einsteck- oder übergreifendem Deckel (verschiedene Lieferformen möglich).

Klappe: Wandungsbildender und/oder verschlußbildender Teil eines Packmittels, der längs einer Kante mit dem Packmittel zusammenhängt (z. B. Außenklappe, Innenklappe, Verschlußklappe).

Klappenbeutel: Fachbeutel mit überlappender Klappe an der Öffnung.

Klapptaschenbeutel: Flachbeutel, bei dem durch beidseitiges Umfalten der Packstoffbahn und durch Kleben, Siegeln oder Schweißen quer zur Laufrichtung zwei Taschen gebildet werden.

Klarsichtfenster: Fenster in Packmitteln, das mit Klarsichtfolie abgedeckt ist.

Klarsichtkartonage: durchsichtige, halbstarre Packmittel aus Kunststoff, auch in Kombination mit anderen Packstoffen.

Klebe-Hotmelt: siehe Schmelzklebstoff.

Klebeband: Kunststoff-, Papier- oder Textilband mit oder ohne Verstärkung, meistens einseitig mit einer Haftklebstoffschicht versehen.

Klebebandverschluß: Verschlußart, bei der gefüllte Packmittel mittels Klebeband verschlossen werden (siehe auch Doppel-L-, Doppel-T- und Schlitzverschluß).

Klebekante: Verbindung des Rumpfs durch Kleben oder mit Klebestreifen (siehe auch Fabrikkante).

Klebelasche: Teil eines Packmittels zum Herstellen einer überlappenden Verbindung mittels Klebstoff.

Kleben: Verbinden von Körpern durch Oberflächenhaftung mittels Klebstoff (siehe auch DIN 16920).

Klebenaht: Verbindungsstelle von Packstoffen oder Packmittelteilen mit Klebstoff.

Kleberolle: Lieferform für Klebestreifen.

Klebescheibe: Runde Scheibe, meist aus Papier, gummiert oder haftklebend, vielfach als Verschließetikett ausgebildet.

Klebestreifen: Papierstreifen, meist aus Kraftpapier, gegebenenfalls verstärkt und mit einer z. B. durch Wasser aktivierbaren Klebstoffschicht versehen.

Klebestreifenverschluß: Verschlußart, bei der gefüllte Packmittel mittels Klebestreifen verschlossen werden (siehe auch Doppel-L-, Doppel-T- und Schlitzverschluß).

Klebeverschluß: Verschlußart, bei der gefüllte Packmittel unter Ausnützung der Klebewirkung von Klebstoffen verschlossen werden.

Klemmdeckel: siehe Schnappdeckel.

Klimabeständigkeit: Eigenschaft eines Packstoffs oder Packmittels, bei verschiedenen Klimaten für gewisse Anforderungen geeignet zu bleiben.

Klimatische Vorbehandlung (Klimatisieren): Maßnahme, um Packstoffe, Packmittel und Packungen zwecks Verarbeitung oder Prüfung in bezug auf Feuchtigkeit und Temperatur mit einer definierten Atmosphäre (Verarbeitungsraum, Klimaraum) ins Gleichgewicht zu bringen.

Klinikpackung: siehe Anstaltspackung.

Kochbeutel: Beutel, in dem Lebensmittel erhitzt oder gegart werden können.
Kochfestigkeit: Beständigkeit von Packstoffen und Packmitteln gegenüber den beim Kochen auftretenden Beanspruchungen.
Kombi-Dose (Wickeldose): Dose, deren Rumpf aus Papier oder Pappe, auch in Verbindung mit Aluminium und Kunststoffen, besteht. Boden und Deckel können aus Metall oder Kunststoff bestehen.
Kombinationspackung: Einzelpackung, die verschiedene Packgüter enthält, die nicht untereinander vermischt oder vermengt sind.
Kombinierter Beutel: Beutel, bei dem Vorder- und Rückseite aus verschiedenen Packstoffen bestehen.
Konischer Beutel: Meist Flachbeutel mit konischem Verlauf der Seitenkanten in Richtung Beutelboden.
Konserve: Packung, in welcher verderbliche Füllgüter (meist Lebensmittel) durch physikalische, gegebenenfalls auch durch zusätzliche chemische Maßnahmen für längere Zeitspannen haltbar gemacht wurden (bei Lebensmitteln mindestens ein Jahr).
Konservendose: Kochfeste Dose, die zum Herstellen von Vollkonserven (hitzesterilisierten Lebensmitteln mit langer Haltbarkeit) verwendet und luftdicht verschlossen wird.
Konservieren: Verlängerung der Haltbarkeit von Packgütern.
Konsumverpackung: Verpackung, deren Ausführung durch die Anforderungen der Warenverteilung und den Verkauf an den Endverbraucher bestimmt ist.
Kontaktkleben: Verbinden von Trägerstoffen, deren zu verbindende Flächen mit einem Klebstoff beschichtet worden sind und die nach Antrocknen des Klebstoffes unter Einwirkung von Druck Schicht auf Schicht haften.
Konterdruck: Druck auf der Rückseite eines transparenten Druckträgers, seitenrichtig von der Vorderseite zu sehen.
Konturpackung: siehe Blisterpackung oder Skinpackung.
Kopf: Extrudierwerkzeug zum Herstellen des Vorformlings beim Blasformen.
  Anmerkung: Neben dem üblicherweise angewendeten Schlauchkopf können in Sonderfällen auch Bandköpfe u.d gl. eingesetzt werden. Man unterscheidet nach Anordnungs- und Konstruktionsmerkmalen: Umlenkkopf, Geradeauskopf, Pinolenkopf, Dornhalterkopf, Mehrfachkopf.
Kopf, verlorener: Verfahrensbedingt angeformte Bereiche von Hohlkörpern, die zum Herstellen von Öffnungen abgetrennt werden.
Kopfkranzleiste: Leiste, die an allen vier Kanten der Kopfteile von Packmitteln aus Holz zum Verstärken und/oder Verbinden angebracht ist.
Kopfleiste: Leiste, die zum Verstärken und oder Verbinden am Kopfteil von Packmitteln aus Holz senkrecht zum Boden angebracht ist.
Kopfraum: siehe Freiraum.
Kopfspeicher (beim Blasformen): Schmelzenspeicher, bei dem Speicher und Düse in einer Achse liegen.
Kopfverschluß: Verschlußart, bei der die Packung am Kopf, d. h. an der Einfüllöffnung, verschlossen wird.
Kopfwand: Eine der beiden schmaleren Seitenwände von quaderförmigen Packmitteln mit rechteckiger Grundfläche.
Kopfzwischenleiste: Leiste, die zur Verstärkung an der Unterseite der Kopfteile von Packmitteln aus Holz zwischen den Kopfleisten angebracht ist.
Korrosionsschutz (bei Metallen): Schutzmaßnahmen (z. B. Schutzanstrich, Schutzgas) gegen chemische und physikalische Beanspruchungen.
Korrosionsschutzfolie: Beschichtete Folie, die durch Abgabe geeigneter Stoffe in der Dampfphase das Packgut vor Korrosion schützt.
Kreuzboden: An einem Flachschlauch durch mehrmaliges, kreuzweises Falten gebildeter und dann geklebter Boden, der flachliegend sechseckig ist und beim Befüllen eine rechteckige Form annimmt.
Kreuzbodenbeutel: Bodenbeutel ohne Seitenfalten, der nach dem Füllen einen rechteckigen oder quadratischen Boden hat.

Kreuzbodensack (Schmalbodensack): Sack, bei dessen Herstellung der Boden durch kreuzweises Falten eines Schlauchendes gebildet wird.
Kreuzsteg: Zwei kreuzweise angeordnete Stege zur Teilung des Innenraumes eines Packmittels in vier Gefächer.
Kronenkorken: Verschließkappe aus Feinstblech oder Aluminium mit Zacken-(Wellen-)rand und Dichteinlage zum Verschließen von Flaschen und Dosen mit Kronenkorkenmundstück.
Kronenkorkmundstück: Mundstück zum Verschließen mit einem Kronenkorken.
Kropfhalsflasche: Flasche mit gekröpftem Hals.
Kühlzeit (beim Spritzgießen): Beginnt mit der Einspritzzeit und endet mit dem Kommando Werkzeug öffnen.
Kugelstoßprüfungen: Impulsprüfung an Packstücken mittels einer Kugel, bei der die zu prüfende Stelle vorgegeben ist.
Kunstdarm: Schlauch aus umgeformten Natur- oder Kunststoffen oder Kombinationen daraus. Er ist zur Aufnahme von Lebensmitteln ohne Freiraum bestimmt. Er wird nach Abdrillen oder Fälteln durch Clip oder Kordel oder z. B. durch einseitige Abnähung verschlossen und ist nicht zum Mitverzehr bestimmt oder geeignet.
Kunststoffolie: Ein- oder mehrschichtige Kunststoffbahn auf homogener oder heterogener Rohstoffbasis mit kompakter oder kompakter und zelliger Struktur.
Lackdichtung: Abdichtung der Falznähte von Blechverpackungen mit Dichtungslack.
Lackieren: Flächiges Auftragen von geringen Mengen flüssiger oder pastöser Stoffe auf einen festen Trägerstoff. Bei Kunststoff und Metall beträgt der Feststoffanteil des Lacks ca. 15 g/m^2.
Ladengerechte Versandverpackung: Versandverpackung, deren handhabungserleichternde Ausführung eine verkaufsgerechte Warendarbietung und eine einfache Entnahme der darin befindlichen Einzelpackungen durch den Käufer im Selbstbedienungsgeschäft ermöglicht.
Ladenverpackung: siehe ladengerechte Versandverpackung.
Lagerprüfung: Zeitabhängige Prüfung unter definierten Bedingungen (z. B. Klima, Strahlung) zur Ermittlung des Lagerverhaltens der Verpackung und/oder des Packguts.
Lagerverpackung: Verpackung mit besonderer Eignung für langfristige Lagerung.
Längsfalz: Falz an der Zarge des Packmittels.
Längsnaht: Verbindungsstelle in Längsrichtung des Packmittelrumpfs.
Lasche:
1. Teil eines Packmittels zum Herstellen einer überlappenden festen oder lösbaren Verbindung am Packmittel (Einstecklasche, Heftlasche, Klebelasche).
2. Packmittelteil zum Anbringen eines Tragbügels oder Traggriffs.
3. Feststehender Teil eines Verschlusses oder einer in die Verpackung eingearbeiteten Öffnungsvorrichtung (z. B. eines Aufreißstreifens) zum Öffnen der Packung (Abreißlasche, Aufreißlasche).

Latte: Schnittholz mit rechteckigem Querschnitt in Breiten bis 60 mm und in Dicken bis 39 mm.
Lattenkiste: Kiste, bei der sämtliche Teile aus in Abständen angeordneten Latten bestehen. Seiten- und Kopfteile (Köpfe) sind an Kopf- oder Eckleisten befestigt.
Leergut: Insbesondere im Handel und im Transport Begriff für leere, wiederverwendbare Packmittel, z. B. Pfandverpackung.
Leerraumhöhe: Höhe des Freiraums im verschlossenen Packmittel.
Leichtfaß: Bauchiges Faß leichterer Bauart, vorwiegend aus Dauben, oder zylindrisches Faß aus Sperrholz. Man unterscheidet nach Bauweise und Verwendungszweck Dicht- und Halbdichtfässer. Auch Fässer und Trommeln aus Hartpapier, Pappe, Kunststoffen sowie Fibertrommeln werden als Leichtfässer bezeichnet.
Leichtglasverpackungen: Hohlglasbehältnisse mit einem Gewichts-Inhaltsverhältnis unter 0,6 g/cm^3 bzw. einer Wanddicke unter 1,6 mm.
Leihverpackung: Mehrwegverpackung, die im Leih- und Rückgabeverkehr benutzt wird und beim Kauf der Güter nicht in das Eigentum des Käufers übergeht.
Leiste: Verstärkungs- und/oder Verbindungselement von Packmitteln. Es kann innen oder außen angebracht werden.
Lichtechtheit: Beständigkeit einer Färbung oder eines Drucks gegen Farbänderung durch Lichteinwirkung.

Lochmundstück: Flaschenmundstück, das zum Verschließen mit Bügelverschluß ausgebildet ist.
Lötdeckel-Füllochdose: Dose mit übergestülptem und aufgelötetem Deckel und Boden, deren Deckel in der Mitte ein Fülloch hat, das nach dem Füllen vorzugsweise mit einem Tropfen Lötzinn verschlossen wird.
Löten: Verfahren zum Verbinden metallischer Werkstoffe mit Hilfe eines geschmolzenen Zusatzmetalles (Lotes) ggf. unter Anwendung von Fließmitteln (siehe auch DIN 8505).
Luftdurchlässigkeit: siehe Gasdurchlässigkeit.
Luftkissen: Luftgefülltes Packhilfsmittel oder Transporthilfsmittel aus elastischem Werkstoff.
Luftpolsterfolie: Zwei verbundene Kunststoffolien, zwischen denen Luftblasen diagonalversetzt eingeschlossen sind.
Manschette: Manschettenähnlich geformtes Blatt oder Hülse aus einem oder mehreren flexiblen Packstoff(en), das in die Ventilöffnung eines Sackes zur Verschlußsicherung so eingearbeitet ist, daß ein Teil derselben in das Sackinnere hineinragt (Innenhülse) oder aus der Ventilöffnung herausragt (Außenmanschette).
Manteletikett: Ein den Rumpf eines meist zylindrischen oder prismatischen Packmittels umschließendes Etikett.
Markierungszeichen: Allgemeinverständliche, meist bildhafte Darstellung z. B. zur Handhabung von Packstücken (siehe auch DIN 55 402).
Massetemperatur: Temperatur der Formmasse an einer definierten Stelle, z. B. im Mischer, im Trichter, im Zylinder, im Werkzeug, im Extrudat.
Maßbehältnis: Behältnis, das den gesetzlichen Vorschriften über Maßbehältnisse entspricht (z. B. in der Bundesrepublik Deutschland §§ 2-4 der Fertigpackungsverordnung).
Mehrkammer-Aerosolpackung: Aerosolpackung, die aus zwei aneinander oder ineinander angeordneten Behältnissen besteht, in denen Treibmittel und Füllgut oder auch unterschiedliche Komponenten mit Treibmitteln getrennt gehalten werden.
Mehrkomponentenpackung: Kombinationspackung, die verschiedene getrennt abgepackte Füllgüter enthält. Das gebrauchsfertige Endprodukt entsteht erst nach Vermischung der Komponenten.
Mehrlagensack: Mehrlagiger geklebter oder genähter Sack aus maschinenglattem oder hochdehnbarem Kraftsackpapier mit unterschiedlicher Boden-, Seiten- und Verschlußbildung, auch mit Einstecksack.
Mehrschichtfolie: siehe Verbundfolie.
Mehrstückpackung: Verbraucherpackung, die mehrere Einzelpackungen des gleichen Packguts enthält.
Mehrteilpackung: Verbraucherpackung, die verschiedene, getrennt untergebrachte Elemente enthält, die für eine gemeinsame Verwendung vorgesehen sind.
Mehrwegverpackung: Mehrmals verwendbare Verpackung, die im allgemeinen im Leih- und Rückgabeverkehr benutzt bzw. gegen Pfand abgegeben wird (siehe Pfandverpackung).
Mehrzweckverpackung: Verpackung, die neben oder nach der Erfüllung der eigentlichen Verpackungsaufgabe noch anderweitig verwendet werden kann.
Meßabweichungen: Differenz der Meßwerte zum wahren Wert, und zwar entweder systematisch oder zufällig.
Messen: Vergleichen mit einem Bezugswert. Daraus ergibt sich ein Neuwert.
Metallisieren: Oberflächenbehandlung eines Trägerstoffs zur Erzielung einer metallischen Auflage (siehe auch Bedampfen).
Metallocene: Polymerisationskatalysatoren, die gezielte Kunststoffeigenschaften ermöglichen durch selektive Polymerisationen (insbesondere von PE und PP) zu Typen von außerordentlich einheitlicher Struktur, Verzweigung, Molekulargewicht und Comonomerengehalt.
Mogelpackung: Trivialausdruck für eine Fertigpackung, die durch ihre Gestaltung eine größere Füllmenge vortäuscht, als in ihr enthalten ist.
Monoblockdose: Einteilige Dose mit eingezogenem Hals, die durch Kaltverformung aus einem Stück hergestellt wird (z. B. einteilige Aerosoldose).
Monofolie: Folie, die aus einer homogenen Schicht besteht.
Mullentest: Prüfverfahren zur Bestimmung des Berstwiderstandes von flächigen Packstoffen, z. B.

Papier, Karton und Pappe.

Müllsack: Sack aus Papier oder undurchsichtigem Kunststoff zur Aufnahme von Abfall mit einem Volumen von maximal 110 Litern (siehe auch DIN 55 465).

Mundstück (Mündung): Starre Packmittelöffnung zum Befüllen und Entleeren; die Ausführung richtet sich nach dem verwendeten Verschließmittel (siehe auch DIN 6094).

Mündung: Frühere Benennung für Mundstück.

Nachdruck (beim Spritzgießen): Druck, der während der Nachdruckzeit vom Spritzkolben auf das Massepolster wirkt, um die Volumenkontraktion der Formmasse im Werkzeug auszugleichen.

Anmerkung: Dieser Druck ist zu unterscheiden von dem Druck, der auf die erstarrende Formmasse in der Werkzeughöhlung wirkt. Einflüsse durch Druckverluste, durch vorzeitig eingefrorenen Anguß, elastische Verformungen von Werkzeug und Schließeinheit u. ä. bleiben unberücksichtigt.

Naßberstfestigkeit: Kraft, die eine kreisförmig eingespannte Probe in gewässertem Zustand einem einseitigen gleichmäßig verteilten Druck bis zum Bersten entgegensetzt.

Naßbruchkraft: Kraft, die bei der Zugprüfung an Papier und Pappe zum Bruch einer gewässerten Probe führt.

Nennfüllmenge: Füllmenge, die auf einer Packung angegeben ist.

Nenninhalt: siehe Nennfüllmenge.

Nennvolumen: Volumen, das zur Größenbenennung eines Packmittels verwendet wird.

Nestbare Packmittel: Packmittel, die im Leerzustand aufgrund ihrer Form ineinander stapelbar sind.

Netzbeutel: Beutel aus Verpackungsnetz.

Netzfenster: Fenster in Packmitteln, das mit Verpackungsnetz abgedeckt ist.

Netzsack: Sack aus Verpackungsnetz.

Netzschlauch: Endloses, schlauchförmiges Verpackungsnetz, das durch unterschiedliche Verschließmethoden als Packmittel oder als Packhilfsmittel verwendet werden kann.

Nockendeckel (Bajonettverschlußdeckel): Deckel mit mehreren nach innen ragenden Nocken, durch die dcr Deckel mittels einer kurzen Drehbewegung auf dem gewindeartig ausgebildeten Mundstück festgehalten wird.

Normverpackung: Verpackung, deren Form, Größe und Ausführung festgelegt und in Normen aufgenommen worden ist.

Oberboden: Fest mit dem Rumpf verbundenes Oberteil von Kannen und Trommeln, das sich durch Gestaltung oder Kennzeichnung vom Boden unterscheidet.

Oberflächenbehandlung: Beflammen, Beflocken, Beizen, Eloxieren, Hobeln, Lackieren, Polieren, Sandstrahlen, Schleifen u. ä. zum Verbessern des optischen Aussehens und zum Erhöhen des Schutzes gegen z. B. physikalische Einflüsse.

Oberflächenveredelter Packstoff: Packstoff, dessen Oberfläche durch einen weiteren Arbeitsvorgang veredelt worden ist, z. B. durch Beschichten, Lackieren.

Ofenfester Packstoff: Packstoff, der erhöhte thermische Belastungen, z. B. durch Mikrowellen-Erwärmung, ohne unzulässige mechanische oder optische Beeinträchtigung erlaubt.

Offsetdruck: Indirektes Druckverfahren, bei dem die druckenden Stellen der metallischen Druckform farbannehmend und die nicht druckenden Stellen farbabstoßend sind. Das Druckbild wird mit einem elastischen Gummituch auf den Druckträger übertragen (siehe auch DIN 16 529).

Ohrenverschluß: Verschlußart, bei der zwei ohrenförmige Enden einer Verschlußklappe in passende Schlitze der Gegenklappe gesteckt werden.

Opazität: Maß für die Verminderung der Lichtdurchlässigkeit.

Oxidationsschutzmittel: Mittel, das in einer Packung zusammen mit dem Packgut verpackt ist, um dieses gegen Oxidation zu schützen.

Packfaß: Bauchiges Leichtfaß, seltener auch zylindrisch, muß nicht flüssigkeitsdicht sein.

Packgut: Gut, das zu verpacken oder verpackt ist (siehe auch Füllgut).

Packstoffbahn:
– im Erzeugungsbereich: flächiger Packstoff, der in seiner maximalen Breite durch maschinelle Gegebenheiten festgelegt ist. Die Bahn wird auf Länge geschnitten und/oder auf Rollen gewickelt,
– im Verarbeitungsbereich: auf Rollen gewickelter, flächiger Packstoff.

Packstoffschlauch:
– mit Naht, zu einem Schlauch verarbeitete Packstoffbahn(en),
– ohne Naht, Schlauch aus extrudierter Folie (siehe auch Schlauchfolie).

Packstoffzuschnitt: Zweiseitig, auch allseitig beschnittener, flächiger Packstoff.

Packstück (Paket): Ergebnis der Vereinigung von Packgut und Verpackung, besonders für den Transport geeignet.

Packung: Ergebnis der Vereinigung von Packgut und Verpackung. Die Packung kann durch Hinzufügen einer Packgutbenennung oder anderer Merkmale, die insbesondere auf eine Funktion hinweisen (z. B. Zigarettenpackung, Vakuumpackung), näher bestimmt werden.

Paket: siehe Packstück.

Palettenkiste: siehe palettenartige Verpackung.

Papierwolle: Packhilfsmittel aus schmalen Papierstreifen, vorzugsweise zu Polster- oder Füllzwecken in Packstücken verwendet.

Paraffinieren: Beschichten und/oder Imprägnieren eines Trägerstoffs mit Paraffinschmelzen.

Pendelstoßprüfung: siehe Stoßprüfung.

Pfandverpackung: Mehrwegverpackung, die gegen Pfand abgegeben wird.

pH-Wert (Azidität): Maß für die Stärke der sauren oder alkalischen Reaktion einer wäßrigen Lösung (Azidität, Alkalität).

Plastifizierbereich: Bereich des Schneckenkanals, in dem die Kunststoffmasse plastifiziert ist.

Plastifizieren: Überführen einer Formmasse in einen hinreichend fließfähigen Zustand.

Plastifizierextruder: Extruder für das Überführen von Formmasse in einen hinreichend fließfähigen Zustand unter Anwendung von Temperatur, Druck und Scherung.

Plombe: Sicherungsmittel aus Metall, Kunststoff, o.ä. zum Zusammenhalten und zur Sicherung der Enden von Schnur, Faden, Draht oder Streifen. Einige Plombenausführungen bilden selbst (ohne Schnur oder dgl.) die Sicherungsverbindung zweier Packmittelteile (Kunststoffplomben siehe auch DIN 16 900).

Polsterpack: Polstermittel, bei dem Holzwolle mit geeigneten Spezialpapieren oder Kunststoffolien umhüllt ist.

Polsterstoff: Packstoff mit polsternden Eigenschaften.

Polyacrylnitril (PAN): Thermoplastischer Kunststoff, verarbeitbar zu Folien und Packmitteln, auch schlagfestmachende Komponente bei PS und PVDC.

Polyamid (PA): Thermoplastisches Polykondensationsprodukt; verarbeitbar zu Folien und Packmitteln.

Polycarbonat (PC): Thermoplastischer Polyester der Kohlensäure; verarbeitbar zu Packmitteln.

Polyester: Hochmolekulares Veresterungsprodukt von mehrwertigen Alkoholen mit mehrbasischen Säuren. Thermoplastische Polyester werden zu Folien und Packmitteln, härtbare Polyester zu starren Packmitteln verarbeitet.

Polyethylen (PE): Thermoplastisches Polymerisationsprodukt des Ethylens mit je nach Herstellungsverfahren verschiedenen Eigenschaften wie Dichte und Struktur.

Polyethylen hoher Dichte (PE-HD): Polyethylen mit einer Dichte $D > 0.930\,g/cm^3$.

Polyethylen niederer Dichte (PE-LD): Polyethylen mit einer Dichte $D < 0.930\,g/cm^3$.

Polyethylennaphthalat (PEN): linearer Polyester aus 2,6-Naphthalindicarbonsäure und Ethylenglykol

Polyethylenterephthalat (PET): Durch Kondensation von Dimethylterephthalat (DMT) oder Terephthalsäure mit Ethylenglykol hergestellter linearer Polyester.

Polyolefine: Polymerisate olefinischer Monomere (Ethylen, Propylen usw.). Zu dieser Gruppe zählen z. B. die Kunststoffe Polyethylen und Polypropylen.

Polypropylen (PP): Thermoplastisches Polymerisationsprodukt des Propylens; verarbeitbar zu Folien, Packmitteln und Beschichtungen.

Polystyrol (PS): Thermoplastisches Polymerisationsprodukt des Styrols (auch als Copolymer), verarbeitbar zu Folien, Packmitteln und Schaumstoffen.

Polyterephthalsäureester: Thermoplastische Polyester, verarbeitbar zu Folien und Packmitteln.

Polyurethan (PUR): Duroplastische, thermoplastische oder elastomere Vernetzungsprodukte von Isocyanatgruppen; verarbeitbar zu Schaumstoffen und Beschichtungen.

Polyvinylalkohol (PVAL, auch PVOH = nicht normgerecht): Thermoplastischer Kunststoff, hergestellt aus Polyvinylacetat, meist wasserlöslich; verarbeitbar zu Folien, Packmitteln und Beschichtungen.

Polyvinylchlorid (PVC): Thermoplastisches Polymerisationsprodukt des Vinylchlorids, auch aus Copolymeren oder Mischpolymerisaten, verarbeitbar zu Folien, Packmitteln und Beschichtungen (siehe auch PVC-weich, PVC-hart).

Polyvinylchlorid-hart (PVC-hart, PVC u): Weichmacherfreies Polyvinylchlorid.

Polyvinylchlorid-weich (PVC-weich, PVC p): Weichmacherhaltiges Polyvinylchlorid.

Polyvinylidenchlorid (PVDC): Thermoplastisches Polymerisationsprodukt des Vinylidenchlorids. Folien und Beschichtungen bestehen aus Vinylidenchlorid-Mischpolymerisat, das abgekürzt ebenso bezeichnet wird.

Portionspackung: Verbraucherpackung, deren Füllmenge für den Verbrauch als Ganzes bestimmt ist.

Prägen: Reliefartiges Ausbilden der Oberfläche von Packstoffen und/oder Packmittelteilen mittels Formwerkzeugen (Walze oder Stempel) unter Druck.

Prägeverschluß: Verschlußart, bei der eine Packmittelöffnung mit Hilfe von Prägewerkzeugen verschlossen wird.

Präserve: Packung, in welcher verderbliche Lebensmittel durch physikalische Verfahren und/oder durch Zusatz bestimmter chemischer Stoffe für Zeitspannen bis zu einem Jahr haltbar gemacht wurden.

Primer: Grundierungsmittel, das zur Verbesserung der Haftung vor dem Beschichten, Bedrucken usw. (z. B. auf Folien oder Feinblechen) aufgetragen wird.

Probe (Prüfling): Ein in entsprechender Form und Größe vorbereitetes Prüfstück, an dem unmittelbar die Prüfung durchgeführt werden kann.

Prüfbedingungen: Wichtige Prüfbedingungen sind:
– Probennahme (DIN 40 080), Stichprobenpläne und DIN 55 466 Teil 1,
– Prüfklima (DIN 50 014),
– Probenvorbehandlung (z. B. DIN-ISO 187).

Prüfdruck:
1. Überdruck oder Unterdruck, den ein dichtes Packmittel zur Feststellung seiner Gebrauchsfähigkeit aushalten muß = Sollprüfdruck,
2. messende Prüfung: Druck, den ein Packmittel aushält, ohne zerstört zu werden.

Prüfen: Das Feststellen, ob vereinbarte Bedingungen erfüllt sind.

Prüfschärfe: Von der Leistungsfähigkeit der Prüfanordnung abhängige Meßwerte.

Pullmanndose: Vierkantige Konservendose aus Weißblech, vorwiegend für Schinken; Rumpf mit schwach geprägten Längssicken und Evakuieröffnung im Rumpf, Deckel oder Boden, mit oder ohne Rumpfaufreißband (Viereck-Schinkendose).

Quereinschlag: Einschlagart, bei der das Packgut quer zur Laufrichtung des Packstoffs eingeschlagen wird.

Querklebung: Klebeverbindung zwischen den einzelnen Lagen an einem oder beiden Enden eines Packstoffschlauchs bei der Beutel- und Sackherstellung.

Quetschflasche: Flasche, die durch Zusammendrücken entleert wird, ohne daß sich ihre Form bleibend ändert.

Quetschkanten: Bereich der Werkzeugtrennfläche, in dem der Butzen abgetrennt und der Hohlkörper zugleich verschweißt wird.

Quetschnaht: Bezeichnet die Stellen eines Blasteils, die durch die Quetschkanten miteinander verbunden wurden.

Quetschnaht-Endwulst: Materialverdickung am Ende der Quetschnaht.

Quetschnahtwulst: Materialverdickung entlang der Quetschnaht.

Quetschwinkel: Winkel zwischen Quetschkantenschräge und Werkzeugtrennebene.

Quetschzone: Bereich des Blaswerkzeugs, in dem der Butzen abgequetscht, gepreßt und gekühlt wird.

Rahmenkiste: Kiste, bei der der Rahmen wesentlich die Belastbarkeit und Steifigkeit der Kiste bestimmt.

Rändeln: Verbinden von Packstoff-Flächen, z. B. zum Zwecke des Verschließens, durch Eindrücken eines sich abwälzenden, mit Rändel versehenen Werkzeuges in den Packstoff (siehe auch DIN 8583 Teil 1 bis Teil 6).

Rändelverschluß: Verschlußart, bei der eine Packmittelöffnung mit oder ohne Verschließmittel, aber beide aus verformbarem Werkstoff, durch rotierende Rändelwerkzeuge verformt und durch diese Rändelung verschlossen wird.

Randvoller Inhalt: siehe Randvollvolumen.

Randvollvolumen: Der von einem Packmittel und dessen oberer Randebene umschlossene Raum.

Rapport: Einheit des Druckbilds, das sich regelmäßig wiederholt.

Rapportdruck: Druck, bei dem die Rapportlänge der Größe der Verpackung entspricht, so daß das Druckbild auf jeder Verpackung an gleicher Stelle erscheint.

Regaleinheit: siehe ladengerechte Versandverpackung.

Reißbanddose: Dose mit Rumpfaufreißband.

Reißdehnung: Längenänderung der Probe bei der Zugprüfung an Kunststoffen beim Eintreten der Reißkraft. Für Papier und Pappe siehe Bruchdehnung.

Reißfestigkeit: Zugspannung der Probe im Augenblick des Reißens des Prüflings bei der Zugprüfung (siehe auch Bruchfestigkeit).

Reißlänge: Länge eines Packstoffstreifens von beliebiger, aber gleichbleibender Breite und Dicke, bei welcher der Streifen, an einem Ende aufgehängt gedacht, infolge seines Eigengewichts am Aufhängepunkt abreißen würde (Rechengröße aus Reißfestigkeit und flächenbezogener Masse).

Reiteretikett: siehe Dachreiteretikett.

Rillen: Vorgang beim Verarbeiten flächiger Packstoffe, bei dem durch rotierende oder vertikal wirkende Werkzeuge der Packstoff so geformt wird, daß er, an dieser Stelle eine Kante bildend, gebogen werden kann.

Rillendeckel: Deckel, in dessen Randrille ein Dichtmittel eingebracht ist und der durch Anpressen an die Packmittelöffnung abdichtet.

Ringleiste: Leisten, die zum Verstärken von Böden, Seitenteilen und Deckeln von Packmitteln aus Holz (Kisten, Verschläge o. ä.) quer zur Brettlänge ringförmig angebracht sind.

Ringmundstück: Flaschenmundstück, das zum Verschließen mit Hebelverschlüssen ausgebildet ist (siehe auch DIN 6094 Teil 2).

Ritzaufreißlinie: Eingeritzte oder eingestanzte Linie (meistens im Deckel), an der entlang die Packung geöffnet werden kann. Die von dieser Linie eingeschlossene Fläche wird beim Öffnen herausgetrennt.

Ritzen: Vorgang,
1. bei der Verarbeitung von Pappe, Karton und anderen Packstoffen, wobei der Packstoff so tief eingeschnitten wird, daß er dort, eine Kante bildend, ohne Bruch gebogen werden kann.
2. bei der Herstellung von Blechverpackung, bei dem die Blechdicke im Rumpf oder Deckel zur Erzielung von Aufreißlinien verringert wird.

Röhrchen: Starres, zylindrisches Packmittel mit meist flachem Boden und ohne Hals, das mittels Schraubkappe, Schnappdeckel oder Griffstopfen verschlossen wird.

Rolle: Aufgewickelte Packstoffbahn in Form eines Zylinders, mit oder ohne Wickelhülse oder Wickelkern; Bahnkanten meist beschnitten.

Rollierverschluß: siehe Anrollverschluß.

Rollneigung: Neigung von flächigen Packstoffen, sich einzurollen, wenn an einer Oberfläche Spannungen auftreten.

Rollreifenfaß: Zylindrisches Faß in geschweißter Ausführung, auf Dichtheit geprüft, mit Verschlüssen und Verschließmitteln im Oberboden. Rollreifen aus genormtem, gewalztem Profilstahl; das geschweißte Rollreifenfaß durch genormte innen- und außenliegende Kopfreifen verstärkt, innen roh, außen lackiert, wahlweise innen und außen lackiert, wahlweise innen und außen verzinkt für einen Inhalt von 200 l (siehe DIN 6643 Teil 1).

Rollsickenfaß: Zylindrisches Faß in folgenden Bauarten:
1. Zylindrisches Rollsickenfaß in geschweißter oder gefalzter Ausführung, auf Dichtheit geprüft, mit

Verschlüssen und Verschließmitteln im Oberboden, das geschweißte Rollsickenfaß durch genormte, innen- und außenliegende Kopfreihen verstärkt, innen roh, außen lackiert, wahlweise innen und außen lackiert, wahlweise innen und außenverzinkt, für Inhalte von 54, 57 und 216,5 l (siehe auch DIN 6643 Teil 1).

2. Zylindrisches Rollsicken-Deckelfaß: Behälter mit Sicken, Boden in den Mantel dicht eingefalzt, Oberboden (Deckel) abnehmbar, mit einem Dichtring versehen, der durch einen Spannring verschlossen wird, vorzugsweise für dickflüssiges, pastöses oder trockenes Füllgut, innen roh, außen lackiert, wahlweise innen und außen lackiert, wahlweise innen und außen verzinkt (siehe auch DIN 6644 Teil 1).

Rückenetikett: Etikett auf dem Flaschenrumpf gegenüber dem Rumpfetikett aufgebracht, im Format meist kleiner als dieses.

Rückstellvermögen: Eigenschaft von Packstoffen, nach Einwirkung von Formänderungskräften mehr oder weniger in ihre Ausgangslage zurückzukehren.

Rumpf: Im allgemeinen senkrechte Hauptbegrenzungsfläche (Wandung) von Packmitteln, z. B. Dosen, Flaschen, Hobbocks, Kannen, Schachteln usw.

Rumpfaufreißband: Schmales Band, das durch zwei in Umfangrichtung des Packmittelrumpfs parallel laufende Ritzaufreißlinien gebildet wird und an der Rumpfnaht in einer über die Längskante der Naht hinausragenden Lasche enden kann und das Öffnen des Packmittels erleichtert.

Rumpfbördel: Meist nach außen gebogener Rumpfrand eines Packmittels.

Rumpfetikett: Hauptetikett auf dem Flaschenrumpf. In der Regel nicht mehr als den halben Flaschenumfang bedeckend.

Rundbodenbeutel: Beutel, bei dem auf einem Ende ein runder Boden eingearbeitet ist.

Rundbodensack: Sack, bei dessen Herstellung an dem Packstoffschlauch ein runder Boden eingearbeitet wird.

Rüttelprüfung: Prüfverfahren zur Bestimmung der Transporteignung von Packstücken im Hinblick auf die Rüttelbeanspruchung.

Rütteltisch: Prüfgerät zur Durchführung der Rüttelprüfung.

Sammelpackung:
1. Packung, die mehrere gleiche Einzel-, Mehrstück und/oder Sortimentspackungen zu einer Packungseinheit zur einfacheren Handhabung und Verteilung zusammenfaßt.
2. Versandfähiges Packstück.

Sandwichdruck: siehe Zwischenschichtendruck.

Saugfähigkeit: Eigenschaft von Packstoffen, Flüssigkeit, z. B. durch Kapillarwirkung, aufzunehmen.

Säurefreiheit: Eigenschaft eines Packstoffes, der keine freie Säure enthält. Auch Packstoffe, die nur einen begrenzten Säuregehalt haben, werden handelsüblich als säurefrei bezeichnet.

Scharnierdeckel: Deckel, der durch ein Scharnier mit dem Rumpf eines Packmittels verbunden ist.

Schaumstoff: Spezifisch leichte Werkstoffe mit zelliger Struktur. Die Zellen können unterschiedlich groß, geschlossen oder offen sein, wobei alle Übergänge möglich sind. Man unterscheidet: geschlossenzellige oder offenzellige (siehe auch DIN 7726), harte (zäh-harte, spröd-harte) oder weichelastische Schaumstoffe.

Schaumstoff-Folie: Folie aus Kunststoff mit homogener innerer Zellenstruktur und geschlossener Oberfläche (siehe auch DIN 7726 Teil 1).

Scheuerfestigkeit: siehe Abriebwiderstand.

Scheuerwiderstand: siehe Scheuerfestigkeit, Abriebwiderstand.

Schiebedeckel: Deckel, der zum Packmittelunterteil verschiebbar ist.

Schieber: Der das Packgut aufnehmende Teil einer Schiebeschachtel und Schiebefaltschachtel.

Schiebeschachteln: Bestehen aus Hülse oder Schiebedeckel sowie Schieber.

Schiefe Ebene: Prüfgerät zur Durchführung von Stoßversuchen an Packstücken mit großen Abmessungen.

Schimmelbeständigkeit: Beständigkeit gegen Befall und Schädigung durch Schimmelpilze.

Schlagprüfung: Prüfverfahren, bei dem eine Probe - Packstoff oder Packmittel - einer schlagartigen Beanspruchung ausgesetzt wird; der Schlag erfolgt meist mittels eines Pendels.

Schlauchbeutel: Flachbeutel mit einer Quernaht (Herstellung aus einer Schlauchfolie) bzw. einer

Quernaht und einer Längsnaht (Herstellung aus einer Flachbahn).

Schlauchfolie (Blasfolie): Thermoplastische Folie, die in Schlauchform extrudiert und zur Erzielung eines bestimmten Innendurchmessers und einer bestimmten Wanddicke im noch plastischen (teilweise elastischen) Zustand aufgeblasen wird.

Schlauchschließeinrichtung: Einrichtung zum Bilden eines sack- oder kissenartigen Vorformlings bei der Schlauchextrusion.

Schlauchziehen: Formen, Kleben und Auflängeschneiden von einer oder mehreren Packstoffbahnen zu Packstoffschläuchen.

Schlitzen:
- teilweises Durchtrennen von Packstoffzuschnitten mit oder ohne Packstoffabfall, z. B. zur Bildung von Verschlußklappen von Schachteln,
- ein- oder beidseitiges Aufschneiden eines Kunststoffolienschlauches zum Herstellen von Flachfolie.

Schlitzverschluß: Verschlußart für Versandfaltschachteln, bei der Klebebänder oder Klebestreifen längs über die Stoßfuge der zusammenstoßenden Kanten der äußeren Verschlußklappen mit Übergreifen auf die beiden Stirnwände aufgeklebt werden.

Schmelzklebstoffe (Klebe-Hotmelts): Physikalisch abbindende lösungsmittelfreie, dispersionsmittelfreie Klebstoffe, die für die Verklebung durch vorübergehende Anwendung höherer Temperaturen in den flüssigen Zustand versetzt werden.

Schmelzschweißen: Schweißen bei örtlich begrenztem Schmelzfluß ohne Anwendung von Druck (siehe auch DIN 1910 Teil 1 bis Teil 5, Teil 10 bis Teil 12).

Schmelztauchmasse (Tauchmasse): Lösungsmittelfreies Schutzmittel, das im erwärmten, verflüssigten Zustand, vorwiegend im Tauchverfahren, auf die zu schützenden Oberflächen aufgebracht wird und nach Erstarren einen zähelastischen, abziehbaren Überzug bildet.

Schmuckband: Ausstattungsmittel zum Herstellen von dekorativen Verschnürungen.

Schnappdeckel (Klemmdeckel): Deckel zum Verschließen eines starren Packmittels, der auf einem entsprechend geformten Rand einer Packmittelöffnung durch Anpressen einrastet.

Schnappverschluß: Verschlußart, bei der eine Packmittelöffnung infolge der Elastizität des Verschließmittels (z. B. Schnappdeckel) durch Einrasten verschlossen wird.

Schnecke: Welle zur Kunststoffverarbeitung mit einem oder mehreren wendelförmigen Stegen, üblicherweise mit einem Schaft an einem Ende und einer Spitze am anderen Ende.

Schneckenextruder: Extruder, bei dem eine oder mehrere sich in einem Zylinder drehende Schnecken Formmasse vorwiegend kontinuierlich aus einer Öffnung pressen.

Schneide: Dient zum ganzen oder teilweisen Abschneiden des Butzens vom Blasteil. Es gibt dorn- und werkzeugseitige Schneiden.

Schraubdeckel (Gewindedeckel): Deckel mit Gewinde zum Verschließen von Packmitteln mit Gewindemundstück.

Schraubkappe: Verschlußkappe mit Innengewinde zum Verschließen von Packmitteln mit Gewindemundstück.

Schraubverschluß: Ein mit Gewinde versehenes Verschließmittel (z. B. Schraubdeckel, Schraubkappe), das auf oder in die entsprechend ausgebildete Packmittelöffnung geschraubt wird.

Schrumpffolie: Durch Recken vorbehandelte, thermoplastische Folie, die durch Wärmeeinwirkung schrumpft.

Schrumpfkapsel: Überzug aus schrumpfbarem Werkstoff, der meist über Flaschenverschlüsse angebracht wird und sich dem Flaschenhals eng anlegt.

Schrumpfpackung: Packung, die durch Umhüllen mit Schrumpffolie und anschließendem Schrumpfen der Folie unter Wärmeeinwirkung entstanden ist.

Schulteretikett: Etikett, oberhalb des Rumpfetiketts auf dem Brustkegel der Flasche angeordnet.

Schutzgas: Gas, z. B. Stickstoff oder Kohlendioxid, das Packungen vor dem Verschließen beigegeben wird, um den darin befindlichen Restsauerstoff zu verdrängen.

Schutzgaspackung: Packung, in der zum Schutze des Füllgutes die Luft durch inertes Gas ersetzt ist.

Schwebepackung: Packung, die in einer Umverpackung allseitig frei elastisch aufgehängt ist. Sie dient dazu, empfindliches Packgut gegen mechanische Beanspruchungen zu schützen.

Schweißen:
1. Verbinden von thermoplastischen Packstoffen unter Einwirkung von Wärme mit oder ohne Druck.
2. Unlösbares Verbinden von metallischen Packstoffen in plastischem oder flüssigem Zustand der Schweißzone unter Anwendung von Wärme mit oder ohne Druck und mit oder ohne Anwendung von Schweißzusatzstoffen.

Schweißnaht: Verbindungsstelle von thermoplastischen oder metallischen Packstoffen, die durch Schweißen gebildet wird.

Schweißnahtfestigkeit: Widerstand der Schweißnaht gegen Auftrennen; kann aufgrund von Zugprüfungen beurteilt werden (statische und dynamsche Prüfverfahren).

Schwerfaß: Bauchiges, dickwandiges Faß in runder oder ovaler Form.

Schwergutkiste: siehe Schwergutverpackung.

Schwergutverpackung: Versandverpackung für spezifisch und absolut schwere Packgüter.

Seitenfaltenbeutel (Faltenbeutel): Flachbeutel mit Seitenfalten (siehe auch DIN 55 453).

Seitenleiste: Leiste zum Verstärken der Seitenwände und/oder Verbinden der Seitenwandteile eines Packmittels, bei Seitenteilen von Kisten quer zur Brettlänge.

Seitenverschluß: Verschlußart, bei der eine quaderförmige Packung an der Längsseite des Rumpfs verschlossen wird.

Selbstklebeband: siehe Klebeband.

Selbstklebeetikett: siehe Haftetikett.

Selbstkleben: siehe Haftkleben.

Selbstklebend: siehe Haftkleben.

Selbstklebeverschluß: siehe Haftklebeverschluß.

Sicherfestigkeit: Widerstand, den eine Probe einer Kraft, die parallel zum beanspruchten Querschnitt angreift, je Flächeneinheit dieses Querschnitts entgegensetzt.

Sicherungsring: Offener Ring aus Blech, der den Deckel auf dem Rumpfrand von starren Packmitteln festhält, so daß der Deckel erst nach Entfernen des Rings abgenommen werden kann.

Sichtpackung: Packung, deren Packgut durch den durchsichtigen Packstoff ganz oder teilweise erkennbar ist.

Sichtprüfen:
– Wahrnehmen, ob die Qualitätsmerkmale (QM) vorhanden sind,
– Vergleichen, ob Übereinstimmung mit einem Normalmuster besteht,
– Schätzen, ob ungefähre Wertigkeit der QM vorliegt,
– Zählen, ob die genaue Anzahl der QM stimmt,
– Messen, ob die genaue Wertigkeit der QM vorliegt.

Sicke: Im Mantel, Rumpf, Deckel oder Boden eines Packmittels geformte Rille, die nach außen oder innen ausgebildet sein kann und dem Packmittel eine erhöhte Formbeständigkeit gibt.

Sickenfaß: Zylindrisches Faß, vorwiegend aus Stahlblech, mit aus dem Faßmantel nach außen geformten Rollsicken (siehe auch Rollsickenfaß).

Siebdruck: Druckverfahren, bei dem die druckenden Stellen der Druckform (Schablone) durchlässig und die nichtdruckenden Stellen undurchlässig sind. Es wird mit einer verhältnismäßig dicken Druckfarbe gedruckt, die mit Hilfe einer Rakel durch die Schablone auf dem Druckträger aufgebracht wird.

Siegel: Meist aus verformbarem Werkstoff bestehendes Verschließhilfsmittel zur Sicherung eines Verschlusses, zur Kennzeichnung einer Ware oder zu werblichen Zwecken.

Siegelkappe: Kappe aus dünnem Weißblech, die über eine Faßverschraubung gebördelt wird, um die Unversehrtheit des Originalverschlusses zu gewährleisten.

Siegeln: siehe Heißsiegeln.

Siegelnaht: Verbindungsstelle von thermoplastischen Packstoffen, die durch Siegeln gebildet wird.

Siegelnahtfestigkeit: Widerstand der Siegelnaht gegen Auftrennen.

Siegelnahtprofil: Raster oder Rippen, die von den Siegelbacken auf den Werkstoff im Bereich der Siegelnaht übertragen werden.

Siegelrandbeutel: Flachbeutel mit zwei oder drei Heißsiegelnähten, dessen verbleibende Öffnung nach dem Füllen ebenfalls durch Heißsiegeln verschlossen wird (siehe auch Zweinahtbeutel).

Skinpackung: Sichtpackung, bei der das Packgut mit einer durch Wärme und Vakuum hauteng dem Packgut angepaßten Kunststoff-Folie auf einer planen Unterlage festgehalten wird.
Sollfüllgewicht: Sollfüllmenge nach Masse bzw. „Gewicht".
Sollfüllmenge: Füllmenge, die eine Packung aufgrund von Rechtvorschriften, Handelsnusancen oder anderen Vereinbarungen enthalten soll.
Sollfüllvolumen: Sollfüllmenge nach Volumen.
Sortiereinsatz: Gefächer bildender Einsatz aus geformten Packstoffen.
Sortimentspackung: Handelspackung, in der die Verbraucherpackungen von mehreren verschiedenen Artikeln zu einer Einzelhandelspackung oder Großhandelspackung zusammengefaßt sind.
Spaltwiderstand: Größe des Widerstands, den eine Verbindung zweier Lagen eines Verbundmaterials Trennkräften entgegensetzt (siehe auch Verbundhaftung).
Spamdose: Rechteckige Konservendose mit angerundeten Rumpfkanten und Rumpfaufreißband, vorwiegend für Fleischpastete (Viereckkonservendose mit Aufriß).
Spannring: Profilierter Metall- oder Kunststoffring mit Spanneinrichtung (z. B. Hebel, Schraube), mit dem der Deckel eines starren Packmittels an die Packmittelöffnung angepreßt und festgehalten wird.
Spannringverschluß: Verschlußart, bei der ein Deckel durch einen Spannring an die Packmittelöffnung angepreßt und festgehalten wird.
Spannverschluß: Verschlußart, bei der der Deckel an die Öffnung eines starren Packmittels durch Hebelwirkung angepreßt und festgehalten wird (siehe DIN 3132, DIN 3133).
Speicher: Blasformsystem, bei dem während der Kühlzeit Schmelze für den nächsten Ausstoßvorgang gespeichert wird.
Anmerkung: Die Schmelze wird durch einen Kolben aus dem Schmelzespeicher ausgestoßen. Man unterscheidet: Kopfspeicher, Schneckenkolbenspeicher, Zylinderspeicher.
Spenderverpackung: Verpackung mit Dosiervorrichtung zum Entnehmen des Packguts.
Sperrschichtmaterial: Packstoff mit definierter, geringer Durchlässigkeit für Flüssigkeiten, Wasserdampf oder bestimmte Gase.
Spreizdorn: Greift an der Innenwand des Vorformlings an. Er kann zugleich Kalibrier- und Blasdorn sein.
Spreizvorrichtung: Dient zum Spreizen des Vorformlings durch Spreizzangen oder Spreizdorne.
Spreizzange: Erfaßt den Vorformling von außen.
Spritzblasformen: Der Vorformling wird durch Spritzgießen hergestellt.
Spritzgießmaschine: Maschine, die aus vorzugsweise makromolekularen Formmassen diskontinuierlich Formteile herstellt. Das Formen geschieht durch Urformen unter Druck. Ein Teil der in der Spritzgießmaschine plastifizierten Formmasse wird unmittelbar durch den Angießkanal in die Werkzeughöhlung gespritzt. Die wesentlichen Bestandteile einer Spritzgießmaschine sind Spritzeinheit und Schließeinheit.
Spritzgußteil: Durch Spritzgießen erzeugtes Formteil. Die durch das Verfahren bedingten Anteile des Spritzlings, z. B. der Anguß, gehören nicht zum Spritzgußteil.
Spritzling: Die von der Spritzgießmaschine je Zyklus hergestellten Formteile einschließlich des entformten Angusses.
Spritzmundstück: Mundstück mit besonders geformter, kleiner Öffnung.
Spritzprägen: Urformen plastifizierter Formmassen unter Druck, wobei zusätzlich zum Spritzgießen die endgültige Formgebung des Spritzlings durch eine Bewegung der Werkzeughälften oder Teile derselben zueinander bewirkt wird.
Sprühdose: siehe Aerosoldose.
Sprühkappe: Ein- oder mehrteilige Kombination von Sprühkopf und Ventilschutzkappe.
Sprühkopf: Ein- oder mehrteiliges Betätigungselement für ein Aerosolventil, das die Sprühöffnung enthält.
Sprühwasserprüfung: Prüfverfahren zur Feststellung der Beständigkeit einer Packung gegen Sprühwasser bzw. des Schutzes, den die Verpackung dem Packgut gegen Einwirkung von Sprühwasser bietet.
Spundloch: Runde Öffnung zum Füllen und Entleeren eines Fasses.
Standardverpackung: Verpackung in vereinheitlichter Form, Größe und Ausführung.

Standbeutel: Flachbeutel, bei dem an einem Ende ein runder Boden so eingearbeitet ist, daß der Beutel nach Füllung standfähig ist.
Standdose: Dose zum mehrmaligen Nachfüllen und zum Entnehmen von Teilmengen, z. B. mit Stülp-, Eindrück- oder Scharnierdeckel.
Ständer. Andere Benennung für Hobbock.
Stapeldruckprüfung: Prüfverfahren zur Feststellung der Stapeldruckfestigkeit von Packungen/ Packstücken.
Stauchgeschwindigkeit: Begriff aus der Prüfung des Stauchwiderstands: Relativgeschwindigkeit der Flächenschwerpunkte der Platten einer Druckprüfmaschine.
Stauchprüfung: Prüfverfahren zur Ermittlung z. B. des Stauchwiderstands und/oder Kantenstauchwiderstands.
Stauchung: Begriff aus der Prüfung des Stauchwiderstands. Auf die ursprüngliche Höhe der Probe bezogene Zusammendrückung unter Krafteinwirkung, wobei die ursprüngliche Höhe oft unter einer bestimmten Vorkraft ermittelt wird.
Stauchwiderstand: Maximaler Widerstand gegen das Zusammendrücken eines Prüfstücks bei einem gleichmäßig ansteigenden Axialdruck auf zwei gegenüberliegende Flächen.
Stauchwiderstandsprüfung: Prüfung von z. B. Versandverpackungen auf Stauchwiderstand bei konstanter Vorschubgeschwindigkeit der Druckplatte.
Stecklasche: siehe Einstecklasche.
Steckverschluß: siehe Einsteckverschluß.
Steg: Packmittelteil, das zur Unterteilung des Innenraumes eines Packmittels dient.
Stegeinsatz (Fächereinsatz): Gefächerbildende Inneneinrichtung aus Stegen.
Sterilisierbarkeit: Beständigkeit von Packstoffen und Packmitteln gegenüber den beim Sterilisieren auftretenden Beanspruchungen.
Stichprobe: Eine oder mehrere Einheiten, die aus der Gesamtheit nach einem Stichprobenplan zur Durchführung von Prüfungen entnommen werden (siehe DIN 55 350 Teil 14).
Stirnfaltung: Falteinschlag, bei dem die Faltung an der Stirnseite der Packung liegt.
Stirnverschluß: Verschlußart, bei der eine quaderförmige Packung an den beiden Stirnseiten des Rumpfs verschlossen wird.
Stopfen: Zylindrisches oder konisches Verschließmittel für enghalsige Packmittel, auch mit Gewinde als Schraubstopfen.
Stoppel: siehe Stopfen.
Stoßfestigkeit: siehe Stoßprüfung.
Stoßprüfung: Dynamisches Prüfverfahren von Packungen oder Packstücken bei kurzzeitig hoher Krafteinwirkung. Es werden für Stoßprüfungen verwendet: Falltisch und Fallhaken für den freien Fall sowie schiefe Ebenen, Schlagpendel und Stoßtische.
Strangpresse: Gelegentlich noch gleichbedeutend für Extruder verwendet.
Streckfolie, Stretchfolie: s. Dehnfolie
Streckpackung (Stretchpackung): Packung, die durch Umhüllen des Packgutes mit einer Dehnfolie entstanden ist, die dabei gedehnt (oder gestreckt) wurde.
Streichen: Auftragen einer streichbaren Masse auf einen Trägerstoff, um besondere Eigenschaften zu erzielen, z. B. Bedruckbarkeit, Dichtheit, Siegelbarkeit, Oberflächenschutz.
Streifenpackung: Streifenförmig zusammenhängende Packung von verbrauchsgerechten Mengen.
Stretchfolie (Streckfolie): elastische dehn-, stretch- bzw. streckfähige Folie zum Umhüllen von Packgut.
Stretchpackung: siehe Streckpackung.
Streudose: Dose mit gelochtem Deckel oder Oberboden, der durch eine geeignete Vorrichtung wieder verschlossen werden kann.
Streudruck (Fortlaufdruck): Druck, bei dem die Rapportlänge nicht mit der Größe der Verpackung übereinstimmt, der Abstand der Vielfachdruckbilder auf dem Druckträger aber so gewählt ist, daß auf jeder Verpackung mindestens ein vollständiges Bild erscheint.
Streudruck: Druck, bei dem die Rapportlänge nicht mit der Größe der Verpackung übereinstimmt, der Abstand der Vielfachdruckbilder auf dem Druckträger aber so gewählt ist, daß auf jeder Verpackung mindestens ein vollständiges Bild erscheint.

Stückpackung: Fertigpackung, deren Inhalt nach Stück gehandelt und gekennzeichnet wird.
Stufenranddose: Dose, bei der der obere Querschnitt vergrößert ist, so daß der Deckel einen größeren Querschnitt hat als der Rumpf der Dose.
Stülpdeckel: Deckel, der mit dem Packmittel nicht fest verbunden ist und ganz oder teilweise über das Unterteil gestülpt wird.
Stülpdeckelschachteln: Zweiteilige Schachteln, aus Unterteil (Boden) und Oberteil (Deckel) bestehende Schachteln, bei denen die lichten Grundmaße des Oberteils um ein geringes größer sind als die Außenmaße des Unterteils, so daß das Oberteil als Deckel über das Unterteil gestülpt werden kann. Der Deckel kann als kurzer, tiefer oder tragender Deckel ausgebildet sein (siehe auch DIN 55 429 Teil 1).
Stülpklappenbeutel: Zweinahtbeutel aus thermoplastischer Folie, bei dem die umgelegte Klappe in die Seitennähte eingeschweißt ist.
Stützluft: Bei Schlauchextrusion in den thermoplastischen Schlauchabschnitt eingebrachte Luft, die durch geringen Überdruck die Schlauchform stabilisiert.
Tafel: Zuschnitt aus einer nicht rollbaren Packstoffbahn.
Tara: Massenanteil der Verpackung an der Packung/dem Packstück.
Tauchbeschichten: Eintauchen von Packstoffen, Packmitteln, Packungen oder Packgütern in eine Schmelze, eine Dispersion o.ä. zum Erzielen eines Schutzfilms.
Temperaturbeständigkeit: Eigenschaft eines Packstoffes oder Packmittels, bei verschiedenen Temperaturen oder einer bestimmten Temperatur für gewisse Anforderungen geeignet zu bleiben.
Thermoplast: In bestimmtem Temperaturbereich plastisch formbarer, unterhalb dieses Bereiches wieder formstabiler Kunststoff.
Thermosverpackung: siehe Isolierverpackung.
Tiefdruck: Druckverfahren, bei dem die druckenden Stellen der meist zylindrischen Druckform durch Ätzung oder Gravur gebildete Vertiefungen (Näpfchen) sind. Nach dem Einfärben wird die Druckfarbe von den nicht druckenden Stellen durch eine Rakel (Rakeltiefdruck) oder eine Wischvorrichtung entfernt (siehe auch DIN 16 515 Teil 1).
Tiefkühlverpackung: Verpackung aus kältebeständigen naßfesten Packstoffen, die geeignet sind, das Tiefkühlgut während der Schockfrostung sowie für die Dauer der Lagerung und des Transports vor Verlust, Austrocknen und Übertragen von Geruchs- und Geschmacksstoffen zu schützen.
Tiefziehen: Verfahren zum Formen füllfertiger Packmittel
– aus Metall, Kunststoff oder Metall-Kunststoff-Verbund ohne Einwirkung von Wärme,
– aus thermoplastischen Folien unter Einwirkung von Wärme = korrekt durch Thermoformen.
Tiefziehfolie: Folie, die sich zum Formen von Packmitteln und Packhilfsmitteln eignet:
– metallische Folie zur Kaltformung,
– (inkorrekt auch) thermoplastische Folie zur Warmformung.
Tiefziehverpackung: Verpackung, die aus warmformbaren Packstoffen hergestellt wird.
Tiegel: Dickwandiges Packmittel, meist zylindrischer Form, mit weiter Öffnung, vorwiegend für pastöse Füllgüter der Kosmetik- und Pharmaindustrie.
Tragebeutel: Beutel (Bodenbeutel) mit Tragevorrichtung (siehe auch DIN 55 456).
Tragbügel: Meist halbkreisförmiger Bügel, der außen an zwei gegenüberliegenden Stellen des Rumpfs oder Mantels eines Packmittels beweglich befestigt ist.
Tragepackung: Packung mit besonderer Einrichtung zum Tragen.
Trägerfolie: siehe Trägerstoff.
Trägermaterial: siehe Trägerstoff.
Trägerstoff: Flächiger Packstoff, der z. B. zum Beschichten oder Kaschieren geeignet ist.
Trageverschluß: Verschlußart, bei der sich durch besonders ausgebildete Verschließmittel (Verschließhilfsmittel) beim Verschließen der Packung eine Tragevorrichtung bildet.
Tragevorrichtung: Oberbegriff für alle Einrichtungen, die zum Tragen einer Packung eines Packstücks dienen.
Traggriff: Im allgemeinen fest angebrachter oder eingelassener Griff an Packmitteln.
Tragtasche: Flach- oder Faltenbeutel mit ausgestanzten Grifflöchern oder zusätzlich angebrachten Tragegriffen (siehe auch DIN 55 455).

Transparenz: Maß für Lichtdurchlässigkeit.
Transportbeanspruchung: Gesamtheit der Beanspruchungen, denen ein Packstück während des Transports, des Umschlages und der transportbedingten Zwischenlagerung ausgesetzt ist.
Transportverpackung: siehe Versandverpackung.
Treibgas: siehe Treibmittel.
Treibmittel: Komprimiertes oder verflüssigtes Gas, dessen Dampfdruck bei 20°C über 1bar liegt und das zum Versprühen oder Verschäumen des Füllguts einer Aerosolpackung dient.
Trennschichtmaterial: Flächiger Werkstoff mit einer ein- oder beidseitig aufgetragenen Beschichtung (z. B. Silikon), der sich von haftenden Substanzen rückstandsfrei leicht ablösen läßt.
Trennschweißen: Verfahren zum Schweißen von thermoplastischen Folien. Diese werden durch beheizte Vorrichtungen (z. B. Glühdraht, Heizleisten, Trennmesser) abgetrennt. Gleichzeitig werden die Schnittkanten der Trennstelle zu einer Naht verschmolzen.
Tretleiste: siehe Deckleiste
Trichterkanne, früher Enghalskanne: Kanne mit enger Öffnung im trichterförmigen Oberboden.
Trockenkaschieren: Verbinden zweier flächiger Packstoffe durch wasser- oder lösemittelfreie Klebstoffe unter Druck mit oder ohne Wärmeeinwirkung.
Trockenmittel: Mittel zum Absorbieren von Feuchtigkeit in Packungen und Packstücken.
Trockenoffsetdruck: Indirektes Druckverfahren, bei dem die druckenden Stellen der Druckform höher liegen als die nicht druckenden Stellen. Das Druckbild wird über ein elastisches Gummituch auf den Druckträger aufgetragen.
Tropfer: Besonders ausgebildeter Packmittelteil oder nicht zum Packmittel gehörende Vorrichtung zur tropfenweisen Entnahme des Füllguts.
Tropfflasche: Flasche, die durch besondere Ausführung des Mundstückes und/oder eines Einsatzes die tropfenweise Entnahme des Inhalts ermöglicht.
Tüte (Spitztüte): Aus einem Zuschnitt gefalztes konisches Packmittel mit einer Längsnaht (siehe auch DIN 55 451).
Ultraschallschweißen: Verfahren, bei dem die aufeinandergepreßten Verbindungsflächen von Packmittelteilen ohne Schweißzusatzwerkstoffe durch mechanische Schwingungen im Ultraschallbereich verschweißt werden.
Umhüllung: Ergebnis des Verpackens von Packgütern oder Packungen ganz oder teilweise in flächigen Packstoff.
Umreifungsband: Verschließhilfsmittel aus bandförmigem Werkstoff, z. B. aus Stahl, Kunststoff, verstärktem Papier.
Umsack: Kreuzbodensack zum Zusammenfassen von Packungen oder Packmitteln.
Umschließung: Zolltechnischer Begriff für Umhüllung/Verpackung.
Umstürzen: Prüfverfahren zur Feststellung der Auswirkungen von Umsturzbeanspruchungen von Packungen oder Packstücken.
Umverpackung: Verpackung, die eine oder mehrere Packungen umhüllt, um ihre Lager-, Transport- und/oder Verkaufsfähigkeit zu sichern.
Unterteil: Aus einen Stück bestehender Rumpf und Boden eines mehrteiligen Packmittels.
UV-Durchlässigkeit: Eigenschaft eines Packstoffs oder Packmittels, ultraviolette Strahlen durchzulassen.
Vakuumbedampfen: siehe Bedampfen, Metallisieren.
Vakuumpackung: Packung, die unter Vakuum luftdicht verschlossen wird und das Vakuum über einen längeren Zeitraum hält.
Vakuumverschluß: Verschlußart, bei der das Verschließmittel (z. B. Deckel) zusätzlich durch den in der Packung vorhandenen Unterdruck an der Packmittelöffnung festgehalten wird.
Ventilsack: Sack, dessen Packstoffschlauch bei der Herstellung an beiden Enden durch Kreuzbodenbildung oder flach geschlossen wird. An einer Verschlußseite ist zum Füllen ein Ventil (Ventilverschluß) eingearbeitet.
Ventilschutzkappe: Kappe, die über den Ventilträger oder über den oberen Teil einer Aerosolpackung gesteckt wird, um das Ventil gegen unbeabsichtigte Betätigung und vor Beschädigung zu schützen.
Ventilteller: siehe Ventilträger.

Ventilträger: Bei Aerosolverpackungen Packmittelelement, in welches der Ventilkörper eingebaut ist und das in oder auf der Öffnung befestigt wird.

Ventilverschluß: Verschlußart, bei der unter Ausnutzung der Ventilwirkung die Packmittelöffnung verschlossen wird.

Verbraucherpackung: Packung, die zur Abgabe an den Letztverbraucher bestimmt ist, z.B. Einzel-, Kombinations-, Mehrkomponenten-, Mehrstück-, Sortimentspackung.

Verbundfolie: Flächiger Packstoff, bei dem mindestens zwei Folien durch Beschichten, Kaschieren oder Koextrudieren verbunden sind.

Verbundhaftung: Widerstand mehrlagiger Packstoffe gegen Trennen einzelner Lagen durch chemische oder physikalische Einflüsse (siehe auch Spaltwiderstand).

Verbundpackstoff: Packstoff, bei dem mindestens zwei flächige Werkstoffe, z.B. durch Kaschieren, verbunden sind.

Vergilben: Infolge physikalischer, fotochemischer und/oder chemischer Einwirkungen auftretende farbliche Veränderung eines Packstoffs.

Verpackung:
1. Allgemeiner Begriff für die Gesamtheit der von der Wirtschaft eingesetzten Mittel und Verfahren zur Erfüllung der Verpackungsaufgabe.
2. Im engeren Sinne: Oberbegriff für die Gesamtheit der Packmittel und Packhilfsmittel.
   – Durch Vorsetzen der Packgutbenennung wird der Verwendungszweck der Verpackung gekennzeichnet (z.B. Obstverpackung = Verpackung für Obst).
   – Durch Vorsetzen eines funktionellen Bestimmungswortes wird der Bestimmungszweck der Verpackung gekennzeichnet (z.B. Versandverpackung = Verpackung für den Versand).
   – Durch Vorsetzen der Packstoffbenennung wird die Verpackung aus einem bestimmten Packstoff gekennzeichnet (z.B. Blechverpackung = Verpackung aus Blech).

Verpackungsdruckfarbe: Gut trocknende, auf den jeweiligen Druckträger abgestimmte Spezialdruckfarbe, die oft besondere Beständigkeits-, Echtheitseigenschaften sowie Geruchsfreiheit haben muß.

Verpackungsflasche: In der Glasindustrie übliche Benennung von Flaschen als Verpackung medizinischer, kosmetischer und chemisch-technischer Füllgüter (siehe auch DIN 5090).

Versandrohr (-hülse oder -rolle): Starres, meist zylindrisches Packmittel, das an beiden Enden verschlossen werden kann.

Versandverpackung: Verpackung, deren Ausführung von den Versandanforderungen bestimmt ist und die im allgemeinen als äußere Verpackung für das Packgut oder der Zusammenfassung einer Anzahl von Einzelpackungen, Grundpackungen und/oder Sammelpackungen dient.

Verschließetikett: Verschließhilfsmittel zur Sicherung des Verschlusses (Dachreiteretikett, Klebescheibe), auch als Ausstattungsmittel verwendet.

Verschließkappe: 1. Vorgeformtes Verschließmittel, das die Außenseite einer Packmittelöffnung umgreift. 2. Teil eines Packmittels (u.a. Schachtel, Beutel), das einzeln oder mehrfach mit oder ohne Zuhilfenahme von Verschließhilfsmitteln ein Verschließen ermöglicht (z.B. Tubenhütchen).

Verschließkapsel: Verschließmittel, das über die Packmittelöffnung gestülpt und durch entsprechende Umformung festgehalten wird.

Verschlußhülse: Verschließhilfsmittel aus Metall, meist manschettenartig vorgeformt, das über zwei aufeinanderliegende Enden eines Umreifungsbands geschoben, zusammengepreßt und durch Verformen fixiert wird, um dadurch die beiden Bandenden fest miteinander zu verbinden.

Verschlußmembran: Verschließhilfsmittel in Form eines Packstoffzuschnitts, meist unterhalb eines Deckels mit der Packmittelwandung fest verbunden, das die Originalität des Packguts sichern und/oder die Lagerfähigkeit erhöhen soll.

Verstärkter Packstoff: Packstoff, der durch Ein- oder Auflagen von Textil-, Glas- oder Metallfäden, Fadengittern oder Gewebe größere Festigkeit erhält. Die Verstärkung kann auch durch Zusatz von Fasern in der Masse erzielt werden.

Verzögerungsklebstoff: Als Beschichtung aufgebrachter Klebstoff, der durch Wärmeeinwirkung klebeaktiv wird, für einige Zeit die Eigenschaften eines Haftklebstoffs annimmt und dann abbindet.

Vibrationstest: siehe Rüttelprüfung.

Vielfachpackung: Verbraucherpackung, die eine gewisse Zahl nicht unterscheidbarer Einzelpackungen enthält, die nicht einzeln verkauft werden (gemäß Schweizerischer Deklarationsverordnung).
Viereckkonservendose mit Aufriß: siehe Spamdose.
Vollflächendruck: Vollflächiges, einseitiges Bedrucken einer Packstoffbahn, meist im Flexodruckverfahren.
Vollkonservendose: siehe Konservendose.
Volumen (Packmittel): siehe Behältnisvolumen
Volumenpackung: Fertigpackung, deren Inhalt nach Volumen gehandelt und gekennzeichnet wird.
Vorformling: Der zum Formen des Hohlkörpers erforderliche Abschnitt plastischen Materials, durch Urformen hergestellt. In den meisten Fällen handelt es sich dabei um einen thermoplastischen Schlauchabschnitt.
Wachskaschieren: siehe Kaschieren.
Wanddickensteuerung: Zeitliche Änderung der Wanddicke des Extrudates, z. B. durch Änderung der Düsenspaltweite.
Wandung: Gesamtheit der raumbildenden Teile (z. B. Boden, Rumpf, Klappen) eines Packmittels. Die Wandung kann Füll- und oder Entnahmeöffnungen, Mundstücke, Grifflöcher u. ä. enthalten. Nicht zur Wandung gehören eigenständige Verschließmittel (z. B. Kronenkorken).
Wärmeimpulsverfahren: Verfahren zum Heißsiegeln und Schweißen von Packstoffen. Die Wärme wird von kurzzeitig erhitzten Werkzeugen geringer Wärmekapazität (z. B. Heizbänder) an den Packstoff abgegeben und gelangt durch Wärmeleitung an die Innenflächen. Die Naht kühlt unter Druck ab.
Wärmekontaktverfahren: Verfahren zum Heißsiegeln und Schweißen von Packstoffen. Die Wärme wird von permanent beheizten Werkzeugen an den Packstoff abgegeben und gelangt durch Wärmeleitung an die Innenflächen.
Warmhalteverpackung: siehe Isolierverpackung.
Warmkleben: Verbinden von Packstoffen bzw. Packmittelteilen mittels wasserhaltiger Klebstoffe bei erhöhter Temperatur.
Warnzettel: Etikett, das verschiedene Vorsichtsmaßnahmen im Umgang mit dem Packstück bzw. dem Packgut empfiehlt.
Wasserabstoßend: siehe wasserabweisend.
Wasserabweisend: Eigenschaft der Oberfläche eines Packstoffs, Wasser abperlen zu lassen.
Wasseraufnahmevermögen: Eigenschaft eines Packstoffs, in der Zeiteinheit unter definierten Bedingungen Wasser aufzunehmen.
Wasserbadtest (von Aerosolpackungen): Verfahren zur Prüfung auf Dichtheit, wobei die Temperatur des Wassers und die Verweilzeit der Aerosolpackungen im Wasserbad so eingerichtet werden, daß ein innerer Überdruck erzielt wird, der einer gleichmäßigen Temperatur der Füllungen von 50 °C entspricht.
Wasserbeständigkeit: Widerstandsfähigkeit eines Packstoffs oder einer Verpackung gegen Einwirkung von Wasser (für Glas siehe hydrolytische Klasse).
Wasserdampfdurchlässigkeit:
1. Eigenschaft eines Packstoffs, Wasserdampf diffundieren zu lassen,
2. Wasserdampfmenge, die während einer festgelegten Zeit bei einem festgelegten Luftfeuchtegefälle und einer bestimmten Temperatur durch die Flächeneinheit des zu prüfenden Erzeugnisses diffundiert.

Wasserdurchlässigkeit:
1. Eigenschaft eines Packstoffs, Wasser in flüssiger Form unter definierten Bedingungen durchtreten zu lassen,
2. Maß für den Durchtritt von Wasser durch den Packstoff unter festgelegten Bedingungen.

Wasserfestigkeit: siehe Naßfestigkeit.
Weiterreißwiderstand:
1. Widerstand, den eine angeschnittene Probe festgelegter Form (Winkelprobe) dem Weiterreißen entgegensetzt; für Kautschuk, Gummi und Kunststofffolien wird nach DIN 53 515 der Widerstand auf die Probendicke bezogen (Quotient aus Weiterreißwiderstand und Probendicke),

2. Quotient aus der Weiterreißarbeit und der Länge des Risses unter durch das Gerät genau festgelegten Meßbedingungen (für Papier, Karton, Pappe und Textilien, z. B. nach Elmendorf oder Brecht-Imset).

Weithalsflasche: Flasche, die nach ihrer Form und Ausführung üblicherweise zur gewerblichen Abfüllung von Getränken dient.

Weithalskanne: Kanne mit weiter Öffnung im trichterförmigen Oberboden.

Wellkunststoff: siehe Kammerprofilplatte.

Werkzeug: Dient zum kontinuierlichen/diskontinuierlichen Formen der Kunststoff-Formmasse.

Kontinuierlich formende Werkzeuge sind: Profilwerkzeuge für das Herstellen von Hohlprofilen (z. B. Rohren) oder Vollprofilen (z. B. Stäben und Tafeln).

Diskontinuierlich formende Werkzeuge dienen zum Herstellen von Formteilen, z. B. durch Gießen, Spritzgießen, Pressen, Blasformen, Schleudern.

Anmerkung: Beim Blasformen dient das Extrudierwerkzeug zum Herstellen des Vorformlings und wird hier „Kopf" genannt.

Werkzeugtrennfläche: Berührungsfläche der zueinander bewegten Spritzgießwerkzeugteile, die durch die Schließkraft aufeinander gepreßt werden.

Wickeldose: siehe Kombidose.

Wirkstoff: Komponente des Füllguts einer Aerosolpackung, die wirksame Substanzen, meist in Lösung, Suspensions- oder Emulsionsform, enthält.

Zapfloch: Runde, sich nach außen erweiternde Öffnung zum Entleeren (und Füllen) von Fässern.

Zarge: Wandung eines Packmittels ohne Boden und Deckel (siehe auch Rumpf).

Zellglas: Gattungsbegriff für Cellulosehydratfolie.

Zellglaswolle: Packhilfsmittel aus in schmale Streifen geschnittener, wirrliegender Cellulosehydratfolie.

Zellstoffwatte: Lose gefügtes, saugfähiges Fasererzeugnis großer Dehnbarkeit, bestehend aus mehreren dünnen, lockeren, fein gekreppten Schichten (siehe auch DIN 6730).

Zerstäuber: Hilfsvorrichtung zur Entnahme und gezielten Verteilung von Füllgütern, wobei das Füllgut beim Austreten fein verteilt wird.

Zierband: siehe Schmuckband.

Zierkapsel: Ausstattungsmittel, das über eine bereits verschlossene Packmittelöffnung gestülpt und durch entsprechende Formung festgehalten wird.

Zierplombe: siehe Plombe.

Zufallspackung: Packungen, deren Füllmengen ungleiche zufällige Werte aufweisen und die durch automatisch Mengen, Preis und Grundpreis auszeichnende Geräte die erforderlichen Deklarationen erhalten haben (gemäß Schweizerischer Deklarationsverordnung).

Zugfestigkeit: Bei der Zugprüfung an Papier und Pappe Quotient aus der bei der Zugprüfung ermittelten Höchstkraft und der ursprünglichen Querschnittsfläche der Probe, für Kunststoff die Zugspannung bei Höchstkraft.

Zugprüfung: Prüfverfahren zur Beurteilung des Verhaltens von Packstoffen bei einachsiger Zugbeanspruchung.

Zungenverschluß: Verschlußart, bei der eine zungenförmige Einstecklasche in einen einfachen Schlitz, durch einen Doppelschlitz oder einen angearbeiteten Steg gesteckt wird.

Zweikammer-Aerosolpackung: Aerosolpackung als Zusammenfassung von zwei Behältnissen, von denen das eine das Treibmittel und das andere das Füllgut enthält, wobei sich die beiden Behältnisse aneinander oder ineinander befinden.

Zweikomponentendose: Dose mit zwei getrennten Füllräumen zur Aufnahme von Füllgütern, die erst vor dem Gebrauch vermischt werden.

Zweinahtbeutel: Flachbeutel mit zwei Längsnähten; die Unterkante entsteht durch Falten (Nutzbreite = Ansichtsbreite). Man unterscheidet:

a) Flachbeutel, z. B. Kappenbeutel, Klapptaschenbeutel, kombinierte Beutel, konische Beutel, Schlauchbeutel, Seitenfaltenbeutel, Siegelrandbeutel, Stülpklappenbeutel, Zweinahtbeutel.

b) Bodenbeutel, z. B. Blockbodenbeutel, Bodenfaltenbeutel, Kreuzbodenbeutel, usw.

Zwischenschichtendruck (Sandwichdruck): Druck, bei dem sich das Druckbild zwischen den Schichten eines Verbundpackstoffes befindet.

Sachwortverzeichnis

4s-Bereich 362

A-PET 98, 153
Abbaubarkeit 83
Abbauprodukt 415
Abbaurate 415, 430
Abbindezeit 224
Abdichtung 192
Abdrehknebel 266
Abfall 398
–, Mitverbrennung 426
–, thermische Nutzung 425
Abfallbörse 401
Abfallmenge 171
Abfallvermeidung 445
Abfallverwertung 175
Abpacker 24
Abpackmodul 437
Abreißverschluß 258
Abroll-Prägeverfahren 220
ABS 96
Absack-FFS-System 332
Abschieben 306
Absorption 371
Abspindeln 306
Abstandhalter 238, 255
Abstandsring 277
Abziehfolie 277
Abziehschicht 274
Acrylnitril/Butadien/Styrol-Copolymerisate (ABS) 96
Acrylpolymere 96 f
Additive 17, 35, 84, 109, 414
Adhäsionskleber 221 f
Adhäsionsverschluß 258
ADI-Wert 34
ADR 53
Adsorption 371
Aerosol-Ventil-Verschluß 72, 263 f, 277
Airless-Spritzen 211
AKW 410
Allzweck-PE-Folie 346
Alterung von Kunststoff 176
Altkunststoffe, sortenähnliche 403
–, vermischte 404
–, verschmutzte 404
Aluminiumbedampfen 232
amorph 77, 178
Anfärben 210
Anforderungen an Packstoffe 14 ff, 16 ff, 18, 82 ff
Anlagen 26, 27
Anmutung 24

Anpreßdruck 254
Anti-Slip-Ausrüstung 351
Antibeschlagausrüstung 210
Antibeschlagmittel 86
Antiblockmittel 86, 122, 238, 366
Antifog 210
Antioxydantien 87
Antislip 239, 349
antistatische Ausrüstung 86, 171, 207 f
Antitaumittel 85
Anwendungseigenschaften 363
Anwendungsgebiete 5
APME 426
AQL (Acceptable Quality Level) 382
Äquivalenz, funktionale 450
Arbeitsstoffverordnung (ArbStoffV) 54
Aromadurchlässigkeit 380
Aromastoff 374
Aromaverlust 50
ART 417
Arzneimittel 53
Arzneimittelrecht (DAB) 22
aseptisch arbeitende FFS-Maschine 340
aseptisches Verpacken 336 ff
aseptisches Zubereiten 309, 323
ASQ 391
ataktisch 80
Aufarbeitung gemischter Kunststoffe 404
Aufbau, modularer 290
Aufbereitung von Kunststoffabfall 401, 403
Aufblasprägen 220
Aufgaben der Verpackung 14 ff
Aufladung, elektrostatische 122, 136, 367 f
Auflagedeckel 252
Aufprall 19
Aufreißband 258
Aufreißhilfe 259
Aufreißkerben 278
Aufreißstreifen 240, 258, 274, 341
–, holographische 258
Aufreißverschluß 258, 270
Aufrichtmaschine 293
Aufschubdeckel 251
Aufsteck-Abdrehdeckel 251, 261
Auftrag, vollflächiger 231
Aufträger 261
Auftragshilfe 260
Ausgießer 279
Ausgießerrohr 259
Ausgießmanschette 261
Ausgießverschluß 259
Ausrüstung, antistatische 207 f
Ausrüstungsmittel 73 f

Sachwortverzeichnis

Ausschäumen 203
Ausschäumung 202
Ausstatten 315 f
Ausstattungsmittel 73
Autoklav 337
Automatisierungsgrad 289

Backteig 98
Badezusatz 52
Bag in Box 70
Bag-in-Box-Maschine 332
Bag in Drum 70
Baguette-Verpackung 45
Bahnverlauf 367
Bajonettverschluß 251
BAM 53
BAN 10, 22
ban-L-System 37, 38
Bändchen 91, 134
Banderoleneinschlag 66, 125
Banderoliermaschine 296, 346
Barriere 45, 53, 114, 140, 116, 121, 234, 323, 338, 450
Barrierewerte für Lebensmittel 373
Basisoperation 291
Bauartprüfung 383
Baukastenverschluß 269
Baustoff 423
BDE-System 289
Beads 202
Beanspruchung, mechanische 18
Becher 69, 160 f, 169, 171, 184, 342 f
– aus Mehrschichtfolie 346
–, gegenkonische 161 f
–, Verschluß 164
Becher-FFS-Maschine mit H$_2$O$_2$-Sterilisierung 344
Becherfüllmaschine 305
Bechergestaltung 69
–, recyclinggerechte 165
Becherrandprofil 70, 252
Becherunterseite 161
Bedampfen 232
Bedarfsgegenstand 33, 37
Bedrucken 137, 171, 212, 318
Beflammen 208
Beflocken 227 f
Beflockungsanlage 227
Begasung 190, 333
Behälter 175, 285 f
Behälterwerkstoff 172 f
Bekleben 220 ff
Beladestation 318
Benetzungsversuch 207
Benutzerfreundlichkeit 290
Beschichten 231
Bestrahlungsverfahren 311
Betriebsanleitung 290

Beutel 66, 67, 129 ff
Beutel-Wiederverschließsystem 278 f
Beutelherstellung 298
Beutelnaht 67
Beuteltrennung 330
Beuteltyp 66, 130
Bewitterungstest 386
Bezugsmenge 437
BGA 33
Biaxial-Reckverfahren 113
Bier, Verpackungssysteme 448
Big Bag 136
Biinjektionstechnik 168
Bildungsreaktion 77
Bindeelement 246 f
Bindefestigkeit von Heißklebern 224
Biopol 100
Biorientierung 113
Blasenpackung 156
Blasentest 389
Blasfolie 66
Blasformen 107
Blastube 137
Blechemballage 259 f
Blends 202
Blindprägung 219 f
Blisterhaube 157, 272
Blisterkarton 89
Blisterpackautomat 319
Blisterpackung 70, 154 ff, 322
–, tropensichere 157
Blockbodenbeutel 132
Blocken 238, 366
Blockieren 281
Blocking 86
Blocksegment 96
Bodenauslauf 135
Bodenbeutel 132
Bodeneinzugstiefe 383
Bodengestaltung 185
Bodenpassersucher 186
Bodenquetschnaht 383
Bodenrippen 170
Bodensicken 170
boil-in-the-bag-Fertiggericht 97
BOPP-Folie 124
BOPS 152
Bördeln 165
Bottelpack-FFS-System 327
Box 285 f
Bratfolie 97
Breitschlitzfolie 118 f
Bringsystem 401
Brutto-Wäge-Füllmaschine 295
Bubblehaube 272
Bubblepackung 155, 156
Bügelverschluß 253
Bundesgesundheitsamt, Empfehlungen 33

Bürstenaufträger 260
BUS 431
Butzenanteil 178
BUWAL 431

C-PET 98
CAP (Controlled Atmosphere Packaging) 272, 324
CD-Effekt 163
Celluloseabkömmlinge 87
Chemikalienbeständigkeit 54, 386 f
Chillroll 111
CIP (Clean In Place) 27, 289, 337, 345
CIP-Anlage 324
Clarity 369
Clingeffekt 128
Clip 246, 280
CNC-Steuerung 27, 290, 296
CO_2-Laser 218
Codierung 20, 22, 341
Coextrusion 111, 115, 264
– von Hohlkörpern 174 f
Coextrusionsbeschichtung 112
Coextrusionsblasform-, Füll- und Verschließmaschine 329
Coextrusionstechnik 175 f, 322
Computerunterstützte Verpackungsentwicklung 28
Container 70, 167, 182
Containersack 136
Convenience 25, 337
Copolymerisate 89 f, 92
Corona-Behandlung 209
Corpoplast-Verfahren 179 f
Corpotherm-Verfahren 180
CR 92
Cremedose 170
Cubitainer 70

DAB 22
Dämmittel 280 ff
Dampfbarriere 173
Dampfstrahl 202
Deckel 72, 155, 248 ff, 252, 271, 306
–, angeformte 253
–, Grundtypen 249
Deckelöffnungssystem 271
Deckelschachtel 166
Deckkraft 189
Deckschicht 175 f
Degradation 424
Deinking 414
Dekoration 141, 109, 189, 207, 210, 234, 383
Delaminationsschicht 239
Delaminieren 140, 271
Deo-Roller 263
Deo-Spray 52

Deponie 440 f, 445
Design 24, 26, 185
Desinfektionsmaschine 308 ff
Desorption 371
diätetische Lebensmittel 37
Dichteinlagen 275, 277
Dichtelement 249 f, 254
Dichtetrennverfahren 412
Dichtheitsprüfung 390
Dichtkonus 275
Dichtlippe 275
Dichtungswulst 254
Dickengleichmäßigkeit 361 f
Diebstahl-Sicherungselement 274
Diffusion 190, 179, 371
Diffusionskleber 224
Dimensionsprüfung 383
Dimethylterephthalat (DMT) 98
Dioxin 427
Dispenser 262
Dispersionsklebstoff 222
Display 94
Distribution 15
DMT 426
Dokumentation 11
– der Maschinen 290
Doppelbeutel-System 264
Doppelfolie 231
Doppelschrumpfleiste 350
Doppelverschluß 252
Doppelwandverschluß 250 f
Dosen 164, 166
Doseur 314
Dosier-Füllmaschine 294
Dosiereinrichtung 324
Dosierhilfe 73, 260 ff
Dosierverschluß 262
Drahtbandclip 246
Dreheinschlag 66, 124
Dreheinschlagmaschine 296
Dreheinwickler 91
Drehrohrtrommelverfahren 424
Dreischicht-Verbund 176, 338
Druckfarbe 414
Druckfarbenhaftung 388
Druckknopfbindelasche 247
Druckknopfverschluß 256 f
Druckleistenverschluß 257
Druckverfahren 212 ff
Druckverschluß 257
Dual-ovenability 44
Duales System Deutschland GmbH (DSD) 56, 402, 410
Duftstoff 374
Duplofolie 66, 123
Durchdrückblister 158
Durchdrückblister-FFS-Maschine 321
Durchdrückblisterpackung 278

Durchdruckverfahren 215
Durchdrückverpackung 155, 158, 319
Durchlässigkeit 83, 370 ff
Durchlässigkeitswerte 381
Durchlaufschrumpftunnel 349
Durchscheinen 189
Durchstoßfestigkeit 46
Duroplaste 77, 81

E-Modul 171
EAN 10, 22, 37 f
EAN-Strichcode 38
Easy Capping 388
Easy-Opening 388
Easy-peel-Folie 277
Ecken an Kunststoffflaschen 189
Eckenschutz 281
Eichrecht 32 f
Eigenschaften, mechanische 422
–, optische 369
–, physiologische 25
–, Verbundfolie 115
Eignung, logistische 22
–, technische 35
Eimer 70
Eindrückdeckel 252, 259
Eindrückverschluß 258 f, 260
Einfärbung 189
Einfriertemperatur 109
Einlagen 156
Einlaufmaschine 348
Einlaufprinzip 348
Einleitung in Wasser 440 f
Einsätze 155
Einschlagfolie, Schlupf 122
–, Steifigkeit 122
Einschlagmaschine 295 ff
Einschlagverpackung 272
Einschubmaschine 348
Einsteckverschluß 253 ff
Einstoff-Blisterdurchdrückpackung 278
Einstoffpackung 271
Einstoffverpackungsfolie 123
Einweg-Injektionsspritze 170
Einweg-Schlauchbeutel 449
Einwegspritze 98
Einwegsystem 449
Einwegverpackung, Umlaufzahl 449
Einwickelmaschine 296
Einwickler 66
Einzelschlauchextrusion 328
Eisenbahn-Verkehrsordnung (EVO) 53
Elastomere 100
– auf Polyolefinbasis 91
–, thermoplastisch verarbeitbare (TPE) 100
elektrische Prüfung 387
Elektrolyseverfahren 378
Emission 427, 440 f

EMPA 431
Endkappenbildung 281
Energie 436, 442
Energiekosten 112
Enghalsbehälter 191
Entfetten 211
Entgasungsventil 236, 272, 330, 332
Entkeimen 309, 343
Entkeimungsmittel 313
Entkeimungsverfahren 310 f
Entladung der Oberfläche 211
Entnahmehilfe 73
Entschäumen 341
Entscheidungskriterien 442, 444
Entsorgungskonzeption 25
Entsorgungsmöglichkeiten 397
Entstapeln 161, 305 f
Entwicklungstrends 2, 4
EPP-Packstoff 201
EPS-Folie 159
EPS-Partikelschaumstoff 200
Erfrischungsgetränk 51
ergonomische Gestaltung 290
Erschütterungsprüfung 391
ET (Einfriertemperatur) 109
Ethylenpolymerisate, modifizierte 90
Etiketten 54, 388
–, wärmeaktivierbare 227
Etikettieren im Werkzeug 319
Etikettierflächenüberwachung 388
Etikettiermaschine 315
EU-einheitliche Regelung 35
EU-Recht 31
EU-Verpackungsrichtlinie 57
Euro-Trapezgewinde 191
Eurobottle 175
Eutrophierungspotential 445
Evakuieren 318, 333
Extraktion 415
Extrudieren 106 f, 173
Extrusionsbeschichtung 112, 115
Extrusionsblasformen 140, 173, 174 ff, 187, 313
Extrusionskaschierung 112, 115
Extrusionslinie 409
Extrusionsstreckblasformen 178 f

Faden 136, 268
Fallrohr-Füllsystem 304
Falltest 383
Fallvorgang 19
Fälschungskenntliche Verschlüsse 264
Falt-Einschlagmaschine 296
Faltbalg 259
Faltblister 157
Falteinschlag 66
Faltenbalg 188
Faltensack 134

Faltflasche 193
Faltschachtel 166
Falzverschluß 68
Färbemittel 210
Farbkontrast 175
Farbmittel 85, 210
Farbprägung 220
Farbspritzdruck 216
Farbstoff 85
Farbstrahldruck 216
Fässer 70 f, 173
FCKW 52
Feldbus 27
Fertiggericht 98, 155, 159
Fertigpackungsverordnung (FPV) 32
Fertigungsleistung 318
Festigkeitsprüfung 383 f
Fett 171, 375
Feuchttuchspenderverschluß 262
FFS-Anlage 21, 171, 192, 293, 316 f, 329 f
FFS-Thermoformen 343
FIBC (Flexible Intermediate Bulc
    Container) 70, 136, 167
FIBC-Typen 68, 135, 136
Filmscharnier 156, 170
Finesealnaht 330
Fisch 47
Fischrücken 189
Fixieren durch Beutel 281
Fixierzeit 224
Flachbeutel 130, 131
Flachbeutel-Form-, Füll- und
    Verschließmaschine (FFS) 333 ff
Flachdichtung 192, 275
Flachdruck, indirekter 215
Flächengewicht 363
Flächeninanspruchnahme 436
Flachfolie 110, 118 f
Flachsack 134
Flammkaschieren 231
Flammschutzmittel 85
Flaschen 162
–, gereckte 98
–, Gestaltung 188 f, 191, 194
Flaschenfüll- und Verschließmaschine
    306 f
Flaschengewicht, Allgemeintoleranzen 193
Flaschenhals 190
Flaschenkasten 169, 171
Flaschenkörper 187
Flaschenmaschine 325 ff
Flaschenprägevorrichtung 219
Flaschenschulter 190
Flaschenvolumen 192 f
Fleisch 46 f
Flexibilität 290
Flexodruck 212 ff
Flexodruckmaschine 214

Flock 227
Flossennaht 330
Flossenpackung 332
Fluidisier-Füllsystem 304
Fluor im Blasmedium 228
Fluor SMP 229
Fluorieren 228 f
Flüssig-N2-Begasung 345
Flüssigetikettieren 226
Foam'n Fill 281 f
Foam-in-place 281
Folien 66
–, Eigenschaften 218
–, Formgestaltung 194
–, gereckte 98
–, Gestaltung 194
–, Nutzenbreite 110
–, Reibung 364
– für thermogeformte Verpackung 149
–, Veredeln von 110
Folienabfall 318
Folienbändchen 113, 136, 246
Folienbändchennetz 144
Folienbedarf 124
Folienbeutel-Nachfüllpack 193
Folienbeutelformen 133
Folienbeutelpackung 278
Foliendickenmessung 364
Folieneinschlag 66, 122
Folieneinwickler 122
Folienhauben-Stretchautomat 352
Folienmuldenpackung 278
Folienprüfung 361
Folienverbund 47
Folienverbundpackung 51
Folienverpackung, halbsteife 144 ff
–, sterilisierbare 98
Foliiermaschine 316
Form-, Füll- und Verschließmaschine
    171, 316
Formatwechsel 290
Formbügel 340
Formgestaltung 61
Formmaschine 291, 293
Formprintverfahren 217
Formring 340
Formschluß 252
Formschulter 330
Formteildefekt 382
Formungsverfahren 107
Freilagerungsfähigkeit 369 f
Frische-Produkt 337
Frischfleisch 46, 47, 333, 370
Frischfleischverpackung im Vakuum 47
Frischmilch 51
–, Verpackungssysteme 448
Frontaldruck 217
Frothing-Verfahren 197, 203, 282

Fruchtsaft 337
FS-System mit Zuschnitt 341
Fügeverfahren 109
Füll- und Formrohr 331
Füll- und Verschließmaschine 325 ff
Füller, oszillierende 324
Füllgut 10
–, empfindliches 121
–, flüssiges 291
–, hitzesterilisiertes 159
Füllkarussell 303
Füllmaschine 294 f
Füllmaterial, schüttfähiges 280
Füllrohr 330
Füllschlitz 135
Füllstation 318
Füllstutzen 135
Füllsysteme 304
Füllung von Tuben 138
Funktionen der Verpackung 15 f
Furan 427

galvanisch 232
Garantieverschluß 245, 258, 266
Gasdurchlässigkeit 376 ff
Gase, Durchtritt definierter 390
Gaserzeugung 425
Gasflammbehandlung 209
Gaspermeationsmessung 380
Gasphasenmethode 379
Gassterilisieren 159
Gasverpacken 272
Gebrauchseigenschaften 25
Gebrauchswaren 36 f
Gefahrengutrecht 53 ff
Gefahrenhinweis 54
Gefahrenschutz 21
Gefahrensymbol 54
gefährliche Güter 53 ff, 383
Geflügel 48
Gefrierbrand 46
Gegenstrom-Injektionsvermischung 200
Gemischtkunststoffe 416 f
Gemischtverarbeitung 416 ff
Genußmittel 50
Geruchsstoffe 415
gesamtlinienfähig 289
Gesamtmigrat 384 f
Gesamtzykluszeit 172
Gestaltung, ergonomische 194, 290
Gestaltungselemente 188
Gesundheitsschutz 21, 57
Getränke 51
Getränkekartonverpackung 448
Getreideprodukt 44
Gewerbliche Schutzrechte 31
Gewichtstoleranz 192
Gewinde 191, 249

Gewürze 50
Giebel 341
Giebelversiegelung 341
Gießeinsatz 261
Gießen 106 f
Gießfolie 66
Gießtülle 259
Glanz 171
Glasfolie 234
Glastemperatur 109
Gleitmittel 86
Gleitreibung 365
Gleitverschluß 257
Global-Migration (GM) 33, 35, 384
Glockenhaube 272
Glockenpackung 70, 156
Glykolyse 425
GMP 34
gravimetrisch 376
Grenzwert 34
Grenzwertkonzentration 35
Griff an Kunststoffflaschen 188
Griffbügel 256
Griffelement 134
Griffkorken 254
Grilleffekt 233
Grip-Verschluß 257
Großhohlkörper 173
Großpackmittel 62, 70
Großrollenabwicklung 318
Großsack 136
Großwinkelstreuung 369
GVM-Studie 6

Haarwasser 52
Hackfleisch-Verordnung 46
Haftetikettierautomat 226
Haftetikettieren 226
Haftkleber 221
Haftreibung 363
Haftungsgrundlagen 32
Haftvermittler 114, 209
Haftvermittlungsschicht 114
Halbschalenpolsterung 282
Hals 141, 185
Halsbutzen 185
Halsinnendichtung 275
HALS-Stabilisatoren 87
Haltbarkeit von Lebensmitteln 39
Handel 20
Handgriff-Flasche 180
Handhabungshilfe 73
Hart-Backwaren 44
Hartfolienverbund 150
Hartschaumpackmittel 200
Haubenstretchverfahren 352, 354
Haubenüberziehmaschine 350 f
Haushaltsabfall 404

Hautverpackung 129
Haze 369
Hebelverschluß 253
Heißabfüllen 91, 175
Heißbandsiegeln 272
Heißkaschieren 231
Heißkleber 221, 223
–, Bindefestigkeit 224
Heißluft 313
Heißluft-Verschweißung 299
Heißluftofen 98
Heißprägen 219
Heißsiegel-Deckelfolie 278
Heißsiegelbereich 88
Heißsiegellack 271
Heißsiegeln 237 f, 271, 299
Heißsiegelnahtfestigkeit 366
Heißsiegelschicht 114, 116
Heißsiegelzeit 238
Heißübertragungsdruck 217
Helium-Lecksuchgerät 390
Heliumdetektor 390
Heliumverfahren 390
Herstellung, Verbundfolien 113, 115
–, wirtschaftliche 171
Herstellungsmöglichkeiten für
    Packmittel 108
Hilfsoperation 291
Hilfsstoffe 84
Hinterschneidung 168, 169
Hitec-Process 163
Hitzebeständigkeit 116, 311
Hitzeschock-Prägung 220
Hobbocks 70, 259, 292
Hochdruckinjektion 197
Hochfrequenz-Schweißverfahren 298 f
Hochfrequenz-Versiegelung 272
Hochofenprozeß 427
Höhen-Füllmaschine 294
Hohlboden 161
Hohlkammerplatte 284
Hohlkörper 107, 162, 173, 183 f, 215, 426
–, Coextrusion 174 f
–, Gestaltung 184
Hohlkörper-Blasformmaschine 325 ff
Hohlkörper-Innenbeschichtung 230
Hohlstopfen 25t30>3f
Holographiebild 268
Holsystem 401
Hot-neddels-Verfahren 235
Hot-Tack 117, 237
Hotmelt 91, 221, 223, 231
Hubprägeverfahren 219
Hüllstoffträger 330
Hüllstofftransport 330
Hydrierung 424, 425
Hydrolyse 425
hydrophil 208

hydrophob 208
Hydrozyklon 408 f, 410
Hydrozyklon-Verfahren 411
Hygiene 3, 57, 290

IBC 182
ICAO 53
Identifizierung 361
IMD 225
IMGD-Kode 53
IML (In-Mould-Labeling) 163, 168, 173,
    225, 319
IMM (In-Mould-Measuring) 383
Impulssiegeln 271
individuell geformte Teile 171
Information 22
Infrarot-(IR)-Dunkelstrahler 343
Inline-Anlage 322
Inline-Bedrucken 218
Inline-Coextrusions-Thermoformverfahren
    323
Inline-Recycling 320
Inline-Verfahren 320, 323
Inliner fluoriert 229
In Mould 163, 318
In-Mould-Decoration (IMD) 225
In-Mould-Labeling (IML) 163, 173, 225,
    315, 319
In-Mould-Measuring (IMM) 383
Innenbeutel 263 f
Innendruckversuch 383
Inneneinrichtung 72
Innenklemmdeckel 271
Innenschicht 177
Innovation 5 ff, 289
Input 440
Inselhaftigkeit 289
Institution 22
Integralschaum-Formteil 203
Intrusionsverfahren 417 f
Ionomere 89 f
isotaktisch 80
Isotop 380

jet inking 216
Just-in-Time-System 289

Kabelschacht 421
Kaffeeverpackung 332
Kalandrieren 107, 110
Kältebeständigkeit 387
Kältefestigkeit 387
Kaltklebebeschichtung 221
Kaltschlauchverfahren 179
Kaltsiegeln 273
Kammerschrumpftunnel 349
Kanister 70
Ännchen 169

Kannen 70
Kantenstapelbarkeit 285
Kappen 255, 269
Kartonhülle 163
Kartonverbundpackung 51, 280, 337 ff, 341
Kartusche 167
Kaschieren 231
Kaschierfolie 231
Kaschierverfahren 353
Käseverpackung 97
Kästen 70
Katalysatorsystem 84
Keimabwehr 309 ff, 313
Keimreduktion 309, 311, 343
Kennzeichnung 36 f, 315 f
– gefährlicher Arbeitsstoffe 54
– von Kosmetika 52
– von Lebensmitteln 21
– von Packungen 218 f
– von Waschmitteln 51
– der Wiederverwendbarkeit 57
Kennzeichnungsmittel 73
Kindergarten-Test 265
Kipphebelverschluß 255, 262
Kissenpackung 136 f
Kisten 70, 169
Klammern 277
Klappbox 285 f
Klappdeckel, wiederverschließbarer 169
Klappkiste 285 f
Klappscharnierdeckel 184
Klappspachtel 261
Klassierung 406
Klassifizierung 384
Klebbarkeit 124
Klebeband 273 f
Kleben 220 ff
Kleberkaschierung 112, 115
Klebeverschluß 273 f
Klebstoffarten 221
Klebstoffauftrag 224, 273
Klebstofftypen 222 f
Kleinpackmittel 62
Kleinstmengendosierer 262
Klima 20, 349
Klimakammer 386
klimatische Bedingungen 375
Klimazyklus 386
Kochbeutel 44
Kochschinkenherstellung 49
Kohäsionsbruch-Verschlußsystem 271
Kohle-Öl-Anlage in Bottrop 425
Kohlendioxid 374
Kombidose 97
Kombinationsschaumstoff-Packstoffe 200
Komplettstanzen 318
Konfektionieren 164 ff

Konservenpackung 49, 117
Konservieren 309
Konsumentenfreundlichkeit 22
Konsumgüter 18
Konsumwaren 37
Kontaktkleben 221
Kontaktsiegeln 237, 271
Kontaminierung 53
Konterdruck 217
Konterhaubenschrumpfverfahren 126 f, 351
Konturen 318
Konturenschärfe 171
Konturenschneider 318
Konturstretchen 352
Kopf, verlorerener 191
Kopfraum 190, 339, 341
Korrosionsschutz 20
Kosmetika 52, 121, 170
Kosmetikrecht 52
Kragenausführung 191
Kragenring 307
Kreis- und Stretchfoliensystem 353
Kreislauf 413
Kreislaufwirtschaft 401
Kreuzbodenbeutel 132
Kreuzbodensack 134
Kriechflüssigkeitstest 389
Kristallinität 372
Kristallisationstemperatur (KT) 109
KTW-Empfehlung 423
Kugeldosierer 263
Kühlverhalten 171
Kühlwalze 111
Kühlzeit 167, 172
Kunststoff-Richtlinie 35
Kunststoffabfall 176
–, Aufbereitung 401, 403
– aus Haushalten 404
Kunststoffarten-
   Kennzeichnungsverordnung 56
Kunststoffband 248
Kunststoffbehälter 172 ff
Kunststoffbeuteltyp 130
Kunststoffdetektierung 407
Kunststoffe, Aufarbeitung gemischter 404
–, gebrauchte 419 ff
–, gemischte 417
–, lackierfähige 211
–, Struktur 77
–, technische 84
Kunststoffflasche (s.a. Flasche) 185 f
Kunststoffflaschensortierungsanlage 406
Kunststoffgefäße, Prüfvorschriften 384
Kunststoffhalbzeug 423
Kunststoffhohlkörper 173
Kunststoffhülse 266
Kunststoffkreislauf 399 ff
Kunststoffnetz 143

Kunststoffolie 109
Kunststoffpalette 284 f, 420
Kunststoffrecycling 397 ff
Kunststoffschale 270
Kunststoffschnur 246
Kunststoffsortierung, spektroskopische
  Methoden 406
Kunststofftube 137 ff, 142
Kunststoffverbrauch 110
Kunststoffverbundfolien 114, 268
Kunststoffverwertung 400
Kunststoffzusätze 84
Kuppelprodukt 438

Lack, trocknender 211
Lackaufdruck 208
Lackieren 210
Lackspritzen 211
Lacksysteme 211
Ladeeinheit 346, 348 ff
Ladungssicherung 19, 284
Lagerdauer 39, 386
Lagertest 385
Lagerung 17 ff
Laminar Flow 332
Laminattube 137, 138 ff
Laminieren 231
Längsläufer 291
Längsnahtbildung 333
Lasche 268
Laser-Beschriftung 217
Lasercodierung 341
Laserdruck 217
Laserspur 278
Lebensmittel 37 ff, 121, 374
Lebensmittel- und
  Bedarfsgegenständegesetz (LMBG) 33
Lebensmittel-Kennzeichnungsverordnung
  (LMKV) 36 f, 39
Lebensmittelbehälter 175
Lebensmittelrecht 22, 33 ff
Lebensweg 433, 437
– von Verpackungen 438 ff
Lebenswegabschnitt 432
Lebenswegbilanz 432, 434, 442, 448
Lebenswegbilanzierung 436
Lebenszyklusuntersuchung 57
Leckprüfung 389
Leerraumausfüllung 281
Leichtbecher mit Stützbanderole 164
Leichtstofffraktion 403
Leistungsprofil der Verpackung 22
Leitfähigkeit von Geweben 136
LF-Kaschierung 218
Lichtdurchlässigkeit 369
Life Cycle Assessment 433
Lippenstifthülse 170
LMGB 17, 22, 33

LMKV 36 f, 39
Loc-flow-System 333
Löcher 368
Lochstruktur, ventilähnliche 235
logistische Eignung 22
Lösekerntechnik 184
lösemittelfrei 212
Lösen, selektives 414
Löseverfahren 414
Lösungsklebstoff 222
Luftkissenpolster 284
Luftpolster-Noppenfolie 283
Luftpolsterfolie 283, 351
Luftraum 192
Luftvolumen 192

MAD (-Test) 361, 368
Mahlkaffee 332
Makroklima 20
Makromoleküle 76 ff
Makrotrennung 405
manometrisch 378
Manschettenetikett 225
Mantel 185, 188
MAP (Modified Air Packaging) 20, 272,
  318, 332
Maschen 143
Maschinen 26, 27, 171
–, kontinuierlich arbeitende 333
– für Sammelpackungen 347
Maschinenaufbau, modularer 289
Maschinenbahn 291
Maschinengängigkeit 22, 365
Maschinenkosten 171
Massenanteil 250
Massenfertigung 172
Masterbatch 85, 175, 176
Materialabbau 176
Materialprüfung 360
Maximalmenge 35
Mehrfachkappe 255
Mehrfach-Schlauchkopf 326
Mehrfarben-Heißprägedekor 220
Mehrfunktions-Verpackungsmaschine
  293, 301
Mehrkammerflasche 189
Mehrkopfwägemaschine 295
Mehrmaschinenbedienung 290
Mehrschicht-Barrierefolie 338
Mehrschicht-Spritzblasformen 181
Mehrschichtadapter 111
Mehrschichtenkombination mit PET 119
Mehrschichtfolie 110, 111
Mehrschichtfolienstruktur 323
Mehrschichtgefäß 171
Mehrschichtkombination 176
Mehrwegflasche 51, 448 f
Mehrwegquotierung 436

Mehrwegsystem 437, 449
Mehrwegverpackung, Umlaufzahl 449
Menüschale 155, 270
Metallisieren 232
Metallocen 89
Metalloxidschicht 234
Methanolyse 425 f
MHD (Mindesthaltbarkeitsdatum) 15, 39
Migrate, spezifische 385
Migration 17, 23, 34 f, 46, 51, 83, 173
–, spezische (SML) 35, 384
Migrationsprüfung 384, 386
Migrationsrichtwert 35
Mikroklima 20
Mikroorganismen 310, 336
Mikroperforation 235
Mikrotrennung 405
Mikrowellen 42, 98, 155
Milchprodukte 49, 337, 342
Mindesthaltbarkeit 338
Mindesthaltbarkeitsdatum (MHD) 39, 341
Mindestwanddicke 171
Mischkunststoff 422
Mischpolykondensate aus PET und PEN 99
Mittelschicht 177
Mitverbrennung von Abfall 426
Modul 290, 436 f
Molekülorientierung 76 ff, 80
Molekülsymmetrie 371
Monofolie 66, 110, 123
Monomere 35
Montrealer Protokoll 52
MSR 289
Muldenverpackung 48
Müllaufkommen 6
Müllheizkraftwerk 117, 426
Multi-Layer-Folie 111
Multiblock 326

Nachfüllpackung 132
Nachschwindung 169
Naht-Einschlagmaschine 296
Nahtbelastbarkeit 238
Nahtfestigkeit 299
Nähverschluß 268
NAS (Neutral Aseptic System) 314
Naßetikettieren 226
Negativformverfahren 146, 148, 155
Nenninhalt 52
Nestverpackung 155 f
Netzarten 142 f, 304
Netzfüll- und Verschließmaschine 304
Netzschlauchextrusion 143, 144, 304
Niederdruck-Verfahren 198
Niederdruckplasma 229
Nockenboden 181
Nockendeckel 251
Non-food-Bereich 51

Noppenverpackung 279, 283
Noppenverschluß 257, 279
Normen 12, 68, 71 f, 73, 141, 394 ff
Normradius 367
Normverschluß 244, 266
Nukleierungsmittel 87
Nutzenbreite 110

O_2-Barriere 150
Oberfläche 168, 208
–, Entladen der 211
– von Flaschen 189
Oberflächenbehandlung 207 ff, 365
Oberflächenbeschaffenheit 171
Oberflächenglanz 189
Oberflächenqualität 82
Oberflächentrübung 369
Oberflächenveredelung 207
Oberflächenwiderstand 367
Öffnen 21
– hermetischer Deckelverschlüsse 267
Öffnungs(hilfs)mittel 277 f
Öffnungshilfe 73
Öffnungskraft-Messung 388
Öffnungsmittel 73, 277 ff
Offsetdruck 214 f
ÖIV 11
Ökobilanz 428, 430 ff, 435 f, 439 ff, 446 f
ökologische Verträglichkeit 422
Öl 375
Ölsubstitut 425
opak 96, 369
OPET 98
Optimierung 23
optische Erkennungsverfahren 405
optische Prüfung 387
optische Veredelung 210
Orbet-Verfahren 179
Originalitäts-Verschluß 265 f
Ornaminverfahren 217
Ösen im Flaschenkörper 188
oszillieren 272
Output 440
Outputgröße 440
Ovalbodenbeutel 132
Oxofluorierung 228
Oxymyoglobinbildung 46 f
Ozonabbau, stratosphärischer 445
Ozonbehandlung 209
Ozonschicht 52

PA 97
Pack(hilfs)mittel-Herstellmaschine 291
Packelement 72 f
Packgut 10
Packgutproduzent 24
Packgutstapel 285
Packhilfsmittel 10, 65

Packmittel 10, 61 ff, 108, 144
–, Prüfung 384 ff
Packmittelanteil 40
Packmittelbahn 339
Packmittelform 28
Packmittelgrundarten 62
Packmittelherstellmaschine 293
Packmittelkostenanteil 15
Packmittelpolsterung 281
Packmittelproduktion 1 f, 438
Packmittelprüfung 359, 381
Packmittelteil 72 f
Packstoff 10, 61, 63, 76 ff
–, Anforderungen 82 ff
–, Eigenschaften 89
–, Minimierung 49
–, Prüfung 359
–, Toleranzen 164
Packung 10
Packungsprüfung 359 f, 389 ff
Packwolle 280
Paketschnur 246
Palette 284 f, 420, 421
Palettenklotz 420
Palettenverpackung 126
PAN 96
Parallelwickelstretch 127 f, 352
Partikelschaumstoff 202
Partikelschaumstoff-Verfahren 198
Passersucher 186
Paßtoleranz 169
PBT 98 f
PC 99, 100
PCR 177 f
PE-Typen 88, 89
PE/Karton/Mehrschichtfolie 338
peelbar 239, 271
peelbare Siegelung 270
Peelschicht-Versiegelung 237
Pegelsichtstreifen 189
Perforationstechnik 235
Perforieren 235 f
Permeabilität 370 ff
Permeanten 373
Permeation 17, 23, 34 f, 51, 171, 190, 371, 375, 379
Permeationskoeffizient 371
Permeationsmessung 376, 379 f, 385
Permeationsverhalten 371 f
Permeationswert 82
PET 98 f, 426
PET-Getränkeflasche 329
PET-Mehrwegflaschen 51, 426
PET/PE-Verbund 99
PETG 99
Pharmazeutika 53, 170, 268
Pilfer-proof-Verschluß 253
pin-holes 233

pin-windows 233
Pinselaufträger 260
Planlage 367
Plasma 209, 230, 234
Plasma-Polymerisation 229
Plasma-Reinigungsverfahren 211
Plastifizieren 109
Plax-Test 387
Plissierfähigkeit 124
PMMA 96 f
polare Gruppen 209
Polarität 371
Polsterkurve 281 f
Polstermaterial, schüttfähiges 280
Polstermittel 280 ff, 283
Polyacetale 97
Polyaddition 77, 79
Polyamide 97
Polycarbonat (PC) 99
Polyester 98
Polyethylen 87
Polyethylen-Schaumstoff 201
Polyethylen-Schlauchbeutel 448
Polyethylennaphthalat (PEN) 98 f
Polyethylenschaum (PE-E) 202
Polyethylenschaumstoff 281
Polykondensation 77, 79
Polymere, bioabbaubare 100
–, photoabbaubare 100
–, wasserlösliche 100
Polymerisation 77, 79
–, stereospezifische 80
Polymersynthese 84
Polynet-Verfahren 142
Polyolefin-Blends 90
Polyolefine 87
Polyolefinschaumstoff 90
Polyoxymethylen (POM) 97
Polypropylen (PP) 91, 153, 172
–, orientiertes (BOPP) 91
Polypropylen-Becher,
    heißdampfsterilisierte 343
Polystyrol, schlagfestes (PS-I) 95
Polystyrol-Struktur-Schaumstoff 201
Polystyrolkunststoffe 94
Polysulfon (PSU) 170
Polyurethan (PUR) 100
Polyvinylacetat (PVAC) 92
Polyvinylalkohol (PVAL, PVOH) 92
Polyvinylchlorid (PVC) 92
Polyvinylidenchlorid (PVDC) 93
POM 97
Pool-Flachpalette 284
Poren 195, 197
Portionsverpackung 137, 155, 169
Positiv-Formung 146, 148, 150
Positivliste 35
Post-Consumer-Recycle (PCR) 177

Postconsumer Scrap 175
PP 91, 153, 172
PP-CR 92
PP-Folie 124
Prägefolie 219 f
Prägefoliendruck 219
Prägehologramm 220
Prägen 219
–, chemisches 220
Prägewalze 220
Präserven 49
Preisauszeichnung, codierte 20
Pressen 106 f
Primärenergieträger 441
Primärpackmittel 294
Primärrohstoffe 57
Primer 209
Produkt-Ökobilanz 433, 446, 450
Produkthaftung 31 f
Produktion 357
Produktionsabfall 110, 403
Produktionsebene 401
Produktionsrezyklat 110
Produktkennzahlen von Lebensmitteln 17
Produktlebensweg 439
Produktqualität 357
Produktvergleich 450
Profildichtung 275
Profilfolie, warmgeformte 283
Profilverschlußband 278
Prospektmappe 283
Prozeßdaten 437
Prüfaufgaben 359 f
Prüflebensmittel 384
Prüfung von Folien 361
– von Packmitteln 384 ff, 387 f
Prüfverfahren 83, 360 ff
PS-I 95, 96
PT-Verschluß 251
Pull-Tab 341
Pumpenspender 262
Pumpenspraybehälter 263
PUR 100
PUR-Hart-Schaumstoff 202
PUR-Packstoffe 202
PUR-Polster 282
PUR-Schaumstoff 202 f
push and turn 265
PVAC 92
PVC 92
–, Substitution 152
PVC-Typen 92 f
PVDC 93
Pyrolyse 424 f
Pyrolyseprodukt 424

Qm-Wert 35
QS (Qualitätssicherung) 391

Qualität der Produkte 2, 357 ff
– der Verpackung 14, 24 ff
Qualitätsempfindlichkeit des Packguts 16
Qualitätsgarantie 14
Qualitätskontrolle, statistische (SQC) 391
Qualitätsmerkmal 358
Qualitätssicherung (QS) 16 ff, 357 ff, 391
Quellensicherungssystem 277
Quellmöglichkeit 250
Quellung 173
Quencher 87
Quereinschlag 66
Querschnitt, Flaschen 189
Quersiegelbacke 331
Quetschabfall 175

Rado-Verfahren 136
Rakeltiefdruck 215
Randabfall 163
Randomcopolymerisate 92
Randverschweißen 162
Randwulstform 160
Rapportdruck 217
Rasierwasser 52
Rastverschluß 255 f, 267
Raumgewicht (RG) 197
Raupenketten-Blasformsystem 328 f
Reaktionsklebstoff 222, 224
Reaktionsspritzgießen (RIM) 198
Recken 76, 80, 109, 110
Reckfolie 66
Reckverfahren 113 f
Recycling 28, 323, 397 ff
–, rohstoffliches 399 f, 402, 428
–, –, Logistik 402
–, stoffliches 423 ff
–, werkstoffliches 400
Recycling-Wirtschaft 427
Recyclingkunststoff 422
Recyclingquote 57
Reduktionsgas 425
Reduktionsmittel in Hochöfen 427
Regelung 290
Regenerat 175
Regeneratschicht 175
Regranulat 409
Regranulatherstellung 408
Regranulieren 409 f
Reibschluß 252
Reibung von Folie 364
Reibungsprüfapparatur 365
Reibungsschweißen 299
Reibungswiderstand 122
Reibungszahl 365
Reibverhalten von Folie 365
Reinigungsmaschine 308 ff
Reinigungsverfahren 211, 308
Reißdehnung 368

Reißfestigkeit 46, 368
Reißverschluß 257
Reiterband 268
Reno-Packsystem 162
Ressourcen 430, 445
Reste 84
Restsauerstoff 190, 332
Rezyklat 175 ff, 225, 416, 420
–, Mittelschicht aus 416
Rezyklatkunststoff 422
Rezyklierbarkeit 233
rheologisches Verhalten 171
RID 53
Riechstoffdurchlässigkeit 380
Riemenabzug 330
Riemenabzugssystem 330
Rigello-Flasche 183 f
Rillen in Flaschenkörper 188
Rillenverschluß 257
RIM 198
Ringdichtung 275
Ringmigrationszelle 385
Ringspannung 252
Rohpolymere 109
Rohstoffe 430, 440 f
–, nachwachsende 83
Rohstoffrecycling 424
Rohwurst 48, 49
Roll-on 263
Rollenstanze 318
Rollneigung 367
Rondelle 139
Röstkaffee 50
Rotationsdruck 212 f
Rotationsformen 182
Rotationshochdruck 213
Rotationssiebdruck 215
Rotationssintern 107
Rückstände 313
Rumpf 139
Rundbodensack 135
Rundeckdose 166
Rundgang 335
Rundgewinde 191
Rundläufer 291
Rundprofilbindelasche 247
Rundtischfüllanlage 305
Rundum-Etikettieren 225, 316
Rundumprägen 220
Ruß 208
Rußkammertest 387
Rüttelprüfung 383
Rüttelstation 318
Sach-Ökobilanz 433 f, 440, 442 ff
Sack 67 f, 134, 136, 303
Sackbodengestaltung 134
Sackfüll- und Verschließmaschine 303
Sackrolle 303

Safety Cap 249
Sägegewinde 191
Sahnekännchen 184
Salbentube 170
Sammelpack-Schlauchbeutelmaschine 348
Sammelpackmaschine 346 ff
Sammelpackung 16, 346, 351
SAN 95, 96
Sattdampf 313
Sauerstoff 44, 374
sauerstoffdichte Verpackung 272
Sauerstoffdurchlässigkeit 374, 375 f
SBS 96
Schachteln 69, 166, 170
Schachtelverschluß 274
Schaden 19
Schalengestaltung, recyclinggerechte 165
Schalenmethode 376
Schalenpackmittel 69, 155, 159
Scharnierdeckelschnappverschluß 279
Schäumen 107, 109
Schaumkunststoff 200
Schäumpistole 202
Schaum-PS-Schüttgut 281
Schaumstoff-Folien 66, 280
Schaumstoff-Konturenschachtel 167, 203
Schaumstoffdichtung 277
Schaumstoffpackmittel 194 ff, 197
Schichtauftrag 218
Schichtdickenprüfung 388
Schichten coextrudierter Hohlkörper 175
Schichtkomponente 114
Schichtverbund 175
Schiebedeckel 252
Schiebedeckelsetzer 305
Schiebeschachtel 166 f
Schimmelbildung 44
Schinken 48
Schlagzähigkeit 95, 171
Schlauchbeutel 130, 131, 330
Schlauchbeutelform-, Füll- und Verschließmaschine, horizontale 329 ff, 346 f
Schlauchbeutelsiegelung 299
Schlauchetikett 225
Schlauchfolien 66, 362
–, coextrudierte 120
Schlauchfolienanlage 112
Schlauchfolien-Extrusion 110
Schlauchtube 137 f
Schlauchtubenfertigung 138
Schleuderband-Füllsystem 304
Schleudergießen 182
Schleuderrad-Füllsystem 304
Schlitz-Clip 246
Schlupf 122, 363
Schmelzblasverfahren 284

Schmelzklebstoff 91, 221, 223
Schmuckwirkung 21
Schnappdeckelverschluß 255 f, 267
Schnecken-Fluidisier-Füllsystem 304
Schnecken-Füllsystem 304
Schneckenmaschinen 109
Schnittkanten an Laminattuben 140
Schnur 268
Schockprüfung 391
Schönungsmittel 85
Schraubdeckel 248 ff, 266 f
Schraubverschluß 248 f
–, Außenform 250
Schreddergut 408
Schrumpfeigenschaften 125
Schrumpfen 353
Schrumpfetikett 225
Schrumpffolie 66. 80, 99, 125
–, geschäumte 351
Schrumpffolieneinschlag 66, 125
Schrumpffolienhaube 352
Schrumpfgerät 349
Schrumpfglocke 349
Schrumpfhaube 126, 350
Schrumpfhaubenüberziehmaschine 350
Schrumpfkappe 255
Schrumpfkapsel 255, 277
Schrumpfofen 349
Schrumpfpackung 296
Schrumpfprozeß 333
Schrumpfrahmen 349, 350
Schrumpfsäule 349 f
Schrumpftunnel 333
Schrumpfverfahren für Ladeeinheiten 349 ff
Schrumpfverpackung 126
–, stoßmindernde 351
Schrumpf-Verschluß 274
Schulter von Kunststoffflaschen 185
Schürze 135
Schüttgutbehälter, flexible (FIBC) 55
Schutz des Packguts 22
Schutzbegasung 49, 332
Schutzfunktion 122
Schutzgas 42, 318, 332, 341
Schutzgasverpackung 39, 42, 43, 44, 45,
  46, 48, 272, 324 f
Schutzkappe 263
Schutzrechte, gewerbliche 31
Schwachgas 425
Schwachstelle 19
Schwachstellenanalyse 450
Schwamm-Aufträger 260
Schwefeldioxid 374
Schweißbacken 333
Schweißfähigkeit 124
Schweißnaht 136
Schweißverfahren 107, 237 f
–, Hochfrequenz- 298 f

–, Wärmekontakt- 298, 301
Schweißverschluß 270, 297 ff
Schwergutsack 134
Schwerpunkt gefüllter Flaschen 189
Schwimmhaut 144
Schwindung 164, 250
Scrapless Forming Process (SFP) 163
Sechsschicht-Folienanlage 322
Seife 52
Seitenfaltenbeutel 132
Seitenwandstabilität 161
Sektstopfen 254
Sekundärrohstoffe 57, 438
selektives Lösen 414
Selektivität 412
semi-rigide 281
Sensitivitätsanalyse 446
Sensorik 389
Sepocal-Deco-print-Verfahren 217
SFP-Verfahren 163
Shampoo 52
shelf life 39, 386
Sicherheitsclip 267
Sicherheitsschraubverschluß 249, 265
Sicherheitsverschluß 21, 264 ff
Sichern 315 f
– hermetischer Deckelverschlüsse 267
Sicherungs(hilfs)mittel 73, 277 ff
Sicherungsetikett 277
Sichtprüfung 382
Sicken im Flaschenkörper 188
Siebdruck 215
Siedlungsabfall 399, 445
Siegel- und Trennwerkzeug, rotierendes 333
Siegelfähigkeit 124, 231
Siegelfestigkeit 366, 390
Siegellack 271
Siegeln 107
Siegelnaht 390
Siegelnahtfestigkeit 236
Siegelrandbeutel 132, 334
Siegelrandbeutel-Form-, Füll- und
  Verschließmaschine 335
Siegelrolle 335
Siegelschichten 113, 117, 236 ff
Siegelung, peelbare 270
Siegelverfahren 238, 300
Siegelverschluß 270 ff, 297 ff
Siegelwalze 335
Signierung 161, 305, 333
– von Packungen 218 f
Simulanzlösemittel (SML) 36
Simulation 387
Sinterpressen 418 f
SiO_2-Verbundmöglichkeit 234
SiO_x 140
SiO_x-Basis 234
SIP 27, 314, 345, 346

Skin-Einschlagmaschine 296
Skin-Packmaschine 320
Skin-Packverfahren 66, 150, 333
Skineinschlag 66
Skinverpackung 70, 129, 155, 158 f, 272, 322, 333
Sleeve 225
Slip-Sheet 285
Slipmittel 238
Slipmittel 86
SML (spezifische Migration) 35
Sollbruchmechanismus 267
Solofolie 66
Solvolyse 425 f
Sonderabfall 445
Sonotrode 341
Sortieraufwand 403
Sortiersystem 407
Sotierzentrifuge 411 f
Spanndeckel 254
Spannen 353
Spannhaubensystem 353
Spannstopfen 268 f
Spannungsrißbildung 83
Spannungsrißprüfung 386
SPC 391
Spender 262
Sperreigenschaften 110
Sperrschicht 175, 230, 381
Sperrschichtfolie 140
Sperrwirkung 374
Spezialkiste 170
Spielzeugverordnung 422
Spinnvlies 284
Spiralverschluß 257
Spiralwickelstretch 127 f
Spitztüte 331
Spleißgarn 134
Spraybehälter-Innenbeutel 52, 263
Sprilwickelstretch 352
Spritzblasformen 179 ff
Spritzgießen 106, 107, 168, 171 f, 419
Spritzguß s. Spritzgießen
Spritzlackieren, elektrostatisches 211
Spritzpressen 106, 107
Spritzstreckblasformen 179 ff
Spritzstrecktube 137, 140, 141
SPS (Speicher-Programmierte Steuerung) 290, 296, 337, 353
SQC (statistische Qualitätskontrolle) 391
squeeze and turn 265
Stabilisatoren 86
Stadtgas 425
Standardeinzelmaschine 290
Standardkunststoffe 84
Standardmischung 417
Standardmodul 437
Standbecher 181

standfeste Packung 332
Standfestigkeitsprüfung 388
Standfläche 186
Standrippe 170
Standtube 137
Stapeldruck 19
Stapeldruckprüfung 383
Stapelkästen 171
Stapelrand 256
Stapelversuch 388
Stauchversuch 383
Staupolster 284
Steifigkeit 122, 161, 171
Steige 70, 285 f
Sterilisation/Sterilisieren 53, 309, 312, 314, 336 f, 339, 341 f, 346
Sterilkonserve 337
Steriltunnel 346
Sternstruktur 96
Steuer 22
Steuerung 296
Stickstoff 374
Stillstandzeiten 318
Stippen 368
Stirnflächendichtung 275
Stoffkreislauf 399 ff
Stoffschluß 252
Stoffströme 436
Stopfen 253 ff
Stoßbeanspruchung 19
Strahlensterilisation 159, 311
Strahlungsschweißen 298
Streck-Verschluß 274
Streckblasformen 178, 180
Strecken, biaxiales 178
Streckformverfahren 148, 160
Streckhelfer 160
Streckverpackung 127 f
Streichen 107, 210
Streifenpackung 124, 332 ff
Stretch-Verschluß 274
Stretcheinschlag 66
Stretchfolie 66, 128
Stretchfolien-Verpackung 127 f, 351, 353
Stretchpackmaschine 351 ff
Stretchsicherung 352
Stretchsystem 352
Streudruck 217
Streueinsatz 260 f
Strömungsdifferenzverfahren 411
Strukturschaum 170
Stückgut 290 f
Stückzahlen 172
Stülpdeckel 251, 305
Stützbanderole 163
Styrol-Polymerisate, modifizierte 94 f
Styrol/Acrylnitril (SAN) 95
Styrol/Butadien/Styrol-

Blockcopolymerisate (SBS) 96
Styropor(-Verfahren 198
Substitution 5 ff, 172
– von PVC 151 f
Sulfonieren 228
Suppen 337
Susceptor-Schicht 233
Sustainable Development 430
syndiotaktisch 80
Synthesegas 425
Systematik 8 ff, 62
Systemaufreißverschluß 259
Systemkosten 337

Tabakwaren 50
Tablettenspender 263
Tack-Bereich 223
Tafelwasser 51
Taillendosierer 262
TAMARA-Anlage 426
tamper evident 150, 221, 264, 265
Tamper-Proof-Verschluß 21, 245, 264 f
Tampondruck 215 f
Tänzerrolle 318
Tauchbeschichten 231
Tauchblasformen 182
Tauchen 107
technische Eignung 35
Teilbilanz 443
teilkristallin 77
Temperaturwechsel-
  Beanspruchungsprüfung 388
Tentakel-Schaum 203
Terminologie 8 ff
Tetraederpackung 331
Therimage 189, 217
thermische Prüfung 387 f
Thermo-FFS-H_2O_2-System, aseptisches 345
Thermodiffusionsdruck 217
Thermofixierung 124
Thermoform-, Füll- und (Ver-
)Schließanlage (FFS) 317 ff, 323 f
Thermoformautomat 148
Thermoformverfahren 107, 109, 144 ff, 156, 172
Thermokaschierung 112, 231
Thermolumineszenz 380
Thermoplast-Granulate 109
Thermoplast-Schaum-Extrusion (TSE) 197
Thermoplast-Schaum-Guß (TSG) 197
Thermoplaste 77, 81, 87
–, abbaubare 100
Thermotragbeutel 133
Thyssen-Henschel 410
Tiefdruck 214
Tieffrost-Menüschale 156

Tiefgefrierfleisch 48
Tiefkühl-Fertiggericht 156
Tiefkühlverpackung 234
Tiefziehen 109, 146
–, abfallfreies 163
Tintenstrahldruck 216
Toleranzwert 34
Topfzeit 224
TPE 100
Tragbeutel 133
Tragegriff 133
Trägerboden 159
Trägerfolie 114, 115
Trägergas 380
Tragtasche 133
Transfermetallisierung 233
transluzent 96, 369
Transmission 369
transparente thermogeformte Verpackung 151
Transparenz 171, 369
Transport 17 ff
– gefährlicher Güter 54
Transportbilanz 438, 442, 449
Transporthilfsmittel 284 ff
Transportkasten 170
Transportmodul 437
Transportverpackung 10, 399, 438
Traypalette 285
TRbF 53
Treibhauseffekt 445
Treibmittel 85, 197
Trennahtschweißverfahren 298
Trennlinie 318
Trennmittel 238
Trennschicht-Schrumpfhaube 351
Trennstufe 411
Trennung 318
–, elektrostatische 413
–, thermo-selektive 413
Trennungsmethoden für gemischte
  Verpackungsmaterialien 405
Trockenkaschieren 218, 231
Trockenmittelhalterungs-Stopfen 254
Trockenoffsetdruck 214 f
Trockentrennverfahren 414 ff
Trocknen 409
Trocknungsmaschine 308 ff
Trommel 70
Trübung 369
TSE-Verfahren 197
TSG-Verfahren 170, 197
Tuben 68, 137 f, 140, 307
Tubendesign 139, 276
Tubenfüll- und Verschließmaschine 307
Tubenkopf 139
Tubenmantel 139, 141
Tubenschulter 139
Tubenschweißsystem 139

Tubentülle 262 f
Tubenverschluß 269, 276
Turbowäscher 408
Twin-Sheet-Verfahren 183

UBA (Umweltbundesamt) 5, 432
Überdruckformung 148
Übergänge 190
Übergangsradius 186
Überlappungsnaht 330
Übertragungsdruck 216 f
Übertragungsmaschine 315
Übertragungsmetallisierung 233
Überwachung 314
Überziehetikett 225
UHT-Anlage 337
UHT-Milch 342
UHT-Technik 336 f
Ultraschallsprudel-Zerstäubung 344
Umfeldgegebenheiten 185
Umformverfahren 106, 109
Umlegenaht 330
Umreifung 247 f, 349
Umreifungsband 247 f
Umschnüren 246
Umschrumpfen 285, 349
Umstretchen 285, 349
Umverpackung 10, 23, 399
Umwelt 3, 24, 28, 433 f
umweltbeeinflussende Größen 349, 433, 441, 446
Umweltbelastung 398, 433
Umweltbundesamt (UBA) 5
Umweltlastenpotential 448
Umweltschutzrecht 55 ff
Umweltverträglichkeit 431, 445
UN-Zulassungskennzeichnung 53
Unbedenklichkeitserklärung 36
Unfallschutz 22
Unsterilitätsraten 314
UPC 22
Urformverfahren 106
UV-Absorber 87
UV-Licht 311

Vakuum 190
Vakuumbandmetallisierung 232
Vakuumformung 148
Vakuumteil 332
Vakuumverpackung 39, 46, 324
Vakuumversiegelung 325
VCI 20, 73
Ventil-Flüssigkeitsspender 261
Ventilaufträger 260
Ventilbeutel 133
Ventilbodensack 135
Ventildichtsystem 261
Ventilflachsack 135

Ventilfunktion 235 f
Ventilknoten 314
Ventilsack 135, 303
Veränderungen des Packguts 17
Verarbeitungsverhalten transparenter Kunststoffe 152 f
Verarbeitungsverfahren 73 f, 106, 109
Verbindungselement 72
Verbrauch von Verpackungen 398
Verbraucher 21, 428
Verbraucherpackung 294 ff
Verbrauchersicherheit 57
Verbrauchswaren 37 ff
Verbunde 7, 121
Verbundfestigkeit 366
Verbundfolie 66, 110, 111, 113 ff, 117, 231, 342
Verbundverpackung 415 f
Verbundwerkstoff 7, 231
Veredelung 109, 110
–, dekorative 210
–, funktionale 207, 228 ff
Veredelungsverfahren 73 f, 109
Verkapselmaschine 316
Verkaufsförderung 20
Verkaufspackung 23
Verkaufsschale 159
Verkaufsverpackung 1, 10, 155, 399
Verkehrsbezeichnung 36
Verkehrsblatt 383
Vernetzung 88, 197, 230
Verordnung über Fertigverpackungen (FPOV) 32
Verpacken, aseptisches 49, 51, 336 ff
Verpackung 10
–, Anforderungen 24
–, flexible 122
–, kochfeste 44
–, Lebensweg 438 ff
–, medizinische 53
–, standfeste sterilisierbare 145
–, Verbrauch 398
–, Wiederverwendung 399
Verpackungsabfall, Erfassung 401
–, Vermeidung 399
–, Verminderung 399
–, Verordnung 399
Verpackungsarten 4
Verpackungsaufwand 23
Verpackungsbegriff 10
Verpackungsdruckfarbe 212
Verpackungsentwicklung 28
Verpackungsfolie 109 f
Verpackungsgerät 291
Verpackungshohlkörper 172 ff, 184, 388
Verpackungshülse 167
Verpackungskunststoff 81
Verpackungslebensweg 439

Verpackungslinien 110, 293, 316, 319, 351
– für palettenlose Ladeeinheit 351
Verpackungsmaschine 289, 291, 292, 293
–, aseptische 314
– für palettenlose Ladeeinheit 351
–, Mehrfunktions- 293, 300
Verpackungsnetz 142
Verpackungsneuentwicklungen 446
Verpackungsprozeß, maschineller 17
Verpackungsprüfung 357, 359
Verpackungsrezyklat, Rückführung 428
Verpackungsschaden 19
Verpackungsschale 156
Verpackungsschlauch 136 f
Verpackungssysteme 47, 289, 337, 439, 442, 446
Verpackungsvermeidung 7
Verpackungsverordnung 6, 55, 399
Verpackungswesen, Begriffsbereiche 9
Verrutschen 349
Versandeinheit 348 ff
Versandhülse 167
Versauerungspotential 445
Verschließen 17, 243
Verschließhilfsmittel 73, 243
Verschließmaschine 297, 305
Verschließmittel 72, 170
Verschluß 5, 138, 169, 243
–, warmgeformte Becher 164
–, fälschungskenntlicher 264 ff
–, kindergesicherter 21, 264 ff, 388
–, mechanischer 244
–, stoffschlüssiger 244
Verschlußarten 244 f
Verschlußdichtung 275 ff
Verschlußetikett 274
Verschlußlasche 247
Verschweißen 183 ff
Versicherung 22
Versiegelungsprüfung 390
Verstärkungselement 72
Verstrecken 76, 109, 110
Verträglichkeit, ökologische 422
Verunreinigung 176
Verwender 21
Verwendung 357
Verzögerungsklebstoff 224
Verzweigung 76
Vierkantbeutel 331
Visbreaking 425
Vlies 284
Vliesstoffnetz 143
Volleinschlag 66, 124, 296
Voll-Einschlagmaschine 296
Vollflächendruck 217
Vollflächenlackierung 218
Vollschäumung 203
Vollschrumpfhülle 126

Vollstopfen 254
Volumen-Füllmaschine 294
Volumentoleranz 192
Vorformling 170, 178, 181, 184
Vorhangstretch 127 f, 352
Vorschäummethode 203
Vorschriften 28, 57
Vorstreckung 351
Vorzerkleinern 408

Wäge-Füllmaschine 295
Wanddicke 161, 167, 171, 174, 188
Wanddickenkontrolle 383
Wanddickenreduzierung 5
Wanddickensteuerung, axiale 188
Wanddickenverteilung 148, 186, 188, 383
Warenordnungssystem 22
Warenqualität 14
Warentest 389
Wärmeformbeständigkeit 171
Wärmeimpulsschweißen 298
Wärmeimpulssiegeln 298
Wärmekontaktheizung 156
Wärmekontakt-Prägung 220
Wärmekontakt-Schweißverfahren 298, 301
Wärmekontaktsiegeln 298
Wärmestandfestigkeit 387
Warmformen 109, 147, 171 f, 182
warmgeformte Profilfolie 283
Wasserdampf 373
wasserdampfdichte Verpackung 272
Wasserdampfdurchlässigkeit 46, 374, 376 ff
Wassergas 425
Wassergehalt 371
Wasserstoffperoxid-Lösung 310
Webfaden 136
Weich-Backwaren 44
Weichmacher 85
Weichverpackung 159
Weiterverarbeitungsverfahren 109
Weithalsdose 191
Weithalsgefäß 161, 191
Wellenprofil 283
Wende-Deckelsetzer 305
Werbewirksamkeit 24
Werkzeugtrennfläche 187
Wickel-Stretchfoliensystem 353
Wiedergewinnung 415
Wiederverschließdeckel 169, 255
Wiederverschließen 21
Wiederverschließ(hilfs)mittel 278 ff
Wiederverschließmittel 277 ff
Wiederverschlußdeckel 278
Wiederverwendung 399
Wiederverwertung 398, 402
–, rohstoffliche 423
Winkelschweißgerät 346
Wirkbilanz/Wirkungsbilanz 434, 444

Wirtschaftlichkeit 24 ff
WKR-System 417
Wölbung von Flaschen 189
Wrap-around-machine 296

Xironet-Verfahren 142
Xylol als Lösemittel 415

Zackenschnitt 278
Zähl-Füllmaschine 295
Zapfen 254
Zapfhahn 259
Zartgriffigkeit 142
Zeit-Füllmaschine 295
Zeitstand-Stapelversuch 383
Zellen 197, 281
Zellglasfolie 124
Zellstruktur 195
Zentralschlauchextrusion 326 ff

Zentrierring 191
Zerrdruck 217
Ziehfähigkeit 171
Zigarettenaschentest 387
Zigarettenpackung 50, 380
Zipper-Verschluß 257, 279
Zoll 22
Zusätze 109
Zusatzstoffe 84, 414
Zuschlagstoff 423
Zuschnitt-Einschlagmaschine 296
Zutaten 36
Zwei-Komponenten-Spritzanlagen 211
Zweikammer-Druckverpackung 263
Zweikammerbehälter 380
Zweinahtbeutel 130, 131
Zweischicht-Verbund 176
Zwischenschaltstopfen 254, 275
Zwischenschichtendruck 217
Zylinder-Siebdruck 215